VIBRAÇÕES MECÂNICAS

DANIEL J. INMAN
University of Michigan

VIBRAÇÕES MECÂNICAS

TRADUÇÃO DA 4ª EDIÇÃO

TRADUÇÃO E REVISÃO CIENTÍFICA
Prof. Dr. Juliano G. Iossaqui
Professor do Departamento Acadêmico de Mecânica da
Universidade Tecnológica Federal do Paraná, Campus Londrina

Do original Engineering Vibration, 4th Edition by Daniel J. Inman
Tradução autorizada do idioma inglês da edição publicada por Pearson Education, Inc.
Copyright ©2014, 2008, 2001, by Pearson Education, Inc.

© 2018, Elsevier Editora Ltda.

Todos os direitos reservados e protegidos pela Lei nº 9.610, de 19/02/1998.
Nenhuma parte deste livro, sem autorização prévia por escrito da editora, poderá ser reproduzida ou transmitida sejam quais forem os meios empregados: eletrônicos, mecânicos, fotográficos, gravação ou quaisquer outros.

ISBN Original: 978-0-13-287169-3
ISBN: 978-85-352-8889-6
ISBN (versão digital): 978-85-352-8890-2

Copidesque: Augusto Rabello Coutinho
Revisão tipográfica: Tathyana de Cassia Silva Viana
Editoração Eletrônica: Estúdio Castellani

Elsevier Editora Ltda.
Conhecimento sem Fronteiras

Rua da Assembléia, 100 – 6º andar – Sala 601
CEP: 20011-904 – Centro – Rio de Janeiro – RJ – Brasil

Rua Quintana, 753 – 8º andar
04569-011 – Brooklin – São Paulo – SP – Brasil

Serviço de Atendimento ao Cliente
0800-0265340
atendimento1@elsevier.com

Consulte nosso catálogo completo, os últimos lançamentos e os serviços exclusivos no site www.elsevier.com.br

Nota

Muito zelo e técnica foram empregados na edição desta obra. No entanto, podem ocorrer erros de digitação, impressão ou dúvida conceitual. Em qualquer das hipóteses, solicitamos a comunicação ao nosso serviço de Atendimento ao Cliente para que possamos esclarecer ou encaminhar a questão.

Para todos os efeitos legais, a Editora, os autores, os editores ou colaboradores relacionados a esta tradução não assumem responsabilidade por qualquer dano/ou prejuízo causado a pessoas ou propriedades envolvendo responsabilidade pelo produto, negligência ou outros, ou advindos de qualquer uso ou aplicação de quaisquer métodos, produtos, instruções ou ideias contidos no conteúdo aqui publicado.

A Editora

CIP-Brasil. Catalogação na Publicação
Sindicato Nacional dos Editores de Livros, RJ

I41v
4. ed.
    Inman, Daniel J.
    Vibrações mecânicas / Daniel J. Inman ; tradução e revisão científica Juliano G. Iossaqui. – 4. ed. – Rio de Janeiro : Elsevier, 2018. :
    il. ; 24 cm.

    Tradução de: Engineering vibration
    Apêndice
    Inclui bibliografia e índice
    ISBN 978-85-352-8889-6

    1. Vibração. 2. Mecânica aplicada. 3. Dinâmica. 4. Engenharia mecânica. I. Iossaqui, Juliano G. II. Título.

17-46187   CDD: 531.32
                                                      CDU:531.133

Sumário

PREFÁCIO   **IX**

1 INTRODUÇÃO À VIBRAÇÃO E A RESPOSTA LIVRE   **1**

    1.1   Introdução à Vibração Livre   2

    1.2   Movimento Harmônico   13

    1.3   Amortecimento Viscoso   21

    1.4   Modelagem e Métodos de Energia   31

    1.5   Rigidez   46

    1.6   Medições   58

    1.7   Considerações de Projeto   63

    1.8   Estabilidade   68

    1.9   Simulação Numérica e Resposta no Tempo   72

    1.10   Atrito de Coulomb e o Pêndulo   81

         Problemas   95

         Engineering Vibration Toolbox para MATLAB®   115

         Problemas para *Toolbox*   116

2 RESPOSTA À EXCITAÇÃO HARMÔNICA   **117**

    2.1   Excitação Harmônica de Sistemas não Amortecidos   118

    2.2   Excitação Harmônica de Sistemas Amortecidos   130

    2.3   Representações Alternativas   144

    2.4   Excitação de Base   151

    2.5   Desbalanceamento Rotativo   160

    2.6   Dispositivos de Medidas   166

    2.7   Outras Formas de Amortecimento   170

vi Sumário

2.8 Simulação Numérica e Projeto 180

2.9 Propriedades Não Lineares da Resposta 188

Problemas 197

Engineering Vibration Toolbox para MATLAB® 215

Problemas para *Toolbox* 215

3 RESPOSTA À FORÇADA GERAL 216

3.1 Função de Resposta ao Impulso 217

3.2 Resposta a uma Entrada Arbitrária 226

3.3 Resposta a uma Entrada Periódica Arbitrária 235

3.4 Métodos das Transformadas 242

3.5 Resposta a Entradas Aleatórias 247

3.6 Espectro de Impacto 255

3.7 Medição via Funções de Transferência 260

3.8 Estabilidade 262

3.9 Simulação Numérica da Resposta 267

3.10 Propriedades Não Lineares da Resposta 279

Problemas 287

Engineering Vibration Toolbox para MATLAB® 301

Problemas para *Toolbox* 301

4 SISTEMAS COM MÚLTIPLOS GRAUS DE LIBERDADE 303

4.1 Modelo de Dois Graus de Liberdade (Não Amortecido) 304

4.2 Autovalores e Frequências Naturais 318

4.3 Análise Modal 332

4.4 Mais de Dois Graus de Liberdade 340

4.5 Sistemas com Amortecimento Viscoso 356

4.6 Análise Modal da Resposta Forçada 362

4.7 Equações de Lagrange 369

4.8 Exemplos 377

Sumário   **vii**

4.9   Solução Computacional dos Problemas de Autovalor para Vibração 389

4.10 Simulação Numérica da Resposta no Tempo 407

Problemas 415

Engineering Vibration Toolbox para MATLAB® 433

Problemas para *Toolbox* 433

5   PROJETO PARA REDUÇÃO DE VIBRAÇÃO   435

5.1   Níveis Aceitáveis de Vibração 436

5.2   Isolamento das Vibrações 442

5.3   Absorvedores de Vibração 455

5.4   Amortecimento em Absorvedores de Vibração 463

5.5   Otimização 471

5.6   Amortecimento Viscoelástico 479

5.7   Velocidades Críticas de Discos Rotativos 485

Problemas 491

Engineering Vibration Toolbox para MATLAB® 501

Problemas para *Toolbox* 501

6   SISTEMAS DE PARÂMETROS DISTRIBUÍDOS   502

6.1   Vibração de uma Corda ou Cabo 504

6.2   Modos e Frequências Naturais 508

6.3   Vibração de Hastes e Barras 519

6.4   Vibração Torcional 525

6.5   Vibração Transversal de Viga 532

6.6   Vibração de Membranas e Placas 544

6.7   Modelos de Amortecimento 550

6.8   Análise Modal da Resposta Forçada 556

Problemas 566

Engineering Vibration Toolbox para MATLAB® 572

Problemas para *Toolbox* 572

7 TESTE DE VIBRAÇÃO E ANÁLISE MODAL EXPERIMENTAL 573

7.1 *Hardware* de Medição 575

7.2 Processamento de Sinal Digital 579

7.3 Análise de Sinal Aleatório em Experimentos 584

7.4 Obtenção de Dados Modais 588

7.5 Parâmetros Modais por Ajuste Circular 591

7.6 Medição de Formas Modais 596

7.7 Experimentos de Vibração para Durabilidade e Diagnósticos 606

7.8 Medição de Forma de Deflexão Operacional 609

Problemas 611

Engineering Vibration Toolbox para MATLAB® 615

Problemas para *Toolbox* 616

APÊNDICE A NÚMEROS E FUNÇÕES COMPLEXAS 617

APÊNDICE B TRANSFORMADA DE LAPLACE 623

APÊNDICE C FUNDAMENTOS DA MATRIZ 628

APÊNDICE D A LITERATURA DE VIBRAÇÃO 640

APÊNDICE E LISTA DE SÍMBOLOS 642

APÊNDICE F CÓDIGOS E WEBSITES 647

APÊNDICE G ENGINEERING VIBRATION TOOLBOX 648

REFERÊNCIAS 650

RESPOSTAS DOS PROBLEMAS SELECIONADOS 652

ÍNDICE 658

Prefácio

Este livro destina-se a ser utilizado em um primeiro curso de dinâmica estrutural ou vibrações por alunos de graduação em Mecânica, Civil, Engenharia Aeroespacial ou Engenharia Mecânica. O texto contém os tópicos normalmente encontrados em cursos reconhecidos. Além disso, são abordados tópicos sobre projeto, medição e computação.

Pedagogia

Originalmente, uma grande diferença entre a pedagogia deste texto e os textos concorrentes é o uso de programas de computação de alto nível. Desde então, os outros autores de textos de vibrações começaram a aceitar o uso desses programas. Embora o livro tenha sido escrito para que os programas não tenham que ser usados, seu uso é fortemente incentivado. Estes programas (Mathcad®, MATLAB® e Mathematica®) são muito fáceis de usar, no nível de uma calculadora programável e, portanto, não requerem nenhum curso ou treinamento prévio. Claro, é mais fácil se os alunos usarem um ou outro desses programas antes, mas não é necessário. Na verdade, os códigos em MATLAB® podem ser copiados diretamente e serão exibidos conforme listados. O uso desses programas aumenta consideravelmente a compreensão dos fundamentos da vibração pelo aluno. Assim como uma imagem vale mais do que mil palavras, uma simulação ou gráfico pode permitir uma compreensão dinâmica completa dos fenômenos de vibração. Os cálculos e simulações computacionais são apresentados no final de cada um dos quatro primeiros capítulos. Depois disso, muitos dos problemas assumem que os códigos são secundários na resolução de problemas de vibração.

Outra característica única deste texto é o uso de "janelas", que são distribuídas ao longo do livro e fornecem lembretes de informações essenciais pertinentes ao conteúdo. As janelas são colocadas no texto em pontos onde tais informações prévias são necessárias. As janelas também são usadas para resumir informações essenciais. O livro tenta estabelecer conexões fortes com matérias anteriores em um currículo de engenharia típico. Em particular, é feita referência ao cálculo, equações diferenciais, estática, dinâmica e resistência dos materiais.

O QUE É NOVO NESTA EDIÇÃO

A maioria das mudanças feitas nesta edição são o resultado de comentários enviados por alunos e professores que usaram a 3ª edição. Essas mudanças consistem em maior clareza nas explicações e a adição de alguns exemplos novos que esclarecem conceitos e afirmações de problemas aprimorados. Além disso, alguns conteúdos considerados desatualizados e não úteis foram removidos. Os códigos de computador também foram atualizados. No entanto, as empresas de *software* atualizam seus códigos muito mais rapidamente do que as editoras podem atualizar seus textos, então os usuários devem consultar a *web* para obter atualizações de sintaxe, comandos etc. Um pedido consistente dos alunos foi não fazer referência aos dados que aparecem anteriormente em outros exemplos ou problemas. Isso foi atendido fornecendo todos os dados relevantes nas declarações do problema. Três estudantes de engenharia de graduação (um em Mecânica, um em Engenharia de Sistemas Biológicos e um em Engenharia Mecânica) que cursaram as matérias de pré-requisito, mas ainda não haviam cursado matérias de vibração, leram o manuscrito para maior clareza. Suas sugestões nos levaram a fazer, para melhorar a legibilidade a partir da perspectiva do aluno, as seguintes mudanças:

- Maior clareza nas explicações adicionadas em 47 passagens diferentes no texto. Além disso, foram adicionadas duas novas janelas.
- Doze novos exemplos que esclarecem conceitos e afirmações de problemas aprimorados foram adicionados, e dez exemplos foram modificados para melhorar a clareza.
- O conteúdo considerado desatualizado e inútil foi removido. Duas seções foram descartadas e duas seções foram completamente reescritas.
- Todos os códigos de computador foram atualizados para concordar com as últimas modificações de sintaxe realizadas no MATLAB, Mathematica e Mathcad.
- Cinquenta e quatro novos problemas foram adicionados e 94 problemas foram modificados para clareza e mudanças numéricas.
- Foram adicionadas oito novas figuras e três figuras anteriores foram modificadas.
- Foram adicionadas quatro novas equações.

Capítulo 1: As mudanças incluem novos exemplos, equações e problemas. Novas explicações textuais foram adicionadas e/ou modificadas para melhorar a clareza com base nas sugestões dos alunos. Foram feitas modificações nos problemas para tornar claro o enunciado do problema ao não se referir a dados de problemas ou exemplos anteriores. Todos os códigos foram atualizados para a sintaxe atual e os comandos obsoletos foram substituídos.

Capítulo 2: Novos exemplos e figuras foram adicionados, enquanto exemplos e figuras anteriores foram modificados para maior clareza. Novas explicações textuais também foram adicionadas e/ou modificadas. Novos problemas foram adicionados, e problemas mais antigos foram modificados para tornar claro o enunciado e não se referir a dados de problemas ou exemplos anteriores. Todos os códigos foram atualizados para a sintaxe atual e os comandos obsoletos foram substituídos.

Capítulo 3: Novos exemplos e equações foram adicionados, bem como novos problemas. Particularmente, a explicação sobre impulso foi expandida. Além disso, os problemas anteriores foram reescritos para maior clareza e precisão. Todos os exemplos e

Prefácio

problemas que se referiram a informações anteriores no texto foram modificados para apresentar um enunciado mais autônomo. Todos os códigos foram atualizados para a sintaxe atual e os comandos obsoletos foram substituídos.

Capítulo 4: Além da adição de um exemplo totalmente novo, muitos dos exemplos foram alterados e modificados para maior clareza e para incluir informações melhoradas. Uma nova janela foi adicionada para esclarecer as informações de matriz. Uma figura foi removida e uma nova figura foi adicionada. Novos problemas foram adicionados e problemas mais antigos foram modificados com o objetivo de tornar todos os problemas e exemplos mais autônomos. Todos os códigos foram atualizados para a sintaxe atual e os comandos obsoletos foram substituídos. Vários gráficos entre os códigos foram refeitos para refletir problemas com o passo automatizado de tempo do Mathematica e MATLAB, que se provou impreciso quando usadas funções de singularidade. Várias explicações foram modificadas de acordo com as sugestões dos alunos.

Capítulo 5: A Seção 5.1 foi alterada, a figura foi substituída e o exemplo mudou para maior clareza. Os problemas são em grande parte os mesmos, mas muitos foram alterados ou modificados com diferentes detalhes e para tornar os problemas mais independentes. A Seção 5.8 (Supressão de Vibração Ativa) e a Seção 5.9 (Projeto de Isolação) foram removidas, juntamente com os problemas associados, para abrir espaço para material adicional nos capítulos anteriores sem alongar o livro. De acordo com pesquisas com usuários, essas seções geralmente não são cobertas.

Capítulo 6: A Seção 6.8 foi reescrita para maior clareza e uma janela foi adicionada para resumir a análise modal da resposta forçada. Novos problemas foram adicionados e muitos problemas mais antigos foram reformulados para maior clareza. Mais detalhes foram adicionados a vários exemplos. Uma série de pequenas adições foram feitas ao texto para maior clareza.

Capítulos 7: Este capítulo não foi alterado, exceto para fazer pequenas correções e adições, conforme sugerido pelos usuários.

Unidades

Este livro usa unidades do SI. A 1° edição usou uma mistura de US Customary e SI, mas, com a insistência do editor, todas as unidades foram alteradas para SI. Mantive o SI nesta edição por causa da crescente arena internacional em que nossos graduados de engenharia competem. A comunidade de engenharia é agora completamente global. Por exemplo, a GE Corporate Research possui mais engenheiros em seu centro de pesquisa na Índia do que nos Estados Unidos. O campo de engenharia nos Estados Unidos corre o risco de se tornar a "indústria têxtil" da próxima década se não reconhecermos o local de trabalho global. Nossos engenheiros precisam trabalhar em SI, para serem competitivos neste lugar de trabalho cada vez mais internacional.

Apoio ao Estudante

O melhor lugar para obter ajuda no estudo deste material é com seu instrutor, pois não há nada mais educacional do que uma troca verbal. No entanto, o livro foi escrito tanto quanto possível da perspectiva do aluno. Muitos estudantes criticaram o manuscrito original, e muitas mudanças no texto foram resultado de sugestões de estudantes tentando aprender com o material. Meu objetivo ao escrever isto era fornecer um recurso útil para estudantes aprendendo sobre vibração pela primeira vez.

AGRADECIMENTOS

Cada capítulo começa com duas fotos de diferentes sistemas que vibram, para lembrar ao leitor que o material neste texto tem ampla aplicação em vários setores da atividade humana. Estas fotografias foram tiradas por amigos, estudantes, colegas, parentes e algumas por mim. Sou muito grato a Robert Hargreaves (guitarra), P. Timothy Wade (moinho de vento, helicóptero presidencial), General Atomics (Predator), Roy Trifilio (ponte), Catherine Little (amortecedor), Alex Pankonien (gráfico FEM) e Jochen Faber of Liebherr Aerospace (trem de pouso). Alan Giles da General Atomics me deu um passeio informativo de suas instalações, o que resultou nas fotos de seus produtos.

Muitos colegas e estudantes contribuíram para a revisão deste texto através de sugestões e perguntas. Em particular, Daniel J. Inman, II; Kaitlyn DeLisi; Kevin Crowely; e Emily Armentrout forneceram muitos comentários úteis da perspectiva dos estudantes que lêem o material pela primeira vez. Kaitlyn e Kevin verificaram todos os códigos de computador, copiando-os para fora do livro para garantir que eles funcionassem. Meus ex-estudantes de doutorado Ya Wang, Mana Afshari e Amin Karami verificaram muitos dos novos problemas e exemplos. O Dr. Scott Larwood e os alunos em sua classe de vibrações na Universidade do Pacífico enviaram muitas sugestões e correções, que ajudaram a conferir ao livro a perspectiva de uma instituição não voltada para pesquisa. Eu implementei muitas de suas sugestões, e acredito que as explicações do livro são muito mais claras devido à sua contribuição. Outros professores que usam o livro, Cetin Cetinkaya da Universidade de Clarkson, Mike Anderson da Universidade de Idaho, Joe Slater da Universidade Estadual de Wright, Ronnie Pendersen da Universidade de Aalborg Esbjerg, Sondi Adhikari da Universty of Wales, David Che de Geneva College, Tim Crippen da Universidade do Texas em Tyler e Nejat Olgac da Universidade de Conneticut, forneceram discussões por e-mail que levaram a melhorias no texto, todas as quais muito apreciadas. Gostaria de agradecer aos revisores: Cetin Cetinkaya, Clarkson University; Dr. Nesrin Sarigul-Klijn, Universidade da Califórnia-Davis; e David Che, Geneva College.

Muitos dos meus ex-estudantes de doutorado, que agora são acadêmicos, lecionaram este curso comigo e também ofereceram muitas sugestões. Alper Erturk (Georgia Tech), Henry Sodano (University of Florida), Pablo Tarazaga (Virginia Tech), Onur Bilgen (Old Dominian University), Mike Seigler (University of Kentucky) e Armaghan Salehian (University of Waterloo) contribuíram para a clareza deste texto, pelo que sou

Prefácio

grato. Tive a sorte de ter estudantes de doutorado maravilhosos para trabalhar. Aprendi muito com eles.

Gostaria também de agradecer ao Prof. Joseph Slater, da Wright State, por revisar alguns dos novos materiais, por escrever e gerenciar a *toolbox* associada, e constantemente enviar sugestões. Vários colegas de laboratórios governamentais e empresas também escreveram com sugestões que foram muito úteis a partir dessa perspectiva prática.

Eu também tive a sorte de ser patrocinado por inúmeras empresas e agências federais nos últimos 32 anos para estudar, projetar, testar e analisar uma grande variedade de estruturas e máquinas vibratórias. Sem esses projetos, não poderia escrever este livro nem revisá-lo com a apreciação pela prática de vibração, com a qual espero permear o texto. Por último, gostaria de agradecer a minha família pelo apoio moral e por aguentar minha ausência enquanto escrevia.

DANIEL J. INMAN
Ann Arbor, Michigan

Resposta Livre de um Sistema de 1 Grau de Liberdade

A resposta livre não amortecida: $m\ddot{x} + kx = 0$ para condições iniciais $x(0) = x_0$, $\dot{x}(0) = v_0$

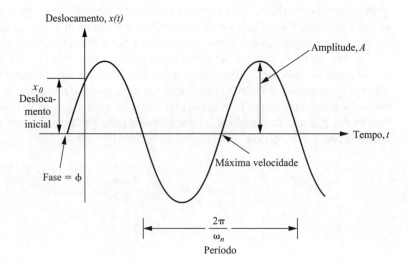

$$x(t) = \left(x_0^2 + \frac{v_0^2}{\omega_n^2}\right)^{1/2} \text{sen}(\omega_n t + \phi), \quad \phi = \text{tg}^{-1}\left(\frac{\omega_n x_0}{v_0}\right), \quad \omega_n = \sqrt{k/m}$$

A resposta livre subamortecida: $m\ddot{x} + c\dot{x} + kx = 0$ para condições iniciais $x(0) = x_0$, $\dot{x}(0) = v_0$

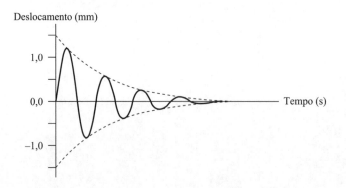

$$x(t) = Ae^{-\zeta\omega_n t}\text{sen}(\omega_d t + \phi), \quad \omega_d = \omega_n\sqrt{1-\zeta^2}, \quad \omega_n = \sqrt{k/m}, \quad \zeta = \frac{c}{2\sqrt{km}}$$

$$A = \sqrt{\frac{(v_0 + \omega_n\zeta x_0)^2 + (x_0\omega_d)^2}{\omega_d^2}}, \quad \phi = \text{tg}^{-1}\left[\frac{x_0\omega_d}{v_0 + \omega_n\zeta x_0}\right]$$

Resposta à Excitação Harmônica de um Sistema de 1 Grau de Liberdade

A resposta forçada de $m\ddot{x} + c\dot{x} + kx = 0 = F_0 \operatorname{sen} \omega t$ é $x(t) = X \operatorname{sen}(\omega t + \phi)$ onde a amplitude normalizada Xk/F_0 é dada por $Xk/F_0 = \dfrac{1}{\sqrt{(1-r^2) + (2\zeta r)^2}}$ ilustrada abaixo

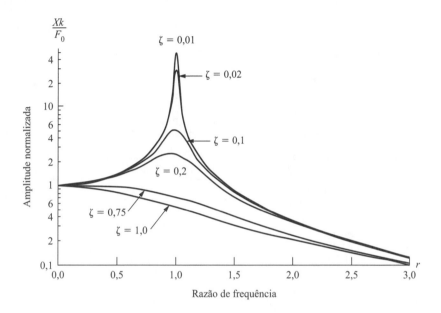

$$r = \omega/\omega_n, \; \omega_n = \sqrt{k/m}, \; \zeta = \dfrac{c}{2\sqrt{km}}$$

e onde a fase ϕ é dada por $\phi = \operatorname{tg}^{-1}\left[\dfrac{2\zeta r}{1-r^2}\right]$ ilustrada abaixo

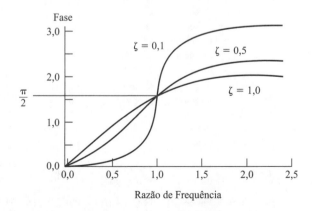

Grandezas Físicas, Unidades e Símbolos

	UNIDADES	
GRANDEZA	SISTEMA INGLÊS	SISTEMA S.I.
força	1 lb	4,448 quilogramas (N)
massa	$1 \, lb \cdot sec^2/ft$ (slug)	14,59 quilograma
comprimento	1 ft	0,3048 metros (m)
densidade	$slug/ft^3$	$515,38 \, kg/m^3$
torque ou momento	$1 \, lb \cdot in$	$0,113 \, N \cdot m$
aceleração	$1 \, ft/sec^2$	$0,3048 \, m/s^2$
aceleração da gravidade	$32,2 \, ft/sec^2 = 386 \, in./sec^2$	$9,81 \, m/s^2$
constante da mola k	1 lb/in	175,1 N/m
constante da mola torcional k	$1 \, lb \cdot in./rad$	$0,113 \, N \cdot m/rad$
constante de amortecimento c	$1 \, lb \cdot sec/in.$	$175,1 \, N \cdot s/m$
momento de inércia de massa	$1 \, lb.in.sec^2$	$0,1129 \, kg/m^2$
módulo de elasticidade	$10^6 \, lb.in.^2$	$6,895 \times 10^9 \, N/m^2$
módulo de elasticidade de aço	$29 \times 10^6 \, lb/in.^2$	$200 \times 10^9 \, N/m^2$
ângulo	1 degree	157,3 radiano

	PREFIXOS NO S.I.	
FATOR DE MULTIPLICAÇÃO	PREFIXO	SÍMBOLO
$1 \, 000 \, 000 \, 000 \, 000 = 10^{12}$	tera	T
$1 \, 000 \, 000 \, 000 = 10^9$	giga	G
$1 \, 000 \, 000 = 10^6$	mega	M
$1 \, 000 = 10^3$	kilo	k
$100 = 10^2$	hecto	h
$10 = 10$	deca	da
$0,1 = 10^{-1}$	deci	d
$0,01 = 10^{-2}$	centi	c
$0,001 = 10^{-3}$	milli	m
$0,000 \, 001 = 10^{-6}$	micro	μ
$0,000 \, 000 \, 001 = 10^{-9}$	nano	n
$0,000 \, 000 \, 000 \, 001 = 10^{-12}$	pico	p

		SISTEMA RETILÍNEO				SISTEMA ROTACIONAL	
			UNIDADE				UNIDADE
Grandeza	Símbolo	Padrão U.S.	Unidades do S.I.	Símbolo	Inglês	Unidades do S.I.
Tempo	t	sec	s	t	sec	s
Deslocamento	x	in.	m	θ	rad	rad
Velocidade	$\dot{x}$	in./sec	m/s	$\dot{\theta}$	rad/sec	rad/s
Aceleração	$\ddot{x}$	in./sec^2	m/s^2	$\ddot{\theta}$	rad/sec^2	rad/s^2
Massa, momento de inércia	m	lb_f-sec^2/in.	kg	J	in.-lb_f-sec^2	m$^2 \cdot$ kg
Fator de amortecimento	c	lb_f-sec/in.	$s \cdot N/m$	c	in.-lb_f-sec/rad	$m \cdot s \cdot N/rad$
Constante de mola	k	lb_f/in.	N/m	k	in.-lb_f/rad	$m \cdot N/rad$
Força, torque	$F = m\ddot{x}$	lb_f	$N = m \cdot kg/s^2$	$T = J\ddot{\theta}$	in.-lb_f	$m \cdot N = m^2 \cdot kg/s^2$
Momento	$m\dot{x}$	lb_f-sec	$s \cdot N = m \cdot kg/s$	$J\dot{\theta}$	in.-lb_f-sec	$m^2 \cdot kg \cdot rad/s$
Impulso	Ft	lb_f-sec	$s \cdot N$	Tt	in.lb_f-sec	$m^2 \cdot kg \cdot rad/s$
Energia cinética	$T = \frac{1}{2} m\dot{x}^2$	in.ib$_f$	J	$T = \frac{1}{2} J\dot{\theta}^2$	in.-lb_f	J
Energia potencial	$U = \frac{1}{2} kx^2$	in.ib$_f$	J	$U = \frac{1}{2} k\theta^2$	in.-lb_f	J
Trabalho	$\int F dx$	in.ib$_f$	$J = m \cdot N$ $= m^2 \cdot kg/s^2$	$\int T d\theta$	in.-lb_f	$J = m \cdot N$ $= m^2 \cdot kg/s^2$
Frequência natural	$\omega_n = \sqrt{k/m}$	rad/sec	rad/s	$\omega_n = \sqrt{k/J}$	rad/sec	rad/s
	$f_n = \dfrac{\omega_n}{2\pi}$	Hz	Hz	$f_n = \dfrac{\omega_n}{2\pi}$	Hz	Hz

1 Introdução à Vibração e a Resposta Livre

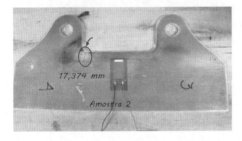

A vibração é o ramo da dinâmica que lida com movimentos repetitivos. A maioria dos exemplos neste livro envolve vibração em mecanismos ou estruturas. No entanto, a vibração é preponderante em sistemas biológicos e é, na verdade, a fonte de comunicação (o ouvido vibra para ouvirmos, enquanto a língua e as cordas vocais vibram para falarmos). No caso da música, as vibrações, por exemplo, de um instrumento de cordas como uma guitarra, são desejadas. Por outro lado, na maioria dos sistemas e estruturas mecânicas, a vibração é indesejada e, até mesmo, destrutiva. Por exemplo, a vibração na estrutura de um avião causa fadiga e pode, eventualmente, levar à falha. Um exemplo de trinca por fadiga é ilustrado no círculo desenhado na foto de baixo ao lado. Atividades cotidianas são cheias de exemplos de vibração e, normalmente, formas de atenuá-la. Automóveis, trens e, até mesmo, algumas bicicletas possuem dispositivos para reduzir a vibração provocada pelo movimento e transmitida ao condutor.

O objetivo deste livro é ensinar o leitor a analisar a vibração usando os princípios da dinâmica, o que requer o uso da matemática. Na verdade, a função seno fornece os meios fundamentais de análise dos fenômenos de vibração.

Os conceitos básicos de compreensão, análise e previsão do comportamento de sistemas vibratórios formam os tópicos deste livro. Os conceitos e formulações apresentados nos próximos capítulos destinam-se a oferecer as competências necessárias para projetar sistemas vibratórios com propriedades que aumentam as vibrações quando desejado e as reduzem quando não.

Este primeiro capítulo estuda a vibração em sua forma mais simples, na qual nenhuma força externa está presente (vibração livre). Este capítulo introduz o importante conceito de frequência natural e como modelar de forma matemática a vibração.

A internet é uma grande fonte de exemplos de vibração e o leitor é encorajado a procurar por filmes de sistemas vibratórios e outros exemplos disponíveis nessa fonte.

1.1 INTRODUÇÃO À VIBRAÇÃO LIVRE

A vibração é o estudo do movimento repetitivo de corpos em relação a um sistema de referência estacionário ou posição nominal (em geral, posição de equilíbrio). A vibração está em todos os lugares e, em muitos casos, influência enormemente as características de projetos de engenharia. As propriedades vibratórias de dispositivos de engenharia são, muitas vezes, fatores limitantes em seu desempenho. Quando prejudicial, a vibração deve ser evitada, mas a vibração também pode ser extremamente útil. Em ambos os casos, o conhecimento sobre vibração – como analisar, medir e controlar – é benéfico e constitui o assunto deste livro.

Exemplos típicos de vibração, familiar para a maioria, incluem o movimento de uma corda de guitarra, o movimento vertical de um automóvel ou motocicleta, o movimento das asas de um avião e o balançar de um grande edifício devido ao vento ou a um terremoto. Nos próximos capítulos, a vibração é modelada de forma matemática com base em princípios fundamentais, como as leis de Newton, e analisada usando resultados de cálculo e equações diferenciais. Em seguida, técnicas usadas para medir a vibração de um sistema são desenvolvidas. Além disso, são fornecidas informações e métodos úteis para projetar determinados sistemas a terem respostas vibratórias específicas.

A explicação física dos fenômenos de vibração envolve a interação entre energia potencial e energia cinética. Um sistema vibratório deve ter um componente que armazena energia potencial e a libera como energia cinética na forma de movimento (vibração) de uma massa. Por sua vez, o movimento da massa transfere sua energia cinética na forma de energia potencial para o componente de armazenamento.

O curso de engenharia é desenvolvido sobre uma base de conhecimentos prévios e a vibração não é exceção. Em particular, o estudo de vibração é construído sobre disciplinas de dinâmica, sistemas dinâmicos, resistência de materiais, equações diferenciais e análise matricial. Essas disciplinas são pré-requisitos para o estudo de vibração na maioria dos cursos de engenharia reconhecidos. Assim, o material que se segue extrai informações e métodos dessas disciplinas. A análise de vibração é fundamentada na união de matemática e observação física. Por exemplo, considere um pêndulo simples igual ao que pode ser visto em um museu de ciência, em um relógio, ou mesmo, um construído com uma corda e uma pedra. À medida que o pêndulo oscila de um lado para outro, observe que o seu movimento em função do tempo pode ser descrito muito bem pela função seno da trigonometria. Ainda mais interessante, se você fizer um diagrama de corpo livre do pêndulo e aplicar a mecânica newtoniana para obter a equação de movimento (neste caso, somatório dos momentos), essa tem a função seno como solução. Além disso, a equação de movimento prediz o tempo que leva para o pêndulo repetir o seu movimento. Nesse exemplo, dinâmica, observação e matemática todos convergem para fornecer um modelo preditivo do movimento de um pêndulo, que é facilmente verificado por experimento (observação física).

SEÇÃO 1.1 Introdução à Vibração Livre

Este exemplo do pêndulo descreve a história deste livro. Propõe-se uma série de etapas para aprimorar as competências em modelagem, desenvolvidas nas matérias de estática, dinâmica, resistência de materiais e sistemas dinâmicos, para obter equações de movimento de sistemas cada vez mais complexos. Então, as técnicas de equações diferenciais e integração numérica são aplicadas para resolver essas equações de movimento e, assim, prever como vários sistemas e estruturas mecânicas vibram. O exemplo a seguir ilustra a importância de lembrar os métodos estudados na disciplina básica de dinâmica.

Exemplo 1.1.1

Obtenha a equação de movimento do pêndulo mostrado na Figura 1.1.

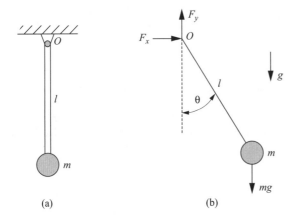

Figura 1.1 (a) Um esquema de um pêndulo. (b) O diagrama de corpo livre do pêndulo de (a).

Solução Considere o esquema de um pêndulo mostrado na Figura 1.1(a). Neste caso, a massa da haste será desprezada, assim como qualquer atrito na junta pivotante. Em geral, inicia-se com uma fotografia ou esquema da parte ou estrutura de interesse que é, imediatamente, confrontada com as hipóteses adotadas. Esta é a "arte" ou lado que depende da experiência na análise e modelagem de vibração. A filosofia geral é começar com o modelo mais simples possível (aqui, desprezamos o atrito e a massa da haste e assumimos que o movimento ocorre no plano) e tentar responder às questões de engenharia relevantes. Se o modelo simples não condiz com o experimento, então simplificamos o modelo mais complexo, relaxando as hipóteses, até o modelo representar adequadamente as observações físicas. Com as hipóteses em mente, o próximo passo é criar um diagrama de corpo livre do sistema para identificar todas as forças relevantes, como mostrado na Figura 1.1(b). Com todas as forças modeladas identificadas, a segunda lei de Newton e a segunda lei de Euler são aplicadas para obter as equações de movimento.

Neste exemplo, a segunda lei de Euler assume a forma de somatório de momentos em relação ao ponto O, dado por

$$\Sigma M_O = J\alpha$$

onde $\mathbf{M}_O$ denota os momentos em relação ao ponto O, $J = ml^2$ é o momento de inércia de massa da massa m em relação ao ponto O, l é o comprimento da haste que tem massa desprezível e $\boldsymbol{\alpha}$ é o vetor aceleração angular. Desde que o problema seja, realmente, em uma dimensão, o somatório vetorial de momentos torna-se uma única equação escalar

$$J\alpha(t) = -mgl\,\text{sen}\,\theta(t) \quad \text{ou} \quad ml^2\ddot{\theta}(t) + mgl\,\text{sen}\,\theta(t) = 0$$

O braço de momento para a força l é a distância horizontal l sen θ e o duplo ponto sobre a variável indica a derivada de segunda ordem dessa variável em relação ao tempo t. Essa é uma equação diferencial ordinária de segunda ordem, que governa a resposta no tempo do pêndulo. Esse é o procedimento usado, em uma matéria básica de dinâmica, para obter as equações de movimento.

A equação de movimento é não linear por causa da presença do termo sen(θ) e, portanto, de difícil solução. O termo não linear pode ser linearizado aproximando o seno, para valores de $\theta(t)$ pequenos, como sen $\theta \approx \theta$. Então, a equação de movimento torna-se

$$\ddot{\theta}(t) + \frac{g}{l}\theta(t) = 0$$

Essa é uma equação diferencial ordinária de segunda ordem linear com coeficientes constantes e é, em geral, resolvida na primeira matéria a tratar de equações diferenciais (normalmente, a terceira matéria na sequência de Cálculo). Como será visto mais tarde neste capítulo, essa equação de movimento linear e sua solução prevê o período de oscilação para um pêndulo simples de forma muito precisa. A última seção deste capítulo revê a versão não linear da equação do pêndulo.

$\square$

Como a segunda lei de Newton para um sistema de massa constante é expressa em termos de força, que é igual a massa multiplicada pela aceleração, uma equação de movimento com derivada de segunda ordem em relação ao tempo sempre será obtida. Tais equações requerem duas constantes de integração para serem resolvidas. A segunda lei de Euler para um sistema de massa constante também produz derivadas de segunda ordem em relação ao tempo. Por isso, a posição inicial $\theta(0)$ e a velocidade inicial $\dot{\theta}(0)$ devem ser especificadas para obter-se a solução $\theta(t)$ no Exemplo 1.1.1. O termo mgl sen θ é chamado de *força restauradora*. No exemplo 1.1.1, a força restauradora é gravitacional, que fornece um meio de armazenamento de energia potencial. Contudo, na maioria dos dispositivos mecânicos, a força restauradora é elástica. Isto estabelece a necessidade do conhecimento prévio de resistências dos materiais ao estudar vibrações de estruturas e máquinas.

Como mencionado anteriormente, ao modelar uma estrutura ou máquina é melhor começar com o modelo mais simples possível. Neste capítulo, modelaremos somente sistemas que podem ser descritos por um único grau de liberdade, isto é, sistemas no qual a mecânica newtoniana resulta em uma única equação escalar com uma coordenada de deslocamento. O grau de liberdade de um sistema é o número mínimo de coordenadas de deslocamentos necessários para representar a posição da massa do sistema em qualquer instante de tempo. Por exemplo, se a massa do pêndulo no Exemplo 1.1.1 é um corpo rígido, livre para girar em torno da extremidade do pêndulo enquanto o pêndulo oscila, o ângulo de rotação da massa define um grau de liberdade adicional. Neste caso, o problema requer duas coordenadas para determinar a posição da massa no espaço, portanto, dois graus de liberdade. Por outro lado, se a haste na Figura 1.1 é flexível, sua massa distribuída deve ser considerada, resultando em um número infinito de graus de liberdade. Sistemas com mais de um grau de liberdade e sistemas com massa distribuída e flexível são discutidos nos Capítulos 4 e 6, respectivamente.

Depois de grau de liberdade, a próxima importante classificação de problemas de vibrações é a natureza da entrada ou excitação do sistema. Neste capítulo, somente a resposta livre do sistema é considerada. Resposta livre refere-se a análise da vibração resultante de um deslocamento inicial e/ou velocidade não nulos do sistema, com nenhuma força ou momento externo aplicado. No Capítulo 2 é discutida a resposta de um sistema de um grau de liberdade para uma entrada harmônica (isto é, uma força senoidal aplicada). O Capítulo 3 estuda a resposta de um sistema a uma função forçante geral (impulso ou choque de carga, função degrau, entradas aleatórias etc.) com base nas informações adquiridas em um curso de sistemas dinâmicos. Nos capítulos restantes, o modelo de vibração e métodos de análise tornam-se mais complexos.

As seções seguinte analisam equações similares a versão linear da equação do pêndulo dado no Exemplo 1.1.1. Além disso, a dissipação de energia é introduzida e detalhes de forças restauradoras elásticas são apresentados. Introdução ao projeto, medida e simulação também são apresentados. O capítulo termina com a introdução de linguagens de programação de alto nível (MATLAB®, Mathematica e Mathcad) como uma ferramenta para visualizar a resposta de um sistema de vibração e para fazer os cálculos necessários para resolver os problemas de vibração de forma mais eficiente. Além disso, simulação numérica é introduzida para resolver os problemas de vibração não linear.

1.1.1 O Modelo Massa-Mola

Das disciplinas básicas de física e dinâmica, sabe-se que as quantidades cinemáticas fundamentais usadas para descrever o movimento de uma partícula são os vetores deslocamento, velocidade e aceleração. Além disso, as leis da física dizem que o movimento de uma massa com aceleração é determinado pela força resultante agindo sobre a massa. Um dispositivo fácil de utilizar ao pensar em vibração é uma mola (como a que se usa para puxar uma porta ou uma mola de suspensão automotiva) com uma extremidade presa a um corpo fixo e uma massa presa à outra extremidade. Um esquema desta montagem é mostrado na Figura 1.2.

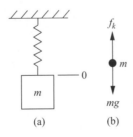

Figura 1.2 Um esquema (a) de um oscilador massa-mola de um grau de liberdade e (b) o seu diagrama de corpo livre.

Desprezando a massa da própria mola, as forças que atuam sobre a massa consistem na força da gravidade agindo para baixo (mg) e na força elástica da mola agindo para cima (f_k). Note que os vetores de força são colineares, reduzindo a equação de equilíbrio estático para uma dimensão, facilmente, tratada como um escalar. A natureza da força elástica pode ser deduzida realizando um experimento estático simples. Sem a massa presa, a mola se distende até a posição denotada por $x_0 = 0$ na Figura 1.3. À medida que mais massa é, sucessivamente, presa à mola, a força da gravidade faz com que a mola se estenda ainda mais. Se o valor da massa é registrado juntamente com o valor do deslocamento da extremidade da mola, cada vez que mais massa é adicionada, o gráfico da força (massa, representado por m, vezes a aceleração da gravidade, representada por g) pelo deslocamento, representado por x, fornece uma curva semelhante àquela ilustrada na Figura 1.4. Note que no intervalo de valores de x entre 0 e cerca de 20 mm (milímetros), a curva é uma linha reta. Isto indica que para deflexões inferiores a 20 mm e forças inferiores a 1000 N (newtons), a força que é aplicada pela mola sobre a massa é proporcional ao seu alongamento. A constante de proporcionalidade é numericamente igual a inclinação da linha reta entre 0 e 20 mm. Para a mola da Figura 1.4, a constante é 50 N/mm, ou 5×10^4 N/m. Deste modo, a equação que descreve a força aplicada pela mola, representada por f_k, sobre a massa é dada pela relação linear

$$f_k = kx \tag{1.1}$$

O valor da inclinação, representado por k, é chamado de *rigidez* da mola e é uma propriedade que caracteriza a mola para todas as situações nas quais o deslocamento é inferior a 20 mm. A partir de hipóteses de resistência dos materiais, uma mola linear de rigidez k armazena energia potencial conforme $\frac{1}{2}kx^2$.

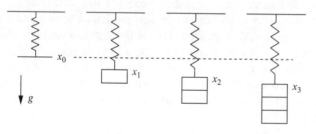

Figura 1.3 Um esquema de uma mola com massa desprezível sem nenhuma massa presa mostrando sua posição de equilíbrio estática, seguido pela adição de massas ilustrando a deflexão correspondente.

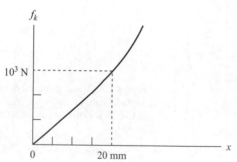

Figura 1.4 A curva de deflexão estática para a mola da Figura 1.3.

SEÇÃO 1.1 Introdução à Vibração Livre

Note que a relação entre f_k e x da Equação (1.1) é *linear* (isto é, a curva é linear e f_k depende linearmente de x). Se o deslocamento da mola for maior que 20 mm, a relação entre f_k e x torna-se *não linear*, como indicado na Figura 1.4. Sistemas não lineares são muito mais difíceis para analisar e constituem o assunto da Seção 1.10. Neste e em todos os outros capítulos, assume-se que os deslocamentos (e forças) são limitados ao intervalo linear, a menos que especificado o contrário.

Em seguida, considere um diagrama de corpo livre da massa mostrada na Figura 1.5, com a mola de massa desprezível distendida da sua posição de repouso (equilíbrio). Como nas figuras anteriores, considera-se que a massa do corpo é m e a rigidez da mola é k. Assumindo que a massa se move sobre uma superfície sem atrito ao longo da direção x, a única força atuando sobre a massa na direção x é a força da mola. Contanto que o movimento da mola não exceda o seu limite de linearidade, a soma das forças na direção x deve ser igual ao produto da massa pela aceleração.

O somatório das forças sobre o diagrama de corpo livre na Figura 1.5 ao longo da direção x produz

$$m\ddot{x}(t) = -kx(t) \quad \text{ou} \quad m\ddot{x}(t) + kx(t) = 0 \qquad (1.2)$$

onde $\ddot{x}(t)$ denota a derivada de segunda ordem do deslocamento (isto é, a aceleração). Observe que a direção da força da mola é oposta a da deflexão (+ é adotado para a direita na figura). Como no Exemplo 1.1.1, os vetores deslocamento e aceleração são reduzidos a escalares, uma vez que a força resultante na direção y é zero ($N = mg$) e a força na direção x é colinear com a força de inércia. Tanto o deslocamento como a aceleração são funções do tempo t, como indicado na Equação (1.2). A Janela 1.1 ilustra três tipos de sistemas mecânicos, os quais, para pequenas oscilações, podem ser descritos pela Equação (1.2): um sistema massa-mola, um eixo de rotação e um pêndulo simples (Exemplo 1.1.1). Outros exemplos são dados na Seção 1.4 e ao longo do livro.

Um dos objetivos da análise de vibração é ser capaz de prever a resposta, ou movimento, de um sistema vibratório. Assim, é desejável determinar a solução da Equação (1.2). Felizmente, a equação diferencial dada na Equação (1.2) é bem conhecida e é bastante estudada em textos de cálculos introdutórios e física, bem como em textos sobre equações diferenciais. Na verdade, existe uma variedade de formas de se obter essa solução. Todas as formas são discutidas com algum detalhe na próxima seção. Por enquanto, é suficiente apresentar uma solução baseada na observação física. Da experiência

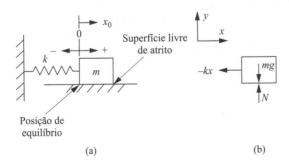

Figura 1.5 (a) Um sistema massa-mola com deslocamento inicial de x_0 a partir da posição de repouso, ou equilíbrio, e velocidade inicial zero. (b) Diagrama de corpo livre do sistema.

Janela 1.1
Exemplos de Sistemas de um Grau de Liberdade (para pequenos deslocamentos)

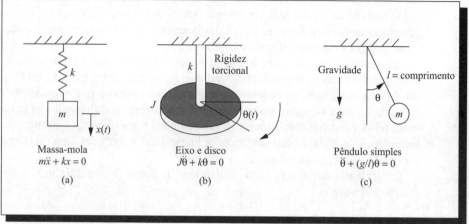

observando uma mola, como a da Figura 1.5 (ou um pêndulo), supõe-se que o movimento é periódico, da forma

$$x(t) = A\,\text{sen}(\omega_n t + \phi) \tag{1.3}$$

Essa forma é escolhida porque a função seno descreve a oscilação. A Equação (1.3) é a função seno em sua forma mais geral, onde a constante A é a *amplitude*, ou valor máximo, do deslocamento; ω_n, a *frequência natural angular*, determina o intervalo no tempo durante o qual a função se repete; e ϕ, chamada de *fase*, determina o valor inicial da função seno. Como será discutido nas próximas seções, a fase e a amplitude são determinadas pelo estado inicial do sistema (Figura 1.7). É padrão medir o tempo t em segundos (s). A fase é medida em radianos (rad) e a frequência é medida em radianos por segundo (rad/s). Como deduzido na próxima equação, a frequência ω_n é determinada pelas propriedades físicas da massa e da rigidez (m e k), e as constantes A e ϕ são determinadas pelas posição e velocidade iniciais bem como pela frequência natural angular.

Para verificar se a Equação (1.3) é de fato uma solução da equação de movimento, a Equação (1.3) é substituída na Equação (1.2). A diferenciação sucessiva do deslocamento, $x(t)$ dado pela Equação (1.3), produz a velocidade, $\dot{x}(t)$, dada por

$$\dot{x}(t) = \omega_n A \cos(\omega_n t + \phi) \tag{1.4}$$

e a aceleração, $\ddot{x}(t)$, dada por

$$\ddot{x}(t) = -\omega_n^2 A\,\text{sen}(\omega_n t + \phi) \tag{1.5}$$

SEÇÃO 1.1   Introdução à Vibração Livre

A substituição das Equações (1.5) e (1.3) em (1.2) fornece

$$-m\omega_n^2 A \operatorname{sen}(\omega_n t + \phi) = -kA \operatorname{sen}(\omega_n t + \phi)$$

Dividindo a última equação por A e m, a equação resultante é satisfeita se

$$\omega_n^2 = \frac{k}{m}, \quad \text{ou} \quad \omega_n = \sqrt{\frac{k}{m}} \tag{1.6}$$

Portanto, a Equação (1.3) é uma solução da equação de movimento. A constante ω_n caracteriza o sistema massa-mola, assim como a frequência com que o movimento se repete, e por isso é chamada de *frequência natural* do sistema. Uma curva da solução $x(t)$ em função do tempo t é representada na Figura 1.6. Resta a interpretação das constantes A e ϕ.

As unidades associadas à notação ω_n são rad/s e em textos mais antigos a frequência natural dessas unidades é, frequentemente, referenciada como a *frequência natural circular* ou *frequência circular* para enfatizar que as unidades são consistentes com funções trigonométricas e para distinguir da frequência dada em unidades de hertz (Hz) ou ciclos por segundo, representada por f_n. As duas frequências são relacionadas por $f_n = \omega_n/2\pi$, conforme discutido na Seção 1.2. Na prática, a expressão *frequência natural* é usada para f_n ou ω_n, e as unidades são, explicitamente, escritas para evitar confusão. Por exemplo, uma sentença comum é: a frequência natural é 10 Hz, ou a frequência natural é 20π rad/s.

Lembre de equações diferenciais que, pela equação de movimento ser de segunda ordem, resolver a Equação (1.2) envolve duas integrações. Assim, existem duas constantes de integração para determinar que são A e ϕ. O significado, ou interpretação física, é que essas constantes são determinadas pelo estado inicial de movimento do sistema massa-mola. Novamente, lembre das leis de Newton, se nenhuma força for transmitida à massa, essa permanecerá em repouso. No entanto, se a massa for deslocada para uma posição x_0 no instante $t = 0$, então ocorrerá movimento devido a força kx_0 na mola. Além disso, se uma velocidade inicial v_0 é dada a massa no instante $t = 0$, então movimento ocorrerá por causa

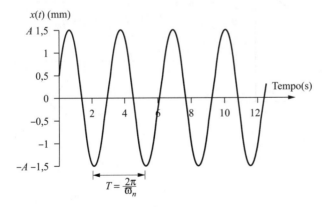

Figura 1.6 A resposta de um sistema de massa-mola simples a um deslocamento inicial de $x_0 = 0{,}5$ mm e uma velocidade inicial de $v_0 = 2\sqrt{2}$ mm/s. A frequência natural é 2 rad/s e a amplitude é de 1,5 mm. O período é $T = 2\pi/\omega_n = 2\pi/2 = \pi$s.

da variação induzida no momento. Estas condições sobre o deslocamento e a velocidade são chamadas de *condições iniciais* e quando substituídas na Equação (1.3) fornecem

$$x_0 = x(0) = A \operatorname{sen}(\omega_n 0 + \phi) = A \operatorname{sen} \phi \tag{1.7}$$

e

$$v_0 = \dot{x}(0) = \omega_n A \cos(\omega_n 0 + \phi) = \omega_n A \cos \phi \tag{1.8}$$

Resolvendo essas duas equações, simultaneamente, para as duas incógnitas A e ϕ obtém-se

$$A = \frac{\sqrt{\omega_n^2 x_0^2 + v_0^2}}{\omega_n} \quad \text{e} \quad \phi = \operatorname{tg}^{-1} \frac{\omega_n x_0}{v_0} \tag{1.9}$$

como ilustrado na Figura 1.7. A fase ϕ deve estar no quadrante apropriado, por isso deve-se ter cuidado ao avaliar a função arco tangente. Dessa forma, a solução da equação de movimento para o sistema massa-mola é dada por

$$x(t) = \frac{\sqrt{\omega_n^2 x_0^2 + v_0^2}}{\omega_n} \operatorname{sen}\left(\omega_n t + \operatorname{tg}^{-1} \frac{\omega_n x_0}{v_0}\right) \tag{1.10}$$

e é representada na Figura 1.6. Essa solução é chamada de *resposta livre* do sistema, porque nenhuma força externa ao sistema é aplicada após $t = 0$. O movimento do sistema massa-mola é chamado de *movimento harmônico simples* ou *movimento oscilatório* e é discutido em detalhes na próxima seção. O sistema massa-mola também é referenciado como um *oscilador harmônico simples*, bem como um *sistema de um grau de liberdade não amortecido*.

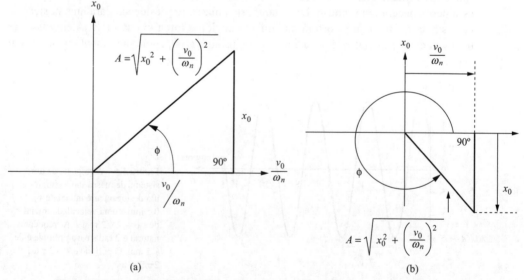

Figura 1.7 As relações trigonométricas entre a fase, a frequência natural e as condições iniciais. Observe que as condições iniciais determinam o quadrante apropriado para a fase: (a) para uma posição inicial positiva e uma velocidade inicial positiva, (b) para uma posição inicial negativa e uma velocidade inicial positiva.

SEÇÃO 1.1 Introdução à Vibração Livre

Exemplo 1.1.2

O ângulo de fase ϕ descreve o deslocamento relativo na vibração senoidal do sistema massa-mola resultante do deslocamento inicial, x_0. Verifique que a Equação (1.10) satisfaz a condição inicial $x(0) = x_0$.

Solução A substituição de $t = 0$ na Equação (1.10) produz

$$x(0) = A \operatorname{sen} \phi = \frac{\sqrt{\omega_n^2 x_0^2 + v_0^2}}{\omega_n} \operatorname{sen}\left(\operatorname{tg}^{-1} \frac{\omega_n x_0}{v_0} \right)$$

A Figura 1.7 ilustra o ângulo de fase ϕ definido pela Equação (1.9). O triângulo retângulo é usado para definir o seno e a tangente do ângulo ϕ. A partir da geometria de um triângulo retângulo e das definições das funções seno e tangente, o valor de $x(0)$ é

$$x(0) = \frac{\sqrt{\omega_n^2 x_0^2 + v_0^2}}{\omega_n} \frac{\omega_n x_0}{\sqrt{\omega_n^2 x_0^2 + v_0^2}} = x_0$$

que mostra que a solução dada pela Equação (1.10) é consistente com a condição inicial de deslocamento.

$\square$

Exemplo 1.1.3

Um conjunto formado por roda, pneu e suspensão de um veículo pode ser modelado, de forma simplificada, por um sistema massa-mola de um grau de liberdade. A massa do conjunto mede cerca de 30 quilogramas (kg) enquanto sua frequência de oscilação é 10 Hz. Qual é a rigidez aproximada do conjunto?

Solução A relação entre a frequência, a massa e a rigidez é $\omega_n = \sqrt{k/m}$, tal que

$$k = m\omega_n^2 = (30 \text{ kg})\left(10 \frac{\text{ciclo}}{\text{s}} \cdot \frac{2\pi \text{ rad}}{\text{ciclo}} \right)^2 = 1{,}184 \times 10^5 \, \text{N/m}$$

Essa solução fornece uma forma simples de estimar a rigidez de um dispositivo complexo. Essa rigidez também pode ser estimada utilizando um experimento de deflexão estática similar à sugerida pelas Figuras 1.3 e 1.4.

$\square$

Exemplo 1.1.4

Calcule a amplitude e a fase da resposta de um sistema com massa de 2 kg e rigidez de 200 N/m, para as seguintes condições iniciais:

a) $x_0 = 2$ mm e $v_0 = 1$ mm/s

b) $x_0 = -2$ mm e $v_0 = 1$ mm/s

c) $x_0 = 2$ mm e $v_0 = -1$ mm/s

Compare os resultados obtidos.

Solução Primeiro, calcule a frequência natural, pois não depende das condições iniciais e será a mesma em cada caso. A partir da Equação (1.6):

$$\omega_n = \sqrt{\frac{k}{m}} = \sqrt{\frac{200 \text{ N/m}}{2 \text{ kg}}} = 10 \text{ rad/s}$$

Em seguida, calcule a amplitude, pois depende dos quadrados das condições iniciais e será a mesma em cada caso. A partir da Equação (1.9):

$$A = \frac{\sqrt{\omega_n^2 x_0^2 + v_0^2}}{\omega_n} = \frac{\sqrt{10^2 \cdot 2^2 + 1^2}}{10} = 2,0025 \text{ mm}$$

Dessa forma, a diferença entre as três respostas obtidas é determinada apenas pela fase. Utilizando a Equação (1.9) e fazendo referência à Figura 1.7 para determinar o quadrante apropriado, a fase para cada caso é dada a seguir:

a) $\phi = \text{tg}^{-1}\left(\dfrac{\omega_n x_0}{v_0}\right) = \text{tg}^{-1}\left(\dfrac{(10 \text{ rad/s}) (2 \text{ mm})}{1 \text{ mm/s}}\right) = 1,521 \text{ rad (ou } 87,147°)$

que está no primeiro quadrante.

b) $\phi = \text{tg}^{-1}\left(\dfrac{\omega_n x_0}{v_0}\right) = \text{tg}^{-1}\left(\dfrac{(10 \text{ rad/s}) (-2 \text{ mm})}{1 \text{ mm/s}}\right) = -1,521 \text{ rad (ou } -87,147°)$

que está no quarto quadrante.

c) $\phi = \text{tg}^{-1}\left(\dfrac{\omega_n x_0}{v_0}\right) = \text{tg}^{-1}\left(\dfrac{(10 \text{ rad/s})(2 \text{ mm})}{-1 \text{ mm/s}}\right) = (-1,521 + \pi) \text{ rad (ou } 92,85°)$

que está no segundo quadrante (posição positiva e velocidade negativa implicam que o ângulo está no segundo quadrante na Figura 1.7, exigindo que os cálculos brutos sejam deslocados de 180°).

Note que se a Equação (1.9) é utilizada sem considerar a Figura 1.7, os itens b e c resultariam na mesma resposta (o que não faz sentido fisicamente, pois as respostas têm pontos de partida diferentes). Assim, no cálculo da fase, é importante considerar a qual quadrante o ângulo pertence. Felizmente, algumas calculadoras e alguns programas usam uma função de arco tangente, que corrige o quadrante (por exemplo, o MATLAB usa o comando `atan2(w0*x0, v0)`).

A função tg(ϕ) pode ser positiva ou negativa. Se a tangente é positiva, o ângulo de fase está no primeiro ou terceiro quadrante. Se o sinal do deslocamento inicial é positivo, o ângulo de fase está no primeiro quadrante. Se o sinal é negativo ou o deslocamento inicial é negativo, o ângulo de fase está no terceiro quadrante. Se, por outro lado, a tangente é negativa, o ângulo de fase está no segundo ou quarto quadrante. Como no caso anterior, examinando o sinal do deslocamento inicial, pode-se determinar o quadrante apropriado. Ou seja, se o sinal é positivo, o ângulo de fase está no segundo quadrante, e se o sinal é negativo, o ângulo de fase está no quarto quadrante. A possibilidade restante é que a tangente seja igual a zero. Neste caso, o ângulo de fase é zero ou 180°. A velocidade inicial determina qual quadrante está correto. Se o deslocamento inicial e a velocidade inicial são zeros, então o ângulo de fase é zero. Se, por outro lado, a velocidade inicial é negativa, o ângulo de fase é 180°.

$\square$

SEÇÃO 1.2 Movimento Harmônico

O ponto principal desta seção está resumido na Janela 1.2 que ilustra o movimento harmônico e como as condições iniciais determinam a resposta de tal sistema.

Janela 1.2
Resumo da Descrição do Movimento Harmônico Simples

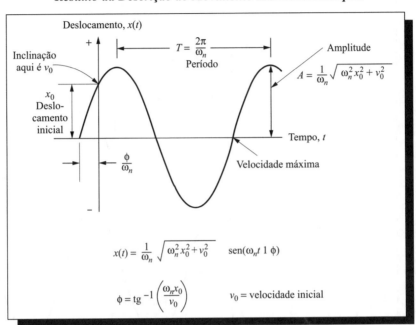

1.2 MOVIMENTO HARMÔNICO

As propriedades cinemáticas fundamentais de uma partícula movendo-se em uma dimensão são deslocamento, velocidade e aceleração. Para o movimento harmônico de um sistema massa-mola simples, essas quantidades são dadas pelas Equações (1.3), (1.4) e (1.5), respectivamente. Essas equações revelam as diferentes amplitudes relativas de cada quantidade. Para sistemas com frequência natural maior que 1 rad/s, a amplitude relativa da resposta em velocidade é maior que a da resposta em deslocamento por um múltiplo de ω_n, e a resposta em aceleração é maior por um múltiplo de ω_n^2. Para sistemas com frequência menor que 1, a velocidade e a aceleração têm amplitudes relativas menores do que o deslocamento. Observe também que a velocidade está 90° (ou $\pi/2$ radianos) fora de fase com a posição [isto é, $\text{sen}(\omega_n t + \pi/2 + \phi) = \cos(\omega_n t + \pi/2 + \phi)$], enquanto a aceleração está 180° fora de fase com a posição e 90° fora de fase com a velocidade. Essa propriedade está resumida e ilustrada na Janela 1.3.

Janela 1.3
*A Relação entre Deslocamento, Velocidade e Aceleração
para o Movimento Harmônico Simples*

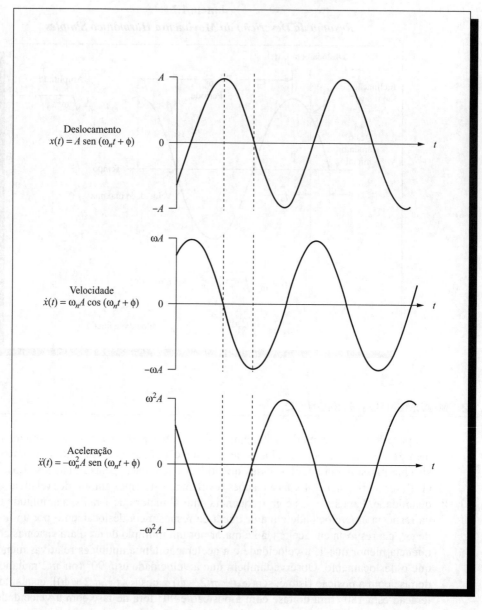

SEÇÃO 1.2 Movimento Harmônico

A frequência natural angular, ω_n, utilizada nas Equações (1.3) e (1.10), é medida em radianos por segundo e descreve a propriedade repetitiva da oscilação. Como indicado na Janela 1.2, o tempo que o ciclo leva para se repetir é o período, T, que está relacionado à frequência natural por

$$T = \frac{2\pi \text{ rad}}{\omega_n \text{ rad/s}} = \frac{2\pi}{\omega_n} \text{ s} \tag{1.11}$$

Essa expressão resulta da definição elementar do período de uma função senoidal. A frequência em hertz (Hz), representada por f_n, e a frequência em radianos por segundo, representada por ω_n, estão relacionadas por

$$f_n = \frac{\omega_n}{2\pi} = \frac{\omega_n \text{ rad/s}}{2\pi \text{ rad/ciclo}} = \frac{\omega_n \text{ ciclos}}{2\pi \text{ s}} = \frac{\omega_n}{2\pi} \text{ (Hz)} \tag{1.12}$$

A Equação (1.2) tem, exatamente, a mesma forma da equação diferencial linear do pêndulo do Exemplo 1.1.1 e do sistema torcional da Janela 1.1(b). Como tal, o pêndulo terá, exatamente, a mesma forma de solução da Equação (1.3), com frequência

$$\omega_n = \sqrt{\frac{g}{l}} \text{ rad/s}$$

A solução da equação do pêndulo prevê que o período de oscilação do pêndulo é

$$T = \frac{2\pi}{\omega_n} = 2\pi \sqrt{\frac{l}{g}} \text{ s}$$

onde s representa segundos. Esse valor analítico do período pode ser verificado pela medição do período de oscilação de um pêndulo com um cronômetro simples. O período do sistema torcional da Janela 1.1(b) terá frequência e período de

$$\omega_n = \sqrt{\frac{k}{J}} \text{ rad/s} \qquad \text{e} \qquad T = 2\pi \sqrt{\frac{J}{k}} \text{ s}$$

respectivamente. O conceito de frequência de vibração de um sistema mecânico é o conceito físico (e quantidade) mais importante na análise de vibração. A medida do período ou da frequência permite validar o modelo analítico. (Se você fez um pêndulo de 1 metro, o período seria cerca de 2 s. Isso é algo que você pode verificar em casa.)

Enquanto a única perturbação desses sistemas for um conjunto de condições iniciais não nulas, o sistema responderá oscilando com frequência ω_n e período T. Para o caso do

CAPÍTULO 1 • Introdução à Vibração e a Resposta Livre

pêndulo, quanto maior o pêndulo, menor a frequência e maior o período. É por isso que nas demonstrações em museus de um pêndulo, o comprimento é geralmente muito grande, tal que T é grande e se pode facilmente verificar o período (normalmente, um pêndulo também é usado para ilustrar a precessão da Terra; pesquise no Google o termo Pêndulo de Foucault).

Exemplo 1.2.1

Considere uma pequena mola de aproximadamente 30 mm de comprimento, presa a uma mesa estacionária (em relação ao solo) tal que a mola esteja fixa no ponto de contato, com um parafuso de 12 mm preso à outra extremidade, que está livre para se mover. A massa deste sistema é de aproximadamente $49,2 \times 10^{-3}$ kg. A rigidez da mola pode ser medida usando o método sugerido na Figura 1.4 e produz uma constante de mola de $k = 857,8$ N/m. Calcule a frequência e o período natural. Determine também a amplitude máxima da resposta se a mola for inicialmente defletida 10 mm. Assuma que a mola está orientada na direção da força da gravidade, como na Janela 1.1. (Despreze o efeito da gravidade, veja abaixo.)

Solução   A partir da Equação (1.6), a frequência natural é

$$\omega_n = \sqrt{\frac{k}{m}} = \sqrt{\frac{857,8 \text{ N/m}}{49,2 \times 10^{-3} \text{ kg}}} = 132 \text{ rad/s}$$

A frequência em hertz é

$$f_n = \frac{\omega_n}{2\pi} = 21 \text{ Hz}$$

O período é

$$T = \frac{2\pi}{\omega_n} = \frac{1}{f_n} = 0,0476 \text{ s}$$

Note a partir da Figura 1.6 que o valor máximo da resposta em deslocamento corresponde ao valor da constante A. Supondo que nenhuma velocidade inicial é dada à mola ($v_0 = 0$), a Equação (1.9) produz

$$x(t)_{max} = A = \frac{\sqrt{\omega_n^2 x_0^2 + v_0^2}}{\omega_n} = x_0 = 10 \text{ mm}$$

Note que o valor máximo da resposta em velocidade é $\omega_n A$ ou $\omega_n x_0 = 1320$ mm/s e a resposta em aceleração tem o valor máximo

$$\omega_n^2 A = \omega_n^2 x_0 = 174,24 \times 10^3 \text{ mm/s}^2$$

Como ($v_0 = 0$), a fase é $\phi = \text{tg}^{-1}(\omega_n x_0/0) = \pi/2$, ou 90°. Portanto, nesse caso, a resposta é $x(t) = 10 \text{ sen}(132t + \pi/2) = 10 \cos(132t)$ mm.

$\square$

A força da gravidade importa em problemas de mola? A resposta é não, se o sistema oscila na região linear. Considere a mola da Figura 1.3 e que uma massa de valor m distende a mola. Seja Δ a distância defletida nesse experimento estático (Δ é chamado de

SEÇÃO 1.2   Movimento Harmônico

deflexão estática); então a força agindo sobre a massa é $k\Delta$. A partir do equilíbrio estático, as forças atuando sobre a massa devem ser zero, tal que (adotando positivo para baixo na figura)

$$mg - k\Delta = 0$$

Em seguida, somando as forças ao longo da vertical para a massa em algum ponto x e aplicando a lei de Newton obtém-se

$$m\ddot{x}(t) = -k(x + \Delta) + mg = -kx + mg - \Delta k$$

Observe que o sinal no termo da mola é negativo porque a força da mola se opõe ao movimento, que é adotado como positivo para baixo. A soma dois últimos termos é zero ($mg - k\Delta = 0$) devido à condição de equilíbrio estático, assim a equação de movimento reduz-se a

$$m\ddot{x}(t) + kx(t) = 0$$

Dessa forma, a gravidade não afeta a resposta dinâmica. Note que $x(t)$ é medido a partir da posição estendida (ou comprimida se de cabeça para baixo) do sistema massa-mola, ou seja, a partir da sua posição de repouso. Isso é discutido novamente usando os métodos de energia na Figura 1.14.

Exemplo 1.2.2

(a) Um pêndulo em Bruxelas oscila com um período de 3 segundos. Calcule o comprimento do pêndulo. (b) Em outro local, considere que o comprimento do pêndulo seja de 2 metros e o período seja de 2,839 segundos. Qual é a aceleração da gravidade nesse local?

Solução   A relação entre período e frequência natural é dada na Equação (1.11). (a) Substituindo o valor da frequência natural para um pêndulo e resolvendo para o comprimento do pêndulo obtém-se

$$T = \frac{2\pi}{\omega_n} \Rightarrow \omega_n^2 = \frac{g}{l} = \frac{4\pi^2}{T^2} \Rightarrow l = \frac{gT^2}{4\pi^2} = \frac{(9{,}811 \text{ m/s}^2)(3)^2\text{s}^2}{4\pi^2} = 2{,}237\,\text{m}$$

com $g = 9{,}811$ m/s^2, que é o valor em Bruxelas (a 51° de latitude e 102 m de altitude). (b) Em seguida, manipulando a equação do período do pêndulo para obter g, chega-se a

$$\frac{g}{l} = \frac{4\pi^2}{T^2} \Rightarrow g = \frac{4\pi^2}{T^2}l = \frac{4\pi^2}{(2{,}839)^2\text{s}^2}(2)\text{m} = 9{,}796\,\text{m/s}^2$$

Esse é o valor da aceleração da gravidade em Denver, Colorado, Estados Unidos (em uma altitude de 1638 m e latitude de 40°).

Esses tipos de cálculos são, normalmente, realizados em aulas de ciências do ensino médio, mas são repetidos aqui para ressaltar a utilidade do conceito de frequência natural e período em termos de fornecer informações sobre as propriedades físicas do sistema de vibração. Além disso, esse exemplo serve para lembrar o leitor de um fenômeno de vibração familiar.

□

CAPÍTULO 1 • Introdução à Vibração e a Resposta Livre

A solução dada pela Equação (1.10) foi desenvolvida assumindo que a resposta deve ser harmônica com base na observação física. A forma da resposta também pode ser obtida por uma abordagem mais analítica seguindo a teoria das equações diferenciais elementares (ver, por exemplo, Boyce e DiPrima, 2009). Essa abordagem é revista aqui e será generalizada em seções e capítulos posteriores para obter a resposta de sistemas mais complexos.

Considere que a solução $x(t)$ é da forma

$$x(t) = ae^{\lambda t} \qquad (1.13)$$

onde a e λ são constantes não nulas a determinar. Após sucessiva diferenciação, a Equação (1.13) torna-se $\dot{x}(t) = \lambda ae^{\lambda t}$ e $\ddot{x}(t) = \lambda^2 ae^{\lambda t}$. A substituição da forma exponencial na Equação (1.2) produz

$$m\lambda^2 ae^{\lambda t} + kae^{\lambda t} = 0 \qquad (1.14)]$$

Uma vez que o termo $ae^{\lambda t}$ nunca é zero, a Equação (1.14) pode ser dividida por $ae^{\lambda t}$ para gerar

$$m\lambda^2 + k = 0 \qquad (1.15)$$

Resolvendo a Equação (1.15) algebricamente tem-se

$$\lambda = \pm\sqrt{-\frac{k}{m}} = \pm\sqrt{\frac{k}{m}}j = \pm\omega_n j \qquad (1.16)$$

onde $j = \sqrt{-1}$ é o número imaginário e $\omega_n = \sqrt{k/m}$ é a frequência natural definida anteriormente. Observe que existem dois valores para λ, $\lambda = +\omega_n j$ e $\lambda = -\omega_n j$, pois a equação para λ é de segunda ordem. Isto implica que deve existir também duas soluções da Equação (1.2). A substituição da Equação (1.16) na Equação (1.13) resulta em duas soluções para $x(t)$, dadas por

$$x(t) = a_1 e^{+j\omega_n t} \qquad e \qquad x(t) = a_2 e^{-j\omega_n t} \qquad (1.17)$$

Como a Equação (1.2) é linear, a soma das duas soluções também é uma solução; portanto, a resposta $x(t)$ é da forma

$$x(t) = a_1 e^{+j\omega_n t} + a_2 e^{-j\omega_n t} \qquad (1.18)$$

onde a_1 e a_2 são constantes de integração de valores complexos. As relações de Euler para funções trigonométricas mostram que $2j$ sen $\theta = (e^{\theta j} - e^{-\theta j})$ e 2 cos $\theta = (e^{\theta j} - e^{-\theta j})$, onde $j = \sqrt{-1}$. (ver Apêndice A, Equações (A.18), (A.19) e (A.20), assim como a Janela 1.5). Utilizando as relações de Euler, a Equação (1.18) pode ser reescrita como

$$x(t) = A \,\text{sen}(\omega_n t + \phi) \qquad (1.19)$$

onde A e ϕ são constantes de integração de valores reais. Observe que a Equação (1.19) está de acordo com a solução fisicamente intuitiva dada pela Equação (1.3). As relações entre as várias constantes nas Equações (1.18) e (1.19) são dadas na Janela 1.4. A Janela 1.5 ilustra o uso das relações de Euler para obter as funções harmônicas a partir de exponenciais para o caso subamortecido.

SEÇÃO 1.2 Movimento Harmônico

Janela 1.4
Três Representações Equivalentes de Movimento Harmônico

A solução de $m\ddot{x} + kx = 0$ sujeita a condições iniciais diferentes de zero pode ser escrita de três formas equivalentes. Primeiro, a solução pode ser escrita como

$$x(t) = a_1 e^{j\omega_n t} + a_2 e^{-j\omega_n t}, \quad \omega_n = \sqrt{\frac{k}{m}}, \quad j = \sqrt{-1}$$

onde a_1 e a_2 são constantes de valores complexos. Em segundo lugar, a solução pode ser escrita como

$$x(t) = A \operatorname{sen}(\omega_n t + \phi)$$

onde A e ϕ são constantes de valores reais. Por último, a solução pode ser escrita como

$$x(t) = A_1 \operatorname{sen} \omega_n t + A_2 \cos \omega_n t$$

onde A_1 e A_2 são constantes de valores reais. Cada conjunto de duas constantes é determinado pelas condições iniciais, x_0 e v_0. As várias constantes são relacionadas pelas seguintes expressões:

$$A = \sqrt{A_1^2 + A_2^2} \quad \phi = \operatorname{tg}^{-1}\left(\frac{A_2}{A_1}\right)$$

$$A_1 = (a_1 - a_2)j \quad A_2 = a_1 + a_2$$

$$a_1 = \frac{A_2 - A_1 j}{2} \quad a_2 = \frac{A_2 + A_1 j}{2}$$

todas obtidas a partir de identidades trigonométricas e fórmulas de Euler. Observe que a_1 e a_2 são um par complexo conjugado, tal que A_1 e A_2 são ambos números reais, desde que as condições iniciais sejam reais, como é normalmente o caso.

Muitas vezes, quando se calculam as frequências a partir da Equação (1.16), como $\lambda^2 = -4$, existe uma tentação de escrever que a frequência é $\omega_n = \pm 2$. Isso é incorreto porque o sinal $\pm$ é usado quando a relação de Euler é usada para obter a função sen $\omega_n t$ a partir da forma exponencial. O conceito de frequência não é definido até aparecer no argumento da função seno e, como tal, é sempre positivo.

Uma terminologia precisa é útil para discutir um problema de engenharia e o assunto de vibração não é exceção. Como a posição, a velocidade e a aceleração mudam continuamente com o tempo, várias outras quantidades são usadas para discutir a vibração. O *valor de pico*, definido como o deslocamento máximo, ou amplitude A da Equação (1.9),

20 CAPÍTULO 1 • Introdução à Vibração e a Resposta Livre

é frequentemente usado para indicar a região no espaço em que o objeto vibra. Outra quantidade útil para descrever a vibração é o *valor médio*, denotado por $\bar{x}$, e definido por

$$\bar{x} = \lim_{T \to \infty} \frac{1}{T} \int_0^T x(t)\,dt \tag{1.20}$$

Note que o valor médio de $x(t) = A\,\text{sen}\,\omega_{nt}$ ao longo de um período de oscilação é zero.

Como o quadrado do deslocamento está associado com a energia potencial de um sistema, a média do deslocamento ao quadrado é, as vezes, uma propriedade de vibração útil a discutir. O valor quadrático médio (ou variância) do deslocamento $x(t)$, denotado por $\bar{x}^2$, é definido por

$$\bar{x}^2 = \lim_{T \to \infty} \frac{1}{T} \int_0^T x^2(t)\,dt \tag{1.21}$$

A raiz quadrada desse valor, denotada de *raiz do valor quadrático médio* (RMS), é comumente usada na especificação de vibração. Como o valor de pico da velocidade e da aceleração são múltiplos da frequência natural vezes a amplitude de deslocamento (isto é, Equações $(1.3 - 1.5)$), esses três valores de pico muitas vezes diferem em valor por uma ordem de amplitude ou mais. Assim, as escalas logarítmicas são frequentemente usadas. Uma unidade de medida comum para amplitudes de vibração e valores RMS é o *decibel* (dB). O decibel foi originalmente definido em termos do logaritmo de base 10 da relação de potência de dois sinais elétricos, ou como a razão do quadrado das amplitudes de dois sinais. Seguindo essa ideia, o decibel é definido como

$$dB \equiv 10 \log_{10}\left(\frac{x_1}{x_0}\right)^2 = 20 \log_{10}\frac{x_1}{x_0} \tag{1.22}$$

O sinal x_0 é um sinal de referência. O decibel é usado para quantificar até que ponto o sinal medido x_1 está acima do sinal de referência x_0. Note que se o sinal medido é igual ao sinal de referência, então o sinal medido corresponde a 0 dB. O decibel é usado extensivamente em acústica para comparar níveis de som. O uso de uma escala de dB expande ou comprime informações de resposta de vibração por conveniência na representação gráfica.

Exemplo 1.2.3

Considere um pêndulo de 2 metros de comprimento na lua ao qual é dado um deslocamento angular inicial de 0,2 rad e velocidade inicial zero. Calcule a velocidade angular máxima e a aceleração angular máxima do pêndulo (note que a aceleração da gravidade na lua terrestre é $g_m = g/6$, onde g é a aceleração da gravidade na Terra).

Solução   A partir do Exemplo 1.1.1, a equação de movimento de um pêndulo é

$$\ddot{\theta}(t) + \frac{g_m}{l}\theta(t) = 0$$

SEÇÃO 1.3 Amortecimento Viscoso

Essa equação tem a mesma forma que a Equação (1.2) e, portanto, tem uma solução da forma

$$\theta(t) = A\,\text{sen}(\omega_n t + \phi), \quad \omega_n = \sqrt{\frac{g_m}{l}}$$

A partir da Equação (1.9), a amplitude é dada por

$$A = \sqrt{\frac{\omega_n^2 x_0^2 + v_0^2}{\omega_n^2}} = x_0 = 0{,}2 \text{ rad}$$

A partir da Janela 1.3, a velocidade máxima é apenas $\omega_n A$ ou

$$v_{\max} = \omega_n A = \sqrt{\frac{g_m}{l}}(0{,}2) = (0{,}2)\sqrt{\frac{9{,}8/6}{2}} = 0{,}18 \text{ rad/s}$$

A máxima aceleração é

$$a_{\max} = \omega_n^2 A = \frac{g_m}{l}A = \frac{9{,}8/6}{2}(0{,}2) = 0{,}163 \text{ rad/s}^2$$

$\square$

As frequências preocupantes na vibração mecânica variam de frações de hertz a vários milhares de hertz. Amplitudes variam de micrômetros até metros (para sistemas como edifícios altos). De acordo com Mansfield (2005), os seres humanos são mais sensíveis à aceleração do que ao deslocamento e facilmente percebem a vibração em torno de 5 Hz a cerca de 0,01 m/s² (cerca de 0,01 mm). A vibração horizontal é fácil de experimentar perto de 2 Hz. Trabalhos que tentam caracterizar níveis de conforto para vibrações humanas ainda estão em andamento.

1.3 AMORTECIMENTO VISCOSO

A resposta do modelo massa-mola (Seção 1.1) prediz que o sistema oscilará indefinidamente. Entretanto, observações cotidianas indicam que sistemas oscilando livremente, após um longo tempo, têm movimento reduzido a zero. Essa observação sugere que o modelo esboçado na Figura 1.5 e o modelo matemático correspondente, dado pela Equação (1.2), precisam ser adequados para conter esse movimento oscilatório decrescente. A escolha de um modelo representativo para o decaimento observado em um sistema oscilatório baseia-se, parcialmente, na observação física e, parcialmente, na conveniência matemática. A teoria das equações diferenciais sugere que adicionar um termo à Equação (1.2) da forma $c\dot{x}(t)$, onde c é uma constante, resultará em uma solução $x(t)$ que decresce até desaparecer completamente. A observação física condiz, razoavelmente, bem com esse modelo e é usada com sucesso na modelagem do amortecimento, ou decaimento, em uma variedade de sistemas mecânicos. Esse tipo de amortecimento, chamado de *amortecimento viscoso*, é descrito em detalhes nesta seção.

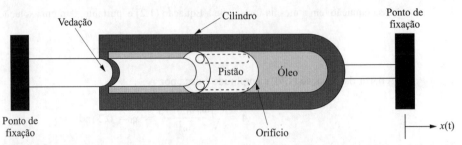

Figura 1.8 Um esquema de um amortecedor viscoso que produz uma força de amortecimento $f_c(t) = c\dot{x}(t)$, onde $x(t)$ é o movimento do cilindro em relação ao pistão.

Enquanto a mola constitui um modelo físico para o armazenamento de energia potencial e, portanto, fonte de vibração, o *amortecedor viscoso,* ou *amortecedor,* constitui o modelo físico para a dissipação de energia e, assim, amortece a resposta de um sistema mecânico. Um exemplo de amortecedor viscoso consiste em um pistão instalado em um cilindro cheio de óleo como indicado na Figura 1.8. Esse pistão é perfurado para que o movimento do pistão no óleo seja possível. O fluxo laminar do óleo através das perfurações ou orifícios, à medida que o pistão se move, provoca uma força de amortecimento no pistão. A força é proporcional à velocidade do pistão em uma direção oposta à do movimento do pistão. Essa força de amortecimento, representada por f_c, tem a forma

$$f_c = c\dot{x}(t) \tag{1.23}$$

onde c é uma constante de proporcionalidade relacionada com a viscosidade do óleo. A constante c, chamada *coeficiente de amortecimento*, tem unidades de força por velocidade, ou N s/m, como é, usualmente, escrito. No entanto, seguindo as regras estritas do Sistema Internacional de Unidades (SI), as unidades do coeficiente de amortecimento podem ser reduzidas para kg/s, que descreve as unidades de amortecimento em termos das unidades fundamentais do SI (massa, tempo e comprimento).

No caso do amortecedor viscoso cheio de óleo, a constante c pode ser determinada por princípios de fluidos. Contudo, na maioria dos casos, f_c é causada por efeitos equivalentes ocorrendo no material que constitui o dispositivo. Um bom exemplo é um bloco de borracha (que também fornece rigidez f_k), tal como uma montagem de motor de automóvel, ou os efeitos de ar fluindo em torno de uma massa oscilatória. Em todos os casos em que a força de amortecimento f_c é proporcional à velocidade, o esquema de um amortecedor viscoso é usado para indicar a existência dessa força. O esquema é ilustrado na Figura 1.9. Infelizmente, o coeficiente de amortecimento de um sistema não pode ser medido tão facilmente como a massa ou rigidez. Essa característica é tratada na Seção 1.6.

Utilizando um equilíbrio de força simples sobre massa da Figura 1.9 na direção x, a equação de movimento para $x(t)$ torna-se

$$m\ddot{x} = -f_c - f_k \tag{1.24}$$

ou

$$m\ddot{x}(t) + c\dot{x}(t) + kx(t) = 0 \tag{1.25}$$

SEÇÃO 1.3   Amortecimento Viscoso

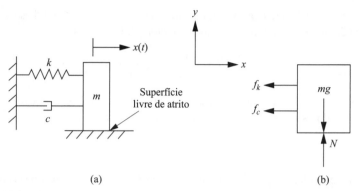

(a)   (b)

Figura 1.9 (a) O esquema de um sistema de um grau de liberdade com amortecimento viscoso indicado por um amortecedor viscoso e (b) o diagrama de corpo livre correspondente.

sujeito às condições iniciais $x(0) = x_0$ e $\dot{x}(0) = v_0$. As forças f_c e f_k são negativas na Equação (1.24) porque se opõem ao movimento (positivo para direita). A Equação (1.25) e a Figura 1.9, referentes a um *sistema amortecido de um grau de liberdade*, constituem os tópicos dos Capítulos 1 ao 3.

Para resolver o sistema amortecido da Equação (1.25), o mesmo método empregado para resolver a Equação (1.2) é usado. Na verdade, essa resolução fornece um motivo adicional para escolher f_c da forma $c\dot{x}$. Seja $x(t)$ da forma dada na Equação (1.13), $x(t) = ae^{\lambda t}$. A substituição dessa forma na Equação (1.25) resulta em

$$(m\lambda^2 + c\lambda + k)ae^{\lambda t} = 0 \tag{1.26}$$

Novamente, $ae^{\lambda t} \neq 0$, tal que a Equação (1.26) reduz a uma equação quadrática em λ da forma

$$m\lambda^2 + c\lambda + k = 0 \tag{1.27}$$

chamada *equação característica*. Essa é resolvida utilizando a fórmula de Bhaskara para obter as duas soluções

$$\lambda_{1,2} = -\frac{c}{2m} \pm \frac{1}{2m}\sqrt{c^2 - 4km} \tag{1.28}$$

A análise da Equação (1.28) indica que as raízes λ serão reais ou complexas, dependendo do valor do discriminante, $c^2 - 4km$. Contanto que m, c e k são constantes reais positivas, as duas raízes λ_1 e λ_2 serão números reais negativos distintos se $c^2 - 4km > 0$. Por outro lado, se o discriminante for negativo, as raízes serão números complexos conjugados com partes reais negativas. Se o discriminante for zero, as duas raízes λ_1 e λ_2 serão números reais negativos iguais. Note que a Equação (1.15) representa a equação característica para o caso especial não amortecido (isto é, $c = 0$).

Ao analisar estes três casos, é conveniente e útil definir o *coeficiente de amortecimento crítico*, c_{cr}, por

$$c_{cr} = 2m\omega_n = 2\sqrt{km} \tag{1.29}$$

onde ω_n é a frequência natural não amortecida em rad/s. Além disso, o número adimensional ζ, chamado de *fator de amortecimento*, definido por

$$\zeta = \frac{c}{c_{cr}} = \frac{c}{2m\omega_n} = \frac{c}{2\sqrt{km}} \qquad (1.30)$$

pode ser usado para caracterizar os três tipos de soluções da equação característica. Reescrevendo as raízes dadas pela Equação (1.28) tem-se

$$\lambda_{1,2} = -\zeta\omega_n \pm \omega_n\sqrt{\zeta^2 - 1} \qquad (1.31)$$

onde está claro, agora, que o fator de amortecimento ζ determina se as raízes são complexas ou reais. Isto, por sua vez, determina a natureza da resposta do sistema amortecido de um grau de liberdade. Para os coeficientes positivos de massa, amortecimento e rigidez, há três casos, descritos a seguir.

1.3.1 Movimento Subamortecido

Neste caso, o fator de amortecimento ζ é menor que 1 ($0 < \zeta < 1$) e o discriminante da Equação (1.31) é negativo, resultando em um par de raízes complexas conjugadas. Retirando (-1) do discriminante para distinguir, claramente, que o segundo termo é imaginário tem-se

$$\sqrt{\zeta^2 - 1} = \sqrt{(1 - \zeta^2)(-1)} = \sqrt{1 - \zeta^2}\, j \qquad (1.32)$$

onde $j = \sqrt{-1}$. Dessa forma, as duas raízes tornam-se

$$\lambda_1 = -\zeta\omega_n - \omega_n\sqrt{1 - \zeta^2}\, j \qquad (1.33)$$

e

$$\lambda_2 = -\zeta\omega_n + \omega_n\sqrt{1 - \zeta^2}\, j \qquad (1.34)$$

Seguindo o mesmo argumento daquele utilizado para a resposta não amortecida dada pela Equação (1.18), a solução da Equação (1.25) tem então a seguinte forma

$$x(t) = e^{-\zeta\omega_n t}\left(a_1 e^{j\sqrt{1-\zeta^2}\omega_n t} + a_2 e^{-j\sqrt{1-\zeta^2}\omega_n t}\right) \qquad (1.35)$$

onde a_1 e a_2 são constantes de integração de valores complexos arbitrários a serem determinados pelas condições iniciais. Utilizando as relações de Euler (Janela 1.5), a Equação (1.35) pode ser escrita como

$$x(t) = Ae^{-\zeta\omega_n t}\, \text{sen}(\omega_d t + \phi) \qquad (1.36)$$

onde A e ϕ são constantes de integração e ω_d, chamada *frequência natural amortecida*, é dada por

$$\omega_d = \omega_n\sqrt{1 - \zeta^2} \qquad (1.37)$$

em unidade de rad/s.

SEÇÃO 1.3 Amortecimento Viscoso

Janela 1.5
Relações de Euler e a Solução Subamortecida

Uma solução subamortecida de $m\ddot{x} + c\dot{x} + kx = 0$ para condições iniciais não nulas tem a seguinte forma

$$x(t) = a_1 e^{\lambda_1 t} + a_2 e^{\lambda_2 t}$$

onde λ_1 e λ_2 são números complexos da forma

$$\lambda_1 = -\zeta\omega_n + \omega_d j \quad \text{e} \quad \lambda_2 = -\zeta\omega_n - \omega_d j$$

com $\omega_n = \sqrt{k/m}$, $\zeta = c/(2m\omega_n)$, $\omega_d = \omega_n\sqrt{1 - \zeta^2}$, e $j = \sqrt{-1}$. As duas constantes a_1 e a_2 são números complexos e, portanto, representam quatro constantes desconhecidas, em vez das duas constantes de integração necessárias para resolver uma equação diferencial de segunda ordem. Isto requer que os dois números complexos a_1 e a_2 sejam pares complexos conjugados de modo que $x(t)$ dependa apenas de duas constantes indeterminadas. A substituição dos valores anteriores de λ_1 na solução $x(t)$ fornece

$$x(t) = e^{-\zeta\omega_n t}\left(a_1 e^{\omega_d j t} + a_2 e^{-\omega_d j t}\right)$$

Utilizando as relações de Euler $e^{\phi j} = \cos \phi + j \,\text{sen}\, \phi$ e $e^{-\phi j} = \cos \phi - j \,\text{sen}\, \phi$, $x(t)$ pode ser escrita como

$$x(t) = e^{-\zeta\omega_n t}\left[(a_1 + a_2)\cos \omega_d t + j(a_1 - a_2)\,\text{sen}\, \omega_d t\right]$$

Escolhendo os números reais $A_2 = a_1 + a_2$ e $A_1 = (a_1 - a_2)j$, a expressão anterior torna-se

$$x(t) = e^{-\zeta\omega_n t}(A_1 \,\text{sen}\, \omega_d t + A_2 \cos \omega_d t)$$

que é um valor real. Definindo a constante $A = \sqrt{A_1^2 + A_2^2}$ e o ângulo $\phi = \text{tg}^{-1}$ (A_2/A_1) tal que $A_1 = A \cos \phi$ e $A_2 = A \,\text{sen}\, \phi$, assume a seguinte forma $x(t)$ (relembre que $\text{sen}\, a \cos b + \cos a \,\text{sen}\, b = \text{sen}(a + b)$)

$$x(t) = A e^{-\zeta\omega_n t} \,\text{sen}\,(\omega_d t + \phi)$$

onde A e ϕ são constantes de integração a serem determinadas a partir das condições iniciais. Números complexos são revisados no Apêndice A.

As constantes A e ϕ são avaliadas utilizando as condições iniciais, exatamente, da mesma forma que foram para o sistema não amortecido, tal como indicado nas Equações (1.7) e (1.8). Faça $t = 0$ na Equação (1.36) para obter $x_0 = A \,\text{sen}\, \phi$. Derivando em relação ao tempo a Equação (1.36) chega-se a

$$\dot{x}(t) = -\zeta\omega_n A e^{-\zeta\omega_n t} \,\text{sen}(\omega_d t + \phi) + \omega_d A e^{-\zeta\omega_n t} \cos(\omega_d t + \phi)$$

Faça $t = 0$ e $A = x_0/\text{sen}\, \phi$ na última expressão para obter

$$\dot{x}(0) = v_0 = -\zeta\omega_n x_0 + x_0\omega_d \cot \phi$$

Resolvendo essa última expressão para ϕ obtém-se

$$\operatorname{tg} \phi = \frac{x_0 \omega_d}{v_0 + \zeta \omega_n x_0}$$

Com esse valor de ϕ, o seno torna-se

$$\operatorname{sen} \phi = \frac{x_0 \omega_d}{\sqrt{(v_0 + \zeta \omega_n x_0)^2 + (x_0 \omega_d)^2}}$$

Dessa forma, os valores de A e ϕ são determinados como

$$A = \sqrt{\frac{(v_0 + \zeta \omega_n x_0)^2 + (x_0 \omega_d)^2}{\omega_d^2}}, \quad \phi = \operatorname{tg}^{-1} \frac{x_0 \omega_d}{v_0 + \zeta \omega_n x_0} \quad (1.38)$$

onde x_0 e v_0 são o deslocamento inicial e a velocidade inicial, respectivamente. Uma curva de $x(t)$ por t para este caso subamortecido é mostrado na Figura 1.10. Observe que o movimento é oscilatório com amplitude exponencial decrescente. O fator de amortecimento ζ determina a taxa de decaimento. A resposta ilustrada na Figura 1.10 é exibida em muitos sistemas mecânicos e constitui o caso mais comum. Para verificar que a Equação (1.38) é razoável, note que $\zeta = 0$ nas expressões de A e ϕ resultam nas relações não amortecidas dadas pela Equação (1.9).

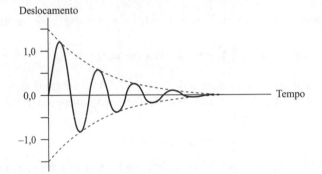

Figura 1.10 A resposta de um sistema subamortecido: $0 < \zeta < 1$.

1.3.2 Movimento Superamortecido

Neste caso, o fator de amortecimento é maior do que 1 ($\zeta > 1$). O discriminante da Equação (1.31) é positivo, resultando em um par de raízes reais distintas:

$$\lambda_1 = -\zeta \omega_n - \omega_n \sqrt{\zeta^2 - 1} \quad (1.39)$$

e

$$\lambda_2 = -\zeta \omega_n + \omega_n \sqrt{\zeta^2 - 1} \quad (1.40)$$

SEÇÃO 1.3 Amortecimento Viscoso

A solução da Equação (1.25) torna-se então

$$x(t) = e^{-\zeta\omega_n t}\left(a_1 e^{-\omega_n\sqrt{\zeta^2-1}\,t} + a_2 e^{+\omega_n\sqrt{\zeta^2-1}\,t}\right) \tag{1.41}$$

que representa uma resposta não oscilatória. Novamente, as constantes de integração a_1 e a_2 são determinadas pelas condições iniciais fornecidas nas Equações (1.7) e (1.8). Neste caso não oscilatório, as constantes de integração são valores reais dados por

$$a_1 = \frac{-v_0 + \left(-\zeta + \sqrt{\zeta^2-1}\right)\omega_n x_0}{2\omega_n\sqrt{\zeta^2-1}} \tag{1.42}$$

e

$$a_2 = \frac{v_0 + \left(\zeta + \sqrt{\zeta^2-1}\right)\omega_n x_0}{2\omega_n\sqrt{\zeta^2-1}} \tag{1.43}$$

As respostas típicas são ilustradas na Figura 1.11, onde está claro que o movimento não envolve oscilações. Um sistema superamortecido não oscila, mas sim retorna a sua posição de repouso de forma exponencial.

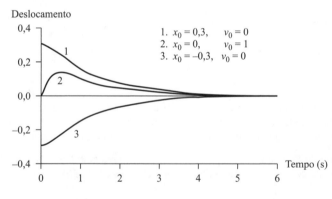

Figura 1.11 A resposta de um sistema superamortecido, ($\zeta > 1$), para dois valores diferentes de deslocamento inicial (em mm) ambos com a velocidade inicial nula e um caso com $x_0 = 0$ e v_0 = mm/s.

1.3.3 Movimento Criticamente Amortecido

Neste último caso, o fator de amortecimento é exatamente um ($\zeta = 1$) e o discriminante da Equação (1.31) é igual a zero. Isto corresponde ao valor de ζ que separa o movimento oscilatório do movimento não oscilatório. Como as raízes são repetidas, tem-se

$$\lambda_1 = \lambda_2 = -\omega_n \tag{1.44}$$

A solução assume a forma

$$x(t) = (a_1 + a_2 t)e^{-\omega_n t} \tag{1.45}$$

onde, novamente, as constantes a_1 e a_2 são determinadas pelas condições iniciais. Substituindo o deslocamento inicial na Equação (1.45) e a velocidade inicial na derivada da Equação (1.45) obtém-se

$$a_1 = x_0, \quad a_2 = v_0 + \omega_n x_0 \tag{1.46}$$

O movimento criticamente amortecimento é mostrado na Figura 1.12 para dois valores diferentes das condições iniciais. Deve-se notar que os sistemas criticamente amortecidos podem ser vistos de várias formas. Sistemas criticamente amortecidos representam sistemas com o menor valor de fator de amortecimento que resultam em movimento não oscilatório. O movimento criticamente amortecido também pode ser entendido como o caso que separa a não oscilação da oscilação, ou o valor do amortecimento que fornece o retorno mais rápido a zero sem oscilação.

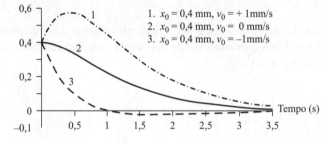

Figura 1.12 A resposta de um sistema criticamente amortecido para três velocidades iniciais diferentes. As propriedades físicas são $m = 100$ kg, $k = 225$ N/m, e $\zeta = 1$.

1. $x_0 = 0,4$ mm, $v_0 = +1$ mm/s
2. $x_0 = 0,4$ mm, $v_0 = 0$ mm/s
3. $x_0 = 0,4$ mm, $v_0 = -1$ mm/s

Exemplo 1.3.1

Relembre a mola do Exemplo 1.2.1 (isto é, $\omega_n = 132$ rad/s). O coeficiente de amortecimento da mola é 0,11 kg/s. Calcule o fator de amortecimento e determine se o movimento livre do sistema mola-parafuso é superamortecido, subamortecido ou criticamente amortecido.

Solução A partir do Exemplo 1.2.1, $m = 49,2 \times 10^{-3}$ kg e $k = 857,8$ N/m. Utilizando a definição do coeficiente de amortecimento crítico dado pela Equação (1.29) e esses valores para m e k tem-se

$$c_{cr} = 2\sqrt{km} = 2\sqrt{(857,8 \text{ N/m})(49,2 \times 10^{-3} \text{ kg})}$$
$$= 12,993 \text{ kg/s}$$

Se o valor medido de c é 0,11 kg/s, o fator de amortecimento crítico torna-se

$$\zeta = \frac{c}{c_{cr}} = \frac{0,11 (\text{kg/s})}{12,993 (\text{kg/s})} = 0,0085$$

ou 0,85% de amortecimento. Como ζ é menor que 1, o sistema é subamortecido. O movimento resultante a partir de um pequeno deslocamento do sistema mola-parafuso será oscilatório.

□

SEÇÃO 1.3 Amortecimento Viscoso

O sistema amortecido de um grau de liberdade da Equação (1.25) é frequentemente escrito na forma padrão, obtida dividindo-se a Equação (1.25) pela massa, m, ou seja

$$\ddot{x} + \frac{c}{m}\dot{x} + \frac{k}{m}x = 0 \tag{1.47}$$

O coeficiente de $x(t)$ é ω_n^2, a frequência natural não amortecida ao quadrado. Uma pequena manipulação mostra que o coeficiente da velocidade $\dot{x}$ é $2\zeta\omega_n$. Assim, a Equação (1.47) pode ser reescrita como

$$\ddot{x}(t) + 2\zeta\omega_n\dot{x}(t) + \omega_n^2 x(t) = 0 \tag{1.48}$$

Nessa forma padrão, os valores da frequência natural e do fator de amortecimento são claros. Em equações diferenciais, diz-se que a Equação (1.48) tem a forma de um polinômio mônico, o que significa que o coeficiente principal (coeficiente da derivada de maior ordem) é um.

Exemplo 1.3.2

A perna humana tem uma frequência natural medida de aproximadamente 20 Hz quando está na sua posição rígida (joelho travado) na direção longitudinal (isto é, ao longo do comprimento do osso) com um fator de amortecimento de $\zeta = 0,224$. Calcule a resposta da ponta do osso da perna para uma velocidade inicial de $v_0 = 0,6$ m/s e deslocamento inicial zero (isto corresponderia à vibração provocada ao saltar com os joelhos travados a partir de uma altura de 18 mm) e trace a resposta. Por último desprezando o amortecimento, calcule a aceleração máxima experimentada pela perna.

Solução O fator de amortecimento é $\zeta = 0,224 < 1$, tal que o sistema é claramente subamortecido. A frequência natural é $\omega_n = \dfrac{20 \text{ ciclos}}{1 \text{ s}} \dfrac{2\pi \text{ rad}}{\text{ciclos}} = 125,66$ rad/s. A frequência natural amortecida é $\omega_d = 125,66\sqrt{1 - (0,224)^2} = 122,467$ rad/s. Utilizando a Equação (1.38) com $v_0 = 0,6$ m/s e $x_0 = 0$, tem-se

$$A = \frac{\sqrt{[\,0,6 + (0,224)(125,66)(0)\,]^2 + [\,(0)(122,467)\,]^2}}{122,467} = 0,005 \text{ m}$$

$$\phi = \text{tg}^{-1}\left(\frac{(0)(\omega_d)}{v_0 + \zeta\omega_n(0)}\right) = 0$$

A resposta como dada pela Equação (1.36) é

$$x(t) = 0,005e^{-28,148t}\,\text{sen}\,(122,467t)$$

Essa solução é ilustrada na Figura 1.13. Para encontrar a taxa de aceleração máxima que a perna experimenta com amortecimento zero, use o caso não amortecido da Equação (1.9):

$$A = \sqrt{x_0^2 + \left(\frac{v_0}{\omega_n}\right)^2}, \ \omega_n = 125,66, \ v_0 = 0,6, \ x_0 = 0$$

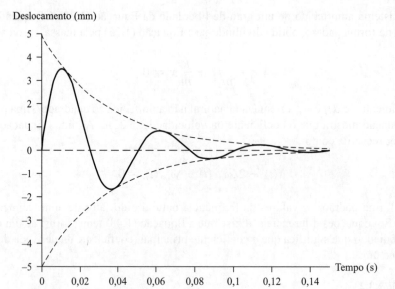

Figura 1.13 Uma curva de deslocamento em função do tempo para o osso da perna do Exemplo 1.3.2.

$$A = \frac{v_0}{\omega_n}\,\text{m} = \frac{0{,}6}{\omega_n}\,\text{m}$$

$$\max(\ddot{x}) = \left|-\omega_n^2 A\right| = \left|-\omega_n^2\left(\frac{0{,}6}{\omega_n}\right)\right| = (0{,}6)(125{,}66\text{ m/s}^2) = 75{,}396\text{ m/s}^2$$

Em termos de $g = 9{,}81$ m/s^2, a máxima aceleração torna-se

$$\text{aceleração máxima} = \frac{75{,}396\text{ m/s}^2}{9{,}81\text{ m/s}^2}\,g = 7{,}69\,g\text{'s}$$

□

Exemplo 1.3.3

Calcule a resposta de um sistema subamortecido utilizando a forma cartesiana da solução dada na Janela 1.5.

Solução Aplicando a relação trigonometria sen$(x + y)$ = sen x cos y + cos x sen y à Equação (1.36) com $x = \omega_d t$ e $y = \phi$ obtém-se

$$x(t) = Ae^{-\zeta\omega_n t}\sin(\omega_d t + \phi) = e^{-\zeta\omega_n t}(A_1 \sin \omega_d t + A_2 \cos\omega_d t)$$

onde $A_1 = A\cos\phi$ e $A_2 = A\sin\phi$, como indicado na Janela 1.5. As condições iniciais fornecem

$$x(0) = x_0 = e^0(A_1 \sin 0 + A_2 \cos 0)$$

SEÇÃO 1.4 Modelagem e Métodos de Energia

Resolvendo chega-se a $A_2 = x_0$. Em seguida, derivando em relação ao tempo $x(t)$ obtém-se

$$\dot{x} = -\zeta\omega_n e^{-\zeta\omega_n t}(A_1 \operatorname{sen} \omega_d t + A_2 \cos \omega_d t) + \omega_d e^{-\zeta\omega_n t}(A_1 \cos \omega_d t - A_2 \operatorname{sen} \omega_d t)$$

Utilizando a condição inicial de velocidade tem-se

$$v_0 = \dot{x}(0) = -\zeta\omega_n(A_1 \operatorname{sen} 0 + x_0 \cos 0) + \omega_d(A_1 \cos 0 - x_0 \operatorname{sen} 0)$$

Resolvendo essa última expressão chega-se a

$$A_1 = \frac{v_0 + \zeta\omega_n x_0}{\omega_d}$$

Assim, a resposta livre na forma cartesiana pode ser escrita como

$$x(t) = e^{-\zeta\omega_n t}\left(\frac{v_0 + \zeta\omega_n x_0}{\omega_d} \operatorname{sen} \omega_d t + x_0 \cos \omega_d t\right)$$

□

1.4 MODELAGEM E MÉTODOS DE ENERGIA

Modelagem é a arte ou processo de escrever uma equação, ou sistema de equações, para descrever o movimento de um dispositivo físico. Por exemplo, a Equação (1.2) foi obtida modelando o sistema massa-mola da Figura 1.5. A Equação (1.2) pode ser obtida somando as forças que agem sobre a massa ao longo da direção x e empregando o modelo matemático da força em uma mola dado pela Figura 1.4. O sucesso deste modelo é determinado pelo quão bem a solução da Equação (1.2) prediz o comportamento observado e medido do sistema real. Essa comparação entre a resposta de vibração de um dispositivo e a resposta prevista pelo modelo analítico é discutida na Seção 1.6. A maior parte deste livro é dedicada à análise de modelos de vibração. No entanto, dois métodos de modelagem – equilíbrio de força e métodos de energia – são apresentados nesta seção. As três leis de Newton formam a base da dinâmica. Cinquenta anos depois de Newton, Euler publicou suas leis de movimento. Conforme a segunda lei de Newton, a soma das forças atuando sobre um corpo é igual à massa do corpo vezes à sua aceleração, e de acordo com a segunda lei de Euler, a taxa de variação do momento angular é igual à soma dos momentos externos agindo sobre a massa. A segunda lei de Euler pode ser manipulada para ser enunciada como a soma dos momentos que agem sobre uma massa é igual à sua inércia de rotação vezes sua aceleração angular. A segunda lei de Newton e a segunda lei de Euler demandam o uso de diagramas de corpo livre e a identificação adequada de forças e momentos agindo sobre um corpo, constituindo a mais importante atividade no estudo de dinâmica.

Uma abordagem alternativa, estudada em dinâmica, é analisar a energia no sistema para determinar as equações de movimento, dando origem ao que é conhecido como métodos de energia. Os métodos de energia não necessitam de diagramas de corpo livre, mas demandam um entendimento da energia envolvida em um sistema, fornecendo uma alternativa útil quando as forças não são fáceis de determinar. Abordagens mais abrangentes de modelagem podem ser encontradas, por exemplo, em Doebelin (1980), Shames (1980, 1989) e Cannon (1967). A melhor referência para a modelagem é o texto que você usou para estudar dinâmica. Existem também muitos textos excelentes na internet, que podem ser encontrados utilizando um mecanismo de busca como o Google.

O método da somatória de força é usado nas seções anteriores e deve ser familiar ao leitor de dinâmica básica. Para sistemas com massa constante (como os considerados aqui) movendo-se em apenas uma direção, a taxa de variação do momento angular torna--se a relação escalar

$$\frac{d}{dt}(m\dot{x}) = m\ddot{x}$$

que é, frequentemente, chamada de força inercial. O dispositivo físico de interesse é ana-lisado observando as forças que agem sobre o dispositivo. As forças são então somadas (como vetores) para produzir uma equação dinâmica conforme a segunda lei de Newton. Para o movimento ao longo da direção x somente, a segunda lei de Newton torna-se a equação escalar

$$\sum_i f_{xi} = m\ddot{x} \tag{1.49}$$

onde f_{xi} denota a i-ésima força atuando sobre a massa m ao longo da direção x. Nos três primeiros capítulos, apenas sistemas de um grau de liberdade movendo em uma direção são considerados; assim, a lei de Newton assume uma natureza escalar. Em problemas mais práticos com muitos graus de liberdade, considerações de energia podem ser combinadas com os conceitos de trabalho virtual para produzir as equações de Lagrange, como discutido na Seção 4.7. As equações de Lagrange também for-necem uma alternativa, baseada em energia, ao somatório de forças para determinar equações de movimento.

Para os corpos rígidos em movimento no plano (isto é, corpos rígidos para os quais todas as forças aplicadas são coplanares em um plano perpendicular a um eixo principal) e livres para girar, a segunda lei de Euler estabelece que a soma dos torques aplicados é igual à taxa de variação do momento angular da massa, ou seja

$$\sum_i M_{0i} = J\ddot{\theta} \tag{1.50}$$

onde M_{0i} são os torques agindo sobre o corpo em torno do ponto 0, J é o momento de inércia (também denotado por I_0) em torno do eixo de rotação, e θ é o ângulo de rotação. O método da somatória de momentos foi utilizado no Exemplo 1.1.1 para encontrar a equação de movimento de um pêndulo e é discutido com mais detalhe no Exemplo 1.5.1.

Se as forças ou torques agindo sobre um objeto ou peça mecânica são difíceis de de-terminar, uma abordagem de energia pode ser mais eficiente. Neste método, a equação diferencial de movimento é determinada usando o princípio de conservação de energia. Esse princípio é equivalente à lei de Newton para sistemas conservativos e afirma que a soma da energia potencial e da energia cinética de uma partícula permanece constante em cada instante de tempo ao longo do movimento da partícula:

SEÇÃO 1.4 Modelagem e Métodos de Energia

$$T + U = \text{constante} \tag{1.51}$$

onde T e U indicam a energia cinética total e a energia potencial total, respectivamente. A conservação de energia também implica que a variação na energia cinética deve ser igual à variação na energia potencial:

$$U_1 - U_2 = T_2 - T_1 \tag{1.52}$$

onde U_1 e U_2 representam a energia potencial da partícula nos instantes t_1 e t_2, respectivamente, enquanto T_1 e T_2 representam a energia cinética da partícula nos instantes t_1 e t_2, respectivamente. Para o movimento periódico, a conservação de energia também implica que

$$T_{\max} = U_{\max} \tag{1.53}$$

Como a energia é uma quantidade escalar, aplicando o princípio da conservação da energia, é possível obter a equação de movimento de um sistema sem utilizar somatório de força ou momento.

As Equações (1.51), (1.52) e (1.53) são três expressões da conservação de energia. Cada uma dessas expressões pode ser usada para determinar a equação de movimento de um sistema massa-mola. Como exemplo, considere a energia do sistema massa-mola da Figura 1.14 pendurada em um campo gravitacional de aceleração g. O efeito do acréscimo de massa m sobre a mola com massa desprezível e rigidez k é alongar a mola da sua posição de repouso em 0 para a posição de equilíbrio estático Δ. A energia potencial total do sistema massa-mola é a soma da energia potencial da mola (ou energia de deformação, ver, por exemplo, Shames, 1989) e a energia potencial gravitacional. A energia potencial da mola é dada por

$$U_{\text{mola}} = \tfrac{1}{2} k (\Delta + x)^2 \tag{1.54}$$

A energia potencial gravitacional é

$$U_{\text{gravitacional}} = -mgx \tag{1.55}$$

onde o sinal negativo indica que $x = 0$ é a referência para a energia potencial zero. A energia cinética do sistema é

$$T = \tfrac{1}{2} m \dot{x}^2 \tag{1.56}$$

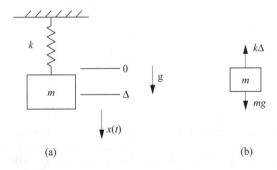

Figura 1.14 (a) Um sistema massa-mola pendurado em um campo gravitacional, onde Δ é a posição de equilíbrio estático e x é o deslocamento a partir do equilíbrio. (b) O diagrama de corpo livre para o equilíbrio estático.

Substituindo essas expressões de energia na Equação (1.51) obtém-se

$$\tfrac{1}{2} m\dot{x}^2 - mgx + \tfrac{1}{2} k(\Delta + x)^2 = \text{constante} \tag{1.57}$$

Derivando essa expressão em relação ao tempo chega-se a

$$\dot{x}(m\ddot{x} + kx) + \dot{x}(k\Delta - mg) = 0 \tag{1.58}$$

Como o equilíbrio estático de força sobre massa da Figura 1.14 (b) resulta em $\Delta k = mg$, a Equação (1.58) reduz a

$$\dot{x}(m\ddot{x} + kx) = 0 \tag{1.59}$$

A velocidade $\dot{x}$ não pode ser zero para todo tempo; caso contrário, $x(t) = $ constante e nenhuma vibração seria possível. Assim, a Equação (1.59) simplifica-se a equação de movimento padrão

$$m\ddot{x} + kx = 0 \tag{1.60}$$

Esse procedimento é chamado *método de energia* de obter a equação de movimento.

O método de energia também pode ser usado para obter, diretamente, a frequência de vibração para sistemas conservativos que são oscilatórios. O valor máximo da função seno (e cosseno) é um. Portanto, a partir das Equações (1.3) e (1.4), o deslocamento máximo é A e a velocidade máxima é $\omega_n A$ (rever Janela 1.3). Substituindo esses valores máximos na expressão para U_{max} e T_{max} e utilizando a Equação (1.53) de energia tem-se

$$\tfrac{1}{2} m(\omega_n A)^2 = \tfrac{1}{2} k A^2 \tag{1.61}$$

Resolvendo a Equação (1.61) para ω_n obtém-se a relação padrão de frequência natural $\omega_n = \sqrt{k/m}$.

Exemplo 1.4.1

A Figura 1.15 mostra um modelo de um grau de liberdade de uma roda presa a uma mola. O atrito no sistema é tal que a roda rola sem deslizar. Calcule a frequência natural de oscilação utilizando o método de energia. Assuma que nenhuma energia é perdida durante o contato.

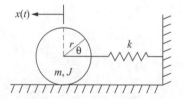

Figura 1.15 O deslocamento angular da roda de raio r é dado por $\theta(t)$ e o deslocamento linear é representado por $x(t)$. A roda tem uma massa m e um momento de inércia J. A mola tem uma rigidez.

Solução Do curso introdutório de dinâmica, a energia cinética de rotação da roda é $T_{rot} = \tfrac{1}{2} J \dot{\theta}^2$, onde J é o momento de inércia de massa da roda e $\theta = \theta(t)$ é o ângulo de rotação da roda. Assuma que a roda se move em relação à superfície sem deslizar (tal que nenhuma energia é perdida no contato). A energia cinética de translação da roda é $T_T = \tfrac{1}{2} m\dot{x}^2$.

SEÇÃO 1.4   Modelagem e Métodos de Energia

A rotação θ e a translação x estão relacionadas por $x = r\theta$. Assim, $\dot{x} = r\dot{\theta}$ e $T_{rot} = \frac{1}{2}J\dot{x}^2/r^2$. Na energia máxima $x = A$ e $\dot{x} = \omega_n A$, tal que

$$T_{max} = \frac{1}{2}m\dot{x}_{max}^2 + \frac{1}{2}\frac{J}{r^2}\dot{x}_{max}^2 = \frac{1}{2}(m + J/r^2)\omega_n^2 A^2$$

e

$$U_{max} = \tfrac{1}{2}kx_{max}^2 = \tfrac{1}{2}kA^2$$

Aplicando a conservação de energia na forma da Equação (1.53), $T_{max} = U_{max}$, ou

$$\frac{1}{2}\left(m + \frac{J}{r^2}\right)\omega_n^2 = \frac{1}{2}k$$

Resolvendo essa última expressão para ω_n tem-se

$$\omega_n = \sqrt{\frac{k}{m + J/r^2}}$$

a frequência desejada de oscilação do sistema de suspensão.

O denominador na expressão da frequência obtida neste exemplo é chamado de *massa equivalente* porque o termo $(m + J/r^2)$ tem o mesmo efeito na frequência natural do que uma massa de valor $(m + J/r^2)$.

□

Exemplo 1.4.2

Use o método de energia para determinar a equação de movimento do pêndulo simples (assuma que a haste l tem massa desprezível) mostrado no Exemplo 1.1.1 e repetido na Figura 1.16.

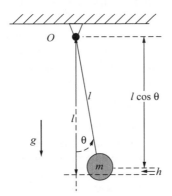

Figura 1.16 A geometria do pêndulo para o Exemplo 1.4.2.

Solução Várias hipóteses devem ser feitas a fim de garantir um comportamento simples (uma versão mais complexa é considerada no Exemplo 1.4.6). Utilizando as mesmas hipóteses adotadas no Exemplo 1.1.1 (haste com massa desprezível e atrito desprezível na junta pivotante), o momento de inércia de massa em torno do ponto 0 é

$$J = ml^2$$

CAPÍTULO 1 • Introdução à Vibração e a Resposta Livre

O deslocamento angular $\theta(t)$ é medido a partir do equilíbrio estático ou posição de repouso do pêndulo. A energia cinética do sistema é

$$T = \frac{1}{2} J \dot{\theta}^2 = \frac{1}{2} m l^2 \dot{\theta}^2$$

A energia potencial do sistema é determinada pela distância h na Figura 1.16 de forma que

$$U = mgl(1 - \cos \theta)$$

desde que $h = l(1 - \cos \theta)$ seja a variação geométrica na elevação da massa do pêndulo. Substituindo essas expressões pela energia cinética e potencial na Equação (1.51) e derivando em relação ao tempo tem-se

$$\frac{d}{dt}\left[\tfrac{1}{2} m l^2 \dot{\theta}^2 + mgl(1 - \cos \theta)\right] = 0$$

ou

$$ml^2 \dot{\theta}\ddot{\theta} + mgl(\operatorname{sen}\theta)\dot{\theta} = 0$$

Colocando o fator comum $\dot{\theta}$ em evidência chega-se a

$$\dot{\theta}(ml^2\ddot{\theta} + mgl\operatorname{sen}\theta) = 0$$

Como $\dot{\theta}(t)$ não pode ser zero para todo o tempo, a expressão anterior reduz a

$$ml^2\ddot{\theta} + mgl\operatorname{sen}\theta = 0$$

ou

$$\ddot{\theta} + \frac{g}{l}\operatorname{sen}\theta = 0$$

Essa é uma equação não linear em θ, obtida a partir da soma dos momentos em um diagrama de corpo livre no Exemplo 1.1.1, e será discutida na Seção 1.10. No entanto, uma vez que θ pode ser aproximado por θ para pequenos ângulos, a equação linear de movimento para o pêndulo torna-se

$$\ddot{\theta} + \frac{g}{l}\theta = 0$$

Isso corresponde a uma oscilação com frequência natural $\omega_n = \sqrt{g/l}$ para condições iniciais tais que θ permanece pequena, conforme definido pela aproximação $\operatorname{sen}\theta \approx \theta$, conforme discutido no Exemplo 1.1.1.

No Exemplo 1.4.2, é importante não realizar a aproximação de ângulo pequeno antes que a equação final de movimento seja obtida. Por exemplo, se a aproximação de ângulo pequeno é usada no termo de energia potencial, então $U = mgl(1 - \cos \theta) = 0$, uma vez que a aproximação de ângulo pequeno para θ é 1. Isso resultaria em uma equação de movimento incorreta.

□

Exemplo 1.4.3

Determine a equação de movimento do sistema torcional mostrado na Janela 1.1 aplicando o método de energia.

Solução O eixo e o disco da Janela 1.1 são modelados como uma haste rígida em torção, resultando no movimento torcional. O eixo, ou haste, exibe um torque em torção proporcional ao ângulo de torção $\theta(t)$. A energia potencial associada com a rigidez da mola de torção é $U = \frac{1}{2}k\theta^2$, onde o coeficiente de rigidez k é determinado de forma muito similar ao método usado para determinar a rigidez da mola na translação, como discutido na Seção 1.1. O ângulo $\theta(t)$ é medido a partir do equilíbrio estático, ou posição de repouso. A energia cinética associada ao disco de momento de inércia de massa J é $T = \frac{1}{2}J\dot{\theta}^2$. Isso pressupõe que a inércia da haste é muito menor que a do disco e pode ser desprezada.

Substituindo essas expressões pela energia cinética e potencial na Equação (1.51) e derivando em relação ao tempo tem-se

$$\frac{d}{dt}\left(\tfrac{1}{2}J\dot{\theta}^2 + \tfrac{1}{2}k\theta^2\right) = \left(J\ddot{\theta} + k\theta\right)\dot{\theta} = 0$$

tal que a equação de movimento torna-se (porque $\dot{\theta} \neq 0$)

$$J\ddot{\theta} + k\theta = 0$$

Essa é a equação de movimento para a vibração torcional de um disco em um eixo. A frequência natural de vibração é $\omega_n = \sqrt{k/J}$.

□

Exemplo 1.4.4

Modele a massa da mola no sistema mostrado na Figura 1.17 e determine o efeito de incluir a massa da mola sobre o valor da frequência natural.

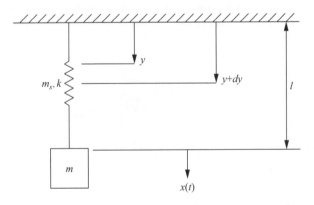

Figura 1.17 Um sistema massa-mola com uma mola de massa m_s que é muito grande para desprezar.

Solução Uma abordagem para considerar a massa da mola na análise da resposta de vibração do sistema é calcular a energia cinética da mola. Considere a energia cinética do elemento dy da mola. Se m_s é a massa total da mola, então $\frac{m_s}{l}$, é a massa do elemento dy. A velocidade deste elemento, denotada por v_{dy}, pode ser aproximada assumindo que a velocidade em qualquer ponto varia linearmente ao longo do comprimento da mola:

$$v_{dy} = \frac{y}{l}\dot{x}(t)$$

A energia cinética total da mola é a energia cinética do elemento dy integrado ao longo do comprimento da mola:

$$T_{spring} = \frac{1}{2}\int_0^l \frac{m_s}{l}\left[\frac{y}{l}\dot{x}\right]^2 dy$$

$$= \frac{1}{2}\left(\frac{m_s}{3}\right)\dot{x}^2$$

A partir da forma dessa expressão, a massa equivalente da mola é $\frac{m_s}{3}$, ou um terço daquele da mola. Seguindo o método da energia, a energia cinética máxima do sistema é

$$T_{max} = \frac{1}{2}\left(m + \frac{m_s}{3}\right)\omega_n^2 A^2$$

Igualando com a energia potencial máxima, $\frac{1}{2}kA^2$ produz uma frequência natural do sistema dada por

$$\omega_n = \sqrt{\frac{k}{m + m_s/3}}$$

Assim, incluindo os efeitos da massa da mola no sistema diminui a frequência natural. Note que se a massa da mola é muito menor do que a massa m do sistema, o efeito da massa da mola sobre a frequência natural é desprezível.

□

Exemplo 1.4.5

Sistemas fluídicos, assim como sistemas sólidos, exibem vibração. Calcule a frequência natural de oscilação do fluido no manômetro em forma de U, esquematizado na Figura 1.18, aplicando o método de energia.

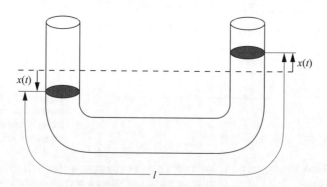

γ = peso específico
A = área da seção transversal
l = comprimento da coluna de fluido

Figura 1.18 Um manômetro em forma de U composto por um fluido movendo-se em um tubo.

SEÇÃO 1.4 Modelagem e Métodos de Energia

Solução O fluido tem peso específico γ. A força restauradora é fornecida pela gravidade. A energia potencial do fluido ((peso) (deslocamento do centro de gravidade)) é $0{,}5(\gamma Ax)x$ em cada coluna, de modo que a variação total na energia potencial é

$$U = U_2 - U_1 = \tfrac{1}{2}\gamma Ax^2 - \left(-\tfrac{1}{2}\gamma Ax^2\right) = \gamma Ax^2$$

A variação na energia cinética é

$$T = \frac{1}{2}\frac{Al\gamma}{g}(\dot{x}^2 - 0) = \frac{1}{2}\frac{Al\gamma}{g}\dot{x}^2$$

Igualando a variação na energia potencial à variação na energia cinética tem-se

$$\frac{1}{2}\frac{Al\gamma}{g}\dot{x}^2 = \gamma Ax^2$$

Assumindo um movimento oscilatório da forma $x(t) = X\operatorname{sen}(\omega_n t + \phi)$ e avaliando essa expressão para o deslocamento e velocidade máxima tem-se

$$\frac{1}{2}\frac{l}{g}\omega_n^2 X^2 = X^2$$

onde X denota a amplitude de vibração. Resolvendo para ω_n chega-se a

$$\omega_n = \sqrt{\frac{2g}{l}}$$

que é a frequência natural de oscilação do fluido no tubo. Note que essa frequência natural depende apenas da aceleração da gravidade e do comprimento da coluna de fluido. A vibração de fluidos dentro de recipientes mecânicos ocorre em tanques de combustível de automóveis e aviões e constitui uma importante aplicação de análise de vibração.

$\square$

Exemplo 1.4.6

Considere o pêndulo composto da Figura 1.19 montado para girar em torno do ponto O. Obtenha a equação de movimento utilizando a segunda lei de Euler (somatório de momentos como no Exemplo 1.1.1). Um pêndulo composto é qualquer corpo rígido articulado em um ponto diferente de seu centro de massa. Se a única força atuando sobre o sistema é a força da gravidade, então o corpo rígido oscilará em torno da junta de articulação e se comportará como um pêndulo. O objetivo deste exemplo é obter a equação do movimento e introduzir a interessante propriedade dinâmica de centro de percussão.

Solução Um pêndulo composto resulta de uma configuração de pêndulo simples (Exemplos 1.1.1 e 1.4.2) se houver uma distribuição de massa significativa ao longo de seu comprimento. Na Figura 1.19, G é o centro de massa, O é o ponto de articulação e $\theta(t)$ é o deslocamento angular da linha central do pêndulo de massa m e o momento de inércia J medido em torno do eixo z no ponto O. O ponto C é o *centro de percussão*, que é definido como a distância q_0 ao longo da linha central, tal que um pêndulo simples (uma haste de massa desprezível articulada em zero com massa m em sua extremidade, como no Exemplo 1.4.2) de raio q_0 tem o mesmo período. Consequentemente

$$q_0 = \frac{J}{mr}$$

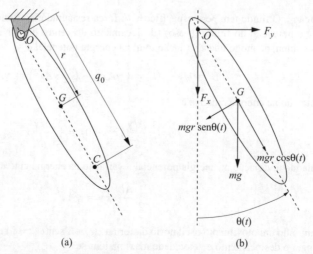

Figura 1.19 (a) Um pêndulo composto montado para oscilar em torno do ponto O sob a influência da gravidade (adotada para baixo). (b) Um diagrama de corpo livre do pêndulo composto.

onde r é a distância entre a junta de articulação e o centro de massa. Observe que a junta de articulação O e o centro da percussão C podem ser combinados para produzir um pêndulo de mesma frequência. O *raio de giração*, k_0, é o raio de um anel que tem o mesmo momento de inércia que o corpo rígido. O raio de giração e o centro de percussão estão relacionados por

$$q_0 r = k_0^2$$

Considere a equação de movimento do pêndulo composto. Considerando os momentos em relação a junta de articulação O tem-se

$$\Sigma M_0 = J\ddot{\theta}(t) = -mgr \operatorname{sen} \theta(t)$$

Para $\theta(t)$ pequeno essa equação não linear torna-se (sen ~ θ)

$$J\ddot{\theta}(t) + mgr\,\theta(t) = 0$$

A frequência natural de oscilação é dada por

$$\omega_n = \sqrt{\frac{mgr}{J}}$$

Essa frequência pode ser expressa em termos do centro de percussão como

$$\omega_n = \sqrt{\frac{g}{q_0}}$$

que é apenas a frequência de um pêndulo simples de comprimento q_0. Isso pode ser visto pela análise das forças que atuam sobre o pêndulo simples (haste com massa desprezível) dos Exemplos 1.1.1, 1.4.2 e Figura 1.20 (a) ou recordando o resultado obtido nesses exemplos.

SEÇÃO 1.4 Modelagem e Métodos de Energia

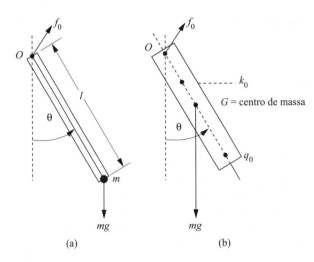

Figura 1.20 (a) Um pêndulo simples formado por uma haste com massa desprezível articulado no ponto O com uma massa ligada à sua extremidade. (b) Um pêndulo composto constituído por um eixo com centro de massa no ponto G. Aqui f_0 é a força de reação do pino.

O somatório de momentos em relação ao O fornece

$$ml^2\ddot{\theta} = -mgl\,\text{sen}\,\theta$$

ou, depois de aproximar sen θ por θ,

$$\ddot{\theta} + \frac{g}{l}\theta = 0$$

Isso implica em uma frequência do pêndulo simples de $\omega_n = \sqrt{g/l}$, que é equivalente à obtida, anteriormente, para o pêndulo composto utilizando $l = q_0$.

Em seguida, considere o pêndulo composto de formato uniforme da Figura 1.20 (b) de comprimento l. Aqui se deseja calcular o centro de percussão e o raio de giração.

O momento de inércia de massa em relação ao ponto O é J, tal que a somatória de momentos em relação a O fornece

$$J\ddot{\theta} = -mg\frac{l}{2}\,\text{sen}\,\theta$$

como a massa é assumida uniformemente distribuída e o centro de massa está em $r = l/2$. O momento de inércia para uma haste esbelta em relação à O é $J = \frac{1}{3}ml^2$; portanto, a equação de movimento é

$$\frac{ml^2}{3}\ddot{\theta} + mg\frac{l}{2}\theta = 0$$

onde sen θ foi, novamente, assumindo movimentos pequenos, aproximado por θ. Dessa forma

$$\ddot{\theta} + \frac{3}{2}\frac{g}{l}\theta = 0$$

então, a frequência natural é

$$\omega_n = \sqrt{\frac{3}{2}\frac{g}{l}}$$

O centro de percussão torna-se

$$q_0 = \frac{J}{mr} = \frac{2}{3}l$$

enquanto o raio de giração torna-se

$$k_0 = \sqrt{q_0 r} = \frac{l}{\sqrt{3}}$$

Essas posições estão marcadas na Figura 1.20 (b).

O centro de percussão e o ponto de articulação desempenham um papel significativo no projeto de um automóvel. O centro de percussão é o ponto sobre um objeto onde um impacto produz forças que se cancelam, como consequência nenhum movimento ocorre no ponto de articulação. O eixo das rodas dianteiras de um automóvel é considerado como o ponto de articulação de um pêndulo composto paralelo à estrada. Se as rodas traseiras atingirem um obstáculo, a frequência de oscilação do centro de percussão irritará os passageiros. Daí os automóveis são projetados de tal forma que o centro de percussão cai sobre o eixo e o sistema de suspensão, longe dos passageiros.

O conceito de centro de percussão é usado em muitas situações de balanço, ou de pêndulo. Essa noção é usada às vezes para definir o "ponto suave" em uma raquete de tênis ou um bastão de beisebol e define onde a bola deve ser batida. Se o martelo for projetado de modo que o ponto de impacto (isto é, a cabeça do martelo) esteja no centro da percussão, então, idealmente, nenhuma força será sentida se o martelo for segurado na outra extremidade.

□

O método da energia pode ser usado de duas formas. A primeira é igualar a energia cinética máxima à energia potencial máxima, Equação (1.53), assumindo movimento harmônico. Isto fornece a frequência natural sem escrever a equação de movimento, como mostrado na Equação (1.61). Fora o cálculo simples de frequência, essa abordagem tem uso limitado. No entanto, a segunda aplicação do método da energia envolve obter a equação de movimento da conservação da energia, derivando em relação ao tempo a Equação (1.51). Esse conceito é mais útil e é ilustrado nos Exemplos 1.4.2 e 1.4.3. O conceito de usar quantidades de energia para obter as equações de movimento pode ser estendido a sistemas mais complexos com muitos graus de liberdade, como os discutidos nos Capítulos 4 (sistemas de múltiplos graus de liberdade) e 6 (sistemas de parâmetros distribuídos). O método é chamado método de Lagrange e é indicado aqui, simplesmente, para introduzir o conceito. O método de Lagrange é introduzido, formalmente, no Capítulo 4, onde os sistemas de múltiplos graus de liberdade deixam claro a capacidade do método de Lagrange.

O método de Lagrange para sistemas conservativos consiste em definir o *lagrangiano* L do sistema, definido por $L = T - U$, onde T é a energia cinética total do sistema e U é a energia potencial total do sistema, ambas expressas em termos de coordenadas "generalizadas". As coordenadas generalizadas são representadas por $q_i(t)$ e serão definidas, formalmente, mais tarde. Aqui é suficiente afirmar que q_i seria x no Exemplo 1.4.4 e θ no Exemplo 1.4.3. Então, o método de Lagrange para sistemas conservativos diz que as equações de movimento, para a resposta livre de um sistema não amortecido, são obtidas a partir da seguinte expressão

SEÇÃO 1.4 Modelagem e Métodos de Energia

$$\frac{d}{dt}\left(\frac{\partial L}{\partial \dot{q}_i}\right) - \frac{\partial L}{\partial q_i} = 0 \tag{1.62}$$

A substituição da expressão de L na Equação (1.62) produz

$$\frac{d}{dt}\left(\frac{\partial T}{\partial \dot{q}_i}\right) - \frac{\partial T}{\partial q_i} + \frac{\partial U}{\partial q_i} = 0 \tag{1.63}$$

onde cada subíndice, i, resulta em uma equação. No caso dos sistemas de um grau de liberdade considerados neste capítulo, existe somente uma coordenada ($i = 1$) e, consequentemente, apenas uma equação de movimento. O próximo exemplo ilustra a aplicação do método de Lagrange para obter a equação de movimento de um sistema massa-mola simples.

Exemplo 1.4.7

Aplique o método de Lagrange para obter a equação de movimento do sistema massa-mola simples da Figura 1.5. Compare esta abordagem com o método de energia empregado nos Exemplos 1.4.2 e 1.4.3.

Solução No caso do sistema massa-mola simples, a energia cinética e potencial são, respectivamente,

$$T = \frac{1}{2}m\dot{x}^2 \quad \text{e} \quad U = \frac{1}{2}kx^2$$

onde a coordenada generalizada $q_i(t)$ é o deslocamento $x(t)$. Seguindo a abordagem do método de Lagrange, a aplicação da equação de Lagrange (1.63) fornece

$$\frac{d}{dt}\left(\frac{\partial T}{\partial \dot{x}}\right) - \frac{\partial T}{\partial x} + \frac{\partial U}{\partial x} = 0$$

$$\Rightarrow \frac{d}{dt}(m\dot{x}) + \frac{\partial}{\partial x}\left(\frac{1}{2}kx^2\right) = m\ddot{x} + kx = 0$$

Isso, obviamente, está de acordo com a abordagem de somatório de forças de Newton. Em seguida, considere o método de energia, que começa com $T + U$ constante. Derivando esta expressão em relação ao tempo obtém-se

$$\frac{d}{dt}\left(\frac{1}{2}m\dot{x}^2 + \frac{1}{2}kx^2\right) = m\dot{x}\ddot{x} + kx\dot{x} = \dot{x}(m\ddot{x} + kx) = 0 \Rightarrow m\ddot{x} + kx = 0$$

uma vez que a velocidade não pode ser zero para todo tempo. Assim, as duas abordagens baseadas na energia produzem o mesmo resultado que é equivalente ao obtido pelo somatório das forças de Newton. Note que, para seguir os cálculos anteriores, é importante lembrar a diferença entre derivadas totais e derivadas parciais bem como suas respectivas regras de cálculo.

□

Exemplo 1.4.8

Aplique o método de Lagrange para obter a equação de movimento do sistema massa-mola pendular da Figura 1.21 e calcule a frequência natural do sistema.

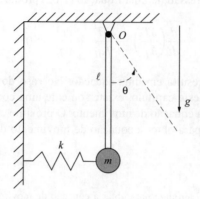

Figura 1.21 Um pêndulo preso a uma mola.

Assuma que o pêndulo oscila através de ângulos pequenos de modo que a mola tenha uma deflexão desprezível na direção vertical e assuma que a massa do pêndulo é desprezível.

Solução Ao abordar um problema onde existem diversas opções de variáveis, como neste caso, é uma boa ideia escrever as expressões de energia em termos de velocidades e deslocamentos fáceis de serem obtidos e usar um diagrama para identificar as relações cinemáticas e a geometria conforme indicado na Figura 1.22. Com base na Figura 1.22, a energia cinética da massa é

$$T = \frac{1}{2}J\dot{\theta}^2 = \frac{1}{2}ml^2\dot{\theta}^2$$

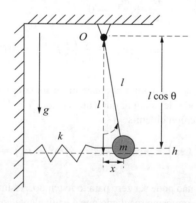

Figura 1.22 A geometria do pêndulo preso a uma mola para ângulos pequenos mostra as relações cinemáticas necessárias para formular as energias em termos de uma única coordenada generalizada, θ.

A energia potencial no sistema consiste de duas partes, uma devido à mola e outra devido à gravidade. Assim, a energia potencial total é

$$U = \frac{1}{2}kx^2 + mgh$$

SEÇÃO 1.4 Modelagem e Métodos de Energia

Em seguida, use a figura para escrever cada expressão de energia em termos da única variável θ. A partir da figura, a massa se move para cima de uma distância $h = l - l \cos\theta$, e a mola comprime de $x = l\,\text{sen}\,\theta$. Assim, a energia potencial é reescrita como

$$U = \frac{1}{2}\,kl^2\text{sen}^2\theta + mgl(1 - \cos\theta)$$

Com todas as energias expressas em termos da única coordenada generalizada θ, as derivadas usadas na formulação de Lagrange tornam-se

$$\frac{d}{dt}\left(\frac{\partial T}{\partial\dot\theta}\right) = \frac{d}{dt}\,(ml^2\dot\theta) = ml^2\ddot\theta$$

$$\frac{\partial U}{\partial\theta} = \frac{\partial}{\partial\theta}\left(\frac{1}{2}\,kl^2\text{sen}^2\theta + mgl(1 - \cos\theta)\right) = kl^2\,\text{sen}\,\theta\cos\theta + mgl\,\text{sen}\,\theta$$

Combinando essas expressões, a equação de Lagrange (1.63) resultante é

$$\frac{d}{dt}\left(\frac{\partial T}{\partial\dot\theta}\right) - \underbrace{\frac{\partial T}{\partial\theta}}_{0} + \frac{\partial U}{\partial\theta} = ml^2\ddot\theta + kl^2\,\text{sen}\,\theta\cos\theta + mgl\,\text{sen}\,\theta = 0$$

Para θ pequeno, a equação de movimento torna-se

$$ml^2\ddot\theta + (kl^2 + mgl)\theta = 0$$

Portanto, a frequência natural é

$$\omega_n = \sqrt{\frac{kl + mg}{ml}}$$

Note que a equação de movimento reduz-se a do pêndulo dado no Exemplo 1.4.2 sem a mola ($k = 0$).

$\square$

A abordagem de Lagrange apresentada aqui é para a resposta livre de sistemas não amortecidos (sistemas conservativos) e tem sido aplicada somente a um sistema de um grau de liberdade. No entanto, o método é geral e pode ser expandido para incluir a resposta forçada e amortecida.

Até agora, foram modelados três sistemas básicos: movimento de translação de um sistema massa-mola, movimento de um sistema torcional e movimento de um sistema pendular. Em geral, cada um desses movimentos experimenta dissipação de energia de alguma forma. O modelo de amortecimento viscoso da Seção 1.3, desenvolvido para movimento de translação, pode ser aplicado diretamente ao movimento torcional e pendular. No caso do movimento torcional, assume-se que a dissipação de energia é proveniente do aquecimento do material e/ou resistência do ar. Às vezes, como no caso de utilizar o sistema torcional para modelar um virabrequim ou árvore de manivelas do automóvel, assume-se que o amortecimento é causado pelo óleo que cerca o disco e o eixo, ou rolamentos que suportam o eixo.

TABELA 1.1 COMPARAÇÃO DE SISTEMAS DE TRANSLAÇÃO E TORCIONAL E UM RESUMO DE UNIDADES

	Translação $x(m)$	Torcional/pendular $\theta(rad)$
Força de mola	kx	$k\theta$
Força de amortecimento	$c\dot{x}$	$c\dot{\theta}$
Força inercial	$m\ddot{x}$	$J\ddot{\theta}$
Equação de movimentos	$m\ddot{x} + c\dot{x} + kx = 0$	$J\ddot{\theta} + c\dot{\theta} + k\theta = 0$
Unidades de rigidez	N/m	N · m/rad
Unidades de amortecimento	N · s/m, kg/s	M · N · s/rad
Unidades de inércia	Kg	kg · m^2/rad
Força torque	N = kg · m/s^2	N · m = kg · m^2/s^2

Em todos os três casos, o amortecimento é modelado de forma proporcional à velocidade (isto é, $f_c = c\dot{x}$ ou $f_c = c\dot{\theta}$). As equações de movimento possuem, portanto, a forma indicada na Tabela 1.1. Cada uma dessas equações pode ser expressa como um oscilador linear amortecido dado na forma da Equação (1.48). Assim, cada um desses três sistemas é caracterizado por uma frequência natural e um fator de amortecimento. Cada um destes três sistemas tem uma solução baseada na natureza do fator de amortecimento ζ, conforme discutido na Seção 1.3.

1.5 RIGIDEZ

A rigidez em uma mola, introduzida na Seção 1.1, pode ser relacionada mais diretamente às propriedades materiais e geométricas da mola. Esta seção apresenta as relações entre rigidez, módulo de elasticidade e geometria de diversos tipos de molas e ilustra várias situações que podem levar ao movimento harmônico simples. Um comportamento semelhante a de uma mola resulta de uma variedade de configurações, incluindo movimento longitudinal (vibração na direção do comprimento), movimento transversal (vibração perpendicular ao comprimento) e movimento torcional (vibração torcional em torno do comprimento). Considere, novamente, a rigidez da mola introduzida na Seção 1.1. Em geral, uma mola é feita de um material elástico. Para um material elástico delgado de comprimento l, área de seção transversal A e módulo de elasticidade E (ou módulo de Young), a rigidez da barra para vibração longitudinal é dada por

$$k = \frac{EA}{l}$$

(1.64)

A Equação (1.64) estabelece a constante de mola para o problema de vibração ilustrado na Figura 1.23, onde a massa da haste é desprezada (ou muito pequena em relação à massa m). O módulo E tem as unidades de pascal (denotadas por Pa), que são N/m². Os módulos para diversos materiais comuns são dados na Tabela 1.2.

SEÇÃO 1.5 Rigidez

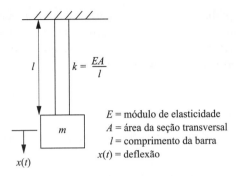

E = módulo de elasticidade
A = área da seção transversal
l = comprimento da barra
$x(t)$ = deflexão

Figura 1.23 A rigidez associada à vibração longitudinal (ao longo do eixo) de uma barra prismática esbelta.

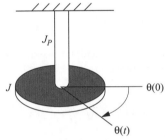

$k = \dfrac{GJ_P}{l}$ = rigidez da haste
J = momento de inércia de massa do disco
G = módulo de cisalhamento da haste
J_P = momento polar de inércia da haste
l = comprimento da haste
θ = deslocamento angular

Figura 1.24 A rigidez associada à vibração torcional (torção) de um eixo.

Em seguida, considere um movimento de torção com uma haste equivalente de seção transversal circular, como esquematizado na Figura 1.24. Neste caso, a haste possui um momento de inércia polar, J_P, e módulo de cisalhamento, G (Tabela 1.2). Para o caso de um fio ou eixo de diâmetro d, $J_P = \pi d^4/32$. O módulo de cisalhamento tem unidades N/m². A rigidez torcional é

$$k = \frac{GJ_P}{l} \qquad (1.65)$$

TABELA 1.2 CONSTANTES FÍSICAS PARA ALGUNS MATERIAIS COMUNS

Material	Módulo de Young E(N/m²)	Densidade (kg/m³)	Módulo de cisalhamento G(N/m²)
Aço	$2{,}0 \times 10^{11}$	$7{,}8 \times 10^3$	$8{,}0 \times 10^{10}$
Alumínio	$7{,}1 \times 10^{10}$	$2{,}7 \times 10^3$	$2{,}67 \times 10^{10}$
Bronze	$10{,}0 \times 10^{10}$	$8{,}5 \times 10^3$	$3{,}68 \times 10^{10}$
Cobre	$6{,}0 \times 10^{10}$	$2{,}4 \times 10^3$	$2{,}22 \times 10^{10}$
Concreto	$3{,}8 \times 10^9$	$1{,}3 \times 10^3$	–
Borracha	$2{,}3 \times 10^9$	$1{,}1 \times 10^3$	$8{,}21 \times 10^8$
Madeira	$5{,}4 \times 10^9$	$6{,}0 \times 10^2$	–

que é usado para descrever o problema de vibração apresentado na Figura 1.24, onde a massa do eixo é desprezada. Na Figura 1.24, $\theta(t)$ representa a posição angular do eixo em relação à sua posição de equilíbrio. O disco de raio r e o momento de inércia J vibrarão em torno da posição de equilíbrio $\theta(0)$ com rigidez GJ_P/l.

Exemplo 1.5.1

Calcule a frequência natural de oscilação do sistema torcional dado na Figura 1.24.

Solução   Utilizando a Equação (1.50) de momento, a equação de movimento para este sistema é

$$J\ddot{\theta}(t) = -k\theta(t)$$

que pode ser escrita como

$$\ddot{\theta}(t) + \frac{k}{J}\theta(t) = 0$$

Essa equação concorda com o resultado obtido no Exemplo 1.4.3 usando o método da energia. Isso indica um movimento oscilatório com frequência

$$\omega_n = \sqrt{\frac{k}{J}} = \sqrt{\frac{GJ_P}{lJ}}$$

Assuma que o eixo é feito de aço e tem 1 m de comprimento com um diâmetro de 5 cm. O momento de inércia polar de uma haste de seção circular é $J_P = (\pi d^4)/32$. Se o disco tem momento de inércia de massa $J = 0,5$ kg $\cdot$ m^2 e considerando que o módulo de cisalhamento do aço é $G = 8 \times 10^{10}$ N/m^2, então a frequência natural pode ser calculada como

$$\omega_n^2 = \frac{k}{J} = \frac{GJ_P}{lJ} = \frac{\left(8 \times 10^{10} \text{ N/m}^2\right)\left[\dfrac{\pi}{32}\left(1 \times 10^{-2} \text{ m}\right)^4\right]}{(1 \text{ m})\left(0,5 \text{ kg} \cdot \text{m}^2\right)}$$

$$= 9,817 \times 10^4 \left(\text{rad}^2/s^2\right)$$

Dessa forma, a frequência natural é $\omega_n = 313,3$ rad/s, ou cerca de 49,9 Hz.

$\square$

Considere a mola helicoidal da Figura 1.25, a deflexão da mola está ao longo do eixo da espira. A rigidez é realmente dependente da "torção" da haste de metal que forma esta mola. A rigidez é uma função do módulo de cisalhamento G, do diâmetro da haste, do diâmetro da espira e do número de espiras. A rigidez tem o valor

$$k = \frac{Gd^4}{64nR^3} \tag{1.66}$$

A forma helicoidal da mola é muito comum. Alguns exemplos são a mola dentro de uma caneta esferográfica retrátil e a mola contida na suspensão dianteira de um automóvel.

SEÇÃO 1.5 Rigidez

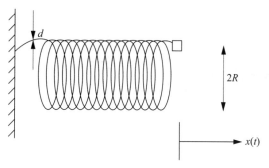

d = diâmetro do material da mola
$2R$ = diâmetro do enrolamento
n = número de enrolamentos
$x(t)$ = deflexão

$$k = \frac{Gd^4}{64nR^3}$$

Figura 1.25 A rigidez associada a uma mola helicoidal.

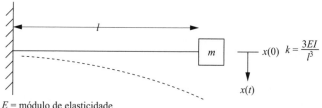

E = módulo de elasticidade
l = comprimento da viga
I = momento de inércia da área da seção transversal em relação ao eixo neutro

Figura 1.26 A rigidez associada com a vibração transversal (perpendicular ao eixo longitudinal) da extremidade livre de uma viga, também chamada de rigidez à flexão (Blevins, 1987). Assume-se que a massa da viga é desprezível.

Em seguida, considere a vibração transversal da extremidade de uma mola de feixe ilustrada na Figura 1.26. Esse tipo de comportamento da mola é semelhante à suspensão traseira de um automóvel, bem como as asas de alguns aviões. Na Figura 1.26, l é o comprimento da viga, E é o módulo de elasticidade (de Young) da viga, e I é o momento de inércia de área da seção transversal. A massa m na extremidade livre da viga oscilará com frequência

$$\omega_n = \sqrt{\frac{k}{m}} = \sqrt{\frac{3EI}{ml^3}} \tag{1.67}$$

na direção perpendicular ao comprimento da viga $x(t)$.

Exemplo 1.5.2

Considere uma asa de avião com um tanque de combustível montado em sua extremidade livre como esquematizado na Figura 1.27. O tanque tem uma massa de 10 kg quando está vazio e 1000 kg quando está cheio. Calcule a mudança na frequência natural de vibração da asa, modelada como na Figura 1.27, à medida que o avião gasta o combustível do tanque. Os parâmetros físicos estimados da viga são $I = 5{,}2 \times 10^{-5}$ m^4, $E = 6{,}9 \times 10^9$ N/m^2 e $l = 2$ m.

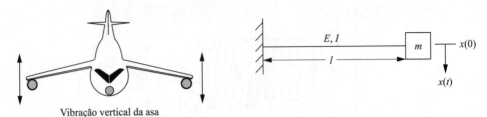

Vibração vertical da asa

Figura 1.27 Um modelo simples da vibração transversal de uma asa de avião com um tanque de combustível montado em sua extremidade livre.

Solução A frequência natural de vibração da asa modelada como uma viga simples de massa desprezível com uma massa concentrada na extremidade livre é dada pela Equação (1.67). A frequência natural quando o tanque de combustível está cheio é

$$\omega_{cheio} = \sqrt{\frac{3EI}{ml^3}} = \sqrt{\frac{(3)(6{,}9 \times 10^9)(5{,}2 \times 10^{-5})}{1000(2)^3}} = 11{,}6 \text{ rad/s}$$

que é aproximadamente 1,8 Hz (1,8 ciclos por segundo). A frequência natural para a asa quando o tanque de combustível está vazio é

$$\omega_{vazio} = \sqrt{\frac{3EI}{ml^3}} = \sqrt{\frac{(3)(6{,}9 \times 10^9)(5{,}2 \times 10^{-5})}{10(2)^3}} = 116 \text{ rad/s}$$

ou 18,5 Hz. Assim, a frequência natural da asa do avião muda por um fator de 10 (isto é, torna-se 10 vezes maior) quando o tanque de combustível está vazio. Tal mudança drástica pode causar mudanças nas características de pilotagem e desempenho da aeronave.

□

O cálculo acima despreza a massa da viga. Claramente se a massa da viga é significativa em comparação com a massa concentrada na extremidade livre, então o cálculo da frequência da Equação (1.67) deve ser alterado para considerar a inércia da viga. Semelhante à inclusão da massa da mola no Exemplo 1.4.4, a energia cinética da própria viga deve ser considerada. Para estimar a energia cinética, considere a deflexão estática da viga devido a uma carga concentrada na extremidade livre (veja qualquer texto sobre resistência de materiais), conforme mostrado na Figura 1.28.

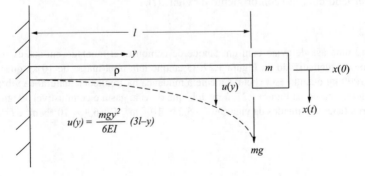

Figura 1.28 A deflexão estática de uma viga de módulo, E, momento de inércia de seção transversal I, comprimento l e densidade ρ, com massa concentrada na extremidade livre m, para os casos em que a massa da viga é significativa.

SEÇÃO 1.5   Rigidez

A Figura 1.28 é, aproximadamente, a mesma da Figura 1.26 com a deflexão estática indicada e a densidade da viga, ρ, levada em consideração. A deflexão estática é dada por

$$u(y) = \frac{mgy^2}{6EI}(3l - y) \tag{1.68}$$

onde u é a deflexão da viga perpendicular ao seu comprimento e y é a distância ao longo do comprimento da extremidade fixa (extremidade esquerda na Figura 1.28). Na extremidade livre, o valor de u é

$$u(l) = \frac{mgl^2}{6EI}(3l - l) = \frac{mgl^3}{3EI} \tag{1.69}$$

Utilizando a Equação (1.69), a Equação (1.68) pode ser escrita em termos da deflexão máxima como

$$u(y) = \frac{u(l)y^2}{2l^3}(3l - y) \tag{1.70}$$

O valor máximo de u é o deslocamento da extremidade livre, portanto deve ser igual a $x(t)$. Assim, a velocidade de um elemento diferencial da viga será da forma

$$\frac{d}{dt}(u) = \frac{\dot{x}(t)y^2}{2l^3}(3l - y) \tag{1.71}$$

A substituição dessa velocidade na expressão da energia cinética da viga fornece

$$T_{\text{viga}} = \frac{1}{2}\int_0^l \rho v^2\,dy = \frac{1}{2}\int_0^l \rho \dot{u}^2\,dy = \frac{1}{2}\int_0^l \rho\left[\frac{\dot{x}(t)y^2}{2l^3}(3l - y)\right]^2 dy \tag{1.72}$$

onde v é a velocidade e ρ é a massa por unidade de comprimento da viga. A substituição da Equação (1.71) em (1.72) produz

$$T_{\text{viga}} = \frac{\rho}{2}\int_0^l \frac{\dot{x}^2}{4l^6}y^4(3l - y)^2\,dy = \frac{\rho}{2}\frac{\dot{x}^2}{4l^6}\frac{33}{140}l^7 = \frac{1}{2}\left(\frac{33}{140}\rho l\right)\dot{x}^2(t) \tag{1.73}$$

Portanto, a massa da viga, $M = \rho l$, acrescenta essa quantidade à energia cinética da viga com uma massa na extremidade livre e a energia cinética total do sistema é

$$T = T_{\text{viga}} + T_m = \frac{1}{2}\left(\frac{33}{140}\rho l\right)\dot{x}^2(t) + \frac{1}{2}m\dot{x}^2(t) = \frac{1}{2}\left(\frac{33}{140}M + m\right)\dot{x}^2(t) \tag{1.74}$$

52 CAPÍTULO 1 • Introdução à Vibração e a Resposta Livre

A partir da Equação (1.45), a massa equivalente do sistema de um grau de liberdade de uma viga com uma massa concentrada na extremidade livre é

$$m_{eq} = \frac{33}{140} M + m \tag{1.75}$$

e a frequência natural correspondente é

$$\omega_n = \sqrt{\frac{k}{\frac{33}{140} M + m}} \tag{1.76}$$

A Equação (1.76), naturalmente, reduz-se à Equação (1.67) se a massa concentrada m da extremidade é muito maior do que a massa M da viga.

Exemplo 1.5.3

Referindo-se ao tanque na asa do avião do Exemplo 1.5.2, se a asa tiver uma massa de 500 kg, quanto mudará a frequência, quando calculada para o caso em que o tanque está cheio (1000 kg)? A frequência ainda muda de um fator de 10 quando comparado o caso do tanque cheio com o tanque vazio?

Solução   Uma vez que o peso da asa é igual a metade do peso do tanque de combustível quando cheio e 50 vezes o peso do tanque de combustível quando vazio, a massa da asa é claramente uma parte significativa no cálculo da frequência. As duas frequências obtidas usando a Equação (1.76) são

$$\omega_{cheio} = \sqrt{\frac{3EI}{\left(\frac{33}{140} M + m\right) l^3}} = \sqrt{\frac{(3)(6,9 \times 10^9)(5,2 \times 10^{-5})}{\left(\frac{33}{140}(500) + 1000\right)(2)^3}} = 10,97 \text{ rad/s}$$

$$\omega_{vazio} = \sqrt{\frac{3EI}{\left(\frac{33}{140} M + m\right) l^3}} = \sqrt{\frac{(3)(6,9 \times 10^9)(5,2 \times 10^{-5})}{\left(\frac{33}{140}(500) + 10\right)(2)^3}} = 32,44 \text{ rad/s}$$

Observe que modelar a asa sem considerar a massa da asa é muito impreciso. Note também que a mudança de frequência com e sem combustível ainda é significativa (fator de 3 em vez de 10).

$\square$

Se a mola da Figura 1.26 estiver enrolada num plano como ilustrado na Figura 1.29, a rigidez da mola é muito afetada e torna-se

$$k = \frac{EI}{l} \tag{1.77}$$

Diversas outras configurações de mola e seus valores de rigidez são listados na Tabela 1.3. Textos sobre mecânica dos sólidos e resistência dos materiais devem ser consultados para mais detalhes.

SEÇÃO 1.5 Rigidez

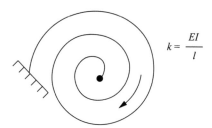

$k = \dfrac{EI}{l}$

l = comprimento total da mola
E = módulo de elasticidade da mola
I = momento de inércia da área de seção transversal

Figura 1.29 A rigidez associada a uma mola enrolada em um plano.

TABELA 1.3 EXEMPLOS DE CONSTANTES DE MOLA

Rigidez axial de uma haste de comprimento l, área de seção transversal A e módulo E	$k = \dfrac{EA}{l}$
Rigidez torcional de uma haste de comprimento l, módulo de cisalhamento G e constante de torção J_P dependendo da seção transversal ($\frac{\pi}{2}r^4$ para o círculo de raio r e $0{,}140a^4$ para um quadrado de lado a)	$k = \dfrac{GJ_P}{l}$
Rigidez à flexão de uma viga engastada de comprimento l, módulo E, momento de inércia da área de seção transversal I	$k = \dfrac{3EI}{l^3}$
Rigidez axial de uma barra cônica de comprimento l, módulo E e diâmetros de extremidade d_1 e d_2	$k = \dfrac{\pi E d_1 d_2}{4l}$
Rigidez torcional em um eixo uniforme oco de módulo de cisalhamento G, comprimento l, diâmetro interno d_1 e diâmetro externo d_2	$k = \dfrac{\pi G (d_2^4 - d_1^4)}{32l}$
Rigidez transversal de um feixe de módulo E, momento de inércia de área I e comprimento l para uma carga aplicada no ponto a da sua extremidade	$k = \dfrac{3EIl}{a^2(l-a)^2}$
Rigidez transversal de um feixe de viga de módulo E, de um momento de inércia de área I e de um comprimento l para uma carga aplicada no seu centro	$k = \dfrac{192EI}{l^3}$

Exemplo 1.5.4

Como outro exemplo de vibração envolvendo fluidos, considere a vibração de rolagem de um navio na água. A Figura 1.30 ilustra um esquema da rolagem de um navio na água. Calcule a frequência natural do navio à medida que rola de um lado para outro em torno do eixo que passa por M.

Na Figura 1.30, G denota o centro de gravidade, B indica o centro de carena, M é o ponto de intersecção da força de empuxo antes e depois do rolamento (chamado de metacentro) e h é o comprimento de GM. A linha perpendicular do centro de gravidade à linha de ação da força de empuxo é marcada pelo ponto Z. Aqui W denota o peso do navio, J denota o momento de massa do navio em torno do eixo de rolagem e $\theta(t)$ indica o ângulo de rolagem.

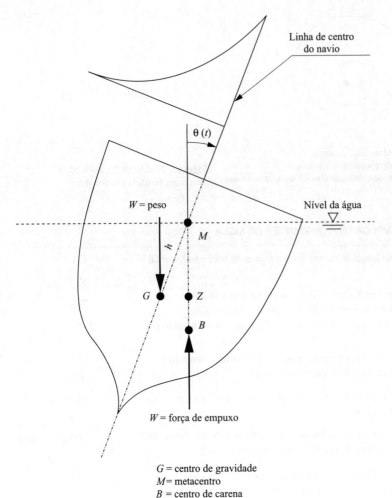

Figura 1.30 A dinâmica de rolagem de um navio na água.

G = centro de gravidade
M = metacentro
B = centro de carena

Solução   A somatório dos momentos em M fornece

$$J\ddot{\theta}(t) = -W\overline{GZ} = -Wh\,\text{sen}\,\theta(t)$$

Para valores suficientemente pequenos de θ, essa equação não linear pode ser aproximada por

$$J\ddot{\theta}(t) + Wh\theta(t) = 0$$

Assim, a frequência natural do sistema é

$$\omega_n = \sqrt{\frac{hW}{J}}$$

☐

SEÇÃO 1.5 Rigidez

Molas em série

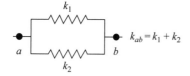

Molas em paralelo

Figura 1.31 As regras para o cálculo da rigidez equivalente de molas associadas em paralelo e em série.

Todos os tipos de molas citadas estão representados, esquematicamente, na Figura 1.2. Se mais de uma mola estiver presente em um dado sistema, a rigidez equivalente da mola combinada pode ser calculada por duas regras simples, como mostrado na Figura 1.31. Essas regras podem ser obtidas considerando as forças equivalentes no sistema.

Exemplo 1.5.5

Considerando a configuração de massa e molas da Figura 1.32 (a), calcule a frequência natural do sistema.

Solução Para encontrar a configuração equivalente de rigidez do sistema de cinco molas dada na Figura 1.32 (a), as duas regras simples da Figura 1.31 são aplicadas. Em primeiro lugar, a configuração em paralela de k_1 e k_2 é substituída por uma única mola, tal como indicado na

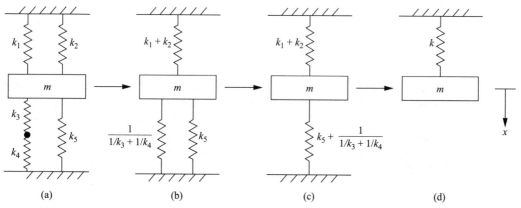

Figura 1.32 A redução de um sistema de cinco molas e uma massa para um sistema massa-mola equivalente, com as mesmas propriedades de vibração.

parte superior da Figura 1.32 (b). Em seguida, a configuração em série de k_3 e k_4 é substituída por uma única mola de rigidez

$$\frac{1}{1/k_3 + 1/k_4}$$

como indicado no lado inferior esquerdo da Figura 1.32 (b). As duas molas paralelas na parte inferior da Figura 1.32 (b) são, seguidamente, combinadas para produzir uma única mola de rigidez

$$k_5 + \frac{1}{1/k_3 + 1/k_4} = k_5 + \frac{k_3 k_4}{k_3 + k_4}$$

como indicado na Figura 1.32 (c). O passo final é perceber, pela Figura 1.32 (c), que tanto a mola na parte superior quanto a mola na parte inferior ligam a massa ao solo e, portanto, atuam em paralelo. Então, essas duas molas combinam para produzir a rigidez equivalente

$$k = k_1 + k_2 + k_5 + \frac{k_3 k_4}{k_3 + k_4}$$

$$= k_1 + k_2 + k_5 + \frac{k_3 k_4}{k_3 + k_4} = \frac{(k_1 + k_2 + k_5)(k_3 + k_4) + k_3 k_4}{(k_3 + k_4)}$$

como indicado, simbolicamente, na Figura 1.32 (d). Assim, a frequência natural desse sistema é

$$\omega_n = \sqrt{\frac{k_1 k_3 + k_2 k_3 + k_5 k_3 + k_1 k_4 + k_2 k_4 + k_5 k_4 + k_3 k_4}{m(k_3 + k_4)}}$$

Observe que, embora o sistema da Figura 1.32 contenha cinco molas, esse sistema consiste de uma única massa movendo-se em apenas uma direção (retilínea) e, portanto, é um sistema de um grau de liberdade.

$\square$

Em geral, as molas são fabricadas apenas em certos incrementos de valores de rigidez dependendo de propriedades como o número de enrolamentos, material e assim por diante (Figura 1.25). Como a produção em massa (e vendas em escala) reduzem o preço de um produto, o projetista é muitas vezes confrontado com uma escolha limitada de constantes de mola ao projetar um sistema. Assim, pode ser mais barato utilizar várias molas "fora de prateleira" para obter o valor de rigidez necessário, do que encomendar uma mola especial com rigidez específica. Então, as regras de configuração de molas em paralelo e série fornecidas na Figura 1.31 podem ser usadas para obter a rigidez e a frequência natural desejada, ou aceitável.

Exemplo 1.5.6

Considere o sistema da Figura 1.32 (a) com $k_5 = 0$. Compare a rigidez e a frequência de uma massa de 10 kg ligada ao solo, primeiro por duas molas em paralelo ($k_3 = k_4 = 0$, $k_1 = 1000$ N/m, e $k_2 = 3000$ N/m), então por duas molas em série ($k_1 = k_2 = 0$, $k_3 = 1000$ N/m, e $k_4 = 3000$ N/m).

SEÇÃO 1.5 Rigidez

Solução Primeiro, considere o caso de duas molas em paralelo tal que ($k_3 = k_4 = 0$, $k_1 = 1000$ N/m, e $k_2 = 3000$ N/m). Então, a rigidez equivalente é dada pela Figura 1.31 como sendo

$$k_{eq} = 1000\,\mathrm{N/m} + 3000\,\mathrm{N/m} = 4000\,\mathrm{N/m}$$

e a frequência correspondente é

$$\omega_{paralelo} = \sqrt{\frac{4000\ \mathrm{N/m}}{10\ \mathrm{kg}}} = 20\,\mathrm{rad/s}$$

No caso de uma ligação em série ($k_1 = k_2 = 0$), as duas molas ($k_3 = 1000$ N/m e $k_4 = 3000$ N/m) combinam-se de acordo com a Figura 1.31 para produzir

$$k_{eq} = \frac{1}{1/1000 + 1/3000} = \frac{3000}{3+1} = \frac{3000}{4} = 750\ \mathrm{N/m}$$

A frequência natural correspondente torna-se

$$\omega_{série} = \sqrt{\frac{750\ \mathrm{N/m}}{10\ \mathrm{kg}}} = 8{,}66\,\mathrm{rad/s}$$

Observe que a utilização de dois conjuntos idênticos de molas ligadas à mesma massa de duas formas distintas gera rigidez equivalente e frequência completamente diferentes. Uma ligação em série diminui a rigidez equivalente enquanto uma ligação em paralelo aumenta a rigidez equivalente. Isso é útil no projeto de sistemas.

□

O Exemplo 1.5.6 mostra que valores fixos de constantes de mola podem ser utilizados em diversas configurações para produzir um valor desejado de rigidez e frequência, correspondente. É interessante notar que um conjunto idêntico de dispositivos físicos pode ser usado para criar um sistema com frequências completamente diferentes, simplesmente, alterando a configuração física dos componentes. Isso é semelhante à escolha de resistências em um circuito elétrico.

As fórmulas desta seção são destinadas a serem auxiliares no projeto de sistemas de vibração. Além de compreender o efeito da rigidez sobre a dinâmica, isto é, sobre a frequência natural, é importante não esquecer a análise estática quando se utilizam molas. Em particular, é necessário analisar a deflexão estática de cada sistema de mola para se certificar de que a análise dinâmica esta corretamente interpretada. Lembre-se da discussão da Figura 1.14 que a deflexão estática tem o valor

$$\Delta = \frac{mg}{k}$$

onde m é a massa suportada por uma mola de rigidez k, num campo gravitacional com aceleração da gravidade g. Deflexão estática é muitas vezes desprezada em análises introdutórias, mas é amplamente utilizado no projeto de mola e é essencial na análise não linear. A deflexão estática é indicada por uma variedade de símbolos. Os símbolos δ, Δ, δ_s e x_0 são todos utilizados em publicações de vibração para indicar a deflexão de uma mola causada pelo peso da massa preso a mola.

1.6 MEDIÇÕES

As medições relacionadas à vibração são usadas para várias finalidades. Primeiro, todas as quantidades necessárias para analisar o movimento vibratório de um sistema demandam medição. Os modelos matemáticos propostos nas seções anteriores requerem conhecimento dos coeficientes de massa, de amortecimento e de rigidez do dispositivo em estudo. Esses coeficientes podem ser medidos de diversas formas, como discutido nesta seção. Medições de vibração também são usadas para validar e melhorar modelos analíticos. Outros usos direcionados às técnicas de ensaios de vibração incluem estudos de confiabilidade e durabilidade, procura por danos e ensaios para aceitação da resposta em termos de parâmetros de vibração. Este capítulo apresenta algumas ideias básicas sobre medição. Mais discussão sobre medição pode ser encontrada ao longo do livro, culminando com todos os vários conceitos sobre medição resumidos no Capítulo 7.

Em muitos casos, a massa de um objeto ou dispositivo é simplesmente determinada utilizando uma escala. A massa é uma quantidade relativamente fácil de medir. No entanto, o momento de inércia de massa pode exigir uma medição dinâmica. Um método para medir o momento de inércia de massa de um objeto de formato irregular é colocar o objeto na plataforma do aparelho da Figura 1.33 e medir o período de oscilação T do sistema. Aplicando os métodos da Seção 1.4, pode-se mostrar que o momento de inércia J de um objeto, (em relação a um eixo vertical), colocado no disco da Figura 1.33 com seu centro de massa alinhado verticalmente com o do disco, é dado por

$$J = \frac{gT^2 r_0^2 (m_0 + m)}{4\pi^2 l} - J_0 \qquad (1.78)$$

onde m é a massa do dispositivo medido, m_0 é a massa do disco, r_0 o raio do disco, l o comprimento dos fios, J_0 o momento de inércia do disco e g a aceleração da gravidade.

A rigidez de um sistema de mola simples pode ser medida como sugerido na Seção 1.1. O módulo de elasticidade, E, de um objeto pode ser medido de forma similar realizando um ensaio de tração (ver, por exemplo, Shames, 1989). Nesse método, emprega-se

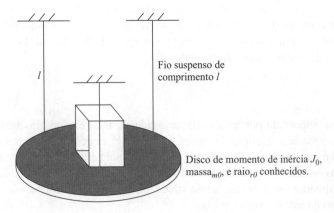

Fio suspenso de comprimento l

Disco de momento de inércia J_0, massa m_0, e raio r_0 conhecidos.

Figura 1.33 Um sistema de suspensão trifilar para medir o momento de inércia de objetos de formato irregular.

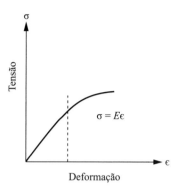

Figura 1.34 Um exemplo de uma curva tensão-deformação de um ensaio utilizado para determinar o módulo de elasticidade de um material.

uma máquina de ensaio de tração que utiliza extensômetros para medir a deformação, ϵ, na amostra ensaiada, bem como a tensão, σ, ambos na direção axial da amostra. Isso produz uma curva como a mostrada na Figura 1.34. A inclinação da curva na região linear define o módulo de Young, ou módulo de elasticidade, para o material ensaiado. A relação na qual a deformação é proporcional à tensão é conhecida como a lei de Hooke.

O módulo de elasticidade também pode ser medido utilizando algumas das fórmulas dadas na Seção 1.5 e medidas da resposta vibratória de uma estrutura ou peça mecânica. Por exemplo, considere a viga engastada da Figura 1.26. Se a massa na extremidade livre sofre uma pequena deflexão, a massa oscilará com frequência $\omega_n = \sqrt{k/m}$. Se ω_0 é medida, o módulo de elasticidade pode ser determinado a partir da Equação (1.67), como mostrado no próximo exemplo.

Exemplo 1.6.1

Considere a viga engastada de aço como mostrado na Figura 1.26. A viga tem um comprimento $l = 1$ m e um momento de inércia $I = 10^{-9}$ m^4, com uma massa $m = 6$ kg presa a sua extremidade livre. Se a massa sofre uma pequena deflexão inicial na direção transversal e oscila com um período de $T = 0{,}62$ s, calcule o módulo de elasticidade do aço.

Solução Uma vez que $T = 2\pi/\omega$, a Equação (1.67) fornece

$$T = 2\pi \sqrt{\frac{ml^3}{3EI}}$$

Resolvendo para E tem-se

$$E = \frac{4\pi^2 m l^3}{3 T^2 I} = \frac{4\pi^2 (6 \text{ kg})(1 \text{ m})^3}{3(0{,}62 \text{ s})^2 (10^{-9} \text{ m}^4)} = 205 \times 10^9 \text{ N/m}^2$$

□

O período T e, portanto, a frequência ω_n podem ser medidos com um cronômetro para vibrações que são grandes o suficiente e duram o suficiente para serem registradas. No entanto, muitas vibrações de interesse têm amplitudes muito pequenas e acontecem muito rapidamente. Desse modo, foram desenvolvidos vários dispositivos muito sofisticados para medir tempo e frequência, que demandam conceitos mais sofisticados, apresentados no capítulo sobre medição.

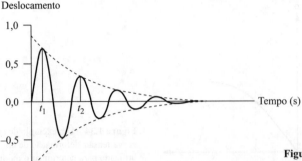

Figura 1.35 A resposta do sistema subamortecido usado para medir o amortecimento.

O coeficiente de amortecimento ou, alternativamente, o fator de amortecimento é a quantidade mais difícil de determinar. Tanto a massa quanto a rigidez podem ser determinadas por ensaios estáticos; no entanto, o amortecimento requer um ensaio dinâmico para medir. Um registro da resposta de deslocamento de um sistema subamortecido pode ser usado para determinar o fator de amortecimento. Uma abordagem é observar que o envelope de decaimento, indicado pela linha tracejada na Figura 1.35, para um sistema subamortecido é $Ae^{-\zeta\omega_n t}$. Os pontos medidos $x(0)$, $x(t_1)$, $x(t_2)$, $x(t_3)$ e assim por diante podem, então, ser ajustados às curvas A, $Ae^{-\zeta\omega_n t_1}$, $Ae^{-\zeta\omega_n t_2}$, $Ae^{-\zeta\omega_n t_3}$, e assim por diante. Isso produzirá um valor para o termo $\zeta\omega_n$. Se m e k são conhecidos, ζ e c podem ser determinados a partir de $\zeta\omega_n$.

Essa abordagem também leva ao conceito de decremento logarítmico, denotado por δ e definido por

$$\delta = \ln \frac{x(t)}{x(t+T)} \tag{1.79}$$

onde T é o período de oscilação. A substituição da forma analítica da resposta subamortecida dada pela Equação (1.36) resulta em

$$\delta = \ln \frac{Ae^{-\zeta\omega_n t}\operatorname{sen}(\omega_d t + \phi)}{Ae^{-\zeta\omega_n(t+T)}\operatorname{sen}(\omega_d t + \omega_d T + \phi)} \tag{1.80}$$

desde que $\omega_d T = 2\pi$, o denominador torna-se $e^{-\zeta\omega_n(t+T)}\operatorname{sen}(\omega_d t + \phi)$ e a expressão para o decremento reduz-se a

$$\delta = \ln e^{\zeta\omega_n T} = \zeta\omega_n T \tag{1.81}$$

O período T nesse caso é o período amortecido ($2\pi/\omega_d$) tal que

$$\delta = \zeta\omega_n \frac{2\pi}{\omega_n\sqrt{1-\zeta^2}} = \frac{2\pi\zeta}{\sqrt{1-\zeta^2}} \tag{1.82}$$

SEÇÃO 1.6 Medições

Resolvendo a Equação (1.82) para ζ tem-se

$$\zeta = \frac{\delta}{\sqrt{4\pi^2 + \delta^2}} \qquad (1.83)$$

que permite calcular o fator de amortecimento a partir do valor do decremento logarítmico. Assim, se o valor de $x(t)$ for medido a partir do gráfico da Figura 1.35 em quaisquer dois picos sucessivos, digamos $x(t_1)$ e $x(t_2)$, a Equação (1.79) pode ser usada para produzir uma medida do valor de δ e a Equação (1.83) pode ser usada para determinar o fator de amortecimento.

A fórmula para o fator de amortecimento (Equações (1.29) e (1.30), também listada na capa interna) e o conhecimento de m e k, fornecem o valor do coeficiente de amortecimento c. Observe que as medições de pico podem ser usadas sobre qualquer múltiplo inteiro do período (Problema 1.95) para aumentar a precisão em relação às medidas tomadas em picos adjacentes.

O cálculo no Problema 1.95 produz

$$\delta = \frac{1}{n} \ln \left(\frac{x(t)}{x(t + nT)} \right)$$

onde n é qualquer número inteiro de picos sucessivos (positivos). Enquanto isso tende a aumentar a precisão do cálculo δ, a maioria das medições de amortecimento realizadas hoje são baseadas em métodos de análise modal (Capítulos 4 e 6) apresentados mais adiante no Capítulo 7.

Exemplo 1.6.2

A resposta livre do sistema amortecido de um grau de liberdade na Figura 1.9 com uma massa de 2 kg é registrada como sendo da forma apresentada na Figura 1.35. É realizado um ensaio de deflexão estática e a rigidez é determinada como sendo $1,5 \times 10^3$ N/m. Os deslocamentos em t_1 e t_2 são medidos como sendo 9 mm e 1 mm, respectivamente. Calcule o coeficiente de amortecimento.

Solução A partir da definição do decremento logarítmico

$$\delta = \ln \left[\frac{x(t_1)}{x(t_2)} \right] = \ln \left[\frac{9 \text{ mm}}{1 \text{ mm}} \right] = 2,1972$$

A partir da Equação (1.83),

$$\zeta = \frac{2,1972}{\sqrt{4\pi^2 + 2,1972^2}} = 0,33 \quad \text{ou} \quad 33\%$$

Também,

$$c_{cr} = 2\sqrt{km} = 2\sqrt{(1,5 \times 10^3 \text{ N/m})(2 \text{ kg})} = 1,095 \times 10^2 \text{ kg/s}$$

E a partir da Equação (1.30) o coeficiente de amortecimento torna-se

$$c = c_{cr}\zeta = (1,095 \times 10^2)(0,33) = 36,15 \text{ kg/s}$$

$\square$

Exemplo 1.6.3

Massa e rigidez são, em geral, medidos de uma forma direta, como mostrado na Seção 1.3. No entanto, existem certas circunstâncias que impedem o uso desses métodos simples. Nesses casos, pode ser utilizada uma medição da frequência de oscilação antes e depois de uma quantidade de massa conhecida, para determinar a massa e a rigidez do sistema original. Assuma, então, que a frequência do sistema na Figura 1.36(a) é 2 rad/s e a frequência da Figura 1.36(b) com uma massa adicionada de 1 kg é 1 rad/s. Calcule m e k.

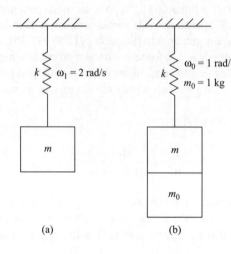

Figura 1.36 Um esquema da utilização de massa adicional (b) e medições de frequência para determinar uma massa m e rigidez k desconhecidas do sistema original (a).

Solução A partir da definição de frequência natural

$$\omega_1 = 2 = \sqrt{\frac{k}{m}} \quad \text{e} \quad \omega_0 = 1 = \sqrt{\frac{k}{m+1}}$$

Resolvendo para m e k tem-se

$$4m = k \quad \text{e} \quad m + 1 = k$$

ou

$$m = \frac{1}{3}\,\text{kg} \quad \text{e} \quad k = \frac{4}{3}\,\text{N/m}$$

Essa formulação também pode ser usada para determinar as alterações na massa de um sistema. Como exemplo, a frequência de oscilação de vibração de baixa amplitude de um paciente no leito hospitalar pode ser utilizada para monitorar a alteração no peso (massa) do doente sem ter de mover o paciente do leito. Nesse caso, a massa m_0 é considerada como sendo a alteração na massa do sistema original. Se a massa e a frequência originais forem conhecidas, a medição da frequência ω_0 pode ser utilizada para determinar a alteração na massa m_0. Dado que o peso inicial é de 54,4 kg, a frequência original é de 100,4 Hz e a frequência do sistema de leito do paciente muda para 100 Hz, determine a mudança no peso do paciente.

SEÇÃO 1.7 Considerações de Projeto

A partir das duas relações de frequência

$$\omega_1^2 m = k$$

e

$$\omega_0^2(m + m_0) = k$$

Assim, $\omega_1^2 m = \omega_0^2(m + m_0)$. Resolvendo para a mudança na massa m_0 tem-se

$$m_0 = m\left(\frac{\omega_1^2}{\omega_0^2} - 1\right)$$

Multiplicando por g e convertendo a frequência para hertz tem-se

$$W_0 = W\left(\frac{f_1^2}{f_0^2} - 1\right)$$

ou

$$W_0 = 120\,\text{lb}\left[\left(\frac{100{,}4\,\text{Hz}}{100\,\text{Hz}}\right)^2 - 1\right]$$

$$= 0{,}96\,\text{lb}\ (0{,}4\text{kg})$$

Como a frequência diminuiu, o paciente ganhou quase meio kilograma. Um aumento na frequência indicaria uma perda de peso.

$\square$

As medidas de m, c, k, ω_n, e ζ são usadas para verificar o modelo matemático de um sistema e por uma variedade de outras razões. A medição de sistemas vibratórios constitui um aspecto importante da atividade industrial relacionada com a tecnologia de vibração. O Capítulo 7 é dedicado à medição, no entanto os comentários sobre medições de vibração são mencionados em todos os capítulos restantes.

1.7 CONSIDERAÇÕES DE PROJETO

Esta seção introduz os princípios do projeto de sistemas de vibração, que constitui o tópico do Capítulo 5. O projeto em vibração refere-se ao ajuste dos parâmetros físicos de um dispositivo para fazer com que sua resposta de vibração atenda um critério ou especificação de desempenho. Por exemplo, considere a resposta do sistema de um grau de liberdade da Figura 1.9. A forma da resposta é, muita vezes, determinada pelo valor do fator de amortecimento no sentido de que a resposta seja superamortecida, subamortecida ou criticamente amortecida ($\zeta > 1$, $\zeta < 1$ e $\zeta = 1$, respectivamente). O fator de amortecimento, por sua vez, depende dos valores de m, c e k. Um projetista pode escolher esses valores para produzir a resposta desejada.

A Seção 1.5 sobre propriedades da rigidez é, na verdade, uma introdução ao projeto também. As fórmulas fornecidas para a rigidez, em termos de módulo de elasticidade e

64   CAPÍTULO 1 • Introdução à Vibração e a Resposta Livre

dimensões geométricas, podem ser usadas para projetar um sistema que tem uma dada frequência natural. O Exemplo 1.5.2 relata um dos principais problemas em projeto nos quais, muitas vezes, as propriedades que estamos interessados em projetar (frequência neste caso) são muito sensíveis a mudanças operacionais. No Exemplo 1.5.2, a frequência muda muito à medida que o avião consome combustível.

Outra questão importante, frequente em projeto, foca o uso de dispositivos já existentes. Por exemplo, as regras apresentadas na Figura 1.31 são para produzir um valor desejado de constante de mola, a partir de um conjunto de molas "disponíveis" arranjadas em certas configurações, como ilustrado no Exemplo 1.5.6. Em geral, o trabalho de projeto na engenharia envolve o uso de produtos disponíveis para produzir configurações (ou projetos) que se ajustam a uma aplicação específica. No caso de rigidez de mola, normalmente, as molas são produzidas em grande escala e, portanto, tem baixo custo apenas em certos valores discretos de rigidez. As fórmulas dadas de molas em paralelo e em série são usadas para produzir a rigidez desejada. Se o custo não for uma restrição, então fórmulas como as apresentadas na Tabela 1.3 podem ser utilizadas para projetar uma única mola que atenda aos requisitos de rigidez. Naturalmente, o projeto para um sistema massa-mola ter uma frequência natural desejada pode não produzir um sistema com uma deflexão estática aceitável. Assim, o processo de projetar torna-se complicado. Projeto é uma das disciplinas mais ativas e excitantes na engenharia, pois, muitas vezes, envolve compromisso e escolha entre muitas soluções aceitáveis.

Infelizmente, os valores de m, c, e k têm outras restrições. O tamanho e o material de que o dispositivo é feito determinam esses parâmetros. Assim, o procedimento de projeto torna-se um compromisso. Por exemplo, limitações geométricas podem fazer com que a massa de um dispositivo fique entre 2 e 3 kg, e para condições de deslocamento estático, pode ser desejado uma rigidez maior que 200 N/m. Nesse caso, a frequência natural deve estar no intervalo

$$8{,}16 \, \mathrm{rad/s} \leq \omega_n \leq 10 \, \mathrm{rad/s} \tag{1.84}$$

Isso limita, enormemente, o projeto da resposta de vibração, como ilustrado no próximo exemplo.

Exemplo 1.7.1

Considere o sistema da Figura 1.9 com propriedades de massa e rigidez que atendam a desigualdade dada pela Equação (1.84). Assuma que o sistema é submetido a uma velocidade inicial, que é sempre menor que 300 mm/s e a um deslocamento inicial nulo (isto é, $x_0 = 0$, $v_0 \leq 300$ mm/s). Para essas opções de massa e rigidez, escolha um coeficiente de amortecimento para que a amplitude de vibração seja sempre inferior a 25 mm.

Solução   Este é um exemplo orientado para o projeto e, portanto, como é típico dos cálculos de projeto, não existe um único caminho a seguir. Em vez disso, a solução deve ser obtida utilizando estudos teóricos e paramétricos. Primeiro, observe que para deslocamento inicial zero, a resposta pode ser escrita a partir da Equação (1.38) como

$$x(t) = \frac{v_0}{\omega_d} e^{-\zeta \omega_n t} \, \mathrm{sen}(\omega_d t)$$

SEÇÃO 1.7 Considerações de Projeto

Observe também que a amplitude dessa função periódica é

$$\frac{v_0}{\omega_d} e^{-\zeta\omega_n t}$$

Portanto, para ω_d pequeno, a amplitude é maior do que para ω_d grande. Dessa forma, para o intervalo de frequências de interesse, parece que o pior caso (maior amplitude) ocorrerá para o menor valor de frequência ($\omega_d = 8,16$ rad/s). Além disso, a amplitude aumenta com v_0 tal que utilizando $v_0 = 300$ mm/s garantirá que a amplitude seja a maior possível. Agora, v_0 e ω_n varia à medida que o fator de amortecimento é alterado. Uma alternativa consiste em calcular a amplitude da resposta no primeiro pico. A partir da Figura 1.10, a maior amplitude ocorre na primeira vez em que a derivada de $x(t)$ é zero. Derivando em relação ao tempo $x(t)$ e igualando o resultado a zero, obtém-se a expressão para o tempo do primeiro pico:

$$\omega_d e^{-\zeta\omega_n t} \cos(\omega_d t) - \zeta\omega_n e^{-\zeta\omega_n t} \operatorname{sen}(\omega_d t) = 0$$

Resolvendo a expressão anterior para t e denotando o resultado por T_m tem-se

$$T_m = \frac{1}{\omega_d} \operatorname{tg}^{-1}\left(\frac{\omega_d}{\zeta\omega_n}\right) = \frac{1}{\omega_d} \operatorname{tg}^{-1}\left(\frac{\sqrt{1-\zeta^2}}{\zeta}\right)$$

O valor da amplitude do primeiro (e maior) pico é calculado pela substituição do valor de T_m em $x(t)$, resultando em

$$A_m(\zeta) = x(T_m) = \frac{v_0}{\omega_n\sqrt{1-\zeta^2}} e^{-\frac{\zeta}{\sqrt{1-\zeta^2}}\operatorname{tg}^{-1}\left(\frac{\sqrt{1-\zeta^2}}{\zeta}\right)} \operatorname{sen}\left(\operatorname{tg}^{-1}\left(\frac{\sqrt{1-\zeta^2}}{\zeta}\right)\right)$$

Simplificando chega-se a

$$A_m(\zeta) = \frac{v_0}{\omega_n} e^{-\frac{\zeta}{\sqrt{1-\zeta^2}}\operatorname{tg}^{-1}\left(\frac{\sqrt{1-\zeta^2}}{\zeta}\right)}$$

Para velocidade inicial (a maior possível) e frequência (a menor possível) fixas, $A_m(\zeta)$ fornece o maior valor que o pico mais alto terá quando ζ varia. O valor exato de ζ, que manterá esse pico e, portanto, a resposta igual ou inferior a 25 mm, pode ser determinado resolvendo numericamente $A_m(\zeta) = 0,025$ (m) para um valor de ζ. Isso produz $\zeta = 0,281$. Utilizando o limite superior dos valores de massa ($m = 3$ kg) obtém-se então o valor do coeficiente de amortecimento desejado:

$$c = 2m\omega_n\zeta = 2(3)(8,16)(0,281) = 13,76 \, \text{kg/s}$$

Para esse valor de amortecimento, a resposta nunca é maior do que 25 mm. Observe que se não houver amortecimento, as mesmas condições iniciais geram uma resposta de amplitude $A = v_0/\omega_n = 37$ mm.

□

Como outro exemplo de projeto, considere o problema de escolher uma mola que produzirá um sistema massa-mola com uma frequência desejada ou especificada. As fórmulas da Seção 1.5 proporcionam um meio de projetar uma mola para ter uma rigidez especificada, em termos das propriedades do material da mola (módulo de elasticidade) e da sua geometria. O exemplo a seguir ilustra esse conceito.

Exemplo 1.7.2

Projete uma mola helicoidal de tal forma que, quando acoplada a uma massa de 10 kg, o sistema de massa-mola resultante tenha uma frequência natural de 10 rad/s (cerca de 1,6 Hz).

Solução A partir da definição de frequência natural, é necessário que a mola tenha uma rigidez de

$$k = \omega_n^2 m = (10)^2(10) = 10^3 \, \text{N/m}$$

A rigidez de uma mola helicoidal, dada pela Equação (1.66), é

$$k = 10^3 \, \text{N/m} = \frac{Gd^4}{64nR^3} \qquad \text{ou} \qquad 6,4 \times 10^4 = \frac{Gd^4}{nR^3}$$

Essa expressão fornece o ponto de partida para um projeto. As escolhas das variáveis que afetam o projeto são: o tipo de material a ser usado (portanto, vários valores de G), o diâmetro do material d, o raio da bobina R e o número de enrolamento n. As escolhas de G e d são, naturalmente, restritas pelos materiais disponíveis, n é restrito a ser um número inteiro e R pode ter restrições definidas pelos requisitos de tamanho do dispositivo. Assuma que o aço de 1 cm de diâmetro está disponível. O módulo de cisalhamento do aço é aproximadamente

$$G = 8,0 \times 10^{10} \, \text{N/m}^2$$

tal que a fórmula de rigidez torna-se

ou

$$6,4 \times 10^4 \, \text{N/m} = \frac{\left(8,0 \times 10^{10} \, \text{N/m}^2\right)\left(10^{-2} \, \text{m}\right)^4}{nR^3}$$

$$nR^3 = 1,25 \times 10^{-2}$$

Se o raio da bobina for escolhido para ser de 10 cm, isso significa que o número de enrolamento deve ser

$$n = \frac{1,25 \times 10^{-2} \, \text{m}^3}{10^{-3} \, \text{m}^3} = 12,5 \text{ ou } 13$$

Assim, se 13 espirais de aço de 1 cm de diâmetro forem enroladas num raio de 10 cm, a mola resultante terá a rigidez desejada e a massa de 10 kg oscilará com aproximadamente 10 rad/s. Para obter uma resposta exata, o módulo de cisalhamento de aço deve ser alterado. Isso pode ser feito empregando diferentes ligas de aço, mas seria caro. Assim, dependendo da precisão necessária para uma determinada aplicação, a modificação do tipo de aço utilizado pode ou não ser prático.

□

No Exemplo 1.7.2, diversas variáveis foram escolhidas para fornecer um projeto desejado. Em cada caso, as variáveis de projeto (como d, R etc.) estão sujeitas a restrições. Outros aspectos do projeto de vibração são apresentados ao longo do texto assim que oportuno. Não existem regras definidas a serem seguidas em projeto. No entanto, algumas abordagens organizadas para projeto são apresentadas no Capítulo 5. O exemplo a seguir ilustra outra dificuldade em projeto por meio da análise do que acontece quando as condições de operação são alteradas após o término do projeto.

SEÇÃO 1.7 Considerações de Projeto

Exemplo 1.7.3

Como exemplo final, considere modelar o sistema de suspensão vertical de um pequeno carro esportivo como um sistema de um grau de liberdade da forma

$$m\ddot{x} + c\dot{x} + kx = 0$$

onde m é a massa do automóvel enquanto c e k são, respectivamente, o amortecimento e a rigidez equivalente do sistema de quatro absorvedores de choque elásticos. O carro deflete o sistema de suspensão 0,05 m sob seu próprio peso. A suspensão é escolhida (projetada) para ter um fator de amortecimento de 0,3. a) Se o carro tiver uma massa de 1361 kg (massa de um Porsche Boxster), calcule os coeficientes de amortecimento e rigidez equivalentes do sistema de suspensão. b) Se dois passageiros, um tanque de combustível cheio e bagagem, totalizando 290 kg, estão no carro, como isso afeta o fator de amortecimento?

Solução A massa é de 1361 kg e a frequência natural é

$$\omega_n = \sqrt{\frac{k}{1361}}$$

tal que

$$k = 1361\,\omega_n^2$$

Em repouso, as molas do carro são comprimidas uma quantidade Δ, chamada de *deflexão estática*, pelo peso do carro. Portanto, a partir de um balanço de força em equilíbrio estático, $mg = k\Delta$, tal que

$$k = \frac{mg}{\Delta}$$

e

$$\omega_n = \sqrt{\frac{k}{m}} = \sqrt{\frac{g}{\Delta}} = \sqrt{\frac{9,8}{0,05}} = 14\ \mathrm{rad/s}$$

A rigidez do sistema de suspensão é, portanto,

$$k = 1361(14)^2 = 2,668 \times 10^5\ \mathrm{N/m}$$

Para $\zeta = 0,3$, a Equação (1.30) torna-se

$$c = 2\zeta m\omega_n = 2(0,3)(1361)(14) = 1,143 \times 10^4\ \mathrm{kg/s}$$

Agora, se os passageiros e bagagem são adicionados ao carro, a massa aumenta para 1361 + 290 = 1651 kg. Desde que os coeficientes de rigidez e amortecimento permaneçam os mesmos, a nova deflexão estática torna-se

$$\Delta = \frac{mg}{k} = \frac{1651(9,8)}{2,668 \times 10^5} \approx 0,06\ \mathrm{m}$$

A nova frequência torna-se

$$\omega_n = \sqrt{\frac{g}{\Delta}} = \sqrt{\frac{9,8}{0,06}} = 12,78 \text{ rad/s}$$

A partir das Equações (1.29) e (1.30), o fator de amortecimento torna-se

$$\zeta = \frac{c}{c_{cr}} = \frac{1,143 \times 10^4}{2m\omega_n} = \frac{1,143 \times 10^4}{2(1651)(12,78)} = 0,27$$

Dessa forma, o carro com passageiros, combustível e bagagem exibirá menor amortecimento e, consequentemente, maiores amplitudes de vibrações na direção vertical. As vibrações levarão um pouco mais de tempo para desaparecer.

□

Observe que o Exemplo 1.7.3 ilustra uma dificuldade em problemas de projeto, no sentido de que o carro não pode ser amortecido com exatamente o mesmo valor para toda quantidade de passageiros. Nesse caso, mesmo que $\zeta = 0,3$ seja desejável, esse valor não pode ser alcançado. Projetos que não sofrem grandes mudanças quando um parâmetro varia uma pequena quantidade são denotados de *robustos*. Esse e outros conceitos de projeto são discutidos em maior detalhe no Capítulo 5, já que as habilidades analíticas desenvolvidas nos próximos capítulos são necessárias.

1.8 ESTABILIDADE

Nas seções anteriores, os parâmetros físicos m, c e k são todos considerados coeficientes positivos na Equação (1.27). Isso permite classificar as soluções da Equação (1.27) em três casos: superamortecido, subamortecido ou criticamente amortecido. Um quarto caso com $c = 0$ é chamado não amortecido. Essas quatro soluções são todas bem-comportadas, no sentido de que não crescem com o tempo e suas amplitudes são finitas. Entretanto, existem muitas situações nas quais os coeficientes não são positivos e, nesses casos, o movimento não é bem-comportado. Essa situação refere-se à estabilidade das soluções de um sistema.

Lembrando que a solução do caso não amortecido ($c = 0$) é da forma $A \operatorname{sen}(\omega_n t + \phi)$, é fácil verificar que a resposta não amortecida é limitada. Isso é, se $|x(t)|$ representa o valor absoluto de x, então

$$|x(t)| \leq A|\sin(\omega_n t + \phi)| = A = \frac{1}{\omega_n} \sqrt{\omega_n^2 x_0^2 + v_0^2} \tag{1.85}$$

para todo valor de t. Assim, $|x(t)|$ é sempre menor do que algum número finito para todo tempo e para todas escolhas finitas de condições iniciais. Nesse caso, a resposta é bem-comportada e denotada *estável* (às vezes chamada *marginalmente estável*). Se,

SEÇÃO 1.8 Estabilidade

por outro lado, o valor de k na Equação (1.2) é negativo e m é positivo, as soluções são da forma

$$x(t) = A\,\text{senh}\,\omega_n t + B \cosh \omega_n t \tag{1.86}$$

que cresce sem limite quando t aumenta. Nesse caso, $|x(t)|$ já não permanece finito e tais soluções são chamadas *divergentes* ou *instáveis*. As Figuras 1.37 e 1.38 ilustram, respectivamente, uma resposta estável e uma resposta instável ou divergente.

Considere a resposta do sistema amortecido da Equação (1.27) com coeficientes positivos. Como ilustrado nas Figuras 1.10, 1.11, 1.12 e 1.13, fica claro, devido aos termos de decaimento exponencial, que $x(t)$ converge para zero quando t torna-se grande. Essas soluções são chamadas *assintoticamente estáveis*. Novamente, se c ou k é negativo (e m é positivo), o movimento cresce sem limite e torna-se instável, como no caso não amortecido. No entanto, no caso amortecido o movimento pode ser instável de duas formas. Semelhante aos casos superamortecido e subamortecido, o movimento pode crescer sem limite e pode ou não oscilar. O caso não oscilatório é chamado de *instabilidade divergente* e o caso oscilatório é chamado de *instabilidade drapejante*, ou às vezes apenas de *drapejante*. A instabilidade drapejante é esboçada na Figura 1.39. A tendência de crescimento sem limite para t grande continua, apesar de interrompida, nas Figuras 1.38 e 1.39. Esses tipos de instabilidade ocorrem em uma variedade de situações, muitas vezes chamadas *vibrações auto-excitadas* e demandam alguma fonte de energia. O exemplo seguinte ilustra tais instabilidades.

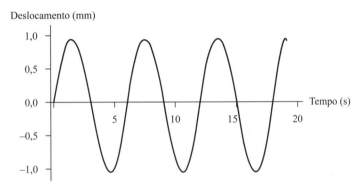

Figura 1.37 Um exemplo de resposta de um sistema de um grau de liberdade estável.

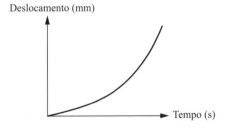

Figura 1.38 Um exemplo de resposta de um sistema de um grau de liberdade instável (divergente).

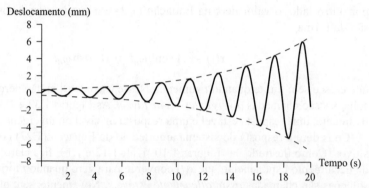

Figura 1.39 Um exemplo de resposta de um sistema de um grau de liberdade instável que também oscila, chamado de instabilidade drapejante.

Exemplo 1.8.1

Considere o pêndulo invertido preso a duas molas iguais, mostrado na Figura 1.40.

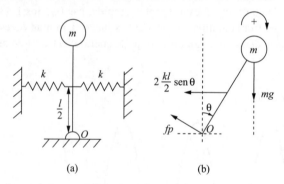

Figura 1.40 (a) Um oscilador pêndulo invertido e (b) seu diagrama de corpo livre. Aqui fp é a força de reação total no pino. O pêndulo tem comprimento l.

Solução Assuma que as molas não estão defletidas quando na posição vertical e que a massa m da esfera na extremidade livre da haste do pêndulo é, consideravelmente, maior do que a massa da própria haste, de forma que a massa da haste possa ser desprezada. O comprimento total da haste é l e as molas são presas no ponto $l/2$. O somatório de momentos em torno do ponto de articulação (ponto O) produz

$$ml^2\ddot{\theta} = \sum M_0$$

Existem três forças atuando. A força da mola é a rigidez vezes o deslocamento (kx), onde o deslocamento x é $(l/2)$ sen θ. Existem duas dessas molas, então a força total exercida sobre o pêndulo pelas molas é kl sen θ. Essa força atua por meio de um braço de momento $(l/2)$ cos θ. A força gravitacional agindo sobre a massa m é mg que atua através de um braço de momento l sen θ. Assim, o somatório de momentos em torno do ponto O é

$$ml^2\ddot{\theta} = -\left(\frac{kl^2}{2}\text{sen}\,\theta\right)\cos\theta + mgl\,\text{sen}\,\theta$$

SEÇÃO 1.8 Estabilidade

e a equação de movimento torna-se

$$ml^2\ddot{\theta} + \left(\frac{kl^2}{2}\,\text{sen}\,\theta\right)\cos\theta - mgl\,\text{sen}\,\theta = 0 \tag{1.87}$$

Para valores de θ inferiores a cerca de $\pi/20$, as funções sen θ e cos θ podem ser aproximados por sen $\theta \cong \theta$ e cos $\theta \cong 1$. Aplicando estas aproximações à Equação (1.87) tem-se

$$ml^2\ddot{\theta} + \frac{kl^2}{2}\theta - mgl\theta = 0$$

que reorganizada torna-se

$$2ml\ddot{\theta}(t) + (kl - 2mg)\theta(t) = 0$$

onde θ é, agora, limitado a um pequeno valor (menor que $\pi/20$). Se k, l e m são tais que o coeficiente de θ, chamado rigidez efetiva, é negativo, isto é, se

$$kl - 2mg < 0$$

o movimento do pêndulo será instável por divergência, conforme ilustrado na Figura 1.38.

$\square$

Exemplo 1.8.2

A vibração de uma asa de avião pode ser modelada de forma simplificada como

$$m\ddot{x} + c\dot{x} + kx = \gamma\dot{x}$$

onde m, c e k são, respectivamente, os valores de massa, amortecimento e rigidez da asa, modelada como um sistema de um grau de liberdade, e o termo $\gamma\dot{x}$ é um modelo aproximado das forças aerodinâmicas sobre a asa ($\gamma > 0$ para alta velocidade).

Solução Reorganizando a equação de movimento tem-se

$$m\ddot{x} + (c - \gamma)\dot{x} + kx = 0$$

Se γ e c são tais que $c - \gamma > 0$, o sistema é assintoticamente estável. No entanto, se γ é tal que $c - \gamma < 0$, então $\zeta = (c - \gamma)/2m\omega_n < 0$ e as soluções são da forma

$$x(t) = Ae^{-\zeta\omega_n t}\,\text{sen}(\omega_d t + \phi)$$

onde o expoente $(-\zeta\omega_n t) > 0$ para todo $t > 0$ devido ao termo de amortecimento negativo. Tais soluções crescem exponencialmente com o tempo, como indicado na Figura 1.39. Esse é um exemplo de instabilidade drapejante e oscilação autoexcitada.

$\square$

Esta breve introdução à estabilidade aplica-se a sistemas que podem ser tratados como lineares e homogêneos. São necessárias definições mais complexas de estabilidade para sistemas forçados e para sistemas não lineares. As noções de estabilidade podem ser analisadas em termos de variação de energia: sistemas estáveis com energia constante, sistemas instáveis com energia crescente e sistemas assintoticamente estáveis com energia decrescente. A estabilidade também pode ser entendida em termos de condições iniciais e isso é discutido na Seção 1.10, onde é dada uma breve introdução às vibrações não lineares. Uma diferença essencial entre sistemas lineares e não lineares encontra-se nas suas respectivas propriedades de estabilidade.

72 CAPÍTULO 1 • Introdução à Vibração e a Resposta Livre

1.9 SIMULAÇÃO NUMÉRICA E RESPOSTA NO TEMPO

Até agora, a maioria dos problemas de vibração analisados foram todos modelados como equações diferenciais lineares que têm soluções que podem ser determinadas analiticamente. Essas soluções são muitas vezes esboçadas em função do tempo para visualizar a vibração física e obter uma ideia da natureza da resposta. No entanto, existem muitos sistemas mais complexos e não lineares que são difíceis ou impossíveis de resolver analiticamente (isto é, que não têm soluções de forma fechada para o deslocamento em função do tempo). A equação do pêndulo não linear dada no Exemplo 1.1.1 é "linearizada" fazendo a aproximação $\operatorname{sen}(\theta) = \theta$ para obter um sistema que é simples de resolver (tendo a mesma forma analítica que um sistema linear massa-mola). A aproximação feita para linearizar a equação do pêndulo é válida somente para certas condições iniciais, suficientemente, pequenas. A aproximação de $\operatorname{sen}(\theta) = \theta$ requer que o deslocamento inicial e a velocidade inicial sejam tais que $\theta(t)$ mantenha-se menor que, aproximadamente, $10°$. Para casos com condições iniciais maiores, uma rotina de integração numérica pode ser usada para calcular e esboçar uma solução da equação não linear de movimento. A integração numérica pode ser usada para determinar as soluções de uma variedade de problemas difíceis e é introduzida aqui em problemas simples que têm soluções analíticas conhecidas para que a natureza da aproximação possa ser discutida. Adiante, a integração numérica será usada para problemas que não tenham soluções de forma fechada.

A resposta livre de qualquer sistema de um grau de liberdade pode ser facilmente calculada por métodos numéricos simples, tais como o método de Euler ou os métodos de Runge-Kutta. Esta seção estuda o uso desses métodos numéricos para resolver problemas de vibração que são difíceis de resolver analiticamente. Os métodos de Runge-Kutta podem ser encontrados em calculadoras e nos pacotes de *software* matemáticos mais comuns, como Mathematica, Mathcad, Maple e MATLAB. Alternativamente, os métodos numéricos podem ser programados em linguagens mais tradicionais, como FORTRAN ou em planilhas. Esta seção revisa o uso de métodos numéricos para resolver equações diferenciais e, em seguida, aplica esses métodos à solução de vários problemas de vibração analisados nas seções anteriores. Esses métodos são utilizados na próxima seção para obter a resposta de sistemas não lineares. O Apêndice F apresenta o uso de Mathematica, Mathcad e MATLAB para integração numérica e representação gráfica. Muitas grades curriculares modernas introduzem esses métodos e algoritmos no início do currículo de engenharia, caso em que esta seção pode ser ignorada ou usada como uma breve revisão.

Existem muitos algoritmos para resolver numericamente equações diferenciais ordinárias, como as da análise de vibração. Dois algoritmos de solução numérica são apresentados aqui. A base das soluções numéricas das equações diferenciais ordinárias é, essencialmente, desfazer o cálculo, representando cada derivada por uma diferença pequena, mas finita (lembre-se da definição de uma derivada de cálculo dada na Janela 1.6). Uma solução numérica de uma equação diferencial ordinária é um algoritmo para obter valores discretos aproximados: $x_1, x_2, \dots, x_n$, da solução $x(t)$ nos valores discretos de tempo: $t_0 < t_1 < t_2 \dots < t_n$. Assim, um algoritmo numérico produz uma lista de valores discretos

SEÇÃO 1.9 Simulação Numérica e Resposta no Tempo

$x_i = x(t_i)$ que se aproximam da solução exata, que é uma função contínua do tempo $x(t)$. As condições iniciais do problema de vibração formam o ponto de partida para o cálculo de uma solução numérica. Para um sistema de um grau de liberdade da forma

$$m\ddot{x} + c\dot{x} + kx = 0, \qquad x(0) = x_0 \quad \dot{x}(0) = v_0 \qquad (1.88)$$

os valores iniciais x_0 e v_0 formam os dois primeiros pontos da solução numérica. Seja T_f o comprimento total de tempo sobre o qual a solução é avaliada (isto é, a equação deve ser resolvida para valores de t entre $t = 0$ e $t = T_f$). O intervalo de tempo $T_f - 0$ é dividido em n intervalos (tal que $\Delta t = T_f/n$). Então, a Equação (1.88) é calculada com os valores de $t_0 = 0$, $t_1 = \Delta t$, $t_2 = 2\Delta t$, ..., $t_n = n\Delta t = T_f$ para produzir uma representação aproximada ou simulação da solução.

O conceito de uma solução numérica é mais fácil de entender examinando primeiro a solução numérica de uma equação diferencial escalar de primeira ordem. Para isso, considere a equação diferencial de primeira ordem

$$\dot{x}(t) = ax(t) \qquad x(0) = x_0 \qquad (1.89)$$

O método de Euler procede da definição da forma de inclinação da derivada dada na Janela 1.6, antes do limite ser calculado:

$$\frac{x_{i+1} - x_i}{\Delta t} = ax_i \qquad (1.90)$$

onde x_i representa $x(t_i)$, x_{i+1} representa $x(t_{i+1})$ e Δt indica o intervalo de tempo entre t_i e t_{i+1} (isto é, $\Delta t = t_{i+1} - t_i$). Essa expressão pode ser manipulada para produzir

$$x_{i+1} = x_i + \Delta t(ax_i) \qquad (1.91)$$

Essa fórmula calcula o valor discreto da resposta x_{i+1} a partir do valor anterior x_i, do passo de tempo Δt e do parâmetro do sistema a. Essa solução numérica é chamada de *método da linha tangente* ou *método de Euler*. O exemplo a seguir ilustra a aplicação da fórmula de Euler para calcular uma solução.

Janela 1.6
Definição da Derivada

A definição de uma derivada de $x(t)$ at $t =$ em t_i é

$$\frac{dx(t_i)}{dt} = \lim_{\Delta t \to 0} \frac{x(t_{i+1}) - x(t_i)}{\Delta t}$$

onde $t_{i+1} = t_i + \Delta t$ e $x(t)$ é contínua.

74 CAPÍTULO 1 • Introdução à Vibração e a Resposta Livre

Exemplo 1.9.1

Aplique a fórmula de Euler para determinar a solução numérica de $\dot{x} = -3x$, $x(0) = 1$ para vários incrementos de tempo no intervalo de tempo de 0 a 4 e compare os resultados com a solução exata.

TABELA 1.4 COMPARAÇÃO DA SOLUÇÃO EXATA DE $\dot{x} = -3x$, $x(0) = 1$ COM A SOLUÇÃO OBTIDA PELO MÉTODO DE EULER COM PASSO DE TEMPO GRANDE ($\Delta t = 0{,}5$) PARA O INTERVALO $\Delta t = 0$ A 4.

Índice	Tempo decorrido	Exato	Euler	Erro absoluto
0	0	1,0000	1,0000	0
1	0,5000	0,2231	−0,5000	0,7231
2	1,0000	0,0498	0,2500	0,2002
3	1,5000	0,0111	−0,1250	0,1361
4	2,0000	0,0025	0,0625	0,0600
5	2,5000	0,0006	−0,0312	0,0318
6	3,0000	0,0001	0,0156	0,0155
7	3,5000	0,0000	−0,0078	0,0078
8	4,0000	0,0000	0,0039	0,0039

Solução Em primeiro lugar, a solução exata pode ser obtida por integração direta ou assumindo uma solução da forma $x(t) = Ae^{\lambda t}$. A substituição dessa forma na equação $\dot{x} = -3x$ produz $A\lambda e^{\lambda t} = -3A\lambda e^{\lambda t}$, ou $\lambda = -3$, tal que a solução é da forma $x(t) = Ae^{-3t}$. Utilizando as condições iniciais $x(0) = 1$ tem-se $A = 1$. Portanto, a solução analítica é simplesmente $x(t) = Ae^{-3t}$.

Em seguida, considere uma solução numérica aplicando o método de Euler sugerido pela Equação (1.91). Nesse caso, a constante $a = -3$, tal que $x_{i+1} = x_i + \Delta t(-3x_i)$. Assuma que é adotado um passo de tempo muito grande (isto é, $\Delta t = 0{,}5$) e a solução é formada no intervalo de $t = 0$ a $t = 4$. Então, a Tabela 1.4 mostra os valores obtidos a partir da Equação (1.91):

$$x_0 = 1$$

$$x_1 = x_0 + (0{,}5)(-3)(x_0) = -0{,}5$$

$$x_2 = -0{,}5 - (1{,}5)(-0{,}5) = 0{,}25$$

$$\vdots$$

forma a coluna nomeada "Euler". A coluna nomeada "Exato" é o valor de e^{-3t} no tempo decorrido indicado para um dado índice. Observe que, enquanto a aproximação de Euler se aproxima do valor final correto, esse valor oscila em torno de zero enquanto o valor exato não. Isso aponta para uma possível fonte de erro numa solução numérica. Por outro lado, se Δt é considerado muito pequeno, a diferença entre a solução obtida pela equação de Euler e a solução exata torna-se difícil de ver, como ilustra a Figura 1.41. A Figura 1.41 é um gráfico de $x(t)$ obtido pela fórmula de Euler para $\Delta t = 0{,}1$. Observe que essa solução se parece muito com a solução exata $x(t) = e^{-3t}$.

□

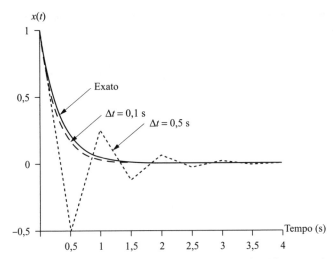

Figura 1.41 Um gráfico de $x(t_i)$ por t_i para $\dot{x}(t) = -3x$ usando vários passos de tempo na Equação (1.91) com $x(0) = 1$.

É importante notar a partir do exemplo, que duas fontes de erro estão presentes no cálculo da solução de uma equação diferencial aplicando um método numérico, como o método de Euler. O primeiro é chamado de *erro de truncamento*, que é a diferença entre a solução exata e a solução obtida pela aproximação de Euler. Esse é o erro indicado na última coluna da Tabela 1.4. Observe que esse erro se acumula à medida que o índice aumenta, porque o valor em cada tempo discreto é determinado pelo valor anterior, que já tem um erro. Isso pode ser controlado, de certa forma, pelo passo do tempo e pela natureza da fórmula. A outra fonte de erro é o *erro de arredondamento* devido à aritmética da máquina. Isso é, naturalmente, controlado pelo computador e sua arquitetura. Ambas as fontes de erro podem ser significativas. O uso bem-sucedido de um método numérico requer um entendimento de ambas as fontes de erros na interpretação dos resultados de uma simulação computacional da solução de qualquer problema de vibração.

O método de Euler pode ser melhorado por meio da diminuição do tamanho do passo, como ilustra o Exemplo 1.9.1. Alternativamente, um procedimento mais preciso pode ser usado para melhorar a precisão (menor erro de fórmula) sem diminuir o tamanho do passo Δt. Vários métodos existem (como o método de Euler melhorado e vários métodos da série de Taylor) e são discutidos em Boyce e DiPrima (2009), por exemplo. Apenas o método de Runge-Kutta é discutido e usado aqui.

O método de Runge-Kutta foi desenvolvido por dois pesquisadores diferentes em torno de 1895 a 1901 (C. Runge e M. W. Kutta). As fórmulas de Runge-Kutta (existem várias) envolvem uma média ponderada dos valores do lado direito da equação diferencial aplicada em diferentes pontos entre os intervalos de tempo t_i e $t_i + \Delta t$. As obtenções de várias fórmulas de Runge-Kutta são tediosas, mas diretas e não são apresentadas aqui (ver Boyce e DiPrima 2009). Uma formulação útil pode ser enunciada para o problema

76 CAPÍTULO 1 • Introdução à Vibração e a Resposta Livre

de primeira ordem $\dot{x} = f(x, t)$, $x(0) = x_0$, onde f é qualquer função escalar (linear ou não linear) como

$$x_{n+1} = x_n + \frac{\Delta t}{6}(k_{n1} + 2k_{n2} + 2k_{n3} + k_{n4}) \tag{1.92}$$

onde

$$k_{n1} = f(x_n, t_n)$$

$$k_{n2} = f\left(x_n + \frac{\Delta t}{2}k_{n1}, t_n + \frac{\Delta t}{2}\right)$$

$$k_{n3} = f\left(x_n + \frac{\Delta t}{2}k_{n2}, t_n + \frac{\Delta t}{2}\right)$$

$$k_{n4} = f(x_n + \Delta t k_{n3}, t_n + \Delta t)$$

A soma entre parênteses na Equação (1.92) representa a média de seis números, cada um dos quais se parece com uma inclinação em um momento diferente; por exemplo, o termo k_{n1} é a inclinação da função na extremidade "esquerda" do intervalo de tempo.

Tais fórmulas podem ser melhoradas tratando Δt como uma variável, Δt_i. Em cada passo de tempo t_i, o valor de Δt_i é ajustado com base na rapidez com que a solução $x(t)$ está variando. Se a solução não está variando muito rapidamente, um grande valor de Δt_i é permitido sem aumentar o erro de fórmula. Por outro lado, se $x(t)$ está variando rapidamente, um Δt_i pequeno deve ser escolhido para manter o erro de fórmula pequeno. Tais tamanhos de passo podem ser escolhidos automaticamente como parte da função programada para obter a solução numérica. As fórmulas de Runge-Kutta e Euler listadas podem ser aplicadas a problemas de vibração, observando que o problema de vibração mais geral (amortecido) pode ser colocado em uma forma de primeira ordem.

Retornando a um sistema amortecido da forma

$$m\ddot{x}(t) + c\dot{x}(t) + kx(t) = 0 \qquad x(0) = x_0, \qquad \dot{x}(0) = \dot{x}_0 \tag{1.93}$$

o método de Euler da Equação (1.91) pode ser aplicado escrevendo essa expressão como duas equações de primeira ordem. Para isso, divida a Equação (1.93) pela massa m e defina duas novas variáveis por $x_1 = x(t)$ e $x_2 = \dot{x}(t)$. Em seguida, derive a definição de $x_1(t)$, reorganize a Equação (1.93) e substitua x e sua derivada com x_1 e x_2 para obter

$$\dot{x}_1(t) = x_2(t)$$

$$\dot{x}_2(t) = -\frac{c}{m}x_2(t) - \frac{k}{m}x_1(t) \tag{1.94}$$

sujeito às condições iniciais $x_1(0) = x_0$ e $x_2(0) = \dot{x}_0$. As duas equações diferenciais acopladas de primeira ordem dadas na Equação (1.94) podem ser escritas como uma única

SEÇÃO 1.9 Simulação Numérica e Resposta no Tempo

equação utilizando uma forma matricial, definindo o vetor 2×1 $\mathbf{x}(t)$ e a matriz 2×2 A por

$$A = \begin{bmatrix} 0 & 1 \\ -\dfrac{k}{m} & -\dfrac{c}{m} \end{bmatrix} \quad \mathbf{x}(t) = \begin{bmatrix} x_1(t) \\ x_2(t) \end{bmatrix} \quad \mathbf{x}(0) = \begin{bmatrix} x_1(0) \\ x_2(0) \end{bmatrix} \tag{1.95}$$

A matriz A assim definida é chamada *matriz de estado* e o vetor $\mathbf{x}$ é chamado de *vetor de estado*. A posição x_1 e a velocidade x_2 são chamadas de *variáveis de estado*. Utilizando essas definições (ver Apêndice C), as regras de diferenciação de vetor (elemento por elemento) e multiplicação de uma matriz vezes um vetor, as Equações (1.95) podem ser escritas como

$$\dot{\mathbf{x}}(t) = A\mathbf{x}(t) \tag{1.96}$$

sujeito à condição inicial $\mathbf{x}(0)$. Agora, o método de Euler dado na Equação (1.91) pode ser aplicado diretamente a essa formulação matricial da Equação (1.96), simplesmente chamando o escalar x_1, o vetor $\mathbf{x}_1$ e substituindo o escalar a pela matriz A para produzir

$$\mathbf{x}(t_{i+1}) = \mathbf{x}(t_i) + \Delta t A \mathbf{x}(t_i) \tag{1.97}$$

Isso, juntamente com a condição inicial $\mathbf{x}(0)$, define a fórmula de Euler para integrar o problema geral de vibração de um grau de liberdade descrito na Equação (1.92). A Equação (1.97) permite que a resposta ao tempo seja computada e traçada.

Como sugerido, o método de fórmula de Euler pode ser melhorado usando um algoritmo com Runge-Kutta. Por exemplo, o MATLAB tem duas simulações diferentes baseadas em Runge-Kutta: ode23 e ode45. Esses são métodos de integração com tamanho de passo automático (isto é, Δt é escolhido automaticamente). O *Engineering Vibration Toolbox* tem um método baseado no Runge-Kutta de passo fixo, VTB1_3, para comparação. A função ode23 usa um par simples de segunda e terceira ordem para precisão média e ode45 usa um par de quarta e quinta ordem para maior precisão. Cada uma delas corresponde a uma formulação semelhante à expressa na Equação (1.92) com mais termos e um tamanho de passo variável Δt. Em geral, as simulações de Runge-Kutta são de qualidade superior àquelas obtidas pelo método de Euler.

Exemplo 1.9.2

Utilize a função ode23 para simular a resposta de $3\ddot{x} + \dot{x} + 2x = 0$ sujeito às condições iniciais $x(0) = 0$, $\dot{x}(0) = 0{,}25$, no intervalo de tempo $0 \leq t \leq 20$.

Solução O primeiro passo é escrever a equação do movimento na forma de primeira ordem

$$\dot{x}_1 = x_2$$
$$\dot{x}_2 = -\tfrac{2}{3}x_1 - \tfrac{1}{3}x_2$$

Em seguida, um arquivo .m é criado para armazenar as equações de movimento. O arquivo .m é criado escolhendo um nome, digamos, sdof.m, com a seguinte função

```
function xdot = sdof(t,x);
xdot = zeros(2,1);
xdot(1) = x(2);
xdot(2) = -(2/3)*x(1)-(1/3)*x(2);
```

Em seguida, na janela de comando, faça

```
t0 = 0;tf = 20;
x0 = [0 0.25];
[t,x] = ode45('sdof',[t0 tf],x0);
plot(t,x)
```

A primeira linha estabelece o tempo inicial (t0) e o tempo final (tf). A segunda linha cria o vetor com as condições iniciais x0. A terceira linha calcula os dois vetores: t, contendo o histórico de tempo, e x, contendo a resposta em cada incremento de tempo em *t*, a partir da chamada da função ode45 aplicado às equações escritas na função sdof.m. A quarta linha traça o vetor x pelo vetor *t*. O resultado é ilustrado na Figura 1.42.

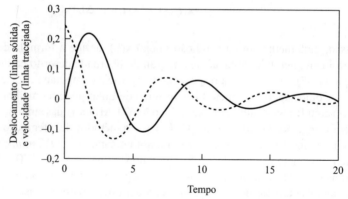

Figura 1.42 Um gráfico do deslocamento $x(t)$ do sistema de um grau de liberdade do Exemplo 1.9.2 (linha contínua) e a velocidade correspondente $\dot{x}(t)$ (linha tracejada).

☐

O exemplo anterior também pode ser resolvido usando Mathematica, Mathcad e Maple, escrevendo uma rotina FORTRAN ou usando qualquer outro programa de computador ou calculadora programável. O exemplo a seguir ilustra os comandos necessários para produzir o resultado do Exemplo 1.9.2 usando o Mathematica e, novamente, usando o Mathcad. Essas abordagens são então usadas na próxima seção para examinar a resposta de certos problemas de vibração não linear.

SEÇÃO 1.9 Simulação Numérica e Resposta no Tempo

Exemplo 1.9.3

Resolva o Exemplo 1.9.2 usando o programa Mathematica.

Solução O programa Mathematica usa um método iterativo para calcular a solução e aceita a forma de segunda ordem da equação de movimento. O texto após o *prompt* In[1]:= é digitado pelo usuário e retorna a solução armazenada na variável x[t]. O Mathematica tem vários sinais iguais para diferentes propósitos. No argumento da função NDSolve, o usuário digita a equação diferencial a ser resolvida, seguida das condições iniciais, o nome da variável (resposta) e o nome da variável independente seguido pelo intervalo sobre o qual a solução é analisada. A função NDSolve calcula a solução e a armazena como uma função de interpolação; portanto, o algoritmo retorna o gráfico após a saída do *prompt* Out[1]=. O comando *plot* requer o nome da função de interpolação retornada por NDSolve, x[t] nesse caso, a variável independente t e o intervalo de valores para a variável independente.

```
In[1]:=
NDSolve[{x''[t]+(1/3)*x'[t]+(2/3)*x[t]==0,x'[0]==0.25,x[0]==0},
x,{t,0,20}];
Plot[Evaluate[x[t]/.%],{t,0,20}]
Out[1]={{x->InterpolatingFunction[{{0.,20.}},<>]}}
Out[2]=
```

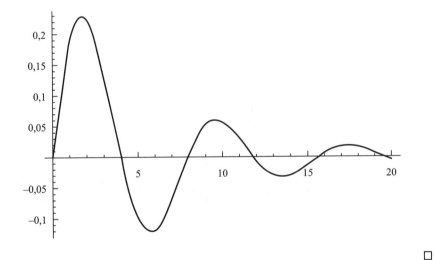

Exemplo 1.9.4

Resolva o Exemplo 1.9.2 usando o programa Mathcad.

Solução O programa Mathcad usa uma solução de Runge-Kutta de tempo fixo e retorna a solução como uma matriz com a primeira coluna consistindo no passo de tempo, a segunda coluna contendo a resposta e a terceira coluna contendo a resposta de velocidade.

Primeiro digite o vetor de condição inicial:

$$y: = y := \begin{bmatrix} 0 \\ 0.25 \end{bmatrix}$$

Em seguida, digite o sistema no formato de primeira ordem:

$$D(t,y): = D(t,y) := \begin{bmatrix} y_1 \\ -\left(\dfrac{1}{3} y_1\right) - \dfrac{2}{3} y_0 \end{bmatrix}$$

Resolva usando Runge-Kutta:

$$Z := \text{rkfixed}(y,0,20,1000,D)$$

Nomeie o vetor de tempo da solução matricial de Runge-Kutta:

$$t := Z^{<0>}$$

Nomeie o vetor de deslocamento da solução matricial de Runge-Kutta:

$$x := Z^{<1>}$$

Nomeie o vetor velocidade da solução matricial de Runge-Kutta:

$$dxdt := Z^{<2>}$$

Trace as soluções.

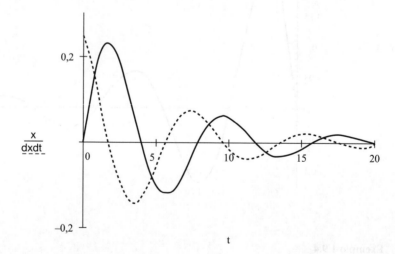

□

O uso desses programas computacionais para simular a resposta de um sistema vibratório é bastante direto. Mais informações sobre o uso de cada um desses programas podem ser encontradas no Apêndice F ou consultando manuais ou qualquer um dos diversos

SEÇÃO 1.10 Atrito de Coulomb e o Pêndulo

livros sobre o uso desses programas para resolver vários problemas de matemática e engenharia. Você é encorajado a reproduzir o Exemplo 1.9.4 e depois repetir o problema para vários valores diferentes das condições iniciais e coeficientes. Dessa forma, você pode formar alguma intuição e compreensão dos fenômenos de vibração e como projetar um sistema para produzir uma resposta desejada.

No momento da impressão desta edição, todos os algoritmos foram executados como digitados. No entanto, cada ano, ou às vezes com mais frequência, as empresas que fornecem essas ferramentas as atualizam e, ao fazer, muitas vezes mudam de sintaxe. Essas mudanças podem ser encontradas nos sites das empresas e devem ser verificadas se houver dificuldade em usar os algoritmos fornecidos aqui.

1.10 ATRITO DE COULOMB E O PÊNDULO

Nas seções anteriores, todos os sistemas considerados são lineares (ou linearizados) e possuem soluções que podem ser obtidas por meios analíticos. Nesta seção são analisados dois sistemas comuns que são não lineares e não possuem soluções analíticas simples. O primeiro é um sistema massa-mola com atrito dinâmico (amortecimento de Coulomb) e o segundo é o pêndulo modelado por uma equação não linear. Em cada caso, uma solução é obtida aplicando as técnicas de integração numérica introduzidas na Seção 1.9. A capacidade de obter a solução para sistemas não lineares gerais, usando técnicas numéricas, nos permite considerar a vibração em configurações mais complexas.

Os problemas de vibração em sistemas não lineares são muito mais complexos do que em sistemas lineares. Entretanto, suas soluções numéricas são, em geral, bastante diretas. Diversos fenômenos novos aparecem quando os termos não lineares são considerados. Mais notavelmente, a ideia de um único ponto de equilíbrio de um sistema linear é perdida. No caso do amortecimento de Coulomb, existe uma região contínua de posições de equilíbrio. No caso do pêndulo não linear, existe um número infinito de pontos de equilíbrio. Essa única característica dificulta consideravelmente a análise, a medição e o projeto de sistemas vibratórios.

O *amortecimento de Coulomb* é um efeito comum de amortecimento, muitas vezes, encontrados em máquinas, que é causado por atrito dinâmico ou atrito seco. Caracteriza-se pela seguinte relação

$$f_c = F_c(\dot{x}) = \begin{Bmatrix} -\mu N & \dot{x} > 0 \\ 0 & \dot{x} = 0 \\ \mu N & \dot{x} < 0 \end{Bmatrix}$$

onde f_c é a força dissipativa, N é a força normal (veja qualquer texto de física introdutória) e μ é o coeficiente de atrito dinâmico (ou atrito cinético). A Figura 1.43 ilustra um esquema de uma massa m deslizando sobre uma superfície e presa a uma mola de rigidez k. A força de atrito f_c sempre se opõe à direção do movimento, fazendo com que um sistema com atrito de Coulomb seja não linear. A Tabela 1.5 lista alguns valores medidos do coeficiente de atrito cinético para vários corpos diferentes. O somatório das forças

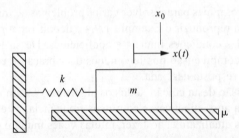

Figura 1.43 Um sistema massa-mola que desliza sobre uma superfície com coeficiente de atrito cinético μ.

TABELA 1.5 COEFICIENTES DE ATRITO APROXIMADOS PARA VÁRIOS CORPOS DESLIZANDO UM SOBRE O OUTRO

Material	Cinético	Estático
Metal sobre metal (lubrificado)	0,07	0,09
Madeira sobre madeira	0,2	0,25
Aço sobre aço (lubrificado)	0,3	0,75
Borracha sobre aço	1,0	1,20

esquematizadas na Figura 1.44 (a), ao longo da direção x, produz (observe que a massa muda de direção quando a velocidade passa por zero)

$$m\ddot{x} + kx = \mu mg \quad \text{para} \quad \dot{x} < 0 \tag{1.98}$$

A somatória das forças na direção vertical mostra que a força normal N é, numericamente, igual ao peso, mg, onde g é a aceleração da gravidade (não é o caso se m está em um plano inclinado, já que N não está mais ao longo da mesma direção de W). De forma semelhante, o somatório das forças mostradas na Figura 1.44 (b) produz

$$m\ddot{x} + kx = -\mu mg \quad \text{para} \quad \dot{x} > 0 \tag{1.99}$$

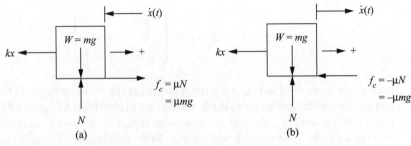

Figura 1.44 Um diagrama de corpo livre das forças atuando sobre o sistema de blocos deslizantes da Figura 1.43: (a) massa movendo-se para a esquerda ($\dot{x} < 0$); (b) massa movendo-se para a direita ($\dot{x} > 0$). A partir da direção y: $N = mg$.

SEÇÃO 1.10 Atrito de Coulomb e o Pêndulo

83

Uma vez que o sinal de $\dot{x}$ determina a direção na qual a força de atrito atua, as Equações (1.98) e (1.99) podem ser escritas como uma única equação

$$m\ddot{x} + \mu mg\,\mathrm{sgn}(\dot{x}) + kx = 0 \qquad (1.100)$$

onde $\mathrm{sgn}(\tau)$ denota a *função sinal*, definida como tendo o valor 1 para $\tau > 0$, -1 para $\tau < 0$, e 0 para $\tau = 0$. A Equação (1.100) não pode ser resolvida, diretamente, aplicando o método da variação de parâmetros ou o método de coeficientes indeterminados, pois é uma equação diferencial não linear. Em vez disso, a Equação (1.100) pode ser resolvida dividindo os intervalos de tempo em partes correspondentes às alterações na direção do movimento (isto é, nos intervalos de tempo separados por $\dot{x} = 0$). Alternativamente, como é realizado a seguir, a Equação (1.100) pode ser resolvida numericamente. Como a equação de movimento do sistema é linear nos dois intervalos, isto é, as Equações (1.98) e (1.99) são lineares, tais sistemas também são chamados *bilineares*.

O bloco deslizante na Figura 1.44 requer condições iniciais diferentes de zero para colocá-lo em movimento. Assuma que a velocidade inicial seja zero. O movimento ocorre somente se a posição inicial x_0 é tal que a força de mola kx_0 torna-se grande o suficiente para superar a força de atrito estático $\mu_s mg$ ($kx_0 > \mu_s mg$). Aqui, μ_s é o coeficiente de atrito estático, que é, normalmente, maior do que o coeficiente de atrito dinâmico para superfícies deslizantes. Se x_0 não é grande o suficiente, nenhum movimento ocorre. O intervalo de valores de x_0 para o qual nenhum movimento ocorre define a posição de equilíbrio. Por outro lado, se a velocidade inicial é diferente de zero, o objeto se move. Uma das características próprias dos sistemas não lineares são as suas múltiplas posições de equilíbrio. A solução da equação de movimento para o caso em que o movimento ocorre pode ser obtida considerando os seguintes casos.

Com x_0 à direita de qualquer equilíbrio, a massa está movendo-se para a esquerda, a força de atrito está para a direita e a Equação (1.98) é válida. A Equação (1.98) tem uma solução da forma

$$x(t) = A_1 \cos \omega_n t + B_1 \,\mathrm{sen}\, \omega_n t + \frac{\mu mg}{k} \qquad (1.101)$$

onde $\omega_n = \sqrt{k/m}$ e A_1 e B_1 são constantes a serem determinadas pelas condições iniciais. Aqui deixamos de lado a distinção entre atrito estático e cinético. Aplicando as condições iniciais

$$x(0) = A_1 + \frac{\mu mg}{k} = x_0 \qquad (1.102)$$

$$\dot{x}(0) = \omega_n B_1 = 0 \qquad (1.103)$$

Portanto, $B_1 = 0$ e $A_1 = x_0 - \mu mg/k$ especificam as constantes na Equação (1.101). Dessa forma quando a massa move-se a partir do repouso (em x_0) para a esquerda, isso ocorre conforme

$$x(t) = \left(x_0 - \frac{\mu mg}{k}\right) \cos \omega_n t + \frac{\mu mg}{k} \qquad (1.104)$$

84 CAPÍTULO 1 • Introdução à Vibração e a Resposta Livre

Esse movimento continua até a primeira vez que $\dot{x}(t) = 0$. Isso acontece quando a derivada da Equação (1.104) é zero ou quando

$$\dot{x}(t) = -\omega_n\left(x_0 - \frac{\mu\,mg}{k}\right) \operatorname{sen} \omega_n t_1 = 0 \tag{1.105}$$

Assim, quando $t_1 = \pi/\omega_n$, $\ddot{x}(t) = 0$ e a massa começa a mover-se para a direita desde que a força da mola, kn, seja grande o suficiente para superar a força de atrito máxima $\mu\,mg$. Portanto, a Equação (1.99) descreve agora o movimento. Resolvendo a Equação (1.99) tem-se

$$x(t) = A_2 \cos \omega_n t + B_2 \operatorname{sen} \omega_n t - \frac{\mu\,mg}{k} \tag{1.106}$$

para $\pi/\omega_n < t < t_2$, onde t_2 é a segunda vez que $\dot{x}$ torna-se zero. As condições iniciais para a Equação (1.106) são calculadas a partir da solução anterior dada pela Equação (1.104) em t_1

$$x\left(\frac{\pi}{\omega_n}\right) = \left(x_0 - \frac{\mu\,mg}{k}\right)\cos \pi + \frac{\mu\,mg}{k} = \frac{2\mu\,mg}{k} - x_0 \tag{1.107}$$

$$\dot{x}\left(\frac{\pi}{\omega_n}\right) = -\omega_n\left(x_0 - \frac{\mu\,mg}{k}\right)\operatorname{sen} \pi = 0 \tag{1.108}$$

A partir da Equação (1.106) e suas derivadas segue-se que

$$A_2 = x_0 - \frac{3\mu\,mg}{k} \qquad B_2 = 0 \tag{1.109}$$

Então, a solução para o segundo intervalo de tempo torna-se

$$x(t) = \left(x_0 - \frac{3\mu\,mg}{k}\right)\cos \omega_n t - \frac{\mu\,mg}{k} \qquad \frac{\pi}{\omega_n} < t < \frac{2\pi}{\omega_n} \tag{1.110}$$

Esse procedimento é repetido até que o movimento pare. O movimento para quando a velocidade é zero ($\dot{x} = 0$) e a força da mola (kx) é insuficiente para superar a força de atrito máxima ($\mu\,mg$). A resposta é representada na Figura 1.45.

Várias características podem ser observadas sobre a resposta livre com atrito de Coulomb quando comparada com a resposta livre com amortecimento viscoso. Primeiro, com amortecimento de Coulomb, a amplitude decai linearmente com a inclinação

$$-\frac{2\mu\,mg\omega_n}{\pi k} \tag{1.111}$$

em vez de exponencialmente como faz um sistema viscosamente amortecido. Em segundo lugar, o movimento sob atrito de Coulomb chega a uma parada completa, em uma posição de equilíbrio potencialmente diferente do que quando inicialmente em repouso, visto que um sistema viscosamente amortecido

SEÇÃO 1.10 Atrito de Coulomb e o Pêndulo

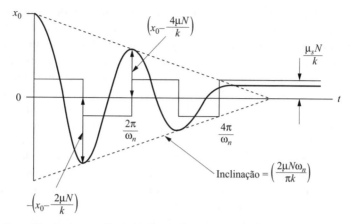

Figura 1.45 Um gráfico da resposta livre, $x(t)$, de um sistema massa-mola com atrito de Coulomb.

oscila em torno de um único equilíbrio, $x = 0$, com amplitude infinitesimalmente pequena. Finalmente, a frequência de oscilação de um sistema com amortecimento de Coulomb é a mesma que a frequência não amortecida, enquanto o amortecimento viscoso altera a frequência de oscilação.

Exemplo 1.10.1

A medida da resposta de uma massa oscilando sobre uma superfície apresenta a forma indicada na Figura 1.45. A posição inicial está 30 mm da sua posição de repouso zero e a posição final, após quatro ciclos de oscilação em 1 s, está 3,5 mm da sua posição de repouso zero. Determine o coeficiente de atrito.

Solução Primeiro, a frequência de movimento é 4 Hz, ou 25,13 rad/s, uma vez que quatro ciclos foram concluídos em 1 s. A inclinação da curva de picos decrescentes é

$$\frac{-30 + 3,5}{1} = -26,5 \text{ mm/s}$$

Portanto, a partir da Equação (1.111),

$$-26,5 \text{ mm/s} = \frac{-2\mu mg\omega_n}{\pi k} = \frac{-2\mu g}{\pi} \frac{\omega_n}{\omega_n^2} = \frac{-2\mu g}{\pi \omega_n}$$

Resolvendo para μ tem-se

$$\mu = \frac{\pi (25,13 \text{ rad/s}) (-26,5 \text{ mm/s})}{(-2) (9,81 \times 10^3 \text{ mm/s}^2)} = 0,107$$

Esse pequeno valor para μ indica que a superfície é, provavelmente, muito lisa ou lubrificada.

□

A resposta do sistema da Equação (1.100) também pode ser obtida a partir das técnicas de integração numérica da seção anterior, que são, consideravelmente, mais fáceis do que a construção da solução anterior. Por exemplo, VTB1_5 usa um método de Runge-Kutta de passo fixo para integrar a Equação (1.100). A equação de movimento de segunda ordem pode ser reescrita como duas equações de primeira ordem no formato da Equação (1.96) e integrada pelo método de Euler dada pela Equação (1.97) ou métodos de Runge--Kutta padrões. A Figura 1.46 ilustra a resposta de um sistema submetido a atrito de Coulomb para duas condições iniciais diferentes usando a rotina Runge-Kutta de passo fixo do Mathcad. Observe, em particular, que o sistema vai para o repouso em um valor diferente de x_f dependendo das condições iniciais. Tal sistema tem a mesma frequência, mas poderia ir para o repouso em qualquer lugar na região delimitada pelas duas linhas verticais ($x = \pm \mu mg/k$). A resposta irá ao repouso na primeira vez que a velocidade é zero e o deslocamento pertence a essa região.

Comparando a resposta de um sistema massa-mola linear com amortecimento viscoso (digamos a resposta subamortecida da Figura 1.10) com a resposta de um sistema massa-mola com amortecimento de Coulomb, uma diferença, clara e significativa, é a posição de repouso. Essas posições de repouso múltiplas constituem uma das principais características dos sistemas não lineares: a existência de mais de uma posição de equilíbrio.

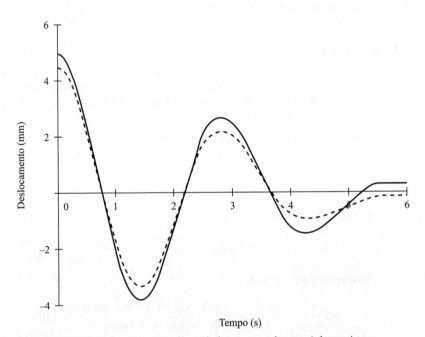

Figura 1.46 Um gráfico da resposta livre (deslocamento pelo tempo) de um sistema sujeito a atrito de Coulomb com duas posições iniciais diferentes (a linha contínua é $x_0 = 5$ mm e a linha tracejada é $x_0 = 4,5$ mm, ambas com $v_0 = 0$) para os mesmos parâmetros físicos ($m = 1000$ kg, $\mu = 0,3$ e $k = 5000$ N/m).

SEÇÃO 1.10 Atrito de Coulomb e o Pêndulo

O *ponto de equilíbrio* de um sistema, ou de um conjunto de equações governantes, pode ser melhor definido colocando, primeiramente, a equação de movimento no espaço de estados, como foi feito na seção anterior para efeitos de integração numérica. Um sistema geral de um grau de liberdade pode ser escrito como

$$\ddot{x}(t) + f\big(x(t), \dot{x}(t)\big) = 0 \tag{1.112}$$

onde a função f pode assumir qualquer forma, linear ou não linear. Por exemplo, para um sistema massa-mola linear a função f é apenas $f(x, \dot{x}) = c\dot{x}(t) + kx(t)$, que é uma função linear das variáveis de estado de posição e velocidade. Por outro lado, em um sistema não linear f será alguma função não linear das variáveis de estado. Por exemplo, a equação do pêndulo obtida e discutida no Exemplo 1.1.1, $\ddot{\theta} + (g/l)$ sen $\theta = 0$, pode ser escrita no formato da Equação (1.112) definindo f como $f(\theta, \dot{\theta}) = (g/l)$ sen (θ), onde θ é a variável de deslocamento.

Usando a abordagem resultante das Equações (1.94) e (1.95), o modelo de espaço de estados geral da Equação (1.112) é escrito definindo as duas variáveis de estado $x_1 = x(t)$ e $x_2 = \dot{x}(t)$. Então, a Equação (1.112) pode ser escrita como

$$\begin{aligned} \dot{x}_1(t) &= x_2(t) \\ \dot{x}_2(t) &= -f(x_1, x_2) \end{aligned} \tag{1.113}$$

Essa representação em espaço de estado da equação é usada tanto para integração numérica (como antes para o problema de atrito de Coulomb) quanto para definição formal da posição de equilíbrio, definindo o vetor de estado, $\mathbf{x}$, usado na Equação (1.96) e uma função vetorial não linear, $\mathbf{F}$, como

$$\mathbf{F} = \begin{bmatrix} x_2(t) \\ -f(x_1, x_2) \end{bmatrix} \tag{1.114}$$

A Equação (1.113) pode agora ser escrita como

$$\dot{\mathbf{x}} = \mathbf{F}(\mathbf{x}) \tag{1.115}$$

Um ponto de equilíbrio desse sistema, denotado por $\mathbf{x}_e$, é definido como qualquer valor de $\mathbf{x}$ para o qual $\mathbf{F}(\mathbf{x})$ é identicamente zero (chamado de velocidade de fase zero). Assim, o ponto de equilíbrio é qualquer vetor de constantes que satisfaça as relações

$$\mathbf{F}(\mathbf{x}_e) = 0 \tag{1.116}$$

Um sistema mecânico está em equilíbrio se seu estado não mudar com o tempo (isto é, $\dot{x}$ e $\ddot{x}$ são ambos zero).

Para o atrito de Coulomb, a posição de equilíbrio não pode ser diretamente determinada usando a função sinal (veja a Equação (1.100) a seguir) por causa da descontinuidade na velocidade zero. Para calcular a posição de equilíbrio, considere a Equação (1.116) para o sistema da Figura 1.44

$$\begin{bmatrix} x_2 \\ \dfrac{f_c}{m} - \dfrac{k}{m} x_1 \end{bmatrix} = \begin{bmatrix} 0 \\ 0 \end{bmatrix}$$

Resolvendo tem-se as duas condições:

$$x_2 = 0$$

e

$$f_c - kx_1 = 0$$

Perceba que essa última expressão é estática, de modo que a expressão é satisfeita enquanto

$$-\frac{\mu_s mg}{k} < x_1 < \frac{\mu_s mg}{k}$$

Como discutido anteriormente, a força de atrito é estática, ou em equilíbrio, até que a força de mola kx_1 seja grande o suficiente para superar a força de atrito expressa pela desigualdade anterior.

Isso descreve a condição de que a velocidade (x_2) é zero e a posição pertence a região definida pela força de atrito. Dependendo das condições iniciais, a resposta terminará em um valor de $\mathbf{x}_e$ em algum lugar nessa região. Normalmente, os valores de equilíbrio são um conjunto discreto de números, como ilustra o exemplo a seguir.

Exemplo 1.10.2

Determine a posição de equilíbrio para o sistema não linear representado por $\ddot{x} + x - \beta^2 x^3 = 0$, ou na forma de equação de estado, fazendo $x_1 = x$,

$$\dot{x}_1 = x_2$$
$$\dot{x}_2 = x_1(\beta^2 x_1^2 - 1)$$

Solução   Essas equações representam a vibração de uma "mola macia" e correspondem a uma aproximação do problema do pêndulo dado no Exemplo 1.4.2, onde $x \approx x - x^3/6$. As equações para a posição de equilíbrio são

$$x_2 = 0$$
$$x_1(\beta^2 x_1^2 - 1) = 0$$

Existem três soluções para esse conjunto de equações algébricas relacionadas às três posições de equilíbrio da mola macia dadas por

$$\mathbf{x}_e = \begin{bmatrix} 0 \\ 0 \end{bmatrix}, \begin{bmatrix} \frac{1}{\beta} \\ 0 \end{bmatrix}, \begin{bmatrix} -\frac{1}{\beta} \\ 0 \end{bmatrix}$$

$\square$

SEÇÃO 1.10 Atrito de Coulomb e o Pêndulo

O próximo exemplo considera a equação do pêndulo não linear ilustrado nas Figuras 1.1 e 1.47. Fisicamente, o pêndulo pode oscilar todo o caminho em torno de seu ponto de articulação e tem posições de equilíbrio nas posições verticais superior e inferior, como ilustrado na Figura 1.47 (b) e (c).

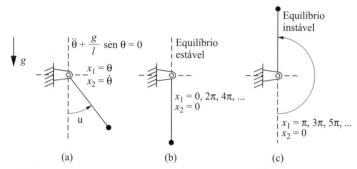

Figura 1.47 (a) Um pêndulo constituído por uma haste com massa desprezível de comprimento l e uma massa m na extremidade. (b) A posição de equilíbrio vertical inferior. (c) A posição de equilíbrio vertical superior.

Exemplo 1.10.3

Calcule as posições de equilíbrio do pêndulo da Figura 1.47 com equação de movimento dada no Exemplo 1.1.1.

Solução A equação do pêndulo representada em espaço de estado é

$$\dot{x}_1 = x_2$$

$$\dot{x}_2 = -\frac{g}{l}\,\text{sen}\,(x_1)$$

tal que a equação vetorial $\mathbf{F}(\mathbf{x}) = \mathbf{0}$ produz as seguintes soluções de equilíbrio:

$$x_2 = 0 \text{ e } x_1 = 0, \pi, 2\pi, 3\pi, 4\pi, 5\pi \ldots$$

uma vez que sen (x_1) é zero para qualquer múltiplo de π. Observe que existe um número infinito de posições de equilíbrio, ou vetores $\mathbf{x}_e$. Essas são todas as posições superiores correspondente aos valores ímpares de π (Figura 1.47 c)), ou as posições inferiores correspondentes a múltiplos pares de π (Figura 1.47 (b)). Essas posições formam dois tipos distintos de comportamento. A resposta para condições iniciais próximas dos valores pares de π é uma oscilação estável em torno da posição inferior, assim como no caso linearizado enquanto a resposta a condições iniciais próximas de valores ímpares de π se afasta da posição de equilíbrio (chamada instável) e o valor da resposta cresce sem limite.

□

A estabilidade do equilíbrio de um problema de vibração não linear é muito importante e baseia-se nas definições dadas na Seção 1.8. Contudo, no caso linear, existe apenas um valor de equilíbrio e cada solução é estável ou instável. Nesse caso, diz-se que a condição de estabilidade é uma condição *global*. No caso não linear, há mais de um ponto de

CAPÍTULO 1 • Introdução à Vibração e a Resposta Livre

equilíbrio, e o conceito da estabilidade é vinculado a cada ponto de equilíbrio e é, consequentemente, referenciado como *estabilidade local*. Como no exemplo da equação do pêndulo não linear, alguns pontos de equilíbrio são estáveis e outros não. Além disso, a estabilidade da resposta de um sistema não linear depende das condições iniciais. No caso linear, as condições iniciais não influenciam a estabilidade e os parâmetros do sistema enquanto a forma da equação de movimento determinam completamente a estabilidade da resposta. Para verificar essa característica, observe novamente o pêndulo da Figura 1.47. Se a posição e a velocidade iniciais estiverem próximas da origem, a resposta do sistema será estável e oscilará em torno do ponto de equilíbrio em zero. Por outro lado, se ao mesmo pêndulo (isto é, mesmo *l*) forem dadas as condições iniciais ao redor do ponto de equilíbrio em $\theta = \pi$ rad, a resposta crescerá sem limite. Portanto, $\theta = \pi$ rad é um equilíbrio instável.

Mesmo que os sistemas não lineares tenham equilíbrios múltiplos e comportamento mais exótico, sua resposta ainda pode ser simulada aplicando os métodos de integração numérica da seção anterior. Isso é ilustrado para o pêndulo no exemplo seguinte, que compara a resposta a várias condições iniciais tanto da equação do pêndulo não linear como da sua forma linear tratada nos Exemplos 1.1.1 e 1.4.2.

Exemplo 1.10.4

Compare as respostas das equações do pêndulo não linear e linear usando a integração numérica e o valor $(g/l) = (0,1)^2$, para (a) as condições iniciais $x_0 = 0,1$ rad e $v_0 = 0,1$ rad/s e (b) as condições iniciais $x_0 = 0,1$ rad e $v_0 = 0,1$ rad/s, traçando as respostas. Para seguir notação disponível em algoritmos de programação, x e v são usados para denotar θ e sua derivada, respectivamente.

Solução Dependendo do programa que é utilizado para integrar numericamente a solução, as equações devem primeiro ser escritas como equações de primeira ordem, e então a integração de Euler ou algoritmo de Runge-Kutta podem ser implementados e as soluções traçadas. Integrações em MATLAB, Mathematica e Mathcad são apresentadas. Mais detalhes podem ser encontrados no Apêndice F. Observe que a resposta do sistema linear é bastante próxima da resposta do sistema não linear completo no caso (a) com frequência ligeiramente diferente enquanto no caso (b) com condições iniciais maiores é completamente diferente. A solução no Mathcad é apresentada a seguir.

Primeiro, insira as condições iniciais para cada resposta:

$$v_0 := 1 \qquad x_0 := 1 \qquad v1_0 := 0.1 \qquad x1_0 := 0.1$$

Em seguida, defina a frequência e o número e o tamanho dos passos de tempo

$$\omega := 0.1 \qquad N := 2000 \qquad i := 0..N \qquad \Delta := \frac{6 \cdot \pi}{\omega \cdot N}$$

A integração não linear de Euler é

$$\begin{bmatrix} x_{i+1} \\ v_{i+1} \end{bmatrix} := \begin{bmatrix} v_i \cdot \Delta + x_i \\ -\omega^2 \cdot \sin(x_i) \cdot \Delta + v_i \end{bmatrix}$$

SEÇÃO 1.10 Atrito de Coulomb e o Pêndulo

A integração linear de Euler é

$$\begin{bmatrix} x1_{i+1} \\ v1_{i+1} \end{bmatrix} := \begin{bmatrix} v1_i \cdot \Delta + x1_i \\ -\omega^2 \cdot (\Delta) \cdot x_i 1 + v1_i \end{bmatrix}$$

O gráfico das duas soluções produz

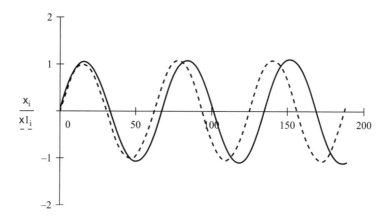

Aqui a linha tracejada é a solução linear. Em seguida, calcule essas soluções novamente usando condições iniciais próximas dos valores de equilíbrio instáveis:

$$x_0 := \pi \quad v_0 := 0.1 \quad x1_0 := \pi \quad v1_0 := 0.1$$

$$\begin{bmatrix} x_{i+1} \\ v_{i+1} \end{bmatrix} := \begin{bmatrix} v_i \cdot \Delta + x_i \\ -\omega^2 \cdot \sin(x_i) \cdot \Delta + v_i \end{bmatrix} \begin{bmatrix} x1_{i+1} \\ v1_{i+1} \end{bmatrix} := \begin{bmatrix} v1_i \cdot \Delta + x1_i \\ -\omega^2 \cdot (\Delta) \cdot x_i 1 + v1_i \end{bmatrix}$$

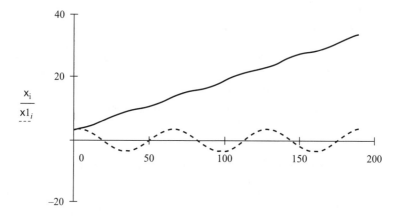

O código MATLAB para executar as soluções (usando Runge-Kutta desta vez) e as curvas são obtidas criando os arquivos .m apropriados (chamados lin_pend_dot.m e NL_pend_dot.m, contendo as equações lineares e não lineares do pêndulo, respectivamente).

CAPÍTULO 1 • Introdução à Vibração e a Resposta Livre

```
function xdot = lin_pend_dot(t,x)
omega = 0.1; % define a frequência natural
xdot(1,1) = x(2);
xdot(2,1) = -omega^2*x(1);

function xdot = NL_pend_dot(t,x)
omega = 0.1; % define a frequência natural
xdot(1,1) = x(2);
xdot(2,1) = -omega^2*sin(x(1));
```

No modo de comando, digite o seguinte:

```
Represente no mesmo gráfico as simulações linear e não linear da
% resposta livre de um pêndulo.

x0 = 0.1; v0 = 0.1;
ti = 0; tf = 200;

% linear
[time_lin,sol_lin]=ode45('lin_pend_dot',[ti tf],[x0 v0]);

% não linear
[time_NL,sol_NL]=ode45('NL_pend_dot',[ti tf],[x0 v0]);

% trace os deslocamentos
figure
plot(time_lin,sol_lin(:,1),'-')
hold
plot(time_NL,sol_NL(:,1),'-')

xlabel('tempo (s)')
ylabel('theta')
title(['Pêndulo linear vs. não Linear com x0 = ' ...
    num2str(x0) ' and v0 = ' num2str(v0)])
legend('linear','não linear')
```

Aqui as curvas obtidas foram omitidas porque são semelhantes às da solução Mathcad. Em seguida, considere o algoritmo em Mathematica para resolver o mesmo problema.

Primeiro, carregamos o pacote add-on que nos permitirá adicionar uma legenda ao nosso gráfico.

```
In[1]:= <<PlotLegends'
```

SEÇÃO 1.10 Atrito de Coulomb e o Pêndulo

Defina a frequência circular natural, ω

In[2]:= ω =0.1;

A seguinte célula resolve a equação diferencial linear, então a equação diferencial não linear, e então produz um gráfico contendo ambas as respostas.

In[3] := xlin=NDSolve[{xl''[t]+ω2*xl[t]==0, xl[0]==.1, xl'[0]==.1},
    xl[t],{t,0,200}]
    xnonlin=NDSolve[{xnl''[t]+ω2*Sin[xnl[t]]==0, xnl[0]==.1, xnl'[0]==.1},
    xnl[t], {t,0,200}]
     Plot[{Evaluate[xl[t]/.xlin], Evaluate[xnl[t]/.xnonlin]},{t,0,200},
        PlotStyle → {Dashing[{}], Dashing[{.01,.01}]}, PlotLabel → "Resposta
    linear e não linear, equilíbrio estável",
        AxesLabel → {"tempo,s",""}, PlotLegend → {"Linear","Não Linear"},
        LegendPosition → {1,0}, LegendSize S {.7, .3}]
Out[3]= {{xl[t] → InterpolatingFunction[{{0., 200.}},<>][t]}}
Out[4]= {{xnl[t] → InterpolatingFunction[{{0., 200.}},<>][t]}}
Out[5]=

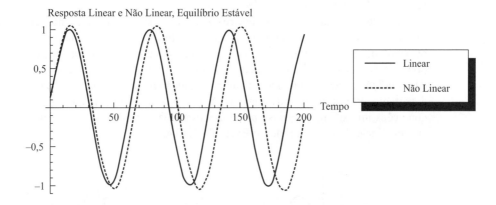

In[6]:= Clear[xlin, xnonlin, xl, xnl]
    xlin=NDSolve[{xl''[t]+ω²*xl[t] == 0, xl[0] ==□, xl'[0] ==.1}, xl[t],
    {t, 0, 200}]
    xnonlin=NDSolve[{xnl''[t]+ω²*Sin[xnl[t]] ==0, xnl[0] ==□, xnl'[0] ==.1},
    xnl[t], {t, 0, 200}]
    Plot[{Evaluate[xl[t]/.xlin], Evaluate[xnl[t]/.xnonlin]}, {t, 0, 200},
        PlotStyle S {Dashing[{}], Dashing[{.01,.01}]}, PlotRange S {-20, 40},
        PlotLabel S "Linear and Nonlinear Response, Unstable Equilibrium",
            AxesLabel S {"time,s", ""},
        PlotLegend S {"Linear", "Nonlinear"}, LegendPosition S {1, 0},
            LegendSize S {.7, .3}]
Out[7]= {{xl[t] S InterpolatingFunction[{{0., 200.}},<>][t]}}
Out[8]= {{xnl[t] S InterpolatingFunction[{{0., 200.}},<>][t]}}
Out[9]=

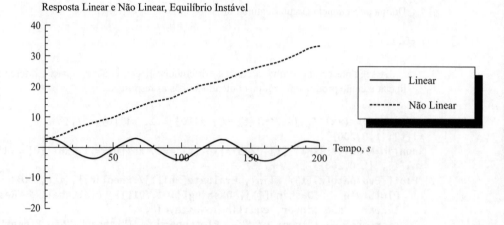

Note nos gráficos do Exemplo 1.10.4 que mesmo no caso em que as condições iniciais são pequenas, a resposta linear não é exatamente igual à resposta do sistema não linear. No entanto, se a velocidade inicial for alterada para zero, as soluções são muito semelhantes. Isso é ilustrado na Figura 1.48.

Em resumo, os sistemas não lineares têm vários aspectos interessantes que os sistemas lineares não têm. Em particular, os sistemas não lineares têm múltiplas posições de equilíbrio em vez de apenas um, como no caso linear. Alguns desses pontos de equilíbrio extra podem ser instáveis e alguns podem ser estáveis. A estabilidade de uma resposta depende das condições iniciais, que podem enviar a solução para diferentes posições de equilíbrio e, portanto, diferentes tipos de resposta. Assim, o comportamento da resposta depende das condições iniciais, não apenas dos parâmetros e da forma da equação, como é o caso do sistema linear. Isso é ilustrado no Exemplo 1.10.4.

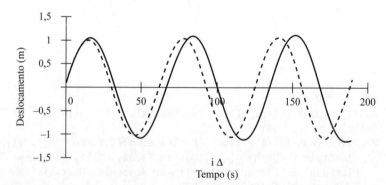

Figura 1.48 Gráficos da resposta dos sistemas linear (linha tracejada) e não linear (linha contínua) do Exemplo 1.10.4 com a velocidade inicial ajustada para zero em cada caso.

CAPÍTULO 1 Problemas

Embora a resposta de um sistema não linear seja muito mais complicada e soluções analíticas de forma fechada nem sempre estão disponíveis, a resposta pode ser simulada usando a integração numérica. Na modelagem de sistemas reais, algum grau de não linearidade está sempre presente. Seja ou não importante incluir a parte não linear do modelo na computação, a resposta depende das condições iniciais. Se as condições iniciais são tais que a não linearidade do sistema entra em jogo, então esses termos devem ser incluídos. Caso contrário, uma resposta linear é perfeitamente aceitável. O mesmo pode ser dito para se incluir ou não amortecimento em um modelo de sistema. Quais efeitos incluir e não incluir na modelagem e análise de um sistema vibratório formam um dos aspectos importantes da prática de engenharia.

Esta seção introduziu um pouco sobre as vibrações de sistemas com não linearidades. Os pontos importantes são que os sistemas não lineares potencialmente têm múltiplas posições de equilíbrio, cada uma com comportamento de estabilidade potencialmente diferente. Os sistemas não lineares tipicamente não têm soluções de forma fechada, de modo que a resposta no tempo é frequentemente calculada por integração numérica. Não abordado aqui, mas não menos importante, é que o princípio da superposição, usado extensivamente nos Capítulos 3 e 4, não se aplica aos sistemas não lineares. A maior parte deste texto concentra-se em problemas de vibração linear. Com essa breve introdução aos sistemas não lineares, é importante enfatizar que, ao resolver problemas lineares, as condições iniciais devem ser limitadas, de tal forma que somente o intervalo linear seja excitado. Os alunos são incentivados a fazer um curso em sistemas não lineares e/ou vibrações não lineares para aprender mais sobre a análise e o comportamento de vibrações não lineares.

PROBLEMAS

Os problemas marcados com um asterisco são destinados a serem resolvidos usando *software* computacional.

Seção 1.1 (Problemas 1.1 a 1.26)

1.1. Considere o pêndulo simples do Exemplo 1.1.1, calcule a amplitude da força elástica se a massa do pêndulo for 2 kg e o comprimento do pêndulo for 0,5 m. Assuma que o pêndulo está na superfície da terra ao nível do mar.

1.2. Calcule o período de oscilação de um pêndulo de 1 m de comprimento no Polo Norte, onde a aceleração da gravidade é 9,832 m/s^2.

1.3. A mola da Figura 1.2, repetida aqui como Figura P1.3, é carregada com massa de 15 kg e o deslocamento (estático) correspondente de 0,01 m. Determine a rigidez da mola.

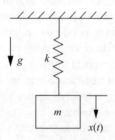

Figura P1.3

1.4. A mola da Figura P1.3 é, sucessivamente, carregada com massa e o deslocamento (estático) correspondente é registrado abaixo. Represente graficamente os dados e determine a rigidez da mola. Observe que os dados contêm alguns erros. Determine também o desvio padrão.

m(kg)	10	11	12	13	14	15	16
x(m)	1,14	1,25	1,37	1,48	1,59	1,71	1,82

1.5. Considerando o pêndulo do Exemplo 1.1.1, reproduzido na Figura P1.5, calcule a amplitude da força restauradora se a massa do pêndulo for 2 kg, o comprimento do pêndulo for 0,5 m e ele estiver na superfície da lua.

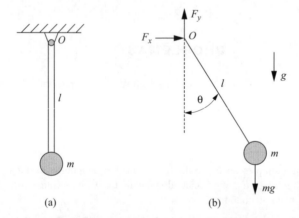

Figura P1.5 (a) O Pêndulo do Exemplo 1.1.1 e (b) seu diagrama de corpo livre.

1.6. Considerando o pêndulo do Exemplo 1.1.1, determine a frequência natural angular (radianos por segundo) de vibração para o sistema linearizado se a massa do pêndulo for 2 kg, seu comprimento for 0,5 m e se ele estiver na superfície da Terra. Qual é o período de oscilação em segundos?

1.7. Determine a solução de $m\ddot{x} + kx = 0$ e trace o resultado para pelo menos dois períodos para o caso com $\omega_n = 2$ rad/s, $x_0 = 1$ mm e $v_0 = \sqrt{5}$ mm/s.

1.8. Resolva $m\ddot{x} + kx = 0$ para $k = 4$ N/m, $m = 1$ kg, $x_0 = 1$ mm e $v_0 = 0$. Trace a solução.

1.9. A amplitude de vibração de um sistema não amortecido é 1 mm. A fase é 2 rad e a frequência é 5 rad/s no instante $t = 0$. Calcule as condições iniciais que causaram essa vibração. Considere que a resposta é da forma $x(t) = A\,\text{sen}\,(\omega_n t + \phi)$.

1.10. Determine a rigidez de um sistema massa-mola de um grau de liberdade com uma massa de 100 kg, de modo que a frequência natural seja de 10 Hz.

1.11. Encontre a equação de movimento para o sistema da Figura P1.11 e determine a frequência natural. Em particular, usando o equilíbrio estático juntamente com a lei de Newton, determine o efeito da gravidade sobre a equação de movimento e a frequência natural do sistema. Assuma que o bloco desliza sem atrito.

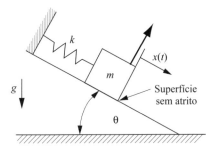

Figura P1.11

1.12. Um sistema não amortecido vibra com uma frequência de 10 Hz e uma amplitude de 1 mm. Calcule as amplitudes máximas da velocidade e da aceleração do sistema.

1.13. Mostre pelo cálculo que $A\,\text{sen}\,(\omega_n t + \phi)$ pode ser representado como $A_1\,\text{sen}\,\omega_n t + A_2 \cos \omega_n t$ e calcule A_1 e A_2 em termos de A e ϕ.

1.14. Utilizando a solução da Equação (1.2) na forma $x(t) = A_1\,\text{sen}\,\omega_n t + A_2 \cos \omega_n t$, calcule os valores de A_1 e A_2 em termos das condições iniciais x_0 e v_0.

1.15. Utilizando o desenho na Figura 1.7, verifique se a Equação (1.10) satisfaz a condição de velocidade inicial.

1.16. Uma massa de 0,5 kg está presa a uma mola linear de rigidez 0,1 N/m. (a) Determine a frequência natural do sistema em hertz. (b) Refaça esse cálculo para uma massa de 50 kg e uma rigidez de 10 N/m. Compare seu resultado com o do item (a).

1.17. Obtenha a solução do sistema de um grau liberdade da Figura 1.4, escrevendo a lei de Newton, $ma = -kx$, na forma diferencial usando $a\,dx = v\,dv$ e integrando duas vezes.

1.18. Determine a frequência natural dos dois sistemas ilustrados na Figura P1.18.

(a)　　　　　　　　　　　　　　　　　　　(b)

Figura P1.18

*1.19. Trace a solução dada pela Equação (1.10) para o caso $k = 1000$ N/m e $m = 10$ kg durante dois períodos completos para cada um dos seguintes conjuntos de condições iniciais: a) $x_0 = 0$ m, $v_0 = 1$ m/s, b) $x_0 = 0{,}01$ m, $v_0 = 0$ m/s, e c) $x_0 = 0{,}01$ m, $v_0 = 1$ m/s.

*1.20. Faça um gráfico tridimensional da superfície da amplitude A de um oscilador não amortecido dado pela Equação (1.9) pelo x_0 e v_0 para as condições iniciais dada por $-0{,}1 \leq x_0 \leq 0{,}1$ m e $-0{,}1 \leq v_0 \leq 0{,}1$ m/s para um sistema com frequência natural de 10 rad/s.

1.21. Uma peça mecânica é modelada como um pêndulo conectado a uma mola como ilustrado na Figura P1.21. Despreze a massa da haste do pêndulo e obtenha a equação de movimento. Então, seguindo o procedimento utilizado no Exemplo 1.1.1, linearize a equação do movimento e determine a fórmula para a frequência natural. Assuma que a rotação é pequena o suficiente para que a mola só desvie horizontalmente.

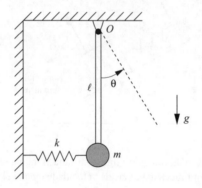

Figura P1.21

1.22. Um pêndulo tem um comprimento de 250 mm. Qual é a frequência natural do sistema em hertz?

1.23. O pêndulo no Exemplo 1.1.1 (Figura P1.5) é obrigado a oscilar uma vez a cada segundo. Que comprimento deve ter?

1.24. A aproximação de sen $\theta = \theta$, é razoável para θ menor que $10°$. Se um pêndulo de comprimento de $0{,}5$ m, tem uma posição inicial de $\theta(0) = 0$, qual é o máximo valor da velocidade angular inicial que pode ser dada ao pêndulo sem violar essa aproximação de pequeno arredondamento? (Certifique-se de trabalhar em radianos.)

1.25. Uma máquina, modelada como um sistema massa-mola simples, oscila em movimento harmônico simples. Sua aceleração tem uma amplitude de 10.000 mm/s^2 com uma frequência de 8 Hz. Calcule o máximo deslocamento que a máquina sofre durante essa oscilação.

1.26. Obtenha as relações dadas na Janela 1.4 para as constantes a_1 e a_2, utilizadas na forma exponencial da solução, em termos das constantes A_1 e A_2, utilizadas na soma da forma seno e cosseno da solução. Utilize as relações de Euler para seno e cosseno em termos de exponenciais conforme dado na Equação (1.18).

Seção 1.2 (Problemas 1.27 a 1.40)

1.27. A aceleração de uma peça mecânica modelada como um sistema massa-mola é medida e registrada na Figura P1.27. Calcule a amplitude do deslocamento da massa.

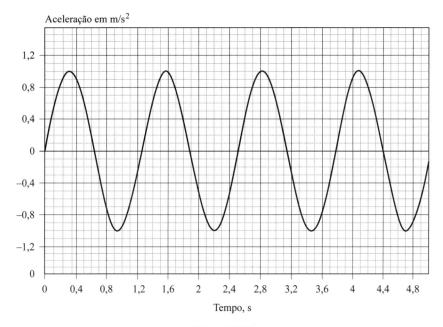

Figura P1.27

1.28. Um sistema massa-mola de vibração tem uma amplitude de aceleração de 8 mm/s^2 e uma amplitude de deslocamento de 2 mm. Determine a frequência natural do sistema.

1.29. Um sistema massa-mola tem um período de 5 s e uma massa conhecida de 20 kg. Determine a rigidez da mola.

*__1.30.__ Trace a solução de um sistema massa-mola linear com frequência $\omega_n = 2$ rad/s, $x_0 = 1$ mm e $v_0 = 2,34$ mm/s durante pelo menos dois períodos.

*__1.31.__ Determine a frequência natural e trace a solução de um sistema massa-mola com massa de 1 kg, rigidez de 4 N/m e condições iniciais de $x_0 = 1$ mm e $v_0 = 0$ mm/s durante pelo menos dois períodos.

1.32. O projeto de um sistema massa-mola linear é muitas vezes uma questão de escolher uma constante de mola de modo que a frequência natural resultante tenha um valor especificado. Assuma que a massa de um sistema seja 4 kg e a rigidez seja 100 N/m. Quanto a rigidez da mola deve ser alterada para aumentar a frequência natural em 10%?

1.33. O pêndulo no Museu de Ciência e Indústria de Chicago, onde a aceleração da gravidade é 9,803 m/s², tem um comprimento de 20 m. Determine o período desse pêndulo.

1.34. Calcule os valores de rms de deslocamento, velocidade e aceleração para o sistema de um grau de liberdade não amortecido da Equação (1.19) com fase zero.

1.35. Um mecanismo de pedal para uma máquina é grosseiramente modelado como um pêndulo preso a uma mola conforme esquematizado na Figura P1.35. A finalidade da mola é fornecer uma força de retorno para a ação do pedal. Determine a rigidez de mola necessária para manter o pêndulo em 1° da horizontal e, em seguida, determine a frequência natural correspondente. Considere que aos deslocamentos angulares são pequenos, tal que a deflexão da mola pode ser aproximada pelo comprimento do arco; que o pedal pode ser tratado como uma massa pontual; e que a haste pendular tem massa desprezível. O pedal é horizontal quando a mola está no seu comprimento natural. Os valores na figura são $m = 0,5$ kg, $g = 9,8$ m/s², $l_1 = 0,2$ m, e $l_2 = 0,3$ m.

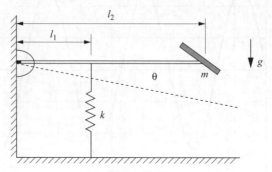

Figura P1.35

1.36. Um automóvel é modelado como uma massa de 1000 kg apoiada por uma mola de rigidez $k = 400.000$ N/m. Quando oscila, o faz com uma deflexão máxima de 10 cm. Quando carregado com passageiros, a massa aumenta para 1300 kg. Determine a mudança na frequência, na amplitude da velocidade e na amplitude da aceleração se a deflexão máxima permanecer 10 cm.

1.37. A suspensão dianteira de alguns carros contém uma haste de torção como ilustrado na Figura P1.37 para melhorar a dirigibilidade do carro. (a) Determine a frequência de vibração do conjunto roda-pneu-suspensão dado que a rigidez torcional é de 2000 N m/rad e o conjunto roda-pneu-suspensão tem uma massa de 38 kg. Adote a distância $x = 0,26$ m. (b) Às vezes, os proprietários colocam rodas e pneus diferentes em um carro para melhorar a aparência ou desempenho. Considere que um pneu mais fino é colocado com uma roda maior elevando a massa para 45 kg. Que efeito isso tem na frequência?

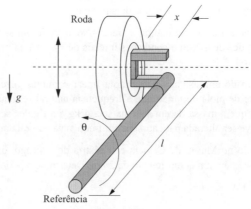

Figura P1.37

CAPÍTULO 1 Problemas

101

1.38. Uma máquina oscila em movimento harmônico simples e parece ser bem modelada por uma oscilação de um grau de liberdade não amortecida. Sua aceleração tem amplitude de 10.000 mm/s² a 8 Hz. Qual é o deslocamento máximo da máquina?

1.39. Um sistema massa-mola não amortecido simples é posto em movimento a partir do repouso, dando-lhe uma velocidade inicial de 100 mm/s. O sistema oscila com uma amplitude máxima de 10 mm. Qual é a sua frequência natural?

1.40. Um automóvel exibe um deslocamento oscilatório vertical de 5 cm de amplitude máxima e uma aceleração máxima de 2000 cm/s². Considerando que o automóvel pode ser modelado como um sistema de um grau de liberdade na direção vertical, determine a frequência natural do automóvel.

Seção 1.3 (Problemas 1.41 a 1.64)

1.41. Considere um sistema massa-mola-amortecedor, como o na Figura 1.9, com os seguintes valores: $m = 10$ kg, $c = 3$ kg/s e $k = 1000$ N/m. (a) O sistema é superamortecido, subamortecido ou criticamente amortecido? (b) Determine a solução do sistema para as condições iniciais $x_0 = 0,01$ m e $v_0 = 0$.

1.42. Considere um sistema de massa-mola-amortecedor com equação de movimento dado por $\ddot{x} + 2x + 2\dot{x} = 0$. Calcule o fator de amortecimento e determine se o sistema é superamortecido, subamortecido ou criticamente amortecido.

1.43. Considere o sistema $\ddot{x} + 4\dot{x} + x = 0$ com $x_0 = 1$ mm, $v_0 = 0$ mm/s. Esse sistema é superamortecido, subamortecido ou criticamente amortecido? Determine a solução e qual raiz predomina na solução à medida que o tempo passa (isto é, uma raiz vai desaparecer rapidamente e a outra persistirá).

1.44. Determine a solução de $\ddot{x} + 2\dot{x} + 2x = 0$ com $x_0 = 0$ mm, $v_0 = 1$ mm/s e escreva a forma fechada da expressão para a resposta.

1.45. Obtenha a forma de λ_1 e λ_2 dada pela Equação (1.31) da Equação (1.28) e a definição do fator de amortecimento.

1.46. Aplique as fórmulas de Euler para obter a Equação (1.36) a partir da Equação (1.35) e para determinar as relações listadas na Janela 1.4.

1.47. Utilizando a Equação (1.35) como a forma da solução do sistema subamortecido, calcule os valores para as constantes a_1 e a_2 em termos das condições iniciais x_0 e v_0.

1.48. Calcule as constantes A e ϕ em termos das condições iniciais e, assim, verifique a Equação (1.38) para o caso subamortecido.

1.49. Calcule as constantes a_1 e a_2 em termos das condições iniciais e, assim, verifique as Equações (1.42) e (1.43) para o caso superamortecido.

1.50. Calcule as constantes a_1 e a_2 em termos das condições iniciais e, assim, verifique a Equação (1.46) para o caso criticamente amortecido.

1.51. Utilizando a definição do fator de amortecimento e da frequência natural não amortecida, obtenha a Equação (1.48) de (1.47).

1.52. Para um sistema amortecido, m, c, e k são dados por $m = 1$ kg, $c = 2$ kg/s, $k = 10$ N/m. Calcule o valor de ζ e ω_n. O sistema é superamortecido, subamortecido ou criticamente amortecido?

1.53. Trace $x(t)$ para um sistema amortecido com frequência natural $\omega_n = 2$ rad/s e condições iniciais $x_0 = 1$ mm, $v_0 = 1$ mm/s, para os seguintes valores de fator de amortecimento:

$$\zeta = 0,01,\ \zeta = 0,2,\ \zeta = 0,1,\ \zeta = 0,4,\ e\ \zeta = 0,8.$$

1.54. Trace a resposta $x(t)$ de um sistema subamortecido com $\omega_n = 2$ rad/s, $\zeta = 0,1$ e $v_0 = 0$ para os seguintes deslocamentos iniciais: $x_0 = 10$ mm e $x_0 = 100$ mm.

1.55. Determine a solução para $\ddot{x} + \dot{x} + x = 0$ com $x_0 = 1$ e $v_0 = 0$ para $x(t)$ e esboce a resposta.

1.56. Um sistema massa-mola-amortecedor tem massa de 100 kg, rigidez de 3000 N/m e coeficiente de amortecimento de 300 kg/s. Calcule a frequência natural não amortecida, o fator de amortecimento e a frequência natural amortecida. A solução oscila?

1.57. Um esboço aproximado de um sistema de acionamento de válvula e balancim para um motor de combustão interna é dado na Figura P1.57. Modele o sistema como um pêndulo preso a uma mola e uma massa, além disso, assuma que o óleo causa um amortecimento viscoso de $\zeta = 0,01$. Obtenha as equações de movimento e determine uma expressão para a frequência natural e a frequência natural amortecida. Aqui J é a inércia rotacional do balancim em torno do seu ponto de articulação, k é a rigidez da mola da válvula e m é a massa da válvula e da haste. Despreze a massa da mola.

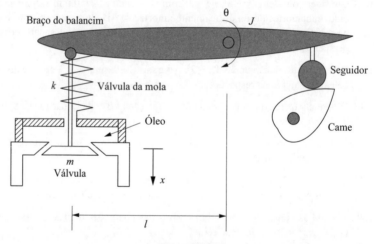

Figura P1.57

1.58. Um sistema massa-mola-amortecedor tem massa de 150 kg, rigidez de 1500 N/m e coeficiente de amortecimento de 200 kg/s. Calcule a frequência natural não amortecida, o fator de amortecimento e a frequência natural amortecida. O sistema é superamortecido, subamortecido ou criticamente amortecido? A solução oscila?

*1.59. O sistema massa-mola de massa de 100 kg, rigidez de 3000 N/m e coeficiente de amortecimento de 300 Ns/m tem velocidade inicial zero e um deslocamento inicial de 0,1 m. Determine a forma da resposta e trace-a durante o tempo que demora a desaparecer.

CAPÍTULO 1 Problemas

*1.60. O sistema massa-mola de 150 kg de massa, rigidez de 1500 N/m e coeficiente de amortecimento de 200 Ns/m tem velocidade inicial de 10 mm/s e um deslocamento inicial de –5 mm. Calcule a forma da resposta e trace-a durante o tempo que demora desaparecer. Quanto tempo leva para desaparecer?

*1.61. Escolha o coeficiente de amortecimento de um sistema massa-mola-amortecedor com massa de 150 kg e rigidez de 2000 N/m tal que sua resposta desapareça após cerca de 2 s, para uma posição inicial igual a zero e uma velocidade inicial de 10 mm/s.

1.62. Obtenha a equação de movimento do sistema na Figura P1.62 e discuta o efeito da gravidade na frequência natural e no fator de amortecimento.

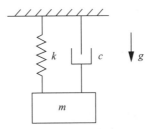

Figura P1.62

1.63. Obtenha a equação de movimento do sistema na Figura P1.63 e discuta o efeito da gravidade na frequência natural e no fator de amortecimento. Você pode ter que fazer algumas aproximações do cosseno. Assuma que os rolamentos fornecem uma força de amortecimento viscosa somente na direção vertical. (De A. Diaz-Jimenez, South African Mechanical Engineer, Vol. 26, pp. 65-69, 1976) (1976)

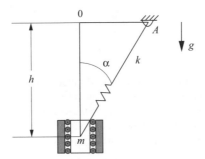

Figura P1.63

1.64. Considere a resposta de um sistema subamortecido dada por

$$x(t) = e^{-\zeta \omega_n t} A \operatorname{sen}(\omega_d t + \phi)$$

onde A e ϕ são dadas em termos das condições iniciais $x_0 = 0$ e $v_0 \neq 0$. Determine o valor máximo que a aceleração irá experimentar em termos de v_0.

Seção 1.4 (Problemas 1.65 a 1.81)

1.65. Calcule a frequência do pêndulo composto da Figura P1.65 se uma massa m_T é adicionada à extremidade livre, aplicando o método de energia. Assuma que a massa do pêndulo é uniformemente distribuída de modo que seu centro de gravidade está no meio do pêndulo de comprimento l.

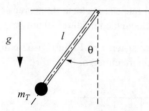

Figura P1.65 Um pêndulo composto com uma massa na extremidade.

1.66. Calcule a energia total em um sistema amortecido com frequência 2 rad/s e fator de amortecimento $\zeta = 00,1$ com massa 10 kg para o caso $x_0 = 0,1$ m e $v_0 = 0$. Trace a energia total em função do tempo.

1.67. Aplique o método de energia para obter a equação de movimento e a frequência natural do mecanismo de direção da roda dianteira do trem de pouso de um avião. O mecanismo é modelado como o sistema de um grau de liberdade ilustrado na Figura P1.67.

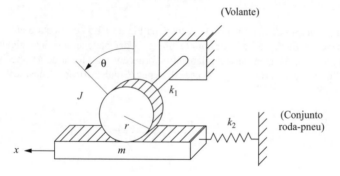

Figura P1.67

O volante e o conjunto roda-pneu são modelados como estando fixos ao solo. O sistema de engrenagem da haste de direção é modelado como um sistema massa-mola linear (m, k_2) oscilando na direção x. O mecanismo eixo-engrenagem é modelado como o disco de inércia J e rigidez torcional k_1. A engrenagem J gira através do ângulo θ tal que o disco não desliza na massa. Obtenha uma equação para o movimento linear x.

1.68. Considere o sistema pêndulo-mola da Figura P1.68, onde a haste do pêndulo tem massa desprezível. Obtenha a equação de movimento aplicando o método de energia. Então, linearize o sistema para ângulos pequenos e determine a frequência natural. O comprimento do pêndulo é l, a massa concentrada da extremidade livre é m e a rigidez da mola é k.

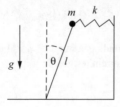

Figura P1.68 Um pêndulo simples preso a uma mola.

1.69. Um pedal de controle de uma aeronave pode ser modelado como o sistema de grau único de liberdade da Figura P1.69. Considere a alavanca como um eixo sem massa e o pedal como uma massa concentrada na extremidade do eixo. Aplique o método de energia para obter a equação de movimento em θ e calcule a frequência natural do sistema. Considere que a mola não esteja esticada em θ = 0 e a gravidade aponte para baixo.

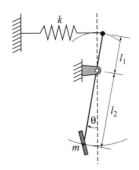

Figura P1.69

1.70. Para economizar espaço, dois grandes tubos são enviados, um empilhado dentro do outro, como indicado na Figura P1.70. Calcule a frequência natural de vibração do tubo menor (de raio R_1) rolando de um lado para outro dentro do tubo maior (de raio R). Aplique o método de energia e assuma que o tubo interno rola sem deslizar e tem uma massa m.

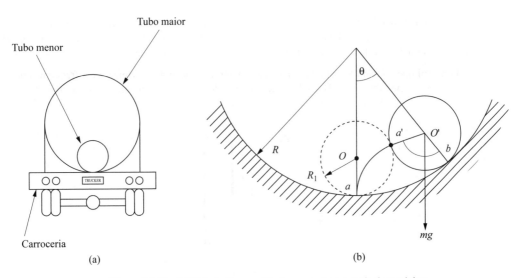

Figura P1.70 (a) Tubulações empilhadas em uma carroceria de caminhão.
(b) Modelo de vibração no interior do tubo.

1.71. Considere o exemplo de um pêndulo simples dado no Exemplo 1.4.2. Observe que o movimento do pêndulo decai com um fator de amortecimento de ζ = 0,001. Determine um coeficiente de amortecimento e adicione um termo de amortecimento viscoso a equação do pêndulo.

1.72. Determine um coeficiente de amortecimento para o sistema torcional do Exemplo 1.4.3. Considerando que o amortecimento seja devido às propriedades do material da haste, determine c para a haste com um fator de amortecimento de $\zeta = 0{,}01$.

1.73. A haste e o disco da Janela 1.1 estão em vibração torcional. Calcule a frequência natural amortecida se $J = 1000 \text{ m}^2 \cdot \text{kg}$, $c = 20 \text{ N} \cdot \text{m} \cdot \text{s/rad}$ e $k = 400 \text{ N} \cdot \text{m/rad}$.

1.74. Considere o sistema da Figura P1.74, que representa um modelo simples de um sistema de aterrissagem de avião. Considere também $x = r\theta$. Qual é a frequência natural amortecida?

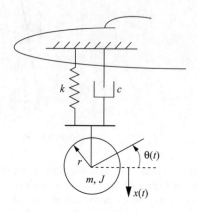

Figura P1.74

1.75. Considere o Problema 1.74 com $k = 400.000$ N/m, $m = 1500$ kg, $J = 100 \text{ m}^2 \cdot \text{kg/rad}$, $r = 25$ cm e $c = 8000$ kg/s. Calcule o fator de amortecimento e a frequência natural amortecida. Qual o efeito da inércia de rotação na frequência natural não amortecida?

1.76. Aplique a formulação de Lagrange para obter a equação de movimento e a frequência natural do sistema da Figura P1.76. Modele cada um dos suportes como uma mola de rigidez k e considere que a inércia das polias é desprezível.

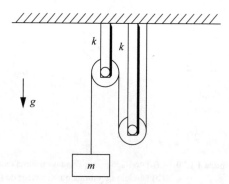

Figura P1.76

1.77. Aplique a formulação de Lagrange para obter a equação de movimento e a frequência natural do sistema da Figura P1.77. Essa figura representa um modelo simplificado de uma turbina presa à uma asa por um mecanismo que age como uma mola de rigidez k e massa m. Considere que a turbina tem inércia J e massa m e, ainda, que sua a rotação está relacionada com o seu deslocamento vertical, $x(t)$ pelo "raio" r_0 (isto é, $x = r_0\theta$).

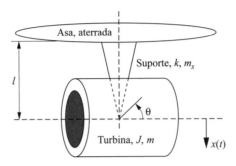

Figura P1.77

1.78. Considere o pêndulo invertido simples preso a uma mola da Figura P1.68. Aplique a formulação de Lagrange para obter a equação de movimento.

1.79. A formulação de Lagrange também pode ser aplicada à sistemas não conservativos adicionando o termo não conservativo no lado direito da Equação (1.63) para obter

$$\frac{d}{dt}\left(\frac{\partial T}{\partial \dot{q}_i}\right) - \frac{\partial T}{\partial q_i} + \frac{\partial U}{\partial q_i} + \frac{\partial R_i}{\partial \dot{q}_i} = 0$$

onde R_i é a *função de dissipação de Rayleigh* definida no caso de um amortecedor viscoso ligado ao solo por

$$R_i = \frac{1}{2} c \dot{q}_i^2$$

Aplique essa formulação de Lagrange estendida para obter a equação de movimento da suspensão de amortecimento do automóvel modelado por um dinamômetro ilustrado na Figura P1.79. Assuma que o dinamômetro movimenta o sistema de forma que $x = r\theta$.

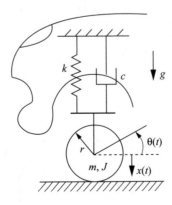

Figura P1.79

1.80. Considere o disco da Figura P1.80 preso a duas molas. Aplique o método de energia para determinar a frequência natural de oscilação do sistema no caso de pequenos ângulos θ(*t*).

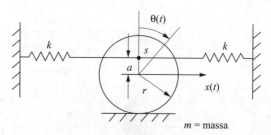

Figura P1.80

1.81. Um pêndulo de massa desprezível é conectado a uma mola de rigidez *k* a meio caminho do seu comprimento, *l*, como ilustrado na Figura P1.81. O pêndulo tem duas massas concentradas presas a ele: uma no ponto de conexão com a mola e outra na extremidade superior. Obtenha a equação do movimento aplicando a formulação de Lagrange, linearize a equação e calcule a frequência natural do sistema. Considere que o ângulo permanece suficientemente pequeno para que a mola se estenda apenas de forma significativa na direção horizontal.

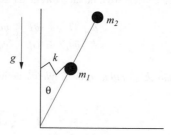

Figura P1.81

Seção 1.5 (Problemas 1.82 a 1.93)

1.82. Uma barra de massa desprezível com uma massa fixa à sua extremidade faz parte de uma máquina usada para perfurar uma folha de metal à medida que essa passa pelo dispositivo como ilustrado na Figura P1.82. O impacto no dispositivo de perfuração faz com que a barra vibre e a velocidade do processo exige que a frequência de vibração não interfira com o processo. O projeto estático produz uma massa de 50 kg e que a barra seja feita de aço de comprimento 0,25 m com uma área de seção transversal de 0,01 m². Calcule a frequência natural do sistema.

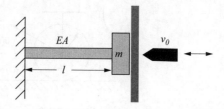

Figura P1.82 Um modelo de barra de um dispositivo de perfuração.

1.83. Considere o dispositivo de perfuração da Figura P1.82. Qual é o deslocamento máximo da massa em sua extremidade se a massa for 1000 kg, a barra for feita de aço de comprimento 0,25 m com uma área de seção transversal de 0,01 m² e o sistema tem velocidade inicial de 10 m/s?

1.84. Considere o dispositivo de perfuração da Figura P1.82. Se o punção atinge a massa fora do centro, é possível que a barra de aço possa vibrar em torção. A massa é de 1000 kg e a barra de 0,25 m de comprimento, com uma seção transversal quadrada de 0,1 m de lado. O momento polar de massa da inércia da massa da extremidade é de 10 kg/m² O momento polar de inércia para uma barra quadrada é $b^4/6$, onde b é o comprimento do lado do quadrado. Calcule as frequências para o movimento torcional e longitudinal. Qual é maior?

1.85. Um trem de pouso de helicóptero consiste de uma armação de metal em vez do sistema de suspensão à base de mola helicoidal usado em um avião de asa fixa. A vibração da armação na direção vertical pode ser modelada por uma mola feita de uma barra esbelta como ilustrado na Figura 1.23, onde o helicóptero é modelado como solo. Aqui $l = 0{,}4$ m, $E = 20 \times 10^{10}$ N/m² e $m = 100$ kg. Calcule a área da seção transversal que deve ser usada se a frequência natural for $f_n = 500$ Hz.

1.86. A frequência de oscilação de uma pessoa em uma prancha de mergulho pode ser modelada como a vibração transversal de uma viga como indicado na Figura 1.26. Seja m a massa do mergulhador ($m = 100$ kg) e $l = 1{,}5$ m. Se o mergulhador deseja oscilar a 3 Hz, qual o valor de EI que o material da prancha de mergulho deve ter?

1.87. Considere o sistema de mola da Figura 1.32. Seja $k_1 = k_5 = k_2 = 100$ N/m, $k_3 = 50$ N/m e $k_4 = 1$ N/m. Qual é a rigidez equivalente?

1.88. As molas estão disponíveis em valores de rigidez de 10, 100 e 1000 N/m. Desenhe um sistema de mola utilizando somente esses valores, tal que uma massa de 100 kg seja conectada ao solo com frequência de 1,5 rad/s.

1.89. Calcule a frequência natural do sistema na Figura 1.32 (a) se $k_1 = k_2 = 0$. Escolha m e valores não nulos de k_3, k_4 e k_5 para que a frequência natural seja 100 Hz.

*1.90. O Exemplo 1.4.4 analisa o efeito da massa de uma mola sobre a frequência natural de um sistema de mola simples. Utilize a relação obtida no Exemplo 1.4.4 e trace a frequência natural (normalizada pela frequência natural, ω_n, para uma mola com massa desprezível) pela massa da mola em relação a massa oscilante dada em porcentagem. Determine a partir do gráfico (ou por álgebra) a porcentagem em que a frequência natural muda em 1% e, portanto, o valor da massa da mola que não deve ser desprezado.

1.91. Determine a frequência natural e o fator de amortecimento para o sistema na Figura P1.91 dados os valores $m = 10$ kg, $c = 100$ kg/s, $k_1 = 4000$ N/m, $k_2 = 200$ N/m e $k_3 = 1000$ N/m. Considere que nenhum atrito atua nos rolos. O sistema é superamortecido, subamortecido ou criticamente amortecido?

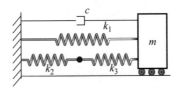

Figura P1.91

1.92. Determine a frequência natural e o fator de amortecimento para o sistema na Figura P1.92. Assuma que nenhum atrito atua nos rolos. O sistema é superamortecido, subamortecido ou criticamente amortecido?

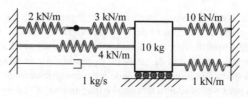

Figura P1.92

1.93. Um fabricante faz uma mola em forma de balanço de aço ($E = 2 \times 10^{11}$ N/m^2) e dimensiona a mola para que o dispositivo tenha uma frequência específica. Mais tarde, para economizar peso, a mola é fabricada em alumínio ($E = 7,1 \times 10^{10}$ N/m^2). Assumindo que a massa da mola é muito menor do que a do dispositivo ao qual é presa, determine se a frequência aumenta ou diminui e por quanto.

Seção 1.6 (Problemas 1.94 a 1.101)

1.94. O deslocamento de um sistema massa-mola-amortecedor vibratório é registrado em um *plotter* $x - y$ e reproduzido na Figura P1.94. A coordenada y é o deslocamento em cm e a coordenada x é o tempo em segundos. A partir do gráfico determine a frequência natural, o fator de amortecimento e a frequência natural amortecida.

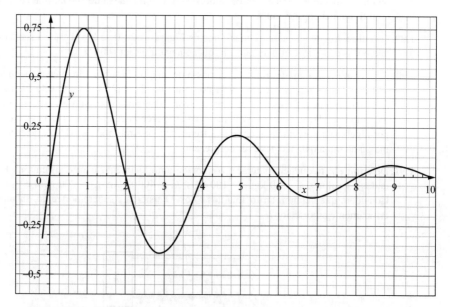

Figura P1.94 Um gráfico de deslocamento em função do tempo para um sistema vibratório.

CAPÍTULO 1 Problemas

1.95. Mostre que o decremento logarítmico é igual a

$$\delta = \frac{1}{n} \ln \frac{x_0}{x_n}$$

onde x_n é a amplitude de vibração depois de decorridos n ciclos.

1.96. Obtenha a Equação (1.78) para o sistema de suspensão trifilar.

1.97. Um protótipo de material compósito é formado por vários materiais e, portanto, tem um módulo desconhecido. Um experimento é realizado com esse material formando uma viga engastada de comprimento 1 m e $I = 10^{-9}$ m^4 com uma massa de 6 kg ligado na sua extremidade. O sistema é dado um deslocamento inicial e passa a oscilar com um período de 0,5 s. Calcule o módulo E.

1.98. A resposta livre de um carro de 1000 kg com rigidez de k = 400.000 N/m é da forma dada na Figura 1.35. Modelando o carro como uma oscilação de um grau de liberdade na direção vertical, determine o coeficiente de amortecimento se o deslocamento em t_1 é 2 cm e 0,22 cm em t_2.

1.99. Um pêndulo decai de 10 cm para 1 cm ao longo de um período. Determine seu fator de amortecimento.

1.100. A relação entre o decremento logaritmo δ e o fator de amortecimento ζ é muitas vezes aproximado por $\delta = 2\pi\zeta$. Para quais valores de ζ você consideraria isso uma boa aproximação à Equação (1.82)?

1.101. Um sistema amortecido é modelado como ilustrado na Figura 1.9. A massa do sistema é 5 kg e sua constante de mola é 5000 N/m. Observa-se que durante a vibração livre a amplitude diminui para 0,25 do seu valor inicial após cinco ciclos. Calcule o coeficiente de amortecimento viscoso c.

Seção 1.7 (Problemas 1.102 a 1.110, veja também Seção 1.5 dos Problemas)

1.102. Considere o sistema do Exemplo 1.7.2 constituído por uma mola helicoidal de rigidez 10^3 N/m presa a uma massa de 10 kg. Coloque um amortecedor paralelo à mola e escolha seu amortecimento viscoso de modo que a frequência natural amortecida resultante seja reduzida para 9 rad/s.

1.103. Para um sistema subamortecido, x_0 = 0 mm e v_0 = 10 mm/s. Determine m, c, k tal que a amplitude seja menor que 1 mm.

1.104. Refaça o problema 1.103 se a massa estiver restrita ao intervalo 10 kg < m < 15 kg.

1.105. Utilize a fórmula para a rigidez torcional de um eixo da Tabela 1.1 para projetar um eixo de 1 m com rigidez torcional de 10^5 N · m/rad.

1.106. Projete uma mola helicoidal de alumínio, tal que a união da mola com uma massa de 10 kg resulte em um sistema massa-mola com frequência natural de 10 rad/s. Dessa forma, refaça o Exemplo 1.7.2 que utiliza o aço para a mola e observe as diferenças.

1.107. Tente desenhar uma barra que tenha a mesma rigidez que a mola helicoidal do Exemplo 1.7.2 (isto é, $k = 10^3$ N/m). Isso equivale a calcular o comprimento da barra com sua área de seção transversal ocupando aproximadamente o mesmo espaço na mola helicoidal (R = 10 cm). Observe que a barra deve permanecer pelo menos 10 vezes maior que a largura para ser modelada pela fórmula de rigidez dada para a barra na Figura 1.23.

1.108. Refaça o problema 1.107 utilizando plástico (E = 1,40 × 10^9 N/m^2) e borracha ($E = 7 \times 10^6$ N/m^2). Algum desses materiais é viável?

1.109. Considere o trampolim da Figura P1.109. Para os mergulhadores, é desejável um determinado nível de deflexão estática, designado por Δ. Determine uma fórmula de projeto para as dimensões da placa (*b*, *h* e *l*) em termos da deflexão estática, da massa média do mergulhador, *m*, e do módulo da placa.

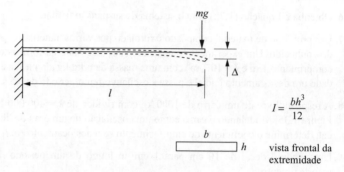

Figura P1.109

1.110. No projeto de um sistema de suspensão veicular utilizando um "modelo de quarto de carro", formado por uma mola, uma massa e um amortecedor, estudos mostram que a relação de amortecimento desejável é $\zeta = 0,25$. Se o modelo tiver uma massa de 750 kg e uma frequência de 15 Hz, qual deve ser o coeficiente de amortecimento?

Seção 1.8 (Problemas 1.111 a 1.115)

1.111. Considere o sistema da Figura P1.111. (a) Obtenha as equações de movimento em termos do ângulo θ que a barra faz com a vertical. Assuma deflexões lineares das molas e linearize as equações de movimento. (b) Discuta a estabilidade das soluções do sistema linear em termos das constantes físicas, *m*, *k* e *l*. Assuma que a massa da barra atua no centro, como indicado na figura.

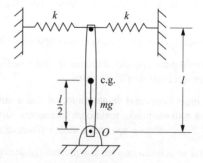

Figura P1.111

1.112. Considere o pêndulo invertido da Figura 1.40 como discutido no Exemplo 1.8.1 e repetido na Figura P1.112. Considere que um amortecedor (de coeficiente de amortecimento *c*) também atua no pêndulo paralelo às duas molas. Como isso afeta as propriedades de estabilidade do pêndulo?

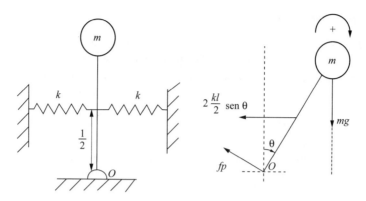

Figura P1.112 O pêndulo invertido do Exemplo 1.8.1.

1.113. Substitua a haste sem massa do pêndulo invertido da Figura P1.112 por um pêndulo composto de corpo sólido da Figura 1.20 (b). Calcule as equações de vibração e discuta valores das relações de parâmetros para as quais o sistema é estável.

1.114. Um modelo simples de um *flap* para um avião é esboçado na Figura P1.114. A equação de movimento para o *flap* sobre o ponto de articulação é escrita em termos do ângulo θ da linha central como

$$J\ddot{\theta} + (c - f_d)\dot{\theta} + k\theta = 0$$

Aqui J é o momento de inércia do *flap*, k é a rigidez rotacional da articulação, c é o amortecimento torcional na articulação e $f_d\dot{\theta}$ é o amortecimento negativo fornecido pelas forças aerodinâmicas (indicado pelas setas na figura). Discuta a estabilidade da solução em termos dos parâmetros c e f_d.

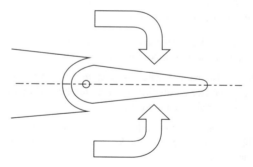

Figura P1.114 Um modelo simples de um *flap* de avião.

*1.115. Para entender o efeito do amortecimento em projeto, desenvolva alguma forma de visualizar como a resposta muda com o fator de amortecimento, traçando a resposta de um sistema de um grau de liberdade para amplitude, frequência e fase constantes, à medida que ζ varia através do seguinte conjunto de valores ζ = 0,01, 0,05, 0,1, 0,2, 0,3 e 0,4. Ou seja, trace a resposta $x(t) = e^{-10\zeta t} \text{sen}(10\sqrt{1 - \zeta^2}\,t)$ para cada valor de ζ.

Seção 1.9 (Problemas 1.116 a 1.123)

*1.116. Determine e trace a resposta para $\dot{x} = -3x$, $x(0) = 1$ utilizando o método de Euler para intervalos de tempo de 0,1 e 0,5. Também trace a solução exata, ou seja, reproduza a Figura 1.41.

*1.117. Utilize a integração numérica para resolver o sistema do Exemplo 1.7.3 com $m = 1361$ kg, $k = 2,688 \times 10^5$ N/m, $c = 3,81 \times 10^3$ kg/s submetido às condições iniciais $x(0) = 0$ e $v(0) = 0,01$ mm/s. Compare a solução da integração numérica com a solução analítica (usando a fórmula apropriada da Seção 1.3), representado ambas soluções no mesmo gráfico.

*1.118. Considere novamente o sistema amortecido do Problema 1.117 e projete um amortecedor de modo que a oscilação desaparece após 2 segundos. Existem pelo menos duas formas de fazer isso. Aqui pretende-se obter a resposta numericamente, seguindo os Exemplos 1.9.2, 1.9.3 ou 1.9.4, utilizando valores diferentes do coeficiente de amortecimento c até se obter a resposta desejada.

*1.119. Considere novamente o sistema amortecido do Exemplo 1.9.2 e projete um amortecedor tal que a oscilação desapareça após 25 segundos. Existem pelo menos duas formas de fazer isso. Aqui pretende-se obter a resposta numericamente, seguindo os Exemplos 1.9.2, 1.9.3 ou 1.9.4, utilizando valores diferentes do coeficiente de amortecimento c até se obter a resposta desejada. Seu resultado é superamortecido, subamortecido ou criticamente amortecido?

*1.120. Refaça o Problema 1.119 para as condições iniciais $x(0) = 0,1$ m e $v(0) = 0,01$ mm/s.

*1.121. Uma mola e um amortecedor são ligados a uma massa de 100 kg conforme montagem dada na Figura 1.8. O sistema é submetido as condições iniciais $x(0) = 0,1$ m e $v(0) = 1$ mm/s. Projete a mola e o amortecedor (isto é, escolha k e c) de modo que o sistema venha a repousar em 2 s e não oscile mais do que dois ciclos completos. Tente manter c tão pequeno quanto possível. Também calcule ζ.

*1.122. Refaça o Exemplo 1.7.1 utilizando a abordagem numérica dos 5 problemas anteriores.

*1.123. Refaça o Exemplo 1.7.1 para as condições iniciais $x(0) = 0,01$ m e $v(0) = 1$ mm/s.

Seção 1.10 (Problemas 1.124 a 1.136)

1.124. Uma massa de 2 kg presa a uma mola de rigidez 10^3 N/m tem uma força de atrito seco (F_c) de 3 N. À medida que a massa oscila, a sua amplitude diminui 20 cm. Quanto tempo isso leva?

1.125. Considere o sistema da Figura 1.44 com $m = 5$ kg e $k = 9 \times 10^3$ N/m com uma força de atrito de magnitude 6 N. Se a amplitude inicial for 4 cm, determine a amplitude um ciclo mais tarde, bem como a frequência amortecida.

*1.126. Determine e trace a resposta do sistema da Figura P1.126 para o caso em que $x(0) = 0,1$ m, $v(0) = 0,1$ m/s, $\mu = 0,05$, $m = 250$ kg, $\theta = 20°$ e $k = 3000$ N/m. Quanto tempo leva para a vibração desaparecer?

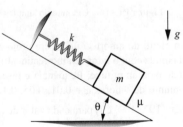

Figura P1.126

*1.127. Determine e trace a resposta de um sistema com amortecimento de Coulomb dado pela Equação (1.100) para o caso em que $x_0 = 0,5$ m, $v_0 = 0$, $\mu = 0,1$, $m = 100$ kg e $k = 1500$ N/m. Quanto tempo leva para a vibração desaparecer?

*1.128. Uma massa move-se com fluido de um lado e atrito dinâmico do outro como ilustrado na Figura P1.128. Modele a força de amortecimento como um fluido lento (ou seja, amortecimento viscoso linear) mais atrito de Coulomb devido ao deslizamento, com os seguintes parâmetros: $m = 250$ kg, $\mu = 0,01$, $c = 25$ kg/s e $k = 3000$ N/m. (a) Determine e trace a resposta às condições iniciais: $x_0 = 0,1$ m, $v_0 = 0,1$ m/s. (b) Determine e trace a resposta às condições iniciais: $x_0 = 0,1$ m, $v_0 = 1$ m/s. Quanto tempo leva para que a vibração desapareça em cada caso?

Figura P1.128

*1.129. Considere o sistema do Problema 1.128 parte (a), e calcule um novo coeficiente de amortecimento c que fará com que a vibração desapareça após uma oscilação.

1.130. Determine as posições de equilíbrio de $\ddot{x} + \omega_n^2 x + \beta x^2 = 0$. Quantas existem?

1.131. Determine as posições de equilíbrio de $\ddot{x} + \omega_n^2 x - \beta^2 x^3 + \gamma x^5 = 0$. Quantas existem?

*1.132. Considere o pêndulo do Exemplo 1.10.3 com comprimento de 1 m e condições iniciais de $\theta_0 = \pi/10$ rad e $\dot{\theta}_0 = 0$. Compare a diferença entre a resposta da versão linear da equação do pêndulo (isto é, com sen(θ) = θ) e a resposta da versão não linear da equação do pêndulo traçando a resposta de ambos durante quatro períodos.

*1.133. Refaça o Problema 1.132 se o deslocamento inicial for $\theta_0 = \pi/2$ rad.

1.134. Se ao pêndulo do Exemplo 1.10.3 é dado uma condição inicial próxima da posição de equilíbrio de $\theta_0 = 0 \, \pi$ rad e $\dot{\theta}_0 = 0$, ele oscila em torno desse equilíbrio?

*1.135. Calcule a resposta do sistema do Problema 1.121 para as condições iniciais de $x_0 = 0,01$ m, $v_0 = 0$ e uma frequência natural de 3 rad/s e para $\beta = 100$, $\gamma = 0$.

*1.136. Refaça o Problema 1.135 e trace a resposta da versão linear do sistema ($\beta = 0$) no mesmo gráfico para comparar a diferença entre as versões linear e não linear dessa equação de movimento.

ENGINEERING VIBRATION TOOLBOX PARA MATLAB®

O Dr. Joseph C. Slater, da Wright State University, escreveu um pacote para MATLAB direcionado para este livro. O pacote *Engineering Vibration Toolbox* (EVT) é organizado por capítulo e pode ser utilizado para resolver os problemas computacionais encontrados no final de cada capítulo. Além disso, o EVT pode ser utilizado para obter a resposta dos problemas marcados para serem resolvidos com programas computacionais nas seções 1.9 e 1.10. O MATLAB e o EVT são interativos e são desenvolvidos para ajudar na análise, em estudos paramétricos, e no projeto, assim como na resolução dos problemas dados. O *Engineering Vibration Toolbox* é

CAPÍTULO 1 • Introdução à Vibração e a Resposta Livre

licenciado gratuitamente para uso educacional. Para uso profissional, os usuários devem entrar em contato diretamente com o autor do *Engineering Vibration Toolbox*.

O EVT é atualizado e melhorado regularmente e pode ser baixado gratuitamente. Para fazer o *download*, atualizar ou obter informações sobre o uso ou a revisão atual, acesse a página do *Engineering Vibration Toolbox* em

https://vibrationtoolbox.github.io/

Esse site inclui *links* para edições que são executadas em versões anteriores do MATLAB, bem como a versão mais recente. O EVT é projetado para ser executado em qualquer plataforma suportada por MATLAB (incluindo Macintosh e VMS) e é atualizado regularmente para manter a compatibilidade com a versão atual do MATLAB. Uma breve introdução ao MATLAB e UNIX também está disponível na página. Leia o arquivo Readme.txt para começar e digite *help vtoolbox* após a instalação para obter uma visão geral. Uma vez instalado, digitar *vtbud* exibirá o status de revisão atual da sua instalação e tentará baixar o status de revisão atual do site FTP anônimo. As atualizações podem ser baixadas incrementalmente, conforme desejado. Consulte o Apêndice G para obter mais informações.

PROBLEMAS PARA TOOLBOX

TB1.1. Ajuste (escolha ou use os valores do Exemplo 1.3.1 com $x(0) = 1$ mm) os valores de m, c, k e $x(0)$ e trace as respostas $x(t)$ para um intervalo de valores de velocidade inicial $\dot{x}(0)$ para ver como a resposta depende da velocidade inicial. Lembre-se de usar números com unidades consistentes.

TB1.2. Utilizando os valores do Problema TB1.1 $\dot{x}(0)$, trace a resposta $x(t)$ para um intervalo de valores de $x(0)$ para ver como a resposta depende do deslocamento inicial.

TB1.3. Reproduza as Figuras 1.10, 1.11 e 1.12.

TB1.4. Resolva o Problema 1.53 e compare o tempo de cada resposta para alcançar e permanecer abaixo de 0,01 mm.

TB1.5. Resolva os Problemas 1.121, 1.122 e 1.123 utilizando o pacote *Engineering Vibration Toolbox*.

TB1.6. Resolva os Problemas 1.126, 1.127 e 1.128 utilizando o pacote *Engineering Vibration Toolbox*.

2 | Resposta à Excitação Harmônica

Este capítulo dedica-se ao conceito mais importante em análise de vibrações: o conceito de ressonância.
A ressonância ocorre quando uma força externa periódica é aplicada a um sistema com uma frequência natural igual à frequência da força de excitação. Em geral, isso ocorre quando a força de excitação é proveniente de alguma máquina ou mecanismo rotativo, como o helicóptero mostrado na foto. A lâmina rotativa faz com que uma força harmônica seja aplicada ao corpo do helicóptero. Se a frequência de rotação da lâmina corresponde à frequência natural do corpo, a ressonância ocorrerá conforme descrito na Seção 2.1. A ressonância causa grandes deflexões, que podem exceder os limites elásticos e fazer com que a estrutura falhe. Um exemplo familiar para a maioria é a ressonância causada por uma roda desbalanceada em um carro (segunda foto). A velocidade angular da roda corresponde à frequência de excitação. A uma certa velocidade, a roda desbalanceada causa ressonância, que é sentida pela trepidação do volante. Se o carro se move mais lentamente, ou mais rapidamente, a frequência afasta-se da condição de ressonância e a trepidação é interrompida.

CAPÍTULO 2 • Resposta à Excitação Harmônica

Este capítulo considera a resposta à excitação harmônica do sistema massa-mola-amortecedor de um grau de liberdade apresentado no Capítulo 1. A excitação harmônica refere-se a uma força externa aplicada ao sistema de forma senoidal com uma única frequência. Lembre-se da matéria introdutória de física que a ressonância é a capacidade de um sistema em absorver mais energia quando a frequência de excitação iguala-se a frequência natural de vibração do sistema. Em geral, esse fenômeno ocorre em sistemas mecânicos, acústicos, biológicos e elétricos. Exemplos incluem ressonância acústica em instrumentos musicais, ressonância de ondas em encostas, membranas basilares em transdução biológica na entrada do canal auditivo e rodas desbalanceadas. Quando criança, descobre-se ressonância ao aprender a brincar em um balanço de playground (modelado como o pêndulo considerado no Capítulo 1).

As excitações harmônicas são uma fonte comum de força externa aplicada a máquinas e estruturas. As máquinas rotativas tais como ventiladores, motores elétricos e motores alternativos transmitem uma força que varia de forma senoidal aos componentes adjacentes. Além disso, o teorema de Fourier indica que muitas outras funções de excitação podem ser expressas como uma série infinita de termos harmônicos. Como as equações de movimento consideradas aqui são lineares, conhecer a resposta à termos individuais na série permite que a resposta total seja representada como a soma da resposta aos termos individuais. Esse é o princípio da superposição. Dessa forma, conhecer a resposta à uma única entrada harmônica permite o cálculo da resposta a uma variedade de outras perturbações de entrada de natureza periódica. As perturbações periódicas gerais são discutidas no Capítulo 3.

Uma entrada harmônica também é escolhida para estudo porque pode ser resolvida matematicamente com técnicas diretas. Além disso, a resposta de um sistema de um grau de liberdade à uma entrada harmônica constitui o alicerce da medição de vibração, o projeto de dispositivos destinados a proteger as máquinas de oscilações indesejadas e o projeto de transdutores utilizados na medição de vibração. As excitações harmônicas são simples de produzir em laboratórios, portanto, são muito úteis no estudo das propriedades de amortecimento e rigidez.

2.1 EXCITAÇÃO HARMÔNICA DE SISTEMAS NÃO AMORTECIDOS

Considere o sistema da Figura 2.1 para o caso não amortecido ($c = 0$). Existem diversas formas de modelar a natureza harmônica da força aplicada $F(t)$. Uma função harmônica pode ser representada como uma função seno, cosseno ou exponencial complexa. A seguir, a força de excitação $F(t)$ é escolhida para ser da forma

$$F(t) = F_0 \cos \omega t \tag{2.1}$$

onde F_0 representa a amplitude da força aplicada e ω representa a frequência da força aplicada. A frequência ω também é chamada de *frequência de entrada* ou *frequência de excitação* ou *frequência forçante* e tem unidades de rad/s. Note que alguns textos usam Ω em vez de ω para representar a frequência de excitação.

SEÇÃO 2.1 Excitação Harmônica de Sistemas não Amortecidos

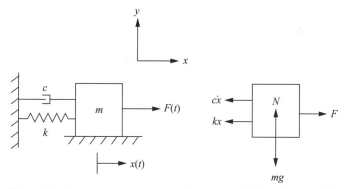

Figura 2.1 Um esquema de um sistema de um grau de liberdade submetido a uma força externa $F(t)$ e deslizando sobre uma superfície livre de atrito. A figura à direita é um diagrama de corpo livre do sistema massa-mola-amortecedor sem atrito.

Alternativamente, a função de excitação harmônica pode ser representada pela função seno

$$F(t) = F_0 \operatorname{sen} \omega t$$

ou como a função exponencial complexa

$$F(t) = F_0 e^{j\omega t}$$

onde j é a unidade imaginária. Cada uma dessas três formas de $F(t)$ representam o mesmo comportamento, mas em alguns casos uma forma pode ser mais fácil de manipular do que as outras. Cada uma dessas formas são usadas a seguir.

A partir do diagrama de corpo livre dado na Figura 2.1, a soma das forças na direção y fornece $N = mg$, como resultado da ausência de movimento nessa direção. A somatória de forças sobre a massa da Figura 2.1 na direção x resulta, para o caso não amortecido, na seguinte equação

$$m\ddot{x}(t) + kx(t) = F_0 \cos \omega t \tag{2.2}$$

onde a força de excitação harmônica é representada pela função cosseno. Note que essa expressão é uma equação linear na variável $x(t)$. Como no caso homogêneo (não forçado) do Capítulo 1, é conveniente dividir essa expressão pela massa m para ter

$$\ddot{x}(t) + \omega_n^2 x(t) = f_0 \cos \omega t \tag{2.3}$$

onde $f_0 = F_0/m$. A amplitude f_0 é chamada força normalizada pela massa com unidades N/kg. Uma variedade de técnicas, normalmente estudadas em um primeiro curso de equações diferenciais, podem ser usadas para resolver essa equação.

Primeiro, lembre-se do estudo de equações diferenciais que a Equação (2.3) é uma equação linear não homogênea e que sua solução é, portanto, a soma da solução homogênea (isto é, a solução para o caso $f_0 = 0$) e uma solução particular. A solução particular pode, muitas vezes, ser encontrada assumindo que a solução tem a mesma forma que a

120 CAPÍTULO 2 • Resposta à Excitação Harmônica

função excitante. Isso também é condizente com a prática. Ou seja, observa-se que a oscilação de um sistema de um grau de liberdade excitado por $f_0 = 0$ é da forma

$$x_p(t) = X \cos \omega t \tag{2.4}$$

onde x_p representa a solução particular e X é a amplitude da resposta forçada. A substituição da Equação (2.4) na Equação (2.3) produz (nota $\ddot{x}_p = -\omega^2 X \cos \omega t$)

$$-\omega^2 X \cos \omega t + \omega_n^2 X \cos \omega t = f_0 \cos \omega t \tag{2.5}$$

Colocando o fator comum ωt em evidência

$$(-\omega^2 X + \omega_n^2 X - f_0) \cos \omega t = 0$$

Como ωt não pode ser zero para todo $t > 0$, o coeficiente de ωt deve desaparecer. Igualando o coeficiente a zero e resolvendo para X obtém-se

$$X = \frac{f_0}{\omega_n^2 - \omega^2} \tag{2.6}$$

desde que $\omega_n \neq \omega$. Assim, desde que a frequência de excitação e a frequência natural sejam diferentes (isto é, desde que $\omega_n \neq \omega$), a solução particular será da forma

$$x_p(t) = \frac{f_0}{\omega_n^2 - \omega^2} \cos \omega t \tag{2.7}$$

Essa abordagem, de assumir que $x_p = X \cos \omega t$, para determinar a solução particular é chamada de *método de coeficientes indeterminados* em cursos de equações diferenciais.

Como o sistema é linear, a solução total $x(t)$ é a soma da solução particular da Equação (2.7) mais a solução homogênea dada pela Equação (1.19). Lembrando que A $\text{sen}(\omega_n t + \phi)$ pode ser representado como $A1 \sin \omega_n t + A_2 \cos \omega_n t$ (Janela 2.1), a solução total pode ser expressa na forma

$$x(t) = A_1 \text{sen} \, \omega_n t + A_2 \cos \omega_n t + \frac{f_0}{\omega_n^2 - \omega^2} \cos \omega t \tag{2.8}$$

onde resta determinar os valores dos coeficientes A_1 e A_2. Esses são determinados pela imposição das condições iniciais. Seja a posição inicial e a velocidade inicial dada pelas constantes x_0 e v_0. Então, a Equação (2.8) produz

$$x(0) = A_2 + \frac{f_0}{\omega_n^2 - \omega^2} = x_0 \tag{2.9}$$

e

$$\dot{x}(0) = \omega_n A_1 = v_0 \tag{2.10}$$

SEÇÃO 2.1 Excitação Harmônica de Sistemas não Amortecidos

Janela 2.1
Revisão da Solução Homogênea não Amortecida
do Problema de Vibração do Capítulo 1

$$m\ddot{x} + kx = 0 \quad \text{submetido a} \quad x(0) = x_0, \quad \dot{x}(0) = v_0$$

tem solução $x(t) = A\,\text{sen}(\omega_n t + \phi)$, que se torna, depois de avaliar as constantes A e ϕ em termos das condições iniciais,

$$x(t) = \frac{\sqrt{x_0^2\omega_n^2 + v_0^2}}{\omega_n}\,\text{sen}\left(\omega_n t + \text{tg}^{-1}\frac{x_0\omega_n}{v_0}\right)$$

onde $\omega_n = \sqrt{k/m}$ é a frequência natural. Usando relações trigonométricas simples, essa solução pode ser reescrita como

$$x(t) = A_1\,\text{sen}\,\omega_n t + A_2\cos\omega_n t = \frac{v_0}{\omega_n}\text{sen}\omega_n t + x_0\cos\omega_n t$$

onde as constantes A_1, A_2, A e ϕ são relacionadas por

$$A = \sqrt{A_1^2 + A_2^2}, \quad \text{tg}\phi = \frac{A_2}{A_1}$$

Resolvendo as Equações (2.9) e (2.10) para A_1 e A_2 e substituindo os resultados obtidos na Equação (2.8) obtém-se a resposta total

$$x(t) = \frac{v_0}{\omega_n}\text{sen}\,\omega_n t + \left(x_0 - \frac{f_0}{\omega_n^2 - \omega^2}\right)\cos\omega_n t + \frac{f_0}{\omega_n^2 - \omega^2}\cos\omega t \qquad (2.11)$$

Note que os coeficientes A_1 e A_2 para a resposta *total*, dada na Equação (2.11), são diferentes dos dados para a resposta *livre*, conforme analisado na Janela 2.1. Observe também que se a força de excitação for zero, $f_0 = 0$ na Equação (2.11), então A_1 e A_2 para a resposta total reduzem aos valores obtidos para a resposta livre. A Figura 2.2 ilustra um gráfico da resposta total de um sistema não amortecido a uma excitação harmônica e condições iniciais específicas.

Note que tanto o segundo como o terceiro termos da Equação (2.11) não são definidos se a frequência de excitação for igual à frequência natural (isto é, se $\omega = \omega_n$). Note também que, à medida que a frequência de excitação se aproxima da frequência natural, a amplitude da vibração resultante torna-se maior. Esse grande aumento de amplitude define o fenômeno da *ressonância*, talvez o conceito mais importante na análise de vibração. A ressonância é definida e discutida em detalhes nos parágrafos seguintes aos exemplos.

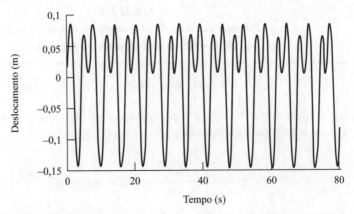

Figura 2.2 A resposta de um sistema não amortecido com $\omega_n = 1$ rad/s à excitação harmônica em $\omega = 2$ rad/s e condições iniciais não nulas de $x_0 = 0{,}01$ m e $v_0 = 0{,}01$ m/s e amplitude $f_0 = 0{,}1$ N/kg. O movimento é a soma de duas curvas senoidais de frequências diferentes.

Exemplo 2.1.1

Calcule e trace a resposta de um sistema massa-mola representado pela Equação (2.2) para uma força de intensidade 23 N, frequência de excitação igual a duas vezes a frequência natural e condições iniciais dadas por $x_0 = 0$ m e $v_0 = 0{,}2$ m/s. A massa do sistema é de 10 kg e a rigidez da mola é 1000 N/m.

Solução Primeiro, calcule os vários coeficientes para a resposta como dado na Equação (2.11). A frequência natural, a frequência de excitação e a intensidade da força normalizada são

$$\omega_n = \sqrt{\frac{1000 \text{ N/m}}{10 \text{ kg}}} = 10 \text{ rad/s}, \omega = 2\omega_n = 20 \text{ rad/s}, f_0 = \frac{23 \text{ N}}{10 \text{ kg}} = 2{,}3 \text{ N/kg}$$

Os coeficientes dos três termos na resposta (nota $x_0 = 0$) tornam-se

$$\frac{v_0}{\omega_n} = \frac{0{,}2 \text{ m/s}}{10 \text{ rad/s}} = 0{,}02 \text{ m}, \frac{f_0}{\omega_n^2 - \omega^2} = \frac{2{,}3 \text{ N/kg}}{(10^2 - 20^2) \text{ rad}^2/\text{s}^2} = -7{,}6667 \times 10^{-3} \text{ m}$$

Com esses valores, a Equação (2.11) torna-se

$$x(t) = 0{,}02 \operatorname{sen} 10t + 7{,}667 \times 10^{-3} (\cos 10t - \cos 20t) \text{ m}$$

O gráfico da resposta no tempo é dado na Figura 2.3. Qualquer um dos pacotes de *software* descritos na Seção 1.9 ou Apêndice G pode ser usado para gerar essa resposta no tempo.

SEÇÃO 2.1 Excitação Harmônica de Sistemas não Amortecidos   **123**

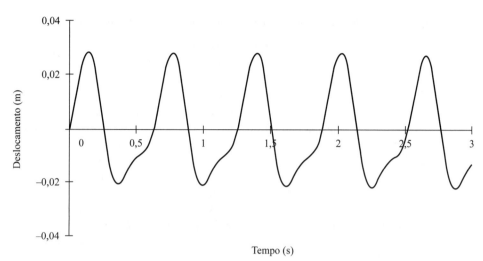

Figura 2.3 A resposta no tempo do sistema não amortecido do Exemplo 2.1.1 ilustra o efeito das condições iniciais e da função de excitação sobre a resposta.

□

Exemplo 2.1.2

Considere a vibração forçada de uma massa m conectada a uma mola de rigidez 2000 N/m sendo excitada por uma força harmônica de 20 N em 10 Hz (20π rad/s). A amplitude máxima de vibração é medida como sendo 0,1 m e o movimento é assumido ter iniciado a partir do repouso ($x_0 = v_0 = 0$). Calcule a massa do sistema.

Solução A partir da Equação (2.11), a resposta com $x_0 = v_0 = 0$ torna-se

$$x(t) = \frac{f_0}{\omega_n^2 - \omega^2}(\cos\omega t - \cos\omega_n t) \tag{2.12}$$

Usando a identidade trigonométrica

$$\cos u - \cos v = 2\,\text{sen}\left(\frac{v-u}{2}\right)\text{sen}\left(\frac{v+u}{2}\right)$$

a Equação (2.12) torna-se

$$x(t) = \frac{2f_0}{\omega_n^2 - \omega^2}\text{sen}\left(\frac{\omega_n - \omega}{2}t\right)\text{sen}\left(\frac{\omega_n + \omega}{2}t\right) \tag{2.13}$$

O valor máximo da resposta total é claro a partir da Equação (2.13), tal que

$$\frac{2f_0}{\omega_n^2 - \omega^2} = 0,1\,\text{m}$$

Resolvendo essa igualdade para m de $\omega_n^2 = k/m$ e $f_0 = F_0/m$ tem-se

$$m = \frac{(0,1 \text{ m})(2000 \text{ N/m}) - 2(20 \text{ N})}{(0,1 \text{ m})(10 \times 2\pi \text{ rad/s})^2} = \frac{4}{\pi^2} = 0,405 \text{ kg}$$

□

Dois fenômenos muito importantes ocorrem quando a frequência de excitação se aproxima da frequência natural do sistema. Primeiro, considere o caso em que $(\omega_n - \omega)$ se torna muito pequeno. Para condições iniciais nulas, a resposta é dada pela Equação (2.13), que é ilustrada na Figura 2.4. Dado que $(\omega_n - \omega)$ é pequeno, $(\omega_n + \omega)$ é grande por comparação e o termo $\text{sen}[(\omega_n - \omega)/2]t$ oscila com um período muito mais longo do que $\text{sen}[(\omega_n - \omega)/2]t$. Lembre de que o período de oscilação, T, é definido como $2\pi/\omega$, ou nesse caso $2\pi/(\omega_n + \omega)/2 = 4\pi/(\omega_n + \omega)$. O movimento resultante é uma oscilação rápida com amplitude lentamente variável que é chamado de *batimento*.

A frequência de batimento é baseada no período de oscilação da linha contínua na Figura 2.4. Isso é baseado no tempo entre dois máximos sucessivos, que é metade do tempo para uma oscilação completa da linha tracejada na Figura 2.4, ou

$$\omega_{\text{batimento}} = |\omega_n - \omega|$$

Para ver isso mais claramente, note que a definição matemática de um período, T, é o menor tempo tal que $f(t + T) = f(t)$. A partir da linha contínua na Figura 2.4, esta ocorre na metade do período da linha tracejada. Esse período corresponde a uma frequência de $|\omega_n + \omega|$.

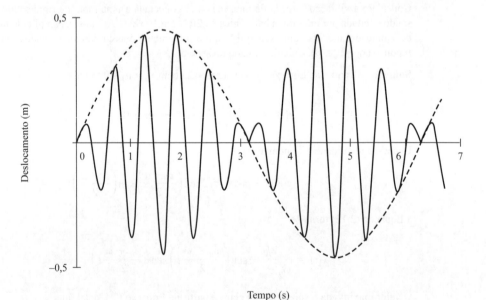

Figura 2.4 A resposta de um sistema não amortecido de Equação (2.13) para pequeno $\omega_n + \omega$ ilustra o fenômeno de batimentos. Aqui $f_0 = 10$ N, $\omega_n = 10$ rad/s e $\omega = 1,1$ rad/s. A linha tracejada é uma curva de $\frac{2f_0}{\omega_n^2 - \omega^2} \text{sen}\left(\frac{\omega_n - \omega}{2}t\right)$

SEÇÃO 2.1 Excitação Harmônica de Sistemas não Amortecidos

À medida que ω se torna exatamente igual à frequência natural do sistema, a solução dada na Equação (2.11) não é mais válida. Nesse caso, a escolha da função X para uma solução particular falha porque é também uma solução da equação homogênea. Portanto, a solução particular é da forma

$$x_p(t) = tX \operatorname{sen}\omega t \tag{2.14}$$

como explicado em Boyce e DiPrima (2009). Substituindo a solução dada pela Equação (2.14) na Equação (2.3) e resolvendo para X chega-se a

$$x_p(t) = \frac{f_0}{2\omega} t \operatorname{sen}\omega t \tag{2.15}$$

Assim, a solução total é agora da forma ($\omega = \omega_n$)

$$x(t) = A_1 \operatorname{sen}\omega t + A_2 \cos\omega t + \frac{f_0}{2\omega} t \operatorname{sen}\omega t \tag{2.16}$$

Avaliando o deslocamento inicial x_0 e a velocidade v_0 tem-se

$$x(t) = \frac{v_0}{\omega} \operatorname{sen}\omega t + x_0 \cos\omega t + \frac{f_0}{2\omega} t \operatorname{sen}\omega t \tag{2.17}$$

Um gráfico de $x(t)$ é dado na Figura 2.5, onde pode ser visto que $x(t)$ cresce sem limite. Isso define o fenômeno de *ressonância* (isto é, que a amplitude de vibração se torna ilimitada em $\omega = \omega_n = \sqrt{k/m}$). Isso provocaria a falha e quebra da mola.

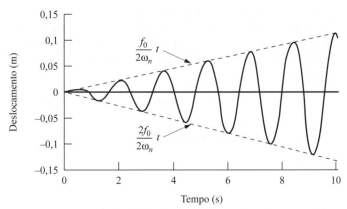

Figura 2.5 A resposta forçada de um sistema de massa-mola excitado harmonicamente em sua frequência natural ($\omega - \omega_n$), chamada ressonância.

Exemplo 2.1.3

Uma câmera de segurança deve ser montada em um caminho estreito entre dois prédios e será submetida a cargas de ventos que produzem uma força aplicada de $F_0 \cos \omega t$, onde o maior valor de F_0 é medido como sendo 15 N. Essa montagem é ilustrada do lado esquerdo da Figura 2.6. É desejável projetar um suporte de modo que a câmera experimente uma deflexão máxima de 0,01 m quando vibrar sob essa carga. A frequência do vento é de 10 Hz e a massa da câmara é de 3 kg. O suporte de montagem é feito de um pedaço sólido de alumínio com seção transversal de $0,01 \times 0,01$ m. Calcule o comprimento do suporte de montagem que manterá a amplitude de vibração menor que o desejado de 0,01 m (despreze a vibração de torção e considere que as condições iniciais são ambas zero). Note que o comprimento deve ser pelo menos 0,2 m para se ter uma visão clara.

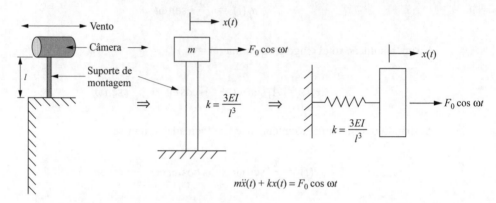

Figura 2.6 Modelos simples de uma câmera e suporte de montagem submetidos a uma carga de vento harmônica. O esquema do modelo está à esquerda, o modelo de resistência de materiais está no meio e o modelo massa-mola correspondente está à direita.

Solução O esquema à esquerda na Figura 2.6 indica o modelo massa-viga, modelo de vibração transversal da Figura 1.26, repetido no meio da Figura 2.6, para modelar esse sistema. O modelo massa-viga, por sua vez, aponta o sistema massa-mola à direita na Figura 2.6. A equação de movimento é, então, dada pela Equação (2.2) com a rigidez da viga indicada na figura ou

$$m\ddot{x}(t) + \frac{3EI}{l^3} x(t) = F_0 \cos \omega t$$

A partir da resistência dos materiais, o valor de I para uma viga retangular é

$$I = \frac{bh^3}{12}$$

Assim, a frequência natural do sistema é dada por

$$\omega_n^2 = \frac{3Ebh^3}{12ml^3} = \frac{Ebh^3}{4ml^3} \left(\frac{\text{rad}^2}{\text{s}^2} \right)$$

Observe que o comprimento l é a quantidade que precisa ser resolvida no projeto.

SEÇÃO 2.1 Excitação Harmônica de Sistemas não Amortecidos

Em seguida, considere a expressão para a deflexão máxima da resposta calculada no Exemplo 2.1.2. Exigir que esta amplitude seja inferior a 0,01 m produz os dois casos seguintes:

$$\left|\frac{2f_0}{\omega_n^2 - \omega^2}\right| < 0{,}01 \Rightarrow (a) \, -0{,}01 < \frac{2f_0}{\omega_n^2 - \omega^2} \quad e \quad (b) \, \frac{2f_0}{\omega_n^2 - \omega^2} < 0{,}01$$

Primeiro, considere o caso (a), que é válido para $\omega_n^2 - \omega^2 < 0$:

$$-0{,}01 < \frac{2f_0}{\omega_n^2 - \omega^2} \Rightarrow 2f_0 < 0{,}01\omega^2 - 0{,}01\omega_n^2 \Rightarrow 0{,}01\omega^2 - 2f_0 > 0{,}01\frac{Ebh^3}{4ml^3}$$

$$\Rightarrow l^3 > 0{,}01 \frac{Ebh^3}{4m(0{,}01\omega^2 - 2f_0)} = 0{,}02 \Rightarrow l > 0{,}272 \text{ m}$$

Em seguida, considere o caso (b), que é válido para $\omega_n^2 - \omega^2 < 0$:

$$\frac{2f_0}{\omega_n^2 - \omega^2} < 0{,}01 \Rightarrow 2f_0 < 0{,}01\omega_n^2 - 0{,}01\omega^2 \Rightarrow 2f_0 + 0{,}01\omega^2 < 0{,}01\frac{Ebh^3}{4ml^3}$$

$$\Rightarrow l^3 < 0{,}01 \frac{Ebh^3}{4m(2f_0 + 0{,}01\omega^2)} = 0{,}012 \Rightarrow l < 0{,}229 \text{ m}$$

O valor de E para o alumínio é retirado da Tabela 1.2 ($7{,}1 \times 10^{10}$ N/m^2) e ω é alterado para rad/s. Para economizar material, o caso (b) é escolhido. Dada a restrição de que o comprimento do suporte deve ser pelo menos 0,2 m, $0{,}2 < l < 0{,}229$, então o valor de $l = 0{,}22$ é escolhido para a solução.

Em seguida, um par de verificações simples são realizadas para se certificar de que as suposições feitas na resolução do problema são razoáveis. Primeiro, calcule o valor de ω_n para esse valor de l para ver que a solução é consistente com a desigualdade:

$$\omega_n^2 - \omega^2 = \frac{3Ebh^3}{12ml^3} - (20\pi)^2 = (74{,}543)^2 - (20\pi)^2 = 1609 > 0$$

Assim, o caso (b) é satisfeito.

Observe que a massa do suporte de montagem foi desprezada. É sempre importante verificar as suposições. Utilizando a densidade de alumínio apresentada na Tabela 1.2, a massa do suporte é

$$m = \rho lbh = (2{,}7 \times 10^3)(0{,}22)(0{,}01)(0{,}01) = 0{,}149 \text{ kg}$$

Isso é menor que a massa da câmara (cerca de 5%), então de acordo com o Exemplo 1.4.4 é razoável desprezar a massa da mola nestes cálculos.

□

Exemplo 2.1.4

Na resolução do problema de projeto de câmera de segurança do Exemplo 2.1.3, não foi considerada a vibração de torção, ilustrada na Figura 2.7. O objetivo deste exemplo é examinar se a hipótese de desprezar a torção é correta ou não. Para decidir isso, determine se uma carga de vento de 15 N vibrando a 10 Hz faz com que a extremidade se mova mais de 0,01 m.

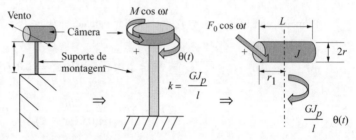

Figura 2.7 Um modelo torcional de uma câmera e suporte de montagem submetido a uma carga de vento harmônica. O esquema à esquerda é o sistema da Figura 2.6 mostrando que a carga de vento através da lateral da câmera causa um momento aplicado, resultando em movimento de torção. A torção é mostrada no esquema do meio e o diagrama de corpo livre no esquema à direita.

Solução Modela-se a carga do vento como atuando em um ponto na ponta da câmera, a uma distância $r_1 = 0{,}09$ m de seu centro, criando um momento aplicado de $M(t) = r_1 F_0 \cos 20\pi t$ Nm. Somando o diagrama de momentos da Figura 2.6, a equação de movimento é

$$J\ddot{\theta}(t) + k\theta(t) = r_1 F_0 \cos(20\pi t)$$

Aqui θ é o deslocamento angular da câmera sobre o centro onde o suporte se conecta à câmera. Modelando a câmera como um cilindro sólido, o momento de inércia de massa é (veja um texto dinâmico ou faça uma pesquisa no Google)

$$J = \frac{m}{12}\left(3r^2 + L^2\right)$$

onde m é a massa, $r = 0{,}05$ m é o raio, e $L = 2r_1 = 0{,}18$ m é o comprimento do cilindro. A partir da Figura 1.24, a rigidez de torção do suporte de montagem é

$$k = \frac{GJ_p}{l}$$

Aqui G é o módulo de cisalhamento do alumínio ($G = 2{,}67 \times 10^{10}$ N/m², da Tabela 1.2) e o momento polar de inércia de uma haste quadrada é $J_p = 0{,}1406\, a^4$, onde $a = 0{,}01$ m é o comprimento do lado do suporte quadrado (da Tabela 1.3). O valor de l é obtido da solução do Exemplo 2.1.3 para ser $l = 0{,}22$ m. Substituindo os valores adequados tem-se

$$k = \frac{GJ_p}{l} = \frac{\left(2{,}67 \times 10^{10}\right)\left(\dfrac{\text{N}}{\text{m}^2}\right)\left((0{,}1406)\left(0{,}01^4\right)\right)\left(\text{m}^4\right)}{0{,}22 \cdot \text{m}} = 2{,}73 \times 10^3\, \text{Nm}$$

$$\omega_n = \sqrt{\frac{k}{J}} = \sqrt{\frac{2{,}73 \times 10^3\, \text{Nm}}{9{,}975 \times 10^{-3}\, \text{kg} \cdot \text{m}^2}} = 523{,}67\, \text{rad/s}$$

SEÇÃO 2.1 Excitação Harmônica de Sistemas não Amortecidos **129**

Seguindo a expressão para o valor máximo da resposta para condições iniciais nulas fornecidas no Exemplo 2.1.2 aplicado ao problema de vibração torcional, tem-se

$$\theta_{max} = \left| \frac{2\dfrac{r_1 F_0}{J}}{\omega_n^2 - \omega^2} \right| = \left| \frac{2\dfrac{(0{,}09)(15)}{9{,}975 \times 10^{-3}}}{(523{,}167)^2 - (62{,}832)^2} \right| = 1{,}003 \times 10^{-3}\,\text{rad}$$

O deslocamento linear máximo da extremidade é então

$$X_{max} = r_1 \theta_{max} = (0{,}09)(1{,}003 \times 10^{-3}) = 9{,}031 \times 10^{-5}\,\text{m}$$

Esse valor é muito menor do que o necessário, 0,01 m, tal que a suposição de desprezar a torção foi razoável. Isso é em grande parte porque a frequência de torção (523 rad/s) é muito maior do que a frequência de flexão (75 rad/s), tornando o denominador no cálculo da deflexão máxima maior e, portanto, a deflexão menor.

□

O desenvolvimento anterior supôs que a função de excitação harmônica foi descrita pela função cosseno. Como foi observado anteriormente, a função de excitação harmônica também pode ser representada em termos da função senoidal. Nesse caso, a Equação (2.2) torna-se

$$m\ddot{x}(t) + kx(t) = F_0 \operatorname{sen}\omega t \quad \text{ou} \quad \ddot{x}(t) + \omega_n^2 x(t) = f_0 \operatorname{sen}\omega t \tag{2.18}$$

Procedendo como antes, utilizando o método de coeficientes indeterminados, a solução particular para o caso de excitação senoidal torna-se

$$x_p(t) = X \operatorname{sen}\omega t \tag{2.19}$$

A substituição dessa forma de solução na Equação (2.18) produz

$$-\omega^2 X \operatorname{sen}\omega t + \omega_n^2 X \operatorname{sen}\omega t = f_0 \operatorname{sen}\omega t \tag{2.20}$$

Colocando em evidência o termo $\operatorname{sen}\omega t$ $(\neq 0)$ e resolvendo para X obtém-se

$$X = \frac{f_0}{\omega_n^2 - \omega^2} \tag{2.21}$$

tal que a solução particular é

$$x_p(t) = \frac{f_0}{\omega_n^2 - \omega^2} \operatorname{sen}\omega t \tag{2.22}$$

A solução total é a soma da solução homogênea e da solução particular, ou

$$x(t) = A_1 \operatorname{sen}\omega_n t + A_2 \cos\omega_n t + \frac{f_0}{\omega_n^2 - \omega^2} \operatorname{sen}\omega t \tag{2.23}$$

130 CAPÍTULO 2 • Resposta à Excitação Harmônica

Resta avaliar as constantes A_1 e A_2 em termos das condições iniciais dadas x_0 e v_0. Para isso, faça $t = 0$ na Equação (2.23) e sua primeira derivada para obter

$$x(0) = x_0 = A_2 \quad \text{e} \quad \dot{x}(0) = \omega_n A_1 + \frac{\omega f_0}{\omega_n^2 - \omega^2} = v_0$$

$$\Rightarrow A_1 = \frac{v_0}{\omega_n} - \frac{\omega}{\omega_n} \frac{f_0}{\omega_n^2 - \omega^2} \quad \text{e} \quad A_2 = x_0$$

(2.24)

A solução total para uma entrada harmônica senoidal é, portanto,

$$x(t) = x_0 \cos\omega_n t + \left(\frac{v_0}{\omega_n} - \frac{\omega}{\omega_n} \frac{f_0}{\omega_n^2 - \omega^2}\right) \text{sen}\,\omega_n t + \frac{f_0}{\omega_n^2 - \omega^2} \text{sen}\,\omega t$$

(2.25)

É importante notar as diferenças entre as Equações (2.11) e (2.25). A Equação (2.11) é a resposta devido a uma entrada cosseno e a Equação (2.25) é a resposta devido a uma entrada seno. Em particular, observe que o termo da força de entrada modifica a resposta da condição inicial de forma diferente em cada caso.

Observe que a Equação (2.17) também pode ser obtida a partir da Equação (2.11) tomando o limite como $\omega \to \omega_n$ usando os teoremas limite do cálculo.

2.2 EXCITAÇÃO HARMÔNICA DE SISTEMAS AMORTECIDOS

Conforme visto no Capítulo 1, algum tipo de amortecimento ou dissipação de energia sempre ocorre (Janela 2.2). Nesta seção, considera-se a resposta de um sistema de um grau de liberdade com amortecimento viscoso submetido a excitação harmônica. A somatória de forças sobre a massa da Figura 2.1 na direção x produz

$$m\ddot{x} + c\dot{x} + kx = F_0 \cos\omega t$$

(2.26)

Dividindo pela massa m tem-se

$$\ddot{x} + 2\zeta\omega_n\dot{x} + \omega_n^2 x = f_0 \cos\omega t$$

(2.27)

onde $\omega_n = \sqrt{k/m}$, $\zeta = c/(2m\omega_n)$ e $f_0 = F_0/m$. O cálculo da solução particular para o caso amortecido é semelhante ao do caso não amortecido e segue o método de coeficientes indeterminados.

A partir do estudo de equações diferenciais é conhecido que a resposta forçada de um sistema amortecido é da forma de uma função harmônica de mesma frequência que a força excitante com uma amplitude e fase diferentes. A diferença de fase é esperada por causa

SEÇÃO 2.2 Excitação Harmônica de Sistemas Amortecidos

131

Janela 2.2

***Revisão da Solução do Problema de
Vibração Homogênea Amortecida (0 < ζ < 1) do Capítulo 1***

$m\ddot{x} + c\dot{x} + kx = 0$ submetido a $x(0)$, x_0, $\dot{x}(0) = v_0$ tem a solução

$$x(t) = Ae^{-\zeta\omega_n t} \operatorname{sen}(\omega_d t + \phi)$$

onde

$$\omega_n = \sqrt{\frac{k}{m}} \text{ é a frequência natural não amortecida}$$

$$\zeta = \frac{2}{2m\omega_n} \text{ é o fator de amortecimento}$$

$$\omega_d = \omega_n\sqrt{1 - \zeta^2} \text{ é a frequência natural amortecida}$$

e as constantes A e ϕ são determinadas pelas condições iniciais

$$A = \sqrt{x_0^2 + \left(\frac{v_0 + \zeta\omega_n x_0}{\omega_d}\right)^2}$$

$$\phi = \operatorname{tg}^{-1}\frac{x_0\omega_d}{v_0 + \zeta\omega_n x_0}$$

Alternativamente, a solução pode ser escrita como

$$x(t) = e^{-\zeta\omega_n t}\left[\frac{v_0 + \zeta\omega_n x_0}{\omega_d}\operatorname{sen}\omega_d t + x_0\cos\omega_d t\right]$$

do efeito da força de amortecimento. Seguindo o método de coeficientes indeterminados, assume-se que a solução particular é da forma

$$x_p(t) = X\cos(\omega t - \theta) \tag{2.28}$$

Para facilitar a acompanhamento dos cálculos, a solução particular é escrita na forma equivalente

$$x_p(t) = A_s\cos\omega t + B_s\operatorname{sen}\omega t \tag{2.29}$$

onde as constantes $A_s = X\cos\theta$ e $B_s = X\operatorname{sen}\theta$ satisfazendo

$$X = \sqrt{A_s^2 + B_s^2} \quad \text{e} \quad \theta = \operatorname{tg}^{-1}\frac{B_s}{A_s} \tag{2.30}$$

são os coeficientes constantes indeterminados.

132 CAPÍTULO 2 • Resposta à Excitação Harmônica

Derivando a solução dada por (2.29) obtém-se

$$\dot{x}_p(t) = -\omega A_s \operatorname{sen}\omega t + \omega B_s \cos\omega t \tag{2.31}$$

e

$$\ddot{x}_p(t) = -\omega^2(A_s \cos\omega t + B_s \operatorname{sen}\omega t) \tag{2.32}$$

Substituindo x_p, $\dot{x}_p$ e $\ddot{x}_p$ na equação de movimento dada pela Equação (2.27) e agrupando os termos como coeficientes de sen ωt e cos ωt chega-se a

$$\left(-\omega^2 A_s + 2\zeta\omega_n\omega B_s + \omega_n^2 A_s - f_0\right)\cos\omega t + \left(-\omega^2 B_s - 2\zeta\omega_n\omega A_s + \omega_n^2 B_s\right)\operatorname{sen}\omega t = 0 \tag{2.33}$$

Essa equação deve ser válida para todo o tempo, em particular para $t = \pi/2\omega$, o coeficiente de sen ωt deve ser zero. Similarmente, para $t = 0$ o coeficiente de cos ωt deve ser nulo. Isso produz as duas equações

$$\begin{aligned}
\left(\omega_n^2 - \omega^2\right)A_s + \left(2\zeta\omega_n\omega\right)B_s &= f_0 \\
\left(-2\zeta\omega_n\omega\right)A_s + \left(\omega_n^2 - \omega^2\right)B_s &= 0
\end{aligned} \tag{2.34}$$

nos dois coeficientes indeterminados A_s e B_s. Essas duas equações lineares podem ser escritas como uma única equação matricial

$$\begin{bmatrix} \omega_n^2 - \omega^2 & 2\zeta\omega_n\omega \\ -2\zeta\omega_n\omega & \omega_n^2 - \omega^2 \end{bmatrix} \begin{bmatrix} A_s \\ B_s \end{bmatrix} = \begin{bmatrix} f_0 \\ 0 \end{bmatrix}$$

que tem solução (calcule a matriz inversa e multiplique, veja Apêndice C)

$$\begin{aligned}
A_s &= \frac{\left(\omega_n^2 - \omega^2\right)f_0}{\left(\omega_n^2 - \omega^2\right)^2 + \left(2\zeta\omega_n\omega\right)^2} \\[2mm]
B_s &= \frac{2\zeta\omega_n\omega f_0}{\left(\omega_n^2 - \omega^2\right)^2 + \left(2\zeta\omega_n\omega\right)^2}
\end{aligned} \tag{2.35}$$

Substituindo esses valores nas Equações (2.30) e (2.28) resulta que a solução particular é

$$x_p(t) = \overbrace{\frac{f_0}{\sqrt{\left(\omega_n^2 - \omega^2\right)^2 + \left(2\zeta\omega_n\omega\right)^2}}}^{X} \cos\left(\omega t - \overbrace{\operatorname{tg}^{-1}\frac{2\zeta\omega_n\omega}{\omega_n^2 - \omega^2}}^{\theta}\right) \tag{2.36}$$

A solução total é novamente a soma da solução particular e da solução homogênea obtida na Seção 1.3. Para o caso subamortecido ($0 < \zeta < 1$), a solução total é

SEÇÃO 2.2 Excitação Harmônica de Sistemas Amortecidos **133**

$$x(t) = Ae^{-\zeta\omega_n t}\,\text{sen}\left(\omega_d t + \phi\right) + X\cos\left(\omega t - \theta\right) \tag{2.37}$$

onde X e θ são os coeficientes da solução particular como definido pela Equação (2.36), e A e ϕ (diferentes daqueles da Janela 2.2) são determinados pelas condições iniciais. Note que para grandes valores de t, o primeiro termo, ou solução homogênea, aproxima-se de zero e a solução total se aproxima da solução particular. Assim, $x_p(t)$ é chamada de *resposta em regime permanente* e o primeiro termo na Equação (2.37) é chamado de *resposta transitória*.

Os valores das constantes de integração na Equação (2.37) podem ser encontrados a partir das condições iniciais pelo mesmo procedimento usado para calcular a resposta de um sistema não amortecido dado na Equação (2.11). Seguindo o desenvolvimento da Equação (2.29), escreva o termo transitório como $A\,\text{sen}\,\omega_d t + C\cos\omega_d t$, ao invés de escrever as constantes de integração como amplitude e fase, e a solução particular na forma dada na Equação (2.37). A resposta resultante para o caso subamortecido é

$$
\begin{aligned}
x(t) = e^{-\zeta\omega_n t}\Bigg\{ &\left(x_0 - \frac{f_0\left(\omega_n^2 - \omega^2\right)}{\left(\omega_n^2 - \omega^2\right)^2 + \left(2\zeta\omega_n\omega\right)^2} \right)\cos\omega_d t \\
&+ \left(\frac{\zeta\omega_n}{\omega_d}\left(x_0 - \frac{f_0\left(\omega_n^2 - \omega^2\right)}{\left(\omega_n^2 - \omega^2\right)^2 + \left(2\zeta\omega_n\omega\right)^2} \right) \right. \\
&\left. - \frac{2\zeta\omega_n\omega^2 f_0}{\omega_d\left[\left(\omega_n^2 - \omega^2\right)^2 + \left(2\zeta\omega_n\omega\right)^2\right]} + \frac{v_0}{\omega_d} \right)\text{sen}\,\omega_d t \Bigg\} \\
&+ \frac{f_0}{\left(\omega_n^2 - \omega^2\right)^2 + \left(2\zeta\omega_n\omega\right)^2}\left[\left(\omega_n^2 - \omega^2\right)\cos\omega t + 2\zeta\omega_n\omega\,\text{sen}\,\omega t \right]
\end{aligned}
\tag{2.38}
$$

Essa é uma forma alternativa da Equação (2.37) que mostra a influência direta da função excitante na parte transitória da resposta (isto é, o coeficiente do termo exponencial). Observe que a expressão para a resposta forçada de um sistema subamortecido dado aqui reduz à resposta forçada de um sistema subamortecido dado pela Equação (2.11), quando o amortecimento é igualado a zero na Equação (2.38). O Problema 2.20 requer o cálculo das constantes A e ϕ para a Equação (2.37). Um resumo das relações de amplitude e fase é apresentado na Janela 2.3 para a resposta livre e forçada.

Observe que A e ϕ, as constantes que descrevem a resposta transitória na Equação (2.37), serão diferentes das calculadas para o caso de resposta livre dado na Equação (1.38) ou na Janela 2.2. Isso ocorre porque parte do termo transitório na Equação (2.37) é relacionado à amplitude da força de excitação e parte é relacionado às condições iniciais como indicado na Equação (2.38).

CAPÍTULO 2 • Resposta à Excitação Harmônica

Janela 2.3

Resumo das Relações de Amplitude e Fase para os Sistemas não Amortecido e Subamortecido de Um Grau de Liberdade tanto para os Casos de Resposta Livre $F(t) = 0$ como para Resposta Forçada $F(t) = F_0$

A resposta geral para o caso não amortecido tem a forma

$$x(t) = A \sin \left(\omega_n t + \phi\right) + X \cos \omega t$$

onde para a resposta livre

$$\phi = \text{tg}^{-1} \frac{\omega_n x_0}{v_0}, \quad A = \sqrt{x_0^2 + \frac{v_0^2}{\omega_n^2}}, \quad X = 0$$

e para a resposta forçada

$$\phi = \text{tg}^{-1} \frac{\omega_n(x_0 - X)}{v_0}, A = \sqrt{\left(\frac{v_0}{\omega_n}\right)^2 + (x_0 - X)^2}, X = \frac{f_0}{\omega_n^2 - \omega^2}$$

A resposta geral no caso subamortecido tem a forma

$$x(t) = A e^{-\zeta \omega_n t} \text{sen} \left(\omega_d t + \phi\right) + X \cos \left(\omega t - \theta\right)$$

onde para a resposta livre

$$\phi = \text{tg}^{-1} \frac{x_0 \omega_d}{v_0 + \zeta \omega_n x_0}, A = \frac{1}{\omega_d} \sqrt{\left(v_0 + \zeta \omega_n x_0\right)^2 + \left(x_0 \omega_d\right)^2}, X = 0$$

e para a resposta forçada

$$\theta = \text{tg}^{-1} \frac{2\zeta \omega_n \omega}{\omega_n^2 - \omega^2}, \quad X = \frac{f_0}{\sqrt{\left(\omega_n^2 - \omega^2\right)^2 + \left(2\zeta \omega_n \omega\right)^2}},$$

$$\phi = \text{tg}^{-1} \frac{\omega_d\left(x_0 - X \cos \theta\right)}{v_0 + \left(x_0 - X \cos \theta\right)\zeta \omega_n - \omega X \text{sen } \theta} \text{ e } A = \frac{x_0 - X \cos \theta}{\text{sen } \phi}$$

Exemplo 2.2.1

Verifique as unidades para calcular a resposta forçada de um sistema amortecido. Muitas vezes as grandezas da equação de movimento (forças) são dadas em Newtons enquanto que o deslocamento inicial e a velocidade são dados em mm. É importante escrever as condições iniciais nas unidades corretas.

SEÇÃO 2.2 Excitação Harmônica de Sistemas Amortecidos **135**

Solução Verifique primeiramente as unidades na equação de movimento normalizada em massa, tal como dadas na Equação (2.27), repetida aqui:

$$\ddot{x} + 2\zeta\omega_n\dot{x} + \omega_n^2 x = f_0 \cos \omega t$$

As unidades para f_0 são N/kg = m/s², as unidades de aceleração, concordando com o primeiro termo na equação. O fator de amortecimento ζ não tem unidades, então as unidades do termo de amortecimento são aquelas de ω_n ou rad/s, que quando multiplicadas pela velocidade produz m/s². Da mesma forma, as unidades da frequência natural ao quadrado são rad²/s² então o termo de rigidez também tem unidades de m/s². Assim, a Equação (2.27) é consistente em termos de unidades.

Em seguida, considere a solução. Como a amplitude da solução particular, X, tem as unidades de m (as unidades de f_0 são N/kg ou m/s²)

$$X = \frac{f_0}{\sqrt{\left(\omega_n^2 - \omega^2\right)^2 + \left(2\zeta\omega_n\omega\right)^2}}\left(\frac{m/s^2}{rad/s^2}\right) = \frac{f_0}{\sqrt{\left(\omega_n^2 - \omega^2\right)^2 + \left(2\zeta\omega_n\omega\right)^2}}\, m$$

A condição inicial x_0 também deve ser dada em m porque o valor da amplitude A contém o termo $x_0 - X\cos(\theta)$. O mesmo é verdadeiro para o ângulo de fase ϕ, que também contém a velocidade inicial adicionada a $X\zeta\omega_n$ que terá unidades de m/s. Assim, ao resolver para a resposta de força de um sistema amortecido, é importante que as condições iniciais sejam expressas em termos das mesmas unidades em que a equação de movimento é expressa.

$\square$

Exemplo 2.2.2

Um sistema massa-mola amortecido com valores de $c = 100$ kg/s, $m = 100$ kg e $k = 910$ N/m é submetido a uma força de 10 cos (3t) N. O sistema também está sujeito às condições iniciais: $x_0 = 1$ mm e $v_0 = 20$ mm/s. Calcule a resposta total $x(t)$ do sistema.

Solução Seguindo a Equação (2.26) com os valores dados aqui, o sistema a ser resolvido é

$$100\ddot{x}(t) + 100\dot{x}(t) + 910x(t) = 10 \cos 3t, \, x_0 = 0,001 \text{ m}, \, v_0 = 0,02 \text{ m/s}$$

onde as unidades (e, portanto, valores numéricos) das condições iniciais foram alteradas para concordar com a equação de movimento do exemplo anterior. A divisão pela massa produz as propriedades de vibração

$$f_0 = \frac{F_0}{m} = \frac{10}{100} = 0,1 \, \frac{m}{s^2}, \quad \omega_n = \sqrt{\frac{k}{m}} = \sqrt{\frac{910}{100}} = 3,017 \, \frac{rad}{s},$$

$$\zeta = \frac{c}{2\sqrt{mk}} = \frac{100}{2\sqrt{100\cdot910}} = 0,166,$$

$$\omega_d = \omega_n\sqrt{1 - \zeta^2} = 3,017\sqrt{1 - 0,166^2} = 2,975 \text{ rad/s}$$

Como $\omega = 3$ rad/s, o sistema está próximo da ressonância. Calculando a amplitude e a fase para a solução particular, a partir dos valores dados na Janela 2.3 obtém-se

$$X = \frac{f_0}{\sqrt{\left(\omega_n^2 - \omega^2\right)^2 + \left(2\zeta\omega_n\omega\right)^2}} = \frac{0,1}{\sqrt{\left(3,017^2 - 3^2\right)^2 + \left(2\cdot0,166\cdot3,017\cdot3\right)^2}} = 0,033 \text{ m}$$

136   CAPÍTULO 2 • Resposta à Excitação Harmônica

$$\theta = \text{tg}^{-1} \frac{2\zeta\omega_n\omega}{\omega_n^2 - \omega^2} = \text{tg}^{-1} \frac{2 \cdot 0{,}166 \cdot 3{,}017 \cdot 3}{3{,}017^2 - 3^2} = 1{,}537 \text{ rad}$$

Em seguida, calcule a fase para a resposta transitória

$$\phi = \text{tg}^{-1} \frac{\omega_d(x_0 - X\cos\theta)}{v_0 + (x_0 - X\cos\theta)\zeta\omega_n - \omega X \operatorname{sen}\theta}$$

$$= \frac{2{,}975(0{,}001 - 0{,}033 \cdot 0{,}033)}{0{,}02 + (0{,}001 - 0{,}033 \cdot 0{,}033)0{,}166 \cdot 3{,}017 - 3 \cdot 0{,}033 \cdot 0{,}999} = 4{,}089 \times 10^{-3} \text{ rad}$$

A amplitude do transiente é

$$A = \frac{x_0 - X\cos\theta}{\sin\phi} = \frac{0{,}001 - 0{,}033 \cdot 0{,}0333}{4{,}089 \times 10^{-3}} = -0{,}027 \,\text{m}$$

A resposta total é então escrita a partir da Equação (2.37) como

$$x(t) = Ae^{-\zeta\omega_n t} \operatorname{sen}(\omega_d t + \phi) + X\cos(\omega t - \theta)$$

$$= -0{,}027e^{-0{,}5t} \operatorname{sen}(2{,}975t + 4{,}089 \times 10^{-3}) + 0{,}033\cos(3t - 1{,}537)\,\text{m}$$

$\square$

Exemplo 2.2.3

Calcule as constantes de integração A e ϕ da Equação (2.37) e compare esses valores com os valores de A e ϕ para o caso não forçado dado na Janela 2.2 para os parâmetros $\omega_n = 10$ rad/s, $\omega = 5$ rad/s, $\zeta = 0{,}01$, $F_0 = 1000$ N, $m = 100$ kg e as condições iniciais $x_0 = 0{,}05$ m e $v_0 = 0$.

Solução   Primeiro, calcule os valores de X e θ da Equação (2.36) para a solução particular (resposta forçada). Esses são

$$X = \frac{f_0}{\sqrt{(\omega_n^2 - \omega^2)^2 + (2\zeta\omega_n\omega)^2}} = 0{,}133 \,\text{m} \quad \text{e} \quad \theta = \text{tg}^{-1}\left(\frac{2\zeta\omega_n\omega}{\omega_n^2 - \omega^2}\right) = 0{,}013 \,\text{rad}$$

tal que a fase para a solução particular é quase zero (0,76°). Assim, a solução dada pela Equação (2.37) é da forma

$$x(t) = Ae^{-0{,}1t} \operatorname{sen}(9{,}999t + \phi) + 0{,}133\cos(5t - 0{,}013)$$

Derivando essa solução tem-se a expressão de velocidade

$$v(t) = -0{,}1Ae^{-0{,}1t} \operatorname{sen}(9{,}999t + \phi) + 9{,}999Ae^{-0{,}1t} \cos(9{,}999t + \phi) - 0{,}665 \operatorname{sen}(5t - 0{,}013)$$

SEÇÃO 2.2 Excitação Harmônica de Sistemas Amortecidos **137**

Definindo $t = 0$ e $x(0) = 0{,}05$ na expressão para $x(t)$ e resolvendo para A obtém-se

$$A = \frac{0{,}005 - 0{,}133 \cos(-0{,}013)}{\text{sen}(\phi)} = \frac{-0{,}083}{\text{sen}(\phi)}$$

A substituição desse valor de A, definindo $t = 0$ e $v(0) = 0$ na expressão para a velocidade produz

$$0 = -0{,}1(-0{,}083) + 9{,}999(-0{,}083)\cot(\phi) + 0{,}665\text{sen}(0{,}013)$$

Resolvendo para o valor de ϕ obtém-se $\phi = 1{,}55$ rad ($88{,}8°$) e assim $A = -0{,}083$ m, os valores da amplitude e fase da parte transitória da solução (incluindo os efeitos das condições iniciais e da força aplicada).

Em seguida, considera-se os coeficientes A e ϕ avaliados para o caso homogêneo $F_0 = 0$, mas mantendo as mesmas condições iniciais. Usando esses valores (Janela 2.2), a amplitude e a fase incorretas tornam-se

$$A = \sqrt{(0{,}05)^2 + \left[\frac{(0{,}01)(10)(0{,}05)}{10\sqrt{1 - (0{,}01)^2}}\right]^2} = 0{,}05\,\text{m}$$

e

$$\phi = \text{tg}^{-1}\left(\frac{9{,}999}{0{,}05(10)}\right) = 1{,}521\,\text{rad}\,(87{,}137°)$$

Comparando esses dois conjuntos de valores para a amplitude A e os dois conjuntos de valores para a fase ϕ, vê-se que eles são muito diferentes. Assim, os valores das constantes de integração são muito afetados pelo termo forçado. Em particular, a amplitude da resposta transitória é aumentada e a sua fase é reduzida pela influência da força excitadora.

$\square$

É comum desprezar a parte transitória da solução total dada pela Equação (2.37) e focar apenas na resposta em regime permanente: $X\cos(\omega t - \theta)$. O raciocínio para considerar apenas a resposta em regime permanente é baseado no valor do fator de amortecimento ζ. Se o sistema tiver um amortecimento relativamente grande, o termo $e^{-\zeta\omega_n t}$ faz com que a resposta transitória convirja para zero muito rapidamente – talvez em uma fração de segundo. Se, por outro lado, o sistema estiver ligeiramente amortecido (ζ é muito pequeno), a parte transitória da solução pode durar o tempo suficiente para ser significativa e não deve ser desprezada. A decisão de desprezar a parte transitória da solução também deve ser baseada na aplicação. De fato, em algumas aplicações (como a análise de terremotos ou a análise de satélite), a resposta transitória pode se tornar ainda mais importante do que a resposta em regime permanente. Um exemplo é o telescópio espacial Hubble, que originalmente experimentou uma vibração transitória que durou mais de 10 minutos, fazendo com que o telescópio fosse inutilizado a cada vez que saía da sombra da Terra, até que o sistema fosse corrigido.

A resposta transitória também pode ser muito importante se tiver uma amplitude relativamente grande. Em geral, os dispositivos são projetados e analisados com base na resposta em regime permanente, mas o transiente deve sempre ser verificado para determinar se é razoável desprezá-lo ou se deve ser considerado.

Com essa ressalva em mente, é interessante considerar a amplitude X e a fase θ da resposta em regime permanente como uma função da frequência de excitação. Examinando a forma da Equação (2.36) e comparando-a com a forma adotada $X \cos (\omega_d t - \theta)$ resulta o fato de que a amplitude X e a fase θ são

$$X = \frac{f_0}{\sqrt{\left(\omega_n^2 - \omega^2\right)^2 + \left(2\zeta\omega_n\omega\right)^2}}, \quad \theta = \mathrm{tg}^{-1}\frac{2\zeta\omega_n\omega}{\omega_n^2 - \omega^2} \tag{2.39}$$

Após alguma manipulação (isto é, o fatorando ω_n^2 e a dividindo a amplitude por F_0/m), essas expressões para a amplitude e fase podem ser escritas como

$$\frac{Xk}{F_0} = \frac{X\omega_n^2}{f_0} = \frac{1}{\sqrt{\left(1 - r^2\right)^2 + \left(2\zeta r\right)^2}}, \quad \theta = \mathrm{tg}^{-1}\frac{2\zeta r}{1 - r^2} \tag{2.40}$$

Aqui r é a razão de frequência $r = \omega/\omega_n$, uma quantidade adimensional. A Equação (2.40) para a amplitude e a fase são traçadas em função da razão de frequência r na Figura 2.8 para vários valores do fator de amortecimento ζ. Note que à medida que a frequência de excitação se aproxima da frequência natural não amortecida ($r \to 1$), a amplitude aproxima-se de um valor máximo para aquelas curvas correspondentes a amortecimento suave ($\zeta \leq 0,1$). Note também que, à medida que a frequência de excitação se aproxima da frequência natural não amortecida, o desvio de fase passa por 90°. A fase está entre zero e π, como discutido na Janela 2.4. Esse fenômeno define a ressonância para o caso amortecido. Essas duas observações têm usos importantes tanto no projeto como na medição de vibração. À medida que ω se aproxima de zero, a amplitude se aproxima de f_0/ω_n^2 e à medida que ω se torna muito grande, a amplitude aproxima-se assintoticamente de zero.

Também é importante do ponto de vista do projeto observar como a amplitude da vibração em regime permanente é afetada pela mudança do fator de amortecimento. Isso é ilustrado na Figura 2.9 e no Exemplo 2.2.4. A Figura 2.9 é uma repetição da curva de amplitude apresentada na Figura 2.8, exceto que aqui a amplitude é ilustrada em uma escala logarítmica de modo que as curvas para valores pequenos e grandes de amortecimento possam ser detalhadas no mesmo gráfico. O uso de uma escala logarítmica para amplitude de vibração é comum na análise e medição de vibrações. Note que quando o fator de amortecimento é aumentado, o pico na curva de amplitude diminui e eventualmente desaparece. À medida que o fator de amortecimento diminui, no entanto, o valor de pico aumenta e torna-se mais nítido. No limite como ζ converge para zero, o pico sobe para um valor infinito de acordo com a resposta não amortecida na ressonância (Figura 2.5). Observe também que o valor de pico da amplitude na ressonância varia de uma ordem de amplitude completa à medida que o amortecimento muda.

SEÇÃO 2.2 Excitação Harmônica de Sistemas Amortecidos

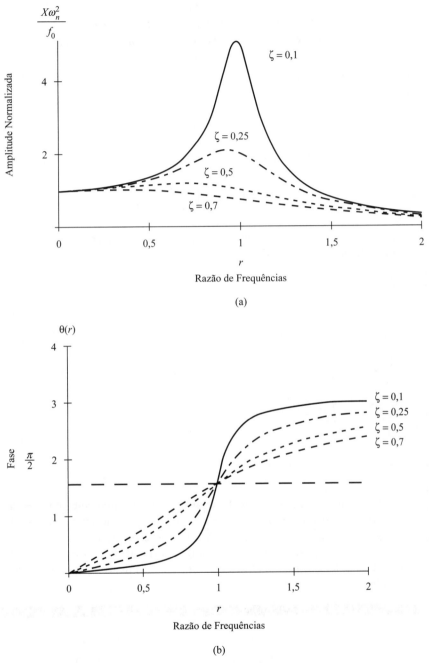

Figura 2.8 Um gráfico da (a) amplitude normalizada ($X\omega_n^2/f_0 = Xk/F_0$) e (b) fase da resposta em regime permanente de um sistema amortecido pela razão de frequência para vários valores diferentes do fator de amortecimento ζ determinada pela Equação (2.40).

Janela 2.4
O Deslocamento de Fase na Solução Particular para a Resposta Forçada de um Sistema Subamortecido

Considera-se que a solução particular para uma força de excitação $F_0 \cos \omega t$ é da forma

$$x_p(t) = X \cos(\omega t - \theta)$$

como ilustrado em (a). Aqui o deslocamento de fase θ é determinado por

$$\theta = \text{tg}^{-1}\left(\frac{2\zeta\omega_n\omega}{\omega_n^2 - \omega^2}\right)$$

Como o numerador do argumento é sempre positivo, o quadrante em que θ se encontra é determinado pelo sinal de $\omega_n^2 - \omega^2$.

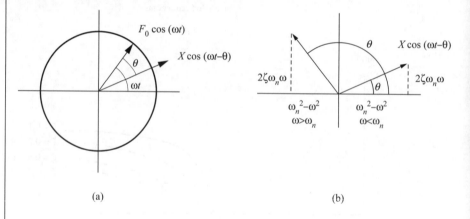

(a) (b)

O deslocamento de fase é calculado a partir da função arco tangente, que deve ser calculada assumindo que θ esteja entre $0 \leq \theta \leq \pi$, como mostra o gráfico polar em (b). A definição simples do arco tangente, entretanto, fornece valores de θ entre $-\pi/2 \leq \theta \leq \pi/2$. Assim, ao usar um código ou calculadora, use a função "atan2", que trata o valor negativo da tangente para estar no quarto quadrante ao invés do segundo.

SEÇÃO 2.2 Excitação Harmônica de Sistemas Amortecidos

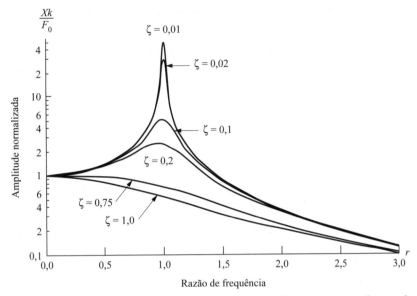

Figura 2.9 A amplitude (escala logarítmica) da resposta em regime permanente pela razão de frequência para vários valores do fator de amortecimento ζ.

Exemplo 2.2.4

Considere um sistema massa-mola-amortecedor simples com $m = 49{,}2 \times 10^{-3}$ kg, $c = 0{,}11$ kg/s e $k = 857{,}8$ N/m. Calcule o valor da resposta em regime permanente se $\omega = 132$ rad/s para $f_0 = 10$ N/kg. Calcule a variação na amplitude se a frequência de excitação mudar para $\omega = 125$ rad/s.

Solução A frequência e o fator de amortecimento são determinados a partir dos valores

$$\omega_n = \sqrt{\frac{k}{m}} = 132 \text{ rad/s}, \quad \zeta = \frac{c}{2\sqrt{mk}} = 0{,}0085$$

respectivamente. A partir da Equação (2.39) a amplitude de $x_p(t)$ é

$$|x_p(t)| = X = \frac{f_0}{\sqrt{(\omega_n^2 - \omega^2) + (2\zeta\omega_n\omega)^2}}$$

$$= \frac{10}{\{[(132)^2 - (132)^2]^2 + [2(0{,}0085)(132)(132)]^2\}^{1/2}}$$

$$= \frac{10}{2(0{,}0085)(132)^2}$$

$$= 0{,}034 \text{ m}$$

Se a frequência de excitação for alterada para 125 rad/s, a amplitude torna-se

$$\frac{10}{\left\{\left[(132)^2 - (125)^2\right]^2 + \left[2(0{,}0085)(132)(125)\right]^2\right\}^{1/2}} = 0{,}005 \text{ m}$$

Assim, uma pequena variação na frequência de excitação próxima da ressonância em 132 rad/s para 125 rad/s (cerca de 5%) provoca uma variação da intensidade na amplitude da resposta em regime permanente.

□

É importante notar que a ressonância é definida para ocorrer quando $\omega = \omega_n$ (ou seja, quando a frequência de excitação se torna igual à frequência natural não amortecida). Isso também corresponde a um deslocamento de fase de 90° ($\pi/2$). No entanto, a ressonância não corresponde exatamente ao valor de ω no qual ocorre o valor de pico da resposta em regime permanente. Isso pode ser visto pelo cálculo simples no exemplo a seguir.

Exemplo 2.2.5

Obtenha a Equação (2.40) para a amplitude normalizada e determine o valor de $r = \omega/\omega_n$ para o qual a amplitude da resposta em regime permanente assume seu valor máximo.

Solução   A partir da Equação (2.36) a intensidade da resposta em regime permanente é

$$X = \frac{f_0}{\sqrt{\left(\omega_n^2 - \omega^2\right)^2 + \left(2\zeta\omega_n\omega\right)^2}} = \frac{F_0/m}{\sqrt{\left(\omega_n^2 - \omega^2\right) + \left(2\zeta\omega_n\omega\right)^2}}$$

Colocando em evidência o termo ω_n^2 no denominador e lembrando que $\omega_n^2 = k/m$ tem-se

$$X = \frac{F_0/m}{\omega_n^2\sqrt{\left[1 - \left(\dfrac{\omega}{\omega_n}\right)^2\right]^2 + \left[2\zeta\left(\dfrac{\omega}{\omega_n}\right)\right]^2}} = \frac{F_0/k}{\sqrt{(1 - r^2)^2 + (2\zeta r)^2}}$$

onde $r = \omega/\omega_n$. Dividindo ambos os lados por F_0/k resulta a Equação (2.40). O valor máximo de X ocorrerá onde a primeira derivada de X/F_0 desaparece, isto é

$$\frac{d}{dr}\left(\frac{Xk}{F_0}\right) = \frac{d}{dr}\left\{\left[(1 - r^2)^2 + (2\zeta r)^2\right]^{-1/2}\right\} = 0$$

Assim

$$r_{\text{pico}} = \sqrt{1 - 2\zeta^2} = \frac{\omega_p}{\omega_n} \tag{2.41}$$

define o valor da frequência de excitação ω_p em que ocorre o valor de pico da amplitude. Isso é válido apenas para sistemas subamortecidos para os quais $\zeta < 1/\sqrt{2}$.

SEÇÃO 2.2 Excitação Harmônica de Sistemas Amortecidos **143**

Caso contrário, a amplitude não tem um valor máximo ou pico para qualquer valor de $\omega > 0$ porque $\sqrt{1 - 2\zeta^2}$ torna-se um número imaginário para valores de ζ maiores que $1/\sqrt{2}$. Note também que este pico ocorre um pouco à esquerda, ou antes, da ressonância ($r = 1$) desde que

$$r_{\text{pico}} = \sqrt{1 - 2\zeta^2} < 1$$

Isso pode ser visto nas Figuras 2.8 e 2.9. O valor da amplitude em r_{pico}

$$\frac{Xk}{F_0} = \frac{1}{2\zeta\sqrt{1 - \zeta^2}} \tag{2.42}$$

que é obtido simplesmente substituindo $r_{\text{pico}} = \sqrt{1 - 2\zeta^2}$ na expressão para a amplitude normalizada Xk/F_0.

$\square$

Note que, para sistemas amortecidos, a ressonância é geralmente definida, como no caso não amortecido, por $r = 1$ ou $\omega_n = \omega$. No entanto, essa condição não define com precisão o valor de pico da amplitude da resposta em regime permanente como definido pela Equação (2.40) e conforme traçado na Figura 2.9. Essa é a questão do Exemplo 2.2.5, que ilustra que o valor máximo de Xk/F_0 ocorre em $r = \sqrt{1 - 2\zeta^2}$ se $0 \leq \zeta < 1/\sqrt{2}$ e em $r = 0$ se $\zeta > 1/\sqrt{2}$. Para o caso de amortecimento pequeno ($\zeta < 1/\sqrt{2}$) o valor da frequência de excitação correspondente ao valor máximo de $Xk > F_0$ é chamado de *frequência de pico*, denotada por ω_p, que tem o valor obtido anteriormente:

$$\omega_p = \omega_n\sqrt{1 - 2\zeta^2} \quad \text{para} \quad 0 \leq \zeta \leq \frac{1}{\sqrt{2}} \tag{2.43}$$

Observe que, à medida que o amortecimento diminui, ω_p se aproxima de ω_n, resultando na condição de ressonância não amortecida usual. À medida que ζ aumenta de zero, as curvas na Figura 2.9 têm picos que ocorrem cada vez mais longe da linha vertical $r = 1$. Eventualmente, a razão de amortecimento aumenta após o valor $1/\sqrt{2}$ e o maior valor de Xk/F_0 ocorre em $r = 0$. Em muitas aplicações ζ é pequeno, de modo que o valor $\sqrt{1 - 2\zeta^2}$ é muito próximo de 1. Portanto, a condição de ressonância não amortecida $\omega = \omega_n$ (isto é, $r = 1$) é frequentemente usada para ressonância no caso amortecido também. Como um exemplo, para $\zeta = 0,1$ um sistema com uma frequência natural não amortecida de 200 Hz teria um valor de pico de 198 Hz, que é inferior a um erro de 1% (isto é, $r = 0,9899$ em vez de $r = 1$). Assim, na prática, o valor da frequência correspondente ao pico é frequentemente tomado como sendo simplesmente a frequência natural não amortecida.

É interessante verificar o valor de pico da resposta de amplitude em função do fator de amortecimento para sistemas subamortecidos. O gráfico inferior na Figura 2.10 mostra como o amortecimento influência a amplitude de pico ao traçar Xk/F_0 como uma função de ζ dada pela Equação (2.41). O gráfico na parte superior direita mostra como a razão de frequência de pico muda com o fator de amortecimento. Observe na figura que a amplitude varia em três ordens de grandeza à medida que o amortecimento é aumentado ($0 \leq \zeta \leq 0,707$). Observe também que o valor de pico se move para a esquerda de $r = 1$ para valores altos do fator de amortecimento.

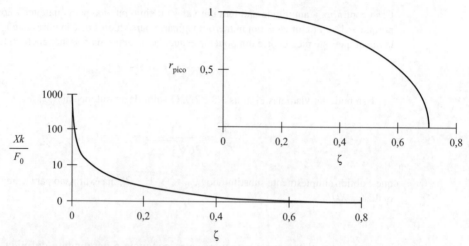

Figura 2.10 O gráfico inferior é um gráfico da Equação (2.41) numa escala logarítmica, indicando como o amortecimento aumentado reduz a resposta do pico. O gráfico na parte superior direita mostra o quanto a amplitude de pico muda de $r = 1$ à medida que o amortecimento aumenta. (Observe que esses gráficos só são definidos para $\zeta \leq 0{,}707$.)

Para explicar fisicamente os fenômenos de ressonância, considere a resposta forçada em regime permanente do sistema onde a força aplicada é $F_0 \cos(\omega t)$, o deslocamento é $x_p(t) = X \cos(\omega t - \theta)$ e a velocidade é $\dot{x}_p(t) = -\omega X \operatorname{sen}(\omega t - \theta)$. Na ressonância, $\theta = \pi/2$. Assim, $\dot{x}_p(t)_{(\text{ressonância})} = \omega X \cos(\omega t)$. Isso mostra que na ressonância a velocidade e a força estão exatamente em fase, mas têm diferentes amplitudes. Fisicamente, isso significa que a força está sempre empurrando na direção da velocidade e que a força muda de amplitude e direção exatamente como a velocidade faz. Essa condição fará com que a amplitude de vibração do sistema atinja seu valor máximo porque na ressonância a força externa nunca se opõe à velocidade.

2.3 REPRESENTAÇÕES ALTERNATIVAS

Como pode ser lembrado da teoria das equações diferenciais, existem uma variedade de métodos úteis para obter soluções de um sistema massa-mola-amortecedor excitado por uma força harmônica como descrito pela Equação (2.26). Na Seção 2.2, foi utilizado o método de coeficientes indeterminados. Nesta seção, três abordagens para resolver este problema são discutidas: uma abordagem geométrica, uma abordagem de resposta em frequência e uma abordagem de transformadas.

2.3.1 Método Geométrico

A abordagem geométrica consiste em resolver a Equação (2.26) tratando cada força como um vetor. Lembre-se que x_p, $\dot{x}_p$, e $\ddot{x}_p$ estão desfasados em 90° entre si. Essas quantidades estão representadas na Figura 2.11 para a solução $x_p = X \cos(\omega t - \theta)$, $\dot{x}_p = \omega X \cos(\omega t - \theta + 90°)$ e $\ddot{x}_p = -\omega^2 X \cos(\omega t - \theta)$. A adição dessas três quantidades como vetores indica que X pode ser resolvido em termos de F_0 combinando os lados do triângulo retângulo ABC para produzir

$$F_0^2 = (k - m\omega^2)^2 X^2 + (c\omega)^2 X^2 \tag{2.44}$$

ou

$$X = \frac{F_0}{\sqrt{(k - m\omega^2)^2 + (c\omega)^2}} \tag{2.45}$$

e

$$\theta = \text{tg}^{-1} \frac{c\omega}{k - m\omega^2} \tag{2.46}$$

Substituindo os valores para $F_0 = mf_0$ e $c = 2m\omega_n\zeta$ verifica-se que essa solução é idêntica à Equação (2.36) obtida pelo método de coeficientes indeterminados. Note a partir da figura, que na ressonância $\omega^2 = k/m$ faz com que o segmento AB seja zero, os segmentos CD e AE adquirem o mesmo comprimento e o ângulo θ se torna um ângulo reto. Assim, na ressonância, o deslocamento de fase é de 90°.

O método gráfico de resolver a Equação (2.26) é mais ilustrativo do que útil, pois é difícil estender a outras formas da função excitadora ou a problemas mais complicados. O método é apresentado aqui porque ajuda a esclarecer e ilustrar a vibração forçada de um simples sistema de um grau de liberdade. Em particular, a Figura 2.11 torna fácil ver que na ressonância ($\theta = 90°$) a força aplicada e a força de amortecimento estão agindo na mesma direção e a força de rigidez é igual e oposta à força de inércia.

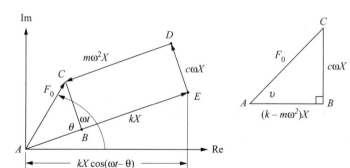

Figura 2.11 Representação gráfica da solução da Equação (2.26).

Um método alternativo semelhante à abordagem geométrica é tratar a solução da Equação (2.26) como uma função complexa. Isto leva a uma descrição de resposta em frequência de movimento harmônico forçado e é mais útil para problemas complicados envolvendo muitos graus de liberdade. As funções complexas são analisadas no Apêndice A.

2.3.2 Método da Resposta Complexa

A fórmula de Euler para funções trigonométricas relaciona a função exponencial ao movimento harmônico pela relação complexa

$$A e^{j\omega t} = A \cos \omega t + (A \operatorname{sen} \omega t) j \qquad (2.47)$$

onde $j = \sqrt{-1}$. Assim, $A e^{j\omega t}$ é uma função complexa com uma parte real ($A \cos \omega t$) e uma parte imaginária ($A \operatorname{sen} \omega t$). O Apêndice A revisa números e funções complexas. Com essa notação em mente, $A e^{j\omega t}$ representa uma função harmônica e pode ser usada para discutir o movimento harmônico forçado reescrevendo a equação de movimento (2.26)

$$m\ddot{x} + c\dot{x} + kx = F_0 \cos \omega t$$

como a equação complexa

$$m\ddot{x}(t) + c\dot{x}(t) + kx(t) = F_0 e^{j\omega t} \qquad (2.48)$$

A parte real da solução complexa corresponde à solução física $x(t)$. Essa representação é extremamente útil na resolução de sistemas de múltiplos graus de liberdade (Capítulo 4), bem como na compreensão de sistemas de medição de vibrações (Capítulo 7).

Esse método prossegue supondo que a solução particular complexa da Equação (2.48) é da forma exponencial

$$x_p(t) = X e^{j\omega t} \qquad (2.49)$$

onde X é agora uma constante de valor complexo a ser determinada. A substituição dessa solução na Equação (2.48) produz

$$(-\omega^2 m + cj\omega + k) X e^{j\omega t} = F_0 e^{j\omega t} \qquad (2.50)$$

Como $e^{j\omega t}$ nunca é zero, a última expressão pode ser reescrita como

$$X = \frac{F_0}{(k - m\omega^2) + (c\omega)j} = H(j\omega)F_0 \qquad (2.51)$$

A quantidade complexa $H(j\omega)$, definida por

$$H(j\omega) = \frac{1}{(k - m\omega^2) + (c\omega j)} \qquad (2.52)$$

SEÇÃO 2.3   Representações Alternativas

147

é chamada *função de resposta em frequência* (complexa). Seguindo as regras para manipulação de números complexos (isto é, multiplicando pelo conjugado complexo sobre si próprio e tomando o módulo do resultado conforme estabelecido no Apêndice A) tem-se

$$X = \frac{F_0}{\left[(k - m\omega^2)^2 + (c\omega)^2\right]^{1/2}} e^{-j\theta} \qquad (2.53)$$

onde

$$\theta = \mathrm{tg}^{-1} \frac{c\omega}{(k - m\omega^2)} \qquad (2.54)$$

Substituindo o valor de X na Equação (2.49) obtém-se a solução

$$x_p(t) = \frac{F_0}{\left[(k - m\omega^2)^2 + (c\omega)^2\right]^{1/2}} e^{-j(\omega t - \theta)} \qquad (2.55)$$

A parte real desta expressão corresponde à solução dada na Equação (2.36) obtida pelo método de coeficientes indeterminados. A abordagem exponencial complexa para obter a resposta harmônica forçada corresponde à abordagem geométrica descrita na Figura 2.11 rotulando o eixo x como a parte real de e o eixo $e^{j\omega t}$ como a parte complexa.

Exemplo 2.3.1

Use a abordagem de resposta em frequência para calcular a amplitude da solução particular para o sistema não amortecido da Equação (2.2) definida por

$$m\ddot{x}(t) + kx(t) = F_0 \cos \omega t$$

Solução   Primeiro, escreva a Equação (2.2) com a função de excitação modelada como uma exponencial complexa:

$$m\ddot{x}(t) + kx(t) = F_0 e^{j\omega t}$$

Dividindo pela massa, m, tem-se a forma

$$\ddot{x}(t) + \omega_n^2 x(t) = f_0 e^{j\omega t}$$

Assuma uma solução particular da forma exponencial dada na Equação (2.49) e substitua na última expressão para obter

$$\left(-\omega^2 + \omega_n^2\right) X e^{j\omega t} = f_0 X e^{j\omega t}$$

Resolvendo para X obtém-se

$$X = \frac{f_0}{\omega_n^2 - \omega^2}$$

Isso está de acordo com a Equação (2.7) obtida usando a representação cosseno da função de excitação e Equação (2.21) obtida usando a representação senoidal. Isso também concorda com a solução dada na Equação (2.36) para o caso amortecido, ao fazer $\zeta = 0$ nessa expressão.

□

CAPÍTULO 2 • Resposta à Excitação Harmônica

O método utilizado aqui para obter a solução para a resposta forçada e a função de resposta em frequência resultante é muito semelhante à abordagem do autovalor para resolver problemas de vibração. Essa abordagem, introduzida na Seção 1.3, é amplamente utilizada no Capítulo 4 e consiste em assumir soluções com dependência exponencial do tempo, como ilustrado anteriormente.

2.3.3 Método da Função de Transferência

A seguir, considere o uso da transformada de Laplace (veja Apêndice B e Seção 3.4 para uma revisão) para resolver a solução particular da Equação (2.26). O método da transformada de Laplace é uma abordagem que pode ser usada para uma variedade de funções de excitação (Seção 3.4) e pode ser prontamente aplicada a sistemas de graus múltiplos de liberdade. Tomando a transformada de Laplace da equação de movimento (2.26)

$$m\ddot{x}(t) + c\dot{x}(t) + kx(t) = F_0 \cos \omega t$$

assumindo que as condições iniciais são zero, tem-se

$$\left(ms^2 + cs + k \right) X(s) = \frac{F_0 s}{s^2 + \omega^2} \tag{2.56}$$

onde s é a variável de transformação complexa e $X(s)$ denota a transformada de Laplace da função desconhecida $x(t)$. Resolvendo algebricamente para a função desconhecida $X(s)$ chega-se a

$$X(s) = \frac{F_0 s}{\left(ms^2 + cs + k \right) \left(s^2 + \omega^2 \right)} \tag{2.57}$$

que representa a solução transformada. Para calcular a transformada de Laplace inversa de $X(s)$, o lado direito da Equação (2.57) pode ser encontrado em uma tabela de pares de transformada de Laplace, ou o método de frações parciais pode ser usado para reduzir o lado direito da Equação (2.57) a quantidades mais simples para as quais a transformada de Laplace inversa é conhecida. A solução obtida pelo processo de inversão é, naturalmente, equivalente à solução dada em (2.36) e novamente em (2.55). Essa técnica de solução é discutida em mais detalhes na Seção 3.4.

De particular utilidade é a função de resposta em frequência definida pela Equação (2.52). Essa função está relacionada com a transformada de Laplace para um sistema vibratório. Considere a Equação (2.26) e sua transformada de Laplace

$$\left(ms^2 + cs + k \right) X(s) = F(s) \tag{2.58}$$

onde $F(s)$ denota simbolicamente a transformada de Laplace da função de excitação (isto é, o lado direito de (2.26)). Manipulando a Equação (2.58) obtém-se

$$\frac{X(s)}{F(s)} = \frac{1}{\left(ms^2 + cs + k \right)} = H(s) \tag{2.59}$$

SEÇÃO 2.3 Representações Alternativas

que expressa a relação da transformada de Laplace da saída (resposta) com a transformada de Laplace da entrada (força de excitação) para o caso de condições iniciais nulas. Essa relação, representada por $H(s)$, é chamada de *função de transferência* do sistema e fornece uma ferramenta importante para a análise, projeto e medição de vibrações, conforme discutido nos próximos capítulos.

Lembre-se de que a variável de transformada de Laplace s é um número complexo. Se o valor de s é restrito a ficar ao longo do eixo imaginário no plano complexo (isto é, se $s = j\omega$), a função de transferência torna-se

$$H(j\omega) = \frac{1}{k - m\omega^2 + c\omega j} \qquad (2.60)$$

que, após comparação com a Equação (2.52), é a função de resposta em frequência do sistema. Assim, a função de resposta em frequência do sistema é a função de transferência do sistema avaliada ao longo de $s = j\omega$. Tanto a função de transferência quanto a função de resposta em frequência são usadas nos Capítulos 4 e 7.

Exemplo 2.3.2

Considere o sistema da Figura 2.12. Seja J a inércia da roda e do cubo em torno do eixo e k a rigidez torcional do sistema. O sistema de suspensão é submetido a uma excitação harmônica como indicado. Calcule uma expressão para a resposta forçada usando o método da transformada de Laplace (assumindo condições iniciais nulas e que o pneu não está tocando o solo).

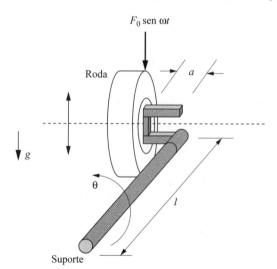

Figura 2.12 Um esquema de uma suspensão torcional.

Solução Modelando o sistema como um problema de vibração torcional e calculando os momentos sobre o eixo, a equação de movimento torna-se

$$J\ddot{\theta} + k\theta = aF_0 \operatorname{sen}\omega t$$

CAPÍTULO 2 • Resposta à Excitação Harmônica

Aplicando a transformada de Laplace (Apêndice B) à equação de movimento chega-se à

$$Js^2X(s) + kX(s) = aF_0 \frac{\omega}{s^2 + \omega^2}$$

onde $X(s)$ é a transformada de Laplace de $\theta(t)$. Resolvendo algebricamente para $X(s)$ tem-se

$$X(s) = a\omega F_0 \frac{1}{(s^2 + \omega^2)(Js^2 + k)}$$

Em seguida, use uma tabela (Apêndice B) para calcular a transformada inversa de Laplace para obter

$$\theta(t) = L^{-1}(X(s)) = a\omega F_0 L^{-1}\left(\frac{1}{(s^2 + \omega^2)(Js^2 + k)}\right)$$

$$= \frac{a\omega F_0}{J} L^{-1}\left(\frac{1}{(s^2 + \omega^2)(s^2 + \omega_n^2)}\right) = \frac{a\omega F_0}{J} \frac{1}{\omega^2 - \omega_n^2}\left(\frac{1}{\omega} \operatorname{sen}\omega t - \frac{1}{\omega_n} \operatorname{sen}\omega_n t\right)$$

Aqui L^{-1} representa a transformada inversa de Laplace e a frequência natural é

$$\omega_n = \sqrt{\frac{k}{J}}$$

Note que a solução calculada usando a transformada de Laplace concorda com a solução obtida usando o método dos coeficientes indeterminados, expressos na Equação (2.25) para o caso de condições iniciais nulas.

A função de transferência para o sistema é simplesmente

$$\frac{X(s)}{F(s)} = H(s) = \frac{1}{Js^2 + k}$$

Esse resultado está de acordo com a Equação (2.59) para o caso $c = 0$.

$\square$

Exemplo 2.3.3

Como um exemplo de uso de transformada de Laplace para resolver uma equação diferencial homogênea, considere o sistema de um grau de liberdade não amortecido descrito por

$$\ddot{x}(t) + \omega_n^2 x(t) = 0, \qquad x(0) = x_0, \qquad \dot{x}(0) = v$$

Solução Aplicando a transformada de Laplace de $\ddot{x} + \omega_n^2 x = 0$ para essas condições iniciais não nulas resulta em

$$s^2X(s) - sx_0 - v_0 + \omega_n^2 X(s) = 0$$

por aplicação direta da definição dada no Apêndice B e a natureza linear da transformada de Laplace. Resolvendo algebricamente essa última expressão para $X(s)$ tem-se

$$X(s) = \frac{x_0 + sv_0}{s^2 + \omega_n^2}$$

SEÇÃO 2.4 Excitação de Base

Usando $L^{-1}[X(s)] = x(t)$ e entradas (6) e (5) da Tabela B.1 obtém-se que a solução é

$$x(t) = x_0 \cos\omega_n t + \frac{v_0}{\omega_n} \operatorname{sen}\omega_n t$$

Isto está, obviamente, totalmente de acordo com a solução obtida no Capítulo 1.

□

Esta seção apresentou três métodos alternativos para o cálculo da solução particular para um sistema harmonicamente excitado. Cada método mostrou produzir o mesmo resultado. Os conceitos apresentados nessas técnicas de solução são generalizados e usados para problemas mais complicados em capítulos posteriores.

2.4 EXCITAÇÃO DE BASE

Muitas vezes, máquinas, ou partes de máquinas, são harmonicamente excitadas por meio de montagens elásticas, que podem ser modeladas por molas e amortecedores. Por exemplo, um sistema de suspensão de automóvel é excitado harmonicamente por uma superfície de estrada através de um amortecedor de choque, que pode ser modelado por uma mola linear em paralelo com um amortecedor viscoso. Outros exemplos são os coxins de borracha que separam um motor de automóvel da sua carroceria ou o motor de um avião da asa ou cauda. Tais sistemas podem ser modelados considerando o sistema a ser excitado pelo movimento de seu suporte. Isso forma o problema de *excitação de base* ou *movimento de suporte* modelado na Figura 2.13.

O somatório das forças relevantes sobre a massa, m, na Figura 2.13 produz (isto é, a força inercial $m\ddot{x}$ é igual à soma das duas forças que atuam sobre m e a força gravitacional é equilibrada pela deflexão estática da mola)

$$m\ddot{x} + c(\dot{x} - \dot{y}) + k(x - y) = 0 \tag{2.61}$$

Observe aqui que a mola desloca-se de uma distância $(x - y)$ e o amortecedor experimenta uma velocidade de $(\dot{x} - \dot{y})$. Para o problema de excitação de base assume-se que a base se move harmonicamente, isto é,

$$y(t) = Y \operatorname{sen}\omega_b t \tag{2.62}$$

onde Y denota a amplitude de movimento da base e ω_b representa a frequência de oscilação da base. A substituição de $y(t)$ da Equação (2.62) na equação de movimento dada em (2.61) produz, após alguma manipulação,

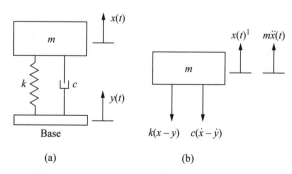

Figura 2.13 (a) O problema de excitação de base modela o movimento de um objeto de massa m como sendo excitado por um deslocamento harmônico prescrito agindo através da mola e amortecedor. (b) Um diagrama de corpo livre do problema de movimento de base em (a).

152 CAPÍTULO 2 • Resposta à Excitação Harmônica

$$m\ddot{x} + c\dot{x} + kx = cY\omega_b \cos \omega_b t + kY \operatorname{sen}\omega_b t \tag{2.63}$$

Esse sistema pode ser entendido como sendo um sistema massa-mola-amortecedor com duas entradas harmônicas. A expressão é muito semelhante ao problema indicado pela Equação (2.26) para a resposta harmônica forçada de um sistema amortecido com $F_0 = cY\omega_b$ e $\omega = \omega_b$, exceto para o termo de excitação "extra" $kY \operatorname{sen} \omega_b t$. A abordagem da solução é usar a linearidade da equação de movimento e perceber que a solução particular da Equação (2.63) será a soma da solução particular obtida assumindo uma força de entrada $cY\omega_b \cos \omega_b t$, representada por $x_p^{(1)}$ e a solução particular obtida assumindo uma força de entrada kY, representada por $x_p^{(2)}$.

O cálculo dessas soluções específicas decorre diretamente do cálculo realizado na Seção 2.2. Dividindo a Equação (2.63) por m e usando as definições de fator de amortecimento e de frequência natural obtém-se

$$\ddot{x} + 2\zeta\omega_n\dot{x} + \omega_n^2 x = 2\zeta\omega_n\omega_b Y \cos \omega_b t + \omega_n^2 Y \operatorname{sen}\omega_b t \tag{2.64}$$

Assim, substituindo $f_0 = 2\zeta\omega_n\omega_b Y$ na Equação (2.36) resulta que a solução particular $x_p^{(1)}$ devido à excitação do cosseno é

$$x_p^{(1)} = \frac{2\zeta\omega_n\omega_b Y}{\sqrt{\left(\omega_n^2 - \omega_b^2\right)^2 + \left(2\zeta\omega_n\omega_b\right)^2}} \cos\left(\omega_b t - \theta_1\right) \tag{2.65}$$

onde

$$\theta_1 = \operatorname{tg}^{-1} \frac{2\zeta\omega_n\omega_b}{\omega_n^2 - \omega_b^2} \tag{2.66}$$

Para calcular $x_p^{(2)}$, o método de coeficientes indeterminados é aplicado novamente com a entrada harmônica $\omega_n^2 Y \operatorname{sen}\omega_b t$. Seguindo os procedimentos usados para calcular a Equação (2.36) o resultado é

$$x_p^{(2)} = \frac{\omega_n^2 Y}{\sqrt{\left(\omega_n^2 - \omega_b^2\right)^2 + \left(2\zeta\omega_n\omega_b\right)^2}} \operatorname{sen}\left(\omega_b t - \theta_1\right) \tag{2.67}$$

Note que a Equação (2.67) com $\zeta = 0$ concorda com a Equação (2.22) para o caso não amortecido, como deveria.

A solução particular é assumida como sendo da forma $x_p^{(2)} = X \operatorname{sen}(\omega_b t - \theta_1)$. O ângulo θ_1 é o mesmo dado na Equação (2.66) porque o ângulo de fase é independente da amplitude de excitação (isto é, ζ, ω_n e ω_b não mudaram). A diferença de fase entre as duas soluções particulares é explicada pela utilização da solução de seno e cosseno. Como os argumentos das duas soluções particulares são iguais ($\omega_b t - \theta_1$), elas podem ser facilmente somadas usando trigonometria simples.

SEÇÃO 2.4 Excitação de Base **153**

A partir do princípio da superposição linear, a solução particular total é a soma das Equações (2.65) e (2.67) (isto é, $x_p = x_p^{(1)} + x_p^{(2)}$). Somando as soluções (2.65) e (2.67) obtém-se

$$x_p(t) = \omega_n Y\left[\frac{\omega_n^2 + (2\zeta\omega_b)^2}{(\omega_n^2 - \omega_b^2)^2 + (2\zeta\omega_n\omega_b)^2}\right]^{1/2} \cos(\omega_b t - \theta_1 - \theta_2) \quad (2.68)$$

onde

$$\theta_2 = \text{tg}^{-1}\frac{\omega_n}{2\zeta\omega_b} \quad (2.69)$$

É conveniente indicar a amplitude da solução particular, $x_p(t)$, por X tal que

$$X = Y\left[\frac{1 + (2\zeta r)^2}{(1 - r^2)^2 + (2\zeta r)^2}\right]^{1/2} \quad (2.70)$$

onde a razão de frequência $r = \omega_b/\omega_n$. Dividindo essa última expressão pela amplitude do movimento de base, Y, obtém-se

$$\frac{X}{Y} = \left[\frac{1 + (2\zeta r)^2}{(1 - r^2)^2 + (2\zeta r)^2}\right]^{1/2} \quad (2.71)$$

que expressa a relação entre a amplitude de resposta máxima e a amplitude de deslocamento da entrada. Essa relação é chamada de *transmissibilidade de deslocamento* e é usada para descrever como o movimento é transmitido da base para a massa em função da razão de frequência $r = \omega_b/\omega_n$. Essa relação é representada na Figura 2.14. Note que próximo de $r = \omega_b/\omega_n = 1$, ou ressonância, a quantidade máxima de movimento da base é transferida para o deslocamento da massa.

Note a partir da Figura 2.14 que, para $r < \sqrt{2}$, a relação de transmissibilidade é maior que 1, indicando que para esses valores dos parâmetros do sistema (ω_n) e frequência de base (ω_b), o movimento da massa é uma amplificação do movimento da base. Observe também que, para um dado valor de r, o valor do fator de amortecimento ζ determina o nível de amplificação. Especificamente, maior ζ produz taxas de transmissibilidade menores.

Para os valores de $r > \sqrt{2}$ a relação de transmissibilidade é sempre menor do que 1 e o movimento da massa será de amplitude menor do que a amplitude do movimento da base excitadora. Nessa faixa de alta frequência, o efeito de aumentar o amortecimento é exatamente o oposto do que ocorre no caso de baixa frequência. Aumentar o amortecimento realmente aumenta a razão de amplitude na faixa de alta frequência. No entanto, a amplitude é sempre menor do que 1 para sistemas subamortecidos. A faixa de frequência definida por $r > \sqrt{2}$ constitui o importante conceito de isolamento de vibrações discutido em detalhes na Seção 5.2.

Para uma quantidade fixa de amortecimento, por exemplo $\zeta = 0,01$, o aspecto importante do movimento de base é que a massa experimenta maiores oscilações de amplitude do que a excitação de base fornece $r < \sqrt{2}$ e experimenta oscilações de amplitude menores que a excitação da base fornece para $r > \sqrt{2}$. Próximo da ressonância, a maior parte do movimento da base é amplificada em movimento da massa, fazendo com que a massa tenha amplas oscilações de amplitude.

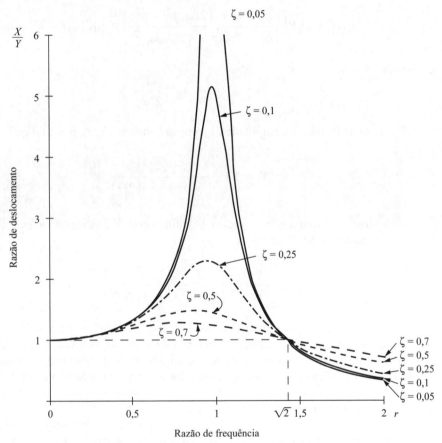

Figura 2.14 Transmissibilidade de deslocamento como uma função da razão de frequência ilustra como a deflexão adimensional X/Y varia à medida que a frequência do movimento de base aumenta para vários fatores de amortecimento diferentes.

É interessante comparar o gráfico de transmissibilidade da Figura 2.14 com a Equação (2.71) para a excitação de base com o gráfico de amplitude em regime permanente para a excitação harmônica da massa como mostrado na Figura 2.9 e Equação (2.40). Primeiro, observe que a razão de frequência r é independente do fator de amortecimento por definição em ambos os casos. No entanto, a dependência do valor de pico r_{pico} no fator de amortecimento é diferente em cada caso (lembre-se do cálculo no Exemplo 2.2.5 para o valor de pico). Em particular, a Figura 2.10 será diferente para excitação de base do que para excitação harmônica da massa diretamente. Essa diferença é causada pelo fato do numerador ter um termo adicional no problema de excitação de base. Esse termo, $2\zeta r$, vem da carga carregada através do amortecedor que não está presente quando a massa é excitada diretamente, como na Equação (2.40).

SEÇÃO 2.4 Excitação de Base

Outra quantidade de interesse no problema de excitação de base é a força transmitida à massa como resultado de um deslocamento harmônico da base. A força transmitida à massa é feita através da mola e amortecedor. Assim, a força transmitida à massa é a soma da força na mola e da força no amortecedor, ou do diagrama de corpo livre, Figura 2.13,

$$F(t) = k(x - y) + c(\dot{x} - \dot{y}) \tag{2.72}$$

Essa força deve equilibrar a força inercial da massa m, portanto

$$F(t) = -m\ddot{x}(t) \tag{2.73}$$

Em regime permanente, a solução para x é dada pela Equação (2.68). Diferenciando a Equação (2.68) duas vezes e substituindo na Equação (2.73) chega-se a

$$F(t) = m\omega_b^2\omega_n Y \left[\frac{\omega_n^2 + (2\zeta\omega_b)^2}{(\omega_n^2 - \omega_b^2)^2 + (2\zeta\omega_n\omega_b)^2} \right]^{1/2} \cos(\omega_b t - \theta_1 - \theta_2) \tag{2.74}$$

Novamente usando a razão de frequência r, a expressão anterior torna-se

$$F(t) = F_T \cos(\omega_b t - \theta_1 - \theta_2) \tag{2.75}$$

onde a amplitude da força transmitida, F_T, é dada por

$$F_T = kYr^2 \left[\frac{1 + (2\zeta r)^2}{(1 - r^2)^2 + (2\zeta r)^2} \right]^{1/2} \tag{2.76}$$

A Equação (2.76) é usada para definir a *transmissibilidade de força* formando a razão

$$\frac{F_T}{kY} = r^2 \left[\frac{1 + (2\zeta r)^2}{(1 - r^2)^2 + (2\zeta r)^2} \right]^{1/2} \tag{2.77}$$

Essa razão de transmissibilidade de força, F_T/kY, expressa uma medida adimensional de como o deslocamento na base de amplitude Y resulta em uma amplitude de força aplicada à massa. Note nas Equações (2.75) e (2.68) que a força transmitida à massa está em fase com o deslocamento da massa. A Figura 2.15 ilustra a transmissibilidade de força como uma função da razão de frequência para quatro valores do fator de amortecimento. Note que, ao contrário da transmissibilidade de deslocamento, a força transmitida não cai necessariamente para $r > \sqrt{2}$. Na verdade, à medida que o amortecimento aumenta, a força transmitida aumenta dramaticamente para $r > \sqrt{2}$.

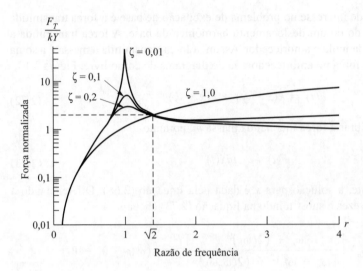

Figura 2.15 A força transmitida à massa como uma função da razão de frequência ilustra como a relação de força adimensional varia à medida que a frequência do movimento de base aumenta para quatro fatores de amortecimento diferentes ($\zeta = 0,01$; 0,1; 0,2 e 1,0).

Exemplo 2.4.1

Considere o problema da excitação de base com os seguintes dados: $m = 100$ kg, $c = 30$ kg/s, $k = 2000$ N/m, $Y = 0,03$ m e $\omega_b = 6$ rad/s. Determine a amplitude da razão de transmissibilidade e, em seguida, a razão de transmissibilidade de força.

Solução Primeiro, defina as propriedades de vibração usuais dividindo pela massa para obter

$$\omega_n = \sqrt{\frac{2000}{100}} = 4,472 \text{ rad/s}, \zeta = \frac{c}{2\sqrt{mk}} = \frac{30}{2\sqrt{2 \times 10^5}} = 0,034$$

$$r = \frac{\omega_b}{\omega_n} = \frac{6}{4,472} = 1,342$$

Então, use a Equação (2.71) para determinar a amplitude da solução particular:

$$\frac{X}{Y} = \left[\frac{1 + (2\zeta r)^2}{(1-r^2)^2 + (2\zeta r)^2}\right]^{1/2} = \left[\frac{1 + (2 \cdot 0,034 \cdot 1,342)^2}{(1 - (1,342)^2)^2 + (2 \cdot 0,034 \cdot 1,342)^2}\right] = 1,247$$

A razão de transmissibilidade de força torna-se

$$\frac{F_T}{kY} = r^2 \frac{X}{Y} = (1,342)^2 (0,557) = 2,245$$

Note que se o valor de amortecimento for alterado para $c = 300$ kg/s, a razão de transmissibilidade da força é 1,117 e a transmissibilidade é 2,011. Assim, aumentar o amortecimento diminui tanto a força como a transmissibilidade do deslocamento.

□

SEÇÃO 2.4 Excitação de Base

Uma comparação entre a transmissibilidade da força (força aplicada à massa normalizada pela amplitude do deslocamento da base) e a transmissibilidade do deslocamento (deslocamento da massa normalizada pela amplitude do deslocamento da base) é apresentado na Figura 2.16.

As fórmulas para transmissibilidade de força e deslocamento são muito úteis no projeto de sistemas para fornecer proteção contra vibrações indesejadas. Isto é discutido em detalhes na Seção 5.2 sobre o isolamento de vibrações, onde a razão de transmissibilidade é obtida para uma base *fixa* e comparada com o desenvolvimento na Janela 5.1. O exemplo a seguir ilustra alguns valores práticos de transmissibilidade para o problema de excitação de base.

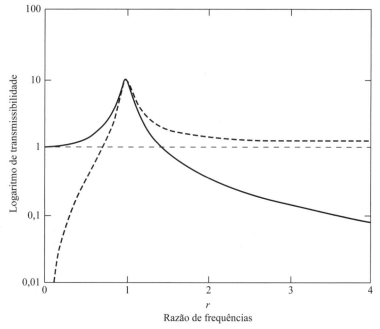

Figura 2.16 Uma comparação entre a transmissibilidade de força (linha tracejada) e a transmissibilidade de deslocamento (linha contínua) para um fator de amortecimento de $\zeta = 0,05$ em um gráfico de semilogaritmo usando as Equações (2.71) e (2.77).

Exemplo 2.4.2

Um exemplo comum de movimento de base é o modelo de um grau de liberdade de um automóvel trafegando por uma estrada ou um avião taxiando por uma pista, indicada na Figura 2.17. A superfície da estrada (ou pista) é aproximada como senoidal na seção transversal fornecendo um deslocamento de movimento de base de

$$y(t) = (0,01 \text{ m}) \operatorname{sen}\omega_b t$$

onde

$$\omega_b = v(\text{km/h})\left(\frac{1}{0{,}006\text{ km}}\right)\left(\frac{\text{horas}}{3600\text{ s}}\right)\left(\frac{2\pi\text{ rad}}{\text{ciclo}}\right) = 0{,}2909v\text{ rad/s}$$

onde v indica a velocidade do veículo em km/h. Assim, a velocidade do veículo determina a frequência do movimento da base. Determine o efeito da velocidade sobre a amplitude de deslocamento do automóvel, bem como o efeito do valor da massa do carro. Assumindo que o sistema de suspensão fornece uma rigidez equivalente de 4×10^4 N/m e amortecimento de 20×10^2 N · s/m.

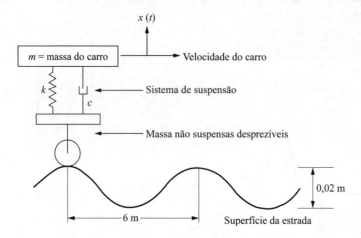

Figura 2.17 Um modelo simples de um veículo viajando com velocidade constante em uma superfície ondulada que é aproximada por uma senoide.

Solução Primeiro, para determinar o efeito da velocidade na amplitude do movimento do veículo, note que a partir dos cálculos anteriores, ω_b, e portanto r, variam linearmente com a velocidade do carro. Assim, a razão de deflexão em relação à curva de velocidade será muito parecida com a curva da Figura 2.14. Alguns valores de amostra podem ser calculados a partir da Equação (2.70). A 20 km/h, ω_b = 5,818. Se o carro é pequeno ou um carro esportivo, a sua massa pode ser de cerca de 1007 kg, de modo que a frequência natural é

$$\omega_n = \sqrt{\frac{4 \times 10^4\text{ N}/m}{1007\text{ kg}}} = 6{,}303\text{ rad/s } (\approx 1\text{ Hz})$$

tal que r = 5,818/6,303 = 0,923 e

$$\zeta = \frac{c}{2\sqrt{km}} = \frac{2000\text{ N}\cdot\text{s/m}}{2\sqrt{(4\times 10^4\text{ N/m})(1007\text{ kg})}} = 0{,}158$$

A Equação (2.70) então fornece que o deslocamento experimentado pelo carro será

$$X = (0{,}01\text{ m})\sqrt{\frac{1 + [2(0{,}158)(0{,}923)]^2}{[1 - (0{,}923)^2]^2 + [2(0{,}158)(0{,}923)]^2}} = 0{,}0319$$

SEÇÃO 2.4 Excitação de Base

Isto significa que uma elevação de 1 cm na estrada é transmitida em uma "elevação" de 3,2 cm experimentada pelo chassi e subsequentemente transmitida aos ocupantes. Assim, o sistema de suspensão amplifica os solavancos da estrada irregular nesta circunstância e não é desejável.

A Tabela 2.1 lista vários valores diferentes do deslocamento do veículo para dois veículos diferentes que viajam a quatro velocidades diferentes sobre a mesma elevação de 1 cm. O carro 1 com razão de frequência r_1 é um carro esportivo de 1007 kg enquanto o carro 2 é um *sedan* de 1585 kg com razão de frequência r_2. O mesmo sistema de suspensão foi utilizado em ambos os carros para ilustrar a necessidade de projetar sistemas de suspensão com base nas especificações de um dado veículo (ver Capítulo 5). Note que com maior velocidade, vibração desprezível é experimentada pelos ocupantes do carro. Além disso, observe que os parâmetros do sistema de suspensão escolhidos (k e c) funcionam melhor em geral para o carro maior, exceto em velocidades muito baixas.

TABELA 2.1 COMPARAÇÃO DE VELOCIDADE DE CARRO, FREQUÊNCIA E DESLOCAMENTO PARA DOIS CARROS DIFERENTES

Velocidade (km/h)	ω_b	r_1	r_2	x_1 (cm)	x_2 (cm)
20	5,817	0,923	1,158	3,19	2,32
80	23,271	3,692	4,632	0,12	0,07
100	29,088	4,615	5,79	0,09	0,05
150	43,633	6,923	8,686	0,05	0,03

Exemplo 2.4.3

Uma grande máquina rotativa faz com que o assoalho de uma fábrica oscile de forma senoidal. Uma prensa de punção deve ser montada no mesmo piso (Figura 2.18). O deslocamento do chão no ponto onde a prensa de punção deve ser montada é medido como sendo $y(t) = 0,1$ sen $\omega_b t$ (cm). Usando o modelo de movimento de base desta seção, calcule a força máxima transmitida para a prensa de punção na ressonância se a prensa estiver montada sobre um suporte de borracha de rigidez $k = 40.000$ N/m, amortecimento, $c = 900$ N · s/m e massa $m = 3000$ kg.

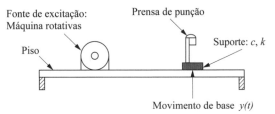

Figura 2.18 Um modelo de uma máquina causando movimento de base.

Solução A força transmitida para a prensa de punção é dada pela Equação (2.77). Na ressonância, $r = 1$, de modo que a Equação (2.77) torna-se

$$\frac{F_T}{kY} = \left[\frac{1 + (2\zeta)^2}{(2\zeta)^2}\right]^{1/2}$$

ou

$$F_T = \frac{kY}{2\zeta}\left(1 + 4\zeta^2\right)^{1/2}$$

A partir da definição de ζ e dos valores dados anteriormente para m, c e k,

$$\zeta = \frac{c}{2\sqrt{km}} = \frac{900}{2[(40.000)(3000)]^{1/2}} \cong 0{,}04$$

A partir da medida de excitação $Y = 0{,}001$ m, tal que

$$F_T = \frac{kY}{2\zeta}(1 + 4\zeta^2)^{1/2} = \frac{(40.000 \text{ N/m})(0{,}001 \text{ m})}{2(0{,}04)}[1 + 4(0{,}04)^2]^{1/2}$$
$$= 501{,}6 \text{ N}$$

□

A análise apresentada aqui para o movimento de base é muito útil no projeto. Isto constitui o tópico do Capítulo 5, que inclui na Seção 5.2 uma análise mais detalhada do movimento de base no contexto do problema de isolamento de vibração tanto para modelos de base fixa como de base móvel. A Seção 5.2 também inclui uma discussão sobre o isolamento de choque. Alguns podem preferir saltar para a Seção 5.2 neste momento para examinar como os conceitos de transmissibilidade são aplicados ao problema de isolamento de base.

2.5 DESBALANCEAMENTO ROTATIVO

Uma fonte comum de vibração problemática é a rotação de máquinas. Muitas máquinas e dispositivos têm componentes rotativos, normalmente, conduzidos por motores elétricos. Pequenas irregularidades na distribuição da massa no componente rotativo podem causar vibração substancial. Esse comportamento é chamado de *desbalanceamento rotativo*. Uma esquematização de tal desbalanceamento rotativo de um massa m_0 de uma distância e do centro de rotação é dado na Figura 2.19.

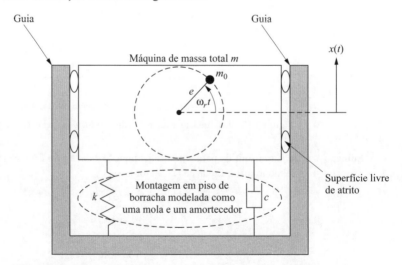

Figura 2.19 Um modelo de uma máquina causando movimento de base.

SEÇÃO 2.5 Desbalanceamento Rotativo

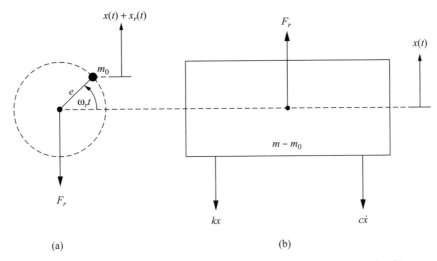

Figura 2.20 Um diagrama de corpo livre do desbalanceamento (a) e da máquina (b).

A frequência de rotação da máquina é indicada por ω_r. A somatória de forças na direção vertical (x) do diagrama de corpo livre da massa excêntrica dada na Figura 2.20(a) produz

$$m_0(\ddot{x} + \ddot{x}_r) = -F_r \qquad (2.78)$$

A soma das forças do diagrama de corpo livre da máquina dada na Figura 2.20(b) resulta em

$$(m - m_0)\ddot{x} = F_r - c\dot{x} - kx \qquad (2.79)$$

Combinando as Equações (2.78) e (2.79) chega-se a

$$m\ddot{x} + m_0\ddot{x}_r + c\dot{x} + kx = 0 \qquad (2.80)$$

As forças na direção horizontal são canceladas pelas guias e não são consideradas aqui.

Assumindo que a máquina rotaciona com uma frequência constante ω_r o componente x do movimento da massa m_0 é $x_r = e\,\text{sen}\,\omega_r t$, tal que

$$\ddot{x}_r = -e\omega_r^2 \,\text{sen}\,\omega_r t \qquad (2.81)$$

A substituição da Equação (2.81) em (2.80) produz

$$m\ddot{x} + c\dot{x} + kx = m_0 e\omega_r^2 \,\text{sen}\,\omega_r t \qquad (2.82)$$

depois de reorganizar os termos. A Equação (2.82) é semelhante à Equação (2.26) com $F_0 = m_0 e\omega_r^2$, com exceção do deslocamento de fase da função de excitação (isto é, sen $\omega_r t$ em vez de cos ωt). A excitação senoidal é discutida como a segunda solução particular na seção anterior e a solução é dada na Equação (2.67). O procedimento de solução é o mesmo e resulta numa solução particular da forma

$$x_p(t) = X\,\text{sen}(\omega_r t - \theta) \tag{2.83}$$

Seja $r = \omega_r/\omega_n$, como anteriormente, obtém-se

$$X = \frac{m_0 e}{m} \frac{r^2}{\sqrt{(1-r^2)^2 + (2\zeta r)^2}} \tag{2.84}$$

e

$$\theta = \text{tg}^{-1} \frac{2\zeta r}{1-r^2} \tag{2.85}$$

Essas duas últimas expressões produzem a amplitude e a fase do movimento da massa m devido ao desbalanceamento rotativo da massa m_0. Observe que a massa m na Equação (2.84) é a massa total da máquina e inclui a massa excêntrica m_0.

A amplitude do deslocamento em regime permanente X em função da velocidade de rotação (frequência) é examinada por meio de gráfico da amplitude de deslocamento adimensional mX/m_0e por r, conforme indicado na Figura 2.21 para vários valores do fator de amortecimento ζ. Note que a Equação (2.84) é similar à amplitude analisada no Exemplo 2.2.4. A partir da forma do denominador, que é idêntico ao do Exemplo 2.2.4, observa-se que o deslocamento máximo é menor ou igual a 1 para qualquer sistema com $\zeta > 1$. Isso indica que o aumento na amplificação da amplitude causada pelo desbalanceamento pode ser eliminado aumentando o amortecimento no sistema.

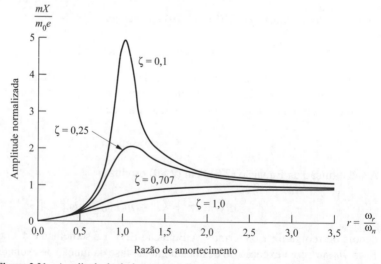

Figura 2.21 Amplitude do deslocamento adimensional pela razão de frequência causada por um desbalanceamento rotativo de massa m_0 e raio e.

SEÇÃO 2.5 Desbalanceamento Rotativo

No entanto, grande amortecimento nem sempre é prático. Observe a Figura 2.21 que a amplitude do deslocamento adimensional se aproxima da unidade se r for grande. Assim, se a frequência de rotação ω_r é tal que $r \gg 1$ o efeito do desbalanceamento é limitado. Para grandes valores de r, todas as curvas de amplitude para cada valor de ζ aproximam da unidade, de modo que a escolha do coeficiente de amortecimento para r grande não é importante. Esses resultados podem ser obtidos a partir do exame das parcelas da Figura 2.21 ou da investigação do limite de $mX/m_0 e$ à medida que r vai para o infinito. Essas observações têm importantes implicações no projeto de máquinas rotativas.

O modelo de desbalanceamento rotativo também pode ser usado para explicar o comportamento de um automóvel com uma roda desbalanceada. Aqui ω_r é determinado pela velocidade do carro e e pelo diâmetro da roda. O deslocamento x_p pode ser sentido através do mecanismo de direção como vibração do volante. Isso geralmente só acontece a uma certa velocidade (próximo de $r = 1$). À medida que o condutor aumenta ou diminui a velocidade, a vibração no volante diminui. Essa mudança na velocidade é equivalente às condições operacionais em ambos os lados do pico da Figura 2.21.

Exemplo 2.5.1

Considere uma máquina com desbalanceamento rotativo como descrito na Figura 2.19. Na ressonância, mede-se o deslocamento máximo de 0,1 m. A partir de um decaimento livre do sistema, o fator de amortecimento é estimado em $\zeta = 0,05$. A partir dos dados de fabricação, a massa excêntrica m_0 é estimada em 10%. Estime o raio e, portanto, a localização aproximada da massa excêntrica. Determine também quanta massa deve ser adicionada (uniformemente) ao sistema para reduzir o deslocamento na ressonância para 0,01 m.

Solução Na ressonância, $r = 1$, tal que

$$\frac{mX}{m_0 e} = \frac{1}{2\zeta} = \frac{1}{2(0,05)}$$

Portanto

$$(10)\frac{(0,1\,\text{m})}{e} = \frac{1}{2\zeta} = \frac{1}{0,1} = 10$$

tal que $e = 0,1$ m. Novamente na ressonância

$$\frac{m}{m_0}\left(\frac{X}{0,1\,\text{m}}\right) = 10$$

Se é desejado mudar m, digamos por Δm, de modo que $X = 0,01$ m, a expressão de ressonância anterior torna-se

$$\frac{m + \Delta m}{m_0}\left(\frac{0,01}{0,1}\right) = 10 \quad \text{ou} \quad \frac{m + \Delta m}{(0,1)m} = 100$$

o que implica que $\Delta m = 9m$. Assim, a massa total deve ser aumentada em um fator de 9 para reduzir o deslocamento em um centímetro.

$\square$

Exemplo 2.5.2

O desbalanceamento rotativo também é importante em rotores de helicópteros e aviões. O rotor de cauda de um helicóptero (o rotor pequeno girando em um plano vertical na parte traseira de um helicóptero usado para fornecer controle de guinada e equilíbrio de torque) como esboçado na Figura 2.22 pode ser modelado como um problema de desbalanceamento rotativo discutido nesta seção com rigidez $k = 1 \times 10^5$ N/m (fornecido pela seção da cauda na direção vertical) e massa de 20 kg. A seção da cauda que fornece a rigidez vertical tem uma massa de 60 kg. Assuma que uma massa de 500 g esteja presa em uma das pás a uma distância de 15 cm do eixo de rotação. Determine a amplitude de deslocamento da seção da cauda do helicóptero quando o rotor de cauda gira a 1500 rpm. Assuma um fator de amortecimento de 0,01. Em que velocidade do rotor o deslocamento é máximo? Calcule o deslocamento máximo.

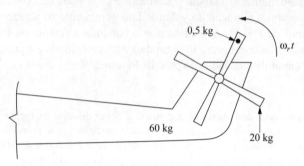

Figura 2.22 Um esquema de uma seção de cauda de helicóptero ilustra um rotor de cauda. O rotor de cauda fornece um impulso "anti-horário" (quando visto por cima do helicóptero) para neutralizar o impulso "horário" criado pelo rotor principal, que proporciona elevação e movimento horizontal. Um rotor desbalanceado pode causar vibrações prejudiciais e limitar o desempenho do helicóptero.

Solução O sistema de rotor é modelado como uma máquina de massa de 20,5 kg acoplada a uma mola, conforme indicado na Figura 2.23. Apenas a vibração da seção da cauda na direção vertical é modelada e o corpo do helicóptero é modelado como referência fixa. A mola usada para representar a seção de cauda tem massa significativa, de modo que a Equação (1.76) da Seção 1.5 para um viga pesada é usada para encontrar a massa equivalente do sistema. Utilizando o conceito de massa equivalente resulta que a frequência natural é

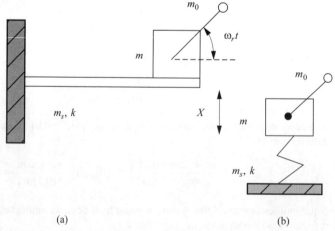

(a)   (b)

Figura 2.23 (a) O modelo de vibração vertical de uma seção de cauda modelada como uma mola consiste de uma barra longa e esbelta com a máquina desbalanceada montada sobre. (b) Este esquema é o modelo massa-mola equivalente usado para problemas de desbalanceamento (observe que para ser consistente com a Figura 2.19, m inclui m_0).

SEÇÃO 2.5   Desbalanceamento Rotativo

$$\omega_n = \sqrt{\frac{k}{m + \dfrac{33}{140}m_s}} = \sqrt{\frac{10^5\,\text{N/m}}{20,5 + \dfrac{33}{140}60\,\text{kg}}} = 53,727\,\text{rad/s}$$

A frequência de rotação em rad/s é

$$\omega_r = 1500\,\text{rpm} = 1500\,\frac{\text{rev}}{\text{min}}\frac{\text{min}}{60\,\text{s}}\frac{2\pi\,\text{rad}}{\text{rev}} = 157\,\text{rad/s}$$

Portanto, a razão de frequência r torna-se

$$r = \frac{\omega_r}{\omega_n} = \frac{157\,\text{rad/s}}{53,727\,\text{rad/s}} = 2,92$$

Com $r = 2,92$ rad/s e $\zeta = 0,01$, a Equação (2.84) fornece que a amplitude da oscilação do rotor de cauda é

$$X = \frac{m_0 e}{m}\frac{r^2}{\sqrt{(1 - r^2)^2 + (2\zeta r)^2}}$$

$$= \frac{(0,5\,\text{kg})(0,15\,\text{m})}{34,64\,\text{kg}}\frac{(2,92)^2}{\sqrt{\left[1 - (2,92)^2\right]^2 - \left[2(0,01)(2,92)\right]^2}} = 0,002\,\text{m}$$

Aqui a massa equivalente é $m_{\text{eq}} = m + m_s = 34,64$ kg.

O deslocamento máximo ocorre em torno de $r = 1$ ou

$$\omega_r = \omega_n = 53,72\,\text{rad/s} = 53,72\,\frac{\text{rad}}{\text{s}}\frac{\text{revs}}{2\pi\,\text{rad}}\frac{60\,\text{s}}{\text{min}} = 513,1\,\text{rpm}$$

Nesse caso, o deslocamento (máximo) torna-se

$$X = \frac{(0,5\,\text{kg})(0,15)}{34,34\,\text{kg}}\frac{1}{2(0,01)} = 0,108\,\text{m} = 10,8\,\text{cm}$$

o que representa uma deslocamento inaceitável do rotor. Assim, o rotor de cauda não deve girar a 513,1 rpm.

$\square$

Mais sobre a natureza especial dos sistemas rotativos é discutido na Seção 5.5. Discussão adicional sobre problemas de vibração associados a máquinas rotativas sobre velocidades críticas é dada na Seção 5.7. Alguns tratamentos incluem a discussão de velocidades críticas em eixos rotativos imediatamente após a discussão de desbalanceamento, e é possível pular para a Seção 5.7 antes de continuar. Os problemas de vibração associados à dinâmica do rotor são importantes e vastos o suficiente para estudar como um curso separado.

2.6 DISPOSITIVOS DE MEDIDAS

Uma importante aplicação da análise de vibração harmônica forçada e o problema de excitação de base apresentados nas Seções 2.2 e 2.4, respectivamente, está no projeto de dispositivos usados para medir vibração. Um dispositivo que converte movimento mecânico em uma tensão (ou vice-versa) é chamado de *transdutor*. Vários transdutores são esquematizados nas Figuras 2.24 a 2.26. Cada um desses dispositivos converte a vibração mecânica em uma tensão proporcional à aceleração.

Referindo-se ao acelerômetro da Figura 2.24, um balanço de forças sobre a massa sísmica m produz

$$m\ddot{x} = -c(\dot{x} - \dot{y}) - k(x - y) \tag{2.86}$$

Assume-se que a base que está montada na estrutura a ser medida sofre um movimento de $y = Y \cos \omega_b t$ (isto é, que a estrutura a ser medida está passando por um movimento harmônico simples). O movimento da massa do acelerômetro em relação à base, representado por $z(t)$, é definido por

$$z(t) = x(t) - y(t) \tag{2.87}$$

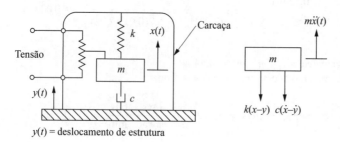

Figura 2.24 Um esquema de um acelerômetro montado em uma estrutura. O desenho indica as forças relevantes que atuam sobre a massa m. A força $k(x-y)$ é na verdade paralela à força de amortecimento porque ambas estão ligadas ao solo.

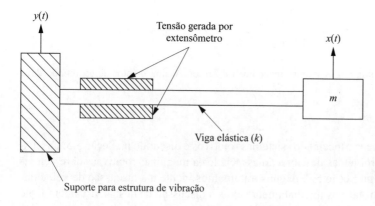

Figura 2.25 Um esquema de um acelerômetro sísmico feito de uma pequena viga.

SEÇÃO 2.6 Dispositivos de Medidas

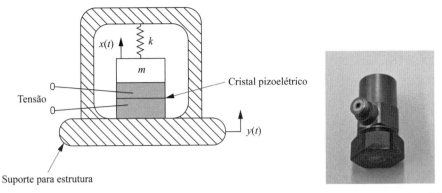

Figura 2.26 Um esquema de um acelerômetro piezoelétrico e uma fotografia de uma versão comercialmente disponível.

A Equação (2.86) pode então ser escrita em termos do deslocamento relativo $z(t)$. Assim, a Equação (2.86) torna-se a expressão familiar

$$m\ddot{z} + c\dot{z} + kz = m\omega_b^2 Y \cos\omega_b t \tag{2.88}$$

Essa expressão tem exatamente a mesma forma que a Equação (2.26). Assim, a solução em regime permanente terá a mesma forma da Equação (2.36) ou

$$z(t) = \frac{\omega_b^2 Y}{\sqrt{(\omega_n^2 - \omega_b^2)^2 + (2\zeta\omega_n\omega_b)^2}} \cos\left[\omega_b t + \left(-\text{tg}^{-1}\frac{2\zeta\omega_n\omega_b}{\omega_n^2 - \omega_b^2}\right)\right] \tag{2.89}$$

A diferença entre as Equações (2.36) e (2.89) é que essa última é para o deslocamento relativo (z) e a primeira é para o deslocamento absoluto (x).

Manipulação adicional da amplitude da Equação (2.89) produz

$$\frac{Z}{Y} = \frac{r^2}{\sqrt{(1-r^2)^2 + (2\zeta r)^2}} \tag{2.90}$$

para a razão de amplitude em função da razão de frequência $r = \omega_b/\omega_n$, e

$$\theta = \text{tg}^{-1}\frac{2\zeta r}{1 - r^2} \tag{2.91}$$

para a fase deslocada.

Considere o gráfico da amplitude de Z/Y pela razão de frequência, conforme ilustrado na Figura 2.27. Note que para valores maiores de r (isto é, para $r \geq 3$) a razão de amplitude se aproxima da unidade, de modo que $Z/Y = 1$ ou $Z = Y$ e o deslocamento relativo e o deslocamento da base têm a mesma amplitude. Assim, o acelerômetro da Figura 2.24 pode ser usado para medir o deslocamento da base harmônica se a frequência do deslocamento da base for pelo menos três vezes a frequência natural do acelerômetro.

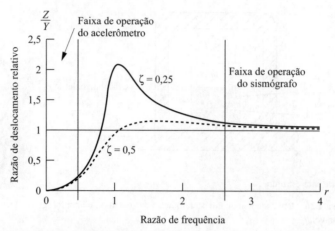

Figura 2.27 A amplitude pela frequência do deslocamento relativo para um transdutor usado para medidas de aceleração e para medidas sísmicas.

Em seguida, considere a equação do sistema na Figura 2.24 para o caso em que r é pequeno. Colocando em evidência o termo ω_n^2 no denominador, a Equação (2.89) pode ser escrita como

$$\omega_n^2 z(t) = \frac{1}{\sqrt{(1-r^2)^2 + (2\zeta r)^2}} \omega_b^2 Y \cos(\omega_b t - \theta) \qquad (2.92)$$

Uma vez que $y = Y \cos(\omega_b t - \theta)$, o último termo é reconhecido como sendo $-\ddot{y}(t)$ tal que

$$\omega_n^2 z(t) = \frac{-1}{\sqrt{(1-r^2)^2 + (2\zeta r)^2}} \ddot{y}(t) \qquad (2.93)$$

Essa expressão mostra que, para pequenos valores de r, a quantidade $\omega_n^2 z(t)$ é proporcional à aceleração de base, $\ddot{y}(t)$, pois

$$\lim_{r \to 0} \frac{1}{\sqrt{(1-r^2)^2 + (2\zeta r)^2}} = 1 \qquad (2.94)$$

Na prática, esse coeficiente é considerado próximo de 1 para qualquer valor de $r < 0,5$. Isso indica que, para essas frequências de movimento de base, a posição relativa $z(t)$ é proporcional à aceleração de base. O efeito do amortecimento interno do acelerômetro ζ na constante de proporcionalidade entre o deslocamento relativo e a aceleração de base é ilustrado na Figura 2.28, que consiste em um gráfico dessa constante em relação à razão de frequência para uma variedade de valores de ζ, para valores de $r < 0,5$. Note a partir da figura que a curva correspondente a $\zeta = 0,7$ está mais próxima de ser constante na unidade sobre a maior faixa de $r < 1$. Para essa curva, a amplitude é relativamente plana para valores de r entre zero e cerca de 0,2. De fato, dentro dessa região, a curva varia

SEÇÃO 2.6 Dispositivos de Medidas

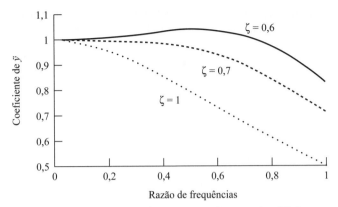

Figura 2.28 O efeito do amortecimento sobre a constante de proporcionalidade entre a aceleração de base e o deslocamento relativo (tensão) para um acelerômetro.

de um para menos de um porcento. Isso define a faixa de operação para o acelerômetro:

$$0 < \frac{\omega_b}{\omega_n} < 0{,}2 \tag{2.95}$$

onde ω_n é a frequência natural do dispositivo. Multiplicando essa desigualdade pela frequência do dispositivo tem-se

$$0 < \omega_b < 0{,}2\omega_n \quad \text{ou} \quad 0 < f_m < 0{,}2f_n \tag{2.96}$$

onde f_m é a frequência a ser medida pelo acelerômetro em hertz. Para o acelerômetro mecânico da Figura 2.24, a frequência do dispositivo pode ser da ordem de 100 Hz. Assim, a desigualdade (2.96) indica que a frequência mais alta que pode ser efetivamente medida pelo dispositivo seria 20 Hz (0,2 × 100).

Muitas estruturas e máquinas vibram em frequências maiores que 20 Hz. O projeto do acelerômetro piezoelétrico indicado na Figura 2.26 fornece um dispositivo com uma frequência natural de cerca de 8×10^4 Hz. Nesse caso, a desigualdade prevê que a vibração com frequência de até 16.000 Hz pode ser medida. A medição de vibrações é discutida com mais detalhes no Capítulo 7, onde são discutidos problemas práticos, tais como a aquisição de sinais de fase e amplitude medidos com acelerômetros.

Exemplo 2.6.1

Este exemplo ilustra como uma medição independente de aceleração pode fornecer uma medição das propriedades mecânicas de um transdutor. Um acelerômetro é usado para medir a oscilação de uma asa de avião causada pelo motor do avião operando a 6000 rpm (628 rad/s). A essa velocidade do motor sabe-se que a asa, a partir de outras medições, experimenta aceleração de 1,0 g. O acelerômetro mede uma aceleração de 10 m/s². Se o acelerômetro tiver uma massa móvel de 0,01 kg e uma frequência natural amortecida de 100 Hz (628 rad/s), a diferença entre a aceleração medida e a aceleração conhecida é usada para calcular os parâmetros de amortecimento e rigidez associados ao acelerômetro.

Solução A partir da Equação (2.93), a amplitude dos valores medidos de aceleração $|\omega_n^2 z(t)|$ é relacionado aos valores reais de aceleração $|\ddot{y}(t)|$ por

$$\frac{|\omega_n^2 z(t)|}{|\ddot{y}(t)|} = \frac{1}{\sqrt{(1-r^2)^2 + (2\zeta r)^2}} = \frac{10 \text{ m/s}^2}{9,8 \text{ m/s}^2} = 1,02$$

Reescrever essa expressão produz uma equação em ζ e r:

$$(1-r^2)^2 + (2\zeta r)^2 = 0,96$$

Uma segunda expressão em ζ e r pode ser obtida a partir da definição da frequência natural amortecida:

$$\frac{\omega_b}{\omega_d} = \frac{\omega_b}{\omega_n} \frac{1}{\sqrt{1-\zeta^2}} = r \frac{1}{\sqrt{1-\zeta^2}} = \frac{628 \text{ rad/s}}{628 \text{ rad/s}} = 1$$

Assim $r = \sqrt{1-\zeta^2}$, fornece uma segunda equação em ζ e r. Isso pode ser manipulado para produzir $\zeta^2 = (1-r^2)$, que quando substituído com a expressão anterior para ζ e r produz

$$\zeta^4 + 4\zeta^2(1-\zeta^2) = 0,96$$

Essa é uma equação quadrática em ζ^2:

$$3\zeta^4 - 4\zeta^2 + 0,96 = 0$$

Essa expressão quadrática produz as duas raízes $\zeta = 0,56$, $1,01$. Usando $\zeta = 0,56$, a constante de amortecimento é ($\sqrt{1-\zeta^2} = 0,83$, $\omega_n = \omega_d/\sqrt{1-\zeta^2} = \text{rad/s}$)

$$c = 2m\omega_n\zeta = 2(0,01)(758,0)(0,56) = 8,49 \text{ N} \cdot \text{s/m}$$

Similarmente, a rigidez no acelerômetro é

$$k = m\omega_n^2 = (0,01)(758,0)^2 = 5745,6 \text{ N/m}$$

$\square$

2.7 OUTRAS FORMAS DE AMORTECIMENTO

O amortecimento utilizado nas seções anteriores foi tratado como amortecimento viscoso linear, com exceção do amortecimento de Coulomb na Seção 1.10. Nesta seção, a discussão do amortecimento de Coulomb continua e outras formas de amortecimento são introduzidas. Como o amortecimento é difícil de modelar matematicamente e difícil de medir, escolher a forma correta de amortecimento não é uma tarefa fácil. Assim, o amortecimento é muitas vezes aproximado como uma dependência linear da velocidade, como feito nas seções anteriores. Outros modelos, embora não matematicamente convenientes, podem fornecer uma descrição mais precisa do amortecimento em um sistema vibratório. Amortecimento ou atrito de Coulomb é um exemplo de tal forma. Existem várias outras

SEÇÃO 2.7 Outras Formas de Amortecimento

171

formas matemáticas de amortecimento. Nesta seção, essas formas de amortecimento são todas tratadas no caso de resposta forçada examinando um sistema linear equivalente baseado na energia dissipada durante a vibração. Na Seção 2.9, esses sistemas são numericamente integrados na sua forma não linear e comparados com a resposta linear equivalente discutida aqui.

Primeiro, considere a resposta de um sistema com amortecimento de Coulomb, introduzido na Seção 1.10, a uma força de excitação harmônica. Lembre-se dos sistemas das Figuras 1.43 e 1.44 descritos no caso de resposta livre pela Equação (1.101). A equação de movimento no caso de resposta forçada torna-se

$$m\ddot{x} + \mu mg\,\text{sgn}(\dot{x}) + kx = F_0\,\text{sen}\,\omega t \tag{2.97}$$

Em vez de resolver diretamente essa equação, pode-se aproximar a solução da Equação (2.97) pela solução de um sistema viscosamente amortecido que dissipa uma quantidade equivalente de energia por ciclo. Essa é uma hipótese razoável se a amplitude da força aplicada for muito maior do que a força de Coulomb ($F_0 \gg \mu mg$). Essa aproximação é realizada assumindo novamente que a resposta em regime permanente será da forma

$$x_{ss}(t) = X\,\text{sen}\,\omega t \tag{2.98}$$

A energia dissipada ΔE num sistema viscosamente amortecido por ciclo com coeficiente de amortecimento viscoso c é dada por

$$\Delta E = \oint F_d dx = \int_0^{2\pi/\omega} c\dot{x}\frac{dx}{dt}dt = \int_0^{2\pi/\omega} c\dot{x}^2 dt \tag{2.99}$$

Em regime permanente, $x = X\,\text{sen}\,\omega t$, $\dot{x} = \omega X\cos\omega t$ e a Equação (2.99) torna-se

$$\Delta E = c\int_0^{2\pi/\omega} (\omega^2 X^2 \cos^2\omega t)dt = \pi c\omega X^2 \tag{2.100}$$

Essa é a energia dissipada por ciclo por um amortecedor viscoso. Por outro lado, a energia dissipada pelo atrito de Coulomb em uma superfície horizontal por ciclo é

$$\Delta E = \mu mg\int_0^{2\pi/\omega} \left[\,\text{sgn}(\dot{x})\dot{x}\,\right]dt \tag{2.101}$$

A substituição da velocidade em regime permanente nessa expressão e a divisão das integrações em segmentos correspondentes à mudança de sinal em $\dot{x}$ produz

$$\Delta E = \mu mgX\left(\int_0^{\pi/2}\cos u\,du - \int_{\pi/2}^{3\pi/2}\cos u\,du + \int_{3\pi/2}^{2\pi}\cos u\,du\right) \tag{2.102}$$

onde $u = \omega t$ e $du = \omega dt$. Completando a integração tem-se que a energia dissipada pelo atrito de Coulomb é

$$\Delta E = 4\mu\, mg\, X \qquad (2.103)$$

Para criar um sistema viscosamente amortecido com perda de energia equivalente, a expressão da perda de energia do amortecimento viscoso da Equação (2.100) é igualada à perda de energia associada ao atrito de Coulomb, dada pela Equação (2.103) para produzir

$$\pi c_{eq}\omega X^2 = 4\mu\, mg\, X \qquad (2.104)$$

onde c_{eq} denota o coeficiente de amortecimento viscoso equivalente. Resolvendo para c_{eq} tem-se

$$c_{eq} = \frac{4\mu\, mg}{\pi\omega X} \qquad (2.105)$$

Em termos de um fator de amortecimento equivalente ζ_{eq} a Equação (2.105) também deve ser igual a $2\zeta_{eq}\omega_n m$, tal que

$$\zeta_{eq} = \frac{2\mu g}{\pi\omega_n\omega X} \qquad (2.106)$$

Assim, o sistema viscosamente amortecido descrito por

$$\ddot{x} + 2\zeta_{eq}\omega_n\dot{x} + \omega_n^2 x = f_0\,\mathrm{sen}\,\omega t \qquad (2.107)$$

dissipará tanta energia quanto o sistema de Coulomb descrito pela Equação (2.97).

Considerando (2.107) como uma aproximação da Equação (2.97), a amplitude e a fase aproximadas da resposta em regime permanente da Equação (2.97) podem ser calculadas. A substituição do fator de amortecimento viscoso equivalente dada na Equação (2.106), na amplitude da Equação (2.40) resulta no fato de que a amplitude X da resposta em regime permanente é

$$X = \frac{F_0/k}{\sqrt{(1 - r^2)^2 + (2\zeta_{eq}r)^2}} = \frac{F_0/k}{[(1 - r^2)^2 + (4\mu\, mg/\pi k X)^2]^{1/2}} \qquad (2.108)$$

Resolvendo essa expressão para a amplitude X tem-se

$$X = \frac{F_0}{k}\frac{\sqrt{1 - (4\mu\, mg/\pi F_0)^2}}{|(1 - r^2)|} \qquad (2.109)$$

com defasagem dada pela Equação (2.40) como

$$\theta = \mathrm{tg}^{-1}\frac{2\zeta_{eq}r}{1 - r^2} = \mathrm{tg}^{-1}\frac{4\mu\, mg}{\pi k X(1 - r^2)} \qquad (2.110)$$

SEÇÃO 2.7 Outras Formas de Amortecimento

A expressão para a fase pode ser ainda examinada substituindo o valor de X da Equação (2.109). Isso produz

$$\theta = \text{tg}^{-1} \frac{\pm 4\mu mg}{\pi F_0 \sqrt{1 - (4\mu mg/\pi F_0)^2}} \qquad (2.111)$$

onde $\pm$ origina do valor absoluto na Equação (2.109). Assim, θ é positivo se $r < 1$ e negativo se $r > 1$. Note também a partir da Equação (2.111) que θ é constante para um dado F_0 e μ e é independente da frequência de excitação.

Várias diferenças são evidentes no comportamento da amplitude e fase aproximadas da resposta com atrito de Coulomb comparado com o de atrito viscoso. Primeiro, na ressonância, $r = 1$, a amplitude na Equação (2.109) torna-se infinita, ao contrário do caso viscosamente amortecido. Em segundo lugar, a fase é descontínua na ressonância, em vez de passar por 90° como no caso viscoso. Observe também da Equação (2.111) que a aproximação é boa somente se o argumento no radical de (2.109) for positivo, isto é, se

$$4\mu mg < \pi F_0 \qquad (2.112)$$

Isso confirma e quantifica a afirmação física feita no início (isto é, que a força aplicada deve ser maior em intensidade do que a força de atrito de deslizamento para superar o atrito e provocar movimento).

Exemplo 2.7.1

Considere um sistema massa-mola com atrito de deslizamento descrito pela Equação (2.97) com rigidez $k = 1,5 \times 10^4$ N/m, excitando harmonicamente uma massa de 10 kg com uma força de 90 N a 25 Hz. Calcule a amplitude aproximada do movimento em regime permanente assumindo que tanto a massa como a superfície são de aço (não lubrificadas).

Solução Primeiro, procure o coeficiente de atrito na Tabela 1.5, que é $\mu = 0,3$. Então da desigualdade (2.112),

$$4\mu mg = 4(0,3)(10\,\text{kg})(9,8\,\text{m/s}^2) = 117,6\,\text{N}$$

$$< (90\,\text{N})(3,1415) = 282,74 = \pi F_0$$

tal que a aproximação desenvolvida anteriormente para a amplitude da resposta em regime permanente seja válida. Convertendo 25 Hz para 157 rad/s, em seguida, usando a Equação (2.109) tem-se

$$X = \frac{90\,\text{N}}{1,5 \times 10^4\,\text{N/m}} \frac{\sqrt{1 - (117,6\,\text{N}/282,74\,\text{N})^2}}{|1 - (2,467 \times 10^4/1,5 \times 10^3)|} = 3,53 \times 10^{-4}\,\text{m}$$

Assim, a amplitude de oscilação será inferior a 1 mm.

$\square$

Várias outras formas de amortecimento estão disponíveis para modelar um dispositivo ou estrutura mecânica em particular, além de amortecimento viscoso e Coulomb. É comum estudar mecanismos de amortecimento examinando a energia dissipada por ciclo sob carregamento harmônico. Muitas vezes, as curvas de força pelo deslocamento, ou

174 CAPÍTULO 2 • Resposta à Excitação Harmônica

tensão pelas curvas de deformação, são usadas para medir a energia perdida e, portanto, determinar uma medida do amortecimento no sistema.

A energia perdida por ciclo, dada na Equação (2.100) para ser $\pi c\omega X^2$, é usada para definir a *capacidade específica de amortecimento* como a energia perdida por ciclo dividida pela energia potencial máxima, $\Delta E/U$. Uma quantidade mais comummente usada é a energia perdida por radiano dividida pelo pico de potencial, ou tensão, energia U_{max}. Esse é definido como o *fator de perda* ou *coeficiente de perda*, denotado por η e dado por

$$\eta = \frac{\Delta E}{2\pi U_{max}} \tag{2.113}$$

onde U_{max} é definida como a energia potencial no deslocamento máximo de X (ou energia de deformação).

O fator de perda está relacionado com o fator de amortecimento de um sistema viscosamente amortecido na ressonância. Para ver isso, substitua o valor de ΔE de (2.100) em (2.113) para obter

$$\eta = 1 \frac{\pi c\omega X^2}{2\pi \left(\frac{1}{2} kX^2\right)} \tag{2.114}$$

Na ressonância, $\omega = \omega_n = \sqrt{k/m}$ tal que (2.113) torna-se

$$\eta = \frac{c}{\sqrt{km}} = 2\zeta \tag{2.115}$$

Assim, na ressonância, o fator de perda é o dobro do fator de amortecimento.

Em seguida, considere uma curva força-deslocamento para um sistema com amortecimento viscoso. A força necessária para deslocar a massa é aquela força necessária para superar as forças de mola e amortecedor, ou

$$F = kx + c\dot{x} \tag{2.116}$$

Em regime permanente, tal como é dado pela Equação (2.98), isso torna-se

$$F = kx + cX\omega\cos\omega t \tag{2.117}$$

Usando uma identidade trigonométrica $(\text{sen}^2\phi + \cos^2\phi = 1)$ sobre o termo ωt produz

$$\begin{aligned} F &= kx \pm c\omega X(1 - \text{sen}^2\omega t)^{1/2} \\ &= kx \pm c\omega\left[X^2 - (X\,\text{sen}\,\omega t)^2\right]^{1/2} \\ &= kx \pm c\omega\sqrt{X^2 - x^2} \end{aligned} \tag{2.118}$$

O quadrado dessa expressão produz, após algumas manipulações,

$$F^2 + (c^2\omega^2 + k^2)x^2 - (2k)xF - c^2\omega^2X^2 = 0 \tag{2.119}$$

que pode ser reconhecida como a equação geral para uma elipse $(c^2\omega^2 > 0)$ rotacionada sobre a origem no plano $F\text{-}x$ (ver um texto pré-cálculo). Isso é representado na Figura 2.29.

SEÇÃO 2.7 Outras Formas de Amortecimento

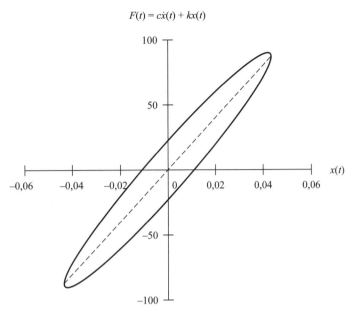

Figura 2.29 Um gráfico da força pelo deslocamento define o ciclo de histerese para um sistema viscosamente amortecido.

A elipse da Figura 2.29 é chamada de ciclo de histerese e a área delimitada pela curva é a energia perdida por ciclo como calculada na Equação (2.100) cujo valor é igual a $\pi c\omega X^2$. Observe que se $c = 0$, a elipse da Figura 2.29 reduz-se à linha reta de inclinação k indicada pela linha tracejada na figura.

Os materiais são frequentemente testados através da medição da tensão (força) e da deformação (deslocamento) sob carga harmônica em regime permanente cuidadosamente controlada. Muitos materiais apresentam atrito interno entre vários planos de material à medida que o material é deformado. Esses testes produzem ciclos de histerese da forma mostrada na Figura 2.30. Note que, para tensão crescente (carga), o caminho é diferente do que para a deformação decrescente (descarga). Esse tipo de dissipação de energia é chamado de *amortecimento histerético*, *amortecimento sólido*, ou *amortecimento estrutural*.

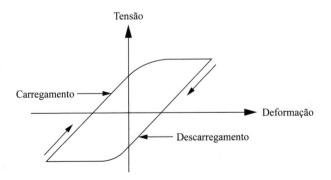

Figura 2.30 Um gráfico tensão-deformação experimental para um ciclo de material carregado harmonicamente para regime permanente mostra um ciclo de histerese associado com amortecimento interno.

A área delimitada pelo ciclo de histerese é novamente igual à perda de energia. Se a experiência é repetida para um número de frequências diferentes em amplitude constante, verifica-se que a área é independente da frequência e proporcional ao quadrado da amplitude de vibração e rigidez:

$$\Delta E = \pi k \beta X^2 \tag{2.120}$$

onde k é a rigidez, X é a amplitude de vibração e β é definida como a constante de amortecimento histerética. Note que alguns textos formulam essa equação de forma diferente definindo $h = k\beta$ como sendo a constante de amortecimento histerética.

Em seguida, aplique o conceito de amortecimento viscoso equivalente usado para amortecimento de Coulomb. Se esse conceito é aplicado aqui, equiparar a energia dissipada por um sistema viscosamente amortecido ao de um sistema histerético equivale a encontrar a elipse da Figura 2.29, que tem a mesma área que o ciclo da Figura 2.20. Assim, a Equação (2.120) com a energia calculada em (2.100) para o sistema viscosamente amortecido produz

$$\pi c_{eq} \omega X^2 = \pi k \beta X^2 \tag{2.121}$$

Resolvendo essa expressão resulta que o sistema viscosamente amortecido que dissipa a mesma quantidade de energia por ciclo que o sistema histerético terá a constante de amortecimento equivalente dada por

$$c_{eq} = \frac{k\beta}{\omega} \tag{2.122}$$

onde β é determinado experimentalmente a partir do ciclo de histerese.

A resposta aproximada em regime permanente de um sistema com amortecimento histerético pode ser determinada a partir da substituição dessa expressão de amortecimento equivalente, na equação de movimento para produzir

$$m\ddot{x} + \frac{\beta k}{\omega} \dot{x} + kx = F_0 \cos \omega t \tag{2.123}$$

Nesse caso, a resposta em regime permanente é aproximada assumindo que a resposta é da forma $x_{ss}(t) = X \cos (\omega t - \phi)$. Seguindo os procedimentos da Seção 2.2, a amplitude da resposta X é dada pela Equação (2.40) como

$$X = \frac{F_0/k}{\sqrt{(1 - r^2)^2 + (2\zeta_{eq}r)^2}} \tag{2.124}$$

onde ζ_{eq} é agora $c_{eq}/(2\sqrt{km})$ e $r = \omega/\omega_n$. Substituindo por ζ_{eq} tem-se

$$X = \frac{F_0/k}{\sqrt{(1 - r^2)^2 + \beta^2}} \tag{2.125}$$

SEÇÃO 2.7 Outras Formas de Amortecimento

Da mesma forma, a fase torna-se

$$\phi = \text{tg}^{-1} \frac{\beta}{1 - r^2} \tag{2.126}$$

Esses são representados na Figura 2.31 para vários valores de β.

Em comparação com um sistema viscosamente amortecido, a amplitude do sistema histerético obtém um máximo de $F_0/\beta k$. Isso é obtido ajustando $r = 1$ na Equação (2.125) para que o valor máximo seja obtido na frequência de ressonância em vez de abaixo dela, como é o caso do amortecimento viscoso. A análise da defasagem mostra que a resposta de um sistema histerético nunca está em fase com a força aplicada, o que não é verdade para o amortecimento viscoso.

Na Seção 2.3, a exponencial complexa foi usada para representar uma entrada harmônica. Usando a Equação (2.48), o sistema histerético equivalente pode ser escrito como

$$m\ddot{x} + \frac{\beta k}{\omega}\dot{x} + kx = F_0 e^{j\omega t} \tag{2.127}$$

Substituindo a solução dada por $x(t) = Xe^{j\omega t}$ somente no termo de velocidade produz

$$m\ddot{x} + k(1 + j\beta)x = F_0 e^{j\omega t} \tag{2.128}$$

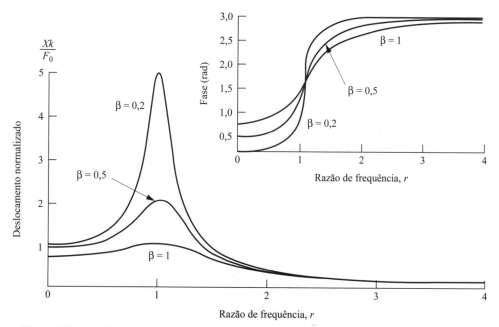

Figura 2.31 Amplitude em regime permanente e fase pela razão de frequência para um sistema com coeficiente de amortecimento histerético β aproximado por um sistema com amortecimento viscoso.

Isso dá origem à noção de *rigidez complexa* ou *módulo complexo*. O problema amortecido é representado na Equação (2.128) como um problema não amortecido com coeficiente de rigidez complexo $k(1 + j\beta)$. Essa abordagem é muito popular na literatura de engenharia de materiais sobre amortecimento.

Exemplo 2.7.2

Uma experiência é realizada em um sistema histerético com rigidez de mola conhecido de k = 4×10^4 N/m. O sistema é excitado na ressonância, a área do ciclo de histerese é medida para ser ΔE = 30 N $\cdot$ m, N.m, e a amplitude, X, é medida como sendo X = 0,02 m. Calcule a amplitude da força de excitação e da constante de amortecimento da histerese.

Solução   Na ressonância, a Equação (2.125) produz

$$X = \frac{F_0}{k\beta}$$

ou $k\beta = F_0/X$. A área delimitada pelo ciclo de histerese é igual a $\pi k\beta X^2$, tal que

$$30\,\text{N} \cdot \text{m} = \pi k\beta X^2 = \pi \frac{F_0}{X} X^2$$

e, portanto

$$F_0 = \frac{30\,\text{N} \cdot \text{m}}{\pi X} = \frac{30\,\text{N} \cdot \text{m}}{\pi(0,02\,\text{m})} = 477,5\,\text{N}$$

A partir da expressão de ressonância,

$$\beta = \frac{F_0}{Xk} = \frac{477,5}{(0,02\,\text{m})(4 \times 10^4\,\text{N/m})} = 0,60$$

que é a constante de amortecimento histerética calculada com base no princípio do amortecimento viscoso equivalente.

$\square$

Vários outros modelos úteis de mecanismos de amortecimento podem ser analisados usando a abordagem de amortecimento viscoso equivalente. Por exemplo, se um objeto vibra no ar (ou um fluido), ele frequentemente experimenta uma força proporcional ao quadrado da velocidade (Blevins, 1977). A equação do movimento para tal vibração é

$$m\ddot{x} + \alpha\, \text{sgn}(\dot{x})\dot{x}^2 + kx = F_0 \cos\omega t \tag{2.129}$$

A força de amortecimento é

$$F_d = \alpha\, \text{sgn}(\dot{x})\dot{x}^2 = \frac{C\rho A}{2}\, \text{sgn}(\dot{x})\dot{x}^2$$

que se opõe à direção do movimento, semelhante ao atrito de Coulomb, e depende do quadrado da velocidade $\dot{x}$; o coeficiente de arrasto da massa C; a densidade do fluido ρ; a área da seção transversal A, da massa. Esse tipo de amortecimento é referido como *amortecimento de ar, amortecimento quadrático* ou *amortecimento de velocidade-quadrado*.

SEÇÃO 2.7 Outras Formas de Amortecimento **179**

Como no caso de atrito de Coulomb, essa é uma equação não linear que não tem uma solução conveniente de forma fechada. Embora possa ser resolvido numericamente (Seção 2.8), uma aproximação ao comportamento da solução durante a excitação harmônica em regime permanente pode ser feita pelo método de amortecimento viscoso equivalente. Assumindo uma solução da forma $x = X$ sen ωt e computando as integrais de energia, seguindo os passos dados na Equação (2.102), resulta que a energia dissipada por ciclo é

$$\Delta E = \frac{8}{3}\alpha X^3 \omega^2 \qquad (2.130)$$

Novamente, a equação deste com a energia dissipada por um sistema viscosamente amortecido dado na Equação (2.100) produz

$$c_{eq} = \frac{8}{3\pi}\alpha\omega X \qquad (2.131)$$

Esse valor equivalente de amortecimento viscoso pode então ser usado nas fórmulas de amplitude e de fase para um movimento harmônico forçado linear viscosamente amortecido para aproximar a resposta em regime permanente.

Exemplo 2.7.3

Calcule a amplitude aproximada na ressonância para o amortecimento de velocidade-quadrado.

Solução Utilizando a expressão de amplitude para amortecimento viscoso na ressonância ($r = 1$ e $\omega = \omega_n$), a Equação (2.40) e a expressão para o fator de amortecimento dada na Equação (1.30) resulta em

$$X = \frac{f_0}{2\zeta\omega\omega_n} = \frac{mf_0}{c_{eq}\omega}$$

A substituição de (2.131) produz

$$X = \frac{mf_0}{(8/3\pi)\alpha\omega^2 X}$$

tal que

$$X = \sqrt{\frac{3\pi m f_0}{8\alpha\omega^2}} = \sqrt{\frac{3\pi f_0 m^2}{8kC\rho A}}$$

Como esperado, para valores maiores da densidade de massa do fluido, o coeficiente de arrasto da área da seção transversal produz uma amplitude menor na ressonância.

$\square$

Se houver várias formas de amortecimento, uma abordagem para examinar a resposta harmônica é calcular a energia perdida por ciclo de cada forma de amortecimento presente, somá-las e compará-las à perda de energia de um único amortecedor viscoso. Em seguida, as fórmulas de amplitude e fase da Equação (2.40) são usadas para aproximar a resposta.

CAPÍTULO 2 • Resposta à Excitação Harmônica

TABELA 2.2 MODELOS DE AMORTECIMENTO

Nome	Força de amortecimento	c_{eq}	Fonte
Amortecimento viscoso linear	$c\dot{x}$	c	Fluido lento
Amortecimento do ar	$a\,\mathrm{sgn}\,(\dot{x})\dot{x}^2$	$\dfrac{8a\omega X}{3\pi}$	Fluido rápido
Amortecimento de Coulomb	$\beta\,\mathrm{sgn}\,\dot{x}$	$\dfrac{4\beta}{\pi\omega X}$	Atrito deslizante
Amortecimento de deslocamento quadrado	$d\,\mathrm{sgn}\,(\dot{x})x^2$	$\dfrac{4dX}{3\pi\omega}$	Amortecimento de material
Amortecimento sólido ou estrutural	$b\,\mathrm{sgn}\,(\dot{x})|x|$	$\dfrac{2b}{\pi\omega}$	Amortecimento interno

Para n mecanismos de amortecimento que dissipam energia por ciclo de ΔE_i, para o i-ésimo mecanismo, a constante de amortecimento viscoso equivalente é

$$c_{eq} = \frac{\sum_{i=1}^{n}\Delta E_i}{\pi\omega X^2} \qquad (2.132)$$

Um estudo de vários mecanismos de amortecimento é apresentado por Bandstra (1983) e resumido na Tabela 2.2.

2.8 SIMULAÇÃO NUMÉRICA E PROJETO

Nas seções anteriores, um grande esforço foi realizado para obter as expressões analíticas da resposta de vários sistemas de um grau de liberdade excitado por uma carga harmônica. Essas expressões analíticas são extremamente úteis para o projeto e para a compreensão de alguns fenômenos físicos. Gráficos da resposta no tempo e da amplitude e fase em regime permanente foram construídos para entender a natureza e as características da resposta. Em vez de traçar a função analítica que descreve a resposta, a resposta no tempo também pode ser calculada numericamente usando um pacote de *software* computacional e de integração de Euler ou Runge-Kutta, conforme introduzido na Seção 1.8. Embora as soluções numéricas como essas não sejam exatas, elas permitem que termos não lineares sejam considerados. Além disso, esses programas podem ser usados para gerar todas as curvas de amplitude e fase e as respostas no tempo dadas nas seções anteriores (de fato, todas as curvas neste texto são geradas usando Matlab ou, em alguns casos, Mathcad). Os pacotes computacionais também ajudarão você a obter expressões, como a Equação (2.38), usando álgebra simbólica. Talvez o uso mais vantajoso de *software* computacional seja a capacidade de resolver rapidamente a resposta no tempo para vários valores de parâmetros. A habilidade de traçar a solução rapidamente permite que os engenheiros analisem o que aconteceria se as mudanças de amortecimento ou o nível da força de entrada mudarem. Esses estudos paramétricos da resposta temporal são úteis para o projeto e para a construção da intuição sobre um dado sistema.

SEÇÃO 2.8 Simulação Numérica e Projeto

Para resolver a resposta forçada a uma entrada harmônica numericamente, a Equação (1.97) precisa ser ligeiramente modificada para incorporar a força aplicada. A forma de primeira ordem, ou espaço de estado, da Equação (2.27) torna-se

$$\dot{x}_1(t) = x_2(t)$$
$$\dot{x}_2(t) = -2\zeta\omega_n x_2(t) - \omega_n^2 x_1(t) + f_0 \cos \omega t \tag{2.133}$$

onde x_2 representa a velocidade $\dot{x}(t)$ e x_1 representa a posição $x(t)$, como antes. Esse problema está sujeito às condições iniciais $\dot{x}(0) = x_1$ e $x_2(0) = v_0$. Dado ω, ω_n, ζ, f_0, x_0 e v_0, a solução da Equação (2.133) pode ser determinada numericamente. A forma matricial da Equação (2.133) torna-se

$$\dot{\mathbf{x}}(t) = A\mathbf{x}(t) + \mathbf{f}(t) \tag{2.134}$$

onde $\mathbf{x}$ e A são o vetor de estado e a matriz de estado como definido anteriormente na Equação (1.96). O vetor $\mathbf{f}$ é a força aplicada e assume a forma

$$\mathbf{f}(t) = \begin{bmatrix} 0 \\ f_0 \cos \omega t \end{bmatrix} \tag{2.135}$$

A forma de Euler da Equação (2.134) é

$$\mathbf{x}(t_i + 1) = \mathbf{x}(t_i) + A\mathbf{x}(t_i)\Delta t + \mathbf{f}(t_i)\Delta t \tag{2.136}$$

Essa expressão também pode ser adaptada para a formulação de Runge-Kutta e a maioria dos códigos mencionados no Apêndice G tem comandos incorporados para uma solução de Runge-Kutta.

A integração numérica para determinar a resposta de um sistema é uma aproximação, enquanto a solução analítica é exata. Então, por que se preocupar em integrar numericamente para encontrar a solução? Como as soluções de forma fechada muitas vezes não existem, como no tratamento de termos não lineares como ilustrado na Seção 1.10. Esta seção discute a solução da resposta forçada usando integração numérica em um ambiente onde a solução exata está disponível para comparação. Os exemplos nesta seção introduzem integração numérica para calcular a resposta forçada e compará-los com a solução exata.

O exemplo a seguir ilustra o uso de vários programas para calcular e traçar a solução.

Exemplo 2.8.1

Integrar numericamente e traçar a resposta de um sistema subamortecido determinado por $m = 100$ kg, $k = 2000$ N/m e $c = 200$ kg/s, sujeito às condições iniciais de $x_0 = 0,01$ m e $v_0 = 0,1$ m/s e uma força aplicada $F(t) = 150 \cos 10t$. Em seguida represente graficamente a resposta exata como calculada pela Equação (2.38). Compare o gráfico da solução exata com a simulação numérica.

Solução Primeiro, o problema é resolvido no Mathcad. Os comandos equivalentes para Matlab e Mathematica são fornecidos no final deste exemplo. Iniciei introduzindo os números relevantes.

$$x0 := 0.01 \quad v0 := 0.1 \quad m := 100 \quad c := 200 \quad k := 2000$$

$$\omega n := \sqrt{\frac{k}{m}} \quad \zeta := \frac{c}{2\sqrt{k \cdot m}} \quad F0 := 150 \quad \omega := 10$$

CAPÍTULO 2 • Resposta à Excitação Harmônica

$$\omega d := \omega n \cdot \sqrt{1-\zeta^2} \qquad f0 := \frac{F0}{m}$$

$$B := \frac{f0}{(\omega n^2 - \omega^2)^2 + (2 \cdot \zeta \cdot \omega n \cdot \omega)^2}$$ **Defina o coeficiente**

$$xTc(t) := e^{-\zeta \cdot \omega n \cdot t} \cdot [x0 - (\omega n^2 - \omega^2) \cdot B] \cdot \cos(\omega d \cdot t)$$ **Escreva a Equação (2.38) em partes**

$$xTs(t) := e^{-\zeta \cdot \omega n \cdot t} \cdot \left[[x0 - (\omega n^2 - \omega^2) \cdot B] \cdot \frac{\zeta \cdot \omega n}{\omega d} - 2 \cdot \zeta \cdot \omega n \cdot \frac{\omega^2}{\omega d} \cdot B + \frac{v0}{\omega d} \right] \cdot \text{sen}(\omega d \cdot t)$$

$$xSS(t) := B \cdot [(\omega n^2 - \omega^2) \cdot \cos(\omega \cdot t) + 2 \cdot \zeta \cdot \omega n \cdot \omega \cdot \sin(\omega d \cdot t)]$$

$$x(t) := xTc(t) + xTs(t) + xSS(t)$$

Em seguida, calcule a mesma resposta por Runge-Kutta adequando uma representação no espaço de estado, use rkfixed para resolver e salve a solução nos vetores x e t

$$X := \begin{bmatrix} x0 \\ v0 \end{bmatrix} \qquad D(t,X) := \begin{bmatrix} X_1 \\ -2 \cdot \zeta \cdot \omega n \cdot X_1 - \omega n^2 \cdot X_0 + f0 \cdot \cos(\omega \cdot t) \end{bmatrix}$$

$$Z := \text{rkfixed}(X, 0, 6, 2000, D)$$

$$t := Z^{<0>} \qquad xs := Z^{<1>}$$

$$x := \overrightarrow{x(t)}$$ **Modifique a solução exata em um vetor para representar graficamente**

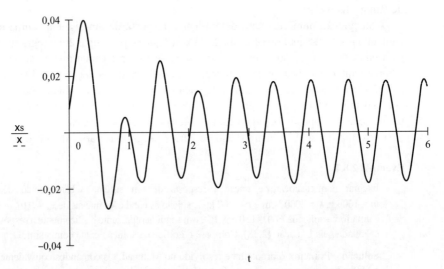

Figura 2.32 A solução exata (linha tracejada) e uma solução de Runge-Kutta (linha contínua) traçadas no mesmo gráfico.

A partir da Figura 2.32, observe que a solução numérica e a solução exata são as mesmas. No entanto, é sempre importante lembrar que a integração numérica fornece apenas uma solução aproximada.

SEÇÃO 2.8 Simulação Numérica e Projeto **183**

Em seguida, é fornecido o código MATLAB para calcular esses gráficos. Primeiro um arquivo .m é criado com a equação de movimento dada na forma de um sistema de primeira ordem.

```
--------------------
function v=f(t,x)
m=100; k=2000; c=200; Fo=150; w=10;
v=[x(2); x(1).*-k/m + x(2).*-c/m + Fo/m*cos(w*t)];
---------------------------
```

Então os seguintes comandos são digitados na janela de comando:

```
xo=0.01; vo=0.1; m=100; c=200; k=2000;
Fo=150; w=10;
t=0:0.01:5;

wn=sqrt(k/m);
z=c/(2*sqrt(k*m));
wd=wn*sqrt(1-z^2);
fo=Fo/m;

% Define o coeficiente
B= fo/((wn^2-w^2)^2 + (2*z*wn*w)^2);

for i=1:max(length(t))

% Escreve a Equação (2.38) em partes
xTc(i)=exp(-z*wn*t(i)) * (xo-(wn^2-w^2)*B) * cos(wd*t(i));
xTs(i)=exp(-z*wn*t(i)) * ((xo-(wn^2-w^2)*B)*z*wn/wd -
2*z*wn*w^2/wd*B + vo/wd) * sin(wd*t(i));
xSs(i)=B*((wn^2-w^2)*cos(w*t(i)) + 2*z*wn*w*sin(w*t(i)));
x(i)=xTc(i) + xTs(i) + xSs(i);
end

figure(1)
plot(t,x)

clear all

xo=[0.01; 0.1];
ts=[0 5];
[t,x]= ode45('f',ts,xo);

figure (2)
plot(t,x(:,1))
```

No Mathematica, a solução exata e a solução numérica são computadas e traçadas pela seguinte lista de comandos:

```
In[1] := m = 100;
        k = 2000;
        c = 200;
        x0 = .01;
        v0 = .1;
        ωn = √(k/m);

        ζ = c/(2√(k * m));

        ω = 10
        ωd = ωn * √(1 - ζ²);
        F0 = 150;
        f0 = F0/m;

        X = f0/√((ωn² - ω²)² + (2 * ζ * ωn * ω)²);
        θ = ArcTan[ωn² - ω², 2 * ζ * ωn * ω];
        φ = ArcTan[v0 - X * ω * Sin[θ] + ζ * ωn *
            (x0 - X * Cos[θ]), ωd * (x0 - X * Cos[θ])];
        A = (x0 - X * Cos[θ])/Sin[φ];
        xanal[t_] = A * Exp[-ζ * ωn * t] * Sin[ωd * t + φ] + X
            * Cos[ω * t - θ];

        numerical = NDSolve[{x"[t] + 2 * ζ * ωn * x'[t] + ωn² *
            x[t] == f0 * Cos[ω * t], x[0] == x0, x'[0] == v0},
            x[t], {t, 0, 5}];

        Plot[{Evaluate[x[t] /. numerical], xanal[t]}, {t, 0, 5},
            PlotRange → {-0.04, 0.04}]
```

□

Com a capacidade de calcular soluções numéricas, seja resolvendo uma equação diferencial e traçando, seja traçando a solução analítica, vem a habilidade de realizar estudos paramétricos da resposta rapidamente. Uma vez que um gráfico de resposta é escrito em um código, é uma tarefa trivial reproduzir o gráfico com novos valores dos parâmetros físicos (massa, amortecimento, rigidez, condições iniciais e as amplitude e frequência da força de excitação). Tais estudos paramétricos podem ser utilizados tanto para compreender a natureza física da resposta como para projeto. Aqui *projeto* refere-se a escolher os parâmetros físicos para obter uma resposta mais desejável. O Capítulo 5 dedica-se ao projeto. O exemplo a seguir ilustra como o computador pode ser usado para determinar parâmetros de projeto.

SEÇÃO 2.8 Simulação Numérica e Projeto

Exemplo 2.8.2

Um módulo eletrônico montado em uma máquina é modelado como um massa-mola-amortecedor com um grau de liberdade. Durante o funcionamento normal, o módulo (com uma massa de 100 kg) está sujeito a uma força harmônica de 150 N a 5 rad/s. Devido a considerações de materiais e deflexão estática, a rigidez é fixada em 500 N/m e o amortecimento natural no sistema é de 10 kg/s. A máquina arranca e para durante o seu funcionamento normal, fornecendo condições iniciais ao módulo de $x_0 = 0,01$ m e $v_0 = 0,5$ m/s. O módulo não deve ter uma amplitude de vibração maior do que 0,2 m mesmo durante a fase transitória. Primeiro, calcule a resposta por simulação numérica para ver se a restrição é satisfeita. Se a restrição não for satisfeita, encontre o menor valor de amortecimento que mantenha a deflexão inferior a 0,2 m.

Solução Isso requer a integração numérica de uma equação diferencial de segunda ordem. Os códigos para esses são dados no Exemplo 2.8.1. Use a Equação (2.136) ou um equivalente de Runge-Kutta para integrar numericamente a equação de movimento e trace o resultado para ver se a resposta é maior do que 0,2 m. Mathcad é usado para traçar o gráfico de resposta da Figura 2.33.

$$x0 := 0.01 \qquad v0 := 0.5 \qquad m := 100 \qquad k := 500 \qquad c := 10$$

$$F0 := 150 \qquad \omega n := \sqrt{\frac{k}{m}} \qquad \zeta := \frac{c}{2\sqrt{k \cdot m}}$$

$$f0 := \frac{F0}{m}$$

$$\zeta = 0.022$$

$$\omega := 5 \qquad \omega n = 2.236$$

$$X := \begin{bmatrix} x0 \\ v0 \end{bmatrix}$$

$$D(t, X) := \begin{bmatrix} X_1 \\ -2 \cdot \zeta \cdot \omega n \cdot X_1 - \omega n^2 \cdot X_0 + f0 \cdot \cos(\omega \cdot t) \end{bmatrix}$$

$$Z := \text{rkfixed}(X, 0, 40, 4000, D)$$
$$t := Z^{<0>}$$
$$x := Z^{<1>}$$

Observe a partir da resposta simulada que o termo transitório é maior do que o regime permanente e violou a restrição de que $x(t) \leq 0,2$ m. Assim, o amortecimento deve ser aumentado para diminuir a amplitude da resposta transitória. O projeto é executado simplesmente aumentando o valor de c no código anterior e executando-o novamente. Isso é repetido até a resposta cair abaixo de 0,2 m. Como o amortecimento é caro para adicionar a um sistema, o incremento de amortecimento em cada iteração é muito pequeno. Esse procedimento de projeto produz o gráfico ilustrado na Figura 2.34 para um coeficiente de amortecimento de $c = 195$ kg/s ($\zeta = 0,436$).

Um valor do coeficiente de amortecimento que é de alguns kg/s menor que 195 kg/s produzirá uma resposta maior do que o desejado 0,2 m. Esse é um valor bastante grande de amortecimento, uma fonte de preocupação para o projetista.

Em seguida, é fornecido o código MATLAB para obter esses gráficos. Primeiro um arquivo .m é criado com a equação de movimento dada na forma de um sistema de primeira ordem.

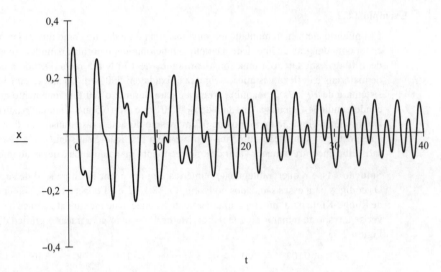

Figura 2.33 A resposta simulada para $c = 10$ kg/s mostra que a resposta transitória excede 0,2 m.

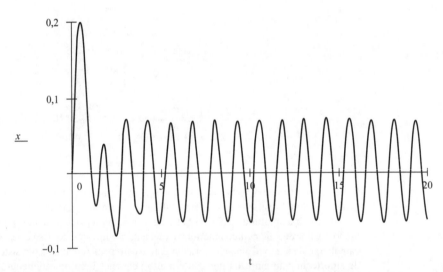

Figura 2.34 A resposta simulada para $c = 195$ kg/s mostra que o transiente não excede 0,2 m.

```
function v=f(t,x)
m=100; k=500; c=10; Fo=150; w=5;
v=[x(2); x(1).*-k/m+x(2).*-c/m + Fo/m*cos(w*t)];
```

SEÇÃO 2.8 Simulação Numérica e Projeto

Então os seguintes comandos são digitados na janela de comando:

```
clear all

xo=[0.01; 0.5];
ts=[0 40];
[t,x]=ode45('f',ts,xo);

figure(1)
plot(t,x(:,1))
```

Isso é repetido com diferentes valores de amortecimento até atingir a amplitude desejada.

No Mathematica, a solução exata e a solução numérica são computadas e traçadas pela seguinte lista de comandos:

$$\text{In}[1] := m = 100;$$
$$k = 500;$$
$$c = 10;$$
$$x0 = .01;$$
$$v0 = .5;$$
$$\omega n = \sqrt{\frac{k}{m}};$$
$$\zeta = \frac{c}{2 * \sqrt{k * m}};$$
$$\omega = 5;$$
$$\omega d = \omega n * \sqrt{1 - \zeta^2};$$
$$F0 = 150;$$
$$f0 = \frac{F0}{m};$$
$$X = \frac{f0}{\sqrt{(\omega n^2 - \omega^2)^2 + (2 * \zeta * \omega n * \omega)^2}};$$
$$\theta = \text{ArcTan}[\omega n^2 - \omega^2, 2 * \zeta * \omega n * \omega];$$
$$\phi = \text{ArcTan}[v0 - X * \omega * \text{Sin}[\theta] + \zeta * \omega n * (x0 - X * \text{Cos}[\theta]),$$
$$\omega d * (x0 - X * \text{Cos}[\theta])];$$
$$A = \frac{x0 - X * \text{Cos}[\theta]}{\text{Sin}[\phi]};$$

```
xanal[t_] = A * Exp[-ζ * ωn * t] * Sin[ωd * t + φ] + X
  * Cos[ω * t - θ];
numerical = NDSolve[{x"[t] + 2 * ζ * ωn * x'[t] + ωn² * x[t] == f0
  * Cos[ω * t], x[0] == x0, x'[0] == v0}; x[t], {t,0,40}];
Plot[{Evaluate[x[t]/.numerical], xanal[t]}, {t,0,40},
  PlotRange → {-4, .4},
  PlotStyle → {RGBColor[1,0,0], RGBColor[0,1,0]}]
```

□

2.9 PROPRIEDADES NÃO LINEARES DA RESPOSTA

O uso da integração numérica, como apresentado na seção anterior, permite considerar os efeitos de vários termos não lineares na equação de movimento. Como observado no caso da resposta livre discutido na Seção 1.10, a introdução de termos não lineares, normalmente, resulta em uma incapacidade de encontrar soluções exatas, por isso devemos confiar na integração numérica e análise qualitativa para entender a resposta. Várias diferenças importantes entre sistemas lineares e não lineares são as seguintes:

1. Um sistema não linear tem mais de um ponto de equilíbrio e cada um pode ser estável ou instável.
2. O comportamento em regime permanente de um sistema não linear nem sempre existe e a natureza da solução é fortemente dependente do valor das condições iniciais.
3. O período de oscilação de um sistema não linear depende das condições iniciais, da amplitude da excitação e dos parâmetros físicos, ao contrário da resposta linear, que depende apenas dos valores de massa, amortecimento e rigidez e é independente das condições iniciais.
4. A ressonância em sistemas não lineares pode ocorrer em frequências de excitação que não são iguais à frequência natural do sistema linear.
5. Não podemos usar a ideia de superposição, empregada na Seção 2.4, em um sistema não linear.
6. Uma excitação harmônica pode fazer com que um sistema não linear responda num movimento não periódico ou caótico.

Muitos desses fenômenos são muito complexos e requerem habilidades de análise além do escopo de um primeiro curso de vibração. No entanto, algumas compreensões iniciais dos efeitos não lineares na análise de vibração podem ser observadas usando as soluções numéricas abordadas na seção anterior. Nesta seção, várias simulações da resposta de sistemas não lineares são computadas numericamente e comparadas a suas equivalentes lineares.

Lembre-se da Seção 1.10 que, se as equações de movimento não são lineares, o sistema geral de um grau de liberdade pode ser escrito como

$$\ddot{x}(t) + f[x(t), \dot{x}(t)] = 0 \tag{2.137}$$

onde a função f pode assumir qualquer forma, linear ou não linear. No caso de resposta forçada considerado neste capítulo, a equação de movimento torna-se

$$\ddot{x}(t) + f[x(t), \dot{x}(t)] = f_0 \cos \omega t \tag{2.138}$$

Escrevendo essa última expressão no espaço de estados, ou de primeira ordem, a Equação (2.138) assume a forma

$$\dot{x}_1(t) = x_2(t)$$
$$\dot{x}_2(t) = -f(x_1, x_2) + f_0 \cos \omega t \tag{2.139}$$

Essa representação no espaço de estado da equação é usada para a simulação numérica em vários dos códigos. Definindo o vetor de estado $\mathbf{x} = [x_1(t), x_2(t)]^T$ usado na Equação (1.96) e uma função vetorial não linear $\mathbf{F}$ como

$$\mathbf{F}(\mathbf{x}) = \begin{bmatrix} x_2(t) \\ -f(x_1, x_2) \end{bmatrix} \quad (2.140)$$

as Equações (2.139) podem ser escritas na forma vetorial de primeira ordem

$$\dot{\mathbf{x}} = \mathbf{F}(\mathbf{x}) + \mathbf{f}(t) \quad (2.141)$$

A Equação (2.141) é a versão forçada da Equação (1.116). Aqui $\mathbf{f}(t)$ é simplesmente

$$\mathbf{f}(t) = \begin{bmatrix} 0 \\ f_0 \cos \omega t \end{bmatrix} \quad (2.142)$$

Então o método de integração de Euler para as equações de movimento na forma de primeira ordem torna-se

$$\mathbf{x}(t_{i+1}) = \mathbf{x}(t_i) + \mathbf{F}[\mathbf{x}(t_i)]\Delta t + \mathbf{f}(t_i)\Delta t \quad (2.143)$$

Essa expressão constitui uma abordagem básica de integração numérica para calcular a resposta forçada de um sistema não linear e é a versão não linear de resposta forçada das Equações (1.100) e (2.134).

Sistemas não lineares são difíceis de analisar numericamente, bem como analiticamente. Por essa razão, os resultados de uma simulação numérica devem ser cuidadosamente analisados. De fato, o uso de um método de integração mais sofisticado, como Runge-Kutta, é recomendado para sistemas não lineares. Além disso, as verificações dos resultados numéricos utilizando comportamento qualitativo também devem ser realizadas sempre que possível.

Em seguida, considera-se o sistema de um grau de liberdade ilustrado na Figura 2.35, com elementos de mola ou amortecimento não lineares. Uma série de exemplos é apresentada usando simulação numérica para examinar o comportamento de sistemas não lineares e compará-los aos sistemas lineares correspondentes.

Exemplo 2.9.1

Determine a resposta do sistema na Figura 2.35 para o caso do amortecimento ser linear e viscoso e a mola ser uma mola macia não linear da forma

$$f_k(x) = kx - k_1 x^3$$

e o sistema está sujeito a uma excitação harmônica de 1500 N a uma frequência de aproximadamente um terço da frequência natural ($\omega = \omega_n/2{,}964$) e condições iniciais de $x0 = 0{,}01$ m e

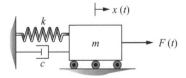

Figura 2.35 Um sistema massa-mola-amortecedor com elementos potencialmente não lineares.

$v_0 = 0{,}1$ m/s. O sistema tem uma massa de 100 kg, um coeficiente de amortecimento de 170 kg/s, e um coeficiente de rigidez linear de 2000 N/m. O valor de k_1 é 520 N/m³. (a) Calcule a solução e compare-a com a solução linear ($k_1 = 0$). (b) Analise a resposta para o caso em que a força de excitação está próxima da ressonância linear ($\omega = \omega_n/1{,}09$).

Solução A equação de movimento torna-se

$$m\ddot{x}(t) + c\dot{x}(t) + kx(t) - k_1 x^3(t) = 1500 \cos \omega t$$

Dividindo pela massa tem-se

$$\ddot{x}(t) + 2\zeta\omega_n \dot{x}(t) + \omega_n^2 x(t) - \alpha x^3(t) = 15 \cos \omega t$$

Em seguida, escreva essa equação na forma de espaço de estado para obter

$$\dot{x}_1(t) = x_2(t)$$
$$\dot{x}_2(t) = -2\zeta\omega_n x_2(t) - \omega_n^2 x_1(t) + \alpha x_1^3(t) + 150 \cos \omega t$$

Esse sistema de equações pode ser integrado numericamente no MATLAB ou Mathcad para a resposta no tempo. O Mathematica usa a equação de segunda ordem diretamente. As Figuras 2.36 e 2.37 ilustram três gráficos. A reta em cada um deles é a amplitude da resposta linear em regime permanente para os parâmetros dados como calculado pela Equação (2.39). A linha contínua em cada um deles é a resposta do sistema não linear enquanto a linha tracejada é a resposta do sistema linear. No caso (a), a resposta do sistema não linear excede a do sistema linear e parece estar em ressonância mesmo que a frequência de excitação seja quase um terço da frequência natural. No entanto, no caso (b) para o sistema próximo da ressonância (Figura 2.37), a resposta do sistema não linear é menor em amplitude do que a resposta linear do sistema e parece estar oscilando em duas frequências. Uma diferença essencial entre sistemas lineares e não lineares é que um sistema não linear harmonicamente excitado pode oscilar em frequências diferentes da frequência de excitação.

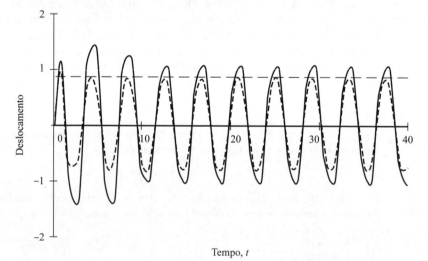

Figura 2.36 A linha contínua é a curva da resposta do sistema não linear, a linha tracejada é a curva da resposta do sistema linearizado e a linha tracejada reta é a intensidade da amplitude em regime permanente do sistema linear como dado pela Equação (2.39) para uma frequência de excitação próxima de um terço da frequência natural.

SEÇÃO 2.9 Propriedades Não Lineares da Resposta **191**

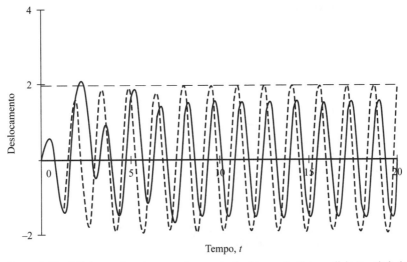

Figura 2.37 A linha contínua é a curva da resposta do sistema não linear, a linha tracejada é a curva da resposta do sistema linearizado e a linha tracejada reta é a intensidade da amplitude em regime permanente do sistema linear como dado pela Equação (2.39) para uma frequência de excitação próxima da frequência natural do sistema linear.

Os códigos para simular numericamente e traçar as curvas dadas nas Figuras 2.36 e 2.37 são apresentados a seguir. Em Mathcad o código é

$$x0 := 0.01 \quad v0 := 0.1 \quad m := 100 \quad k := 2000 \quad c := 170$$

$$\alpha := 5.2 \quad F0 := 1500$$

$$\omega n := \sqrt{\frac{k}{m}} \quad \zeta := \frac{c}{2\sqrt{k \cdot m}} \quad f0 := \frac{F0}{m} \quad \omega := \frac{\omega n}{2.964}$$

$$X := \begin{bmatrix} x0 \\ v0 \end{bmatrix} \quad Y := X$$

$$D(t,X) := \begin{bmatrix} X_1 \\ -2 \cdot \zeta \cdot \omega n \cdot X_1 - \omega n^2 \cdot X_0 + \alpha \cdot (X_0)^3 + f0 \cdot \cos(\omega \cdot t) \end{bmatrix}$$

$$L(t,Y) := \begin{bmatrix} Y_1 \\ (-2 \cdot \zeta \cdot \omega n \cdot Y_1 - \omega n^2 \cdot Y_0) + f0 \cdot \cos(\omega \cdot t) \end{bmatrix}$$

$$Z := \text{rkfixed}(X,0,40,4000,D)$$

$$t := Z^{<0>} \quad x := Z^{<1>} \quad W := \text{rkfixed}(Y,0,40,4000,L)$$

$$xL := W^{<1>} \quad d(t) := \frac{f0}{\sqrt{(\omega n^2 - \omega^2)^2 + (2 \cdot \zeta \cdot \omega n \cdot \omega)^2}} \quad F := \overrightarrow{d(t)}$$

CAPÍTULO 2 • Resposta à Excitação Harmônica

Em MATLAB o código é

```
% (a)

clear all

xo=[0.01; 0.1];
ts=[0 40];
[t,x]=ode45('f',ts,xo);
plot(t,x(:,1)); hold on
[t,x1]=ode45('f1',ts,xo);
plot(t,x1(:,1),'r'); hold off

%--------------------------------------------------------
function v=f(t,x)
m=100; k=2000; k1=0; c=170; Fo=1500; w=sqrt(k/m)/2.964;
v=[x(2); x(1).*-k/m+x(2).*-c/m + x(1)^3*k1/m + Fo/m*cos(w*t)];

%--------------------------------------------------------
function v=f1(t,x)
m=100; k=2000; k1=520; c=170; Fo=1500; w=sqrt(k/m)/2.964;
v=[x(2); x(1).*-k/m+x(2).*-c/m + x(1)^3*k1/m + Fo/m*cos(w*t)];

%(b)

clear all

xo=[0.01; 0.1];
ts=[0 20];
[t,x]=ode45('f',ts,xo);
figure(2)
plot(t,x(:,1)); hold on
[t,x1]=ode45('f1',ts,xo);
plot(t,x1(:,1),'r'); hold off

%--------------------------------------------------------
function v=f(t,x)
m=100; k=2000; k1=0; c=170; Fo=1500; w=sqrt(k/m)/1.09;
v=[x(2); x(1).*-k/m + x(2).*-c/m + x(1)^3*k1/m + Fo/m*cos(w*t)];

%--------------------------------------------------------
function v=f1(t,x)
m=100; k=2000; k1=520; c=170; Fo=1500; w=sqrt(k/m)/1.09;
v=[x(2); x(1).*-k/m+x(2).*-c/m + x(1)^3*k1/m + Fo/m*cos(w*t)];
```

SEÇÃO 2.9 Propriedades Não Lineares da Resposta

Em Mathematica o código é

```
In[1] := <<PlotLegends'
In[2] := m = 100;
        k = 2000;
        c = 170;
        F0 = 1500;
```

$$F0 = \frac{F0}{m};$$

```
        α = 5.2;
```

$$\omega n = \sqrt{\frac{k}{m}};$$

$$\zeta = \frac{c}{2 * \sqrt{k * m}};$$

```
        x0 = 0.01;
        v0 = 0.1;
```

$$\omega = \frac{\omega n}{2.964};$$

$$ssmagnitude = \frac{f0}{\sqrt{(\omega n^2 - \omega^2)^2 + (2 * \zeta * \omega n * \omega)^2}};$$

```
In[14] := nonlinear = NDSolve[{x"[t] + 2 * ζ * ωn * x'[t] + ωn²
           * x[t] - α * (x[t])³ == f0 * Cos[ω * t], x[0] == x0,
           x'[0] == v0}, x[t], {t, 0, 40}, MaxSteps → 2000];
         linear = NDSolve[{x1"[t]+2 * ζ * ωn * x1'[t]+ωn²]
           * x1[t] == f0 * Cos[ω * t],
           x1[0] == x0, x1'[0] == v0}, x1[t], {t, 0, 40},
           MaxSteps → 2000];
         Plot[{Evaluate[x[t] /. nonlinear],
           Evaluate[x1[t] /. linear], ssmagnitude}, {t, 0, 40},
           PlotRange → {-2,2},
         PlotStyle → {RGBColor[1,0,0], RGBColor[0, 1, 0],
           RGBColor[0, 0, 1]},
         PlotLegend → {Não linear", "Linear",
           "Amplitude em estacioário"}, LegendPosition → {1, 0},
           LegemdSize → {1, .3}]
```

Um ponto muito importante é que as condições iniciais são críticas para determinar a natureza da resposta (lembre-se do pêndulo do Exemplo 1.10.4). Se a posição inicial e/ou velocidade são aumentadas, a solução não linear crescerá sem limite e a integração numérica falhará. Por outro lado, a solução linear ainda oscilará com amplitude menor que a linha reta nas Figuras 2.36 e 2.37.

□

Exemplo 2.9.2

Compare a resposta forçada de um sistema com amortecimento proporcional a velocidade ao quadrado, como definido na Equação (2.129), usando a simulação numérica da equação não linear com a resposta do sistema linear obtida usando o amortecimento viscoso equivalente definido pela Equação (2.131).

Solução O amortecimento proporcional a velocidade ao quadrado com uma mola linear e entrada harmônica é descrito pela Equação (2.129), repetida aqui:

$$m\ddot{x} + \alpha\,\text{sgn}(\dot{x})\dot{x}^2 + kx = F_0\cos\omega t$$

O coeficiente equivalente de amortecimento viscoso é calculado na Equação (2.131) como sendo

$$c_{eq} = \frac{8}{3\pi}\alpha\omega X$$

O valor da amplitude X pode ser aproximado para condições próximas da ressonância. O valor é calculado no Exemplo 2.7.3 como sendo

$$X = \sqrt{\frac{3\pi m f_0}{8\alpha\omega^2}}$$

A combinação dessas duas últimas expressões produz um valor de amortecimento viscoso equivalente de

$$c_{eq} = \sqrt{\frac{8m\alpha f_0}{3\pi}}$$

Utilizando esse valor como coeficiente de amortecimento resulta no sistema linear da Figura 2.34 que se aproxima da Equação (2.131). As Figuras 2.38 e 2.39 são gráficos do sistema linear com amortecimento viscoso equivalente e uma simulação numérica da equação não linear completa (2.129) para dois valores diferentes do parâmetro α que depende do coeficiente de arrasto. Podem ser feitas várias conclusões a partir dessas duas curvas.

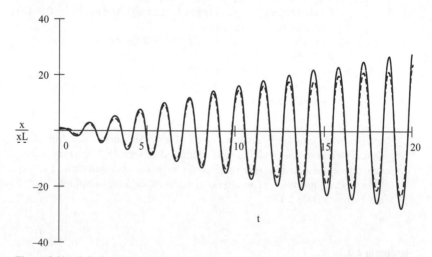

Figura 2.38 O deslocamento do amortecimento viscoso equivalente (linha tracejada) e o deslocamento do sistema não linear (linha contínua) pelo tempo para o caso de $\alpha = 0{,}005$.

SEÇÃO 2.9 Propriedades Não Lineares da Resposta

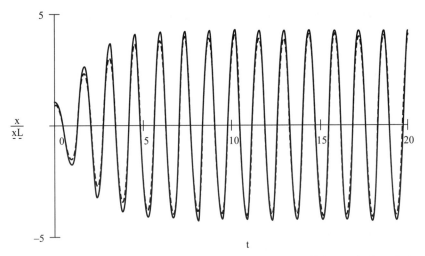

Figura 2.39 O deslocamento do amortecimento viscoso equivalente (linha tracejada) e o deslocamento do sistema não linear (linha contínua) pelo tempo para o caso de $\alpha = 0{,}5$.

Em primeiro lugar, quanto maior o coeficiente de arrasto, maior o erro na utilização do conceito de amortecimento viscoso equivalente. Em segundo lugar, a frequência da resposta parece semelhante, mas a amplitude da oscilação é muito superestimada pela técnica de amortecimento viscoso equivalente.

Os códigos computacionais para resolver e traçar as equações linear e não linear são apresentados a seguir.

O código em Mathcad é

$$m := 10 \qquad k := 200 \qquad \alpha := .0050 \qquad F0 := 150$$

$$\omega n := \sqrt{\frac{k}{m}} \qquad f0 := \frac{F0}{m} \qquad \omega := 1 \cdot \omega n \qquad ceq := \sqrt{\frac{8 \cdot \alpha \cdot m}{3 \cdot \pi}} \cdot f0$$

$$\zeta := \frac{ceq}{2\sqrt{k \cdot m}} \qquad X := \begin{bmatrix} 1 \\ 0.1 \end{bmatrix} \qquad Y := X$$

$$D(t,X) := \begin{bmatrix} X_1 \\ -\omega n^2 \cdot X_0 - \frac{\alpha}{m} \cdot (X_1)^2 \cdot \frac{X_1}{|X_1|} + f0 \cdot \cos(\omega \cdot t) \end{bmatrix}$$

$$L(t,Y) := \begin{bmatrix} Y_1 \\ (-2 \cdot \zeta \cdot \omega n \cdot Y_1 - \omega n^2 \cdot Y_0) + f0 \cdot \cos(\omega \cdot t) \end{bmatrix}$$

$$Z := \text{rkfixed}(X, 0, 40, 2000, D)$$

$$t := Z^{<0>} \qquad x := Z^{<1>} \qquad W := \text{rkfixed}(Y, 0, 40, 2000, L)$$

$$xL := W^{<1>}$$

O código em MATLAB consiste nos seguintes comandos e arquivos .m:

```
% α=0.005

clear all

xo=[1; 0.1];
ts=[0 20];
[t,x]=ode45('f',ts,xo);
figure(1)
plot(t,x(:,1)); hold on
[t,x1]=ode45('f1',ts,xo);
plot(t,x1(:,1),'r'); hold off


%------------------------------
function v=f(t,x)
m=10; k=200; alpha=0.005; Fo=150; w=sqrt(k/m);
ceq=sqrt(8*m*alpha*Fo/m/3/pi);
v=[x(2); x(1).*-k/m+x(2).*-ceq/m + Fo/m*cos(w*t)];


%------------------------------
function v=f1(t,x)
m=10; k=200; alpha=0.005; Fo=150; w=sqrt(k/m);
v=[x(2); x(1).*-k/m + x(2)^2.*-alpha/m * sign(x(2)) + Fo/m*cos(w*t)];
```

O código em Mathematica é

```
In[1] := <<PlotLegends'
In[2] := m = 10;
         k = 200;
         F0 = 150;
```
$$f0 = \frac{F0}{m};$$
$$\alpha = .005;$$
$$\omega n = \sqrt{\frac{k}{m}};$$
$$ceq = \sqrt{\frac{8 * \alpha * m}{3 * \pi}} * f0;$$
$$\zeta = \frac{ceq}{2 * \sqrt{k * m}};$$
```
         x0 = 1;
         v0 = 0.1;
         ω = ωn;
```

$$In[13] := velsquared = NDSolve[\{x''[t] + \frac{\alpha}{m} * Sign[x'[t]] * (x'[t])^2$$
$$+ \omega n^2 * x[t] == f0 * Cos[\omega * t], x[0] == x0,$$
$$x'[0] == v0\}, x[t], \{t, 0, 20\}, MaxSteps \rightarrow 2000];$$

CAPÍTULO 2 Problemas

```
equivdamping = NDSolve[{xeq''[t] + 2 * ζ * ωn * xeq'[t] + ωn²
    * xeq[t] == f0 * Cos[ω * t],
    xeq[0] == x0, xeq'[0] == v0}, xeq[t], {t, 0, 20},
    MaxSteps → 2000];
Plot[{Evaluate[x[t] /. velsquared],
    Evaluate[xeq[t] /. equivdamping]}, {t, 0, 20},
    PlotRange → {-40, 40},
PlotStyle → {RGBColor[1, 0, 0], RGBColor[0, 1, 0],
    RGBColor[0, 0, 1]},
PlotLegend → {"Velocidade quadrática", "Amortecimento equivalente",
    LegendPosition → {1, 0}, LegendSize → {1, .3}]
```

□

PROBLEMAS

Os problemas marcados com um asterisco são destinados a serem resolvidos usando algum *software* computacional.

Seção 2.1 (Problemas 2.1 a 2.19)

2.1. A resposta forçada de um sistema massa-mola de um grau de liberdade é modelada por (assuma que as unidades são em Newtons)

$$3\ddot{x}(t) + 12x(t) = 3 \cos \omega t$$

Calcule a amplitude da resposta forçada para os dois casos $\omega = 2,1$ rad/s e $\omega = 2,5$ rad/s. Comente por que um valor é maior do que o outro.

2.2. Considere a resposta forçada de um sistema massa-mola de um grau de liberdade modelado por (assuma que as unidades são em Newtons)

$$3\ddot{x}(t) + 12x(t) = 3 \cos \omega t$$

Calcule a resposta total do sistema se a frequência de excitação for 2,5 rad/s e a posição inicial e a velocidade forem ambas zero.

2.3. Calcule a resposta de um sistema massa-mola, modelado pela Equação (2.2), à uma força de amplitude 23 N, frequência de excitação duas vezes a frequência natural e condições iniciais dadas por $x_0 = 0$ m e $v_0 = 0,2$ m/s. A massa do sistema é de 10 kg, a rigidez da mola é 1000 N/m e a massa da mola é 1 kg. Que porcentagem a frequência natural muda se a massa da mola for desprezada?

2.4. Mostre que a solução $x(t) = \dfrac{f_0}{\omega_n^2 - \omega^2} \left[\cos \omega t - \cos \omega_n t\right]$ pode ser escrita como

$$x(t) = \frac{f_0}{2(\omega_n^2 - \omega^2)} \operatorname{sen} \frac{\omega t + \omega_n t}{2} \operatorname{sen} \frac{\omega_n t - \omega t}{2}.$$

2.5. Um sistema massa-mola é excitado a partir do repouso de forma harmônica de modo que a resposta do deslocamento exibe um batimento de período de 0,2π s. O período de oscilação é medido como sendo 0,2π s. Calcule a frequência natural e a frequência de excitação do sistema.

2.6. Uma asa de avião modelada como um sistema massa-mola com frequência natural de 40 Hz é impulsionada harmonicamente pela rotação de seus motores a 39,9 Hz. Calcule o período de batimento resultante.

2.7. Determine a resposta total de um sistema massa-mola com os seguintes valores: $k = 1000$ N/m, $m = 10$ kg, sujeito a uma força harmônica de amplitude $F_0 = 100$ N e frequência de 8,162 rad/s, e condições iniciais dadas por $x_0 = 0,01$ m and $v_0 = 0,01$ m/s. Trace a resposta.

2.8. Considere o sistema da Figura P2.8, escreva a equação de movimento e calcule a resposta assumindo (a) que o sistema está inicialmente em repouso e (b) que o sistema tem um deslocamento inicial de 0,05 m.

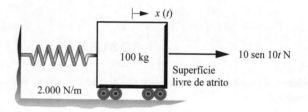

Figura P2.8

2.9. Considere o sistema na Figura P2.9, escreva a equação de movimento e calcule a resposta assumindo que o sistema está inicialmente em repouso para os valores $k_1 = 100$ N/m, $k_2 = 500$ N/m e $m = 89$ kg.

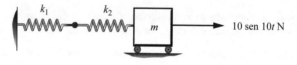

Figura P2.9

2.10. Considere o sistema na Figura P2.10, escreva a equação de movimento e calcule a resposta assumindo que o sistema está inicialmente em repouso para os valores θ = 30°, $k = 1000$ N/m e $m = 50$ kg.

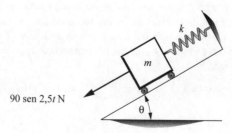

Figura P2.10

CAPÍTULO 2 Problemas

2.11. Calcule as condições iniciais tais que a resposta de

$$m\ddot{x} + kx = F_0 \cos \omega t$$

oscile em apenas uma frequência ω.

2.12. A frequência natural de uma pessoa de 65 kg ilustrada na Figura P2.12 é medida ao longo da direção vertical ou longitudinal como 4,5 Hz. (a) Qual é a rigidez equivalente dessa pessoa na direção longitudinal? (b) Se a pessoa de 1,8 m de comprimento e 0,58 m² de área transversal, for modelada como uma barra fina, qual é o módulo de elasticidade para esse sistema?

Figura P2.12 A vibração longitudinal de uma pessoa.

2.13. Se a pessoa no Problema 2.12 estiver de pé sobre um piso vibrando a 4,49 Hz com uma amplitude de 1 N (muito pequena), que deslocamento longitudinal a pessoa "sentiria"? Assuma que as condições iniciais são zero.

2.14. A vibração das partes do corpo é um problema significativo no projeto de máquinas e estruturas. Um martelo pneumático fornece uma entrada harmônica para o braço do operador. Para modelar essa situação, assuma que o antebraço é um pêndulo composto sujeito a uma excitação harmônica (digamos de massa 6 kg e comprimento 44,2 cm) como ilustrado na Figura P2.14. Considere o ponto O como um pivô fixo. Calcule a deflexão máxima da extremidade manual do braço se o martelo aplicar uma força de 10 N a 2 Hz.

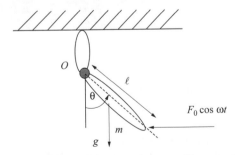

Figura P2.14 Um modelo de vibração de um antebraço movido por um martelo pneumático.

2.15. Um aerofólio é montado em um túnel de vento com o propósito de estudar as propriedades aerodinâmicas do perfil do aerofólio. Um modelo simples do aerofólio é ilustrado na Figura P2.15 como um corpo inercial rígido montado sobre uma mola torcional fixa ao chão com um suporte rígido. Encontre uma relação de projeto para a rigidez da mola k em termos da inércia de rotação J, a amplitude do momento aplicado M_0 e a frequência de excitação ω que manterá a amplitude de deflexão angular inferior a 5°. Assuma que as condições iniciais são zero e que a frequência de excitação é tal que $\omega_n^2 - \omega^2 > 0$.

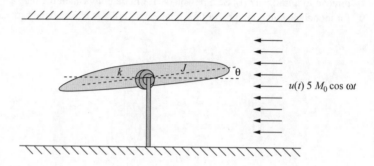

Figura P2.15 Um modelo de vibração de uma asa em um túnel de vento.

2.16. A longarina de uma asa de avião é uma viga relativamente rígida que se estende ao longo do comprimento da asa para fornecer força. É comum modelar um longarina como uma viga engastada com a extremidade fixa no corpo da aeronave. Um exemplo é dado na Figura P2.16. Usando os métodos de modelagem apresentados na Seção 1.5, determine um modelo de um grau de liberdade para a longarina e calcule sua frequência natural. A longarina é modelada como uma viga engastada de comprimento 560 mm, largura 38 mm e espessura 3,175 mm e tem uma massa de 13,975 gramas. O módulo de Young da viga é de 10,29 GPa e seu módulo de cisalhamento é de 1,65 GPa.

Figura P2.16 Um pequeno veículo aéreo não tripulado com uma longarina rígida, modelado como uma viga.

2.17. Calcule a resposta de um sistema eixo e disco à um momento aplicado de

$$M = 10 \operatorname{sen} 312 t$$

como indicado na Figura P2.17. Assuma que o eixo esteja inicialmente em repouso (condições iniciais iguais a zero) e $J = 0{,}5$ kg m², o módulo de cisalhamento é $G = 8 \times 10^{10}$ N/m², o eixo de aço tem 1 m de comprimento e diâmetro de 5 cm.

CAPÍTULO 2 Problemas

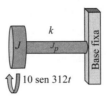

Figura P2.17

2.18. Considere um sistema massa-mola com condições iniciais nulas descrito por

$$\ddot{x}(t) + 4x(t) = 12 \cos 2t, \quad x(0) = 0, \dot{x}(0) = 0$$

e calcule a resposta do sistema.

2.19. Considere um sistema massa-mola com condições iniciais nulas descrito por

$$\ddot{x}(t) + 4x(t) = 10 \operatorname{sen} 5t, \quad x(0) = 0, \dot{x}(0) = 0$$

e calcule a resposta do sistema.

Seção 2.2 (Problemas 2.20 a 2.38)

2.20. Calcule as constantes A e ϕ para condições iniciais arbitrárias x_0 e v_0, no caso da resposta forçada dada por

$$x(t) = Ae^{-\zeta \omega_n t} \operatorname{sen}(\omega_d t + \phi) + X \cos(\omega t - \theta)$$

Compare essa solução com a resposta transitória obtida no caso sem força de excitação (isto é, $F_0 = 0$).

2.21. Considere o sistema massa-mola-amortecedor definido por (use unidades básicas SI)

$$4\ddot{x}(t) + 24\dot{x}(t) + 100x(t) = 16 \cos 5t$$

Em primeiro lugar, determine se o sistema é subamortecido, criticamente amortecido ou superamortecido. Em seguida, calcule a amplitude e a fase da resposta em regime permanente.

2.22. Mostre que as duas expressões a seguir são equivalentes:

$$x_p(t) = X \cos(\omega t - \theta) \text{ e } x_p(t) = A_s \cos \omega t + B_s \operatorname{sen} \omega t$$

2.23. Calcule a solução total de

$$\ddot{x} + 2\zeta \omega_n \dot{x} + \omega_n^2 x = f_0 \cos \omega t$$

para o caso em que $m = 1$ kg, $\zeta = 0,01$, $\omega_n = 2$ rad/s, $f_0 = 3$ N/kg e $\omega = 10$ rad/s, com condições iniciais $x_0 = 1$ m e $v_0 = 1$ m/s, então, trace a resposta.

2.24. Uma massa de 100 kg é suspensa por uma mola de rigidez 30×10^3 N/m com uma constante de amortecimento viscoso de 1000 Ns/m. A massa está inicialmente em equilíbrio. Calcule a amplitude e a fase de deslocamento em regime permanente se a massa for excitada por uma força harmônica de 80 N a 3 Hz.

2.25. Trace a solução total do sistema do Problema 2.24 incluindo a parte transitória.

2.26. Um sistema massa-mola amortecido modelado por (unidades são em Newtons)

$$100\ddot{x}(t) + 10\dot{x}(t) + 1700x(t) = 1000\cos 4t$$

é submetido as condições iniciais $x_0 = 1$ mm e $v_0 = 20$ mm/s. Calcule a resposta total $x(t)$ do sistema.

2.27. Considere o mecanismo pendular da Figura P2.27 que é articulado no ponto O. Calcule tanto a frequência natural amortecida como a não amortecida do sistema para ângulos pequenos. Assuma que a massa da haste, mola e amortecedor são desprezíveis. Qual frequência de excitação causará ressonância?

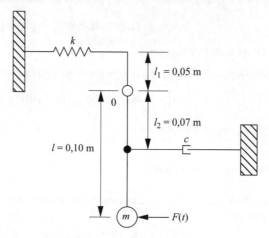

Figura P2.27

2.28. Considere o mecanismo pendular da Figura P2.27 com $k = 4 \times 10^3$ N/m, $l_1 = 0{,}05$ m, $l_2 = 0{,}07$ m, $l = 0{,}10$ m e m = 40 kg. A massa da viga é de 40 kg. O pêndulo é articulado no ponto 0 e assumido como rígido. Projete o amortecedor (isto é, calcule c) de modo que o fator de amortecimento do sistema seja 0,2. Determine também a amplitude da vibração da resposta em regime permanente se uma força de 10 N for aplicada à massa, como indicado na figura, a uma frequência de 10 rad/s.

2.29. Calcule a resposta de um sistema eixo e disco à um momento aplicado de

$$M = 10\,\text{sen}\,312t$$

como indicado na Figura P2.29. Assuma que o eixo está inicialmente em repouso (condições iniciais nulas) e $J = 0{,}5$ kg m^2, o módulo de cisalhamento é $G = 8 \times 10^{10}$ N/m^2, o eixo de aço tem 1 m de comprimento e diâmetro de 5 cm. Assuma que o fator de amortecimento do aço seja $\zeta = 0{,}01$.

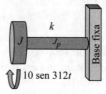

Figura P2.29

2.30. Calcule a resposta forçada de um sistema massa-mola-amortecedor com os seguintes valores c = 200 kg/s, k = 2000 N/m e m = 100 kg sujeitos a uma força harmônica de amplitude F_0 = 15 N de frequência 10 rad/s e condições iniciais de x_0 = 0,01 m e v_0 = 0,1 m/s. Trace a resposta. Quanto tempo leva para a parte transitória desaparecer?

2.31. Calcule um valor do coeficiente de amortecimento c tal que a amplitude de resposta em regime permanente do sistema na Figura P2.31 seja 0,01 m.

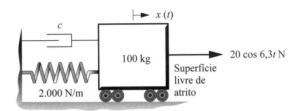

Figura P2.31

2.32. Considere um sistema massa-mola-amortecedor como o da Figura P2.31 com os seguintes valores m = 100 kg, c = 100 kg/s, k = 3000 N/m, F_0 = 25 N e frequência de excitação ω = 5,47 rad/s. Calcule a amplitude da resposta em regime permanente e compare-a com a amplitude da resposta forçada de um sistema não amortecido.

2.33. Calcule a resposta do sistema na Figura P2.33 se o sistema estiver inicialmente em repouso para os valores k_1 = 100 N/m, k_2 = 500 N/m, c = 20 kg/s e m = 89 kg.

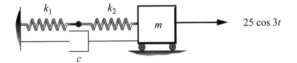

Figura P2.33

2.34. Obtenha a equação de movimento para o sistema dada na Figura P2.34 para o caso em que $F(t)$ = $F \cos \omega\, t$ e a superfície é livre de atrito. O ângulo θ afeta a amplitude da oscilação?

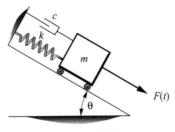

Figura P2.34

2.35. Um pedal para um instrumento musical é modelado conforme esquema na Figura P2.35: k = 2000 N/m, c = 25 kg/s, m = 25 kg e $F(t)$ = 50 cos $2\pi t$ N. Calcule a resposta em regime permanente assumindo que o sistema parte do repouso. Use também a aproximação de ângulo pequeno.

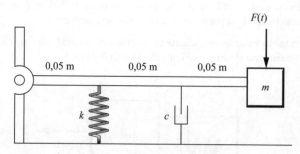

Figura P2.35

2.36. Considere o sistema do Problema 2.15, repetido aqui como Figura P2.36 com os efeitos de amortecimento indicados. As constantes físicas são $J = 25$ kg m^2, $k = 2000$ Nm/rad e o momento aplicado é de 5 N m a 1,432 Hz agindo através da distância $r = 0,5$ m. Calcule a amplitude da resposta em regime permanente se o fator de amortecimento medido do sistema de mola for $\zeta = 0,01$. Compare isto com a resposta para o caso não amortecido ($\zeta = 0$).

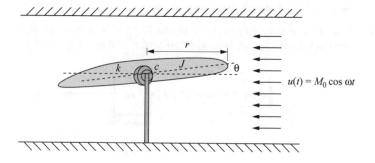

Figura P2.36 Modelo de um aerofólio em um túnel de vento, incluindo os efeitos de amortecimento.

2.37. Uma máquina, modelada como um sistema massa-mola-amortecedor linear, é excitada na ressonância ($\omega_n = \omega = 2$ rad/s). Projete um amortecedor (isto é, escolha um valor de c) de modo que a deslocamento máximo em regime permanente seja de 0,05 m. A máquina é modelada por uma rigidez de 2000 kg/m e a força de excitação tem uma amplitude de 100 N.

2.38. Obtenha a resposta total do sistema para condições iniciais x_0 e v_0 usando a solução homogênea na forma $x_h(t) = e^{-\zeta\omega_n t}(A_1 \operatorname{sen} \omega_d t + A_2 \cos \omega_d t)$ e assim verificar a Equação (2.38) para a resposta forçada de um sistema subamortecido.

CAPÍTULO 2 Problemas

205

Seção 2.3 (Problemas 2.39 a 2.44)

2.39. Com referência à Figura 2.11, represente graficamente a solução para a amplitude X para o caso $m = 100$ kg, $c = 4000$ N s/m e $k = 10.000$ N/m. Assuma que o sistema é excitado na ressonância por uma força de 10 N.

2.40. Utilize o método gráfico para calcular a defasagem para o sistema com $m = 100$ kg, $c = 4000$ N s/m, $k = 10.000$ N/m e $F_0 = 10$ N, se $\omega = \omega_n/2$ e novamente para o caso $\omega = 2\omega_n$.

2.41. Um corpo de massa de 100 kg é suspenso por uma mola de rigidez de 30 kN/m e um amortecedor de constante de amortecimento 1000 N s/m. A vibração é excitada por uma força harmônica de amplitude 80 N e uma frequência de 3 Hz. Calcule a amplitude do deslocamento para a vibração e o ângulo de fase entre o deslocamento e a força de excitação usando o método gráfico.

2.42. Calcule a parte real da Equação (2.55)

$$x_p(t) = \frac{F_0}{\left[\left(k - m\omega^2\right)^2 + (c\omega)^2\right]^{1/2}} e^{j(\omega t - \theta)}$$

para verificar se isso é consistente com a Equação (2.36)

$$X_p = \frac{f_0}{\sqrt{\left(\omega_n^2 - \omega^2\right)^2 + (2\zeta\omega_n\omega)^2}}$$

e, assim, estabelecer a equivalência da abordagem exponencial para resolver o problema da vibração amortecida com o método de coeficientes indeterminados.

2.43. Com referência à Equação (2.56)

$$\left(ms^2 + cs + k\right)X(s) = \frac{F_0 s}{s^2 + \omega^2}$$

e uma tabela de transformadas de Laplace (ver Apêndice B), calcule a solução $x(t)$ usando a tabela de transformada de Laplace e mostre que a solução assim obtida é equivalente a (2.36).

2.44. Usando o método de transformada de Laplace e a tabela no Apêndice B, resolva o seguinte sistema:

$$m\ddot{x}(t) + kx(t) = F_0 \cos \omega t, x(0) = x_0, \dot{x}(0) = v_0$$

Verifique sua solução pela Equação (2.11) obtida pelo método de coeficientes indeterminados.

Seção 2.4 (Problemas 2.45 a 2.60)

2.45. Para um sistema de movimento de base descrito por

$$m\ddot{x} + c\dot{x} + kx = cY\omega_b \cos \omega_b t + kY \operatorname{sen} \omega_b t$$

com $m = 100$ kg, $c = 50$ kg/s, $k = 1000$ N/m, $Y = 0,03$ m e $\omega_b = 3$ rad/s, calcule a amplitude da solução particular. Por último, calcule a razão de transmissibilidade.

2.46. Para um sistema de movimento de base descrito por

$$m\ddot{x} + c\dot{x} + kx = cY\omega_b \cos\omega_b t + kY \operatorname{sen}\omega_b t$$

Com $m = 100$ kg, $c = 50$ N/m, $Y = 0{,}03$ m e $\omega_b = 3$ rad/s, determine o maior valor da rigidez k que torna a razão de transmissibilidade menor que 0,75.

2.47. Uma máquina pesando 2000 N repousa sobre um suporte como ilustrado na Figura P2.47. O suporte deflete cerca de 5 cm como resultado do peso da máquina. O assoalho sob o suporte é um tanto flexível e move-se, por causa do movimento de uma máquina próxima, harmonicamente perto da ressonância ($r = 1$) com uma amplitude de 0,2 cm. Modele o piso como movimento de base, assuma um fator de amortecimento de $\zeta = 0{,}01$ e calcule a força transmitida e a amplitude de deslocamento transmitido.

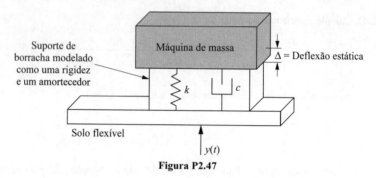

Figura P2.47

2.48. Obtenha a Equação (2.70)

$$X = Y\left[\frac{1 + (2\zeta r)^2}{(1 - r^2)^2 + (2\zeta r)^2}\right]^{1/2}$$

a partir de (2.68)

$$x_p(t) = \omega_n Y\left[\frac{\omega_n^2 + (2\zeta\omega_b)^2}{(\omega_n^2 - \omega_b^2)^2 + (2\zeta\omega_n\omega_b)^2}\right]^{1/2} \cos(\omega_b t - \theta_1 - \theta_2)$$

para ver se o autor o fez corretamente.

2.49. A partir da equação que descreve a Figura 2.14, mostre que o ponto ($\sqrt{2}, 1$) corresponde ao valor TR > 1 (isto é, para todos os $r < \sqrt{2}$, TR > 1).

2.50. Considere o problema de excitação de base para a configuração mostrada na Figura P2.50. Nesse caso, o movimento de base é um deslocamento transmitido através de um amortecedor ou elemento de amortecimento puro. Deduza uma expressão para a força transmitida ao suporte em regime permanente.

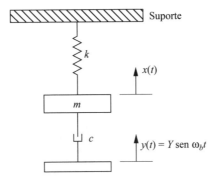

Figura P2.50

2.51. Um exemplo muito comum de excitação de base é o modelo de um grau de liberdade de um automóvel dirigindo por uma estrada acidentada. A estrada é modelada como uma excitação de base de deslocamento $y(t) = (0,01)$ sen $(5,818t)$ m. A suspensão proporciona uma rigidez equivalente de $k = 3,273 \times 10^4$ N/m, um coeficiente de amortecimento de $c = 231$ kg/s e uma massa de 1007 kg. Determine a amplitude do deslocamento absoluto da massa do automóvel.

2.52 Uma massa vibratória de 300 kg montada sobre um suporte de massa desprezível por meio de uma mola de rigidez 40.000 N/m e um amortecedor de coeficiente de amortecimento desconhecido é observado para vibrar com uma amplitude de 10 mm, enquanto a vibração de suporte tem uma amplitude máxima de apenas 2,5 mm (na ressonância). Calcule a constante de amortecimento e a amplitude da força sobre a base.

2.53. Referindo-se ao Exemplo 2.4.2, a que velocidade o carro 1 experimenta ressonância? A que velocidade o carro 2 experimenta ressonância? Calcule o deslocamento máximo de ambos os carros na ressonância.

2.54. Para carros do Exemplo 2.4.2, calcule a melhor escolha do coeficiente de amortecimento para que a transmissibilidade seja tão pequena quanto possível, comparando a amplitude de $\zeta = 0,01$, $\zeta = 0,1$ e $\zeta = 0,2$ e para o caso $r = 2$. O que acontece se a "frequência" da estrada muda?

2.55. Um sistema modelado pela Figura 2.13, tem uma massa de 225 kg com uma rigidez de mola de $3,5 \times 10^4$ N/m. Calcule o coeficiente de amortecimento, dado que o sistema tem uma deflexão (X) de 0,7 cm quando excitado na sua frequência natural enquanto a amplitude da base (Y) é 0,3 cm.

2.56. Considere o Exemplo 2.4.2 para o carro 1 ilustrado na Figura P2.56 se três passageiros que totalizam 200 kg estão no carro. Calcule o efeito da massa dos passageiros sobre a deflexão a 20, 80, 100 e 150 km/h. Qual é o efeito da massa dos passageiros adicionada no carro 2?

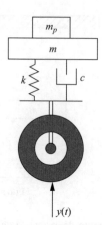

Figura P2.56 Um modelo de uma suspensão de carro com a massa dos ocupantes m_p incluída.

2.57. Considere o Exemplo 2.4.2. Escolha os valores de c e k para o sistema de suspensão do carro 2 (*sedan*), de modo a que a amplitude transmitida ao compartimento dos passageiros seja tão pequena quanto possível para uma elevação de 1 cm à 50 km/h. Calcule também a deflexão a 100 km/h para os seus valores de c e k.

2.58. Considere o problema de excitação de base da Figura 2.13. (a) Calcule o fator de amortecimento necessário para manter a transmissibilidade da amplitude de deslocamento inferior a 0,55 para uma razão de frequência de $r = 1,8$. (b) Qual é o valor da relação de transmissibilidade de força para esse sistema?

2.59. Considere o efeito da massa variável em um sistema de suspensão de aterrissagem de aeronaves, modelando o trem de pouso como um problema de base móvel semelhante ao mostrado na Figura P2.56 para uma suspensão de carro. A massa de um jato regional é 13.236 kg vazio e sua massa máxima de decolagem é de 21.523 kg. Compare a deflexão máxima para um movimento de roda de magnitude 0,50 m e frequência de 35 rad/s para essas duas massas diferentes. Adote a relação de amortecimento para ser $\zeta = 0,1$ e a rigidez ser $4,22 \times 10^6$ N/m.

2.60. Considere o modelo simples de um edifício sujeito ao movimento do solo sugerido na Figura P2.60. O edifício é modelado como um sistema de massa-mola de um grau de liberdade onde a massa do edifício é concentrada em cima de duas vigas usadas para modelar as paredes do edifício em flexão. Assuma que o movimento do solo seja modelado como tendo uma amplitude de 0,1 m e frequência de 7,5 rad/s. Aproxime a massa do edifício em 10^5 kg e a rigidez de cada parede em $3,519 \times 10^6$ N/m. Calcule a amplitude de deflexão do topo do edifício.

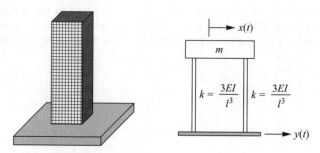

Figura P2.60 Um modelo simples de um prédio sujeito a movimento do solo, tal como um terremoto.

Seção 2.5 (Problemas 2.61 a 2.68)

2.61. Um torno pode ser modelado como um motor elétrico montado em uma mesa de aço. A mesa mais o motor tem uma massa de 50 kg. As peças rotativas do torno têm uma massa de 5 kg a uma distância de 0,1 m do centro. O fator de amortecimento do sistema é de $\zeta = 0,06$ (amortecimento viscoso) e sua frequência natural é de 7,5 Hz. Calcule a amplitude do deslocamento em regime permanente do motor, assumindo $\omega_r = 30$ Hz.

2.62. O sistema da Figura 2.19 produz uma oscilação forçada de frequência variável. À medida que a frequência é alterada, nota-se que na ressonância a amplitude do deslocamento é de 10 mm. À medida que a frequência é aumentada várias décadas após a ressonância, a amplitude do deslocamento permanece fixa em 1 mm. Estime a relação de amortecimento para o sistema.

2.63. Um motor elétrico (Figura P2.63) tem uma massa excêntrica de 10 kg (10% da massa total de 100 kg) e é fixado em duas molas idênticas ($k = 3200$ N/m). O motor funciona a 1750 rpm e a excentricidade de massa é de 100 mm do centro. As molas estão montadas a 250 mm de distância uma da outra e de forma simétrica em relação a linha que passa pelo eixo central do motor. Despreze o amortecimento e determine a amplitude da vibração vertical.

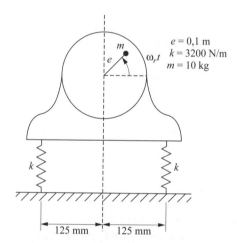

Figura P2.63 Um modelo de vibração para um motor elétrico com desbalanceamento.

2.64. Considere um sistema com desbalanceamento rotativo, conforme ilustrado na Figura P2.63. Suponha que a deflexão a 1750 rpm é 0,05 m e o fator de amortecimento é $\zeta = 0,1$. A massa excêntrica é estimada em 10%. Localize a massa excêntrica, calculando e.

2.65. Um ventilador de 45 kg tem um desbalanceamento que cria uma força harmônica. Um sistema de mola-amortecedor é projetado para minimizar a força transmitida à base do ventilador. Utiliza-se um amortecedor com um fator de amortecimento de $\zeta = 0,2$. Calcule a rigidez da mola necessário para que apenas 10% da força seja transmitida ao solo quando o ventilador estiver funcionando a 10.000 rpm.

2.66. Trace a amplitude de deslocamento normalizada pela a razão de frequência para o problema de desbalanceamento (isto é, repita a Figura 2.21) para o caso de $\zeta = 0,05$.

2.67. Considere um problema típico de máquina desbalanceada, como mostrado na Figura P2.67 com uma máquina de massa 120 kg, rigidez de montagem de 800 kN/m e um valor de amortecimento de 500 kg/s.

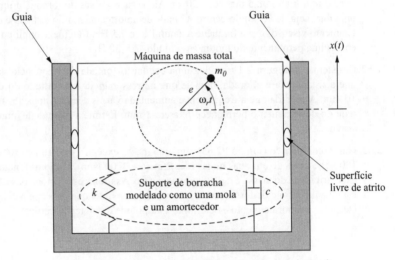

Figura P2.67 Um problema típico de máquina desbalanceada.

A força de desbalanceamento é 374 N a uma velocidade de rotação de 3000 rpm. (a) Determine a amplitude do movimento devido à força desbalanceada. (b) Se a massa desbalanceada for estimada em 1% da massa total, estime o valor de e.

2.68. Trace a resposta da massa no Problema 2.67 assumindo condições iniciais nulas.

Seção 2.6 (Problemas 2.69 a 2.72)

2.69. Calcule os coeficientes de amortecimento e rigidez para o acelerômetro da Figura 2.24 com massa móvel de 0,04 kg, tal que o acelerômetro possa medir a vibração entre 0 e 50 Hz dentro de 5%. (Dica: para um acelerômetro é desejável para $Z/\omega_b^2 Y =$ constante.)

2.70. A constante de amortecimento para um acelerômetro particular do tipo ilustrado na Figura 2.26 é 50 N s/m. É desejável projetar o acelerômetro (isto é, escolher m e k) para um erro máximo de 3% na faixa de frequência de 0 a 75 Hz.

2.71. O acelerômetro da Figura 2.24 tem uma frequência natural de 120 kHz e um fator de amortecimento de 0,2. Calcular o erro na medição de uma vibração senoidal a 60 kHz.

2.72. Projete um acelerômetro (isto é, escolha m, c e k) configurado como na Figura 2.24 com massa muito pequena que será precisa para 1% na faixa de frequência de 0 a 50 Hz.

Seção 2.7 (Problemas 2.73 a 2.89)

2.73. Considere um sistema massa-mola que desliza ao longo de uma superfície causando atrito de Coulomb com rigidez $1,2 \times 10^4$ N/m e massa 10 quilogramas, excitada harmonicamente por uma força de 50 N em 10 Hertz. Calcule a amplitude aproximada do movimento em regime permanente supondo que tanto a massa quanto a superfície que a massa desliza sobre são fabricadas de aço lubrificado.

2.74. Um sistema massa-mola com amortecimento de Coulomb de 10 kg, rigidez de 2000 N/m e coeficiente de atrito de 0,1 é impulsionado harmonicamente a 10 Hz. A amplitude do deslocamento em regime permanente é de 5 cm. Calcule a amplitude da força de excitação.

2.75. Um sistema de massa 10 kg e rigidez $1,5 \times 10^4$ N/m é submetido a um amortecimento de Coulomb. Se a massa for excitada harmonicamente por uma força de 90 N a 25 Hz, determine o coeficiente de amortecimento viscoso equivalente se o coeficiente de atrito for 0,1.

2.76. a. Trace a resposta livre do sistema do Problema 2.75 para condições iniciais de e $\dot{x}(0) = 0$ e $\dot{x}(0) = |F_0/m_0| = 9$ m/s usando a solução da Seção 1.10.
b. Utilize o coeficiente de amortecimento viscoso equivalente calculado no Problema 2.75 e trace a resposta livre do sistema viscosamente amortecido "equivalente" às mesmas condições iniciais.

2.77. Com referência ao sistema do Exemplo 2.7.1; um sistema massa-mola com atrito de deslizamento descrito pela Equação (2.97) com rigidez $k = 1,5 \times 10^4$ N/m excita harmonicamente uma massa de 10 kg com uma força de 90 N a 25 Hz, calcule qual a amplitude para sustentar o movimento se o aço estiver lubrificado. Qual deve ser essa amplitude se a lubrificação for removida?

2.78. Calcule a defasagem entre a força de excitação e a resposta para o sistema do Problema 2.77 usando a aproximação de amortecimento viscoso equivalente.

2.79. Obtenha a equação de vibração para o sistema da Figura P2.79 partindo do princípio de que um amortecedor viscoso com constante de amortecimento c está ligado em paralelo à mola. Calcule a perda de energia e determine as relações de amplitude e fase para a resposta forçada do sistema viscoso equivalente.

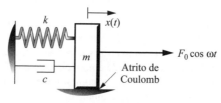

Figura P2.79

2.80. Um sistema de amortecimento desconhecido é excitado harmonicamente a 10 Hz com uma intensidade ajustável. A intensidade é alterada e a energia perdida por ciclo e amplitudes são medidas para cinco valores diferentes. As quantidades medidas são

$\Delta E(J)$	0,25	0,45	0,8	1,16	3,0
$X(M)$	0,01	0,02	0,04	0,08	0,15

O amortecimento é viscoso ou de Coulomb?

2.81. Calcule o fator de perda equivalente para um sistema com amortecimento de Coulomb.

2.82. Um sistema massa-mola ($m = 10$ kg, $k = 4 \times 10^3$ N/m) vibra horizontalmente sobre uma superfície com coeficiente de atrito $\mu = 0,15$. Quando excitado harmonicamente a 5 Hz, o deslocamento em regime permanente da massa é de 5 cm. Calcule a amplitude da força harmônica aplicada.

2.83. Calcule o deslocamento para um sistema com amortecimento à ar usando o método de amortecimento viscoso equivalente.

2.84. Calcule o semieixo maior e o semieixo menor da elipse da Equação (2.119). Em seguida, calcule a área da elipse. Adote $c = 10$ kg/s, $\omega = 2$ rad/s e $X = 0,01$ m.

2.85. A área de uma curva de deflexão de força da Figura 2.29 é medida como sendo 2,5 N m e a deflexão máxima é medida como sendo 8 mm. A partir da "inclinação" da elipse, a rigidez é estimada em 5×10^4 N/m. Calcule o coeficiente de amortecimento por histerese. Qual é o amortecimento viscoso equivalente se o sistema é excitado a 10 Hz?

2.86. A área do ciclo de histerese de um sistema com amortecimento por histerese é medida como sendo 5 N m e a deflexão máxima é medida como sendo 1 cm. Calcule o coeficiente de amortecimento viscoso equivalente para uma força de excitação de 20 Hz. Trace c_{eq} por ω para $2\pi \leq \omega \leq 100\pi$ rad/s.

2.87. Calcule a energia não conservativa de um sistema sujeito a amortecimento viscoso e por histerese.

2.88. Obtenha uma expressão do amortecimento viscoso equivalente para a força de amortecimento da forma $F_d = c(\dot{x})^n$, onde n é um inteiro.

2.89. Usando a formulação de amortecimento viscoso equivalente, determine uma expressão para a amplitude em regime permanente sob excitação harmônica para um sistema com amortecimento viscoso e de Coulomb presentes.

Seção 2.8 (Problemas 2.90 a 2.96)

*2.90. Integre numericamente e trace a resposta de um sistema subamortecido determinado por $m = 100$ kg, $k = 20.000$ N/m e $c = 200$ kg/s, sujeito às condições iniciais de $x_0 = 0,01$ m e $v_0 = 0,1$ m/s e a força aplicada $F(t) = 150 \cos 5t$. Em seguida trace a resposta exata como calculada pela Equação (2.33). Compare as curvas das soluções exata e numérica.

*2.91. Integre numericamente e trace a resposta de um sistema subamortecido determinado por $m = 150$ kg e $k = 400$ N/m, sujeito às condições iniciais de $x_0 = 0,01$ m e $v_0 = 0,1$ m/s e a força aplicada $F(t) = 15 \cos 10t$, para vários valores do coeficiente de amortecimento. Use o mesmo código para determinar um valor de amortecimento que faz com que o termo transitório desapareça dentro de 3 segundos. Tente encontrar o menor valor de amortecimento lembrando que o amortecimento adicional é normalmente caro.

*2.92. Calcule a resposta total de um sistema massa-mola com valores $k = 1000$ N/m, $m = 10$ kg, sujeito a uma força harmônica de amplitude $F_0 = 100$ N e frequência de 8,162 rad/s e condições iniciais dadas por $x_0 = 0,01$ m e $v_0 = 0,01$ m/s, integrando numericamente ao invés de usar expressões analíticas, como foi feito no Problema 2.7. Trace a resposta.

*2.93. Um pedal para um instrumento musical é modelado conforme esquema na Figura P2.93. Com $k = 2000$ N/m, $c = 25$ kg/s, $m = 25$ kg e $F(t) = 50 \cos 2\pi t$ N, simule numericamente a resposta do sistema supondo que o sistema parte do repouso. Use a aproximação de ângulo pequeno.

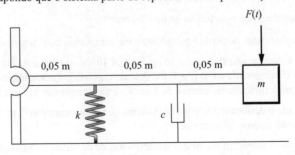

Figura P2.93

CAPÍTULO 2 Problemas

213

*2.94. Integre numericamente e trace a resposta de um sistema subamortecido determinado por $m = 100$ kg, $k = 2000$ N/m e $c = 200$ kg/s, sujeito à força aplicada $F(t) = 150 \cos 10t$ para os seguintes conjuntos de condições iniciais:

(a) $x_0 = 0,0$ m e $v_0 = 0,1$ m/s

(b) $x_0 = 0,01$ m e $v_0 = 0,0$ m/s

(c) $x_0 = 0,05$ m e $v_0 = 0,0$ m/s

(d) $x_0 = 0,0$ m e $v_0 = 0,5$ m/s

Trace essas respostas no mesmo gráfico e observe os efeitos das condições iniciais na parte transitória da resposta.

*2.95. Uma unidade de DVD montada sobre um chassi é modelada como um sistema massa-mola-amortecedor de único grau de liberdade. Durante o funcionamento normal, o acionamento (com uma massa de 0,4 kg) está sujeito a uma força harmônica de 1 N a 10 rad/s. Devido a considerações de materiais e deflexão estática, a rigidez é fixada em 500 N/m e o amorteci-mento natural é de 10 kg/s. O leitor de DVD inicia e para durante o seu funcionamento normal, fornecendo condições iniciais ao módulo de $x_0 = 0,001$ m e $v_0 = 0,5$ m/s. A unidade de DVD não deve ter uma amplitude de vibração maior que 0,008 m mesmo durante o regime transitó-rio. Primeiro, calcule a resposta por simulação numérica para ver se a restrição é satisfeita. Se a restrição não for satisfeita, encontre o menor valor de amortecimento que mantenha a deflexão menor que 0,008 m.

2.96. Utilize uma rotina para examinar o problema de excitação de base (Figura 2.13), represen-tando a solução particular de um sistema não amortecido para os três casos $k = 1500$ N/m, $k = 2500$ N/m e $k = 700$ N/m. Observe também os valores das três relações de frequência e a correspondente amplitude de vibração de cada caso em relação à entrada. Utilize os seguintes valores $\omega_b = 4,4$ rad/s, $m = 100$ kg e $Y = 0,05$.

Seção 2.9 (Problemas 2.97 a 2.102)

*2.97. Calcule a resposta do sistema na Figura P2.93 para o caso em que o amortecimento seja linear-mente viscoso, a mola é uma mola macia não linear da forma

$$k(x) = kx - k_1 x^3$$

e o sistema é submetido à uma excitação harmônica de 300 N, frequência de aproximadamente um terço da frequência natural ($\omega = \omega_n/3$) e condições iniciais de $x_0 = 0,01$ m e $v_0 = 0,1$ m/s. O sistema tem uma massa de 100 kg, um coeficiente de amortecimento de 170 kg/s e um coe-ficiente de rigidez linear de 2000 N/m. O valor de k_1 é considerado como sendo 10.000 N/m³. Calcule a solução e compare-a com a solução linear ($k_1 = 0$). Qual sistema tem a maior amplitude?

*2.98. Calcule a resposta do sistema na Figura P2.97 para o caso em que o amortecimento é linear-mente viscoso, a mola é uma mola dura não linear da forma

$$k(x) = kx + k_1 x^3$$

e o sistema é submetido a uma excitação harmônica de 300 N, uma frequência igual à fre-quência natural ($\omega = \omega_n$) e condições iniciais de $x_0 = 0,01$ m e $v_0 = 0,1$ m/s. O sistema tem uma massa de 100 kg, um coeficiente de amortecimento de 170 kg/s e um coeficiente de rigidez linear de 2000 N/m. O valor de k_1 é considerado como sendo 10.000 N/m³. Calcule a solução e compare-a com a solução linear ($k_1 = 0$). Qual sistema tem a maior amplitude?

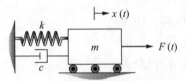

Figura P2.97

*2.99. Calcule a resposta do sistema na Figura P2.97 para o caso em que o amortecimento é linearmente viscoso, a mola é uma mola macia não linear da forma

$$k(x) = kx - k_1 x^3$$

e o sistema é submetido a uma excitação harmônica de 300 N, uma frequência igual à frequência natural ($\omega = \omega_n$) e condições iniciais de $x_0 = 0{,}01$ m e $v_0 = 0{,}1$ m/s. O sistema tem uma massa de 100 kg, um coeficiente de amortecimento de 15 kg/s e um coeficiente de rigidez linear de 2000 N/m. O valor de k_1 é 100 N/m³. Calcule a solução e compare-a com a solução de mola dura ($k(x) = kx + k_1 x^3$).

*2.100. Calcule a resposta do sistema na Figura P2.97 para o caso em que o amortecimento é linearmente viscoso, a mola é uma mola macia não linear da forma

$$k(x) = kx - k_1 x^3$$

e o sistema é submetido a uma excitação harmônica de 300 N, uma frequência igual à frequência natural ($\omega = \omega_n$) e condições iniciais de $x_0 = 0{,}01$ m e $v_0 = 0{,}1$ m/s. O sistema tem uma massa de 100 kg, um coeficiente de amortecimento de 15 kg/s e um coeficiente de rigidez linear de 2000 N/m. O valor de k_1 é 1000 N/m³. Calcule a solução e compare-a com a solução de mola macia quadrática ($k(x) = kx + k_1 x^2$).

*2.101. Compare a resposta forçada de um sistema com amortecimento de velocidade quadrada com a equação de movimento dada por

$$m\ddot{x} + \alpha \operatorname{sgn}(\dot{x})\dot{x}^2 + kx = F_0 \cos \omega t$$

usando a simulação numérica da equação não linear para a resposta do sistema linear obtida usando amortecimento viscoso equivalente como definido pela Equação (2.131)

$$c_{eq} = \frac{8}{3\pi} \alpha \omega X$$

Utilize como condições iniciais $x_0 = 0{,}01$ m e $v_0 = 0{,}1$ m/s com massa de 10 kg, rigidez de 25 N/m, força aplicada de ($\omega_n t$) e coeficiente de arrasto de $\alpha = 250$.

*2.102. Compare a resposta forçada de um sistema com amortecimento estrutural (Tabela 2.2) usando a simulação numérica da equação não linear com a resposta do sistema linear obtida usando

CAPÍTULO 2 Problemas

amortecimento viscoso equivalente, conforme definido na Tabela 2.2. Utilize como condições iniciais $x_0 = 0,01$ m e $v_0 = 0,1$ m/s com uma massa de 10 kg, rigidez de 25 N/m, força aplicada de 150 cos $(\omega_n t)$ e coeficiente de amortecimento sólido de $b = 25$.

ENGINEERING VIBRATION TOOLBOX PARA MATLAB®

Se você não usou o *Toolbox* de vibração para o Capítulo 1, consulte essa seção para obter informações sobre o uso de arquivos Matlab ou consulte o Apêndice G.

Os arquivos do Capítulo 2, intitulados VTB2_1, VTB2_2 e assim por diante, podem ser encontrados na pasta VTB2. Os arquivos em VTB2 podem ser usados para ajudar a resolver os problemas precedentes e para ajudar a obter informações sobre a natureza da resposta de sistemas de um grau de liberdade para entradas harmônicas. Os seguintes problemas pretendem ajudá-lo a adquirir alguma experiência com os conceitos neste capítulo.

PROBLEMAS PARA TOOLBOX

TB2.1. Usando o arquivo VTB2_1, reproduza a Figura 2.2.

TB2.2. Investigue cuidadosamente a resposta de um sistema não amortecido perto da ressonância, tentando vários valores de ω perto de ω_n para os valores da Figura 2.2. Você consegue obter o batimento da Figura 2.3?

TB2.3. Usando o arquivo VTB2_3, reproduza a Figura 2.9. Também trace Xk/f_0 por r para os valores dado no Exemplo 2.2.3 e trace a resposta no tempo associado $x_p(t)$ para um valor de $r = 0,5$ usando VTB2_2. Faça essas curvas novamente para $\zeta = 0,01$ e $\zeta = 0,1$ e comente como a resposta no tempo muda à medida que o fator de amortecimento ζ varia de uma ordem de grandeza.

TB2.4. Usando o arquivo VTB2_5 para desbalanceamento rotativo, faça um gráfico de x por r para o helicóptero do Exemplo 2.4.2.

TB2.5. Usando o arquivo VTB2_6 para mecanismos de amortecimento, compare a resposta no tempo de um sistema (com parâmetros físicos de $m = 10$, $k = 100$, $\alpha = 0,05$, $X = 1$) com amortecimento de ar, conforme a Equação (2.129), com condições iniciais $x_0 = 1$ e $v_0 = 0$ ao de um sistema amortecido viscosamente equivalente usando a Equação (2.131) para uma entrada de sen $3t$.

3 Resposta à Forçada Geral

Este capítulo começa com a resposta de sistemas submetidos a carga de impacto ou impulso. Um exemplo de tal carga ocorre durante o pouso de um avião. O trem de pouso da aeronave, ilustrado na foto de cima ao lado, possui rigidez e amortecimento projetados (ver Capítulo 5) para atenuar o efeito do impacto na aeronave. A entrada para a estrutura não é completamente periódica, como analisado no Capítulo 2, mas tem impacto aleatório e outros componentes, como discutido neste capítulo.

Outra fonte de vibração que não está em uma única frequência (como no Capítulo 2) é o coração humano. O coração vibra em uma variedade de frequências diferentes, dependendo do nível de atividade e estado emocional da pessoa. Alguns corações precisam de regulação usando um dispositivo como o marca-passo, retratado na foto. Esses dispositivos funcionam com baterias, que precisam ser substituídas a cada sete a dez anos, envolvendo grande cirurgia. Pesquisadores de vibração desenvolveram recentemente dispositivos de captura de energia que convertem as vibrações induzidas pelo coração, na cavidade torácica, em energia elétrica. Essa energia é então utilizada para recarregar a bateria do marca-passo. A colocação de tal dispositivo no interior do marca-passo requer uma compreensão básica da vibração e, em particular dos modelos, da resposta de vibração de uma estrutura (colhedora, nesse caso) à entradas que têm energia em muitas frequências diferentes, como discutido neste capítulo.

SEÇÃO 3.1 Função de Resposta ao Impulso

No Capítulo 2, a resposta forçada de um sistema de um grau de liberdade foi considerada para o caso especial de uma força de excitação harmônica. Excitação harmônica refere-se a uma força aplicada que é senoidal de frequência única. Neste capítulo, a resposta de um sistema à diferentes tipos de forças é considerada, bem como uma formulação geral para o cálculo da resposta forçada para qualquer tipo de força aplicada. Se o sistema considerado for linear, o princípio de superposição pode ser usado para calcular a resposta a várias combinações de forças com base na resposta individual à uma força específica.

A *superposição* refere-se ao fato de que uma equação de movimento linear, por exemplo, $\ddot{x} + \omega_n^2 x = 0$, tiver soluções x_1 e x_2, então também é solução $x = a_1 x_1 + a_2 x_2$, onde a_1 e a_2 são constantes. Esse conceito também implica que se x_1 é uma solução particular para $\ddot{x} + \omega_n^2 x = f_1$ e x_2 é uma solução para $\ddot{x} + \omega_n^2 x = f_2$, então x_1 e x_2 é uma solução de $\ddot{x} + \omega_n^2 x = f_1 + f_2$. Assim, esse método de superposição pode ser usado para construir a solução para uma força de função complicada resolvendo uma série de problemas mais simples. A superposição foi usada para resolver o problema de excitação de base da Seção 2.3. O princípio da superposição em sistemas lineares é uma técnica muito poderosa e é amplamente utilizado.

Uma variedade de forças quando aplicadas a sistemas mecânicos resultam em vibração. As forças de terremoto são às vezes modeladas como somas de forças periódicas ou harmônicas monótonas decrescentes. Os ventos fortes podem ser uma fonte de carga impulsiva ou constante para as estruturas. As estradas ásperas fornecem uma variedade de condições forçantes aos automóveis. As ondas do mar e o vento fornecem forças aos navios no mar. Vários processos de fabricação produzem forças aplicadas que são de natureza aleatória, periódica, não periódica ou transitória. Ar e movimento relativo fornecem forças para a asa de uma aeronave que pode causar oscilação. Todas essas forças podem causar vibração.

As forças periódicas são aquelas que se repetem no tempo. Um exemplo é uma força aplicada consistindo na soma de duas forças harmônicas em frequências diferentes. Uma força não periódica é aquela que não se repete no tempo. Uma função degrau é um exemplo de uma força que é uma excitação não periódica. Uma força transitória é aquela que se reduz a zero após um tempo finito, geralmente pequeno. Um impulso ou um choque são exemplos de excitações transitórias. Todas as classes de excitação acima mencionadas são determinísticas (isto é, são conhecidas precisamente como uma função do tempo). Por outro lado, uma excitação aleatória é aquela que é imprevisível no tempo e deve ser descrita em termos de probabilidade e estatística. Este capítulo apresenta uma amostra dessas várias classes de excitações de força e como calcular e analisar o movimento resultante quando aplicado a um sistema massa-mola-amortecedor de um grau de liberdade.

3.1 FUNÇÃO DE RESPOSTA AO IMPULSO

Uma fonte muito comum de vibração é a aplicação repentina de uma força de curta duração chamada impulso. Uma excitação de impulso é uma força que é aplicada por um período de tempo muito curto, ou infinitesimal, e representa um exemplo de *carga de impacto*. Um impulso é uma força não periódica. A resposta de um sistema a um impulso é idêntica à resposta livre do sistema a certas condições iniciais, como mostrado nesta seção. Em muitas situações úteis, a força aplicada $F(t)$ é de natureza impulsiva (isto é, atua com grande magnitude durante um período de tempo muito curto).

Primeiro, considere um modelo matemático de excitação de impulso. Um gráfico histórico temporal de um modelo do impulso é dado na Figura 3.1, esse é um pulso retangular de muito grande intensidade e largura muito pequena (duração).

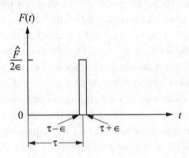

Figura 3.1 A evolução no tempo de uma força de impulso usada para modelar a carga impulsiva consiste de uma grande força aplicada ao longo de um curto intervalo de tempo.

A regra de descrever a força na Figura 3.1 é declarada simbolicamente como

$$F(t) = \begin{cases} 0 & t \leq \tau - \varepsilon \\ \dfrac{\hat{F}}{2\varepsilon} & \tau - \varepsilon < t < \tau + \varepsilon \\ 0 & t \geq \tau + \varepsilon \end{cases} \quad (3.1)$$

onde ε é um número positivo pequeno. Essa função simples $F(t)$ pode ser integrada para definir o *impulso*. O impulso da força $F(t)$ é definido pela integral, representada por $I(\varepsilon)$, como

$$I(\varepsilon) = \int_{\tau-\varepsilon}^{\tau+\varepsilon} F(t)\, dt$$

que fornece uma medida da intensidade da função de excitação $F(t)$. Dado que a função $F(t)$ é zero fora do intervalo de tempo de $\tau - \varepsilon$ à $\tau + \varepsilon$, os limites de integração em $I(\varepsilon)$ podem ser estendidos para produzir

$$I(\varepsilon) = \int_{-\infty}^{\infty} F(t)\, dt \quad (3.2)$$

que tem as unidades de N · s.

Nesse caso, a integral da Equação (3.2) é avaliada calculando a área sob a curva usando a Equação (3.1), que torna-se

$$I(\varepsilon) = \int_{-\infty}^{\infty} F(t)\, dt = \dfrac{\hat{F}}{2\varepsilon} 2\varepsilon = \hat{F} \quad (3.3)$$

SEÇÃO 3.1 Função de Resposta ao Impulso

independente do valor de ε enquanto $\varepsilon \neq 0$. No limite quando $\varepsilon \to 0$ (mas $\varepsilon \neq 0$), a integral toma o valor $I(\varepsilon) = \hat{F}$. Isso é usado para definir a *função impulso* como a função $F(t)$ com as duas propriedades

$$F(t - \tau) = 0 \qquad t \neq \tau \tag{3.4}$$

e

$$\int_{-\infty}^{\infty} F(t - \tau)\, dt = \hat{F} \tag{3.5}$$

Se a magnitude de $\hat{F}$ é unitária, isso torna-se a definição da *função impulso unitária*, representada por $\delta(t)$, também chamada *função delta de Dirac* (Boyce e DiPrima, 2009).

A solução para a resposta do sistema de um grau de liberdade (Janela 3.1)

$$m\ddot{x}(t) + c\dot{x}(t) + kx(t) = \hat{F}(t), \quad x(0) = 0, \quad \dot{x}(0) = 0$$

à uma carga impulsiva para o sistema inicialmente em repouso é calculado lembrando, a partir da física, que um impulso transmite uma mudança no momento para um corpo. Para facilitar,

Janela 3.1
Revisão da Resposta Livre do Sistema de Um Grau de Liberdade do Capítulo 1

$$m\ddot{x} + c\dot{x} + kx = F(t)$$

$$x(0) = x_0 \qquad \dot{x}(0) = v_o$$

$$\ddot{x} + 2\zeta\omega_n\dot{x} + \omega_n^2 x = f(t)$$

Esse sistema tem resposta livre [isto é, $f(t) = 0$] no caso subamortecido (isto é, $0 < \zeta < 1$) dado por

$$x(t) = \frac{\sqrt{(v_0 + \zeta\omega_n x_0)^2 + (x_0\omega_d)^2}}{\omega_n\sqrt{1 - \zeta^2}}\ e^{-\zeta\omega_n t} \operatorname{sen}(\omega_d t + \phi)$$

onde

$$\omega_d = \omega_n\sqrt{1 - \zeta^2} \qquad e \qquad \phi = \operatorname{tg}^{-1}\frac{x_0\omega_d}{v_0 + \zeta\omega_n x_0}$$

Aqui $\omega_n = \sqrt{k/m}$, $\zeta = c/(2m\omega_n)$ e $0 < \zeta <$ devem ser satisfeitos para a solução anterior ser válida a partir das Equações (1.36) a (1.38)].

220   CAPÍTULO 3 • Resposta à Forçada Geral

adote $\tau = 0$ na definição de um impulso. Considere a massa em repouso imediatamente antes da aplicação de uma força de impulso. Esse instante de tempo é denotado por 0^-. Da mesma forma, o instante de tempo logo após $t = 0$ é denotado por 0^+. As condições iniciais são ambas zero, de modo que $x(0^-) = \dot{x}(0^-) = 0$, uma vez que o sistema está inicialmente em repouso. No entanto, a velocidade imediatamente após o impulso é $\dot{x}(0^+)$, denotada aqui como v_0. Assim, a mudança de momento no impacto é $m\dot{x}(0^+) - m\dot{x}(0^-) = mv_0$, de modo que $\hat{F} = F\Delta t = mv_0 - 0 = mv_0$, enquanto o deslocamento inicial permanece em zero. Por esta linha de pensamento físico, um impulso aplicado a um sistema massa-mola-amortecedor de um grau de liberdade é o mesmo que aplicar as condições iniciais de deslocamento zero e uma velocidade inicial de $v_0 = F\Delta t/m$.

Referindo-se a Janela 3.1, a resposta de um sistema de um grau de liberdade ($0 < \zeta < 1$) com deslocamento inicial zero ($x_0 = 0$) é apenas

$$x(t) = \frac{v_0}{\omega_d} e^{-\zeta\omega_n t} \operatorname{sen} \omega_d t$$

A substituição de $v_0 = \hat{F}/m$ ($\hat{F} = F\Delta t$, com unidades de N s) nessa última expressão produz

$$x(t) = \frac{\hat{F} e^{-\zeta\omega_n t}}{m\omega_d} \operatorname{sen} \omega_d t \tag{3.6}$$

como previsto pelas Equações (1.36) e (1.38), repetido no Janela 3.1. É conveniente escrever essa solução na forma

$$x(t) = \hat{F}h(t) \tag{3.7}$$

onde $h(t)$ é definido por

$$h(t) = \frac{1}{m\omega_d} e^{-\zeta\omega_n t} \operatorname{sen} \omega_d t \tag{3.8}$$

Observe que a função $h(t)$ é a resposta a um impulso unitário aplicado no tempo $t = 0$. Se aplicado no tempo $t = \tau$, $\tau \neq 0$, também pode ser escrito como (substitua t por $t - \tau$)

$$h(t - \tau) = \frac{1}{m\omega_d} e^{-\zeta\omega_n(t-\tau)} \operatorname{sen} \omega_d(t - \tau) \quad t > \tau \tag{3.9}$$

e zero para o intervalo $0 < t < \tau$. As funções $h(t)$ e $(t - \tau)$ são chamadas de *função de resposta ao impulso* do sistema.

Enquanto o impulso é uma abstração matemática de uma força infinita aplicada sobre um tempo infinitesimal, em aplicações apresenta um excelente modelo de uma grande força aplicada ao longo de um curto período de tempo. A resposta ao impulso é fisicamente interpretada como a resposta a uma velocidade inicial sem deslocamento inicial (portanto, nenhuma defasagem para $\tau = 0$). A função de resposta ao impulso, combinada com o princípio de superposição, também é útil para calcular a resposta de um sistema a uma força de excitação aplicada geral, conforme discutido na Seção 3.2.

SEÇÃO 3.1 Função de Resposta ao Impulso

Uma ocorrência comum que causa uma excitação de impulso é um impacto. Em testes de vibração, um dispositivo mecânico passando por testes muitas vezes recebe um impacto e a resposta é medida para determinar as propriedades de vibração do sistema. O impacto é muitas vezes criado batendo o corpo de teste com um martelo contendo um dispositivo para medir a força do impacto. A utilização da resposta de impulso para testes de vibração é também discutida no Capítulo 7. Na prática, uma força é considerada um impulso se sua duração $T = 2\pi/\omega_n$, é muito curta em comparação com o período (Δt) associado com a frequência natural não amortecida da estrutura. Em testes de vibração típicos, Δt é da ordem de 10^{-3} s.

Exemplo 3.1.1

Considere um sistema massa-mola-amortecedor com $m = 100$ kg, $c = 20$ kg/s e $k = 2000$ N/m com uma força de impulso aplicada de 1000 N por 0,01 s. Calcule a resposta resultante.

Solução   Uma força de 1000 N atuando 0,01 s fornece (área sob a curva) um valor de $\hat{F} = F\Delta t$ = 1000 · 0,01 = 10 N · s. Usando os valores dados, a equação de movimento é

$$100\ddot{x}(t) + 20\dot{x}(t) + 2000x(t) = 10\delta(t)$$

Assim, a frequência natural, fator de amortecimento e frequência natural amortecida são

$$\omega_n = \sqrt{\frac{2000}{100}} = 4,427 \text{ rad/s}, \zeta = \frac{20}{2\sqrt{100 \cdot 2000}} = 0,022,$$

$$\omega_d = 4,472\sqrt{1 - 0,022^2} = 4,471 \text{ rad/s}$$

Usando a Equação (3.6), a resposta torna-se

$$x(t) = \frac{\hat{F}e^{-\zeta\omega_n t}}{m\omega_d} \text{ sen } \omega_d t = 0,022e^{-0,1t}\text{sen}(4,471t)$$

$\square$

Exemplo 3.1.2

Suponha que um pássaro de 1 kg voe para a câmera de segurança de 3 kg do Exemplo 2.1.3, repetida na Figura 3.2. Se o pássaro estiver voando a 72 km/h, calcule a deflexão máxima que o impacto causa com base no projeto dado no Exemplo 2.1.3. A deflexão máxima viola a restrição de projeto? Despreze o amortecimento.

Solução   Da solução de projeto do Exemplo 2.1.3, a rigidez do suporte de montagem da câmera é ($I = bh^3/12$):

$$k = \frac{3Ebh^3}{12l^3} = \frac{(7,1 \times 10^{10}\text{N/m}^2)(0,02\,\text{m})(0,02\,\text{m})^3}{4(0,55\,\text{m})^3} = 1,707 \times 10^4 \text{ N/m}$$

A massa da câmera é $m_c = 3$ kg, portanto a frequência natural é 75,43 rad/s. Combinando as Equações (3.7) e (3.8) para $\zeta = 0$, a resposta é

$$x(t) = \frac{F\Delta t}{m_c\omega_n}\text{sen}\omega_n t = \frac{m_b v}{m_c\omega_n}\text{sen}\omega_n t$$

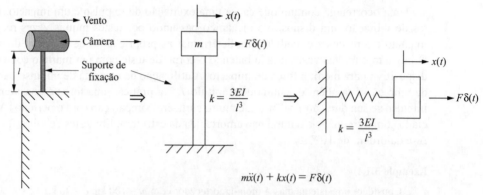

Figura 3.2 Um modelo de vibração de uma câmera de segurança e seu suporte.

onde $m_b v$ é o momento linear do pássaro, que transmite a força de impacto F. O impulso é assim

$$m_b v = 1 \text{ kg} \cdot 72 \, \frac{\text{km}}{\text{hora}} \cdot \frac{1000 \text{ m}}{\text{km}} \cdot \frac{\text{hora}}{3600 \text{ s}} = 20 \text{ kg} \cdot \text{m/s}$$

O impulso tem a amplitude máxima de

$$X = \left| \frac{F \Delta t}{m_c \omega_n} \right| = \left| \frac{m_b v}{m_c \omega_n} \right| = \left| \frac{20 \text{ kg} \cdot \text{m/s}}{3 \text{ kg} \cdot 75{,}43 \text{ rad/s}} \right| = 0{,}088 \text{ m}$$

Assim, a restrição de projeto de manter a vibração da câmera dentro de 0,01 m requerida no Exemplo 2.1.3 é violada sob um impacto do pássaro.

□

Exemplo 3.1.3

No teste de vibração, um martelo instrumentado é frequentemente usado para acertar um dispositivo para excitá-lo e medir a força de impacto simultaneamente. Se o dispositivo a ser testado for um sistema de um grau de liberdade, trace a resposta, dado que $m = 1$ kg, $c = 0{,}5$ kg/s, $k = 4$ N/m e $\hat{F} = 0{,}2$ N · s. Muitas vezes é difícil realizar um impacto único com um martelo. Às vezes ocorre um impacto duplo, então a força de excitação pode ter a forma

$$F(t) = 0{,}2\delta(t) + 0{,}1\delta(t - \tau)$$

Trace a resposta do mesmo sistema à um impacto duplo e compare com a resposta à um impacto único. Suponha que as condições iniciais sejam zero.

Solução   A solução para o impacto único unitário e tempo $t = 0$ é dada pelas Equações (3.7) e (3.8) com $\omega_n = \sqrt{4} = 2$ rad/s e $\zeta = c/(2m\omega_n) = 0{,}125$. Assim, com $\hat{F} = 0{,}2\delta(t)$

$$x_1(t) = \frac{0{,}2}{(1)\left(2\sqrt{1 - (0{,}125)^2}\right)} e^{-(0{,}125)(2)t} \operatorname{sen} 2\sqrt{1 - (0{,}125)^2}\, t$$

$$= 0{,}1008 e^{-0{,}25t} \operatorname{sen}(1{,}984 t) \text{ m}$$

SEÇÃO 3.1 Função de Resposta ao Impulso

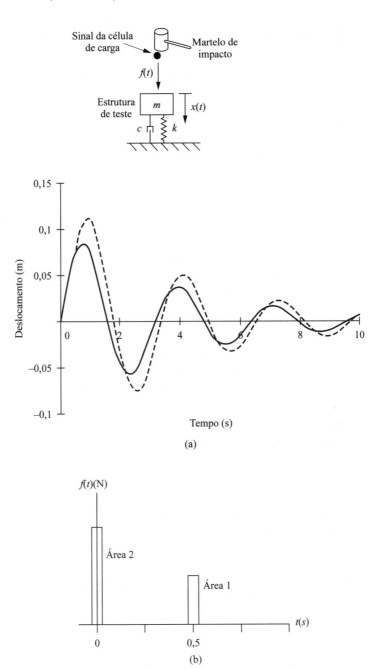

Figura 3.3 (a) A resposta de um sistema de um grau de liberdade à um impacto único (linha contínua) e um impacto duplo para τ = 0,5 s (linha tracejada). O gráfico (b) indica a curva de força pelo tempo para o impacto duplo aplicado. Observe a maior amplitude do impacto duplo.

que é representado na Figura 3.3 (a). Da mesma forma, a resposta à $0{,}1\delta(t-\tau)$ é calculada a partir das Equações (3.7) e (3.9) como

$$x_2(t) = 0{,}0504e^{-0{,}25(t-\tau)} \ \text{sen } 1{,}984(t-\tau)\, m \quad t > \tau$$

e $x_2(t) = 0$ se $0 < t < \tau = 0{,}5$. A força de entrada $f(t)$ é indicada na Figura 3.3 (b). É importante notar que nenhuma contribuição de x_2 ocorre até o tempo $t = \tau$. Utilizando o princípio de superposição para sistemas lineares, a resposta ao "impacto duplo" será a soma das duas respostas de impulso precedentes:

$$x(t) = x_1(t) + x_2(t)$$

$$= \begin{cases} 0{,}1008e^{-0{,}25t}\,\text{sen}(1{,}984t) & 0 < t < \tau \\ 0{,}1008e^{-0{,}25t}\,\text{sen}(1{,}984t) + 0{,}0504e^{-0{,}25(t-\tau)}\,\text{sen}\,1{,}984(t-\tau) & t > \tau \end{cases}$$

Essa solução é representada na Figura 3.3 (a) para o valor $\tau = 0{,}5$ s.

Observe que a diferença óbvia entre as duas respostas é que a resposta ao impacto duplo tem um "pico" em $\tau = t = 0{,}5$, causando uma amplitude maior. O tempo τ representa o intervalo de tempo entre os dois impactos.

$\square$

O exemplo seguinte ilustra o cálculo da resposta devido a um impulso aplicado e a condições iniciais, formando a resposta total do sistema. O exemplo também introduz o conceito de usar uma função degrau de Heaviside para representar a resposta.

Exemplo 3.1.4

Considere o sistema (massa normalizada)

$$\ddot{x}(t) + 2\dot{x}(t) + 4x(t) = \delta(t) - \delta(t-4)$$

Calcule e trace a resposta com condições iniciais $x_0 = 1\,mm$ e $v_0 = -1$ mm/s.

Solução Por inspeção, a frequência natural é $\omega_n = 2$ rad/s. Analisando os coeficientes de velocidade tem-se

$$2 = 2\zeta\omega_n \quad \text{ou} \quad \zeta = 0{,}5$$

Assim, o sistema é subamortecido e a resposta dada na Janela 3.1 se aplica. Calculando a frequência natural amortecida tem-se

$$\omega_d = \omega_n\sqrt{1 - \zeta^2} = 2\sqrt{1 - \left(\frac{1}{2}\right)^2} = \sqrt{3}$$

Primeiro, calcule a resposta para o intervalo de tempo $0 \le t \le 4$ s. Nesse intervalo, apenas o primeiro impulso está ativo. A solução de impulso correspondente é, pela Equação (3.6),

$$x_I(t) = \frac{\hat{F}}{m\omega_d}e^{-\zeta\omega_n t}\,\text{sen }\omega_d t = \frac{1}{\sqrt{3}}e^{-t}\,\text{sen}\sqrt{3}t, \quad 0 \le t < 4$$

SEÇÃO 3.1 Função de Resposta ao Impulso

A solução total para o primeiro intervalo de tempo é então igual à soma das soluções homogêneas e de impulso. A solução homogênea é

$$x_h(t) = e^{-t}(A \operatorname{sen} \omega_d t + B \cos \omega_d t), \qquad 0 \le t < 4$$

onde A e B são as constantes de integração a serem determinadas pelas condições iniciais e o subscrito h representa a solução devido às condições iniciais. Diferenciar o deslocamento produz a velocidade:

$$\dot{x}_h(t) = -e^{-t}(A \operatorname{sen}\sqrt{3}t + B\cos\sqrt{3}t)$$
$$+ e^{-t}(\sqrt{3}A \cos\sqrt{3}t - \sqrt{3}B \operatorname{sen}\sqrt{3}t)$$

Fazendo $t = 0$ nessas duas últimas expressões e usando as condições iniciais produz as seguintes equações:

$$x_h(0) = 1 = B$$
$$\dot{x}_h(0) = -1 = -B + \sqrt{3}A$$

Resolvendo para A e B obtém-se $A = 0$ e $B = 1$, de modo que $x_h(t) = e^{-t} \cos \sqrt{3}t$. Em seguida, calcule a resposta devido ao impulso em $t = 0$, o que equivale a resolver o problema de valor inicial para $x_I(0) = 0$ e $\dot{x}_I(0) = 1$. Seguindo o mesmo procedimento para calcular as constantes de integração para o impulso tem-se

$$B = 1 \text{ e } A = \frac{1}{\sqrt{3}} \text{ tal que } x_I(t) = \frac{e^{-t}}{\sqrt{3}} \operatorname{sen}\sqrt{3}t$$

Adicionando a resposta homogênea e a resposta ao impulso chega-se a

$$x_1(t) = e^{-t}\left(\cos\sqrt{3}t + \frac{1}{\sqrt{3}} \operatorname{sen}\sqrt{3}t\right), \qquad 0 \le t < 4$$

Em seguida, calcule a resposta do sistema ao segundo impulso, que começa em $t = 4$s. Usando a Equação (3.9) com $\tau = 4$s, a resposta ao segundo impulso é

$$x_2(t) = \frac{\hat{F}}{m\omega_d} e^{-\zeta\omega_n(t-\tau)} \operatorname{sen} \omega_d(t - \tau) = -\frac{1}{\sqrt{3}} e^{-t+4} \operatorname{sen}\sqrt{3}(t - 4), \qquad t > 4$$

A *função degrau de Heaviside* definida por

$$\Phi(t - \tau) = \begin{Bmatrix} 0, & t < \tau \\ 1, & t \ge \tau \end{Bmatrix}$$

é perfeita para escrever funções que "ligam" depois de algum tempo. As funções Heaviside também são denotadas por $H(t - \tau)$. Usando superposição, a solução total é $x = x_1 + x_2$, e a

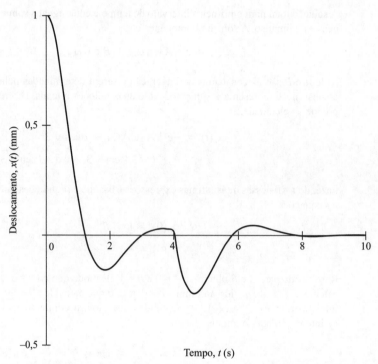

Figura 3.4 Um gráfico de deslocamento pelo tempo para um duplo impacto, com o segundo impacto aplicado em $t = 4$s.

função Heaviside é usada para indicar que x_2 "começa" após $\tau = 4$. A solução pode ser escrita como

$$x(t) = e^{-t}\left(\cos\sqrt{3}t + \frac{1}{\sqrt{3}}\operatorname{sen}\sqrt{3}t\right) - \left[\frac{e^{-(t-4)}}{\sqrt{3}}\operatorname{sen}\sqrt{3}(t-4)\right]\Phi(t-4) \text{ mm}$$

Essa solução está representada na Figura 3.4. Observe a mudança acentuada na resposta à medida que o segundo impacto é aplicado. Isso está em contraste com o impacto duplo no exemplo anterior. No exemplo anterior, o segundo impulso ocorre na mesma "direção" que a resposta atual. No entanto, nesse exemplo, o segundo impacto ocorre fora de fase com a resposta do primeiro impacto e provoca uma mudança abrupta de direção.

□

3.2 RESPOSTA A UMA ENTRADA ARBITRÁRIA

A resposta de um sistema de um grau de liberdade a uma excitação geral arbitrária é analisada nesta seção. A resposta de um sistema de um grau de liberdade a uma força arbitrária de amplitude variável pode ser calculada a partir do conceito de resposta ao impulso definido na Seção 3.1. O procedimento é dividir a força excitante em impulsos de área infinitesimal, calcular as respostas a esses impulsos individuais e adicionar as respostas individuais para calcular a resposta total usando o conceito de superposição. Esse procedimento é melhor visto na Figura 3.5, que ilustra uma força aplicada arbitrária $F(t)$ dividida em n intervalos de tempo de comprimento Δt de modo que cada incremento de tempo é definido por $\Delta t = t/n$. Em cada intervalo de tempo t_i, a solução pode ser calculada considerando a resposta como sendo devida a um impulso de duração Δt e amplitude da força $F(t)$ (isto é, um impulso de intensidade $F(t_i)\Delta t$).

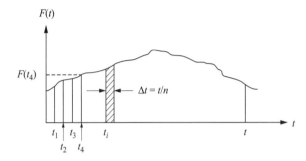

Figura 3.5 Uma força de excitação arbitrária $F(t)$ dividida em n forças de impulso.

A parte da resposta devida ao impulso que atua durante o intervalo de tempo entre t_i e t_{i+1} é então dada pela Equação (3.7) como o incremento

$$\Delta x(t_i) = F(t_i)h(t - t_i)\Delta t \tag{3.10}$$

tal que a resposta total após n intervalos é a soma

$$x(t_n) = \sum_{i=1}^{n} F(t_i)h(t - t_i)\Delta t \tag{3.11}$$

Usa-se novamente o fato de que a equação de movimento é linear, de modo que o princípio de superposição se aplica. Formando a sequência de somas parciais e encontrando o limite quando $\Delta t \to 0$ ($n \to \infty$) tem-se

$$x(t) = \int_0^t F(\tau)h(t - \tau)d\tau \tag{3.12}$$

do primeiro teorema fundamental do cálculo integral. A integral na Equação (3.12) é chamada *integral de convolução*. Uma integral de convolução é simplesmente a integral do produto de duas funções, uma das quais é deslocada pela variável de integração. Convolução é usado novamente na Seção 3.4 como uma técnica útil na utilização de transformações. Propriedades adicionais da integral de convolução são dadas na Janela 3.2.

Para um sistema de um grau de liberdade sem amortecimento, a função de resposta ao impulso $h(t - \tau)$ é dada pela Equação (3.9). A substituição da função de resposta ao impulso da Equação (3.9) na Equação (3.12) resulta então que a resposta de um sistema subamortecido a uma entrada arbitrária $F(t)$ da forma

$$m\ddot{x}(t) + c\dot{x}(t) + kx(t) = F(t), x_0 = 0, v_0 = 0$$

CAPÍTULO 3 • Resposta à Forçada Geral

Janela 3.2
Propriedades Úteis da Integral de Convolução

Seja $\alpha = t - \tau$, tal que $d\alpha = -d\tau$ para fixo t. Uma vez que τ varia de 0 a t, α varia de t a 0. A substituição dessa mudança de variáveis na definição

$$x(t) = \int_0^t F(\tau)h(t - \tau)d\tau$$

produz

$$x(t) = -\int_t^0 F(t - \alpha)h(\alpha)d\alpha = \int_0^t F(t - \alpha)h(\alpha)d\alpha$$

Portanto,

$$\int_0^t F(\tau)h(t - \tau)d\tau = \int_0^t F(t - \tau)h(\tau)d\tau$$

é dada por

$$x(t) = \frac{1}{m\omega_d} e^{-\zeta\omega_n t} \int_0^t [F(\tau)e^{\zeta\omega_n\tau} \operatorname{sen} \omega_d(t - \tau)]d\tau$$

$$= \frac{1}{m\omega_d} \int_0^t F(t - \tau)e^{-\zeta\omega_n\tau} \operatorname{sen} \omega_d\tau d\tau \tag{3.13}$$

desde que as condições iniciais sejam zero. A integral na Equação (3.13) é uma integral de convolução em que uma das funções é a função de resposta ao impulso – daí a mudança na integral. Uma integral de convolução usada para calcular uma resposta do sistema é chamada *integral de Duhamel*, após o matemático francês J. M. C. Duhamel (1797-1872). A integral de Duhamel pode ser usada para calcular a resposta a uma entrada arbitrária contanto que satisfaça determinadas condições matemáticas. O exemplo a seguir ilustra o procedimento.

Exemplo 3.2.1

Considere uma força de excitação da forma dada na Figura 3.6. A força é zero até o tempo t_0, quando salta para um nível constante F_0. A função que representa essa força é chamada de *função degrau* e, quando usada para excitar um sistema de um grau de liberdade, pode modelar alguma operação de máquina ou um automóvel rodando sobre uma superfície que muda de nível (como um meio-fio). A função degrau de amplitude unitária é chamada função degrau de Heaviside como definida no Exemplo 3.1.4. Calcule a solução de

SEÇÃO 3.2 Resposta a uma Entrada Arbitrária

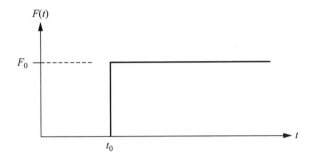

Figura 3.6 Função degrau de amplitude F_0 aplicada no tempo $t = t_0$.

$$m\ddot{x} + c\dot{x} + kx = F(t) = \begin{cases} 0, & t_0 > t > 0 \\ F_0, & t \geq t_0 \end{cases} \quad (3.14)$$

com $x_0 = v_0 = 0$ e $F(t)$ como descrito na Figura 3.6. Aqui assume-se que os valores de m, c e k são tais que o sistema é subamortecido ($0 < \zeta < 1$).

Solução Aplicando a integral de convolução dada pela Equação (3.13) resulta diretamente em

$$x(t) = \frac{1}{m\omega_d} e^{-\zeta\omega_n t} \left[\int_0^{t_0} (0) e^{\zeta\omega_n \tau} \operatorname{sen}\omega_d(t - \tau) d\tau + \int_{t_0}^{t} F_0 e^{\zeta\omega_n \tau} \operatorname{sen}\omega_d(t - \tau) d\tau \right]$$

$$= \frac{F_0}{m\omega_d} e^{-\zeta\omega_n t} \int_{t_0}^{t} e^{\zeta\omega_n \tau} \operatorname{sen}\omega_d(t - \tau) d\tau$$

Utilizando uma tabela de integrais para avaliar essa expressão tem-se

$$x(t) = \frac{F_0}{k} - \frac{F_0}{k\sqrt{1-\zeta^2}} e^{-\zeta\omega_n(t-t_0)} \cos[\omega_d(t - t_0) - \theta] \quad t \geq t_0 \quad (3.15)$$

onde

$$\theta = \operatorname{tg}^{-1} \frac{\zeta}{\sqrt{1-\zeta^2}} \quad (3.16)$$

Note que se $t_0 = 0$, a Equação (3.15) torna-se apenas

$$x(t) = \frac{F_0}{k} - \frac{F_0}{k\sqrt{1-\zeta^2}} e^{-\zeta\omega_n t} \cos(\omega_d t - \theta) \quad (3.17)$$

e se não houver amortecimento ($\zeta = 0$), essa expressão simplifica para

$$x(t) = \frac{F_0}{k}(1 - \cos\omega_n t) \quad (3.18)$$

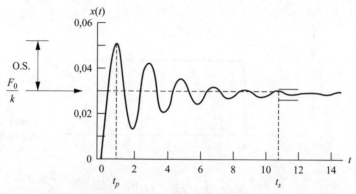

Figura 3.7 A resposta de um sistema subamortecido à excitação degrau da Figura 3.6 para $\zeta = 0,1$ and $\omega_n = 3,16$ rad/s (com $F_0 = 30$ N, $k = 1000$ N/m, $t_0 = 0$).

Analisando a resposta amortecida dada na Equações (3.17), é claro que, durante um longo período, o segundo termo da resposta desaparece e resta somente o termo em regime estacionário.

$$x_{ss}(t) = \frac{F_0}{k} \qquad (3.19)$$

De fato, a resposta ao degrau subamortecido dada pelas Equações (3.15) e (3.17) consiste na função constante F_0/k menos uma oscilação com amplitude decrescente, como ilustrado na Figura 3.7.

Muitas vezes no projeto de sistemas vibratórios sujeitos a uma entrada degrau, o tempo que leva para que a resposta atinja o maior valor, chamado de *tempo de pico* e representado por t_p na Figura 3.7, é usado como uma medida da qualidade da resposta. Outras quantidades utilizadas para medir o comportamento da resposta ao degrau são o *sobressinal*, indicado como O.S. na Figura 3.7, que é o maior valor da resposta acima do valor de regime estacionário, e o *tempo de acomodação*, representado por t_s na Figura 3.7. O tempo de acomodação é o tempo necessário para que a resposta alcance e permaneça dentro de uma determinada porcentagem da resposta estacionária. Para o caso de $t_0 = 0$, t_p e t_s são dados por $t_p = \pi/\omega_d$ e $t_s = 3,5/\zeta\omega_n$. O tempo de pico é exato (Problema 3.25) e o tempo de acomodação é uma aproximação de quando a resposta permanece dentro de 3% do valor de regime estacionário.

□

Exemplo 3.2.2

Outra excitação comum na vibração é uma força constante aplicada por um curto período de tempo e, então, removida. Um modelo aproximado dessa força é dado na Figura 3.8. Calcule a resposta de um sistema subamortecido a essa excitação.

Solução Esse carregamento tipo pulso pode ser escrito como uma combinação de funções escalonadas calculadas no Exemplo 3.2.1, conforme ilustrado na Figura 3.8. A resposta de um sistema de um grau de liberdade a $F(t) = F_1(t) + F_2(t)$ é apenas a soma da resposta a $F_1(t)$ e a resposta de $F_2(t)$, pois o sistema é linear. Primeiro, considere a resposta de um sistema subamortecido à $F_1(t)$. Essa resposta é aquela calculada no Exemplo 3.2.1 para $t_0 = 0$ e dada pela Equação (3.17). Em seguida, considere a resposta do sistema à $F_2(t)$. Essa é simplesmente

SEÇÃO 3.2 Resposta a uma Entrada Arbitrária

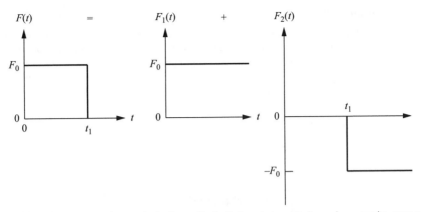

Figura 3.8 A excitação pulso quadrado de amplitude F_0 durante t_1 segundos pode ser escrita como a soma de uma função deslocada começando em zero de amplitude F_0 e uma função deslocada começando em t_1 de amplitude F_0 (isto é, $F(t) = F_1(t) + F_2(t)$).

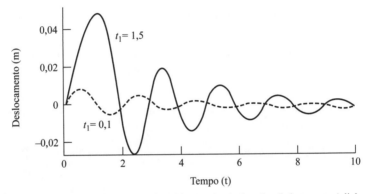

Figura 3.9 Resposta de um sistema subamortecido a uma entrada pulso de largura t_1. A linha tracejada é para $t_1 = 0{,}1 < \pi/\omega_n$ e a linha contínua é para $t_1 = 1{,}5 < \pi/\omega_n$. Ambas as parcelas são para o caso $F_0 = 30$ N, $k = 1000$ N/m, $\zeta = 0{,}1$, e $\omega_n = 3{,}16$ rad/s.

a resposta dada pela Equação (3.15) com F_0 substituído por F_0 e t_0 substituído por t_1. Portanto, subtraindo a Equação (3.15) da Equação (3.17) resulta que a resposta ao pulso da Figura 3.8 é

$$x(t) = \frac{F_0 e^{-\zeta\omega_n t}}{k\sqrt{1-\zeta^2}} \{e^{\zeta\omega_n t_1} \cos\left[\omega_d(t-t_1) - \theta\right] - \cos(\omega_d t - \theta)\}, \quad t > t_1$$

onde θ é definido como na Equação (3.16). Um gráfico dessa resposta é dado na Figura 3.9 para diferentes larguras de pulso t_1. Observe que a resposta é muito diferente para $t_1 > \pi/\omega_n$ e tem uma amplitude máxima de aproximadamente cinco vezes a amplitude máxima da resposta temporal para $t_1 < \pi/\omega_n$. Além disso, note que a resposta estacionária (isto é, a resposta para um tempo grande) é zero nesse caso.

□

Exemplo 3.2.3

Uma carga de entulho de massa m_d é despejada na caçamba de um caminhão. A caçamba do caminhão é modelada como um sistema massa-mola-amortecedor (de valores k, m e c, respectivamente). A carga é modelada como uma força $F(t) = m_d g$ aplicada ao sistema massa-mola-amortecedor, conforme ilustrado na Figura 3.10. Esse modelo permite uma análise grosseira da resposta da suspensão do caminhão quando o caminhão está sendo carregado. Calcule a resposta de vibração da caçamba do caminhão e compare o deslocamento máximo com a carga estática na caçamba do caminhão.

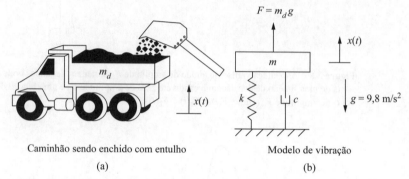

Caminhão sendo enchido com entulho
(a)

Modelo de vibração
(b)

Figura 3.10 Um modelo de um caminhão que está sendo enchido com uma carga de entulho com peso $m_d g$ e um modelo de vibração que considera a massa do entulho como uma força constante aplicada.

Solução Neste caso, a força de entrada é apenas uma constante (isto é, $F(t) = m_d g$), tal que a equação de vibração torna-se

$$m\ddot{x} + c\dot{x} + kx = \begin{cases} m_d g & t > 0 \\ 0 & t \leq 0 \end{cases}$$

A partir da Equação (3.17) do Exemplo 3.2.1, a resposta se $F_0 = m_{dg}$ é

$$x(t) = \frac{m_d g}{k}\left[1 - \frac{1}{\sqrt{1-\zeta^2}}e^{-\zeta\omega_n t}\cos(\omega_d t - \theta)\right]$$

Para obter uma ideia aproximada sobre a natureza dessa expressão, seu valor não amortecido é

$$x(t) = \frac{m_d g}{k}(1 - \cos\omega_n t)$$

que tem uma amplitude máxima (quando t é tal que $\omega_n t = -1$) de

$$x_{\max} = 2\frac{m_d g}{k}$$

Esse valor é o dobro do deslocamento estático (isto é, o dobro da distância que a caçamba deslocaria se o entulho fosse colocado suavemente e lentamente). Assim, se o caminhão foi projetado com molas baseadas somente na carga estática, sem margens de segurança, as molas

SEÇÃO 3.2 Resposta a uma Entrada Arbitrária

no caminhão potencialmente falhariam ou se deformariam permanentemente, quando submetidas à mesma massa aplicada dinamicamente ao caminhão. Assim, é importante considerar a resposta de vibração (dinâmica) no projeto de estruturas que poderiam ser carregadas dinamicamente.

□

Deve-se notar que a resposta de um sistema de um grau de liberdade a uma entrada arbitrária pode ser calculada numericamente, mesmo se a integral na Equação (3.12) não puder ser avaliada analiticamente como nos exemplos anteriores. Esses procedimentos numéricos gerais, baseados aproximadamente na Equação (3.10), são discutidos na Seção 3.8, na qual as soluções numéricas discutidas na Seção 2.8 são aplicadas. A integração numérica é frequentemente usada para resolver problemas de vibração com funções de excitação arbitrárias.

Os cálculos de resposta para uma força geral de perturbação externa (entrada) não incluem a resposta que pode existir devido a condições iniciais diferentes de zero. A resposta total para uma perturbação de impulso com condições iniciais não nulas é dada no Exemplo 3.1.4. A resposta total a uma força de entrada arbitrária, bem como condições iniciais não nulas para um sistema não amortecido é dada usando a integral de convolução por

$$x(t) = x_0 \cos \omega_n t + \frac{v_0}{\omega_n} \operatorname{sen} \omega_n t + \int_0^t h(t - \tau) F(\tau)\, d\tau$$

Observe que o efeito da força aplicada na resposta homogênea é zero porque o valor da forma de convolução da solução particular e sua derivada (velocidade) são ambos zero no tempo $t = 0$. Por outro lado, se a solução particular $x_p(t)$ ou sua derivada não desaparecem em $t = 0$, a forma da resposta total é

$$x(t) = A \cos \omega_n t + B \operatorname{sen} \omega_n t + x_p(t)$$

Aqui as constantes A e B devem ser determinadas pelas condições iniciais e serão afetadas pelo valor de x_p e sua derivada em $t = 0$. Nesse último caso, as constantes de integração A e B tornam-se

$$A = x_0 - x_p(0) \quad \text{e} \quad B = \frac{v_0 - \dot{x}_p(0)}{\omega_n}$$

Um resultado semelhante é válido para sistemas amortecidos.

Os cálculos analíticos feitos com a integral de convolução nem sempre são fáceis de avaliar e, em muitos casos, devem ser avaliados numericamente. Os métodos de transformadas de Laplace são frequentemente úteis em avaliações do tipo convolução, mas, na prática, as soluções são frequentemente obtidas por meio da integração numérica e simulação. Enquanto a simulação numérica é usada na prática, o *conceito* de convolução é essencial para a compreensão do processamento do sinal e para a compreensão dos resultados das simulações numéricas.

234 CAPÍTULO 3 • Resposta à Forçada Geral

Exemplo 3.2.4

Resolva $\ddot{x}(t) + 16x(t) = \cos 2t$ para condições iniciais arbitrárias x_0 e v_0 usando a integral de convolução. Em seguida, compare isto com o resultado obtido resolvendo esse problema usando o método de coeficientes indeterminados dado na Equação (2.11).

Solução A partir da equação de movimento, $m = 1$, $\omega_n = 4$, $\omega = 2$ e $F_0 = f_0 = 1$, onde as unidades são assumidas como consistentes. Usando a Equação (3.12), a solução particular tem a forma

$$x_p(t) = \int_0^t h(t - \tau)F(\tau)d\tau$$

A função de resposta ao impulso $h(t - \tau)$ para um sistema não amortecido é obtida a partir da Equação (3.8) com $\zeta = 0$. Com os valores dados acima para massa e frequência, a resposta ao impulso é

$$h(t - \tau) = \frac{1}{4}\,\text{sen}(4t - 4\tau)$$

Assim, a expressão de convolução para a solução particular é

$$x_p(t) = \frac{1}{4}\int_0^t \text{sen}(4t - 4\tau)\cos(2\tau)d\tau$$

A integração (usando um código simbólico ou o uso repetido de identidades trigonométricas) produz

$$x_p(t) = \frac{1}{4}\left(\frac{\cos(4t - 2\tau)}{4} + \frac{\cos(4t - 6\tau)}{12}\right)_0^t = \frac{1}{12}(\cos 2t - \cos 4t)$$

A solução total é da forma

$$x(t) = A\,\text{sen}4t + B\cos 4t + \frac{1}{12}(\cos 2t - \cos 4t)$$

Utilizando as condições iniciais para avaliar as constantes de integração A e B tem-se

$$x(0) = x_0 = A\,\text{sen}(0) + B\cos(0) + \frac{1}{12}(\cos(0) - \cos(0)),$$

$$\dot{x}(0) = v_0 = 4A\cos(0) + 4x_0\,\text{sen}(0) - \frac{2}{12}\,\text{sen}(0) + \frac{4}{12}\,\text{sen}(0)$$

Resolvendo esse sistema de equações para A e B tem-se

$$A = \frac{v_0}{4} \quad \text{e} \quad B = x_0$$

A solução total é, então,

$$x(t) = \frac{v_0}{4}\,\text{sen}4t + \left(x_0 - \frac{1}{12}\right)\cos 4t + \frac{1}{12}\cos 2t$$

Essa solução está em total concordância com a solução dada na Equação (2.11) com $m = 1$, $\omega_n = 4$, $\omega = 2$, $F_0 = f_0 = 1$ e $\omega_n^2 - \omega^2 = 12$.

O objetivo deste exemplo é mostrar que dois métodos diferentes produzem a mesma resposta, como deveriam. O método de coeficientes indeterminados é um cálculo muito mais simples a fazer, mas funciona apenas para funções de excitação harmônicas. A abordagem de convolução é mais complicada, mas pode ser usada para qualquer função de excitação e, portanto, é uma abordagem mais geral.

□

3.3 RESPOSTA A UMA ENTRADA PERIÓDICA ARBITRÁRIA

O caso específico de entradas periódicas é considerado nesta seção. A resposta a entradas periódicas pode ser calculada pelos métodos da Seção 3.2. No entanto, as perturbações periódicas que ocorrem muitas vezes merecem consideração especial. No Capítulo 2, a resposta a uma entrada harmônica é considerada. O termo *entrada harmônica* refere-se a uma função de excitação senoidal em uma única frequência. Aqui, a resposta a qualquer entrada periódica é considerada. Uma função periódica é qualquer função que se repete no tempo (isto é, qualquer função para a qual existe um tempo fixo, T, chamado período, tal que $f(t) = f(t + T)$ para todos os valores de t). Um exemplo simples é uma função de excitação que é a soma de duas senoides de frequências diferentes com uma razão de frequências racional. Um exemplo de uma função de excitação periódica geral $F(t)$ de período T é dado na Figura 3.11. Observe a partir da figura, que a força periódica não parece periódica se analisada em um intervalo menor do que o período T. No entanto, a função de excitação realmente se repete a cada T segundos.

De acordo com a teoria desenvolvida por Fourier, qualquer função periódica $F(t)$, com período T, pode ser representada por uma série infinita da forma

$$F(t) = \frac{a_0}{2} + \sum_{n=1}^{\infty}(a_n \cos n\omega_T t + b_n \operatorname{sen} n\omega_T t) \qquad (3.20)$$

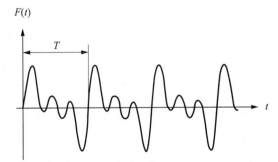

Figura 3.11 Um exemplo de uma função periódica geral de período T.

onde $\omega_T = 2\pi/T$ e onde os coeficientes a_0, a_n e b_n para uma dada função periódica $F(t)$ são calculados pelas fórmulas

$$a_0 = \frac{2}{T} \int_0^T F(t)dt \qquad (3.21)$$

$$a_n = \frac{2}{T} \int_0^T F(t)\cos n\omega_T t \, dt \quad n = 1, 2, \ldots \qquad (3.22)$$

$$b_n = \frac{2}{T} \int_0^T F(t)\sin n\omega_T t \, dt \quad n = 1, 2, \ldots \qquad (3.23)$$

Observe que o primeiro coeficiente a_0 é o dobro da média da função $F(t)$ ao longo de um ciclo. Os coeficientes a_0, a_n e b_n são chamados de *coeficientes de Fourier*. A série da Equação (3.20) é a *série de Fourier*. Uma discussão mais completa das séries de Fourier pode ser encontrada na maioria dos textos introdutórios de equações diferenciais (por exemplo, Boyce e DiPrima, 2009).

A série de Fourier é útil e relativamente simples de trabalhar devido uma propriedade especial das funções trigonométricas usadas na série. Essa propriedade especial, chamada *ortogonalidade*, pode ser enunciada da seguinte maneira:

$$\int_0^T \sin n\omega_T t \sin m\omega_T t \, dt = \begin{cases} 0 & m \neq n \\ T/2 & m = n \end{cases} \qquad (3.24)$$

$$\int_0^T \cos n\omega_T t \cos m\omega_T t \, dt = \begin{cases} 0 & m \neq n \\ T/2 & m = n \end{cases} \qquad (3.25)$$

e

$$\int_0^T \cos n\omega_T t \sin m\omega_T t \, dt = 0 \qquad (3.26)$$

Aqui m e n são inteiros. A veracidade dessas três condições de ortogonalidade decorre da integração direta. A propriedade de ortogonalidade (isto é, a integral do produto de duas funções é zero) é utilizada repetidamente na análise de vibração. Em particular, a ortogonalidade é usada extensivamente nos Capítulos 4, 6, 7 e 8. A ortogonalidade também é usada em estática e dinâmica (isto é, os vetores unitários são ortogonais).

Na análise de Fourier, a ortogonalidade das funções seno e cosseno no intervalo $0 < t < T$ é utilizada para obter as fórmulas dadas nas Equações (3.21), (3.22) e (3.23). Esses valores de coeficientes são obtidos como se segue. Os coeficientes de Fourier a_n são determinados multiplicando-se a Equação (3.20) por $m\omega_T t$ e integrando-se ao longo do período T. Similarmente, os coeficientes b_n são determinados pela multiplicação por $m\omega_T t$ e integrando. A soma no lado direito da Equação (3.20) desaparece com exceção de um termo por causa das propriedades de ortogonalidade da função trigonométrica. Usando as condições de ortogonalidade dadas anteriormente, determina-se que todos os termos do produto integrado $\int_0^T F(t)$ sen $m\omega_T t$ serão zero, exceto pelo termo contendo b_m. O resultado é a Equação (3.23). Da mesma forma, todos os termos da série $\int_0^T F(t)$ cos $m\omega_T t$ são zero, exceto para o termo contendo a_m. O resultado é a Equação (3.22). Além disso, esse procedimento pode ser repetido para cada um dos valores de n na soma na série de Fourier. O procedimento para calcular o coeficiente de Fourier de uma força simples é ilustrado no exemplo seguinte.

Exemplo 3.3.1

Uma onda triangular de período T é ilustrada na Figura 3.12 e é descrita por

$$F(t) = \begin{cases} \dfrac{4}{T}t - 1 & 0 \le t \le \dfrac{T}{2} \\ 1 - \dfrac{4}{T}\left(t - \dfrac{T}{2}\right) & \dfrac{T}{2} \le t \le T \end{cases}$$

Determine os coeficientes de Fourier para essa função.

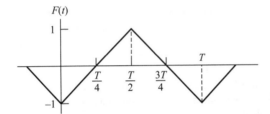

Figura 3.12 Curva de uma onda triangular de período T.

Solução A integração direta da Equação (3.21) produz

$$a_0 = \frac{2}{T}\int_0^{T/2}\left(\frac{4}{T}t - 1\right)dt + \frac{2}{T}\int_{T/2}^{T}\left[1 - \frac{4}{T}\left(t - \frac{T}{2}\right)\right]dt = 0$$

que também é o valor médio da onda triangular ao longo de um período. Da mesma forma, a integração da Equação (3.23) produz o resultado de que $b_y = 0$ para cada n. A Equação (3.22) produz

$$a_n = \frac{2}{T}\int_0^{T/2}\left(\frac{4}{T}t - 1\right)\cos n\omega_T t\, dt + \frac{2}{T}\int_{T/2}^{T}\left[1 - \frac{4}{T}\left(t - \frac{T}{2}\right)\right]\cos n\omega_T t\, dt$$

$$= \begin{cases} 0 & n\text{ par} \\ \dfrac{-8}{\pi^2 n^2} & n\text{ ímpar} \end{cases}$$

Assim, a representação de Fourier dessa função torna-se

$$F(t) = -\frac{8}{\pi^2}\left[\cos\frac{2\pi}{T}t + \frac{1}{9}\cos\frac{6\pi}{T}t + \frac{1}{25}\cos\frac{10\pi}{T}t \ldots\right]$$

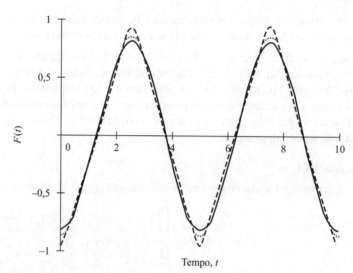

Figura 3.13 Gráfico de $F(t)$ para um (linha tracejada longa), dois (linha tracejada curta) e quatro (linha contínua) termos da série de Fourier indicam quão perto cada série chega do gráfico da Figura 3.12.

que tem frequência $2\pi/T$. É instrutivo traçar $F(t)$ adicionando um termo de cada vez para esclarecer quantos termos da série infinita são necessários para obter uma representação razoável de $F(t)$ conforme mostrado na Figura 3.12. (Execute VTB3_3 para observar essa convergência.) Isso é feito na Figura 3.13, que é um gráfico de $F(t)$ para um, dois e quatro termos da série de Fourier. Códigos de computador para calcular a série e traçar os resultados são dados na Seção 3.8 e VTB3_3. O *Toolbox* VTB3_3 pode ser usado para obter os coeficientes de um sinal arbitrário e para traçar os resultados. A substituição dos valores a_n e b_n em VTB3_5 verificará visualmente o resultado.

□

Observe que quando uma série de Fourier é usada para aproximar uma função periódica com descontinuidades, ocorre um máximo sobressinal da série de Fourier na descontinuidade. Esse máximo sobressinal é chamado fenômeno de Gibbs.

Uma vez que uma força periódica geral pode ser representada como uma soma de senos e cossenos, e uma vez que o sistema considerado é linear, a resposta de um sistema de um grau de liberdade é determinado calculando a resposta aos termos individuais de série de Fourier e adicionando os resultados. Isso é similar ao procedimento usado para resolver o problema de excitação de base da Equação (2.63), onde a entrada para um sistema de um grau de liberdade consistia na soma de um único termo seno e um único termo cosseno. É assim que a superposição e a série de Fourier são usadas juntas para calcular a solução para qualquer entrada periódica. Assim, a solução particular $x(t)$ de

$$m\ddot{x}(t) + c\dot{x}(t) + kx(t) = F(t) \tag{3.27}$$

onde $F(t)$ é periódica, pode ser escrita como

$$x_p(t) = x_1(t) + \sum_{n=1}^{\infty}[x_{cn}(t) + x_{sn}(t)] \tag{3.28}$$

SEÇÃO 3.3 Resposta a uma Entrada Periódica Arbitrária

Aqui a solução particular $x_1(t)$ satisfaz a equação

$$m\ddot{x}_1(t) + c\dot{x}_1(t) + kx_1(t) = \frac{a_0}{2} \tag{3.29}$$

A solução particular $x_{cn}(t)$ satisfaz a equação

$$m\ddot{x}_{cn}(t) + c\dot{x}_{cn}(t) + kx_{cn}(t) = a_n \cos n\omega_T t \tag{3.30}$$

para todos os valores de n, e a solução particular $x_{sn}(t)$ satisfaz a equação

$$m\ddot{x}_{sn}(t) + c\dot{x}_{sn}(t) + kx_{sn}(t) = b_n \, \text{sen} \, n\omega_T t \tag{3.31}$$

para todos os valores de n. As soluções para as Equações (3.30) e (3.31) são calculadas na Seção 2.2, e a solução para a Equação (3.29) é calculada na Seção 3.2. Se o sistema estiver sujeito a condições iniciais diferentes de zero, isso também deve ser levado em consideração.

A solução particular da Equação (3.29) é a da resposta ao degrau calculada na Equação (3.17) com $F_0 = a_0/2$, isto é

$$x_1(t) = \frac{a_0}{2k} \tag{3.32}$$

A solução particular da Equação (3.30) é calculada a partir da Equação (2.36) como

$$x_{cn}(t) = \frac{a_n/m}{[[\omega_n^2 - (n\omega_T)^2]^2 + (2\zeta\omega_n n\omega_T)^2]^{1/2}} \cos(n\omega_T t - \theta_n) \tag{3.33}$$

onde

$$\theta_n = \text{tg}^{-1} \frac{2\zeta\omega_n n\omega_T}{\omega_n^2 - (n\omega_T)^2}$$

Da mesma forma, a solução particular da Equação (3.31) é

$$x_{sn}(t) = \frac{b_n/m}{[[\omega_n^2 - (n\omega_T)^2]^2 + (2\zeta\omega_n n\omega_T)^2]^{1/2}} \text{sen}(n\omega_T t - \theta_n) \tag{3.34}$$

A solução particular total da Equação (3.27) é então dada pela soma das Equações (3.32), (3.33) e (3.34) como indicado pela Equação (3.28). A solução total $x(t)$ é a soma da solução particular $x_p(t)$ calculada anteriormente e da solução homogênea obtida na Seção 1.3. Para o caso subamortecido ($0 < \zeta < 1$), a solução torna-se

$$x(t) = Ae^{-\zeta\omega_n t} \text{sen}(\omega_d t + \phi) + \frac{a_0}{2k} + \sum_{n=1}^{\infty} [x_{cn}(t) + x_{sn}(t)] \tag{3.35}$$

onde A e ϕ são determinados pelas condições iniciais. Como no caso de uma entrada harmônica simples como descrito na Equação (2.37), as constantes A e ϕ que descrevem a resposta transitória serão diferentes das calculadas para o caso de resposta livre dado na Equação (1.38). Isso ocorre porque parte do termo transitório da Equação (3.35) é o resultado de condições iniciais e parte é devido à força de excitação $F(t)$.

Exemplo 3.3.2

Considere o problema de excitação de base da Seção 2.4 (Janela 3.3) e calcule a resposta total do sistema às condições iniciais $x_0 = 0,01$ m e $v_0 = 3,0$ m/s. Suponha que $\omega_b = 3$ rad/s, $m = 1$ kg, $c = 10$ kg/s, $k = 1000$ N/m e $Y = 0,05$ m.

Janela 3.3
Revisão do Problema de Excitação de Base da Seção 2.4

O problema de excitação de base consiste em resolver a expressão

$$\ddot{x} + 2\zeta\omega_n\dot{x} + \omega_n^2 x = 2\zeta\omega_n\omega_b Y \cos\omega_b t + \omega_n^2 Y \operatorname{sen}\omega_b t$$

para o movimento de uma massa $x(t)$ excitada por um deslocamento harmônico de frequência ω_b e amplitude Y através de suas conexões mola-amortecedor. Esse problema tem a solução particular indicada pelo segundo termo no lado direito da Equação (3.37).

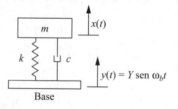

Solução A equação do movimento é dada pela Equação (2.63), que tem uma entrada periódica de

$$F(t) = cY\omega_b \cos\omega_b t + kY \operatorname{sen}\omega_b t \tag{3.36}$$

Comparando os coeficientes com a expansão de Fourier da Equação (3.20) obtém-se $a_0 = 0$, $a_n = b_n = 0$, para todo $n > 1$, e

$$a_1 = cY\omega_b = (10 \text{ kg/s})(0,05 \text{ m})(3 \text{ rad/s}) = 1,5 \text{ N}$$

$$b_1 = kY = (1000 \text{ N/m})(0,05 \text{ m}) = 50 \text{ N}$$

A solução para $x_{c1}(t)$ da Equação (3.30) é dada pelas Equações (2.65) e (2.66) e a solução para $x_{c1}(t)$ da Equação (3.31) é dada pelas Equações (2.66) e (2.67). A soma das soluções indicadas na Equação (3.28) é então dada pela Equação (2.68) e a solução total torna-se

SEÇÃO 3.3   Resposta a uma Entrada Periódica Arbitrária   **241**

$$x(t) = Ae^{-\zeta\omega_n t}\operatorname{sen}(\omega_d t + \phi) + \omega_n Y\left[\frac{\omega_n^2 + (2\zeta\omega_b)^2}{(\omega_n^2 - \omega_b^2)^2 + (2\zeta\omega_n\omega_b)^2}\right]^{1/2}\cos(\omega_b t - \theta_1 - \theta_2) \quad (3.37)$$

onde A e ϕ devem ser determinadas pelas condições iniciais, e θ_1 e θ_2 são dadas pelas Equações (2.66) e (2.69). Como $\zeta = c/(2\sqrt{km}) = 0,158$ e $\omega_n = \sqrt{k/m} = 31,62$ rad/s, esses ângulos de fase tornam-se

$$\theta_1 = \operatorname{tg}^{-1}\left(\frac{2(0,158)(31,62)(3)}{(31,62)^2 - (3)^2}\right) = 0,03 \text{ rad}$$

$$\theta_2 = \operatorname{tg}^{-1}\left(\frac{31,62}{(2)(0,158)(3)}\right) = 1,541 \text{ rad}$$

e a amplitude torna-se

$$\omega_n Y\left[\frac{\omega_n^2 + (2\zeta\omega_b)^2}{(\omega_n^2 + \omega_b^2)^2 + (2\zeta\omega_n\omega_b)^2}\right]^{1/2} = (31,62)(0,05)\left\{\frac{(31,62)^2 + [2(0,158)(3)]^2}{[(31,62)^2 - (3)^2]^2 + [2(0,158)(3)(31,62)]^2}\right\}^{1/2}$$

$$= 0,05 \text{ m}$$

A solução dada na Equação (3.37) assume a forma

$$x(t) = Ae^{-5t}\operatorname{sen}(31,22t + \phi) + 0,05\cos(3t - 1,571) \quad (3.38)$$

onde $\omega_d = \omega_n\sqrt{1 - \zeta^2} = 31,225$ rad/s. Em $t = 0$,

$$x(0) = A\operatorname{sen}(\phi) + 0,05\cos(-1,571)$$

ou

$$0,01 \text{ m} = A\operatorname{sen}\phi + (0,05)(-0,00204) \quad (3.39)$$

Derivando $x(t)$ tem-se

$$\dot{x}(t) = Ae^{-5t}\cos(31\,225t + \phi)(31,225) - 5Ae^{-5t}\operatorname{sen}(31,225t + \phi) - 0,15\operatorname{sen}(3t - 1,571)$$

Em $t = 0$,

$$3 = (31,225)A\cos(\phi) - 5A\operatorname{sen}(\phi) - 0,15\operatorname{sen}(-1,571) \quad (3.40)$$

As Equações (3.39) e (3.40) representam duas equações nas duas constantes desconhecidas de integração A e ϕ. Resolvendo as Equações (3.39) e (3.40) têm-se $A = -0,0096$ m e $\phi = 0,1083$ rad, tal que a solução total é

$$x(t) = 0,0096e^{-5t}\operatorname{sen}(31,225t + 0,1083) + 0,05\cos(3t - 1,571)$$

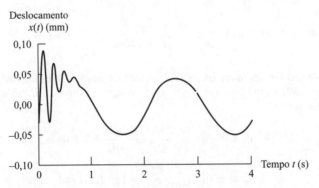

Figura 3.14 A resposta total no tempo de um sistema massa-mola-amortecedor sob excitação de base como calculado no Exemplo 3.3.1.

Esse resultado é representado na Figura 3.14. Note que o termo transitório não é visível após 1 s. Uma comparação com uma solução numérica do mesmo problema é dada no Exemplo 3.8.3 da Seção 3.8.

□

O cálculo da resposta a entradas complicados torna-se tedioso quando se utiliza a abordagem analítica. Com o advento do programa computacional, os engenheiros praticantes estão mais propensos a usar uma abordagem numérica para calcular a solução. Embora as abordagens numéricas sejam aproximações, elas permitem o cálculo rápido da resposta a sistemas com entradas complicadas que consistem em funções escalonadas e longas perturbações periódicas. As abordagens numéricas são discutidas na Seção 3.9.

3.4 MÉTODOS DAS TRANSFORMADAS

A transformação de Laplace foi introduzida brevemente na Seção 2.3 como um método alternativo de resolução para a resposta harmônica forçada de um sistema de um grau de liberdade. A técnica de transformada de Laplace é ainda mais útil para calcular as respostas dos sistemas a uma variedade de forças de excitação, tanto periódicas como não periódicas. A utilidade da técnica de transformada de Laplace de resolver equações diferenciais e, em particular, resolver a resposta forçada reside na disponibilidade de tabelas com pares de transformadas de Laplace. A utilização de pares de transformadas de Laplace reduz a solução de problemas de vibração forçada a manipulações algébricas e a procura nas tabelas. Além disso, a abordagem de transformada de Laplace fornece certas vantagens teóricas e conduz a uma formulação muito útil para medições experimentais de vibração.

A definição de uma transformada de Laplace da função de tempo $f(t)$ é

$$L[f(t)] = F(s) = \int_0^\infty f(t)e^{-st}dt \qquad (3.41)$$

SEÇÃO 3.4 Métodos das Transformadas

para uma função integrável $f(t)$ tal que $f(t) = 0$ para $t < 0$. A variável s é complexa. A transformada de Laplace altera o domínio da função da linha de número real positivo (t) para o plano de número complexo (s). A integração na transformada de Laplace transforma a diferenciação em multiplicação, como ilustra o exemplo a seguir.

Exemplo 3.4.1

Calcule a transformada de Laplace da derivada $\dot{f}(t)$.

Solução

$$L\left[\dot{f}(t)\right] = \int_0^\infty \dot{f}(t)e^{-st}dt = \int_0^\infty e^{-st}\frac{d\left[f(t)\right]}{dt}\,dt$$

A integração por partes produz

$$L\left[\dot{f}(t)\right] = e^{-st}f(t)\bigg|_0^\infty + s\int_0^\infty e^{-st}f(t)\,dt$$

Reconhecendo que a integral no último termo da equação anterior é a definição de $F(s)$ tem-se

$$L\left[\dot{f}(t)\right] = sF(s) - f(0)$$

onde $F(s)$ representa a transformada de Laplace de $f(t)$. Repetindo esse procedimento em $\ddot{f}(t)$ obtém-se

$$L\left[\ddot{f}(t)\right] = s^2F(s) - sf(0) - \dot{f}(0).$$

☐

Exemplo 3.4.2

Calcule a transformada de Laplace da função degrau unitária definida pelo lado direito da Equação (3.41) e representada por $\Phi(t)$ para o caso $t_0 = 0$.

Solução

$$L\left[\Phi(t)\right] = \int_0^\infty e^{-st}dt = -\frac{e^{-st}}{s}\bigg|_0^\infty = -\frac{e^{-\infty}}{s} + \frac{e^{-0}}{s} = \frac{1}{s}$$

☐

O procedimento para obter a resposta forçada de um sistema mecânico é primeiro determinar a transformada de Laplace da equação de movimento. Em seguida, a expressão transformada é resolvida algebricamente para $X(s)$, a transformada de Laplace da resposta. A transformada inversa dessa expressão é encontrada usando uma tabela de transformadas de Laplace para obter a resposta desejada $x(t)$ no tempo. Esse procedimento é ilustrado no exemplo a seguir. Um exemplo de tabela de pares de transformada de Laplace é dado na Tabela 3.1.

CAPÍTULO 3 • Resposta à Forçada Geral

TABELA 3.1 TRANSFORMADAS DE LAPLACE COMUNS PARA CONDIÇÕES INICIAIS NULAS[a]

$F(s)$	$f(t)$
1. 1	$\delta(0)$ impulso unitários
2. $1/s$	degrau unitário $\Phi(t)$
3. $\dfrac{1}{s + a}$	e^{-at}
4. $\dfrac{1}{(s + a)(s + b)}$	$\dfrac{1}{b - a}(e^{-at} - e^{-bt})$
5. $\dfrac{\omega_n}{s^2 + \omega_n^2}$	$\operatorname{sen}\omega_n t$
6. $\dfrac{s}{s^2 + \omega_n^2}$	$\cos\omega_n t$
7. $\dfrac{1}{s(s^2 + \omega_n^2)}$	$\dfrac{1}{\omega_n^2}(1 - \cos\omega_n t)$
8. $\dfrac{1}{s^2 + 2\zeta\omega_n s + \omega_n^2}$	$\dfrac{1}{\omega_d}e^{-\zeta\omega_n t}\operatorname{sen}\omega_d t,\ \zeta < 1,\ \omega_d = \omega_n\sqrt{1 - \zeta^2}$
9. $\dfrac{\omega_n^2}{s(s^2 + 2\zeta\omega_n s + \omega_n^2)}$	$1 - \dfrac{\omega_n}{\omega_d}e^{-\zeta\omega_n t}\operatorname{sen}(\omega_d t + \phi),\ \phi = \cos^{-1}\zeta,\ \zeta < 1$
10. e^{-as}	$\delta(t - a)$
11. $F(s - a)$	$e^{at}f(t) \geq 0$
12. $e^{-as}F(s)$	$f(t - a)\Phi(t - a)$

[a]Uma tabela mais completa pode ser vista no Apêndice B. Aqui a função degrau de Heaviside ou função degrau unitária é denotada por Φ. Outras notações para esta função incluem μ e H.

Exemplo 3.4.3

Calcule a resposta forçada de um sistema de massa-mola não amortecido à uma função degrau unitária. Suponha que ambas as condições iniciais são zero.

Solução   A equação de movimento é

$$m\ddot{x}(t) + kx(t) = \Phi(t)$$

Aplicando a transformada de Laplace nessa equação obtém-se

$$(ms^2 + k)X(s) = \frac{1}{s}$$

Resolvendo algebricamente para $X(s)$ chega-se a

$$X(s) = \frac{1}{s(ms^2 + k)} = \frac{1/m}{s(s^2 + \omega_n^2)}$$

SEÇÃO 3.4 Métodos das Transformadas

Analisando a definição da transformada de Laplace, observe que o coeficiente $1/m$ passa pela transformação. A função de tempo correspondente ao valor de $X(s)$ na equação precedente pode ser encontrada na entrada 7 da Tabela 3.1. Isso implica que

$$x(t) = \frac{1/m}{\omega_n^2}(1 - \cos\omega_n t) = \frac{1}{k}(1 - \cos\omega_n t)$$

a qual, claramente, concorda com a solução dada pela Equação (3.18) com $F_0 = 1$.

$\square$

Exemplo 3.4.4

Calcule a resposta de um sistema massa-mola subamortecido à um impulso unitário. Assuma condições iniciais iguais a zero.

Solução A equação de movimento é

$$m\ddot{x} + c\dot{x} + kx = \delta(t)$$

Aplicando a transformada de Laplace de ambos os lados dessa expressão junto com os resultados do Exemplo 3.4.1 e a entrada 1 na Tabela 3.1 chega-se a

$$(ms^2 + cs + k)X(s) = 1$$

Resolvendo para $X(s)$ tem-se

$$X(s) = \frac{1/m}{s^2 + 2\zeta\omega_n s + \omega_n^2}$$

Assumindo que $\zeta < 1$ e consultando a entrada 8 da Tabela 3.1 obtém-se

$$x(t) = \frac{1/m}{\omega_n\sqrt{1 - \zeta^2}}e^{-\zeta\omega_n t}\,\text{sen}\left(\omega_n\sqrt{1 - \zeta^2}t\right) = \frac{1}{m\omega_d}e^{-\zeta\omega_n t}\,\text{sen}\,\omega_d t$$

de acordo com a Equação (3.6).

$\square$

Exemplo 3.4.5

Calcule a solução do sistema massa-mola-amortecedor sujeita a um impulso no tempo $t = \pi$ s definido pela seguinte equação de movimento:

$$\ddot{x}(t) + 2\dot{x}(t) + 2x(t) = \delta(t - \pi), x_0 = v_0 = 0$$

Solução A partir dos coeficientes

$$\omega_n = \sqrt{2}\,\text{rad/s}, \zeta = \frac{2}{2\sqrt{2}} = \frac{1}{\sqrt{2}} \text{ e } \omega_d = \sqrt{2}\sqrt{1 - (1/\sqrt{2})^2} = 1\,\text{rad/s}$$

Aplicando a transformada de Laplace na equação de movimento chega-se a

$$(s^2 + 2s + 2)X(s) = e^{-\pi s}$$

246 CAPÍTULO 3 • Resposta à Forçada Geral

Resolvendo algebricamente para $X(s)$ produz

$$X(s) = \frac{e^{-\pi s}}{s^2 + 2s + 2} = (e^{-\pi s})\left(\frac{1}{s^2 + 2s + 2}\right)$$

A transformada inversa de Laplace do último termo é (da entrada 8 na Tabela 3.1)

$$L^{-1}\left(\frac{1}{s^2 + 2s + 1}\right) = e^{-t}\operatorname{sen}t$$

A partir da entrada 12 da Tabela 3.1, a transformada inversa de Laplace de $X(s)$ torna-se então

$$x(t) = e^{-(t-\pi)}\operatorname{sen}(t - \pi)\Phi(t - \pi) = \begin{cases} 0, & t < \pi \\ e^{-(t-\pi)}\operatorname{sen}(t - \pi), & t \geq \pi \end{cases}$$

$\square$

Deve notar-se que a transformada de Laplace pode ser utilizada para problemas com pares não tabelados por inversão da integração indicada na Equação (3.41). A integral de inversão é

$$x(t) = \frac{1}{2\pi j} \int_{-\infty}^{\infty} X(s)e^{st}ds \tag{3.42}$$

onde $j = \sqrt{-1}$. A transformada inversa de Laplace é discutida em maior detalhe no Apêndice B.

Uma ferramenta frequentemente usada na análise de transformada de Laplace é a ideia de convolução, introduzida na Seção 3.2. De fato, a integral de convolução é muitas vezes definida em primeiro lugar em termos da transformada de Laplace. Considere a resposta escrita como a integral de convolução como dada na Equação (3.12), e considere a transformada de Laplace assumindo condições iniciais iguais a zero. Isso gera

$$X(s) = F(s)H(s) \tag{3.43}$$

chamado de teorema de Borel. Aqui $F(s)$ é a transformada de Laplace da força de excitação, $f(t)$ e $H(s)$ é a transformada de Laplace da função de resposta ao impulso $h(t)$. Aplicando a transformada de $h(t)$ definida pela Equação (3.8) e usando a entrada 8 da Tabela 3.1 obtém-se

$$H(s) = \frac{1}{s^2 + 2\zeta\omega_n s + \omega_n^2} \tag{3.44}$$

que é a função de transferência de um oscilador de um grau de liberdade como definido na Equação (2.59) da Seção 2.3.

Uma transformação relacionada é a *transformada de Fourier*, que resulta da consideração da série de Fourier de uma função não periódica. A transformada de Fourier de uma função $x(t)$ é representada por $X(\omega)$ e é definida por

$$X(\omega) = \frac{1}{2\pi} \int_{-\infty}^{\infty} x(t)e^{-j\omega t}dt \tag{3.45}$$

que transforma a variável $x(t)$ de uma função de tempo em uma função de frequência ω. A inversão dessa transformação é realizada pela integral

$$x(t) = \int_{-\infty}^{\infty} X(\omega)e^{j\omega t}d\omega \qquad (3.46)$$

A integral da transformada de Fourier definida pela Equação (3.45) surge a partir da representação em série de Fourier de uma função descrita pela Equação (3.20) escrita como uma série em forma complexa e permitindo que o período vá para o infinito. (Para mais detalhes, ver página 39 de Newland (1993).

Note que as definições da transformada de Fourier e da transformada de Laplace são semelhantes. De fato, a forma dos pares de transformadas de Fourier dados nas Equações (3.45) e (3.46) pode ser obtida substituindo $s = j\omega$ pelo par transformado de Laplace dado pelas Equações (3.41) e (3.42). Embora isso não constitua uma definição rigorosa, ele fornece uma conexão entre os dois tipos de transformações.

As transformações de Fourier não são usadas com frequência para resolver problemas de vibração como são as transformações de Laplace. No entanto, a transformada de Fourier é amplamente utilizada na discussão de problemas de vibração aleatória e na medição de parâmetros de vibração. O Apêndice B discute detalhes adicionais de transformadas. Uma descrição rigorosa do uso de várias transformadas, suas propriedades e suas aplicações pode ser encontrada em Churchill (1972).

3.5 RESPOSTA A ENTRADAS ALEATÓRIAS

Até agora, todas as forças de excitação consideradas foram funções deterministas do tempo. Isto é, dado um valor do tempo t, o valor de $F(t)$ é precisamente conhecido. Aqui é investigada a resposta de um sistema sujeito a uma entrada de força aleatória $F(t)$. Distúrbios são frequentemente caracterizados como aleatórios se o valor de $F(t)$ para um dado valor de t é conhecido apenas estatisticamente. Isto é, um sinal aleatório não tem um padrão. Para sinais aleatórios não é possível prender-se nos detalhes do sinal, como é com um sinal determinístico puro. Portanto, os sinais aleatórios são classificados e manipulados em termos de suas propriedades estatísticas.

Aleatoriedade na análise de vibração pode ser entendida como o resultado de uma série de experimentos, todos realizados de forma idêntica em circunstâncias idênticas, cada um dos quais produz uma resposta diferente. Um registro ou histórico do tempo não é suficiente para descrever tal vibração; pelo contrário, é necessária uma descrição estatística de todas as respostas possíveis. Nesse caso, uma resposta de vibração $x(t)$ não deve ser vista como um único sinal, mas sim como uma coleção ou conjunto de possíveis históricos de tempo resultantes das mesmas condições (ou seja, mesmo sistema, mesmo ambiente controlado, mesma duração de tempo). Um único elemento desse conjunto é chamado de função de *amostra* (ou resposta).

Considere um sinal aleatório $x(t)$, ou amostra, como ilustrado na Figura 3.15 (d). A primeira distinção a ser feita sobre um histórico de tempo aleatório é se o sinal é ou não estacionário. Um sinal aleatório é *estacionário* se suas propriedades estatísticas (normalmente sua média ou média quadrática) não mudam com o tempo. A média do sinal aleatório $x(t)$ é definida e representada por

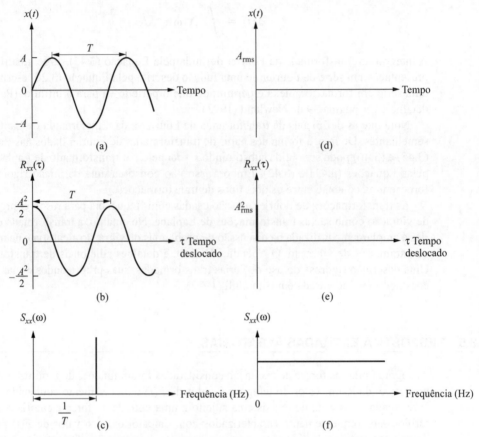

Figura 3.15 (a) Uma função senoidal simples; (b) sua autocorrelação; (c) sua densidade espectral de potência. (d) Um sinal aleatório; (e) sua autocorrelação; (f) sua densidade espectral de potência.

$$\bar{x} = \lim_{T \to \infty} \frac{1}{T} \int_0^T x(t)dt \qquad (3.47)$$

como apresentado na Seção 1.2, Equação (1.20), para sinais determinísticos. Aqui, é conveniente considerar sinais com um valor médio ou média zero (isto é, $\bar{x}(t) = 0$). Isso não é uma hipótese muito restritiva, pois se $\bar{x}(t) \neq 0$, uma nova variável $x' = x - \bar{x}$ pode ser definida. A nova variável x' tem média zero.

O valor *quadrático médio* da variável aleatória $x(t)$, denotado por $\overline{x^2}$, é definido por

$$\overline{x^2} = \lim_{T \to \infty} \frac{1}{T} \int_0^T x^2(t)\,dt \qquad (3.48)$$

SEÇÃO 3.5 Resposta a Entradas Aleatórias

como apresentado na Equação (1.21) da Seção 1.2, para sinais determinísticos. No caso de sinais aleatórios, o valor quadrático médio também é chamado de *variância* e fornece uma medida da magnitude das flutuações no sinal $x(t)$. Uma quantidade relacionada, chamada *raiz do valor quadrático médio* (*rms*), é apenas a raiz quadrada da variância:

$$x_{\text{rms}} = \sqrt{\overline{x^2}} \tag{3.49}$$

Essa definição pode ser aplicada ao valor de uma única resposta ao longo de seu histórico de tempo ou a um conjunto de valores em um tempo fixo.

Outra medida de interesse em variáveis aleatórias é a rapidez com que o valor da variável muda. Isso resolve a questão de quanto tempo leva para medir amostras suficientes da variável antes que um valor estatístico significativo possa ser calculado. Muitos sinais de vibração medidos são aleatórios e, como tal, uma indicação de quão rapidamente uma variável muda é muito útil. A *função de autocorrelação*, denotada por $R_{xx}(\tau)$ e definida por

$$R_{xx}(\tau) = \lim_{T \to \infty} \frac{1}{T} \int_0^T x(t)x(t + \tau)dt \tag{3.50}$$

fornece uma medida de quão rápido o sinal $x(t)$ está variando. O valor τ é a diferença de tempo entre os valores em que o sinal $x(t)$ é amostrado. O prefixo auto refere-se ao fato de que o termo $x(t)x(t + \tau)$ é o produto de valores da mesma amostra em dois momentos diferentes. A autocorrelação é uma função da diferença de tempo τ somente no caso especial de sinais aleatórios estacionários. A Figura 3.15 (e) ilustra a autocorrelação de um sinal aleatório e a Figura 3.15 (b) ilustra a função seno. A transformada de Fourier da função de autocorrelação define a *densidade espectral de potência* (PSD). Denotando o PSD por $S_{xx}(\omega)$ e repetindo a definição da Equação (3.45) resulta em

$$S_{xx}(\omega) = \frac{1}{2\pi} \int_{-\infty}^{\infty} R_{xx}(\omega)e^{-j\omega\tau}d\tau \tag{3.51}$$

Observe que essa integral de $R_{xx}(\tau)$ muda o número real τ em um valor de domínio de frequência ω. A Figura 3.15 (c) ilustra o PSD de um sinal de seno puro e a Figura 3.15 (f) ilustra o PSD de um sinal aleatório. A autocorrelação e a densidade espectral de potência, definidas pelas Equações (3.50) e (3.51), respectivamente, podem ser usadas para analisar a resposta de um sistema massa-mola à uma excitação aleatória.

Relembre da Seção 3.2 que a resposta $x(t)$ de um sistema massa-mola-amortecedor à uma função de excitação arbitrária $F(t)$ pode ser representada usando a função de resposta ao impulso $h(t - \tau)$, dada pela Equação (3.9), para sistemas subamortecidos. A transformada de Fourier da função $h(t - \tau)$ pode ser usada para relacionar o PSD da entrada aleatória de um sistema subamortecido ao PSD da resposta do sistema. A primeira observação da

250   CAPÍTULO 3 • Resposta à Forçada Geral

Equação (3.8), Exemplo 3.4.4 e entrada 8 da Tabela 3.1 mostra que a transformada de Laplace de $h(t)$ para um sistema de um grau de liberdade é

$$L[h(t)] = L\left[\frac{1}{m\omega_d} e^{-\zeta\omega_n t} \,\text{sen}\,\omega_d t\right] = \frac{1}{m\omega_d} L\left[e^{-\zeta\omega_n t} \,\text{sen}\,\omega_d t\right]$$

$$= \frac{1}{ms^2 + cs + k} = H(s)$$

(3.52)

onde $H(s)$ é a função de transferência do sistema como definido pela Equação (2.59). Nesse caso, a transformada de Fourier de $h(t)$ pode ser obtida a partir da transformada de Laplace, fazendo $s = j\omega$ na Equação (3.52), ou seja

$$H(j\omega) = \frac{1}{k - \omega^2 m + c\omega j}$$

(3.53)

que, após comparação com as Equações (2.60) e (2.52), é também a função de resposta de frequência para o oscilador de um grau de liberdade. Seja a $X(\omega)$ transformada de Fourier da função de resposta ao impulso $h(t)$, então, a partir das Equações (3.45) e (3.53)

$$X(\omega) = \frac{1}{2\pi} \int_{-\infty}^{\infty} h(t)e^{-j\omega_n t} dt = H(\omega)$$

(3.54)

onde o j é omitido do argumento de H por conveniência. Assim, a função de resposta em frequência da Seção 2.3 pode estar relacionada com a transformada de Fourier da função de resposta ao impulso. Essa relação se torna extremamente significativa na medição de vibração, conforme discutido no Capítulo 7.

Em seguida, relembre da formulação da solução de um problema de vibração usando a função de resposta ao impulso. A partir da Equação (3.12), a resposta $x(t)$ a uma força de excitação $F(t)$ é simplesmente

$$x(t) = \int_0^t F(\tau)h(t - \tau)d\tau$$

(3.55)

Observe que o limite superior pode ser estendido para mais infinito, uma vez que $h(t - \tau) = 0$ para $t < T$. Como $F(t) = 0$ para $t < 0$, o limite inferior pode ser estendido para menos infinito. Assim, a Equação (3.55) pode ser reescrita como

$$x(t) = \int_{-\infty}^{\infty} F(\tau)h(t - \tau)d\tau$$

(3.56)

Em seguida, a variável de integração τ pode ser alterada para θ usando $\tau = t - \theta$ e, portanto, $d\tau = -d\theta$. Usando essa mudança de variáveis, a integral anterior pode ser escrita como

$$x(t) = -\int_{\infty}^{-\infty} F(t - \theta)h(\theta)d(\theta) = \int_{-\infty}^{\infty} F(t - \theta)h(\theta)d\theta$$

(3.57)

SEÇÃO 3.5 Resposta a Entradas Aleatórias

que fornece uma forma alternativa da solução de um problema de vibração forçada em termos da função de resposta ao impulso.

Finalmente, considere o PSD da resposta $x(t)$, dada pela Equação (3.51), como

$$S_{xx}(\omega) = \frac{1}{2\pi} \int_{-\infty}^{\infty} R_{xx}(\tau)e^{-j\omega\tau}d\tau \tag{3.58}$$

Com a substituição da definição de $R_{xx}(\tau)$ a partir da Equação (3.50), a expressão anterior torna-se

$$S_{xx}(\omega) = \frac{1}{2\pi} \int_{-\infty}^{\infty} \left[\lim_{T \to \infty} \frac{1}{T} \int_{0}^{T} x(\sigma)x(\sigma + \tau)d\sigma \right] e^{-j\omega\tau}d\tau \tag{3.59}$$

As expressões para $x(t)$ na integral são avaliadas a seguir usando a Equação (3.57), o resultado é

$$S_{xx}(\omega) =$$
$$\frac{1}{2\pi} \int_{-\infty}^{\infty} \left[\lim_{T \to \infty} \frac{1}{T} \int_{0}^{T} \left[\int_{-\infty}^{\infty} F(\sigma - \theta)h(\theta)d\theta \int_{-\infty}^{\infty} F(\sigma - \theta + \tau)h(\theta)\,d\theta \right] d\sigma \right] e^{-j\omega\tau}d\tau \tag{3.60}$$

$$= \frac{1}{2\pi} \int_{-\infty}^{\infty} \lim_{T \to \infty} \frac{1}{T} \int_{0}^{T} \left[F(\hat{t})F(\hat{t} + \tau) \int_{-\infty}^{\infty} h(\theta)e^{-j\omega\theta}d\theta \int_{-\infty}^{\infty} h(\theta)e^{j\omega\theta}d\theta \right] d\sigma e^{-j\omega\tau}d\tau \tag{3.61}$$

onde $e^{(\hat{t} - \hat{t})j\omega} = 1$ foi inserido dentro das integrais internas e uma posterior mudança de variáveis ($\hat{t} = \sigma - \theta$) foi realizada sobre o argumento de F, que posteriormente é retirado da integral. De acordo com a Equação (3.54), as duas integrais dentro dos colchetes na Equação (3.61) são $H(\omega)$ e seu conjugado complexo $H(-\omega)$. Reconhecendo as funções de resposta em frequência $H(\omega)$ e $H(-\omega)$ na Equação (3.61), essa expressão pode ser reescrita como

$$S_{xx}(\omega) = |H(\omega)|^2 \left[\frac{1}{2\pi} \int_{-\infty}^{\infty} R_{ff}(\tau)e^{-j\omega\tau}d\tau \right]$$

ou, simplesmente,

$$S_{xx}(\omega) = |H(\omega)|^2 S_{ff}(\omega) \tag{3.62}$$

Aqui R_{ff} denota a função de autocorrelação para $F(t)$ e S_{ff} denota o PSD da função de excitação $F(t)$. A notação $|H(\omega)|^2$ indica o quadrado da amplitude da função de resposta em frequência complexa. Uma demonstração mais rigorosa do resultado pode ser encontrada em Newland (1993). É mais importante estudar o resultado (isto é, a Equação (3.62)) do que as demonstrações nesse nível.

A Equação (3.62) representa uma conexão importante entre a densidade espectral de potência da força de excitação, a dinâmica da estrutura e a densidade espectral de potência da resposta. No caso determinístico, obteve-se uma solução relacionando a força harmônica aplicada ao sistema e a resposta resultante (Capítulo 2). No caso em que a entrada é uma excitação aleatória, a afirmação equivalente a uma solução é a Equação (3.62), que indica a rapidez com que a resposta $x(t)$ muda em relação à rapidez com que a força de excitação (aleatória) está variando. No caso determinístico de uma força de excitação senoidal, a solução permitiu concluir que a resposta também era senoidal com uma nova amplitude e fase, mas com a mesma frequência que a força de excitação. De certa forma, a Equação (3.62) permite conclusão equivalente para uma excitação aleatória (Janela 3.4). A Equação (3.62) diz que quando a excitação é um processo aleatório estacionário, a resposta será um processo aleatório estacionário e a resposta varia tão rapidamente quanto a força de excitação, mas com uma amplitude diferente. Tanto no caso determinístico quanto no caso aleatório, a amplitude da resposta está relacionada com a função de resposta em frequência da estrutura.

Exemplo 3.5.1

Considere o sistema de um grau de liberdade da Janela 3.1 sujeito a uma entrada de força aleatória (ruído branco) $F(t)$. Calcule a densidade espectral de potência da resposta $x(t)$ dado que o valor da PSD da força aplicada é constante S_0.

Solução A equação do movimento é

$$m\ddot{x} + c\dot{x} + kx = F(t)$$

A partir da Equação (2.59) ou da Equação (3.53), a função de resposta em frequência é

$$H(\omega) = \frac{1}{k - m\omega^2 + c\omega j}$$

Portanto,

$$|H(\omega)|^2 = \left| \frac{1}{k - m\omega^2 + c\omega j} \right|^2 = \frac{1}{\left(k - m\omega^2 \right) + c\omega j} \cdot \frac{1}{\left(k - m\omega^2 \right) - c\omega j}$$

$$= \frac{1}{\left(k - m\omega^2 \right)^2 + c^2\omega^2}$$

A partir da Equação (3.62), o PSD da resposta torna-se

$$S_{xx} = |H(\omega)|^2 S_{ff} = \frac{S_0}{\left(k - m\omega^2 \right)^2 + c^2\omega^2}$$

Esse resultado afirma que se um sistema de um grau de liberdade é excitado por uma força aleatória estacionária (de média constante e valor rms) que tem uma densidade espectral de potência constante S_0 a resposta do sistema também será aleatória com PSD não constante (isto é, dependente da frequência) de $S_{xx}(\omega) = S_0/[(k - m\omega^2)^2 + c^2\omega^2]$.

$\square$

SEÇÃO 3.5 Resposta a Entradas Aleatórias

Outra quantidade útil na discussão sobre a resposta de um sistema à vibração aleatória é o valor esperado. O *valor esperado* (ou mais apropriadamente, a *média aritmética*) de $x(t)$ é denotado por $E[x]$ e definido por

$$E[x] = \lim_{T \to \infty} \int_0^T \frac{x(t)}{T} dt \tag{3.63}$$

que, a partir da Equação (3.47), é também o valor médio $\bar{x}$. O valor esperado também está relacionado à probabilidade de que $x(t)$ esteja em um dado intervalo por meio da função de *densidade de probabilidade* $p(x)$. Um exemplo de $p(x)$ é a familiar função de distribuição Gaussiana (curva em forma de sino). Em termos da função de densidade de probabilidade, o valor esperado é definido por

$$E[x] = \int_{-\infty}^{\infty} xp(x)dx \tag{3.64}$$

A média do produto das duas funções $x(t)$ e $x(t + \tau)$ descreve como a função $x(t)$ varia com o tempo e, para um processo aleatório estacionário, é a função de autocorrelação

$$E\big[x(t)x(t + \tau)\big] = \lim_{T \to \infty} \frac{1}{T} \int_0^T x(t)x(t + \tau)dt = R_{xx}(\tau) \tag{3.65}$$

após comparação com a Equação (3.50). A partir da Equação (3.48), o valor quadrático médio torna-se

$$\bar{x}^2 = R_{xx}(0) = E\big[x^2\big] \tag{3.66}$$

O valor quadrático médio pode, por sua vez, estar relacionado com a função de densidade espectral de potência ao inverter a Equação (3.51) usando o par de transformadas de Fourier das Equações (3.45) e (3.46), ou seja

$$R_{xx}(\tau)_{\tau=0} = \int_{-\infty}^{\infty} S_{xx}(\omega)d\omega = E\big[x^2\big] \tag{3.67}$$

A Equação (3.62) relaciona o PSD da resposta $x(t)$ com o PSD da força de excitação $F(t)$ e a função de resposta em frequência. Combinando as Equações (3.62) e (3.67) obtém-se

$$E\big[x^2\big] = \int_{-\infty}^{\infty} |H(\omega)|^2 S_{ff}(\omega) \, d\omega \tag{3.68}$$

Essa expressão relaciona o valor quadrático médio da resposta ao PSD da força de excitação (aleatória) e da dinâmica do sistema. As Equações (3.68) e (3.62) formam a base para a análise de vibração aleatória para forças de excitação aleatórias estacionárias. Essas expressões representam o equivalente a usar a função de resposta ao impulso e funções de resposta em frequência para descrever excitações de vibração determinísticas (Janela 3.4).

Janela 3.4
Comparação entre Formulações para a Resposta de um Sistema
Massa-Mola-Amortecedor à Excitações Determinísticas e Aleatórias

Função de transferência: $G(s) = \dfrac{1}{ms^2 + cs + k}$

Função de resposta à frequências: $G(j\omega) = H(\omega) = \dfrac{1}{k - m\omega^2 + c\omega j}$

Função de resposta ao impulso: $h(t) = \dfrac{1}{m\omega_d} e^{-\zeta\omega_n t} \operatorname{sen}\omega_d t$

A transformada de Laplace da função de resposta ao impulso é

$$L[h(t)] = \frac{1}{ms^2 + cs + k} = G(s)$$

e a transformada de Fourier da função de resposta ao impulso é, simplesmente, a função de resposta em frequência (ω). Essas quantidades relacionam a entrada e a resposta por

Para determinística $f(t)$:

$$X(s) = G(s)F(s)$$

$$x(t) = \int_0^t h(t - \tau)f(\tau)d\tau$$

Para aleatória $f(t)$:

$$S_{xx}(\omega) = |H(\omega)|^2 S_{ff}(\omega)$$

$$E[x2] = \int_{-\infty}^{\infty} |H(\omega)|^2 S_{ff}(\omega)d\omega$$

Para usar a Equação (3.68), a integral envolvendo $|H(\omega)|^2$ deve ser avaliada. Em muitos casos úteis, $S_{ff}(\omega)$ é constante. Assim, os valores de $\int |H(\omega)|^2$ foram tabulados (ver Newland, 1993). Por exemplo

$$\int_{-\infty}^{\infty} \left| \frac{B_0}{A_0 + j\omega A_1} \right|^2 d\omega = \frac{\pi B_0^2}{A_0 A_1} \tag{3.69}$$

e

$$\int_{-\infty}^{\infty} \left| \frac{B_0 + j\omega B_1}{A_0 + j\omega A_1 - \omega^2 A_2} \right|^2 d\omega = \frac{\pi \left(A_0 B_1^2 + A_2 B_0^2 \right)}{A_0 A_1 A_2} \tag{3.70}$$

Essas integrais, juntamente com a Equação (3.68), permitem o cálculo do valor esperado, como ilustra o exemplo a seguir.

SEÇÃO 3.6 Espectro de Impacto

Exemplo 3.5.2

Calcule o valor quadrático médio da resposta do sistema descrito no Exemplo 3.5.1 com equação de movimento $m\ddot{x} + c\dot{x} + kx = F(t)$, onde o valor da PSD da força aplicada é constante S_0.

Solução Uma vez que o PSD da função de excitação é constante S_0, a Equação (3.68) torna-se

$$E[x^2] = S_0 \int_{-\infty}^{\infty} \left| \frac{1}{k - m\omega_n^2 + jc\omega} \right|^2 d\omega$$

A comparação com a Equação (3.70) produz $B_0 = 1$, $B_1 = 0$, $A_0 = k$, $A_1 = c$ e $A_2 = m$. Portanto,

$$E[x^2] = S_0 \frac{\pi m}{kcm} = \frac{\pi S_0}{kc}$$

Portanto, se um sistema massa-mola-amortecedor é excitado por uma força aleatória descrita por um PSD constante S_0 terá uma resposta aleatória $x(t)$ com valor quadrático médio $\pi S_0/kc$.

$\square$

Duas relações básicas usadas na análise de sistemas massa-mola-amortecedor excitados por entradas aleatórias são ilustradas nesta seção. A saída ou resposta de um sistema aleatoriamente excitado é também aleatória e, ao contrário dos sistemas determinísticos, não pode ser exatamente prevista. Assim, a resposta está relacionada com a força de excitação por meio das quantidades estatísticas de densidade espectral de potência e valores quadráticos médios. Consulte a Janela 3.4 para uma comparação dos cálculos de resposta para entradas determinísticas e aleatórias. Em vibrações determinísticas, normalmente, a preocupação em projeto é calcular a amplitude e a fase da resposta a uma determinada função de excitação determinística. Esta seção abordou o mesmo problema quando a função de excitação tem uma natureza aleatória. Dada uma propriedade estatística da função de excitação, por exemplo a amplitude média, então o melhor que se pode fazer é calcular o valor médio da amplitude da resposta.

3.6 ESPECTRO DE IMPACTO

Muitas perturbações são abruptas ou súbitas na natureza. O impulso é um exemplo de uma força aplicada repentinamente. Tal aplicação súbita de uma força ou outra forma de perturbação que resulta numa resposta transitória é referida como um *impacto*. Devido à ocorrência comum de entradas de impacto, uma caracterização especial da resposta a um impacto desenvolveu-se como uma ferramenta padrão de projeto e análise. Essa caracterização é chamada de *espectro de resposta* e consiste em um gráfico do valor absoluto máximo da resposta no tempo do sistema pela frequência natural do sistema.

A resposta ao impulso discutida na Seção 3.1 fornece um mecanismo para estudar a resposta de um sistema a uma entrada de impacto. Relembre que a função de resposta ao impulso $h(t)$ foi obtida a partir da consideração de uma entrada de força $\delta(t)$ de grande intensidade e curta duração e pode ser usada para calcular a resposta de um sistema a qualquer entrada. A função de resposta ao impulso constitui a base para o cálculo do espectro de resposta aqui apresentado.

Lembre-se da Equação (3.12) que a resposta de um sistema a uma entrada arbitrária $F(t)$ pode ser escrita como

$$x(t) = \int_0^t F(\tau) h(t - \tau) d\tau \qquad (3.71)$$

onde $h(t - \tau)$ is é a função de resposta ao impulso para o sistema. Para um sistema subamortecido, $h(t - \tau)$ é dado pela Equação (3.9):

$$h(t - \tau) = \frac{1}{m\omega_d} e^{-\zeta\omega_n(t-\tau)} \operatorname{sen} \omega_d(t - \tau) \quad t > \tau \qquad (3.72)$$

que torna-se

$$h(t - \tau) = \frac{1}{m\omega_n} \operatorname{sen} \omega_n(t - \tau) \qquad (3.73)$$

no caso não amortecido. O espectro de resposta é definido como sendo um gráfico do valor máximo ou máximo da resposta pela frequência. Para um sistema não amortecido, as Equações (3.71) e (3.73) podem ser combinadas para produzir o valor máximo da resposta de deslocamento como

$$x(t)_{max} = \frac{1}{m\omega_n} \left| \int_0^t F(\tau) \operatorname{sen} [\omega_n(t - \tau)] d\tau \right|_{max} \qquad (3.74)$$

Calcular um espectro de resposta envolve então a substituição da $F(t)$ apropriada na Equação (3.74) e traçar $x(t)_{max}$ pela frequência natural não amortecida. Esse procedimento geralmente é realizado numericamente em um computador, no entanto, o exemplo a seguir ilustra o procedimento manual.

Exemplo 3.6.1

Calcule o espectro de resposta para a função de excitação, dada na Figura 3.16, aplicada ao sistema massa-mola linear. A característica abrupta da resposta é representada pelo tempo t_1.

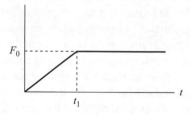

Figura 3.16 Uma perturbação degrau com tempo de subida de t_1 segundos.

SEÇÃO 3.6 Espectro de Impacto

257

Solução Como no Exemplo 3.2.2, a função de excitação $F(t)$ esboçada na Figura 3.16 pode ser escrita como a soma de outras duas funções simples. Nesse caso, a entrada é a soma de

$$F_1(t) = \frac{t}{t_1} F_0$$

e

$$F_2(t) = \begin{cases} 0 & 0 < t < t_1 \\ -\dfrac{t - t_1}{t_1} F_0 & t \geq t_1 \end{cases}$$

Seguindo os passos dados no Exemplo 3.2.2, a resposta é calculada avaliando a resposta a $F_1(t)$ e $F_2(t)$, separadamente. A linearidade é então usada para obter a resposta total a $F(t) = F_1(t) + F_2(t)$. A resposta à $F_1(t)$, representada por $x_1(t)$, calculada pelas Equações (3.71) e (3.73), torna-se

$$x_1(t) = \frac{\omega_n}{k} \int_0^t \frac{F_0 \tau}{t_1} \operatorname{sen}\omega_n(t - \tau)\, d\tau = \frac{F_0}{k}\left(\frac{t}{t_1} - \frac{\operatorname{sen}\omega_n t}{\omega_n t_1}\right) \tag{3.75}$$

Similarmente, a resposta à $F_2(t)$, denotada por $x_2(t)$, torna-se

$$x_2(t) = \int_0^t F_2(\tau)\frac{1}{m\omega_n}\operatorname{sen}\omega_n(t - \tau)d\tau = \frac{-F_0}{m\omega_n}\int_{t_1}^t \frac{\tau - t_1}{t_1}\operatorname{sen}\omega_n(t - \tau)d\tau$$

que reduz-se a

$$x_2(t) = -\frac{F_0}{k}\left[\frac{t - t_1}{t_1} - \frac{\operatorname{sen}\omega_n(t - t_1)}{\omega_n t_1}\right] \tag{3.76}$$

tal que a resposta total seja a soma $x(t) = x_1(t) + x_2(t)$:

$$x(t) = \begin{cases} \dfrac{F_0}{k}\left(\dfrac{t}{t_1} - \dfrac{\operatorname{sen}\omega_n t}{\omega_n t_1}\right) & t < t_1 \\ \dfrac{F_0}{k\omega_n t_1}\left[\omega_n t_1 - \operatorname{sen}\omega_n t + \operatorname{sen}\omega_n(t - t_1)\right] & t \geq t_1 \end{cases} \tag{3.77}$$

Alternativamente, a função degrau de Heaviside pode ser usada para escrever essa solução como

$$x(t) = \frac{F_0}{k}\left(\frac{t}{t_1} - \frac{\operatorname{sen}\omega_n t}{\omega_n t_1}\right) - \frac{F_0}{k}\left(\frac{t - t_1}{t_1} - \frac{\operatorname{sen}\omega_n(t - t_1)}{\omega_n t_1}\right)\Phi(t - t_1) \tag{3.78}$$

A Equação (3.77) é a resposta de um sistema não amortecido à excitação da Figura 3.16. Para encontrar a resposta máxima, a derivada da Equação (3.77) é igualada a zero e resolvida para o tempo t_p no qual ocorre o máximo. Esse tempo t_p é então substituído na resposta $x(t_p)$ dada pela Equação (3.77) para produzir a resposta máxima $x(t_p)$. Derivando a Equação (3.77) para $t > t_1$ tem-se $\dot{x}(t_p) = 0$ ou

$$-\cos\omega_n t_p + \cos\omega_n(t_p - t_1) = 0 \tag{3.79}$$

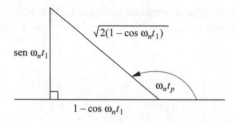

Figura 3.17 Representação gráfica das Equações (3.80) e (3.81).

Usando relações trigonométricas básicas e resolvendo para $\omega_n t_p$ obtém-se

$$\operatorname{tg} \omega_n t_p = \frac{1 - \cos \omega_n t_1}{\operatorname{sen} \omega_n t_1} \quad \text{ou} \quad \omega_n t_p = \operatorname{tg}^{-1}\left(\frac{1 - \cos \omega_n t_1}{\operatorname{sen} \omega_n t_1}\right) \quad (3.80)$$

onde t_p denota o tempo até o primeiro pico (isto é, o tempo para o qual ocorre o valor máximo da Equação (3.77)). A Equação (3.80) corresponde a um triângulo retângulo de lados $(1 - \cos \omega_n t_1)$, $\operatorname{sen} \omega_n t_1$ e hipotenusa

$$\sqrt{\operatorname{sen}^2 \omega_n t_1 + (1 - \cos \omega_n t_1)^2} = \sqrt{2(1 - \cos \omega_n t_1)} \quad (3.81)$$

Essa relação é ilustrada na Figura 3.17. Assim, $\omega_n t_p$ pode ser calculado a partir de

$$\operatorname{sen} \omega_n t_p = -\sqrt{\frac{1}{2}(1 - \cos \omega_n t_1)} \quad (3.82)$$

e

$$\cos \omega_n t_p = \frac{-\operatorname{sen} \omega_n t_1}{\sqrt{2(1 - \cos \omega_n t_1)}} \quad (3.83)$$

A substituição dessa expressão na Equação (3.77) avaliada em t_p produz, após alguma manipulação (aqui $x(t_p) = x_{\max}$),

$$\frac{x_{\max} k}{F_0} = 1 + \frac{1}{\omega_n t_1} \sqrt{2(1 - \cos \omega_n t_1)} \quad (3.84)$$

onde o lado esquerdo representa o deslocamento máximo adimensional. É costume traçar o espectro de resposta (sem dimensão) pela frequência adimensional

$$\frac{t_1}{T} = \frac{\omega_n t_1}{2\pi} \quad (3.85)$$

onde T é o período natural da estrutura. Esse resultado fornece uma escala relacionada ao tempo característico t_1 da entrada. A Figura 3.18 é um gráfico do espectro de resposta para a força de entrada dada pela rampa da Figura 3.16. Observe que cada ponto no gráfico corresponde a um tempo de subida diferente t_1 da excitação. A escala vertical é uma indicação da relação entre a estrutura e o tempo de subida da excitação.

SEÇÃO 3.6 Espectro de Impacto

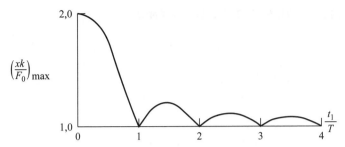

Figura 3.18 Espectro de resposta para a força de entrada da Figura 3.16. O eixo vertical é a resposta máxima sem dimensão e o eixo horizontal é a frequência adimensional (ou tempo de atraso).

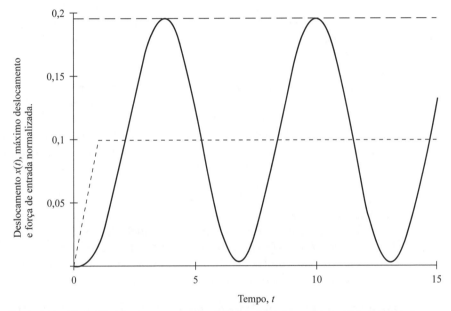

Figura 3.19 Um gráfico da resposta no tempo (linha contínua) de um sistema não amortecido à entrada dada na Figura 3.16. Também são mostradas a amplitude máxima (linha tracejada longa) e a função de entrada (linha tracejada curta) para os parâmetros $k = 10$ N/m, $m = 10$ kg, $F_0 = 1$ N e $t_1 = 1$ s.

A resposta é traçada usando a Equação (3.77) juntamente com a amplitude máxima dada pela Equação (3.84) e a função de entrada dada pela rampa na Figura 3.19. Observe a partir desses gráficos que a amplitude da resposta é ampliada, ou maior do que o nível da força de entrada. Se t_1 é escolhido para estar perto de um período (o mínimo na Figura 3.18), então a resposta é menor do que esse valor e a resposta máxima será igual ao nível de entrada. Os efeitos dos vários parâmetros formam o tema do isolamento de impacto (Seção 5.2, que pode ser lido agora) e são avaliados numericamente na Seção 3.9.

□

260 CAPÍTULO 3 • Resposta à Forçada Geral

3.7 MEDIÇÃO VIA FUNÇÕES DE TRANSFERÊNCIA

A resposta forçada de um sistema vibratório é muito útil na medição dos parâmetros físicos de um sistema. Conforme indicado na Seção 1.6, a medição do coeficiente de amortecimento de um sistema só pode ser feita dinamicamente. Em alguns sistemas, o amortecimento é suficientemente grande para que a vibração não dure o suficiente para que seja realizada uma medição de decaimento livre. Esta seção analisa o uso da resposta forçada, funções de transferência e análise de vibração aleatória introduzidas nas seções anteriores para medir a massa, amortecimento e rigidez de um sistema.

O uso de funções de transferência para medir as propriedades das estruturas tem origem na engenharia elétrica. Em aplicações de circuito, um gerador de função é usado para aplicar um sinal de tensão senoidal a um circuito. A saída é medida para uma faixa de frequências. A relação entre a transformada de Laplace dos dois sinais produz então a função de transferência do circuito de teste. Uma experiência semelhante pode ser realizada em estruturas mecânicas. Um gerador de sinal é usado para dirigir um dispositivo gerador de força (chamado *excitador*) que aciona a estrutura de forma senoidal através de uma faixa de frequências com amplitude e fase conhecidas. Tanto a resposta (seja uma aceleração, velocidade ou deslocamento) e a força de entrada são medidas usando vários transdutores. A transformada do sinal de entrada e saída é calculada e a função de resposta em frequência para o sistema é determinada. Os parâmetros físicos são então obtidos a partir da amplitude e fase da função de resposta em frequência. Os detalhes dos procedimentos de medição são discutidos no Capítulo 7. Os métodos de determinação de parâmetros físicos a partir da função de resposta em frequência são introduzidos aqui.

Várias funções de transferência diferentes são usadas na medição de vibração, dependendo se o deslocamento, a velocidade ou a aceleração são medidos. As várias funções de transferência estão ilustradas na Tabela 3.2. A tabela indica, por exemplo, que a função de transferência de aceleração e a função correspondente de resposta em frequência são obtidas dividindo a transformada da resposta de aceleração pela transformação da força de excitação.

TABELA 3.2 FUNÇÕES DE TRANSFERÊNCIA USADAS NA MEDIÇÃO DE VIBRAÇÃO

Medição da resposta	Função de Transferência	Função de Transferência Inversa
Aceleração	Acelerância	Massa aparente
Velocidade	Mobilidade	Impedância
Deslocamento	Receptância	Rigidez dinâmica

As três funções de transferência apresentadas na Tabela 3.2 estão relacionadas entre si por multiplicações simples da variável de transformação s, uma vez que isso corresponde à diferenciação. Assim, com a *função de transferência de receptância* (também chamada de *complacência* ou *admitância*) denotada por

$$\frac{X(s)}{F(s)} = H(s) = \frac{1}{ms^2 + cs + k} \tag{3.86}$$

SEÇÃO 3.7 Medição via Funções de Transferência

A *função de transferência de mobilidade* torna-se

$$\frac{sX(s)}{F(s)} = sH(s) = \frac{s}{ms^2 + cs + k} \quad (3.87)$$

pois $sX(s)$ é a transformada da velocidade. Similarmente, $s^2X(s)$ é a transformada da aceleração e a *função de transferência de acelerância* (inertância) torna-se

$$\frac{s^2X(s)}{F(s)} = s^2H(s) = \frac{s^2}{ms^2 + cs + k} \quad (3.88)$$

Cada um deles também define a função de resposta em frequência correspondente substituindo $s = j\omega$.

Considere o cálculo da amplitude da complacência complexa $H(j\omega)$ da Equação (2.53) ou (3.86). Como esperado da Equação (2.70), tem-se

$$|H(j\omega)| = \frac{1}{\sqrt{(k - m\omega^2)^2 + (c\omega)^2}} \quad (3.89)$$

Observe que o maior valor dessa amplitude ocorre perto de $k - m\omega^2 = 0$, ou quando a frequência de excitação é igual à frequência natural não amortecida, $\omega = \omega_n = \sqrt{k/m}$. Lembre-se da Seção 2.2 que isso também corresponde a um deslocamento de fase de 90°. Esse argumento é usado em testes para determinar a frequência natural de vibração de uma partícula de teste a partir de uma curva de amplitude medido da função de transferência do sistema. Essa curva é ilustrada na Figura 3.20. O valor exato da frequência de pico é derivado no Exemplo 2.2.5.

Em princípio, cada um dos parâmetros físicos na função de transferência pode ser determinado a partir da curva experimental da amplitude da função de resposta em frequência. A frequência natural ω_n é determinada a partir da posição do pico.

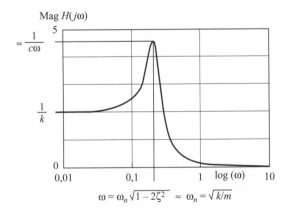

Figura 3.20 Uma curva de magnitude para um sistema massa-mola-amortecedor para a função de transferência de complacência indica a determinação da frequência natural e rigidez.

CAPÍTULO 3 • Resposta à Forçada Geral

O coeficiente de amortecimento c é aproximado a partir do valor da frequência e uma medida da amplitude $|H(j\omega)|$ em $\omega = \sqrt{k/m}$, uma vez que, a partir da Equação (3.89)

$$\left| H\left(j\sqrt{\frac{k}{m}} \right) \right| = \frac{1}{\sqrt{(c\omega_n)^2}} = \frac{1}{c\omega_n} \tag{3.90}$$

Essa formulação para medir o coeficiente de amortecimento fornece uma alternativa à técnica de decremento logarítmico apresentada na Seção 1.6. Em seguida, a rigidez pode ser determinada a partir do ponto de frequência zero. Para $\omega = 0$, a Equação (3.87) produz

$$|H(0)| = \frac{1}{\sqrt{k^2}} = \frac{1}{k} \tag{3.91}$$

Como $\omega_n = \sqrt{k/m}$, o conhecimento de ω_n e k resulta no valor de m. Dessa forma, m, c, k, ω_n e ζ podem ser determinados a partir de medições de $|H(j\omega)|$. Métodos mais práticos são discutidos no Capítulo 7. Naturalmente, m e k normalmente podem ser medidos por experimentos estáticos também, para comparação.

A análise precedente depende da função determinada experimentalmente $|H(j\omega)|$. A maioria das experiências contém várias fontes de ruído, de modo que um plano limpo de $|H(j\omega)|$ é difícil de obter. A abordagem comum é repetir a experiência várias vezes e essencialmente a média dos dados (isto é, utilizar médias aritmética). Na prática, os conjuntos de históricos de tempo de força de entrada $f(t)$ e históricos de tempo de resposta $x(t)$ são calculados para produzir $R_{xx}(t)$ e $R_{ff}(t)$ usando a Equação (3.48). A transformada de Fourier dessas médias é então calculada usando a Equação (3.51) para obter as funções PSD $S_{xx}(\omega)$ e $S_{ff}(\omega)$. A Equação (3.62) é então usada para calcular $|H(j\omega)|$ a partir dos valores PSD da entrada e resposta medidas. Esse procedimento funciona para a média de dados ruidosos, bem como para o caso de usar uma excitação aleatória (média zero) como a força de excitação. As transformações e cálculos necessários para calcular $|H(j\omega)|$ são normalmente feitas digitalmente em um computador dedicado usado para testes de vibração. Isso é discutido no Capítulo 7 com mais detalhes.

3.8 ESTABILIDADE

O conceito de estabilidade foi introduzido na Seção 1.8 no contexto da vibração livre. Aqui as definições de estabilidade para a vibração livre são estendidas para incluir o caso de resposta forçada. Lembre-se da Equação (1.86) que a resposta livre é estável se permanecer dentro de um limite finito para todo o tempo (Janela 3.5). Esse conceito de uma resposta bem-comportada também pode ser aplicado ao movimento forçado de um sistema vibratório. De fato, num certo sentido, o pêndulo invertido do Exemplo 1.8.1 é um caso de resposta forçada se a gravidade é considerada a força de excitação.

SEÇÃO 3.8 Estabilidade

Janela 3.5
Revisão da Estabilidade da Resposta Livre da Seção 1.8

Uma solução $x(t)$ é estável se existir algum número finito M tal que

$$|x(t)| < M$$

para todo $t > 0$. Se esse limite não pode ser satisfeito, a resposta $x(t)$ é dito ser instável.

Se uma resposta $x(t)$ é estável e $x(t)$ aproxima-se de zero quando t se torna grande, a solução $x(t)$ é dita *assintoticamente estável*. Um sistema massa-mola não amortecido é estável desde que m e k sejam positivos e o valor de M seja, simplesmente, a amplitude A (isto é, $M = A$, onde $x(t) = A$ sen $(\omega_n + \phi)$). Um sistema amortecido é assintoticamente estável se m, c e k são todos positivos (isto é, $x(t) = Ae^{-\zeta\omega_n t}$ sen$(\omega_d t + \phi)$ converge para zero quando t aumenta).

A estabilidade da resposta forçada de um sistema pode ser definida considerando a natureza da força ou entrada aplicada. O sistema

$$m\ddot{x} + c\dot{x} + kx = F(t) \tag{3.92}$$

é definido como BIBO estável (*bounded-input, bounded-output*) se, para qualquer entrada limitada $F(t)$, a saída, ou resposta $x(t)$, é limitada para qualquer conjunto arbitrário de condições iniciais. Sistemas que são BIBO estáveis são manipuláveis na ressonância e não divergem.

Observe que a versão não amortecida da Equação (3.92) não é BIBO estável. Para ver isso, observe que se $F(t)$ é escolhida como sendo $F(t) = \text{sen}[(k/m)^{1/2}t]$ para o caso $c = 0$, a resposta $x(t)$ claramente não é limitada como mostrado na Figura 2.5. Relembre também que a amplitude da resposta forçada de um sistema $F_0/[\omega_n^2 - \omega^2]$ não amortecido é ω, que se aproxima do infinito à medida que ω se aproxima de ω_n (Janela 3.6). No entanto, a força de entrada $F(t)$ é limitada desde que

$$|F(t)| = \left|\text{sen}\left(\sqrt{\frac{k}{m}}t\right)\right| \leq 1 \tag{3.93}$$

para todo tempo. Assim, existe alguma força limitada para a qual a resposta não é limitada e a definição de BIBO estável é violada. Essa situação corresponde à ressonância. Claramente, um sistema não amortecido se comporta mal na ressonância.

Em seguida, considere o caso amortecido ($c > 0$). Imediatamente, o exemplo anterior de ressonância não é mais ilimitado. As curvas de amplitude de resposta forçada dadas na Figura 2.8 ilustram que a resposta está sempre limitada por qualquer força de excitação periódica limitada. Para ver que a resposta de um sistema subamortecido é limitada

CAPÍTULO 3 • Resposta à Forçada Geral

Janela 3.6
Revisão da Resposta
de um Sistema de Um Grau de Liberdade à Excitação Harmônica

O sistema não amortecido

$$m\ddot{x} + kx = F_0 \cos \omega t \qquad x(0) = x_0, \qquad \dot{x}(0) = v_0$$

tem solução

$$x(t) = \frac{v_0}{\omega_n} \operatorname{sen} \omega_n t + \left(x_0 - \frac{f_0}{\omega_n^2 - \omega^2} \right) \cos \omega_n t + \frac{f_0}{\omega_n^2 - \omega^2} \cos \omega t \quad (2.11)$$

onde $f_0 = F_0/m$ e $\omega_n = \sqrt{k/m}$ e x_0 e v_0 são condições iniciais. O sistema subamortecido

$$m\ddot{x} + c\dot{x} + kx = F_0 \cos \omega t$$

tem solução de estado estacionário

$$x(t) = \frac{f_0}{\sqrt{(\omega_n^2 - \omega^2)^2 + (2\zeta\omega_n\omega)^2}} \cos \left(\omega t - \operatorname{tg}^{-1} \frac{2\zeta\omega_n\omega}{\omega_n^2 - \omega^2} \right) \qquad (2.36)$$

onde o fator de amortecimento ζ satisfaz $0 < \zeta < 1$.

para qualquer entrada limitada, lembre-se que a solução para uma força de excitação arbitrária é dada em termos da resposta ao impulso na Equação (3.12) como

$$x(t) = \int_0^t f(\tau)h(t - \tau)d\tau \qquad (3.94)$$

onde $f(t) = F(t)/m$. Aplicando o valor absoluto de ambos os lados dessa expressão obtém-se

$$|x(t)| = \left| \int_0^t f(\tau)h(t - \tau)d\tau \right| \leq \int_0^t |f(\tau)h(t - \tau)| d\tau \qquad (3.95)$$

onde a desigualdade resulta da definição de integrais como um limite de somatório. Observando que $|h_f| \leq |h| \, |f|$ tem-se

$$|x(t)| \leq \int_0^t |f(\tau)| |h(t - \tau)| d\tau \leq M \int_0^t |h(t - \tau)| d\tau \qquad (3.96)$$

SEÇÃO 3.8 Estabilidade

onde $f(t)$ (e, portanto, $F(t)$) é por hipótese limitado por M (isto é, $|f(t)| < M$). Observe que a escolha da constante M é arbitrária e sempre escolhida como uma questão de conveniência. Em seguida considere a avaliação da integral do lado direito da desigualdade (3.96) para o caso subamortecido. A resposta ao impulso para um sistema subamortecido é dada pela Equação (3.9). A substituição da Equação (3.9) em (3.96) produz

$$|x(t)| \leq M \int_0^t \frac{1}{m\omega_d} \left| e^{-\zeta\omega_n(t-\tau)} \right| \left| \operatorname{sen} \omega_d (t - \tau) \right| d\tau \qquad (3.97)$$

$$\leq \frac{M}{m\omega_d} e^{-\zeta\omega_n t} \int_0^t e^{\zeta\omega_n\tau} d\tau = \frac{M}{m\zeta\omega_n\omega_d} (1 - e^{-\zeta\omega_n t}) \leq M$$

desde que $\left| \operatorname{sen} \omega_d(t - \tau) \right| \leq 1$ para todo $t > 0$, $m\zeta\omega_n\omega_d > 1$ e $1 - e^{-\zeta\omega_n t} < 1$. Assim

$$|x(t)| \leq M$$

Portanto, enquanto a força de entrada é limitada (por exemplo, por M), o cálculo anterior mostra que a resposta $x(t)$ de um sistema subamortecido também é limitado e o sistema é BIBO estável.

Os resultados da Seção 2.1 indicam claramente que a resposta de um sistema não amortecido é bem-comportada ou limitada, desde que a entrada harmônica não esteja na frequência natural ou próximo dela (Janela 3.6). De fato, a resposta dada pela Equação (2.11) mostra que a intensidade máxima será menor que alguma constante desde que $\omega \neq \omega_n$. Para ver isso, calcule o valor absoluto da Equação (2.11)

$$|x(t)| \leq \left| \frac{v_0}{\omega_n} \right| + \left| x_0 - \frac{f_0}{\omega_n^2 - \omega^2} \right| + \left| \frac{f_0}{\omega_n^2 - \omega^2} \right| < M \qquad (3.98)$$

onde M é finito, uma vez que cada termo é finito, desde que $\omega \neq \omega_n$. Aqui v_0 e x_0 são a velocidade inicial e o deslocamento, respectivamente. Assim, a resposta forçada não amortecida às vezes é bem-comportada e às vezes não. Tais sistemas são ditos *Lagrange estáveis*. Especificamente, um sistema é definido como Lagrange estável, ou limitado, em relação a uma determinada entrada se a resposta é limitada para qualquer conjunto de condições iniciais. Os sistemas não amortecidos são Lagrange estáveis em relação a muitas entradas. Essa definição é útil quando $F(t)$ é conhecido completamente ou é conhecido por pertencer a uma classe de funções específicas. Ambas as soluções amortecidas e não amortecidas dadas na Janela 3.6 são Lagrange estável para $\omega_n \neq \omega$.

Em geral, se a solução homogênea é assintoticamente estável, a resposta forçada será BIBO estável. Se a resposta homogênea é estável (marginalmente estável), a resposta forçada só será Lagrange estável. A resposta forçada de um sistema homogêneo instável pode ainda ser BIBO estável, como ilustrado no exemplo seguinte.

Exemplo 3.8.1

Considere o pêndulo invertido do Exemplo 1.8.1, ilustrado na Figura 3.21, e discuta suas propriedades de estabilidade.

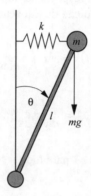

Figura 3.21 O pêndulo invertido suportado por mola do Exemplo 3.8.1.

Solução A somatória de momentos em torno do ponto pivotante produz

$$\sum M_0 = ml^2\ddot{\theta}(t) = [-kl \operatorname{sen}\theta(t)][l\cos\theta(t)] + mg[l\operatorname{sen}\theta(t)]$$

Considerar a aproximação de pequeno ângulo da equação do pêndulo invertido resulta na equação de movimento

$$ml^2\ddot{\theta}(t) + kl^2\theta(t) = mgl\theta(t)$$

Se $mgl\theta$ é considerada como uma força aplicada, a solução homogênea é estável, pois m, l e k são todos positivos. Escrever a equação de movimento como uma equação homogênea produz

$$ml^2\ddot{\theta}(t) + [kl^2 - mgl]\theta(t) = 0$$

A resposta forçada, contudo, não é limitada a menos que $kl > mg$ e, nesse caso, mostrou-se no Exemplo 1.8.1 ser divergente (ilimitado). Assim, a resposta forçada desse sistema é Lagrange estável para $F(t) = mgl\theta$ se $kl > mg$ e ilimitada (instável) se $kl < mg$.

□

Exemplo 3.8.2

Considere novamente o pêndulo invertido do Exemplo 3.8.1. Projete uma força aplicada $F(t)$ tal que a resposta seja limitada para $kl < mg$.

Solução O problema é encontrar $F(t)$ tal que θ satisfazendo

$$ml^2\ddot{\theta}(t) + (kl^2 - mgl)\theta(t) = F(t)$$

seja limitado. Como ponto de partida, suponha que $F(t)$ tem a forma

$$F(t) = -a\theta(t) - b\ddot{\theta}(t)$$

SEÇÃO 3.9 Simulação Numérica da Resposta

onde a e b devem ser determinados pelo projeto de estabilidade. Essa forma é atraente porque muda o problema não homogêneo em um problema homogêneo. A equação de movimento então torna-se

$$ml^2\ddot{\theta}(t) + (kl^2 - mgl)\theta(t) = -a\theta(t) - b\ddot{\theta}(t)$$

Essa equação pode ser escrita como uma equação homogênea:

$$ml^2\ddot{\theta}(t) + b\dot{\theta} + (kl^2 - mgl + a)\theta = 0$$

A partir da Seção 1.8, sabe-se que se cada um dos coeficientes é positivo, a resposta é assintoticamente estável, o que certamente é limitado. Portanto, escolha $b > 0$ e a tal que

$$kl^2 - mgl + a > 0$$

e a resposta forçada será limitada.

$\square$

Uma força aplicada também pode fazer que uma resposta estável (ou assintoticamente estável) do sistema torna-se instável. Para ver isso, considere o sistema

$$\ddot{x}(t) + \dot{x}(t) + 4x(t) = f(t) \tag{3.99}$$

onde $f(t) = ax(t) + b\dot{x}(t)$. Se a é escolhida para ser $b = 2$, a equação de movimento torna-se

$$\ddot{x}(t) - \dot{x}(t) + 2x(t) = 0 \tag{3.100}$$

que tem uma solução que cresce exponencialmente e mostra a instabilidade flutuante. À primeira vista, isso parece violar a afirmação anterior de que os sistemas homogêneos assintoticamente estáveis são BIBO estáveis. Esse exemplo, no entanto, não viola a definição porque a entrada $f(t)$ não é limitada. A força aplicada é uma função do deslocamento e da velocidade, que crescem sem ligação.

3.9 SIMULAÇÃO NUMÉRICA DA RESPOSTA

A simulação numérica, introduzida na Seção 1.9 para a resposta livre e na Seção 2.8 para a resposta às entradas harmônicas, pode ser usada para calcular e traçar a resposta a qualquer função de excitação arbitrária. A simulação numérica tornou-se o método preferido para calcular a resposta, uma vez que requer uma quantidade mínima de análise e pode ser aplicada a qualquer tipo de força de entrada, incluindo dados experimentais (tais como históricos de tempo de terremotos). Soluções numéricas também podem ser usadas para verificar o trabalho analítico e o trabalho analítico deve ser usado para verificar os resultados numéricos sempre que possível. Esta seção apresenta alguns códigos comuns para simular e traçar a resposta de sistemas a uma força geral.

Nas seções anteriores, um grande esforço foi desenvolvido para obter as expressões analíticas da resposta de vários sistemas de um grau de liberdade excitados por uma variedade de forças. Essas expressões analíticas são extremamente úteis para o projeto e

268 CAPÍTULO 3 • Resposta à Forçada Geral

para a compreensão de alguns fenômenos físicos. As curvas da resposta no tempo foram construídas para entender a natureza e as características da resposta. Em vez de traçar a função analítica que descreve a resposta, a resposta no tempo também pode ser calculada numericamente usando um pacote de *software* computacional e de integração de Euler ou Runge-Kutta, tal como introduzido nas Secções 1.8 e 2.8. Embora soluções numéricas como essas não sejam exatas, elas permitem que termos não lineares sejam considerados, bem como a solução de sistemas com termos de excitação complicados que não têm soluções analíticas.

Para resolver numericamente a resposta forçada para uma entrada arbitrária, a Equação (2.133) precisa ser modificada ligeiramente para incorporar uma força aplicada arbitrária. É possível gerar uma solução numérica aproximada de

$$m\ddot{x}(t) + c\dot{x}(t) + kx(t) = F(t) \tag{3.101}$$

sujeito a quaisquer condições iniciais para qualquer força arbitrária $F(t)$. Para a maioria dos códigos, a Equação (3.101) deve ser empregada na forma de um sistema de primeira ordem, ou espaço de estado, renomeando x como x_1 e escrevendo

$$\dot{x}_1(t) = x_2(t)$$
$$\dot{x}_2(t) = -2\zeta\omega_n x_2(t) - \omega_n^2 x_1(t) + f(t) \tag{3.102}$$

onde x_2 representa a velocidade $\dot{x}(t)$ e x_1 representa a posição $x(t)$ como antes e $f(t) = F(t)/m$. Esse problema está sujeito às condições iniciais $x_1(0) = x_0$ e $x_2(0) = v_0$. Dado ω_n, ζ, f_0, x_0, v_0 e a forma analítica ou numérica de $F(t)$, a solução da Equação (3.101) pode ser determinada numericamente. A forma matricial da Equação (3.102) torna-se

$$\dot{\mathbf{x}}(t) = A\mathbf{x}(t) + \mathbf{f}(t) \tag{3.103}$$

onde $\mathbf{x}$ e A são o vetor de estado e a matriz de estado, respectivamente, como definido anteriormente na Equação (1.96) e repetido aqui:

$$\mathbf{x} = \begin{bmatrix} x_1 \\ x_2 \end{bmatrix}, \quad \text{e} \quad A = \begin{bmatrix} 0 & 1 \\ -\omega_n^2 & -2\zeta\omega_n \end{bmatrix}$$

O vetor $\mathbf{f}$ é a força aplicada e assume a forma

$$\mathbf{f}(t) = \begin{bmatrix} 0 \\ f(t) \end{bmatrix} \tag{3.104}$$

A forma de Euler da Equação (3.103) é

$$\mathbf{x}(t_{i+1}) = \mathbf{x}(t_i) + A\mathbf{x}(t_i)\Delta t + \mathbf{f}(t_i)\Delta t \tag{3.105}$$

Nesse caso, em que $\mathbf{f}(t)$ é uma força arbitrária, ou $\mathbf{f}(t_1)$ é $\mathbf{f}$ avaliada em cada instante de tempo, se a forma analítica de $\mathbf{f}$ é conhecida, ou é um conjunto de dados discretos ao

SEÇÃO 3.9 Simulação Numérica da Resposta

longo do tempo, se **f** é conhecido numericamente ou experimentalmente. Essa expressão também pode ser adaptada à formulação de Runge-Kutta, e a maioria dos códigos mencionados no Apêndice G têm comandos incorporados para uma solução de Runge-Kutta.

A integração numérica para determinar a resposta de um sistema é uma aproximação enquanto que a curva da solução analítica é exata. A resposta está no fato de que muitos problemas práticos não têm soluções analíticas exatas, como o tratamento de termos não lineares, como foi ilustrado na Seção 1.10. Esta seção discute a solução da resposta forçada usando integração numérica em um ambiente onde a solução exata está disponível para comparação. Os exemplos nesta seção introduzem integração numérica para calcular respostas forçadas e compará-las com a solução exata.

Os exemplos a seguir ilustram o uso de vários programas para calcular e traçar a solução. Note que VTBL_3 e VTBL_4 permitem a utilização de dados discretos como uma função de excitação.

Exemplo 3.9.1

Obtenha numericamente a resposta do sistema no Exemplo 3.2.1, usando os parâmetros dados na Figura 3.7. Lembre-se que a equação de movimento é

$$m\ddot{x} + c\dot{x} + kx = F(t) = \begin{cases} 0, & t_0 > t > 0 \\ F_0, & t \geq t_0 \end{cases}$$

(Use os valores $\zeta = 0{,}1$ e $\omega_n = 3{,}16$ rad/s (com $F_0 = 30$ N, $k = 1000$ N/m, $t_0 = 0$)). Compare a solução numérica com a solução analítica dada no Exemplo 3.2. 1.

Solução A solução analítica dada na Equação (3.15) com os valores dos parâmetros dados na Figura 3.7 torna-se

$$x(t) = (0{,}03 - 0{,}03e^{-0{,}316(t-t_0)}\cos[3{,}144(t - t_0) - 0{,}101])\Phi(t - t_0) \tag{3.106}$$

onde Φ representa a função degrau de Heaviside usada para indicar que $x(t)$ é zero até que t seja t_0. As equações de estado para a equação de movimento são escritas como

$$\begin{bmatrix} \dot{x}_1 \\ \dot{x}_2 \end{bmatrix} = \begin{bmatrix} 0 & 1 \\ -\dfrac{k}{m} & -\dfrac{c}{m} \end{bmatrix} \begin{bmatrix} x_1 \\ x_2 \end{bmatrix} + \begin{bmatrix} 0 \\ \dfrac{F_0}{m} \Phi(t - t_0) \end{bmatrix} \tag{3.107}$$

O resultado de traçar a solução analítica da Equação (3.106) e integrar numericamente a Equação (3.107) é dado na Figura 3.22. Observe que isso é praticamente idêntico ao gráfico da Figura 3.7, que é a solução analítica. Seguem-se os códigos para obter a solução numérica.

Em Mathcad, o código para resolver a Equação (3.107) é

$$F0 := 30 \quad k := 1000 \quad \omega n := 3{,}16 \quad \zeta := 0{,}1 \quad t0 := 0$$

$$\theta := atan\left[\frac{\zeta}{1 - \zeta^2}\right] \quad \frac{F0}{k} = 0{,}03 \quad \frac{F0}{k \cdot \sqrt{1 - \zeta^2}} = 0{,}03015 \quad \zeta \cdot \omega n = 0{,}316$$

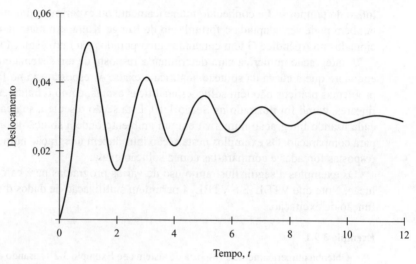

Figura 3.22 Uma curva da solução numérica do sistema dos Exemplos 3.2.1 e 3.9.1.

$$\omega d := \omega n \cdot \sqrt{1 - \zeta^2} \quad \omega d = 3{,}14416 \quad \theta = 0{,}101 \quad m := \left(\frac{k}{\omega n^2}\right)$$

$$xa(t) := \left[\left[\frac{F0}{k} - \frac{F0}{k \cdot \sqrt{1-\zeta^2}} \cdot e^{-\zeta \cdot \omega n \cdot (t-t0)} \cdot \cos[\omega d \cdot (t-t0) - \theta]\right]\right] \cdot \Phi(t-t0)$$

$$X := \begin{bmatrix} 0 \\ 0 \end{bmatrix} \quad D(t, X) := \begin{bmatrix} X_1 \\ -2 \cdot \zeta \cdot \omega n \cdot X_1 - \omega n^2 \cdot X_0 + \frac{F0}{m} \cdot \Phi(t-t0) \end{bmatrix}$$

$$Z := \text{rkfixed}(X, 0, 12, 2000, D)$$

$$t := Z^{<0>} \quad x := \overrightarrow{xa(t)} \quad xn := Z^{<1>}$$

O código MATLAB para calcular a solução e traçar a Equação (3.107) é

```
clear all
%% Solução Analítica

F0=30; k=1000; wn=3.16; zeta=0.1; t0=0;
theta=atan(zeta/(1-zeta^2));
wd=wn*sqrt(1-zeta^2);
t=0:0.01:12;

Heaviside=stepfun(t,t0); % define a função degrau de Heaviside
function for < 6 t < 12
```

SEÇÃO 3.9 Simulação Numérica da Resposta

```
xt=(F0/k-F0/(k*sqrt(1-zeta^2)) * exp(-zeta*wn*(t - t0)).
*cos(wd*(t-t0)-theta)).*Heaviside;
plot(t,xt);'Hold on'
%% Solução Numérica
xo=[0; 0];
ts=[0 12];
[t, x]=ode45('f',ts,xo);
plot(t,x(:,1),'r'); hold off
%-------------------------------------------
function v=f(t,x)
Fo=30; k=1000; wn=3.16; zeta=0.1; to=0; m=k/wn^2;
v=[x(2); x(2).*-2*zeta*wn + x(1).*-wn^2 + Fo/m*stepfun(t, to)];
```

O código Mathematica para calcular a solução e traçar a Equação (3.107) é

```
In[1]:= <<PlotLegends'
```

$$
In[2]:= F0 = 30;
$$
$$
k = 1000;
$$
$$
\omega n = 3.16;
$$
$$
\zeta = 0.1;
$$
$$
t0 = 0;
$$
$$
\theta = ArcTan [\sqrt{1 - \zeta^2}, \zeta];
$$
$$
m = \frac{k}{\omega n^2} ;
$$
$$
\omega d = \omega n * \sqrt{1 - \zeta^2};
$$

$$
In[10]:= xanal[t\_]
$$
$$
= \left(\frac{F0}{k} - \frac{F0}{k*\sqrt{1 - \zeta^2}} *Exp[-\zeta*\omega n*(t - t0)]*Cos[\omega d*(t - t0)-\theta] \right)
$$
$$
* UnitStep[t - t0];
$$

$$
In[11]:= xnumer=NDSolve [\{x''[t] + 2 * \zeta * \omega n * x'[t] + \omega n^2 * x[t]
$$
$$
== \frac{F0}{m} * UnitStep[t - t0], x[0] == 0, x'[0] == 0\}, x[t],
$$
$$
\{t, 0, 12\}];
$$
```
Plot[{Evaluate[x[t] /. xnumer], xanal[t]}, {t, 0, 12},
  PlotStyle → {RGBColor[1, 0, 0], RGBColor[0, 1, 0]},
  PlotLegend → {"Númericol", "Analíticol"},
  LegendSize → {1, .3}, LegendPosition→ {1, 0}]
```

□

Em seguida, considere o cálculo da resposta de sistemas onde a força é aplicada apenas por um período específico de tempo. Tais problemas são difíceis de resolver analiticamente porque requerem o uso de uma mudança de variáveis na integral da convolução. Alternativamente, um número de respostas analíticas deve ser calculado, como indicado no Exemplo 3.2.2. No próximo exemplo, a integração numérica é usada para resolver a resposta a esses tipos de funções de excitação.

Exemplo 3.9.2

Calcule numericamente a solução do Exemplo 3.2.2 utilizando os dados fornecidos na Figura 3.9 ($F_0 = 30$ N, $k = 1000$ N/m, $\zeta = 0{,}1$ e $\omega_n = 3{,}16$ rad/s). Trace o resultado para os dois pulsos duplos dados na figura (isto é, para $t_1 = 0{,}1$ e para $t_1 = 1{,}5$ s).

Solução Primeiro, escreva a equação de movimento usando uma função degrau de Heaviside para representar a força motriz. A equação de movimento escrita com funções de Heaviside para descrever a força aplicada é

$$m\ddot{x}(t) + c\dot{x}(t) + kx(t) = F_0[1 - \Phi(t - t_1)] \tag{3.108}$$

Essa equação pode ser resolvida numericamente diretamente usando Mathematica ou colocando a Equação (3.108) em forma de espaço de estado e resolvendo por Runge-Kutta em Mathcad ou Matlab. A resposta para dois valores diferentes de t_1 é dada na Figura 3.23. A seguir são apresentados os códigos.

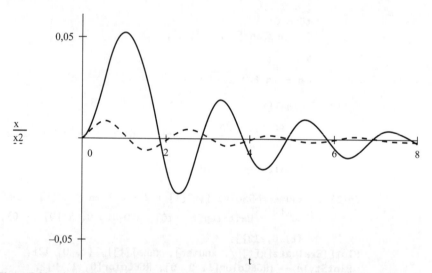

Figura 3.23 A resposta de um sistema massa-mola-amortecedor à uma entrada pulso quadrado de duração $t_1 = 0{,}1$ s (linha tracejada) e $t_1 = 1{,}5$ s (linha contínua), com $k = 1000$ N/m, $m = 100{,}14$ kg, $\zeta = 0{,}1$ e $F_0 = 30$ N.

SEÇÃO 3.9 Simulação Numérica da Resposta

O código Mathcad para obter a resposta é

$$t1 := 15 \qquad k := 1000 \qquad \omega n := 3,16 \qquad F0 := 30$$

$$\zeta := 0,1 \qquad m: = \frac{k}{\omega n^2} \qquad m = 100.144$$

$$X: = \begin{bmatrix} 0 \\ 0 \end{bmatrix} \qquad f(t) := F0 - F0 \cdot \Phi(t - t1) \qquad f2(t) := F0 - F0\ \Phi(t - 0,1)$$

$$Y := X$$

$$D(t, X) := \begin{bmatrix} X_1 \\ -\omega n^2 \cdot X_0 - 2\zeta \cdot \omega n \cdot X_1 + \dfrac{f(t)}{m} \end{bmatrix} \qquad D2(t, Y) := \begin{bmatrix} Y_1 \\ -\omega n^2 \cdot Y_0 - 2\zeta \cdot \omega n \cdot Y_1 + \dfrac{f(t)}{m} \end{bmatrix}$$

$$Z := \text{rkfixed} (X, 0, 8, 2000, D) \qquad Z2 := \text{rkfixed} (Y, 0, 8, 2000, D2)$$

$$t := Z^{<0>} \qquad x := Z^{<1>} \qquad x2 := Z2^{<1>}$$

O código MATLAB para obter a resposta é

```
clear all
xo=[0; 0];
ts=[0 8];

[t, x]=ode45('f', ts, xo);
plot(t,x(:,1),'--'); hold on

[t, x]=ode45('f1', ts, xo);
plot(t,x(:,1)); hold off

%------------------------------------------------
function v=f(t, x)
Fo=30; k=1000; wn=3.16; zeta=0.1; to=0.1; m=k/wn^2;
v=[x(2); x(2).*-2*zeta*wn + x(1).*-wn^2 + Fo/m*(1-stepfun(t, to))];

%------------------------------------------------
function v=f1(t,x)
Fo=30; k=1000; wn=3.16; zeta=0.1; to=1.5; m=k/wn^2;
v=[x(2); x(2).*-2*zeta*wn + x(1).*-wn^2 + Fo/m*(1-stepfun(t,to))];
```

O código Mathematica para obter a resposta é

```
In[1]:= < <PlotLegends'

In[2]:= F0 = 30;
        k = 1000;
        ωn = 3.16;
        ζ = 0.1;
        t1 = 1.5;
```

274 CAPÍTULO 3 • Resposta à Forçada Geral

$$t2 = 0,1;$$

$$m = \frac{k}{\omega n^2};$$

```
In[9]:= xpointone =
```

$$\text{NDSolve } [\{x1''[t] + 2 * \zeta * \omega n * x1'[t] + \omega n^2 * x1[t] == \frac{F0}{m}$$

```
        * (1 - UnitStep[t - t1]), x1[0] == 0, x1'[0] == 0}, x[t],
        {t, 0, 8}]
xonepointfive =
```

$$\text{NDSolve } [\{x2''[t] + 2 * \zeta * \omega n * x2'[t] + \omega n^2 * x1[t] == \frac{F0}{m}$$

```
        * (1 - UnitStep[t - t2]), x2[0] == 0, x2'[0] == 0}, x2[t],
        {t, 0, 8}];
Plot[{Evaluate[x1[t] /. xpointone], Evaluate[x2[t] /.
        xonepointfive]}, {t, 0, 8},
PlotStyle → {RGBColor[1, 0, 0], RGBColor[0, 1, 0]},
        PlotRange → {-.06, .06},
PlotLegend → {"t1=1.5", "t2=0.1"}, LegendSize → {1, .3},
        LegendPosition → {1, 0}];
```

□

Exemplo 3.9.3

Calcule numericamente a resposta do problema de excitação de base do Exemplo 3.3.2. Compare o resultado com a solução analítica calculada no Exemplo 3.3.2 representando a solução analítica e a solução numérica no mesmo gráfico.

Solução A equação de movimento a ser resolvida neste exemplo é

$$\ddot{x}(t) + 10\dot{x}(t) + 1000x(t) = 1,5\cos 3t + 50\,\text{sen}3t \tag{3.109}$$

A partir do Exemplo 3.3.2, a solução analítica é

$$x(t) = 0,09341e^{-5t}\text{sen}(31,225t + 0,1074) + 0,05\cos(3t - 1,571)$$

A equação de movimento pode ser resolvida numericamente na forma dada pela Equação (3.109) diretamente no Mathematica ou colocando a Equação (3.109) em forma de espaço de estado e resolvendo via Runge-Kutta no Mathcad ou MATLAB. Os gráficos da solução numérica e da solução analítica são apresentados na Figura 3.24.

O código para resolver esse sistema numericamente e para traçar a solução analítica no Mathcad é o seguinte:

$$x0 := 0,01 \qquad v0 := 3 \qquad \omega b := 3 \qquad m := 1 \qquad c := 10 \qquad t0 := 0$$

$$k := 1000 \qquad \omega n := \sqrt{\frac{k}{m}} \qquad \zeta := \frac{c}{2 \cdot \sqrt{k \cdot m}} \qquad \omega n=31,623 \qquad Y := 0,05$$

$$\omega d := \omega n \sqrt{1 - \zeta^2} \qquad \omega d = 31,22499 \qquad \theta := 1,53$$

$$A := 0,09341 \qquad \phi := -0,1074$$

SEÇÃO 3.9 Simulação Numérica da Resposta

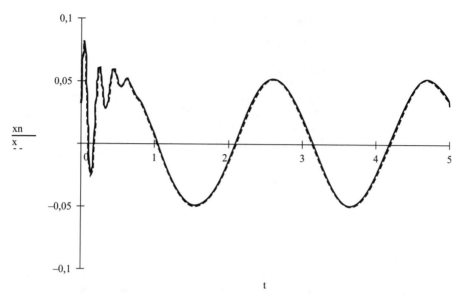

Figura 3.24 A solução numérica (linha contínua) e a solução analítica (linha tracejada) para o sistema do Exemplo 3.3.2 indica concordância quase perfeita.

$$xa(t) := A \cdot e^{-\zeta \cdot \omega n \cdot t} \operatorname{sen}(\omega d \cdot t - \phi) + 0{,}05 \cdot \cos(3 \cdot t - \theta) \qquad X := \begin{bmatrix} x0 \\ v0 \end{bmatrix}$$

$$D(t, X) := \begin{bmatrix} X_1 \\ -2 \cdot \zeta \cdot \omega n \cdot X_1 - \omega n^2 \cdot X_0 + \dfrac{c}{m} \cdot Y \cdot \omega b \cdot \cos(\omega b \cdot t) + \dfrac{k}{m} \cdot Y \cdot \operatorname{sen}(\omega b \cdot t) \end{bmatrix}$$

$$Z := \operatorname{rkfixed}(X, 0, 6, 2000, D)$$

$$x := \overrightarrow{xa(t)} \qquad t := Z^{<0>} \qquad xn := Z^{<1>}$$

O código MATLAB para obter a resposta é

```
clear all
%% Solução Analítica
t=0:0,01:5;
xt=0,09341*exp(-5*t).*sen(31,225*t+0,1074)+0,05*cos(3*t-1,571);
plot(t, xt,'--');'hold on'

%% Solução Numérica
xo=[0,01; 3];
ts=[0 5];

[t, x]=ode45('f', ts, xo);plot(t, x(:,1)); hold off

%-----------------------------------------------
function v=f(t, x)
m=1; c=10; k=1000; wb=3; wn=sqrt(k/m); zeta=c/2*sqrt(m*k);
wd=wn*sqrt(1-zeta^2); Y=0,05;
v=[x(2); x(2).*-2zeta*wn + x(1).*-wn^2 + c/m*Y*wb*cos(wb*t) +...
k/m*Y*sin(wb*t)];
```

O código Mathematica para obter a resposta é

```
In[1]:= <<PlotLegends'

In[2]:= xanal[t_]= .09341 * Exp[-5 * t] * Sin[31.225 * t + .1074]
        + .05 * Cos[3 * t - 1. 571];
     xnum = NDSolve[{x''[t] + 10 * x'[t] + 1000 * x[t] == 1.5 *
        Cos[3 * t] + 50 * Sin[3 * t], x[0] == .01, x'[0] == 3},
        x[t], {t, 0, 4,5}];
     Plot [{Evaluate [x[t] /. xnum], xanal[t]}, {t, 0, 4,5},
        PlotStyle → {RGBColor[1, 0, 0], RGBColor[0, 1, 0]},
        PlotLegend → {"Numérico", "Analítico"},
        LegendPosition → {1, 0}, LegendSize → {1, .5}];
```

$\square$

Exemplo 3.9.4

Calcule numericamente a resposta do problema do Exemplo 3.6.1. Compare o resultado com a solução analítica calculada no Exemplo 3.6.1, representando a solução analítica e a solução numérica no mesmo gráfico.

Solução A equação de movimento a ser resolvida neste exemplo é

$$10\ddot{x}(t) + 10x(t) = \frac{t}{t_1} - \left(\frac{t - t_1}{t_1}\right)\Phi(t - t_1) \tag{3.110}$$

onde Φ é a função degrau de Heaviside usada para "ativar" o segundo termo na função de excitação em $t > t_1$. O parâmetro t_1 é usado para controlar o quão acentuado é a perturbação. Veja a Figura 3.16 para uma curva da força de excitação. A solução analítica é dada na Equação (3.78) como

$$x(t) = \frac{F_0}{k}\left(\frac{t}{t_1} - \frac{\operatorname{sen}\omega_n t}{\omega_n t_1}\right) - \frac{F_0}{k}\left(\frac{t - t_1}{t_1} - \frac{\operatorname{sen}\omega_n(t - t_1)}{\omega_n t_1}\right)\Phi(t - t_1) \tag{3.111}$$

Novamente, a equação de movimento pode ser resolvida numericamente na forma dada pela Equação (3.110) diretamente no Mathematica ou reescrevendo a Equação (3.110) em forma de espaço de estados e resolvendo via Runge-Kutta no Mathcad ou MATLAB. As curvas da solução numérica e da solução analítica são apresentadas na Figura 3.25.

O código Mathcad para essa solução é:

$$x0 := 0 \qquad v0 := 0 \qquad m := 10 \qquad t1 := 1$$

$$k := 10 \qquad \omega n := \sqrt{\frac{k}{m}} \qquad \omega n = 1 \qquad F0 := 1$$

$$tp := \frac{1}{\omega n} \cdot atan\left(\frac{1 - \cos(\omega n \cdot t1)}{\operatorname{sen}(\omega n \cdot t1)}\right) \qquad \omega n \cdot tp = 0,5 \qquad tp = 0,5$$

$$xm(t) := \frac{F0}{k} \cdot \left[1 + \frac{1}{\omega n \cdot t1} \cdot \sqrt{2 \cdot (1 - \cos(\omega n \cdot t1))}\right]$$

SEÇÃO 3.9 Simulação Numérica da Resposta

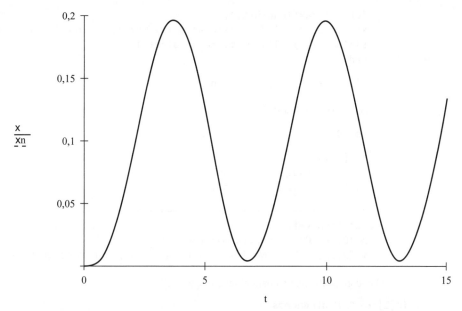

Figura 3.25 A solução numérica (linha contínua) e a solução analítica (linha tracejada) para o sistema do Exemplo 3.6.1 indica concordância quase perfeita.

$$xa(t) := \frac{F0}{k} \cdot \left(\frac{t}{t1} - \frac{\text{sen }(\omega n \cdot t)}{\omega n \cdot t1} \right) - \frac{F0}{k} \left[\frac{t - t1}{t1} - \frac{\text{sen}[\omega n \cdot (t - t1)]}{\omega n \cdot t1} \right] \Phi(t - t1)$$

$$f(t) := \frac{t}{t1} \cdot \frac{F0}{m} - \frac{t - t1}{t1} \cdot \frac{F0}{m} \cdot \Phi(t - t_1) \qquad X := \begin{bmatrix} 0 \\ 0 \end{bmatrix}$$

$$D(t, X) := \begin{bmatrix} X_1 \\ -(\omega n^2 \cdot X_0) + f(t) \end{bmatrix} \qquad xm(0) = 0{,}196$$

$$Z := \text{rkfixed } (X, 0, 15, 2000, D)$$

$$t := Z^{<0>} \qquad x := \overrightarrow{xa(t)} \qquad xn := Z^{<1>} \qquad F := \overrightarrow{f(t)} \qquad Xmax := \overrightarrow{xm(t)}$$

O código MATLAB para obter a resposta é

```
clear all

%% Solução Analítica
t=0:0.01:15;

m=10; k=10; Fo=1; t1=1;
wn=sqrt(k/m);

Heaviside=stepfun(t, t1);% define função degrau de Heaviside para 0<t<15
```

278 CAPÍTULO 3 • Resposta à Forçada Geral

```
for i=1:max(length(t)),
xt(i)=Fo/k*(t(i)/t1 - sin(wn*t(i))/wn/t1) - Fo/k*((t(i)-t1)/t1 -
sin(wn*(t(i)-t1))/wn*t1)*Heaviside(i);
end

plot(t,xt,'- -'); hold on

%% Solução Numérica

xo=[0; 0];

ts=[0 15];
[t, x]=ode45('f', ts, xo);
plot(t, x(:,1)); hold off

%---------------------------------------------
function v=f(t, x)
m=10; k=10; wn=sqrt(k/m); Fo=1; t1=1;
v=[x(2); x(1).*-wn^2 + t/t1*Fo/m-(t-t1)/t1*Fo/m*stepfun(t, t1)];
```

O código Mathematica para obter a resposta é

$\text{In[1]:= } <<\textbf{PlotLegends'}$

$\text{In[2]:= } \textbf{x0 = 0;}$
      v0 = 0;
      m = 10;
      k = 10;

$$\omega n = \sqrt{\frac{k}{m}};$$

      t1 = 1;
      F0 = 1;
      tp = 0,5;

$$\text{In[10]:= } \textbf{xanal[t\_] } = \frac{F0}{k} * \left(\frac{t}{t1} - \frac{Sen[\omega n*t]}{\omega n*t1}\right) - \frac{F0}{k} * \left(\frac{t - t1}{t1} - \frac{Sen[\omega n*(t - t1)]}{\omega n*t1}\right)$$

    * UnitStep[t - t1];

$$\textbf{xnum = NDSolve[\{10 * x''[t] + 10 * x[t] } == \frac{t}{t1} - \left(\frac{t - t1}{t1}\right)$$

    * UnitStep[t - t1], x[0] == x0, x'[0] == v0\}, x[t],
    \{t, 0, 15\}];
Plot[\{Evaluate[x[t] /. xnum], xanal[t]\}, \{t, 0, 15\},
    PlotStyle → \{RGBColor[1, 0, 0], RBColor[0, 1, 0]\},
    PlotLegend → \{"Numérico", "Analítico"\},
      LegendPosition → \{1, 0\}, LegendSize→ \{1, 0,5\}];

□

SEÇÃO 3.10 Propriedades Não Lineares da Resposta **279**

Usando integração numérica, a resposta de um sistema a uma diversidade diferentes de funções de excitação pode ser calculada com relativa facilidade. Além disso, uma vez que a solução é programada, é uma questão trivial para alterar parâmetros e resolver o sistema novamente. Ao visualizar a resposta por meio de gráficos simples, pode-se ganhar a capacidade de projetar e entender o comportamento dinâmico do sistema.

3.10 PROPRIEDADES NÃO LINEARES DA RESPOSTA

O uso da integração numérica, como apresentado na seção anterior, permite considerar os efeitos de vários termos não lineares na equação de movimento. Conforme observado no caso de resposta livre discutido na Seção 1.10 e de resposta à uma entrada harmônica discutida na Seção 2.9, a introdução de termos não lineares dificulta a obtenção de soluções exatas, por isso devemos confiar na integração numérica e na análise qualitativa para entender a resposta. Várias diferenças importantes entre sistemas lineares e não lineares estão descritas na Seção 2.9. Em particular, quando se trabalha com sistemas não lineares, é importante lembrar que um sistema não linear pode ter mais de um ponto de equilíbrio e cada um pode ser estável ou instável. Além disso, a ideia de superposição não pode ser usada em um sistema não linear.

Muitos dos fenômenos não lineares são muito complexos e requerem habilidades de análise além do escopo de um primeiro curso em vibração. No entanto, algumas compreensões iniciais dos efeitos não lineares na análise de vibração podem ser observadas usando as soluções numéricas abordadas na seção anterior. Nesta seção, várias simulações da resposta de sistemas não lineares são obtidas numericamente e comparadas a suas correspondentes lineares.

Lembre-se da Seção 2.9 que se as equações de movimento não são lineares, o sistema geral de um grau de liberdade pode ser escrito como

$$\ddot{x}(t) + f(x(t), \dot{x}(t)) = F(t) \tag{3.112}$$

onde a função f pode assumir qualquer forma, linear ou não linear, e o termo de excitação $F(t)$ pode ser quase qualquer coisa (periódica ou não), cada termo do qual foi dividido pela massa. Formulando essa última expressão no espaço de estados, ou sistema de primeira ordem, a Equação (3.112) assume a forma

$$\dot{x}_1(t) = x_2(t)$$
$$\dot{x}_2(t) = -f(x_1, x_2) + F(t) \tag{3.113}$$

Essa forma no espaço de estado da equação é usada para a simulação numérica em vários dos códigos. Definindo o vetor de estado $\mathbf{x} = [x_1(t)\ x_2(t)]^T$ usado na Equação (3.113) e a função vetorial não linear $\mathbf{F}$ como

$$\mathbf{F}(\mathbf{x}) = \begin{bmatrix} x_2(t) \\ -f(x_1, x_2) \end{bmatrix} \tag{2.140}$$

as Equações (3.113) podem agora ser escritas na forma de uma equação vetorial de primeira ordem

$$\dot{\mathbf{x}} = \mathbf{F}(\mathbf{x}) + \mathbf{f}(t) \tag{3.114}$$

A Equação (3.114) é a versão forçada da Equação (1.115). Aqui $\mathbf{f}(t)$ é simplesmente

$$\mathbf{f}(t) = \begin{bmatrix} 0 \\ F(t) \end{bmatrix} \tag{3.115}$$

Então, o método de integração de Euler para as equações de movimento torna-se

$$\mathbf{x}(t_{i+1}) = \mathbf{x}(t_i) + \mathbf{F}(\mathbf{x}(t_i))\Delta t + \mathbf{f}(t_i)\Delta t \tag{3.116}$$

Essa expressão constitui uma abordagem básica para integração numérica que pode ser usada para calcular a resposta forçada de um sistema não linear e é a versão não linear forçada das Equações (1.98) e (2.134). Isso é basicamente idêntico à Equação (2.143), exceto para a interpretação da força $\mathbf{f}$.

Sistemas não lineares são difíceis de analisar numericamente, bem como analiticamente. Por essa razão, os resultados de uma simulação numérica devem ser cuidadosamente analisados. De fato, o uso de um método de integração mais sofisticado, como Runge-Kutta, é recomendado para sistemas não lineares. Além disso, as verificações dos resultados numéricos com comportamento qualitativo também devem ser realizadas sempre que possível.

Nos exemplos a seguir, considere o sistema de um grau de liberdade ilustrado na Figura 3.26, com um elemento de mola não linear sujeito a uma força de excitação geral. Uma série de exemplos são apresentados usando simulação numérica para analisar o comportamento de sistemas não lineares e compará-los aos sistemas lineares correspondentes.

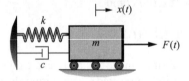

Figura 3.26 Um sistema massa-mola-amortecedor com elementos potencialmente não lineares e força geral aplicada.

Exemplo 3.10.1

Calcule a resposta do sistema na Figura 3.26 para o caso em que o amortecimento seja linearmente viscoso, a mola é uma mola não linear dura da forma

$$k(x) = kx + k_1 x^3 \tag{3.117}$$

e o sistema está sujeito a uma excitação aplicada da forma

$$F(t) = 1500[\Phi(t - t_1) - \Phi(t - t_2)]\text{N} \tag{3.118}$$

e condições iniciais de $x_0 = 0{,}01$ m e $v_0 = 1$ m/s. Aqui Φ denota a função degrau de Heaviside e os tempos $t_1 = 1{,}5$ s e $t_2 = 5$ s. Essa função de excitação é traçada na Figura 3.27. O sistema

SEÇÃO 3.10 Propriedades Não Lineares da Resposta

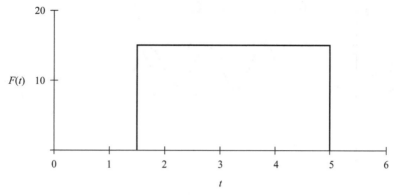

Figura 3.27 A função de entrada pulso definida pela Equação (3.118).

tem uma massa de 100 kg, um coeficiente de amortecimento de 20 kg/s e um coeficiente de rigidez linear de 2000 N/m. O valor de k_1 é 300 N/m³. Calcule a solução e compare-a com a solução linear ($k_1 = 0$).

Solução A somatória de forças na direção horizontal fornece a equação de movimento

$$m\ddot{x}(t) + c\dot{x}(t) + kx(t) + k_1 x^3(t) = 1500[\Phi(t - t_1) - \Phi(t - t_2)]$$

Dividindo pela massa tem-se

$$\ddot{x}(t) + 2\zeta\omega_n \dot{x}(t) + \omega_n^2 x(t) + \alpha x^3(t) = 15[\Phi(t - t_1) - \Phi(t - t_2)]$$

Em seguida escreva essa equação no espaço de estado para obter

$$\dot{x}_1(t) = x_2(t)$$
$$\dot{x}_2(t) = -2\zeta\omega_n x_2(t) - \omega_n^2 x_1(t) - \alpha x_1^3(t) + 15[\Phi(t - t_1) - \Phi(t - t_2)]$$

Esse último sistema de equações pode ser usado no MATLAB ou Mathcad para integrar numericamente a resposta no tempo. O Mathematica usa a equação de segunda ordem diretamente. A Figura 3.28 ilustra a resposta tanto ao sistema linear como não linear. A linha contínua é a resposta do sistema não linear enquanto a linha tracejada é a resposta do sistema linear. A diferença entre sistemas lineares e não lineares é que, nesse caso, a mola não linear tem menor amplitude de resposta do que o sistema linear. Essa propriedade é útil no projeto, uma vez que ilustra que o uso de uma mola dura reduz a amplitude da vibração para um tipo de entrada de impacto.

Uma possibilidade para projetar uma mola de isolamento não linear é utilizar os códigos numéricos listados mais adiante neste exemplo para variar os parâmetros (amortecimento, massa e rigidez) até obter uma resposta desejada.

É importante lembrar, no entanto, que se projetar com um elemento não linear, novos pontos de equilíbrios são introduzidos e podem ser instáveis. Por isso, deve-se ter cuidado para assegurar que não sejam introduzidas dificuldades adicionais quando se utiliza uma mola não linear para reduzir a resposta. Os seguintes códigos podem ser usados para calcular e traçar a solução anterior.

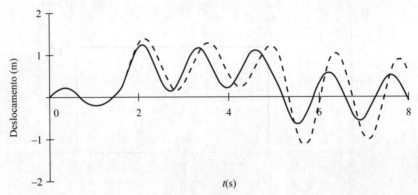

Figura 3.28 A resposta do sistema da Figura 3.26 à força de entrada dada na Figura 3.27. A linha contínua é a resposta do sistema não linear enquanto a linha tracejada é a resposta do sistema linear.

Em Mathcad, o código é

$$x0 := 0{,}01 \quad v0 := 1 \quad m := 100 \quad k := 2000 \quad c := 20$$

$$\alpha := 3 \quad F0 := 1500 \quad t1 := 1.5 \quad t2 := 5$$

$$\omega n := \sqrt{\frac{k}{m}} \quad \zeta := \frac{c}{2\sqrt{k \cdot m}} \quad f0 := \frac{F0}{m} \quad \zeta = 0.022$$

$$X := \begin{bmatrix} x0 \\ v0 \end{bmatrix} \quad Y := X \quad f(t) := f0 \cdot \Phi(t - t1) - f0 \cdot \Phi(t - t2)$$

$$D(t, X) := \begin{bmatrix} X_1 \\ -2 \cdot \zeta \cdot \omega n \cdot X_1 - \omega n^2 \cdot X_0 + [-\alpha \cdot (X_0)^3 + f(t)] \end{bmatrix}$$

$$L(t, Y) := \begin{bmatrix} Y_1 \\ -2 \cdot \zeta \cdot \omega n \cdot Y_1 - \omega n^2 \cdot Y_0) + f(t) \end{bmatrix}$$

$$Z := \text{rkfixed}(X, 0, 10, 2000, D) \quad W := \text{rkfixed}(Y, 0, 10, 2000, L)$$

$$t := Z^{<0>} \quad xs := Z^{<1>} \quad xL := W^{<1>}$$

O Código em MATLAB é

```
clear all
xo=[0.01; 1];
ts=[0 8];

[t,x]=ode45('f',ts,xo);
plot(t, x(:,1)); hold on      % A resposta do sistema não linear
[t,x]=ode45('f1',ts,xo);
plot(t,x(:,1),'--'); hold off    % A resposta do sistema linear
```

SEÇÃO 3.10 Propriedades Não Lineares da Resposta

```
%-----------------------------------------------
function v=f(t,x)
m=100; k=2000; c=20; wn=sqrt(k/m); zeta=c/2/sqrt(m*k); Fo=1500;
alpha=3; t1=1.5; t2=5;
v=[x(2); x(2).*-2*zeta*wn + x(1).*-wn^2 - x(1)^3.*alpha+...
Fo/m*(stepfun(t,t1)-stepfun(t,t2))];

%-----------------------------------------------
function v=f1(t,x)
m=100; k=2000; c=20; wn=sqrt(k/m); zeta=c/2/sqrt(m*k); Fo=1500;
alpha=0; t1=1.5; t2=5;
v=[x(2); x(2).*-2*zeta*wn + x(1).*-wn^2 - x(1)^3.*alpha+...
Fo/m*(stepfun(t,t1)-stepfun(t,t2))];
```

O código em Mathematica é

```
In[1]:= <<PlotLegends'
```

$$In[2]:= x0 = .01;$$
$$v0 = 1;$$
$$m = 100;$$
$$k = 2000;$$
$$k1 = 300;$$
$$c = 20;$$
$$\omega n = \sqrt{\frac{k}{m}};$$
$$\alpha = \frac{k1}{m};$$
$$t1 = 1.5;$$
$$t2 = 5;$$
$$F0 = 1500;$$
$$f0 = \frac{F0}{m};$$
$$\zeta = \frac{c}{2*\sqrt{k*m}};$$

```
In[21]:= xlin = NDSolve [{x1''[t] + 2 * ζ * ωn * x1'[t] + ωn^2
        * x1[t] == 15 * (UnitStep[t - t1] - UnitStep[t - t2]),
        x1[0] == x0, x1'[0] == v0}, x1[t], {t, 0, 8}];
        xnonl =
        NDSolve [{xnl''[t] + 2 * ζ * ωn * xnl'[t] + ωn^2 * xnl[t]
        + α * (xnl[t])^3 == 15 * (UnitStep[t - t1]
        - UnitStep[t - t2]), xnl[0] == x0, xnl'[0] == v0}, xnl[t],
        {t, 0, 8}, Method → "ExplicitRungeKutta"];
        Plot[{Evaluate[x1[t] /. xlin], Evaluate[xnl[t] /. xnonl]},
        {t, 0, 8}, PlotRange → {-2, 2},
```

CAPÍTULO 3 • Resposta à Forçada Geral

```
PlotStyle → {RGBColor[1, 0, 0], RGBColor[0, 1, 0]},
PlotLegend → {"Linear", "Não linear"},
LegendPosition → {1, 0}, LegendSize → {1, .5}]
```

$\square$

Exemplo 3.10.2

Compare a resposta forçada de um sistema com o amortecimento de velocidade quadrática, como definido na Equação (2.129) usando a simulação numérica da equação não linear, àquela da resposta do sistema linear obtida usando o amortecimento viscoso equivalente, como definido pela Equação (2.131), onde a força de entrada é dada por

$$F(t) = 150[\Phi(t - t_1) - \Phi(t - t_2)]\mathrm{m}$$

e as condições iniciais são $x_0 = 0$ e $v_0 = 1$ m/s. Aqui Φ denota a função degrau de Heaviside e os tempos $t_1 = 0,5$ s e $t_2 = 2$ s.

Solução A ideia é essencialmente a mesma do Exemplo 2.9.2, exceto que aqui a força motriz é um pulso e não um harmônico como na Seção 2.9. O amortecimento de velocidade quadrática com uma mola linear e entrada pulsada é descrito por

$$m\ddot{x} + \alpha\, \mathrm{sgn}(\dot{x})\dot{x}^2 + kx = 150[\Phi(t - t_1) - \Phi(t - t_2)]$$

O coeficiente equivalente de amortecimento viscoso é calculado na Equação (2.131) como

$$c_{eq} = \frac{8}{3\pi}\alpha\omega X$$

Esse valor assume que o movimento é harmônico, o que é de certa forma desconsiderado aqui. O valor da amplitude X pode ser aproximado para condições próximas da ressonância. O valor é calculado no Exemplo 2.9.2 como

$$X = \sqrt{\frac{3\pi m f_0}{8\alpha\omega^2}}$$

A combinação dessas duas últimas expressões produz um valor de amortecimento viscoso equivalente de

$$c_{eq} = \sqrt{\frac{8m\alpha f_0}{3\pi}}$$

Utilizar esse valor como coeficiente de amortecimento resulta em um sistema linear que se aproxima da Equação (2.131). A Figura 3.29 ilustra a resposta linear e não linear para os valores $m = 10$ kg, $k = 200$ N/m e $\alpha = 5$. Note que a resposta linear subestima o máximo da resposta real em cerca de 10%. Para grandes tempos, a resposta do sistema linear desaparece muito mais cedo do que a do sistema não linear, indicando um grande erro.

SEÇÃO 3.10 Propriedades Não Lineares da Resposta

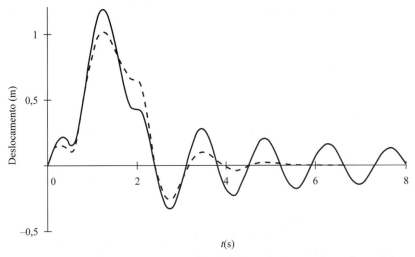

Figura 3.29 A resposta de um sistema não linear (linha contínua) e um sistema linear (linha tracejada) formada pelo uso do conceito de amortecimento viscoso equivalente.

Os códigos de computador para calcular as soluções e traçar a Figura 3.29 são dados a seguir.

O código Mathcad é

$$x0 := 0 \quad v0 := 1 \quad m := 10 \quad k := 200 \quad \alpha := 5 \quad F0 := 150$$

$$\omega n := \sqrt{\frac{k}{m}} \quad f0 := \frac{F0}{m}$$

$$t1 := 0,5 \quad t2 := 2 \quad ceq := \sqrt{\frac{8 \cdot \alpha \cdot m}{3 \cdot \pi}} \cdot f0$$

$$X := \begin{bmatrix} x0 \\ v0 \end{bmatrix} \quad Y := X \quad \zeta := \frac{ceq}{2\sqrt{k \cdot m}} \quad f(t) := f0 \cdot \Phi(t - t1) - f0 \cdot \Phi(t - t2)$$

$$D(t, X) := \begin{bmatrix} X_1 \\ -\omega n^2 \cdot X_0 - \frac{\alpha}{m} \cdot (X1)^2 \cdot \frac{X_1}{|X_1|} + f(t) \end{bmatrix}$$

$$L(t, Y) := \begin{bmatrix} Y_1 \\ (-2 \cdot \zeta \cdot \omega n \cdot Y_1 - \omega n^2 \cdot Y_0) + f(t) \end{bmatrix}$$

$$Z := rkfixed (X, 0, 20, 2000, D) \quad W := rkfixed (Y, 0, 20, 2000, L)$$
$$t := Z^{<0>} \quad x := Z^{<1>} \quad xL := W^{<1>}$$

CAPÍTULO 3 • Resposta à Forçada Geral

O código em MATLAB é

```
clear all

xo=[0; 1];
ts=[0 8];

[t,t]=ode45('f',ts,xo);
plot(t,x(:,1)); hold on    % A resposta do sistema não linear

[t,x]=ode45('f1',ts,xo);
plot(t,x(:,1),'--'); hold off    % A resposta do sistema linear

%-----------------------------------------------
function v=f(t,x)
m=10; k=200; wn=sqrt(k/m); Fo=150; alpha=5; t1=0.5; t2=2;
v=[x(2); x(1).*-wn^2 + x(2)^2.*-alpha/m.*sign(x(2))+...
Fo/m*(stepfun(t, t1)-stepfun(t,t2))];

%-----------------------------------------------
function v=f1(t,x)
m=10; k=200; wn=sqrt(k/m); Fo=150; alpha=5; t1=0.5; t2=2;
ceq=sqrt(8*alpha*m/3/pi*Fo/m); zeta=ceq/2/sqrt(m*k);
v=[x(2); x(2).*-2*zeta*wn + x(1).*-wn^2+...
Fo/m*(stepfun(t,t1)-stepfun(t,t2))];
```

O código em Mathematica é

In[1]:=<<**PlotLegends'**

In[2]:= x0 = 0; v0 = 1; m = 10; k = 200; α =5; F0 = 150; f0 = $\dfrac{F0}{m}$;

$$\omega n = \sqrt{\dfrac{k}{m}}; \quad t1 = 0,5; \quad t2 = 2;$$

$$ceq = \sqrt{\dfrac{8*\alpha*m}{3*\pi}}*f0;$$

$$\zeta = \dfrac{ceq}{2*\sqrt{k*m}};$$

In[6]:= xnonlin = NDSolve[{x''[t] + $\dfrac{\alpha}{m}$ * Sign[x'[t]]

$\quad$ * (x'[t])^2 + wn^2 * x[t] == f0 * (UnitStep[t - t1]
$\quad$ - UnitStep[t - t2]), x[0] == 0, x'[0] == 1},
$\quad$ x[t], {t, 0, 20}];

CAPÍTULO 3 Problemas

```
In[7]:= xlin = NDSolve[{x''[t] + 2 * ζ * ωn * x'[t] + ωn^2
        * x[t] == f0 * (UnitStep[t - t1] - UnitStep[t - t2]),
        x[0] == 0, x'[0] == 1}, x[t], {t, 0, 20}];

In[8]:= Plot[{x[t]/.xnonlin, x[t]/.xlin},{t, 0, 8},
        PlotStyle → {GrayLevel [0], Dashing[{.03}]}]
```

□

PROBLEMAS

Os problemas marcados com um asterisco são destinados a serem resolvidos usando *software* computacional.

Seção 3.1 (Problemas 3.1 a 3.17)

3.1. Calcule a solução para

$$1000\ddot{x}(t) + 200\dot{x}(t) + 2000x(t) = 100\delta(t), x_0 = 0, v_0 = 0$$

3.2. Considere um sistema massa-mola-amortecedor com $m = 1$ kg, $c = 2$ kg/s e $k = 2000$ N/m com uma força impulso aplicada de 10.000 N por 0,01 s. Calcule a resposta resultante.

3.3. Calcule a solução para

$$\ddot{x} + 2\dot{x} + 2x = \delta(t - \pi)$$
$$x(0) = 1 \quad \dot{x}(0) = 0$$

e trace a resposta.

3.4. Calcule a solução para

$$\ddot{x} + 2\dot{x} + 3x = \mathrm{sen}\,t + \delta(t - \pi)$$
$$x(0) = 0 \quad \dot{x}(0) = 1$$

e trace a resposta.

3.5. Calcule a resposta de um sistema criticamente amortecido à um impulso unitário.

3.6. Calcule a resposta de um sistema superamortecido à um impulso unitário.

3.7. Obtenha a Equação (3.6) a partir das Equações (1.36) e (1.38).

3.8. Considere um modelo simples de uma asa de avião dada na Figura P3.8. A asa é aproximada como vibrando para a frente e para trás em seu plano e tem massa desprezível comparado ao

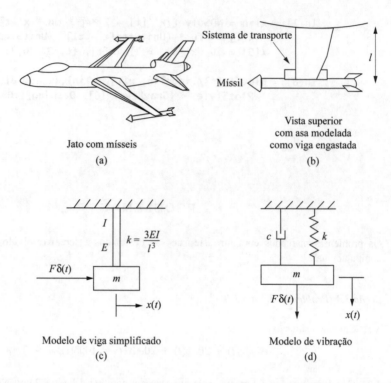

Figura P3.8 Modelo da vibração das asas resultante do lançamento de um míssil. A Figura (a) é o sistema de interesse; (b) é a simplificação do detalhe de interesse; (c) é um modelo bruto da asa: uma seção de viga engastada (Figura 1.26); e (d) é o modelo de vibração utilizado para calcular a resposta, desprezando a massa da asa.

sistema de transporte do míssil (de massa m). O módulo e o momento de inércia da asa são aproximados por E e I, respectivamente, e l é o comprimento da asa. A asa é modelada como uma simples viga engastada com a finalidade de estimar a vibração resultante do lançamento do míssil, que é aproximada pela função impulso $F\,\delta(t)$. Calcule a resposta e trace seus resultados para o caso de uma asa de alumínio de 2 m de comprimento com $m = 1000$ kg, $\zeta = 0{,}01$ e $I = 0{,}5$ m^4. Modele F como 1000 N durante 10^{-2} s.

3.9. Um came em uma máquina grande pode ser modelado como uma força de 10.000 N aplicada ao longo de um intervalo de 0,005 s. Isso pode atingir uma válvula que é modelada como tendo os parâmetros físicos $m = 10$ kg, $c = 18$ N s/m e rigidez $k = 9000$ N/m. O came atinge a válvula uma vez a cada 1 s. Calcule a resposta de vibração $x(t)$ da válvula uma vez que tenha sido impactada pelo came. Considera-se que a válvula está fechada se a distância entre a sua posição de repouso e a sua posição real for inferior a 0,0001 m. A válvula é fechada da próxima vez que é atingida pelo came?

3.10. A vibração de um pacote caindo de uma altura de h metros pode ser aproximada considerando a Figura P3.10 e modelando o ponto de contato como um impulso aplicado ao sistema no momento do contato. Calcule a vibração da massa m após o sistema cair e atingir o solo. Suponha que o sistema é subamortecido.

CAPÍTULO 3 Problemas

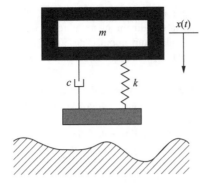

Figura P3.10 O modelo de vibração de um pacote caindo sobre o chão.

3.11. Calcule a resposta de

$$3\ddot{x}(t) + 12\dot{x}(t) + 12x(t) = 3\delta(t)$$

para condições iniciais iguais a zero. As unidades estão em Newtons. Trace a resposta.

3.12. Calcule a resposta do sistema

$$3\ddot{x}(t) + 12\dot{x}(t) + 12x(t) = 3\delta(t)$$

sujeito às condições iniciais $x(0) = 0{,}01$ m e $v(0) = 0$ m/s. As unidades estão em Newtons. Trace a resposta.

3.13. Calcule a resposta do sistema

$$3\ddot{x}(t) + 6\dot{x}(t) + 12x(t) = 3\delta(t) - \delta(t - 1)$$

sujeito às condições iniciais $x(0) = 0{,}01$ m e $v(0) = 1$ m/s. As unidades estão em Newtons. Trace a resposta.

3.14. Um dinamômetro é usado para estudar a massa não suspensa de um automóvel como ilustrado na Figura P3.14 e discutido no Exemplo 1.4.1. Calcule a amplitude máxima do centro da roda devido a um impulso de 5000 N aplicado durante 0,01 segundos na direção x. Assuma que a massa da roda é $m = 15$ kg, a rigidez da mola é $k = 500.000$

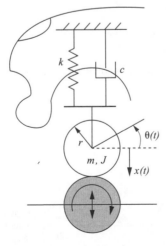

Figura P3.14 Um modelo simples de um sistema de suspensão de automóvel. Um dinamômetro. A rotação do conjunto roda/pneu do carro (de raio r) é dada por $\theta(t)$ e a deflexão vertical por $x(t)$.

N/m, o amortecedor de impacto fornece amortecimento de $\zeta = 0,3$ e a inércia de rotação é $J = 2,323$ kg m². Assuma que o dinamômetro é controlado tal que $x = r\theta$. Calcule e trace a resposta do sistema de roda a um impulso de 5000 N durante 0,01 s. Compare a amplitude máxima não amortecida com a amplitude máxima do sistema amortecido (use $r = 0,457$ m).

3.15. Considere o efeito do amortecimento no problema de ataque de pássaros do Exemplo 3.1.2. Lembre do exemplo que a ave faz com que a câmera vibre além dos limites. Adicionando amortecimento fará com que a amplitude da resposta diminua, mas pode não manter a câmera vibrando, como no caso anterior, dentro do limite de 0,01 m. Se o amortecimento no alumínio for modelado como $\zeta = 0,05$, aproximadamente quanto tempo levará antes que a vibração da câmera se reduza para o limite requerido? (*Dica*: Trace a resposta no tempo e anote o valor para o tempo após o qual as oscilações permanecem abaixo de 0,01 m.)

3.16. Modele o motor a jato e o suporte indicado na Figura P3.16 como uma massa na extremidade de uma viga, como mostrado na Figura 1.26. Em geral, a massa do motor é fixa. Encontre uma expressão para o valor da rigidez da montagem transversal k como uma função da velocidade relativa do pássaro v da massa do pássaro, da massa do motor e do deslocamento máximo que o motor é permitido vibrar.

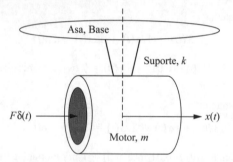

Figura P3.16 Um modelo de um motor a jato em vibração transversal devido a um ataque de pássaro.

3.17. Uma peça de máquina é sujeita regularmente a uma força de 350 N durante 0,01 segundos, como parte de um processo de fabricação. Projete um amortecedor (isto é, escolha um valor da constante de amortecimento c tal que a peça não desvie mais de 0,01 m), uma vez que a peça tem uma massa de 100 kg e uma rigidez de 1250 N/m.

Seção 3.2 (Problemas 3.18 a 3.29)

3.18. Calcule a resposta analítica de um sistema superamortecido de um grau de liberdade à uma excitação arbitrária não periódica.

3.19. Calcule a resposta de um sistema subamortecido à excitação dada na Figura P3.19 onde o pulso termina em π s.

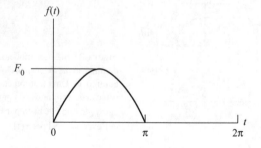

Figura P3.19 Gráfico de uma entrada pulso da forma $f(t) = F_0$ sen t.

3.20. As lombadas são usadas para forçar os condutores a diminuir a velocidade. A Figura P3.20 é um modelo de um carro que passa por uma lombada. Usando os dados do Exemplo 2.4.2 e um modelo não amortecido do sistema de suspensão (ou seja, $k = 4 \times 10^5$ N/m, $m = 1007$ kg), encontre uma expressão para o deslocamento relativo máximo do carro pela velocidade do carro. Modele a lombada como um meio seno de 40 cm de comprimento e 20 cm de altura. Observe que esse é um problema de excitação de base.

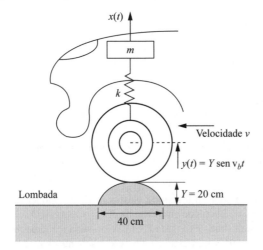

Figura P3.20 Modelo de um carro deslocando-se sobre uma lombada.

3.21. Calcule e trace a resposta de um sistema não amortecido a uma função degrau com um tempo de subida finito de t_1 para o caso $m = 1$ kg, $k = 1$ N/m, $t_1 = 4$ s e $F_0 = 20$ N. Essa função é descrita por

$$F(t) = \begin{cases} \dfrac{F_0 t}{t_1} & 0 \leq t \leq t_1 \\ F_0 & t > t_1 \end{cases}$$

3.22. Uma onda formada pela passagem de um barco atinge uma barreira de contenção. É desejável calcular a vibração resultante. A Figura P3.22 ilustra a situação e sugere um modelo. A força na Figura P3.22 pode ser expressa como

$$F(t) = \begin{cases} F_0\left(1 - \dfrac{t}{t_0}\right) & 0 \leq t \leq t_0 \\ 0 & t > t_0 \end{cases}$$

Calcule a resposta do sistema de barreira de contenção para tal carregamento.

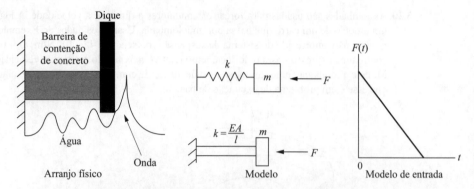

Figura P3.22 Uma onda que atinge uma barreira de contenção modelada como uma força não periódica que excita um sistema massa-mola de um grau de liberdade não amortecido.

3.23. Determine a resposta de um sistema não amortecido a uma entrada rampa de forma $F(t) = F_0 t$, onde F_0 é uma constante. Trace a resposta para três períodos para o caso $m = 1$ kg, $k = 100$ N/m e $F_0 = 50$ N.

3.24. Uma máquina que repousa sobre um suporte elástico pode ser modelada como um sistema massa-mola com um grau de liberdade arranjado na direção vertical. O solo é submetido a um movimento $y(t)$ da forma ilustrada na Figura P3.24. A máquina tem uma massa de 5000 kg e o suporte tem rigidez $1,5 \times 10^3$ N/m. Calcule a vibração resultante da máquina.

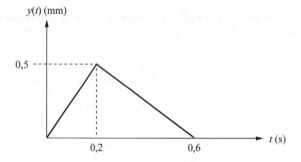

Figura P3.24 Função de entrada pulso triangular.

3.25. Considere a resposta ao degrau descrita na Figura 3.7 e no Exemplo 3.2.1. Calcule o valor analítico de t_p observando que esse valor ocorre no primeiro pico, ou ponto crítico, da curva.

3.26. Calcule o máximo sobressinal (M.S.) para o sistema do Exemplo 3.2.1. Observe a partir do exemplo que máximo sobressinal ocorre no tempo de pico definido por $t_p = \pi/\omega_d$ e é a diferença entre o valor da resposta em t_p e a resposta de estado estacionário em t_p.

3.27. É desejável projetar um sistema de modo que a sua resposta ao degrau tenha um tempo de acomodação de 3 s e um tempo de pico de 1 s. Calcule a frequência natural apropriada e o fator de amortecimento para usar no projeto.

3.28. Trace a resposta de um sistema massa-mola-amortecedor a uma entrada quadrada de amplitude $F_0 = 30$ N, ilustrada na Figura 3.8 do Exemplo 3.2.1, para o caso em que a largura de pulso é o período natural do sistema (isto é, $t_1 = \pi \omega_n$). Lembre que $k = 1000$ N/m, $\zeta = 0,1$ e $\omega_n = 3,16$ rad/s.

3.29. Considere o sistema massa-mola descrito por

$$m\ddot{x}(t) + kx(t) = F_0 \operatorname{sen}\omega t, \quad x_0 = 0{,}01 \text{ m e } v_0 = 0$$

Calcule a resposta desse sistema para os valores de $m = 100$ kg, $k = 2500$ N/m, $\omega = 10$ rad/s e $F_0 = 10$ N, usando a abordagem de integral de convolução descrita no Exemplo 3.2.4. Verifique sua resposta usando os resultados da Equação (2.25).

Seção 3.3 (Problemas 3.30 a 3.38)

3.30. Obtenha as Equações (3.24), (3.25) e (3.26) e, portanto, verifique as equações para o coeficiente de Fourier dado pelas Equações (3.21), (3.22) e (3.23).

3.31. Calcule b_n a partir do Exemplo 3.3.1 para a força triangular dada por

$$F(t) = \begin{cases} \dfrac{4}{T}t - 1 & 0 \leq t \leq \dfrac{T}{2} \\ 1 - \dfrac{4}{T}\left(t - \dfrac{T}{2}\right) & \dfrac{T}{2} \leq t \leq T \end{cases}$$

e mostre que $b_n = 0$, $n = 1,2,\ldots,\infty$. Verifique também a expressão a_n completando a integração indicada. (*Dica*: Mude a variável de integração de t para $x = 2\pi nt/T$.)

3.32. Determine a série de Fourier para a onda retangular ilustrada na Figura P3.32.

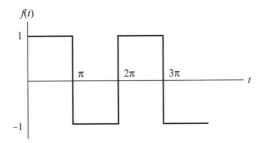

Figura P3.32 Sinal periódico retangular.

3.33. Determine a representação em série de Fourier da curva em dente de serra ilustrada na Figura P3.33.

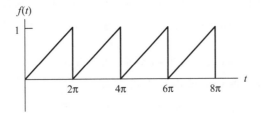

Figura P3.33 Sinal periódico dente de serra.

294　　　　　　　　　　　　　　　　　　　　　　CAPÍTULO 3 • Resposta à Forçada Geral

3.34. Calcule e trace a resposta do problema de excitação de base com o movimento de base especificado pela velocidade

$$\dot{y}(t) = 3e^{-t/2}\Phi(t) \text{ m/s}$$

onde $\Phi(t)$ é a função degrau unitária e $m = 10$ kg, $\zeta = 0,01$ e $k = 1000$ N/m. Assuma que as condições iniciais são ambas zero.

3.35. Calcule e trace a resposta total do sistema massa-mola-amortecedor com $m = 100$ kg, $\zeta = 0,1$ e $k = 1000$ N/m ao sinal definido por

$$F(t) = \begin{cases} \dfrac{4}{T}t - 1 & 0 \le t \le \dfrac{T}{2} \\[3mm] 1 - \dfrac{4}{T}\left(t - \dfrac{T}{2}\right) & \dfrac{T}{2} \le t \le T \end{cases}$$

com força máxima de 1 N. Assuma que as condições iniciais sejam zero e que $T = 2\pi$ s.

3.36. Calcule a resposta total do sistema do Exemplo 3.3.2 para o caso de uma frequência de excitação de movimento de base de $\omega_b = 3,162$ rad/s com amplitude $Y = 0,05$ m sujeito a condições iniciais $x_0 = 0,01$ m e $v_0 = 3,0$ m/s. O sistema é definido por $m = 1$ kg, $c = 10$ kg/s e $k = 1000$ N/m.

*3.37. Valide a sua solução para a onda quadrada do Problema 3.32 calculando a_n e b_n usando VTB_3 no *Toolbox* de Vibração. Trace a função e sua aproximação da série de Fourier para 5, 20 e 100 termos. O *Toolbox* torna isso fácil. O objetivo é mostrar o efeito de Gibbs na aproximação por séries de Fourier.

*3.38. Valide a sua solução para a onda de dente de serra do Problema 3.33 calculando a_n e b_n usando VTB3_3 no *Toolbox* de Vibração. Trace a função e sua aproximação da série de Fourier para 5, 20, então, 100 termos. A *Toolbox* torna isso fácil. O objetivo é ilustrar o efeito de Gibbs na aproximação por séries de Fourier.

Seção 3.4 (Problemas 3.39 a 3.43)

3.39. Calcule a resposta de

$$m\ddot{x} + c\dot{x} + kx = F_0\Phi(t)$$

onde $\phi(t)$ é a função degrau unitário para o caso com $x_0 = v_0 = 0$. Utilize o método de transformada de Laplace e assuma que o sistema é subamortecido.

3.40. Usando o método de transformada de Laplace, calcule a resposta do sistema

$$m\ddot{x}(t) + c\dot{x}(t) + kx(t) = \delta(t), \quad x_0 = 0, \ v_0 = 0$$

para o caso superamortecido ($\zeta > 1$). Trace a resposta para $m = 1$ kg, $k = 100$ N/m e $\zeta = 1,5$.

3.41. Calcule a resposta do sistema subamortecido dado por

$$m\ddot{x} + c\dot{x} + kx = F_0 e^{-at}$$

utilizando o método de transformada de Laplace. Assuma que $a > 0$ e as condições iniciais são ambas zero.

CAPÍTULO 3 Problemas

3.42. Resolva o seguinte sistema para a resposta $x(t)$ usando transformadas de Laplace:

$$100\ddot{x}(t) + 2000x(t) = 50\delta(t)$$

onde as unidades estão em Newtons e as condições iniciais são ambas zero.

3.43. Use a abordagem de transformada de Laplace para resolver a resposta do sistema massa-mola com equação de movimento e condições iniciais dadas por

$$\ddot{x}(t) + x(t) = \text{sen}\,2t, \quad x_0 = 0, \quad v_0 = 1$$

Assuma que as unidades são consistentes. (*Dica*: Veja o exemplo no Apêndice B.)

Seção 3.5 (Problemas 3.44 a 3.48)

3.44. Calcule a resposta média quadrática de um sistema à uma força de entrada de densidade espectral de potência constante S_0 e função de resposta em frequência $H(\omega) = 10/(3 + 2j\omega)$.

3.45. Considere o problema de excitação de base da Seção 2.4 como aplicado a um modelo de automóvel do Exemplo 2.4.2 e ilustrado na Figura 2.17. Lembre-se que o modelo é um sistema massa-mola-amortecedor com valores $m = 1007$ kg, $c = 2000$ kg/s e $k = 40.000$ N/m. Considere que a estrada tem uma seção transversal estacionária aleatória com densidade espectral de potência S_0. Calcule a densidade espectral de potência da resposta e o valor médio quadrático da resposta.

3.46. Para obter uma sensibilidade das funções de correlação, calcule a autocorrelação $R_{xx}(\tau)$ para o sinal determinístico $A \,\text{sen}\, \omega_n t$.

3.47. A autocorrelação de um sinal é dada por

$$R_{xx}(\tau) = 10 + \frac{4}{3 + 2\tau + 4\tau^2}$$

Calcule o valor médio quadrático do sinal.

3.48. Verifique se a média $x - \bar{x}$ é zero usando a definição dada na Equação (3.47) para calcular a média.

Seção 3.6 (Problemas 3.49 a 3.50)

3.49. Um poste de linha de potência com um transformador é modelado por

$$m\ddot{x} + kx = -\ddot{y}$$

onde x e y são indicados na Figura P3.49. Assumindo que as condições iniciais são zero, calcule a resposta do deslocamento relativo $(x - y)$ se o poste estiver sujeito a uma excitação baseada em terremotos de

$$\ddot{y}(t) = \begin{cases} A\left(1 - \dfrac{t}{t_0}\right) & 0 \le t \le 2t_0 \\ 0 & t > 2t_0 \end{cases}$$

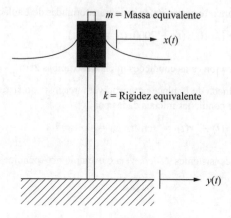

Figura P3.49 Um modelo de vibração de um poste de linha de potência com um transformador montado.

3.50. Calcule o espectro de resposta de um sistema não amortecido para a função de excitação

$$F(t) = \begin{cases} F_0 \operatorname{sen} \dfrac{\pi t}{t_1} & 0 \le t \le t_1 \\ 0 & t > t_1 \end{cases}$$

assumindo que as condições iniciais são zero.

Seção 3.7 (Problemas 3.51 a 3.58)

3.51. Usando álgebra complexa, obtenha a Equação (3.89) a partir de (3.86) com $s = j\omega$.

3.52. Usando o gráfico na Figura P3.52, estime os parâmetros do sistema m, c e k, bem como a frequência natural.

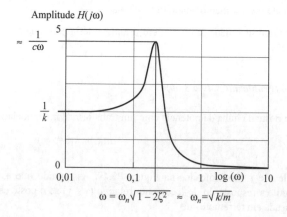

Figura P3.52 A curva de amplitude de um sistema massa-mola-amortecedor.

CAPÍTULO 3 Problemas

3.53. A partir de uma função de transferência padrão de um sistema massa-mola-amortecedor com rigidez de 0,5 N/m, frequência natural de 0,25 rad/s e coeficiente de amortecimento de 0,087 kg/s, trace a amplitude e a fase da função de transferência de inércia para esse sistema.

3.54. A partir de uma função de transferência padrão de um sistema massa-mola-amortecedor com rigidez de 0,5 N/m, frequência natural de 0,25 rad/s e coeficiente de amortecimento de 0,087 kg/s., trace a amplitude e a fase da função de transferência de mobilidade para o sistema.

3.55. Calcule a função de transferência de padrão para um sistema descrito por

$$a\frac{d^4x(t)}{dt^4} + b\frac{d^3x(t)}{dt^3} + c\frac{d^2x(t)}{dt^2} + \frac{dx(t)}{dt} + ex(t) = f(t)$$

onde $f(t)$ é a força de entrada e $x(t)$ é um deslocamento.

3.56. Calcule a função de resposta em frequência padrão para o sistema definido por

$$a\frac{d^4x(t)}{dt^4} + b\frac{d^3x(t)}{dt^3} + c\frac{d^2x(t)}{dt^2} + \frac{dx(t)}{dt} + ex(t) = f(t).$$

*3.57. Trace a amplitude da função de resposta em frequência para o sistema do Problema 3.56 com

$$a = 1, \quad b = 4, \quad c = 11, \quad d = 16, \text{e} \quad e = 8.$$

3.58. Um gráfico de amplitude experimental (característico) é ilustrado na Figura P3.58. Determine ω, ζ, c, m e k. Assuma que as unidades correspondam a m/N ao longo do eixo vertical.

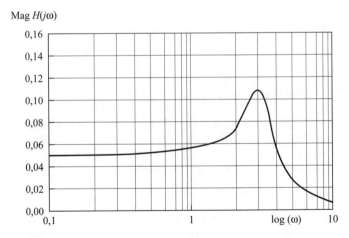

Figura P3.58 Uma curva de amplitude característica determinada experimentalmente.

Seção 3.8 (Problemas 3.59 a 3.64)

3.59. Mostre que um sistema com amortecimento crítico é BIBO estável.

3.60. Mostre que um sistema superamortecido é BIBO estável.

3.61. A solução de $2\ddot{x} + 18x = 4\cos 2t + \cos t$ é Lagrange estável?

3.62. Calcule a resposta do sistema descrito por

$$\ddot{x}(t) + \dot{x}(t) + 4x(t) = ax(t) + b\dot{x}(t)$$

com $x_0 = 0$ e $v_0 = 1$, para o caso em que $a = 4$ e $b = 0$. A resposta é limitada?

3.63. Um modelo grosseiro de uma asa de aeronave pode ser modelado como

$$100\ddot{x}(t) + 25\dot{x}(t) + 2000x(t) = a\dot{x}(t)$$

O fator a é determinado pela aerodinâmica da asa e é proporcional à velocidade do ar. Em que valor do parâmetro a o sistema começará a vibrar?

3.64. Calcule o valor da rigidez k do pêndulo invertido da Figura P3.64 que manterá o sistema linear estável. Assuma que a haste do pêndulo tem massa desprezível.

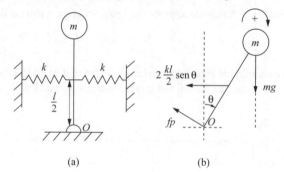

Figura P3.64 Um pêndulo invertido.

Seção 3.9 (Problemas 3.65 a 3.72)

*3.65. Integre numericamente e trace a resposta de um sistema subamortecido determinado por $m = 150$ kg, $k = 1000$ N/m e $c = 20$ kg/s, sujeito às condições iniciais de $x_0 = 0$ e $v_0 = 0$ e força aplicada $F(t) = 30\Phi(t-1)$. Em seguida, trace a resposta exata, conforme calculado pela Equação (3.17). Compare o gráfico da solução exata com a simulação numérica.

*3.66. Integre numericamente e trace a resposta de um sistema subamortecido determinado por $m = 150$ kg e $k = 4000$ N/m sujeito às condições iniciais de $x_0 = 0{,}01$ m e $v_0 = 0{,}1$ m/s, e a força aplicada $F(t) = \Phi(t) = 15\,(t-1)$, para vários valores do coeficiente de amortecimento. Use esse "programa" para determinar um valor de amortecimento que faz com que o termo transitório desapareça dentro de 3 segundos. Tente encontrar o menor valor de amortecimento lembrando que o amortecimento adicional é geralmente caro.

*3.67. Calcule a resposta total do problema de isolamento de base dado no Exemplo 3.3.2 com os parâmetros $\omega_b = 3$ rad/s, $m = 1$ kg, $c = 10$ kg/s, $k = 1000$ N/m e $Y = 0{,}05$ m, sujeito a condições iniciais $x_0 = 0{,}01$ e $v_0 = 3{,}0$ m/s, integrando numericamente ao invés de usar expressões analíticas. Trace a resposta, reproduza a Figura 3.14 e compare os resultados para ver se eles são os mesmos.

*3.68. Simule numericamente a resposta do sistema de um sistema massa-mola de um grau de liberdade sujeito ao movimento $y(t)$ dado na Figura P3.68 e trace a resposta. A massa é 5000 kg e a rigidez é $1,5 \times 10^3$ N/m.

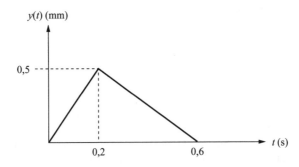

Figura P3.68 O movimento da base para o Problema 3.68.

*3.69. Simule numericamente a resposta de um sistema não amortecido à uma função degrau com um tempo de subida finito de $m = 1$ kg, $k = 1$ N/m, $t_1 = 4$ s e $F_0 = 20$ N. Essa função é descrita por

$$F(t) = \begin{cases} \dfrac{F_0 t}{t_1} & 0 \leq t \leq t_1 \\ F_0 & t > t_1 \end{cases}$$

Trace a resposta.

*3.70. Simule numericamente a resposta do sistema do Problema 3.22 para uma parede de concreto de 2 metros com seção transversal de 0,03 m² e massa modelada como concentrada na extremidade de 1000 kg. Utilize $F_0 = 100$ N e trace a resposta para o caso $t_0 = 0,25$ s.

*3.71. Simule numericamente a resposta de um sistema não amortecido para uma entrada rampa da forma $F(t) = F_0\, t$, onde F_0 é uma constante. Trace a resposta para três períodos para o caso $m = 1$ kg, $k = 100$ N/m e $F_0 = 50$N.

*3.72. Usando integração numérica, calcule e trace a resposta do seguinte sistema:

$$10\ddot{x}(t) + 20\dot{x}(t) + 1500x(t) = 20\,\text{sen}\,25t + 10\,\text{sen}\,15t + 20\,\text{sen}\,2t$$

com condições iniciais de $x_0 = 0,01$ m e $v_0 = 1,0$ m/s.

Seção 3.10 (Problemas 3.73 a 3.79)

*3.73. Calcule a resposta do sistema na Figura 3.26 para o caso em que o amortecimento é linearmente viscoso, a mola é uma mola não linear macia da forma

$$k(x) = kx - k_1 x^3$$

o sistema é submetido à uma excitação da forma ($t_1 = 1,5$ e $t_2 = 1,6$)

$$F(t) = 1500[\Phi(t - t_1) - \Phi(t - t_2)]\, \text{N}$$

e condições iniciais de $x_0 = 0,01$ m e $v_0 = 1,0$ m/s. O sistema tem uma massa de 100 kg, um coeficiente de amortecimento de 30 kg/s e um coeficiente de rigidez linear de 2000 N/m.

300 CAPÍTULO 3 • Resposta à Forçada Geral

O valor de k_1 é 300 N/m^3. Calcule a solução e compare-a com a solução linear ($k_1 = 0$). Qual sistema tem a maior amplitude? Compare sua solução com a do Exemplo 3.10.1.

*3.74. Calcule a resposta de um sistema massa-mola para o caso em que o amortecimento viscoso é linear, a mola é uma mola não linear macia da forma

$$k(x) = kx - k_1 x^3$$

o sistema está sujeito a uma excitação da forma ($t_1 = 1,5$ e $t_2 = 1,6$)

$$F(t) = 1500[\Phi(t - t_1) - \Phi(t - t_2)]\, \text{N}$$

e condições iniciais $x_0 = 0{,}01$ m e $v_0 = 1{,}0$ m/s. O sistema tem uma massa de 100 kg, um coeficiente de amortecimento de 30 kg/s e um coeficiente de rigidez linear de 2000 N/m. O valor de k_1 é considerado 300 N/m^3. Calcule a solução e compare-a com a solução linear ($k_1 = 0$). Quão diferentes são as respostas lineares e não lineares? Refaça o problema para $t_2 = 2$. O que você pode dizer sobre o efeito do tempo de duração do pulso?

*3.75. Calcule a resposta de um sistema massa-mola-amortecedor para o caso em que o amorteci-mento viscoso é linear, a rigidez de mola é da forma

$$k(x) = kx - k_1 x^2$$

o sistema está sujeito a uma excitação da forma ($t_1 = 1,5$ e $t_2 = 2,5$)

$$F(t) = 1500[\Phi(t - t_1) - \Phi(t - t_2)]\, \text{N}$$

e condições iniciais de $x_0 = 0{,}01$ m e $v_0 = 1$ m/s. O sistema tem uma massa de 100 kg, um co-eficiente de amortecimento de 30 kg/s e um coeficiente de rigidez linear de 2000 N/m. O valor de k_1 é 450 N/m^3. Qual sistema tem a maior amplitude?

*3.76. Calcule a resposta de um sistema massa-mola-amortecedor para o caso em que o amorteci-mento viscoso é linear, a rigidez da mola é da forma

$$k(x) = kx + k_1 x^2$$

o sistema está sujeito a uma excitação da forma ($t_1 = 1,5$ e $t_2 = 2,5$)

$$F(t) = 1500[\Phi(t - t_1) - \Phi(t - t_2)]\, \text{N}$$

e condições iniciais de $x_0 = 0{,}01$ m e $v_0 = 1$ m/s. O sistema tem uma massa de 100 kg, um co-eficiente de amortecimento de 30 kg/s e um coeficiente de rigidez linear de 2000 N/m. O valor de k_1 é 450 N/m^3. Qual sistema tem a maior amplitude?

*3.77. Calcule a resposta de um sistema massa-mola-amortecedor para o caso em que o amorteci-mento viscoso é linear, a rigidez da mola é da forma

$$k(x) = kx - k_1 x^2$$

o sistema está sujeito a uma excitação da forma ($t_1 = 1,5$ e $t_2 = 2,5$)

$$F(t) = 150[\Phi(t - t_1) - \Phi(t - t_2)]\, \text{N}$$

e condições iniciais de $x_0 = 0{,}01$ m e $v_0 = 1$ m/s. O sistema tem uma massa de 100 kg, um coeficiente de amortecimento de 30 kg/s e um coeficiente de rigidez linear de 2000 N/m. O valor de k_1 é 5500 N/m^3. Qual sistema tem a maior amplitude em regime transitório? Qual tem a maior amplitude em regime estacionário?

CAPÍTULO 3 Problemas

301

*3.78. Compare a resposta forçada de um sistema com o amortecimento da velocidade quadrática, como definido na Equação (2.129) usando a simulação numérica da equação não linear, àquela da resposta do sistema linear obtida usando o amortecimento viscoso equivalente, como definido pela Equação (2.131). Utilize as condições iniciais $x_0 = 0,01$ m e $v_0 = 1$ m/s com uma massa de 10 kg, rigidez de 25 N/m, força aplicada da forma ($t_1 = 1,5$ e $t_2 = 2,5$)

$$F(t) = 15[\Phi(t - t_1) - \Phi(t - t_2)] \text{ N}$$

e coeficiente de arrasto de $\alpha = 25$.

*3.79. Compare a resposta forçada de um sistema com amortecimento estrutural (Tabela 2.2) usando a simulação numérica da equação não linear para a da resposta do sistema linear obtida usando um amortecimento viscoso equivalente, conforme definido na Tabela 2.2. Utilize as condições iniciais $x_0 = 0,01$ m e $v_0 = 1$ m/s com uma massa de 10 kg, rigidez de 25 N/m, força aplicada da forma ($t_1 = 1,5$ e $t_2 = 2,5$)

$$F(t) = 15[\Phi(t - t_1) - \Phi(t - t_2)] \text{ N}$$

e coeficiente de arrasto $b = 8$. Será que a linearização de amortecimento viscoso equivalente superestima ou subestima a resposta?

ENGINEERING VIBRATION TOOLBOX PARA MATLAB®

Você pode usar os arquivos contidos no pacote *Engineering Vibration Toolbox*, discutido pela primeira vez no final do Capítulo 1 (imediatamente após os problemas) e discutido no Apêndice G, para ajudar a resolver muitos dos problemas anteriores. Os arquivos contidos na pasta VTB3 podem ser usados para ajudar a entender a natureza da resposta forçada geral de um sistema de um grau de liberdade como discutido neste capítulo e a dependência dessa resposta em vários parâmetros. VTB1_3 e VTB1_4 devem ser usados se uma função de força arbitrária for aplicada (outra que não seja uma simples chamada de função). Os seguintes problemas são sugeridos para ajudar a construir alguma intuição sobre a resposta forçada geral e para se familiarizar com as várias fórmulas.

PROBLEMAS PARA TOOLBOX

TB3.1. Use o arquivo VTB3_1 para resolver a resposta de um sistema com uma massa de 10 kg, amortecendo $c = 2,1$ kg/s e rigidez $k = 2100$ N/m, sujeito a um impulso no instante $t = 0$ de amplitude 10 N. Em seguida, mude o valor de c, primeiro aumentando-o, diminuindo-o e observando o efeito nas respostas.

TB3.2. Use o arquivo VTB3_2 para reproduzir o gráfico da Figura 3.7. Em seguida, veja o que acontece com a resposta quando o coeficiente de amortecimento é variado, tente um valor de ζ superamortecido e criticamente amortecido e analise a resposta resultante.

TB3.3. Se você está confiante com o MATLAB, tente usar o comando plot para traçar (por exemplo, para $T = 6$)

$$-\frac{8}{\pi^2}\cos\frac{2\pi}{T}t, \qquad -\frac{8}{\pi^2}\left(\cos\frac{2\pi}{T}t + \frac{1}{9}\cos\frac{6\pi}{T}t\right)$$

então

$$-\frac{8}{\pi^2}\left(\cos\frac{2\pi}{T}t + \frac{1}{9}\cos\frac{6\pi}{T}t + \frac{1}{25}\cos\frac{10\pi}{T}t\right)$$

e assim por diante, até que esteja satisfeito que a série de Fourier calculada no Exemplo 3.3.1 converge para a função traçada na Figura 3.13. Se você não estiver familiarizado o suficiente com MATLAB para tentar isso por conta própria, execute VTB3_3, que é uma demonstração que faz isso para você.

TB3.4. Usando VTB3_3, retrate o Problema 3.32 para os primeiros 5, depois 10 e, finalmente, 50 termos.

TB3.5. Usando o arquivo VTB3_4, analise o efeito da variação da frequência natural do sistema no espectro de resposta para a força dada na Figura 3.16. Escolha as frequências $f = 10$ Hz, 100 Hz e 1000 Hz e compare as várias parcelas do espectro de resposta.

4 Sistemas com Múltiplos Graus de Liberdade

Este capítulo introduz a análise necessária para entender a vibração de sistemas com mais de um grau de liberdade. O número de graus de liberdade de um sistema é determinado pelo número de partes móveis e pelo número de direções nas quais cada parte pode se mover. Mais de um grau de liberdade significa mais de uma frequência natural, aumentando consideravelmente a possibilidade de ocorrer ressonância. Este capítulo também introduz o importante conceito de forma modal e o método largamente utilizado de análise modal para estudar a resposta de sistemas de múltiplo graus de liberdade (MGDL). A maioria das estruturas são modeladas como sistemas MGDL. A suspensão do veículo *off-road* mostrada na foto é um exemplo de um sistema que pode ser modelado como dois ou mais graus de liberdade. Projetistas precisam ser capazes de prever a resposta de vibração, a fim de melhorar o conforto e garantir a durabilidade. As lâminas de um motor a jato representadas na segunda foto também requerem análise MGDL, mas com um número muito maior de graus de liberdade. Aviões, satélites, automóveis etc., fornecem exemplos de sistemas vibratórios bem modelados pela análise MGDL introduzida neste capítulo.

CAPÍTULO 4 • Sistemas com Múltiplos Graus de Liberdade

Nos capítulos anteriores, uma única coordenada e uma única equação diferencial de segunda ordem foram suficientes para descrever o movimento vibratório do dispositivo mecânico em consideração. No entanto, muitos dispositivos e estruturas mecânicas não podem ser modelados com sucesso por modelos de um grau de liberdade. Por exemplo, o problema de excitação de base da Seção 2.4 requer uma coordenada para a base, bem como para a massa principal, se o movimento de base não for prescrito, como assumido na Seção 2.4. Se o movimento de base não for prescrito e se a base tiver massa significativa, então a coordenada y também satisfará uma equação diferencial de segunda ordem e o sistema se tornará um modelo de dois graus de liberdade. Máquinas com muitas partes móveis têm muitos graus de liberdade.

Neste capítulo, um exemplo de dois graus de liberdade é usado pela primeira vez para introduzir os fenômenos especiais associados aos sistemas de múltiplos graus de liberdade. Esses fenômenos são então estendidos a sistemas com um número arbitrário, mas finito, de graus de liberdade. Para manter um registro de cada coordenada do sistema, os vetores são introduzidos e usados juntamente com matrizes. Isso é feito tanto para a facilidade de notação quanto para permitir que a teoria da vibração aproveite as disciplinas de álgebra linear e códigos computacionais.

4.1 MODELO DE DOIS GRAUS DE LIBERDADE (NÃO AMORTECIDO)

Esta seção introduz sistemas de dois graus de liberdade e como resolver a resposta de cada grau de liberdade. A abordagem apresentada aqui é detalhada porque o objetivo é fornecer um plano de fundo para a solução de sistemas com qualquer número de graus de liberdade. Na prática, os métodos computacionais são mais comumente usados para resolver a resposta de sistemas complexos. Esse não era o caso quando a maioria dos textos de vibração foram escritos. Dessa forma, a aproximação aqui é um pouco diferente da aproximação encontrada nos textos mais tradicionais e antigos de vibração; o foco aqui é a formulação de problemas de vibração em termos de matrizes e vetores utilizados em códigos computacionais para resolver problemas práticos.

Ao passar de sistemas de um grau de liberdade para dois ou mais graus de liberdade, resultam dois fenômenos físicos importantes. A primeira diferença importante é que um sistema de dois graus de liberdade terá duas frequências naturais. O segundo fenômeno importante é o da forma modal, que não está presente em sistemas de um grau de liberdade. Uma forma modal é um vetor que descreve o movimento relativo entre as duas massas ou entre dois graus de liberdade. Esses importantes conceitos de múltiplas frequências naturais e formas modais estão intimamente ligados aos conceitos matemáticos de autovalores e autovetores. Isso estabelece a necessidade de formular o problema de vibração em termos de vetores e matrizes.

Considere o sistema de duas massas da Figura 4.1 (a). Esse sistema não amortecido é semelhante ao sistema da Figura 2.13, exceto que o movimento de base não é prescrito nesse caso e a base tem agora massa. A Figura 4.1 (b) ilustra um sistema de massa única capaz de se mover em duas direções e, portanto, fornece também um exemplo de um sistema de dois graus de liberdade.

SEÇÃO 4.1 Modelo de Dois Graus de Liberdade (Não Amortecido)

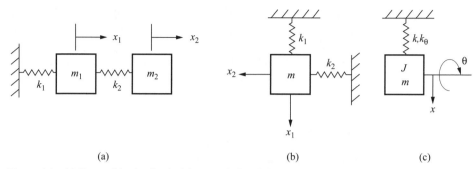

(a)   (b)   (c)

Figura 4.1 (a) Um modelo simples de dois graus de liberdade constituído por duas massas conectadas em série por duas molas. (b) Uma massa simples com dois graus de liberdade (isto é, a massa se move ao longo das duas direções x_1 e x_2). (c) Uma massa simples com um grau de liberdade de translação e um grau de liberdade de rotação.

A Figura 4.1(c) ilustra uma única massa rígida que é capaz de se mover em translação, bem como rotação em torno de seu eixo. Em cada um desses três casos, mais de uma coordenada é necessária para descrever a vibração do sistema. Cada uma das três partes da Figura 4.1 constitui um sistema de dois graus de liberdade. Um exemplo físico de cada sistema pode ser (a) um prédio de dois andares, (b) a vibração de uma prensa de perfuração, ou (c) o movimento de balanço de um automóvel ou aeronave.

O diagrama de corpo livre mostrando as forças de mola que atuam em cada massa na Figura 4.1(a) é ilustrado na Figura 4.2. A força da gravidade é excluída seguindo o raciocínio utilizado na Figura 1.14 (isto é, a deflexão estática equilibra a força gravitacional e não há atrito). As somatórias de forças sobre cada massa na direção horizontal produzem

$$m_1\ddot{x}_1 = -k_1 x_1 + k_2(x_2 - x_1)$$
$$m_2\ddot{x}_2 = -k_2(x_2 - x_1)$$
(4.1)

Reorganizando essas duas equações chega-se a

$$m_1\ddot{x}_1 + (k_1 + k_2)x_1 - k_2 x_2 = 0$$
$$m_2\ddot{x}_2 - k_2 x_1 + k_2 x_2 = 0$$
(4.2)

As Equações (4.2) consistem em duas equações diferenciais ordinárias de segunda ordem acopladas, com coeficientes constantes, cada uma das quais exige duas condições iniciais para resolver. Assim, essas duas equações acopladas estão sujeitas às quatro condições iniciais:

(4.3)
$$x_1(0) = x_{10} \quad \dot{x}_1(0) = \dot{x}_{10} \quad x_2(0) = x_{20} \quad \dot{x}_2(0) = \dot{x}_{20}$$

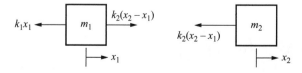

Figura 4.2 Diagramas de corpo livre de cada massa no sistema da Figura 4.1(a), indicando a força de restauração fornecida pelas molas.

onde as constantes $\dot{x}_{10}$, $\dot{x}_{20}$ e x_{10}, x_{20} representam as velocidades iniciais e deslocamentos de cada uma das duas massas. Considera-se que essas condições iniciais são conhecidas ou dadas e fornecem as quatro constantes de integração necessárias para resolver as duas equações diferenciais de segunda ordem para a resposta livre de cada massa.

Existem várias abordagens disponíveis para resolver a Equação (4.2) dada (4.3) e os valores de m_1, m_2, k_1 e k_2 para as respostas $x_1(t)$ e $x_2(t)$. Primeiro, observe que nenhuma das equações pode ser resolvida por si só porque cada equação contém tanto x_1 como x_2 (isto é, as equações estão *acopladas*). Fisicamente, isso afirma que o movimento de x_1 afeta o movimento de x_2, e vice-versa. Um método conveniente de resolver esse sistema é usar vetores e matrizes. A abordagem vetorial para resolver esse problema simples de dois graus de liberdade também é facilmente extensível a sistemas com um número finito arbitrário de graus de liberdade e é compatível com códigos de computador. Vetores e matrizes foram introduzidas na Seção 1.9 para resolver um problema de vibração de um grau de liberdade de forma numérica em programas como MATLAB. Vetores e matrizes são analisados aqui brevemente e mais detalhes podem ser encontrados no Apêndice C. Aqui, vetores e matrizes são usados para calcular uma solução da Equação (4.1).

Defina o vetor $\mathbf{x}(t)$ como o vetor coluna formado pelas duas respostas de interesse:

$$\mathbf{x}(t) = \begin{bmatrix} x_1(t) \\ x_2(t) \end{bmatrix} \tag{4.4}$$

Esse vetor é chamado de vetor de deslocamento ou resposta e é um vetor de funções 2×1. A diferenciação de um vetor é definida aqui pela diferenciação de cada elemento tal que

$$\dot{\mathbf{x}}(t) = \begin{bmatrix} \dot{x}_1(t) \\ \dot{x}_2(t) \end{bmatrix} \quad \text{e} \quad \ddot{\mathbf{x}}(t) = \begin{bmatrix} \ddot{x}_1(t) \\ \ddot{x}_2(t) \end{bmatrix} \tag{4.5}$$

são os vetores de velocidade e aceleração, respectivamente. Uma matriz quadrada é uma matriz quadrada de números, que poderia ser feita, por exemplo, combinando dois vetores coluna 2×1 para produzir uma matriz 2×2. Um exemplo de matriz 2×2 é dado por

$$M = \begin{bmatrix} m_1 & 0 \\ 0 & m_2 \end{bmatrix} \tag{4.6}$$

Observe aqui que letras maiúsculas em itálico são usadas para representar matrizes e letras minúsculas em negrito são usadas para representar vetores.

Vetores e matrizes podem ser multiplicados juntos de diversas formas. Na análise por vibração o método mais útil para definir o produto de uma matriz vezes um vetor é definir o resultado como sendo um vetor com elementos consistindo do produto escalar do vetor com cada "linha" da matriz (isto é, tratando a linha como vetor). O *produto escalar* de um vetor é definido por

$$\mathbf{x}^T\mathbf{x} = \begin{bmatrix} x_1 & x_2 \end{bmatrix} \begin{bmatrix} x_1 \\ x_2 \end{bmatrix} = x_1^2 + x_2^2 \tag{4.7}$$

SEÇÃO 4.1 Modelo de Dois Graus de Liberdade (Não Amortecido)

307

que é um escalar. O símbolo $\mathbf{x}^T$ representa a transposta do vetor e muda um vetor coluna para um vetor linha. A Equação (4.7) também é chamada de *produto interno* ou *produto escalar* do vetor $\mathbf{x}$ com ela mesma. Um escalar a vezes um vetor $\mathbf{x}$ é definido como $a\mathbf{x} = [ax_1 \;\; ax_2]^T$ (ou seja, um vetor da mesma dimensão com cada elemento multiplicado pelo escalar). (Lembre-se que um escalar é qualquer número real ou complexo.) Essas regras para manipular vetores devem ser familiares pois aparecem em textos introdutórios de mecânica (ou seja, estática e dinâmica).

O exemplo a seguir ilustra as regras para multiplicar uma matriz vezes um vetor.

Exemplo 4.1.1

Considere o produto da matriz M da Equação (4.6) e do vetor de aceleração $\ddot{\mathbf{x}}$ da Equação (4.5), ou seja

$$M\ddot{\mathbf{x}} = \begin{bmatrix} m_1 & 0 \\ 0 & m_2 \end{bmatrix}\begin{bmatrix} \ddot{x}_1 \\ \ddot{x}_2 \end{bmatrix} = \begin{bmatrix} m_1\ddot{x}_1 + 0\ddot{x}_2 \\ 0\ddot{x}_1 + m_2\ddot{x}_2 \end{bmatrix} = \begin{bmatrix} m_1\ddot{x}_1 \\ m_2\ddot{x}_2 \end{bmatrix} \tag{4.8}$$

onde o primeiro elemento do produto é definido como sendo o produto escalar do vetor linha $[m_1 \;\; 0]$ com o vetor coluna $\ddot{\mathbf{x}}$ e o segundo elemento é o produto escalar do vetor linha $[0 \;\; m_2]$ com $\ddot{\mathbf{x}}$. Note que o produto de uma matriz e um vetor é um vetor.

$\square$

Exemplo 4.1.2

Considere a matriz 2×2 definida por

$$K = \begin{bmatrix} k_1 + k_2 & -k_2 \\ -k_2 & k_2 \end{bmatrix} \tag{4.9}$$

e calcule o produto $K\mathbf{x}$.

Solução Novamente, o produto é formado considerando o primeiro elemento como o produto interno do vetor linha $[k_1 + k_2 \;\; -k_2]$ e o vetor coluna $\mathbf{x}$. O segundo elemento do vetor produto $K\mathbf{x}$ é formado a partir do produto interno do vetor linha $[-k_2 \;\; k_2]$ e do vetor $\mathbf{x}$, ou seja

$$K\mathbf{x} = \begin{bmatrix} k_1 + k_2 & -k_2 \\ -k_2 & k_2 \end{bmatrix}\begin{bmatrix} x_1 \\ x_2 \end{bmatrix} = \begin{bmatrix} (k_1 + k_2)x_1 - k_2x_2 \\ -k_2x_1 + k_2x_2 \end{bmatrix} \tag{4.10}$$

$\square$

Dois vetores do mesmo tamanho são iguais se, e somente se, cada elemento de um vetor for igual ao elemento correspondente no outro vetor. Com isso em mente, considere a *equação vetorial*

$$M\ddot{\mathbf{x}} + K\mathbf{x} = \mathbf{0} \tag{4.11}$$

308 CAPÍTULO 4 • Sistemas com Múltiplos Graus de Liberdade

onde **0** representa o vetor coluna de zeros:

$$\mathbf{0} = \begin{bmatrix} 0 \\ 0 \end{bmatrix}$$

A substituição do valor de M da Equação (4.6) e o valor de K da Equação (4.9) na Equação (4.11) resulta em

$$\begin{bmatrix} m_1 & 0 \\ 0 & m_2 \end{bmatrix} \begin{bmatrix} \ddot{x}_1 \\ \ddot{x}_2 \end{bmatrix} + \begin{bmatrix} k_1 + k_2 & -k_2 \\ -k_2 & k_2 \end{bmatrix} \begin{bmatrix} x_1 \\ x_2 \end{bmatrix} = \begin{bmatrix} 0 \\ 0 \end{bmatrix}$$

Esses produtos podem ser realizados como indicado no Exemplo 4.1.1 e Equação (4.10) para dar

$$\begin{bmatrix} m_1\ddot{x}_1 \\ m_2\ddot{x}_2 \end{bmatrix} + \begin{bmatrix} (k_1 + k_2)x_1 - k_2x_2 \\ -k_2x_1 + k_2x_2 \end{bmatrix} = \begin{bmatrix} 0 \\ 0 \end{bmatrix}$$

Adicionando os dois vetores no lado esquerdo da equação, elemento por elemento, obtém-se

$$\begin{bmatrix} m_1\ddot{x}_1 + (k_1 + k_2)x_1 - k_2x_2 \\ m_2\ddot{x}_2 - k_2x_1 + k_2x_2 \end{bmatrix} = \begin{bmatrix} 0 \\ 0 \end{bmatrix} \tag{4.12}$$

Igualando os elementos correspondentes dos dois vetores na equação (4.12) tem-se

$$m_1\ddot{x}_1 + (k_1 + k_2)x_1 - k_2x_2 = 0$$
$$m_2\ddot{x}_2 - k_2x_1 + k_2x_2 = 0 \tag{4.13}$$

que são idênticas a Equação (4.2). Assim, o sistema de Equações (4.2) pode ser escrito como a equação vetorial dada em (4.11), onde as matrizes de coeficientes são definidas pelas matrizes das Equações (4.6) e (4.9). A matriz M definida pela Equação (4.6) é chamada *matriz de massa* e a matriz K definida pela Equação (4.9) é chamada *matriz de rigidez*. O cálculo e a comparação anteriores fornecem uma conexão extremamente importante entre análise de vibração e análise matricial. Essa conexão simples permite que os computadores sejam usados para resolver rapidamente problemas de vibração grandes e complicados (discutido na Seção 4.10). Também forma a base para o resto deste capítulo (assim como o resto do livro).

As matrizes de massa e rigidez M e K descritas anteriormente têm a propriedade especial de serem simétricas. Uma *matriz simétrica* é uma matriz que é igual à sua transposta. A *transposta* de uma matriz, representada por A^T é formada a partir da troca das linhas e colunas de uma matriz. A primeira linha de A^T é a primeira coluna de A e assim por diante. A matriz de massa M é também chamada de *matriz de inércia* e o vetor de força $M\ddot{x}$ corresponde às forças inerciais no sistema da Figura 4.1(a). Similarmente, a força Kx representa as forças elásticas de restauração do sistema descrito na Figura 4.1(a).

SEÇÃO 4.1 Modelo de Dois Graus de Liberdade (Não Amortecido) **309**

Exemplo 4.1.3

Considere a matriz A definida por

$$A = \begin{bmatrix} a & b \\ c & d \end{bmatrix}$$

onde a, b, c e d são números reais. Calcule os valores dessas constantes, de modo que a matriz A seja simétrica.

Solução Para A ser simétrico, $A = A^T$ ou

$$A = \begin{bmatrix} a & b \\ c & d \end{bmatrix} = \begin{bmatrix} a & c \\ b & d \end{bmatrix} = A^T$$

Comparando os elementos de A e A^T resulta que $c = b$ deve ser satisfeita se a matriz A for simétrica. Observe que os elementos na posição c e b da matriz K dada na Equação (4.9) são iguais para que $K = K^T$.

□

É útil notar que se $\mathbf{x}$ é um vetor coluna

$$\mathbf{x} = \begin{bmatrix} x_1 \\ x_2 \end{bmatrix}$$

então $\mathbf{x}^T$ é um vetor linha (isto é, $\mathbf{x}^T = [x_1 \ \ x_2]$). Isto torna-se conveniente para escrever um vetor coluna em uma linha. Por exemplo, o vetor $\mathbf{x}$ também pode ser escrito como $\mathbf{x} = [x_1 \ \ x_2]^T$ um vetor coluna. A ação de formar uma transposta também se desfaz, tal que $(A^T)^T = A$.

As condições iniciais também podem ser escritas em termos de vetores como

$$\mathbf{x}_0 = \begin{bmatrix} x_1(0) \\ x_2(0) \end{bmatrix} \qquad \dot{\mathbf{x}}_0 = \begin{bmatrix} \dot{x}_1(0) \\ \dot{x}_2(0) \end{bmatrix} \tag{4.14}$$

Aqui $\mathbf{x}_0$ representa o vetor de deslocamento inicial e $\dot{\mathbf{x}}_0$ o vetor de velocidade inicial. A Equação (4.12) pode agora ser resolvida seguindo os procedimentos usados para resolver sistemas de um grau de liberdade e incorporando alguns resultados da teoria das matrizes.

Lembre-se da Seção 1.2, onde a versão de um grau de liberdade da Equação (4.11) foi resolvida assumindo uma solução harmônica e calculando valores para as constantes na forma assumida. A mesma abordagem é usada aqui. Seguindo o argumento usado nas Equações (1.13) a (1.19), assume-se uma solução da forma

$$\mathbf{x}(t) = \mathbf{u}e^{j\omega t} \tag{4.15}$$

Aqui $\mathbf{u}$ é um vetor não nulo de constantes a determinar, ω é uma constante a determinar e $j = \sqrt{-1}$. Lembre-se de que o escalar $e^{j\omega t}$ representa o movimento harmônico desde que $e^{j\omega t} = \cos \omega t + j \sin \omega t$. O vetor $\mathbf{u}$ não pode ser zero; caso contrário, nenhum movimento ocorre.

CAPÍTULO 4 • Sistemas com Múltiplos Graus de Liberdade

A substituição da solução assumida na equação de vetorial de movimento produz

$$(-\omega^2 M + K)\mathbf{u}e^{j\omega t} = \mathbf{0} \tag{4.16}$$

onde o fator comum $\mathbf{u}e^{j\omega t}$ foi fatorado para o lado direito. Observe que o escalar $e^{j\omega t} \neq 0$ para qualquer valor de t e, portanto, a Equação (4.16) produz o fato de que ω e $\mathbf{u}$ devem satisfazer a equação vetorial

$$(-M\omega^2 + K)\mathbf{u} = \mathbf{0}, \mathbf{u} \neq \mathbf{0} \tag{4.17}$$

Observe que isso representa duas equações algébricas nos três escalares desconhecidos: ω, u_1 e u_2 onde $\mathbf{u} = [u_1 \quad u_2]^T$.

Para que esse conjunto homogêneo de equações algébricas tenha uma solução não nula para o vetor $\mathbf{u}$, o inverso da matriz de coeficientes $(-M\omega^2 + K)$ não deve existir. Para ver que esse é o caso, suponha que o inverso de $(-M\omega^2 + K)$ existe. Então, multiplicando ambos os lados da Equação (4.17) por $(-M\omega^2 + K)^{-1}$ produz $\mathbf{u} = \mathbf{0}$, uma solução trivial, já que implica em ausência de movimento. Assim, a solução da Equação (4.11) depende, de alguma forma da *matriz inversa*. Os inversos da matriz são analisados no exemplo a seguir.

Exemplo 4.1.4

Considere a matriz A, 2×2 definida por

$$A = \begin{bmatrix} a & b \\ c & d \end{bmatrix}$$

e calcule a sua inversa.

Solução O inverso de uma matriz quadrada A é uma matriz da mesma dimensão, representada por A^{-1}, tal que

$$AA^{-1} = A^{-1}A = I$$

onde I é a matriz de identidade. Nesse caso, I tem a forma

$$I = \begin{bmatrix} 1 & 0 \\ 0 & 1 \end{bmatrix}$$

A matriz inversa para uma matriz geral 2×2 é

$$A^{-1} = \frac{1}{\det A} \begin{bmatrix} d & -b \\ -c & a \end{bmatrix} \tag{4.18}$$

desde que $A \neq 0$, onde A representa o *determinante* da matriz A. O determinante da matriz A é dado por

$$\det A = ad - bc$$

SEÇÃO 4.1 Modelo de Dois Graus de Liberdade (Não Amortecido)

Para ver que a Equação (4.18) é de fato a inversa, note que

$$A^{-1}A = \frac{1}{ad-bc} \begin{bmatrix} d & -b \\ -c & a \end{bmatrix} \begin{bmatrix} a & b \\ c & d \end{bmatrix}$$

$$= \frac{1}{ad-bc} \begin{bmatrix} ad-bc & bd-bd \\ ac-ac & ad-bc \end{bmatrix} = \begin{bmatrix} 1 & 0 \\ 0 & 1 \end{bmatrix}$$

É importante perceber que a matriz A tem inversa se, e somente se, $A \neq 0$. Portanto, exigir A = 0 força A a não ter uma inversa. Matrizes que não têm inversa são chamadas matrizes *singulares*. Note que se a matriz A é simétrica, $c = b$ e A^{-1} também é simétrica.

□

Aplicando a condição de singularidade à matriz de coeficientes da Equação (4.17) produz o resultado que para uma solução **u** não nula existir,

$$\det(-\omega^2 M + K) = 0 \tag{4.19}$$

que gera uma equação algébrica em uma quantidade desconhecida (ω^2). Substituindo os valores das matrizes M e K nessa expressão resulta em

$$\det \begin{bmatrix} -\omega^2 m_1 + k_1 + k_2 & -k_2 \\ -k_2 & -\omega^2 m_2 + k_2 \end{bmatrix} = 0 \tag{4.20}$$

Usando a definição do determinante obtém-se que a quantidade desconhecida ω^2 deve satisfazer

$$m_1 m_2 \omega^4 - (m_1 k_2 + m_2 k_1 + m_2 k_2)\omega^2 + k_1 k_2 = 0 \tag{4.21}$$

Essa expressão é chamada de *equação característica* para o sistema e é usada para determinar as constantes ω na forma assumida da solução dada pela Equação (4.15), uma vez que os valores dos parâmetros físicos m_1, m_2, k_1 e k_2 são conhecidos.

Exemplo 4.1.5

Calcule as soluções para ω da equação característica dada pela Equação (4.21) para o caso em que os parâmetros físicos têm os valores $m_1 = 9$ kg, $m_2 = 1$ kg, $k_1 = 24$ N/m e $k_2 = 3$ N/m.

Solução   Para esses valores, a equação característica (4.21) torna-se

$$\omega^4 - 6\omega^2 + 8 = (\omega^2 - 2)(\omega^2 - 4) = 0$$

de modo que $\omega_1^2 = 2$ e $\omega_2^2 = 4$. Existem duas raízes e cada uma corresponde a dois valores da constante ω na forma assumida da solução:

$$\omega_1 = \pm\sqrt{2}\,\text{rad/s}, \qquad \omega_2 = \pm 2\,\text{rad/s}$$

□

CAPÍTULO 4 • Sistemas com Múltiplos Graus de Liberdade

Observe que na expressão da Equação (4.17) aparece ω^2, não ω. No entanto, ao prosseguir para a solução no tempo, a frequência de oscilação se tornará ω e os sinais mais e menos em ω são absorvidos na alteração da exponencial em uma função trigonométrica, conforme descrito nas páginas seguintes.

Uma vez que o valor de ω na Equação (4.15) é estabelecido, o valor do vetor constante $\mathbf{u}$ pode ser encontrado resolvendo a Equação (4.17) para $\mathbf{u}$ dado cada valor de ω^2. Isto é, para cada valor de ω^2 (ou seja, ω_1^2 e ω_2^2) há um vetor $\mathbf{u}$ que satisfaz a Equação (4.17). Para ω_1^2, o vetor $\mathbf{u}_1$ satisfaz

$$(-\omega_1^2 M + K)\mathbf{u}_1 = 0 \tag{4.22}$$

e para ω_2^2, o vetor $\mathbf{u}_2$ satisfaz

$$(-\omega_2^2 M + K)\mathbf{u}_2 = 0 \tag{4.23}$$

Essas duas expressões podem ser resolvidas para a direção dos vetores $\mathbf{u}_1$ e $\mathbf{u}_2$, mas não para a amplitude. Para ver que isso é verdade, observe que se $\mathbf{u}_1$ satisfaz a Equação (4.22), então o vetor $a\mathbf{u}_1$ também satisfaz, onde a é qualquer número diferente de zero. Assim, os vetores que satisfazem (4.22) e (4.23) são de amplitude arbitrária. O exemplo a seguir ilustra uma forma de calcular $\mathbf{u}_1$ e $\mathbf{u}_2$ para os valores do Exemplo 4.1.5.

Exemplo 4.1.6

Calcule os vetores $\mathbf{u}_1$ e $\mathbf{u}_2$ das Equações (4.22) e (4.23) para os valores de ω, K e M do Exemplo 4.1.5.

Solução   Seja $\mathbf{u}_1 = [u_{11} \quad u_{21}]^T$. Então, a Equação (4.22) com $\omega^2 = \omega_1^2 = 2$ torna-se

$$\begin{bmatrix} 27 - 9(2) & -3 \\ -3 & 3 - (2) \end{bmatrix} \begin{bmatrix} u_{11} \\ u_{21} \end{bmatrix} = \begin{bmatrix} 0 \\ 0 \end{bmatrix}$$

A realização do produto indicado e a imposição da igualdade produzem as duas equações

$$9u_{11} - 3u_{21} = 0 \quad \text{e} \quad -3u_{11} + u_{21} = 0$$

Observe que essas duas equações são dependentes e produzem a mesma solução; isso é,

$$\frac{u_{11}}{u_{21}} = \frac{1}{3} \quad \text{ou} \quad u_{11} = \frac{1}{3} u_{21}$$

Apenas a razão dos elementos é determinada aqui (ou seja, apenas a direção do vetor é determinada pela Equação (4.17), não a sua amplitude). Como mencionado anteriormente, isso acontece porque se $\mathbf{u}$ satisfaz a Equação (4.17), então $a\mathbf{u}$ também satisfaz, onde a é qualquer número diferente de zero.

SEÇÃO 4.1 Modelo de Dois Graus de Liberdade (Não Amortecido) **313**

Um valor numérico para cada elemento do vetor $\mathbf{u}$ pode ser obtido atribuindo arbitrariamente um dos elementos. Por exemplo, seja u_{21}; então o valor de $\mathbf{u}_1$ é

$$\mathbf{u}_1 = \begin{bmatrix} \dfrac{1}{3} \\ 1 \end{bmatrix}$$

Esse procedimento é repetido usando $\omega_2^2 = 4$ para produzir que os elementos de $\mathbf{u}_2$ devem satisfazer

$$-9u_{12} - 3u_{22} = 0 \qquad \text{ou} \qquad u_{12} = -\frac{1}{3}u_{22}$$

Escolhendo $u_{22} = 1$ tem-se

$$\mathbf{u}_2 = \begin{bmatrix} -\dfrac{1}{3} \\ 1 \end{bmatrix}$$

que é o vetor que satisfaz a Equação (4.23). Existem várias outras formas de fixar a amplitude de um vetor além do ilustrado aqui. Alguns outros métodos são apresentados no Exemplo 4.2.3 e na Equação (4.44). Um método mais sistemático chamado normalização será usado com problemas maiores e será apresentado na próxima seção.

$\square$

A solução da Equação (4.11) sujeita às condições iniciais $\mathbf{x}_0$ e $\dot{\mathbf{x}}_0$ pode ser obtida em termos dos números $\pm\omega_1$, $\pm\omega_2$ e dos vetores $\mathbf{u}_1$ e $\mathbf{u}_2$. Isso é semelhante à obtenção da solução do caso de um grau de liberdade discutido na Seção 1.2. Como as equações a serem resolvidas são lineares, a soma de quaisquer duas soluções também é uma solução. A partir do cálculo anterior, existem quatro soluções na forma da Equação (4.15) composta pelos quatro valores de ω e os dois vetores:

$$\mathbf{x}(t) = \mathbf{u}_1 e^{-j\omega_1 t}, \quad \mathbf{u}_1 e^{+j\omega_1 t}, \quad \mathbf{u}_2 e^{-j\omega_2 t} \quad \text{e} \quad \mathbf{u}_2 e^{+j\omega_2 t} \tag{4.24}$$

Assim, uma solução geral é a combinação linear dessas:

$$\mathbf{x}(t) = (ae^{j\omega_1 t} + be^{-j\omega_1 t})\mathbf{u}_1 + (ce^{j\omega_2 t} + de^{-j\omega_2 t})\mathbf{u}_2 \tag{4.25}$$

onde a, b, c e d são constantes arbitrárias de integração a serem determinadas pelas condições iniciais.

Aplicando as fórmulas de Euler para a função seno à Equação (4.25) produz-se uma forma alternativa da solução (desde que nenhum ω_i seja zero):

$$\mathbf{x}(t) = A_1 \text{sen}(\omega_1 t + \phi_1)\mathbf{u}_1 + A_2 \text{sen}(\omega_2 t + \phi_2)\mathbf{u}_2 \tag{4.26}$$

onde as constantes de integração estão agora na forma de duas amplitudes, A_1 e A_2, e dois ângulos de fase, ϕ_1 e ϕ_2. Lembre-se que esse é o mesmo procedimento usado nas Equações (1.17), (1.18) e (1.19). Essas constantes podem ser calculadas a partir das condições iniciais $\mathbf{x}_0$ e $\dot{\mathbf{x}}_0$. A Equação (4.26) é a análoga à de dois graus de liberdade da Equação (1.19) para um caso de um grau de liberdade.

A forma da Equação (4.26) dá significado físico à solução. A solução indica que cada massa, normalmente, oscila em duas frequências: ω_1 e ω_2. Essas frequências são chamadas de *frequências naturais* do sistema. Além disso, suponha que as condições iniciais sejam escolhidas de modo que $A_2 = 0$. Com tais condições iniciais, cada massa oscila em apenas uma frequência ω_1 e as posições relativas das massas em qualquer dado instante de tempo são determinadas pelos elementos do vetor $\mathbf{u}_1$. Assim, $\mathbf{u}_1$ é chamado de *primeira forma modal* do sistema. Da mesma forma, se as condições iniciais forem escolhidas de modo que A_1 seja zero, ambas as coordenadas oscilam na frequência ω_2, com posições relativas dadas pelo vetor $\mathbf{u}_2$, denominada *segunda forma modal*. As formas modais e frequências naturais são esclarecidas mais adiante nos exercícios e seções seguintes. As formas modais transformaram-se em um padrão na engenharia da vibração e são usadas extensivamente na análise da vibração. Os conceitos de frequências naturais e formas modais são extremamente importantes e formam uma das principais ideias usadas em estudos de vibração.

Na obtenção da Equação (4.26) supõe-se que nenhum dos valores de ω é zero. Um ou outro pode ter o valor zero em algumas aplicações, mas então a solução assume outra forma. O valor de $\mathbf{u}$, no entanto, não pode ser zero. Uma frequência pode ser zero, mas uma forma modal não pode ser zero. O caso de frequência zero corresponde ao movimento rígido do corpo e é o tópico do Problema 4.12. O conceito de movimento rígido do corpo está detalhado na Seção 4.4.

Observe que o sinal positivo e negativo em ω resultante da solução da Equação (4.19) é usado na passagem da Equação (4.25) para a Equação (4.26) quando se utiliza a fórmula de Euler para funções trigonométricas. Assim, na Equação (4.26) ω é apenas um número positivo. A Equação (4.26) também fornece a interpretação de ω como uma frequência de vibração, que é agora necessariamente um número positivo. Isso é semelhante à explicação dada no caso de um grau de liberdade dado apresentado depois da Equação (1.19).

Exemplo 4.1.7

Calcule a solução do sistema do Exemplo 4.1.5 para as condições iniciais $x_1(0) = 1$ mm, $x_2(0) = 0$ e $\dot{x}_1(0) = \dot{x}_2(0) = 0$.

Solução Para resolver esse exemplo, a Equação (4.26) é escrita como

$$
\begin{bmatrix} x_1(t) \\ x_2(t) \end{bmatrix} = \begin{bmatrix} \mathbf{u}_1 & \mathbf{u}_2 \end{bmatrix} \begin{bmatrix} A_1 \operatorname{sen}(\omega_1 t + \phi_1) \\ A_2 \operatorname{sen}(\omega_2 t + \phi_2) \end{bmatrix}
$$

$$
= \begin{bmatrix} \dfrac{1}{3} A_1 \operatorname{sen}(\sqrt{2}t + \phi_1) - \dfrac{1}{3} A_2 \operatorname{sen}(2t + \phi_2) \\ A_1 \operatorname{sen}(\sqrt{2}t + \phi_1) + A_2 \operatorname{sen}(2t + \phi_2) \end{bmatrix} \tag{4.27}
$$

SEÇÃO 4.1 Modelo de Dois Graus de Liberdade (Não Amortecido) **315**

Em $t = 0$,

$$\begin{bmatrix} 1 \\ 0 \end{bmatrix} = \begin{bmatrix} \dfrac{1}{3} A_1 \operatorname{sen} \phi_1 - \dfrac{1}{3} A_2 \operatorname{sen} \phi_2 \\ A_1 \operatorname{sen} \phi_1 + A_2 \operatorname{sen} \phi_2 \end{bmatrix} \tag{4.28}$$

Diferenciando a Equação (4.27) e analisando a expressão resultante em $t = 0$ chega-se a

$$\begin{bmatrix} \dot{x}_1(0) \\ \dot{x}_2(0) \end{bmatrix} = \begin{bmatrix} 0 \\ 0 \end{bmatrix} = \begin{bmatrix} \dfrac{\sqrt{2}}{3} A_1 \cos \phi_1 - \dfrac{2}{3} A_2 \cos \phi_2 \\ \sqrt{2} A_1 \cos \phi_1 + 2 A_2 \cos \phi_2 \end{bmatrix} \tag{4.29}$$

As Equações (4.28) e (4.29) representam quatro equações nas quatro constantes de integração desconhecidas das integrações A_1, A_2, ϕ_1 e ϕ_2. Escrevendo essas quatro equações como

$$3 = A_1 \operatorname{sen} \phi_1 - A_2 \operatorname{sen} \phi_2 \tag{4.30}$$

$$0 = A_1 \operatorname{sen} \phi_1 + A_2 \operatorname{sen} \phi_2 \tag{4.31}$$

$$0 = \sqrt{2} A_1 \cos \phi_1 - 2 A_2 \cos \phi_2 \tag{4.32}$$

$$0 = \sqrt{2} A_1 \cos \phi_1 + 2 A_2 \cos \phi_2 \tag{4.33}$$

Adicionando as Equações (4.32) e (4.33) resulta que

$$2\sqrt{2} A_1 \cos \phi_1 = 0$$

tal que $\phi_1 = \pi/2$. Como $\phi_1 = \pi/2$, a Equação (4.33) se reduz a

$$2 A_2 \cos \phi_2 = 0$$

tal que $\phi_2 = \pi/2$. A substituição dos valores de ϕ_1 e ϕ_2 nas Equações (4.30) e (4.31) gera

$$3 = A_1 - A_2 \quad \text{e} \quad 0 = A_1 + A_2$$

que tem soluções $A_1 = 3/2$ mm, $A_2 = -3/2$ mm. portanto

$$x_1(t) = 0{,}5 \operatorname{sen}\left(\sqrt{2}t + \frac{\pi}{2} \right) + 0{,}5 \operatorname{sen}\left(2t + \frac{\pi}{2} \right) = 0{,}5 \left(\cos \sqrt{2}t + \cos 2t \right) \text{ mm}$$

$$x_2(t) = \frac{3}{2} \operatorname{sen}\left(\sqrt{2}t + \frac{\pi}{2} \right) - \frac{3}{2} \operatorname{sen}\left(2t + \frac{\pi}{2} \right) = 1{,}5 \left(\cos \sqrt{2}t - \cos 2t \right) \text{ mm} \tag{4.34}$$

Essas soluções são traçadas na Figura 4.3. Formas mais eficientes para calcular as soluções são apresentadas em seções posteriores. Os aspectos numéricos do cálculo de uma solução são discutidos na Seção 4.10.

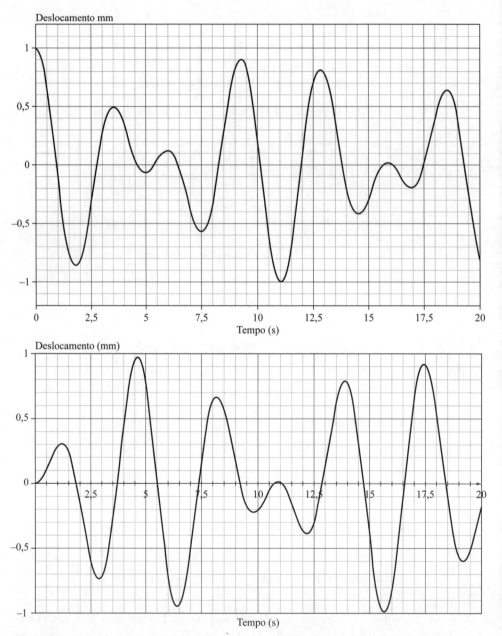

Figura 4.3 Curvas das respostas de $x_1(t)$ na figura de cima e $x_2(t)$ na figura de baixo do Exemplo 4.1.7.

SEÇÃO 4.1 Modelo de Dois Graus de Liberdade (Não Amortecido) **317**

Observe que, nesse caso, a resposta de cada massa contém ambas as frequências do sistema. Isto é, as respostas para $x_1(t)$ e $x_2(t)$ são combinações de sinais contendo as duas frequências ω_1 e ω_2 (ou seja, a soma de dois sinais harmônicos). Note a partir do desenvolvimento da Equação (4.34) que as formas modais determinam a amplitude relativa desses dois sinais harmônicos.

$\square$

No exemplo anterior, a escolha arbitrária da amplitude dos vetores de forma modal $\mathbf{u}_1$ e $\mathbf{u}_2$ obtidos no Exemplo 4.1.6 não afeta a solução porque esses vetores são multiplicados pelas constantes de integração A_1 e A_2, respectivamente. As condições iniciais então dimensionam a amplitude desses vetores, de modo que a solução dada na Equação (4.34) será a mesma para qualquer escolha do vetor de amplitude fixo obtido no Exemplo 4.1.6.

Frequências   É interessante e importante notar que as duas frequências naturais ω_1 e ω_2 do sistema de dois graus de liberdade não são iguais a qualquer uma das frequências naturais dos dois sistemas de um grau de liberdade construídos a partir dos mesmos componentes. Para ver isso, observe que no Exemplo 4.1.5, $\sqrt{k_1/m_1} = 1{,}63$, que não é igual a ω_1 ou ω_2 (isto é, $\omega_1 = \sqrt{2}$, $\omega_2 = 2$). Da mesma forma, $\sqrt{k_2/m_2} = 1{,}732$, que não coincide com a frequência do sistema de dois graus de liberdade composto pelas mesmas molas e massas, cada uma delas ligada ao solo.

Batimentos   O fenômeno de batimento introduzido no Exemplo 2.1.2 para a resposta forçada de um sistema de um grau de liberdade também pode existir na resposta livre de um sistema de dois ou mais graus de liberdade. Se a massa e a rigidez do sistema da Figura 4.1(a) forem tais que as duas frequências estejam próximas uma da outra, então as soluções obtidas no Exemplo 4.1.7 produzirão batimentos. De fato, uma análise mais detalhada das parcelas da resposta na Figura 4.3 mostra que a resposta $x_2(t)$ está próxima da forma do batimento ilustrado na Figura 2.4. Isso acontece porque as duas frequências do Exemplo 4.1.7 estão razoavelmente próximas uma da outra (1,414 e 2). À medida que as duas frequências naturais se aproximam, o fenômeno do batimento se tornará mais evidente (Problema 4.17). Assim, os batimentos em sistemas vibratórios podem ocorrer em duas circunstâncias distintas: primeiro, num caso de resposta forçada como resultado de uma frequência de excitação próxima de uma frequência natural (Exemplo 2.1.2) e, em segundo lugar, como resultado de duas frequências naturais próximas entre si numa situação de resposta livre (Problema 4.18).

Cálculos   O método utilizado para calcular as frequências naturais e as formas modais apresentadas nesta seção não é o modo mais eficiente de resolver problemas de vibração. Nem a abordagem aqui apresentada é a mais esclarecedora da natureza física da vibração dos sistemas de dois graus de liberdade. O método de cálculo apresentado nos Exemplos 4.1.5 e 4.1.6 é instrutivo, mas tedioso. A abordagem desses exemplos também ignora as questões-chave da ortogonalidade das formas modais e desacoplamentos das equações de movimento, que são conceitos chaves na compreensão da análise, projeto e medição de vibração. Essas questões são discutidas na seção a seguir, que conecta o problema de obtenção de frequências naturais e formas modais para os cálculos matemáticos de autovalor e autovetor. Uma vez que a formulação da frequência natural e da forma modal está

318 CAPÍTULO 4 • Sistemas com Múltiplos Graus de Liberdade

conectada ao problema algébrico de autovalor–autovetor, então os pacotes de *software* matemáticos podem ser usados para computar as formas modais e as frequências naturais sem passar pelos tediosos cálculos dos exemplos anteriores. Essa conexão com o problema do autovalor algébrico é também uma chave na compreensão dos tópicos de testes de vibração discutidos no Capítulo 7.

4.2 AUTOVALORES E FREQUÊNCIAS NATURAIS

O método de solução indicado na Seção 4.1 pode ser estendido e formalizado para aproveitar o problema algébrico de autovalor. Isso permite que o poder da matemática seja usado na resolução de problemas de vibração, permite o uso de pacotes de *software* matemático e define o plano de fundo necessário para analisar sistemas com um número arbitrário de graus de liberdade. Além disso, os conceitos importantes de formas modais e frequências naturais podem ser generalizados conectando o problema de vibração não amortecido à matemática do problema de autovalores.

Existem muitas formas de ligar a solução do problema de vibração com a do problema de autovalor. A abordagem mais produtiva é considerar o problema de vibração como um problema de autovalor devido às propriedades especiais associadas à simetria. Observe que a natureza física das matrizes de massa e rigidez é que essas são geralmente simétricas. Assim preservar essa simetria é também uma abordagem natural para resolver o problema de vibração. Uma vez que M é simétrica e definida positiva, pode ser fatorada em dois termos:

$$M = LL^T$$

onde L é uma matriz especial com zeros em todas as posições acima da diagonal (chamada de matriz triangular inferior). Uma matriz M é definida positiva se o escalar formado a partir do produto

$$\mathbf{x}^T M \mathbf{x} > 0$$

para cada escolha não nula do vetor $\mathbf{x}$. A fatoração L é chamada de decomposição de Cholesky e é analisada, juntamente com a noção de definida positiva, com mais detalhes no Apêndice C e na Seção 4.9. No caso especial em que M passa a ser diagonal, como nos exemplos considerados até agora, a decomposição de Cholesky torna-se apenas a noção de raiz quadrada de matriz e a noção de positiva definida apenas significa que os elementos diagonais de M são todos números não nulos positivos.

Ao resolver um sistema de um grau de liberdade, foi útil dividir a equação de movimento pela massa. Portanto, considere resolver o sistema de duas equações descritas pela Equação (4.19), fazendo uma transformação de coordenadas que é equivalente a dividir as equações de movimento pela massa do sistema. Para isso, considere a *raiz quadrada da matriz* definida como a matriz $M^{1/2}$ tal que $M^{1/2} M^{1/2} = M$, a matriz de massa. Para o

SEÇÃO 4.2 Autovalores e Frequências Naturais

exemplo simples da matriz de massa dada na Equação (4.6), a matriz de massa é diagonal e a raiz quadrada da matriz torna-se simplesmente

$$L = M^{1/2} = \begin{bmatrix} \sqrt{m_1} & 0 \\ 0 & \sqrt{m_2} \end{bmatrix} \tag{4.35}$$

Esse fator M em $M = M^{1/2} M^{1/2}$ (ou $M = LL^T$) no caso comum de uma matriz de massa diagonal. Se M não é diagonal, a noção de raiz quadrada é descartada em favor de usar a decomposição de Cholesky L, que é discutida na Seção 4.9 em sistemas acoplados dinamicamente. O uso da decomposição de Cholesky L é preferido porque é um comando único na maioria dos códigos e, portanto, mais conveniente para a computação numérica.

O inverso (Exemplo 4.1.4) da matriz diagonal $M^{1/2}$, representado por $M^{-1/2}$, torna-se simplesmente

$$L^{-1} = M^{-1/2} = \begin{bmatrix} \dfrac{1}{\sqrt{m_1}} & 0 \\ 0 & \dfrac{1}{\sqrt{m_2}} \end{bmatrix} \tag{4.36}$$

A matriz da equação (4.36) fornece um meio de mudar sistemas de coordenadas para um em que o problema de vibração é representado por uma única matriz simétrica. Isso permite que o problema de vibração seja tratado como o problema de autovalor descrito na Janela 4.1. O problema de autovalor tem vantagens distintas tanto computacional como analítica, como será ilustrado a seguir. A vantagem analítica dessa mudança de coordenadas é semelhante à vantagem obtida na resolução do problema do plano inclinado na estática, escrevendo o sistema de coordenadas ao longo da inclinação em vez de ao longo da horizontal.

Para realizar essa transformação, ou mudança de coordenadas, substitua o vetor $\mathbf{x}$ na Equação (4.11) por

$$\mathbf{x}(t) = M^{-1/2} \mathbf{q}(t) \tag{4.37}$$

e multiplique a equação resultante por $M^{-1/2}$ para obter

$$M^{-1/2}MM^{-1/2}\ddot{\mathbf{q}}(t) + M^{-1/2}KM^{-1/2}\mathbf{q}(t) = \mathbf{0} \tag{4.38}$$

Como $M^{-1/2} MM^{-1/2} = I$, a matriz identidade, a Equação (4.38) reduz a

$$I\ddot{\mathbf{q}}(t) + \tilde{K}\mathbf{q}(t) = 0 \tag{4.39}$$

A matriz $\tilde{K} = M^{-1/2} KM^{-1/2}$, assim como a matriz K, é uma matriz simétrica. A matriz $\tilde{K}$ é chamada de *rigidez normalizada em massa* e é análoga à constante de um grau de liberdade k/m.

320 CAPÍTULO 4 • Sistemas com Múltiplos Graus de Liberdade

Janela 4.1
Propriedades do Problema de Autovalor

O problema do autovalor consiste no problema de calcular o escalar λ e o vetor não nulo **v** que satisfaz

$$A\mathbf{v} = \lambda \mathbf{v}$$

Aqui, A é uma matriz simétrica $n \times n$ de valor real, o vetor **v** é $n \times 1$ e haverá n valores do escalar λ, chamados *autovalores* e n valores do vetor correspondente **v**, um para cada valor de λ. Os vetores **v** são chamados de *autovetores* da matriz A.

Os autovalores de A são todos números reais.
Os autovetores de A são vetores de valores reais.
Os autovalores de A são números positivos se, e somente se, A é positiva definida.
Os autovetores de A podem ser escolhidos para serem ortogonais, mesmo para autovalores repetidos.

A simetria também implica que o conjunto de autovetores é linearmente independente e pode ser usado como uma série de Fourier para expandir qualquer vetor em uma soma de autovetores. Isso constitui a base das expansões modais usadas tanto na análise quanto nos experimentos (Capítulo 7). Além disso, os algoritmos numéricos utilizados para calcular os autovalores e autovetores de A são mais rápidos e mais eficientes para matrizes simétricas.

Exemplo 4.2.1
Mostre que $\tilde{K}$ é uma matriz simétrica se K e M são simétricas. Isso é trivial nos casos usados onde M é diagonal, mas isso também é verdade para matrizes simétricas totalmente preenchidas. Também mostram que a matriz é simétrica usando os fatores de Cholesky de M.

Solução   Para mostrar que uma matriz é simétrica, use a regra de que para quaisquer duas matrizes quadradas do mesmo tamanho $(AB)^T = B^T A^T$. Aplicando essa regra duas vezes produz

$$\tilde{K}^T = (M^{-1/2}KM^{-1/2})^T = (KM^{-1/2})^T M^{-1/2} = M^{-1/2}K^T M^{-1/2} = M^{-1/2}KM^{-1/2} = \tilde{K}$$

Assim $\tilde{K} = \tilde{K}^T$ e é uma matriz simétrica.

$\square$

A Equação (4.39) é resolvida, como antes, assumindo uma solução da forma $\mathbf{q}(t) = \mathbf{v}e^{j\omega t}$, onde $\mathbf{v} \neq \mathbf{0}$ é um vetor de constantes. A substituição dessa forma na Equação (4.39) resulta

$$\tilde{K}\mathbf{v} = \omega^2 \mathbf{v} \tag{4.40}$$

SEÇÃO 4.2   Autovalores e Frequências Naturais

321

após a divisão pelo escalar não nulo $e^{j\omega t}$. Aqui é importante notar que o vetor constante $\mathbf{v}$ não pode ser zero se o movimento ocorre. Em seguida, seja $\lambda = \omega^2$ na Equação (4.40), então

$$\widetilde{K}\mathbf{v} = \lambda\mathbf{v} \tag{4.41}$$

onde $\mathbf{v} \neq \mathbf{0}$. Essa é precisamente o enunciado do problema de autovalor. O escalar λ que satisfaz a Equação (4.41) para vetores $\mathbf{v}$ não nulos é chamado de *autovalor* e $\mathbf{v}$ é chamado de *autovetor* (correspondente). Como a matriz $\widetilde{K}$ é simétrica, isso é chamado de *problema de autovalor simétrico*. O autovetor $\mathbf{v}$ generaliza o conceito de uma forma modal $\mathbf{u}$ usada na Seção 4.1.

Se o sistema que está sendo modelado tem n graus de liberdade, cada um livre para se mover com um único deslocamento rotulado $x_i(t)$, as matrizes M, K e, portanto, $\widetilde{K}$ serão $n \times n$ e os vetores $\mathbf{x}(t)$, $q(t)$ e $\mathbf{v}$ serão $n \times 1$. Cada subíndice i representa um único grau de liberdade em que i varia de 1 a n e o vetor $\mathbf{x}(t)$ representa a coleção dos n graus de liberdade. Também é conveniente rotular as frequências ω e autovetores $\mathbf{v}$ com os índices i, de modo que ω e $\mathbf{v}_i$ designam a i-ésima frequência natural e o correspondente i-ésimo autovetor, respectivamente. Nesta seção, apenas $n = 2$ é considerado, mas a notação é útil e válida para qualquer número de graus de liberdade.

A Equação (4.41) conecta o problema de calcular a resposta de vibração livre de um sistema conservativo com a matemática de problemas de autovalores. Isso permite que os desenvolvimentos da matemática sejam aplicados diretamente à vibração. A vantagem teórica dessa relação é significativa e é utilizada aqui. Essas propriedades são resumidas na Janela 4.1 e revisadas no Apêndice C. A vantagem computacional, que é substancial, é discutida na Seção 4.9.

Exemplo 4.2.2

Calcular a matriz $\widetilde{K}$ para

$$M = \begin{bmatrix} 9 & 0 \\ 0 & 1 \end{bmatrix}, \qquad K = \begin{bmatrix} 27 & -3 \\ -3 & 3 \end{bmatrix}$$

como apresentado no Exemplo 4.1.5.

Solução   Os produtos matriciais são definidos aqui para matrizes do mesmo tamanho estendendo a ideia de uma matriz vezes um vetor apresentado no Exemplo 4.1.1. O resultado é uma terceira matriz do mesmo tamanho. A primeira coluna do produto de matriz AB é o produto da matriz A com a primeira coluna de B considerada como um vetor, e assim por diante. Para ilustrar isso, considere o produto $KM^{-1/2}$, onde $M^{-1/2}$ é definido pela Equação (4.36).

$$KM^{-1/2} = \begin{bmatrix} 27 & -3 \\ -3 & 3 \end{bmatrix} \begin{bmatrix} \dfrac{1}{3} & 0 \\ 0 & 1 \end{bmatrix} = \begin{bmatrix} (27)\left(\dfrac{1}{3}\right) + (-3)(0) & (27)(0) + (-3)(1) \\ (-3)\left(\dfrac{1}{3}\right) + 3(0) & (-3)(1) + (3)(1) \end{bmatrix}$$

$$= \begin{bmatrix} 9 & -3 \\ -1 & 3 \end{bmatrix}$$

CAPÍTULO 4 • Sistemas com Múltiplos Graus de Liberdade

Multiplicando esse resultado por $M^{-1/2}$ obtém-se

$$M^{-1/2}KM^{-1/2} = \begin{bmatrix} \dfrac{1}{3} & 0 \\ 0 & 1 \end{bmatrix} \begin{bmatrix} 9 & -3 \\ -1 & 3 \end{bmatrix}$$

$$= \begin{bmatrix} \left(\dfrac{1}{3}\right)(9) + (0)(-1) & \left(\dfrac{1}{3}\right)(-3) + (0)(3) \\ (0)(9) + (1)(-1) & (0)(-3) + (1)(3) \end{bmatrix} = \begin{bmatrix} 3 & -1 \\ -1 & 3 \end{bmatrix}$$

Observe que $(M^{-1/2} KM^{-1/2})^T = M^{-1/2} KM^{-1/2}$, de modo que $\tilde{K}$ seja simétrico.

É tentador relacionar a Equação (4.11) com o problema de autovalor algébrico simplesmente multiplicando a Equação (4.17) por M^{-1} para obter $\lambda\mathbf{u} = M^{-1} K\mathbf{u}$. No entanto, como indica o seguinte cálculo, isso não produz um problema simétrico de autovalores. Calculando os produtos tem-se

$$M^{-1}K = \begin{bmatrix} \dfrac{1}{9} & 0 \\ 0 & 1 \end{bmatrix} \begin{bmatrix} 27 & -3 \\ -3 & 3 \end{bmatrix} = \begin{bmatrix} 3 & -\dfrac{1}{3} \\ -3 & 3 \end{bmatrix} \neq \begin{bmatrix} 3 & -3 \\ -\dfrac{1}{3} & 3 \end{bmatrix} = KM^{-1}$$

tal que esse produto de matriz não é simétrico. O uso de $M^{-1} K$ também se torna computacionalmente mais caro, conforme discutido na Seção 4.9.

□

Alternativamente, a fatoração de Cholesky pode ser utilizada como descrito na Janela 4.2. O problema de autovalor tem várias vantagens. Um resumo das propriedades do problema de autovalor é dado na Janela 4. 1. Por exemplo, pode-se facilmente mostrar que as soluções da Equação (4.41) são números reais. Além disso, pode-se demonstrar que os autovetores que satisfazem a Equação (4.41) são ortogonais e nunca zero como os vetores unitários $(\hat{\mathbf{i}}, \hat{\mathbf{j}}, \hat{\mathbf{k}}, \hat{\mathbf{e}}_1, \hat{\mathbf{e}}_2, \hat{\mathbf{e}}_3)$ usados na análise vetorial de forças (independentemente, se os autovalores são ou não repetidos). Dois vetores $\mathbf{v}_1$ e $\mathbf{v}_2$ são definidos como sendo *ortogonais* se o seu produto escalar é zero, isto é, se

$$\mathbf{v}_1^T\mathbf{v}_2 = 0 \tag{4.42}$$

(Orto vem da palavra grega *Orthos* que exprime a ideia de direto, reto.) Os autovetores satisfazendo (4.41) são de comprimento arbitrário exatamente como os vetores $\mathbf{u}_1$ e $\mathbf{u}_2$ da Seção 4.1. Seguindo a analogia dos vetores unitários da estática (mecânica introdutória), os autovetores podem ser normalizados de modo que seu comprimento seja 1. A norma de um vetor é representada por $\| \mathbf{x} \|$ e definida por

$$\|\mathbf{x}\| = \sqrt{\mathbf{x}^T\mathbf{x}} = \left[\sum_{i=1}^{n} \left(x_i^2\right) \right]^{1/2} \tag{4.43}$$

Um conjunto de vetores que satisfaz tanto (4.42) quanto $\| \mathbf{x} \|$ são chamados *ortonormais*. Os vetores unitários de um sistema de coordenadas cartesiano formam um conjunto *ortonormal* de vetores (lembre-se que $\hat{\mathbf{i}} \cdot \hat{\mathbf{i}} = 1$, $\hat{\mathbf{i}} \cdot \hat{\mathbf{j}} = 0$, etc.). Um resumo dos produtos internos do vetor é dado no Apêndice C.

SEÇÃO 4.2 Autovalores e Frequências Naturais

Janela 4.2
Problema de Autovalor por Fatoração de Cholesky

A fatoração de Cholesky da matriz de massa é $M = LL^T$ para qualquer M simétrico, mesmo que não seja necessariamente diagonal. Considere a substituição de $\mathbf{x}(t) = (L^T)^{-1}\mathbf{z}(t)$ na Equação (4.11) e multiplique por L^{-1}, o resultado é

$$L^{-1}(LL^T)(L^T)^{-1}\ddot{\mathbf{z}}(t) + L^{-1}K(L^T)^{-1}\mathbf{z}(t) = \mathbf{0}$$

A ação de tomar a transposta e tomar o inversa são intercambiáveis. Isso, combinado com a regra que $(AB)^T = B^T A^T$, produz que o primeiro coeficiente é a matriz de identidade:

$$L^{-1}(LL^T)(L^T)^{-1} = (L^{-1}L)(L^T)(L^T)^{-1} = (I)(I) = I$$

O coeficiente de $\mathbf{z}$ é simétrico e usado como uma definição alternativa da matriz de rigidez normalizada em massa. Para ver que é simétrico, calcule sua transposta:

$$\widetilde{K}^T = [L^{-1}K(L^T)^{-1}]^T = [(L^T)^{-1}]^T(L^{-1}K)^T = L^{-1}K^T(L^{-1})^T = \widetilde{K}$$

desde que $K = K^T$. Combinando todas as três equações e substituindo $\mathbf{z} = e^{\lambda t}$ resulta o problema de autovalores $\widetilde{K}\mathbf{v} = \lambda\mathbf{v}$. Utilizar L em vez de $M^{1/2}$ para formar a matriz de rigidez normalizada em massa tem vantagens numéricas que entram em jogo para problemas maiores.

Para normalizar o vetor $\mathbf{u}_1 = [1/3 \quad 1]^T$, ou qualquer vetor em questão, um escalar desconhecido α é procurado de tal forma que o vetor $\alpha\mathbf{u}_1$ tenha norma unitária, isto é, tal que

$$(\alpha\mathbf{u}_1)^T(\alpha\mathbf{u}_1) = 1$$

Escrevendo essa expressão para $\mathbf{u}_1 = [1/3 \quad 1]^T$ resulta em

$$\alpha^2(1/9 + 1) = 1$$

ou $\alpha = 3/\sqrt{10}$. Assim, o novo vetor $\alpha\mathbf{u}_1 = [1/\sqrt{10} \quad 3/\sqrt{10}]^T$ é a versão normalizada do vetor $\mathbf{u}_1$. Lembre-se que o problema de autovalor determina apenas a direção do autovetor, deixando sua amplitude arbitrária. O processo de normalização é apenas uma maneira sistemática de dimensionar cada autovetor ou forma modal. Em geral, qualquer vetor $\mathbf{x}$ pode ser normalizado simplesmente calculando

$$\frac{1}{\sqrt{\mathbf{x}^T\mathbf{x}}}\mathbf{x} \tag{4.44}$$

A Equação (4.44) pode ser usada para normalizar qualquer vetor real não nulo de qualquer comprimento. Observe novamente que, uma vez que $\mathbf{x}$ é um autovetor, ele não pode ser zero de modo que dividir pelo escalar $\mathbf{x}^T\mathbf{x}$ é sempre possível.

324 CAPÍTULO 4 • Sistemas com Múltiplos Graus de Liberdade

A normalização dos autovetores para remover a escolha arbitrária de um elemento no vetor é o método sistemático mencionado no final do Exemplo 4.1.6. A normalização é uma alternativa à escolha de um elemento do vetor para ter o valor 1, como foi feito no Exemplo 4.1.6.

O exemplo a seguir ilustra o problema de autovalor, o processo de normalização de vetores e o conceito de vetores ortogonais.

Exemplo 4.2.3

Resolva o problema do autovalor para o sistema de dois graus de liberdade do Exemplo 4.2.2 onde

$$\tilde{K} = \begin{bmatrix} 3 & -1 \\ -1 & 3 \end{bmatrix}$$

Normalize os autovetores, verifique se eles são ortogonais e compare-os com as formas modais do Exemplo 4.1.6.

Solução O problema de autovalor consiste em calcular os autovalores λ e autovetores que satisfazem a Equação (4.41). Reescrevendo a Equação (4.41) tem-se

$$(\tilde{K} - \lambda I)\mathbf{v} = \mathbf{0}$$

ou

$$\begin{bmatrix} 3 - \lambda & -1 \\ -1 & 3 - \lambda \end{bmatrix}\mathbf{v} = 0 \tag{4.45}$$

onde $\mathbf{v}$ deve ser diferente de zero. Portanto, o coeficiente da matriz deve ser singular e, portanto, seu determinante deve ser zero.

$$\det\begin{bmatrix} 3 - \lambda & -1 \\ -1 & 3 - \lambda \end{bmatrix} = \lambda^2 - 6\lambda + 8 = 0$$

Essa última expressão é a equação característica e tem as duas raízes

$$\lambda_1 = 2 \quad e \quad \lambda_1 = 4$$

que são os autovalores da matriz $\tilde{K}$. Observe que esses são também os quadrados das frequências naturais ω_i^2 conforme calculado no Exemplo 4.1.5.

O autovetor associado com λ_1 é calculado a partir da Equação (4.41) com $\lambda = \lambda_1 = 2$ e $\mathbf{v}_1 = [v_{11} \quad v_{21}]^T$:

$$(\tilde{K} - \lambda_1 I)\mathbf{v}_1 = \mathbf{0} = \begin{bmatrix} 3 - 2 & -1 \\ -1 & 3 - 2 \end{bmatrix}\begin{bmatrix} v_{11} \\ v_{21} \end{bmatrix} = \begin{bmatrix} 0 \\ 0 \end{bmatrix}$$

Isso resulta nas duas equações escalares dependentes

$$v_{11} - v_{21} = 0 \quad e \quad -v_{11} + v_{21} = 0$$

Portanto, $v_{11} = v_{21}$, que define a direção do vetor $\mathbf{v}_1$.

SEÇÃO 4.2 Autovalores e Frequências Naturais

Para fixar um valor para os elementos de $\mathbf{v}_1$, a condição de normalização da Equação (4.44) é usada para forçar $\mathbf{v}_1$ a ter uma amplitude de 1. Isso resulta em (fazendo $v_{11} = v_{21}$)

$$1 = \|\mathbf{v}_1\| = \sqrt{v_{21}^2 + v_{21}^2} = \sqrt{2}v_{21}$$

Resolvendo para v_{21} tem-se

$$v_{21} = \frac{1}{\sqrt{2}}$$

de modo que o vetor normalizado $\mathbf{v}_1$ torna-se

$$\mathbf{v}_1 = \frac{1}{\sqrt{2}}\begin{bmatrix} 1 \\ 1 \end{bmatrix}$$

Da mesma forma, substituindo $\lambda_2 = 4$ em (4.41), resolvendo para os elementos de $\mathbf{v}_2$ e normalizando o resultado obtém-se

$$\mathbf{v}_2 = \frac{1}{\sqrt{2}}\begin{bmatrix} 1 \\ -1 \end{bmatrix}$$

Agora, note que o produto $\mathbf{v}_1^T\mathbf{v}_2$ produz

$$\mathbf{v}_1^T\mathbf{v}_2 = \frac{1}{\sqrt{2}}\frac{1}{\sqrt{2}}\begin{bmatrix} 1 & 1 \end{bmatrix}\begin{bmatrix} 1 \\ -1 \end{bmatrix} = \frac{1}{2}(1 - 1) = 0$$

tal que o conjunto de vetores $\mathbf{v}_1$ e $\mathbf{v}_2$ são *ortogonais* assim como normais. Assim, os dois vetores $\mathbf{v}_1$ e $\mathbf{v}_2$ formam um conjunto ortonormal tal como descrito na Janela 4.3.

Em seguida, considere os vetores modais calculados no Exemplo 4.1.6 diretamente das Equações (4.22) e $\mathbf{u}_1 = [1/3 \quad 1]^T$ e $\mathbf{u}_2 = [-1/3 \quad 1]^T$. O cálculo seguinte mostra que esses vetores *não são ortogonais*:

$$\mathbf{u}_1^T\mathbf{u}_2 = \begin{bmatrix} \frac{1}{3} & 1 \end{bmatrix}\begin{bmatrix} -\frac{1}{3} \\ 1 \end{bmatrix} = -\frac{1}{9} + 1 = \frac{8}{9} \neq 0$$

Em seguida, normalize $\mathbf{u}_1$ e $\mathbf{u}_2$ usando a Equação (4.44) para obter

$$\hat{\mathbf{u}}_1 = \frac{1}{\sqrt{\mathbf{u}_1^T\mathbf{u}_1}}\mathbf{u}_1 = \frac{1}{\sqrt{\frac{1}{9} + 1}}\begin{bmatrix} \frac{1}{3} \\ 1 \end{bmatrix} = \begin{bmatrix} 0,31623 \\ 0,94868 \end{bmatrix}$$

onde o "chapéu" é usado para denotar um vetor unitário, uma notação que geralmente é descartada em favor de renomear a versão normalizada $\mathbf{u}_1$ também. Após um cálculo semelhante, a versão normalizada de $\mathbf{u}_2$ torna-se $\mathbf{u}_2 = [-0,31623 \quad 0,948681]^T$. Observe que as versões normalizadas de $\mathbf{u}_1$ e $\mathbf{u}_2$ também não são ortogonais. Apenas os autovetores calculados a partir da matriz simétrica $\widetilde{K}$ são ortogonais. No entanto, os vetores $\mathbf{u}_i$ calculados no Exemplo 4.1.6

CAPÍTULO 4 • Sistemas com Múltiplos Graus de Liberdade

podem ser normalizados e feitos ortogonais em relação à matriz de massa M, conforme discutido mais adiante. As formas modais $\mathbf{u}_i$ e autovetores $\mathbf{v}_i$ estão relacionadas pela raiz quadrada da matriz de massa como discutido a seguir.

□

O exemplo anterior mostrou como calcular os autovalores e autovetores do problema de autovalor relacionado ao problema de vibração. Ao comparar isso com a forma modal e o cálculo da frequência natural feito anteriormente, os autovalores são exatamente os quadrados das frequências naturais. No entanto, existe alguma diferença entre as formas modais do Exemplo 4.1.6 e os autovetores do exemplo anterior. Essa diferença é captada pelo fato de que as formas modais calculadas no Exemplo 4.1.6 não são ortogonais, mas os autovetores são ortogonais. A propriedade da ortogonalidade é extremamente importante no desenvolvimento da análise modal (Seção 4.3), porque permite que as equações de movimento se desacoplem, reduzindo a análise para a resolução de vários sistemas de um único grau de liberdade definidos por equações escalares.

Os autovetores e as formas modais estão relacionados por meio da Equação (4.37) por

$$\mathbf{u}_1 = M^{-1/2}\mathbf{v}_1 \quad e \quad \mathbf{v}_1 = M^{1/2}\mathbf{u}_1$$

Para ver isso, note que

$$M^{1/2}\mathbf{u}_1 = \begin{bmatrix} 3 & 0 \\ 0 & 1 \end{bmatrix} \begin{bmatrix} \dfrac{1}{3} \\ 1 \end{bmatrix} = \begin{bmatrix} 1 \\ 1 \end{bmatrix} = \mathbf{v}_1$$

usando os valores dos exemplos. Assim, as formas modais e os autovetores estão relacionados por uma simples transformação de matriz $M^{1/2}$. O ponto importante a lembrar desta série de exemplos é que os autovalores são os quadrados das frequências naturais e que as formas modais estão relacionadas com os autovetores por um fator da matriz de massa.

Como indicado no Exemplo 4.2.3, os autovetores de uma matriz simétrica são ortogonais e podem sempre ser calculados como normais. Esses vetores são chamados *ortonormais*, como resumido na Janela 4.3. Esse fato pode ser usado para desacoplar as equações de movimento de qualquer sistema não amortecido, fazendo uma nova matriz P distinta dos autovetores normalizados, de tal forma que cada vetor forma uma coluna. Assim, a matriz P é definida por

$$p = [\mathbf{v}_1 \quad \mathbf{v}_2 \quad \mathbf{v}_3 \ldots \mathbf{v}_n] \tag{4.46}$$

onde n é o número de graus de liberdade no sistema ($n = 2$ para os exemplos desta seção). Observe que a matriz P tem a propriedade única de que $P^TP = I$, que segue diretamente considerando a definição de produto de matriz que o ij-ésimo elemento de P^TP é o produto da i-ésima fileira de P^T com a j-ésima coluna de P. Matrizes que satisfazem a equação $P^TP = I$ são chamadas *matrizes ortogonais*.

SEÇÃO 4.2 Autovalores e Frequências Naturais **327**

Janela 4.3
Resumo de Vetores Ortonormais

Dois vetores $\mathbf{x}_1$ e $\mathbf{x}_2$ são normais se

$$\mathbf{x}_1^T\mathbf{x}_1 = 1 \quad \text{e} \quad \mathbf{x}_2^T\mathbf{x}_2 = 1$$

e ortogonais se $\mathbf{x}_1^T\mathbf{x}_2 = 0$. Se $\mathbf{x}_1$ e $\mathbf{x}_2$ são normais e ortogonais, eles são considerados ortonormais. Isso é abreviado

$$\mathbf{x}_i^T\mathbf{x}_j = \delta_{ij} \quad i = 1, 2, \quad j = 1, 2$$

onde δ_{ij} é o *delta de Kronecker*, definido por

$$\delta_{ij} = \begin{Bmatrix} 0 \text{ if } i \neq j \\ 1 \text{ if } i = j \end{Bmatrix}$$

Se um conjunto de n vetores $\left\{\mathbf{x}\right\}_{i=1}^{n}$ é ortonormal, então é denotado por

$$\mathbf{x}_i^T\mathbf{x}_j = \delta_{ij} \quad i, j = 1, 2, \ldots n$$

Tenha cuidado para não confundir δ_{ij}, o delta de Kronecker usado aqui, com $\delta = \ln[x(t)/x(t + T)]$, o decremento logarítmico da Seção 1.6 ou com $\delta(t - t_j)$, o delta de Dirac ou função de impulso da Seção 3.1, ou com a deflexão estática δ_s da Seção 5.2.

Exemplo 4.2.4

Escreva a matriz P para o sistema do Exemplo 4.2.3 e calcule P^TP.

Solução   Usando os valores para os vetores ortonormais $\mathbf{v}_1$ e $\mathbf{v}_2$ do Exemplo 4.2.3, tem-se

$$P = [\mathbf{v}_1 \quad \mathbf{v}_2] = \frac{1}{\sqrt{2}} \begin{bmatrix} 1 & 1 \\ 1 & -1 \end{bmatrix}$$

tal que P^TP torna-se

$$P^TP = \left(\frac{1}{\sqrt{2}}\right)\left(\frac{1}{\sqrt{2}}\right)\begin{bmatrix} 1 & 1 \\ 1 & -1 \end{bmatrix}\begin{bmatrix} 1 & 1 \\ 1 & -1 \end{bmatrix}$$

$$= \frac{1}{2}\begin{bmatrix} 1 + 1 & 1 - 1 \\ 1 - 1 & 1 + 1 \end{bmatrix} = \begin{bmatrix} 1 & 0 \\ 0 & 1 \end{bmatrix} = I$$

☐

Outro cálculo de matriz interessante e útil é considerar o produto das três matrizes $P^T\tilde{K}P$. Pode-se mostrar (Apêndice C) que esse produto resulta em uma matriz diagonal.

Além disso, as entradas diagonais são os autovalores da matriz $\widetilde{K}$ e os quadrados das frequências naturais do sistema. Isso é indicado por

$$\Lambda = \text{diag}(\lambda_i) = P^T \widetilde{K} P \tag{4.47}$$

e é chamado a *matriz espectral* de $\widetilde{K}$. O exemplo a seguir ilustra esse cálculo.

Exemplo 4.2.5

Calcule a matriz $P^T\widetilde{K}P$ para o sistema de dois graus de liberdade do Exemplo 4.2.2.

$$P^T \widetilde{K} P = \frac{1}{\sqrt{2}}\begin{bmatrix} 1 & 1 \\ 1 & -1 \end{bmatrix}\begin{bmatrix} 3 & -1 \\ -1 & 3 \end{bmatrix}\frac{1}{\sqrt{2}}\begin{bmatrix} 1 & 1 \\ 1 & -1 \end{bmatrix}$$

$$= \frac{1}{2}\begin{bmatrix} 1 & 1 \\ 1 & -1 \end{bmatrix}\begin{bmatrix} 2 & 4 \\ 2 & -4 \end{bmatrix}$$

$$= \frac{1}{2}\begin{bmatrix} 4 & 0 \\ 0 & 8 \end{bmatrix} = \begin{bmatrix} 2 & 0 \\ 0 & 4 \end{bmatrix} = \Lambda$$

Observe que os elementos diagonais da matriz espectral Λ são as frequências naturais ω_1 e ω_2 ao quadrado. Isto é, a partir do Exemplo 4.2.3, $\omega_1^2 = 2$ e $\omega_2^2 = 4$, de modo que $\Lambda = \text{diag}(\omega_1^2 \quad \omega_2^2)$ = diag (2 4)

□

Analisando a solução do Exemplo 4.2.5 e comparando-a com as frequências naturais do Exemplo 4.1.3 sugere que em geral

$$\Lambda = \text{diag}(\lambda_i) = \text{diag}(\omega_i^2) \tag{4.48}$$

Essa expressão liga os autovalores com as frequências naturais (isto é, $\lambda_i = \omega_i^2$). O exemplo a seguir ilustra os métodos de matriz para análise de vibração apresentados nesta seção e fornece um resumo.

Exemplo 4.2.6

Considere o sistema da Figura 4.4. Escreva as equações dinâmicas em forma de matriz, calcule $\widetilde{K}$, seus autovalores e autovetores e, portanto, determine as frequências naturais do sistema (use $m_1 = 1$ kg, $m_2 = 4$ kg, $k_1 = k_3 = 10$ N/m e $k_2 = 2$ N/m). Calcule também as matrizes P e Λ, e mostre que a Equação (4.47) é satisfeita e que $P^T P = I$.

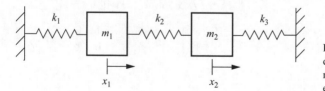

Figura 4.4 Um modelo de dois graus de liberdade de um mecanismo fixo em ambas as extremidades.

SEÇÃO 4.2 Autovalores e Frequências Naturais

329

Solução Usando o diagramas de corpo livre de cada uma das duas massas produz as seguintes equações de movimento:

$$m_1\ddot{x}_1 + (k_1 + k_2)x_1 - k_2x_2 = 0$$
$$m_2\ddot{x}_2 - k_2x_1 + (k_2 + k_3)x_2 = 0$$

(4.49)

Na forma matricial, isso se torna

$$\begin{bmatrix} m_1 & 0 \\ 0 & m_2 \end{bmatrix}\ddot{\mathbf{x}}(t) + \begin{bmatrix} k_1 + k_2 & -k_2 \\ -k_2 & k_2 + k_3 \end{bmatrix}\mathbf{x}(t) = \mathbf{0}$$

(4.50)

Usando os valores numéricos para os parâmetros físicos m_i e k_i resulta que

$$M = \begin{bmatrix} 1 & 0 \\ 0 & 4 \end{bmatrix} \qquad K = \begin{bmatrix} 12 & -2 \\ -2 & 12 \end{bmatrix}$$

A matriz $M^{-1/2}$ torna-se

$$M^{-1/2} = \begin{bmatrix} 1 & 0 \\ 0 & \dfrac{1}{2} \end{bmatrix}$$

tal que

$$\tilde{K} = M^{-1/2}(KM^{-1/2}) = \begin{bmatrix} 1 & 0 \\ 0 & \dfrac{1}{2} \end{bmatrix}\begin{bmatrix} 12 & -1 \\ -2 & 6 \end{bmatrix} = \begin{bmatrix} 12 & -1 \\ -1 & 3 \end{bmatrix}$$

Note que $\tilde{K}$ é simétrico (isto é, $\tilde{K}^T = \tilde{K}$), como esperado. Os autovalores de $\tilde{K}$ são calculados a partir de

$$\det(\tilde{K} - \lambda I) = \det\begin{bmatrix} 12 - \lambda & -1 \\ -1 & 3 - \lambda \end{bmatrix} = \lambda^2 - 15\lambda + 35 = 0$$

Essa equação quadrática tem a solução

$$\lambda = \frac{15}{2} \pm \frac{1}{2}\sqrt{85}$$

tal que

$$\lambda_1 = 2{,}8902 \qquad \lambda_2 = 12{,}1098$$

Assim $\omega_1 = \sqrt{\lambda_1} = 1.7$ e $\omega_2 = \sqrt{\lambda_2} = 3{,}48$ rad/s.

Os autovetores são calculados a partir de (para λ_1)

$$\begin{bmatrix} 12 - 2{,}8902 & -1 \\ -1 & 3 - 2{,}8902 \end{bmatrix}\begin{bmatrix} v_{11} \\ v_{21} \end{bmatrix} = \begin{bmatrix} 0 \\ 0 \end{bmatrix}$$

CAPÍTULO 4 • Sistemas com Múltiplos Graus de Liberdade

tal que o vetor $\mathbf{v}_1 = [v_{11} \quad v_{21}]^T$ satisfaz

$$9{,}1098v_{11} = v_{21}$$

A normalização do vetor $\mathbf{v}_1$ produz

$$1 = \|\mathbf{v}_1\| = \sqrt{v_{11}^2 + v_{21}^2} = \sqrt{v_{11}^2 + (9{,}1098)^2 v_{11}^2}$$

tal que

$$v_{11} = \frac{1}{\sqrt{1 + (9{,}1098)^2}} = 0{,}1091$$

e

$$v_{21} = 9{,}1098v_{11} = 0{,}9940$$

Assim, o autovetor normalizado $\mathbf{v}_1 = [0{,}1091 \quad 0{,}9940]^T$.

Do mesmo modo, o vetor $\mathbf{v}_2$ correspondente ao autovalor λ_2 na forma normalizada torna-se $\mathbf{v}_2 = [-0{,}9940 \quad 0{,}1091]^T$. Observe que $\mathbf{v}_1^T\mathbf{v}_2 = 0$ e $\sqrt{\mathbf{v}_1^T\mathbf{v}_1} = 1$. A matriz dos autovetores P torna-se

$$P = [\mathbf{v}_1 \quad \mathbf{v}_2] = \begin{bmatrix} 0{,}1091 & -0{,}9940 \\ 0{,}9940 & 0{,}1091 \end{bmatrix}$$

Assim, a matriz Λ torna-se

$$\Lambda = P^T\tilde{K}P = \begin{bmatrix} 0{,}1091 & 0{,}9940 \\ -0{,}9940 & 0{,}1091 \end{bmatrix}\begin{bmatrix} 12 & -1 \\ -1 & 3 \end{bmatrix}\begin{bmatrix} 0{,}1091 & -0{,}9940 \\ 0{,}9940 & 0{,}1091 \end{bmatrix} = \begin{bmatrix} 2{,}8402 & 0 \\ 0 & 12{,}1098 \end{bmatrix}$$

Isso mostra que a matriz P transforma a matriz de rigidez normalizada em massa numa matriz diagonal dos quadrados das frequências naturais. Além disso,

$$P^T P = \begin{bmatrix} 0{,}1091 & 0{,}9940 \\ -0{,}9940 & 0{,}1091 \end{bmatrix}\begin{bmatrix} 0{,}1091 & -0{,}9940 \\ 0{,}9940 & 0{,}1091 \end{bmatrix} = \begin{bmatrix} 1 & 0 \\ 0 & 1 \end{bmatrix} = I$$

como esperado.

□

Os cálculos realizados no exemplo anterior podem ser feitos facilmente na maioria das calculadoras programáveis, bem como nos pacotes de *software* de matemática usados nas Seções 1.9, 2.8 e 3.9, na *Toolbox* e como ilustrado na Seção 4.9. É bom trabalhar alguns dos cálculos para frequências e autovetores à mão. No entanto, problemas maiores exigem a precisão de usar um código.

Uma abordagem alternativa para normalizar formas modais é frequentemente usada. Esse método é baseado na Equação (4.17). Cada vetor $\mathbf{u}_i$ correspondente a cada frequência

SEÇÃO 4.2 Autovalores e Frequências Naturais

natural ω_i é normalizado em relação à matriz de massa M escalonando o vetor modal, o qual satisfaz a Equação (4.17) tal que o vetor $\mathbf{w}_i = \alpha_i \mathbf{u}_i$ satisfaz

$$(\alpha_i \mathbf{u}_i)^T M (\alpha_i \mathbf{u}_i) = 1 \tag{4.51}$$

ou

$$\alpha_i^2 \mathbf{u}_i^T M \mathbf{u}_i = \mathbf{w}_i^T M \mathbf{w}_i = 1$$

Isso resulta na escolha especial de $1/\sqrt{\mathbf{u}_i^T M \mathbf{u}_i}$.

Diz-se que o vetor $\mathbf{w}_i$ é normalizado em massa. Multiplicando a Equação (4.17) pelo escalar α_i resulta (para $i = 1$ e 2)

$$-\omega_i^2 M \mathbf{w}_i + K \mathbf{w}_i = \mathbf{0} \tag{4.52}$$

Multiplicando isso por $\mathbf{w}_i^T$ produz as duas relações escalares (para $i = 1$ e 2)

$$\omega_i^2 = \mathbf{w}_i^T K \mathbf{w}_i \qquad i = 1, 2 \tag{4.53}$$

onde a normalização de massa $\mathbf{w}_i^T M \mathbf{w}_i = 1$ da Equação (4.51) foi usada para avaliar o lado esquerdo.

Em seguida, considere o vetor $\mathbf{v}_i = M^{1/2} \mathbf{u}_i$, onde $\mathbf{v}_i$ é normalizado de modo que $\mathbf{v}_i^T \mathbf{v}_i = 1$. Então, por substituição

$$\begin{aligned} \mathbf{v}_i^T \mathbf{v}_i &= (M^{1/2} \mathbf{u}_i)^T M^{1/2} \mathbf{u}_i \\ &= \mathbf{u}_i^T M^{1/2} M^{1/2} \mathbf{u}_i \\ &= \mathbf{u}_i^T M \mathbf{u}_i = 1 \end{aligned}$$

tal que o vetor $\mathbf{u}_i$ é normalizado em massa. Nesse último argumento, a propriedade da transposta é usada (isto é, $M^{1/2} \mathbf{u})^T = \mathbf{u}^T (M^{1/2})^T$ e o fato de que $M^{1/2}$ é simétrico, de modo que $(M^{1/2})^T = M^{1/2}$.

À medida que os problemas de vibração se tornam mais complexos, mais graus de liberdade são necessários para modelar o comportamento do sistema. Assim, as matrizes de massa e rigidez introduzidas na Seção 4.1 tornam-se grandes e a análise torna-se mais complicada, embora o princípio básico de autovalores/frequências e autovetores/formas modais permaneçam o mesmo. A compreensão aumentada do problema da vibração pode ser obtida tomando emprestado da teoria das matrizes e da álgebra linear. Existem três métodos diferentes de caracterizar o problema de vibração não amortecida em termos da teoria da matriz:

$$\text{(i) } \omega^2 M \mathbf{u} = K \mathbf{u} \qquad \text{(ii) } \omega^2 \mathbf{u} = M^{-1} K \mathbf{u} \qquad \text{(iii) } \omega^2 \mathbf{v} = M^{-1/2} K M^{-1/2} \mathbf{v}$$

Cada um desses métodos resulta em frequências naturais idênticas e formas modais dentro de precisão numérica. Cada um desses três problemas de autovalores está relacionado com uma simples transformação matricial. Os itens a seguir resumem suas diferenças.

332 CAPÍTULO 4 • Sistemas com Múltiplos Graus de Liberdade

(i) *O Problema de Autovalor Generalizado* Esse é o método mais simples de calcular à mão. No entanto, ao usar um código, **u** deve ser normalizado em relação à matriz de massa para obter um conjunto ortonormal. Além disso, a transformação de matriz de (i) a (iii) deve ser usada para mostrar que o resultante ω_i é real e a existência de formas modais ortogonais. Esse é o segundo algoritmo computacional mais caro, requerendo $7n^3$ operações de ponto flutuante por segundo (*flops*) onde n é o número de graus de liberdade.

(ii) *O Problema de Autovalor Assimétrico* Ao usar um código, **u** deve ser normalizado com relação à matriz de massa para obter um conjunto ortonormal. Esse é o algoritmo computacional mais caro, exigindo $15n^3$ *flops*.

(iii) *Problema de Autovalor Simétrico* Porque a simetria é preservada, esse, ou seu equivalente de Cholesky, é o melhor método para usar para sistemas maiores ou quando se usa um código. Os autovetores $\mathbf{v}_i$ resultantes formam um conjunto ortonormal. Algoritmos requerem apenas n^3 *flops*, incluindo para transformar a forma simétrica e o resultado em formas de modo físico (calculado por uma simples multiplicação de matriz).

A questão permanece: qual abordagem deve ser usada? A forma simétrica (iii) é usada aqui porque os algoritmos computacionais produzem autovetores ortonormais sem cálculo adicional e porque o algoritmo para (iii) é mais barato computacionalmente. Além disso, as propriedades analíticas do problema de autovalor simétrico podem ser usadas diretamente. Para sistemas de dois graus de liberdade, a computação deve ser feita manualmente, e o cálculo à mão mais direto é prosseguir com o problema de autovalor generalizado $\lambda M\mathbf{u} = K\mathbf{u}$, conforme analisado na Seção 4.1. Para problemas com mais de dois graus de liberdade, um código deve ser usado para evitar erros numéricos e garantir precisão. Nesses casos práticos, a abordagem mais eficiente é usar o problema simétrico do autovalor (iii) apresentado nesta seção.

O problema autovalor simétrico para a matriz de rigidez normalizada em massa ($\tilde{K}$) fornece a transformação (P) que diagonaliza $\tilde{K}$ e desacopla as equações de movimento. Esse processo de transformar $\tilde{K}$ em uma forma diagonal é chamado de *análise modal* e forma o tópico da próxima seção.

4.3 ANÁLISE MODAL

A matriz de autovetores P calculada na Seção 4.2 pode ser usada para desacoplar as equações de vibração em duas equações. As duas equações são equações de segunda ordem de um grau de liberdade que podem ser resolvidas e analisadas usando os métodos dos Capítulos 1 a 3. As matrizes P e $M^{-1/2}$ podem ser usadas para transformar a solução de volta ao sistema de coordenadas original. As matrizes P e $M^{-1/2}$ também podem ser chamadas de *transformações*, o que é apropriado nesse caso porque são usadas para transformar o problema de vibração entre diferentes sistemas de coordenadas. Esse procedimento é chamado de *análise modal*, porque a transformação $S = M^{-1/2}P$, muitas vezes chamada de matriz modal, está relacionada com as formas modais do sistema de vibração.

SEÇÃO 4.3 Análise Modal

Considere a forma matricial da equação de vibração

$$M\ddot{\mathbf{x}}(t) + K\mathbf{x}(t) = \mathbf{0} \tag{4.54}$$

sujeito às condições iniciais

$$\mathbf{x}(0) = \mathbf{x}_0 \qquad \dot{\mathbf{x}}(0) = \dot{\mathbf{x}}_0$$

onde $\mathbf{x}_0 = [x_1(0) \quad x_2(0)]^T$ é o vetor de deslocamentos iniciais e $\dot{\mathbf{x}}_0 = [\dot{x}_1(0) \quad \dot{x}_2(0)]^T$ é o vetor de velocidades iniciais. Como descrito na Seção 4.2, substituindo $\mathbf{x} = M^{-1/2}\mathbf{q}(t)$ na Equação (4.54) e multiplicando o resultado pela esquerda por $M^{-1/2}$ produz-se

$$I\ddot{\mathbf{q}}(t) + \tilde{K}\mathbf{q}(t) = \mathbf{0} \tag{4.55}$$

onde $\ddot{\mathbf{x}} = M^{-1/2}\ddot{\mathbf{q}}$, uma vez que a matriz M é constante e $\tilde{K} = M^{-1}/2KM^{-1/2}$, como antes. A transformação $M^{-1/2}$ simplesmente transforma o problema do sistema de coordenadas definido por $\mathbf{x} = [x_1(t) \quad x_2(t)]^T$ em um novo sistema de coordenadas $\mathbf{q} = [q_1(t) \quad q_2(t)]^T$, definido por

$$\mathbf{q}(t) = M^{1/2}\mathbf{x}(t) \tag{4.56}$$

Em seguida, defina um segundo sistema de coordenadas $\mathbf{r}(t) = [r_1(t) \quad r_2(t)]^T$ como

$$\mathbf{q}(t) = P\mathbf{r}(t) \tag{4.57}$$

onde P é a matriz composta dos autovetores ortonormais de $\tilde{K}$ como definido na Equação (4.46). Substituindo o vetor $\mathbf{q} = P\mathbf{r}(t)$ na Equação (4.55) e multiplicando o resultado pela esquerda por P^T produz-se

$$P^T P\ddot{\mathbf{r}}(t) + P^T \tilde{K}P\mathbf{r}(t) = \mathbf{0} \tag{4.58}$$

Usando o resultado $P^T P = I$ e a Equação (4.47), a equação anterior pode ser reduzida para

$$I\ddot{\mathbf{r}}(t) + \Lambda\mathbf{r}(t) = \mathbf{0} \tag{4.59}$$

A Equação (4.59) pode ser escrita como

$$\begin{bmatrix} 1 & 0 \\ 0 & 1 \end{bmatrix}\begin{bmatrix} \ddot{r}_1(t) \\ \ddot{r}_2(t) \end{bmatrix} + \begin{bmatrix} \omega_1^2 & 0 \\ 0 & \omega_2^2 \end{bmatrix}\begin{bmatrix} r_1(t) \\ r_2(t) \end{bmatrix} = \begin{bmatrix} 0 \\ 0 \end{bmatrix} \tag{4.60}$$

$$\begin{bmatrix} \ddot{r}_1(t) + \omega_1^2 r_1(t) \\ \ddot{r}_2(t) + \omega_2^2 r_2(t) \end{bmatrix} = \begin{bmatrix} 0 \\ 0 \end{bmatrix} \tag{4.61}$$

A igualdade dos dois vetores nessa última expressão implica nas duas equações desacopladas

$$\ddot{r}_1(t) + \omega_1^2 r_1(t) = 0 \tag{4.62}$$

e

$$\ddot{r}_2(t) + \omega_2^2 r_2(t) = 0 \tag{4.63}$$

334   CAPÍTULO 4 • Sistemas com Múltiplos Graus de Liberdade

Essas duas equações estão sujeitas a condições iniciais que também devem ser transformadas no novo sistema de coordenadas $\mathbf{r}(t)$ a partir do sistema de coordenadas original $\mathbf{x}(t)$. Após as duas transformações anteriores aplicadas as condições iniciais de deslocamento resultam em

$$\mathbf{r}_0 = \begin{bmatrix} r_{10} \\ r_{20} \end{bmatrix} = P^T \mathbf{q}(0) = P^T M^{1/2} \mathbf{x}_0 \tag{4.64}$$

onde $\mathbf{q}(t) = P\mathbf{r}(t)$ foi multiplicado por P^T para obter $\mathbf{r}(t) = P^T \mathbf{q}(t)$, pois $P^T P = I$. Da mesma forma a velocidade inicial no sistema de coordenadas desacoplado $\mathbf{r}(t)$, torna-se

$$\dot{\mathbf{r}}_0 = \begin{bmatrix} \dot{r}_{10} \\ \dot{r}_{20} \end{bmatrix} = P^T \dot{\mathbf{q}}(0) = P^T M^{1/2} \dot{\mathbf{x}}_0 \tag{4.65}$$

As Equações (4.62) e (4.63) são chamadas de *equações modais* e o sistema de coordenadas $\mathbf{r}(t) = [r_1(t) \quad r_2(t)]^T$ é chamado de *sistema de coordenadas modais*. Diz-se que as Equações (4.62) e (4.63) estão desacopladas porque cada uma depende apenas de uma única coordenada. Assim, cada equação pode ser resolvida independentemente usando o método das Seções 1.1 e 1.2 (ver Janela 4.4). Denotando as condições iniciais individualmente por $\mathbf{r}(t) = [r_1(t) \quad r_2(t)]^T$ e usando a Equação (1.10), a solução de cada uma das equações modais (4.62) e (4.63) é simplesmente

$$r_1(t) = \frac{\sqrt{\omega_1^2 r_{10}^2 + \dot{r}_{10}^2}}{\omega_1} \, \text{sen}\left(\omega_1 t + \text{tg}^{-1} \frac{\omega_1 r_{10}}{\dot{r}_{10}} \right) \tag{4.66}$$

$$r_2(t) = \frac{\sqrt{\omega_2^2 r_{20}^2 + \dot{r}_{20}^2}}{\omega_2} \, \text{sen}\left(\omega_2 t + \text{tg}^{-1} \frac{\omega_2 r_{20}}{\dot{r}_{20}} \right) \tag{4.67}$$

desde que ω_1 e ω_2 não sejam nulos.

Janela 4.4

*Revisão da Solução para um Sistema não Amortecido de
um Grau de Liberdade da Seção 1.1 e Janela 1.2*

A solução para $m\ddot{x} + kx = 0$ ou $\ddot{x} + \omega_n^2 x = 0$ sujeito a $x(0) = x_0$ e $\dot{x}(0) = v_0$ é

$$x(t) = \sqrt{x_0^2 + \frac{v_0^2}{\omega_n^2}} \, \text{sen}\left(\omega_n t + \text{tg}^{-1} \frac{\omega_n x_0}{v_0} \right) \tag{1.10}$$

onde $\omega_n = \sqrt{k/m} \neq 0$.

SEÇÃO 4.3 Análise Modal

Uma vez conhecidas as soluções modais (4.66) e (4.67), as transformações $M^{1/2}$ e P podem ser utilizadas no vetor $\mathbf{r}(t) = [r_1(t) \quad r_2(t)]^T$ para recuperar a solução $\mathbf{x}(t)$ nas coordenadas físicas $x_1(t)$ e $x_2(t)$. Para obter o vetor $\mathbf{x}$ a partir do vetor $\mathbf{r}$, substitua a Equação (4.56) em $\mathbf{q}(t) = P\mathbf{r}(t)$ para obter

$$\mathbf{x}(t) = M^{-1/2}\mathbf{q}(t) = M^{-1/2}P\mathbf{r}(t) \tag{4.68}$$

O produto matricial $M^{1/2}$ é novamente uma matriz, que é indicada por

$$S = M^{-1/2}P \tag{4.69}$$

e é do mesmo tamanho que M e P (2×2). A matriz S é chamada *matriz de formas modais*, cada coluna do qual é um vetor de forma modal. Esse procedimento, denominado *análise modal*, fornece um meio de calcular a solução para um problema de vibração de dois graus de liberdade, executando vários cálculos de matriz. A utilidade dessa abordagem é que esses cálculos de matriz podem ser facilmente automatizados em um código de computador (mesmo em algumas calculadoras). Além disso, o procedimento de análise modal é facilmente estendido a sistemas com um número arbitrário de graus de liberdade, conforme desenvolvido na próxima seção. A Figura 4.5 ilustra a transformação de coordenadas utilizada na análise modal. O procedimento de análise modal usando a transformação matricial S é resumido a seguir. Isso é seguido por um exemplo que resolve o Exemplo 4.1.6 usando métodos modais.

A Figura 4.5 resume como a computação da matriz de formas modais S transforma o problema de vibração de um conjunto acoplado de equações de movimento em um conjunto de problemas de um grau de liberdade. Efetivamente, a matriz S transforma problemas de múltiplo graus de liberdade, que são complicados de resolver, em problemas de um grau de liberdade, que são fáceis de resolver (Capítulo 1). Além disso, os problemas de um grau de liberdade

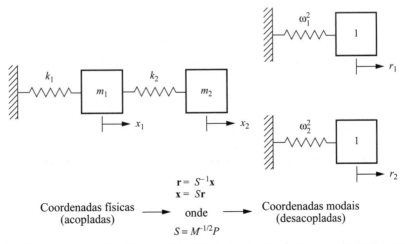

Figura 4.5 Ilustração esquemática de desacoplamento de equações de movimento usando análise modal e matriz de forma modal S.

CAPÍTULO 4 • Sistemas com Múltiplos Graus de Liberdade

obtidos pela transformação modal S têm todos uma massa unitária e cada um tem uma rigidez correspondente a uma das frequências naturais do sistema ao quadrado. Não é somente a descrição modal descrita no lado direito da Figura 4.5 fácil de resolver, como também é a base da maioria dos testes de vibração, chamados testes modais, conforme discutido no Capítulo 7. A ideia de análise modal é um dos fundamentos da vibração (os outros são os conceitos de frequência natural e ressonância), e como tal, as propriedades da matriz S são extremamente importantes.

Calculando a transposta da Equação (4.69) tem-se

$$S^T = (M^{1/2}P)^T = P^T M^{-1/2} \tag{4.70}$$

desde que $(AB)^T = B^T A^T$ (Apêndice C). Além disso, o inverso de um produto de matriz é dado por $(AB)^{-1} = B^{-1}A^{-1}$ (Apêndice C), tal que

$$S^{-1} = (M^{1/2}P)^{-1} = P^{-1}M^{1/2} \tag{4.71}$$

No entanto, a matriz P tem como inversa P^T uma vez que $P^T P = I$. Assim, a Equação (4.71) resulta que o inverso da matriz de forma modal é

$$S^{-1} = P^T M^{1/2} \tag{4.72}$$

Esses resultados matriciais são úteis na resolução da Equação (4.54) por análise modal.

A análise modal da Equação (4.54) começa com a substituição de $\mathbf{x}(t) = S\mathbf{r}(t)$ na Equação (4.54). Multiplicando o resultado por S^T obtém-se

$$S^T M S \ddot{\mathbf{r}}(t) + S^T K S \mathbf{r}(t) = \mathbf{0} \tag{4.73}$$

Expandindo a matriz S na Equação (4.73) em fatores como dado pela Equação (4.69) chega-se a

$$P^T M^{-1/2} M M^{-1/2} P \ddot{\mathbf{r}}(t) + P^T M^{-1/2} K M^{-1/2} P \mathbf{r}(t) = \mathbf{0} \tag{4.74}$$

ou

$$P^T P \ddot{\mathbf{r}}(t) + P^T \tilde{K} P \mathbf{r}(t) = \mathbf{0} \tag{4.75}$$

Usando as propriedades da matriz P, a expressão anterior torna-se

$$\ddot{\mathbf{r}}(t) + \Lambda \mathbf{r}(t) = \mathbf{0} \tag{4.76}$$

que representa as duas equações desacopladas (4.62) e (4.63). Lembre-se que essas são chamadas de *equações modais*, $\mathbf{r}(t)$ é chamado *sistema de coordenadas modal* e a matriz diagonal Λ contém os quadrados das frequências naturais.

As condições iniciais para $\mathbf{r}(t)$ são calculadas resolvendo $\mathbf{r}(t)$ na Equação (4.68). Multiplicando a Equação (4.68) por S^{-1} resulta $\mathbf{r}(t) = S^{-1}\mathbf{x}(t)$, que se torna, após usar a Equação (4.72), em

$$\mathbf{r}(t) = P^T M^{1/2} \mathbf{x}(t) = S^{-1}\mathbf{x}(t) \tag{4.77}$$

As condições iniciais em $\mathbf{r}(t)$ são, portanto,

$$\mathbf{r}(0) = P^T M^{1/2} \mathbf{x}_0 \quad \text{e} \quad \dot{\mathbf{r}}(0) = P^T M^{1/2} \dot{\mathbf{x}}_0 \tag{4.78}$$

SEÇÃO 4.3   Análise Modal

como obtido nas Equações (4.64) e (4.65). Com as condições iniciais transformadas em coordenadas modais por (4.78), as equações modais dadas por (4.76) dão o vetor solução em coordenadas modais $\mathbf{r}(t)$. Para obter a solução no sistema de coordenadas físicas original $\mathbf{x}(t)$ a transformação S é novamente utilizada. Multiplicando $\mathbf{r}(t) = S^{-1}\mathbf{x}(t)$ por S para obter

$$\mathbf{x}(t) = S\mathbf{r}(t) = M^{-1/2}P\mathbf{r}(t) \tag{4.79}$$

resulta na solução em coordenadas físicas. A Equação (4.79) efetivamente leva a solução do lado direito da Figura 4.5 para o lado esquerdo. A ideia básica é que a matriz S^{-1} toma o problema das coordenadas físicas, onde as equações de movimento são acopladas e difíceis de resolver, às coordenadas modais, onde as equações são desacopladas e fáceis de resolver. Então a matriz modal S leva a solução de volta às coordenadas físicas correspondentes ao problema original. Essas etapas são resumidas na Janela 4.5 e ilustradas nos exemplos a seguir.

Janela 4.5

Passos na Resolução da Equação (4.54) por Análise Modal

1. Calcule $M^{-1/2}$.
2. Calcule $\widetilde{K} = M^{-1/2}KM^{-1/2}$, a matriz de rigidez normalizada em massa.
3. Calcule o problema simétrico de autovalor para $\widetilde{K}$ para obter ω_i^2 e $\mathbf{v}_i$.
4. Normalize $\mathbf{v}_i$ e construa a matriz $P = [\mathbf{v}_1 \quad \mathbf{v}_2]$.
5. Calcule $S = M^{-1/2}P$ e $S^{-1} = P^T M^{1/2}$.
6. Calcule as condições iniciais modais: $\mathbf{r}(0) = S^{-1}\mathbf{x}_0, \dot{\mathbf{r}}(0) = S^{-1}\dot{\mathbf{x}}_0$.
7. Substitua as componentes de $\mathbf{r}(0)$ e $\dot{\mathbf{r}}(0)$ nas Equações (4.66) e (4.67) para obter a solução na coordenada modal $\mathbf{r}(t)$.
8. Multiplique $\mathbf{r}(t)$ por S para obter a solução $\mathbf{x}(t) = S\mathbf{r}(t)$.

Observe que S é a matriz de forma modal e P é a matriz de autovetores.

Exemplo 4.3.1

Calcule a solução do sistema de dois graus de liberdade dado por

$$M = \begin{bmatrix} 9 & 0 \\ 0 & 1 \end{bmatrix} \quad K = \begin{bmatrix} 27 & -3 \\ -3 & 3 \end{bmatrix} \quad \mathbf{x}(0) = \begin{bmatrix} 1 \\ 0 \end{bmatrix} \quad \dot{\mathbf{x}}(0) = \mathbf{0}$$

utilizando análise modal. Compare o resultado com o obtido no Exemplo 4.1.6 para o mesmo sistema e condições iniciais.

CAPÍTULO 4 • Sistemas com Múltiplos Graus de Liberdade

Solução A partir dos Exemplos 4.1.5, 4.2.2, 4.2.4 e 4.2.5 foram calculados

$$M^{-1/2} = \begin{bmatrix} \dfrac{1}{3} & 0 \\ 0 & 1 \end{bmatrix} \qquad \tilde{K} = \begin{bmatrix} 3 & -1 \\ -1 & 3 \end{bmatrix}$$

$$P = \dfrac{1}{\sqrt{2}} \begin{bmatrix} 1 & 1 \\ 1 & -1 \end{bmatrix} \qquad \Lambda = \text{diag}(2, 4)$$

que fornece as informações necessárias nas três primeiras etapas da Janela 4.5. O próximo passo é calcular a matriz S e a sua inversa.

$$S = M^{-1/2}P = \dfrac{1}{\sqrt{2}} \begin{bmatrix} \dfrac{1}{3} & 0 \\ 0 & 1 \end{bmatrix} \begin{bmatrix} 1 & 1 \\ 1 & -1 \end{bmatrix} = \dfrac{1}{\sqrt{2}} \begin{bmatrix} \dfrac{1}{3} & \dfrac{1}{3} \\ 1 & -1 \end{bmatrix}$$

$$S^{-1} = P^T M^{1/2} = \dfrac{1}{\sqrt{2}} \begin{bmatrix} 1 & 1 \\ 1 & -1 \end{bmatrix} \begin{bmatrix} 3 & 0 \\ 0 & 1 \end{bmatrix} = \dfrac{1}{\sqrt{2}} \begin{bmatrix} 3 & 1 \\ 3 & -1 \end{bmatrix}$$

O leitor deve verificar que $SS^{-1} = I$, por garantia. Além disso, observe que $S^T MS = I$. As condições modais iniciais são calculadas a partir da Equação (4.78):

$$\mathbf{r}(0) = S^{-1}\mathbf{x}_0 = \dfrac{1}{\sqrt{2}} \begin{bmatrix} 3 & 1 \\ 3 & -1 \end{bmatrix} \begin{bmatrix} 1 \\ 0 \end{bmatrix} = \begin{bmatrix} \dfrac{3}{\sqrt{2}} \\ \dfrac{3}{\sqrt{2}} \end{bmatrix}$$

$$\dot{\mathbf{r}}(0) = S^{-1}\dot{\mathbf{x}}_0 = S^{-1}\mathbf{0} = \mathbf{0}$$

tal que $r_1(0) = r_2(0) = 3/\sqrt{2}$ e $\dot{r}_1(0) = \dot{r}_2(0) = 0$. As Equações (4.66) e (4.67) determinam que as soluções modais são

$$r_1(t) = \dfrac{3}{\sqrt{2}} \text{sen}\left(\sqrt{2}t + \dfrac{\pi}{2}\right) = \dfrac{3}{\sqrt{2}} \cos\sqrt{2}t$$

$$r_2(t) = \dfrac{3}{\sqrt{2}} \text{sen}\left(2t + \dfrac{\pi}{2}\right) = \dfrac{3}{\sqrt{2}} \cos 2t$$

A solução no sistema de coordenadas físicas $\mathbf{x}(t)$ é calculada a partir de

$$\mathbf{x}(t) = S\mathbf{r}(t) = \dfrac{1}{\sqrt{2}} \begin{bmatrix} \dfrac{1}{3} & \dfrac{1}{3} \\ 1 & -1 \end{bmatrix} \begin{bmatrix} \dfrac{3}{\sqrt{2}} \cos\sqrt{2}t \\ \dfrac{3}{\sqrt{2}} \cos 2t \end{bmatrix} = \begin{bmatrix} (0{,}5)(\cos\sqrt{2}t + \cos 2t) \\ (1{,}5)(\cos\sqrt{2}t - \cos 2t) \end{bmatrix}$$

Isso é, claramente, idêntico à solução obtida no Exemplo 4.1.7 e traçada na Figura 4.3.

□

SEÇÃO 4.3 Análise Modal

Exemplo 4.3.2

Calcule a resposta do sistema

$$\begin{bmatrix} 1 & 0 \\ 0 & 4 \end{bmatrix} \ddot{\mathbf{x}}(t) + \begin{bmatrix} 12 & -2 \\ -2 & 12 \end{bmatrix} \mathbf{x}(t) = \mathbf{0}$$

do Exemplo 4.2.6, ilustrado na Figura 4.4, para o deslocamento inicial $\mathbf{x}(0) = \begin{bmatrix} 1 & 1 \end{bmatrix}^T$ e $\dot{\mathbf{x}}(0) = 0$, utilizando análise modal.

Solução Novamente, seguindo os passos ilustrados na Janela 4.5, as matrizes $MM^{-1/2}$ e $\widetilde{K}$ tornam-se

$$M^{-1/2} = \begin{bmatrix} 1 & 0 \\ 0 & \dfrac{1}{2} \end{bmatrix} \quad \widetilde{K} = \begin{bmatrix} 12 & -1 \\ -1 & 3 \end{bmatrix}$$

Resolvendo o problema de autovalor para $\widetilde{K}$ (dessa vez usando um computador e *software* comercial, conforme descrito na Seção 4.9)

$$P = \begin{bmatrix} -0,1091 & -0,9940 \\ -0,9940 & 0,1091 \end{bmatrix} \quad \Lambda = \text{diag}\,(2,8902,\, 12,1098)$$

A aritmética é mantida a oito casas decimais, mas apenas quatro são mostradas. As matrizes S e S^{-1} tornam-se

$$S = \begin{bmatrix} -0,1091 & -0,4970 \\ -0,9940 & 0,0546 \end{bmatrix} \quad S^{-1} = \begin{bmatrix} -0,1091 & -0,9940 \\ -1,9881 & 0,2182 \end{bmatrix}$$

Por garantia, note que

$$P^T \widetilde{K} P = \begin{bmatrix} 2,8902 & 0 \\ 0 & 12,1098 \end{bmatrix} \quad P^T P = I$$

As condições iniciais modais tornam-se

$$\mathbf{r}(0) = S^{-1}\mathbf{x}_0 = \begin{bmatrix} -0,1091 & -0,9940 \\ -0,9881 & 0,2182 \end{bmatrix}\begin{bmatrix} 1 \\ 1 \end{bmatrix} = \begin{bmatrix} -2,0972 \\ -0,7758 \end{bmatrix}$$

$$\dot{\mathbf{r}}(0) = S^{-1}\mathbf{x}_0 = \mathbf{0}$$

Usando esses valores de $r_1(0)$, $r_2(0)$, $\dot{r}_1(0)$, e $\dot{r}_2(0)$ nas Equações (4.66) e (4.67) tem-se as soluções modais

$$r_1(t) = -2,0972\,\cos\,(1,7001t)$$

$$r_2(t) = -0,7758\,\cos\,(3,4799t)$$

Usando a transformação $\mathbf{x} = Sr(t)$ resulta que a solução em coordenadas físicas é

$$\mathbf{x}(t) = \begin{bmatrix} 0,2288\,\cos\,(1,7001t) + 0,7712\,\cos\,(3,4799t) \\ 1,0424\,\cos\,(1,7001t) - 0,0424\,\cos\,(3,4799t) \end{bmatrix}$$

Observe que **x**(*t*) satisfaz as condições iniciais, como deveria. Um gráfico das respostas é dado na Figura 4.6.

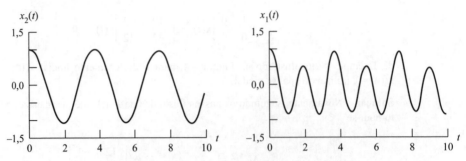

Figura 4.6   Gráfico das soluções dadas no Exemplo 4.3.2.

O gráfico de $x_2(t)$ na figura ilustra que a massa m_2 não é muito afetada pela segunda frequência. Isso ocorre porque a condição inicial particular não faz com que a primeira massa seja excitada muito no segundo modo, isto é, em $\omega_2 = 3{,}4799$ rad/s (note que o coeficiente $\cos(3{,}4799t)$ na equação para $x_2(t)$. No entanto, o gráfico de $x_1(t)$ indica claramente a presença de ambas as frequências, porque a condição inicial excita fortemente ambos os modos (isto é, ambas as frequências) nessa coordenada. Os efeitos da alteração das condições iniciais na resposta podem ser analisados usando o programa VTB4_2 no *Toolbox* de Vibração para resolver o Problema TB4.3 no final do capítulo. Alterar as condições iniciais também é discutido na Seção 4.9.

□

Esta seção apresenta os cálculos de análise modal para um sistema de dois graus de liberdade. Toda essa abordagem é facilmente estendida a qualquer número de graus de liberdade, conforme discutido na seção a seguir. Além disso, o processo de análise modal é facilmente executado usando qualquer um dos pacotes de *software* matemáticos modernos, conforme discutido na Seção 4.9, ou conforme indicado no *Toolbox* associado a este texto. Esta seção constitui a base para o restante deste capítulo e é aplicada a sistemas amortecidos (Seção 4.5) e sistemas forçados (Seção 4.6). A ideia de análise modal é usada novamente no estudo de sistemas distribuídos (Capítulo 6) e testes de vibração (Capítulo 7). Todo esse material depende do entendimento da matriz modal *S*, como calculá-la e da interpretação física de *S* dada na Figura 4.5.

4.4   MAIS DE DOIS GRAUS DE LIBERDADE

Muitas estruturas, máquinas e dispositivos mecânicos requerem várias coordenadas para descrever seu movimento de vibração. Por exemplo, uma suspensão de automóvel foi modelada em capítulos anteriores como um único grau de liberdade. No entanto, um carro tem quatro rodas; portanto, um modelo mais preciso é usar quatro graus de liberdade ou coordenadas. Como um automóvel pode rolar, arfar e guinar, pode ser apropriado usar mais coordenadas para descrever o movimento. Sistemas com qualquer número finito de

SEÇÃO 4.4 Mais de Dois Graus de Liberdade

graus de liberdade podem ser analisados usando o procedimento de análise modal descrito na Janela 4.5.

Para cada massa no sistema e/ou para cada grau de liberdade, há uma coordenada correspondente $x_1(t)$ descrevendo o seu movimento numa dimensão; isso dá origem a um vetor $\mathbf{x}(t)$ $n \times 1$, com matriz de massa M $n \times n$ e matriz de rigidez K satisfazendo

$$M\ddot{\mathbf{x}}(t) + K\mathbf{x}(t) = \mathbf{0} \tag{4.80}$$

A forma da Equação (4.80) também se mantém se a cada massa permite-se rotacionar ou mover-se em y, z ou nas direções de guinagem e arfagem. Nessa situação, o vetor $\mathbf{x}$ poderia refletir até seis coordenadas para cada massa e as matrizes de massa e rigidez seriam modificadas para refletir as quantidades adicionais de inércia e rigidez. A Figura 4.7 ilustra as possibilidades de coordenadas para um elemento simples. No entanto, por uma questão de simplicidade de explicação, a discussão inicial está restrita a elementos de massa que são livres para mover-se em apenas uma direção.

Como exemplo genérico, considere as n massas conectadas por n molas na Figura 4.8. Somatório de forças em cada uma das n massas produz n equações da forma

$$m_i\ddot{x}_i + k_i(x_i - x_{i-1}) - k_{i+1}(x_{i+1} - x_i) = 0 \quad i = 1, 2 \ldots, n \tag{4.81}$$

onde m_i representa a i-ésima massa e k_i o i-ésimo coeficiente de mola. Em forma matricial, essas equações assumem a forma da Equação (4.80) onde

$$M = \text{diag}(m_1, \ m_2, \ldots, m_n) \tag{4.82}$$

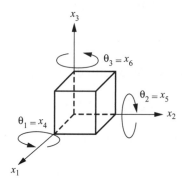

Figura 4.7 Um elemento de massa simples ilustrando todos os graus de liberdade possíveis. Os seis graus de liberdade do corpo rígido consistem em três movimentos rotacionais e três translacionais. Se o movimento predominante de avanço do corpo está na direção x_2 como em um avião, então θ_2 é chamado de *rolagem*, θ_3 é chamado de *guinada* e θ_1 é chamado de *arfagem*.

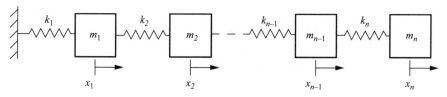

Figura 4.8 Um exemplo de um sistema de n-graus de liberdade.

e

$$K = \begin{bmatrix} k_1 + k_2 & -k_2 & 0 & 0 & \cdots & 0 \\ -k_2 & k_2 + k_3 & -k_3 & & & \vdots \\ 0 & -k_3 & k_3 + k_4 & & & \\ \vdots & & & & k_{n-1} + k_n & -k_n \\ 0 & & \cdots & & -k_n & k_n \end{bmatrix}$$ (4.83)

O vetor $\mathbf{x}(t)$ $n \times 1$ torna-se

$$\mathbf{x}(t) = \begin{bmatrix} x_1(t) \\ x_2(t) \\ \vdots \\ x_n(t) \end{bmatrix}$$ (4.84)

A notação da Janela 4.5 pode ser usada diretamente para resolver problemas de n-graus de liberdade. Cada um dos passos é exatamente o mesmo; contudo, os cálculos da matriz são todos $n \times n$ e a equação modal resultante torna-se as n equações desacopladas

$$\ddot{r}_1(t) + \omega_1^2 r_1(t) = 0$$
$$\ddot{r}_2(t) + \omega_2^2 r_2(t) = 0$$
$$\vdots$$
$$\ddot{r}_n(t) + \omega_n^2 r_n(t) = 0$$ (4.85)

Existem agora n frequências naturais ω_i que correspondem aos autovalores da matriz $M^{-1/2} K M^{-1/2}$ $n \times n$.

Os n autovalores são determinados a partir da equação característica dada por

$$\det(\lambda I - \tilde{K}) = 0$$ (4.86)

que dá origem a um polinômio de ordem n em λ. O determinante de uma matriz $n \times n$ é dado por

$$\det A = \sum_{s=1}^{n} a_{ps} |A_{ps}|$$ (4.87)

para qualquer valor fixo de p entre 1 e n. Aqui a_{ps} é o elemento da matriz A na intersecção da p-ésima linha e da s-ésima coluna, $|A_{ps}|$ é o determinante da submatriz formada a partir de A, eliminando a p-ésima linha e a s-ésima coluna, multiplicada por $(-1)^{p \pm s}$. O exemplo a seguir ilustra o uso da Equação (4.87).

SEÇÃO 4.4   Mais de Dois Graus de Liberdade

343

Exemplo 4.4.1

Desenvolva a Equação (4.87) para $p = 1$ para calcular o seguinte determinante:

$$\det A = \det \begin{bmatrix} 1 & 3 & -2 \\ 0 & 1 & 1 \\ 2 & 5 & 3 \end{bmatrix}$$

$$= 1[(1)(3) - (1)(5)] - 3[(0)(3) - (2)(1)] - 2[(0)(5) - (1)(2)] = 8$$

□

Uma vez que ω_i^2 são determinados a partir da Equação (4.86), os autovetores normalizados são obtidos seguindo os métodos sugeridos no Exemplo 4.2.3. As principais diferenças entre o uso da abordagem modal descrita na Janela 4.5 para sistemas de múltiplos graus de liberdade e sistema de dois graus de liberdade está no cálculo da equação característica, sua solução para obter ω_i^2 e resolução para os autovetores normalizados. Com exceção do cálculo da matriz P e Λ, o restante do procedimento é a simples multiplicação matricial. O exemplo a seguir ilustra o procedimento para um sistema de três graus de liberdade.

Exemplo 4.4.2

Calcule a solução do sistema de n-grau de liberdade da Figura 4.8 para $n = 3$ por análise modal. Utilize os valores $m_1 = m_2 = m_3 = 4$ kg e $k_1 = k_2 = 43 = 4$ N/m e a condição inicial $x_1(0) = 1$ m com todos os outros deslocamentos iniciais e velocidades iguais a zero.

Solução   As matrizes de massa e rigidez para $n = 3$ para os valores dados tornam-se

$$M = 4I \qquad K = \begin{bmatrix} 8 & -4 & 0 \\ -4 & 8 & -4 \\ 0 & -4 & 4 \end{bmatrix}$$

Seguindo os passos sugeridos na Janela 4.5

1. $M^{-1/2} = \dfrac{1}{2}I$

2. $\widetilde{K} = M^{-1/2}KM^{-1/2} = \dfrac{1}{4}\begin{bmatrix} 8 & -4 & 0 \\ -4 & 8 & -4 \\ 0 & -4 & 4 \end{bmatrix} = \begin{bmatrix} 2 & -1 & 0 \\ -1 & 2 & -1 \\ 0 & -1 & 1 \end{bmatrix}$

3. $\det(\lambda I - \widetilde{K}) = \det\left(\begin{bmatrix} \lambda - 2 & 1 & 0 \\ 1 & \lambda - 2 & 1 \\ 0 & 1 & \lambda - 1 \end{bmatrix}\right)$

$$= (\lambda - 2)\det\left(\begin{bmatrix} \lambda - 2 & 1 \\ 1 & \lambda - 1 \end{bmatrix}\right)$$

$$- (1)\det\left(\begin{bmatrix} 1 & 1 \\ 0 & \lambda - 1 \end{bmatrix}\right) + (0)\det\left(\begin{bmatrix} 1 & \lambda - 2 \\ 0 & 1 \end{bmatrix}\right)$$

344 CAPÍTULO 4 • Sistemas com Múltiplos Graus de Liberdade

$$= (\lambda - 2)[(\lambda - 2)(\lambda - 1) - 1] - 1[(\lambda - 1) - 0]$$
$$= (\lambda - 1)(\lambda - 2)^2 - (\lambda - 2) - \lambda + 1$$
$$= \lambda^3 - 5\lambda^2 + 6\lambda - 1 = 0$$

As raízes dessa equação cúbica são

$$\lambda_1 = 0,1981 \qquad \lambda_2 = 1,5550 \qquad \lambda_3 = 3,2470$$

Dessa forma, as frequências naturais do sistema são

$$\omega_1 = 0,4450 \qquad \omega_2 = 1,2470 \qquad \omega_3 = 1,8019$$

Para calcular o primeiro autovetor, substitua $\lambda_1 = 0,1981$ em $(\widetilde{K} - \lambda I)\mathbf{v}1 = \mathbf{0}$ e resolva o vetor $\mathbf{v}_1 = [v_{11} \quad v_{12} \quad v_{13}]^T$, assim

$$\begin{bmatrix} 2 - 0,1981 & -1 & 0 \\ -1 & 2 - 0,1981 & -1 \\ 0 & -1 & 1 - 0,1981 \end{bmatrix} \begin{bmatrix} v_{11} \\ v_{21} \\ v_{31} \end{bmatrix} = \begin{bmatrix} 0 \\ 0 \\ 0 \end{bmatrix}$$

A multiplicação dessa última expressão produz três equações, das quais apenas duas são independentes:

$$(1,8019)v_{11} - v_{21} = 0$$
$$-v_{11} + (1,8019)v_{21} - v_{31} = 0$$
$$-v_{21} + (0,8019)v_{31} = 0$$

Resolvendo a primeira e terceira equações

$$v_{11} = 0,4450v_{31} \quad \text{e} \quad v_{21} = 0,8019v_3$$

A segunda equação é dependente e não produz qualquer informação nova. Substituindo esses valores no vetor $\mathbf{v}_1$ tem-se

$$\mathbf{v}_1 = v_{31} \begin{bmatrix} 0,4450 \\ 0,8019 \\ 1 \end{bmatrix}$$

4. Normalizando o vetor tem-se

$$\mathbf{v}_1^T \mathbf{v}_1 = v_{31}^2 \left[(0,4450)^2 + (0,8019)^2 + 1^2 \right] = 1$$

Resolvendo para v_{31} e substituindo de volta na expressão de $\mathbf{v}_1$ resulta a versão normalizada do autovetor $\mathbf{v}_1$ como

$$\mathbf{v}_1 = \begin{bmatrix} 0,3280 \\ 0,5910 \\ 0,7370 \end{bmatrix}$$

De forma semelhante, $\mathbf{v}_2$ e $\mathbf{v}_3$ podem ser calculados e normalizados para

$$\mathbf{v}_2 = \begin{bmatrix} -0,7370 \\ -0,3280 \\ 0,5910 \end{bmatrix} \qquad \mathbf{v}_3 = \begin{bmatrix} -0,5910 \\ 0,7370 \\ -0,3280 \end{bmatrix}$$

SEÇÃO 4.4   Mais de Dois Graus de Liberdade

A matriz P é então

$$P = \begin{bmatrix} 0{,}3280 & -0{,}7370 & -0{,}5910 \\ 0{,}5910 & -0{,}3280 & 0{,}7370 \\ 0{,}7370 & 0{,}5910 & -0{,}3280 \end{bmatrix}$$

(O leitor deve verificar que $P^T P$ e $P^T \widetilde{K} P = \Lambda$.)

5. A matriz $S = M^{-1/2}P = \dfrac{1}{2}IP$ ou

$$S = \begin{bmatrix} 0{,}1640 & -0{,}3685 & -0{,}2955 \\ 0{,}2955 & -0{,}1640 & 0{,}3685 \\ 0{,}3685 & 0{,}2955 & -0{,}1640 \end{bmatrix}$$

e

$$S^{-1} = P^T M^{1/2} = 2P^T I = \begin{bmatrix} 0{,}6560 & 1{,}1820 & 1{,}4740 \\ -1{,}4740 & -0{,}6560 & 1{,}1820 \\ -1{,}1820 & 1{,}4740 & -0{,}6560 \end{bmatrix}$$

(Novamente o leitor deve verificar que $S^{-1} S = I$.)

6. As condições iniciais em coordenadas modais tornam-se

$$\dot{\mathbf{r}}(0) = S^{-1}\dot{\mathbf{x}}_0 = S^{-1}\mathbf{0} = \mathbf{0}$$

e

$$\mathbf{r}(0) = S^{-1}\mathbf{x}_0 = \begin{bmatrix} 0{,}6560 & 1{,}1820 & 1{,}4740 \\ -1{,}4740 & -0{,}6560 & 1{,}1820 \\ -1{,}1820 & 1{,}4740 & -0{,}6560 \end{bmatrix}\begin{bmatrix} 1 \\ 0 \\ 0 \end{bmatrix} = \begin{bmatrix} 0{,}6560 \\ -1{,}4740 \\ -1{,}1820 \end{bmatrix}$$

7. As soluções modais da Equação (4.85) são cada uma da forma dada pela Equação (4.67) e podem agora ser determinadas como

$$r_1(t) = (0{,}6560)\, \operatorname{sen}\left(0{,}4450t + \frac{\pi}{2}\right) = 0{,}6560 \cos(0{,}4450t)$$

$$r_2(t) = (-1{,}4740)\, \operatorname{sen}\left(1{,}247t + \frac{\pi}{2}\right) = -1{,}4740 \cos(1{,}2470t)$$

$$r_3(t) = (-1{,}1820)\, \operatorname{sen}\left(1{,}8019t + \frac{\pi}{2}\right) = -1{,}1820 \cos(1{,}8019t)$$

8. A solução em coordenadas físicas é calculada a partir de

$$\mathbf{x} = S\mathbf{r}(t) = \begin{bmatrix} 0{,}1640 & -0{,}3685 & -0{,}2955 \\ 0{,}2955 & -0{,}1640 & 0{,}3685 \\ 0{,}3685 & 0{,}2955 & -0{,}1640 \end{bmatrix}\begin{bmatrix} 0{,}6560 \cos(0{,}4450t) \\ -1{,}4740 \cos(1{,}2470t) \\ -1{,}1820 \cos(1{,}8019t) \end{bmatrix}$$

$$\begin{bmatrix} x_1(t) \\ x_2(t) \\ x_3(t) \end{bmatrix} = \begin{bmatrix} 0{,}1075\cos(0{,}4450t) + 0{,}5443\cos(1{,}2470t) + 0{,}3492\cos(1{,}8019t) \\ 0{,}1938\cos(0{,}4450t) + 0{,}2417\cos(1{,}2470t) - 0{,}4355\cos(1{,}8019t) \\ 0{,}2417\cos(0{,}4450t) - 0{,}4355\cos(1{,}2470t) + 0{,}1935\cos(1{,}8019t) \end{bmatrix}$$

Os cálculos neste exemplo são um pouco tediosos. Felizmente, eles são facilmente feitos usando o *software* como realizado na Seção 4.9 e no *Engineering Vibration Toolbox*. De fato, a computação das frequências, a matriz dos autovetores P, e consequentemente, a matriz S de forma modal que começa com o determinante não é o modo recomendado de proceder. Em vez disso, o problema simétrico de autovalores algébricos deve ser resolvido diretamente, e isto é melhor feito usando os métodos de *software* abordados na Seção 4.9. A solução neste exemplo é traçada e comparada a uma simulação numérica na Seção 4.10.

□

Método da Soma de Modos

Outra abordagem à análise modal é usar o *método da expansão* ou *soma de modos*. Esse procedimento é baseado em uma propriedade da álgebra linear – de que os autovetores de uma matriz simétrica real formam um conjunto completo (veja a Janela 4.1, ou seja, que qualquer vetor n-dimensional pode ser representado como uma combinação linear dos autovetores de uma matriz simétrica $n \times n$). Lembre-se da condição de simetria do problema de vibração:

$$I\ddot{\mathbf{q}}(t) + \widetilde{K}\mathbf{q}(t) = \mathbf{0} \tag{4.88}$$

Seja $\mathbf{v}_i$ os n autovetores da matriz $\widetilde{K}$ e seja $\lambda_i \neq 0$ os correspondentes autovalores. De acordo com o argumento que precede a Equação (4.41), uma solução de (4.88) é

$$\mathbf{q}_i(t) = \mathbf{v}_i e^{\pm \sqrt{\lambda_i} jt} \tag{4.89}$$

desde que $\lambda_i = \omega_i^2$. Isso representa duas soluções que podem ser adicionadas seguindo o argumento usado na Equação (1.18) para produzir

$$\mathbf{q}_i(t) = (a_i e^{-\sqrt{\lambda_i} jt} + b_i e^{\sqrt{\lambda_i} jt})\mathbf{v}_i \tag{4.90}$$

ou, usando a fórmula de Euler,

$$\mathbf{q}_i(t) = d_i \sin(\omega_i t + \phi_i)\mathbf{v}_i \tag{4.91}$$

onde d_i e ϕ_i são constantes a serem determinadas pelas condições iniciais. Como o conjunto de vetores $\mathbf{v}_i$, $i = 1, 2, c, \dots n$ são autovetores de uma matriz simétrica, uma combinação linear pode ser usada para representar qualquer vetor $n \times 1$ e, em particular, o vetor solução $\mathbf{q}(t)$. Consequentemente

$$\mathbf{q}(t) = \sum_{i=1}^{n} d_i \operatorname{sen}(\omega_i t + \phi_i)\mathbf{v}_i \tag{4.92}$$

SEÇÃO 4.4   Mais de Dois Graus de Liberdade

As constantes d_i e ϕ_i podem ser avaliadas a partir das condições iniciais

$$\mathbf{q}(0) = \sum_{i=1}^{n} d_i \operatorname{sen} \phi_i \mathbf{v}_i \tag{4.93}$$

e

$$\dot{\mathbf{q}}(0) = \sum_{i=1}^{n} \omega_i d_i \cos \phi_i \mathbf{v}_i \tag{4.94}$$

Multiplicando a Equação (4.93) por $\mathbf{v}_j^T$ e usando a ortogonalidade (Janela 4.3) do vetor $\mathbf{v}_i$ (isto é, $\mathbf{v}_j^T = 0$ para todos os valores do índice da somatória $i = 1, 2, \ldots n$, exceto para $i = j$) tem-se

$$\mathbf{v}_j^T \mathbf{q}(0) = d_j \operatorname{sen} \phi_j \tag{4.95}$$

para cada valor de $j = 1, 2, \ldots n$. Da mesma forma, multiplicando a Equação (4.94) por $\mathbf{v}_j^T$ resulta

$$\mathbf{v}_j^T \dot{\mathbf{q}}(0) = \omega_j d_j \cos \phi_j \tag{4.96}$$

Para cada $j = 1, 2, \ldots n$. Combinando as Equações (4.95) e (4.96) e renomeando os índices, tem-se

$$\phi_i = \operatorname{tg}^{-1} \frac{\omega_i \mathbf{v}_i^T \mathbf{q}(0)}{\mathbf{v}_i^T \dot{\mathbf{q}}(0)} \qquad i = 1, 2, \ldots n \tag{4.97}$$

e (se $\phi_i \neq 0$)

$$d_i = \frac{\mathbf{v}_i^T \mathbf{q}(0)}{\operatorname{sen} \phi_i} \qquad i = 1, 2, \ldots n \tag{4.98}$$

As Equações (4.92), (4.97) e (4.98) representam a solução na forma de somatório de modos. A Equação (4.92) é às vezes chamada de *teorema de expansão* e é equivalente a escrever uma função como uma série de Fourier. A constante d_i é por vezes referida como coeficiente de expansão.

Observe como consequência imediata da Equação (4.97) que se o sistema tem velocidade inicial zero, $\dot{\mathbf{q}} = \mathbf{0}$, cada coordenada tem um desvio de fase de 90°. As condições iniciais no sistema de coordenadas $\mathbf{q}(t)$ também podem ser escolhidas de modo que $d_i = 0$ para todos $i = 2, \ldots n$. Nesse caso, o somatório na Equação (4.92) reduz-se ao termo único

$$\mathbf{q}(t) = d_1 \operatorname{sen}(\omega_1 t + \phi_1) \mathbf{v}_1 \tag{4.99}$$

Isso afirma que cada coordenada $q_i(t)$ oscila com a mesma frequência e fase. Para obter a solução em coordenadas físicas, lembre-se que $\mathbf{x} = M^{-1/2} \mathbf{q}$ de modo que

$$\mathbf{x}(t) = d_1 \operatorname{sen}(\omega_1 t + \phi_1) M^{-1/2} \mathbf{v}_1 \tag{4.100}$$

CAPÍTULO 4 • Sistemas com Múltiplos Graus de Liberdade

O produto de uma matriz por um vetor é um outro vetor. Definindo $\mathbf{u}_i = M^{-1/2}\mathbf{v}_i$, a Equação (4.100) torna-se

$$\mathbf{x}(t) = d_1 \operatorname{sen}(\omega_1 t + \phi_1)\mathbf{u}_1 \tag{4.101}$$

Isso indica que se o sistema é dado um conjunto de condições iniciais tais que $d_2 = d_3 = \ldots = d_n = 0$, então (4.101) é solução total e cada massa oscila na primeira frequência natural (ω_1). Além disso, o vetor $\mathbf{u}_1$ especifica as amplitudes relativas de oscilação de cada massa em relação à posição de repouso. Daí $\mathbf{u}_1$ ser chamado de *primeira forma modal*. Observe que a primeira forma modal está relacionada ao primeiro autovetor de $\tilde{K}$ por

$$\mathbf{u}_1 = M^{-1/2}\mathbf{v}_1 \tag{4.102}$$

Esse argumento pode ser repetido para cada um dos índices i tal que $\mathbf{u}_2 = M^{-1/2}\mathbf{v}_2$, $\mathbf{u}_3 = M^{-1/2}\mathbf{v}_3$ etc., que se tornam a segunda, terceira, etc. formas modais. A solução em série

$$\mathbf{x}(t) = \sum_{i=1}^{n} d_i \operatorname{sen}(\omega_i t + \phi_i)\mathbf{u}_i \tag{4.103}$$

mostra como cada forma modal contribui para formar a resposta total do sistema.

As constantes de integração d_i representam uma escala de como cada modo participa da resposta total. Quanto maior for o d_i, mais o i-ésimo modo afeta a resposta. Daí os d_i são chamados *fatores de participação modal*.

A condição inicial necessária para excitar um sistema em um único modo pode ser determinada a partir da Equação (4.98). Devido à ortogonalidade mútua dos autovetores, se $\mathbf{q}(0)$ é escolhido para ser um dos autovetores $\mathbf{v}_j$ então cada d_i é zero, exceto para o índice $i = j$. Assim, para excitar a estrutura em, digamos, o segundo modo, escolha $\mathbf{q}(0) = \mathbf{v}_2$ e $\dot{\mathbf{q}}(0) = 0$. Então a solução para a Equação (4.92) torna-se

$$\mathbf{q}(t) = d_2 \operatorname{sen}\left(\omega_2 t + \frac{\pi}{2}\right)\mathbf{v}_2 \tag{4.104}$$

e cada coordenada de $\mathbf{q}$ oscila com frequência ω_2. Para transformar $\mathbf{q}(0) = \mathbf{v}_2$ em coordenadas físicas, observe que $\mathbf{x} = M^{-1/2}\mathbf{q}$, de modo que $\mathbf{x}(0) = M^{-1/2}\mathbf{q}(0) = M^{-1/2}\mathbf{v}_2 = \mathbf{u}_2$. Assim, excitar o sistema impondo um deslocamento inicial igual à forma do segundo modo resulta em cada massa oscilando na segunda frequência natural. O método da soma de modos é ilustrado no próximo exemplo.

Exemplo 4.4.3

Considere um modelo simples de vibração horizontal de um edifício de quatro andares como ilustrado na Figura 4.9, sujeito a um vento que causa ao edifício um deslocamento inicial de $\mathbf{x}(0) = [0,001 \quad 0,010 \quad 0,020 \quad 0,025]^T$ e velocidade inicial zero.

SEÇÃO 4.4 Mais de Dois Graus de Liberdade

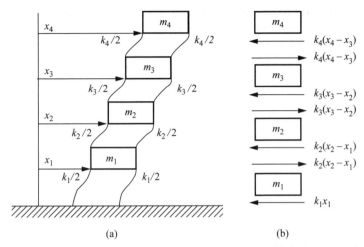

Figura 4.9 (a) Um modelo simples da vibração horizontal de um edifício de quatro andares. Cada piso é modelado como uma massa concentrada e as paredes são modeladas como uma rigidez horizontal. (b) As forças de restauração que atuam sobre cada massa (andar).

Solução Na modelagem de edifícios, sabe-se que a maior parte da massa está no piso de cada andar e que as paredes podem ser tratadas como colunas sem massa proporcionando rigidez lateral. A partir da Figura 4.9 as equações de movimento de cada andar são

$$m_1\ddot{x}_1 + (k_1 + k_2)x_1 - k_2x_2 = 0$$
$$m_2\ddot{x}_2 - k_2x_1 + (k_2 + k_3)x_2 - k_3x_3 = 0$$
$$m_3\ddot{x}_3 - k_3x_2 + (k_3 + k_4)x_3 - k_4x_4 = 0$$
$$m_4\ddot{x}_4 - k_4x_3 + k_4x_4 = 0$$

Essas quatro equações podem ser escritas na forma matricial como

$$\begin{bmatrix} m_1 & 0 & 0 & 0 \\ 0 & m_2 & 0 & 0 \\ 0 & 0 & m_3 & 0 \\ 0 & 0 & 0 & m_4 \end{bmatrix} \ddot{\mathbf{x}} + \begin{bmatrix} k_1 + k_2 & -k_2 & 0 & 0 \\ -k_2 & k_2 + k_3 & -k_3 & 0 \\ 0 & -k_3 & k_3 + k_4 & -k_4 \\ 0 & 0 & -k_4 & k_4 \end{bmatrix} \mathbf{x} = \mathbf{0}$$

Alguns valores razoáveis para um edifício são $m_1 = m_2 = m_3 = m_4 = 4000$ kg e $k_1 = k_2 = k_3 = k_4 = 5000$ N/m. Nesse caso, os valores numéricos de M e K são

$$M = 4000I \qquad K = \begin{bmatrix} 10{,}000 & -5000 & 0 & 0 \\ -5000 & 10{,}000 & -5000 & 0 \\ 0 & -5000 & 10{,}000 & -5000 \\ 0 & 0 & -5000 & 5000 \end{bmatrix}$$

Para simplificar os cálculos, cada matriz é dividida por 1000. Uma vez que a equação de movimento é homogênea, isso corresponde a dividir ambos os lados da equação de matriz por 1000 para que a igualdade seja preservada. As condições iniciais são

$$\mathbf{x}(0) = \begin{bmatrix} 0,001 \\ 0,010 \\ 0,020 \\ 0,025 \end{bmatrix} \qquad \dot{\mathbf{x}} = \begin{bmatrix} 0 \\ 0 \\ 0 \\ 0 \end{bmatrix}$$

As matrizes $M^{-1/2}$ e $\tilde{K}$ tornam-se

$$M^{-1/2} = \frac{1}{2}I \qquad \tilde{K} = \begin{bmatrix} 2,5 & -1,25 & 0 & 0 \\ -1,25 & 2,5 & -1,25 & 0 \\ 0 & -1,25 & 2,5 & -1,25 \\ 0 & 0 & -1,25 & 1,25 \end{bmatrix}$$

A matriz $M^{-1/2}$ e a condição inicial em $\mathbf{q}(t)$ tornam-se

$$M^{1/2} = 2I \qquad \mathbf{q}(0) = M^{1/2}\mathbf{x}(0) = \begin{bmatrix} 0,002 \\ 0,020 \\ 0,040 \\ 0,050 \end{bmatrix} \qquad \dot{\mathbf{q}}(0) = M^{1/2}\mathbf{0} = \mathbf{0}$$

Usando um algoritmo para calcular o autovalor (veja a Seção 4.9 para obter detalhes ou use os arquivos discutidos no final deste capítulo e disponível no *Toolbox*), o problema de autovalor para $\tilde{K}$ produz

$$\lambda_1 = 0,1508 \qquad \lambda_2 = 1,2500 \qquad \lambda_3 = 2,9341 \qquad \lambda_4 = 4,4151$$

$$\mathbf{v}_1 = \begin{bmatrix} 0,2280 \\ 0,4285 \\ 0,5774 \\ 0,6565 \end{bmatrix} \quad \mathbf{v}_2 = \begin{bmatrix} 0,5774 \\ 0,5774 \\ 0,0 \\ -0,5774 \end{bmatrix} \quad \mathbf{v}_3 = \begin{bmatrix} 0,6565 \\ -0,2280 \\ -0,5774 \\ 0,4285 \end{bmatrix} \quad \mathbf{v}_4 = \begin{bmatrix} -0,4285 \\ 0,6565 \\ -0,5774 \\ 0,2280 \end{bmatrix}$$

Transformando esse resultado em frequências naturais e formas modais ($\omega_i = \sqrt{\lambda_i}$ e $u_i = M^{-1/2}\mathbf{v}_i$) tem-se $\omega_1 = 0,3883$, $\omega_2 = 1,1180$, $\omega_3 = 1,7129$, $\omega_4 = 2,1012$ e

$$\mathbf{u}_1 = \begin{bmatrix} 0,1140 \\ 0,2143 \\ 0,2887 \\ 0,3283 \end{bmatrix} \quad \mathbf{u}_2 = \begin{bmatrix} 0,2887 \\ 0,2887 \\ 0,0 \\ -0,2887 \end{bmatrix} \quad \mathbf{u}_3 = \begin{bmatrix} 0,3283 \\ -0,1140 \\ -0,2887 \\ 0,2143 \end{bmatrix} \quad \mathbf{u}_4 = \begin{bmatrix} -0,2143 \\ 0,3283 \\ -0,2887 \\ 0,1140 \end{bmatrix}$$

Como $\dot{\mathbf{q}}(0) = 0$, resulta da Equação (4.96) que cada um dos ângulos de fase é $\phi_i = \pi/2$ e a Equação (4.98) torna-se

$$d_i = \frac{\mathbf{v}_i^T \mathbf{q}(0)}{\sin(\pi/2)} = \mathbf{v}_i^T \mathbf{q}(0)$$

SEÇÃO 4.4 Mais de Dois Graus de Liberdade

Substituindo $\mathbf{v}_i^T$ e $\mathbf{q}(0)$ na expansão acima obtém-se os seguintes valores para os fatores de participação modal:

$$d_1 = 0{,}065 \quad d_2 = -0{,}016 \quad d_3 = -4{,}9 \times 10^{-3} \quad d_4 = 5{,}8 \times 10^{-4}$$

A solução dada pela Equação (4.103) torna-se então (em metros)

$$\mathbf{x}(t) = \begin{bmatrix} 0{,}007 \\ 0{,}014 \\ 0{,}019 \\ 0{,}021 \end{bmatrix} \cos(0{,}3883t) + \begin{bmatrix} -4{,}67 \times 10^{-3} \\ -4{,}67 \times 10^{-3} \\ 0 \\ 4{,}67 \times 10^{-3} \end{bmatrix} \cos(1{,}1180t)$$

$$+ \begin{bmatrix} -1{,}61 \times 10^{-3} \\ 5{,}60 \times 10^{-4} \\ 1{,}42 \times 10^{-3} \\ -1{,}05 \times 10^{-3} \end{bmatrix} \cos(1{,}7129t) + \begin{bmatrix} -1{,}24 \times 10^{-4} \\ 1{,}91 \times 10^{-4} \\ -1{,}68 \times 10^{-4} \\ 6{,}62 \times 10^{-5} \end{bmatrix} \cos(2{,}101t)$$

As formas modais $\mathbf{u}_1$, $\mathbf{u}_2$, $\mathbf{u}_3$ e $\mathbf{u}_4$ são representadas na Figura 4.10. Observe que o fator de participação modal d_4 é muito menor do que os outros. Assim, a oscilação em 2,102 rad/s não será muito evidente. A resposta de x_3 será dominada quase completamente pela primeira frequência natural.

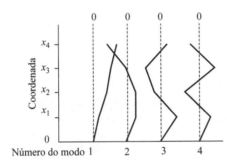

Figura 4.10 Gráfico das quatro formas modais associadas à solução para o sistema da Figura 4.9 (fora de escala).

□

Nós de um Modo

Um nó de uma forma modal é simplesmente a coordenada de uma entrada zero na forma modal. Por exemplo, a segunda forma modal no Exemplo 4.4.3 tem um valor zero na localização da coordenada $x_3(t)$. Assim, a terceira coordenada é um nó do segundo modo. Isso significa que se o sistema é excitado em uma condição inicial para vibrar apenas na segunda frequência natural, a terceira coordenada não se moverá. Dessa forma, um nó tem um lugar sem movimento para certas condições iniciais. Se um sensor fosse colocado na terceira massa, não seria capaz de medir qualquer vibração na segunda frequência natural, porque esta massa não tem uma resposta em ω_2. Nós também são excelentes pontos de montagem para máquinas. Observe que a palavra *nó* também é usada em elementos finitos para significar algo diferente.

Modos de Corpo Rígido

Muitas vezes acontece que um sistema vibratório também estar transladando, ou rotacionando, para longe da sua posição de equilíbrio em uma coordenada enquanto as outras coordenadas estão vibrando em torno de seu ponto de equilíbrio. Tais sistemas são considerados irrestritos e tecnicamente violam as condições de estabilidade dadas na Seção 1.8. Um exemplo é um trem (Problema 4.13), onde o acoplamento entre cada carro pode ser modelado como uma mola, os próprios carros como massas concentradas. Enquanto o trem rola sobre o trilho está movendo-se com movimento de corpo rígido, irrestrito, enquanto os carros vibram um em relação ao outro. A Figura 4.11 é um exemplo de um sistema irrestrito de dois graus de liberdade.

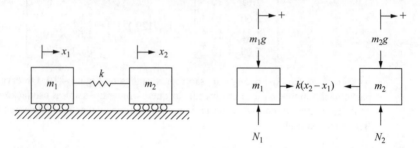

Figura 4.11 Um sistema irrestrito de dois graus de liberdade ilustrando tanto a translação rígida do corpo como a vibração.

A existência do grau de liberdade irrestrito nas equações de movimento altera ligeiramente a análise. Primeiro, o movimento consiste em uma translação mais uma vibração. Em segundo lugar, a matriz de rigidez torna-se singular e o problema de autovalor resulta em um valor zero para uma das frequências naturais. A frequência zero torna a Equação (4.66) incorreta e requer que os fatores de participação modal dados pelas Equações (4.95) e (4.96) sejam alterados. O exemplo a seguir ilustra como calcular a resposta para um sistema com movimento irrestritos e como corrigir essas equações para uma frequência natural zero.

Exemplo 4.4.4

Calcule a solução do sistema irrestrito dada na Figura 4.11 usando tanto o método de autovetor quanto a análise modal. Seja $m_1 = 1$, $m_2 = 4$, $k = 4$, $\mathbf{x}_0 = [1\ \ 0]^T$ e $\mathbf{v}_0 = 0$. Assuma que as unidades sejam consistentes.

Solução A somatória de forças na direção horizontal em cada um dos diagramas de corpo livre dados na Figura 4.11 produzem

$$m_1\ddot{x}_1 = k(x_2 - x_1)$$
$$m_2\ddot{x}_2 = -k(x_2 - x_1)$$

SEÇÃO 4.4 Mais de Dois Graus de Liberdade **353**

Trazendo todas as forças para o lado esquerdo e escrevendo na forma matricial tem-se

$$\begin{bmatrix} 1 & 0 \\ 0 & 4 \end{bmatrix}\begin{bmatrix} \ddot{x}_1 \\ \ddot{x}_2 \end{bmatrix} + 4\begin{bmatrix} 1 & -1 \\ -1 & 1 \end{bmatrix}\begin{bmatrix} x_1 \\ x_2 \end{bmatrix} = \begin{bmatrix} 0 \\ 0 \end{bmatrix}$$

Observe que o determinante da matriz de rigidez K é zero, indicando que é singular e, portanto, tem um autovalor zero (Apêndice C). Seguindo os passos da Janela 4.5 e substituindo os valores para M e K resulta o seguinte:

1. $M^{-1/2} = \begin{bmatrix} 1 & 0 \\ 0 & \frac{1}{2} \end{bmatrix}$

2. $\tilde{K} = M^{-1/2}KM^{-1/2} = 4\begin{bmatrix} 1 & 0 \\ 0 & \frac{1}{2} \end{bmatrix}\begin{bmatrix} 1 & -1 \\ -1 & 1 \end{bmatrix}\begin{bmatrix} 1 & 0 \\ 0 & \frac{1}{2} \end{bmatrix} = \begin{bmatrix} 4 & -2 \\ -2 & 1 \end{bmatrix}$

3. Calculando o problema de autovalor para o item 2 obtém-se

$$\det\left(\tilde{K} - \lambda I\right) = \det\left(\begin{bmatrix} 4-\lambda & -2 \\ -2 & 1-\lambda \end{bmatrix}\right) = (\lambda^2 - 5\lambda) = 0$$

Essa equação tem soluções $\lambda_1 = 0$ e $\lambda_2 = 5$, tal que $\omega_1 = 0$ e $\omega_1 = \sqrt{5} = 2{,}236$ rad/s. Observe o autovalor/frequência zero. No entanto, o autovetor para λ_1 não é zero (os autovetores nunca são zero) como o seguinte cálculo para o autovetor para $\lambda_1 = 0$ produz

$$\begin{bmatrix} 4-0 & -2 \\ -2 & 1-0 \end{bmatrix}\begin{bmatrix} v_{11} \\ v_{21} \end{bmatrix} = \begin{bmatrix} 0 \\ 0 \end{bmatrix} \text{ ou } 4v_{11} - 2v_{21} = 0$$

Assim, $2v_{11} = v_{21}$, ou $\mathbf{v}_1 = [1 \ \ 2]^T$. Repetindo o procedimento para λ_2 produz $\mathbf{v}_2 = [2 \ \ -1]^T$.

4. Normalizando ambos os autovetores tem-se

$$\mathbf{v}_1 = \begin{bmatrix} 0{,}4472 \\ 0{,}8944 \end{bmatrix} \text{ e } \mathbf{v}_2 = \begin{bmatrix} -0{,}8944 \\ 0{,}4472 \end{bmatrix}$$

Observe que o autovetor $\mathbf{v}_1$ associado ao autovalor $\lambda_1 = 0$ não é zero. Combinando esses para formar a matriz de autovetores

$$P = \begin{bmatrix} 0{,}4472 & -0{,}8944 \\ 0{,}8944 & 0{,}4472 \end{bmatrix}$$

Por verificação, note que

$$P^T P = I \text{ e } P^T \tilde{K} P = \text{diag}[0 \ \ 5]$$

5. Calculando a matriz de formas modais

$$S = M^{-1/2}P = \begin{bmatrix} 1 & 0 \\ 0 & \frac{1}{2} \end{bmatrix}\begin{bmatrix} 0{,}4472 & -0{,}8944 \\ 0{,}8944 & 0{,}4472 \end{bmatrix} = \begin{bmatrix} 0{,}4472 & -0{,}8944 \\ 0{,}4472 & 0{,}2236 \end{bmatrix}$$

$$S^{-1} = P^T M^{1/2} = \begin{bmatrix} 0{,}4472 & 1{,}7889 \\ -0{,}8944 & 0{,}8944 \end{bmatrix}$$

354 CAPÍTULO 4 • Sistemas com Múltiplos Graus de Liberdade

6. Calculando as condições iniciais modais

$$\mathbf{r}(0) = S^{-1}\mathbf{x}_0 = \begin{bmatrix} 0,4472 & 1,7889 \\ -0,8944 & 0,8944 \end{bmatrix}\begin{bmatrix} 1 \\ 0 \end{bmatrix}$$

$$= \begin{bmatrix} 0,4472 \\ -0,8944 \end{bmatrix}, \quad \dot{\mathbf{r}}(0) = S^{-1}\mathbf{v}_0 = \mathbf{0}$$

7. Aqui é onde o autovalor zero faz a diferença, como as Equações (4.66) e (4.67) só se aplicam para a segunda frequência natural. A equação modal para o primeiro modo torna-se $\ddot{r}_1 = 0$, que tem a solução $r_1(t) = a + b_t = a + bt$. Aqui a e b são as constantes de integração a serem determinadas a partir das condições iniciais modais. Aplicando as condições iniciais modais resulta as duas equações

$$r_1(0) = a = 0,4472$$

$$\dot{r}_1(0) = b = 0,0$$

Assim, a primeira equação modal tem solução

$$r_1(t) = 0,4472$$

uma constante. A solução para o segundo modo segue-se diretamente das Equações (4.66) e (4.67) como antes e produz

$$r_2(t) = -0,894 \cos\left(\sqrt{5}t\right)$$

Assim, o vetor de resposta modal é

$$\mathbf{r}(t) = \begin{bmatrix} 0,447 \\ -0,894 \cos\left(\sqrt{5}t\right) \end{bmatrix}$$

8. Transformando de volta nas coordenadas físicas produz a solução

$$\mathbf{x}(t) = S\mathbf{r}(t) = \begin{bmatrix} 0,4472 & -0,8944 \\ 0,4472 & 0,2236 \end{bmatrix}\begin{bmatrix} 0,447 \\ -0,894 \cos\left(\sqrt{5}t\right) \end{bmatrix}$$

$$= \begin{bmatrix} 0,2 + 0,8 \cos\left(\sqrt{5}t\right) \\ 0,2 - 0,2 \cos\left(\sqrt{5}t\right) \end{bmatrix}$$

Observe que cada uma das duas coordenadas físicas move uma distância constante 0,2 unidades e, em seguida, oscila na segunda frequência natural.

Em seguida, considere o efeito da frequência zero no uso do método de soma de modo. Nesse caso, a Equação (4.90) torna-se

$$\mathbf{q}_1(t) = (a + bt)\mathbf{v}_1$$

e as Equações (4.93) e (4.94) tornam-se

$$\mathbf{q}(0) = (a + b0)\mathbf{v}_1 + \sum_{i=2}^{n} d_i \operatorname{sen}\phi_i\mathbf{v}_i \quad \text{e} \quad \ddot{\mathbf{q}}(0) = b\mathbf{v}_i + \sum_{i=2}^{n} \omega_i d_i \cos\phi_i\mathbf{v}_i$$

Seguindo os mesmos passos de antes e usando ortogonalidade tem-se

$$a = \mathbf{v}_1^T\mathbf{q}(0) \quad \text{e} \quad b = \mathbf{v}_1^T\dot{\mathbf{q}}(0)$$

SEÇÃO 4.4 Mais de Dois Graus de Liberdade

que substituem as constantes modais de integração d_i e ϕ_i para o modo de valor zero. Calculando d_2 e ϕ_2 nas Equações (4.97) e (4.98), e combinando os modos de acordo com a Equação (4.103), novamente produz a solução

$$\mathbf{x}(t) = a\mathbf{u}_1 + d_2 \cos(\sqrt{5}t)\mathbf{u}_2 = \begin{bmatrix} 0{,}2 + 0{,}8\cos(\sqrt{5}t) \\ 0{,}2 - 0{,}2\cos(\sqrt{5}t) \end{bmatrix}$$

As soluções estão representadas na Figura 4.12.

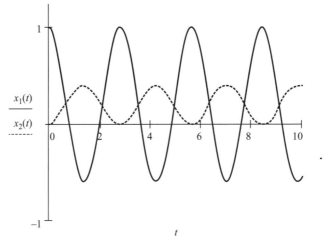

Figura 4.12 Gráficos da solução em função do tempo (s) para o Exemplo 4.4.4 mostrando vibração sobreposta a um modo de corpo rígido.

□

Note que em todos os exemplos anteriores de mais de dois graus de liberdade, a matriz de rigidez K é *banda* (isto é, a matriz tem elementos não nulos na diagonal e um elemento acima e abaixo da diagonal e os outros elementos são zero). Isto é típico de modelos estruturais, mas não é necessariamente o caso para peças de máquinas ou outros dispositivos mecânicos.

O conceito de formas modais apresentado nesta seção e ilustrado no Exemplo 4.4.3 é extremamente importante. A linguagem dos modos, formas modais e frequências naturais constitui a base para a discussão de fenômenos de vibração de sistemas complexos. A palavra *modo* refere-se geralmente tanto à frequência natural como à sua forma modal correspondente. Uma forma modal é uma descrição matemática de uma deflexão. Forma um padrão que descreve a forma da vibração se o sistema fosse vibrar apenas na frequência natural correspondente. Não é tangível nem simples observar; entretanto, fornece uma maneira simples de discutir e de compreender a vibração de objetos complexos. Seu significado físico reside no fato de que cada resposta vibracional de um sistema consiste em algumas combinações de formas modais. Toda uma indústria foi formada em torno do conceito de modos.

356 CAPÍTULO 4 • Sistemas com Múltiplos Graus de Liberdade

4.5 SISTEMAS COM AMORTECIMENTO VISCOSO

A dissipação de energia viscosa pode ser introduzida na solução de análise modal sugerida anteriormente de duas maneiras. Novamente, como na modelagem de sistemas de um grau de liberdade, o amortecimento viscoso é introduzido mais como uma conveniência matemática do que como uma verdade física. No entanto, o amortecimento viscoso fornece um excelente modelo em muitas situações físicas e representa uma melhoria significativa em relação ao modelo não amortecido. O método mais simples de modelagem de amortecimento é usar o *amortecimento modal*. O amortecimento modal coloca um termo de dissipação de energia da forma

$$2\zeta_i\omega_i\dot{r}_i(t)$$

(4.105)

na Equação (4.85). Aqui $\dot{r}_i(t)$ representa a velocidade da i-ésima coordenada modal, ω_i é a i-ésima frequência natural e ζ_i é o i-ésimo *fator de amortecimento modal*. O fator de amortecimento modal ζ_i é atribuído experimentalmente (Capítulo 7) para ser um número entre 0 e 1, ou fazendo medições da resposta e estimando ζ_i. Normalmente, ζ_i é pequeno, a menos que a estrutura contenha material viscoelástico ou esteja presente um amortecedor hidráulico. Os valores comuns são $0 \leq \zeta < 0{,}05$ (Seção 5.6). Um amortecedor de automóvel, que usa fluido, pode produzir valores tão altos quanto $\zeta < 0{,}5$.

Uma vez atribuídas as relações de amortecimento modal, as Equações (4.85) tornam-se

$$\ddot{r}_i(t) + 2\zeta_i\omega_i\dot{r}_i(t) + \omega_i^2 r_i(t) = 0 \qquad i = 1, 2, \ldots, n$$

(4.106)

que têm soluções da forma $(0 < \zeta_i < 1)$

$$r_i(t) = A_i e^{-\zeta_i\omega_i t}\,\text{sen}(\omega_{di}t + \phi_i) \qquad i = 1, 2, \ldots, n$$

(4.107)

onde A_i e ϕ_i são constantes a serem determinadas pelas condições iniciais e $\omega_{di} = \omega_i\sqrt{1 - \zeta_i^2}$ conforme indicado na Janela 4.6. Uma vez estabelecida essa solução modal,

Janela 4.6
Revisão de um Sistema de Um Grau de Liberdade

A solução de $m\ddot{x} + c\dot{x} + kx = 0, x(0) = x_0, \dot{x}(0) = \dot{x}_0$, ou $\ddot{x} + 2\zeta\omega_n\dot{x} + \omega_n^2 x = 0$ é (para o caso subamortecido $0 < \zeta < 1$)

$$x(t) = Ae^{-\zeta\omega_n t}\,\text{sen}(\omega_d t + \theta)$$

onde $\omega_n = \sqrt{k/m}, \zeta = c/(2m\omega_n), \omega_d = \omega_n\sqrt{1 - \zeta^2}$ e

$$A = \left[\frac{(\dot{x}_0 + \zeta\omega_n x_0)^2 + (x_0\omega_d)^2}{\omega_d^2}\right]^{1/2} \qquad \theta = \text{tg}^{-1}\frac{x_0\omega_d}{\dot{x}_0 + \zeta\omega_n x_0}$$

a partir das Equações (1.36), (1.37) e (1.38).

SEÇÃO 4.5   Sistemas com Amortecimento Viscoso

o método de análise modal de solução sugerido na Janela 4.5 é usado para transformar a resposta no sistema de coordenadas físicas.

A única diferença é que a Equação (4.107) substitui o passo 7 em que ($\omega_i \neq 0$)

$$A_i = \left[\frac{(\dot{r}_{i0} + \zeta_i \omega_i r_{i0})^2 + (r_{i0}\omega_{di})^2}{\omega_{di}^2} \right]^{1/2} \tag{4.108}$$

$$\phi_i = \mathrm{tg}^{-1} \frac{r_{i0}\omega_{di}}{\dot{r}_{i0} + \zeta_i \omega_i r_{i0}} \tag{4.109}$$

Aqui r_{i0} e $\dot{r}_{i0}$ são os i-ésimo elementos de $\mathbf{r}(0)$ e $\dot{\mathbf{r}}(0)$, respectivamente. As Equações (4.108) e (4.109) originam diretamente da Equação (1.38) para um sistema de um grau de liberdade da mesma forma que a Equação (4.107). Essas equações são corretas somente se cada fator de amortecimento modal for subamortecido e nenhum modo de corpo rígido estiver presente. Se existir uma frequência zero, deve ser utilizado o método do Exemplo 4.4.4. O exemplo a seguir ilustra a técnica de solução para um sistema com amortecimento modal.

Exemplo 4.5.1

Considere novamente o sistema do Exemplo 4.3.1, que tem equação de movimento

$$\begin{bmatrix} 9 & 0 \\ 0 & 1 \end{bmatrix} \ddot{\mathbf{x}}(t) + \begin{bmatrix} 27 & -3 \\ -3 & 3 \end{bmatrix} \mathbf{x}(t) = \mathbf{0}, \quad \mathbf{x}(0) = \begin{bmatrix} 1 \\ 0 \end{bmatrix}, \quad \dot{\mathbf{x}}(t) = \mathbf{0}$$

e calcule a solução do mesmo sistema se for assumido amortecimento modal da forma $\zeta_1 = 0{,}05$ e $\zeta_1 = 0{,}1$.

Solução   A partir do Exemplo 4.3.1, $\omega_1 = \sqrt{2}$ e $\omega_2 = 2$. Uma vez que $\omega_{di} = \omega_i \sqrt{1 - \zeta_i^2}$ para sistemas subamortecidos, então as frequências naturais amortecidas tornam-se

$$\omega_{d1} = \sqrt{2}[1 - (0{,}05)^2]^{1/2} = 1{,}4124 \quad \text{e} \quad \omega_{d2} = 2[1 - (0{,}1)^2]^{1/2} = 1{,}9900.$$

As condições modais iniciais calculadas no Exemplo 4.3.1 são $r_{10} = r_{20} = 3\sqrt{2}$ e $\dot{r}_{10} = \dot{r}_{20} = 0$. A substituição desses valores nas Equações (4.108) e (4.109) produz

$$A_1 = 2{,}1240 \qquad \phi_1 = 1{,}52 \text{ rad} \qquad (87{,}13°)$$
$$A_2 = 2{,}1340 \qquad \phi_2 = 1{,}47 \text{ rad} \qquad (84{,}26°)$$

Note que, em comparação com as constantes de amplitude A_1 e fase e ϕ_1 do sistema não amortecido, apenas uma pequena alteração ocorre na amplitude. A fase, no entanto, muda 3° e 6°, respectivamente, devido ao amortecimento. A solução é então da forma

$$\mathbf{x}(t) = S\mathbf{r}(t) = \frac{1}{\sqrt{2}} \begin{bmatrix} \frac{1}{3} & \frac{1}{3} \\ 1 & -1 \end{bmatrix} \begin{bmatrix} 2{,}1240 e^{-0{,}0706t} \mathrm{sen}(1{,}4124t + 1{,}52) \\ 2{,}1320 e^{-0{,}2t} \mathrm{sen}(1{,}9900t + 1{,}47) \end{bmatrix}$$

ou

$$\mathbf{x}(t) = \begin{bmatrix} 0{,}5006 e^{-0{,}0706t} \mathrm{sen}(1{,}4124t + 1{,}52) + 0{,}5025 e^{-0{,}2t} \mathrm{sen}(1{,}9900t + 1{,}47) \\ 1{,}5019 e^{-0{,}0706t} \mathrm{sen}(1{,}4124t + 1{,}52) - 1{,}5076 e^{-0{,}2t} \mathrm{sen}(1{,}9900t + 1{,}47) \end{bmatrix}$$

Um gráfico de $x_1(t)$ por t e $x_2(t)$ por t é dado na Figura 4.13.

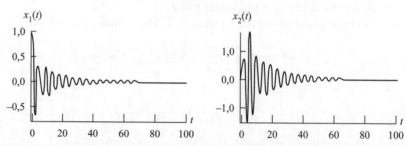

Figura 4.13 Gráfico da resposta amortecida do sistema do Exemplo 4.5.1.

□

A abordagem do fator de amortecimento modal também é facilmente aplicável ao método de soma de modo da Seção 4.4. Nesse caso, a Equação (4.91) é substituída pela versão amortecida

$$\mathbf{q}_i(t) = d_i e^{-\zeta_i \omega_i t} \operatorname{sen}(\omega_{di} t + \phi_i) \mathbf{v}_i \qquad (4.110)$$

O cálculo da condição inicial de deslocamento torna-se

$$\mathbf{q}_i(0) = d_i \operatorname{sen}(\phi_i) \mathbf{v}_i \qquad (4.111)$$

tal que a Equação (4.95) ainda é válida. No entanto, a velocidade torna-se

$$\dot{\mathbf{q}}_i(t) = d_i [\omega_{di} e^{-\zeta_i \omega_i t} \cos(\omega_{di} t + \phi_i) - \zeta_i \omega_i e^{-\zeta_i \omega_i t} \sin(\omega_i t + \phi_i)] \mathbf{v}_i \qquad (4.112)$$

ou em $t = 0$

$$\dot{\mathbf{q}}_i(0) = d_i (\omega_{di} \cos \phi_i - \zeta_i \omega_i \operatorname{sen} \phi_i) \mathbf{v}_i \qquad (4.113)$$

Multiplicando as Equações (4.111) e (4.113) por $\mathbf{v}_i^T$ pela esquerda e resolvendo para as constantes ϕ_i e d_i obtém-se

$$\phi_i = \operatorname{tg}^{-1} \frac{\omega_{di} \mathbf{v}_i^T \mathbf{q}(0)}{\mathbf{v}_i^T \dot{\mathbf{q}}(0) + \zeta_i \omega_i \mathbf{v}_i^T \mathbf{q}(0)}$$

$$d_i = \frac{\mathbf{v}_i^T \mathbf{q}(0)}{\operatorname{sen} \phi_i} \qquad (4.114)$$

Novamente, os valores de ζ_i são atribuídos com base na experiência ou na medição; então os cálculos da Seção 4.4 são usados com as condições iniciais dada pela Equação (4.114). A solução dada pela Equação (4.103) é substituída por

$$\mathbf{x}(t) = \sum_{i=1}^{n} d_i e^{-\zeta_i \omega_i t} \operatorname{sen}(\omega_{di} t + \phi_i) \mathbf{u}_i \qquad (4.115)$$

que fornece a resposta amortecida.

SEÇÃO 4.5 Sistemas com Amortecimento Viscoso **359**

Exemplo 4.5.2

Relembre o Exemplo 4.4.3 e o modelo de vibração de edifício definido pela equação de movimento

$$4000I\ddot{\mathbf{x}}(t) + \begin{bmatrix} 10.000 & -5000 & 0 & 0 \\ -5000 & 10.000 & -5000 & 0 \\ 0 & -5000 & 10.000 & -5000 \\ 0 & 0 & -5000 & 5000 \end{bmatrix}\mathbf{x}(t) = \mathbf{0}$$

sujeito a um vento que causa ao edifício um deslocamento inicial de $\mathbf{x}(0) = [0,001\ \ 0,010\ \ 0,020\ \ 0,025]^T$ e velocidade inicial zero, além disso, assuma que o amortecimento no edifício é $\zeta_i = 0,01$ em cada modo.

Solução Cada uma das etapas da solução do Exemplo 4.4.3 é a mesma até as condições iniciais serem calculadas. A partir da Equação (4.114) com $\dot{\mathbf{q}}(0) = M^{1/2}\dot{\mathbf{x}}(0) = 0$, para cada i,

$$\phi_i = \mathrm{tg}^{-1}\frac{\omega_{di}}{\zeta_i\omega_i} = \mathrm{tg}^{-1}\frac{\sqrt{1-\zeta_i^2}}{\zeta_i}$$

Para $\zeta_i = 0,01$, isso torna-se

$$\phi_i = 89,42° \qquad i = 1, 2, 3, 4 \qquad (\text{ou } 1,56 \text{ rad})$$

Como $1/\mathrm{sen}(89,42°) = 1,00005$, os coeficientes de expansão d_i são considerados como $\mathbf{v}_i^T\mathbf{q}(0)$ conforme calculado no Exemplo 4.4.3 devido ao pequeno amortecimento. As frequências naturais são $\omega_1 = 0,3883$, $\omega_2 = 1,1180$, $\omega_3 = 1,7129$ e $\omega_4 = 2,1012$ rad/s. Com um fator de amortecimento de 0,01 atribuído a cada modo, as frequências naturais amortecidas tornam-se $(\omega_{di} = \omega_i\sqrt{1-\zeta_i^2})$ quase iguais à terceira casa decimal com as frequências naturais. O valor do exponente nos termos de decaimento exponencial torna-se

$$-\zeta_1\omega_1 = -0,004, \quad -\zeta_2\omega_2 = -0,011, \quad -\zeta_3\omega_3 = -0,017, \quad \text{e} \quad -\zeta_4\omega_4 = -0,021$$

As formas modais não mudam, então a solução se torna

$$\mathbf{x}(t) = \begin{bmatrix} 0,007 \\ 0,014 \\ 0,019 \\ 0,021 \end{bmatrix} e^{-0,004t}\cos(0,388t + 1,56) + \begin{bmatrix} -4,67 \times 10^{-3} \\ -4,67 \times 10^{-3} \\ 0 \\ 4,67 \times 10^{-3} \end{bmatrix} e^{-0,011t}\cos(1,118t + 1,56)$$

$$+ \begin{bmatrix} -1,61 \times 10^{-3} \\ 5,60 \times 10^{-4} \\ 1,42 \times 10^{-3} \\ -1,05 \times 10^{-3} \end{bmatrix} e^{-0,017t}\cos(1,713t + 1,56) + \begin{bmatrix} -1,24 \times 10^{-4} \\ 1,91 \times 10^{-4} \\ -1,68 \times 10^{-4} \\ 6,62 \times 10^{-5} \end{bmatrix} e^{-0,021t}\cos(2,101t + 1,56)$$

Cada coordenada de $\mathbf{x}(t)$ é ilustrada na Figura 4.14. Observe que cada gráfico mostra os efeitos de múltiplas frequências e é ligeiramente amortecido. A Janela 4.7 resume essa utilização do amortecimento modal no método de soma de modo.

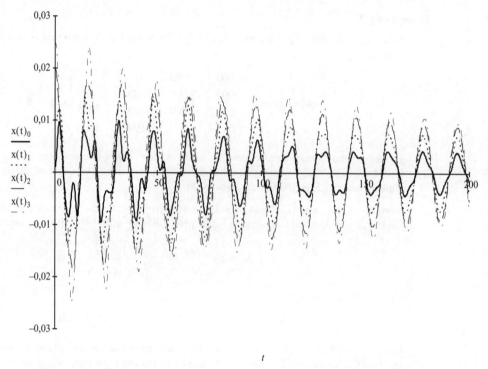

Figura 4.14 Um gráfico da resposta amortecida do sistema do Exemplo 4.5.2, que é o edifício do Exemplo 4.4.3 com amortecimento de $\zeta = 0,01$ em cada modo. O gráfico foi feito em Mathcad de modo que $x_1(t)$ é representado por $x(t)_0$, $x_2(t)$ é $x(t)_1$ etc.

□

O amortecimento também pode ser modelado diretamente. Por exemplo, considere o sistema da Figura 4.15. As equações de movimento desse sistema podem ser encontradas a partir da soma das forças em cada massa, como antes. Isso produz as seguintes equações de movimento na forma matricial

$$\begin{bmatrix} m_1 & 0 \\ 0 & m_2 \end{bmatrix} \ddot{\mathbf{x}} + \begin{bmatrix} c_1 + c_2 & -c_2 \\ -c_2 & c_2 \end{bmatrix} \dot{\mathbf{x}} + \begin{bmatrix} k_1 + k_2 & -k_2 \\ -k_2 & k_2 \end{bmatrix} \mathbf{x} = \mathbf{0} \quad (4.116)$$

onde $\mathbf{x} = [x_1(t) \quad x_2(t)]^T$. A Equação (4.116) fornece um exemplo de uma matriz de amortecimento C, definida por

$$C = \begin{bmatrix} c_1 + c_2 & -c_2 \\ -c_2 & c_2 \end{bmatrix} \quad (4.117)$$

Aqui c_1 e c_1 referem-se aos coeficientes de amortecimento indicados na Figura 4.15. A matriz de amortecimento C é simétrica e, num sistema geral de n-grau de liberdade, será uma

SEÇÃO 4.5 Sistemas com Amortecimento Viscoso

Janela 4.7
Amortecimento Modal no Método de Soma de Modos

Primeiro transforme as equações de movimento não amortecidas no sistema de coordenadas **q** e calcule ω_i and $\mathbf{v}_i$. Escolha fatores de amortecimento modais e escreva

$$\mathbf{q}(t) = \sum_{i=1}^{n} d_i e^{-\zeta_i \omega_i t} \operatorname{sen}(\omega_{di} t + \phi_i) \mathbf{v}_i$$

onde $M^{-1/2} K M^{-1/2} \mathbf{v}_i = \omega_i^2 \mathbf{v}_i$, $\omega_{di} = \omega_i \sqrt{1 - \zeta_i^2}$, $d_i = \dfrac{\mathbf{v}_i^T \mathbf{q}(0)}{\operatorname{sen} \phi_i}$

e

$$\phi_i = \operatorname{tg}^{-1} \frac{\omega_{di} \mathbf{v}_i^T \mathbf{q}(0)}{\mathbf{v}_i^T \dot{\mathbf{q}}(0) + \zeta_i \omega_i \mathbf{v}_i^T \mathbf{q}(0)}$$

Relembre que as condições iniciais são encontradas a partir de

$$\mathbf{q}(0) = M^{1/2} \mathbf{x}(0) \quad \text{e} \quad \dot{\mathbf{q}}(0) = M^{1/2} \dot{\mathbf{x}}(0)$$

Uma vez que $\mathbf{q}(t)$ é calculado, transforme de volta para as coordenadas físicas do sistema com

$$\mathbf{x}(t) = M^{-1/2} \mathbf{q}(t)$$

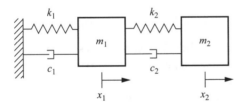

Figura 4.15 Um sistema de dois graus de liberdade com amortecimento viscoso.

matriz $n \times n$. Assim, um sistema de n-grau de liberdade amortecido é modelado por equações da forma

$$M\ddot{\mathbf{x}} + C\dot{\mathbf{x}} + K\mathbf{x} = \mathbf{0} \tag{4.118}$$

A dificuldade com modelagem de amortecimento dessa forma é que a análise modal não pode ser usada em geral para resolver a Equação (4.118) a menos que $CM^{-1}K = KM^{-1}C$ exista. Isso é verdade porque o amortecimento proporciona um acoplamento adicional entre as equações de movimento que nem sempre podem ser desacopladas pela transformação modal S (ver Caughey e O'Kelly, 1965). Outros métodos podem ser usados para resolver a Equação (4.118), conforme discutido nas Seções 4.9 e 4.10.

362 CAPÍTULO 4 • Sistemas com Múltiplos Graus de Liberdade

A análise modal pode ser usada diretamente para resolver a Equação (4.118) se a matriz de amortecimento C puder ser escrita como uma combinação linear da matriz de massa e rigidez, ou seja, se

$$C = \alpha M + \beta K \tag{4.119}$$

onde α e β são constantes. Essa forma de amortecimento é chamada *amortecimento proporcional*. Substituindo a Equação (4.119) na Equação (4.118) resulta em

$$M\ddot{x}(t) + (\alpha M + \beta K)\dot{x}(t) + Kx(t) = 0 \tag{4.120}$$

Substituindo $x(t) = M^{-1/2}q(t)$ e multiplicando por $M^{-1/2}$ produz

$$\ddot{q}(t) + (\alpha I + \beta\tilde{K})\dot{q}(t) + \tilde{K}q(t) = 0 \tag{4.121}$$

Seguindo os passos da Janela 4.5, substituindo $q(t) = Pr(t)$ e pré-multiplicando por P^T onde P é a matriz de autovetores de $\tilde{K}$, gera

$$\ddot{r}(t) + (\alpha I + \beta\Lambda)\dot{r}(t) + \Lambda r(t) = 0 \tag{4.122}$$

Isso corresponde à n equações modais desacopladas

$$\ddot{r}_i(t) + 2\zeta_i\omega_i\dot{r}_i(t) + \omega_i^2 r_i(t) = 0 \tag{4.123}$$

onde $2\zeta_i\omega_i = \alpha + \beta\omega_i^2$ ou

$$\zeta_i = \frac{\alpha}{2\omega_i} + \frac{\beta\omega_i}{2} \qquad i = 1, 2, \ldots, n \tag{4.124}$$

Aqui β e ϕ_i podem ser escolhidos para produzir alguns valores medidos (ou desejados, no caso do desenho) do fator de amortecimento modal ζ_i. Por outro lado, se α e β são conhecidos, a Equação (4.124) determina o valor do fator de amortecimento modal ζ_i. A solução da Equação (4.123) para o caso subamortecido ($0 < \zeta < 1$) é

$$r_i(t) = A_i e^{-\zeta_i\omega_i t} \operatorname{sen}(\omega_{di} t + \phi_i) \tag{4.125}$$

onde α e β são determinados pela aplicação das condições iniciais em $r(t)$. A solução em coordenadas físicas é então calculada a partir de $x(t) = Sr(t)$, onde $S = M^{-1/2}P$, como anteriormente. O caso mais geral de amortecimento proporcional é se $CM^{-1}K = KM^{-1}C$ se mantiver. Observe que se a Equação (4.119) é válida, então $CM^{-1}K = KM^{-1}C$ é satisfeito.

4.6 ANÁLISE MODAL DA RESPOSTA FORÇADA

A resposta forçada de um sistema de múltiplos graus de liberdade também pode ser calculada usando análise modal. Por exemplo, considerar o sistema do edifício da Figura 4.9 com uma força $F_4(t)$ aplicada ao quarto andar. Por exemplo, essa força poderia ser o resultado de um desbalanceamento de uma máquina rotativa no quarto andar. A equação de movimento toma a forma

$$M\ddot{x} + C\dot{x} + Kx = BF(t) \tag{4.126}$$

SEÇÃO 4.6   Análise Modal da Resposta Forçada   **363**

onde $\mathbf{F}(t) = [0 \quad 0 \quad 0 \quad F_4(t)]^T$ e a matriz B é dada por

$$
B = \begin{bmatrix} 0 & 0 & 0 & 0 \\ 0 & 0 & 0 & 0 \\ 0 & 0 & 0 & 0 \\ 0 & 0 & 0 & 1 \end{bmatrix}
$$

Por outro lado, se as diferentes forças forem aplicadas em cada grau de liberdade, B e $\mathbf{F}(t)$ assumiriam a forma

$$
B = \begin{bmatrix} 1 & 0 & 0 & 0 \\ 0 & 1 & 0 & 0 \\ 0 & 0 & 1 & 0 \\ 0 & 0 & 0 & 1 \end{bmatrix}, \quad \mathbf{F}(t) = \begin{bmatrix} F_1(t) \\ F_2(t) \\ F_3(t) \\ F_4(t) \end{bmatrix} \tag{4.127}
$$

Alternativamente, se apenas uma única força é aplicada em uma coordenada, a matriz B pode ser recolhida para o vetor $\mathbf{b}$ e a força aplicada se reduz ao escalar $f(t)$. Por exemplo, a única força $F_4(t)$ aplicada à quarta coordenada também pode ser escrita na Equação (4.126) como $\mathbf{b}F_4(t)$, onde $\mathbf{b} = [0 \quad 0 \quad 0 \quad 1]^T$.

A abordagem de análise modal segue novamente a Janela 4.5 e usa transformações para reduzir a Equação (4.126) para um conjunto de n equações modais desacopladas, que nesse caso serão não homogêneas. Em seguida, os métodos do Capítulo 3 podem ser aplicados para resolver a resposta forçada individual no sistema de coordenadas modais. A solução modal é então transformada de volta para o sistema de coordenadas físicas.

Para este fim, suponha que a matriz amortecedora C é proporcional à forma dada pela Equação (4.119). Seguindo o procedimento da Janela 4.5, substituindo $\mathbf{x}(t) = M^{-1/2}\mathbf{q}(t)$ na Equação (4.126) e multiplicando por $M^{-1/2}$ obtém-se

$$
I\ddot{\mathbf{q}}(t) + \tilde{C}\dot{\mathbf{q}}(t) + \tilde{K}\mathbf{q}(t) = M^{-1/2}B\mathbf{F}(t) \tag{4.128}
$$

onde $\tilde{C} = M^{-1/2} = CM^{-1/2}$. Em seguida, calcule o problema de autovalor para $\tilde{K}$. Considerando $\mathbf{q}(t) = P\mathbf{r}(t)$, onde P é a matriz de autovetores de $\tilde{K}$ e multiplicando por P^T tem-se

$$
\ddot{\mathbf{r}}(t) + \operatorname{diag}[2\zeta_i\omega_i]\dot{\mathbf{r}}(t) + \Lambda\mathbf{r}(t) = P^T M^{-1/2}B\mathbf{F}(t) \tag{4.129}
$$

onde a matriz $\operatorname{diag}[2\zeta_i\ \omega_i]$ é obtida a partir da Equação (4.123). O vetor $P^T M^{-1/2}\ B\mathbf{F}(t)$ tem elementos $f_i(t)$ que serão combinações lineares das forças F_i aplicadas a cada massa. Assim, as equações modais desacopladas assumem a forma

$$
\ddot{r}_i(t) + 2\zeta_i\omega_i\dot{r}_i(t) + \omega_i^2 r_i(t) = f_i(t) \tag{4.130}
$$

Referindo-se à Seção 3.2, a Equação (4.130) tem solução (revisada na Janela 4.8 para o caso subamortecido)

$$
r_i(t) = d_i e^{-\zeta_i\omega_i t}\operatorname{sen}(\omega_{di}t + \phi_i) + \frac{1}{\omega_{di}} e^{-\zeta_i\omega_i t}\int_0^t f_i(\tau)e^{\zeta_i\omega_i\tau}\operatorname{sen}\omega_{di}(t - \tau)d\tau \tag{4.131}
$$

Janela 4.8
Resposta Forçada de um Sistema Subamortecido Obtida na Seção 3.2

A resposta de um sistema subamortecido

$$m\ddot{x}(t) + c\dot{x}(t) + kx(t) = F(t)$$

(com condições iniciais zero) é dada por (para $0 < \zeta < 1$)

$$x(t) = \frac{1}{m\omega_d} e^{-\zeta\omega_n t} \int_0^t F(\tau) e^{\zeta\omega_n \tau} \operatorname{sen} \omega_d(t - \tau) \, d\tau$$

onde $\omega_n = \sqrt{k/m}$, $\zeta = c/(2m\omega_n)$ e $\omega_d = \omega_n\sqrt{1-\zeta^2}$. Com condições iniciais diferentes de zero, a resposta torna-se

$$x(t) = Ae^{-\zeta\omega_n t} \operatorname{sen}(\omega_d t + \phi) + \frac{1}{\omega_d} e^{-\zeta\omega_n t} \int_0^t f(\tau) e^{\zeta\omega_n \tau} \operatorname{sen} \omega_d(t - \tau) \, d\tau$$

com $f = F/m$ e constantes A e ϕ a serem determinadas pelas condições iniciais.

onde d_i e ϕ_i devem ser determinadas pelas condições iniciais modais e $\omega_{di} = \omega_i\sqrt{1-\zeta_i^2}$ determinadas como antes. Note que f_i pode representar uma somatória de forças se mais de uma força é aplicada ao sistema. Além disso, se uma força é aplicada a apenas uma massa do sistema, essa força é aplicada a cada uma das equações modais (4.131) pela transformação S, como ilustrado no exemplo a seguir.

Exemplo 4.6.1

Considere o sistema simples de dois graus de liberdade com uma força harmônica aplicada a uma massa como indicado na Figura 4.16.

Para este exemplo, seja $m_1 = 9$ kg, $m_2 = 1$ kg, $k_1 = 24$ N/m e $k_2 = 3$ N/m. Suponha também que o amortecimento é proporcional com $\alpha = 0$ e $\beta = 0,1$ de modo que $c_1 = 2,4$ N · s/m e $c_2 = 0,3$ N · s/m. Calcule a resposta de estado estacionário.

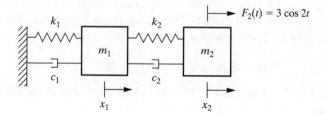

Figura 4.16 Um sistema amortecido de dois graus de liberdade para o Exemplo 4.6.1.

SEÇÃO 4.6 Análise Modal da Resposta Forçada

Solução   A equação de movimento em forma matricial é

$$\begin{bmatrix} 9 & 0 \\ 0 & 1 \end{bmatrix} \ddot{\mathbf{x}} + \begin{bmatrix} 2,7 & -0,3 \\ -0,3 & 0,3 \end{bmatrix} \dot{\mathbf{x}} + \begin{bmatrix} 27 & -3 \\ -3 & 3 \end{bmatrix} \mathbf{x} = \begin{bmatrix} 0 & 0 \\ 0 & 1 \end{bmatrix} \begin{bmatrix} 0 \\ F_2(t) \end{bmatrix}$$

As matrizes $M^{1/2}$ e $M^{-1/2}$ são

$$M^{1/2} = \begin{bmatrix} 3 & 0 \\ 0 & 1 \end{bmatrix} \qquad M^{-1/2} = \begin{bmatrix} \dfrac{1}{3} & 0 \\ 0 & 1 \end{bmatrix}$$

tal que

$$\tilde{C} = M^{-1/2}CM^{-1/2} = \begin{bmatrix} 0,3 & -0,1 \\ -0,1 & 0,3 \end{bmatrix} \quad \text{e} \quad \tilde{K} = \begin{bmatrix} 3 & -1 \\ -1 & 3 \end{bmatrix}$$

O problema de autovalor para $\tilde{K}$ fornece

$$\lambda_1 = 2 \quad \lambda_2 = 4 \quad P = 0,7071 \begin{bmatrix} 1 & -1 \\ 1 & 1 \end{bmatrix}$$

Assim, as frequências naturais do sistema são $\omega_1 = \sqrt{2}$ e $\omega_2 = 2$. As matrizes $P^T \tilde{C} P$ e $P^T \tilde{K} P$ são

$$P^T \tilde{C} P = \begin{bmatrix} 0,2 & 0 \\ 0 & 0,4 \end{bmatrix} \quad \text{e} \quad P^T \tilde{K} P = \begin{bmatrix} 2 & 0 \\ 0 & 4 \end{bmatrix}$$

O vetor $\mathbf{f}(t) = P^T M^{-1/2} B \mathbf{F}(t)$ torna-se

$$\mathbf{f}(t) = \begin{bmatrix} 0,2357 & 0,7071 \\ -0,2357 & 0,7071 \end{bmatrix} \begin{bmatrix} 0 \\ F_2(t) \end{bmatrix} = 0,7071 \begin{bmatrix} F_2(t) \\ F_2(t) \end{bmatrix}$$

Assim, as equações modais desacopladas são

$$\ddot{r}_1 + 0,2\dot{r}_1 + 2r_1 = 0,7071(3)\cos 2t = 2,1213\cos 2t$$
$$\ddot{r}_2 + 0,4\dot{r}_2 + 4r_2 = 0,7071(3)\cos 2t = 2,1213\cos 2t$$

Comparando o coeficiente de $\dot{r}_i$ em cada caso para $2\zeta_i\omega_i$ tem-se

$$\zeta_1 = \frac{0,2}{2\sqrt{2}} = 0,0707$$

$$\zeta_2 = \frac{0,4}{2(2)} = 0,1000$$

Dessa forma, as frequências naturais amortecidas

$$\omega_{d1} = \omega_1\sqrt{1 - \zeta_1^2} = 1,4106 \approx 1,41$$
$$\omega_{d2} = \omega_2\sqrt{1 - \zeta_2^2} = 1,9899 \approx 1,99$$

366 CAPÍTULO 4 • Sistemas com Múltiplos Graus de Liberdade

Note que enquanto a força F_2 é aplicada apenas à massa m_2, ela é aplicada a ambas as coordenadas quando transformadas em coordenadas modais. As equações modais para r_1 e r_2 podem ser resolvidas pela Equação (4.131), ou nesse caso de uma excitação harmônica simples, a solução particular é dada diretamente pela Equação (2.36) como

$$r_{1p}(t) = \frac{2,1213}{\sqrt{(2-4)^2 + [2(0,0707)\sqrt{2}(2)]^2}} \cos\left(2t - \text{tg}^{-1}\frac{2(0,0707)\sqrt{2}(2)}{\sqrt{2^2} - 2^2}\right)$$

$$= (1,040)\cos(2t + 0,1974) = 1,040\cos(2t - 2,9449)$$

Observe que o argumento da função arco tangente é negativo ($\sqrt{2^2} - 2^2 < 0$) tal que o ângulo do quarto quadrante deve ser usado (ver Janela 2.4), resultando em 2,9449 radianos. O segundo modo da solução particular é

$$r_{2p}(t) = \frac{2,1213}{\sqrt{(4-4)^2 + (2(0,1)(2)(2))^2}} \cos\left(2t - \text{tg}^{-1}\frac{2(0,1)(2)(2)}{2^2 - 2^2}\right)$$

$$= 2,6516\cos\left(2t - \frac{\pi}{2}\right) = 2,6516\,\text{sen}\,2t$$

Aqui r_{ip} é usado para denotar a solução particular da i-ésima equação modal. Note que $r_2(t)$ é excitado na sua frequência de ressonância mas tem alto amortecimento, tal que a amplitude maior, mas finita para $r_{2p}(t)$ é esperada. Se a resposta transiente for desconsiderada (ela desaparece na Equação (2.30)), a solução precedente produz a resposta em estado estacionário. A solução no sistema de coordenadas físicas é

$$\mathbf{x}_{ss}(t) = M^{-1/2}P\mathbf{r}(t) = \begin{bmatrix} 0,2357 & -0,2357 \\ 0,7071 & 0,7071 \end{bmatrix} \begin{bmatrix} 1,040\cos(2t - 2,9442) \\ 2,6516\,\text{sen}\,2t \end{bmatrix}$$

tal que no estado estacionário

$$x_1(t) = 0,2451\cos(2t - 2,9442) - 0,6249\,\text{sen}\,2t$$

$$x_2(t) = 0,7354\cos(2t - 2,9442) + 8749\,\text{sen}\,2t$$

Observe que, embora exista uma quantidade razoável de amortecimento no modo ressonante, cada uma das coordenadas tem um componente grande vibrando próximo da frequência de ressonância.

□

Ressonância

O conceito de ressonância em sistemas de múltiplos graus de liberdade é semelhante ao introduzido na Seção 2.2 para sistemas de um grau de liberdade. Baseia-se na ideia de que uma força de excitação harmônica está excitando o sistema em sua frequência natural, causando uma oscilação ilimitada no caso não amortecido e uma resposta com uma amplitude máxima no caso amortecido. Entretanto, em sistemas de múltiplos graus de liberdade, existem n frequências naturais e o conceito de ressonância é complicado pelos efeitos das formas modais. Basicamente, se uma força é aplicada ortogonalmente ao modo

SEÇÃO 4.6 Análise Modal da Resposta Forçada **367**

da frequência de excitação, o sistema *não* ressoará em qualquer frequência, um fato que pode ser usado no projeto. O exemplo a seguir ilustra a ressonância em um sistema de dois graus de liberdade.

Exemplo 4.6.2

Considere o seguinte sistema e determine se a frequência de excitação fará com que o sistema experimente ressonância.

$$\begin{bmatrix} 4 & 0 \\ 0 & 9 \end{bmatrix} \ddot{\mathbf{x}} + \begin{bmatrix} 30 & -5 \\ -5 & 5 \end{bmatrix} \mathbf{x}(t) = \begin{bmatrix} 1 \\ 0 \end{bmatrix} \operatorname{sen}(2,757t)$$

Se sim, qual modo experimenta ressonância? Isso faz com que ambos os graus de liberdade experimentem a ressonância?

Solução Primeiro, calcule a matriz de rigidez normalizada em massa e então o problema de autovalor para esse sistema

$$\tilde{K} = M^{-1/2}KM^{-1/2} = \begin{bmatrix} \frac{1}{2} & 0 \\ 0 & \frac{1}{3} \end{bmatrix} \begin{bmatrix} 30 & -5 \\ -5 & 5 \end{bmatrix} \begin{bmatrix} \frac{1}{2} & 0 \\ 0 & \frac{1}{3} \end{bmatrix} = \begin{bmatrix} 7,5 & -0,833 \\ -0,833 & 0,556 \end{bmatrix}$$

Resolvendo o problema de autovalor para essa matriz tem-se $\lambda_1 = 0,456956$ e $\lambda_2 = 7,5986$ tal que $\omega_1 = 0,676$ rad/s e $\omega_2 = 2,757$ rad/s. Note que a segunda frequência está dentro do arredondamento para a frequência de excitação tal que este seja um sistema ressonante. Em seguida, calcule as equações modais. A partir da Equação (4.129), o vetor de força modal é calculado a partir de

$$P^T M^{-1/2} \mathbf{b} = \begin{bmatrix} 0,118 & 0,993 \\ 0,993 & -0,118 \end{bmatrix} \begin{bmatrix} \frac{1}{2} & 0 \\ 0 & \frac{1}{3} \end{bmatrix} \begin{bmatrix} 1 \\ 0 \end{bmatrix} = \begin{bmatrix} 0,059 \\ 0,497 \end{bmatrix}$$

Assim, as equações são

$$\ddot{r}_1(t) + (0,676)^2 r_1(t) = \operatorname{sen}(2,57t)$$

$$\ddot{r}_2(t) + (2,57)^2 r_2(t) = \operatorname{sen}(2,57t)$$

Dessa forma, o segundo modo está claramente em ressonância. Note, porém, que uma vez transformada de volta às coordenadas físicas, cada massa será afetada por ambos os modos. Isto é, tanto $x_1(t)$ como $x_2(t)$ são uma combinação linear de $r_1(t)$ e $r_2(t)$. Assim, cada massa experimentará ressonância. Isso ocorre porque a transformação de volta às coordenadas físicas acopla as soluções modais.

$\square$

Resposta Forçada Usando Soma de Modo

Primeiro, calcule a solução particular da resposta forçada. Considere

$$M\ddot{\mathbf{x}}(t) + K\mathbf{x}(t) = \mathbf{F}(t) \tag{4.132}$$

onde $\mathbf{F}(t)$ é uma entrada de força geral. Seja $\mathbf{x}_p$ a solução particular calculada para uma determinada entrada de força. Em seguida, considere a resposta livre usando a soma de

368 CAPÍTULO 4 • Sistemas com Múltiplos Graus de Liberdade

modo. Considere primeiro a transformação de coordenadas $\mathbf{x}(t) = M^{-1/2}\mathbf{q}(t)$ substituída na Equação (4.132), e então pré-multiplicando (4.132) por $M^{-1/2}$ resulta em

$$\ddot{\mathbf{q}}(t) + \tilde{K}\mathbf{q}(t) = M^{-1/2}\mathbf{F}(t) \tag{4.133}$$

onde $\tilde{K} = M^{-1/2}KM^{-1/2}$ como antes. A partir da Equação (4.92) a solução homogênea na forma de soma de modo é

$$\mathbf{q}_H(t) = \sum_{i=1}^{n} d_i \operatorname{sen}(\omega_i t + \phi_i)\mathbf{v}_i \tag{4.134}$$

onde $\mathbf{v}_i$ são os autovetores da matriz simétrica $\tilde{K}$. Reescrever essa última expressão na forma ortogonal (isto é, seno mais cosseno em vez de amplitude e fase) e adicionar na solução particular produz a solução total:

$$\mathbf{q}(t) = \underbrace{\sum_{i=1}^{n} \left[b_i \operatorname{sen}\omega_i t + c_i \cos\omega_i t \right]\mathbf{v}_i}_{\text{homogêneo}} + \underbrace{\mathbf{q}_p(t)}_{\text{particular}} \tag{4.135}$$

Resta agora encontrar uma expressão para $\mathbf{q}_p$ e avaliar as constantes de integração b_i e c_i em termos das condições iniciais fornecidas. A partir da transformação de coordenadas $\mathbf{x}(t) = M^{-1/2}\mathbf{q}(t)$, $\mathbf{q}_p$ está relacionada a $\mathbf{x}_p$ por $\mathbf{q}_p(t) = M^{-1/2}\mathbf{x}(t)$. Assim, a Equação (4.135) torna-se

$$\mathbf{q}(t) = \sum_{i=1}^{n} \left(b_i \operatorname{sen}\omega_i t + c_i \cos\omega_i t \right)\mathbf{v}_i + M^{1/2}\mathbf{x}_p(t) \tag{4.136}$$

As condições iniciais podem agora ser usadas para calcular as constantes de integração. Fazendo $t = 0$ na Equação (4.136) resulta em

$$\mathbf{q}(0) = \mathbf{q_0} = \sum_{i=1}^{n} \left(b_i \sin\omega_i 0 + c_i \cos\omega_i 0 \right)\mathbf{v}_i + M^{1/2}\mathbf{x}_p(0) \tag{4.137}$$

Pré-multiplicando essa última expressão por $\mathbf{v}_i^T$ produz

$$\mathbf{v}_i^T\mathbf{q_0} = c_i + \mathbf{v}_i^T M^{1/2}\mathbf{x}_p(0) \tag{4.138}$$

Da mesma forma, diferenciando a Equação (4.136), definindo $t = 0$ e multiplicando por $\mathbf{v}_i^T$ chega-se a

$$\mathbf{v}_i^T\dot{\mathbf{q}}_0 = \omega_i b_i + \mathbf{v}_i^T M^{1/2}\dot{\mathbf{x}}_p(0) \tag{4.139}$$

Resolvendo as Equações (4.138) e (4.139) para as constantes de integração gera

$$c_i = \mathbf{v}_i^T\mathbf{q_0} - \mathbf{v}_i^T M^{1/2}\mathbf{x}_p(0)$$

$$b_i = \frac{1}{\omega_i}\left(\mathbf{v}_i^T\dot{\mathbf{q}}_0 - \mathbf{v}_i^T M^{1/2}\dot{\mathbf{x}}_p(0) \right) \tag{4.140}$$

SEÇÃO 4.7   Equações de Lagrange

A substituição desses valores na Equação (4.136) produz a expressão para $\mathbf{q}(t)$. Pré multiplicando por $M^{-1/2}$ produz o deslocamento em coordenadas físicas:

$$\mathbf{x}(t) = \sum_{i=1}^{n} \left(b_i \operatorname{sen} \omega_i t + c_i \cos \omega_i t \right) \mathbf{u}_i + \mathbf{x}_p(t) \tag{4.141}$$

onde as constantes são dadas pela Equação (4.140), $\mathbf{u}_i$ é a forma modal ω_i é a frequência natural e $\mathbf{x}_p$ é a solução particular.

4.7   EQUAÇÕES DE LAGRANGE

A equação de Lagrange foi introduzida na Seção 1.4 como uma extensão ao método da energia para derivar equações de movimento. As Equações (1.62) e (1.63) juntamente com o Exemplo 1.4.7 introduziram o método para sistemas de um grau de liberdade. Assim como no caso de um grau de liberdade, a formulação de Lagrange pode ser usada para modelar sistemas de múltiplos graus de liberdade como uma alternativa ao uso da lei de Newton (somatório de forças e momentos) para aqueles casos em que o diagrama de corpo livre não é tão óbvio. Lembre-se que a formulação de Lagrange requer a identificação da energia no sistema, em vez da identificação de forças e momentos atuando no sistema, e requer o uso de coordenadas generalizadas. Um breve relato da formulação de Lagrange é dado aqui. Uma descrição mais precisa e detalhada é dada em Meirovitch (1995), por exemplo.

O procedimento começa pela atribuição de uma coordenada generalizada a cada parte móvel. O sistema de coordenadas retangulares padrão é um exemplo de uma coordenada generalizada, mas qualquer comprimento, ângulo ou outra coordenada que define exclusivamente a posição da peça a qualquer momento forma uma coordenada generalizada. Geralmente, é desejável escolher coordenadas que sejam independentes. É costume designar cada coordenada pela letra q com um subscrito de modo que um conjunto de n coordenadas generalizadas seja escrito como $q_1, q_2, ..., q_n$. Note que o símbolo q_i usado aqui é diferente do q_i usado para representar coordenadas normalizadas em massa em seções anteriores.

Um exemplo de coordenadas generalizadas é ilustrado na Figura 4.17. Na figura, a localização das duas massas pode ser descrita pelo conjunto de quatro coordenadas

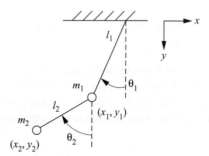

Figura 4.17   Um exemplo de coordenadas generalizadas para um pêndulo duplo ilustra um exemplo de restrições.

370 CAPÍTULO 4 • Sistemas com Múltiplos Graus de Liberdade

x_1, y_1, x_2 e y_2 ou as duas coordenadas θ_1 e θ_2. As coordenadas θ_1 e θ_2 são consideradas como coordenadas generalizadas porque são independentes. As coordenadas cartesianas $(x_1, y_1, x_2$ e $y_2)$ não são independentes e, portanto, não seriam uma escolha desejável de coordenadas generalizadas. Observe que

$$x_1^2 + y_1^2 = l_1^2 \qquad e \qquad (x_2 - x_1)^2 + (y_2 - y_1)^2 = l_2^2 \qquad (4.142)$$

expressam a dependência das coordenadas cartesianas uma em relação a outra. As relações na Equação (4.142) são chamadas *equações de restrição*.

Uma nova configuração do pêndulo duplo da Figura 4.17 pode ser obtida alterando as coordenadas generalizadas $q_1 = \theta_1$ e $q_2 = \theta_2$ por uma quantidade δq_1 e δq_2, respectivamente. Aqui δq_i são representados por *deslocamentos virtuais*, que são definidos como sendo deslocamentos infinitesimais que não violam restrições e de modo que não há mudança significativa na geometria do sistema. O *trabalho virtual*, representado por δW, é o trabalho realizado para causar o deslocamento virtual. O princípio do trabalho virtual afirma que se um sistema em repouso (ou em equilíbrio) sob a ação de um conjunto de forças é dado um deslocamento virtual, o trabalho virtual feito pelas forças é zero. A força generalizada (ou momento) na i-ésima coordenada, denotada por Q_i, está relacionada com o trabalho realizado na mudança q_1 pela quantidade δq_1 e é definida como sendo

$$Q_i = \frac{\delta W}{\delta q_i} \qquad (4.143)$$

A quantidade Q_i será um momento se q_1 é uma coordenada de rotação e uma força se for uma coordenada de translação.

A formulação de Lagrange segue os princípios variacionais e afirma que as equações de movimento de um sistema vibratório podem ser obtidas a partir de

$$\frac{d}{dt}\left(\frac{\partial T}{\partial \dot{q}_i}\right) - \frac{\partial T}{\partial q_i} + \frac{\partial U}{\partial q_i} = Q_i \qquad i = 1, 2, \ldots, n \qquad (4.144)$$

onde $\dot{q}_i = \partial q_i / \partial t$ é a velocidade generalizada, T é a energia cinética do sistema, U é a energia potencial do sistema e Q_i representa todas as forças não conservativas correspondentes a q_i. Aqui $\partial / \partial q_i$ representa a derivada parcial em relação à coordenada q_i. Para sistemas conservativos, $Q_i = 0$ e a Equação (4.144) torna-se

$$\frac{d}{dt}\left(\frac{\partial T}{\partial \dot{q}_i}\right) - \frac{\partial T}{\partial q_i} + \frac{\partial U}{\partial q_i} = 0 \qquad i = 1, 2, \ldots, n \qquad (4.145)$$

As Equações (4.144) e (4.145) representam uma equação para cada coordenada generalizada. Essas expressões permitem que as equações de movimento de sistemas complexos sejam derivadas sem usar diagramas de corpo livre e somatório de forças e momentos. A equação de Lagrange pode ser reescrita em uma forma ligeiramente simplificada

SEÇÃO 4.7 Equações de Lagrange 371

definindo o lagrangiano $L = (T - U)$, dado pela diferença entre as energias cinética e potencial. Então, se $\partial U/\dot{q}_i = 0$, a equação de Lagrange torna-se (isto é a Equação (1.63))

$$\frac{d}{dt}\left(\frac{\partial L}{\partial \dot{q}_i}\right) - \frac{\partial L}{\partial q_i} = 0 \qquad i = 1, 2, \ldots, n \tag{4.146}$$

Os exemplos seguintes ilustram o procedimento.

Exemplo 4.7.1

Obtenha as equações de movimento do sistema da Figura 4.18 usando a equação de Lagrange

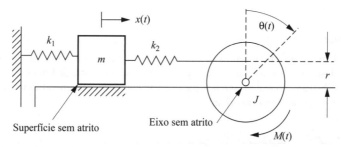

Figura 4.18 Um modelo de vibração de um mecanismo simples. A quantidade $M(t)$ denota um momento aplicado. O disco gira sem translação.

Solução O movimento desse sistema pode ser descrito pelas duas coordenadas x e θ, então uma boa escolha de coordenadas generalizadas é $q_1(t) = x(t)$ e $q_2(t) = \theta(t)$. A energia cinética torna-se

$$T = \frac{1}{2}m\dot{q}_1^2 + \frac{1}{2}J\dot{q}_2^2$$

A energia potencial torna-se

$$U = \frac{1}{2}k_1 q_1^2 + \frac{1}{2}k_2(rq_2 - q_1)^2$$

Aqui $Q_1 = 0$ e $Q_2 = M(t)$. Usando a Equação (4.145), para $i = 1$,

$$\frac{d}{dt}(m\dot{q}_1 + 0) - 0 + k_1 q_1 + k_2(rq_2 - q_1)(-1) = 0$$

ou

$$m\ddot{q}_1 + (k_1 + k_2)q_1 - k_2 r q_2 = 0 \tag{4.147}$$

Similarmente, para $i = 2$, a Equação (4.144) torna-se

$$J\ddot{q}_2 + k_2 r^2 q_2 - k_2 r q_1 = M(t) \tag{4.148}$$

Combinando as Equações (4.147) e (4.148) na forma matricial

$$\begin{bmatrix} m & 0 \\ 0 & J \end{bmatrix} \ddot{\mathbf{x}}(t) + \begin{bmatrix} k_1 + k_2 & -rk_2 \\ -rk_2 & r^2 k_2 \end{bmatrix} \mathbf{x}(t) = \begin{bmatrix} 0 \\ M(t) \end{bmatrix} \tag{4.149}$$

Aqui o vetor $\mathbf{x}(t)$ é

$$\mathbf{x}(t) = \begin{bmatrix} q_1(t) \\ q_2(t) \end{bmatrix} = \begin{bmatrix} x(t) \\ \theta(t) \end{bmatrix}$$

□

Exemplo 4.7.2

Um mecanismo consiste de três alavancas ligadas por juntas leves. Um modelo de vibração desse mecanismo é dado na Figura 4.19. Use o método de Lagrange para obter a equação de vibração. Tomar os ângulos para ser as coordenadas generalizadas. Linearize o resultado e coloque na forma matricial.

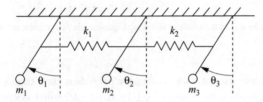

Figura 4.19 Um modelo de vibração de três alavancas acopladas. Os comprimentos das alavancas são l e as molas estão ligadas em α unidades a partir dos pontos de articulação.

Solução A energia cinética é

$$T = \frac{1}{2} m_1 l^2 \dot{\theta}_1^2 + \frac{1}{2} m_2 l^2 \dot{\theta}_2^2 + \frac{1}{2} m_3 l^2 \dot{\theta}_3^2$$

A energia potencial torna-se

$$U = m_1 g l (1 - \cos\theta_1) + m_2 g l (1 - \cos\theta_2) + m_3 g l (1 - \cos\theta_3)$$
$$+ \frac{1}{2} k_1 (\alpha\theta_2 - \alpha\theta_1)^2 + \frac{1}{2} k_2 (\alpha\theta_3 - \alpha\theta_2)^2$$

Aplicando a equação de Lagrange para $i = 1$ obtém-se

$$m_1 l^2 \ddot{\theta}_1 + m_1 g l \operatorname{sen} \theta_1 - \alpha k_1 (\alpha\theta_2 - \alpha\theta_1) = 0$$

Para $i = 2$, a equação de Lagrange produz

$$m_2 l^2 \ddot{\theta}_2 + m_2 g l \sin \theta_2 + \alpha k_1 (\alpha\theta_2 - \alpha\theta_1) - \alpha k_2 (\alpha\theta_3 - \alpha\theta_2) = 0$$

e para $i = 3$, a equação de Lagrange gera

$$m_3 l^2 \ddot{\theta}_3 + m_3 g l \operatorname{sen} \theta_3 + \alpha k_2 (\alpha\theta_3 - \alpha\theta_2) = 0$$

SEÇÃO 4.7 Equações de Lagrange

Essas três equações podem ser linearizadas assumindo que θ é pequeno tal que sen θ ~ θ. Observe que essa linearização ocorre após as equações terem sido obtidas. Na forma matricial, as equações de Lagrange tornam-se

$$\begin{bmatrix} m_1 l^2 & 0 & 0 \\ 0 & m_2 l^2 & 0 \\ 0 & 0 & m_3 l^2 \end{bmatrix} \ddot{\mathbf{x}}(t)$$
$$+ \begin{bmatrix} m_1 g l + \alpha^2 k_1 & -\alpha^2 k_1 & 0 \\ -\alpha^2 k_1 & m_2 g l + \alpha^2 (k_1 + k_2) & -\alpha^2 k_2 \\ 0 & -\alpha^2 k_2 & m_3 g l + \alpha^2 k_2 \end{bmatrix} \mathbf{x}(t) = \mathbf{0}$$

onde $\mathbf{x}(t) = [q_1 \ q_2 \ q_3]^T = [\theta_1 \ \theta_2 \ \theta_3]^T$ é o conjunto de coordenadas generalizadas.

□

Exemplo 4.7.3

Considere o modelo de vibração das asas da Figura 4.20. Usando o movimento vertical do ponto de fixação das molas $x(t)$ e a rotação desse ponto $\theta(t)$, determine as equações de movimento usando o método de Lagrange. Use a aproximação de ângulo pequeno (lembre-se do pêndulo do Exemplo 1.4.6) e escreva as equações na forma matricial. Note que G representa o centro de massa e e indica a distância entre o ponto de rotação e o centro de massa. Desconsidere a força gravitacional.

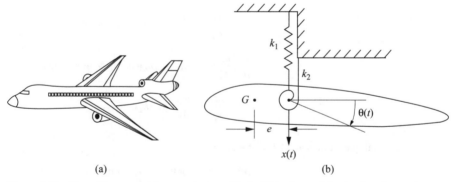

Figura 4.20 Um avião em voo (a) apresenta uma série de diferentes modelos de vibração, um dos quais é dado na parte (b). Em (b) é esboçado um modelo de vibração de uma asa em voo, o que explica o movimento de flexão e torção, modelando a asa como anexada ao solo (o corpo da aeronave, nesse caso) através de uma mola linear k_1 e uma mola de torção k_2.

Solução Considere que m represente a massa da seção da asa e J represente a inércia de rotação em torno do ponto G. A energia cinética é

$$T = \frac{1}{2} m \dot{x}_G^2 + \frac{1}{2} J \dot{\theta}^2$$

onde x_G é o deslocamento do ponto G. Esse deslocamento está relacionado com a coordenada $x(t)$, do ponto de fixação das molas por

$$x_G(t) = x(t) - e \operatorname{sen} \theta(t)$$

que é obtido analisando a geometria da Figura 4.20. Assim, $\dot{x}_G(t)$ torna-se

$$\dot{x}_G(t) = \dot{x}(t) - e \cos \theta(t) \frac{d\theta}{dt} = \dot{x}(t) - e\dot{\theta} \cos \theta$$

A expressão para a energia cinética em termos das coordenadas generalizadas $q_1 = x$ e $q_2 = \theta$ é

$$T = \frac{1}{2} m[\dot{x} - e\dot{\theta} \cos \theta]^2 + \frac{1}{2} J\dot{\theta}^2$$

A expressão para energia potencial é

$$U = \frac{1}{2} k_1 x^2 + \frac{1}{2} k_2 \theta^2$$

que já está em termos das coordenadas generalizadas. O lagrangiano L torna-se

$$L = T - U = \frac{1}{2} m[\dot{x} - e\dot{\theta} \cos \theta]^2 + \frac{1}{2} J\dot{\theta}^2 - \frac{1}{2} k_1 x^2 - \frac{1}{2} k_2 \theta^2$$

Calculando as derivadas requeridas pela Equação (4.146) para $i = 1$, tem-se

$$\frac{\partial L}{\partial \dot{q}_1} = \frac{\partial L}{\partial \dot{x}} = m[\dot{x} - e\dot{\theta} \cos \theta]$$

$$\frac{d}{dt}\left(\frac{\partial L}{\partial \dot{x}}\right) = m\ddot{x} - me\ddot{\theta} \cos \theta + me\dot{\theta}^2 \operatorname{sen} \theta$$

$$\frac{\partial L}{\partial q_1} = \frac{\partial L}{\partial x} = -k_1 x$$

tal que a Equação (4.146) torna-se

$$m\ddot{x} - me\ddot{\theta} \cos \theta + em\dot{\theta}^2 \operatorname{sen} \theta + k_1 x = 0$$

Assumindo pequenos movimentos de modo que as aproximações $\cos \theta \to 1$ e $\operatorname{sen} \theta \to \theta$, e assumindo que o termo $\dot{\theta}^2 \theta$ é pequeno o suficiente, resulta em uma equação linear em $x(t)$ dada por

$$m\ddot{x} - me\ddot{\theta} + k_1 x = 0$$

SEÇÃO 4.7 Equações de Lagrange **375**

Calculando as derivadas requeridas pela Equação (4.146) para $i = 2$, tem-se

$$\frac{\partial L}{\partial \dot{q}_2} = \frac{\partial L}{\partial \dot{\theta}} = m[\dot{x} - e\dot{\theta}\cos\theta](-e\cos\theta) + J\dot{\theta} = -me\cos\theta\dot{x} + me^2\dot{\theta}\cos^2\theta + J\dot{\theta}$$

$$\frac{d}{dt}\left(\frac{\partial L}{\partial \dot{q}_2}\right) = \frac{d}{dt}\left(\frac{\partial L}{\partial \dot{\theta}}\right)$$

$$= -me\cos\theta\ddot{x} + me\dot{x}\,\text{sen}\,\theta\dot{\theta} + me^2\ddot{\theta}\cos^2\theta - 2me^2\dot{\theta}^2\,\text{sen}\,\theta\cos\theta + J\ddot{\theta}$$

$$\frac{\partial L}{\partial q_2} = \frac{\partial L}{\partial \theta} = m[\dot{x} - e\dot{\theta}\cos\theta](e\dot{\theta}\,\text{sen}\,\theta) - k_2\theta$$

$$= me\dot{x}\dot{\theta}\,\text{sen}\,\theta - me^2\dot{\theta}^2\,\text{sen}\,\theta\cos\theta - k_2\theta$$

tal que a Equação (4.146) torna-se

$$J\ddot{\theta} - me\cos\theta\ddot{x} + me^2\cos^2\theta\ddot{\theta} - me^2\dot{\theta}^2\,\text{sen}\,\theta\cos\theta + k_2\theta = 0$$

Novamente, se a aproximação de pequeno movimento (isto é, sen $\theta \to \theta$, cos $\theta \to 1$, $\dot{\theta}^2\theta \to 0$) é usada, resulta uma equação linear em $\theta(t)$ dada por

$$(J + me^2)\ddot{\theta} - me\ddot{x} + k_2\theta = 0$$

Combinando a expressão para $i = 1$ e $i = 2$ em uma equação vetorial no vetor generalizado $\mathbf{x} = [q_1(t) \quad q_2(t)]^T = [x(t) \quad \theta(t)]^T$ tem-se

$$\begin{bmatrix} m & -me \\ -me & me^2 + J \end{bmatrix}\begin{bmatrix} \ddot{x}(t) \\ \ddot{\theta}(t) \end{bmatrix} + \begin{bmatrix} k_1 & 0 \\ 0 & k_2 \end{bmatrix}\begin{bmatrix} x(t) \\ \theta(t) \end{bmatrix} = \begin{bmatrix} 0 \\ 0 \end{bmatrix}$$

Observe aqui que as duas equações de movimento são acopladas, não através de termos de rigidez, como no Exemplo 4.7.2, mas sim através dos termos de inércia. Tais sistemas são chamados *acoplados dinamicamente*, significando que os termos que acoplam a equação em $\theta(t)$ à equação em $x(t)$ estão na matriz de massa (ou seja, significando que a matriz de massa não é diagonal). Em todos os exemplos anteriores, a matriz de massa é diagonal e a matriz de rigidez não é diagonal. Esses sistemas são chamados *estaticamente acoplados*. Os sistemas acoplados dinamicamente possuem matrizes de massa não diagonais e, portanto, requerem a utilização da decomposição de Cholesky para o fatorar a matriz de massa ($M = L^T L$) nos passos de análise modal da Janela 4.5 (substituindo $M^{-1/2}$ por L). Isso é discutido na Seção 4.9. Os programas no *Toolbox* e os vários códigos dados na Seção 4.9 são capazes de resolver sistemas acoplados dinamicamente tão facilmente como aqueles que têm uma matriz de massa diagonal.

$\square$

O Exemplo 4.7.3 não apenas ilustra um sistema acoplado dinamicamente, mas também apresenta um sistema que é mais fácil de se aproximar usando o método de Lagrange do que usando um equilíbrio de força para obter a equação de movimento. Vários textos de vibração obtiveram um conjunto incorreto de equações de movimento para o problema do exemplo anterior, usando somatório de forças e momentos em vez da abordagem lagrangiana.

376   CAPÍTULO 4 • Sistemas com Múltiplos Graus de Liberdade

Amortecimento

O amortecimento viscoso é uma força não conservativa e pode ser modelado definindo a função de dissipação de Rayleigh. Essa função pressupõe que as forças de amortecimento são proporcionais às velocidades. A função de dissipação de Rayleigh assume a forma (lembre-se do Problema 1.79)

$$F = \frac{1}{2} \sum_{r=1}^{n} \sum_{s=1}^{n} c_{rs} \dot{q}_r \dot{q}_s \tag{4.150}$$

onde $c_{rs} = c_{sr}$ são os coeficientes de amortecimento e n são novamente o número de coordenadas generalizadas. Com essa forma, as forças generalizadas para amortecimento viscoso podem ser obtidas a partir de

$$Q_j = -\frac{\partial F}{\partial \dot{q}_j}, \text{ para cada } j = 1, 2, \ldots, n \tag{4.151}$$

Então, para obter as equações de movimento com amortecimento viscoso, substitua a Equação (4.150) em (4.151) em seguida a Equação (4.151) em (4.144). O exemplo a seguir ilustra o procedimento.

Exemplo 4.7.4

Considere novamente o sistema do Exemplo 4.7.1 e suponha que existe um amortecedor viscoso de coeficiente c_1, paralelo a k_1 e um amortecedor de coeficiente c_2, paralelo a k_2. Obtenha as equações de movimento para o sistema usando equações de Lagrange.

Solução   A função de dissipação dada pela Equação (4.150) torna-se

$$F = \frac{1}{2} [c_1 \dot{q}_1^2 + c_2 (r\dot{q}_2 - \dot{q}_1)^2]$$

A substituição na Equação (4.151) produz as forças generalizadas

$$Q_1 = -\frac{\partial F}{\partial \dot{q}_1} = -c_1 \dot{q}_1 - c_2 (r\dot{q}_2 - \dot{q}_1)(-1) = -(c_1 + c_2)\dot{q}_1 + c_2 r\dot{q}_2$$

$$Q_2 = -\frac{\partial F}{\partial \dot{q}_2} = -c_2 (r\dot{q}_2 - \dot{q}_1)(r) = -c_2 r^2 \dot{q}_2 + rc_2 \dot{q}_1$$

Adicionando o momento como indicado no Exemplo 4.7.1, a segunda força generalizada torna-se

$$Q_2 = M(t) - c_2 r^2 \dot{q}_2 + rc_2 \dot{q}_1$$

Em seguida, usando T e U como dado no Exemplo 4.7.1, recalcule as equações de movimento usando a Equação (4.144) para obter, para $i = 1$:

$$m\ddot{q}_1 + (k_1 + k_2)q_1 - k_2 r q_2 = Q_1 = -(c_1 + c_2)\dot{q}_1 + c_2 r\dot{q}_2 \text{ ou:}$$

$$m\ddot{q}_1 + (c_1 + c_2)\dot{q}_1 - c_2 r\dot{q}_2 + (k_1 + k_2)q_1 - k_2 q_2 = 0$$

SEÇÃO 4.8 Exemplos

e para $i = 2$

$$J\ddot{q}_2 + k_2 r^2 q_2 - k_2 r q_1 = Q_2 = M(t) - c_2 r^2 \dot{q}_2 + rc_2 \dot{q}_1 \text{ ou:}$$
$$J\ddot{q}_2 + c_2 r^2 \dot{q}_2 - rc_2 \dot{q}_1 + k_2 r^2 q_2 - k_2 r q_1 = M(t)$$

A combinação das expressões para $i = 1$ e $i = 2$ produz a forma matricial das equações de movimento:

$$\begin{bmatrix} m & 0 \\ 0 & J \end{bmatrix} \ddot{\mathbf{x}}(t) + \begin{bmatrix} c_1 + c_2 & -rc_2 \\ -rc_2 & r^2 c_2 \end{bmatrix} \dot{\mathbf{x}}(t) + \begin{bmatrix} k_1 + k_2 & -rk_2 \\ -rk_2 & r^2 k_2 \end{bmatrix} \mathbf{x}(t) = \begin{bmatrix} 0 \\ M(t) \end{bmatrix}$$

$\square$

4.8 EXEMPLOS

Vários exemplos de sistemas de múltiplos graus de liberdade, seus esquemas e equações de movimento são apresentados nesta seção. A "arte" na análise e projeto de vibração é frequentemente relacionada à escolha de um modelo matemático apropriado para descrever uma determinada estrutura ou máquina. Os exemplos seguintes destinam-se a fornecer "prática" adicional na modelagem e análise.

Exemplo 4.8.1

Um eixo para uma máquina acionada por correia, tal como um torno, está ilustrado na Figura 4.21 (a). O modelo de vibração desse sistema é indicado na Figura 4.21 (b), juntamente com um diagrama de corpo livre da máquina. Escreva as equações do movimento na forma matricial e resolva o caso $J_1 = J_2 = J_3 = 10$ kg m^2/rad, $k_1 = k_2 = 10^3$ N $\cdot$ m/rad, $c = 2$ N $\cdot$ m $\cdot$ s/rad para condições iniciais nulas e onde o momento aplicado $M(t)$ é uma função impulso unitário.

Solução   Na Figura 4.21 (a) os rolamentos e o lubrificante do eixo são modelados como amortecimento viscoso, e os eixos são modelados como molas torcionais. A polia e os discos são modelados como inércias rotacionais. O motor é modelado simplesmente como fornecendo um momento à polia. A Figura 4.21 (b) ilustra um diagrama de corpo livre para cada um dos três discos, onde se supõe que o amortecimento atua proporcionalmente ao movimento relativo das massas e do mesmo valor em cada coordenada (outros modelos de amortecimento podem ser mais apropriados, mas essa escolha produz uma forma fácil de resolver).

Analisando o diagrama de corpo livre da Figura 4.21(b) e somando os momentos sobre cada um dos discos obtém-se

$$J_1 \ddot{\theta}_1 = k_1(\theta_2 - \theta_1) + c(\dot{\theta}_2 - \dot{\theta}_1)$$
$$J_2 \ddot{\theta}_2 = k_2(\theta_3 - \theta_2) + c(\dot{\theta}_3 - \dot{\theta}_2) - k_1(\theta_2 - \theta_1) - c(\dot{\theta}_2 - \dot{\theta}_1)$$
$$J_3 \ddot{\theta}_3 = -k_2(\theta_3 - \theta_2) - c(\dot{\theta}_3 - \dot{\theta}_2) + M(t)$$

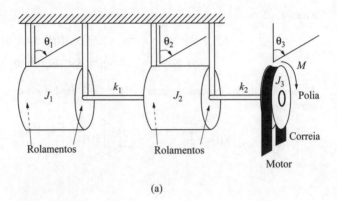

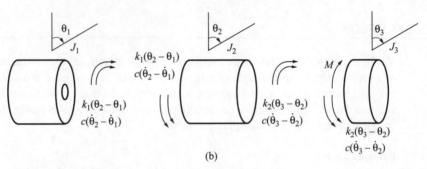

Figura 4.21 (a) Esquema das partes móveis de um torno. Os rolamentos que suportam o eixo rotativo são modelados como fornecendo amortecimento viscoso enquanto os eixos proporcionam rigidez e a transmissão por correia proporciona um torque aplicado. (b) Diagramas de corpo livre das três inércias no sistema rotativo da parte (a). Os eixos são modelados como proporcionando rigidez, ou como molas torcionais, e os rolamentos são modelados como amortecedores de rotação.

onde θ_1, θ_2 e θ_3 são as coordenadas angulares como indicado na Figura 4.21. A unidade para θ é radianos. Reorganizando essas equações tem-se

$$J_1\ddot{\theta}_1 + c\dot{\theta}_1 + k_1\theta_1 - c\dot{\theta}_2 - k_1\theta_2 = 0$$
$$J_2\ddot{\theta}_2 + 2c\dot{\theta}_2 - c\dot{\theta}_1 - c\dot{\theta}_3 + (k_1 + k_2)\theta_2 - k_1\theta_1 - k_2\theta_3 = 0$$
$$J_3\ddot{\theta}_3 + c\dot{\theta}_3 - c\dot{\theta}_2 - k_2\theta_2 + k_2\theta_3 = M(t)$$

Na forma matricial, as equações anteriores tornam-se

$$\begin{bmatrix} J_1 & 0 & 0 \\ 0 & J_2 & 0 \\ 0 & 0 & J_3 \end{bmatrix}\ddot{\theta} + \begin{bmatrix} c & -c & 0 \\ -c & 2c & -c \\ 0 & -c & c \end{bmatrix}\dot{\theta} + \begin{bmatrix} k_1 & -k_1 & 0 \\ -k_1 & k_1+k_2 & -k_2 \\ 0 & -k_2 & k_2 \end{bmatrix}\theta = \begin{bmatrix} 0 \\ 0 \\ M(t) \end{bmatrix}$$

SEÇÃO 4.8 Exemplos

onde $\boldsymbol{\theta}(t) = [\theta_1(t)\ \theta_2(t)\ \theta_3(t)]^T$. Usando os valores para os coeficientes dados anteriormente, tem-se

$$\begin{bmatrix} 10 & 0 & 0 \\ 0 & 10 & 0 \\ 0 & 0 & 10 \end{bmatrix} \ddot{\boldsymbol{\theta}} + 2 \begin{bmatrix} 1 & -1 & 0 \\ -1 & 2 & -1 \\ 0 & -1 & 1 \end{bmatrix} \dot{\boldsymbol{\theta}} + 10^3 \begin{bmatrix} 1 & -1 & 0 \\ -1 & 2 & -1 \\ 0 & -1 & 1 \end{bmatrix} \boldsymbol{\theta} = \begin{bmatrix} 0 \\ 0 \\ \delta(t) \end{bmatrix}$$

Note que a matriz de amortecimento é proporcional à matriz de rigidez de forma que a análise modal pode ser usada para calcular a solução. Note também que

$$\tilde{C} = 0{,}2 \begin{bmatrix} 1 & -1 & 0 \\ -1 & 2 & -1 \\ 0 & -1 & 1 \end{bmatrix} \qquad \tilde{K} = 10^2 \begin{bmatrix} 1 & -1 & 0 \\ -1 & 2 & -1 \\ 0 & -1 & 1 \end{bmatrix} \qquad M^{-1/2}\mathbf{F} = \frac{1}{\sqrt{10}} \begin{bmatrix} 0 \\ 0 \\ \delta(t) \end{bmatrix}$$

Seguindo os passos do Exemplo 4.6.1, o problema de autovalor para $\tilde{K}$ resulta

$$\lambda_1 = 0 \quad \lambda_2 = 100 \quad \lambda_3 = 300$$

Observe que um dos autovalores é zero, assim a matriz $\tilde{K}$ é singular. O significado físico disso é interpretado nesse exemplo. Os autovetores normalizados de $\tilde{K}$ produzem

$$P = \begin{bmatrix} 0{,}5774 & 0{,}7071 & 0{,}4082 \\ 0{,}5774 & 0 & -0{,}8165 \\ 0{,}5774 & -0{,}7071 & 0{,}4082 \end{bmatrix} \qquad P^T = \begin{bmatrix} 0{,}5774 & 0{,}5774 & 0{,}5774 \\ 0{,}7071 & 0 & -0{,}7071 \\ 0{,}4082 & -0{,}8165 & 0{,}4082 \end{bmatrix}$$

Cálculos adicionais mostram que

$$P^T \tilde{C} P = \mathrm{diag}[0 \quad 0{,}2 \quad 0{,}6]$$

$$P^T \tilde{K} P = \mathrm{diag}[0 \quad 100 \quad 300]$$

$$P^T M^{-1/2} \mathbf{F}(t) = \begin{bmatrix} 0{,}1826 \\ -0{,}2236 \\ 0{,}1291 \end{bmatrix} \delta(t)$$

As equações modais desacopladas são

$$\ddot{r}_1(t) = 0{,}1826\delta(t)$$

$$\ddot{r}_2(t) + 0{,}2\dot{r}_2(t) + 100r_2(t) = -0{,}2236\delta(t)$$

$$\ddot{r}_3(t) + 0{,}6\dot{r}_3(t) + 300r_3(t) = 0{,}1291\delta(t)$$

Claramente $\omega_1 = 0$, $\omega_2 = 10$ rad/s e $\omega_3 = 17{,}3205$ rad/s.

CAPÍTULO 4 • Sistemas com Múltiplos Graus de Liberdade

Comparando os coeficientes de $\dot{r}_i$ com $2\zeta_i\,\omega_i$ obtém-se os três fatores de amortecimento modais

$$\zeta_1 = 0$$

$$\zeta_2 = \frac{0,2}{2(10)} = 0,01$$

$$\zeta_3 = \frac{0,6}{2(17,3205)} = 0,01732$$

tal que o segundo e o terceiro modos são subamortecidos. Dessa forma, as duas frequências naturais amortecidas tornam-se

$$\omega_{d2} = \omega_2\sqrt{1 - \zeta_2^2} = 9,9995\ \text{rad/s}$$

$$\omega_{d3} = \omega_3\sqrt{1 - \zeta_3^2} = 17,3179\ \text{rad/s}$$

Como no Exemplo 4.6.1, enquanto o momento é aplicado a apenas um local físico, ele é aplicado a cada uma das três coordenadas modais. As equações modais para r_2 e r_3 têm soluções dadas pela Equação (3.6). A solução correspondente ao autovalor zero ($\omega_1 = 0$) pode ser calculada por integração direta ou pelo método da transformada de Laplace. Usando a transformada de Laplace tem-se

$$s^2 r(s) = 0,1826 \quad \text{ou} \quad r(s) = \frac{0,1826}{s^2}$$

A transformada inversa de Laplace dessa última expressão produz (ver Apêndice B)

$$r_1(t) = (0,1826)t$$

Fisicamente, isso é interpretado como o movimento sem restrição do eixo (isto é, o eixo roda ou gira continuamente através de 360°). Isso também é chamado de *modo de corpo rígido* (Exemplo 4.6.2) ou *modo zero* e resulta do fato de $\tilde{K}$ ser singular (isto é, a partir do autovalor zero). Tais sistemas também são chamados *semidefinidos*, como explicado no Apêndice C.

Após a Equação (3.6), as soluções para $r_2(t)$ e $r_3(t)$ tornam-se

$$r_2(t) = \frac{f_2}{\omega_{d2}}\,e^{-\zeta_2\omega_2 t}\,\text{sen}\,\omega_{d2}t = -0,0224e^{-0,1t}\,\text{sen}\,9,9995t$$

$$r_3(t) = \frac{f_3}{\omega_{d3}}\,e^{-\zeta_3\omega_3 t}\,\text{sen}\,\omega_{d3}t = 0,0075e^{-0,2999t}\,\text{sen}\,17,3179t$$

A solução total em coordenadas físicas é então calculada a partir de $\theta(t) = M^{-1/2}P\mathbf{r}(t) = (1/\sqrt{10})\,P\mathbf{r}(t)$ ou

$$\theta(t) = \begin{bmatrix} 0,0333t - 0,0050e^{-0,1t}\,\text{sen}\,(9,9995t) + 0,0010e^{-0,2999t}\,\text{sen}\,(17,3179t) \\ 0,0333t - 0,0019e^{-0,2999t}\,\text{sen}\,(17,3179t) \\ 0,0333t - 0,0053e^{-0,1t}\,\text{sen}\,(9,9995t) + 0,0010e^{-0,2999t}\,\text{sen}\,(17,3179t) \end{bmatrix}$$

SEÇÃO 4.8 Exemplos

As três soluções $\theta_1(t)$, $\theta_2(t)$ e $\theta_3(t)$ estão representadas na Figura 4.22. A Figura 4.23 representa as três soluções sem o termo de corpo rígido. Isso representa as vibrações experimentadas por cada disco à medida que gira.

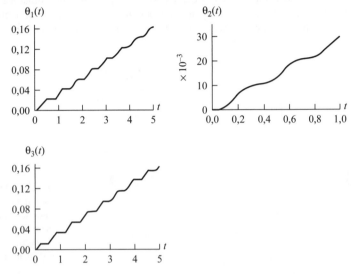

Figura 4.22 A resposta de cada um dos discos da Figura 4.21 a um impulso em θ_3 mostram os efeitos de uma rotação de corpo rígido.

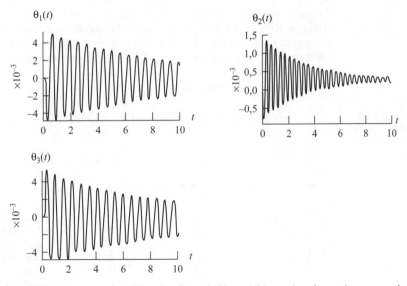

Figura 4.23 A resposta de cada um dos discos da Figura 4.21 a um impulso em θ_3 sem o modo de corpo rígido ilustram a vibração que ocorre em cada disco.

Exemplo 4.8.2

Na Figura 2.17 um veículo é modelado como um sistema de um grau de liberdade. Neste exemplo, um modelo de dois graus de liberdade é usado para um veículo que permite o movimento angular e vertical. Esse modelo pode ser determinado a partir do esquema da Figura 4.24. Determine as equações de movimento, resolva-as por análise modal e determine a resposta ao desligamento do motor, que é modelado como um momento de impulso aplicado a $\theta_3(t)$ de 10^3 Nm.

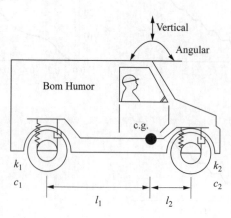

Figura 4.24 Um esboço da seção lateral de um veículo usado para representar um modelo de vibração para analisar seu movimento angular (arfagem) e vertical. O centro de gravidade é representado por c.g.

Solução O esboço do veículo da Figura 4.24 pode ser simplificado modelando toda a massa do sistema concentrada no centro de gravidade (c.g.). A montagem do pneu e da roda é aproximada como um arranjo de mola-amortecedor simples como ilustrado na Figura 4.25. A rotação do veículo no plano *x-y* é descrita pelo ângulo $\theta(t)$ e o movimento vertical é modelado por $x(t)$. O ângulo $\theta(t)$ é considerado positivo no sentido horário e o deslocamento vertical é tomado como positivo na direção descendente. A tradução rígida na direção *y* é desprezada para se concentrar nas características de vibração do veículo (por exemplo, o Exemplo 4.8.1 ilustra o conceito de desprezar o movimento de corpo rígido).

O somatório de forças na direção *x* produz

$$m\ddot{x} = -c_1(\dot{x} - l_1\dot{\theta}) - c_2(\dot{x} + l_2\dot{\theta}) - k_1(x - l_1\theta) - k_2(x + l_2\theta) \quad (4.152)$$

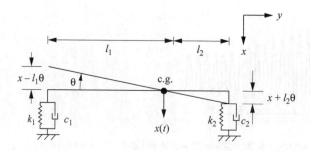

Figura 4.25 O veículo da Figura 4.24 modelado como tendo toda a sua massa no seu c.g. e dois graus de liberdade, consistindo no ângulo de arfagem, $\theta(t)$, em torno do c.g. e uma translação $x(t)$ do c.g.

SEÇÃO 4.8 Exemplos

383

uma vez que a mola k_1 experimenta um deslocamento $x - l_1\theta$ e k_2 experimenta um desloca-mento $x + l_1\theta$. Similarmente, a velocidade experimentada pelo amortecedor c_1 é $\dot{x} - l_1\dot{\theta}$ e a de c_2 é $\dot{x} - l_2\dot{\theta}$. Calculando os momentos sobre o centro de gravidade tem-se

$$J\ddot{\theta} = c_1 l_1(\dot{x} - l_1\dot{\theta}) - c_2 l_2(\dot{x} + l_2\dot{\theta}) + k_1 l_1(x - l_1\theta) - k_2 l_2(x + l_2\theta) \tag{4.153}$$

onde $J = mr^2$. Aqui r é o raio de giração do veículo (ver Exemplo 1.4.6). As Equações (4.152) e (4.153) podem ser reescritas como

$$m\ddot{x} + (c_1 + c_2)\dot{x} + (l_2 c_2 - l_1 c_1)\dot{\theta} + (k_1 + k_2)x + (l_2 k_2 - l_1 k_1)\theta = 0$$
$$mr^2\ddot{\theta} + (c_2 l_2 - c_1 l_1)\dot{x} + (l_2^2 c_2 + l_1^2 c_1)\dot{\theta} + (k_2 l_2 - k_1 l_1)x + (l_1^2 k_1 + l_2^2 k_2)\theta = 0 \tag{4.154}$$

Na forma matricial, essas duas equações acopladas tornam-se

$$m\begin{bmatrix} 1 & 0 \\ 0 & r^2 \end{bmatrix}\ddot{x} + \begin{bmatrix} c_1 + c_2 & l_2 c_2 - l_1 c_1 \\ l_2 c_2 - l_1 c_1 & l_2^2 c_2 + l_1^2 c_1 \end{bmatrix}\dot{x} + \begin{bmatrix} k_1 + k_2 & k_2 l_2 - k_1 l_1 \\ k_2 l_2 - k_1 l_1 & l_1^2 k_1 + l_2^2 k_2 \end{bmatrix}x = 0 \tag{4.155}$$

onde o vetor $\mathbf{x}$ é definido por

$$\mathbf{x} = \begin{bmatrix} x(t) \\ \theta(t) \end{bmatrix}$$

Valores razoáveis para um caminhão são

$$r^2 = 0{,}64\,\text{m}^2 \quad m = 4000\,\text{kg} \quad c_1 = c_2 = 2000\,\text{N}\cdot\text{s/m}$$
$$k_1 = k_2 = 20.000\,\text{N/m} \quad l_1 = 0{,}9\,\text{m} \quad l_2 = 1{,}4\,\text{m}$$

Com esses valores, a Equação (4.155) torna-se

$$\begin{bmatrix} 4000 & 0 \\ 0 & 2560 \end{bmatrix}\ddot{x} + \begin{bmatrix} 4000 & 1000 \\ 1000 & 5540 \end{bmatrix}\dot{x} + \begin{bmatrix} 40.000 & 10.000 \\ 10.000 & 55.400 \end{bmatrix}x = \begin{bmatrix} 0 \\ 0 \end{bmatrix} \tag{4.156}$$

Observe que $C = (0,1)K$, tal que o amortecimento é proporcional. Se um momento $M(t)$ é apli-cado à coordenada angular $\theta(t)$ a equação de movimento torna-se

$$\begin{bmatrix} 4000 & 0 \\ 0 & 2560 \end{bmatrix}\ddot{x} + \begin{bmatrix} 4000 & 1000 \\ 1000 & 5540 \end{bmatrix}\dot{x} + \begin{bmatrix} 40.000 & 10.000 \\ 10.000 & 55.400 \end{bmatrix}x = \begin{bmatrix} 0 \\ \delta(t) \end{bmatrix}10^3$$

Seguindo os procedimentos habituais de análise modal, o cálculo de $M^{-1/2}$ produz

$$M^{-1/2} = \begin{bmatrix} 0{,}0158 & 0 \\ 0 & 0{,}0198 \end{bmatrix}$$

Dessa forma

$$\tilde{C} = \begin{bmatrix} 1{,}0000 & 0{,}3125 \\ 0{,}3125 & 2{,}1641 \end{bmatrix} \quad \text{e} \quad \tilde{K} = \begin{bmatrix} 10{,}000 & 3{,}1250 \\ 3{,}1250 & 21{,}6406 \end{bmatrix}$$

384 CAPÍTULO 4 • Sistemas com Múltiplos Graus de Liberdade

Resolvendo o problema de autovalor para $\widetilde{K}$ resulta em

$$P = \begin{bmatrix} 0,9698 & 0,2439 \\ -0,2439 & 0,9698 \end{bmatrix} \quad e \quad P^T = \begin{bmatrix} 0,9698 & -0,2439 \\ 0,2439 & 0,9698 \end{bmatrix}$$

com autovalores $\lambda_1 = 9,2141$ e $\lambda_2 = 22,4265$, tal que as frequências naturais são

$$\omega_1 = 3,0355 \text{ rad/s} \quad e \quad \omega_2 = 4,7357 \text{ rad/s}$$

Dessa forma

$$P^T \widetilde{K} P = \text{diag}\,[9,2141 \quad 22,4265] \quad e \quad P^T \widetilde{C} P = \text{diag}\,[0,9214 \quad 2,2426]$$

Comparando os elementos de $P^T \widetilde{C} P$ com ω_1 e ω_2 resulta nos fatores de amortecimento modais

$$\zeta_1 = \frac{0,9214}{2(3,0355)} = 0,1518 \quad e \quad \zeta_2 = \frac{2,2426}{2(4,7357)} = 0,2369$$

Usando a fórmula da Janela 4.8 para frequências naturais amortecidas, obtém-se $\omega_{d1} = 3,0003$ rad/s e $\omega_{d2} = 4,6009$ rad/s. As forças modais são calculadas a partir de

$$P^T M^{-1/2} \begin{bmatrix} 0 \\ \delta(t) \end{bmatrix} 10^3 = \begin{bmatrix} 15,3 & -4,8\,\delta \\ 3,9 & 19,2 \end{bmatrix} \begin{bmatrix} 0 \\ \delta(t) \end{bmatrix} = \begin{bmatrix} -4,8\,\delta(t) \\ 19,2\,\delta(t) \end{bmatrix}$$

As equações modais desacopladas tornam-se

$$\ddot{r}_1(t) + (0,9214)\dot{r}_1(t) + (9,2141)r_1(t) = -4,8\delta(t)$$
$$\ddot{r}_2(t) + (2,2436)\dot{r}_2(t) + (22,4265)r_2(t) = 19,2\delta(t)$$

A partir da Equação (3.6), as equações anteriores têm as seguintes soluções

$$r_1(t) = \frac{-4,8}{m\omega_{d1}} e^{-\zeta_1\omega_1 t} \text{sen}\,\omega_{d1}t = \frac{1}{(1)(3,0003)} e^{-(0,1518)(3,035)t} \text{sen}\,(3,0003t)$$
$$= -1,6066 e^{-0,4607t} \text{sen}\,(3,0003t)$$

$$r_2(t) = \frac{19,2}{4,6009} e^{-(0,2369)(4,7357)t} \text{sen}\,(4,6009t)$$
$$= 4,1659 e^{-1,1219t} \text{sen}\,(4,6009t)$$

A solução em coordenadas físicas é obtida a partir de

$$\begin{bmatrix} x(t) \\ \theta(t) \end{bmatrix} = M^{-1/2} P \mathbf{r}(t)$$

que resulta em

$$x(t) = -2,41 \times 10^{-2} e^{-0,4607t} \text{sen}\,(3,0003t) + 1,606 \times 10^{-2} e^{-1,1213t} \text{sen}\,(4,6009t)$$
$$\theta(t) = 7,744 \times 10^{-4} e^{-0,4607t} \text{sen}\,(3,0003t) + 7,915 \times 10^{-2} e^{-1,1213t} \text{sen}\,(4,6009t)$$

SEÇÃO 4.8 Exemplos

Essas coordenadas são traçadas na Figura 4.26.

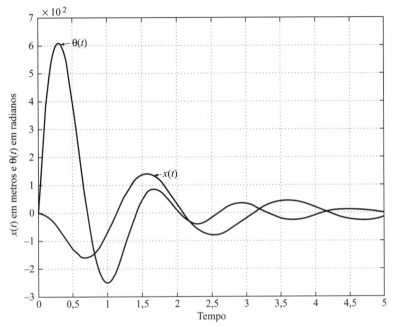

Figura 4.26 Gráfico das vibrações vertical e angular do veículo da Figura 4.24 como o resultado do desligamento do motor.

Exemplo 4.8.3

A prensa de punção da Figura 4.27 pode ser modelada para análise de vibração na direção x como indicado pelo sistema de três graus de liberdade da Figura 4.28. Discuta a solução para a resposta devido a um impacto em m_1 usando análise modal.

Solução A massa e a rigidez dos vários componentes podem ser facilmente aproximadas usando os métodos estáticos sugeridos no Capítulo 1. No entanto, é muito difícil estimar valores para os coeficientes de amortecimento. Assim, uma suposição razoável é feita para os fatores de amortecimento modais. Tais suposições são frequentemente realizadas com base na experiência ou medidas como o decremento logarítmico. Nesse caso, os valores de várias massas e coeficientes de rigidez são (em unidades mks e $f(t) = 1000\delta(t)$)

$$m_1 = 400\,\text{kg} \qquad m_2 = 2000\,\text{kg} \qquad m_3 = 8000\,\text{kg}$$
$$k_1 = 300.000\,\text{N/m} \qquad k_2 = 80.000\,\text{N/m} \qquad k_3 = 800.000\,\text{N/m}$$

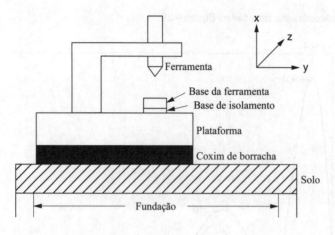

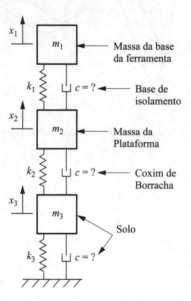

Figura 4.27 Um esquema de uma prensa de punção.

Figura 4.28 Um modelo de vibração da prensa de punção da Figura 4.27.

A partir dos diagramas de corpo livre de cada massa, a soma das forças na direção x produz as três equações acopladas

$$m_1\ddot{x}_1 = -k_1(x_1 - x_2) + f(t)$$
$$m_2\ddot{x}_2 = k_1(x_1 - x_2) - k_2(x_2 - x_3)$$
$$m_3\ddot{x}_3 = -k_3x_3 + k_2(x_2 - x_3)$$

Reescrevendo esse conjunto de equações acopladas na forma matricial tem-se

$$\begin{bmatrix} m_1 & 0 & 0 \\ 0 & m_2 & 0 \\ 0 & 0 & m_3 \end{bmatrix}\ddot{\mathbf{x}} + \begin{bmatrix} k_1 & -k_1 & 0 \\ -k_1 & k_1+k_2 & -k_2 \\ 0 & -k_2 & k_2+k_3 \end{bmatrix}\mathbf{x} = \begin{bmatrix} f(t) \\ 0 \\ 0 \end{bmatrix}$$

SEÇÃO 4.8 Exemplos

onde $\mathbf{x} = [x_1(t) \quad x_2(t) \quad x_3(t)]^T$. Substituindo os valores numéricos para m_i e k_i resulta em

$$(10^3)\begin{bmatrix} 0{,}4 & 0 & 0 \\ 0 & 2 & 0 \\ 0 & 0 & 8 \end{bmatrix}\ddot{\mathbf{x}} + (10^4)\begin{bmatrix} 30 & -30 & 0 \\ -30 & 38 & -8 \\ 0 & -8 & 88 \end{bmatrix}\mathbf{x} = \begin{bmatrix} 1000\delta(t) \\ 0 \\ 0 \end{bmatrix}$$

Seguindo o procedimento de análise modal para um sistema não amortecido tem-se

$$M^{1/2} = \begin{bmatrix} 20 & 0 & 0 \\ 0 & 44{,}7214 & 0 \\ 0 & 0 & 89{,}4427 \end{bmatrix} \qquad M^{-1/2} = \begin{bmatrix} 0{,}0500 & 0 & 0 \\ 0 & 0{,}0224 & 0 \\ 0 & 0 & 0{,}0112 \end{bmatrix}$$

e

$$\tilde{K} = \begin{bmatrix} 750 & -335{,}4102 & 0 \\ -335{,}4102 & 190 & -20 \\ 0 & -20 & 110 \end{bmatrix}$$

Resolvendo o problema de autovalor para $\tilde{K}$ resulta em

$$P = \begin{bmatrix} -0{,}4116 & -0{,}1021 & 0{,}9056 \\ -0{,}8848 & -0{,}1935 & -0{,}4239 \\ -0{,}2185 & 0{,}9758 & 0{,}0106 \end{bmatrix} \qquad P^T = \begin{bmatrix} -0{,}4116 & -0{,}8848 & -0{,}2185 \\ -0{,}1021 & -0{,}1935 & 0{,}9758 \\ 0{,}9056 & -0{,}4239 & 0{,}0106 \end{bmatrix}$$

e

$$\lambda_1 = 29{,}0223 \qquad \omega_1 = 5{,}3872$$
$$\lambda_2 = 113{,}9665 \qquad \omega_2 = 10{,}6755$$
$$\lambda_3 = 907{,}0112 \qquad \omega_3 = 30{,}1166$$

O vetor de força modal torna-se

$$P^T M^{-1/2} \begin{bmatrix} 1000\delta(t) \\ 0 \\ 0 \end{bmatrix} = \begin{bmatrix} -20{,}5805 \\ -5{,}1026 \\ 45{,}2814 \end{bmatrix}\delta(t)$$

Assim, as equações modais não amortecidas são

$$\ddot{r}_1(t) + 29{,}0223\,r_1(t) = -20{,}5805\delta(t)$$
$$\ddot{r}_2(t) + 113{,}9665\,r_2(t) = -5{,}1026\delta(t)$$
$$\ddot{r}_3(t) + 907{,}0112\,r_3(t) = 45{,}2814\delta(t)$$

Para modelar o amortecimento, observe que cada forma modal é dominada por um elemento. A partir da análise da primeira coluna da matriz P, o segundo elemento é maior que os outros dois elementos. Portanto, se o sistema estivesse vibrando apenas no primeiro modo, o movimento de $x_2(t)$ dominaria. Esse elemento corresponde à massa da plataforma, que recebe alto amortecimento do coxim de borracha. Por isso, é dado um grande fator de amortecimento de $\zeta_1 = 0{,}1$ (borracha fornece uma grande quantidade de amortecimento). Similarmente, o segundo modo é dominado pelo seu terceiro elemento, correspondente ao movimento de $x_3(t)$. Essa é uma parte predominantemente metálica, por isso é dado um baixo fator de amortecimento de $\zeta_1 = 0{,}01$. A terceira forma modal é dominada pelo primeiro elemento, que corresponde ao isolamento. Assim, é dado um fator de amortecimento médio de $\zeta_3 = 0{,}05$. Lembrando que o coeficiente de velocidade em coordenadas modais tem a forma $2\zeta_i\omega_i$, as coordenadas modais amortecidas tornam-se $2\zeta_1\omega_1 = 2(0{,}1)(5{,}3872)$, $2\zeta_2\omega_2 = 2(0{,}01)(10{,}6755)$ e $2\zeta_3\omega_3 = 2(0{,}05)(30{,}1166)$. Portanto, as equações modais amortecidas tornam-se

$$\ddot{r}_1(t) + 1{,}0774\dot{r}_1(t) + 29{,}0223\,r_1(t) = -20{,}5805\delta(t)$$
$$\ddot{r}_2(t) + 0{,}2135\dot{r}_2(t) + 113{,}9665\,r_2(t) = -5{,}1026\delta(t)$$
$$\ddot{r}_3(t) + 3{,}0117\dot{r}_3(t) + 907{,}0112\,r_3(t) = 45{,}2814\delta(t)$$

Essas equações têm soluções dadas pela Equação (3.6) como

$$r_1(t) = -3{,}8395e^{-0{,}5387t}\,\text{sen}(5{,}3602t)$$
$$r_2(t) = -0{,}4780e^{-0{,}1068t}\,\text{sen}(10{,}6750t)$$
$$r_3(t) = 1{,}5054e^{-1{,}5058t}\,\text{sen}(30{,}0789t)$$

Usando a transformação $\mathbf{x}(t) = M^{-1/2}P\mathbf{r}(t)$ obtém-se

$$x_1(t) = 0{,}0790e^{-0.5387t}\text{sen}(5{,}3602t) + 0{,}0024e^{-0{,}1068t}\text{sen}(10.6750t) + 0{,}0682e^{-1{,}5058t}\text{sen}(30{,}0789t)$$
$$x_2(t) = 0{,}0760e^{-0.5387t}\text{sen}(5{,}3602t) + 0{,}0021e^{-0{,}1068t}\text{sen}(10.6750t) - 0{,}0143e^{-1{,}5058t}\text{sen}(30{,}0789t)$$
$$x_3(t) = 0{,}0094e^{-0.5387t}\text{sen}(5{,}3602t) - 0{,}0052e^{-0{,}1068t}\text{sen}(10.6750t) + 0{,}0002e^{-1{,}5058t}\text{sen}(30{,}0789t)$$

Essas soluções são traçadas na Figura 4.29.

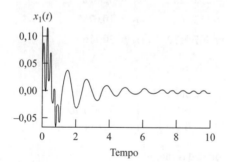
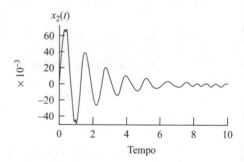
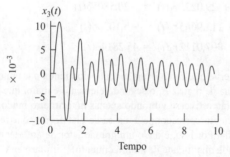

Figura 4.29 Uma simulação numérica da vibração da prensa de punção das Figuras 4.27 e 4.28 como resultado do impacto da máquina-ferramenta sobre a base da ferramenta.

SEÇÃO 4.9 Solução Computacional dos Problemas de Autovalor para Vibração   **389**

Esse exemplo ilustra um método de atribuição de amortecimento modal a um modelo analítico. Esse é um procedimento um tanto arbitrário que cai na categoria de suposição. Um método mais sofisticado é medir o amortecimento modal. Isso é discutido no Capítulo 7. Observe que o solo $x_3(t)$ vibra muito mais tempo do que as peças da máquina. Isso é algo a considerar no projeto de como e onde a máquina é montada no chão de um edifício.

$\square$

4.9 SOLUÇÃO COMPUTACIONAL DOS PROBLEMAS DE AUTOVALOR PARA VIBRAÇÃO

Esta seção analisa as várias abordagens para resolver problemas de autovalores e como problemas de vibração podem ser resolvidos usando esses problemas de autovalores. Isso é apresentado no contexto dos três programas de computador: Mathematica, MATLAB e Mathcad. O Engineering Vibration Toolbox também contém uma variedade de funções para calcular formas modais, frequências naturais e fatores de amortecimento com base em arquivos .m criados em Matlab. Os livros de Datta (1995), Golub e Van Loan (1996) e Meirovitch (1995) devem ser consultados para mais detalhes. Detalhes adicionais podem ser encontrados no Apêndice C. Cada um dos cálculos matriciais e manipulações realizadas nas seções anteriores podem ser obtidos facilmente por funções padrão da maioria dos pacotes de *software* matemáticos. Assim, as tediosas soluções de análise modal e o problema do autovalor podem ser automatizados e usados para resolver sistemas com grande número de graus de liberdade. Aqui são apresentados os vários problemas de autovalores e ilustra-se como usar vários pacotes de *software* para obter a solução computacional necessária. Detalhes sobre como os algoritmos realmente funcionam podem ser encontradas no Apêndice C

Considere o problema da vibração não amortecida da Equação (4.11) com n graus de liberdade, repetida aqui:

$$M\ddot{\mathbf{x}}(t) + K\mathbf{x}(t) = \mathbf{0} \tag{4.157}$$

Aqui o vetor de deslocamento $\mathbf{x}$ é $n \times 1$ e as matrizes M e K são $n \times n$ e simétricas. Existe uma série de formas diferentes de relacionar a Equação (4.157) com a matemática de problemas de autovalores e esses são apresentados em seguida junto com exemplos e rotinas de computador para resolvê-los.

Sistemas Acoplados Dinamicamente

A matriz M é definida positiva (Janela 4.9) na maioria dos casos e até o Exemplo 4.7.3 foi considerado diagonal, tal que fatorando M e tomando o seu inverso ascenderam à aritmética escalar nas entradas diagonais. No Exemplo 4.7.3, a matriz de massa não era diagonal, caso em que o sistema é chamado dinamicamente acoplado e meios mais sofisticados são necessários para lidar com a inversa e fatoração da matriz M usada na análise de vibração. O método de fatoração de uma matriz definida positiva é chamado de decomposição de Cholesky, que encontra uma matriz triangular inferior L tal que $M = LL^T$. A decomposição de Cholesky também pode ser formada a partir de duas matrizes

390 CAPÍTULO 4 • Sistemas com Múltiplos Graus de Liberdade

triangulares superiores, digamos U, tais que $M = U^T U$. Alguns códigos usam triangulares superiores e outros usam triângulares inferiores, mas os resultados aplicados a problemas de vibração são os mesmos. Tanto o cálculo do inverso quanto o cálculo dos fatores são comandos simples na maioria dos programas computacionais (e calculadoras). Os algoritmos nesses códigos usam os métodos mais sofisticados. No entanto, uma maneira de calcular qualquer função de uma matriz é por decomposição da matriz usando o problema de autovalor.

Janela 4.9
Definição de Matriz Definida Positiva

Uma matriz simétrica M ($M = M^T$) é definida positiva se, para cada vetor não nulo $\mathbf{x}$, o escalar $\mathbf{x}^T M \mathbf{x} > 0$. Além disso, M é definida positiva se, e somente se, todos os autovalores de M forem números positivos. A matriz A é dita ser semi-definida positiva se, para cada vetor não nulo $\mathbf{x}$, o escalar $\mathbf{x}^T A \mathbf{x} \geq 0$. Uma matriz é semi-definida positiva se, e somente se, todos os autovalores da matriz A forem maiores ou iguais a zero. Em particular, A poderia ter um ou mais autovalores zero, como no caso do movimento do corpo rígido.

Seja M uma matriz definida positiva simétrica e seja f qualquer função definida para números positivos. Denotando os autovalores da matriz M (não o sistema M, K, apenas a matriz M) por μ e seja R a matriz de autovetores normalizados de M. Então

$$f(M) = R \begin{bmatrix} f(\mu_1) & 0 & \cdots & 0 \\ 0 & f(\mu_2) & \cdots & 0 \\ \vdots & \vdots & \ddots & \vdots \\ 0 & 0 & \cdots & f(\mu_n) \end{bmatrix} R^T \qquad (4.158)$$

Em particular

$$M^{-1} = R \begin{bmatrix} 1/\mu_1 & 0 & \cdots & 0 \\ 0 & 1/\mu_2 & \cdots & 0 \\ \vdots & \vdots & \ddots & \vdots \\ 0 & 0 & \cdots & 1/\mu_n \end{bmatrix} R^T$$

SEÇÃO 4.9   Solução Computacional dos Problemas de Autovalor para Vibração   **391**

e

$$M^{-1/2} = R \begin{bmatrix} 1/\sqrt{\mu_1} & 0 & \cdots & 0 \\ 0 & 1/\sqrt{\mu_2} & \cdots & 0 \\ \vdots & \vdots & \ddots & \vdots \\ 0 & 0 & \cdots & 1/\sqrt{\mu_n} \end{bmatrix} R^T$$

que fornece um método de cálculo das matrizes utilizadas na análise modal. Essas decomposições também podem ser usadas para provar que a inversa e a raiz quadrada de uma matriz simétrica é simétrica. No entanto, os códigos usam técnicas mais sofisticadas numericamente além do escopo deste livro. De fato, é melhor não computar o inverso diretamente, mas usar uma forma modificada de eliminação Gaussiana para calcular o inverso (M\I em MATLAB, por exemplo). No caso acoplado dinamicamente, é melhor não computar a raiz quadrada da matriz, mas sim usar a fatoração de Cholesky. O exemplo seguinte ilustra a decomposição.

Exemplo 4.9.1

Considere a matriz de massa não diagonal

$$M = \begin{bmatrix} 5 & 2 & 0 \\ 2 & 4 & 1 \\ 0 & 1 & 3 \end{bmatrix}$$

e calcule o inverso e fatores.

Solução   A matriz inversa é calculada por meio dos seguintes comandos:

Em MATLAB   `inv(M)`
Em Mathematica   `Inverse[M]`
Em Mathcad   `M`$^{-1}$ (digitado M^-1)

Os fatores de Cholesky de uma matriz são calculados por meio dos seguintes comandos:

Em MATLAB   `Chol(M) or Chol(M,'lower')`
Em Mathematica   `CholeskyDecomposition[M]`
Em Mathcad   `cholesky(M)`

Usando qualquer um desses comandos produz o inverso da matriz de massa:

$$M^{-1} = \begin{bmatrix} 0{,}2558 & -0{,}1395 & 0{,}0465 \\ -0{,}1395 & 0{,}3488 & -0{,}1163 \\ 0{,}0465 & -0{,}1163 & 0{,}3721 \end{bmatrix}$$

Os fatores da matriz de massa são

$$L = \begin{bmatrix} 2,23607 & 0 & 0 \\ 0,89443 & 1,78885 & 0 \\ 0 & 0,55902 & 1,63936 \end{bmatrix} \text{ e } L^T = \begin{bmatrix} 2,23607 & 0,89443 & 0 \\ 0 & 1,78885 & 0,55902 \\ 0 & 0 & 1,63936 \end{bmatrix}$$

tal que $M = LL^T$. Observe também que $L^{-1}M(L^T)^{-1} = I$, a matriz de identidade. Note que MATLAB usa uma decomposição triangular superior de Cholesky. Assim, a matriz de massa é fatorada como M = chol(M)'*chol(M) e inv(chol(M)')*M*inv(chol(M)) = I. Portanto, ao usar o MATLAB, o código a seguir tem que ser modificado adequadamente. Alternativamente, use o comando L = chol(M,'lower') que cria o fator de Cholesky triangular inferior.

□

Para realizar a análise modal na Equação (4.157) para um sistema acoplado dinamicamente, substitua $M^{-1/2}$ pela matriz L usando a Janela 4.5 da seguinte forma:

2. Calcule a matriz de rigidez normalizada em massa por

$$\widetilde{K} = L^{-1}K(L^T)^{-1} \tag{4.159}$$

e note que essa é uma matriz simétrica.

5. Calcule a matriz de formas modais S de

$$S = (L^T)^{-1}P \quad \text{e} \quad S^{-1} = P^TL^T \tag{4.160}$$

Usando Códigos

Vários exemplos são fornecidos a seguir para ilustrar como usar o *software* matemático e calcular os autovalores e autovetores de um sistema e, em seguida, resolver as frequências e formas modais. O cálculo do problema de autovalor algébrico formou o objeto de estudo intensivo durante um período de 30 anos, resultando em métodos muito sofisticados. Muitos desses estudos foram financiados por agências governamentais e, portanto, estão no domínio público. À medida que a tecnologia de computadores avançava, vários códigos de alto nível evoluíram para permitir que engenheiros fizessem cálculos de autovalor de forma simples e precisa. Hoje quase todos os códigos e calculadoras contém função que calculam autovalores. O *toolbox* contém arquivos .m para o cálculo de frequências e formas modais usando MATLAB. A única pequena dificuldade no uso de *software* matemático é que os matemáticos apresentam os autovalores começando com o maior valor e engenheiros colocam o menor valor em primeiro lugar. Assim, em alguns códigos você pode querer classificar os autovalores e autovetores adequadamente. Os exemplos a seguir ilustram como usar Mathcad, MATLAB e Mathematica para resolver frequências naturais e formas modais. Por favor, note que os desenvolvedores desses códigos muitas vezes atualizam seus códigos e sintaxe, por isso é aconselhável verificar seus sites para atualizações se você tiver problemas com erros de sintaxe.

SEÇÃO 4.9 Solução Computacional dos Problemas de Autovalor para Vibração **393**

Exemplo 4.9.2

Calcule a solução do Exemplo 4.2.6 usando *software* de matemática.

Solução Primeiro considere Mathcad. Esse programa insere os elementos de uma matriz selecionando o tamanho apropriado da paleta matriz. Observe que o Mathcad começa a contar elementos de vetores e matrizes com 0 em vez de 1. O seguinte ilustra as etapas restantes:

Entre com o valor de M e K:

$$M := \begin{bmatrix} 1 & 0 \\ 0 & 4 \end{bmatrix} \quad K := \begin{bmatrix} 12 & -2 \\ -2 & 12 \end{bmatrix}$$

Calcule a raiz de M, então K til:

$$Ms := \begin{bmatrix} 1 & 0 \\ 0 & 2 \end{bmatrix} \quad Kt := Ms^{-1} \cdot K \cdot Ms^{-1} \quad Kt = \begin{bmatrix} 12 & -1 \\ -1 & 3 \end{bmatrix}$$

Calcule os autovalores:

$$\lambda := \text{eigenvals}(Kt) \quad \lambda = \begin{bmatrix} 12.109772 \\ 2.890228 \end{bmatrix}$$

Calcule os autovetores e reorganize com o menor primeiro e calcule as frequências:

$$v2 := \text{eigenvec}(Kt, \lambda_0) \quad v1 := \text{eigenvec}(Kt, \lambda_1) \quad \omega1 := \sqrt{\lambda_1} \quad \omega2 := \sqrt{\lambda_0}$$

Mostre os resultados:

$$v1 = \begin{bmatrix} 0.109117 \\ 0.994029 \end{bmatrix} \quad v2 = \begin{bmatrix} -0.994029 \\ 0.109117 \end{bmatrix} \quad \omega1 = 1.7 \quad \omega2 = 3.48$$

Verifique se os autovetores são ortonormais:

$$|v1| = 1 \quad |v2| = 1 \quad v1 \cdot v2 = 0$$

Construa a matriz P:

$$P := \text{augment } (v1, v2) \quad P = \begin{bmatrix} 0.1091 & -0.994 \\ 0.994 & 0.1091 \end{bmatrix} \quad P^T = \begin{bmatrix} 0.109 & 0.994 \\ -0.994 & 0.109 \end{bmatrix}$$

Mostre que P é ortogonal e diagonalize K til:

$$P^T \cdot P = \begin{bmatrix} 1 & 0 \\ 0 & 1 \end{bmatrix} \quad P^T \cdot Kt \cdot P = \begin{bmatrix} 2.8902 & 0 \\ 0 & 12.1098 \end{bmatrix}$$

Em seguida, considere o uso do MATLAB. O MATLAB insere matrizes usando espaços entre elementos de uma linha e ponto e vírgula para iniciar uma nova linha. Como o Mathcad, o MATLAB produz os autovalores do mais alto para o mais baixo, por isso deve ter-se cuidado com a ordem dos autovalores e autovetores. Isso é resolvido aqui usando o comando `fliplr(V)`, que é usado para reordenar os autovetores com o correspondente a λ_1 primeiro, em vez de λ_n, como produzido no código.

CAPÍTULO 4 • Sistemas com Múltiplos Graus de Liberdade

```
% insira M e K, calcule K til:
M=[1 0;0 4];K=[12 -2;-2 12];
Mr=sqrtm(M);Kt=inv(Mr)*K*inv(Mr);
% resolva o problema de autovalor colocando na
% matriz V, autovalores na matriz diagonal D
[V,D]=eig(Kt);
%verifique e reorganize os autovalores, menores primeiro
eignvalues=V'*Kt*V
eignvalues =
2.8902 -0.0000
0 12.1098
V'*V % verifique que V1 é ortogonal
ans =
1.0000 0
0 1.0000
```

No Mathematica o código é o seguinte:

Insira matriz de massa e rigidez:

$$\text{In[1] := M} = \begin{pmatrix} 1 & 0 \\ 0 & 4 \end{pmatrix};$$

$$K = \begin{pmatrix} 12 & -2 \\ -2 & 12 \end{pmatrix};$$

Calcule a raiz quadrada inversa da matriz de massa, em seguida, encontre $\tilde{K}$.

```
In[3]:= Mnegsqrt = MatrixPower[M, -0.5];
        Khat = Mnegsqrt.K.Mnegsqrt
        MatrixForm[Mnegsqrt]
        MatrixForm[Khat]

Out[5]//Matrix Form=
```
$$\begin{pmatrix} 1 & 0 \\ 0 & 0.5 \end{pmatrix}$$

```
Out[6]//MatrixForm=
```
$$\begin{pmatrix} 12 & -1 \\ -1 & 3 \end{pmatrix}$$

Calcule autovalores e autovetores. Note que Mathematica retorna autovetores em linhas, não colunas como em Mathcad e MATLAB.

```
In[7]:= {λ, v} = Eigensystem[Khat];
        MatrixForm[λ]
        MatrixForm[v]
```

SEÇÃO 4.9 Solução Computacional dos Problemas de Autovalor para Vibração **395**

```
Out[8]//MatrixForm=
```
$$\begin{pmatrix} 12.1098 \\ 2.89023 \end{pmatrix}$$

```
Out[9]//MatrixForm=
```
$$\begin{pmatrix} 0.994029 & -0.109117 \\ 0.109117 & 0.994029 \end{pmatrix}$$

Organize os autovetores do menor para o maior e encontre as frequências naturais. O Mathematica normalmente retorna autovetores normalizados em 1.

```
In[10]:= v2 = v[[1, A11]]
         v1 = v[[2, A11]]
         ω1 = √λ[[2]]
         ω2 = √λ[[1]]
Out[10]= {0.994029, -0.109117}
Out[11]= {0.109117, 0.994029}
Out[12]= 1.70007
Out[12]= 3.47991

In[14]:= v1.v1
         v2.v2
         Chop[v1.v2]
Out[14]= 1.

Out[15]= 1.

Out[16]= 0.
```

Como os autovetores estão em linhas no Mathematica, é mais fácil formar P^T primeiro, depois transpô-lo para obter P.

```
In[17]:= PT = {v1, v2}
         P = Transpose[PT]
         MatrixForm[PT]
         MatrixForm[P]

Out[19]//MatrixForm=
```
$$\begin{pmatrix} 0.109117 & 0.994029 \\ 0.994029 & -0.109117 \end{pmatrix}$$

```
Out[20]//MatrixForm=
```
$$\begin{pmatrix} 0.109117 & 0.994029 \\ 0.994029 & -0.109117 \end{pmatrix}$$

Mostre que P é ortogonal e que P diagonaliza $\widetilde{K}$

```
In[21]:= MatrixForm[Chop[PT.P]]
         MatrixForm[Chop[PT.Khat.P]]
```

CAPÍTULO 4 • Sistemas com Múltiplos Graus de Liberdade

Out[21]//MatrixForm=

$$\begin{pmatrix} 1 & 0 \\ 0 & 1 \end{pmatrix}$$

Out[22]//MatrixForm=

$$\begin{pmatrix} 2.89023 & 0 \\ 0 & 12.1098 \end{pmatrix}$$

Note que o Mathematica produz autovalores do mais alto para o mais baixo, então uma maneira alternativa de reordená-los é usar o comando Reverse. Por exemplo

```
{vals, vecs} = Eigensystem[Khat]
valsr = Reverse[vals]
vecsr = Reverse[vecs]

Transpose[vecsr]
P = Transpose[vecsr]
```

irá reordenar os autovalores e autovetores.

□

Exemplo 4.9.3

Calcule os coeficientes para as equações modais para o problema de resposta forçada amortecida dado no Exemplo 4.6.1.

Solução A solução em Mathcad é a seguinte:

```
Insira as matrizes M, C, K e o vetor de força b
```

$$M := \begin{bmatrix} 9 & 0 \\ 0 & 1 \end{bmatrix} \quad C := \begin{bmatrix} 2.7 & -0.3 \\ -0.3 & 0.3 \end{bmatrix} \quad K := \begin{bmatrix} 27 & -3 \\ -3 & 3 \end{bmatrix} \quad b := \begin{bmatrix} 0 \\ 3 \end{bmatrix}$$

```
Note que o amortecimento é proprocional, então a análise modal pode
ser usada:
```

$$C \cdot M^{-1} K - K \cdot M^{-1} \cdot C = \begin{bmatrix} -1.78 \cdot 10^{-15} & 0 \\ 0 & 0 \end{bmatrix} \text{ efetivamente zero}$$

```
L := cholesky(M)
```

$$Kt := L^{-1} \cdot K \cdot (L^T)^{-1} \quad Kt = \begin{bmatrix} 3 & -1 \\ -1 & 3 \end{bmatrix}$$

$$Ct := L^{-1} \cdot C \cdot (LT)^{-1} \quad Ct = \begin{bmatrix} 0.3 & -0.1 \\ -0.1 & 0.3 \end{bmatrix}$$

SEÇÃO 4.9 Solução Computacional dos Problemas de Autovalor para Vibração **397**

$$\lambda := \text{eigenvals (Kt)} \quad v1 := \text{eigenvec}(Kt, \lambda_1) \quad v2 := \text{eigenvec}(Kt, \lambda_0)$$

$$P := \text{augment}(v1, v2) \qquad P = \begin{bmatrix} 0.707 & -0.707 \\ 0.707 & 0.707 \end{bmatrix}$$

$$P^T \cdot P = \begin{bmatrix} 1 & 0 \\ 0 & 1 \end{bmatrix} \quad P^T \cdot Ct \cdot P = \begin{bmatrix} 0.2 & 0 \\ 0 & 0.4 \end{bmatrix} \quad P^T \cdot Kt \cdot P = \begin{bmatrix} 2 & 0 \\ 0 & 4 \end{bmatrix}$$

Em seguida, calcule as amplitudes da força modal:

$$\text{bt:} = P^T \cdot L^{-1} \cdot b \qquad bt = \begin{bmatrix} 2.121 \\ 2.121 \end{bmatrix}$$

A solução no MATLAB é a seguinte:

```
% insira M, C e K
M=[9 0;0 1];K=[27 -3;-3 3];C=K/10;b=[0;3];
%calcule L e as quantidades normalizadas em massa
L=chol(M);Kt=inv(L)*K*inv(L');Ct=inv(L)*C*inv(L');
% Calcule os autovalores, reordene os autovetores
[V,D]=eig(Kt); P=V
P =
    -0.7071   -0.7071
    -0.7071    0.7071
P'*P
ans =
     1.0000   0
     0        1.0000
P'*Kt*P
ans =
     2.0000   0
     0        4.0000
P'*C*P
ans =
     1.2000   1.2000
     1.2000   1.8000
P'*Ct*P
ans =
     0.2000   0
     0        0.4000
bt=P'*inv(L)*b
bt =
    -2.1213
     2.1213
```

Observe que no MATLAB, o primeiro autovetor é o negativo do produzido no Mathcad. Isso não é um problema, pois ambos estão corretos. Na versão MATLAB, note que o vetor de entrada normalizado em massa também tem uma mudança de sinal. Quando as equações modais são escritas e transformadas de volta para coordenadas físicas, esses sinais se recombinarão

398 CAPÍTULO 4 • Sistemas com Múltiplos Graus de Liberdade

para dar a mesma solução que a dada no Mathcad. Lembre-se que um autovetor pode sempre ser multiplicado por um escalar (nesse caso − 1) sem alterar sua direção e o valor 1 não muda sua magnitude.

A solução em Mathematica é a seguinte:

$$\text{In[1]} := M = \begin{pmatrix} 9 & 0 \\ 0 & 1 \end{pmatrix};$$

$$c = \begin{pmatrix} 2,7 & -0,3 \\ -0,3 & 0,3 \end{pmatrix};$$

$$K = \begin{pmatrix} 27 & -3 \\ -3 & 3 \end{pmatrix};$$

$$b = \begin{pmatrix} 0 \\ 3 \end{pmatrix};$$

Observe que o amortecimento é proporcional, tal que a análise modal pode ser usada.

```
In[5]:= MatrixForm[Chop[c.Inverse[M].K-K.Inverse[M].c]]

Out[5]//MatrixForm=
```
$$\begin{pmatrix} 0 & 0 \\ 0 & 0 \end{pmatrix}$$

Cálculo de $\tilde{K}$ e $\tilde{C}$

```
In[6]:= L = CholeskyDecomposition[M];
        Khat = Inverse[L].K.Inverse[Transpose[L]];
        Chat = Inverse[L].c.Inverse[Transpose[L]];
        MatrixForm[Khat]
        MatrixForm[Chat]

Out[10]//MatrixForm=
```
$$\begin{pmatrix} 3 & -1 \\ -1 & 3 \end{pmatrix}$$

```
Out[11]//MatrixForm=
```
$$\begin{pmatrix} 0,3 & -0,1 \\ -0,1 & 0,3 \end{pmatrix}$$

Calcule os autovalores e autovetores. Note que o Mathematica retorna autovetores em linhas, não colunas como em Mathcad e MATLAB. Para esse sistema em particular, os autovalores foram encontrados na ordem correta e os autovetores devem ser normalizados para 1.

```
In[11]:= {λ,v}=Eigensystem[Khat];
         MatrixForm[λ]
         MatrixForm[v]
         v1 = Normalize[v[[1, All]]];
         v2 = Normalize[v[[2, All]]];
         N[MatrixForm][{ v1, v2}]
```

SEÇÃO 4.9 Solução Computacional dos Problemas de Autovalor para Vibração **399**

```
Out[12]//MatrixForm=
```
$$\begin{pmatrix} 2 \\ 4 \end{pmatrix}$$

```
Out[13]//MatrixForm=
```
$$\omega2 := \sqrt{Re(\lambda_1)^2 + Im(\lambda_1)^2}$$

```
Out[16]//MatrixForm=
```
$$\begin{pmatrix} 0,707107 & 0,707107 \\ -0,707107 & 0,707107 \end{pmatrix}$$

```
In[17]:= PT = {v1, v2};
         P = Transpose[PT];
```

```
In[19]:= MatrixForm[Chop[PT.P]]
         MatrixForm[Chop[PT.Khat.P]]
         MatrixForm[Chop[PT.Chat.P]]
```

```
Out[19]//MatrixForm=
```
$$\begin{pmatrix} 1 & 0 \\ 0 & 1 \end{pmatrix}$$

```
Out[20]//MatrixForm=
```
$$\begin{pmatrix} 2 & 0 \\ 0 & 4 \end{pmatrix}$$

```
Out[21]//MatrixForm=
```
$$\begin{pmatrix} 0,2 & 0 \\ 0 & 0,4 \end{pmatrix}$$

Calcule as amplitudes das forças modais.

```
In[22]:= bt = PT.Inverse[L].b;
         N[MatrixForm[bt]]
```

```
Out[23]//MatrixForm=
```
$$\begin{pmatrix} 2,12132 \\ 2,12132 \end{pmatrix}$$

Vários Problemas de Autovalores

Existem várias formas de relacionar o problema de vibração com o problema de autovalor. A forma mais simples é, infelizmente, a pior em termos de esforço computacional. Usar o *problema de autovalor generalizado*, formado pela Equação (4.157) pela substituição de $\mathbf{x} = e^{j\omega t}\mathbf{u}$, que resulta em

$$K\mathbf{u} = \lambda M\mathbf{u} \tag{4.161}$$

onde $\lambda = \omega^2$, são as formas modais. Essa é a abordagem mais direta, mas tem custo computacional (quatro vezes maior do que usar a abordagem Cholesky para um exemplo de dois graus de liberdade). A solução da Equação (4.157) torna-se então

$$\mathbf{x}(t) = \sum_{i=1}^{n} c_i \operatorname{sen}(\omega_i t + \phi_i)\mathbf{u}_i \tag{4.162}$$

onde c_i e ϕ_i são constantes determinadas a partir das condições iniciais.

Em seguida, multiplique a Equação (4.161) pela matriz M^{-1}. Novamente, assumindo uma solução da forma $\mathbf{x}(t) = e^{j\omega t}\mathbf{u}$ tem-se

$$-\omega^2\mathbf{u} + M^{-1}K\mathbf{u} = 0 \tag{4.163}$$

ou

$$(M^{-1}K)\mathbf{u} = \lambda\mathbf{u} \tag{4.164}$$

Esse é o *problema de autovalor algébrico* padrão. A matriz $M^{-1}K$ não é nem simétrica nem banda. Novamente, existem n autovalores λ_i que são os quadrados das frequências naturais ω_i^2 e n autovetores $\mathbf{u}_i$. A solução da Equação (4.157) $\mathbf{x}(t)$ está novamente na forma

$$\mathbf{x}(t) = \sum_{i=1}^{n} c_i \operatorname{sen}(\omega_i t + \phi_i)\mathbf{u}_i \tag{4.165}$$

onde c_i e ϕ_i são constantes a serem determinadas pelas condições iniciais. Assim, os autovetores $\mathbf{u}_i$ são também as formas modais. Como $M^{-1}K$ não é simétrica, a solução do problema de autovalores algébricos pode produzir valores complexos para os autovalores e autovetores. No entanto, eles são conhecidos por serem valorizados em função da formulação do problema de autovalor generalizado, Equação (4.161), que tem os mesmos autovalores e autovetores.

Em seguida, considere o problema de vibração (seguindo a Janela 4.5) obtido pela substituição da transformação de coordenadas $\mathbf{x}(t) = (L^T)^{-1}\mathbf{q}(t)$ na Equação (4.161) e multiplicando por L^{-1}. Isso produz a forma

$$\ddot{\mathbf{q}}(t) + \tilde{K}\mathbf{q}(t) = 0 \tag{4.166}$$

onde a matriz $\tilde{K}$ é simétrica, mas não necessariamente esparsa ou banda, a menos que M seja diagonal. A solução da Equação (4.166) é obtida assumindo uma solução da forma $\mathbf{q}(t) = e^{j\omega t}\mathbf{v}$ onde $\mathbf{v}$ é um vetor não nulo de constantes. Substituindo essa forma pela Equação (4.166) resulta em

$$-\omega^2\mathbf{v} + \tilde{K}\mathbf{v} = 0 \tag{4.167}$$

ou

$$\tilde{K}\mathbf{v} = \lambda\mathbf{v} \tag{4.168}$$

SEÇÃO 4.9 Solução Computacional dos Problemas de Autovalor para Vibração **401**

onde novamente $\lambda = \omega^2$. Esse é o *problema de autovalor simétrico* e, novamente, resulta em n autovalores λ_i, que são os quadrados das frequências naturais ω_i^2 e n autovetores $\mathbf{v}_i$. A solução da Equação (4.166) torna-se

$$\mathbf{q}(t) = \sum_{i=1}^{n} c_i \operatorname{sen}(\omega_i t + \phi_i)\mathbf{v}_i \tag{4.169}$$

onde c_i e ϕ_i são novamente constantes de integração. A solução no sistema de coordenadas original $\mathbf{x}$ é obtida a partir dessa última expressão multiplicando pela matriz $(L^T)^{-1}$:

$$\mathbf{x}(t) = (L^T)^{-1}\mathbf{q}(t) = \sum_{i=1}^{n} c_i \operatorname{sen}(\omega_i t + \phi_i)(L^T)^{-1}\mathbf{v}_i \tag{4.170}$$

Assim, as formas modais são os vetores $(L^T)^{-1}\mathbf{v}_i$, onde $\mathbf{v}_i$ são os autovetores da matriz simétrica $\tilde{K}$. Como o problema de autovalor aqui é simétrico, sabe-se que os autovalores e autovetores são valores reais, assim como as formas modais. Além disso, a ortogonalidade de $\mathbf{v}_i$ permite uma fácil computação das condições iniciais modal. A vantagem numérica aqui é que o problema de autovalor é simétrico, então algoritmos numéricos mais eficientes podem ser usados para resolvê-lo. Computacionalmente esse é o método mais eficiente das quatro formulações possíveis apresentadas aqui.

Considere novamente o problema de vibração definido na Equação (4.161), que é

$$\ddot{\mathbf{x}}(t) + M^{-1}K\mathbf{x}(t) = 0 \tag{4.171}$$

Essa equação pode ser transformada em uma equação diferencial vetorial de primeira ordem definindo dois novos vetores $\mathbf{y}_1(t)$ e $\mathbf{y}_2(t)$, $n \times 1$, por

$$\mathbf{y}_1(t) = \mathbf{x}(t), \qquad \mathbf{y}_2(t) = \dot{\mathbf{x}}(t) \tag{4.172}$$

Observe que $\mathbf{y}_1$ é o vetor de deslocamentos e $\mathbf{y}_2(t)$ é um vetor de velocidades. A diferenciação desses dois vetores resulta em

$$\dot{\mathbf{y}}_1(t) = \dot{\mathbf{x}}(t) = \mathbf{y}_2(t)$$
$$\dot{\mathbf{y}}_2(t) = \ddot{\mathbf{x}}(t) = -M^{-1}K\mathbf{y}_1(t) \tag{4.173}$$

onde a equação para $\dot{\mathbf{y}}_2(t)$ foi expandida pela resolução da Equação (4.171) para $\ddot{\mathbf{x}}(t)$. A Equação (4.173) pode ser reconhecida como a equação diferencial vetorial de primeira ordem

$$\dot{\mathbf{y}}(t) = A\mathbf{y}(t) \tag{4.174}$$

Aqui

$$A = \begin{bmatrix} 0 & I \\ -M^{-1}K & 0 \end{bmatrix} \tag{4.175}$$

é chamado de *matriz de estado*. O 0 representa uma matriz $n \times 1$ de zeros, I representa a matriz de identidade $n \times n$ e o *vetor de estado* $\mathbf{y}(t)$ é definido pelo vetor $2n \times 1$

$$\mathbf{y}(t) = \begin{bmatrix} \mathbf{y}_1(t) \\ \mathbf{y}_2(t) \end{bmatrix} = \begin{bmatrix} \mathbf{x}(t) \\ \dot{\mathbf{x}}(t) \end{bmatrix} \tag{4.176}$$

402   CAPÍTULO 4 • Sistemas com Múltiplos Graus de Liberdade

A solução da Equação (4.174) prossegue assumindo a forma exponencial $\mathbf{y}(t) = \mathbf{z}e^{\lambda t}$, onde $\mathbf{z}$ é um vetor não nulo de constantes e λ é um escalar. A substituição na Equação (4.174) produz $\lambda \mathbf{z} = A\mathbf{z}$ ou

$$A\mathbf{z} = \lambda \mathbf{z} \qquad \mathbf{z} \neq \mathbf{0} \qquad (4.177)$$

Esse é novamente o problema de autovalor algébrico padrão. Enquanto a matriz A tem muitos elementos nulos, é agora um problema de autovalor $2n \times 2n$. Pode-se mostrar que os $2n$ autovalores λ_i correspondem novamente às n frequências naturais ω_i pela relação $\lambda_i = \omega_i j$, onde $j = \sqrt{-1}$. Os n autovalores extras são $\lambda_i = \omega_i j$, tal que ainda existem apenas n frequências naturais ω_i. Os $2n$ autovetores, $\mathbf{z}$ da matriz A, no entanto, são da forma

$$\mathbf{z}_i = \begin{bmatrix} \mathbf{u}_i \\ \lambda_i \mathbf{u}_i \end{bmatrix} \qquad (4.178)$$

onde $\mathbf{u}_i$ são as formas modais do problema de vibração correspondente. A matriz A (ver Janela 4.10) não é simétrica e os autovalores λ_i e autovetores $\mathbf{z}_i$ seriam, portanto, complexos. De fato, os autovalores λ_i nesse caso são números imaginários da forma $\omega_i j$.

Janela 4.10
Vários Usos do Símbolo A

Não confunda com a matriz A. O símbolo A é usado para representar qualquer matriz. Aqui, A é usado para representar

$$A = M^{-1}K$$

$$A = \begin{bmatrix} 0 & I \\ -M^{-1}K & -M^{-1}C \end{bmatrix} \qquad A = \begin{bmatrix} 0 & I \\ M^{-1}K & 0 \end{bmatrix}$$

para exemplificar algumas. Qual matriz A está sendo discutida deve estar claro a partir do contexto.

Sistemas Amortecidos

Para sistemas de grande porte, calcular os autovalores usando a Equação (4.177) torna-se numericamente mais difícil porque é de ordem $2n$ em vez de n. A principal vantagem da forma de estado de espaço é em simulações numéricas e na resolução do problema de vibração de múltiplo graus de liberdade amortecido, que é discutido a seguir. Agora considere o problema de vibração amortecida da forma

$$M\ddot{\mathbf{x}}(t) + C\dot{\mathbf{x}}(t) + K\mathbf{x}(t) = \mathbf{0} \qquad (4.179)$$

SEÇÃO 4.9 Solução Computacional dos Problemas de Autovalor para Vibração **403**

onde C representa o amortecimento viscoso no sistema (Seção 4.5) e é assumido apenas como semi-definido positivo e simétrico. A abordagem de matriz de estado e o problema de autovalor padrão, relacionado a Equação (4.177), também podem ser usados para descrever o problema de vibração não conservativo da Equação (4.179). Multiplicando a Equação (4.179) pela matriz M^{-1} resulta em

$$\ddot{\mathbf{x}}(t) + M^{-1}C\dot{\mathbf{x}}(t) + M^{-1}K\mathbf{x}(t) = \mathbf{0} \tag{4.180}$$

Novamente, é útil reescrever essa expressão em um sistema de primeira ordem ou espaço de estado definindo os dois vetores $\mathbf{y}_1(t) = \mathbf{x}(t)$ e $\mathbf{y}_2(t) = \dot{\mathbf{x}}(t)$, como indicado na Equação (4.172). Então a Equação (4.173) torna-se

$$\begin{aligned}
\dot{\mathbf{y}}_1(t) &= \dot{\mathbf{x}}(t) = \mathbf{y}_2(t) \\
\dot{\mathbf{y}}_2(t) &= \ddot{\mathbf{x}}(t) = -M^{-1}K\mathbf{x}(t) - M^{-1}C\dot{\mathbf{x}}(t)
\end{aligned} \tag{4.181}$$

onde a expressão para $\ddot{\mathbf{x}}(t)$ na Equação (4.181) é obtida da Equação (4.180) para o sistema amortecido movendo os termos $M^{-1}C\dot{\mathbf{x}}(t)$ e $M^{-1}K\mathbf{x}(t)$ para a direita do sinal de igualdade. Renomeando $\mathbf{x}(t) = \mathbf{y}_1(t)$ e $\dot{\mathbf{x}}(t) = \mathbf{y}_2(t)$ na Equação (4.181) e usando notação matricial tem-se

$$\dot{\mathbf{y}}(t) = \begin{bmatrix} \dot{\mathbf{y}}_1(t) \\ \dot{\mathbf{y}}_1(t) \end{bmatrix} = \begin{bmatrix} 0\mathbf{y}_1(t) + I\mathbf{y}_2(t) \\ -M^{-1}K\mathbf{y}_1(t) - M^{-1}C\mathbf{y}_2(t) \end{bmatrix} = \begin{bmatrix} 0 & I \\ -M^{-1}K & -M^{-1}C \end{bmatrix} \begin{bmatrix} \mathbf{y}_1(t) \\ \mathbf{y}_2(t) \end{bmatrix} = A\mathbf{y}(t) \tag{4.182}$$

onde o vetor $\mathbf{y}(t)$ é definido como o vetor de estado da Equação (4.176) e a matriz A de estado para o caso amortecido é definida como a forma particionada

$$A = \begin{bmatrix} 0 & I \\ -M^{-1}K & -M^{-1}C \end{bmatrix} \tag{4.183}$$

A análise de autovalor para o sistema de Equação (4.182) procede diretamente como para o sistema de matriz de estado não amortecido da Equação (4.176).

Uma solução da Equação (4.183) é novamente assumida da forma $\mathbf{y}(t) = \mathbf{z}e^{\lambda t}$ e substituída na Equação (4.183) para produzir o problema de autovalor da Equação (4.177) (isto é, $A\mathbf{z} = \lambda\mathbf{z}$). Isso novamente define o problema de autovalor padrão de dimensão $2n \times 2n$. Nesse caso, a solução novamente produz $2n$ valores λ_1 que podem ser valores complexos. Os $2n$ autovetores $\mathbf{z}_i$ descritos na Equação (4.178) também podem ser complexos (se o λ_1 correspondente for complexo). Isso, por sua vez, faz com que a forma modal física $\mathbf{u}_i$ seja de valor complexo assim como o vetor de resposta livre $\mathbf{x}(t)$.

Felizmente, há uma interpretação física racional do autovalor complexo, dos modos e da solução resultante determinada pela formulação de espaço de estados do problema de autovalor dado na Equação (4.183). A resposta física ao tempo $\mathbf{x}(t)$ é simplesmente tomada como sendo a parte real das primeiras coordenadas n do vetor $\mathbf{y}(t)$ calculado a partir de

$$\mathbf{x}(t) = \sum_{i=1}^{2n} c_i \mathbf{u}_i e^{\lambda_i t} \tag{4.184}$$

404 CAPÍTULO 4 • Sistemas com Múltiplos Graus de Liberdade

A resposta no tempo é discutida em mais detalhes na Seção 4.10 e foi introduzida na Equação (4.115). A interpretação física dos autovalores complexos λ_1 é obtida diretamente dos números complexos resultantes da solução de um sistema de um grau de liberdade sem amortecedor dado nas Equações (1.33) e (1.34) da Seção 1.3. Em particular, os autovalores complexos λ_1 aparecerão em pares complexos-conjugados na forma

$$\lambda_i = -\zeta_i\omega_i - \omega_i\sqrt{1 - \zeta_i^2}j$$
$$\lambda_{i+1} = -\zeta_i\omega_i + \omega_i\sqrt{1 - \zeta_i^2}j \tag{4.185}$$

onde $j = \sqrt{-1}$, ω_i é a frequência natural não amortecida do i-ésimo modo e ζ_i é o *fator de amortecimento* modal associado ao i-ésimo modo. A solução do problema de autovalor para a matriz de estado A da Equação (4.183) produz um conjunto de números complexos da forma $\lambda_i = \alpha_i + \beta_i j$, onde $\text{Re}(\lambda_i) = \alpha_i$ e $\text{Im}(\lambda_i) = \beta_i$. Comparando essas expressões com a Equação (4.185) tem-se

$$\omega_i = \sqrt{\alpha_i^2 + \beta_i^2} = \sqrt{\text{Re}(\lambda_i)^2 + \text{Im}(\lambda_i)^2} \tag{4.186}$$

$$\zeta_i = \frac{-\alpha_i}{\sqrt{\alpha_i^2 + \beta_i^2}} = \frac{-\text{Re}(\lambda_i)}{\sqrt{\text{Re}(\lambda_i)^2 + \text{Im}(\lambda_i)^2}} \tag{4.187}$$

que fornece uma ligação com as noções físicas de frequência natural e fatores de amortecimento para o caso subamortecido. (Ver Inman, 2006, para o casos superamortecidos.)

Os vetores de forma modais de valor complexo $\mathbf{u}_i$ também aparecem em pares complexos-conjugados e são referidos como *modos complexos*. A interpretação física de um modo complexo é a seguinte: cada elemento descreve a amplitude relativa e a fase do movimento do grau de liberdade associado a esse elemento quando o sistema é excitado apenas nesse modo. No caso de modo real não amortecido, o vetor de forma modal é real (Seção 4.1) e indica as posições relativas de cada massa em qualquer instante de tempo dado em uma única frequência. A diferença entre o caso de modo real e o caso de modo complexo é que, se o modo é complexo, a posição relativa de cada massa também pode estar desfasada pela quantidade indicada pela parte complexa da entrada de formas modais (relembre que um número complexo pode ser pensado como uma amplitude e uma fase ao invés de uma parte real e uma parte imaginária).

A formulação de espaço de estados do problema de autovalores para a matriz A dada pela Equação (4.183) está relacionada com o problema de vibração linear mais geral. Ele também forma o problema de autovalor computacional mais difícil dos cinco problemas discutidos anteriormente. O exemplo a seguir ilustra como calcular as frequências naturais e fatores de amortecimento usando a abordagem de matriz de estado.

Exemplo 4.9.4

Considere o seguinte sistema e calcule as frequências naturais e fatores de amortecimento. Observe que o sistema não se desacoplará em equações modais e terá modos complexos. O sistema é dado por:

$$\begin{bmatrix} 2 & 0 \\ 0 & 1 \end{bmatrix}\ddot{\mathbf{x}}(t) + \begin{bmatrix} 1 & -0{,}5 \\ -0{,}5 & 0{,}5 \end{bmatrix}\dot{\mathbf{x}}(t) + \begin{bmatrix} 3 & -1 \\ -1 & 1 \end{bmatrix}\mathbf{x}(t) = 0$$

SEÇÃO 4.9 Solução Computacional dos Problemas de Autovalor para Vibração **405**

Solução Em cada um dos seguintes códigos, as matrizes M, C e K são inseridas, colocadas em forma de espaço de estado e resolvidas. As frequências e fatores de amortecimento são então extraídas usando as Equações (4.186) e (4.187).

A solução em Mathcad é a seguinte:

$$M := \begin{bmatrix} 2 & 0 \\ 0 & 1 \end{bmatrix} \quad C := \begin{bmatrix} 1 & 0,5 \\ 0,5 & 0,5 \end{bmatrix} \quad K := \begin{bmatrix} 3 & -1 \\ -1 & 1 \end{bmatrix}$$

$$0 := \begin{bmatrix} 0 & 0 \\ 0 & 0 \end{bmatrix} \quad I := \begin{bmatrix} 1 & 0 \\ 0 & 1 \end{bmatrix}$$

```
A := augment(stack(0,-M⁻¹K),stack(I,-M⁻¹ C))
```

$$A = \begin{bmatrix} 0 & 0 & 1 & 0 \\ 0 & 0 & 0 & 1 \\ -1,5 & 0,5 & -0,5 & 0,25 \\ 1 & -1 & 0,5 & -0,5 \end{bmatrix} \quad \lambda := \text{eigenvals}(A) \quad \lambda = \begin{bmatrix} -0,417 + 1,345i \\ -0,417 - 1,345i \\ -0,083 + 0,705i \\ -0,083 - 0,705i \end{bmatrix}$$

$$\omega 1 := \sqrt{\text{Re}(\lambda_3)^2 + \text{Im}(\lambda_3)^2} \qquad \zeta 1 := \frac{-\text{Re}(\lambda_3)}{\omega 1}$$

$$\omega 2 := \sqrt{\text{Re}(\lambda_1)^2 + \text{Im}(\lambda_1)^2} \qquad \zeta 2 := \frac{-\text{Re}(\lambda_1)}{\omega 2}$$

$$\omega 1 = 0,71 \qquad \omega 2 = 1,408$$

$$\zeta 1 = 0,117 \qquad \zeta 2 = 0,296$$

```
U := eigenvecs(A)
```

$$U = \begin{bmatrix} 0,193 + 0,341i & 0,193 - 0,341i & 0,37 + 0,042i & 0,37 - 0,042i \\ -0,126 - 0,407i & -0,126 + 0,407i & 0,725 & 0,725 \\ -0,539 + 0,118i & -0,539 - 0,118i & -0,061 + 0,257i & -0,061 - 0,257i \\ 0,6 & 0,6 & -0,06 + 0,512i & -0,06 - 0,512i \end{bmatrix}$$

A solução no MATLAB requer definir as partes real e imaginária (veja também VTB4_3) e é a seguinte:

```
% insira os dados
n=2;M=[2 0;0 1];C=[1 -0,5;-0,5 0 5];K=[3 -1;-1 1];
% calcule a matriz de estado
A=[zeros(n) eye(n); -M\K -M\C];
[V, D]=eig(a);% calcule os autovalores e autovetores
% calcule as partes real e imaginária
ReD=(D+D')/2;ImD=(D'-D)*i/2;
W=(ReD^2+ImD^2).^.5, Zeta=-ReD/W
W =
       1,4078        0             0             0
       0             1,4078        0             0
       0             0             0,7103        0
       0             0             0             0,7103
```

406 CAPÍTULO 4 • Sistemas com Múltiplos Graus de Liberdade

$$\begin{array}{c} \text{Zeta} = \\ \begin{array}{cccc} 0,2962 & 0 & 0 & 0 \\ 0 & 0,2962 & 0 & 0 \\ 0 & 0 & 0,1169 & 0 \\ 0 & 0 & 0 & 0,1169 \end{array} \end{array}$$

A solução no Mathematica é a seguinte:

```
In[1]:= M = ( 2  0 );
            ( 0  1 )

      c = (  1   -,5 );
          ( -,5   ,5 )

      K = ( 3  1 );
          ( 1  1 )

      o = ( 0  0 );
          ( 0  0 )

      i = IdentityMatrix[2];
```

Formação da matriz A.

```
In[6]:= A = ArrayFlatten[{o, i}, {-Inverse[M].K, -Inverse[M].c}}];
        MatrixForm[A]
```

```
Out[7]//MatrixForm=
```

$$\begin{pmatrix} 0 & 0 & 1 & 0 \\ 0 & 0 & 0 & 1 \\ -\dfrac{3}{2} & \dfrac{1}{2} & -0,5 & 0,25 \\ 1 & -1 & 0,5 & -0,5 \end{pmatrix}$$

Solução do problema de autovalor.

```
In[8]:= {λ, v} = Eigensystem[A];
        MatrixForm[λ]
        MatrixForm[v]
```

```
Out[9]//MatrixForm=
```

$$\begin{pmatrix} -0,416934 + 1,34464i \\ -0,416934 - 1,34464i \\ -0,0830665 + 0,705454i \\ -0,0830665 - 0,705454i \end{pmatrix}$$

```
Out[10]//MatrixForm=
```

$$\begin{pmatrix} 0,193156+0,341044i & -0,126254-0,40718i & -0,539116+0,117534i & 0,600152+0,0i \\ 0,193156-0,341044i & -0,126254+0,40718i & -0,539116-0,117534i & 0,600152+0,0i \\ 0,369554+0,0422688i & 0,725456+0,i & -0,0605163+0,257193i & -0,060261+0,511776i \\ 0,369554-0,0422688i & 0,725454+0,i & -0,0605163-0,257193i & -0,060261-0,511776i \end{pmatrix}$$

SEÇÃO 4.10 Simulação Numérica da Resposta no Tempo **407**

Cálculo das frequências naturais e frequências de amortecimentos.

In[11]:= $\omega 1 = \sqrt{Re[\lambda[[3]]]^2 + Im[\lambda[3]]]^2}$
$\omega 2 = \sqrt{Re[\lambda[1]]]^2 + Im[\lambda[1]]]^2}$
$\zeta 1 = \dfrac{-Re[\lambda[[3]]]}{\omega 1}$
$\zeta 2 = \dfrac{-Re[\lambda[[1]]]}{\omega 2}$

Out[11]= 0,710328
Out[12]= 1,4078
Out[13]= 0,116941
Out[14]= 0,29616

□

4.10 SIMULAÇÃO NUMÉRICA DA RESPOSTA NO TEMPO

Esta seção é uma simples extensão das Seções 1.9, 2.8 e 3.9, que analisam o uso da integração numérica para simular e traçar a resposta de um problema de vibração. A simulação é uma forma muito mais fácil de obter a resposta do sistema quando comparada à computação da resposta por análise modal, que foi enfatizada nas últimas nove seções. No entanto, a abordagem modal é necessária para realizar o projeto e para obter conhecimentos sobre a dinâmica do sistema. Critérios de projeto importantes são frequentemente indicados em termos de informação modal, não diretamente disponíveis a partir da resposta temporal. Além disso, as propriedades modais podem ser usadas para verificar simulações numéricas. Da mesma forma, soluções numéricas também podem ser usadas para verificar trabalhos analíticos.

Considere a resposta forçada de um sistema linear amortecido. O caso mais geral pode ser escrito como

$$M\ddot{\mathbf{x}} + C\dot{\mathbf{x}} + K\mathbf{x} = B\mathbf{F}(t) \qquad \mathbf{x}(0) = \mathbf{x}_0, \quad \dot{\mathbf{x}}(0) = \dot{\mathbf{x}}_0 \qquad (4.188)$$

Seguindo o desenvolvimento da Equação (4.181), defina $\mathbf{y}_1(t) = \mathbf{x}(t)$ e $\mathbf{y}_2(t) = \dot{\mathbf{x}}(t)$ para que $\dot{\mathbf{y}}_1(t) = \dot{\mathbf{y}}_2(t)$. Então, multiplicando a Equação (4.188) por M^{-1}, obtém-se as equações vetoriais de primeira ordem acopladas

$$\dot{\mathbf{y}}_1(t) = \mathbf{y}_2(t)$$
$$\dot{\mathbf{y}}_2(t) = -M^{-1}K\mathbf{y}_1(t) - M^{-1}C\mathbf{y}_2(t) + M^{-1}B\mathbf{F}(t) \qquad (4.189)$$

com as condições iniciais $\mathbf{y}_1(0) = \mathbf{x}_0$ e $\mathbf{y}_2(0) = \dot{\mathbf{x}}_0$. A Equação (4.189) pode ser escrita como a única equação de primeira ordem

$$\dot{\mathbf{y}}(t) = A\mathbf{y}(t) + \mathbf{f}(t) \qquad \mathbf{y}(0) = \mathbf{y}_0 \qquad (4.190)$$

onde A é a matriz de estado dada pela Equação (4.183):

$$A = \begin{bmatrix} 0 & I \\ -M^{-1}K & -M^{-1}C \end{bmatrix}$$

e

$$\mathbf{y}(t) = \begin{bmatrix} \mathbf{y}_1(t) \\ \mathbf{y}_2(t) \end{bmatrix} \quad \mathbf{f}(t) = \begin{bmatrix} 0 \\ M^{-1}\mathbf{B}\mathbf{F}(t) \end{bmatrix} \quad \mathbf{y}_0 = \begin{bmatrix} \mathbf{y}_1(0) \\ \mathbf{y}_2(0) \end{bmatrix} = \begin{bmatrix} \mathbf{x}_0 \\ \mathbf{x}_0 \end{bmatrix}$$

Aqui $\mathbf{y}(t)$ é o vetor de estado ($2n \times 1$), onde os primeiros $n \times 1$ elementos correspondem ao deslocamento $\mathbf{x}(t)$ e onde os segundos $n \times 1$ elementos correspondem às velocidades $\dot{\mathbf{x}}(t)$.

O método de Euler da solução numérica dado na Seção 3.9, Equação (3.105) pode ser aplicado diretamente à formulação vetorial (espaço de estado) dada na Equação (4.190), repetida aqui:

$$\mathbf{y}(t_{i+1}) = \mathbf{y}(t_i) + \Delta t A \mathbf{y}(t_i) \tag{4.191}$$

que define a fórmula de Euler para integrar o problema de vibração geral descrito na Equação (4.190) para o caso de entrada nula. Isso pode ser estendido para o caso de resposta forçada, incluindo o termo $\mathbf{f}_i = \mathbf{f}(ti)$:

$$\mathbf{y}_{i+1} = \mathbf{y}_i + \Delta t A \mathbf{y}_i + \mathbf{f}_i \tag{4.192}$$

onde y_{i+1} representa $\mathbf{y}(t_{i+1})$, e assim por diante, usando $\mathbf{y}(0)$ como o valor inicial.

Como anteriormente nas Seções 1.9, 2.8 e 3.9, os métodos de integração de Runge--Kutta são usados na maioria dos códigos para produzir uma aproximação mais precisa à solução. Os exemplos a seguir ilustram como usar MATLAB, Mathcad e Mathematica para realizar integração numérica para resolver problemas de vibração.

Exemplo 4.10.1

Considere o sistema dado por

$$\begin{bmatrix} 4 & 0 \\ 0 & 9 \end{bmatrix} \begin{bmatrix} \ddot{x}_1(t) \\ \ddot{x}_2(t) \end{bmatrix} + \begin{bmatrix} 30 & -5 \\ -5 & 5 \end{bmatrix} \begin{bmatrix} x_1(t) \\ x_2(t) \end{bmatrix} = \begin{bmatrix} 0{,}23500 \\ 2{,}97922 \end{bmatrix} \text{sen}\,(2{,}756556t)$$

Uma computação rápida mostra que a frequência de excitação é também a frequência natural do segundo modo. No entanto, devido ao vetor de força $\mathbf{b}$ ser proporcional à forma do primeiro modo, não ocorrerá ressonância. O sistema não ressoa porque a força é distribuída ortogonalmente ao segundo modo. A simulação verificará se essa previsão está correta.

Solução O problema é primeiro colocado em forma de espaço de estado e depois resolvido numericamente.

Em Mathcad o código se torna

$$M := \begin{bmatrix} 4 & 0 \\ 0 & 9 \end{bmatrix} \quad K := \begin{bmatrix} 30 & 5 \\ 5 & 5 \end{bmatrix} \quad B := \begin{bmatrix} 0{,}23500 \\ 2{,}97922 \end{bmatrix} \quad \omega := 2{,}75655$$

SEÇÃO 4.10 Simulação Numérica da Resposta no Tempo

$$f := M^{-1} \cdot B \quad M^{-1} \cdot K = K = \begin{bmatrix} 7,5 & -1,25 \\ -0,556 & 0,556 \end{bmatrix} \quad f = \begin{bmatrix} 0,059 \\ 0,331 \end{bmatrix}$$

$$X := \begin{bmatrix} 0 \\ 0 \\ 0 \\ 0 \end{bmatrix} \quad A1 := \begin{bmatrix} 0 & 0 & 1 & 0 \\ 0 & 0 & 0 & 1 \\ -7,5 & 1,25 & 0 & 0 \\ 0,556 & -0,556 & 0 & 0 \end{bmatrix} \quad D(t, X) := A1 \cdot X + \begin{bmatrix} 0 \\ 0 \\ f_0 \cdot sen(\omega \cdot t) \\ f_1 \cdot sen(\omega \cdot t) \end{bmatrix}$$

$$Z := rkfixed\ (X,\ 0,\ 20,\ 3000,\ D) \quad t := Z^{<0>} \quad x1 := Z^{<1>} \quad x2 := Z^{<2>}$$

O código MATLAB para produzir a solução é o seguinte:

```
clear all

xo=[0; 0; 0; 0];
ts=[0 20];

[t,x]=ode45('f',ts,xo);
plot(t,x(:,1),t,x(:,2),'--')
%-------------------------------------------
function v=f(t,x)

M=[4 0; 0 9];
K=[30 -5; -5 5];
B=[0,23500; 2,97922];
w=2,75655;

A1=[zeros(2) eye(2); -inv(M)*K zeros(2)];

f=inv(M)*B;

v=A1*x+[0;0; f]*sin(w*t);
```

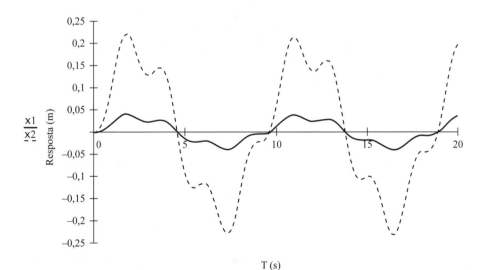

T (s)

410 CAPÍTULO 4 • Sistemas com Múltiplos Graus de Liberdade

O código Mathematica para produzir a solução é o seguinte:

```
In[1]:= <<PlotLegends'
```

$$In[2]:= m = \begin{pmatrix} 4 & 0 \\ 0 & 9 \end{pmatrix};$$

$$k = \begin{pmatrix} 30 & -5 \\ -5 & 5 \end{pmatrix};$$

```
ω = 2.756556;
```

$$f = \begin{pmatrix} ,23500*Sen[\omega*t] \\ 2,97922*Sen[\omega*t] \end{pmatrix};$$

$$x = \begin{pmatrix} x1[t] \\ x2[t] \end{pmatrix};$$

$$xdd = \begin{pmatrix} x1''[t] \\ x2''[t] \end{pmatrix};$$

```
system = m.xdd + k.x;
```

```
In[9]:= num = NDSolve [{system[[1]] == f[[1]], x1'[0] == 0,
         x1[0] == 0, system[[2]] == f[[2]], x2[0] == 0,
         x2'[0] == 0}, {x1[t], x2[t]}, {t, 0, 20}];
    Plot[{Evaluate[x1[t] /. num], Evaluate[x2[t] /. num]},
         { t, 0, 20},
         PlotStyle → {RGBColor[1, 0, 0], RGBColor[0, 1, 0]},
         PlotLegend → {"x1[t]", "x2[t]"},
         LegendPosition → {1, 0}, LegendSize → {1, .3}]
```

□

Exemplo 4.10.2

Calcule e trace a resposta temporal do sistema (newtons)

$$\begin{bmatrix} 2 & 0 \\ 1 & 1 \end{bmatrix}\begin{bmatrix} \ddot{x}_1(t) \\ \ddot{x}_2(t) \end{bmatrix} + \begin{bmatrix} 3 & -0,5 \\ -0,5 & 0,5 \end{bmatrix}\begin{bmatrix} \dot{x}_1(t) \\ \dot{x}_2(t) \end{bmatrix} + \begin{bmatrix} 3 & -1 \\ -1 & 1 \end{bmatrix}\begin{bmatrix} x_1(t) \\ x_2(t) \end{bmatrix} = \begin{bmatrix} 1 \\ 1 \end{bmatrix} sen(\omega t)$$

sujeito às condições iniciais

$$\mathbf{x}_0 = \begin{bmatrix} 0 \\ 0,1 \end{bmatrix}m, \qquad \mathbf{v}_0 = \begin{bmatrix} 1 \\ 0 \end{bmatrix}m/s$$

Solução Isso equivale a formular o sistema nas equações de espaço de estados fornecidas por (4.190) e executar uma rotina de Runge-Kutta. A solução em Mathcad é

$$M := \begin{bmatrix} 2 & 0 \\ 0 & 1 \end{bmatrix} \qquad C := \begin{bmatrix} 3 & -0,5 \\ -0,5 & 0,5 \end{bmatrix} \qquad K := \begin{bmatrix} 3 & -1 \\ -1 & 1 \end{bmatrix}$$

$$0 := \begin{bmatrix} 0 & 0 \\ 0 & 0 \end{bmatrix} \qquad I := \begin{bmatrix} 1 & 0 \\ 0 & 1 \end{bmatrix}$$

$$B := \begin{bmatrix} 1 \\ 1 \end{bmatrix} \qquad \omega := 2$$

SEÇÃO 4.10 Simulação Numérica da Resposta no Tempo

$$A := \text{augment}(\text{stack}(0, -M^{-1} \cdot K), \text{stack}(I, -M^{-1} C)) \qquad X := \begin{bmatrix} 0 \\ 0,1 \\ 1 \\ 0 \end{bmatrix}$$

$$f := M^{-1} \cdot B \qquad f = \begin{bmatrix} 0,5 \\ 1 \end{bmatrix}$$

$$D(t, X) := A \cdot X + \begin{bmatrix} 0 \\ 0 \\ f_0 \\ f_1 \end{bmatrix} \cdot \text{sen}(\omega \cdot t)$$

$$Z := \text{rkfixed}(X, 0, 20, 3000, D) \quad t := Z^{<0>} \quad x1 := Z^{<1>} \quad x2 := Z^{<2>}$$

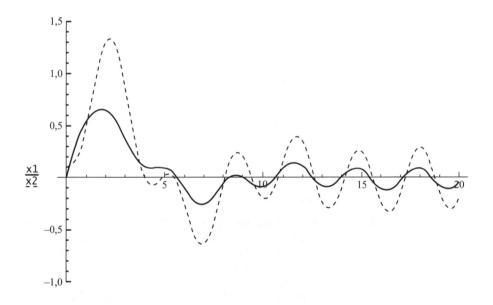

O código MATLAB para produzir o mesmo gráfico é o seguinte:

```
clear all

xo=[0; 0,1; 1; 0];
ts=[0 20];

[t,x]=ode45('f',ts,xo);
plot(t,x(:,1),t,x(:,2),'--')

%-----------------------------------------
function v=f(t,x)

M=[2 0; 0 1];
C=[3 -0,5; -0,5 0,5];
K=[3 -1; -1 1];
B=[1; 1];
```

CAPÍTULO 4 • Sistemas com Múltiplos Graus de Liberdade

```
w=2;

A1=[zeros(2) eye(2); -inv(M)*K -inv(M)*C];
f=inv(M)*B;

v=A1*x+[0;0; f]*sin(w*t);
```

O código Mathematica para simular e traçar a resposta é o seguinte:

$$\text{In[1]:= <<PlotLegends'}$$

$$\text{In[2]:= } \mathbf{m} = \begin{pmatrix} 2 & 0 \\ 0 & 1 \end{pmatrix};$$

$$\mathbf{c} = \begin{pmatrix} 3 & -,05 \\ -,05 & ,05 \end{pmatrix};$$

$$\mathbf{k} = \begin{pmatrix} 3 & -1 \\ -1 & 1 \end{pmatrix};$$

$$\omega = 2;$$

$$\mathbf{f} = \begin{pmatrix} \text{Sen}[\omega*t] \\ \text{Sen}[\omega*t] \end{pmatrix};$$

$$\mathbf{x} = \begin{bmatrix} x1[t] \\ x2[t] \end{bmatrix};$$

$$\mathbf{xd} = \begin{bmatrix} x1'[t] \\ x2'[t] \end{bmatrix};$$

$$\mathbf{xdd} = \begin{bmatrix} x1''[t] \\ x2''[t] \end{bmatrix};$$

```
system = m.xdd + c.xd + k.x;
```

```
In[11]:= num = NDSolve [{system[[1]] == f[[1]], x1'[0] == 1,
            x1[0] == 0, system[[2]] == f[[2]], x2[0] == .1,
            x2'[0] == 0}, {x1[t], x2[t]}, { t, 0, 20} ];
         Plot [{Evaluate [x1[t] /. num], Evaluate[x2[t] /. num]},
            {t, 0, 20},
            PlotStyle → {RGBColor[1, 0, 0], RGBColor[0, 1, 0]},
            PlotLegend → {"x1[t]", "x2[t]"},
            LegendPosition → {1, 0}, LegendSize → {1, .3}]
```

□

Exemplo 4.10.3

Considere o seguinte sistema excitado por um pulso de duração 0,1 s (unidades em newtons):

$$\begin{bmatrix} 2 & 0 \\ 0 & 1 \end{bmatrix} \begin{bmatrix} \ddot{x}_1 \\ \ddot{x}_2 \end{bmatrix} + \begin{bmatrix} 0,3 & -0,05 \\ -0,05 & 0,05 \end{bmatrix} \begin{bmatrix} \dot{x}_1 \\ \dot{x}_2 \end{bmatrix} + \begin{bmatrix} 3 & -1 \\ -1 & 1 \end{bmatrix} \begin{bmatrix} x_1 \\ x_2 \end{bmatrix}$$

$$= \begin{bmatrix} 0 \\ 1 \end{bmatrix} [\Phi(t - 1) - \Phi(t - 1,1)]$$

SEÇÃO 4.10 Simulação Numérica da Resposta no Tempo **413**

e sujeito às condições iniciais

$$\mathbf{x}_0 = \begin{bmatrix} 0 \\ -0,1 \end{bmatrix} \text{m}, \qquad \mathbf{v}_0 = \begin{bmatrix} 0 \\ 0 \end{bmatrix} \text{m/s}$$

Calcule e trace a resposta do sistema. Aqui Φ indica a função degrau de Heaviside introduzida na Seção 3.2.

Solução Isso segue novamente o mesmo formato que os exemplos anteriores de colocar as equações de movimento em forma de matriz de estado e resolver usando um dos programas de *software*. Em Mathcad, o código e a solução são

$$M \;:\; = \begin{bmatrix} 2 & 0 \\ 0 & 1 \end{bmatrix} \quad C \;:\; = \begin{bmatrix} 0,3 & -0,05 \\ -0,05 & 0,05 \end{bmatrix} \quad K \;:\; = \begin{bmatrix} 3 & -1 \\ -1 & 1 \end{bmatrix}$$

$$o \;:\; = \begin{bmatrix} 0 & 0 \\ 0 & 0 \end{bmatrix} \quad I \;:\; = \begin{bmatrix} 1 & 0 \\ 0 & 1 \end{bmatrix}$$

$$B \;:\; = \begin{bmatrix} 0 \\ 1 \end{bmatrix} \qquad A \;:\; = \text{augment (stack } (o, -M^{-1} \cdot K), \text{ stack } (I, -M^{-1} \; C))$$

$$f \;:\; = M^{-1} \cdot B \qquad f = \begin{bmatrix} 0 \\ 1 \end{bmatrix} \qquad X \;:\; = \begin{bmatrix} 0 \\ (-0,1) \\ 1 \\ 0 \end{bmatrix}$$

$$D(t, \; X) \;:\; = A \cdot X + \begin{bmatrix} 0 \\ 0 \\ f_0 \\ f_1 \end{bmatrix} \cdot (\Phi(t-1) - \Phi(t-1.1))$$

$$Z \;:\; = \text{rkfixed } (X, \; 0, \; 30, \; 3000, \; D) \quad t \;:\; = Z^{<0>} \quad x1 \;:\; = Z^{<1>} \quad x2 \;:\; = Z^{<2>}$$

O código MATLAB para produzir o mesmo gráfico é o seguinte. Observe que, neste caso, é necessário definir a tolerância para ODE45 para definir claramente o "impulso" como a diferença entre duas funções degrau. Isso é feito usando o comando options conforme listado a seguir.

```
clear all

xo = [0; -0,1; 0; 0];
ts = [0 30];

options=odeset('RelTol',1e-4);
[t,x] = ode45('f',ts,xo);
plot(t,x(:,1),t,x(:,2),'- -')

%-----------------------------------------------
function v = f(t,x)

M = [2 0; 0 1];
C = [0,3 -0,05; -0,05 0,05];
K = [3 -1; -1 1];
B = [0; 1];t1 = 1; t2 = 1,1;
```

```
A1 = [zeros(2) eye(2); -inv(M)*K -inv(M)*C];
f = inv(M)*B;

v = A1*x + [0;0; f]*(stepfun(t,t1)-stepfun(t,t2));
```

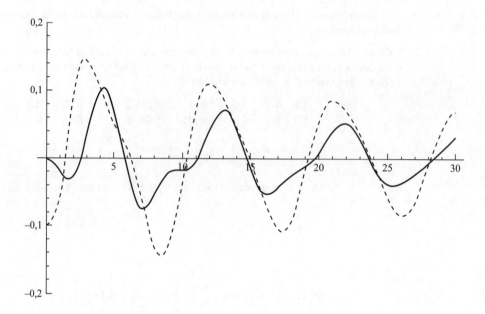

O código Mathematica para simular e traçar a resposta é o seguinte. Como no caso MATLAB, as tolerâncias devem ser ajustadas para definir o impulso. Nesse caso, o comando é `PrecisionGoal->10` conforme listado abaixo:

In[1]:= <<PlotLegends`

In[2]:= m $= \begin{pmatrix} 2 & 0 \\ 0 & 1 \end{pmatrix}$;

$\mathbf{c} = \begin{pmatrix} 0{,}3 & -0{,}05 \\ -0{,}05 & 0{,}05 \end{pmatrix}$;

$\mathbf{k} = \begin{pmatrix} 3 & -1 \\ -1 & 1 \end{pmatrix}$;

$\mathbf{f} = \begin{pmatrix} 0 \\ \text{UnitStep}[t-1] - \text{UnitStep}[t-1{,}1] \end{pmatrix}$;

$\mathbf{x} = \begin{bmatrix} x1[t] \\ x2[t] \end{bmatrix}$;

$\mathbf{xd} = \begin{bmatrix} x1'[t] \\ x2'[t] \end{bmatrix}$;

$\mathbf{xdd} = \begin{bmatrix} x1''[t] \\ x2''[t] \end{bmatrix}$;

system = m.xdd + c.xd + k.x;

```
In[10]:= num = NDSolve [{system[[1]] == f[[1]], x1'[0] == 0,
         x1[0] == 0, system[[2]] == f[[2]], x2[0] == -.1,
         x2'[0] == 0}, {x1[t], x2[t]}, {t, 0, 30},
         PrecisionGoal->10];
       Plot [{Evaluate [x1[t] /. num], Evaluate[x2[t] /. num]},
         {t, 0, 30},
         PlotStyle → {RGBColor[1, 0, 0], RGBColor[0, 1, 0]},
         PlotRange → {-.2,.2},
         PlotLegend → {"x1[t]", "x2[t]"},
         LegendPosition → {1, 0}, LegendSize → {1, .3}]
```

□

Os exemplos anteriores ilustram as características básicas do uso de *software* matemático para resolver problemas de vibração. Esses exemplos são todos sistemas simples de dois graus de liberdade, mas os métodos e rotinas funcionam para qualquer número de graus de liberdade, limitado apenas pelo tamanho da matriz para um código particular. O *Toolbox* oferece possibilidades de soluções adicionais.

PROBLEMAS

Os problemas marcados com um asterisco são destinados a serem resolvidos usando *software* computacional.

Seção 4.1 (Problemas 4.1 a 4.19)

4.1. Considere o sistema da Figura P4.1. Para $c_1 = c_2 = c_3 = 0$, obtenha a equação de movimento e calcule as matrizes de massa e rigidez. Observe que a configuração $k_3 = 0$ em sua solução deve resultar na matriz de rigidez dada pela Equação (4.9).

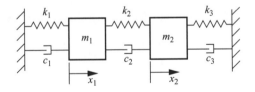

Figura P4.1

4.2. Calcule a equação característica do Problema 4.1 para o caso

$$m_1 = 9 \text{ kg} \quad m_2 = 1 \text{ kg} \quad k_1 = 24 \text{ N/m} \quad k_2 = 3 \text{ N/m} \quad k_3 = 3 \text{ N/m}$$

e resolva para as frequências naturais do sistema.

4.3. Calcule os vetores $\mathbf{u}_1$ e $\mathbf{u}_2$ para o Problema 4.2.

4.4. Para as condições iniciais $\mathbf{x}(0) = [1 \quad 0]^T$ e $\dot{\mathbf{x}}(0) = [0 \quad 0]^T$ calcule a resposta livre do sistema do Problema 4.2. Trace a resposta $x_1(t)$ e $x_2(t)$.

4.5. Calcule a resposta do sistema

$$\begin{bmatrix} 9 & 0 \\ 0 & 1 \end{bmatrix} \ddot{\mathbf{x}}(t) + \begin{bmatrix} 27 & -3 \\ -3 & 3 \end{bmatrix} \mathbf{x}(t) = \mathbf{0}$$

descrita no Exemplo 4.1.7, para a condição inicial $\mathbf{x}(0) = 0$, $\dot{\mathbf{x}}(0) = [1 \quad 0]^T$, trace a resposta e compare o resultado com a Figura 4.3.

4.6. Obtenha as equações de movimento para o sistema da Figura P4.1 para o caso em que $k_1 = k_3 = 0$ e identifique as matrizes de massa e rigidez para esse caso.

4.7. Calcule e resolva a equação característica para o seguinte sistema:

$$\begin{bmatrix} 9 & 0 \\ 0 & 1 \end{bmatrix} \ddot{\mathbf{x}}(t) + 10 \begin{bmatrix} 1 & -1 \\ -1 & 1 \end{bmatrix} \mathbf{x}(t) = \mathbf{0}$$

4.8. Calcule as frequências naturais do seguinte sistema:

$$\begin{bmatrix} 6 & 2 \\ 2 & 4 \end{bmatrix} \ddot{\mathbf{x}}(t) + \begin{bmatrix} 3 & -1 \\ -1 & 1 \end{bmatrix} \mathbf{x}(t) = 0.$$

4.9. Calcule a solução de

$$\begin{bmatrix} 9 & 0 \\ 0 & 1 \end{bmatrix} \ddot{\mathbf{x}}(t) + \begin{bmatrix} 27 & -3 \\ -3 & 3 \end{bmatrix} \mathbf{x}(t) = \mathbf{0}, \quad \mathbf{x}(0) = \begin{bmatrix} \frac{1}{3} \\ 1 \end{bmatrix} \quad \dot{\mathbf{x}}(0) = \mathbf{0}$$

Compare a resposta com a da Figura 4.3.

4.10. Calcule a solução de

$$\begin{bmatrix} 9 & 0 \\ 0 & 1 \end{bmatrix} \ddot{\mathbf{x}}(t) + \begin{bmatrix} 27 & -3 \\ -3 & 3 \end{bmatrix} \mathbf{x}(t) = \mathbf{0}, \quad \mathbf{x}(0) = \begin{bmatrix} -\frac{1}{3} \\ 1 \end{bmatrix} \quad \dot{\mathbf{x}}(0) = \mathbf{0}$$

Compare a resposta com a da Figura 4.3. Compare com a solução do Problema 4.9.

4.11. Calcule as frequências naturais e formas modais do seguinte sistema:

$$\begin{bmatrix} 4 & 0 \\ 0 & 1 \end{bmatrix} \ddot{\mathbf{x}}(t) + 10 \begin{bmatrix} 4 & -2 \\ -2 & 1 \end{bmatrix} \mathbf{x}(t) = \mathbf{0}$$

4.12. Determine a equação de movimento na forma matricial, então calcule as frequências naturais e formas modais do sistema torcional da Figura P4.12. Assuma que os valores de rigidez torcional fornecidos pelo eixo sejam iguais ($k_1 = k_2$) e que o disco 1 tenha três vezes a inércia do disco 2 ($J_1 = 3J_2$).

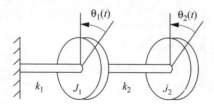

Figura P4.12 Sistema torcional com dois discos e, portanto, dois graus de liberdade.

4.13. Dois vagões de metrô da Figura P4.13 têm massa de 2000 kg cada e estão presos por um acoplador. O acoplador pode ser modelado como uma mola de rigidez $k = 280.000$ N/m. Obtenha a equação de movimento e calcule as frequências naturais e formas modais (normalizadas).

Figura P4.13 Modelo de vibração de dois vagões do metrô presos por um dispositivo de acoplamento modelado como uma mola sem massa.

4.14. Suponha que os vagões de metrô do Problema 4.13 têm posições iniciais de $x_{10} = 0$, $x_{20} = 0,1$ m e velocidades iniciais de $v_{10} = v_{20} = 0$. Calcule a resposta dos vagões.

4.15. Um modelo um pouco mais sofisticado de um sistema de suspensão de veículo é dado na Figura P4.15. Obtenha as equações de movimento na forma matricial. Calcule as frequências naturais para $k_1 = 10^3$ N/m, $k_2 = 10^4$ N/m, $m_2 = 50$ kg e $m_1 = 2000$ kg.

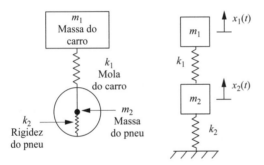

Figura P4.15 Um modelo de dois graus de liberdade de um sistema de suspensão veicular.

4.16. Analise o efeito da condição inicial do sistema da Figura 4.1 (a) sobre as respostas $x_1(t)$ e $x_2(t)$ repetindo a solução do Exemplo 4.1.7 dada por

$$\begin{bmatrix} x_1(t) \\ x_2(t) \end{bmatrix} = \begin{bmatrix} \frac{1}{3} A_1 \text{sen}(\sqrt{2}t + \phi_1) - \frac{1}{3} A_2 \text{sen}(2t + \phi_2) \\ A_1 \text{sen}(\sqrt{2}t + \phi_1) + A_2 \text{sen}(2t + \phi_2) \end{bmatrix}$$

primeiro para $x_{10} = 0$, $x_{20} = 1$ com $\dot{x}_{10} = \dot{x}_{20} = 0$ e então para $x_{10} = x_{20} = \dot{x}_{10} = 0$ e $= \dot{x}_{20} = 1$. Trace a resposta de tempo em cada caso e compare seus resultados com a Figura 4.3.

4.17. Considere o sistema definido por

$$\begin{bmatrix} 9 & 0 \\ 0 & 1 \end{bmatrix} \ddot{\mathbf{x}} + \begin{bmatrix} 24 + k_2 & -k_2 \\ -k_2 & k_2 \end{bmatrix} \mathbf{x} = \mathbf{0}$$

Usando as condições iniciais $x_1(0) = 1$ mm, $x_2(0) = 0$ e $\dot{x}_1(0) = \dot{x}_2(0) = 0$, resolva e trace $x_1(t)$ para os casos em que k_2 assume os valores: 0,3; 3; 30 e 300. Em cada caso, compare as curvas de x_1 e x_2. O que se pode concluir?

418   CAPÍTULO 4 • Sistemas com Múltiplos Graus de Liberdade

4.18. Considere o sistema definido por

$$\begin{bmatrix} m_1 & 0 \\ 0 & m_2 \end{bmatrix}\begin{bmatrix} \ddot{x}_1 \\ \ddot{x}_2 \end{bmatrix} + \begin{bmatrix} k_1 + k_2 & -k_2 \\ -k_2 & k_2 \end{bmatrix}\begin{bmatrix} x_1 \\ x_2 \end{bmatrix} = \begin{bmatrix} 0 \\ 0 \end{bmatrix}$$

Determine as frequências naturais em termos dos parâmetros m_1, m_2, k_1 e k_2. Como se comparam essas duas frequências com as de um grau de liberdade $\omega_1 = \sqrt{k_1/m_1}$ e $\omega_2 = \sqrt{k_2/m_2}$?

4.19. Considere o problema do Exemplo 4.1.7 com a resposta do primeiro grau de liberdade dada por $x_1(t) = 0,5(\cos \sqrt{2}t + \cos 2t)$. Use uma identidade trigonométrica para mostrar que $x_1(t)$ experimenta o fenômeno de batimento. Trace a resposta para mostrar os fenômenos de batimento na resposta.

Seção 4.2 (Problemas 4.20 a 4.35)

4.20. Calcule a raiz quadrada da matriz

$$M = \begin{bmatrix} 13 & -10 \\ -10 & 8 \end{bmatrix}$$

(*Dica*: Seja $M^{1/2} = \begin{bmatrix} a & -b \\ -b & c \end{bmatrix}$; calcule $(M^{1/2})^2$ e compare com M.)

4.21. Normalize os vetores

$$\begin{bmatrix} 1 \\ -2 \end{bmatrix}, \begin{bmatrix} 0 \\ 5 \end{bmatrix}, \begin{bmatrix} -0,1 \\ 0,1 \end{bmatrix}$$

primeiro em relação à unidade (isto é, $\mathbf{x}^T\mathbf{x} = 1$) e depois novamente em relação à matriz M (isto é, $\mathbf{x}^T M\mathbf{x} = 1$), onde

$$M = \begin{bmatrix} 3 & -0,1 \\ -0,1 & 2 \end{bmatrix}$$

4.22. Considere o sistema vibratório descrito por

$$\begin{bmatrix} 4 & 0 \\ 0 & 1 \end{bmatrix}\ddot{\mathbf{x}}(t) + \begin{bmatrix} 4 & -2 \\ -2 & 1 \end{bmatrix}\mathbf{x}(t) = \mathbf{0}$$

Calcule a matriz de rigidez normalizada em massa, os autovalores, os autovetores normalizados, a matriz P e mostre que $P^T MP = I$ e $P^T KP$ é a matriz diagonal de autovalores Λ.

4.23. Calcule a matriz $\widetilde{K}$ para o sistema definido por

$$\begin{bmatrix} m_1 & 0 \\ 0 & m_2 \end{bmatrix}\ddot{\mathbf{x}}(t) + \begin{bmatrix} k_1 + k_2 & -k_2 \\ -k_2 & k_2 + k_3 \end{bmatrix}\mathbf{x}(t) = \mathbf{0}$$

e verifique que é simétrica.

4.24. Considere o sistema vibratório descrito por

$$\begin{bmatrix} 4 & 0 \\ 0 & 1 \end{bmatrix}\ddot{\mathbf{x}}(t) + \begin{bmatrix} 4 & -2 \\ -2 & 1 \end{bmatrix}\mathbf{x}(t) = \mathbf{0}$$

Calcule a matriz de rigidez normalizada em massa, os autovalores, os autovetores normalizados, a matriz P e mostre que $P^TMP = I$ e P^TKP é a matriz diagonal de autovalores Λ.

4.25. Discuta a relação ou diferença entre a forma modal da Equação (4.54) e o autovetor de $\widetilde{K}$.

4.26. Calcule as unidades dos elementos da matriz $\widetilde{K}$.

4.27. Calcule a matriz espectral Λ e a matriz modal P para o modelo do veículo do Problema 4.15 descrito por

$$\begin{bmatrix} 2000 & 0 \\ 0 & 50 \end{bmatrix}\ddot{\mathbf{x}}(t) + \begin{bmatrix} 1000 & -1000 \\ -1000 & 11.000 \end{bmatrix}\mathbf{x}(t) = \mathbf{0}$$

4.28. Calcule a matriz espectral Λ e a matriz modal P para o sistema dado por

$$\begin{bmatrix} 2000 & 0 \\ 0 & 2000 \end{bmatrix}\ddot{\mathbf{x}}(t) + \begin{bmatrix} 280.000 & -280.000 \\ -280.000 & 280.000 \end{bmatrix}\mathbf{x}(t) = 0$$

4.29. Calcule $\widetilde{K}$ para o problema de vibração torcional dado por

$$J_2\begin{bmatrix} 3 & 0 \\ 0 & 1 \end{bmatrix}\ddot{\boldsymbol{\theta}}(t) + k\begin{bmatrix} 2 & -1 \\ -1 & 1 \end{bmatrix}\boldsymbol{\theta}(t) = \mathbf{0}$$

Quais são as unidades de $\widetilde{K}$?

4.30. Considere o sistema da Figura P4.30 para o caso em que $m_1 = 1$ kg, $m_2 = 4$ kg, $k_1 = 240$ N/m e $k_2 = 300$ N/m. Escreva as equações de movimento na forma vetorial e calcule:

(a) as frequências naturais

(b) as formas modais

(c) os autovalores

(d) os autovetores

(e) mostre que as formas modais não são ortogonais

(f) mostre que os autovetores são ortogonais

(g) mostre que as formas modais e os autovetores estão relacionados por $M^{-1/2}$

(h) escreva as equações de movimento em coordenadas modais

Observe que o objetivo desse problema é ajudá-lo a ver a diferença entre essas várias quantidades.

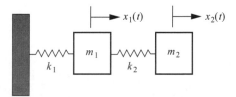

Figura P4.30 Um sistema de dois graus de liberdade.

4.31. Considere o seguinte sistema:

$$\begin{bmatrix} 1 & 0 \\ 0 & 4 \end{bmatrix} \ddot{\mathbf{x}}(t) + \begin{bmatrix} 3 & -1 \\ -1 & 1 \end{bmatrix} \mathbf{x}(t) = \mathbf{0}$$

onde M é dada em kg e K é dada em N/m. (a) Calcule os autovalores do sistema. (b) Calcule os autovetores e normalize-os.

4.32. A vibração torcional da asa de um avião é modelada na Figura P4.32. Obtenha a equação de movimento na forma matricial e calcule as formas analíticas das frequências naturais em termos da inércia de rotação e rigidez da asa.

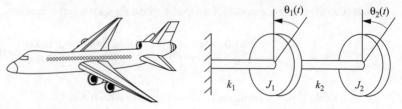

Asa com motor do avião

Asa modelada como dois eixos
e dois discos para vibração torcional

Figura P4.32 Um modelo grosseiro da vibração torcional de uma asa composta por um sistema de dois eixos e dois discos semelhante ao do Problema 4.12 usado para estimar as frequências naturais torcionais da asa onde as inércias do motor são aproximadas pelos discos.

4.33. Calcule o valor do escalar a tal que $\mathbf{x}_1 = [a \;\; -1 \;\; 1]^T$ e $\mathbf{x}_2 = [1 \;\; 0 \;\; 1]^T$ sejam ortogonais.

4.34. Normalize os vetores do Problema 4.33. Eles ainda são ortogonais?

4.35. Quais dos seguintes vetores são normais? Ortogonais?

$$\mathbf{x}_1 = \begin{bmatrix} \frac{1}{\sqrt{2}} \\ 0 \\ \frac{1}{\sqrt{2}} \end{bmatrix} \quad \mathbf{x}_2 = \begin{bmatrix} 0,1 \\ 0,2 \\ 0,3 \end{bmatrix} \quad \mathbf{x}_3 = \begin{bmatrix} 0,3 \\ 0,4 \\ 0,3 \end{bmatrix}$$

Seção 4.3 (Problemas 4.36 a 4.46)

4.36. Desacople a seguinte equação de movimento em duas equações:

$$\begin{bmatrix} 4 & 0 \\ 0 & 1 \end{bmatrix} \ddot{\mathbf{x}}(t) + \begin{bmatrix} 4 & -2 \\ -2 & 2 \end{bmatrix} \mathbf{x}(t) = 0$$

4.37. Resolva o sistema do Problema 4.12 dado por

$$J_2 \begin{bmatrix} 3 & 0 \\ 0 & 1 \end{bmatrix} \ddot{\boldsymbol{\theta}} + k \begin{bmatrix} 2 & -1 \\ -1 & 1 \end{bmatrix} \boldsymbol{\theta} = 0$$

Usando análise modal para o caso em que as hastes têm iguais rigidez (isto é, $k_1 = k_2$), $J_1 = 3J_2$ e as condições iniciais são $x(0) = [0 \quad 1]^T$ e $\dot{x}(0) = 0$.

4.38. Considere o sistema

$$\begin{bmatrix} 9 & 0 \\ 0 & 1 \end{bmatrix} \ddot{x}(t) + \begin{bmatrix} 27 & -3 \\ -3 & 3 \end{bmatrix} x(t) = 0$$

do Exemplo 4.3.1. Calcule um valor de $x(0)$ e $\dot{x}(0)$ de forma que ambas as massas do sistema oscilem com uma única frequência de 2 rad/s.

4.39. Considere o sistema da Figura P4.39 constituído por dois pêndulos acoplados por uma mola. Determine a frequência natural e formas modais. Trace as formas modais, bem como a solução para uma condição inicial que consiste do primeiro modo de vibração para $k = 20$ N/m, $l = 0,5$ m e $m_1 = m_2 = 10$ kg, $a = 0,1$ m ao longo do pêndulo.

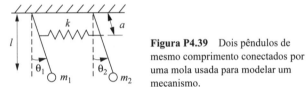

Figura P4.39 Dois pêndulos de mesmo comprimento conectados por uma mola usada para modelar um mecanismo.

4.40. Calcule e trace a resposta de

$$\begin{bmatrix} 1 & 0 \\ 0 & 10 \end{bmatrix} \ddot{x}(t) + \begin{bmatrix} 12 & -2 \\ -2 & 12 \end{bmatrix} x(t) = 0$$

sujeito a $x(0) = [1 \quad 1]^T$ e $\dot{x}(0) = 0$. Compare o seu resultado com o Exemplo 4.3.2 e a Figura 4.6

4.41. Utilize análise modal para calcular a solução de

$$\begin{bmatrix} 1 & 0 \\ 0 & 4 \end{bmatrix} \ddot{x}(t) + \begin{bmatrix} 3 & -1 \\ -1 & 1 \end{bmatrix} x(t) = 0$$

para as condições iniciais $x(0) = [0 \quad 1]^T$ (mm) e $\dot{x}(0) = [0 \quad 1]^T$ (mm/s).

4.42. Para as matrizes

$$M^{-1/2} = \begin{bmatrix} \dfrac{1}{\sqrt{2}} & 0 \\ 0 & 4 \end{bmatrix} \quad \text{e} \quad P = \dfrac{1}{\sqrt{2}} \begin{bmatrix} 1 & 1 \\ -1 & 1 \end{bmatrix}$$

calcule $M^{-1/2}P$, $(M^{-1/2})^T$ e $P^T M^{-1/2}$ e, portanto, verifique que os cálculos na Equação 4.70 fazem sentido.

CAPÍTULO 4 • Sistemas com Múltiplos Graus de Liberdade

4.43. Considere o sistema de dois graus de liberdade definido por

$$\begin{bmatrix} 9 & 0 \\ 0 & 1 \end{bmatrix} \ddot{\mathbf{x}}(t) + \begin{bmatrix} 27 & -3 \\ -3 & 3 \end{bmatrix} \mathbf{x}(t) = 0$$

Calcule a resposta do sistema às condições iniciais

$$\mathbf{x}_0 = \frac{1}{\sqrt{2}} \begin{bmatrix} 1 \\ 3 \\ 1 \end{bmatrix} \quad \dot{\mathbf{x}}_0 = 0$$

O que é único sobre sua solução em comparação com a solução do Exemplo 4.3.1?

4.44. Considere o sistema de dois graus de liberdade definido por

$$\begin{bmatrix} 9 & 0 \\ 0 & 1 \end{bmatrix} \ddot{\mathbf{x}}(t) + \begin{bmatrix} 27 & -3 \\ -3 & 3 \end{bmatrix} \mathbf{x}(t) = 0$$

Calcule a resposta do sistema às condições iniciais

$$\mathbf{x}_0 = 0 \quad e \quad \dot{\mathbf{x}}_0 = \frac{1}{\sqrt{2}} \begin{bmatrix} 1 \\ 3 \\ -1 \end{bmatrix}$$

O que é único sobre sua solução em comparação com a solução do Exemplo 4.3.1 e para o Problema 4.40?

4.45. Considere o sistema definido por

$$\begin{bmatrix} 100 & 0 \\ 0 & 100 \end{bmatrix} \ddot{\mathbf{x}}(t) + \begin{bmatrix} 25.000 & -15.000 \\ -15.000 & 25.000 \end{bmatrix} \mathbf{x}(t) = \mathbf{0}$$

Resolva para a resposta livre desse sistema utilizando a análise modal e as condições iniciais.

4.46. Considere o modelo de um veículo dado no Problema 4.15 ilustrado na Figura P4.15 definido por

$$\begin{bmatrix} 2000 & 0 \\ 0 & 50 \end{bmatrix} \ddot{\mathbf{x}} + \begin{bmatrix} 1000 & -1000 \\ -1000 & 11.000 \end{bmatrix} \mathbf{x} = \mathbf{0}$$

Considere que o pneu rola sobre uma lombada modelada como as condições iniciais de $\mathbf{x}(0) = [0 \quad 0,01]^T$ e $\dot{\mathbf{x}}(0) = \mathbf{0}$. Utilize análise modal para calcular a resposta do carro $x_1(t)$. Trace a resposta para três ciclos.

Seção 4.4 (Problemas 4.47 a 4.59)

4.47. Um modelo de vibração da transmissão de um veículo é ilustrado como o sistema de três graus de liberdade da Figura P4.47. Calcule a resposta livre não amortecida (isto é, $M(t) = F(t) = 0$, $c_1 = c_2 = 0$) para a condição inicial $\mathbf{x}(0) = \mathbf{0}$, $\dot{\mathbf{x}}(0) = [0 \quad 0 \quad 1]^T$. Considere que a rigidez do cubo da roda seja de 10.000 N/m e do conjunto eixo/suspensão seja de 20.000 N/m. Assuma que o elemento de rotação J seja modelado como uma massa de translação de 75 kg.

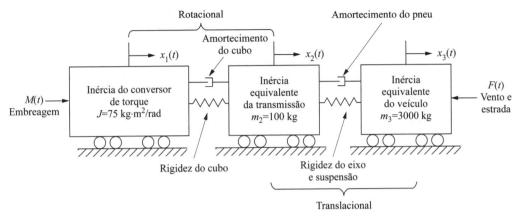

Figura P4.47 Um modelo simplificado de um automóvel para análise de vibração da transmissão. Os valores dos parâmetros dados são representativos e não devem ser considerados exatos.

4.48. Calcule as frequências naturais e formas modais normalizadas de

$$\begin{bmatrix} 4 & 0 & 0 \\ 0 & 2 & 0 \\ 0 & 0 & 1 \end{bmatrix} \ddot{\mathbf{x}} + \begin{bmatrix} 4 & -1 & 0 \\ -1 & 2 & -1 \\ 0 & -1 & 1 \end{bmatrix} \mathbf{x} = \mathbf{0}$$

4.49. A vibração que ocorre na direção vertical de um avião e suas asas podem ser modeladas como um sistema de três graus de liberdade, com uma massa correspondente à asa direita, uma massa para a asa esquerda e uma massa para a fuselagem.

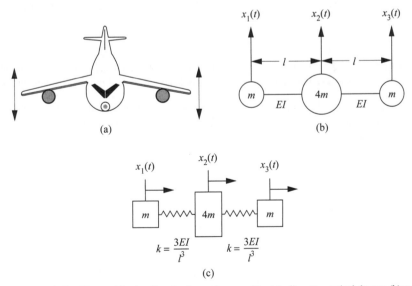

Figura P4.49 Um modelo da vibração da asa de um avião: (a) vibração vertical da asa; (b) modelo de deflexão da viga/massa distribuída; (c) modelo massa-mola.

A rigidez que liga as três massas corresponde à da asa e é uma função do módulo de elasticidade E da asa. A equação do movimento é

$$m \begin{bmatrix} 1 & 0 & 0 \\ 0 & 4 & 0 \\ 0 & 0 & 1 \end{bmatrix} \begin{bmatrix} \ddot{x}_1(t) \\ \ddot{x}_2(t) \\ \ddot{x}_3(t) \end{bmatrix} + \frac{EI}{l^3} \begin{bmatrix} 3 & -3 & 0 \\ -3 & 6 & -3 \\ 0 & -3 & 3 \end{bmatrix} \begin{bmatrix} x_1(t) \\ x_2(t) \\ x_3(t) \end{bmatrix} = \begin{bmatrix} 0 \\ 0 \\ 0 \end{bmatrix}$$

O modelo é representado na Figura P4.49. Calcule as frequências naturais e formas modais. Trace as formas modais e interprete-as de acordo com a deflexão do avião.

4.50. Resolva para a resposta livre do sistema do Problema 4.49, onde $E = 6{,}9 \times 10^9$ N/m², $l = 2$ m, $m = 3000$ kg e $I = 5{,}2 \times 10^{-6}$ m⁴. O deslocamento inicial corresponde a uma rajada de vento que causa uma condição inicial de $\dot{\mathbf{x}}(0) = \mathbf{0}$, $\mathbf{x}(0) = [0{,}2 \quad 0 \quad 0]^T$ m. Discuta sua solução.

4.51. Considere o sistema de duas massas da Figura P4.51. Esse sistema é livre para se mover no plano $x_1 - x_2$. Assim, cada massa tem dois graus de liberdade. Obtenha as equações lineares de movimento, escrevê-las na forma matricial e calcule os autovalores e autovetores para $m = 10$ kg e $k = 100$ N/m.

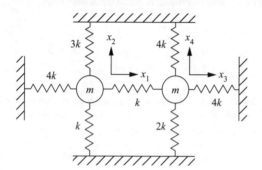

Figura P4.51 Um sistema com duas massas livres para se mover em duas direções.

4.52. Considere novamente o sistema discutido no Problema 4.51. Use a análise modal para calcular a solução se a massa à esquerda for elevada ao longo da direção x_2 exatamente 0,01 m e solta.

4.53. A vibração de um piso em um prédio contendo caixas pesadas é modelada na Figura P4.53. Considera-se que cada massa é uniformemente espaçada e significativamente maior do que a massa do piso. A equação de movimento torna-se então ($m_1 = m_2 = m_3 = m$).

CAPÍTULO 4 Problemas

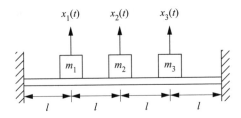

Figura P4.53 Um modelo de massa concentrada de caixas sobre o piso de um prédio.

$$mI\ddot{\mathbf{x}} + \frac{EI}{l^3}\begin{bmatrix} \frac{9}{64} & \frac{1}{6} & \frac{13}{192} \\ \frac{1}{6} & \frac{1}{3} & \frac{1}{6} \\ \frac{13}{192} & \frac{1}{6} & \frac{9}{64} \end{bmatrix}\begin{bmatrix} x_1 \\ x_2 \\ x_3 \end{bmatrix} = \mathbf{0}$$

Calcule as frequências naturais e formas modais. Considere que ao colocar a caixa m_2 no piso (lentamente) a vibração resultante é calculada partindo do princípio de que o deslocamento inicial em m_2 é 0,05 m. Se $l = 2$ m, $m = 200$ kg, $E = 0,6 \times 10^9$ N/m², $I = 4,17 \times 10^{-5}$ m⁴, calcule a resposta e trace os resultados.

4.54. Calcule novamente a solução para o Problema 4.53 para o caso em que m_2 é aumentado para 2000 kg. Compare os resultados com os do Problema 4.53. Você acha que faz diferença onde a massa é colocada?

4.55. Refaça o Problema 4.49 para o caso do corpo do avião ser de 10 m em vez de 4 m como indicado na figura. Que efeito isso tem sobre a resposta e qual projeto (4 m ou 10 m) você acha que é melhor para a atenuação da vibração?

4.56. Muitas vezes, no projeto de um carro, certas partes não podem ser reduzidas em massa. Por exemplo, considere o modelo da transmissão ilustrado na Figura P4.47. A massa do conversor de torque e engrenagens são relativamente os mesmos de um carro para outro. No entanto, a massa do carro poderia mudar tanto quanto 1000 kg (por exemplo, um carro esportivo de dois lugares contra um *sedan* familiar). Com isso em mente, resolva o Problema 4.47 para o caso da inércia do veículo ser reduzida para 2.000 kg. Que caso tem a menor amplitude de vibração?

4.57. Use o *método de soma de modo* para calcular a solução analítica para a resposta do sistema de dois graus de liberdade:

$$\begin{bmatrix} 1 & 0 \\ 0 & 4 \end{bmatrix}\ddot{\mathbf{x}}(t) + \begin{bmatrix} 540 & -300 \\ -300 & 300 \end{bmatrix}\mathbf{x}(t) = 0$$

sujeito as condições iniciais

$$\mathbf{x}_0 = \begin{bmatrix} 0 \\ 0,01 \end{bmatrix}, \quad \dot{\mathbf{x}}_0 = \begin{bmatrix} 0 \\ 0 \end{bmatrix}$$

CAPÍTULO 4 • Sistemas com Múltiplos Graus de Liberdade

4.58. Para um autovalor zero e, portanto, frequência zero, qual é a resposta de tempo correspondente? Ou seja, a forma da solução modal para uma frequência não nula é A sen $(\omega_n t + \phi)$, qual é a forma da solução modal que corresponde a uma frequência zero? Avalie as constantes de integração se as condições iniciais modais forem $r_1(0) = 0,1$, e $\dot{r}_1(0) = 0,01$.

4.59. Considere o sistema descrito por

$$\begin{bmatrix} 1 & 0 \\ 0 & 4 \end{bmatrix} \ddot{\mathbf{x}}(t) + \begin{bmatrix} 400 & -400 \\ -400 & 400 \end{bmatrix} \mathbf{x}(t) = \mathbf{0}$$

sujeito às condições iniciais $\mathbf{x}(0) = [1 \quad 0]^T$, $\dot{\mathbf{x}}(0) = 0$. Trace os deslocamentos pelo tempo.

Seção 4.5 (Problemas 4.60 a 4.72)

4.60. Considere o seguinte sistema de dois graus de liberdade e calcule a resposta assumindo fatores de amortecimento modal de $\zeta_1 = 0,01$ e $\zeta_2 = 0,1$:

$$\begin{bmatrix} 5 & 0 \\ 0 & 1 \end{bmatrix} \ddot{\mathbf{x}}(t) + \begin{bmatrix} 20 & -3 \\ -3 & 3 \end{bmatrix} \mathbf{x}(t) = \mathbf{0}, \qquad \mathbf{x}_0 = \begin{bmatrix} 0,1 \\ 0,05 \end{bmatrix}, \dot{\mathbf{x}}_0 = \mathbf{0}$$

Trace a resposta.

4.61. Considere o exemplo do sistema de transmissão de automóveis discutido no Problema 4.47, modelado por

$$\begin{bmatrix} 75 & 0 & 0 \\ 0 & 100 & 0 \\ 0 & 0 & 3000 \end{bmatrix} \ddot{\mathbf{x}} + 10,000 \begin{bmatrix} 1 & -1 & 0 \\ -1 & 3 & -2 \\ 0 & -2 & 2 \end{bmatrix} \mathbf{x} = \mathbf{0}$$

$$\mathbf{x}(0) = \mathbf{0} \text{ e } \dot{\mathbf{x}}(0) = [0 \quad 0 \quad 1]^T \, \text{m/s}$$

Adicione 10% de amortecimento modal a cada coordenada, calcule e trace a resposta do sistema.

4.62. Considere o seguinte sistema de dois graus de liberdade e calcule a resposta assumindo fatores de amortecimento modal de $\zeta_1 = 0,05$ e $\zeta_2 = 0,01$:

$$\begin{bmatrix} 50 & 0 \\ 0 & 1 \end{bmatrix} \ddot{\mathbf{x}}(t) + \begin{bmatrix} 20 & -9 \\ -9 & 9 \end{bmatrix} \mathbf{x}(t) = \mathbf{0}, \qquad \mathbf{x}_0 = \begin{bmatrix} 0,05 \\ 0,09 \end{bmatrix}, \dot{\mathbf{x}}_0 = \mathbf{0}$$

Trace a resposta.

4.63. Considere o modelo de um avião discutido no Problema 4.49, modelado por

$$\begin{bmatrix} 3000 & 0 & 0 \\ 0 & 12,000 & 0 \\ 0 & 0 & 3000 \end{bmatrix} \ddot{\mathbf{x}} + \begin{bmatrix} 13.455 & -13.455 & 0 \\ -13.455 & 26.910 & -13.455 \\ 0 & -13.455 & 13.455 \end{bmatrix} \mathbf{x} = \mathbf{0}$$

sujeito as condições iniciais $\mathbf{x}(0) = [0,02 \quad 0 \quad 0]^T$ m e $\dot{\mathbf{x}}(0) = 0$. (a) Calcule a resposta partindo do princípio que o amortecimento fornecido pela rotação da asa é $\zeta_1 = 0,01$ em cada modo. (b) Se a aeronave estiver em voo, as forças de amortecimento podem aumentar drasticamente para $\zeta_1 = 0,1$. Calcule novamente a resposta e compare-as ao caso ligeiramente mais amortecido da parte (a).

4.64. Refaça o problema de vibração de piso do Problema 4.53 dado por

$$200\ddot{\mathbf{x}} + 3{,}197 \times 10^{-4} \begin{bmatrix} \dfrac{9}{64} & \dfrac{1}{6} & \dfrac{13}{192} \\ \dfrac{1}{6} & \dfrac{1}{3} & \dfrac{1}{6} \\ \dfrac{13}{192} & \dfrac{1}{6} & \dfrac{9}{64} \end{bmatrix} \mathbf{x} = \mathbf{0}$$

$$\mathbf{x}(0) = [0 \quad 0{,}05 \quad 0]^T \text{m e } \dot{\mathbf{x}}(0) = \mathbf{0}$$

usando os fatores de amortecimento

$$\zeta_1 = 0{,}01 \quad \zeta_2 = 0{,}1 \quad \zeta_3 = 0{,}2$$

4.65. Refaça o Problema 4.64 com amortecimento modal constante de $\zeta_1, \zeta_2, \zeta_3 = 0{,}1$. Compare a solução obtida com a solução do Problema 4.64.

4.66. Considere o sistema amortecido da Figura P4.66. Determine a matriz de amortecimento e utilize a fórmula da Equação (4.119) para determinar valores do coeficiente de amortecimento c_I para os quais esse sistema seria proporcionalmente amortecido.

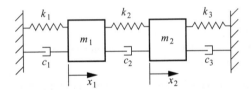

Figura P4.66 Um sistema amortecido de dois graus de liberdade fixo nas extremidades.

4.67. Seja $k_3 = 0$ na Figura P4.66. Seja também $m_1 = 1$, $m_2 = 4$, $k_1 = 2$, $k_2 = 1$, então, calcule c_1, c_2 e c_3 tais que $\zeta_1 = 0{,}01$ e $\zeta_2 = 0{,}1$.

4.68. Calcule as constantes α and β para o sistema de dois graus de liberdade dado por

$$\begin{bmatrix} 1 & 0 \\ 0 & 4 \end{bmatrix} \ddot{\mathbf{x}} + (\alpha M + \beta K)\dot{\mathbf{x}} + \begin{bmatrix} 3 & -1 \\ -1 & 1 \end{bmatrix} \mathbf{x} = \mathbf{0}$$

tal que o sistema tenha amortecimento modal de $\zeta_1 = \zeta_2 = 0{,}3$.

4.69. A Equação (4.124) representa n equações em apenas duas incógnitas e, portanto, não pode ser usado para especificar todas os fatores de amortecimento modal para um sistema com $n > 2$. Se o sistema de vibração do piso do Problema 4.53 tiver amortecimento de $\zeta_1 = 0{,}01$ e $\zeta_2 = 0{,}05$, determine ζ_3.

4.70. Calcule a matriz de amortecimento para o sistema do Problema 4.69. Quais são as unidades dos elementos da matriz de amortecimento?

4.71. O sistema a seguir é desacoplado? Se assim for, calcule as formas modais e escreva a equação na forma desacoplada.

$$\begin{bmatrix} 1 & 0 \\ 0 & 1 \end{bmatrix}\ddot{\mathbf{x}} + \begin{bmatrix} 5 & -3 \\ -3 & 3 \end{bmatrix}\dot{\mathbf{x}} + \begin{bmatrix} 5 & -1 \\ -1 & 1 \end{bmatrix}\mathbf{x} = \mathbf{0}$$

4.72. Mostre que se a matriz de amortecimento satisfaz $C = \alpha M + \beta K$, então a matriz CM^{-1} é simétrica e, portanto, $CM^{-1}K = KM^{-1}C$.

Seção 4.6 (Problemas 4.73 a 4.83)

4.73. Calcule a resposta do sistema da Figura P4.73 discutida no Exemplo 4.6.1 se $F_2(t) = \delta(t)$ e as condições iniciais forem zeros. Isso pode corresponder a um modelo de dois graus de liberdade de um carro batendo em uma lombada.

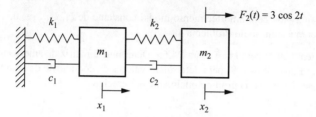

Figura P4.73 Um sistema amortecido de dois graus de liberdade.

4.74. Calcule a resposta do sistema da Figura P4.73 discutida no Exemplo 4.6.1 se $F_1(t) = \delta(t)$ e as condições iniciais forem zeros. Isso pode corresponder a um modelo de dois graus de liberdade de um carro batendo em uma lombada.

4.75. Para um sistema não amortecido de dois graus de liberdade, mostre que a ressonância ocorre em uma ou em ambas as frequências naturais do sistema.

4.76. Utilize a análise modal para calcular a resposta do sistema de transmissão do Problema 4.44 dada por

$$\begin{bmatrix} 75 & 0 & 0 \\ 0 & 100 & 0 \\ 0 & 0 & 3000 \end{bmatrix}\ddot{\mathbf{x}} + 10.000\begin{bmatrix} 1 & -1 & 0 \\ -1 & 3 & -2 \\ 0 & -2 & 2 \end{bmatrix}\mathbf{x} = \mathbf{0}$$

a um impulso unitário no corpo do carro (isto é, na posição x_3). Utilize o amortecimento modal de 10% em cada modo. Calcule a solução em termos de coordenadas físicas, e depois de subtrair os modos de corpo rígido, compare as respostas de cada parte.

4.77. Considere a máquina-ferramenta da Figura 4.28 com uma massa do piso de $m = 1000$ kg, sujeita a uma força de 10 sen t (em newtons) de modo que a equação de movimento seja

$$(10^3)\begin{bmatrix} 0.4 & 0 & 0 \\ 0 & 2 & 0 \\ 0 & 0 & 1 \end{bmatrix}\ddot{\mathbf{x}}(t) + (10^4)\begin{bmatrix} 30 & -30 & 0 \\ -30 & 38 & -8 \\ 0 & -8 & 88 \end{bmatrix}\mathbf{x}(t) = \begin{bmatrix} 0 \\ 0 \\ 10\,\text{sen}\,t \end{bmatrix}$$

Calcule a resposta. Quanto essa vibração do piso afeta a ferramenta da máquina em comparação com a solução dada no Exemplo 4.8.3?

CAPÍTULO 4 Problemas

4.78. Considere o avião da Figura P4.49 com amortecimento modal de 0,1 em cada modo. Suponha que o avião atinja uma rajada de vento, que aplica um impulso de $3\delta(t)$ na extremidade da asa esquerda e $\delta(t)$ na extremidade da asa direita. Calcule a vibração resultante da fuselagem $[x_2(t)]$.

4.79. Considere novamente o avião da Figura P4.49. Com 10% de amortecimento modal em cada modo. Considere que se trata de um avião movido a hélice com um motor de combustão interna montado no nariz. A uma velocidade de cruzeiro, os suportes do motor transmitem uma força aplicada à massa da cabine (4 m em x_2) que é harmônica da forma $50 \operatorname{sen}10t$. Calcule o efeito dessa perturbação harmônica no nariz e nas pontas das asas, após subtrair o movimento translacional ou rígido.

4.80. Considere o modelo de automóvel do Problema 4.15 ilustrado na Figura P4.15 com equação de movimento:

$$\begin{bmatrix} 2000 & 0 \\ 0 & 50 \end{bmatrix} \ddot{\mathbf{x}} + \begin{bmatrix} 1000 & -1000 \\ -1000 & 11000 \end{bmatrix} \mathbf{x} = \mathbf{0}$$

Adicione amortecimento modal para esse modelo de $\zeta_1 = 0,01$ e $\zeta_2 = 0,2$, então, calcule a resposta do corpo $[x_2(t)]$ a uma excitação harmônica na segunda massa de $10 \operatorname{sen}3t$ N.

4.81. Determine as *equações modais* para o sistema a seguir e comente se o sistema irá ou não experimentar ressonância.

$$\ddot{\mathbf{x}} + \begin{bmatrix} 2 & -1 \\ -1 & 1 \end{bmatrix} \mathbf{x} = \begin{bmatrix} 1 \\ 0 \end{bmatrix} \operatorname{sen}(0,618t)$$

4.82. Considere o seguinte sistema e calcule a solução usando o método de soma de modo.

$$M = \begin{bmatrix} 9 & 0 \\ 0 & 1 \end{bmatrix}, \quad K = \begin{bmatrix} 27 & -3 \\ -3 & 3 \end{bmatrix}, \quad \mathbf{x}(0) = \begin{bmatrix} 1 \\ 0 \end{bmatrix}, \quad \dot{\mathbf{x}}(0) = \begin{bmatrix} 0 \\ 0 \end{bmatrix}$$

4.83. Considere os dois sistemas a seguir e, em cada caso, determine se ocorre uma resposta de ressonância.

(a) $\begin{bmatrix} m_1 & 0 \\ 0 & m_2 \end{bmatrix} \begin{bmatrix} \ddot{x}_1 \\ \ddot{x}_2 \end{bmatrix} + \begin{bmatrix} k_1 + k_2 & -k_2 \\ -k_2 & k_2 \end{bmatrix} \begin{bmatrix} x_1 \\ x_2 \end{bmatrix} = \begin{bmatrix} 0,642 \\ 0,761 \end{bmatrix} \operatorname{sen}(2t)$

(b) $\begin{bmatrix} m_1 & 0 \\ 0 & m_2 \end{bmatrix} \begin{bmatrix} \ddot{x}_1 \\ \ddot{x}_2 \end{bmatrix} + \begin{bmatrix} k_1 + k_2 & -k_2 \\ -k_2 & k_2 \end{bmatrix} \begin{bmatrix} x_1 \\ x_2 \end{bmatrix} = \begin{bmatrix} 0,23500 \\ 2,97922 \end{bmatrix} \operatorname{sen}(2,756556t)$

onde $m_1 = 4$ kg, $k_1 = 25$ N/m, $m_2 = 9$ kg, e $k_2 = 5$ N/m.

Seção 4.7 (Problemas 4.84 a 4.87)

4.84. Use a equação de Lagrange para obter as equações de movimento do torno da Figura 4.21 para o caso não amortecido.

4.85. Use as equações de Lagrange para obter as equações de movimento para o automóvel do Exemplo 4.8.2 ilustrado na Figura 4.25 para o caso $c_1 = c_2 = 0$.

4.86. Use as equações de Lagrange para obter as equações de movimento para o modelo do prédio apresentado na Figura 4.9 do Exemplo 4.4.3 para o caso não amortecido.

4.87. Considere novamente o modelo da vibração de um automóvel da Figura 4.25. Nesse caso, inclua a dinâmica do pneu como indicado na Figura P4.87. Obtenha as equações de movimento usando a formulação de Lagrange para o caso não amortecido. Seja m_3 a massa do carro atuando em seu c.g.

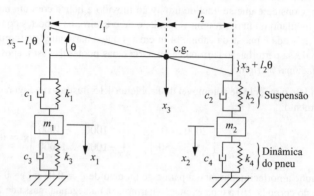

Figura P4.87 Um modelo de carro simples, incluindo a dinâmica dos pneus.

Seção 4.9 (Problemas 4.88 a 4.98)

*4.88. Considere a matriz de massa

$$M = \begin{bmatrix} 10 & -1 \\ -1 & 1 \end{bmatrix}$$

e calcule M^{-1}, $M^{-1/2}$ e o fator Cholesky de M. Mostre que

$$LL^T = M$$
$$M^{-1/2} M^{-1/2} = I$$
$$M^{1/2} M^{1/2} = M$$

*4.89. Considere a matriz e o vetor

$$A = \begin{bmatrix} 1 & -\varepsilon \\ -\varepsilon & \varepsilon \end{bmatrix} \quad \mathbf{b} = \begin{bmatrix} 10 \\ 10 \end{bmatrix}$$

use um programa para resolver $Ax = b$ para $\varepsilon = 0{,}1,\ 0{,}01,\ 0{,}001,\ 10^{-6}$ e 1.

*4.90. Calcule as frequências naturais e formas modais do sistema do Exemplo 4.8.3. Use a equação não amortecida e a forma dada pela Equação (4.161).

*4.91. Calcule as frequências naturais e formas modais da versão não amortecida do sistema do Exemplo 4.8.3 usando a formulação da Equação (4.164) e (4.168). Compare suas respostas.

*4.92. Use um programa para resolver as informações modais do seguinte sistema

$$\begin{bmatrix} 9 & 0 \\ 0 & 1 \end{bmatrix} \ddot{\mathbf{x}}(t) + \begin{bmatrix} 27 & -3 \\ -3 & 3 \end{bmatrix} \mathbf{x}(t) = \mathbf{0}$$

CAPÍTULO 4 Problemas **431**

*4.93. Escreva um programa para normalizar o vetor $\mathbf{x} = [0,4450 \quad 0,8019 \quad 1]^T$.

*4.94. Use um programa para calcular as frequências naturais e formas modais obtidas para o sistema

$$\begin{bmatrix} 1 & 0 \\ 0 & 4 \end{bmatrix} \ddot{\mathbf{x}}(t) + \begin{bmatrix} 12 & -2 \\ -2 & 12 \end{bmatrix} \mathbf{x}(t) = \mathbf{0}$$

*4.95. Após a solução de análise modal da Janela 4.5, escreva um programa para calcular a resposta temporal do sistema do Problema 4.94.

*4.96. Use um programa para resolver o problema de vibração amortecida

$$\begin{bmatrix} 9 & 0 \\ 0 & 1 \end{bmatrix} \ddot{\mathbf{x}} + \begin{bmatrix} 2,7 & -0,3 \\ -0,3 & 0,3 \end{bmatrix} \dot{\mathbf{x}} + \begin{bmatrix} 27 & -3 \\ -3 & 3 \end{bmatrix} \mathbf{x} = \mathbf{0}$$

calculando as frequências naturais, fatores de amortecimento e formas modais.

*4.97. Considere a vibração do avião dos Problemas 4.49 e 4.50, conforme ilustrado na Figura P4.49. As matrizes de massa e rigidez são dadas como

$$M = m \begin{bmatrix} 1 & 0 & 0 \\ 0 & 4 & 0 \\ 0 & 0 & 1 \end{bmatrix} \qquad K = \frac{EI}{l^3} \begin{bmatrix} 3 & -3 & 0 \\ -3 & 6 & -3 \\ 0 & -3 & 3 \end{bmatrix}$$

onde $m = 3000$ kg, $l = 2$ m, $I = 5,2 \times 10^{-6}$ m^4, $E = 6,9 \times 10^9$ N/m^2, e a matriz de amortecimento C é tomada como sendo $C = (0,002)K$. Calcule as frequências naturais, forma modais normalizadas e fatores de amortecimento.

*4.98. Considere o sistema acoplado dinamicamente proporcionalmente amortecido

$$M = \begin{bmatrix} 9 & -1 \\ -1 & 1 \end{bmatrix} \qquad C = \begin{bmatrix} 3 & -1 \\ -1 & 1 \end{bmatrix} \qquad K = \begin{bmatrix} 49 & -2 \\ -2 & 2 \end{bmatrix}$$

e calcule as formas modais, frequências naturais e fatores de amortecimento.

Seção 4.10 (Problemas 4.99 a 4.106)

*4.99. Relembre o sistema do Exemplo 1.7.3 para o sistema de suspensão vertical de um carro modelado por $m\ddot{x}(t) + c\dot{x}(t) + kx(t) = 0$, com $m = 1361$ kg, $k = 2,668 \times 10^5$ N/m e $c = 3,81 \times 10^4$ kg/s sujeito às condições iniciais de $x(0) = 0$ e $v(0) = 0,01$ m/s^2. Resolva e trace a solução usando integração numérica.

*4.100. Resolva para a resposta temporal do Exemplo 4.4.3 (isto é, o edifício de quatro andares da Figura 4.9) modelado por

$$4000 \begin{bmatrix} 1 & 0 & 0 & 0 \\ 0 & 1 & 0 & 0 \\ 0 & 0 & 1 & 0 \\ 0 & 0 & 0 & 1 \end{bmatrix} \ddot{\mathbf{x}}(t) + \begin{bmatrix} 10,000 & -5000 & 0 & 0 \\ -5000 & 10.000 & -5000 & 0 \\ 0 & -5000 & 10.000 & -5000 \\ 0 & 0 & -5000 & 5000 \end{bmatrix} \mathbf{x}(t) = \mathbf{0}$$

sujeito a um deslocamento inicial de $\mathbf{x}(0) = [0{,}001 \quad 0{,}010 \quad 0{,}020 \quad 0{,}025]^T$ e velocidade inicial zero. Comparar as soluções obtidas com a utilização de uma abordagem de análise modal com uma solução obtida por integração numérica.

*4.101. Reproduza os gráficos da Figura 4.13 para o sistema de dois graus de liberdade do Exemplo 4.5.1 dado por

$$\begin{bmatrix} 9 & 0 \\ 1 & 0 \end{bmatrix}\ddot{\mathbf{x}}(t) + \begin{bmatrix} 27 & -3 \\ -3 & 3 \end{bmatrix}\mathbf{x}(t) = \mathbf{0}, \qquad \mathbf{x}(0) = \begin{bmatrix} 1 \\ 0 \end{bmatrix}, \dot{\mathbf{x}}(t) = \mathbf{0}$$

Usando uma função de integração numérica.

*4.102. Considere o Exemplo 4.8.3 e (a) usando os fatores de amortecimento dados, calcule uma matriz de amortecimento em coordenadas físicas, (b) use integração numérica para calcular e traçar a resposta (c) use a integração numérica para projetar o sistema tal que as três coordenadas físicas desapareçam dentro de 5 segundos (isto é, mude a matriz de amortecimento até obter resultados de resposta desejados).

*4.103. Calcule e trace a resposta no tempo do sistema (newtons)

$$\begin{bmatrix} 5 & 0 \\ 0 & 1 \end{bmatrix}\begin{bmatrix} \ddot{x}_1 \\ \ddot{x}_2 \end{bmatrix} + \begin{bmatrix} 3 & -0{,}5 \\ -0{,}5 & 0{,}5 \end{bmatrix}\begin{bmatrix} \dot{x}_1 \\ \dot{x}_2 \end{bmatrix} + \begin{bmatrix} 3 & -1 \\ -1 & 1 \end{bmatrix}\begin{bmatrix} x_1 \\ x_2 \end{bmatrix} = \begin{bmatrix} 1 \\ 1 \end{bmatrix}\mathrm{sen}(4t)$$

sujeito às condições iniciais

$$\mathbf{x}_0 = \begin{bmatrix} 0 \\ 0{,}1 \end{bmatrix}\mathrm{m}, \qquad \mathbf{v}_0 = \begin{bmatrix} 1 \\ 0 \end{bmatrix}\mathrm{m/s}$$

usando integração numérica.

*4.104. Considere o seguinte sistema excitado por um pulso de duração 0,1 s (em newtons):

$$\begin{bmatrix} 2 & 0 \\ 0 & 1 \end{bmatrix}\begin{bmatrix} \ddot{x}_1 \\ \ddot{x}_2 \end{bmatrix} + \begin{bmatrix} 0{,}3 & -0{,}05 \\ -0{,}05 & 0{,}05 \end{bmatrix}\begin{bmatrix} \dot{x}_1 \\ \dot{x}_2 \end{bmatrix} + \begin{bmatrix} 3 & -1 \\ -1 & 1 \end{bmatrix}\begin{bmatrix} x_1 \\ x_2 \end{bmatrix}$$
$$= \begin{bmatrix} 0 \\ 1 \end{bmatrix}[\Phi(t - 1) - \Phi(t - 1{,}1)]$$

e sujeito às condições iniciais

$$\mathbf{x}_0 = \begin{bmatrix} 0 \\ -0{,}1 \end{bmatrix}\mathrm{m}, \qquad \mathbf{v}_0 = \begin{bmatrix} 0 \\ 0 \end{bmatrix}\mathrm{m/s}$$

Calcular e trace a resposta do sistema usando integração numérica. Aqui Φ indica a função degrau de Heaviside introduzida na Seção 3.2.

*4.105. Use a integração numérica para calcular e traçar a resposta no tempo do sistema (newtons)

$$\begin{bmatrix} 5 & 0 \\ 0 & 1 \end{bmatrix}\begin{bmatrix} \ddot{x}_1 \\ \ddot{x}_2 \end{bmatrix} + \begin{bmatrix} 3 & -0{,}5 \\ -0.5 & 0{,}5 \end{bmatrix}\begin{bmatrix} \dot{x}_1 \\ \dot{x}_2 \end{bmatrix} + \begin{bmatrix} 30 & -1 \\ -1 & 1 \end{bmatrix}\begin{bmatrix} x_1 \\ x_2 \end{bmatrix} = \begin{bmatrix} 1 \\ 1 \end{bmatrix}\mathrm{sen}(4t)$$

CAPÍTULO 4 Problemas   **433**

sujeito às condições iniciais

$$\mathbf{x}_0 = \begin{bmatrix} 0 \\ 0,1 \end{bmatrix} \text{m}, \quad \mathbf{v}_0 = \begin{bmatrix} 1 \\ 0 \end{bmatrix} \text{m/s}$$

*4.106. Use a integração numérica para calcular e traçar a resposta no tempo do sistema (newtons)

$$\begin{bmatrix} 4 & 0 & 0 & 0 \\ 0 & 3 & 0 & 0 \\ 0 & 0 & 2.5 & 0 \\ 0 & 0 & 0 & 6 \end{bmatrix} \begin{bmatrix} \ddot{x}_1 \\ \ddot{x}_2 \\ \ddot{x}_3 \\ \ddot{x}_4 \end{bmatrix} + \begin{bmatrix} 4 & -1 & 0 & 0 \\ -1 & 2 & -1 & 0 \\ 0 & -1 & 2 & -1 \\ 0 & 0 & -1 & 1 \end{bmatrix} \begin{bmatrix} \dot{x}_1 \\ \dot{x}_2 \\ \dot{x}_3 \\ \dot{x}_4 \end{bmatrix}$$

$$+ \begin{bmatrix} 500 & -100 & 0 & 0 \\ -100 & 200 & -100 & 0 \\ 0 & -100 & 200 & -100 \\ 0 & 0 & -100 & 100 \end{bmatrix} \begin{bmatrix} x_1 \\ x_2 \\ x_3 \\ x_4 \end{bmatrix} = \begin{bmatrix} 0 \\ 0 \\ 0 \\ 1 \end{bmatrix} \text{sen}(4t)$$

sujeito às condições iniciais

$$\mathbf{x}_0 = \begin{bmatrix} 0 \\ 0 \\ 0 \\ 0,01 \end{bmatrix} \text{m}, \quad \mathbf{v}_0 = \begin{bmatrix} 1 \\ 0 \\ 0 \\ 0 \end{bmatrix} \text{m/s}$$

ENGINEERING VIBRATION TOOLBOX PARA MATLAB®

Se você ainda não usou o programa *Engineering Vibration Toolbox*, volte ao final do Capítulo 1 ou Apêndice G para uma breve introdução ao uso de arquivos MATLAB.

PROBLEMAS PARA TOOLBOX

TB4.1. Calcule as frequências naturais e formas modais do sistema do Exemplo 4.1.5 usando o arquivo VTB4_1.

TB4.2. Recalcule o Exemplo 4.2.6 usando o arquivo VTB4_1 e compare sua resposta com a do exemplo obtido com uma calculadora. Verifique que $P^T \tilde{K} P$ e $= \Lambda$ and $P^T P = I$.

TB4.3. Considere o Exemplo 4.3.1 e investigue o efeito da condição inicial sobre a resposta usando o arquivo VTB4_2. Trace as respostas para os seguintes deslocamentos iniciais (velocidades iniciais todas zeros):

$$\mathbf{x}_0 = \begin{bmatrix} 1 \\ 1 \end{bmatrix} \quad \mathbf{x}_0 = \begin{bmatrix} 0 \\ 1 \end{bmatrix} \quad \mathbf{x}_0 = \begin{bmatrix} 1 \\ -1 \end{bmatrix} \quad \mathbf{x}_0 = \begin{bmatrix} 0,1 \\ 0,9 \end{bmatrix} \quad \mathbf{x}_0 = \begin{bmatrix} 0,2 \\ 0,8 \end{bmatrix} \quad \text{etc.}$$

Discuta os resultados formulando um pequeno parágrafo resumindo o que você observou.

TB4.4. Verifique o cálculo do Exemplo 4.4.2.

TB4.5. Usando o arquivo VTB4_2, analise o efeito do aumento da massa m_4 no problema de vibração de prédio do Exemplo 4.4.3. Faça isso duplicando m_4 e recalculando a solução. Observe o que acontece com as várias respostas. Tente duplicar m_4 até que a resposta não mude ou o programa falhe. Discuta suas observações.

TB4.6. Considere o sistema do Exemplo 4.7.3. Escolha os valores $m = 10$, $J = 5$, $e = 1$ e $k_1 = 1000$ então calcule os autovalores quando k_2 varia de 10 a 10.000, em incrementos de 100. O que você pode concluir?

5 | Projeto para Redução de Vibração

Este capítulo apresenta as técnicas úteis em projeto de estruturas e máquinas para que vibrem o menos possível. Frequentemente, isso acontece depois que um produto é projetado e o protótipo é fabricado e testado. Em muitos casos, problemas de vibração são encontrados no final do processo então, muitas vezes, é necessário refazer o projeto. Neste capítulo são introduzidos os conceitos de *isolamento de vibração* e *absorção de vibração*, fundamentais no projeto de vibração. Também são introduzidas a otimização como ferramenta de projeto, a adição de amortecimento e o conceito de velocidades críticas em máquinas rotativas.

O amortecedor de cabos utilizados nas linhas elétricas, ilustrado na foto de cima ao lado, é utilizado para reduzir o assobio do cabo causado pela vibração provocada por ventos moderados e impedir que os fios se toquem quando os cabos vibram em ventos fortes (ou ressonância). As ideias introduzidas no capítulo são fundamentais para o projeto de tais dispositivos. Os cabos são modelados no Capítulo 6.

O sistema de suspensão de qualquer veículo terrestre é um exemplo de um problema de projeto comum. Um sistema mola-amortecedor de um veículo *off-road* é mostrado na foto de baixo ao lado. O tamanho, a massa de um veículo e as condições da estrada afetam a capacidade do sistema de suspensão em desempenhar a sua função de isolar os passageiros das vibrações provocadas pelas condições da estrada e velocidade.

CAPÍTULO 5 • Projeto para Redução de Vibração

Neste capítulo, assume-se que a vibração é indesejável e deve ser eliminada. Os tópicos dos capítulos anteriores apresentam uma série de técnicas e métodos para analisar a resposta de vibração de vários sistemas sujeitos a várias entradas. Aqui o foco é usar as habilidades desenvolvidas nos capítulos anteriores para determinar formas de ajustar os parâmetros físicos de um sistema ou dispositivo de tal forma que a resposta de vibração atenda a alguns critérios de desempenho desejado. Isso é chamado *projeto*. Projeto foi introduzido na Seção 1.7 e é o foco deste capítulo.

A vibração pode muitas vezes conduzir a uma série de circunstâncias indesejáveis. Por exemplo, a vibração de um automóvel ou caminhão pode levar ao desconforto do motorista e, eventualmente, à fadiga. A falha estrutural ou mecânica muitas vezes pode resultar de vibrações permanentes (por exemplo, rachaduras nas asas do avião). Componentes eletrônicos usados em aviões, automóveis, máquinas, e assim por diante, também podem falhar devido a vibração, choque e/ou entrada de vibração permanente.

O "nível de fragilidade" dos dispositivos, ou seja quanta vibração um determinado dispositivo pode suportar, é abordado pela Organização Internacional de Normalização (ISO - *International Organization for Standardization*), bem como por algumas agências nacionais. Quase todos os dispositivos fabricados para uso militar devem atender a determinadas especificações militares em relação à quantidade de vibração que ele pode suportar. Além de agências governamentais e internacionais, os fabricantes também definem os padrões de desempenho de vibração desejados para alguns produtos. Se um determinado dispositivo não atende a esses regulamentos, ele deve ser reprojetado. Este capítulo apresenta várias formulações que são úteis para projetar e reprojetar vários dispositivos e estruturas de forma a atender aos padrões desejados de vibrações.

O projeto é um assunto difícil que nem sempre se presta a formulações simples. Os problemas de projeto normalmente não têm uma solução única. Muitos projetos diferentes podem dar resultados aceitáveis. Às vezes, um projeto pode simplesmente consistir em combinar dispositivos existentes (fora de prateleira) para criar um novo dispositivo com as propriedades desejadas. Aqui nós nos concentramos no projeto, pois ele se refere ao ajuste dos parâmetros físicos de um sistema para fazer com que sua resposta de vibração se comporte da forma desejada.

5.1 NÍVEIS ACEITÁVEIS DE VIBRAÇÃO

Para projetar um dispositivo em termos de sua resposta de vibração, a resposta desejada deve ser claramente indicada. Muitos métodos diferentes de medição e descrição de níveis aceitáveis de vibração foram propostos. Se os critérios devem ou não ser estabelecidos em termos de deslocamento, velocidade ou aceleração, e exatamente como esses devem ser medidos precisa ser esclarecido antes de um projeto começar. Essas opções dependem muitas vezes da aplicação específica. Por exemplo, na prática, é normalmente aceito que a melhor indicação de potencial falha estrutural é a amplitude da velocidade da estrutura, enquanto que a amplitude de aceleração é a mais perceptível pelos seres humanos. Alguns intervalos comuns de frequência de vibração e deslocamento são dados na Tabela 5.1.

SEÇÃO 5.1 Níveis Aceitáveis de Vibração

TABELA 5.1 FAIXAS DE FREQUÊNCIA E DESLOCAMENTO DE VIBRAÇÃO

	Frequência (Hz)	Amplitude de deslocamento (mm)
Vibração atômica	10^{12}	10^{-7}
Limiar de percepção humana	1-8	10^{-2}
Máquinas e vibração de construção	10-100	$10^{-2}-1$
Balanço de edifícios altos	1-5	10-1000

A ISO (*International Organization for Standardization*, www.iso.org) fornece um padrão publicado de níveis aceitáveis de vibração que tem a intenção de fornecer uma ferramenta para facilitar as comunicações entre fabricantes e consumidores. Os padrões são testados em termos de valores quadráticos médios (rms) de deslocamento, velocidade e aceleração. Lembre-se de que o valor (definido na Seção 1.2) é a raiz quadrada da média temporal do quadrado de uma quantidade. Para o deslocamento $x(t)$, o valor rms é dado na Equação (1.21) como

$$x_{\text{rms}} = \left[\lim_{T \to \infty} \frac{1}{T} \int_0^T x^2(t)dt \right]^{1/2}$$

Uma forma conveniente de expressar o valor aceitável de vibração permitidos pelas normas ISO é traçá-los em um nomograma, como ilustrado na Figura 5.1. Vários exemplos e detalhes adicionais dos nomogramos podem ser encontrados em Niemkiewicz, J. (2002).

O nomograma da Figura 5.1 é uma representação gráfica da relação entre deslocamento, velocidade, aceleração e frequência para um sistema de um grau de liberdade não amortecido. A Figura 5.1 é representativa e baseia-se na vibração induzida em torno das máquinas como um exemplo de como a ISO tenta classificar os níveis de vibração. Níveis de vibração aceitáveis são então indicados em termos de todas as três respostas físicas: deslocamento, velocidade e aceleração, bem como a frequência. A solução para o deslocamento é dada pela Equação (1.19) como

$$x(t) = A \operatorname{sen}\omega_n t$$

(para fase zero), que tem amplitude A. Diferenciando a solução de deslocamento tem-se a velocidade

$$v(t) = \dot{x}(t) = A\omega_n \cos\omega_n t$$

que tem amplitude $\omega_n A$. Diferenciando novamente obtém-se a aceleração

$$a(t) = \ddot{x}(t) = -A\omega_n^2 \operatorname{sen}\omega_n t$$

que tem amplitude $A\omega_n^2$. Essas três expressões para a amplitude, junto com a definição de valor rms, permitem que o nomograma da Figura 5.1 seja construído.

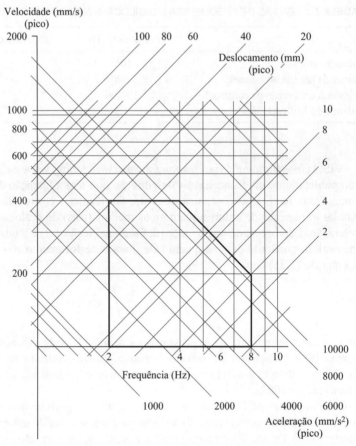

Figura 5.1 Um exemplo de um nomograma para especificar níveis aceitáveis de vibração.

A partir da Equação (1.21) o valor médio de $x(t) = A$ sen $\omega_n t$ é

$$\bar{x}^2 = \lim_{T \to \infty} \frac{1}{T} \int_0^T A^2 \sin^2 \omega_n t \, dt = \lim_{T \to \infty} \left[\frac{A^2}{2T\omega_n} \omega_n T - \frac{1}{2} \frac{A^2}{T\omega_n} (\text{sen}\omega_n T \cos \omega_n T) \right] = \frac{A^2}{2}$$

tal que $\bar{x} = A/\sqrt{2}$. Da mesma forma, $\bar{v} = A\omega_n/\sqrt{2}$ e $\bar{\alpha} = A\omega_n^2/\sqrt{2}$.

Exemplo 5.1.1

Uma peça de máquina está sujeita a uma amplitude rms de vibração de 6 mm. A massa e a rigidez são medidas como sendo 5 kg e 20.000 N/m, respectivamente. Use a Figura 5.1 para determinar se há alguma preocupação com esses valores com base na região aceitável marcada na figura. Determine a velocidade e a aceleração experimentada pela peça. Se o padrão representado pela Figura 5.1 não for cumprido, sugira um meio de reprojetar a tampa do mancal para que a resposta satisfaça o padrão.

SEÇÃO 5.1 Níveis Aceitáveis de Vibração **439**

Solução A frequência natural de um sistema de mola simples é:

$$\omega_n = \sqrt{\frac{k}{m}} = \sqrt{\frac{20000 \text{ N/m}}{5 \text{ kg}}} = 63{,}246 \text{ rad/s}, \quad f_n = \frac{\omega_n}{2\pi} = 10{,}066 \text{ Hz}$$

Essa frequência está fora do intervalo aceitável e deve ser ajustada. Assim, a norma não é cumprida e algum reprojeto é necessário.

A fim de trazer a frequência para uma faixa aceitável, a massa ou rigidez do rolamento deve sofrer alteração para reduzir a frequência. Por exemplo, se uma massa de 45 kg é adicionada ao rolamento e uma mola 2500 N/m é adicionada em série com a rigidez do rolamento (veja Figura 1.31), a frequência resultante é

$$\omega_n = \sqrt{\frac{\dfrac{1}{1/k + 1/200}}{m + 2}} = \sqrt{\frac{198.02 \text{ N/m}}{7 \, kg}} = 37{,}231 \text{ rad/s}, f_n = \frac{\omega_n}{2\pi} \approx 6 \text{ Hz}$$

Isso aproxima o projeto da linha com a faixa de frequências aceitável, mas representa uma redução significativa em rigidez, que pode não ser aceitável por outras razões. Olhando para o gráfico, a linha de 6 mm cruza 6 Hz dentro da caixa, a uma aceleração de cerca de 8000 mm/s² e uma velocidade de cerca de 200 mm/s. Utilizando as fórmulas para obter um valor mais preciso, obtém-se

$$\bar{v} = \omega_n \bar{x} = (37{,}231 \text{ rad/s})(6 \text{ mm}) = 223{,}4 \text{ mm/s}$$

$$\bar{a} = \omega_n^2 \bar{x} = (37{,}231 \text{ rad/s})^2 (6 \text{ mm}) = 8{,}317 \times 10^3 \text{ mm/s}^2$$

Enquanto o reprojeto atinge o objetivo de reduzir os níveis de vibração do rolamento, é uma alteração da ordem de grandeza na rigidez do rolamento. Isso pode ter efeitos negativos em outras partes da máquina (ver velocidades críticas na Seção 5.7, por exemplo). Este exemplo é o que torna o projeto tão difícil e desafiador. Alterar o projeto para atender a uma especificação pode fazer com que outra especificação seja violada.

□

O procedimento de projeto sugerido é simplificado demais, mas ajuda a introduzir a natureza *ad hoc* de muitos problemas de projeto. A análise é usada como uma ferramenta. Aqui os critérios de vibração desejados são fornecidos por um padrão ISO representado num nomograma. Esse gráfico, juntamente com a fórmula $\omega_n = \sqrt{k/m}$ e a fórmula de mola em série, fornece as ferramentas de análise.

Ao usar qualquer processo de síntese para realizar um projeto, é importante pensar em possíveis falhas no procedimento. No exemplo anterior existem vários possíveis pontos de erro. Uma questão importante é o quão bem o simples modelo massa-mola de um grau de liberdade capta a dinâmica da peça. Pode ser que um modelo mais sofisticado de múltiplos graus de liberdade seja necessário (lembre-se do Exemplo 4.8.2). Outro possível problema com uma mudança de projeto proposto é que a rigidez da peça não pode ser inferior a um certo valor devido a requisitos de carga (deflexão estática) ou outras restrições de projeto. Nesse caso, a massa pode ser alterada, mas isso também pode ter outras restrições. Em alguns casos, talvez não seja possível projetar um sistema para ter essa resposta de vibração desejada. Ou seja, nem todos os problemas de projeto têm uma solução.

A faixa de vibrações com que um engenheiro lida é, normalmente, de cerca de 10^{-4} mm a entre 0,1 e 1 Hz para objetos tais como bancos óticos ou equipamento médico sofisticado, até deslocamento de metro na faixa de 0,1 a 5 Hz para edifícios altos. As vibrações da máquina podem variar entre 10 e 1000 Hz, com deflexões entre frações de um milímetro e vários centímetros. À medida que a tecnologia avança, as limitações e níveis aceitáveis de vibração mudam. Assim, esses números devem ser considerados como indicações grosseiras de valores comuns.

Exemplo 5.1.2

Calcule e compare a frequência natural, o fator de amortecimento e a frequência natural amortecida do modelo de um grau de liberdade de um toca-discos e do automóvel apresentado na Figura 5.2. Também trace e compare suas funções de resposta em frequência e suas funções de resposta ao impulso. Discuta as semelhanças e diferenças desses dois dispositivos.

Solução Para calcular a frequência natural não amortecida, o fator de amortecimento e a frequência natural amortecida do carro é simples. A partir das definições

$$\omega_n = \sqrt{\frac{k}{m}} = \sqrt{\frac{400.000}{1000}} = 20 \text{ rad/s}$$

$$\zeta = \frac{c}{2m\omega_n} = \frac{8000}{2(1000)(20)} = 0{,}2$$

$$\omega_d = \omega_n\sqrt{1 - \zeta^2} = 20\sqrt{1 - (0{,}2)^2} = 19{,}5959 \text{ rad/s}$$

Os mesmos cálculos para o toca-discos são

$$\omega_n = \sqrt{\frac{k}{m}} = \sqrt{\frac{400}{1}} = 20 \text{ rad/s}$$

$$\zeta = \frac{c}{2m\omega_n} = \frac{8}{2(1)(20)} = 0{,}2$$

$$\omega_d = \omega_n\sqrt{1 - \zeta^2} = 20\sqrt{1 - (0{,}2)^2} = 19{,}5959 \text{ rad/s}$$

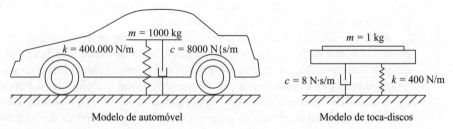

Figura 5.2 Um modelo de um grau de liberdade de um automóvel e um toca-discos, com a mesma frequência.

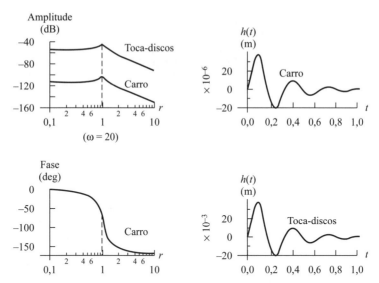

Figura 5.3 A função de resposta em frequência e a resposta ao impulso para o carro e o toca-discos da Figura 5.2.

Essa figura ilustra que dois objetos de tamanho muito diferente podem ter as mesmas frequências naturais e fatores de amortecimento.

Na Figura 5.3 é representada a função de transferência de cada dispositivo bem como a função de resposta ao impulso para cada um. Observe que esses gráficos indicam uma diferença de dispositivos. As curvas de fase da função de transferência tanto do carro como do toca-discos são idênticas, enquanto as curvas de intensidade diferem por uma constante. A função de resposta ao impulso do carro tem uma amplitude menor, embora as respostas desapareçam ao mesmo tempo, uma vez que a taxa de decaimento (ζ) e, portanto, o decremento logaritmo são os mesmos para cada dispositivo. Os níveis aceitáveis de vibração para o carro será muito maior do que os do toca-discos. Por exemplo, uma amplitude de deslocamento de 10 mm para o toca-discos faria sua agulha saltar para fora do sulco em um registro e, portanto, não executar corretamente (uma razão pela qual as gravadoras de discos nunca o fizeram em automóveis – graças a Deus pela tecnologia de leitores de Bluetooth e mp3). Por outro lado, uma amplitude semelhante de vibração para o carro está abaixo do nível de percepção em um nomograma.

□

Uma consideração importante na especificação da resposta de vibração é especificar a natureza da entrada ou força de excitação. Distúrbios, ou entradas, são normalmente classificados como impacto ou como vibração, dependendo de quanto tempo a entrada dura. Considera-se que uma entrada é um impacto se o distúrbio for agudo, aperiódico, durante um tempo relativamente curto. Em contraste, uma entrada é considerada como uma vibração se ela dura por um longo tempo e tem algumas características oscilantes.

A distinção entre impacto e vibração nem sempre é clara, pois as fontes de distúrbios de impacto e vibração são numerosas e muito difíceis de classificar. No Capítulo 2, apenas são discutidas entradas de vibração (por exemplo, entradas harmônicas).

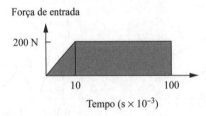

Figura 5.4 Uma amostra de uma entrada de impacto para um automóvel, ilustrando que a forma não é inteiramente conhecida – apenas os limites da amplitude da força e histórico de tempo são conhecidos.

No Capítulo 3 a resposta de um sistema de um grau de liberdade a uma variedade de entradas, incluindo um impulso, que é um impacto, e entradas periódicas gerais (vibração) são discutidas. Esses sinais de entrada podem resultar de colisões na estrada (para carros), turbulência (para aviões), máquinas rotativas ou simplesmente a queda de algum objeto.

Muitas vezes, as entradas são uma combinação dos tipos que acabamos de discutir e os discutidos no Capítulo 3. Além disso, as entradas muitas vezes não são conhecidas com precisão, mas são conhecidas por serem de menos de uma certa intensidade e duração inferior a um certo tempo. Por exemplo, uma dada entrada de impacto para um automóvel devido a batida numa saliência pode assumir a forma de uma curva de valor único caindo em algum lugar na região sombreada da Figura 5.4.

Vibrações que não são prejudiciais existem em muitos dispositivos. Por exemplo, os automóveis continuamente experimentam vibrações sem serem danificados ou incomodar os passageiros. No entanto, algumas vibrações são extremamente prejudiciais, tais como a vibração severa de um terremoto ou um pneu desbalanceado em um carro. Uma questão difícil para os engenheiros de projeto é decidir entre níveis aceitáveis de vibração e aqueles que causam danos ou tornam-se tão irritantes que os consumidores não usarão o dispositivo. Uma vez que os níveis aceitáveis são estabelecidos, várias técnicas podem ser usadas para limitar e alterar a resposta de impacto e vibração de sistemas e estruturas mecânicas. Esses são discutidos na próxima seção.

5.2 ISOLAMENTO DAS VIBRAÇÕES

A forma mais eficaz de reduzir a vibração indesejada é parar ou modificar a fonte da vibração. Se isso não puder ser feito, às vezes é possível projetar um *sistema de isolamento de vibração* para isolar a fonte de vibração do sistema de interesse ou isolar o dispositivo da fonte de vibração. Isso pode ser feito usando materiais altamente amortecidos, como borracha, para alterar a rigidez e amortecimento entre a fonte de vibração e o dispositivo que deve ser protegido das vibrações. O problema de isolar um dispositivo de uma fonte de vibração é analisado em termos de redução do *deslocamento* de vibração transmitido através do movimento de base, como discutido na Seção 2.3 e resumido na Janela 5.1. O problema de isolar uma fonte de vibração do seu entorno é analisado em termos de redução da *força* transmitida pela fonte através de seus pontos de montagem, como discutido na Seção 2.4 e resumido na Janela 5.1. Tanto a transmissibilidade de força como a transmissibilidade de deslocamento são chamadas de *problemas de isolamento*.

Janela 5.1
Resumo das Fórmulas de Isolamento de Vibração para as Transmissibilidades de Força e Deslocamento

O modelo de movimento de base é usado no projeto de isolamento para proteger o dispositivo do movimento do ponto de fixação (base). O modelo à direita é usado para proteger o ponto de fixação (solo) da vibração da massa.

Transmissibilidade de deslocamento

Transmissibilidade de força

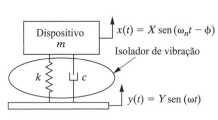
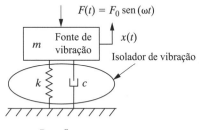

Movimento de base
(fonte de vibração)
Fonte de vibração montada sobre o movimento de base

Base fixa
Fonte de vibração montada sobre o isolador

Aqui $y(t) = Y \operatorname{sen} \omega t$ é o distúrbio e a partir da Equação (2.71)

$$\frac{X}{Y} = \left[\frac{1 + (2\zeta r)^2}{(1 - r^2)^2 + (2\zeta r)^2}\right]^{1/2}$$

define a transmissibilidade de deslocamento e é traçada na Figura 2.13. A partir da Equação (2.77),

$$\frac{F_T}{kY} = r^2 \left[\frac{1 + (2\zeta r)^2}{(1 - r^2)^2 + (2\zeta r)^2}\right]^{1/2}$$

define a razão de transmissibilidade de força, representada na Figura 2.15.

Aqui $F(t) = F_0 \operatorname{sen} \omega t$ é o distúrbio e

$$\frac{F_T}{F_0} = \left[\frac{1 + (2\zeta r)^2}{(1 - r^2)^2 + (2\zeta r)^2}\right]^{1/2}$$

define a transmissibilidade de força para o isolamento da fonte de vibração como apresentado na Seção 5.2.

A ferramenta de análise usada para projetar isoladores é o conceito de transmissibilidade de força e/ou deslocamento introduzido na Seção 2.4. A título de revisão, considere o problema de calcular a *razão de transmissibilidade*, designada por T.R., definida como a relação entre a intensidade da força transmitida por meio da mola e do amortecedor para a base fixa com a força senoidal aplicada (Janela 5.1) pela máquina (modelada como uma massa). Simbolicamente, T.R.= F_T/F_0. Para calcular o valor de T.R., considere primeiro a força transmitida. A força, representada por $F_T(t)$, transmitida para a base fixa na Janela 5.1 é a força aplicada à base que atua através da mola e amortecedor, isto é,

$$F_T(t) = kx(t) + c\dot{x}(t) \tag{5.1}$$

A solução para o caso em que a força de excitação é harmônica da forma F_0 é dada na Equação (2.37) da Seção 2.2 como

$$x(t) = Ae^{-\zeta\omega_n t}\operatorname{sen}(\omega_d t + \theta) + X\cos(\omega t - \phi)$$

Em regime permanente (ou seja, após algum tempo decorrido), o primeiro termo decai para zero e a resposta é modelada por

$$x(t) = X\cos(\omega t - \phi) \tag{5.2}$$

Diferenciando a Equação (5.2), a velocidade em regime permanente torna-se

$$\dot{x}(t) = -\omega X\operatorname{sen}(\omega t - \phi) \tag{5.3}$$

A substituição das Equações (5.2) e (5.3) na Equação (5.1) para a força transmitida em regime permanente produz

$$\begin{aligned}
F_T(t) &= kX\cos(\omega t - \phi) - c\omega X\operatorname{sen}(\omega t - \phi) \\
&= kX\cos(\omega t - \phi) + c\omega X\cos(\omega t - \phi + \pi/2)
\end{aligned} \tag{5.4}$$

A amplitude de $F_T(t)$, representada por F_T, pode ser calculada a partir da Equação (5.4), observando que os dois termos estão defasados em $90°$ ($\pi/2$) e, portanto, podem ser considerados como dois vetores perpendiculares (veja Figura 2.11 da Seção 2.3). Assim, a intensidade de $F_T(t)$ é calculada tomando a soma vetorial dos dois termos à direita da Equação (5.4). Isso faz com que a intensidade da força transmitida seja

$$F_T = \sqrt{(kX)^2 + (c\omega X)^2} = X\sqrt{k^2 + c^2\omega^2} \tag{5.5}$$

Janela 5.2

Revisão da Resposta em Regime Permanente de um Sistema
Subamortecido Sujeito à Excitação Harmônica como Discutido na Seção 2.2

A resposta em regime permanente de

$$\ddot{x} + 2\zeta\omega_n\dot{x} + \omega_n^2 x = f_0\cos\omega t$$

com $\omega_n = \sqrt{k/m}, \zeta = c/(2m\omega_n)$ e $f_0 = F_0/m$, é $x(t) = X\cos(\omega t - \phi)$.
Aqui

$$X = \frac{f_0}{\sqrt{(\omega_n^2 - \omega^2)^2 + (2\zeta\omega_n\omega^2)}}, \quad \phi = \operatorname{tg}^{-1}\frac{2\zeta\omega_n\omega}{\omega_n^2 - \omega^2}$$

SEÇÃO 5.2   Isolamento das Vibrações

445

O valor de X, a amplitude da vibração em regime permanente, é dada na Janela 5.2 como

$$X = \frac{f_0}{\left[\left(\omega_n^2 - \omega^2\right)^2 + \left(2\zeta\omega_n\omega\right)^2\right]^{1/2}} = \frac{F_0/k}{\left[\left(1 - r^2\right)^2 + \left(2\zeta r\right)^2\right]^{1/2}}$$

onde $r = \omega/\omega_n$, como antes. Substituindo esse valor de X na Equação (5.5) resulta em

$$F_T = \frac{F_0/k}{\left[\left(1 - r^2\right)^2 + \left(2\zeta r\right)^2\right]^{1/2}}\sqrt{k^2 + c^2\omega^2}$$

$$F_0 = \frac{\sqrt{1 + c^2\omega^2/k^2}}{\left[\left(1 - r^2\right)^2 + \left(2\zeta r\right)^2\right]^{1/2}} = F_0\sqrt{\frac{1 + \left(2\zeta r\right)^2}{\left(1 - r^2\right)^2 + \left(2\zeta r\right)^2}}$$

(5.6)

onde $c^2\omega^2/k^2 = (2m\omega_n\zeta)^2\omega^2/k^2 = (2\zeta r)^2$. A *razão de transmissibilidade*, ou *razão de transmissão*, designada por T.R., é definida como a razão entre a amplitude da força transmitida e a amplitude da força aplicada. Manipulações simples das Equações (5.6) produzem

$$\text{T.R.} = \frac{F_T}{F_0} = \sqrt{\frac{1 + \left(2\zeta r\right)^2}{\left(1 - r^2\right)^2 + \left(2\zeta r\right)^2}}$$

(5.7)

Uma comparação dessa expressão de transmissibilidade de força com a transmissibilidade de deslocamento dada na Janela 5.1 indica que são idênticas. É importante notar, no entanto, que mesmo que tenham o mesmo valor, eles vêm de diferentes problemas de isolamento e, portanto, descrevem fenômenos diferentes.

A razão de transmissibilidade de deslocamento dada na coluna esquerda da Janela 5.1 descreve como um deslocamento (Y) da base em regime permanente de um dispositivo montado sobre um isolador é transmitido em movimento do dispositivo (X). A Figura 5.5 mostra um gráfico de T.R. para vários valores de fator de amortecimento ζ e razão de frequência r. Quanto maior o valor de T.R., maior a amplitude de movimento da massa. Essas curvas são úteis para projetar os isoladores. Em particular, o processo de projeto consiste em escolher ζ e r, entre material de isolador disponível, tal que T.R. seja pequeno.

Observe a partir da Figura 5.5 que se a razão de frequência r for maior que $\sqrt{2}$, a amplitude de vibração do dispositivo é menor do que a amplitude de perturbação Y e o isolamento de vibração ocorre. Para r menor que $\sqrt{2}$, a amplitude X aumenta (isto é, X é maior que Y). O valor do fator de amortecimento (cada curva na Figura 5.5 corresponde a um ζ diferente) determina o quão menor a amplitude de vibração é para uma dada razão de frequência. Próximo à ressonância, a T.R. é determinada completamente pelo valor de ζ (isto é, pelo amortecimento no isolador). Na região de isolamento, quanto menor o valor de ζ, menor o valor de T.R. e melhor o isolamento. Observe também que, à medida que r é aumentada para um ω fixa, o valor de T.R. diminui. Isso corresponde ao aumento da massa ou à diminuição da rigidez do isolador.

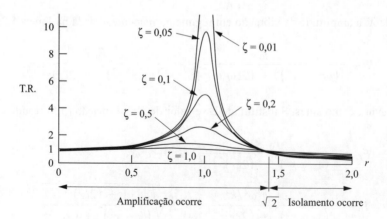

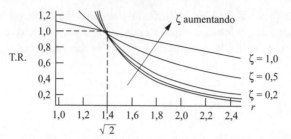

Figura 5.5 Representação gráfica da razão de transmissibilidade, T.R., indicando o valor de T.R. para uma variedade de escolhas do fator de amortecimento ζ e razão de frequência r. Essa figura, repetição da Figura 2.14, é um gráfico da Equação (5.7).

Exemplo 5.2.1

Um sistema de controle eletrônico para um motor de automóvel deve ser montado na parte superior do para-choque dentro do compartimento do motor do automóvel como ilustrado na Figura 5.6. O módulo de controle calcula eletronicamente e controla o tempo do motor, mistura ar/combustível, e assim por diante, controlando completamente o motor. Para protegê-lo da fadiga e da falha, é desejável isolar o módulo da vibração produzida na carroçaria pelo motor e estrada, daí o motivo do módulo ser montado sobre um isolador. Projete o isolador (isto é, escolha c e k) se a massa do módulo for 3 kg e a vibração dominante do para-choque for aproximada por $y(t) = (0,01)$ (sen $35t$) m. Aqui é desejável manter o deslocamento do módulo inferior a 0,005 m em todos os instantes. Uma vez que os valores de projeto para isoladores são escolhidos, calcule a amplitude da força transmitida ao módulo através do isolador.

Solução Como é desejável manter a vibração do módulo $x(t)$ menor que 0,005 m, a amplitude de resposta se torna $X = 0,005$ m. A amplitude de $y(t)$ é $Y = 0,01$m; portanto, a razão de transmissibilidade de deslocamento desejada torna-se

$$\text{T.R.} = \frac{X}{Y} = \frac{0,005}{0,01} = 0,5$$

Examinando as curvas de transmissibilidade da Figura 5.5, obtém-se várias soluções possíveis para ζ e ω_n. Uma linha horizontal através de T.R. = 0,5, ilustrada na Figura 5.7, cruza em vários valores de ζ e r. Por exemplo, a curva ζ = 0,02 encontra a linha T.R. = 0,5 em r = 1,73. Assim, r = 1,73 e ζ = 0,02 fornece uma solução de projeto possível.

SEÇÃO 5.2 Isolamento das Vibrações

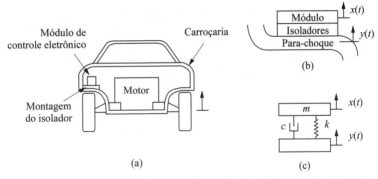

Figura 5.6 (a) Um esquema do corte do compartimento do motor de um automóvel ilustra a localização do módulo de controle eletrônico. (b) Uma vista de perto do módulo de controle montado no para-choque interno sobre um isolador. (c) Um modelo de vibração do sistema isolador do módulo.

Lembrando que $r = \omega/\omega_n = 1{,}73$ e $\omega = 35$ rad/s, a frequência natural do sistema de isolamento é cerca de $\omega_n = 35/1{,}73 = 20{,}231$ rad/s. Uma vez que a massa do módulo é $m = 3$ kg, a rigidez é (lembrar $\omega_n = \sqrt{k/m}$)

$$k = m\omega_n^2 = (3 \text{ kg})(20{,}231 \text{ rad/s})^2 = 1228 \text{ N/m}$$

Portanto a montagem do isolador deve ser feita de um material com essa rigidez (ou adicionar um reforço). O fator de amortecimento ζ está relacionado com a constante de amortecimento c pela Equação (1.30):

$$c = 2\zeta m\omega_n = 2(0{,}02)(3 \text{ kg})(20{,}231 \text{ rad/s})$$
$$= 2{,}428 \text{ kg/s}$$

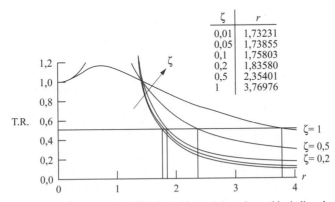

Figura 5.7 A curva de transmissibilidade da Figura 5.6, aqui repetida, indicando soluções de projeto possíveis para o Exemplo 5.2.1. Cada ponto de intersecção com uma das curvas de constante ζ produz a T.R. desejada.

448   CAPÍTULO 5 • Projeto para Redução de Vibração

Esses valores para c e k, juntamente com o tamanho geométrico do módulo e da forma do para-choque, podem agora ser usado para escolher o material de fabricação do isolamento. Nesse ponto, o projetista procuraria através de catálogos de fornecedores para pesquisar peças de isolamento existentes e materiais que tenham aproximadamente esses valores. Se nenhuma corresponder exatamente a esses valores, as curvas da Figura 5.7 são consultadas para ver se uma das outras soluções corresponderá mais de perto a um material de isolamento existente. Evidentemente, a Equação (2.71) ou (5.7) pode ser usada para calcular soluções situadas entre as ilustradas na Figura 5.7.

Se muitas soluções ainda estiverem disponíveis após a pesquisa de produtos existentes, a escolha de uma montagem pode ser "otimizada" considerando outras funções, como custo, facilidade de montagem, faixa de temperatura, confiabilidade do fornecedor, disponibilidade do produto e qualidade exigida. Eventualmente, um bom projeto deve considerar todos esses aspectos.

O módulo eletrônico também pode ter um limite na quantidade de força que ele pode suportar. Uma forma de estimar a quantidade de força é usar a teoria desenvolvida na Seção 2.4, em particular na Equação (2.77), que é reproduzida na Janela 5.1. Essa expressão relaciona a força transmitida ao módulo pelo movimento do para-choque através do isolador. Utilizando os valores apenas calculados na Equação (2.77) tem-se

$$F_T = kYr^2 \left[\frac{1 + (2\zeta r)^2}{(1 - r^2)^2 + (2\zeta r)^2} \right]^{1/2} = kYr^2 (\text{T.R.})$$
$$= (1228 \text{ N/m})(0,01 \text{ m})(1,73)^2(0,5) = 18,375 \text{ N}$$

Se acontecer dessa força ser muito grande, o projeto deve ser refeito. Com a força máxima transmitida como uma consideração de projeto adicional, as curvas da Figura 2.15 também devem ser consultadas ao escolher os valores de r e ζ para atender às especificações de projeto. A deflexão estática causada por esse projeto é $\delta = mg/k = 0,024$ m. A deflexão estática e a razão X/Y definem o *espaço de vibração* ou as dimensões físicas necessárias para que o isolador vibre. Num carro, os 2,4 cm podem ser aceitáveis. Se o aplicativo fosse para isolar uma unidade de CD em um computador *laptop*, essa distância seria inaceitável porque é grande em comparação com a espessura do *laptop*. A deflexão estática e o espaço de vibração são importantes considerações de projeto e muitas vezes limitam a capacidade de projetar um bom isolador.

$\square$

O Exemplo 5.2.1 pode parecer muito razoável. No entanto, muitas hipóteses foram feitas para alcançar o projeto final, e todas elas devem ser cuidadosamente pensadas. Por exemplo, a hipótese de que o movimento do para-choque é harmônico da forma $y(t) = 0,01$ sen $35t$ é muito restritiva. Na realidade, é provavelmente aleatório, ou pelo menos o valor de ω varia através de uma faixa de frequências. Isso não quer dizer que a solução apresentada no Exemplo 5.2.1 seja inútil, apenas que o projetista deve ter em mente suas limitações. Mesmo que a entrada real ao sistema seja aleatória, a amplitude escolhida de Y = 0,01 m e a frequência de ω = 35 rad/s pode representar um limite determinista de todas as entradas possíveis no sistema (isto é, todas as outras amplitudes de perturbação podem ser menores que $Y = 0,01$ m e todas as outras frequências de excitação podem ser maiores do que ω = 35 rad/s). Assim, em muitos casos práticos, o projetista é confrontado com a escolha de um isolador que protegerá a peça de, digamos, 5 g entre 20 e 200 Hz, ou o projetista receberá um gráfico de PSD por ω_r (Seção 3.5) e tentará projetar o isolador para

SEÇÃO 5.2 Isolamento das Vibrações

atender a esses tipos de entradas. A Seção 5.9 analisa o problema de isolamento a partir do aspecto prático do trabalho com fabricantes de produtos de isolamento.

O projeto de sistemas de isolamento de choque é realizado analisando o espectro de choque, como apresentado na Seção 3.6. Para tornar a comparação com a isolação de vibrações mais clara, o espectro de choque é reconsiderado aqui como um gráfico da razão entre o movimento máximo da amplitude de aceleração de resposta (isto é, $\omega^2 X$) e a amplitude de aceleração de perturbação (isto é, a amplitude de $\ddot{y}(t)$ em relação ao produto da frequência natural e da duração do pulso t_1. Aqui a perturbação $y(t)$ é modulada como uma meia senoide da forma

$$y(t) = \begin{cases} Y\,sen\,\omega_p t & 0 \le t \le t_1 = \dfrac{\pi}{\omega_p} \\ 0 & t > t_1 = \dfrac{\pi}{\omega_p} \end{cases} \quad (5.8)$$

como indicado na Figura 5.8. Esse tipo de perturbação é muitas vezes chamado de *pulso de choque*. A frequência ω_p e o tempo correspondente $t_1 = \pi/\omega_p$ determinam quanto tempo dura o pulso de choque. O produto $\omega_n t_1$ é usado para traçar a transmissibilidade ao choque em vez de traçar a razão de frequência usada para projetar isoladores de vibração.

Um gráfico da razão de amplitude de aceleração pelo o produto ωt_1 é dado na Figura 5.8. Essa figura é determinada calculando a amplitude de aceleração da resposta e comparando-a com a amplitude da aceleração da perturbação de entrada. Observe que à medida que a abscissa aumenta, correspondendo a uma largura de pulso maior, a aceleração experimentada pelo módulo é maior que a aceleração de entrada. Analisando os

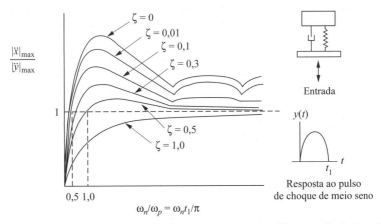

Figura 5.8 Um gráfico da razão entre a amplitude da aceleração de saída e a amplitude da aceleração de entrada pela razão de frequência (ω_n/ω_p) para um sistema de um grau de liberdade e uma excitação de base consiste de um impulso de choque para diferentes valores de fatores de amortecimento. Observe que um grande valor ω_p corresponde a uma largura de pulso estreita.

450   CAPÍTULO 5 • Projeto para Redução de Vibração

gráficos na Figura 5.8, pode-se ver que a redução da aceleração através do isolamento ocorre apenas se a transmissibilidade cai abaixo da linha horizontal que passa pelo número 1. Assim, por exemplo, considere a linha definida por $\zeta = 0,5$. Para que ocorra o isolamento de choque, isso exigiria

$$\frac{\omega_n t_1}{\pi} < 1,0, \quad \text{ou} \quad k < \frac{m\pi^2}{t_1^2}$$

Assim, o isolamento de choque impõe um limite na rigidez do material de isolamento.

Em seguida, considere os efeitos do amortecimento no isolamento de choque. A análise das curvas da Figura 5.8 mostra que o aumento do amortecimento reduz muito a aceleração máxima até o ponto em que, para amortecimento crítico ($\zeta = 1,0$), a isolação ocorre durante qualquer duração de pulso (t_1). Assim, os bons isoladores de choque requerem alto amortecimento.

Em seguida, considere o problema de isolar uma fonte de vibração harmônica de seu ambiente. Esse é o problema de isolamento de base fixa ilustrado na Janela 5.1, onde o lado direito está relacionado com a redução da força transmitida por meio do isolador devido à excitação harmônica da massa. O exemplo comum é uma máquina rotativa que gera uma força harmônica a uma frequência constante (Figura 2.18). Exemplos de tais máquinas são motores elétricos, turbinas a vapor, motores de combustão interna, geradores, máquinas de lavar e motores de unidade de disco.

A análise da curva de transmissibilidade da Figura 5.5 indica que o isolamento das vibrações começa para valores de rigidez de isolamento tais que $\omega/\omega_n > \sqrt{2}$. Isso fornece relações de transmissibilidade de menos de 1, tal que a força transmitida ao solo seja menor que a força produzida pela máquina rotativa. Uma vez que a massa é, em geral, fixada pela natureza da máquina, as montagens de isolamento são normalmente escolhidas com base na sua rigidez, tal que $r > \sqrt{2}$ é satisfeito. Se isso não der uma solução aceitável (para excitação de baixa frequência), a massa pode às vezes ser adicionada à máquina ($\omega_n = \sqrt{k/m}$). Como $r = \omega/\sqrt{k/m}$, valores de rigidez menores correspondem a valores maiores de r, o que resulta em melhor isolamento (valores T.R. mais baixos).

À medida que o amortecimento é aumentado para um T.R. fixo, o valor de T.R. aumenta, tal que o amortecimento baixo é frequentemente usado. No entanto, é desejável algum amortecimento, uma vez que quando a máquina arranca e provoca uma perturbação harmônica através de uma faixa de frequências, passa geralmente pela ressonância ($r = 1$) e a presença de amortecimento é necessária para reduzir a transmissibilidade à ressonância. A análise da curva de transmissibilidade indica que para uma razão de frequência suficientemente grande (cerca de $r > 3$) e um amortecimento suficientemente pequeno ($\zeta < 0,2$) o valor T.R. não é afetado pelo amortecimento. Como a maioria das molas tem um amortecimento interno muito pequeno (por exemplo, menor que 0,01), o termo $(2\zeta r)^2$ é muito pequeno (por exemplo, para $r = 3$, $(2\zeta r)^2 = 0,0036$). Por isso, é comum projetar um sistema de isolamento de vibração, desprezando o amortecimento na Equação (5.7). Nesse caso T.R. torna-se (calculando a raiz quadrada negativa para valores positivos de TR)

SEÇÃO 5.2 Isolamento das Vibrações

$$\text{T.R.} = \frac{1}{r^2 - 1} \quad (r > 3) \tag{5.9}$$

A Equação (5.9) pode ser usada para construir gráficos de projeto para uso na escolha de almofadas de isolamento de vibração para montagem de máquinas rotativas.

A frequência de excitação de uma máquina é normalmente especificada em termos de sua velocidade de rotação, ou revoluções por minuto (rpm). Se n é a velocidade do motor em rpm,

$$\omega = \frac{2\pi n}{60} \tag{5.10}$$

Além disso, as molas são frequentemente classificadas em termos de deflexão estática definida por $\Delta = W/k = mg/k$, onde m é a massa da máquina e g a aceleração da gravidade. Tornou-se muito comum projetar isoladores em termos da velocidade de rotação n da máquina e da deflexão estática Δ. Uma terceira quantidade R definida como a *redução* na transmissibilidade,

$$R = 1 - \text{T.R.} \tag{5.11}$$

é comumente usada para quantificar a eficácia do isolador de vibração.

Substituindo o valor (não amortecido) de T.R. na Equação (5.11) e resolvendo para r tem-se

$$r = \frac{\omega}{\sqrt{k/m}} = \sqrt{\frac{2 - R}{1 - R}} \tag{5.12}$$

Substituindo ω dado por (5.10) e fazendo $k = mg/\Delta$ obtém-se

$$n = \frac{30}{\pi} \sqrt{\frac{g(2 - R)}{\Delta(1 - R)}} = 29{,}9093 \sqrt{\frac{2 - R}{\Delta(1 - R)}} \tag{5.13}$$

que relaciona a velocidade do motor com o fator de redução e a deflexão estática da mola. A Equação (5.13) pode ser usada para gerar curvas de projeto, tomando o log da expressão, ou seja

$$\log n = -\frac{1}{2} \log \Delta + \log\left(29{,}9093 \sqrt{\frac{2 - R}{1 - R}}\right) \tag{5.14}$$

que é uma linha reta em um gráfico log-log para cada valor de R. Essa expressão é então usada para fornecer a curva de projeto da Figura 5.9, consistindo em gráficos da velocidade do motor em relação à deflexão estática.

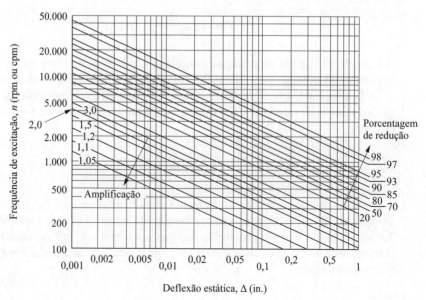

Figura 5.9 Curvas de projeto consistem em curvas de velocidade de rotação pela deflexão estática (ou rigidez) para vários valores de redução percentual na força transmitida.

Exemplo 5.2.2

Considere a unidade de disco do computador da Figura 5.10. O motor da unidade de disco é montado no chassi do computador através de uma almofada de isolamento (mola). O motor tem uma massa de 3 kg e opera a 5000 rpm. Calcular o valor da rigidez do isolador necessário para proporcionar uma redução de 95% na força transmitida ao chassi (considerado como referência fixa). Quanta folga é necessária entre o motor e o chassi?

Solução A partir do gráfico da Figura 5.9, a linha correspondente a uma velocidade de $n =$ 5000 rpm atinge a curva correspondente a 95% de redução a uma deflexão estática de 0,03 in ou 0,0762 cm. Isso corresponde a uma rigidez da mola de

$$k = \frac{mg}{\Delta} = \frac{(3 \text{ kg})(9,8 \text{ m/s}^2)}{0,000762 \text{ m}} = 38.582 \text{ N/m}$$

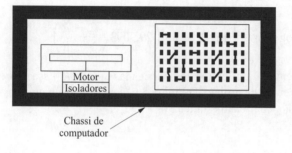

Figura 5.10 Um modelo esquemático de um computador pessoal ilustrando o motor girando o sistema de unidade de disco. Um pequeno desequilíbrio no motor pode transmitir forças harmônicas para o chassi e em placas de circuito e outros componentes, se não for devidamente isolada.

SEÇÃO 5.2 Isolamento das Vibrações

A escolha da folga (isto é, a distância necessária entre o motor e o chassi) deve ser mais que o dobro da deflexão estática de modo que a mola tenha espaço para se estender e comprimir, proporcionando isolamento.

$\square$

A questão do isolamento de vibrações contra forças harmônicas para máquinas grandes (pesadas) torna-se rapidamente em um problema de deflexão estática. Para máquinas que necessitam de isolamento extremo, as molas helicoidais devem ser utilizadas para proporcionar a grande deflexão estática necessária em baixa frequência. Isso pode ser visto examinando as curvas de 98% na Figura 5.9 para valores baixos de n. Em alguns casos, a deflexão estática necessária pode ser muito grande para ser obtida fisicamente, mesmo em dispositivos pequenos. Um exemplo de uma restrição de projeto semelhante é a miniaturização de computadores. Fabricantes de computadores portáteis acreditam que as vendas estão ligadas à forma compacta e, em particular, quão fino o chassi pode ser. Uma restrição poderia ser o sistema de isolamento necessário para o motor de unidade de disco ou outros componentes.

Ao projetar isoladores, muitas vezes é difícil projetar um isolador que funcione efetivamente contra excitações de choque e vibração (harmônicas). Uma razão para isso pode ser vista analisando a Figura 5.7 para o isolamento de vibração e a Figura 5.8 para o isolamento de choque. Na Figura 5.7, ocorre isolamento na região $r > \sqrt{2}$, e nessa região é claro que o aumento do amortecimento reduz o isolamento efetivo. Assim, é necessário amortecimento baixo para o isolamento de vibrações. No entanto, a análise das curvas de isolamento de choque na Figura 5.8 mostra que é necessário grande amortecimento para um isolamento de choque eficaz. Esses dois requisitos são muitas vezes conflitantes, como o exemplo a seguir mostra.

Exemplo 5.2.3

Neste exemplo, o objetivo do projeto é desenvolver um isolador efetivo para o movimento de choque induzido pela base que também proporcionará um nível aceitável de isolamento de vibração em termos de transmissibilidade de força a partir do equipamento vibratório suportado pelo sistema de isolamento para a base. Em aplicações de isolamento real é, muitas vezes, difícil projetar um sistema combinado de choque e vibração de isolamento. Como mencionado anteriormente e, é claro a partir das Figuras 5.7 e 5.8, isso decorre do fato de que um isolador de vibração eficaz deve ser muito ligeiramente amortecido, enquanto que um isolador de choque eficaz tende a requerer grandes forças de amortecimento. Tipicamente em problemas de projeto, uma restrição principal é que as peças tais como isoladores estão disponíveis somente em valores discretos de rigidez e amortecimento. Assume-se que um conjunto de três isoladores (suportes) estão disponíveis para uso, que suas frequências naturais são 5 Hz, 6 Hz e 7 Hz, e todos têm 8% de amortecimento. A entrada de choque que está sendo isolada é um pulso semi-senoidal de 15 g como mostrado na Figura 5.8 para o caso $t_1 = 40$ ms. Com essa entrada, é desejável limitar a resposta de montagem a 15 g e a deflexão de montagem para 76,2 mm. O objetivo de isolamento de vibração é de 20 dB de isolamento de uma fonte de vibração acima da montagem de 15 Hz.

As Figuras 5.11 e 5.12 mostram os resultados da simulação de tempo para a entrada de choque em termos de deflexão de montagem e resposta de montagem acima para as três possibilidades de montagem. Nas Figuras 5.11 e 5.12, fica claro que apenas a montagem de 7 Hz satisfaz todos os objetivos de isolação de choque, isto é, $<15\,g$ acima do suporte e $<76,2$ mm de deflexão.

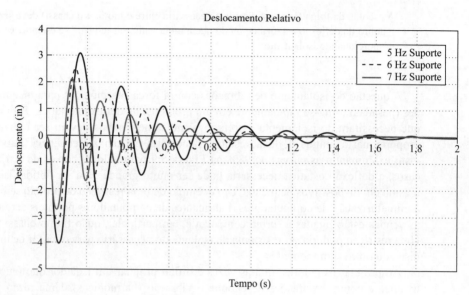

Figura 5.11 Uma resposta simulada (deslocamento relativo, $z(t)$).

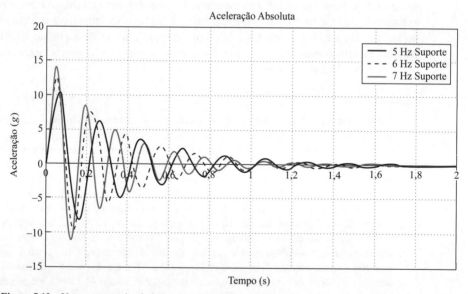

Figura 5.12 Uma resposta simulada (aceleração absoluta, $\ddot{x}(t)$).

Agora considere o desempenho de isolamento de vibração usando a mesma montagem. É desejável um mínimo de 20 dB de isolamento de vibrações para a fonte de vibração de montagem acima de 15 Hz. Lembre-se de que a montagem tem um amortecimento inerente que pode ser adequadamente aproximado como 8% de amortecimento viscoso. Para determinar o

SEÇÃO 5.3 Absorvedores de Vibração

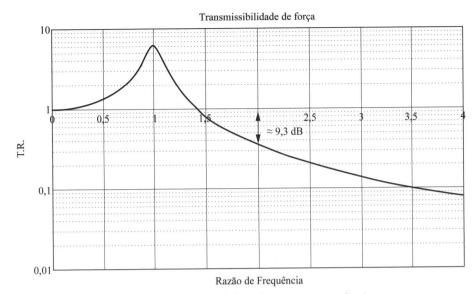

Figura 5.13 Transmissibilidade da força (acima da fonte de montagem para a base).

desempenho de isolamento de vibração, a transmissibilidade de força é traçada na Figura 5.13 para um isolador amortecido a 8%.

A razão de frequência de interesse é $r = \omega/\omega_n = 2 \cdot \pi \cdot 15/2 \cdot \pi \cdot 7 \approx 2{,}1$ para este exemplo. Lembre-se de que é necessário um mínimo de 20 dB de isolamento, mas a partir da Figura 5.13 apenas se obtém cerca de 9,4 dB de isolamento. Para conseguir o isolamento de vibração requerido, seria necessário um coeficiente de amortecimento mais baixo (Figura 5.7) do que é inerente ao isolador. Não é possível baixar o fator de amortecimento, uma vez que o amortecimento é uma propriedade fixa do material de isolamento. O amortecimento pode ser aumentado adicionando amortecedores externos, adicionando camadas de material amortecedor, e assim por diante, mas não pode ser diminuído sem modificar significativamente o projeto de montagem. Como tal, esses parâmetros de projeto de isolamento de choque e vibração não podem ser satisfeitos simultaneamente usando os dispositivos à mão, uma situação típica no projeto.

□

Ao projetar montagens de isolamento, dois fatores são fundamentais. O primeiro é decidir se projetar para a vibração ou projetar para o choque. O próximo passo é verificar a deflexão estática. A seção a seguir analisa o uso de absorvedores para reduzir as vibrações de distúrbios harmônicos.

5.3 ABSORVEDORES DE VIBRAÇÃO

Outra abordagem para proteger um dispositivo de distúrbios harmônicos em regime permanente com frequência constante é um *absorvedor de vibração*. Ao contrário do isolador das seções anteriores, um absorvedor consiste numa segunda combinação massa-mola adicionada ao dispositivo primário para protegê-lo de vibração. O principal efeito da adição do segundo sistema massa-mola é mudar de um sistema de um grau de liberdade para um sistema de dois graus de liberdade. O novo sistema tem duas frequências naturais (Seção 4.1). O sistema massa-mola adicionado é chamado absorvedor. Os valores da massa e rigidez do absorvedor são escolhidos de tal modo que o movimento da massa original seja mínimo. Isso é acompanhado por movimento substancial do sistema de absorção adicionado, conforme ilustrado a seguir:

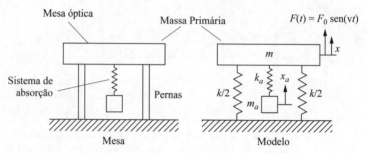

Figura 5.14 Uma mesa óptica protegida por um absorvedor de vibração. A mesa e as suas pernas de suporte são modeladas como um sistema de um grau de liberdade com massa m e rigidez k.

Os absorvedores são frequentemente utilizados em máquinas que funcionam a velocidade constante, tais como lixadeiras, compactadores e máquinas de barbear elétricas. Provavelmente os absorvedores de vibração mais visíveis podem ser vistos em linhas de transmissão e linhas telefônicas. Um amortecedor de vibração em forma de haltere é frequentemente usado em tais fios para fornecer atenuação de vibração contra o vento, o que pode fazer com que o fio oscile em sua frequência natural. A presença do absorvedor evita que o fio vibre tanto na ressonância que ele quebre (ou sofra fadiga). A Figura 5.14 ilustra um amortecedor de vibração simples ligado a um sistema massa-mola. As equações de movimento (somatório de forças na direção vertical, consulte o Capítulo 4) são

$$\begin{bmatrix} m & 0 \\ 0 & m_a \end{bmatrix} \begin{bmatrix} \ddot{x} \\ \ddot{x}_a \end{bmatrix} + \begin{bmatrix} k + k_a & -k_a \\ -k_a & k_a \end{bmatrix} \begin{bmatrix} x \\ x_a \end{bmatrix} = \begin{bmatrix} F_0 \operatorname{sen} \omega t \\ 0 \end{bmatrix} \quad (5.15)$$

onde $x = x(t)$ é o deslocamento da tabela modelada como tendo massa m e rigidez k, x_a é o deslocamento da massa absorvedora (de massa m_a e rigidez k_a) e a força harmônica $F_0 \operatorname{sen} \omega t$ é a perturbação aplicada à massa da mesa. É desejável para o projeto do amortecedor (isto é, escolher m_a e k_a) de tal modo que o deslocamento do sistema primário é tão pequeno quanto possível, em regime permanente. Aqui deseja-se reduzir a vibração da mesa, que é a massa primária.

SEÇÃO 5.3 Absorvedores de Vibração

Janela 5.3

Recorde-se que a inversão de uma matriz de 2×2 A dada por

$$A = \begin{bmatrix} a & b \\ c & d \end{bmatrix}$$

é definido como

$$A^{-1} = \frac{1}{\det A} \begin{bmatrix} d & -b \\ -c & a \end{bmatrix}$$

onde

$$\det A = ad - bc$$

Em contraste com a técnica de solução de análise modal utilizada no Capítulo 4, aqui é desejável obter uma solução, em termos de parâmetros $(m, k, m_a$ e $k_a)$ que pode, então, ser resolvida como parte de um projeto. Para esse fim, faça a solução em regime permanente de $x(t)$ e $x_a(t)$ ser da forma

$$\begin{aligned} x(t) &= X \operatorname{sen} \omega t \\ x_a(t) &= X_a \operatorname{sen} \omega t \end{aligned} \tag{5.16}$$

A substituição dessas soluções na Equação (5.15) produz (após alguma manipulação)

$$\begin{bmatrix} k + k_a - m\omega^2 & -k_a \\ -k_a & k_a - m_a\omega^2 \end{bmatrix} \begin{bmatrix} X \\ X_a \end{bmatrix} \operatorname{sen} \omega t = \begin{bmatrix} F_0 \\ 0 \end{bmatrix} \operatorname{sen} \omega t \tag{5.17}$$

que é uma equação no vetor $[X \quad X_a]^T$. Dividindo por sen ωt, calculando a inversa da matriz de coeficiente de $[X \quad X_a]^T$ (Janela 5.3) e multiplicando a partir da direita resulta

$$\begin{aligned} \begin{bmatrix} X \\ X_a \end{bmatrix} &= \frac{1}{\left(k + k_a - m\omega^2 \right)\left(k_a - m_a\omega^2 \right) - k_a^2} \begin{bmatrix} k_a - m_a\omega^2 & k_a \\ k_a & k + k_a - m\omega^2 \end{bmatrix} \begin{bmatrix} F_0 \\ 0 \end{bmatrix} \\ &= \frac{1}{\left(k + k_a - m\omega^2 \right)\left(k_a - m_a\omega^2 \right) - k_a^2} \begin{bmatrix} \left(k_a - m_a\omega^2 \right) F_0 \\ k_a F_0 \end{bmatrix} \end{aligned} \tag{5.18}$$

Igualando elementos do vetor dado pela Equação (5.18) o resultado é que a amplitude de vibração em regime permanente do dispositivo (mesa) torna-se

$$X = \frac{(k_a - m_a\omega^2)F_0}{\left(k + k_a - m\omega^2 \right)\left(k_a - m_a\omega^2 \right) - k_a^2} \tag{5.19}$$

458   CAPÍTULO 5 • Projeto para Redução de Vibração

enquanto a amplitude de vibração da massa absorvedora torna-se

$$X_a = \frac{k_a F_0}{\left(k + k_a - m\omega^2\right)\left(k_a - m_a\omega^2\right) - k_a^2} \tag{5.20}$$

Note a partir da Equação (5.19), que os parâmetros de absorção k_a e m_a podem ser escolhidos de modo que a amplitude da vibração em regime permanente X seja exatamente zero. Isso é obtido ao igualar o coeficiente de F_0 na Equação (5.19) a zero:

$$\omega^2 = \frac{k_a}{m_a} \tag{5.21}$$

Assim, se os parâmetros do absorvedor são escolhidos para satisfazer a condição de sintonização da Equação (5.21), o movimento em regime permanente da massa primária é igual a zero (isto é, $X = 0$). Nesse caso, o movimento em regime permanente da massa absorvedora é calculada a partir das Equações (5.20) e (5.16) com $k_a = m_a \omega^2$ para ser

$$x_a(t) = -\frac{F_0}{k_a} \operatorname{sen}\omega t \tag{5.22}$$

Assim, a massa absorvedora oscila com a frequência de excitação com uma amplitude $X_a = F_0/k_a$.

Note que a amplitude da força que age sobre a massa absorvedora é simplesmente $k_a x_a = k_a(-F_0/k_a) = -F_0$. Assim, quando o sistema de absorção é sintonizado para a frequência de excitação e atinge o regime permanente, a força fornecida pela massa absorvedora é igual em amplitude e oposta em direção à força de excitação. Com força resultante zero agindo sobre a massa primária, esse não se move e o movimento é "absorvido" pelo movimento da massa absorvedora. Note que enquanto a força aplicada é completamente absorvida pelo movimento da massa absorvedora, o sistema não experimenta ressonância porque $\sqrt{k_a/m_a}$ não é uma frequência natural do sistema de duas massas.

A eficácia do absorvedor de vibração discutido anteriormente depende de vários fatores. Primeiro, a excitação harmônica deve ser bem conhecida e não se desviar muito do seu valor constante. Se a frequência de excitação oscila muito, a condição de sintonia não será satisfeita, e a massa primária irá experimentar algumas oscilações. Há também algum perigo de que a frequência de excitação possa mudar para uma das frequências ressonantes dos sistemas combinados, no caso de um ou outro dos sistemas coordenados, que seria levado à ressonância e potencialmente falhar. A análise utilizada para projetar o sistema assume que ele pode ser fabricado sem a introdução de qualquer amortecimento apreciável. Se amortecimento é introduzido, as equações podem não necessariamente ser desacopladas e a amplitude do deslocamento da massa primária não será zero. Na verdade, amortecimento vai contra o propósito de um absorvedor de vibração sintonizado e é desejável apenas se a faixa de frequência da força motriz é demasiado grande para o funcionamento eficaz do sistema de absorção. Isso é discutido na próxima seção. Outro fator chave no projeto de absorvedor é de que a rigidez k_a da mola do absorvedor deve

SEÇÃO 5.3 Absorvedores de Vibração

ser capaz de suportar a força total da excitação e, portanto, deve ser capaz de suportar as deflexões correspondentes. A questão do tamanho da mola e deflexão, bem como o valor da massa absorvedora, coloca uma limitação geométrica sobre o projeto de um sistema absorvedor de vibração.

O problema de evitar a ressonância no projeto de absorção no caso de mudança de frequência de excitação pode ser quantificada por análise da razão de massa μ, definida como a razão entre a massa de absorção e a massa primária:

$$\mu = \frac{m_a}{m}$$

Além disso, é conveniente definir as frequências

$\omega_p = \sqrt{\dfrac{k}{m}}$ a frequência natural original do sistema primário sem o absorvedor ligado

$\omega_a = \sqrt{\dfrac{k_a}{m_a}}$ a frequência natural do sistema de absorção antes dele ser ligado ao sistema primário

Com essas definições, note também que

$$\frac{k_a}{k} = \mu \frac{\omega_a^2}{\omega_p^2} = \mu \beta^2 \tag{5.23}$$

onde a razão de frequência β é $\beta = \omega_a/\omega_p$. A substituição dos valores de μ, ω_p e ω_a na Equação (5.19) para a amplitude de vibração da massa primária produz (após alguma manipulação)

$$\frac{Xk}{F_0} = \frac{1 - \omega^2/\omega_n^2}{\left[1 + \mu\left(\omega_a/\omega_p\right)^2 - \left(\omega/\omega_p\right)^2\right]\left[1 - \left(\omega/\omega_a\right)^2 - \mu\left(\omega_a/\omega_p\right)^2\right]} \tag{5.24}$$

O valor absoluto dessa expressão é representado na Figura 5.15 para o caso de $\mu = 0,25$. Tais gráficos podem ser utilizados para ilustrar quanta flutuação na frequência de excitação pode ser tolerada pelo absorvedor projetado. Note que se ω dirigir-se a 0,781 ω_a ou 1,28 ω_a, o sistema combinado iria experimentar ressonância e falhar, uma vez que essas são as frequências naturais do sistema combinado. Na verdade, se a frequência de excitação varia de tal forma que $|Xk/F_0| > 1$, a força transmitida para o sistema primário é amplificado e o sistema absorvedor não melhora o projeto do sistema primário original. A área sombreada da Figura 5.15 ilustra os valores de ω_a/ω_p tal que $|Xk/F_0| \leq 1$. Esse exemplo ilustra a faixa de operação útil do projeto de absorvedor (isto é, 0,908 $\omega_a < \omega <$ 1,118 ω_a). Portanto, se a frequência de excitação oscila dentro dessa faixa, o absorvedor projetado ainda oferece alguma proteção para o sistema primário, reduzindo a sua amplitude de vibração em regime permanente.

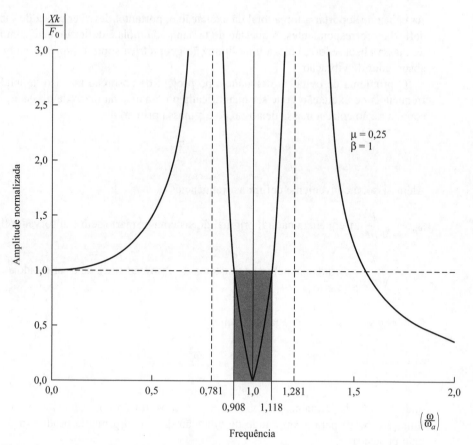

Figura 5.15 Uma curva de amplitude normalizada da massa primária pela frequência de excitação normalizada para o caso $\mu = 0{,}25$. As duas frequências naturais do sistema ocorrem em 0,781 e 1,281.

O projeto de um absorvedor pode ser ainda entendido pela análise da razão de massa μ e a razão de frequência β. Essas duas grandezas adimensionais especificam indiretamente tanto a massa quanto a rigidez do sistema de absorção. A equação de frequência (equação característica) para o sistema com duas massas é obtida definindo o determinante do coeficiente de matriz na Equação (5.17) (isto é, no denominador da Equação (5.18)) como zero e interpretando ω como a frequência natural ω_n

$$\beta^2\left(\frac{\omega_n^2}{\omega_a^2}\right)^2 - \left[1 + \beta^2(1 + \mu)\right]\frac{\omega_n^2}{\omega_a^2} + 1 = 0 \qquad (5.25)$$

SEÇÃO 5.3 Absorvedores de Vibração

que é uma equação quadrática em (ω_n^2/ω_a^2). Resolvendo essa equação tem-se

$$\left(\frac{\omega_n}{\omega_a}\right)^2 = \frac{1 + \beta^2(1 + \mu)}{2\beta^2} \pm \frac{1}{2\beta^2}\sqrt{\beta^4(1 + \mu)^2 - 2\beta^2(1 - \mu) + 1} \quad (5.26)$$

que ilustra a forma como as frequências naturais do sistema variam com a razão de massa μ e a razão de frequência β. Essa é representada para $\beta = 1$ na Figura 5.16. Note que como μ é aumentada, as frequências naturais dividem-se mais afastadas, e mais longe do ponto de operação $\omega = \omega_a$ do absorvedor. Portanto, se μ é demasiadamente pequena, o sistema combinado não tolera muita oscilação da frequência de excitação antes de falhar. Como regra comum, μ é geralmente levado para estar entre 0,05 e 0,25 (ou seja, $0,05 \leq \mu \leq 0,25$), como valores maiores de μ tendem a indicar um projeto pobre. Absorvedores de vibração também podem falhar por causa de fadiga se $x_a(t)$ e as tensões associadas com esse movimento do amortecedor são grandes. Daí limites são muitas vezes impostos sobre o valor máximo de X_a pelo projetista. O exemplo seguinte ilustra um projeto de absorvedor.

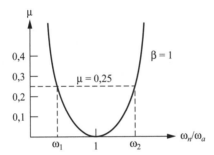

Figura 5.16 Uma curva de razão em massa pela frequência natural do sistema (normalizado para a frequência do sistema de absorção), que ilustra que o aumento da razão de massa aumenta a faixa de frequências útil de um absorvedor de vibração. Aqui ω_1 e ω_2 indicam o valor normalizado de frequências naturais do sistema.

Exemplo 5.3.1

A base de uma serra radial tem uma massa de 73,16 kg e é acionado harmonicamente por um motor que gira a lâmina da serra, conforme ilustrado na Figura 5.17. O motor funciona a velocidade constante e produz uma força de 13 N a 180 ciclos/min por causa de um pequeno desequilíbrio no motor. A vibração forçada resultante não foi detectada até depois da serra ter sido fabricada. O fabricante quer um absorvedor de vibração projetado para conduzir a oscilação da mesa a zero simplesmente reequipando a base com um absorvedor. Projete o absorvedor assumindo que a rigidez efetiva fornecida pelas pernas da mesa é 2600 N/m. Além disso, o absorvedor tem de se encaixar no interior da base da mesa e, por conseguinte, tem um desvio máximo de 0,2 cm.

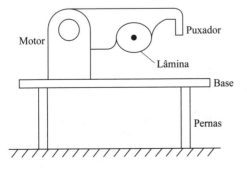

Figura 5.17 Um diagrama esquemático de um sistema de serra radial com necessidade de um absorvedor de vibração.

Solução Para cumprir a exigência de deflexão, a rigidez do absorvedor é escolhido em primeiro lugar. A rigidez é calculada assumindo que $X = 0$, tal que $|X_a k_a| = |F_0|$ (isto é, de modo que a massa m_a absorva toda a força aplicada, ver Equação (5.20) com $k_a = m_a \omega^2$). Dessa forma

$$k_a = \frac{F_0}{X_a} = \frac{13\,\text{N}}{0,2\,\text{cm}} = \frac{13\,\text{N}}{0,002\,\text{m}} = 6500\,\text{N/m}$$

Uma vez que o absorvedor é projetado de tal forma que $\omega = \omega_a$,

$$m_a = \frac{k_a}{\omega^2} = \frac{6500\,\text{N/m}}{[(180/60)2\pi]^2} = 18,29\,\text{kg}$$

Note nesse caso que $\mu = 18,29/73,16 = 0,25$.

$\square$

Exemplo 5.3.2

Calcule a largura de banda de operação do absorvedor do Exemplo 5.3.1. Assuma que a faixa útil de um absorvedor é definida de tal modo que $|Xk/F_0| < 1$. Para os valores de $Xk/F_0 > 1$, a máquina poderia facilmente flutuar em ressonância e a amplitude de vibração, na verdade, tornar-se uma amplificação da amplitude da força de excitação efetiva.

Solução A partir da Equação (5.24) com $Xk/F_0 = 1$,

$$1 - \left(\frac{\omega}{\omega_a}\right)^2 = \left[1 + \mu\left(\frac{\omega_a}{\omega_p}\right)^2 - \left(\frac{\omega}{\omega_p}\right)^2\right]\left[1 - \left(\frac{\omega}{\omega_p}\right)^2\right] - \mu\left(\frac{\omega_a}{\omega_p}\right)^2$$

Resolvendo essa equação para ω/ω_a produz-se as duas soluções

$$\frac{\omega}{\omega_a} = \pm\sqrt{1 + \mu}$$

Para o sistema do Exemplo 5.3.1, $\mu = 0,25$, tal que a segunda solução se torna

$$\frac{\omega}{\omega_a} = 1,1180$$

A condição que $|Xk/F_0| = 1$ também é satisfeita para $Xk/F_0 = -1$. A substituição dessa condição na Equação (5.24), seguida de alguma manipulação produz

$$\left(\frac{\omega_a}{\omega_p}\right)^2\left(\frac{\omega}{\omega_a}\right)^4 = \left[2 + (\mu + 1)\left(\frac{\omega_a}{\omega_p}\right)^2\right]\left(\frac{\omega}{\omega_a}\right)^2 + 2 = 0$$

que é quadrática em $(\omega/\omega_a)^2$. Utilizando os valores de $\omega_a^2 = 6500/18,29$, $\omega_p^2 = 2600/73,16$ e $\mu = 0,25$, a equação anterior reduz a

$$10\left(\frac{\omega}{\omega_a}\right)^4 - 14,5\left(\frac{\omega}{\omega_a}\right)^2 + 2 = 0$$

SEÇÃO 5.4 Amortecimento em Absorvedores de Vibração

Resolvendo para ω/ω_a produz

$$\left(\frac{\omega}{\omega_a}\right)^2 = 0{,}1544,\, 1{,}2956 \quad \text{ou} \quad \frac{\omega}{\omega_a} = 0{,}3929,\, 1{,}1382$$

Dessa forma as três raízes satisfazendo $|Xk/F_0| = 1$ são 0,3929, 1,1180 e 1,1382. Seguindo o exemplo da Figura 5.15 indica que a frequência de excitação pode variar entre um e $0{,}3929\omega_a$ e $1{,}1180\omega_a$, ou, desde que $\omega_a = 18{,}857$,

$$7{,}4089 < \omega < 21{,}0821 \,(\text{rad/s})$$

antes a resposta da massa primária é amplificada ou o sistema está em perigo de ressonância.

□

A discussão anterior e os exemplos ilustram o conceito de *robustez de desempenho*; isto é, os exemplos ilustram como o projeto mantém-se quando os valores dos parâmetros (k, k_a etc.) varia a partir dos valores utilizados no projeto original. Exemplo 5.3.2 mostra que a proporção de massa afeta grandemente a robustez dos modelos de absorção. Isso é indicado na legenda da Figura 5.16; até um certo ponto, aumentando μ, aumenta a robustez do absorvedor. Os efeitos de amortecimento no projeto de absorvedor são analisados na seção seguinte.

5.4 AMORTECIMENTO EM ABSORVEDORES DE VIBRAÇÃO

Como mencionado na Seção 5.3, o amortecimento está frequentemente presente em dispositivos e tem potencial para destruir a capacidade de um absorvedor de vibração em proteger o sistema primário. Além disso, o amortecimento é por vezes adicionado a absorvedores de vibrações para evitar ressonância ou para melhorar a largura de banda efetiva de funcionamento de um amortecedor de vibrações. Além disso, um amortecedor por si só é frequentemente utilizado como um absorvedor de vibração por dissipação da energia fornecida por uma força aplicada. Tais dispositivos são chamados *amortecedores de vibrações* ao invés de absorvedores.

Primeiro, considere o efeito de modelagem de amortecimento no problema de absorvedor de vibração padrão. Um absorvedor de vibrações com amortecimento, tanto no sistema primário e absorvedor é ilustrado na Figura 5.18. Esse sistema é dinamicamente igual ao sistema da Figura 4.15 da Seção 4.5. As equações de movimento são dadas na forma matricial pela Equação (4.116) como

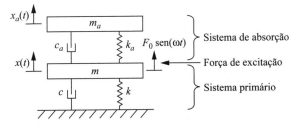

Figura 5.18 Um diagrama esquemático de um absorvedor de vibração com amortecimento, tanto no sistema primário quando no absorvedor.

$$\begin{bmatrix} m & 0 \\ 0 & m_a \end{bmatrix} \begin{bmatrix} \ddot{x}(t) \\ \ddot{x}_a(t) \end{bmatrix} + \begin{bmatrix} c + c_a & -c_a \\ -c_a & c_a \end{bmatrix} \begin{bmatrix} \dot{x}(t) \\ \dot{x}_a(t) \end{bmatrix}$$

$$+ \begin{bmatrix} k + k_a & -k_a \\ -k_a & k_a \end{bmatrix} \begin{bmatrix} x(t) \\ x_a(t) \end{bmatrix} = \begin{bmatrix} F_0 \\ 0 \end{bmatrix} \operatorname{sen} \omega t \qquad (5.27)$$

Note, como foi mencionado na Seção 4.5, que essas equações não podem necessariamente ser resolvidas usando a técnica de análise modal do Capítulo 4, porque as equações não desacoplam $(KM^{-1}C \neq CM^{-1}K)$. A solução em regime permanente pode ser calculada, no entanto, por meio da utilização de uma combinação da abordagem exponencial discutido na Seção 2.3 e o inverso da matriz usada nas seções anteriores para o caso não amortecido.

Para esse fim, seja F_0 ser representado em forma exponencial por $F_0 e^{j\omega t}$ na Equação (5.27) e assuma que a solução em regime permanente é da forma

$$\mathbf{x}(t) = \mathbf{X}e^{j\omega t} = \begin{bmatrix} X \\ X_a \end{bmatrix} e^{j\omega t} \qquad (5.28)$$

onde X é a amplitude de vibração da massa primária e X_a é a amplitude de vibração da massa do absorvedor. Substituindo na Equação (5.27) tem-se

$$\begin{bmatrix} \left(k + k_a - m\omega^2\right) + (c + c_a)\omega j & -k_a - c_a\omega j \\ -k_a - c_a\omega j & \left(k_a - m_a\omega^2\right) + c_a\omega j \end{bmatrix} \begin{bmatrix} X \\ X_a \end{bmatrix} e^{j\omega t} = \begin{bmatrix} F_0 \\ 0 \end{bmatrix} e^{j\omega t}$$

$$(5.29)$$

Note que a matriz dos coeficientes do vetor $\mathbf{X}$ tem elementos complexos. Dividindo a Equação (5.29) pelo escalar diferente de zero $e^{j\omega t}$ produz uma equação matricial complexa nas amplitudes X e X_a. Calculando a matriz inversa usando a fórmula do Exemplo 4.1.4, revista na Janela 5.3 e multiplicando a Equação (5.29) pelo inverso a partir da direita obtém-se

$$\begin{bmatrix} X \\ X_a \end{bmatrix} = \frac{\begin{bmatrix} \left(k_a - m_a\omega^2\right) + c_a\omega j & k_a + c_a\omega j \\ k_a + c_a\omega j & k + k_a - m\omega^2 + (c + c_a)\omega j \end{bmatrix} \begin{bmatrix} F_0 \\ 0 \end{bmatrix}}{\det\left(K - \omega^2 M + \omega j C\right)} \qquad (5.30)$$

O determinante no denominador é dado por (rever o Exemplo 4.1.4)

$$\det\left(K - \omega^2 M + \omega j C\right) = m m_a \omega^4 + \left(c_a c + m_a(k_a + k_a) + k_a m\right)\omega^2 + k_a k$$
$$+ \left[(k c_a + c k_a)\omega - \left(c_a(m + m_a) + c m_a\right)\omega^3\right] j \qquad (5.31)$$

SEÇÃO 5.4 Amortecimento em Absorvedores de Vibração

e as matrizes de coeficientes do sistema M, C e K são dadas por

$$M = \begin{bmatrix} m & 0 \\ 0 & m_a \end{bmatrix} \quad C = \begin{bmatrix} c + c_a & -c_a \\ -c_a & c_a \end{bmatrix} \quad K = \begin{bmatrix} k + k_a & -k_a \\ -k_a & k_a \end{bmatrix}$$

Simplificando tem-se

$$X = \frac{\left[\left(k_a - m_a\omega^2\right) + c_a\omega j\right]F_0}{\det\left(K - \omega^2 M + \omega j C\right)} \tag{5.32}$$

$$X_a = \frac{\left(k_a + c_a\omega j\right)F_0}{\det\left(K - \omega^2 M + \omega j C\right)} \tag{5.33}$$

que expressa a amplitude da resposta da massa primária e a massa do absorvedor, respectivamente. Note que esses valores são agora números complexos e são multiplicados pelo valor complexo $e^{j\omega t}$ para obter as respostas no tempo.

As Equações (5.32) e (5.33) são a versão de dois graus de liberdade da função de resposta em frequência dada por um sistema de um grau de liberdade na Equação (2.52). A natureza complexa desses valores reflete a amplitude e fase. A amplitude é calculada seguindo as propriedades de números complexos e é melhor resolvido com um programa de computador simbólico ou após a substituição de valores numéricos para as várias constantes físicas. É importante notar a partir da Equação (5.32) que diferente do absorvedor não amortecido sintonizado, a resposta do sistema primário não pode ser exatamente zero, mesmo se a condição de sintonia for satisfeita. Dessa forma, a presença de amortecimento destrói a capacidade do sistema de absorção em cancelar exatamente o movimento do sistema primário.

As Equações (5.32) e (5.33) podem ser analisadas para vários casos específicos. Primeiro, considere o caso em que o amortecimento interno do sistema principal é desprezado ($c = 0$). Se o sistema primário é fabricado de metal, o amortecimento interno é provável que seja muito baixo e é razoável desprezá-lo em muitas circunstâncias. Nesse caso, o determinante da Equação (5.31) reduz-se o número ao número complexo

$$\det(K - \omega^2 M + \omega C j)$$
$$= \left[\left(-m\omega^2 + k\right)\left(-m_a\omega^2 + k_a\right) - m_a k_a\omega^2\right] + \left[\left(k - (m + m_a)\omega^2\right)c_a\omega\right]j \tag{5.34}$$

A deflexão máxima da massa primária é dada pela Equação (5.32) com o determinante no denominador avaliado como dado na Equação (5.34). Essa é a razão entre dois números complexos e, consequentemente, é um número complexo que representa a fase e a amplitude da resposta da massa primária. Usando propriedades de números complexos (Janela 5.4) a amplitude do movimento da massa primária pode ser escrita como o número real

$$\frac{X^2}{F_0^2} = \frac{\left(k_a - m_a\omega^2\right)^2 + \omega^2 c_a^2}{\left[\left(k - m\omega^2\right)\left(k_a - m_a\omega^2\right) - m_a k_a\omega^2\right]^2 + \left[k - (m + m_a)\omega^2\right]^2 c_a^2 \omega^2} \tag{5.35}$$

466 CAPÍTULO 5 • Projeto para Redução de Vibração

Janela 5.4
Revisão de Aritmética com Números Complexos

A amplitude da resposta dada pela Equação (5.32) pode ser escrita como a razão de dois números complexos:

$$\frac{X}{F_0} = \frac{A_1 + B_1 j}{A_2 + B_2 j}$$

onde A_1, A_2, B_1 e B_2 são números reais e $j = \sqrt{-1}$. Multiplicando e dividindo essa razão pelo complexo conjugado do denominador tem-se

$$\frac{X}{F_0} = \frac{(A_1 + B_1 j)(A_2 - B_2 j)}{(A_2 + B_2 j)(A_2 - B_2 j)} = \frac{(A_1 A_2 + B_1 B_2)}{A_2^2 + B_2^2} + \frac{B_1 A_2 - A_1 B_2}{A_2^2 + B_2^2} j$$

que indica como X/F_0 é escrito como um único número complexo da forma $X/F_0 = a + bj$. Essa relação indica que a amplitude da resposta tem duas componentes: uma em fase com a força aplicada e uma fora de fase. A amplitude de X/F_0 é o módulo do número complexo anterior (ou seja, $|X/F_0| = \sqrt{a^2 + b^2}$), ou seja

$$\left|\frac{X}{F_0}\right| = \frac{A_1^2 + B_1^2}{A_2^2 + B_2^2}$$

que corresponde à expressão dada na Equação (5.35). (Ver também o Apêndice A.)

É instrutivo analisar essa amplitude em termos das relações adimensionais introduzidas na Seção 5.3 para o absorvedor de vibração sem amortecimento. A amplitude X é escrita em termos da deflexão estática $\Delta = F_0/k$ do sistema primário. Além disso, considere o "fator de amortecimento" combinado definido por

$$\zeta = \frac{c_a}{2 m_a \omega_p} \tag{5.36}$$

onde $\omega_p = \sqrt{k/m}$ é a frequência natural do sistema primário original sem absorvedor conectado. Usando a razão de frequência padrão $r = \omega/\omega_p$, a razão de frequências naturais $\beta = \omega_a/\omega_p$ (onde $\omega_a = \sqrt{k_a/m_a}$) e a razão em massa $\mu = m_a/m$, a Equação (5.35) pode ser reescrita como

$$\frac{X}{\Delta} = \frac{Xk}{F_0} = \sqrt{\frac{(2\zeta r)^2 + (r^2 - \beta^2)^2}{(2\zeta r)^2 (r^2 - 1 + \mu r^2)^2 + [\mu r^2 \beta^2 - (r^2 - 1)(r^2 - \beta^2)]^2}} \tag{5.37}$$

que expressa a amplitude adimensional do sistema primário. Note da análise da Equação (5.37), que a amplitude da resposta do sistema primário é determinada por quatro valores de parâmetros físicos:

- μ a razão entre a massa do absorvedor e a massa principal
- β a razão entre as frequências naturais desacopladas
- r a razão entre a frequência de excitação e a frequência natural principal
- ζ a razão entre o amortecimento do absorvedor e $2m_a\omega_p$

Esses quatro números podem ser considerados como variáveis de projeto e são escolhidos para dar o menor valor possível da resposta da massa primária X para determinada aplicação. A Figura 5.19 ilustra como o valor de amortecimento, tal como em ζ, afeta a resposta para um valor fixo de $\mu = 0,25$ e $\beta = 1$ quando r varia.

Conforme mencionado no início desta seção, o amortecimento é frequentemente adicionado ao absorvedor para melhorar a largura de banda de operação. Esse efeito é ilustrado na Figura 5.19. Lembre-se que se não houver amortecimento no absorvedor ($\zeta = 0$), a amplitude da resposta da massa principal como uma função da razão de frequência r é como ilustrado na Figura 5.15 (isto é, de zero a $r = 1$ mas infinita em $r = 0,781$ e $r = 1,281$). Assim, o absorvedor completamente não amortecido tem largura de banda estreita (isto é, se r altera por uma pequena quantidade, a amplitude cresce). De fato, como observado na Seção 5.3, a largura de banda ou faixa de operação útil desse absorvedor não amortecido é $0,908 \leq r \leq 1,1118$. Para esses valores de r, $|Xk/F_0| \leq 1$. No entanto, se amortecimento é adicionado ao absorvedor ($\zeta \neq 0$) resulta na Figura 5.19 e a largura de banda, ou a faixa de operação útil, é alongada. O preço para esse aumento da região de operação é que $|Xk/F_0|$ nunca é zero no caso amortecido (Figura 5.19).

A análise da Figura 5.19 mostra que quando ζ é modificado, a amplificação de $|Xk/F_0|$ ao longo da faixa de r pode ser reduzida. A questão de projeto agora torna-se: Para quais

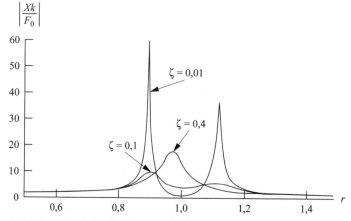

Figura 5.19 A amplitude de vibração normalizada da massa principal como uma função da razão de frequência para diversos valores de amortecimento no sistema de absorção para o caso de amortecimento insignificante no sistema primário (isto é, um gráfico da Equação (5.37)).

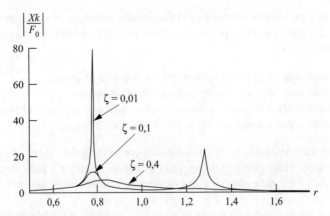

Figura 5.20 Repetição do gráfico da Figura 5.19 com μ = 0,25 e β = 0,9 para diversos valores de ζ. Note que nesse caso, ζ = 0,4 produz uma amplitude menor do que se ζ = 0,1.

valores da razão de massa μ, fator de amortecimento do absorvedor ζ e razão de frequência β, a amplitude $|Xk/F_0|$ é menor na região $0 \leq r \leq 2$? Apenas aumentado o amortecimento com μ e β fixos não produzirá necessariamente a menor amplitude. Note a partir da Figura 5.19 que ζ = 0,1 produz uma amplificação menor ao longo da região maior de r do que o fator maior ζ = 0,4. As Figuras 5.20 e 5.21 apontam alguma sugestão de como os vários parâmetros afetam a amplitude, fornecendo curvas de $|Xk/F_0|$ para várias combinações de ζ, μ e β.

Uma solução da melhor escolha de μ e ζ é discutido novamente na Seção 5.5. Note a partir da Figura 5.21 que μ = 0,25, β = 0,8 e ζ = 0,27 produz um valor mínimo de $|Xk/F_0|$ ao longo de um grande intervalo de valores de r. No entanto, a amplificação da resposta X

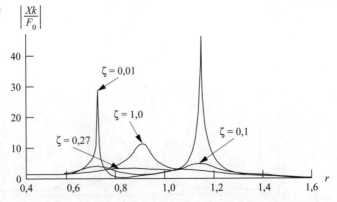

Figura 5.21 Repetição dos gráficos da Figura 5.19 com μ = 0,25, β = 0,8 para diversos valores de ζ. Nesse caso, ζ = 0,27 produz a menor amplificação através da maior largura de banda.

SEÇÃO 5.4 Amortecimento em Absorvedores de Vibração

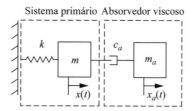

Figura 5.22 Sistema massa-amortecedor adicionada a uma massa primária (sem amortecimento) para formar um absorvedor de vibração viscoso.

ainda ocorre (isto é, $|Xk/F_0| \leq 1$, para valores de $r < \sqrt{2}$), mas nenhum aumento na ordem da amplitude $|X|$ ocorre como no caso do absorvedor não amortecido.

A seguir, considere o caso de uma massa de um absorvedor ligado a uma massa primária não amortecida apenas por um amortecedor, conforme esquema ilustrado na Figura 5.22. Sistemas dessa forma surgem no projeto de dispositivos de atenuação de vibrações em sistemas rotativos tais como motores, em que a velocidade de funcionamento (e, portanto, a frequência de excitação) varia ao longo de uma faixa ampla. Em tais casos, um amortecedor viscoso é adicionado à extremidade do eixo (ou outro dispositivo de rotação), como indicado na Figura 5.23. O eixo gira por meio de um ângulo de torção θ_1 com uma rigidez k e inércia J_1. A inércia J_2 gira por meio de um ângulo $c_a(\theta_1 - \theta_2)$ em um filme viscoso fornecendo uma força de amortecimento θ_2. Se um torque externo harmônico aplicado tem a forma $M_0 e^{\omega t j}$, a equação de movimento desse sistema torna-se

$$\begin{bmatrix} J_1 & 0 \\ 0 & J_2 \end{bmatrix} \begin{bmatrix} \ddot{\theta}_1 \\ \ddot{\theta}_2 \end{bmatrix} + \begin{bmatrix} c_a & -c_a \\ -c_a & c_a \end{bmatrix} \begin{bmatrix} \dot{\theta}_1 \\ \dot{\theta}_2 \end{bmatrix} + \begin{bmatrix} k & 0 \\ 0 & 0 \end{bmatrix} \begin{bmatrix} \theta_1 \\ \theta_2 \end{bmatrix} = \begin{bmatrix} M_0 \\ 0 \end{bmatrix} e^{\omega t j} \quad (5.38)$$

Essa equação é um equivalente torcional do modelo de translação dado na Figura 5.22. É fácil de calcular as frequências naturais não amortecidas desse sistema de dois graus de liberdade. As frequências naturais são

$$\omega_p = \sqrt{\frac{k}{J_1}} \quad \text{e} \quad \omega_a = 0$$

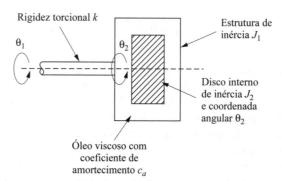

Figura 5.23 Um amortecedor viscoso e massa adicionada a um eixo de torção para a absorção de vibração de banda larga. Muitas vezes chamado de um *amortecedor Houdaille*.

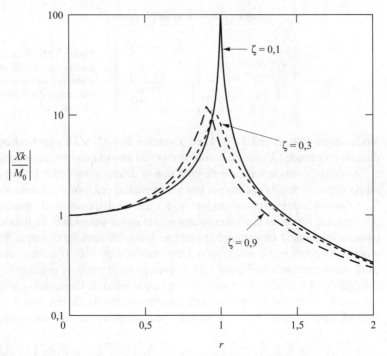

Figura 5.24 As curvas de amplitude para um sistema com um absorvedor viscoso, uma curva da Equação (5.39), para o caso $\mu = 0{,}25$ e para três valores diferentes de ζ.

A solução desse conjunto de equações é dada pelas Equações (5.32) e (5.33) com m e m_a substituídos por J_1 e J_2, respectivamente, $c = 0$, $k_a = 0$ e F_0 substituído por M_0. A Equação (5.32) é dada na forma adimensional como Equação (5.37). Por isso, deixando $\beta = \omega_a/\omega_p = 0$ na Equação (5.37) produz que a amplitude de vibração de inércia primária J_1 (isto é, a amplitude de $\theta_1(t)$ é descrito por

$$\frac{Xk}{M_0} = \sqrt{\frac{4\zeta^2 + r^2}{4\zeta^2(r^2 + \mu r^2 - 1)^2 + (r^2 - 1)^2 r^2}} \qquad (5.39)$$

onde $\zeta = c/(2J_2\omega_p)$, $r = \omega/\omega_p$ e $\mu = J_2/J_1$. A Figura 5.24 ilustra várias curvas de Xk/M_0 para diversos valores de ζ para um μ fixo como uma função de r. Observe novamente que o maior amortecimento não corresponde à maior redução da amplitude.

Os vários projetos de absorvedores discutidos anteriormente, excluindo o caso não amortecido, resulta em uma série de possíveis "boas" escolhas para os diversos parâmetros de projeto. Quando confrontados com uma série de boas escolhas, é natural se perguntar qual é a melhor escolha. Procurando a melhor escolha possível entre uma série de opções aceitáveis ou boas pode ser realizada sistematicamente utilizando métodos de otimização introduzido na próxima seção.

SEÇÃO 5.5 Otimização **471**

5.5 OTIMIZAÇÃO

No projeto de sistemas de vibração, muitas vezes se busca a melhor escolha de parâmetros do sistema. No caso do absorvedor de vibração sem amortecimento da Seção 5.3 a melhor escolha para valores de massa e rigidez do sistema de absorção é óbvio a partir da análise da expressão para a amplitude de vibração do sistema primário. Nesse caso, a amplitude pode ser conduzida a zero por meio do ajuste da massa e rigidez do absorvedor para a frequência de excitação. Nos outros casos, especialmente quando amortecimento está incluído, a escolha de parâmetros para produzir a melhor resposta não é óbvia. Nesses casos, métodos de otimização muitas vezes podem ser usados para ajudar a selecionar o melhor desempenho. Técnicas de otimização muitas vezes produzem resultados que não são óbvias. Um exemplo é o caso do sistema primário não amortecido ou do sistema de absorção amortecido discutidos na seção anterior. Nesses casos as Figuras 5.19 a 5.21 indicam que a melhor seleção de parâmetros não corresponde ao valor mais alto do amortecimento no sistema, como intuitivamente esperado. Esses números representam essencialmente uma otimização por tentativa e erro. Nesta seção uma abordagem mais sistemática para otimização é sugerida aplicando as vantagens do cálculo.

Lembre-se da aula de cálculo elementar que mínimos e máximos de funções particulares podem ser obtidos por meio da análise das derivadas. Nomeadamente, se a primeira derivada desaparece e a segunda derivada da função é positiva, a função obteve um valor mínimo. Esta seção apresenta alguns exemplos de procedimentos de otimização, onde são utilizadas para obter o melhor possível a redução da vibração para vários sistemas de isolamento e absorção. A principal tarefa da otimização é, primeiro, decidir qual quantidade deve ser minimizada para melhor descrever o problema em estudo. A próxima questão de interesse é decidir quais variáveis podem variar durante a otimização. Métodos de otimização desenvolvidos ao longo dos anos permitem, por exemplo, que parâmetros satisfaçam restrições durante a otimização. Essa abordagem é frequentemente usada em projetos de redução de vibrações.

Lembre-se da aula de cálculo que uma função $f(x)$ experimenta um máximo (ou mínimo) no valor de $x = x_m$ dada pela solução de

$$f'(x_m) = \frac{d}{dx}\big[f(x_m)\big] = 0 \qquad (5.40)$$

Se esse valor de x faz com que a segunda derivada $f''(x_m)$ seja menor que zero, o valor de $f(x)$ em $x = x_m$ é o valor máximo que $f(x)$ assume na região próxima do $x = x_m$. Da mesma forma, se $f''(x_m)$ é maior do que zero, o valor de $f(x_m)$ é o menor valor ou mínimo que $f(x)$ obtém no intervalo próximo de x_m. Note que se $f''(x_m) = 0$, em $x = x_m$, o valor $f(x)$ não é nem um mínimo nem um máximo para a $f(x)$. Os pontos onde $f'(x_m)$ desaparece são chamados *pontos críticos*.

Essas regras simples foram utilizadas na Seção 2.2, Exemplo 2.2.5, para calcular o valor (r_{pico}), onde ocorre o valor máximo da grandeza normalizada da resposta em regime permanente de um sistema de um grau de liberdade harmonicamente excitado. O teste da segunda derivada não foi verificado porque vários gráficos da função indicaram

CAPÍTULO 5 • Projeto para Redução de Vibração

claramente que a curva contém um valor máximo global, em vez de um mínimo. Em ambos projetos do absorvedor e isolador, curvas da amplitude da resposta pode ser utilizada para evitar ter que calcular a segunda derivada (segunda derivadas são muitas vezes desagradável para calcular).

Se a função f a ser minimizada (ou maximizada) é uma função de duas variáveis (isto é, $f = f(x, y)$, os testes de derivadas anteriores tornam-se um pouco mais complicados e envolvem examinar as várias derivadas parciais da função $f(x, y)$. Nesse caso, os pontos críticos são determinados a partir das equações

$$f_x(x, y) = \frac{\partial f(x, y)}{\partial x} = 0$$

$$f_y(x, y) = \frac{\partial f(x, y)}{\partial y} = 0$$

$$(5.41)$$

Se ou não, esses pontos críticos (x, y) são um máximo do valor $f(x, y)$ ou um mínimo depende do seguinte:

1 Se $f_{xx}(x, y) > 0$ e $f_{xx}(x, y) f_{yy}(x, y) > f_{xy}^2 (x, y)$, então $f(x, y)$ tem um valor mínimo relativo em x, y.
2 Se $f_{xx}(x, y) < 0$ e $f_{xx}(x, y) f_{yy}(x, y) > f_{xy}^2 (x, y)$, então $f(x, y)$ tem um valor máximo relativo em x, y.
3 Se $f_{xy}^2 (x, y) > f_{xx}(x, y) f_{yy}(x, y) >$, então $f(x, y)$ não é um máximo nem um valor mínimo; o ponto x, y é um ponto de sela.
4 Se $f_{xy}^2 (x, y) = f_{xx}(x, y) f_{yy}(x, y)$, o teste falha e o ponto x, y pode ser qualquer ou nenhum dos anteriores.

A curva de $f(x, y)$ também pode ser utilizada para determinar se ou não um determinado ponto crítico é um máximo, mínimo, ponto de sela ou nenhum desses. Essas regras podem ser usadas para ajudar a resolver problemas de projeto de vibração em algumas circunstâncias. Como exemplo da utilização dessas formulações de otimização para o projeto de um sistema de redução de vibrações, relembre do sistema absorvedor amortecido da Seção 5.4. Nesse caso, a amplitude do deslocamento da massa primária normalizada em relação à amplitude da força de entrada (momento) é dada na Equação (5.39) como

$$\frac{Xk}{M_0} = \sqrt{\frac{4\zeta^2 + r^2}{4\zeta^2 \left(r^2 + \mu r^2 - 1 \right)^2 + \left(r^2 - 1 \right)^2 r^2}} = f(r, \ \zeta)$$

$$(5.42)$$

que é considerada uma função do fator de amortecimento ζ e da razão de frequência r para uma razão de massa fixa μ.

Na Seção 5.4, valores de $f(r)$ são representados graficamente em relação a r para vários valores de ζ, na tentativa de encontrar o valor de ζ, que produz o menor valor máximo de $f(r, \zeta)$. A Figura 5.25 ilustra a amplitude como uma função de ambos ζ e r. A partir da Figura 5.25 pode-se concluir que a derivada $\partial f/\partial r = 0$ produz o valor máximo da amplitude para cada ζ fixo.

SEÇÃO 5.5 Otimização

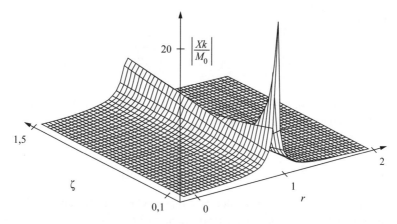

Figura 5.25 Uma curva da amplitude normalizada do sistema primário em relação a ζ e r (ou seja, um gráfico bidimensional da Equação (5.42) para $\mu = 0{,}25$). Isso ilustra que a resposta mais desejada é obtida no ponto de sela.

Observando ao longo do eixo ζ, a derivada parcial $\partial f/\partial \zeta = 0$ produz o valor mínimo de $f(r, \zeta)$ para cada valor fixo de r. O melhor projeto, correspondente a menor das maiores amplitudes, é assim ilustrado na Figura 5.25. Esse ponto corresponde a um ponto de sela e pode ser calculada por meio da análise das primeiras derivadas parciais apropriadas.

Primeiro, considere $\partial(Xk/M_0)/\partial \zeta$. A partir da Equação (5.42), a função a ser diferenciada é da forma

$$f = \frac{A^{1/2}}{B^{1/2}} \tag{5.43}$$

onde $A = 4\zeta^2 + r^2$ e $B = 4\zeta^2(r^2 + \mu r^2 - 1)^2 + (r^2 - 1)2r^2$. Diferenciando e igualando o resultado da derivada à zero tem-se

$$\frac{\partial f}{\partial \zeta} = \frac{1}{2}\frac{A^{-1/2}dA}{B^{1/2}} - \frac{1}{2}A^{1/2}\frac{dB}{B^{3/2}} = 0 \tag{5.44}$$

Resolvendo essa equação obtém-se $[B\,dA - A\,dB]/2B^{3/2} = 0$ ou

$$B\,dA = A\,dB \tag{5.45}$$

onde A e B são definidos como anteriormente e

$$dA = 8\zeta \quad \text{e} \quad dB = 8\zeta(r^2 + \mu r^2 - 1)^2 \tag{5.46}$$

Substituindo esses valores de A, dA, B e dA na Equação (5.45) resulta em

$$(1 - r^2)^2 = (1 - r^2 - \mu r^2)^2 \tag{5.47}$$

CAPÍTULO 5 • Projeto para Redução de Vibração

Para $\mu \neq 0, r > 0$,

$$r = \sqrt{\frac{2}{2 + \mu}} \qquad (5.48)$$

Do mesmo modo, diferenciando a Equação (5.42) em relação a r e substituindo o valor de r obtido anteriormente resulta em

$$\zeta_{op} = \frac{1}{\sqrt{2(\mu + 1)(\mu + 2)}} \qquad (5.49)$$

A Equação (5.49) revela o valor de ζ que produz a menor amplitude no ponto de maior amplitude (ressonância) para a resposta da massa principal. O valor máximo do deslocamento para o amortecimento ótimo é dado por

$$\left(\frac{Xk}{M_0}\right)_{max} = 1 + \frac{2}{\mu} \qquad (5.50)$$

que é obtido substituindo as Equações (5.48) e (5.49) na Equação (5.42). Essa última expressão sugere que μ deve ser tão grande quanto possível. No entanto, a consideração prática que a massa absorvedora deve ser menor do que a massa primária requer $\mu \leq 1$. O valor $\mu = 0,25$ é bastante comum.

As condições de segundas derivadas para a função f ter um ponto de sela (condição 3 na lista anterior) são difíceis de calcular. No entanto, o gráfico da Figura 5.25 ilustra claramente que essas condições são satisfeitas. Além disso, o gráfico indica que f como uma função de ζ é convexa e f como uma função de r é côncava de modo que a condição de ponto de sela é também a solução que minimiza o valor máximo $f(r, \zeta)$, chamado *problema min-max* em matemática aplicada e otimização.

Exemplo 5.5.1

Um absorvedor massa-amortecedor viscoso é adicionado ao eixo de um motor. O momento de inércia da massa do sistema de eixo é 1,5 kg $\cdot$ m^2/rad e tem uma rigidez de torção de 6×10^3 N $\cdot$ m/rad. A velocidade nominal do motor é de 2000 rpm. Determine os valores do amortecedor adicionado e o momento de inércia de massa de modo a que o sistema primário tem uma amplificação (Xk/M_0) de menos do que 5 para todas as velocidades e é tão pequena quanto possível na velocidade de funcionamento.

Solução Desde que $\omega_p = \sqrt{k/J}$, a frequência natural do motor é

$$\omega_p = \sqrt{\frac{6,0 \times 10^3 \, \text{N} \cdot \text{m/rad}}{1,5 \, \text{kg} \cdot \text{m}^2/\text{rad}}} = 63,24 \, \text{rad/s}$$

SEÇÃO 5.5   Otimização

A velocidade de operação do motor é de 2000 rpm ou 209,4 rad/s, o qual é assumido como sendo a frequência de excitação (na verdade, é uma função do número de cilindros). Dessa forma, a razão de frequência é

$$r = \frac{\omega}{\omega_p} = \frac{209,4}{63,24} = 3,31$$

tal que a velocidade de operação é bem longe da amplificação máxima, tal como ilustrado nas Figuras 5.24 e 5.25 e o absorvedor não é necessário para proteger o eixo na sua velocidade de operação. No entanto, o motor gasta algum tempo para atingir a velocidade de operação e muitas vezes opera em velocidades mais baixas. O pico da resposta ocorre em

$$r_{\text{pico}} = \frac{\omega}{\omega_p} = \sqrt{\frac{2}{2 + \mu}}$$

como dada pela Equação (5.48) e tem um valor de

$$\left(\frac{Xk}{M_0}\right)_{\text{max}} = 1 + \frac{2}{\mu}$$

como dada pela Equação (5.50). A amplificação é restrita a ser 5, tal que

$$1 + \frac{2}{\mu} \le 5 \quad \text{ou} \quad \mu \ge 0,5$$

Assim $\mu = 0,5$ é escolhido para o projeto. Uma vez que a massa do sistema primário é $J_1 = 1,5$ kg $\cdot$ m^2/rad e $\mu = J_2/J_1$, a massa do absorvedor é

$$J_2 = \mu J_1 = \frac{1}{2}(1,5) \text{ kg} \cdot \text{m}^2/\text{rad} = 0,75 \text{ kg} \cdot \text{m}^2 \cdot \text{rad}$$

O valor de amortecimento necessário para empregar a Equação (5.50) é dada pela Equação (5.49) ou

$$\zeta_{\text{op}} = \frac{1}{\sqrt{2(\mu + 1)(\mu + 2)}} = \frac{1}{\sqrt{2(1,5)(2,5)}} = 0,3651$$

Relembre da Equação (5.39) que $\zeta = c/(2J_2\omega_p)$, tal que o amortecimento constante ótimo torna-se

$$c_{\text{op}} = 2\zeta_{\text{op}}J_2\omega_p = 2(0,3651)(0,75)(63,24) = 34,638 \text{ N} \cdot \text{m} \cdot \text{s/rad}$$

Os dois valores de J_2 e e dados aqui formam uma solução ótima para o problema de projeto de um sistema absorvedor massa-amortecedor viscoso tal que a deflexão máxima do eixo primário é satisfeita $|Xk/M_0| < 5$. Essa solução é ótima em termos de uma escolha de ζ, que corresponde ao ponto de sela da Figura 5.25 e produz um valor mínimo de todas as amplificações máximas.

$\square$

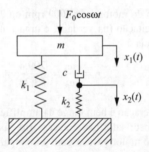

Figura 5.26 Modelo de uma máquina montada sobre uma base elástica por meio de um amortecedor elástico para fornecer isolamento de vibração.

Métodos de otimização também podem ser úteis no projeto de certos tipos de sistemas de isolamento de vibrações. Por exemplo, considere o modelo de uma máquina montada sobre um sistema de amortecimento e mola elástica, tal como ilustrado na Figura 5.26. As equações de movimento do sistema da Figura 5.26 são

$$m\ddot{x}_1 + c(\dot{x}_1 - \dot{x}_2) + k_1 x_1 = F_0 \cos \omega t$$
$$c(\dot{x}_1 - \dot{x}_2) = k_2 x_2 \quad (5.51)$$

Uma vez que nenhum termo de massa aparece na segunda equação, o sistema dado pela Equação (5.51) é de terceira ordem. A Equação (5.51) pode ser resolvido assumindo movimentos periódicos da forma

$$x_1(t) = X_1 e^{j\omega t} \quad \text{e} \quad x_2(t) = X_2 e^{j\omega t} \quad (5.52)$$

e considerando a representação exponencial da força de excitação harmônica. A substituição da Equação (5.52) em (5.51) produz

$$(k_1 - m\omega^2 + jc\omega)X_1 - jc\omega X_2 = F_0$$
$$jc\omega X_1 - (k_2 + jc\omega)X_2 = 0 \quad (5.53)$$

Resolvendo para as amplitudes X_1 e X_2 obtém-se

$$X_1 = \frac{F_0(k_2 + jc\omega)}{k_2(k_1 + m\omega^2) + jc\omega(k_1 + k_2 - m\omega^2)} \quad (5.54)$$

e

$$X_2 = \frac{c\omega F_0 j}{k_2(k_1 + m\omega^2) + c\omega(k_1 + k_2 - m\omega^2)j} \quad (5.55)$$

Essas duas expressões de amplitude podem ser simplificadas ainda mais, substituindo as quantidades adimensionais $r = \omega/\sqrt{k_1/m}$, $\gamma = k_1/k_2$ e $\zeta = c/(2\sqrt{k_1 m})$. A força transmitida para a base é a soma vetorial das duas forças $k_1 x_1$ e $k_2 x_2$. Usando aritmética de números complexos e um vetor soma (rever as Seções 2.3 e 2.4), a força transmitida pode ser escrita como

$$\text{T.R.} = \frac{F_T}{F_0} = \frac{\sqrt{1 + 4(1+\gamma)^2 \zeta^2 r^2}}{\sqrt{(1-r^2) + 4\zeta^2 r^2 (1 + \gamma - r^2 \gamma)^2}} \quad (5.56)$$

que descreve a razão de transmissibilidade para o sistema da Figura 5.26.

A razão de transmissibilidade de força pode ser otimizada por meio da visualização da relação F_T/F_0 como uma função de r e ζ. A Figura 5.27 produz uma curva de F_T/F_0 por r para $\gamma = 0{,}333$ e para vários valores de ζ. Isso mostra que o valor do fator de amortecimento afeta enormemente a transmissibilidade na ressonância. Um gráfico tridimensional de F_T/F_0 por r e ζ é dado na Figura 5.28, que mostra que o valor do ponto de sela r e ζ produz o melhor projeto para a mínima transmissibilidade da força máxima transmitida.

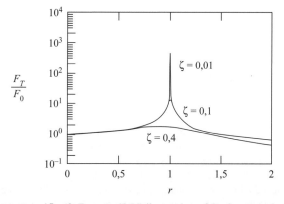

Figura 5.27 Representação gráfica da Equação (5.56) ilustrando o efeito de amortecimento na amplificação da força transmitida para a base.

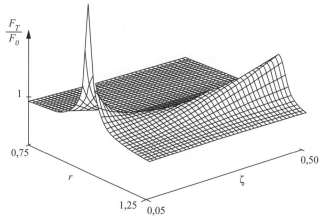

Figura 5.28 Representação gráfica da Equação (5.56) ilustrando F_T/F_0 por ζ por r. O gráfico mostra o ponto onde o amortecimento minimiza a máxima transmissibilidade.

478 CAPÍTULO 5 • Projeto para Redução de Vibração

O ponto de sela ilustrado na Figura 5.28 pode ser obtido a partir da derivada de T.R. como dado na Equação (5.56). Essas derivadas parciais são

$$\frac{\partial(\text{T.R.})}{\partial \zeta} = 0 \quad \text{fornece} \quad r_{max} = \frac{\sqrt{2(1 + \gamma)}}{\sqrt{1 + 2\gamma}} \tag{5.57}$$

e

$$\frac{\partial(\text{T.R.})}{\partial r} = 0 \quad \text{fornece} \quad \zeta_{op} = \frac{\sqrt{2(1 + 2\gamma)/\gamma}}{4(1 + \gamma)} \tag{5.58}$$

Esses valores de r correspondem a um projeto ótimo desse tipo de dispositivo de isolamento. No ponto de sela, o valor de T.R. torna-se

$$(\text{T.R.})_{max} = 1 + 2\gamma \tag{5.59}$$

que é obtido a partir da substituição das Equações (5.57) e (5.58) na Equação (5.56). Isso ilustra que, enquanto $\gamma < 1$ e T.R. < 3, e o sistema de isolamento não irá causar muita dificuldade na ressonância.

Exemplo 5.5.2

Um sistema de isolamento é projetado para uma máquina modelada pelo sistema da Figura 5.26 (isto é, um amortecedor viscoso acoplado elasticamente). A massa da máquina é $m = 100$ kg e a rigidez $k_1 = 400$ N/m. A frequência de excitação é de 10 rad/s em condições nominais de operação. Projete esse sistema (isto é, escolha k_2 e c) tal que a máxima razão de transmissibilidade a qualquer velocidade seja 2 (isto é, projete o sistema de "arranque"). Qual é o T.R. na condição de operação normal para uma frequência de excitação de 10 rad/s?

Solução Para $m = 100$ kg e $k_1 = 400$ N/m, $\omega_n = \sqrt{400/100} = 2$ rad/s, tal que a condição normal de operação é bem longe da ressonância (ou seja, $r = \omega/\omega_n = 10/2 = 5$ em condições de operação). A Equação (5.59) fornece que o valor máximo para T.R. é

$$(\text{T.R.})_{max} = 1 + 2\gamma \leq 2$$

tal que $\gamma = 0,5$ e $k_2 = (0,5)(k_1) = (0,5)(400 \text{ N/m}) = 200$ N/m. Com $\gamma = 0,5$, a escolha ótima do fator de amortecimento é dada pela Equação (5.58) como

$$\zeta_{op} = \frac{\sqrt{2(1 + 2\gamma)/\gamma}}{4(1 + \gamma)} = 0,4714$$

Dessa forma, a escolha ótima do coeficiente de amortecimento é

$$c_{op} = 2\zeta_{op}\omega_n m = 2(0,4714)(2)(100) = 188,56 \text{ kg/s}$$

SEÇÃO 5.6   Amortecimento Viscoelástico

O valor de T.R. na frequência operacional nominal de $\omega = 10$ rad/s é dada pela Equação (5.56) como ($r = 10/2 = 5$)

$$\text{T.R.} = \frac{\sqrt{1 + 4(1 + 0,5)^2(0,4714)^2(5)^2}}{\sqrt{(1 - 5^2)^2 + 4(0,4714)^2(5)^2[1 + 0,5 - 5^2(0,5)]^2}} = 0,12$$

Portanto, o projeto $k_2 = 200$ N/m e $c = 188,56$ kg/s vai proteger o ambiente por um T.R. de 0,12 (isto é, apenas 12% da força aplicada é transmitida a base) e limita a força transmitida próxima da ressonância por um fator de 2.

□

5.6   AMORTECIMENTO VISCOELÁSTICO

Uma forma comum e muito eficaz de reduzir vibrações transitória e permanente é aumentar a quantidade de amortecimento no sistema para que haja maior dissipação de energia. Isso é especialmente útil em aplicações de estruturas aeroespaciais, em que a massa adicional de um sistema absorvedor pode não ser prático. Enquanto uma derivação rigorosa das equações de vibração para estruturas com amortecimento viscoelástico está além do escopo deste livro, as fórmulas que são apresentadas fornecem uma amostra de cálculos de projeto para a utilização de amortecimento viscoelástico.

Um amortecimento viscoelástico consiste em acrescentar uma camada de material viscoelástico, tal como borracha, a uma estrutura existente. O sistema combinado, muitas vezes, tem um nível de amortecimento maior e consequentemente reduz a vibração indesejável. Isso é padrão na indústria automobilística para reduzir o ruído induzido por vibração no interior do carro e pode ser encontrado sob o tapete. Esse procedimento é descrito usando a notação de *rigidez complexa*. O conceito de rigidez complexa resulta da resposta harmônica de um sistema amortecido da forma

$$m\ddot{x} + c\dot{x} + kx = F_0 e^{j\omega t} \tag{5.60}$$

Relembre da Seção 2.3 que a solução para a Equação (5.60) pode ser calculada assumindo que a solução tem a forma $x(t) = X e^{j\omega t}$, onde X é uma constante e $j = \sqrt{-1}$. Substituindo a solução assumida na Equação (5.60) e dividindo pela função não nula $e^{j\omega t}$ obtém-se

$$\left[-m\omega^2 + (k + j\omega c)\right]X = F_0 \tag{5.61}$$

Essa expressão pode ser escrita como

$$\left[-m\omega^2 + k\left(1 + \frac{\omega c}{k}j\right)\right]X = F_0 \tag{5.62}$$

ou

$$\left[-m\omega^2 + k^*\right]X = F_0 \tag{5.63}$$

onde $k^* = k(1 + \overline{\eta}j)$. Aqui $\overline{\eta} = \omega c/k$ é chamado de *fator de perda* e k^* é chamado de rigidez complexa. Isso ilustra que, em regime permanente, o amortecimento viscoso em um sistema pode ser representado como um sistema "não amortecido" com uma rigidez de valor complexo. A parte imaginária da rigidez $\overline{\eta}$ corresponde à dissipação de energia no sistema. Uma vez que o fator de perda tem a forma

$$\overline{\eta} = \frac{c}{k}\omega \tag{5.64}$$

o fator de perda depende da frequência de excitação e, portanto, diz-se ser dependente da frequência. Assim, o valor do termo de dissipação de energia depende do valor da frequência de excitação da força externa excitando a estrutura.

O conceito de rigidez complexa desenvolvido é chamado *modelo de Kelvin-Voigt* de um material. Isso corresponde a configuração mola-amortecedor padrão como esquematizado na Figura 5.29 e usada extensivamente nos quatro primeiros capítulos. A diferença entre o modelo de Kelvin-Voigt e o modelo de amortecimento viscoso dos capítulos anteriores é que o modelo de Kelvin-Voigt é válido apenas em movimento harmônico em regime permanente. A rigidez complexa e o correspondente fator de perda dependente de frequência $\overline{\eta} = \omega c/k$ modela a dissipação de energia em regime permanente durante a excitação harmônica de frequência ω. O modelo do amortecedor viscoso introduzido na Seção 1.3 modela a dissipação de energia no decaimento, bem como em outras excitações transiente e resposta forçada. No entanto, o modelo Kelvin-Voigt é um modelo mais preciso, embora limitado, do amortecimento interno em materiais.

A formulação de rigidez complexa também pode ser obtida a partir da relação tensão-deformação para um material viscoelástico linear. Tais materiais são chamados *viscoelástico* porque eles exibem comportamento *elástico* e *viscoso*, conforme capturado no modelo de Kelvin-Voigt descrito na Figura 5.29. Existem outros modelos viscoelásticos em adição a esse, mas esses modelos estão além do escopo deste livro (ver Snowden (1968)). Um modelo viscoelástico alternativo é dado na Figura 5.26, por exemplo.

A relação tensão-deformação de material viscoelástico pode ser resumida estendendo o módulo de um material, representado por E, a um módulo complexo, representado como E^*, pela relação

$$E^* = E(1 + \eta j) \tag{5.65}$$

onde $j = \sqrt{-1}$ como antes e $\overline{\eta}$ é o fator de perda do material viscoelástico. O módulo complexo de um material, tal como definido na Equação (5.65), pode ser medido, e, em

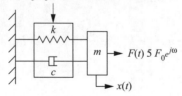

Figura 5.29 Modelo de amortecimento de Kelvin-Voight dá origem ao conceito de rigidez complexa de representar amortecimento de vibração em regime permanente.

SEÇÃO 5.6 Amortecimento Viscoelástico

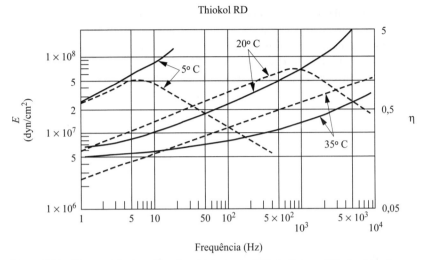

Figura 5.30 Um exemplo de gráfico de módulo de elasticidade (linhas sólidas) e fator de perda (linhas tracejadas) em função da frequência para várias temperaturas fixas.

geral, é ao mesmo tempo dependente da frequência e da temperatura ao longo de um amplo intervalo de valores. Alguns exemplos de valores dependentes da frequência são dados na Figura 5.30 para temperaturas fixas.

Os materiais que exibem um comportamento viscoelástico são borracha e substâncias semelhantes à borracha (por exemplo, borracha de butil, neopreno, poliuretano), bem como de acrílico, vinil e nylon. Um uso comum desses materiais viscoelásticos no projeto é como um aditivo de amortecimento para aumentar o amortecimento da estrutura combinada ou como um isolador. Camadas de material viscoelástico são muitas vezes adicionados a estruturas compostas de material levemente amortecido tal como alumínio ou aço para formar uma nova estrutura que tem rigidez suficiente para a carga estática e amortecimento suficiente para controle de vibração. A Tabela 5.2 lista alguns valores de E e η para um material viscoelástico a duas temperaturas diferentes e várias frequências.

TABELA 5.2 ALGUNS DADOS DO MÓDULO COMPLEXO (POR EXEMPLO, E e η) PARA PARACRIL-BJ COM 50 PHRC[a]

E (psi)	η	T(°F)	ω (Hz)	ω (rad/s)	E (N/m^2)
3×10^3	0,21	75	10	62,8	$2,068 \times 10^7$
4×10^3	0,28	75	100	628,3	$2,758 \times 10^7$
7×10^3	0,55	75	1000	6.283,2	$4,826 \times 10^7$
4×10^3	0,25	50	10	62,8	$2,758 \times 10^7$
6×10^3	0,5	50	100	628,3	4.137×10^7
13×10^3	1	50	1000	6,283,2	$8,963 \times 10^7$

[a] Material de borracha nitrílica elastomérica feita pela U.S. Rubber Company.
Fonte = Nashif, Jones, and Henderson, 1985, Data Sheet 27.

O fator de perda η definido em termos do módulo complexo como dado na Equação (5.65) está relacionado com o fator de perda η definido analisando o conceito de rigidez complexa, tal como definido na Equação (5.64) da mesma forma que a rigidez e o módulo de um material estão relacionados na Tabela 1.1 e Seção 1.5. Por exemplo, se a amostra de interesse é uma viga engastada, a rigidez associada com a deflexão da ponta na direção transversal está relacionado com o módulo de elasticidade por

$$k = \frac{3EI}{l^3} \tag{5.66}$$

onde I é o momento de inércia de área e l é o comprimento da viga. Portanto, se a viga é fabricada de material viscoelástico,

$$k^* = \frac{3E^*I}{l^3} = \frac{3I}{l^3} E(1 + \eta j) = k(1 + \bar{\eta}j)$$

tal que $\eta = \bar{\eta}$ e os dois conceitos de fator de perda são idênticos.

O conceito de fator de perda η está relacionado com a definição de fator de amortecimento ζ somente em ressonância (ou seja, $\omega = \omega_n = \sqrt{k/m}$). Quando a frequência de excitação é a mesma que a frequência natural do sistema η = 2ζ. Essa relação simples é muitas vezes usada para descrever o decaimento livre de um material viscoelástico (uma aproximação). O projeto de estruturas para reduzir a amplitude de vibração muitas vezes consiste em adicionar um amortecimento viscoelástico de uma estrutura existente. Muitas estruturas são feitas de metais e ligas que têm relativamente pouco amortecimento interno. Um material com amortecimento viscoelástico (tal como borracha) é normalmente adicionado como uma camada sobre a superfície externa de uma estrutura (chamado de *amortecimento de camada livre* ou *amortecimento de camada irrestrita*). Uma abordagem muito mais eficaz é a de cobrir a camada livre com uma outra camada de metal para formar um *amortecimento de camada restrita*. Na camada de amortecimento restrita, a camada de amortecimento é coberta com uma camada (fina geralmente) de metal (duro) para produzir deformação de cisalhamento na camada viscoelástica. A abordagem de camada restrita produz fatores de perda mais elevados e, em geral, custa mais. Esses tratamentos de amortecimento são fabricados como folhas, fitas e adesivos para a facilidade de aplicação.

Um amortecimento de camada livre para uma viga bi-apoiada (Tabela 6.4) na transversal ou vibração de flexão é ilustrada na Figura 5.31. O material 1, da camada inferior, é geralmente um metal que fornece a rigidez adequada. A segunda camada, denotada como tendo módulo E_2 e espessura H_2 é o amortecimento tratado. Utilizando a

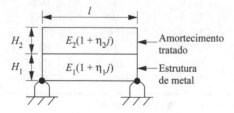

Figura 5.31 Uma viga simples apoiada com um amortecimento tratado irrestrito ilustra a geometria e parâmetros físicos.

SEÇÃO 5.6 Amortecimento Viscoelástico

notação da Figura 5.31, a rigidez combinada *EI*, está relacionada com a rigidez inicial E_1I_1 por

$$\frac{EI}{E_1I_1} = 1 + e_2h_2^3 + 3(1 + h_2)^2 \frac{e_2h_2}{1 + e_2h_2} \tag{5.67}$$

onde $e_2 = E_2/E_1$ e $h_2 = H_2/H_1$ são adimensionais. Note que uma vez que todas as quantidades no lado esquerdo da Equação (5.67) são positivas, o amortecimento tratado aumenta a rigidez do sistema uma pequena quantidade ($h_2 < 1$). Além disso, o fator de perda do sistema combinado η, é dado por (assumindo que $(e_2h_2)^2 << e_2h_2$])

$$\eta = \frac{e_2h_2\left(3 + 6h_2 + 4h_2^2 + 2e_2h_2^3 + e_2^2h_2^4\right)}{\left(1 + e_2h_2\right)1 + 4e_2h_2 + 6e_2h_2^2 + 4e_2h_2^3 + e_2^2h_2^4} \eta_2 \tag{5.68}$$

a Equação (5.68) origina uma fórmula que pode ser usado no projeto do amortecimento, como ilustrado no exemplo a seguir.

Exemplo 5.6.1

Um motor elétrico que aciona uma ventoinha de refrigeração é montado sobre uma prateleira de alumínio (1 cm de espessura) em um gabinete de componente eletrônicos (talvez um computador *mainframe*) como ilustrado na Figura 5.32. A vibração do motor faz com que a plataforma de montagem, e daí o gabinete, vibre. O motor gira a uma frequência de 100 Hz. A temperatura no armário permanece em 75 °F. Um amortecimento é adicionado para reduzir a vibração da prateleira.

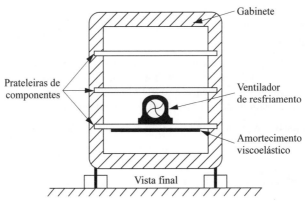

Figura 5.32 Gabinete eletrônico com o ventilador de refrigeração ilustra o uso de um amortecimento.

Solução A prateleira é modelada como uma viga simplesmente apoiada de modo que a Equação (5.68) pode ser usada para projetar o amortecimento. Se a borracha de nitrilo é usado como o suporte de amortecimento, calcule o fator de perda do sistema combinado a 75 °F se $H_2 = 1$ cm. Com referência à Tabela 5.2, o módulo da borracha a 100 Hz e 75 °F é

$$E_2 = 2{,}758 \times 10^7 \, \text{Pa}$$

O módulo do alumínio é $E_1 = 7,1 \times 10^{10}$ Pa, tal que

$$e_2 = \frac{2,758 \times 10^7}{7,1 \times 10^{10}} = 0,00039 = 3,885 \times 10^{-4}$$

A espessura da prateleira e do amortecimento são considerados as mesmas, tal que $h_2 = 1$. A partir da Equação (5.68), o fator de perda combinado torna-se

$$\eta = \frac{(0,00039)\left[3 + 6 + 4 + 2(0,00039) + (0,00039)^2\right]}{(1,00039)\left[1 + 4(0,00039) + 6(0,00039) + 4(0,00039) + (0,00039)^2\right]} \eta_2$$

$$= 5,021 \times 10^{-3} \eta_2$$

A partir da Tabela 5,2, $\eta_2 = 0,28$ a 100 Hz e 75 °F, tal que

$$\eta = 0,00141$$

que é cerca de 50% maior do que o fator de perda obtido para o alumínio puro.

A fórmula dada na Equação (5.68) é um pouco complicada para trabalho de projeto. Muitas vezes é aproximada por

$$\eta = 14\left(e_2 h_2^2\right)\eta_2 \tag{5.69}$$

que é razoável para muitas situações. Os valores de e_2 e η_2 são fixados a partir da escolha do material e da temperatura de operação. Uma vez que esses parâmetros são fixos, o parâmetro $h_2 = H_2/H_1$ é a única escolha de projeto que resta. Como H_1 é normalmente determinado por considerações de rigidez, a escolha de projeto restante é a espessura da camada de amortecimento H_2.

$\square$

Exemplo 5.6.2

Uma prateleira de alumínio recebe um amortecimento para aumentar o fator de perda do sistema de $\eta = 0,03$. Um material de borracha é utilizado com o módulo à temperatura ambiente de 1% de alumínio (ou seja, $e_2 = 0,01$). Qual deve ser a espessura do material de amortecimento se o seu fator de perda é $\eta_2 = 0,261$ e a prateleira de alumínio é de 1 cm de espessura?

Solução A partir da aproximação dada pela Equação (5.69),

$$\eta = 14\eta_2 e_2 h_2^2$$

Usando os valores dados, a expressão anterior torna-se

$$0,03 = 14(0,261)(0,01)\frac{H_2^2}{(1 \text{ cm})^2}$$

Resolvendo para H_2^2 tem-se

$$H_2^2 = \frac{0,03}{14(0,01)(0,261)}(\text{cm})^2 = 0,82 \text{ cm}^2$$

tal que $H_2 = 0,91$ cm irá fornecer o fator de perda desejado.

$\square$

5.7 VELOCIDADES CRÍTICAS DE DISCOS ROTATIVOS

De preocupação primordial no projeto de máquinas rotativas é o fenômeno de vibração de *velocidades críticas*. Esse fenômeno ocorre quando um eixo rotativo com um disco, tal como uma lâmina de turbina de motor a jato girando em torno do seu eixo montado entre dois rolamentos, rotaciona a uma velocidade que excita a frequência natural de flexão do sistema disco-eixo. Isso define uma condição de ressonância que provoca grande deflexão do eixo que, por sua vez, faz com que o sistema falhe. A natureza da ressonância e os fatores que controlam os valores de ressonância precisam ser conhecidos e calculados pelo projetista, para garantir que um determinado projeto é seguro para a produção. A formulação analítica do problema de velocidade crítica também fornece algumas dicas sobre como evitar tal ressonância ou velocidades críticas.

Se a massa em rotação modelada pelo disco não é bastante homogênea ou simétrica devido a alguma imperfeição, seu centro geométrico e o centro de gravidade estará a uma certa distância (por exemplo, *a*). Isso é ilustrado na Figura 5.33, o qual apresenta um modelo simplificado de um sistema eixo-rotor de um motor elétrico (ou um motor de turbina com lâminas, por exemplo). O eixo é impedido de se mover na direção radial por dois rolamentos. À medida que o eixo gira em torno do seu eixo longitudinal com velocidade angular ω, o centro de gravidade deslocado puxa o eixo para longe da linha central, causando flexão. Isso é chamado de *rodopio*.

As forças que atuam no centro de massa são a força de inércia, qualquer força de amortecimento (interno ou externo) e a força elástica do eixo. Na forma vetorial, o balanço de forças produz

$$m\ddot{\mathbf{r}} = -kx\hat{\mathbf{i}} - ky\hat{\mathbf{j}} - c\dot{x}\hat{\mathbf{i}} - c\dot{y}\hat{\mathbf{j}} \tag{5.70}$$

onde $\hat{\mathbf{i}}$ e $\hat{\mathbf{j}}$ são vetores unitários, **r** o vetor de posição definida pela linha de *OG*, *m* a massa de o disco, *c* o coeficiente de amortecimento do sistema do eixo e *k* o coeficiente de rigidez fornecido pelo sistema de eixo.

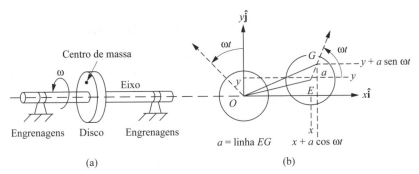

Figura 5.33 Um esquema de um modelo de um disco rotativo sobre um eixo e a correspondente geometria do centro de massa *G* do disco em relação ao eixo neutro do eixo *O* e o centro da rotação do eixo, *E*: (a) vista lateral; (b) vista da extremidade. Esse diagrama é útil para modelar o giro de máquinas rotativas (motores, compressores de turbina etc), que não são perfeitamente balanceadas (isto é, $a \neq 0$).

CAPÍTULO 5 • Projeto para Redução de Vibração

A partir da análise da vista da extremidade da Figura 5.33, o vetor **r** também pode ser escrito em termos dos vetores unitários $\hat{\mathbf{i}}$ e $\hat{\mathbf{j}}$ como

$$\mathbf{r} = (x + a\cos\omega t)\hat{\mathbf{i}} + (y + a\operatorname{sen}\omega t)\hat{\mathbf{j}} \qquad (5.71)$$

Derivando duas vezes resulta que o vetor de aceleração do centro de massa é

$$\ddot{\mathbf{r}} = (\ddot{x} - a\omega^2\cos\omega t)\hat{\mathbf{i}} + (\ddot{y} - a\omega^2\operatorname{sen}\omega t)\hat{\mathbf{j}} \qquad (5.72)$$

A substituição da Equação (5.72) na Equação (5.70) produz

$$\left(m\ddot{x} - ma\omega^2\cos\omega t + c\dot{x} + kx\right)\hat{\mathbf{i}} + \left(m\ddot{y} - ma\omega^2\operatorname{sen}\omega t + c\dot{y} + ky\right)\hat{\mathbf{j}} = \mathbf{0} \qquad (5.73)$$

Uma vez que essa é uma equação vetorial, é equivalente às duas equações escalares

$$m\ddot{x} + c\dot{x} + kx = ma\omega^2\cos\omega t \qquad (5.74)$$

$$m\ddot{y} + c\dot{y} + ky = ma\omega^2\operatorname{sen}\omega t \qquad (5.75)]$$

Essas duas equações são exatamente da mesma forma da Equação (2.82) para a resposta de um sistema massa-mola para um desbalanceamento rotativo discutido na Seção 2.5. Nesse caso, o movimento x e y corresponde à vibração de flexão do eixo, em vez do movimento de translação de uma máquina, na direção vertical discutido na Seção 2.5.

Janela 5.5
Solução da Equação de Desbalanceamento Rotativo da Seção 2.5

A solução em regime permanente

$$m\ddot{x} + c\dot{x} + kx = m_0 e\omega^2\operatorname{sen}\omega t$$

onde ω é a frequência de excitação da massa desbalanceada, m_0 a massa desbalanceada e e a distância entre m_0 e o centro de rotação, é $X\operatorname{sen}(\omega t - \phi)$. Aqui

$$X = \frac{m_0 e}{m}\frac{r^2}{\sqrt{\left(1 - r^2\right)^2 + \left(2\zeta r\right)^2}} \qquad (2.84)$$

e

$$\phi = \operatorname{tg}^{-1}\frac{2\zeta r}{1 - r^2} \qquad (2.85)$$

onde $r = \omega/\sqrt{k/m}$ e $\zeta = c/(2m\omega_n)$.

SEÇÃO 5.7 Velocidades Críticas de Discos Rotativos

Referindo a Janela 5.5, a Equação (5.75) tem amplitude de resposta em regime permanente dada pela Equação (2.84); isto é, a Equação (5.75) tem a solução em regime permanente (uma vez que $m = m_0$ e $e = a$ nesse caso)

$$y(t) = \frac{ar^2}{\sqrt{\left(1 - r^2\right)^2 + (2\zeta r)^2}}\ \text{sen}\left(\omega t - \text{tg}^{-1}\frac{2\zeta r}{1 - r^2}\right) \tag{5.76}$$

De modo semelhante, a Equação (5.74) tem solução em regime permanente da forma

$$x(t) = \frac{ar^2}{\sqrt{\left(1 - r^2\right)^2 + (2\zeta r)^2}}\ \cos\left(\omega t - \text{tg}^{-1}\frac{2\zeta r}{1 - r^2}\right) \tag{5.77}$$

uma vez que a solução dada pelas Equações (2.84) e (2.85) é de 90° fora de fase e o ângulo de fase ϕ não depende da fase da força de excitação. O ângulo ϕ dada pela Equação (2.85) torna-se o ângulo entre as linhas de OE e EG. A partir da Figura 5.33, o ângulo θ entre o eixo x e a linha OE é

$$\text{tg}\,\theta = \frac{y}{x} = \frac{\text{sen}\,(\omega t - \phi)}{\cos(\omega t - \phi)} = \text{tg}\,(\omega t - \phi) \tag{5.78}$$

ou

$$\theta = \omega t - \phi \tag{5.79}$$

Diferenciando a Equação (5.79) em relação a t tem-se $\dot{\theta} = \omega$.

A velocidade $\dot{\theta}$ é a velocidade de rodopio. Rodopio é o movimento angular do eixo de rotação defletido em torno do eixo neutro do eixo. O cálculo que origina a Equação (5.79) e a sua derivada mostra que a velocidade de rodopio é a mesma velocidade com que o disco roda em torno do eixo (isto é, $\dot{\theta} = \omega$). Isso é chamado de *rodopio síncrono*.

A amplitude de movimento do centro do eixo em torno do seu eixo neutro é a linha $\mathbf{r} = OE$ na vista de extremidade da Figura 5.33. Note que o vetor $OE = \mathbf{r} = x$: $OE = \mathbf{r} = x\hat{\mathbf{i}} + y\hat{\mathbf{j}}$. A amplitude desse vetor é simplesmente

$$|\mathbf{r}(t)| = \sqrt{x^2 + y^2} = X\sqrt{\text{sen}^2(\omega t - \phi) + \cos^2(\omega t - \phi)} = X \tag{5.80}$$

onde X é a amplitude de $x(t)$. Note que $X = Y$, onde Y é o módulo de $y(t)$ como dado na Equação (5.76). Esse cálculo indica que a distância entre o eixo e o seu eixo neutro é constante e tem uma amplitude

$$X = \frac{ar^2}{\sqrt{\left(1 - r^2\right)^2 + (2\zeta r)^2}} \tag{5.81}$$

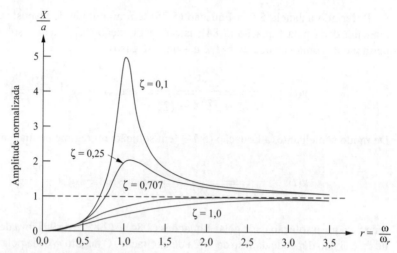

Figura 5.34 Um gráfico da razão entre o raio de deflexão (*OE*) e a distância ao centro da massa do disco (*a*) pela razão de frequência para quatro valores diferentes do fator de amortecimento para o sistema de disco e o eixo da Figura 5.33.

Isso, naturalmente, tem exatamente a mesma forma que a curva de amplitude da Equação (2.84) dada na Figura 2.21 para um sistema massa-mola-amortecedor excitado por uma massa desbalanceada rotativa. Essa curva é repetida para o caso de amplitude rotacional de interesse na Figura 5.34. Note que um fenômeno de ressonância ocorre próximo de $r = 1$, como esperado. Para eixos levemente amortecidos isso corresponde a altas amplitudes de rotação. O caso especial de $r = 1$ (isto é, $\omega_r = \sqrt{k/m}$) é chamado de *velocidade crítica* do sistema de rotor. Se um sistema de rotor gira na sua velocidade crítica, a grande deflexão irá causar uma grande força a ser transmitida para os rolamentos e, eventualmente, levar a falhas. Do ponto de vista do projeto, a velocidade de operação, massa e a rigidez são analisadas para um dado rotor e reprojetado até $r > 3$, tal que as deformações sejam limitadas a distância ao centro da massa do disco. No entanto, quando o sistema de rotor arranca, ele deve passar pela região próxima $r = 1$. Se esse procedimento de partida ocorre muito lentamente, os fenômenos de ressonância podem danificar os rolamentos. Daí algum amortecimento no sistema é desejável para evitar excessiva amplitude em ressonância. Note a partir da Figura 5.34 que, quando ζ aumenta, X/a em ressonância torna-se substancialmente menor.

Exemplo 5.7.1

Considere um rotor de um compressor de 55 kg com uma rigidez do eixo de $1,4 \times 10^7$ N/m, com uma velocidade de operação de 6000 rpm e um amortecimento interno fornecendo um fator de amortecimento de $\zeta = 0,05$. Assume-se que o rotor tem uma excentricidade no pior dos casos de 1000 μm ($a = 0,001$ m). Calcule (a) a velocidade crítica do rotor, (b) a amplitude radial na velocidade de operação e (c) a amplitude de rodopio na velocidade crítica do sistema.

SEÇÃO 5.7   Velocidades Críticas de Discos Rotativos   **489**

Solução

(a) A velocidade crítica do rotor é simplesmente a frequência natural do rotor, tal que

$$\omega_c = \sqrt{k/m} = \sqrt{\frac{1,4 \times 10^7 \text{ N/m}}{55 \text{ kg}}} = 504,5 \text{ rad/s}$$

que corresponde a uma velocidade do rotor de

$$504,5 \frac{\text{rad}}{\text{s}} \times \frac{60 \text{ s}}{\text{min}} \times \frac{\text{ciclo}}{2\pi \text{ rad}} = 4817,6 \text{ rpm}$$

(b) O valor de r na velocidade de operação é simplesmente

$$r = \frac{\omega}{\sqrt{k/m}} = \frac{(2\pi/60)}{(2\pi/60)\sqrt{k/m}} = \frac{6000}{4817,6} = 1,2454$$

ou cerca de 1,25. O valor da amplitude radial de rodopio à velocidade de operação é, então, dada pela Equação (5.81) com esse valor de r:

$$X = |\mathbf{r}(t)| = \frac{ar^2}{\sqrt{\left(1 - r^2\right)^2 + (2\zeta r)^2}} = \frac{(0,001)(1,25)^2}{\sqrt{\left[1 - (1,25)^2\right]^2 + \left[2(0,05)(1,25)\right]^2}}$$

$$= 0,0027116 \text{ m}$$

ou cerca de 2,7 mm. Aqui $r = 1,25$, $\zeta = 0,05$ e $a = 0,001$. Note que se $r = 1,2454$ é usado, o resultado é $X = 0,0027455$ m. Isso dá alguma percepção para a sensibilidade do valor de X para saber os valores exatos de r. A variação da velocidade menor de, digamos, 10% na velocidade de operação iria causar r a variar entre 1,12 e 1,37.

(c) Na velocidade crítica, $r = 1$ e X torna-se

$$X = \frac{a}{2\zeta} = \frac{0,001}{2(0,05)} = 0,01 \text{ m}$$

ou 1 cm, uma ordem de amplitude maior do que a amplitude de rodopio na velocidade de operação.

$\square$

Exemplo 5.7.2

No projeto de um sistema de rotor, há muitos fatores além do cálculo de deflexão indicado anteriormente que determina o amortecimento, rigidez, massa e a velocidade de operação do sistema. Daí, ao projetista preocupado com as deflexões dinâmicas e velocidades críticas, muitas vezes só é permitido mudar o projeto um pouco. Caso contrário, um reprojeto inteiro deve ser realizado, o que pode se tornar muito caro. Com isso em mente, considere novamente o rotor do Exemplo 5.7.1. A especificação de desempenho para o rotor no interior do alojamento do compressor limita a amplitude de rodopio em ressonância a ser 2 mm. Desde que a amplitude de rodopio na velocidade de operação seja maior do que a folga permitida, qual a porcentagem de alteração na massa é necessária para reprojetar esse sistema? Que mudança em porcentagem na rigidez resultaria no mesmo projeto? Discutir a viabilidade de tal mudança.

490 CAPÍTULO 5 • Projeto para Redução de Vibração

Solução A massa requerida para uma deformação de 2 mm pode ser calculada a partir da Equação (5.81), determinando em primeiro lugar o valor de r que corresponde a 2 mm. Isso resulta em

$$X = 0,002 \text{ m} = \frac{(0,001)r^2}{\sqrt{(1 - r)^2 + [2(0,05)r^2]^2}}$$

ou r deve satisfazer $r^4 - 2,653r^2 + 1,3332 = 0$. Essa é uma equação quadrática em r^2, o qual possui soluções em $r^2 = 0,6737$ e $1,979$ ou $r = 0,8207$ e $1,406$, uma vez que os valores da razão de frequência devem ser positivos e reais. Analisando o gráfico da amplitude na Figura 5.34 tem-se que o valor de r de interesse é $r = 1,406$. Na velocidade de operação,

$$r = \frac{6000 \text{ rpm} \dfrac{\text{min}}{60 \text{ s}} \cdot \dfrac{2\pi \text{ rad}}{\text{rev}}}{\sqrt{k/m} \text{ rad/s}} = \frac{628,12}{\sqrt{1,4 \times 10^7/m}} = 1,406$$

Resolvendo para a massa m tem-se

$$m = 70,15 \text{ kg}$$

Desde que o valor do projeto original da massa do disco é de 55 kg, a massa deve ser aumentada de 27,5% para produzir um projeto que tem a sua deflexão em velocidade de operação limitado a 2 mm.

Se o compressor é para ser utilizado numa aplicação fixa ao solo (tal como um edifício), então a adição de 15 kg de massa para o disco pode ser uma solução perfeitamente razoável, desde que os rolamentos são capazes de suportar o aumento. No entanto, se o compressor será utilizado num veículo, onde o peso deve ser considerado, tal como um avião, um aumento de 27% em massa pode não ser um projeto aceitável. Nesse caso a Equação (5.81) pode ser usada para examinar uma possível reformulação fazendo uma mudança na rigidez. A Equação (5.81) com os valores de parâmetros apropriados produz

$$r = 1,406 = \frac{628,12 \text{ rad/s}}{\sqrt{k/55}}$$

Resolvendo para k

$$k = 1,0977 \times 10^7 \text{ N/m}$$

Isso equivale a cerca de 27% de variação na rigidez. Infelizmente, a rigidez do eixo não pode ser alterada de forma muito fácil. É determinada por propriedades geométricas e materiais. O material é muitas vezes determinado por considerações de temperatura e de custos, bem como a tenacidade. Pode ser difícil mudar a rigidez em 27%.

□

Note a partir do Exemplo 5.7.2, que a amplitude de rodopio é sensível a mudanças na massa e mudanças na rigidez. Observe também a partir da Figura 5.34 que o valor de amortecimento é de pouca preocupação ao escolher o projeto para amplitude de rodopio se escolhido suficientemente longe da ressonância (ou seja, $r > 2$). Em vez disso, o amortecimento é escolhido para limitar a amplitude próximo da ressonância, o que deve

CAPÍTULO 5 Problemas

ocorrer somente durante a partida e desaceleração (ou seja, $X = a/2\zeta$ na ressonância). A análise das velocidades críticas e dinâmicas de rotor apresentado aqui fornece uma rápida introdução ao tema, com a hipóteses simplificadoras. O tema da dinâmica do rotor constitui um campo separado de estudo e um texto sobre a dinâmica do rotor deve ser consultado para obter detalhes completos (ver, por exemplo, Ehrich (1992), ou Childs (1993)).

PROBLEMAS

Seção 5.1 (Problemas 5.1 a 5.5)

5.1. Usando o nomograma da Figura 5.1, determine a faixa de frequência de vibração para a qual a oscilação da máquina permanece em um nível satisfatório sob aceleração rms de 8000 mm/s^2.

5.2. Usando o nomograma da Figura 5.1, determine a faixa de frequência de vibração para a qual a aceleração rms de uma estrutura não causará danos na parede se estiver vibrando com um deslocamento rms de 2 mm ou menos.

5.3. Qual a frequência natural que uma broca de mão deve ter se sua vibração deve ser limitada a um deslocamento mínimo de rms de 10 μm e uma aceleração rms de 0,1 m/s^2? Qual será a velocidade de rotação da broca?

5.4. Um mecanismo tem uma aceleração rms máxima de 5 m/s^2 a uma frequência de 4 Hz, no entanto a sua amplitude rms deve ser inferior a 1 cm. Esse mecanismo satisfaz esses requisitos de vibração?

5.5. Usando a expressão para a amplitude do deslocamento, velocidade e aceleração de um sistema de um grau de liberdade não amortecido, calcule a amplitude de velocidade e aceleração de um sistema com deslocamento máximo de 10 cm e uma frequência natural de 10 Hz. Se isso corresponde à vibração da parede de um prédio sob uma carga de vento, é um nível aceitável?

Seção 5.2 (Problemas 5.6 a 5.26)

5.6. Uma máquina de 100 kg é apoiada sobre um isolamento de rigidez 700×10^3 N/m. A máquina provoca uma força de perturbação vertical de 350 N à uma rotação de 3000 rpm. O fator de amortecimento do isolamento é $\zeta = 0,2$. Calcule (a) a amplitude de movimento causada pela força desbalanceada, (b) a relação de transmissibilidade e (c) a amplitude da força transmitida à massa através do isolamento.

5.7. Trace o T.R. do Problema 5.6 para os casos $\zeta = 0,001$, $\zeta = 0,025$ e $\zeta = 1,1$.

5.8. Um modelo simplificado de uma máquina de lavar roupa é ilustrado na Figura P5.8. Uma trouxa de roupas molhadas forma uma massa de 10 kg (m_b) na máquina e provoca um desbalanceamento rotativo. A massa rotativa é de 20 kg (incluindo m_b) e o diâmetro do cesto de lavagem ($2e$) é de 50 cm. Suponha que o ciclo de centrifugação gira a 300 rpm. Seja k 1000 N/m e $\zeta = 0,01$. Calcule a força transmitida para os lados da máquina de lavar. Discuta as suposições feitas em sua análise em vista do que você pode saber sobre máquinas de lavar.

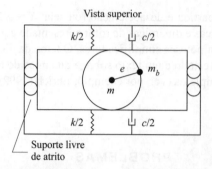

Figura P5.8 Um modelo simples da vibração de uma máquina de lavar induzida por um desbalanceamento rotativo tal como comumente causado por uma distribuição desigual de roupas molhadas durante um ciclo de enxágue.

5.9. Referindo-se ao Problema 5.8, considere que a constante da mola e o fator de amortecimento tornam-se variáveis. As quantidades m, m_b, e e ω são todas fixadas pelo projeto anterior da máquina de lavar roupa. Projete o sistema de isolamento (isto é, decida qual o valor de k e c a utilizar) de modo que a força transmitida para o lado da máquina de lavar roupa (considerada como referência) seja inferior a 100 N.

5.10. Uma força harmônica de valor máximo 25 N e frequência de 180 ciclos/min atua sobre uma máquina de 25 kg de massa. Projete um sistema de suporte para a máquina (isto é, escolha c e k) de modo que apenas 10% da força aplicada à máquina seja transmitida para a base que suporta a máquina.

5.11. Considere uma máquina de massa 70 kg montada sobre o solo por meio de um sistema de isolamento de rigidez total 30.000 N/m, com um fator de amortecimento medida de 0,2. A máquina produz uma força harmônica de 450 N a 13 rad/s durante as condições de operação em estado estacionário. Determine (a) a amplitude de movimento da máquina, (b) o deslocamento de fase do movimento (em relação a uma força de excitação de fase zero), (c) a relação de transmissibilidade, (d) a força dinâmica máxima transmitida ao piso e (e) a velocidade máxima da máquina.

5.12. Um compressor pequeno pesa cerca de 31,75 kg e opera a 900 rpm. O compressor é montado sobre quatro suportes feitos de metal com amortecimento insignificante.
 (a) Projete a rigidez desses suportes de forma que somente 15% da força harmônica produzida pelo compressor seja transmitida à fundação.
 (b) Projete uma mola metálica que forneça a rigidez apropriada usando a Seção 1.5 (consulte a Tabela 1.2 para as propriedades dos materiais).

5.13. Tipicamente, ao projetar um sistema de isolamento, não é possível escolher qualquer valor contínuo de k e c, mas sim de um catálogo de peças onde os fabricantes listam os isoladores disponíveis e suas propriedades (e custos, detalhes aqui ignorados). A Tabela 5.3 lista vários exemplos de peças disponíveis. Usando esta tabela, projete um isolamento para um compressor de 500 kg funcionando em estado estacionário a 1500 rev/min. Tenha em mente que, como regra geral, os compressores normalmente requerem uma razão de frequência de $r = 3$.

TABELA 5.3 VALORES DO CATÁLOGO DE PROPRIEDADES DE RIGIDEZ E AMORTECIMENTO DE VÁRIOS ISOLADORES DE PRATELEIRA.

Peça número[a]	R-1	R-2	R-3	R-4	R-5	M-1	M-2	M-3	M-4	M-5
k (10^3 N/m)	250	500	1000	1800	2500	75	150	250	500	750
c (N · s/m),	2000	1800	1500	1000	500	110	115	140	160	200

[a]O "R" no número da peça indica que o isolador é feito de borracha e o "M" designa o metal. Em geral, os isoladores de metal são mais caros do que os isoladores de borracha.

5.14. Um motor elétrico de massa 10 kg é montado sobre quatro molas idênticas como indicado na Figura P5.14. O motor opera a uma velocidade estacionária de 1750 rpm. O raio de giro (ver Exemplo 1.4.6 para uma definição) é de 100 mm. Suponha que as molas são não amortecidas e escolha um projeto (isto é, escolha k) tal que a relação de transmissibilidade na direção vertical seja 0,0194. Com esse valor de k, determine a relação de transmissibilidade para a vibração torcional (isto é, usando θ em vez de x como coordenadas de deslocamento).

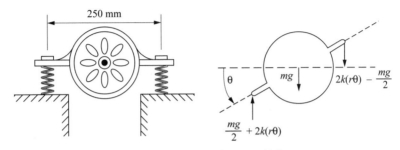

Figura P5.14 Modelo de vibração de um suporte de motor elétrico.

5.15. Um grande exaustor industrial é montado em uma estrutura de aço em uma fábrica. O gerente da fábrica decidiu montar uma caixa de armazenamento na mesma plataforma. Adicionar massa a um sistema pode mudar substancialmente a sua dinâmica e o gerente da fábrica quer saber se esta é uma mudança segura para fazer. O projeto original do sistema de suporte do ventilador não está disponível. Assim, as medições da amplitude do piso (movimento horizontal) são feitas a várias velocidades diferentes do motor, numa tentativa de medir a dinâmica do sistema. Não se observa ressonância no funcionamento do ventilador de zero a 500 rpm. São feitas medições de deflexão e verificou-se que a amplitude é de 10 mm a 500 rpm e 4,5 mm a 400 rpm. A massa do ventilador é de 50 kg e o gerente da planta gostaria de armazenar até 50 kg na mesma plataforma. A melhor velocidade de operação para o exaustor é entre 400 e 500 rpm, dependendo das condições ambientais na planta.

5.16. Uma máquina rotativa de 350 kg opera a 800 ciclos/min. É desejável reduzir a razão de transmissibilidade em um quarto do seu valor atual por adição de um isolamento de vibração de borracha. Quanta deflexão estática o isolamento deve ser capaz de suportar?

5.17. Um motor elétrico de 68 kg é montado sobre um isolamento de massa 1200 kg. A frequência natural de todo o sistema é de 160 ciclos/min e tem um fator de amortecimento de $\zeta = 1$. Determine a amplitude da vibração e a força transmitida ao piso se a força desbalanceada produzida pelo motor for $F(t) = 100$ sen $(31,4t)$ em newtons.

5.18. A força exercida por um volante excêntrico ($e = 0,22$ mm) de 1000 kg, é 600 cos $(52,4t)$ em newtons. Projete uma montagem para reduzir a amplitude da força exercida sobre o piso a 1% da força gerada. Use essa escolha de amortecimento para garantir que a força máxima transmitida nunca seja maior do que o dobro da força gerada.

5.19. Uma máquina rotativa pesando 1814,37 kg tem uma velocidade de operação de 2000 rpm. É desejável reduzir a amplitude da força transmitida em 80% usando isolamento. Calcule a rigidez necessária de isolamento para realizar esse objetivo de projeto.

5.20. A massa de um sistema pode ser alterada para melhorar as características de isolamento de vibração. Tais sistemas de isolamento ocorrem frequentemente quando se instalam compressores pesados nos pisos da fábrica. Isso é ilustrado na Figura P5.20. Nesse caso, o solo fornece a rigidez do sistema de isolamento (o amortecimento é desprezado) e o problema de projeto torna-se o de escolher o valor da massa do sistema bloco/compressor. Suponha que a rigidez do solo é cerca de $k = 2,0 \times 10^7$ N/m e dimensione o tamanho do bloco de concreto (isto é, escolha m) tal que o sistema de isolamento reduza a força transmitida em 75%. Suponha que a densidade do concreto seja $\rho = 23.000$ N/m³. A área de superfície do bloco de cimento é de 4 m². A velocidade de operação do compressor é de 1800 rpm.

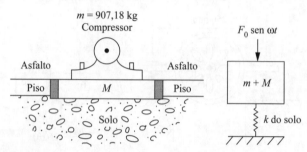

Figura P5.20 Um modelo de um compressor montado sobre o piso ilustrando o uso de massa adicionada para projetar um sistema de isolamento de vibração.

5.21. O painel de instrumentos de uma aeronave é montado num isolamento para proteger o painel contra vibração da estrutura da aeronave. A vibração dominante na aeronave é medida a 2000 rpm. Devido à limitação de tamanho na cabine da aeronave, os isoladores só podem desviar 0,3175 mm. Encontre a porcentagem de movimento transmitida ao painel de instrumentos se esse pesa 22,68 kg.

5.22. Projete um sistema de isolamento de base para um módulo eletrônico de massa de 5 kg, tal que apenas 10% do deslocamento da base seja transmitido para o deslocamento do módulo em 50 Hz. Qual será a transmissibilidade se a frequência de movimento da base mudar para 100 Hz? E se reduzir para 25 Hz?

5.23. Reprojete o sistema do Problema 5.22 tal que a menor taxa de transmissibilidade possível seja obtida na faixa de 50 a 75 Hz.

5.24. Uma placa de circuito impresso de 2 kg para um computador deve ser isolada de vibrações externas de frequência 3 rad/s com uma amplitude máxima de 1 mm, como ilustrado na Figura P5.24. Projete um isolamento não amortecido tal que o deslocamento transmitido seja de 10% do movimento da base. Calcule também o alcance da força transmitida.

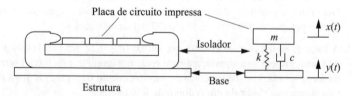

Figura P5.24 Sistema de isolamento para uma placa de circuito impresso.

5.25. Altere o projeto do isolamento do Problema 5.24 utilizando um material amortecedor com valor de amortecimento ζ escolhido para que o valor máximo de T.R. Na ressonância seja 2.

5.26. Calcule o fator de amortecimento necessário para limitar a transmissibilidade do deslocamento para 4 na ressonância para qualquer sistema de isolamento amortecido.

Seção 5.3 (Problemas 5.27 a 5.36)

5.27. Um motor é montado sobre uma plataforma que se observa vibrar excessivamente a uma velocidade de operação de 6000 rpm, produzindo uma força de 250 N. Projete um absorvedor de vibração (não amortecido) para adicionar à plataforma. Note que, nesse caso, a massa do absorvedor só poderá mover-se 2 mm devido às restrições geométricas e de tamanho.

5.28. Considere um absorvedor de vibração não amortecido com $\beta = 1$ E $\mu = 0{,}2$. Determine a faixa de frequências para as quais $|Xk/F_0| \leq 0{,}5$.

5.29. Considere um motor de combustão interna que é modelado como uma inércia concentrada ligada ao solo por meio de uma mola. Assumindo que o sistema tem uma ressonância de 100 rad/s, projete um absorvedor de modo que a amplitude seja 0,01 m para uma força de excitação de 10^2 N.

5.30. Uma pequena máquina rotativa pesando 22,68 kg opera a uma velocidade constante de 6000 rpm. A máquina foi instalada em um prédio e descobriu-se que o sistema estava operando em ressonância. Projete um absorvedor não amortecido de forma que a ressonância mais próxima esteja pelo menos 20% longe da frequência de excitação.

5.31. Uma máquina-ferramenta de 3000 kg exibe uma grande ressonância a 120 Hz. O gerente da fábrica acoplou à máquina um absorvedor de 600 kg sintonizado a 120 Hz. Calcule a faixa de frequências em que a amplitude da vibração da máquina é menor com o absorvedor montado do que sem o absorvedor.

5.32. Um conjunto motor-gerador é projetado com velocidade de operação em regime estacionário entre 2000 e 4000 rpm. Infelizmente, devido a um desbalanceamento na máquina, ocorre uma grande vibração violenta a cerca de 3000 rpm. Um projeto de absorvedor inicial é implementado com uma massa de 2 kg ajustada a 3000 rpm. Isso, no entanto, faz com que as frequências naturais do sistema combinado ocorram a 2500 e 3500 rpm. Reprojete o absorvedor de modo que $\omega_1 > 2000$ rpm e $\omega_2 > 4000$ rpm, tornando o sistema seguro para a operação.

5.33. Uma máquina rotativa é montada sobre o piso de um prédio. Juntas, a massa da máquina e do piso é 907,18 kg. A máquina opera em estado estacionário a 600 rpm e faz com que o piso do prédio vibre. O sistema piso-máquina pode ser modelado como um sistema de massa-mola semelhante à tabela da Figura 5.14. Projete um sistema absorvedor não amortecido para corrigir esse problema. Certifique-se de considerar a largura de banda.

5.34. Um tubo que transporta vapor através de uma seção de uma fábrica vibra violentamente quando a bomba atinge uma velocidade de 300 rpm. (Veja a Figura P5.34.) Na tentativa de projetar um absorvedor, foi acoplado um absorvedor de teste de 9 kg ajustado a 300 rpm. Alterando a velocidade da bomba, verificou-se que o sistema de absorvedor de tubos tem uma ressonância a 207 rpm. Reprojete o absorvedor de modo que as frequências naturais estejam 40% longe da frequência de excitação.

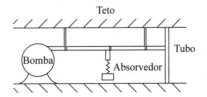

Figura P5.34 Um esquema de um sistema de tubo de vapor com um absorvedor acoplado.

5.35. Uma máquina classifica parafusos de acordo com seu tamanho, movendo uma tela para frente e para trás usando um sistema primário de 2500 kg com uma frequência natural de 400 ciclo/

min. Projete um absorvedor de vibrações de modo que o sistema de absorção da máquina tenha frequências naturais abaixo de 160 ciclos/min e acima de 320 rpm. A máquina é ilustrada na Figura P5.35.

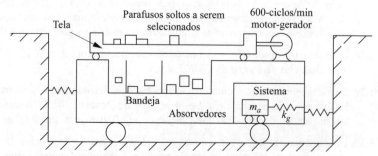

Figura P5.35 Modelo de uma máquina de separação de peças. As peças (aqui parafusos) são colocadas em uma tela que treme. As peças que são suficientemente pequenas caem através da tela para a bandeja abaixo. Os maiores permanecem na tela.

5.36. Um absorvedor dinâmico é projetado com $\mu = 1/4$ e $\omega_a = \omega_p$. Calcule a faixa de frequência para a qual a razão $|Xk/F_0| < 1$.

Seção 5.4 (Problemas 5.37 a 5.52)

5.37. Uma máquina, em grande parte feita de alumínio, é modelada como uma massa simples (de 100 kg) ligada ao solo através de uma mola de 2000 N/m. A máquina é submetida a uma força harmônica de 100 N em 20 rad/s. Projete um sistema absorvedor sintonizado e não amortecido (isto é, calcule m_a e k_a) para que a máquina fique estacionária em regime permanente. O alumínio, é claro, não é completamente não amortecido e tem amortecimento interno que dá origem a um fator de amortecimento de cerca de $\zeta = 0{,}001$. Da mesma forma, a mola de aço para o absorvedor dá origem a um amortecimento interno de cerca de $\zeta = 0{,}0015$. Calcule o quanto isso degrada o projeto do absorvedor determinando a amplitude X usando a Equação (5.32).

5.38. Trace a amplitude do sistema primário calculado no Problema 5.37 com e sem o amortecimento interno. Discuta como o amortecimento afeta a largura de banda e o desempenho do absorvedor projetado sem conhecimento do amortecimento interno.

5.39. Obtenha a Equação (5.35) para o absorvedor amortecido das Equações (5.34) e (5.32) junto com a Janela 5.4. Também obtenha a forma não dimensional da Equação (5.37) a partir da Equação (5.35). Observe que a definição de ζ dada na Equação (5.36) não é a mesma que os valores ζ usados nos Problemas 5.37 e 5.38.

*5.40. (Projeto) Represente graficamente a Equação (5.37) (isto é, trace (X/Δ) por r e ζ para $0 < \zeta < 1$ e $0 < r < 3$, e a fixos μ e β). Discuta a natureza de seus resultados. Esse gráfico indica alguma escolha de projeto óbvia? Como se compara com as informações obtidas pela série de gráficos apresentados nas Figuras 5.19 a 5.21? (As parcelas tridimensionais como essas são comuns.)

*5.41. (Projeto) Refaça o Problema 5.40 traçando $|X/\Delta|$ por r e β para ζ e μ fixos.

*5.42. (Projeto) As equações do absorvedor de vibração amortecido (5.32) e (5.33) não foram historicamente usadas no projeto do absorvedor devido à natureza complicada da aritmética complexa envolvida. No entanto, se você tiver um programa de manipulação simbólica disponível, calcule uma expressão para a amplitude X usando o programa para calcular a amplitude e a fase da Equação (5.32). Aplique seus resultados ao projeto do absorvedor indicado no Problema 5.37 usando m_a, k_a e ζ_a as como variáveis de projeto (isto é, projete o absorvedor).

5.43. Uma máquina com 200 kg de massa é excitada harmonicamente por uma força de 100 N a 10 rad/s. A rigidez da máquina é de 20.000 N/m. Projete um absorvedor de vibração de banda larga (isto é, a Equação (5.37)) para limitar o movimento da máquina tanto quanto possível sobre a faixa de frequências de 8 a 12 rad/s. Note que outras restrições físicas limitam a massa absorvente adicionada a ser, no máximo, 50 kg.

5.44. Frequentemente, os projetos de absorvedores são realizados à posteriori, como indicado no Exemplo 5.3.1. Adicione um amortecedor ao projeto do absorvedor da Figura 5.17 para aumentar a largura de banda útil de operação do sistema absorvedor no caso da frequência de excitação operar além da faixa indicada no Exemplo 5.3.2 (Lembre-se que $m = 73{,}16$ kg, $k = 2600$ N/m, $m_a = 18{,}29$ kg, $k_a = 6500$ N/m e $7{,}4059 < \omega < 21{,}0821$ rad/s).

5.45. Considere novamente o projeto do absorvedor do Exemplo 5.3.1 ($m = 73{,}16$ kg, $k = 2600$ N/m sujeito a uma força de 13 N a 180 ciclos/min restringido a uma deflexão máxima de 0,2 cm). Se a mola absorvedora é feita de alumínio e introduz uma relação de amortecimento de $\zeta = 0{,}001$, calcule o efeito disso na deflexão da serra (sistema primário) com o projeto dado no Exemplo 5.3.1.

5.46. Considere o sistema primário não amortecido com um absorvedor viscoso como na Figura 5.22 e a contrapartida rotacional da Figura 5.23 repetida na Figura P5.46. Calcule o fator de ampliação $|Xk/M_0|$ para um compressor de 400 kg com uma frequência natural de 16,2 Hz se for acionado a ressonância, para um sistema absorvedor definido por $\mu = 0{,}133$ e $\zeta = 0{,}025$.

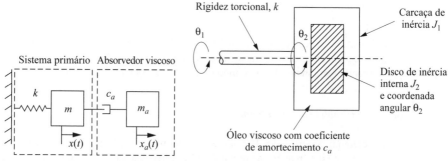

Figura P5.46 Repetição das Figuras 5.22 e 5.23.

5.47. Recalcule o fator de ampliação $|Xk/M_0|$ para o compressor do Problema 5.46 se o fator de amortecimento for alterado para $\zeta = 0{,}1$. Qual projeto de absorvedor produz o menor deslocamento do sistema primário $\zeta = 0{,}025$ ou $\zeta = 0{,}1$?

5.48. Considere um modelo de um grau de liberdade do nariz de uma aeronave (A-10) como ilustrado na Figura P5.48. O nariz rachou sob fadiga durante as condições de batalha. Esse problema foi corrigido pela adição de um material viscoelástico ao interior da fuselagem para atuar como um amortecedor de vibração amortecido como ilustrado na Figura P5.48. Isso corrigiu o problema e a fissura por fadiga por vibração desapareceu nos A-10 após terem sido adaptados com tratamentos viscoelásticos de amortecimento. Embora os valores reais permaneçam classificados, utilize os seguintes dados para calcular o fator de amortecimento requerido, dado o seguinte: $M = 100$ kg, $f = 31$ Hz, $F_0 = 100$ N e $k = 3{,}533 \times 10^6$ N/m tal que a resposta máxima seja inferior a 0,25 mm. Como a massa sempre precisa ser limitada em uma aeronave, use $\mu = 0{,}1$ em seu projeto.

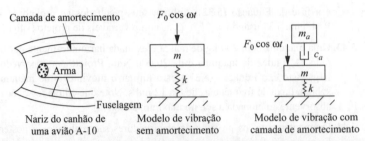

Figura P5.48 Modelo simplificado do problema de vibração do nariz de um A-10. O canhão do nariz da aeronave A-10 pode ser modelado aplicando uma força harmônica de $F_0 \cos \omega_t$ à fuselagem do nariz da aeronave. A fuselagem pode ser modelada como um sistema de massa-mola baseado no modelo de rigidez da Figura 1.26 (isto é, $k = 3EI/l^3$).

5.49. Trace uma curva de amplificação (tal como a Figura 5.24) usando a Equação (5.39) para $\zeta = 0,02$ após vários valores de μ ($\mu = 0,1; 0,25; 0,5$ e 1). Você pode formular qualquer conclusão sobre o efeito da razão de massa sobre a resposta do sistema primário? Observe que como μ fica grande, $|Xk/M_0|$ fica muito pequena. O que há de errado em usar μ muito grande em um projeto de absorvedor?

5.50. Um amortecedor de Houdaille deve ser projetado para um motor de automóvel. Escolha um valor para ζ e μ se a ampliação $|Xk/M_0|$ for limitada a 4 na ressonância. (Uma solução é $\mu = 1$, $\zeta = 0,129$).

5.51. Determine a amplitude de vibração para os vários amortecedores do Problema 5.46 se $\zeta = 0,1$ e $F_0 = 100$ N.

5.52. (Projeto) Use seu conhecimento de absorvedores e isolamento para projetar um dispositivo que proteja uma massa de entradas de choque e harmônicas. Isso pode ajudar a ter um dispositivo específico em mente, como o módulo discutido na Figura 5.6.

Seção 5.5 (Problemas 5.53 a 5.66)

5.53. Projete um amortecedor Houdaille para um motor modelado como tendo uma inércia de 1,5 kg · m² e uma frequência natural de 33 Hz. Escolha um projeto tal que a ampliação dinâmica máxima seja inferior a 6:

$$\left| \frac{Xk}{M_0} \right| < 6$$

O projeto consiste em escolher J_2 e c_a, o amortecimento ideal requerido.

5.54. Lembre-se do absorvedor de vibrações ideal do Problema 5.53. Esse projeto é baseado na resposta de estado estacionário. Calcule a resposta do sistema primário a um impulso de amplitude M_0 aplicado à inércia primária J_1. Como a amplitude máxima do transiente se compara àquela em estado estacionário?

5.55. Considere o absorvedor de vibração amortecido da Equação (5.37) com β fixado em $\beta = 1/2$ e $\mu = 0,25$ fixado em $\zeta = 0,25$. Calcule o valor de ζ que minimiza $|X/\Delta|$. Trace essa função para vários valores de $0 < \zeta < 1$ para verificar o seu projeto. Se você não puder resolver isso analiticamente, considere usar um gráfico tridimensional de $|X/\Delta|$ por r e ζ para determinar seu projeto.

5.56. Para um amortecedor de Houdaille com razão de massa $\mu = 0,25$, calcule o fator de amortecimento ótimo e a frequência com que o amortecedor é mais eficaz para reduzir a amplitude de vibração do sistema primário.

5.57. Considere novamente o sistema do Problema 5.53. Se o fator de amortecimento for alterado para $\zeta = 0,1$ o que acontece com $|Xk/M_0|$?

5.58. Obtenha a Equação (5.42) a partir da Equação (5.35) e obtenha a Equação (5.49) para o fator de amortecimento ótimo.

5.59. Considere o projeto sugerido no Exemplo 5.5.1 (momento de inércia de massa de 1,5 kg m²/rad, rigidez torcional de 6×10^3 N m/rad e uma velocidade de rotação de 2000 rpm). Calcule a alteração percentual na deflexão máxima se a constante de amortecimento muda 10% do seu valor ótimo. Se o amortecimento ótimo for fixado mas a massa do absorvedor muda em 10%, qual a variação percentual em $|Xk/M_0|_{max}$? O projeto do absorvedor ideal é mais sensível às mudanças em c_a ou m_a?

5.60. Considere o problema de isolamento elástico descrito na Figura 5.26 e repetido na Figura P5.60. Obtenha as Equações (5.54) e (5.55) a partir da Equação (5.53).

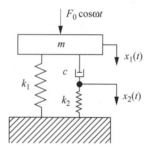

Figura P5.60 Uma repetição da Figura 5.26 como referência para os próximos problemas.

5.61. Utilize o cálculo derivativo para encontrar o máximo e o mínimo das Equações (5.57) e (5.58) para o sistema amortecido elástico.

5.62. Uma massa de 1000 kg é suspensa do solo por uma mola de 40.000 Nm. Um amortecedor viscoelástico é adicionado, como indicado na Figura P5.60. Projete o isolamento (escolha k_2 e c) de modo que quando uma força senoidal de 70 N é aplicada à massa, não mais de 100 N é transmitida à massa.

5.63. Considere o projeto de isolamento do Exemplo 5.5.2 ($c = 188,56$ kg/s e $k_2 = 200$ N/m com $r = 5$ e $\gamma = 0,5$). Se o valor do coeficiente de amortecimento mudar 10% do valor ótimo (de 188,56 kg/s), que porcentagem de mudança ocorre em $(T.R.)_{max}$? Se c permanece no seu valor ótimo e k_2 muda em 10%, que porcentagem de alteração ocorre em $(T.R.)_{max}$? O projeto desse tipo de isolamento é mais sensível a alterações de amortecimento ou rigidez?

5.64. Uma máquina de 3000 kg é montada sobre um isolamento com um amortecedor viscoso acoplado elasticamente como indicado na Figura P5.60. A rigidez da máquina (k_1) é $2,943 \times 10^6$ N/m, $\gamma = 0,5$ e $c = 56,4 \times 10^3$ N · s/m. A máquina, um grande compressor, desenvolve uma força harmônica de 1000 N a 7 Hz. Determine a amplitude de vibração da máquina.

5.65. Considere novamente o projeto de isolamento do compressor fornecido no Problema 5.64. Se o material de isolamento for alterado para que o amortecimento no isolador seja alterado para $\zeta = 0,15$, qual é a força transmitida? Em seguida, determine o valor ótimo para o fator de amortecimento e calcule a força transmitida resultante.

500   CAPÍTULO 5 • Projeto para Redução de Vibração

5.66. Considere o projeto de isolamento de vibração ótimo do Problema 5.65. Calcule o projeto ideal se a frequência de excitação em regime permanente do compressor mudar para 24,7 Hz. Se for utilizado o ponto ótimo errado (isto é, se for utilizado o amortecimento ótimo para a frequência de excitação de 7 Hz), o que acontece com a razão de transmissibilidade?

Seção 5.6 (Problemas 5.67 a 5.73)

5.67. Compare a amplitude de ressonância no estado estacionário (suponha uma frequência de 100 Hz) de um pedaço de borracha nitrílica a 50 °F em relação ao valor a 75 °F. Utilize os valores de η da Tabela 5.2.

5.68. Usando a Equação (5.67), calcule o novo módulo de um pedaço de $0,05 \times 0,01 \times 1$ m revestido com um pedaço de borracha nitrílica de 1 cm de espessura a 75 °F excitado a 100 Hz.

5.69. Calcule o Problema 5.68 novamente a 50 °F. Qual o efeito percentual dessa mudança de temperatura no módulo do material em camadas?

5.70. Refaça o projeto do Exemplo 5.6.1 (lembre $E_1 = 7,1 \times 10^{10}$ N/m^2 e $h_2 = 1$) por

(a) alteração da frequência de excitação para 1000 Hz, e

(b) alterando a temperatura de operação para 50 °F.

Discuta quais destes projetos produzem o sistema mais favorável.

5.71. Considere o Exemplo 5.6.2. Faça um gráfico da espessura do tratamento de amortecimento pelo fator de perda.

5.72. Calcule o coeficiente máximo de transmissibilidade do centro da prateleira do Exemplo 5.6.1. Faça um gráfico da relação máxima de transmissibilidade para esta frequência do sistema usando a Tabela 5.1 para cada temperatura.

5.73. O fator de amortecimento associada ao aço é cerca de $\zeta = 0,001$. Faz alguma diferença se a prateleira do Exemplo 5.6.1 é feita de alumínio ou aço? Qual a percentagem de melhoria no fator de amortecimento na ressonância a camada de borracha fornece a prateleira de aço?

Seção 5.7 (Problemas 5.74 a 5.80)

5.74. Um rotor de compressor de 100 kg tem uma rigidez de eixo de $1,4 \times 10^7$ N/m. O compressor é projetado para operar a uma velocidade de 6000 rpm. O amortecimento interno do sistema do eixo do rotor é medido como sendo $\zeta = 0,01$.

(a) Se o rotor tiver um raio excêntrico de 1 cm, qual é a velocidade crítica do sistema do rotor?

(b) Calcule a amplitude de rodopio na velocidade crítica. Compare seus resultados com os do Exemplo 5.7.1.

5.75. Reprojete o sistema de rotor do Problema 5.74 de tal forma que a amplitude do giro na velocidade crítica seja menor que 1 cm, alterando a massa do rotor.

5.76. Determine o efeito do fator de amortecimento do sistema do rotor no projeto da amplitude de rodopio à velocidade crítica para o sistema do Exemplo 5.7.1 ($r = 1$ e $\alpha = 0,001$ m), representando X em $r = 1$ para ζ entre $0 < \zeta < 1$.

5.77. Considere o projeto do sistema de rotor do compressor do Exemplo 5.7.1 ($r = 1$ e $\alpha = 0,001$ m). A amplitude de movimento giratório depende dos parâmetros a, ζ, m, k e a frequência de excitação. Qual parâmetro tem o maior efeito sobre a amplitude? Discuta seus resultados.

CAPÍTULO 5 Problemas

5.78. O volante de um motor de automóvel tem uma massa de cerca de 50 kg e uma excentricidade de cerca de 1 cm. A velocidade de operação varia de 1200 rpm (ocioso) a 5000 rpm (linha vermelha). Escolha os parâmetros restantes para que a amplitude de giro nunca seja superior a 1 mm.

5.79. Na velocidade crítica, a amplitude é determinada inteiramente pelo fator de amortecimento e pela excentricidade. Se um rotor tiver uma excentricidade de 1 cm, que valor é necessário para limitar a deflexão a 1 cm?

5.80. Um sistema de rotor tem amortecimento limitado por $\zeta < 0{,}05$. Qual é o valor máximo da excentricidade admissível no projeto do rotor se a amplitude máxima à velocidade crítica deve ser inferior a 1 cm?

ENGINEERING VIBRATION TOOLBOX PARA MATLAB®

Se você ainda não usou o programa *Engineering Vibration Toolbox*, volte ao final do Capítulo 1 ou Apêndice G para uma breve introdução ao uso de arquivos MATLAB.

Os arquivos contidos na pasta VTB5 podem ser usados para ajudar a resolver os problemas anteriores. Os arquivos .m de capítulos anteriores (VTBX.X.m, etc.) também podem ser úteis. Os seguintes problemas do *Toolbox* destinam-se a ajudá-lo a adquirir alguma experiência com os conceitos apresentados neste capítulo para projetar sistemas vibratórios e para construir experiência com as várias fórmulas. Esses problemas podem também ser resolvidos utilizando qualquer um dos códigos introduzidos nas Seções 1.9, 1.10, 2.8, 2.9, 3.8, 4.9 e 4.10.

PROBLEMAS PARA TOOLBOX

TB5.1. Use o arquivo VTB5_1 para reproduzir os gráficos da Figura 5.5 inserindo vários valores de *m, c* e *k*. Primeiro fixe *m* e *k* e varie *c*. Em seguida, fixe *m* e *c* e varie *k*.

TB5.2. Use o arquivo VTB5_2 para verificar a solução do Exemplo 5.2.1 para a amplitude da força transmitida para o módulo eletrônico.

TB5.3. Use o arquivo VTB5_3 para analisar o que acontece com a região sombreada na Figura 5.15 à medida que μ é variado. Faça isso aumentando a massa absorvedora ($\mu = m_a/m$) de modo que μ varie em incrementos de 0,1 de 0,1 para 1 para um valor fixo de β.

TB5.4. Análise o efeito de β na Figura 5.16 usando o arquivo VTB5_4 para traçar novamente a Figura 5.16 para vários valores diferentes de β (β 0,1; 0,5; 1,5). O que você percebe? O que corresponde à mudança de β em termos de escolha dos valores do projeto do absorvedor?

TB5.5. Considere o gráfico de amplitude do amortecedor dado na Figura 5.19. Use o arquivo VTB5_5 para ver o efeito que muda a massa primária *m* no projeto. Escolha $m_a = 10$, $c_a = 1$, $k = 1000$, $k_a = 1000$. Trace $|Xk/M_0|$ for para vários valores da massa primária *m* (isto é, *m* = 1, 10, 100, 1000) por *r*. Você pode tirar alguma conclusão?

TB5.6. O arquivo VTB5_6 traça a malha tridimensional usada para gerar a Figura 5.25, que ilustra o projeto do absorvedor amortecido ótimo. Utilize esse programa para observar os efeitos da alteração da massa da mola nos valores de ζ correspondentes ao mínimo absoluto da resposta máxima.

6 Sistemas de Parâmetros Distribuídos

Até agora, este livro se dedicou a vibração de corpos rígidos. Este capítulo apresenta a análise necessária para descrever a vibração de sistemas que possuem componentes flexíveis. A flexibilidade dos componentes estruturais surge quando as propriedades de massa e rigidez são modeladas como sendo distribuídas (ou contínuas) ao longo do componente em vez de concentradas (ou discretas), como realizado no Capítulo 4. Exemplos de tais sistemas são as asas e painéis de aeronaves como o Reaper mostrado na foto de cima ao lado. As vibrações da asa de um avião comercial normalmente podem ser vistas durante a decolagem e aterrissagem ou durante uma turbulência. As pás da turbina eólica, mostrada na foto, formam outro exemplo de um sistema de parâmetros distribuídos. O aumento da dependência da energia eólica tem exigido pás de turbinas eólicas maiores e, portanto, mais flexíveis. Muitas estruturas, como asas, lâminas e outros componentes, podem ser modeladas pelos modelos simples de cordas, vigas e placas discutidos neste capítulo. Muitos sistemas, tais como chassis de caminhão, prédios, pistas de dança e unidades de disco de computador, podem ser modelados e analisados pelos métodos apresentados no capítulo. O conceito principal apresentado aqui é que os sistemas de parâmetros distribuídos têm um número infinito de frequências naturais. Os conceitos de formas modais e análise modal usados no Capítulo 4 são estendidos aqui para tratar a vibração de sistemas de parâmetros distribuídos.

CAPÍTULO 6 • Sistemas de Parâmetros Distribuídos

Nos capítulos anteriores, todos os sistemas considerados são modelados como sistemas de parâmetros concentrados; isto é, o movimento de cada ponto no sistema considerado é modelado como se a massa estivesse concentrada nesse ponto. Os sistemas de vários graus de liberdade são considerados como arranjos de várias massas concentradas separadas por molas e amortecedores. Nesse sentido, os parâmetros do sistema são conjuntos discretos de números finitos. Assim, tais sistemas também são chamados sistemas discretos ou sistemas de dimensão finita. Neste capítulo, considera-se a flexibilidade das estruturas. Aqui, a massa de um objeto é considerada como sendo distribuída por toda a estrutura como uma série de elementos infinitamente pequenos. Quando uma estrutura vibra, cada um desses números infinitos de elementos se movem uns em relação aos outros de forma contínua. Portanto, esses sistemas são chamados de *sistemas de dimensão infinita*, *sistemas contínuos* ou *sistemas de parâmetros distribuídos*. A opção de modelar um dado sistema mecânico como um sistema de parâmetros concentrados ou um sistema de parâmetros distribuídos depende da finalidade e da natureza do objeto. Existem apenas alguns modelos de parâmetros distribuídos que têm soluções de forma fechada. No entanto, essas soluções fornecem informações sobre um grande número de problemas que não podem ser resolvidos analiticamente.

A resposta no tempo de um sistema de parâmetros distribuídos é descrita espacialmente por uma função contínua da posição relativa ao longo do sistema. Em contraste, a resposta no tempo de um sistema de parâmetros concentrados é descrita espacialmente marcando um número discreto de pontos ao longo do sistema na forma de um vetor. Aqui utilizam-se os termos parâmetros concentrados e distribuídos, em vez de discretos e contínuos, para evitar confusão com sistemas de tempo discreto (utilizados na integração numérica e medição). Os casos específicos aqui considerados são as vibrações de cordas, barras, vigas, membranas e placas. Exemplos comuns de tais estruturas são uma corda de guitarra vibratória e o movimento de balançar de uma ponte ou edifício. Além disso, consideram-se os sistemas que possuem parâmetros concentrados e distribuídos.

Os sistemas de um grau de liberdade discutidos nos Capítulos 1 a 3 têm apenas uma frequência natural $\omega_n = \sqrt{k/m}$. No Capítulo 4, os sistemas de múltiplos graus de liberdade introduziu o conceito de múltiplas frequências naturais, representadas por ω_i, uma frequência para cada grau de liberdade. O projeto para evitar a ressonância torna-se mais difícil com múltiplas frequências naturais, devido à maior chance de que uma frequência de excitação harmônica corresponder a uma das frequências naturais, causando ressonância. Os sistemas de parâmetros distribuídos considerados neste capítulo têm um número infinito de graus de liberdade e, portanto, um número infinito de frequências naturais, aumentando a preocupação com a ressonância no projeto.

As numerosas frequências de um sistema de parâmetros distribuídos também são representadas por ω_n para estruturas unidimensionais e ω_{nm} para estruturas definidas em um plano. Existe, portanto, uma ligeira inconsistência de notação que persiste na literatura de vibração usando ω_n tanto para a frequência natural de um sistema de um grau de liberdade como para representar a n-ésima frequência natural de um sistema distribuído. A distinção é, em última análise, clara a partir do contexto.

6.1 VIBRAÇÃO DE UMA CORDA OU CABO

Os instrumentos de corda (guitarras, violinos etc.) fornecem um exemplo excelente e intuitivo da vibração de um objeto de parâmetro distribuído. As cordas também são o sistema mais fácil de resolver e fornecem uma forma sistemática de se aproximar de outras estruturas de parâmetros distribuídos, assim como o sistema massa-mola simples formou os conceitos básicos para análise do sistema de parâmetros concentrados. Considere a corda da Figura 6.1 com densidade de massa ρ e área da seção transversal A, fixada em ambas as extremidades e sob uma tensão indicada por τ. A corda se move para cima e para baixo na direção y. O movimento em qualquer ponto da corda deve ser uma função do tempo t e da posição ao longo da corda x. A deflexão da corda é assim representada por $w(x, t)$. Seja $f(x, t)$ uma força externa por unidade de comprimento também distribuída ao longo da corda e considere o elemento infinitesimal (Δx ao longo) do deslocamento da corda indicado na Figura 6.1.

A força resultante que atua sobre o elemento infinitesimal na direção y deve ser igual à força inercial na direção y, $\rho A \Delta x (\partial^2 w / \partial t^2)$, tal que

$$-\tau_1 \,\text{sen}\, \theta_1 + \tau_2 \,\text{sen}\, \theta_2 + f(x,t)\Delta x = \rho A \Delta x \frac{\partial^2 w(x,t)}{\partial t^2} \qquad (6.1)$$

Observe que a aceleração é expressa em termos de derivadas parciais ($\partial^2/\partial t$) porque w é uma função de duas variáveis. As expressões na Equação (6.1) podem ser aproximadas no caso de deflexões pequenas de modo que θ_1 e θ_2 são pequenos. Nesse caso, τ_1 e τ_2 podem ser facilmente relacionados à tensão inicial na corda τ notando que a componente horizontal da tensão da corda defletida é $\tau_1 \cos \theta_1$ na extremidade 1 e $\tau_1 \cos \theta_2$

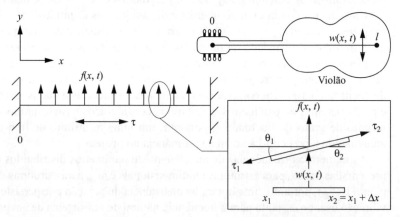

Figura 6.1 A geometria de uma corda vibratória com força aplicada $f(x, t)$ e deslocamento $w(x, t)$.

SEÇÃO 6.1 Vibração de uma Corda ou Cabo 505

na extremidade 2. Na aproximação de ângulo pequeno, $\cos \theta_1 \simeq 1$ e $\cos \theta_2 \simeq 1$, então é razoável definir $\tau_1 = \tau_2 = \tau$. Também, para θ_1 e θ_2 pequenos,

$$\operatorname{sen} \theta_1 \simeq \operatorname{tg} \theta_1 = \left. \frac{\partial w(x,t)}{\partial x} \right|_{x_1} \tag{6.2}$$

e

$$\operatorname{sen} \theta_2 \simeq \operatorname{tg} \theta_2 = \left. \frac{\partial w(x,t)}{\partial x} \right|_{x_2} \tag{6.3}$$

onde $(\partial w/\partial x)|_{x_1}$ é a inclinação da corda no ponto x_2 e $(\partial w/\partial x)|_{x_2}$ é a inclinação da corda no ponto $x_2 = x_1 + \Delta x$. A notação para derivadas parciais e totais é revista na Janela 6.1.

Com essas aproximações, a Equação (6.1) torna-se

$$\left. \left(\tau \frac{\partial w(x,t)}{\partial x} \right) \right|_{x_2} - \left. \left(\tau \frac{\partial w(x,t)}{\partial x} \right) \right|_{x_1} + f(x,t)\Delta x = \rho A \frac{\partial^2 w(x,t)}{\partial t^2} \Delta x \tag{6.4}$$

As inclinações podem ser avaliadas aplicando a expansão da série de Taylor à função $\tau(\partial w/\partial x)$ em torno do ponto x_1, ou seja

$$\left. \left(\tau \frac{\partial w}{\partial x} \right) \right|_{x_2} = \left. \left(\tau \frac{\partial w}{\partial x} \right) \right|_{x_1} + \Delta x \left. \frac{\partial}{\partial x} \left(\tau \frac{\partial w}{\partial x} \right) \right|_{x_1} + O(\Delta x^2) \tag{6.5}$$

Janela 6.1
Notação para Vibrações Descritas por Massa e Rigidez Distribuídas

Derivadas de uma função de múltiplas variáveis, tais como $f(x, y)$, lidam com derivadas parciais com a seguinte notação:

$$f_x(x,y) = \frac{\partial f(x,y)}{\partial x} = \lim_{\Delta x \to 0} \left(\frac{f(x + \Delta x,y) - f(x,y)}{\Delta x} \right)$$

Em contraste a derivada total de uma função de uma única variável, por exemplo $T(t)$, é representada por

$$\frac{dT(t)}{dt} = \ddot{T}(t) = \lim_{\Delta t \to 0} \frac{T(t + \Delta t) - T(t)}{\Delta t}$$

O diferencial exato é

$$df = \frac{\partial f}{\partial x} dx + \frac{\partial f}{\partial y} dy$$

506 CAPÍTULO 6 • Sistemas de Parâmetros Distribuídos

onde $O(\Delta x^2)$ representa o resto da série de Taylor, que consiste em termos de ordem Δx^2 e superiores. Como Δx é pequeno, $O(\Delta x^2)$ é menor ainda e, portanto, pode ser desprezado. A substituição da Equação (6.5) na Equação (6.4) produz

$$\frac{\partial}{\partial x}\left(\tau \frac{\partial w}{\partial x}\right)\bigg|_{x_1} \Delta x + f(x,t)\Delta x = \rho A \frac{\partial^2 w(x,t)}{\partial t^2} \Delta x \tag{6.6}$$

Dividindo por Δx e percebendo que uma vez que Δx é infinitesimal, a designação do ponto 1 torna-se desnecessária, a equação de movimento para a corda torna-se

$$\frac{\partial}{\partial x}\left(\tau \frac{\partial w(x,t)}{\partial x}\right) + f(x,t) = \rho A \frac{\partial^2 w(x,t)}{\partial t^2} \tag{6.7}$$

Uma vez que a tensão τ é constante, e se a força externa é zero, então

$$c^2 \frac{\partial^2 w(x,t)}{\partial x^2} = \frac{\partial^2 w(x,t)}{\partial t^2} \quad \text{ou} \quad \frac{\partial^2 w(x,t)}{\partial x^2} = \frac{1}{c^2} \frac{\partial^2 w(x,t)}{\partial t^2} \tag{6.8}$$

onde $c = \sqrt{\tau/\rho A}$ depende somente das propriedades físicas da corda (chamada *velocidade da onda* e não deve ser confundida com o símbolo usado para o coeficiente de amortecimento nos capítulos anteriores). A Equação (6.8) é a equação de onda unidimensional, também chamada de *equação de cordas*, e está sujeita a duas condições iniciais no tempo devido à dependência da segunda derivada do tempo. Esses são escritos como $w(x, 0) = w_0(x)$ e $w_t(x, 0) = \dot{w}_0(x)$, onde o subscrito t é uma notação alternativa para a derivada parcial $\partial/\partial t$ enquanto $w_0(x)$ e $\dot{w}_0(x)$ são as distribuições iniciais de deslocamento e velocidade da corda, respectivamente. A segunda derivada espacial na Equação (6.8) implica que outras duas condições devem ser aplicadas à solução $w(x, t)$ para determinar as duas constantes de integração resultantes da integração dessas derivadas espaciais. Essas condições vêm da análise das fronteiras ou contornos da corda. Na configuração da Figura 6.1, a corda é fixa em ambas as extremidades (isto é, em $x = 0$ e $x = l$). Isso significa que a deflexão $w(x, t)$ deve ser zero nesses pontos tal que

$$w(0, t) = w(l, t) = 0 \quad t > 0 \tag{6.9}$$

Essas duas condições de contorno fornecem as outras duas constantes de integração resultantes das duas derivadas espaciais de $w(x, t)$. Como essas condições ocorrem nos limites, o problema descrito pelas Equações (6.8) e (6.9) e condições iniciais é chamado de *problema de valor de contorno*.

Usando a notação de subscrito para a diferenciação parcial, as várias derivadas da deflexão $w(x, t)$ têm as seguintes interpretações físicas. A quantidade $w_x(x, t)$ denota a inclinação da corda, enquanto $\tau w_{xx}(x, t)$ corresponde à força de restauração da corda (isto é, a rigidez ou propriedade elástica da corda). A quantidade $w_t(x, t)$ é a velocidade e $w_{tt}(x, t)$ é a aceleração da corda em qualquer ponto x e tempo t.

SEÇÃO 6.1   Vibração de uma Corda ou Cabo

O problema de vibração de cordas descrito constitui um modelo conveniente e simples para estudar a vibração de sistemas de parâmetros distribuídos. Isso é análogo ao modelo de massa-mola da Seção 1.1, que forneceu um bloco de construção para o estudo de sistemas de parâmetros concentrados. Para isso, a corda com extremidades fixas é usada na próxima seção para desenvolver técnicas gerais de resolução para a resposta de vibração de sistemas de parâmetros distribuídos. Mais sobre a equação da corda e seu uso na propagação da onda pode ser encontrado em textos introdutórios de física. Note que esses desenvolvimentos se aplicam aos cabos, bem como às cordas.

Exemplo 6.1.1

Considere o cabo da Figura 6.2, que está preso em uma extremidade e preso a uma mola na outra extremidade, mantida em uma corrediça sem atrito, de modo que o cabo permaneça em tensão constante. Obtenha a equação governante para a vibração do sistema.

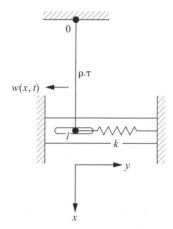

Figura 6.2 Um cabo fixado em uma extremidade e acoplado a uma mola na outra extremidade com uma corrediça sem atrito. Observe que o movimento $w(x, t)$ está na direção y.

Solução   As equações de movimento para a mola e cabo são as mesmas e são dadas pela Equação (6.8). As condições iniciais também não são afetadas. No entanto, a condição de contorno em $x = l$ muda. Escrevendo um balanço de força na direção y no ponto $x = l$, obtém-se

$$\sum_y F\big|_{x=l} = \tau \operatorname{sen}\theta + kw(l, t) = 0$$

onde k é a rigidez da mola (concentrada). Novamente, aplicando a aproximação de ângulo pequeno, tem-se

$$\tau \frac{\partial w(x, t)}{\partial x}\bigg|_{x=l} = -kw(x, t)\big|_{x=l}$$

A condição de contorno em $x = 0$ permanece inalterada.

□

508 CAPÍTULO 6 • Sistemas de Parâmetros Distribuídos

6.2 MODOS E FREQUÊNCIAS NATURAIS

Nesta seção a equação da corda é resolvida para o caso de condições de contorno fixa--fixa usando a técnica de separação de variáveis. Esse método conduz de forma natural à análise modal e aos conceitos de formas modais e frequências naturais para sistemas de parâmetros distribuídos que são usados extensivamente para sistemas de parâmetros concentrados no Capítulo 4. Os procedimentos de solução são descritos em detalhes em equações diferenciais (veja Boyce e DiPrima, 2009) e revistos aqui. Primeiro, assume-se que o deslocamento $w(x, t)$ pode ser escrito como o produto de duas funções, uma dependendo apenas de x e a outra dependendo apenas de t (daí a separação de variáveis). Dessa forma

$$w(x, t) = X(x)T(t) \tag{6.10}$$

A substituição dessa forma separada na Equação (6.8) resulta em

$$c^2 X''(x)T(t) = X(x)\ddot{T}(t) \tag{6.11}$$

onde as aspas em $X''(x)$ representam diferenciação total (duas vezes nesse caso) em relação a x e os pontos indicam diferenciação total (duas vezes nesse caso) em relação ao tempo t. Essas derivadas tornam-se totais, em vez de parciais, pois as funções $X(x)$ e $T(t)$ são cada uma função de uma única variável. Uma reorganização simples da Equação (6.11) produz

$$\frac{X''(x)}{X(x)} = \frac{\ddot{T}(t)}{c^2 T(t)} \tag{6.12}$$

Observe que a escolha de qual lado na Equação (6.12) colocar a constante c^2 é arbitrária. Alguns optam por colocá-lo no lado esquerdo e alguns, como realizado aqui, no lado direito. A solução final permanece a mesma.

Como cada lado da equação é uma função de uma variável diferente, argumenta-se que cada lado deve ser constante. Para verificar esse argumento, diferencie o lado esquerdo em relação a x, para obter

$$\frac{d}{dx}\left(\frac{X''}{X}\right) = 0 \tag{6.13}$$

que se torna, após a integração,

$$\frac{X''}{X} = \text{constante} = -\sigma^2 \tag{6.14}$$

Nesse caso $-\sigma^2$ é a constante escolhida para assegurar que a quantidade no lado direito da Equação (6.14) seja negativa. Na verdade, todas as escolhas possíveis (negativo, positivo e zero) para essa constante precisam ser consideradas. As outras duas opções (positivo e zero) conduzem a resultados fisicamente inaceitáveis como discutido no Exemplo 6.2.1. A Equação (6.14) também requer que

SEÇÃO 6.2   Modos e Frequências Naturais **509**

$$\frac{\ddot{T}(t)}{c^2 T(t)} = -\sigma^2 \tag{6.15}$$

para satisfazer a Equação (6.12).

Reorganizando a Equação (6.14) resulta que a função $X(x)$ deve satisfazer

$$X''(x) + \sigma^2 X(x) = 0 \tag{6.16}$$

A Equação (6.16) tem a solução (Exemplo 6.2.1)

$$X(x) = a_1 \sin \sigma x + a_2 \cos \sigma x \tag{6.17}$$

onde a_1 e a_2 são constantes de integração. Para determinar essas constantes de integração, considere as condições de contorno da Equação (6.9) na forma separada implícita pela Equação (6.10), ou seja

$$X(0)T(t) = 0 \quad e \quad X(l)T(t) = 0 \quad t > 0 \tag{6.18}$$

Uma vez assumido que $T(t)$ não pode ser zero para todo t (isso resultaria apenas na solução $w(x, t) = 0$ para todo o tempo), a Equação (6.18) reduz-se a

$$X(0) = 0 \quad X(l) = 0 \tag{6.19}$$

Aplicando essas duas condições à solução, a Equação (6.17) produz duas equações simultâneas

$$X(0) = a_2 = 0$$

$$X(l) = a_1 \operatorname{sen} \sigma l = 0 \tag{6.20}$$

A primeira dessas duas expressões elimina o termo cosseno na solução e a última produz os valores de σ, impondo que sen $\sigma l = 0$. Isso é chamado de *equação característica*, que tem soluções $\sigma l = n\pi$. Uma vez que a função seno desaparece quando seu argumento é 0 e qualquer múltiplo inteiro de π, existe uma solução da equação característica para cada valor de $n = 0, 1, 2, 3, \ldots$. Portanto, existe um número infinito de valores de σ que satisfazem a condição $\sigma l = n\pi$. Assim, σ é indexado para ser σ_n e assume os seguintes valores ($n = 0$ implica uma solução zero):

$$\sigma_n = \frac{n\pi}{l} \quad n = 1, 2, 3, \ldots \tag{6.21}$$

As duas equações simultâneas resultantes das condições de contorno dadas pela Equação (6.20) também podem ser escritas na forma matricial como

$$\begin{bmatrix} \operatorname{sen} \sigma l & 0 \\ 0 & 1 \end{bmatrix} \begin{bmatrix} a_1 \\ a_2 \end{bmatrix} = \begin{bmatrix} 0 \\ 0 \end{bmatrix}$$

510 CAPÍTULO 6 • Sistemas de Parâmetros Distribuídos

Relembre da Equação (4.19) da Seção 4.1 que essa equação vetorial tem uma solução não nula (para a_1 e a_2) desde que a matriz de coeficientes tenha um determinante zero. Assim, essa formulação alternativa produz a equação característica

$$\det \begin{bmatrix} \operatorname{sen} \sigma l & 0 \\ 0 & 1 \end{bmatrix} = \operatorname{sen} \sigma l = 0$$

Isso fornece um cálculo mais sistemático da equação característica a partir da informação das condições de contorno.

Uma vez que há um número infinito de valores de σ_n, a solução dada pela Equação (6.17) torna-se

$$X_n(x) = a_n \operatorname{sen}\left(\frac{n\pi}{l} x\right) \quad n = 1, 2, \ldots \tag{6.22}$$

Aqui X é agora indexado por n por causa de sua dependência de σ_n e os a_n são constantes arbitrárias ainda a serem determinadas, potencialmente dependendo do índice n também.

A Equação (6.22) forma a solução espacial do problema da corda vibratória. As funções $X_n(x)$ satisfazem o problema de valor de contorno

$$\frac{\partial^2}{\partial x^2} (X_n) = \lambda_n X_n$$

$$X_n(0) = X_n(l) = 0 \tag{6.23}$$

onde λ_n são constantes ($\lambda_n = \sigma_n^2$) e onde a função X_n nunca é identicamente zero sobre todos os valores de x. Comparando esse resultado com a definição do problema de autovalor e autovetor de matriz da Seção 4.2, obtém-se algumas semelhanças muito fortes. Em vez de um autovetor que consiste em uma coluna de constantes, a Equação (6.23) define as *autofunções* $X_n(x)$ que são funções não nulas de x que satisfazem condições de contorno bem como uma equação diferencial. As constantes λ_n são chamadas *autovalores* assim como no caso matricial. O operador diferencial $-\partial^2/\partial x^2$ assume o lugar da matriz neste autoproblema. Semelhante ao autovetor do Capítulo 4, a autofunção é conhecida somente para uma constante. Isto é, se $X_n(x)$ é uma autofunção, também é $aX_n(x)$, onde a é qualquer constante. De fato, o conceito de autovetor e o de autofunção são matematicamente idênticos. Como é ilustrado a seguir, os autovalores, determinados pela equação característica dada nesse caso pela Equação (6.20) e as autofunções, descritas em (6.22), determinarão as frequências naturais e formas modais da corda vibratória.

Para esse fim, considere a seguinte equação temporal dada por (6.15) com as quantidades de (6.21) substituídas por σ_n:

$$\ddot{T}_n(t) + \sigma_n^2 c^2 T_n(t) = 0 \quad n = 1, 2, \ldots \tag{6.24}$$

SEÇÃO 6.2 Modos e Frequências Naturais

onde $T(t)$ é agora indexada porque existe uma solução para cada valor de σ_n. O coeficiente de $T_n(t)$ na equação temporal define a frequência natural, observando-se que $\omega_n = c\sigma_n$ e, portanto,

$$\omega_n = c\sigma_n = \frac{n\pi}{l} \sqrt{\frac{\tau}{\rho A}} \, \text{rad/s}$$

A forma geral da solução da Equação (6.24) é dada na Janela 1.4 como

$$T_n(t) = A_n \operatorname{sen} \omega_n t + B_n \cos \omega_n t \tag{6.25}$$

onde A_n e B_n são constantes de integração. Dado que ambas as funções $X_n(x)$ e $T_n(t)$ são dependentes de n, a solução $w(x, t) = X_n(x)T_n(t)$ deve ser também uma função de n, tal que

$$w_n(x, t) = c_n \operatorname{sen}\left(\frac{n\pi}{l} x\right) \operatorname{sen}\left(\frac{n\pi c}{l} t\right) + d_n \operatorname{sen}\left(\frac{n\pi}{l} x\right) \cos\left(\frac{n\pi c}{l} t\right) \quad n = 1, 2, \ldots \tag{6.26}$$

onde c_n e d_n são novas constantes a serem determinadas. Observe que uma constante desconhecida a_n vezes outra constante desconhecida A_n é uma constante desconhecida c_n (similarmente, $d_n = a_n B_n$). Uma vez que a equação da corda é linear, qualquer combinação linear de soluções é uma solução. Assim, a solução geral é da forma

$$w(x, t) = \sum_{n=1}^{\infty} (c_n \operatorname{sen} \sigma_n x \operatorname{sen} \sigma_n ct + d_n \operatorname{sen} \sigma_n x \cos \sigma_n ct) \tag{6.27}$$

O conjunto de constantes $\{c_n\}$ e $\{d_n\}$ pode ser determinado aplicando as condições iniciais em $w(x, t)$ e a ortogonalidade do conjunto de funções sen $(n\pi x/l)$. A ortogonalidade do conjunto de funções sen $(n\pi x/l)$ indica que

$$\int_0^l \operatorname{sen} \frac{n\pi x}{l} \operatorname{sen} \frac{m\pi x}{l} \, dx = \begin{cases} \dfrac{l}{2} & n = m \\ 0 & n \neq m \end{cases} \tag{6.28}$$

que é idêntica à ortogonalidade dos vetores modais discutidos na Seção 4.2. Essa condição de ortogonalidade pode ser obtida por identidades trigonométricas e integração simples (como sugerido na Seção 3.3).

Considere a condição inicial no deslocamento aplicado à Equação (6.27):

$$w(x, 0) = w_0(x) = \sum_{n=1}^{\infty} d_n \operatorname{sen} \frac{n\pi x}{l} \cos(0) \tag{6.29}$$

512 CAPÍTULO 6 • Sistemas de Parâmetros Distribuídos

Multiplicando ambos os lados dessa igualdade por sen $m\pi x/l$ e integrando ao longo do comprimento da corda tem-se

$$\int_0^l w_0(x) \operatorname{sen} \frac{m\pi x}{l} \, dx = \sum_{n=1}^{\infty} d_n \int_0^l \operatorname{sen} \frac{n\pi x}{l} \operatorname{sen} \frac{m\pi x}{l} \, dx = d_m\left(\frac{l}{2}\right) \tag{6.30}$$

onde cada termo na somatória do lado direito da Equação (6.29) é zero, exceto para o m-ésimo termo, pela aplicação direta da condição de ortogonalidade de (6.28). A Equação (6.30) deve ser válida para cada valor de m, tal que

$$d_m = \frac{2}{l} \int_0^l w_0(x) \operatorname{sen} \frac{m\pi x}{l} \, dx \quad m = 1, 2, 3, \ldots \tag{6.31}$$

É usual substituir m por n, já que o índice passa sobre todos os valores positivos (isto é, o índice na Equação (6.31) é um índice livre e não importa como é nomeado). É mais conveniente renomeá-lo como d_n.

Uma expressão similar para as constantes $\{c_n\}$ é obtida usando a condição de velocidade inicial. A diferenciação no tempo da somatória da Equação (6.27) produz

$$\dot{w}_0(x) = w_t(x, 0) = \sum_{n=1}^{\infty} c_n \sigma_n c \operatorname{sen} \frac{n\pi x}{l} \cos(0) \tag{6.32}$$

Novamente, multiplicando-se por $m\pi x/l$, integrando-se ao longo do comprimento da corda e aplicando a condição de ortogonalidade de (6.28) tem-se

$$c_n = \frac{2}{n\pi c} \int_0^l \dot{w}_0(x) \operatorname{sen} \frac{n\pi x}{l} \, dx \quad n = 1, 2, 3, \ldots \tag{6.33}$$

onde o índice foi renomeado n. As Equações (6.31) e (6.33) combinadas com a Equação (6.27) formam a solução completa para a corda vibratória (isto é, descrevem a resposta de vibração da corda em qualquer ponto n e qualquer tempo t).

Exemplo 6.2.1

A solução de uma equação diferencial ordinária de segunda ordem com coeficientes constantes sujeitos a condições de contorno é usada ao longo desta seção. Este exemplo esclarece a escolha de uma constante negativa para o procedimento de separação de variáveis e revisa a técnica de solução para equações diferenciais de segunda ordem com coeficientes constantes (ver, por exemplo, Boyce e DiPrima, 2009). Considere novamente a Equação (6.14), onde neste momento a constante de separação é escolhida como sendo β, com β de sinal arbitrário. Então,

$$X'' + \beta X = 0 \tag{6.34}$$

Assuma que a solução da Equação (6.34) é da forma $X(x) = e^{\lambda x}$, onde λ deve ser determinado. Substituindo em (6.34) obtém-se

$$(\lambda^2 + \beta)e^{\lambda x} = 0 \tag{6.35}$$

SEÇÃO 6.2 Modos e Frequências Naturais

Uma vez que $e^{\lambda x}$ nunca é zero, isso requer que

$$\lambda = \pm \sqrt{-\beta} \tag{6.36}$$

Aqui λ será puramente imaginário ou real, dependendo do sinal da constante de separação β. Assim, existem duas soluções e a solução geral é a soma

$$X(x) = Ae^{-\sqrt{-\beta}x} + Be^{+\sqrt{-\beta}x} \tag{6.37}$$

onde A e B são constantes de integração a serem determinadas pelas condições de contorno.
Aplicando as condições de contorno a Equação (6.37) resulta em

$$X(0) = A + B = 0$$

$$X(l) = Ae^{-\sqrt{-\beta}l} + Be^{\sqrt{-\beta}l} = 0 \tag{6.38}$$

Esse sistema de equações pode ser escrito na forma matricial

$$\begin{bmatrix} 1 & 1 \\ e^{-\sqrt{-\beta}l} & e^{\sqrt{-\beta}l} \end{bmatrix} \begin{bmatrix} A \\ B \end{bmatrix} = \begin{bmatrix} 0 \\ 0 \end{bmatrix}$$

que tem uma solução não nula para A e B se, e somente se, (relembrar da Seção 4.1) o determinante da matriz de coeficientes for zero. Isso resulta em

$$e^{+\sqrt{-\beta}l} - e^{-\sqrt{-\beta}l} = 0 \tag{6.39}$$

que deve ser satisfeita. Para valores negativos reais de β, por exemplo $\beta = -\sigma^2$, isso torna-se (relembre a definição senh $u = (e^u - e^{-u})/2$

$$e^{\sigma l} - e^{-\sigma l} = 2 \text{ senh } \sigma l = 0 \tag{6.40}$$

que tem apenas a solução trivial e, portanto, $\beta \neq -\sigma^2$. Isso significa que a constante de separação σ no desenvolvimento da Equação (6.14) não pode ser positiva. Assim, $\sqrt{-\beta}$ deve ser complexa (isto é, $\beta = \sigma^2$), tal que a Equação (6.39) torne

$$e^{\sigma jl} - e^{-\sigma jl} = 0 \tag{6.41}$$

onde $j = \sqrt{-1}$. A fórmula de Euler para a função seno é sen $u = (e^{uj} - e^{-uj})/2j$, tal que a Equação (6.41) torne

$$\text{sen } \sigma l = 0 \tag{6.42}$$

que tem a solução $\sigma = n\pi/l$ como usado na Equação (6.20).
A única possibilidade que resta verificar é o caso $\beta = 0$, que produz $X'' = 0$, ou, ao integrar duas vezes,

$$X(x) = a + bx \tag{6.43}$$

A aplicação das condições de contorno resulta em

$$X(0) = a = 0$$

$$X(l) = bl = 0 \tag{6.44}$$

que produz apenas a solução trivial $a = b = 0$. Portanto, a escolha da constante de separação na Equação (6.14) como $-\sigma^2$ é totalmente justificada e a solução da equação espacial da corda fixa em ambas as extremidades é da forma

514   CAPÍTULO 6 • Sistemas de Parâmetros Distribuídos

$$X_n(x) = a_n \operatorname{sen} \frac{n\pi x}{l} \qquad n = 1, 2, 3, \ldots$$

Aqui, o subscrito n foi adicionado a $X(x)$ para indicar sua dependência do índice n e para indicar que ocorre mais de uma solução. Nesse caso, resulta um número infinito de soluções, uma para cada inteiro n.

□

Note que a solução dessa equação espacial é muito parecida com a solução da equação do oscilador de um grau de liberdade na Seção 1.1 e revisada na Janela 6.2. Existe, no entanto, duas diferenças principais. Primeiro, o sinal do coeficiente no oscilador de um grau de liberdade é determinado a partir de motivação física (ou seja, a relação entre rigidez e massa é positiva) e segundo, as constantes de integração foram avaliadas no início do intervalo em vez das extremidades. A equação espacial da corda é um problema de valor de contorno, enquanto a equação do oscilador de um grau de liberdade é um problema de valor inicial. Observe que a equação temporal para a corda, entretanto, é idêntica à equação de um oscilador de um grau de liberdade. A equação temporal é também um problema de valor inicial.

Janela 6.2
Revisão da Solução de um Sistema de um Grau de Liberdade

A solução de $m\ddot{x} + kx = 0$, $x(0) = x_0$, $\dot{x}(0) = v_0$ para $m, k > 0$ é

$$x(t) = \frac{\sqrt{\omega_n^2 x_0^2 + v_0^2}}{\omega_n} \operatorname{sen}\left(\omega_n t + \operatorname{tg}^{-1} \frac{\omega_n x_0}{v_0} \right) \qquad (1.10)$$

onde $\omega_n = \sqrt{k/m}$.

Agora que a solução matemática da corda vibratória foi estabelecida, considere a interpretação física dos vários termos na Equação (6.27). Considere um deslocamento inicial da forma

$$w_0(x) = \operatorname{sen} \frac{\pi x}{l} \qquad (6.45)$$

e uma velocidade inicial de $\dot{w}_0(x) = 0$. Com esses valores de condições iniciais, o cálculo dos coeficientes em (6.27) usando as Equações (6.31) e (6.33) produz $c_n = 0$ para $n = 1$, 2, ..., $d_n = 0$ para $n = 2, 3, \ldots$, e $d_1 = 1$. A substituição desses coeficientes na Equação (6.27) origina a solução

$$w(x, t) = \operatorname{sen} \frac{\pi x}{l} \cos \frac{\pi c}{l} t \qquad (6.46)$$

que é o primeiro termo da série. Comparando o segundo termo da Equação (6.46) com cos ωt, afirma-se que a corda está oscilando no tempo em uma frequência de

$$\omega_1 = \frac{\pi c}{l} = \frac{\pi}{l}\sqrt{\frac{\tau}{\rho A}} \text{ rad/s ou } f_1 = \frac{\omega_1}{2\pi} \text{ Hz} \tag{6.47}$$

na forma espacial de ($\pi x/l$). Assim, durante um tempo fixo t, a corda será deformada na forma de uma senoide. Cada ponto da corda está se movendo para cima e para baixo no tempo (isto é, vibrando na frequência $\pi c/l$). Utilizando o jargão do Capítulo 4, a função $X_1(x)$ = sen ($\pi x/l$) é chamada de *forma modal* ou *modo* da corda e a quantidade ($\pi c/l$) é chamada *frequência natural* da corda.

Esse procedimento pode ser repetido para cada valor do índice n escolhendo o deslocamento inicial como sen ($n\pi x/l$) e a velocidade como zero. Isso dá origem a um número infinito de formas modais ($n\pi x/l$) e frequências naturais ($n\pi c/l$) e é a razão pela qual os sistemas de parâmetros distribuídos são chamados de *sistemas de dimensão infinita*. A Figura 6.3 ilustra as duas primeiras formas modais da extremidade fixa da corda. Se a corda é excitada no segundo modo usando as condições iniciais w_0 = sen ($2\pi x/l$), $\dot{w}_0 = 0$ e o movimento resultante é visto por um estroboscópio piscando com frequência $\dot{w}_0 = 0$, a curva de $2\pi c/l$ na Figura 6.3 seria visível.

Uma propriedade interessante dos modos de uma corda são os pontos onde os modos sen ($2\pi x/l$) são zeros. Esses pontos são chamados *nós*. Observe a partir da Figura 6.3 que o nó do segundo modo está no ponto $l/2$. Se a corda tem um deslocamento inicial igual ao segundo modo, não haverá movimento no ponto $l/2$ para qualquer valor de t. Esse nó, como no caso de sistemas de parâmetros concentrados, é um ponto na corda que não se move se a estrutura é excitada somente nesse modo.

Os modos e frequências naturais para uma corda e aqueles para um sistema de vários graus de liberdade são muito semelhantes. Para um sistema de múltiplos graus de liberdade, a forma modal é um vetor, cujos elementos produzem a amplitude relativa de vibração de cada coordenada do sistema. O mesmo é verdadeiro para uma autofunção da corda, a diferença é que em vez de elementos de um vetor a autofunção dá a amplitude da resposta modal em cada valor da posição x ao longo da corda.

A Equação (6.27) é o modelo de parâmetro distribuído equivalente da expansão modal dada pela Equação (4.103) para sistemas de parâmetros concentrados. Em vez de uma expansão do vetor de solução $\mathbf{x}(t)$ em termos dos vetores modais $\mathbf{u}_i$ indicados na Equação (4.103)

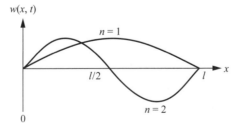

Figura 6.3 Um gráfico da deflexão $w(x, t)$ em relação à posição x durante um tempo fixo que ilustra as duas primeiras formas modais de uma corda vibratória fixa em ambas as extremidades.

516   CAPÍTULO 6 • Sistemas de Parâmetros Distribuídos

Janela 6.3
Revisão da Solução de Expansão Modal de um
Sistema de Múltiplos Graus de Liberdade

A solução de $M\ddot{\mathbf{x}} + K\mathbf{x} = \mathbf{0}$, $\mathbf{x}(0) = \mathbf{x}_0$, $\dot{\mathbf{x}}(0) = \dot{\mathbf{x}}_0$, é

$$\mathbf{x}(t) = \sum_{i=1}^{n} c_i \,\text{sen}\,(\omega_i t + \phi_i)\mathbf{u}_i \qquad (4.103)$$

onde $\mathbf{u}_i$ são os autovetores da matriz $M^{-1/2}KM^{-1/2}$ e ω_i^2 são os autovalores associados de $M^{-1/2}KM^{-1/2}$. As constantes c_i e ϕ_i são determinadas a partir das condições iniciais usando a ortogonalidade de $\mathbf{u}_i$ para obter

$$c_i = \frac{\mathbf{u}_i^T M\mathbf{x}(0)}{\text{sen}\,\phi_i}$$

$$\phi_i = \text{tg}^{-1} \frac{\omega_i \mathbf{u}_i^T M\mathbf{x}(0)}{\mathbf{u}_i^T M\dot{\mathbf{x}}(0)}$$

e revisto na Janela 6.3, o equivalente de parâmetro distribuído consiste em uma expansão em termos das funções de forma modal $\sigma_n x$. Assim como os vetores de forma modal determinam a amplitude relativa do movimento de várias massas do sistema concentrado, as funções de forma modais determinam a amplitude de movimento da massa distribuída do sistema de parâmetros distribuídos. Os procedimentos descritos nesta seção constituem a análise modal de um sistema de parâmetros distribuídos. Esse procedimento básico é repetido nas seções seguintes para determinar a resposta de vibração de uma variedade de sistemas de parâmetros distribuídos. Análise modal para sistemas amortecidos é dada na Seção 6.7 e para a resposta forçada na Seção 6.8.

Exemplo 6.2.2

Para obter uma sensibilidade com as unidades de uma corda vibrante, considere um fio de piano. Um modelo razoável de um fio de piano é a corda fixa em ambas as extremidades da Figura 6.1. Uma corda de piano de 1,4 m de comprimento tem uma massa de cerca de 110 g e uma tensão de cerca de $\tau = 11,1 \times 10^4 = 11,1$. A primeira frequência natural é então

$$\omega_1 = \frac{\pi c}{l} = \frac{\pi}{1,4\,\text{m}} \sqrt{\frac{\tau}{\rho A}}\,\text{rad/s}$$

Como $\rho A = 110$ g por 1,4 m = 0,0786 kg/m, então

$$\omega_1 = \frac{\pi}{1,4\,\text{m}} \left(\frac{11,1 \times 10^4\,\text{N}}{0,0786\,\text{kg/m}}\right)^{1/2} = 2666,69\,\text{rad/s} \quad \text{ou} \quad f_1 = 424\,\text{Hz}$$

□

Exemplo 6.2.3

Calcule os modos de vibração e as frequências naturais do sistema de mola-cabo do Exemplo 6.1.1. A solução da equação da corda será a mesma que a apresentada para a corda fixa em ambas as extremidades, com exceção da avaliação das constantes usando as condições de contorno.

Solução Referindo-se a Equação (6.17) e aplicando as condições de contorno dadas no Exemplo 6.1.1 tem-se

$$X(0) = a_2 = 0 \qquad (6.48)$$

em uma extremidade. Na outra extremidade, a substituição de $w(x, t) = X(x)T(t)$ para a condição de contorno resulta em

$$\tau X'(l)T(t) = -kX(l)T(t) \qquad (6.49)$$

Mediante substituição adicional de $X = a_1 \,\text{sen}\, \sigma x$ a expressão anterior torna-se

$$\tau \sigma \cos \sigma l = -k \,\text{sen}\, \sigma l \qquad (6.50)$$

tal que

$$\text{tg}\, \sigma l = -\frac{\tau \sigma}{k} \qquad (6.51)$$

Como no caso da corda fixa em ambas as extremidades, satisfazendo a segunda condição de contorno produz um número infinito de valores de σ. Por isso σ torna-se σ_n, em que σ_n são as soluções da Equação (6.51). Esses valores de σ_n podem ser visualizados (e computados) traçando $\text{tg}\, \sigma l$ e $-\tau\sigma/k$ por σ no mesmo gráfico, tal como ilustrado na Figura 6.4. Assim, as autofunções ou modos de vibração de um cabo ligado a uma mola são

$$a_n \,\text{sen}\, \sigma_n x, n = 1, 2, 3, \ldots \infty \qquad (6.52)$$

onde σ_n deve ser calculado numericamente para dados valores de k, τ e l a partir da Equação (6.51). Note que por meio da análise das curvas da Figura 6.4, os valores de σ_n (o ponto onde as duas curvas cruzam) para grandes valores de n tornam-se muito próximos de $(2n - 1)\pi/(2l)$.

□

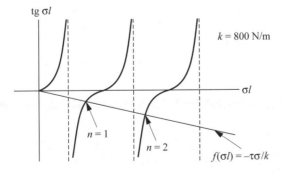

Figura 6.4 Uma solução gráfica da equação transcendental $\sigma l = -\tau\sigma/k$.

CAPÍTULO 6 • Sistemas de Parâmetros Distribuídos

O método de análise modal de separação de variáveis ilustrado nesta seção é resumido na Janela 6.4. Note que o processo é análogo ao resumido na Janela 6.3 para sistemas de parâmetros concentrados.

Janela 6.4
Resumo do Método de Soluções por Separação de Variáveis

1. Uma solução de uma equação diferencial parcial é considerada como tendo a forma $w(x, t) = X(x)T(t)$ (isto é, separada).

2. A forma separada é então substituída na equação diferencial parcial de movimento e separada na tentativa de colocar todos os termos contendo $X(x)$ em um dos lados da igualdade e todos os termos contendo $T(x)$ do outro lado. (Note que isso não pode ser feito sempre.)

3. Uma vez escrita de forma separada, a Equação (6.12), por exemplo, cada um dos lados da igualdade é estabelecido como igual a mesma constante para obter duas novas equações: uma equação espacial em uma única variável $X(x)$ e uma equação temporal em uma única variável $T(x)$. Essa constante é chamada de constante de separação e é denotada por σ^2.

4. As condições de contorno são aplicadas à equação espacial que resulta num problema de autovetor algébrico que produz um número infinito de constantes de separação σ_n e formas modais $X_n(x)$.

5. As constantes de separação obtidas no passo 4 são substituídas na equação temporal e as soluções $T_n(x)$ são obtidas em termos de duas constantes arbitrárias.

6. O número infinito de soluções $w_n(x, t) = X_n(x)T_n(t)$ são então formadas e somadas para produzir a solução em série

$$w(x, t) = \sum_{n=1}^{\infty} X_n(x)T_n(t)$$

que contém dois conjuntos de constantes indeterminadas.

7. As constantes desconhecidas são determinadas a partir das condições iniciais $w(x, 0)$ e $w_t(x, 0)$ para a solução em série, multiplicando-se por um modo $X_m(x)$ e integrando em x. Em seguida, a condição de ortogonalidade produz equações simples para as constantes desconhecidas em termos das condições iniciais. Ver Equações (6.31) e (6.33), por exemplo.

8. A solução em série é escrita com as constantes avaliadas no passo 7 e a solução está completa.

6.3 VIBRAÇÃO DE HASTES E BARRAS

A seguir considere a vibração de uma barra elástica (ou haste) de comprimento l e área da seção transversal variante na direção indicada na Figura 6.5. A densidade da barra é representada por ρ (não devem ser confundidas com massa por unidade de comprimento utilizado na corda) e a área da seção transversal por $A(x)$. Usando o sistema de coordenadas indicado na figura, a soma das forças sobre o elemento infinitesimal na direção x são

$$F + dF - F = \rho A(x) dx \frac{\partial^2 w(x, t)}{\partial t^2} \qquad (6.53)$$

onde $w(x, t)$ é a deflexão da haste na direção x, F indica a força que atua sobre o elemento infinitesimal para a esquerda e $F + dF$ indica a força para a direita quando o elemento é deslocado. De resistência dos materiais, a força F é dada por $F = \sigma_s A$, onde σ_s é a tensão na direção x e tem o valor $E w_x(x, t)$, onde E é o módulo de Young (ou módulo de elasticidade) e w_x representa a deformação. Isso produz

$$F = EA(x) \frac{\partial w(x, t)}{\partial x} \qquad (6.54)$$

A partir da regra da cadeia para derivadas parciais, a força diferencial torna-se $dF = (\partial F/\partial x)\, dx$. Substituindo essas quantidades na Equação (6.53) e dividindo por dx tem-se

$$\frac{\partial}{\partial x}\left(EA(x) \frac{\partial w(x, t)}{\partial x} \right) = \rho A(x) \frac{\partial^2 w(x, t)}{\partial t^2} \qquad (6.55)$$

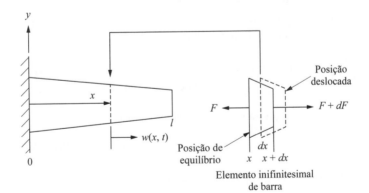

Figura 6.5 Uma barra engastada em vibração longitudinal ao longo de x.

Nos casos em que $A(x)$ é uma constante, a Equação (6.55) torna-se

$$\left(\frac{E}{\rho}\right)\frac{\partial^2 w(x, t)}{\partial x^2} = \frac{\partial^2 w(x, t)}{\partial t^2} \tag{6.56}$$

que tem exatamente a mesma forma que a equação da corda da Seção 6.2. A quantidade $c = \sqrt{E/\rho}$ define a velocidade de propagação do deslocamento (ou tensão da onda) na barra. Dessa forma a técnica de solução usada na Seção 6.2 é exatamente aplicável aqui.

Porque a barra pode suportar seu próprio peso, uma variedade de condições de contorno é possível. Várias molas, massas ou amortecedores podem ser ligados a uma extremidade da barra ou outro, para modelar uma variedade de situações. Considere as condições de contorno para a configuração fixa-livre (chamada engastada) da Figura 6.5. Na extremidade fixa $x = 0$ o deslocamento deve ser zero, tal que

$$w(0, t) = 0 \quad t > 0 \tag{6.57}$$

na extremidade livre $x = l$ a força na barra deve ser zero ou

$$EA \left.\frac{\partial w(x, t)}{\partial x}\right|_{x=l} = 0 \tag{6.58}$$

Essas são as condições de contorno mais simples.

Exemplo 6.3.1

Calcule os modos de vibração e as frequências naturais da barra engastada da Figura 6.5 para o caso de seção transversal constante.

Solução Seguindo o método de separação de variáveis descrito na Janela 6.4, fazendo $w(x, t) = X(x)T(t)$ na Equação (6.56) obtém-se

$$\frac{X''(x)}{X(x)} = \frac{\ddot{T}(t)}{c^2 T(t)} = -\sigma^2 \tag{6.59}$$

Essa última expressão produz a seguinte equação espacial:

$$X''(x) + \sigma^2 X(x) = 0, \quad \text{e} \quad X(0) = 0, AEX'(l) = 0$$

A equação espacial tem uma solução da forma

$$X(x) = a \sin \sigma x + b \cos \sigma x$$

SEÇÃO 6.3 Vibração de Hastes e Barras **521**

Aplicando a condição da extremidade fixa $x = 0$ resulta em $b = 0$, tal que $X(x)$ tem a forma de

$$X(x) = a \operatorname{sen} \sigma x$$

em $x = l$, a condição de contorno produz

$$AEX'(l) = 0 = AE\sigma a \cos \sigma l \tag{6.60}$$

uma vez que A, E, a e σ são diferentes de zero, isso requer que $\sigma l = 0$ ou que

$$\sigma_n = \frac{2n - 1}{2l} \pi \quad n = 1, 2, 3, \ldots \tag{6.61}$$

Os *modos de vibração* são, portanto, da forma

$$a_n \operatorname{sen} \frac{(2n - 1)\pi x}{2l} \tag{6.62}$$

Agora, considere a equação temporal, resultante da Equação (6.59):

$$\ddot{T}(t) + c^2\sigma^2 T(t) = 0 \Rightarrow T(t) = A \operatorname{sen} \sigma ct + B \cos \sigma ct$$

Isso sugere uma oscilação com frequência σc ou frequências naturais da forma

$$\omega_n = \frac{(2n - 1)\pi c}{2l} = \frac{(2n - 1)\pi}{2l} \sqrt{\frac{E}{\rho}} \operatorname{rad}/\operatorname{s} \quad n = 1, 2, 3, \ldots \tag{6.63}$$

A solução é dada pela Equação (6.27) com $c = \sqrt{E/\rho}$ e σ_n como dada pela Equação (6.61).

$\square$

Em sistemas de parâmetros distribuídos, a forma da equação diferencial espacial é muitas vezes determinada pelo termo de rigidez. A forma diferencial do termo de rigidez, juntamente com as condições de contorno determinam se ou não as autofunções e, portanto, os modos de vibração são ortogonais. A condição de ortogonalidade de autofunção para os sistemas de parâmetros distribuídos é uma réplica exata da condição de ortogonalidade de autovetores e formas modais para sistemas de parâmetros concentrados. Condições de ortogonalidade precisas estão além do escopo deste capítulo e podem ser encontrado em Inman (2006), por exemplo. Note no Exemplo 6.3.1 que os modos de vibração dados pela Equação (6.62) são ortogonais (relembre a Equação (6.28)). Assim como no caso de parâmetros concentrados, a ortogonalidade dos modos de vibração para um sistema de parâmetros distribuídos é extremamente útil para calcular a resposta do sistema de vibração. O exemplo seguinte ilustra o uso de modos para calcular a resposta a um dado conjunto de condições iniciais.

522   CAPÍTULO 6 • Sistemas de Parâmetros Distribuídos

Exemplo 6.3.2

Calcule a resposta da barra do Exemplo 6.3.1 para uma velocidade inicial de 3 cm/s na extremidade livre e um deslocamento inicial zero. Assuma que a barra de 5 m de comprimento tem uma densidade de $\rho = 8 \times 10^3$ kg/m^3 e tem um módulo de $E = 20 \times 10^{10}$ N/m^2. Trace a resposta em $x = l$ e $x = l/2$.

Solução A solução $w(x, t)$ para a vibração longitudinal de uma barra fixa-livre é dada pela Equação (6.27) como

$$w(x, t) = \sum_{n=1}^{\infty} \left(c_n \operatorname{sen} \sigma_n ct + d_n \cos \sigma_n ct \right) \operatorname{sen} \frac{(2n - 1)\pi x}{2l}$$

onde σ_n é calculado no Exemplo 6.3.1 e dado na Equação (6.61). Para calcular os coeficientes c_n e d_n, note que $w(x, 0) = 0$ e $w_t(l, 0) = 0,03$ m/s. Assim, a partir da Equação (6.31)

$$d_n = \frac{2}{l} \int_0^l w_0(x) \operatorname{sen} \frac{n\pi x}{l} \, dx = \frac{2}{l} \int_0^l (0) \operatorname{sen} \frac{n\pi x}{l} \, dx = 0$$

Os coeficientes c_n são calculados a partir da diferenciação de $w(x, t)$ e fazendo $t = 0$:

$$w_t(x, 0) = 0,03\delta(x - l) = \sum_{n=1}^{\infty} c_n \sigma_n c \operatorname{sen} \sigma_n x \cos (0)$$

onde δ é a função delta de Dirac. Multiplicando por sen $\sigma_m x$ e integrando tem-se

$$0,03 \int_0^l \delta(x - l) \operatorname{sen}(\sigma_m x) dx = \sum_{n=1}^{\infty} c_n \sigma_n c \int_0^l \operatorname{sen}(\sigma_n x) \operatorname{sen}(\sigma_m x) dx$$

Como $\{\operatorname{sen} \sigma_m x\}$ é um conjunto ortogonal de funções, cada termo no lado direito no somatório é zero, exceto para $n = m$:

$$\int_0^l \operatorname{sen}\left(\frac{2n - 1}{2l}\pi x\right) \operatorname{sen}\left(\frac{2m - 1}{2l}\pi x\right) dx = \begin{cases} l/2, & n = m \\ 0, & n \neq m \end{cases}$$

e a integral do lado esquerdo pode ser avaliada utilizando a propriedade da função delta de Dirac da Seção 3.1, $\int f(x)\delta(x - a)dx = f(a)$. Assim, a equação anterior torna-se

$$0,03 \operatorname{sen}\left(\frac{(2m - 1)\pi}{2}\right) = \frac{c\sigma_m l}{2} c_m$$

SEÇÃO 6.3 Vibração de Hastes e Barras

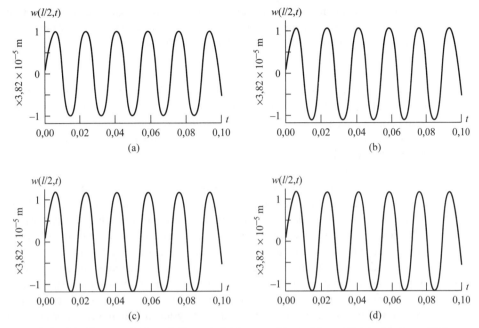

Figura 6.6 Resposta da barra do Exemplo 6.3.2 em $x = l/2$ para (a) um, (b) dois, (c) cinco e (d) dez termos da solução em série. Observe as pequenas mudanças de amplitude.

O numerador no lado esquerdo pode ser escrito como ± 1, dependendo do valor da função seno. Resolvendo para c_m, avaliando as constantes físicas e renomeando m por n resulta na equação

$$c_n = \frac{0{,}06(-1)^{n+1}}{c\sigma_n l} = \frac{0{,}6l(-1)^{n+1}}{c\pi(2n-1)} = 3{,}82 \times 10^{-6} \frac{(-1)^{n+1}}{(2n-1)} \, m, \quad n = 1, 2, 3, \ldots$$

Assim, a solução total torna-se

$$w(l, t) = 3{,}82 \times 10^{-6} \sum_{n=1}^{\infty} \frac{(-1)^{n+1}}{(2n-1)} \, \text{sen}\,[512{,}35(2n-1)\pi t]\,\text{m}$$

em $x = l/2$ a resposta é dada por

$$w(l/2, t) = 3{,}82 \times 10^{-5} \sum_{n=1}^{N} \frac{(-1)^{n+1}}{(2n-1)^2} \, \text{sen}\,(512{,}35)(2n-1)\pi t \,\text{m}$$

onde $N = \infty$. Para representar graficamente essas, a série infinita deve ser aproximada por truncamento da série tendo valores finitos de N. Na Figura 6.6, a resposta de $w(l/2, t)$ é representada para um, dois, cinco e dez termos. Note que a única diferença notável no gráfico do

CAPÍTULO 6 • Sistemas de Parâmetros Distribuídos

primeiro termo na soma, e dos dois primeiros termos, é o aumento da amplitude. Após cinco termos, não ocorre muitas mudanças nos gráficos. Os problemas no final deste capítulo investigam isso, como poderia qualquer *software* de matemática.

□

O exemplo anterior é resolvido pelo método de somatório de modos introduzido no Capítulo 4 para sistemas de parâmetros concentrados. O procedimento é o mesmo, tanto aqui como na Seção 4.4. Basicamente, a solução é escrita como uma soma de modos com constantes a ser avaliadas a partir das condições iniciais. Em seguida, a ortogonalidade dos modos de vibração é usada juntamente com as condições iniciais para determinar essas constantes.

A análise de um sistema de parâmetros concentrados e de um sistema de parâmetros distribuídos são semelhantes na medida em que ambos requerem o cálculo de frequências naturais e modos de vibração (autovetores no caso concentrado, autofunções no caso distribuído). No entanto, o tempo de resposta do sistema de parâmetros distribuídos espacialmente é distribuída de uma maneira contínua, ao passo que a de um sistema de parâmetro concentrado é espacialmente discreta. Assim, para um sistema concentrado é útil traçar a resposta no tempo de uma única coordenada $x_i(t)$ e para um sistema de parâmetro distribuído, a curva de resposta é em um único ponto (isto é, $w(l/2, t)$) como na Figura 6.6. Para o caso concentrado, existe um número finito de graus de liberdade e, portanto, um número finito de respostas $x_i(t)(i = 1, 2, \ldots n)$ a considerar. No caso de parâmetro distribuído, há um número infinito de respostas $w(x, t)$ a considerar, como as variáveis espaciais x podem assumir qualquer valor entre 0 e l. As condições de contorno para várias configurações da barra estão listadas na Tabela 6.1. A Tabela 6.2 lista as várias frequências e modos de vibração usando essas condições de contorno.

TABELA 6.1 UM RESUMO DAS VÁRIAS CONDIÇÕES DE CONTORNO PARA A VIBRAÇÃO LONGITUDINAL DA BARRA DA FIGURA 6.5

Fixa na extremidade esquerda: $w(x, t) \big|_{x=0} = 0$

Fixa na extremidade direita: $w(x, t) \big|_{x=l} = 0$

Livre na extremidade esquerda: $EA \dfrac{\partial w(x, t)}{\partial x} \bigg|_{x=0} = 0$

Livre na extremidade direita: $EA \dfrac{\partial w(x, t)}{\partial x} \bigg|_{x=l} = 0$

Presa a uma massa m na extremidade esquerda: $AE \dfrac{\partial w(x, t)}{\partial x} \bigg|_{x=0} = m \dfrac{\partial^2 w(x, t)}{\partial t^2} \bigg|_{x=0}$

Presa a uma massa m na extremidade direita: $AE \dfrac{\partial w(x, t)}{\partial x} \bigg|_{x=l} = -m \dfrac{\partial^2 w(x, t)}{\partial t^2} \bigg|_{x=l}$

Presa a uma mola de rigidez k na extremidade direita: $AE \dfrac{\partial w(x, t)}{\partial x} \bigg|_{x=0} = kw(x, t) \bigg|_{x=0}$

Presa a uma mola de rigidez k na extremidade esquerda: $AE \dfrac{\partial w(x, t)}{\partial x} \bigg|_{x=l} = -kw(x, t) \bigg|_{x=l}$

SEÇÃO 6.4 Vibração Torcional

TABELA 6.2 VÁRIAS CONFIGURAÇÕES DE UMA BARRA UNIFORME DE COMPRIMENTO l NA DIREÇÃO LONGITUDINAL DA VIBRAÇÃO MOSTRANDO AS FREQUÊNCIAS NATURAIS E AS FORMAS MODAIS[a]

Configuração	Frequência (rad/s) ou equação característica	Forma modal
Livre-livre	$\omega_n = \dfrac{n\pi c}{l}$, $n = 0, 1, 2, \ldots$	$\cos \dfrac{n\pi x}{l}$ [b]
Fixa-livre	$\omega_n = \dfrac{(2n\ 2\ 1)\pi c}{2l}$, $n = 1, 2, \ldots$	$\operatorname{sen} \dfrac{(2n-1)\pi x}{2l}$
Fixa-fixa	$\omega_n = \dfrac{n\pi c}{l}$, $n = 1, 2, \ldots$	$\operatorname{sen} \dfrac{n\pi x}{l}$
Fixa-mola	$\lambda_n \cot \lambda_n = -\left(\dfrac{kl}{EA} \right)$ $\omega_n = \dfrac{\lambda_n c}{l}$	$\operatorname{sen} \dfrac{\lambda_n x}{l}$
Fixa-massa	$\cot \lambda_n = \left(\dfrac{m}{\rho A l} \right) \lambda_n$ $\omega_n = \dfrac{\lambda_n c}{l}$	$\operatorname{sen} \dfrac{\lambda_n x}{l}$

[a]Note que os últimos dois exemplos requerem um procedimento numérico (sugerido nos Problemas no final do capítulo) para calcular os valores das frequências naturais. Aqui $c = \sqrt{E/\rho}$.
[b]A forma modal livre é uma constante.

6.4 VIBRAÇÃO TORCIONAL

A barra da Seção 6.3 também pode vibrar na direção de torção, como indicado pelo eixo circular da Figura 6.7. Nesse caso, a vibração ocorre numa direção angular em torno do eixo central num plano perpendicular à seção transversal do eixo ou haste. A rotação do eixo θ em relação ao eixo central é uma função da posição ao longo do comprimento da haste x e do tempo t. Assim θ é uma função de duas variáveis, denotada por $\theta(x, t)$. A equação do movimento pode ser determinada considerando um equilíbrio de momento de um elemento infinitesimal da haste de comprimento dx como ilustrado, na figura.

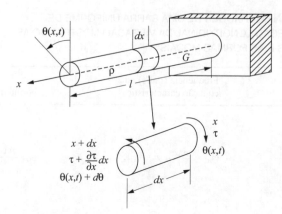

Figura 6.7 Um eixo circular ilustrando um movimento angular θ(x, t) como resultado de um momento atuando sobre um elemento diferencial dx do eixo de densidade ρ, comprimento l e módulo G. A função θ(x, t) indica o ângulo de torção.

Referindo-se a Figura 6.7, o torque na face direita do elemento dx (isto é, na posição x) é τ (aqui τ é utilizado como um torque, não tensão como na Seção 6.1), enquanto que na extremidade esquerda, na posição $x + dx$, é $\tau + \dfrac{\partial \tau}{\partial x} dx$. A partir da mecânica dos sólidos, o torque aplicado é relacionado com a deflexão torcional por (Shames, 1989)

$$\tau = GJ \frac{\partial \theta(x, t)}{\partial x} \quad (6.64)$$

onde GJ é a rigidez torcional composto do módulo de cisalhamento G e o momento polar de área da seção transversal J. Note que J poderia ser uma função de x, mas é considerado constante.

O torque total agindo em dx torna-se

$$\tau + \frac{\partial \tau}{\partial x} dx - \tau = J_0 \frac{\partial^2 \theta}{\partial t^2} dx \quad (6.65)$$

onde J_0 é o momento de inércia polar do eixo por unidade de comprimento e $\partial^2\theta/\partial t^2$ é a aceleração angular. Se o eixo tem seção transversal circular uniforme, J_0 torna-se simplesmente $J_0 = \rho J$, onde ρ é a densidade de massa do eixo. A substituição da expressão para o torque dada pela Equação (6.64) na Equação (6.65) resulta em

$$\frac{\partial}{\partial x}\left(GJ \frac{\partial \theta}{\partial x}\right) = \rho J \frac{\partial^2 \theta}{\partial t^2}$$

Simplificando para o caso de rigidez GJ constante, obtém-se

$$\frac{\partial^2 \theta(x, t)}{\partial t^2} = \left(\frac{G}{\rho}\right) \frac{\partial^2 \theta(x, t)}{\partial x^2} \quad (6.66)$$

para a equação de vibração torcional de uma haste. Isso é, novamente, matematicamente idêntica a fórmula da Equação (6.8) para a corda ou cabo e a fórmula da Equação (6.56) para as vibrações longitudinais de uma haste ou barra.

SEÇÃO 6.4 Vibração Torcional

Para outros tipos de seções transversais, a equação de torção de um eixo pode ainda ser usada para aproximar o movimento de torção, substituindo J na Equação (6.64) com uma *constante torcional* γ definida como sendo o momento necessário para produzir uma rotação de torção de 1 rad numa unidade de comprimento do eixo dividida pelo módulo de cisalhamento. Assim, um eixo com seção transversal não circular pode ser aproximada pela equação

$$\frac{\partial^2 \theta(x, t)}{\partial t^2} = \left(\frac{G\gamma}{\rho J}\right) \frac{\partial^2 \theta(x, t)}{\partial x^2} \tag{6.67}$$

Alguns valores de γ são apresentados na Tabela 6.3 para várias seções transversais comuns. Tenha em mente que a Equação (6.67) é aproximada e assuma em particular que o

TABELA 6.3 ALGUNS VALORES DE CONSTANTE TORCIONAL PARA VÁRIAS FORMAS DE SEÇÕES TRANSVERSAIS USADAS NA APROXIMAÇÃO DA VIBRAÇÃO TORCIONAL PARA SEÇÕES TRANSVERSAIS NÃO CIRCULARES TRANSVERSAIS

Seção transversal	Constante torcional
R	Eixo circular $$\frac{\pi R^4}{2}$$
R_2, R_1	Eixo circular vazado $$\frac{\pi}{2}(R_2^4 - R_1^4)$$
a, a	Eixo quadrado $$0{,}1406a^4$$
B, A, b, a	Eixo retangular vazado $$\frac{2AB(a-A)^2\,(b-B)^2}{aA + bB - A^2 - B^2}$$

528 CAPÍTULO 6 • Sistemas de Parâmetros Distribuídos

centro de massa e o centro de rotação coincide tal que as vibrações torcionais e flexão não acoplem.

A solução da Equação (6.66) depende de duas condições iniciais no tempo (isto é, $\theta(x, 0)$ e $\theta_t(x, 0)$) e duas condições de contorno, uma em cada extremidade da haste. As escolhas possíveis de condições de contorno são semelhantes àqueles para a corda e a barra (isto é, a deflexão é zero, se a haste é fixa a uma extremidade ou o torque é zero, se a haste é livre em uma extremidade). Por exemplo, a haste fixa-livre da Figura 6.7 tem condições de contorno

$$\text{(deflexão em 0)} \quad \theta(0, t) = 0 \tag{6.68}$$

$$\text{(torque em } l) \quad \gamma G \theta_x(l, t) = 0 \tag{6.69}$$

A Tabela 6.4 lista algumas condições de contorno comuns para a vibração torcional de eixos.

TABELA 6.4 UM RESUMO DAS VÁRIAS CONDIÇÕES DE CONTORNO PARA A VIBRAÇÃO TORCIONAL DO EIXO (FIGURA 6.7)

Fixo na extremidade esquerda: $\theta(x, t)|_{x=0} = 0$

Fixo na extremidade direita: $\theta(x, t)|_{x=l} = 0$

Livre na extremidade esquerda: $\gamma G \left. \dfrac{\partial \theta(x, t)}{\partial x} \right|_{x=0} = 0$

Livre na extremidade direita: $\gamma G \left. \dfrac{\partial \theta(x, t)}{\partial x} \right|_{x=l} = 0$

Presa a uma inércia J_1 na extremidade esquerda: $\gamma G \left. \dfrac{\partial \theta(x, t)}{\partial x} \right|_{x=0} = J_1 \left. \dfrac{\partial^2 \theta(x, t)}{\partial t^2} \right|_{x=0}$

Presa a uma inércia J_1 na extremidade direita: $\gamma G \left. \dfrac{\partial \theta(x, t)}{\partial x} \right|_{x=l} = -J_1 \left. \dfrac{\partial^2 \theta(x, t)}{\partial t^2} \right|_{x=l}$

Presa a uma mola torcional de rigidez k na extremidade esquerda: $\gamma G \left. \dfrac{\partial \theta(x, t)}{\partial x} \right|_{x=0} = k\theta(x, t) \Big|_{x=0}$

Presa a uma mola torcional de rigidez k na extremidade direita: $\gamma G \left. \dfrac{\partial \theta(x, t)}{\partial x} \right|_{x=l} = -k\theta(x, t) \Big|_{x=l}$

Exemplo 6.4.1

A vibração de uma grande máquina de moer pode ser modelada como um eixo ou haste com um disco numa extremidade, como ilustrado na Figura 6.8. A extremidade superior do eixo, em $x = 0$, é presa a uma polia. Os efeitos da correia de acionamento e o motor são contabilizados incluindo a sua inércia equivalente com o momento de inércia de massa da polia, indicada por J_1. Determine as frequências naturais do sistema.

SEÇÃO 6.4 Vibração Torcional

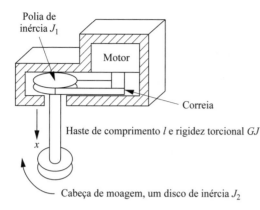

Figura 6.8 Um modelo simples de uma grande máquina de moagem.

Solução As frequências de vibrações são determinadas pela Equação (6.66), sujeito às condições de contorno adequadas. As condições de contorno são determinadas pela análise tanto pelos desvios quanto torques nos contornos. Neste exemplo, a deflexão é indeterminada em $x = 0$, mas o torque deve igualar ao fornecido pela polia ou

$$GJ\frac{\partial \theta(0,t)}{\partial x} = J_1 \frac{\partial^2 \theta(0,t)}{\partial t^2} \tag{6.70}$$

De modo semelhante, em $x = l$ um equilíbrio de momentos produz

$$GJ\frac{\partial \theta(l,t)}{\partial x} = -J_2 \frac{\partial^2 \theta(l,t)}{\partial t^2} \tag{6.71}$$

onde o sinal de subtração surge a partir da regra da mão direita. Seguindo o método da Seção 6.2, a solução para $\theta(x, t)$ é considerada separada e da forma $\theta(x, t) = \Theta(x)T(t)$. Substituindo a solução na Equação (6.66) e rearranjando tem-se

$$\frac{\Theta''(x)}{\Theta(x)} = \left(\frac{\rho}{G}\right)\frac{\ddot{T}(t)}{T(t)} = -\sigma^2 \tag{6.72}$$

Definindo $(\rho/G) = 1/c^2$ e percebendo que a Equação (6.72) divide-se em uma equação no tempo e uma equação no espaço, a equação espacial torna-se

$$\Theta''(x) + \sigma^2 \Theta(x) = 0 \tag{6.73}$$

onde σ é a constante de separação e está relacionada com as frequências naturais do sistema por

$$\omega = \sigma c = \sigma \sqrt{\frac{G}{\rho}} \tag{6.74}$$

A partir da Equação (6.70) a condição de contorno em $x = 0$ torna-se

$$GJ\Theta'(0)T(t) = J_1 \Theta(0)\ddot{T}(t) \tag{6.75}$$

530 CAPÍTULO 6 • Sistemas de Parâmetros Distribuídos

ou

$$\frac{GJ\Theta'(0)}{J_1\Theta(0)} = \frac{\ddot{T}(t)}{T(t)} = -c^2\sigma^2 \tag{6.76}$$

onde a última igualdade segue a partir do lado direito da Equação (6.72). Após algumas manipulações, a Equação (6.76) torna-se

$$\Theta'(0) = -\frac{\sigma^2 J_1}{\rho J}\Theta(0) \tag{6.77}$$

Do mesmo modo, as condições de contorno em $x = l$ dadas pela Equação (6.71) produzem

$$\Theta'(l) = \frac{\sigma^2 J_2}{\rho J}\Theta(l) \tag{6.78}$$

A solução geral da Equação (6.73) é

$$\Theta(x) = a_1 \operatorname{sen} \sigma x + a_2 \cos \sigma x \tag{6.79}$$

tal que

$$\Theta'(x) = a_1 \sigma \cos \sigma x - a_2 \sigma \operatorname{sen} \sigma x \tag{6.80}$$

A substituição dessas expressões na Equação (6.77) para a condição de contorno em $x = 0$ produz

$$a_1 = -\frac{\sigma J_1}{\rho J} a_2 \tag{6.81}$$

A aplicação das condições de contorno em $x = l$ por substituição das Equações (6.79), (6.80) e (6.81) na Equação (6.78) produz a equação característica dada por

$$\operatorname{tg} \sigma I = \frac{\rho J l (J_1 + J_2)(\sigma l)}{J_1 J_2 (\sigma l)^2 - \rho^2 J^2 l^2} \tag{6.82}$$

Essa expressão é uma equação transcendental na quantidade σl, que deve ser resolvida numericamente, similarmente ao Exemplo 6.2.3. Por causa do termo tangente, a Equação (6.82) tem um número infinito de soluções, o que pode ser representado por $\sigma_n l$, $n = 1, 2, 3, \ldots \infty$. As soluções numéricas σ_n determinam as frequências naturais de vibrações de acordo com a Equação (6.74):

$$\omega_n = \sigma_n \sqrt{\frac{G}{\rho}} \tag{6.83}$$

Note que a primeira solução da Equação (6.82) correspondente ao primeiro autovalor produz

$$\omega_1 = 0$$

SEÇÃO 6.4 Vibração Torcional

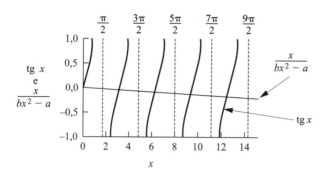

Figura 6.9 O gráfico de tg x por x e $x/(bx^2 - a)$ por x. Esses pontos de intersecção são determinados usando o comando `fzero` no MATLAB, como discutido no final da seção de problema. Obteve-se as raízes da Equação (6.84).

Desde que $\omega_1 = \sigma_1 = 0$, a Equação (6.72) torna-se $\ddot{T}_1(t) = 0$ ou $T_1(t) = a + bt$, onde a e b são constantes determinadas pelas condições iniciais. Essa solução corresponde ao modo de corpo rígido do sistema, o qual nesse caso é um eixo de rotação constante. A forma modal de corpo rígido é calculada a partir da Equação (6.73) com $\sigma = 0$. Isso produz $\Theta_1''(x) = 0$, tal que $\Theta_1(x) = a_1 + b_1 x$. Aplicando a condição de contorno em $x = 0$ tem-se $GJ(b_1) = 0$, tal que $b_1 = 0$. A condição de contorno em $x = l$ também resulta em $b_1 = 0$, tal que o primeiro modo de vibração, ou primeira autofunção, é simplesmente $\Theta_1(x) = a_1$, uma constante diferente de zero. Isso define a forma modal de corpo rígido.

Para valores muito grandes de σl, a Equação (6.82) reduz a $\sigma_l = 0$, tal que as altas frequências de vibração aproximam de $\omega_n = n\pi c$. Analisando a forma da equação característica vê-se que essa pode ser escrita como

$$(bx^2 - a)\operatorname{tg} x = x \tag{6.84}$$

onde $x = \sigma l$, $a = \rho Jl/(J_1 + J_2)$ e $b = J_1 J_2/[(J_1 + J_2)\rho J_l]$. A solução dessa expressão para o caso $J_1 = 10$ kg · m²/rad, $J_2 = 10$ kg · m²/rad, $\rho = 7870$ kg/m³, $J = 5$ m⁴, $l = 0{,}425$ m é ilustrado pelos pontos de intersecção das duas curvas na Figura 6.9. Esses pontos de intersecção são determinados usando o MATLAB para resolver para as raízes da Equação (6.84). Para $G = 80 \times 10^9$ Pa, tem-se

$$f_1 = 0 \qquad f_2 = 3{,}980 \text{ Hz} \qquad f_3 = 7{,}961 \text{ Hz}$$
$$f_4 = 11{,}940 \text{ Hz} \qquad f_5 = 15{,}920 \text{ Hz} \qquad f_6 = 19{,}900 \text{ Hz}$$

com as maiores frequências aproximando de $n\pi c$ em rad/s.

□

As frequências naturais para várias configurações de sistemas de torção são listadas na Tabela 6.5. Note a semelhança com a Tabela 6.2 para a vibração longitudinal. A única diferença é a interpretação física do movimento. Tabela 6.5 podem ser combinadas com a Janela 6.3, que harmoniza as frequências naturais de vibração de torção para as seções transversais não circulares. Uma tabela mais completa pode ser encontrada em Blevins (1987).

532 CAPÍTULO 6 • Sistemas de Parâmetros Distribuídos

TABELA 6.5 AMOSTRA DE DIVERSAS CONFIGURAÇÕES DE UM EIXO DE TORÇÃO UNIFORME EM VIBRAÇÃO, DE COMPRIMENTO l, ILUSTRANDO AS FREQUÊNCIAS NATURAIS E FORMAS MODAIS[a]

Configuração	Frequência (rad/s) ou equação característica	Forma modal
Livre-livre	$\omega_n = \dfrac{n\pi c}{l}, \quad n = 0, 1, 2, \ldots$	$\cos \dfrac{n\pi x}{l}$ [b]
Fixa-livre	$\omega_n = \dfrac{(2n-1)\pi c}{2l}, \quad n = 1, 2, \ldots$	$\mathrm{sen}\,\dfrac{(2n-1)\pi x}{2l}$
Fixo-fixo	$\omega_n = \dfrac{n\pi c}{l}, \quad n = 1, 2, \ldots$	$\mathrm{sen}\,\dfrac{n\pi x}{l}$
Fixa-mola (torcional)	$\lambda_n \cot \lambda_n = \dfrac{kl}{G\gamma}$ $\omega_n = \dfrac{\lambda_n c}{l}$	$\mathrm{sen}\,\dfrac{\lambda_n x}{l}$
Fixa-inércia	$\cot \lambda_n = \dfrac{J_0}{\rho l \gamma}\,\lambda_n$ $\omega_n = \dfrac{\lambda_n c}{l}$	$\mathrm{sen}\,\dfrac{\lambda_n x}{l}$

[a]Aqui $c = \sqrt{G\gamma/\rho J}$. O valor de γ pode ser encontrado na Tabela 6.3. Note que um método numérico é necessário para os dois últimos casos, como mostrado no Exemplo 6.4.1
[b]A forma modal livre é uma constante.

6.5 VIBRAÇÃO TRANSVERSAL DE VIGA

Esta seção considera novamente a vibração da barra ou viga da Figura 6.5. Neste caso, no entanto, é considerada a vibração da viga na direção perpendicular ao seu comprimento. Tais vibrações são frequentemente chamadas de *vibrações transversais* ou *vibrações flexionais*, porque ocorrem ao longo do comprimento da viga. Vibração transversal é facilmente sentida pelos seres humanos ao andar sobre pontes, por exemplo.

Teoria de Viga de Euler-Bournoulli

A Figura 6.10 ilustra uma viga engastada com a direção transversal de vibração indicada (isto é, a deflexão $w(x, t)$ é na direção y). A viga tem seção transversal retangular $A(x)$ com largura h_y, espessura h_z e comprimento l. Associado com a viga também tem uma rigidez à flexão $EI(x)$, onde E é o módulo de elasticidade de Young para a viga e $I(x)$ é o momento de inércia de área da seção transversal do "eixo z". Da mecânica dos materiais, a viga sustenta um momento fletor $M(x, t)$ que está relacionado com a deflexão da viga ou deformação à flexão $w(x, t)$ por

$$M(x, t) = EI(x) \frac{\partial^2 w(x, t)}{\partial x^2} \tag{6.85}$$

Um modelo de vibração transversal pode ser obtido a partir da análise do diagrama de força de um elemento infinitesimal da viga, tal como indicado na Figura 6.10. Assumindo que a deformação seja suficientemente pequena de tal forma que a deformação de cisalhamento é muito menor do que

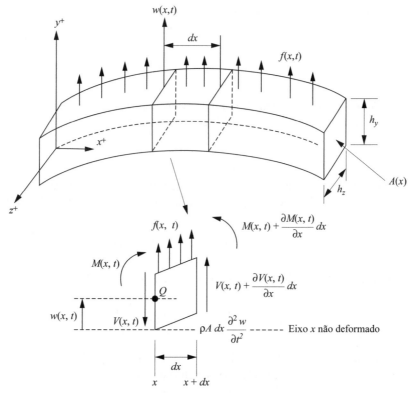

Figura 6.10 Uma viga de Euler-Bernoulli simples de comprimento (l) em vibração transversal e um diagrama de corpo livre de um pequeno elemento da viga deformado por uma força distribuída por unidade de comprimento, representada por $f(x, t)$.

534 CAPÍTULO 6 • Sistemas de Parâmetros Distribuídos

$w(x, t)$ (isto é, tal que os lados do elemento dx não flexione), um somatório de forças na direção y produz

$$\left(V(x, t) + \frac{\partial V(x, t)}{\partial x} dx \right) - V(x, t) + f(x, t)dx = \rho A(x) \, dx \, \frac{\partial^2 w(x, t)}{\partial t^2} \qquad (6.86)$$

Aqui $V(x, t)$ é a força cisalhante na extremidade esquerda do elemento dx, $V(x, t) + V_x(x, t)$ dx é a força cisalhante na extremidade direita do elemento dx, $f(x, t)$ é a força externa total aplicada ao elemento por unidade de comprimento e o termo do lado direito da igualdade é a força inercial do elemento. A hipótese de pequena deformação de cisalhamento utilizada no equilíbrio de força da Equação (6.86) é verdadeira se $l/h_z \geq 10$ e $l/h_y \geq 10$ (isto é, para as vigas delgadas longas ou vigas de Euler-Bernoulli).

Em seguida, os momentos que atuam sobre o elemento dx em torno do eixo z por meio do ponto Q são somados, resultando em

$$\left[M(x, t) + \frac{\partial M(x, t)}{\partial x} dx \right] - M(x, t) + \left[V(x, t) + \frac{\partial V(x, t)}{\partial x} dx \right] dx + [f(x, t)dx] \frac{dx}{2} = 0$$

$$(6.87)$$

O lado direito da equação é zero, uma vez que também é considerado que a inércia do elemento dx é desprezível. Simplificando essa expressão obtém-se

$$\left[\frac{\partial M(x, t)}{\partial x} + V(x, t) \right] dx + \left[\frac{\partial V(x, t)}{\partial x} + \frac{f(x, t)}{2} \right] (dx)^2 = 0 \qquad (6.88)$$

Uma vez que dx é considerado muito pequeno, $(dx)^2$ é considerado quase zero, tal que essa é a expressão de momento (dx é pequeno, mas não zero)

$$V(x, t) = - \frac{\partial M(x, t)}{\partial x} \qquad (6.89)$$

Essa expressão diz que a força cisalhante é proporcional à mudança espacial no momento fletor. A substituição dessa expressão para a força de cisalhamento na Equação (6.86) produz

$$-\frac{\partial^2}{\partial x^2} [M(x, t)]dx + f(x, t)dx = \rho A(x)dx \frac{\partial^2 w(x, t)}{\partial t^2} \qquad (6.90)$$

Além disso, substituindo a Equação (6.85) na Equação (6.90) e dividindo por dx produz-se

$$\rho A(x) \frac{\partial^2 w(x, t)}{\partial t^2} + \frac{\partial^2}{\partial x^2} \left[EI(x) \frac{\partial^2 w(x, t)}{\partial x^2} \right] = f(x, t) \qquad (6.91)$$

Se nenhuma força externa é aplicada de modo que $f(x, t) = 0$ e se $EI(x)$ e $A(x)$ são assumidos constantes, a Equação (6.91) simplifica de forma que a vibração livre é governada por

$$\frac{\partial^2 w(x, t)}{\partial t^2} + c^2 \frac{\partial^4 w(x, t)}{\partial x^4} = 0, \quad c = \sqrt{\frac{EI}{\rho A}} \qquad (6.92)$$

SEÇÃO 6.5 Vibração Transversal de Viga **535**

Note que, ao contrário das equações anteriores, a equação de vibração livre (6.92) contém quatro derivadas espaciais e, portanto, requer quatro (em vez de duas) condições de contorno no cálculo de uma solução. A presença das duas derivadas de tempo requer que duas condições iniciais, uma para o deslocamento e uma para a velocidade, sejam especificadas.

As condições de contorno necessárias para resolver a equação espacial em uma solução de variáveis separáveis da Equação (6.92) são obtidas por meio da análise da deflexão $w(x, t)$, a inclinação da deflexão $\partial w(x, t)/\partial x$, o momento fletor $EI\partial^2 w(x, t)/\partial x^2$ e a força de cisalhamento $\partial[EI\partial^2 w(x, t)/\partial x^2]/\partial x$ em cada extremidade da viga. Uma configuração comum é a *engastada* ou *fixa-livre*, tal como ilustrada na Figura 6.10. Em adição aos contornos serem fixos ou livres, a extremidade da viga poderia estar sobre um suporte restringido a deflexão. A situação é chamada simplesmente apoiada ou pinada. Um contorno *deslizante* ocorre quando o deslocamento é permitido, mas a rotação não. A carga de cisalhamento em um limite de deslizamento é zero.

Se um eixo em vibração transversal é livre em uma extremidade, a deflexão e a inclinação na extremidade não tem restrições, mas o momento fletor e a força de cisalhamento deve desaparecer:

$$\text{momento fletor} = EI\frac{\partial^2 w}{\partial x^2} = 0$$

$$\text{força de cisalhamento} = \frac{\partial}{\partial x}\left[EI\frac{\partial^2 w}{\partial x^2}\right] = 0 \tag{6.93}$$

Se, por outro lado, a extremidade de uma viga é fixa, o momento fletor e a força de cisalhamento, não tem restrições, mas a deflexão e inclinação deve desaparecer na extremidade:

$$\text{deflexão} = w = 0$$

$$\text{inclinação} = \frac{\partial w}{\partial x} = 0 \tag{6.94}$$

Numa extremidade simplesmente apoiada ou fixa, a inclinação e a força de cisalhamento, não tem restrições enquanto a deflexão e momento fletor devem desaparecer:

$$\text{deflexão} = w = 0$$

$$\text{momento fletor} = EI\frac{\partial^2 w}{\partial x^2} = 0 \tag{6.95}$$

Numa extremidade deslizante, a inclinação ou a rotação é zero e nenhuma força de cisalhamento é permitida. Por outro lado, a deflexão e o momento fletor são irrestritos. Por isso, em um contorno de deslizamento,

$$\text{inclinação} = \frac{\partial w}{\partial x} = 0$$

$$\text{força de cisalhamento} = \frac{\partial}{\partial x}\left(EI\frac{\partial^2 w}{\partial x^2}\right) = 0 \tag{6.96}$$

Outras condições de contorno são possíveis, ligando as extremidades de um eixo a uma variedade de dispositivos tais como massas concentradas, molas e assim por diante. Essas condições de contorno podem ser determinadas pelos equilíbrios de força e momento.

536 CAPÍTULO 6 • Sistemas de Parâmetros Distribuídos

Além de quatro condições de contorno satisfatórias, a solução da Equação (6.92) para vibração livre pode ser calculada apenas se duas condições iniciais (em tempo) são especificadas. Como no caso da haste, corda e barras, essas condições iniciais são perfis de deflexão e de velocidade inicial especificadas:

$$w(x, 0) = w_0(x) \quad \text{e} \quad w_t(x, 0) = \dot{w}_0(x)$$

assumindo que $t = 0$ é o tempo inicial. Observe que, se w_0 e $\dot{w}_0$ são ambos zero, nenhum movimento aconteceria.

A solução da Equação (6.92) sujeito a quatro condições de contorno e duas condições iniciais produzem exatamente os mesmos passos utilizados nas seções anteriores. Uma solução por separação de variáveis da forma $w(x, t) = X(x)T(t)$ é considerada. Essa solução é substituída na equação de movimento, Equação (6.92), para se obter (após rearranjo)

$$c^2 \frac{X''''(x)}{X(x)} = -\frac{\ddot{T}(t)}{T(t)} = \omega^2 \tag{6.97}$$

onde as derivadas parciais foram substituídas por derivadas totais como antes (note: $X'''' = d^4X/dx^4$, $\ddot{T} = d^2T/dt^2$). A escolha da constante de separação ω^2 é realizada com base na experiência com os sistemas da Seção 6.4 em que a frequência natural vem a partir da equação

$$\ddot{T}(t) + \omega^2 T(t) = 0 \tag{6.98}$$

que é o lado direito da Equação (6.97). Essa equação no tempo tem uma solução da forma

$$T(t) = A \operatorname{sen} \omega t + B \cos \omega t \tag{6.99}$$

onde as constantes A e B são determinadas pelas condições iniciais especificadas depois de serem combinadas com a solução espacial.

A equação espacial surge rearranjando a Equação (6.97)

$$X''''(x) - \left(\frac{\omega}{c}\right)^2 X(x) = 0 \tag{6.100}$$

Por definição (relembre a Equação (6.92))

$$\beta^4 = \frac{\omega^2}{c^2} = \frac{\rho A \omega^2}{EI} \left(\text{tal que } \omega = \beta^2 \sqrt{\frac{EI}{\rho A}} \, \text{rad/s} \right) \tag{6.101}$$

e assumindo uma solução para a Equação (6.100) da forma $Ae^{\sigma x}$, a solução geral da Equação (6.100) pode ser calculada como sendo da forma (Problema 6.44)

$$X(x) = a_1 \operatorname{sen} \beta x + a_2 \cos \beta x + a_3 \operatorname{senh} \beta x + a_4 \cosh \beta x \tag{6.102}$$

O valor para β e três das quatro constantes de integração a_1, a_2, a_3 e a_4 são determinadas a partir das quatro condições de contorno. A quarta constante torna-se combinada com as constantes A e B a partir da equação no tempo, que são, então, determinadas a partir das condições iniciais. O exemplo seguinte ilustra o procedimento de solução para uma viga fixa em uma extremidade e simplesmente apoiada na outra.

SEÇÃO 6.5 Vibração Transversal de Viga

Exemplo 6.5.1

Calcule as frequências naturais e formas modais para a vibração transversal de uma viga de comprimento l que é fixa em uma extremidade e pinada na outra.

Solução As condições de contorno, nesse caso, são dadas pela Equação (6.94) na extremidade fixa e pela Equação (6.95) na extremidade pinada. A substituição da solução geral dada pela Equação (6.102) na Equação (6.94) em $x = 0$ produz

$$X(0) = 0 \Rightarrow a_2 + a_4 = 0 \tag{a}$$

$$X'(0) = 0 \Rightarrow \beta(a_1 + a_3) = 0 \tag{b}$$

Da mesma forma, em $x = l$ as condições de contorno resultam em

$$X(l) = 0 \Rightarrow a_1 \operatorname{sen}\beta l + a_2 \cos\beta l + a_3 \operatorname{senh}\beta l + a_4 \cosh\beta l = 0 \tag{c}$$

$$EIX''(l) = 0 \Rightarrow \beta^2(-a_1 \operatorname{sen}\beta l - a_2 \cos\beta l + a_3 \operatorname{senh}\beta l + a_4 \cosh\beta l) = 0 \tag{d}$$

Essas quatro condições de contorno, portanto, produzem quatro equações, (a) até (d), nos quatros coeficientes desconhecidos a_1 a_2 a_3 a_4. Esses podem ser escritos como uma única equação vetorial

$$\begin{bmatrix} 1 & 1 & 0 & 1 \\ \beta & 0 & \beta & 0 \\ \operatorname{sen}\beta l & \cos\beta l & \operatorname{senh}\beta l & \cosh\beta l \\ -\beta^2 \operatorname{sen}\beta l & -\beta^2 \cos\beta l & \beta^2 \operatorname{sen}\beta l & \beta^2 \cosh\beta l \end{bmatrix} \begin{bmatrix} a_1 \\ a_2 \\ a_3 \\ a_4 \end{bmatrix} = \begin{bmatrix} 0 \\ 0 \\ 0 \\ 0 \end{bmatrix}$$

Lembrando do Capítulo 4, essa equação vetorial pode ter uma solução diferente de zero para o vetor $\mathbf{a} = [a_1 \, a_2 \, a_3 \, a_4]^T$ apenas se o determinante da matriz de coeficientes desaparece (ou seja, se a matriz dos coeficientes é singular). Além disso, relembre que uma vez que a matriz dos coeficientes é singular, nem todos os elementos do vetor $\mathbf{a}$ podem ser calculados.

Fazendo o determinante anterior igual a zero obtém-se a característica equação

$$\operatorname{tg}\beta l = \operatorname{tgh}\beta l$$

Essa igualdade é satisfeita para um número infinito de escolhas para β, denotado β_n. A solução pode ser visualizada por meio da representação gráfica de ambos tg β_l e tanh β_l por β_l no mesmo gráfico. Isso é semelhante à técnica de solução usada no Exemplo 6.4.1 e ilustrada na Figura 6.9. As primeiras cinco soluções são

$$\beta_1 l = 3{,}926602 \qquad \beta_2 l = 7{,}068583 \qquad \beta_3 l = 10{,}210176$$

$$\beta_4 l = 13{,}351768 \qquad \beta_5 l = 16{,}49336143$$

Para modos restantes (isto é, para valores com índice $n > 5$), as soluções para a equação característica são bem aproximadas por

$$\beta_n l = \frac{(4n + 1)\pi}{4}$$

As frequências ponderadas determinam as frequências naturais do sistema como

$$\omega_n = \beta_n^2 \sqrt{\frac{EI}{\rho A}} \text{ rad/s}, \quad \text{e} \quad f_n = \frac{\beta_n^2}{2\pi} \sqrt{\frac{EI}{\rho A}} \text{ Hz}$$

Com esses valores das frequências ponderadas $\beta_n l$, os diversos modos de vibração podem ser calculados. Resolvendo a equação matricial anterior para os coeficientes individuais a_i tem-se $a_1 = -a_3, a_2 = -a_4$ e

$$(\operatorname{senh}\beta_n l - \operatorname{sen}\beta_n l)a_3 + (\cosh\beta_n l - \cos\beta_n l)a_4 = 0$$

Assim,

$$a_3 = -\frac{\cosh\beta_n l - \cos\beta_n l}{\operatorname{senh}\beta_n l - \operatorname{sen}\beta_n l} a_4$$

para cada n. O quarto coeficiente a_4 não pode ser determinado por esse conjunto de equações, porque a matriz dos coeficientes é singular (de outro modo, cada a_i seria zero). Esse coeficiente restante torna-se a amplitude arbitrária da autofunção. Como essa constante depende de n, representada por $(a_4)_n$. A substituição desses valores de a_i na expressão $X(x)$ para a solução espacial resulta que as autofunções ou modos de vibração tem a forma

$$X_n(x) = (a_4)_n \left[\frac{\cosh\beta_n l - \cos\beta_n l}{\operatorname{senh}\beta_n l - \operatorname{sen}\beta_n l} (\operatorname{senh}\beta_n x - \operatorname{sen}\beta_n x) - \cosh\beta_n x + \cos\beta_n x \right],$$

$$n = 1, 2, 3, \ldots$$

Os três primeiros modos de vibração são representados graficamente na Figura 6.11 para $(a_2)_n = 1$ e $n = 1, 2, 3$.

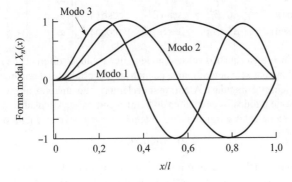

Figura 6.11 Um gráfico dos três primeiros modos de vibração da viga fixa-pinada do Exemplo 6.5.1, arbitrariamente, normalizada para unidade.

Esses modos de vibração podem ser mostrados como sendo ortogonais, tal que

$$\int_0^l X_n(x) X_m(x) dx = 0$$

para $n \neq m$ (Problema 6.47). Como no Exemplo 6.3.2, essa ortogonalidade, juntamente com as condições iniciais, pode ser usada para calcular as constantes A_n e B_n na solução em série para o deslocamento

$$w(x, t) = \sum_{n=1}^{\infty} (A_n \operatorname{sen}\omega_n t + B_n \cos\omega_n t) X_n(x)$$

☐

A Tabela 6.6 resume um número de diferentes configurações de contorno para a viga delgada. O modelo viga delgada dado na Equação (6.91) é muitas vezes representado

SEÇÃO 6.5 Vibração Transversal de Viga

TABELA 6.6 AMOSTRA DE VÁRIAS CONFIGURAÇÕES DE CONTORNO DE UMA VIGA DELGADA EM VIBRAÇÃO TRANSVERSAL DE COMPRIMENTO / ILUSTRANDO AS FREQUÊNCIAS NATURAIS PONDERADAS E FORMAS MODAIS[a]

Configuração	Frequências ponderadas $\beta_n l$ e equação característica	Forma modais	σ_n
Livre-livre	0 (modo de corpo rígido)	$\cosh \beta_n x + \cos \beta_n x$	
	4,73004074		0,9825
	7,85320462	$-\sigma_n (\operatorname{senh} \beta_n x + \operatorname{sen} \beta_n x)$[b]	1,0008
	10,9956078		0,9999
	14,1371655		1,0000
	17,2787597		0,9999
	$\dfrac{(2n+1)\pi}{2}$ para $n > 5$		1 para $n >$
	$\cos \beta l \cosh \beta l = 1$		
Fixa-livre	1,87510407	$\cosh \beta_n x - \cos \beta_n x$	0,7341
	4,69409113		1,0185
	7,85475744	$-\sigma_n (\operatorname{senh} \beta_n x - \operatorname{sen} \beta_n x)$	0,9992
	10,99554073		1,0000
	14,13716839		1,0000
	$\dfrac{(2n-1)\pi}{2}$ para $n > 5$		1 para $n >$
	$\cos \beta l \cosh \beta l = -1$		
Fixa-pinada	3,92660231	$\cosh \beta_n x - \cos \beta_n x$	1,0008
	7,06858275		1 para $n >$
	10,21017612	$-\sigma_n (\operatorname{senh} \beta_n x - \operatorname{sen} \beta_n x)$	
	13,35176878		
	16,49336143		
	$\dfrac{(4n+1)\pi}{4}$ para $n > 5$		
	$\operatorname{tg} \beta l = \tanh \beta l$		
Fixa-deslizante	2,36502037	$\cosh \beta_n x - \cos \beta_n x$	0,9825
	5,49780392		1 para $n >$
	8,63937983	$-\sigma_n (\operatorname{senh} \beta_n x - \operatorname{sen} \beta_n x)$	
	11,78097245		
	14,92256510		
	$\dfrac{(4n-1)\pi}{4}$ para $n > 5$		
	$\operatorname{tg} \beta l + \tanh \beta l = 0$		
Fixa-Fixa	4,73004074	$\cosh \beta_n x - \cos \beta_n x$	0,982502
	7,85320462		1,00078
	10,9956079	$-\sigma_n (\operatorname{senh} \beta_n x - \operatorname{sen} \beta_n x)$	0,999966
	14,1371655		1,0000
	17,2787597		1,0000
	$\dfrac{(2n+1)\pi}{2}$ para $n > 5$		1 para $n >$
	$\cos \beta l \cosh \beta l = 1$		
Pinada-pinada	$n\pi$	$\operatorname{sen} \dfrac{n\pi x}{l}$	nenhum
	$\operatorname{sen} \beta l = 0$		

[a]As frequências naturais ponderadas $\beta_n l$ são relacionadas as frequências naturais pela Equação (6.101) ou $\omega_n = \beta_n^2 \sqrt{EI/\rho A}$, como utilizadas no Exemplo 6.5.1. Os valores de σ_i para as formas modais são calculados a partir das fórmulas dadas na Tabela 6.5.

[b]Existem duas formas modais livre-livre: $X_0 =$ constante e $X_0 = A(x - l/2)$; o primeiro de translação, o segundo de rotação.

como equação da viga de Euler-Bernoulli. As hipóteses utilizadas na formulação do presente modelo são que a viga seja

- Uniforme ao longo da sua extensão, ou comprimento, e esbelta ($l > 10h$)
- Composta de material elástico isotrópico sem cargas axiais
- De forma que as seções planas permanecem planas
- De forma que o plano de simetria da viga seja também o plano de vibração de modo que a rotação e translação são desacopladas
- De forma que a inércia de rotação e deformação de cisalhamento podem ser desprezadas

A chave para obter a resposta no tempo dos sistemas de parâmetros distribuídos é a ortogonalidade dos modos de vibração. Note a partir da Tabela 6.7 que os modos de vibração são bastante complicados em várias configurações. Isso não significa que a ortogonalidade é necessariamente violada, apenas que avaliar as integrais no procedimento de análise modal torna-se mais difícil.

TABELA 6.7 EQUAÇÕES PARA OS COEFICIENTES DAS FORMAS MODAIS σ_n PARA USO NA TABELA 6.4[a]

Condição de contornos	Fórmula para σ_n
Livre-livre	$\sigma_n = \dfrac{\cosh \beta_n l - \cos \beta_n l}{\operatorname{senh} \beta_n l - \operatorname{sen} \beta_n l}$
Fixa-livre	$\sigma_n = \dfrac{\operatorname{senh} \beta_n l - \operatorname{sen} \beta_n l}{\cosh \beta_n l + \cos \beta_n l}$
Fixa-pinado	$\sigma_n = \dfrac{\cosh \beta_n l - \cos \beta_n l}{\operatorname{senh} \beta_n l - \operatorname{sen} \beta_n l}$
Fixa-deslizante	$\sigma_n = \dfrac{\operatorname{senh} \beta_n l - \operatorname{sen} \beta_n l}{\cosh \beta_n l + \cos \beta_n l}$
Fixa-Fixa	mesma que livre-livre

[a]Esses coeficientes são utilizados nos cálculos dos modos de vibração, como ilustrado no Exemplo 6.5.1.

Teoria de Viga de Timoshenko

O modelo de vibração transversal da viga apresentado na Equação (6.91) despreza os efeitos de deformação de cisalhamento e a inércia rotativa. Modelos de vigas incluindo os efeitos de inércia de rotação e deformação de cisalhamento são chamados *vigas de Timoshenko*. Esses efeitos são considerados a seguir. Como mencionado anteriormente, é seguro desprezar a deformação de cisalhamento enquanto h_z e h_y ilustrados na Figura 6.10 são pequenos em relação ao comprimento da viga. À medida que o eixo se torna mais curto, o efeito de deformação de cisalhamento se torna evidente. Isso é ilustrado na Figura 6.12, que é uma repetição do elemento dx da Figura 6.10 com deformação de cisalhamento incluído.

SEÇÃO 6.5 Vibração Transversal de Viga

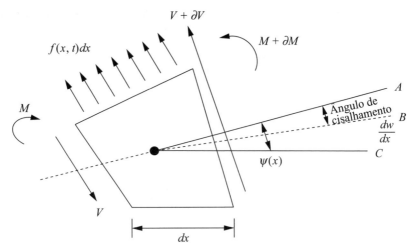

Figura 6.12 Os efeitos de deformação de cisalhamento sobre um elemento de uma viga flexionada.

Em relação à figura, a linha OA é uma linha através do centro do elemento dx perpendicular à face do lado direito. A linha OB, por outro lado, é a linha que passa pelo centro tangente à linha central da viga, enquanto a linha OC representa a linha central da viga em repouso. Quando as curvas da viga flexionam, o ângulo de cisalhamento aparece enquanto o comprimento l é diminuído em relação à largura da viga. Para o caso de uma viga longa, a linhas OB e OA coincidem, como na Figura 6.10. A presença de cisalhamento significativo faz com que o elemento infinitesimal retangular da Figura 6.10 deforme na forma distorcida semelhante ao diamante da Figura 6.12. Em relação à Figura 6.12, note que o ângulo de cisalhamento dado por $\psi - dw/dx$ (isto é, a diferença entre o ângulo total devido à flexão ψ a inclinação da linha central da viga dw/dx), representa o efeito de deformação de cisalhamento. A partir de considerações elásticas (veja, por exemplo, Reismann e Pawlik (1974)) a equação de momento fletor torna-se

$$EI \frac{d\psi(x,t)}{dx} = M(x,t) \tag{6.103}$$

e a equação da força de cisalhamento torna-se

$$\kappa^2 AG \left[\psi(x,t) - \frac{dw(x,t)}{dx} \right] = V(x,t) \tag{6.104}$$

onde E, I, A, ψ, V e M são como definidos anteriormente, G é o *módulo de cisalhamento* e κ^2 é um fator adimensional que depende da forma da área de seção transversal. Note que alguns textos usam κ em vez de κ^2 para o coeficiente de cisalhamento, também por vezes referido como o *coeficiente de cisalhamento de Timoshenko*. A constante κ^2 é chamada de *coeficiente de cisalhamento* e foi tabulada por Cowper (1966). O módulo de cisalhamento G e o módulo de elasticidade E são relacionados pelo coeficiente de Poisson $E = 2(1+v)G$,

542 CAPÍTULO 6 • Sistemas de Parâmetros Distribuídos

v de acordo com a relação. O coeficiente de Poisson é uma função das propriedades do material. Tal como no caso da Equação (6.86), um equilíbrio de forças dinâmica produz

$$\rho A(x)dx \frac{\partial^2 w(x,t)}{\partial t^2} = -\left[V(x,t) + \frac{\partial V(x,t)}{\partial x} dx \right] + V(x,t) + f(x,t)dx \quad (6.105)$$

Se a inércia de rotação é considerada, então o equilíbrio de momento em dx, anteriormente, dada pela Equação (6.87) torna-se

$$\rho I(x)dx \frac{\partial^2 \psi(x,t)}{\partial t^2} = \left[M(x,t) + \frac{\partial M(x,t)}{\partial x} dx \right] - M(x,t)$$

$$+ \left[V(x,t) + \frac{\partial V(x,t)}{\partial x} dx \right] dx + f(x,t) \frac{dx^2}{2} \quad (6.106)$$

A substituição das Equações (6.103) e (6.104) em (6.105) e (6.106) produz as duas equações acopladas

$$\frac{\partial}{\partial x} \left[EI \frac{\partial \psi}{\partial x} \right] + \kappa^2 AG \left(\frac{\partial w}{\partial x} - \psi \right) = \rho I \frac{\partial^2 \psi}{\partial t^2} \quad (6.107)$$

e

$$\frac{\partial}{\partial x} \left[\kappa^2 AG \left(\frac{\partial w}{\partial x} - \psi \right) \right] + f(x,t) = \rho A \frac{\partial^2 w}{\partial t^2} \quad (6.108)$$

que governam a vibração de uma viga, incluindo os efeitos de inércia rotativa e deformação de cisalhamento. Assumindo que os coeficientes são todos constantes e que nenhuma força externa é aplicada, $\psi(x,t)$ pode ser eliminado e as equações acopladas podem ser reduzidas para uma única equação para vibração livre de vigas uniformes

$$EI \frac{\partial^4 w}{\partial x^4} + \rho A \frac{\partial^2 w}{\partial t^2} - \rho I \left(1 + \frac{E}{\kappa^2 G} \right) \frac{\partial^4 w}{\partial x^2 \partial t^2} + \frac{\rho^2 I}{\kappa^2 G} \frac{\partial^4 w}{\partial t^4} = 0 \quad (6.109)$$

A Equação (6.109) está sujeita a quatro condições iniciais e quatro condições de contorno. Para uma extremidade fixa, as condições de contorno tornam-se (em $x = 0$)

$$EI \frac{\partial \psi(0,t)}{\partial x} = w(0,t) = 0 \quad (6.110)$$

Em uma extremidade simplesmente apoiada,

$$EI \frac{\partial \psi(0,t)}{\partial x} = w(0,t) = 0 \quad (6.111)$$

e em uma extremidade livre,

$$\kappa^2 AG \left(\frac{\partial w}{\partial x} - \psi \right) = EI \frac{\partial \psi}{\partial x} = 0 \quad (6.112)$$

SEÇÃO 6.5 Vibração Transversal de Viga

Essas equações podem ser resolvidas pelos métodos sugeridos para o modelo de viga dado pela Equação (6.91). A Equação (6.91) é chamada de *modelo de viga de Euler--Bernoulli* ou modelo clássico de viga enquanto a Equação (6.109) é chamada de *modelo de viga de Timoshenko*.

Qual desses dois modelos de viga usar é dependente da geometria da viga, que modos são de interesse e quantos modos são importantes. Uma viga de aço de 12 m de comprimento, 15 cm de largura e 0,6 m de espessura mostra uma diferença de apenas 0,4% entre a primeira frequência natural do modelo de Euler-Bernoulli e o modelo de Timoshenko. Essa diferença aumenta 10% na quinta frequência natural. Portanto, se apenas o primeiro modo é de interesse, o modelo de Euler-Bernoulli para esse sistema seria bom o suficiente. Por outro lado, se o quinto modo é de interesse, pode valer a pena a complexidade extra do modelo de Timoshenko. Para uma viga de metais típica com seção transversal retangular, a deformação de cisalhamento é cerca de três vezes mais importante do que os efeitos de inércia rotativa. Isso é examinado no próximo exemplo.

Exemplo 6.5.2

Para entender as diferenças entre o modelo de viga de Euler-Bernoulli e o modelo mais complicado de Timoshenko, calcule as frequências naturais de uma viga fixa-fixa usando a equação de Timoshenko e compare com as frequências naturais previstas pela viga sem deformação de cisalhamento ou inércia de rotação, tal como consta na Tabela 6.6.

Solução A Equação (6.109) não pode ser facilmente resolvida por separação de variáveis, como sugerido na Janela 6.4. Isso ocorre porque a substituição de $w(x, t) = X(x)T(t)$ na Equação (6.3) produz uma equação da forma (a_i são constantes)

$$a_1 X'''' T + (a_2 X + a_3 X'')\ddot{T} + a_4 X \ddot{\ddot{T}} = 0$$

que não se separa de imediato devido ao termo do meio e a derivada quarta do tempo. Essa expressão pode ser resolvida assumindo que os modos de vibração da viga pinada-pinada de Euler-Bernoulli e que a viga de Timoshenko são os mesmos (uma hipótese razoável, como uma é descrição mais completa que a outra) e que a resposta no tempo é periódica (também razoável, tal como o sistema é não amortecido). Prosseguindo com essas hipóteses, assume-se que uma solução da Equação (6.109) tenha a forma separada específica

$$w_n(x, t) = \operatorname{sen}\frac{n\pi x}{l} \cos \omega_n t$$

onde sen $(n\pi x/l)$ é a *n*-ésima forma modal da configuração pinada-pinada e ω_n é, nesse ponto, a frequência natural desconhecida. A substituição dessa forma na Equação (6.109) produz

$$EI\left(\frac{n\pi}{l}\right)^4 \operatorname{sen}\frac{n\pi x}{l}\cos\omega_n t - \rho I\left(1 + \frac{E}{\kappa^2 G}\right)\left(\frac{n\pi}{l}\right)^2 \omega_n^2 \operatorname{sen}\frac{n\pi}{l}\cos\omega_n t$$

$$= -\frac{\rho^2 I}{\kappa^2 G}\omega_n^4 \quad \frac{n\pi x}{l}\cos\omega_n t + \rho A \omega_n^2 \quad \frac{n\pi x}{l}\cos\omega_n t$$

Cada termo contém o fator sen $(n\pi x/l)$ cos $(\omega_n t)$, que pode ser fatorado para obter a equação característica

$$\omega_n^4 \frac{\rho r^2}{\kappa^2 G} - \left(1 + \frac{n^2\pi^2 r^2}{l^2} + \frac{n^2\pi^2 r^2}{l^2}\frac{E}{\kappa^2 G}\right)\omega_n^2 + \frac{\alpha^2 n^4\pi^4}{l^4} = 0$$

onde r e α são definidos por

$$\alpha^2 = \frac{EI}{\rho A}, \; r^2 = \frac{I}{A}$$

A equação característica para as frequências ω_n é quadrática em ω_n^2, e, portanto, facilmente resolvida. Essa expressão para ω_n fornece um mecanismo para observar os efeitos da deformação de cisalhamento e inércia de rotação sobre as frequências naturais de uma viga pinada-pinada. Observe as seguintes comparações:

1. Das duas raízes para cada valor de n determinado pela equação de frequência, o menor valor está associado com a deformação de flexão e a maior raiz está associada com deformação de cisalhamento.

2. As frequências naturais somente para a viga de Euler-Bernoulli são

$$\omega_n^2 = \frac{\alpha^2 n^4 \pi^4}{l^4}$$

3. As frequências naturais incluindo somente a inércia de rotação (isto é, sem cisalhamento, tal que os termos envolvendo κ são eliminados) são

$$\omega_n^2 = \frac{\alpha^2 n^4 \pi^4}{l^4(1 + n^2\pi^2 r^2/l^2)}$$

4. As frequências naturais, desprezando a inércia de rotação e incluindo a deformação de cisalhamento são

$$\omega_n^2 = \frac{\alpha^2 n^4 \pi^4}{l^4[1 + (n^2\pi^2 r^2/l^2)\, E/\kappa G]}$$

Essas expressões podem ser usadas para investigar os diferentes efeitos sobre as frequências naturais de vigas prismáticas na configuração pinada-pinada. Essas expressões também podem ser usadas para obter estatísticas sobre os efeitos de inércia de rotação e deformação de cisalhamento para outras configurações. Ao comparar as notas 2, 3 e 4, o efeito geral de deformação de cisalhamento e inércia de rotação é reduzir o valor das frequências naturais. Note também que, para frequências elevadas (grande n) os efeitos da deformação de cisalhamento e inércia rotativa são mais pronunciados devido ao termo $1 + (n\pi r/l)^2$ no denominador. Essa questão é investigada no Problema TB.6.4 no final deste capítulo.

$\square$

6.6 VIBRAÇÃO DE MEMBRANAS E PLACAS

Os modelos de viga, haste e corda considerados nas seções anteriores têm deslocamentos que são função de uma única direção x ao longo da massa. Nesse sentido, são problemas unidimensionais. Nesta seção, membranas e placas são consideradas com deslocamentos que são funções de duas dimensões (isto é, eles são definidos em uma região plana no espaço tal como ilustrado na Figura 6.13). A membrana é essencialmente uma corda de duas

SEÇÃO 6.6 Vibração de Membranas e Placas

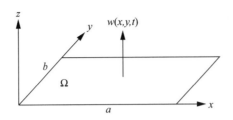

Figura 6.13 Um diagrama esquemático de uma membrana retangular ilustrando a vibração perpendicular à sua superfície. As condições de contorno são especificadas na fronteira da membrana (isto é, ao longo das linhas $x = a$, $x = 0$, $y = b$ e $y = 0$).

dimensões e uma placa é essencialmente uma viga bidimensional. A equação para membrana e placa não são obtidas aqui mas seguem argumentos semelhantes aos utilizados no desenvolvimento das equações da corda e viga de Euler-Bernoulli, respectivamente.

Primeiro, considere as equações de vibração para uma membrana. A membrana é, basicamente, um sistema bidimensional, que se situa num plano quando em equilíbrio. Uma pele de tambor e uma película de sabão são exemplos físicos de objetos que podem ser modelados como uma membrana. A estrutura em si não fornece nenhuma resistência à flexão, de modo que a força de restauração é devida apenas à tensão na membrana. Assim, uma membrana é semelhante a uma corda. O leitor é remetido para Weaver, Timoshenko e Young (1990) para a obtenção da equação da membrana.

Considere que $w(x, y, t)$ representa o deslocamento na direção z de uma membrana, permanecendo no plano xy, no ponto (x, y) e o tempo t. O deslocamento é considerado pequeno, com pequenas inclinações e é perpendicular ao plano xy. Fazendo τ ser a tensão constante por unidade de comprimento da membrana e ρ ser a massa por unidade de área da membrana, então a equação para vibração livre é dada por

$$\tau \nabla^2 w(x,y,t) = \rho w_{tt}(x,y,t) \tag{6.113}$$

onde x e y pertencem a região Ω ocupada pela membrana como indicado na Figura 6.13. Aqui ∇^2 é o *operador de Laplace*. Em coordenadas retangulares esse operador tem a forma

$$\nabla^2 = \frac{\partial^2}{\partial x^2} + \frac{\partial^2}{\partial y^2} \tag{6.114}$$

O operador de Laplace assume outras formas se um sistema de coordenadas diferentes é usado. Por exemplo, uma pele de tambor é melhor escrita em um sistema de coordenadas circular. Para o sistema retangular considerado, a Equação (6.113) torna-se

$$\frac{\partial^2 w(x, y, t)}{\partial x^2} + \frac{\partial^2 w(x, y, t)}{\partial y^2} = \frac{1}{c^2} \frac{\partial^2 w(x, y, t)}{\partial t^2} \tag{6.115}$$

onde $c = \sqrt{\tau/\rho}$. As condições de contorno para a membrana devem ser especificadas ao longo da fronteira, e não apenas em alguns pontos, como no caso da corda. Se a membrana é fixa ou fixada a um segmento da aresta, a deflexão deve ser zero ao longo desse

546 CAPÍTULO 6 • Sistemas de Parâmetros Distribuídos

segmento. Se $\partial\Omega$ é a curva no plano xy correspondente a extremidade da membrana (isto é, a fronteira de Ω), a condição de contorno fixada é representada por

$$w(x, y, t) = 0 \quad \text{para} \quad x, y \in \delta\Omega \tag{6.116}$$

Se para algum segmento de $\partial\Omega$, representado por $\partial\Omega_1$, a membrana é livre para defletir transversalmente, não pode haver qualquer componente da força na direção transversal, e a condição de limite torna-se

$$\frac{\partial w(x, y, t)}{\partial n} = 0 \quad \text{para} \quad x, y \in \partial\Omega_1 \tag{6.117}$$

Aqui, ∂/∂_n indica a derivada de $w(x, y, t)$ normal à fronteira no plano de referência da membrana. O exemplo a seguir ilustra o procedimento para o cálculo da solução para uma membrana de vibração.

Exemplo 6.6.1

Considere a vibração de uma membrana quadrada, tal como indicado na Figura 6.13. A membrana é fixa em todos os cantos. A equação de movimento é dada pela Equação (6.115). Calcule as frequências naturais e modos para o caso em que $a = b = 1$.

Solução Assumindo que a solução separada (isto é, que $w(x, y, t) = X(x)Y(y)T(t)$), a Equação (6.115) torna-se

$$\frac{1}{c^2}\frac{\ddot{T}}{T} = \frac{X''}{X} + \frac{Y''}{Y} \tag{6.118}$$

Isso implica que $\ddot{T}/(Tc^2)$ é uma constante (relembre o argumento utilizado no Exemplo 6.2.1). Represente a constante com ω^2, tal que

$$\frac{\ddot{T}}{Tc^2} = -\omega^2 \tag{6.119}$$

Essa hipótese conduz à solução no tempo apropriada. Então, a Equação (6.118) pode ser reescrita como

$$\frac{X''}{X} = -\omega^2 - \frac{Y''}{Y} \tag{6.120}$$

Pelo mesmo argumento usado anteriormente, ambos termos X''/X e Y''/Y devem ser constantes (ou seja, independente de t e x ou y). Portanto,

$$\frac{X''}{X} = -\alpha^2 \tag{6.121}$$

e

$$\frac{Y''}{Y} = -\gamma^2 \tag{6.122}$$

SEÇÃO 6.6 Vibração de Membranas e Placas **547**

onde α^2 and γ^2 são constantes. Então, a Equação (6.120) pode ser reescrita como

$$\omega^2 = \alpha^2 + \gamma^2 \tag{6.123}$$

Isso resulta em duas equações espaciais a serem resolvidas,

$$X'' + \alpha^2 X = 0 \tag{6.124}$$

que tem uma solução da forma (A e B constantes de integração)

$$X(x) = A \operatorname{sen}\alpha x + B \cos\alpha x \tag{6.125}$$

e

$$Y'' + \gamma^2 Y = 0 \tag{6.126}$$

que tem uma solução da forma (C e D constantes de integração)

$$Y(y) = C \operatorname{sen}\gamma y + D \cos\gamma y \tag{6.127}$$

A solução espacial total é o produto $X(x)Y(y)$ ou

$$\begin{aligned} X(x)Y(y) = {} & A_1 \operatorname{sen}\alpha x \operatorname{sen}\gamma y + A_2 \operatorname{sen}\alpha x \cos\gamma y \\ & + A_3 \cos\alpha x \operatorname{sen}\gamma y + A_4 \cos\alpha x \cos\gamma y \end{aligned} \tag{6.128}$$

As constantes A_i consistem nos produtos das constantes nas Equações (6.125) e (6.127) e são determinadas pelas condições de contorno e iniciais.

A Equação (6.128) pode agora ser usada com as condições de contorno para calcular os autovalores e autofunções do sistema. A condição de contorno fixa ao longo de $x = 0$ na Figura 6.13 resulta em

$$T(t)X(0)Y(y) = T(t)(A_3 \operatorname{sen}\gamma y + A_4 \cos\gamma y) = 0$$

ou

$$A_3 \operatorname{sen}\gamma y + A_4 \cos\gamma y = 0 \tag{6.129}$$

A Equação (6.129) deve ser satisfeita para qualquer valor de y. Assim, desde que γ não seja zero (uma hipótese razoável, uma vez que, se é zero o sistema possui um movimento de corpo rígido), A_3 e A_4 devem ser zero. Portanto, a solução deve ter a forma

$$X(x)Y(y) = A_1 \operatorname{sen}\alpha x \operatorname{sen}\gamma y + A_2 \operatorname{sen}\alpha x \operatorname{sen}\gamma y \tag{6.130}$$

Em seguida, a aplicação da condição de contorno $w = 0$ ao longo da linha $x = 1$ produz

$$A_1 \operatorname{sen}\alpha \operatorname{sen}\gamma y + A_2 \operatorname{sen}\alpha \cos\gamma y = 0 \tag{6.131}$$

Fatorando essa expressão tem-se

$$\operatorname{sen}\alpha (A_1 \operatorname{sen}\gamma y + A_2 \cos\gamma y) = 0 \tag{6.132}$$

Agora, $\alpha = 0$ ou, pelo argumento anterior, A_1 e A_2 devem ser zero. No entanto, se A_1 e A_2 são ambos zero, a solução é trivial. Por isso, para uma solução não trivial existir, $\alpha = 0$, ou seja

$$\alpha = n\pi \quad n = 1, 2, \ldots, \infty \tag{6.133}$$

548   CAPÍTULO 6 • Sistemas de Parâmetros Distribuídos

Usando a condição de contorno $w = 0$ ao longo das linhas $y = 1$ e $y = 0$ resulta em uma solução análoga

$$\gamma = m\pi \quad m = 1, 2, \ldots, \infty \tag{6.134}$$

Note que a possibilidade de $\gamma = \alpha = 0$ não é utilizada porque era necessário assumir que $\gamma \neq 0$, a fim de obter a Equação (6.130). A Equação (6.123) diz que a constante ω na equação temporal deve ter a forma

$$\begin{aligned} \omega_{mn} &= \sqrt{\alpha_n^2 + \gamma_m^2} \\ &= \pi\sqrt{m^2 + n^2} \quad m, n = 1, 2, 3, \ldots, \infty \end{aligned}$$

Assim os autovalores e autofunções para a membrana fixada são, respectivamente, $\pi\sqrt{m^2 + n^2}$ e $[n\pi x \operatorname{sen} m\pi y]$ (pois $A_2 = a_3 = a_4 = 0$). A solução da Equação (6.115) torna-se

$$\begin{aligned} w(x, y, t) = \sum_{m=1}^{\infty} \sum_{n=1}^{\infty} (\operatorname{sen} m\pi x \operatorname{sen} n\pi y) \big\{ A_{mn} \operatorname{sen} \sqrt{n^2 + m^2} c\pi t \\ + B_{mn} \cos \sqrt{n^2 + m^2} c\pi t \big\} \end{aligned} \tag{6.135}$$

onde A_{mn} e B_{mn} são determinados a partir das condições iniciais. Para ver isso, multiplique a Equação (6.135) pelo modo de vibração (sen $m\pi x$ sen $n\pi y$) e integre a equação resultante sobre dx e dy ao longo das extremidades da membrana. Uma vez que o conjunto de funções (sen $m\pi x$ sen $n\pi y$) é ortogonal, as somas são reduzidas a um único termo

$$\int_0^1 \int_0^1 w(x, y, t) \operatorname{sen} m\pi x \operatorname{sen} n\pi y \, dx \, dy = \frac{1}{4} \left(A_{mn} \cos \omega_{mn} ct + B_{mn} \operatorname{sen} \omega_{mn} ct \right) \tag{6.136}$$

Fazendo $t = 0$ para obter as condições iniciais na Equação (6.136) tem-se

$$A_{mn} = 4 \int_0^1 \int_0^1 w(x, y, 0) \operatorname{sen} m\pi x \operatorname{sen} n\pi y \, dx \, dy$$

Diferenciando a Equação (6.136) e fazendo $t = 0$, chega-se a

$$B_{mn} = \frac{4}{\omega_{nm} c} \int_0^1 \int_0^1 w_t(x, y, 0) \operatorname{sen} m\pi x \operatorname{sen} n\pi y \, dx \, dy$$

Essas duas últimas expressões produzem os coeficientes de expansão em termos do deslocamento inicial $w(x, y, 0)$ e a velocidade inicial $w(x, y, 0)$.

Os modos de vibração da membrana são o conjunto de funções

$$w_{nm}(x, y) = \operatorname{sen} m\pi x \operatorname{sen} n\pi y, \quad m = 1, 2, \ldots, \quad n = 1, 2, \ldots$$

O primeiro modo corresponde ao índice $m = n = 1$. Se a velocidade inicial é zero (isto é, $w_t(x, y, 0) = 0$), os coeficientes B_{mn} são todos zeros. Se o deslocamento inicial $w(x, y, 0)$ é escolhido de tal forma que todos os coeficientes A_{mn} são zeros, exceto para A_{11}, a solução torna-se o único termo

$$w_{11}(x, y, t) = (A_{11} \operatorname{sen} \omega_{11} ct) \operatorname{sen} \pi x \operatorname{sen} \pi y$$

SEÇÃO 6.6 Vibração de Membranas e Placas

549

onde $\omega_{11} = \pi\sqrt{2}$. Essa última expressão descreve a forma modal fundamental de vibração da membrana na frequência $\pi\sqrt{2}$ rad/s.

Note a partir da expressão para w_{mn} que a frequência correspondente à $m = 1, n = 2$ será a mesma da correspondente à $m = 2, n = 1$ (isto é, $\omega_{12} = \omega_{21} = \pi\sqrt{5}$). No entanto, os modos de vibração são diferentes:

$$w_{12}(x, y, t) = (A_{12}\cos c\pi\sqrt{5}t)\,\text{sen}\,\pi x\,\text{sen}\,2\pi y$$

$$w_{21}(x, y, t) = (A_{21}\cos c\pi\sqrt{5}t)\,\text{sen}\,2\pi x\,\text{sen}\,\pi y$$

Assim, a membrana pode vibrar na frequência $c\pi\sqrt{5}$ de duas formas diferentes, exibindo diferentes linhas nodais.

$\square$

Note a partir deste exemplo que os modos de vibração são funções de x e y, tal que os nós dos modos de uma membrana formam uma linha sem movimento ao longo da membrana quando excitado a uma frequência natural particular. Esse fenômeno é relativamente simples de verificar experimentalmente, acrescentando credibilidade à análise aqui apresentada.

No desenvolvimento da análise de vibração de uma corda considera-se a vibração transversal de uma viga. De certa forma do mesmo jeito, uma placa difere de uma membrana porque as placas têm rigidez à flexão. O leitor é remetido para Reismann (1988) para uma explicação mais detalhada e obtenção exata da equação da placa. Basicamente, a placa, tal como a membrana, é definida em um plano (xy) com a deflexão $w(x, y, t)$ distribuída ao longo do eixo z perpendicular ao plano xy. O pressuposto básico é de novo pequenos desvios em relação à espessura h. Assim, assume-se que o plano que passa pelo meio da placa não deforma durante a deflexão (chamado um *plano neutro* ou *superfície neutra*). Além disso, as tensões normais na direção transversal à placa são consideradas desprezíveis. Novamente não existe alongamento na espessura. A equação de movimento do deslocamento para a vibração livre da placa é

$$-D_E\nabla^4 w(x, y, t) = \rho w_{tt}(x, y, t) \tag{6.137}$$

onde E representa novamente o módulo de elasticidade, ρ é a densidade de massa e a constante de D_E, a rigidez à flexão da placa, é definida em termos do coeficiente de Poisson v e a espessura da placa h, como

$$D_E = \frac{Eh^3}{12(1 - v^2)} \tag{6.138}$$

O operador ∇^4, chamado *operador biharmônico*, é um operador de quarta ordem, cuja forma exata depende da escolha do sistemas de coordenadas. Em coordenas retangulares o operador biharmônico torna-se

$$\nabla^4 = \frac{\partial^4}{\partial x^4} + 2\frac{\partial^4}{\partial x^2 \partial y^2} + \frac{\partial^4}{\partial y^4} \tag{6.139}$$

550 CAPÍTULO 6 • Sistemas de Parâmetros Distribuídos

As condições de contorno para a placa são um pouco mais difíceis de escrever, como sua forma, em alguns casos, também depende do sistema de coordenadas em uso.

Para uma borda fixa à deflexão e derivada normal, $\partial/\partial n$, são ambos zero ao longo da borda:

$$w(x, y, t) = 0 \quad \text{e} \quad \frac{\partial w(x, y, t)}{\partial n} = 0 \quad \text{para} \quad x, y \text{ ao longo de } \partial\Omega \qquad (6.140)$$

A derivada normal é a derivada de w normal a borda da placa e no plano neutro. Para uma placa retangular, as condições de contorno simplesmente apoiadas tornam-se

$$w(x, y, t) = 0 \qquad \text{ao longo de todas arestas} \qquad (6.141)$$

$$\frac{\partial^2 w(x, y, t)}{\partial x^2} = 0 \qquad \text{ao longo da aresta } x = 0, x = l_1 \qquad (6.142)$$

$$\frac{\partial^2 w(x, y, t)}{\partial y^2} = 0 \qquad \text{ao longo da aresta } y = 0, y = l_2$$

onde l_1 e l_2 são os comprimentos das arestas das placas e as segundas derivadas parciais indicam as tensões normais ao longo dessas arestas.

Esse modelo de placa é basicamente um análogo bidimensional da viga de Euler-Bernoulli e é referido como *teoria de placa fina*. Por isso, é limitado aos casos em que a deformação de cisalhamento e a inércia rotativa sejam insignificantes. A equação da placa pode ser melhorada pela adição de deformação de cisalhamento e a inércia rotativa para produzir um análogo bidimensional da viga de Timoshenko. Isso é chamado de teoria de Mindlin-Timoshenko e não é discutido aqui (ver, por exemplo, Magrab, 1979).

6.7 MODELOS DE AMORTECIMENTO

Os modelos discutidos nas seis seções anteriores não representam dissipação de energia. Como na Seção 4.5 para sistemas acoplados em massa, amortecimento pode ser introduzido de duas formas: ou como amortecimento modal ou como um modelo de amortecimento físico. Na modelagem de sistemas de um grau de liberdade, amortecimento viscoso foi usado tanto por conveniência matemática como para física real. Esse é o caso aqui também.

Um procedimento simples para a inclusão de amortecimento é adicioná-lo à equação no tempo, após a separação de variáveis. Por exemplo, considere a equação temporal para a corda como dada pela Equação (6.24):

$$\ddot{T}_n(t) + \sigma_n^2 c^2 T_n(t) = 0 \quad n = 1, 2, \ldots$$

SEÇÃO 6.7 Modelos de Amortecimento **551**

Essas expressões produzem o análogo de parâmetro distribuído da Equação (4.85) para um sistema com massa concentrada e podem ser chamadas de *equações modais*. Amortecimento modal pode ser adicionado à Equação (6.24), incluindo o termo

$$2\zeta_n\omega_n\dot{T}_n(t) \quad n = 1, 2, 3, \ldots \tag{6.143}$$

onde ω_n é a n-ésima frequência natural e ζ_n é o n-ésimo fator de amortecimento modal. Fator de amortecimento ζ_n é escolhido, como o da Equação (4.123), com base na experiência ou em medições experimentais. Normalmente, ζ_n é um pequeno número positivo entre 0 e 1, com a maioria dos valores comuns de $\zeta_n \leq 0{,}05$.

Uma vez que os fatores de amortecimento modal são atribuídos, o termo de amortecimento da Equação (6.143) é adicionado a Equação (6.24) para produzir

$$\ddot{T}(t) + 2\zeta_n\omega_n\dot{T}(t) + \omega_n^2 T_n(t) = 0 \quad n = 1, 2, 3, \ldots \tag{6.144}$$

onde $\omega_n = \sigma_n c$. A solução, para um modo subamortecido, torna-se (Janela 6.5)

$$T_n(t) = A_n e^{-\zeta_n\omega_n t} \operatorname{sen}(\omega_{dn}t + \phi_n) \quad n = 1, 2, 3, \ldots \tag{6.145}$$

onde $\omega_{dn} = \omega_n\sqrt{1 - \zeta_n^2}$ e onde A_n e ϕ_n são constantes a serem determinadas pelas condições iniciais. Uma vez que os coeficientes temporais são determinados, o resto do procedimento de solução é o mesmo do apresentado na Seção 6.2.

Janela 6.5
Revisão de um Sistema Amortecido de um Grau de Liberdade

A solução de $m\ddot{x} + c\dot{x} + kx = 0$, $x(0) = x_0$, $\dot{x}(0) = \dot{x}_0$, ou $\ddot{x} + 2\zeta\omega_n\dot{x} + \omega^2 x = 0$ é (para o caso subamortecido $0 < \zeta < 1$)

$$x(t) = A e^{-\zeta\omega_n t}\operatorname{sen}(\omega_d t + \phi)$$

onde $\sqrt{k/m}$, $\zeta = c/2m\omega$, e

$$A = \left[\frac{(\dot{x}_0 + \zeta\omega_n x_0)^2 + (x_0\omega_d)^2}{\omega_d^2}\right]^{1/2} \qquad \phi = \operatorname{tg}^{-1}\frac{x_0\omega_d}{\dot{x}_0 + \zeta\omega_n x_0}$$

a partir das Equações (1.36), (1.37) e (1.38).

Exemplo 6.7.1

Calcule a resposta da barra do Exemplo 6.3.1 para um deslocamento inicial de $w(x, 0) = 2(x/l)$ cm e uma velocidade inicial de $w_t(x, 0)$. Assuma que a barra possui amortecimento modal de $\zeta_n = 0{,}01$ em cada modo.

Solução A partir do Exemplo 6.3.1, os modos de vibração são $a_n \operatorname{sen}[(2n - 1)\pi x/2l]$ e as frequências naturais não amortecidas são

$$\omega_n = \sigma_n\sqrt{\frac{E}{\rho}} = \frac{(2n - 1)\pi}{2l}\sqrt{\frac{E}{\rho}} \text{ rad/s}$$

Uma vez que o fator de amortecimento modal é escolhido como 0,01, as frequências naturais amortecidas tornam-se

$$\omega_{dn} = \omega_n \sqrt{1 - \zeta_n^2} = 0,9999 \frac{2n-1}{2l} \pi \sqrt{\frac{E}{\rho}} \ \text{rad/s}$$

A partir da Equação (6.145), a solução temporal torna-se

$$T_n(t) = A_n e^{-0,01\omega_n t} \text{sen}(\omega_{dn} t + \phi_n)$$

A solução total é então da forma

$$w(x, t) = \sum_{n=1}^{\infty} A_n e^{-0,01\omega_n t} \text{sen}(\omega_{dn} t + \phi_n) \text{sen} \frac{2n-1}{2l} \pi x \qquad (6.146)$$

Aplicando a condição inicial (mudando 2 cm para 0,02 m)

$$0,02\left(\frac{x}{l}\right) = \sum_{n=1}^{\infty} A_n \, \text{sen} \, \phi_n \, \text{sen} \, \sigma_n x$$

Multiplicando a última expressão por sen $\sigma_m x$ e integrando ao longo do comprimento da barra tem-se

$$\frac{0,02}{l} \int_0^l x \, \text{sen} \, \sigma_m x \, dx = \frac{0,02}{l\sigma_m^2}(-1)^{m+1} = \sum_{n=1}^{\infty} A_n \, \text{sen} \, \phi_n \int_0^l \text{sen} \, \sigma_n x \, \text{sen} \, \sigma_m x \, dx \qquad (6.147)$$

A integral sobre o lado direito é a condição de ortogonalidade para os modos:

$$\int_0^l \text{sen} \, \sigma_n x \, \text{sen} \, \sigma_m x \, dx = \left(\frac{l}{2}\right)\delta_{mn} \qquad (6.148)$$

Substituindo as condições de ortogonalidade no somatório de (6.147) obtém-se

$$\frac{0,02}{l\sigma_m^2}(-1)^{m+1} = (A_m \, \text{sen} \, \phi_m)\left(\frac{l}{2}\right) \quad m = 1, 2, \ldots \qquad (6.149)$$

que fornece uma equação nos dois conjuntos de coeficientes desconhecidos A_m e ϕ_m. Uma segunda equação para os coeficientes desconhecidos A_m e ϕ_m é obtida a partir da segunda condição inicial, ou seja

$$w_t(x, t) = 0$$

$$= \sum_{n=1}^{\infty} A_n \left[-0,01\omega_n e^{-0,01\omega_n t} \text{sen}\left(\omega_{dn} t + \phi_n\right) + e^{-0,01\omega_n t}\omega_{dn} \cos\left(\omega_{dn} t + \phi_n\right)\right] \text{sen} \, \sigma_n x$$

Novamente multiplicando por $\sigma_m x$, integrando ao longo do comprimento da viga e usando os resultados da condição de ortogonalidade tem-se

$$0 = A_m\left(-0,01\omega_n \, \text{sen} \, \phi_m + \omega_{dm} \cos \phi_m\right)\frac{l}{2} \quad m = 1, 2, \ldots$$

SEÇÃO 6.7 Modelos de Amortecimento

553

Uma vez que $A_m \neq 0$, o termo em parênteses deve ser zero tal que

$$\mathrm{tg}\, \phi_m = \frac{\sqrt{1 - \zeta^2}}{0,01} = 99,9949 \quad m = 1, 2, \ldots$$

e, portanto, $\phi_m = 1,5607$, que é aproximadamente $\pi/2$ radianos ou $90°$. A substituição desse valor na Equação (6.149) produz

$$A_m = \frac{0,04}{l^2 \sigma_m^2} (-1)^{m+1} \quad m = 1, 2, \ldots$$

Consequentemente, a solução geral, a partir da Equação (6.146), torna-se

$$w(x, t) = \sum_{n=1}^{\infty} \left(\frac{0,04}{l^2 \sigma_n^2} (-1)^{n+1} \right) e^{-0,01\omega_n t} \cos \omega_{dn} t \, \mathrm{sen}\, \sigma_n x \qquad (6.150)$$

onde $\sigma_n = (2n - 1)\pi/2l$, $\omega_n = \sigma_n \sqrt{E/\rho}$, e $\omega_{dn} = 0,9999\omega_n$.

□

A seguir consideram-se alguns modelos físicos de amortecimento. Mais uma vez, como foi o caso para os modelos simples e concentrado de parâmetros, os mecanismos de amortecimento físicos são indescritíveis e difíceis de obter. Dessa forma, alguns exemplos comuns são aqui apresentados. Em primeiro lugar, considera-se os efeitos de um mecanismo de amortecimento externo, tal como o ar. Como uma corda, membrana ou viga em vibração transversal oscila que empurra o ar em torno, causando uma perda de energia a partir de uma força proporcional à velocidade não conservativa (ver Blevins (1977) para uma explicação mais completa).

Em algumas circunstâncias, essa dissipação de energia pode ser aproximada como amortecimento viscoso linear da forma $\gamma w_t(x, t)$, onde γ é um parâmetro constante de amortecimento. Nesse caso, a equação de uma corda fixa-fixa torna-se

$$\rho A w_{tt}(x, t) + \gamma w_t(x, t) - \tau \omega_{xx}(x, t) = 0$$
$$w(0, t) = 0 = w(l, t) \qquad (6.151)$$

onde ρA e τ são a densidade e a tensão, tal como definido na Equação (6.4) e l é o comprimento da corda. A equação para uma membrana quadrada movendo-se em um fluido e fixada em torno de suas arestas torna-se

$$\rho w_{tt}(x, y, t) + \gamma w_t(x, y, t) - \tau \left[w_{xx}(x, y, t) + w_{yy}(x, y, t) \right] = 0$$
$$w(0, y, t) = w(l, y, t) = w(x, 0, t) = w(x, l, t) = 0 \qquad (6.152)$$

onde ρ e τ são como definidos na Equação (6.113) e l é o comprimento dos lados da membrana.

Amortecimento interno pode ser modelado a partir da análise das diversas forças e momentos envolvidos na obtenção das equações de movimento. Por exemplo, considere o modelo de vibração de Euler-Bernoulli dada pela Equação (6.91), desenvolvido a partir da Figura 6.10. Uma possível opção para amortecimento interno é atribuir um amortecimento viscoso proporcional à taxa de tensão na viga. A equação de movimento para uma viga e com amortecimento viscoso do ar (externo) e fator de amortecimento de tensão (interno) é

$$\rho A w_{tt}(x, t) + \gamma w_t(x, t) + \beta \frac{\partial^2}{\partial x^2}\left[I \frac{\partial^3 w(x, t)}{\partial x^2 \partial t} \right] + \frac{\partial^2}{\partial x^2}\left[EI \frac{\partial^2 w(x, t)}{\partial x^2} \right] = 0 \quad (6.153)$$

Para o caso fixo-livre, as condições de contorno tornam-se

$$w(0, t) = w_x(0, t) = 0$$

$$EI w_{xx}(l, t) + \beta I w_{xxt}(l, t) = 0 \quad\quad (6.154)$$

$$\frac{\partial}{\partial x}\left[EI w_{xx}(l, t) + \beta I w_{xxt}(l, t) \right] = 0$$

Aqui E, I, ρ e A são definidos na Equação (6.91) e γ e β são parâmetros constantes de amortecimento. Se $I(x)$ é constante, as condições de contorno e equação de movimento podem ser simplificadas. Note que a inclusão do fator de amortecimento de tensão altera as condições de contorno, bem como a equação de movimento. Para constante $I(x)$, a mudança na condição de contorno não afeta a solução. Ver Cudney e Inman (1989) para uma verificação experimental dessas equações de movimento. O fator de amortecimento de tensão também é chamado de *amortecimento de Kelvin-Voigt*.

A solução técnica para sistemas com os modelos de amortecimento físicos precedentes continua a ser a mesma para os parâmetros constantes (isto é, E, I, ρ constante) como para o caso não amortecido. Isso é assim porque esses termos de amortecimento são proporcionais aos termos de massa e rigidez efetiva, como no caso parâmetros concentrados. Caughey e O'Kelly (1965) apresentam uma explicação mais detalhada. O exemplo a seguir ilustra a utilização da análise modal para resolver o caso proporcionalmente amortecido.

Exemplo 6.7.2

Calcule a solução da corda amortecida, Equação (6.151), por análise modal. A Equação (6.151) é primeiro modificada usando separação de variáveis (isto é, através da substituição $w(x, t) = T(t)X(x)$).

$$\frac{\rho A \ddot{T} + \gamma \dot{T}}{\tau T} = \frac{X''}{X} = \text{constante} = -\sigma^2$$

Isso resulta em duas equações: uma no tempo e uma no espaço. A equação espacial $X''(x) + \sigma^2 X(x) = 0$ está sujeita a duas condições de contorno. Esse problema foi resolvido na Seção 6.2, o que resultou em $X_n(x) = a_n \operatorname{sen}(n\pi x/l)$ e $\sigma_n = n\pi/l$, para $n = 1, 2, \ldots$. A substituição desses valores na equação temporal anterior produz

$$\ddot{T}_n(t) + \frac{\gamma}{\rho A}\dot{T}_n(t) + \frac{\tau}{\rho A}\left(\frac{n\pi}{l}\right)^2 T_n(t) = 0 \quad\quad (6.155)$$

SEÇÃO 6.7 Modelos de Amortecimento

Comparando-se o coeficiente de $\dot{T}n(t)$ com $2\zeta_n\omega_n$ tem-se

$$\zeta_n = \frac{1}{2\omega_n}\frac{\gamma}{\rho A} = \frac{\gamma l}{2n\pi\sqrt{\tau\rho A}} \qquad (6.156)$$

A solução da equação temporal (6.155) produz (Janela 6.4)

$$T_n(t) = A_n e^{-\zeta_n\omega_n t}\operatorname{sen}(\omega_{dn}t + \phi_n)$$

onde $\omega_{dn} = \omega_n\sqrt{1 - \zeta_n^2}$. A solução total torna-se

$$w(x,t) = \sum_{n=1}^{\infty} A_n e^{-\zeta_n\omega_n t}\operatorname{sen}(\omega_{dn}t + \phi_n)\operatorname{sen}\frac{n\pi x}{l}$$

onde A_n e ϕ_n são constantes a serem determinadas pelas condições iniciais utilizando a relação de ortogonalidade.

□

Amortecimento também pode ser modelado no contorno de uma estrutura. Na verdade, em muitos casos, mais energia é dissipada em articulações ou pontos de conexão do que em mecanismos internos, tais como fator de amortecimento de tensão. Por exemplo, a vibração longitudinal da barra da Seção 6.5, poderia ser modelada como sendo ligada a um sistema mola-amortecedor concentrado, tal como indicado na Figura 6.14.

A equação de movimento permanece como dada na Equação (6.56). No entanto, a somatória de forças na direção x no contorno produz

$$AE\frac{\partial w(0,t)}{\partial x} = kw(0,t) + c\frac{\partial w(0,t)}{\partial t}$$

$$AE\frac{\partial w(l,t)}{\partial x} = -kw(l,t) - c\frac{\partial w(l,t)}{\partial t} \qquad (6.157)$$

Essas novas condições de contorno afetam tanto as condições de ortogonalidade quanto a solução no tempo do sistema.

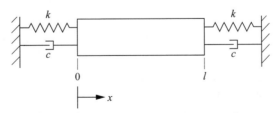

Figura 6.14 Uma barra fixa-fixa em vibração longitudinal, com o ponto de ligação ao chão modelado como amortecimento viscoso c e rigidez k.

6.8 ANÁLISE MODAL DA RESPOSTA FORÇADA

A resposta forçada de um sistema de parâmetros distribuídos pode ser calculada usando análise modal, assim como no caso de parâmetros concentrados da Seção 4.6. A abordagem utiliza novamente a condição de ortogonalidade das autofunções do sistema não forçados para reduzir o cálculo da resposta a um sistema de equações modais desacopladas para a resposta no tempo. O procedimento está resumido na Janela 6.6 e ilustrado por um exemplo simples.

Janela 6.6
Análise Modal da Resposta Forçada Total para Sistemas de Parâmetros Distribuídos

1. Calcule as formas modais normalizadas e as frequências naturais do sistema não amortecido, sistema homogêneo; $X_n(x)$ e ω_n.
2. Assuma separação de variáveis da forma $w(x, t) = X_n(x)T_n(t)$ e substitua na equação de movimento.
3. Multiplique o resultado do passo 2 por $X_n(x)$ e integre através da estrutura (comprimento da estrutura no caso de uma corda, haste, barra ou viga) que resulta em uma equação para $T_n(t)$ submetida a força modal, $f_n(t)$ dada pela função

$$f_n(t) = \int_0^l F(x, t)X_n(x)dx$$

4. Resolva a equação diferencial de segunda ordem no tempo resultante para a forma de $T_n(t)$, utilizando os métodos dos Capítulos 2 e 3, para os sistemas de um grau de liberdade.
5. Calcule as condições modais iniciais para cada $T_n(t)$ a partir das condições iniciais dadas $w(x, 0)$ e $w_t(x, 0)$, substituindo $w(x, t) = X_n(x)T_n(t)$ e integrando em x:

$$w(x, 0) = X_n(x)T_n(0) \Rightarrow T_n(0) = \int_0^l X_n(x)w(x, 0)\,dx$$

$$w_t(x, 0) = X_n(x)\dot{T}_n(0) \Rightarrow \dot{T}_n(0) = \int_0^l X_n(x)w_t(x, 0)\,dx$$

6. Resolva para as condições iniciais na expressão para $T_n(t)$, obtido no passo 4, juntamente com a força modal apropriada.
7. Construa o somatório para a resposta total: $w(x, t) = \sum_{n=1}^{\infty} X_n(x)T_n(t)$.

SEÇÃO 6.8 Análise Modal da Resposta Forçada

Exemplo 6.8.1

Calcule a resposta forçada da corda fixa em ambas as extremidades (discutido na Seção 6.2) com coeficiente de amortecimento externo γ sujeito ao impulso unitário aplicado em $l/4$, onde l é o comprimento da corda. Assuma que as condições iniciais são ambas zero.

Solução   A equação do movimento é

$$\rho A w_{tt}(x, t) + \gamma w_t(x, t) - \tau w_{xx}(x, t) = f(x, t) \tag{6.158}$$

onde $f(x, t) = \delta(x - l/4)\delta(t)$. Aqui $\delta(x - l/4)$ é uma função delta de Dirac, indicando que a força unitária é aplicada em $x = l/4$ e $\delta(t)$ indica que a força é aplicada no instante $t = 0$. As condições de contorno são $w(0, t) = w(l, t) = 0$. as autofunções da corda fixa-fixa não amortecida e não forçada são dadas pela Equação (6.22) para ser da forma

$$X_n(x) = a_n \operatorname{sen} \frac{n\pi x}{l}$$

obtida usando o método de separação de variáveis.

O procedimento de análise modal continua assumindo que a solução é da forma $w_n(x, t) = T_n(t)X_n(x)$, substituindo essa forma na Equação (6.158), multiplicando por $X_n(x)$, integrando ao longo do comprimento da corda e resolvendo para $T_n(t)$. Seguindo esse procedimento, a Equação (6,158) torna-se

$$\left\{ \rho A \ddot{T}_n(t) + \gamma \dot{T}_n(t) - \tau\left[-\left(\frac{n\pi}{l}\right)^2 \right] T_n(t) \right\} \operatorname{sen} \frac{n\pi x}{l} = \delta\left(x - \frac{1}{4} \right)\delta(t)$$

onde o coeficiente constante a_n de X_n foi arbitrariamente definido como igual à unidade. Multiplicando por sen $(n\pi x/l)$ e integrando, tem-se

$$\left[\rho A \ddot{T}_n(t) + \gamma \dot{T}_n(t) + \tau\left(\frac{n\pi}{l}\right)^2 T_n(t) \right] \frac{l}{2}$$

$$= \delta(t) \int_0^l \delta(x - l/4) \operatorname{sen} \frac{n\pi x}{l} dx = \delta(t)\left(\operatorname{sen} \frac{n\pi}{4} \right)$$

Reescrevendo essa expressão na forma de oscilador de um grau de liberdade, tem-se

$$\ddot{T}_n(t) + \frac{\gamma}{\rho A} \dot{T}_n(t) + \left(\frac{cn\pi}{l}\right)^2 T_n(t) = \left(\frac{2}{l\rho A} \operatorname{sen} \frac{n\pi}{4}\right)\delta(t) \quad n = 1, 2, \ldots \tag{6.159}$$

onde $c = \sqrt{\tau/\rho A}$ como antes. A Equação (6.159) pode ser escrita em termos da relação de amortecimento modal, frequência natural e magnitude de entrada por meio da comparação dos coeficientes

$$\ddot{T}_n(t) + 2\zeta_n\omega_n \dot{T}_n(t) + \omega_n^2 T_n(t) = \hat{F}_n\delta(t) \quad n = 1, 2, \ldots$$

que tem solução dada pelas Equações (3.7) e (3.8) e repetida na Janela 6.7. Comparando os coeficientes das expressões na Janela 6.5 e Equação (6.159) tem-se (para $n = 1, 2, 3, \ldots$)

$$\omega_n = \frac{cn\pi}{l} = \frac{n\pi}{l} \sqrt{\frac{\tau}{\rho A}}$$

$$\hat{F}_n = \frac{2}{l\rho A} \operatorname{sen} \frac{n\pi}{4}$$

$$\zeta_n = \frac{\gamma l}{2cn\pi\rho A} = \frac{\gamma l}{2n\pi \sqrt{\tau\rho A}}$$

Da mesma forma, a n-ésima frequência natural amortecida torna-se

$$\omega_{dn} = \omega_n \sqrt{1 - \zeta_n^2} = \frac{cn\pi}{l} \sqrt{1 - \frac{\gamma^2 l^2}{4c^2 n^2 \pi^2 \rho^2 A^2}} \quad n = 1, 2, 3, \ldots$$

$$= \frac{1}{2\rho Al} \sqrt{(2cn\pi\rho A)^2 - \gamma^2 l^2} \quad n = 1, 2, 3, \ldots$$

A substituição desses valores para ω_n, ω_{dn}, ζ_n, e $\hat{F}_n$ na expressão da Janela 6.7 produz que a solução para a n-ésima equação temporal torna-se

$$T_n(t) = \frac{\hat{F}_n}{\omega_{dn}} e^{-\zeta_n \omega_n t} \operatorname{sen} \omega_{dn} t$$

$$= \frac{4 \operatorname{sen}(n\pi/4)}{\sqrt{(2\rho Acn\pi)^2 - (\gamma l)^2}} e^{-\gamma t/2\rho} A \operatorname{sen} \left[\frac{1}{2\rho lA} \sqrt{(2\rho Acn\pi)^2 - (\gamma l)^2} t \right]$$

Janela 6.7

Solução de um Sistema de um Grau de Liberdade a um Impulso

A resposta de um sistema subamortecido de um grau de liberdade a um impulso modelado por

$$m\ddot{x} + c\dot{x} + kx = \hat{F}\delta(t)$$

onde $\delta(t)$ é um impulso unitário, é dada pelas Equações (3.7) e (3.8) como

$$x(t) = \frac{\hat{F}}{m\omega_d} e^{-\zeta\omega_n t} \operatorname{sen} \omega_d t$$

onde $\omega_n = \sqrt{k/m}$, $\zeta = c/2m\omega_n$, $\omega_d = \omega_n \sqrt{1 - \zeta^2}$, e $0 < \zeta < 1$ devem ser satisfeitas.

SEÇÃO 6.8 Análise Modal da Resposta Forçada

Combinando a expressão anterior com $X_n = \text{sen}\,(n\pi x/l)$ e construindo o somatório sobre todos os modos, a solução total torna-se

$$w(x, t) = \sum_{n=1}^{\infty} \frac{4\,\text{sen}(n\pi/4)}{\sqrt{(2\rho A c n\pi)^2 - (\gamma l)^2}}\, e^{-\gamma t/2\rho A}\, \text{sen}\left[\left(\frac{1}{2\rho l A}\,\sqrt{(2\rho A c n\pi)^2 - (\gamma l)^2}\right)t\right]\text{sen}\,\frac{n\pi x}{l}$$

$$(6.160)$$

Isso representa a solução da corda amortecida sujeita a um impulso unitário aplicado em $l/4$ unidades a partir de uma extremidade. Semelhante às soluções em série para a resposta livre, a série deve convergir e, portanto, nem todos os termos devem ser calculados para obter uma solução razoável. De fato, normalmente, apenas os primeiros termos precisam ser calculados, tal como ilustrado na Figura 6.6 para um exemplo semelhante.

□

A resposta de um sistema de um grau de liberdade a um impulso pode ser utilizada para calcular a resposta de entrada de qualquer força geral utilizando as funções de resposta ao impulso. Isso foi ilustrado na Seção 3.2. A resposta de um sistema de parâmetro distribuído para uma entrada arbitrária também pode ser calculada utilizando o conceito de uma função de resposta ao impulso por meio da definição de uma função de resposta ao impulso modal.

A solução para a resposta geral forçada de um sistema de um grau de liberdade subamortecido como detalhado na Seção 3.2 está resumida na Janela 6.8. Seguindo o raciocínio utilizado no Exemplo 6.8.1 para a resposta ao impulso e referindo-se a Janela 6.8, a resposta de um sistema de parâmetro distribuído amortecido a qualquer força pode ser calculada. Como no caso da resposta ao impulso, o método é melhor ilustrado por exemplo.

Janela 6.8

Resposta de um Sistema de Subamortecido a uma Excitação Arbitrária da Seção 3.2

A resposta de um sistema subamortecido

$$m\ddot{x} + c\dot{x} + kx = F(t)$$

(com condições iniciais nulas) é dada por (para $0 < \zeta < 1$)

$$x(t) = \frac{1}{m\omega_d}\, e^{-\zeta\omega_n t} \int_0^t F(\tau)\, e^{\zeta\omega_n \tau}\, \text{sen}\,\omega_d(t - \tau)\, d\tau$$

onde $\omega_n = \sqrt{k/m}$, $\zeta = c/2m\omega_n$ e $\omega_d = \omega_n\sqrt{1 - \zeta^2}$. Com as condições iniciais diferentes de zero a solução torna-se

$$x(t) = Ae^{-\zeta\omega_n t}\, \text{sen}\,(\omega_d t + \phi) + \frac{1}{\omega_d}\, e^{-\zeta\omega_n t} \int_0^t f(\tau)\, e^{\zeta\omega_n \tau}\, \text{sen}\,\omega_d(t - \tau)\, d\tau$$

onde $f = F/m$ e A e ϕ são constantes determinadas pelas condições iniciais.

Exemplo 6.8.2

Uma máquina rotativa está montada no segundo piso de um edifício, tal como ilustrado na Figura 6.15. A máquina excita a viga de suporte do piso com uma força de 100 N à 3 rad/s. Modele a viga de suporte do piso como uma viga de Euler-Bernoulli não amortecida simplesmente apoiada e calcule a resposta forçada.

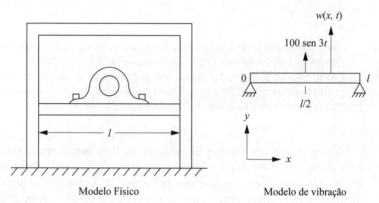

Modelo Físico   Modelo de vibração

Figura 6.15 Um modelo de um edifício com uma máquina rotativa desbalanceada montada no meio do segundo andar sobre uma viga de suporte. O modelo de vibração é simplificado para ser a de uma força harmônica aplicada no centro de uma viga simplesmente apoiada.

Solução O esquema do lado direito da Figura 6.15 sugere que um modelo razoável para a vibração é dado pela Equação (6.92) e condições de contorno dadas pela Equação (6.95) com uma força de excitação de 100 sen 3t. Dessa forma, o problema consiste em resolver

$$w_{tt}(x, t) + c^2 w_{xxxx}(x, t) = 100 \operatorname{sen} 3t \, \delta\!\left(x - \frac{l}{2}\right) \tag{6.161}$$

submetido a $w(0, t) = w(l, t) = w_{xx}(0, t) = w_{xx}(l, t) = 0$, onde $c = \sqrt{EI/\rho A}$. Note que a dependência do tempo da força de entrada harmônica sugere que a Equação (2.8) vai ser utilizada para resolver a equação temporal. A função delta de Dirac na Equação (6.161) é utilizada para demonstrar que a força é aplicada apenas no ponto $l/2$ e não em qualquer lugar ao longo de x. Em primeiro lugar, separação de variáveis é usado para calcular os modos de vibração espaciais utilizando a versão homogênea da Equação (6.161). Para esse fim, faça $w(x, t) = T(t)X(x)$ na Equação (6.161), tal que

$$\frac{\ddot{T}(t)}{T(t)} = -c^2 \frac{X''''(x)}{X(x)} = -\omega^2$$

seguindo a Equação (6.97). Isso conduz as Equações (6.98) e (6.102), tal que a solução da equação espacial é dada pela Equação (6.102):

$$X(x) = \alpha_1 \operatorname{sen} \beta x + \alpha_2 \cos \beta x + \alpha_3 \operatorname{senh} \beta x + \alpha_4 \cosh \beta x \tag{6.162}$$

Aqui $\beta^4 = \rho A \omega^2 / EI$. Aplicando as quatro condições de contorno dadas nas Equações (6.95) produz-se as autofunções desejadas. A deflexão deve ser zero em $x = 0$ (isto é, $X(0) = 0$) tal que $a_2 + a_4 = 0$. Do mesmo modo, o momento fletor deve desaparecer em $x = 0$ (isto é, $X''(0) = 0$)

SEÇÃO 6.8 Análise Modal da Resposta Forçada

tal que $-a_2 + a_4 = 0$. Assim, $a_2 = a_4 = 0$ é necessário para satisfazer as condições de contorno em $x = 0$. Dessa forma, a Equação (6.162) para a solução espacial reduz a

$$X(x) = \alpha_1 \operatorname{sen}\beta x + \alpha_3 \operatorname{senh}\beta x \tag{6.163}$$

Aplicando a condição de contorno em $x = l$ produz-se

$$\alpha_1 \operatorname{sen}\beta l + \alpha_3 \operatorname{senh}\beta l = 0 \tag{6.164}$$

$$-\alpha_1 \operatorname{sen}\beta l + \alpha_3 \operatorname{senh}\beta l = 0 \tag{6.165}$$

que possui a solução $a_3 = 0$ e sen $\beta l = 0$. Assim, a equação característica é sen $\beta l = 0$, que produz $\beta l = n\pi$ e a autofunção torna-se

$$X_n(x) = A_n \operatorname{sen}\frac{n\pi x}{l} \quad n = 1, 2, \ldots \tag{6.166}$$

Recordando que $\beta^4 = \rho A\omega^2/EI$ tem-se

$$\omega = \omega_n = \sqrt{\frac{EI}{\rho A}}\left(\frac{n\pi}{l}\right)^2 \quad n = 1, 2, \ldots \tag{6.167}$$

É conveniente neste momento normalizar a autofunção dada pela Equação (6.166). Seguindo a definição do Capítulo 4 para vetores, um conjunto de autofunções $X_n(x)$ é dito ser *normal* se, para cada valor de n

$$\int_0^l X_n(x)X_n(x)dx = 1 \tag{6.168}$$

Como no caso de autovetores, a condição de normalização corrige as constantes arbitrárias associadas as autofunções. A constante A_n na Equação (6.166) pode ser determinada por substituição da autofunção $X_n(x)$ sen $(n\pi x/l)$ na Equação (6.168). Isso produz

$$A_n^2 \int_0^l \operatorname{sen}^2\frac{n\pi x}{l}\, dx = 1$$

Realizando a integração indicada obtém-se

$$A_n^2\frac{l}{2} = 1 \quad \text{ou} \quad A_n = \sqrt{2/l}$$

tal que a autofunção normalizada torna-se

$$X_n(x) = \sqrt{\frac{2}{l}}\operatorname{sen}\frac{n\pi x}{l} \quad n = 1, 2, \ldots \tag{6.169}$$

562 CAPÍTULO 6 • Sistemas de Parâmetros Distribuídos

Esses são também referenciados como modos de vibração normalizados. Essas funções também têm a propriedade de que

$$\int_0^l X_n(x)X_m(x)dx = 0 \quad m \neq n \tag{6.170}$$

que é uma condição de ortogonalidade similar àquela para autovetores. Se um conjunto de funções $X_n(x)$ satisfaz ambas as Equações (6.170) e (6.168) para todas as combinações do índice n, isso é dito ser um *conjunto ortonormal*.

Continuando com a solução de análise modal da Equação (6.161), a substituição da forma $w(x, t) = T_n(t)X_n(x)$ na equação de movimento resulta em

$$\ddot{T}_n(t)X_n(x) + c^2 T_n(t)X_n''''(x) = 100 \operatorname{sen} 3t\, \delta\left(x - \frac{l}{2}\right) \tag{6.171}$$

A partir da equação que se segue (6.161), $X_n'''' = (\omega_n^2/c^2)X_n(x)$. A substituição dessa expressão em (6.171) produz

$$\left[\ddot{T}_n(t) + \omega_n^2 T_n(t)\right]X_n(x) = (100 \operatorname{sen} 3t)\delta\left(x - \frac{l}{2}\right) \tag{6.172}$$

Multiplicando a Equação (6.172) por $X_n(x)$ e a integrando ao longo do comprimento da viga obtém-se

$$\ddot{T}_n(t) + \omega_n^2 T_n(t) = 100 \operatorname{sen} 3t \sqrt{\frac{2}{l}} \int_0^l \delta\left(x - \frac{l}{2}\right) \operatorname{sen} \frac{n\pi x}{l}\, dx \tag{6.173}$$

onde a condição de normalização é utilizada para avaliar a integral do lado esquerdo da equação (6.173). Avaliando a integral sobre o lado esquerdo produz-se

$$\ddot{T}_n(t) + \omega_n^2 T_n(t) = \sqrt{\frac{2}{l}} 100 \operatorname{sen} 3t \operatorname{sen} \frac{n\pi}{2} \quad n = 1, 2, 3, \ldots \tag{6.174}$$

ou

$$\ddot{T}_n(t) + \frac{EI}{\rho A}\left(\frac{n\pi}{l}\right)^4 T_n(t) = 0, \quad n = 2, 4, 6, \ldots \tag{6.175}$$

$$\ddot{T}_n(t) + \frac{EI}{\rho A}\left(\frac{n\pi}{l}\right)^4 T_n(t) = \sqrt{\frac{2}{l}} 100 \operatorname{sen} 3t \quad n = 1, 5, 9, \ldots \tag{6.176}$$

$$\ddot{T}_n(t) + \frac{EI}{\rho A}\left(\frac{n\pi}{l}\right)^4 T_n(t) = -\sqrt{\frac{2}{l}} 100 \operatorname{sen} 3t \quad n = 3, 7, \ldots \tag{6.177}$$

onde a Equação (6.167) tem sido usada para avaliar ω_n^2.

Uma vez que a resposta forçada é de interesse aqui, a solução para $T_n(t)$ para valores pares do índice n determinado pela Equação (6.175) é zero (força de entrada zero e

SEÇÃO 6.8 Análise Modal da Resposta Forçada

condições iniciais zero). A solução para as Equações (6.176) e (6.177) é dada pela Equação (2.7) como

$$T_n(t) = \frac{100\sqrt{2/l}}{(EI/\rho A)(n\pi/l)^4 - 9} \operatorname{sen} 3t \quad n = 1, 5, 9, \ldots \quad (6.178)$$

e

$$T_n(t) = \frac{-100\sqrt{2/l}}{(EI/\rho A)(n\pi/l)^4 - 9} \operatorname{sen} 3t \quad n = 3, 7, 11, \ldots \quad (6.179)$$

A resposta forçada da viga do piso é então determinada pela série

$$w(x, t) = \sum_{n=1}^{\infty} T_n(t) X_n(x) \quad (6.180)$$

com T_n e X_n como indicado nas Equações (6.169), (6.178) e (6.179). Escrevendo os primeiros termos diferentes de zero dessa solução tem-se

$$w(x, t) = \frac{200}{l} \left[\frac{\operatorname{sen} -(\pi x/l)}{(\pi^4 EI/l^4 \rho A) - 9} - \frac{\operatorname{sen} -(3\pi x/l)}{(81\pi^4 EI/l^4 \rho A) - 9} + \frac{\operatorname{sen} -(5\pi x/l)}{(625\pi^4 EI/l^4 \rho A) - 9} \cdots \right] \operatorname{sen} 3t$$

(6.181)

Dado os valores dos parâmetros do material ρ, E e a dimensão da viga de suporte l, I e A, a Equação (6.181) descreve a resposta forçada da viga no modelo de vibração de um piso de edifício devido a uma máquina rotativa, como esboçado na Figura 6.15.

□

Exemplo 6.8.3

Considere a câmara montada sobre um eixo quadrado na Figura 6.16. Use as Tabelas 6.3 e 6.5 para calcular as três primeiras frequências naturais e, em seguida, calcular a amplitude do primeiro modo da resposta forçada para uma carga de vento fornecendo um torque de $M_0 = 15 \times L$ Nm em uma frequência de $\omega = 10$ Hz. Modele a câmera em vibração torcional, como

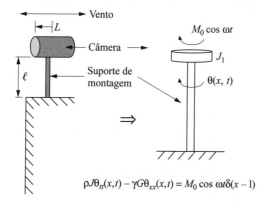

Figura 6.16 Um modelo distribuído de um suporte de montagem para uma câmera de segurança.

564 CAPÍTULO 6 • Sistemas de Parâmetros Distribuídos

sugerido na figura. O suporte de montagem é uma peça sólida de alumínio de seção transversal de $0,02 \times 0,02$ m, com $J = 2,667 \times 10^{-8}$ m^4, densidade de $2,7 \times 10^3$ kg/m^3, módulo de cisalhamento de $2,67 \times 10^{10}$ N e comprimento $\ell = 0,55$ m. A câmara tem um comprimento $L = 0,2$ m com massa $m = 3$ kg. Aproxime o momento de inércia da câmara por $J_1 = mL^2$.

Solução Seguindo o Exemplo 6.8.2, em primeiro lugar calcule a solução do problema de autovalores para a resposta livre. A equação de movimento para a resposta livre é dada na Equação (6.67) por

$$\theta_{tt}(x, t) = \frac{G\gamma}{\rho J}\, \theta_{xx}(x, t), \quad \theta(0, t) = 0 \quad \text{e} \quad \gamma G \theta_x(\ell, t) = -J_1 \theta_{tt}(\ell, t)$$

Aqui γ é a constante de torção da Tabela 6.3. Usando separação de variáveis para obter a equação de frequência tem-se

$$\varphi(x)\ddot{T}(t) = \frac{G\gamma}{\rho J}\, \varphi''(x)T(t), \quad \varphi(0)T(t) = 0, \quad \text{e} \quad \gamma G \varphi'(\ell)T(t) = -J_1 \varphi(\ell)\ddot{T}(t)$$

Organizando e simplificando chega-se ao problema de autovalores

$$\frac{\varphi''(x)}{\varphi(x)} = \frac{\rho J}{G\gamma}\frac{\ddot{T}(t)}{T(t)} = -\sigma^2, \quad \varphi(0) = 0, \quad \frac{\gamma G}{J_1}\frac{\varphi'(\ell)}{\varphi(\ell)} = -\frac{\ddot{T}(t)}{T(t)} = \frac{\sigma^2 G\gamma}{\rho J}$$

A equação espacial é, então, resumida como

$$\varphi''(x) + \sigma^2\varphi(x) = 0 \Rightarrow \varphi(x) = a\,\text{sen}\,\sigma x + b\cos\sigma x$$

$$\varphi(0) = 0$$

$$\gamma G\rho J\varphi'(\ell) = \gamma\sigma^2 GJ_1\varphi(\ell)$$

A substituição da solução padrão na primeira condição de contorno produz que $b = 0$, tal que as autofunções terão a forma $\varphi(x) = a\,\text{sen}\,\sigma x$. A substituição dessa forma na condição de contorno em $x = \ell$ origina a equação característica

$$\rho Ja\sigma\cos\sigma\ell = \sigma^2 J_1 a\,\text{sen}\,\sigma\ell \Rightarrow \text{tg}\,\sigma l = \left(\frac{\rho\ell J}{J_1}\right)\frac{1}{\sigma\ell}$$

Essa equação característica é transcendental e deve ser resolvida numericamente para os valores de $\sigma\ell$, semelhante ao cálculo efetuado no Exemplo 6.2.3. Assim, σ dependerá do índice n, pois há um número infinito de soluções σ_n. A inércia da câmara é calculada a partir de

$$J_1 = mL^2 = 3(0,2)^2 = 0,12\ \text{kg}\cdot\text{m}^2$$

Com os valores dados, os três primeiros valores numéricos da solução da equação transcendental produzem

$$\sigma_1\ell = 0,0182, \quad \sigma_2\ell = 3,1417, \quad \sigma_3\ell = 6,2832.$$

Note que os valores de $\sigma_n\ell$ rapidamente se aproximam de $n\pi$ quando n aumenta. Formando a equação temporal

$$\ddot{T}_n(t) + \frac{\gamma G}{\rho J}\sigma_n^2 T_n(t) = 0$$

SEÇÃO 6.8 Análise Modal da Resposta Forçada

a frequência natural está relacionada com $\sigma_n \ell$ por

$$\omega_n = \frac{\sigma_n \ell}{\ell} \sqrt{\frac{\gamma G}{\rho J}} \, \text{rad/s}$$

Utilizando os valores calculados numericamente de $\sigma_n \ell$ e os dados apresentados

$$\omega_1 = 95{,}392 \, \text{rad/s} \quad \omega_2 = 1{,}6497 \times 10^4 \, \text{rad/s} \quad \omega_3 = 3{,}2994 \times 10^4 \, \text{rad/s}$$

A seguir considere a primeira solução modal ($n = 1$) para a resposta forçada. Note que após o segundo índice, a frequência de excitação está bem longe da frequência modal. A solução modal, então, assume a forma

$$(\rho J \ddot{T}_1(t) + \gamma G \sigma_1^2 T_1(t)) a_1 \operatorname{sen} \sigma_1 x = M_0 \cos \omega t \, \delta(x - \ell)$$

Normalizando a constante arbitrária $a_n = 1$ e multiplicando a primeira equação modal por sen $\sigma_1 \ell$ tem-se (usando a normalização de sen $\sigma_1 \ell$)

$$(\rho J \ddot{T}_1(t) + \gamma G \sigma_1^2 T_1(t)) \frac{\ell}{2} = M_0 \cos \omega t \int_0^\ell \operatorname{sen} \sigma_1 x \, \delta(x - \ell) dx$$

$$\Rightarrow \rho J \ddot{T}_1(t) + \gamma G \sigma_1^2 T_1(t) = \frac{2M_0}{\ell} \operatorname{sen} \sigma_1 \ell \cos \omega t$$

Essa última expressão pode ser resolvida para a solução particular, utilizando o método da Seção 2.1. Dividindo pelo coeficiente principal tem-se

$$\ddot{T}_1(t) + \omega_1^2 T_1(t) = \frac{2M_0}{\ell \rho J} (0{,}0182) \cos \omega t$$

A partir do Exemplo 2.1.2, a amplitude da resposta forçada é

$$\left| \frac{2f_0}{\omega_n^2 - \omega^2} \right| = \left| \frac{2(0{,}0182) \, M_0 / \ell \rho J}{\omega_n^2 - \omega^2} \right|$$

$$= \left| \frac{2(0{,}0182)(15 \cdot 0{,}2)/(0{,}55 \cdot 2{,}7 \times 10^3 \cdot 2{,}667 \times 10^{-8})}{95{,}3921^2 - 62{,}832^2} \right| = 0{,}3764$$

$\square$

Os cálculos de análise modal utilizados nos Exemplos 6.8.1, 6.8.2 e 6.8.3, assim como o exemplo na Seção 6.7 podem ser delineados para um caso geral, assim como para sistemas de parâmetros concentrados no Capítulo 4. Isso está resumido na Janela 6.4 e novamente aqui. Análise modal prossegue por substituição das variáveis de separação da forma

$$w(x, t) = X_n(x) T_n(t)$$

na equação de movimento. Isso leva a duas equações: um problema de condição de contorno em $X_n(x)$ e o outro um problema de condição inicial em $T_n(t)$. As condições de contorno são aplicadas para a solução da equação espacial para $X_n(x)$. Isso produz os autovalores (frequências naturais) e autofunções (modos de vibração) do sistema. Esse passo

566 CAPÍTULO 6 • Sistemas de Parâmetros Distribuídos

produz o mesmo tipo de informação de quando se resolve o problema de autovalores da matriz $M^{-1/2}KM^{-1/2}$ para sistemas concentrados em massa. Em seguida, as autofunções são normalizadas utilizando a Equação (6.168).

Com a funções $X_n(x)$ completamente determinada e as frequências naturais conhecidas, a equação temporal, para a função $T_n(t)$ pode ser resolvida por substituição de $w(x, t)$ = $T_n(t)X_n(x)$ na equação de movimento e as condições iniciais. Com $T_n(t)$ conhecido por todos os n, da solução total é montada como a soma

$$w(x, t) = \sum_{n=1}^{\infty} T_n(t)X_n(x) \qquad (6.182)$$

Essa equação é também chamada de *teorema de expansão*. Certos argumentos matemáticos precisam ser feitos para verificar a convergência dessa série infinita (ver, por exemplo, Inman (2006)), mas esses estão fora do âmbito deste texto. Em muitos casos, basta usar apenas alguns dos primeiros termos da série para calcular uma aproximação significativa para a solução.

Conforme mencionado na Janela 6.4 e confirmado no Exemplo 6.5.2, a abordagem de separação de variáveis/análise modal nem sempre funciona. Ou seja, muitas vezes é difícil ou mesmo impossível separar as equações diferenciais parciais em uma equação espacial e uma equação temporal. Isso acontece, por exemplo, na tentativa de resolver a equação de viga de Timoshenko por causa do termo cruzado

$$\frac{\partial^4 w(x, t)}{\partial x^2 \partial t^2}$$

que envolve derivadas de ambas as variáveis, e por causa da existência de uma quarta derivada temporal. No entanto, porque os modos de vibração da viga de Euler-Bernoulli são assumidos como sendo satisfatório para uso com o método de Timoshenko, uma solução separada é assumida escrevendo $w(x, t)$ como um produto de $T(t)$ e o modo da forma considerada. Isso funciona no Exemplo 6.5.2. Muitos outros problemas de vibração de parâmetros distribuídos não podem ser diretamente resolvidos pela abordagem analítica de separação de variáveis. Por isso, um número de abordagens aproximadas foram desenvolvidas, tais como assumir a forma do modo (o chamado método do modo assumido), como é feito no Exemplo 6.5.2.

PROBLEMAS

Seção 6.2 (Problemas 6.1 a 6.8)

6.1. Calcule as duas primeiras frequências naturais de uma corda fixa-fixa com densidade $\rho A = 0,6$ g/m, tensão de 100 N e comprimento $l = 330$ mm.

6.2. Mostre a condição de ortogonalidade da Equação (6.28).

CAPÍTULO 6 Problemas

6.3. Calcule a ortogonalidade dos modos no Exemplo 6.2.3.

6.4. Trace os primeiros quatro modos do Exemplo 6.2.3 para o caso $l = 1$ m, $k = 800$ N/m e $\tau = 800$ N/m.

6.5. Considere um cabo que tem uma extremidade fixa e uma extremidade livre. A extremidade livre não pode suportar uma força transversal, tal que $w_x(l, t) = 0$. Calcule as frequências naturais e as formas modais.

6.6. Calcule os coeficientes c_n e d_n da Equação (6.27) para o sistema de uma corda fixa-fixa com deslocamento inicial dada na Figura P6.6 e uma velocidade inicial de $w_t(x, 0) = 0$.

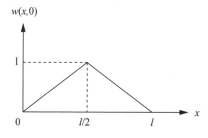

Figura P6.6 O deslocamento inicial (mm) para a corda do Problema 6.6.

6.7. Trace a resposta da corda no Problema 6.6 para a corda de piano do Exemplo 6.2.2, ($l = 1,4$ m, $m = 110$ g, $\tau = 11,1 \times 10^4$ N) em $x = l/4$ e $x = l/2$, usando 3, 5 e 10 termos na solução.

*6.8. Considere a corda fixada do Problema 6.6. O cálculo da resposta da corda para a condição inicial

$$w(x, 0) = \operatorname{sen} \frac{3\pi x}{l} \quad w_t(x, 0) = 0$$

Trace a resposta em $x = l/2$ e $x = l/4$, para os parâmetros do Exemplo 6.2.2.

Seção 6.3 (Problemas 6.9 a 6.31)

6.9. Calcule as frequências naturais e modos para uma barra livre-livre. Calcule a solução no tempo do primeiro modo.

6.10. Calcule as frequências naturais e modos de um barra fixa-fixa.

6.11. É desejável projetar uma barra fixa-livre de 4,5 m de tal forma que a sua primeira frequência natural seja 1878 Hz. De que material deve ser feita?

6.12. Suponha que para uma barra particular, $A(x)$ não é constante. Mostre que a solução no tempo de

$$\frac{\partial}{\partial x}\left(EA(x) \frac{\partial w(x, t)}{\partial x}\right) = \rho A(x) \frac{\partial^2 w(x, t)}{\partial t^2}$$

ainda é de forma $T(t) = A \operatorname{sen} \omega_n t + B \cos \omega_n t$, onde ω_n é proporcional a $\sqrt{E/\rho}$.

6.13. Compare as frequências naturais de uma barra de alumínio fixa-livre de 1 m com uma barra de aço, uma de compósito de carbono e uma de madeira.

6.14. Obtenha as condições de contorno para uma barra fixa-livre com uma massa concentrada M presa à extremidade livre.

6.15. Calcule os modos de vibração e as frequências naturais da barra do Problema 6.12. Comente como a massa concentrada influencia nas frequências naturais e modos de vibração.

*6.16. Calcule e trace os três primeiros modos de vibração de uma barra fixa-livre.

*6.17. Calcule e trace os três primeiros modos de vibração de uma barra fixa-fixa e compare com os gráficos do Problema 6.16.

*6.18. Calcule e compare os autovalores da barra livre-livre, fixa-livre e fixa-fixa. Os autovalores estão relacionados? O que os autovalores dizem sobre as frequências naturais do sistema?

6.19. Considere a barra não uniforme da Figura P6.19, que altera a área da seção transversal, como ilustrado na figura. Na figura, A_1, E_1, ρ_1 e l_1 são a área da seção transversal, o módulo, a densidade e o comprimento do primeiro segmento, respectivamente, e A_2, E_2, ρ_2 e l_2 os correspondentes parâmetros físicos do segundo segmento. Determine a equação característica.

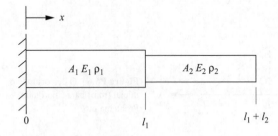

Figura P6.19 Uma barra com duas áreas de seções transversais separadas feitas de dois materiais diferentes.

6.20. Mostre que a solução obtida para o Problema 6,19 é consistente com a de uma barra uniforme.

6.21. Calcule as três primeiras frequências naturais para o sistema de cabo e mola do Exemplo 6.2.3 para $l = 1$, $k = 100$, $\tau = 100$ (unidades SI).

6.22. Calcule as três primeiras frequências naturais de um cabo fixo-livre com uma massa m presa à extremidade livre. Compare com as frequências obtidas no Problema 6.19.

6.23. Calcule as condições de contorno de uma barra fixa em $x = 0$ e fixa à terra por meio de uma massa e uma mola tal como ilustrado na Figura P6.23.

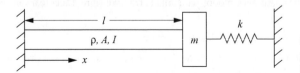

Figura P6.23 Uma viga com uma massa fixa à terra por meio de uma mola.

6.24. Calcule a equação de frequência natural para o sistema do Problema 6.23.

6.25. Estime as frequências naturais de uma estrutura do automóvel por vibração na sua direção longitudinal (isto é, ao longo do comprimento do carro) modelando a estrutura como uma barra de aço (unidimensional).

6.26. Considere a primeira frequência natural da barra do Problema 6.23 com $k = 0$ e Tabela 6.2, que é fixa em uma extremidade e tem uma massa concentrada M presa na sua extremidade livre. Compare com a frequência natural do mesmo sistema modelado como um sistema massa-mola de um grau de liberdade dada na Figura 1.23. O que acontece com a comparação quando M torna-se pequeno e vai a zero?

6.27. Seguindo a linha de pensamento sugerido no Problema 6.26, modele o sistema do Problema 6.23 como um sistema concentrado em massa de um único grau de liberdade e compare esta frequência com a primeira frequência natural obtido no Problema 6.24.

CAPÍTULO 6 Problemas **569**

6.28. Calcule a resposta de uma barra fixa-livre para um deslocamento inicial de 1 cm na extremidade livre e uma velocidade inicial de zero. Assuma que $\rho = 7,8 \times 10^3$ kg/m³, $a = 0,001$ m², $E = 10^{10}$ N/m² e $l = 0,5$ m. Trace a resposta em $x = l$ e $x = l/2$, utilizando os três primeiros modos.

6.29. Repita os gráficos do Problema 6.28 para 5 modos, 10 modos, 15 modos, e assim por diante, para responder à pergunta de quantos modos são necessários no somatório da Equação (6.27), a fim de produzir uma resposta precisa para esse sistema.

6.30. Uma barra em movimento se desloca ao longo do eixo x com velocidade constante e é subitamente parada no final em $x = 0$, de modo que as condições iniciais são $w(x, 0) = 0$ e $wt(x, 0) = v$. Calcule a resposta de vibração.

6.31. Calcule a resposta da corda fixa-fixa da Seção 6.2 para uma velocidade inicial zero e um deslocamento inicial de $w_0(x) = $ sen $(2\pi x/l)$. Trace a resposta em $x = l/2$.

Seção 6.4 (Problemas 6.32 a 6.41)

6.32. Calcule as três primeiras frequências naturais de vibração de torção de um eixo da Figura 6.7 fixado em $x = 0$, se um disco de inércia $J_0 = 10$ kg · m²/rad está preso à extremidade do eixo em $x = l$. Assuma que $l = 0,5$ m, $J = 5$ m⁴, $G = 2,5 \times 10^9$ Pa, $\rho = 2700$ kg/m³.

6.33. Compare as frequências calculadas no Problema 6.32 com as frequências do sistema de massa concentrada de um grau de liberdade aproximado daquele sistema.

6.34. Calcule as frequências naturais e modos de vibração de um eixo em torção com módulo de cisalhamento G, comprimento l, inércia polar J e densidade ρ que está livre em $x = 0$ e preso a um disco de inércia J_0 em $x = l$.

6.35. Considere o modelo de massa concentrado da Figura 4.21 e o modelo correspondente de três graus de liberdade do Exemplo 4.8.1. Assuma $J_1 = k_1 = 0$ nesse modelo e reduza a um modelo de dois graus de liberdade. Comparando os resultados com o Exemplo 6.4.1, vê-se que eles são um modelo de massa concentrada e um modelo de massa distribuída do mesmo dispositivo físico. Referindo-se ao Capítulo 1 para os efeitos sobre a rigidez concentrada de uma haste em torção (k_2), compare as frequências do modelo de massa concentrada de dois graus de liberdade com os do Exemplo 6.4.1.

6.36. O módulo e a densidade de uma haste de alumínio de 1 m são $E = 7,1 \times 10^{10}$ N/m², $G = 2,7 \times 10^{10}$ N/m² e $\rho = 2,7 \times 10^3$ kg/m³. Compare as frequências naturais torcionais com as frequências naturais longitudinais para uma haste fixa-livre.

6.37. Considere o eixo de alumínio do Problema 6,32. Adicione um disco de inércia J_0 a extremidade livre do eixo. Trace as frequências naturais torcionais pelo aumento da inércia J_0 de um modelo de um grau de liberdade e para a primeira frequência natural do modelo de parâmetro distribuídos no mesmo gráfico. Existem algum valor de J_0 para o qual o modelo de um grau de liberdade dá a mesma frequência que o modelo completamente distribuído?

6.38. Calcule os modos de vibração e as frequências naturais de uma barra com seção transversal circular em vibração torcional, com condições de contorno livre-livre. Expresse sua resposta em termos de G, l e ρ.

6.39. Calcule os modos de vibração e as frequências naturais de uma barra com seção transversal circular em vibração torcional, com condições de contorno fixas. Expresse sua resposta em termos de G, l e ρ.

570   CAPÍTULO 6 • Sistemas de Parâmetros Distribuídos

6.40. Considere as vibrações torcionais de um eixo fixo-livre e compare as frequências torcionais com as suas vibrações longitudinais.

6.41. Calcule os modos de vibração e as frequências naturais para um eixo fixo-mola da Tabela 6.5.

Seção 6.5 (Problemas 6.42 a 6.49)

6.42. Calcule as frequências naturais e modos de vibração de uma viga fixa-livre. Expresse sua solução em termos de E, I, ρ e l. Isso é chamado de problema da viga engastada.

*6.43. Trace os três primeiros modos de vibração calculados no Problema 6.40. Em seguida calcule o modo de vibração de tensão (isto é, $X'(x)$) e trace essas ao lado das formas modais de deslocamento $X(x)$. Onde ocorre a maior tensão?

6.44. Obtenha a solução geral dada pela Equação (6.102) para uma equação diferencial de quarta ordem com coeficientes constantes como o da Equação (6.100).

6.45. Obtenha as frequências naturais e modos de vibração de uma viga fixa-presa em vibração transversal. Calcule a solução para $w_0(x) = \text{sen } 2\pi x/l$ e $\dot{w}_0(x) = 0$.

6.46. Obtenha as frequências naturais e modos de vibração de um eixo fixo-fixo em vibração transversal.

6.47. Mostre que as autofunções ou modos de vibração do Exemplo 6.5.1 são ortogonais. Então, torne-as normais.

6.48. Obtenha a Equação (6.109) a partir das Equações (6.107) e (6.108).

6.49. Mostre que, se a deformação de cisalhamento e inércia de rotação são desprezados, a equação de Timoshenko reduz a equação de Euler-Bernoulli e as condições de contorno para cada modelo tornam-se as mesmas.

Seção 6.6 (Problemas 6.50 a 6.54)

6.50. Calcule as frequências naturais da membrana do Exemplo 6.6.1 para o caso em que uma extremidade $x = 1$ é livre.

6.51. Refaça o Exemplo 6.6.1 para uma membrana de tamanho retangular a por b. Qual é o efeito de a e b nas frequências naturais?

6.52. Trace os três primeiros modos de vibração do Exemplo 6.6.1.

6.53. As vibrações laterais de uma membrana circular são dadas por

$$\frac{\partial^2 \omega(r, \phi, t)}{\partial r^2} + \frac{1}{r}\frac{\partial \omega(r, \phi, t)}{\partial r} + \frac{1}{r^2}\frac{\partial^2 \omega(r, \phi, t)}{\partial \phi \partial r} = \frac{\rho}{\tau}\frac{\partial^2 \omega(r, \phi, t)}{\partial t^2}$$

onde r é a distância a partir do ponto central da membrana ao longo do raio e ϕ é o ângulo em torno do centro. Calcule as frequências naturais, se a membrana é fixa em torno do seu perímetro em $r = R$.

6.54. Discuta a condição de ortogonalidade para o Exemplo 6.6.1.

Seção 6.7 (Problemas 6.55 a 6.65)

6.55. Calcule a resposta da barra de comprimento $l = 1$ m, $E = 2,6 \times 10^{10}$ N/m² e $\rho = 8,5 \times 10^3$ kg/m³. Assuma amortecimento modal de 0,1 em cada um dos modos, condições iniciais de $w(x, 0) = 2(x/l)$ cm e velocidade inicial $w_t(x, 0) = 0$. Trace a resposta usando os três primeiros modos em $x = l/2$, $l/4$ e $3l/4$. Quantos modos são necessários para representar com precisão a resposta no ponto $x = l/2$?

6.56. Calcule a solução para um bar com fator de amortecimento modal de $\zeta_n = 0{,}01$, sujeito às condições iniciais $w(x, 0) = 2(x/l)$ cm e uma velocidade inicial $w_t(x, 0) = 0$.

6.57. Refaça o Problema 6.55 para o caso do Problema 6.56. É necessário mais ou menos modos para representar com precisão a resposta em $l/2$?

6.58. Calcule a forma do fator de amortecimento modal para a corda fixa da Equação (6.151) e a membrana fixa da Equação (6,152).

6.59. Calcule as unidades de γ e β na Equação (6,153).

6.60. Assuma que E, I e ρ são constantes nas Equações (6.153) e (6.154) e calcule a forma do fator de amortecimento modal ζ_n.

6.61. Calcule a forma da solução $w(x, t)$ para o sistema do Problema 6.58.

6.62. Para um dado eixo engastado composto, os seguintes valores foram medidos para vibração de flexão:

$$E = 2{,}71 \times 10^{10} \text{N/m}^2 \qquad \rho = 1710 \text{kg/m}^3$$
$$A = 0{,}597 \times 10^{-3} \text{m}^2 \qquad l = 1 \text{m}$$
$$I = 1{,}64 \times 10^{-9} \text{m}^4 \qquad \gamma = 1{,}75 \text{N} \cdot \text{s/m}^2$$
$$\beta = 20{,}500 \text{N} \cdot \text{s/m}^2$$

*__6.63.__ Trace a solução do Exemplo 6.7.2 para o caso $w_t(x, 0) = 0$, $w(x, 0) = \text{sen}(\pi x/l)$, $\gamma = 10$ N $\cdot$ s/m^2, $\tau = 10^4$ N, $l = 1$ m e $\rho = 0{,}01$ kg/m.

6.64. Calcule a condição de ortogonalidade para o sistema do Exemplo 6.7.2. Em seguida, calcule a forma da solução no tempo.

6.65. Calcule a forma de amortecimento modal para a vibração longitudinal do eixo da Figura 6.14 com condições de contorno especificadas pela Equação (6.157).

Seção 6.8 (Problemas 6.66 a 6.70)

6.66. Calcule a resposta da corda amortecida do Exemplo 6.8.1 para uma força de perturbação de $f(x, t) = (\text{sen } \pi x/l)\text{sen } 10t$. Ou seja, resolva a seguinte equação:

$$\rho A w_{tt}(x, t) + \gamma w_t(x, t) - \tau w_{xx}(x, t) = (\text{sen} \pi x/l) \text{sen} 10t$$

6.67. Considere a barra fixa-livre do Exemplo 6.3.2. A barra pode ser usada para modelar uma estrutura da carroceria do caminhão. Se o veículo colide com um poste (a extremidade livre) causando uma força impulsiva de 100 N, calcule a vibração da estrutura. Note aqui que a cabine do caminhão é tão grande em comparação com a estrutura da carroceria que a extremidade com a cabine é modelada como presa. Isso é ilustrado na Figura P6.67.

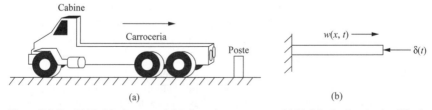

Figura P6.67 (a) Modelo de um caminhão batendo em um poste. (b) Modelo de vibração simplificado.

6.68. Uma máquina rotativa situa-se no segundo andar de um edifício acima de uma coluna de suporte como indicado na Figura P6.68. O cálculo da resposta da coluna em termos de E, A e ρ da coluna modelado como uma barra.

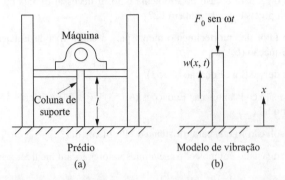

Figura P6.68 (a) Modelo de uma máquina rotativa desbalanceada sobre uma coluna no segundo andar de um prédio; (b) modelo de vibração.

6.69. Relembre do Exemplo 6.8.2, que modela a vibração de um edifício devido a uma máquina rotativa desbalanceada no segundo andar. Suponha que o piso é construído de modo que o eixo é fixo em uma extremidade e pinado na outra, e recalcule a resposta (relembre o Exemplo 6.5.1). Compare a sua solução com a do Exemplo 6.8.2 e discuta a diferença.

6.70. Use o procedimento de análise modal sugerido no final da Seção 6.8 para calcular a resposta de uma viga fixa-livre com uma carga senoidal $F_0 \operatorname{sen} \omega t$ na sua extremidade livre.

ENGINEERING VIBRATION TOOLBOX PARA MATLAB®

Se você ainda não usou o programa *Engineering Vibration Toolbox*, volte ao final do Capítulo 1 ou Apêndice G para uma breve introdução. Os arquivos contidos na pasta VTB6 podem ser usados para ajudar a resolver os problemas usando *Toolbox*. Os arquivos .m de capítulos anteriores também podem ser úteis. Como alternativa, os códigos podem ser utilizados diretamente seguindo as introduções dadas nas Seções 1.9, 1.10, 2.8, 2.9, 3.8, 3.9, 4.9 e 4.10 e Apêndice F.

PROBLEMAS PARA TOOLBOX

TB6.1. Use o arquivo VTB6_1 para investigar os efeitos de alterar o comprimento, a densidade e módulo de elasticidade (ou tensão) sobre as frequências e formas modais de barras e eixos. Por exemplo, considere a barra fixa-livre do Exemplo 6.3.1. Estude o efeito da alteração do comprimento l nas frequências por meio do cálculo de ω_n para o valor fixo de E e ρ (por exemplo, para alumínio). O que acontece com os modos de vibração?

TB6.2. Use VTB6_2 para calcular as frequências para a vibração torcional para as três primeiras condições de contorno da Tabela 6.5. Em particular, verifique os resultados do Exemplo 6.4.1.

TB6.3. Compare os modos de vibração de uma viga engastada com as do eixo fixa-pinado do Exemplo 6.5.1, utilizando o arquivo VTB6_3 para traçar os modos de vibração.

TB6.4. Use VTB6_4 para comparar os efeitos de inércia de rotação e deformação de cisalhamento sobre uma viga fixa-fixa tentando vários valores diferentes dos vários parâmetros físicos. Tente concluir sob quais circunstâncias a teoria de Timoshenko resulta em frequências totalmente diferentes da que a teoria de Euler-Bernoulli fornece.

7 Teste de Vibração e Análise Modal Experimental

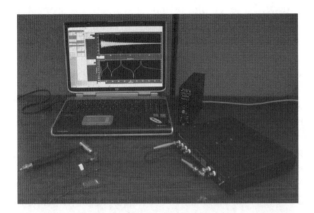

Este capítulo apresenta métodos de teste e medição úteis para a obtenção de modelos experimentais de uma variedade de dispositivos e estruturas. O analisador ilustrado recebe sinais analógicos de transdutores (acelerômetros e martelos de impacto) montados em uma estrutura, digitaliza os sinais e os transforma no domínio da frequência para análise. Todo o processo é controlado por um computador pessoal. Um esquema de tal configuração de teste é apresentado mais adiante na Figura 7.1. A foto de baixo ao lado exibe o uso de um vibrômetro a laser para medir a velocidade sem ser montado fisicamente no objeto de teste (componente de satélite). A Seção 7.1 descreve o *hardware* de medição e o restante do capítulo é dedicado aos métodos de análise dos dados. Em particular, discute-se o método de análise modal.

Este capítulo discute a medição de vibrações e foca em particular nas técnicas associadas à análise modal experimental. Medições de vibrações são feitas por uma variedade de motivos. Como foi observado nos capítulos anteriores, especialmente no Capítulo 5 sobre projeto, as frequências naturais de uma estrutura ou máquina são extremamente importantes na previsão e compreensão do comportamento dinâmico de um sistema. Assim, uma das principais razões para realizar um teste de vibração de um sistema é determinar as suas frequências naturais. Outra razão para o teste de vibração é validar um modelo analítico proposto para o sistema de teste. Por exemplo, os modelos analíticos propostos para os vários exemplos da Seção 4.8 e os do Capítulo 6 produzem um conjunto específico de frequências e formas modais. Um teste de vibração pode então ser realizado no mesmo sistema. Se as frequências medidas e formas modais concordam com as previstas pelo modelo analítico, o modelo é validado e pode ser usado no projeto e previsão de resposta com alguma confiança.

Outro uso importante do teste de vibração é determinar experimentalmente a durabilidade dinâmica de um dispositivo particular. Nesse caso, um artigo de teste é excitado ou forçado a vibrar por entradas especificadas durante um período de tempo específico. Quando o teste termina, a peça de teste deve ainda realizar sua tarefa original. O objetivo desse tipo de teste é fornecer evidências experimentais de que uma peça ou estrutura da máquina pode sobreviver a um ambiente dinâmico específico.

Os testes de vibração também são usados em diagnósticos de máquinas para manutenção. A ideia aqui é o monitoramento contínuo das frequências naturais de uma estrutura ou máquina. Uma mudança de frequência ou algum outro parâmetro de vibração pode indicar uma falha pendente ou uma necessidade de manutenção. Esse uso da medição de vibração é parte do tópico geral de monitoramento de condição de máquinas e de monitoramento de saúde estrutural. É semelhante, em conceito, à observação da pressão do óleo em um motor do automóvel para determinar se a falha do motor pode ocorrer ou se a manutenção é necessária.

O requisito primário de cada uma das utilizações acima mencionadas de testes de vibração é a determinação das frequências naturais de um sistema. Este capítulo foca na *análise modal experimental* (EMA), que é a determinação de frequências naturais, formas modais e fatores de amortecimento a partir de medições experimentais de vibração. A ideia fundamental por trás do teste modal é a da ressonância introduzida na Seção 2.2. Se uma estrutura é excitada na ressonância, sua resposta exibe dois fenômenos distintos, como indicado na Figura 2.8. À medida que a frequência de excitação se aproxima da frequência natural da estrutura, a amplitude à ressonância se aproxima rapidamente de um valor máximo acentuado, desde que o fator de amortecimento seja inferior a cerca de 0,5. O segundo fenômeno, frequentemente negligenciado, de ressonância é que a fase da resposta muda em 180° à medida que a frequência passa pela ressonância, com o valor da fase na ressonância sendo 90°. Esse fenômeno físico é utilizado para determinar a frequência natural de uma estrutura a partir de medições da amplitude e fase da resposta forçada da estrutura à medida que a frequência de excitação é variada através de uma vasta gama de valores.

Os métodos de teste de vibração apresentados neste capítulo dependem de várias suposições. Em primeiro lugar, assume-se que a estrutura ou a máquina que está sendo testada pode ser descrita adequadamente por um modelo de parâmetros concentrados.

Normalmente, existem várias outras hipóteses, mas não declaradas (ou subestimadas) nos testes de vibração. A hipótese mais óbvia é que o sistema em teste é linear e excitado pela entrada de teste apenas na sua faixa linear. Essa hipótese é essencial e não deve ser desprezada.

Teste de vibração e medição para fins de modelagem têm crescido na indústria. Esse campo é referido como *teste modal, análise modal* ou *análise modal experimental*. Entender o teste modal requer conhecimento de várias áreas. Esses incluem instrumentação, processamento de sinal, estimação de parâmetros e análise de vibração. Esses tópicos são apresentados nas próximas seções. As primeiras seções deste capítulo lidam com as considerações de *hardware* e análise de sinal digital necessárias para fazer uma medição de vibração para qualquer finalidade.

7.1 *HARDWARE* DE MEDIÇÃO

O *hardware* de aquisição de dados e processamento de sinal mudou consideravelmente nas últimas décadas e continua a mudar rapidamente como resultado de avanços na tecnologia de estado sólido e de computador. Devido a isso, as capacidades de *hardwares* específicos mudam muito rapidamente e somente *hardwares* genéricos são discutidos aqui. Uma medição de vibração geralmente requer vários componentes de *hardware*. Os elementos de *hardware* básicos requeridos consistem numa fonte de excitação, chamado *excitador*, para proporcionar uma força de entrada conhecida ou controlada à estrutura, um *transdutor* para converter o movimento mecânico da estrutura num sinal eléctrico, um amplificador condicionador de sinal para relacionar as informações do transdutor com a eletrônica de entrada do sistema de aquisição de dados digitais e um sistema de análise (ou analisador) no qual reside o processamento de sinal e os programas de computador de análise modal. Esse conjunto é ilustrado na Figura 7.1; que inclui um amplificador de potência e um gerador de sinal para o excitador, bem como um transdutor para medir e possivelmente controlar a força de excitação ou outra entrada. Cada um desses dispositivos e suas funções são discutidos brevemente nesta seção.

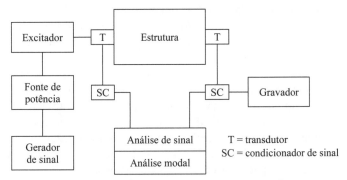

Figura 7.1 Um esquema de *hardware* utilizado na realização de um teste de vibração.

CAPÍTULO 7 • Teste de Vibração e Análise Modal Experimental

Primeiro considere o sistema de excitação. Esse sistema fornece um movimento de entrada ou, mais comumente, uma força de excitação $F_i(t)$ como na Equação (4.130). O dispositivo físico pode assumir várias formas, dependendo da entrada desejada e das propriedades físicas da estrutura de teste. Os dois excitadores mais utilizados no teste modal são o *shaker* (eletromagnético ou eletro-hidráulico) e o *martelo de impacto*. O dispositivo preferido é muitas vezes o excitador eletromagnético, que tem a capacidade, quando corretamente dimensionado, de fornecer entradas suficientemente grandes para resultar em respostas facilmente medidas. Além disso, a saída é facilmente controlada eletronicamente, às vezes usando realimentação de força. O sinal de excitação, que pode ser adaptado para corresponder aos requisitos da estrutura que está a ser testada, pode ser um sinal senoidal, aleatório ou outro apropriado. Uma entrada senoidal consiste em aplicar uma força harmônica de amplitude constante f_1 em várias frequências diferentes, variando de um valor pequeno a valores maiores cobrindo uma faixa de frequência de interesse. A cada valor incremental da frequência de excitação, permite-se que a estrutura atinja estado estacionário antes de se medir a amplitude e a fase da resposta. O *shaker* eletromagnético é basicamente um motor elétrico linear constituído por bobinas de fio envolvendo um eixo em um campo magnético. Uma corrente alternada aplicada à bobina faz com que uma força seja aplicada ao eixo, o qual, por sua vez, transfere força para a estrutura. O sinal elétrico de entrada para o *shaker* é normalmente uma tensão que faz com que uma força proporcional seja aplicada à estrutura de teste, assim um gerador de sinal pode ser utilizado para transmitir uma variedade de diferentes sinais de entrada à estrutura.

Uma vez que os *shakers* são ligados à estrutura de teste e têm uma massa significativa, deve-se tomar cuidado na escolha do tamanho do *shaker* e método de ligação para minimizar o efeito do *shaker* sobre a estrutura. O *shaker* e seu acessório podem adicionar massa à estrutura sob teste (chamada de *carga de massa*), bem como restringir a estrutura. A carga de massa irá diminuir a frequência aparente medida uma vez que $\omega_n = \sqrt{k/m}$. A carga de massa e outros efeitos podem ser minimizados ligando o *shaker* à estrutura por meio de um ferrão. Um ferrão consiste de uma pequena haste fina (geralmente feita de aço ou nylon) que vai do ponto de excitação do *shaker* a um transdutor de força montado diretamente na estrutura. O ferrão serve para isolar o *shaker* da estrutura, reduz a massa adicionada e faz com que a força seja transmitida axialmente ao longo do ferrão, controlando a direção da força aplicada com mais precisão.

Nos últimos anos, o *martelo de impacto* tornou-se um dispositivo de excitação popular. O uso de um martelo de impacto evita o problema de carregamento em massa e é muito mais rápido de usar do que um agitador. Um martelo de impacto consiste em um martelo com um transdutor de força construído na cabeça do martelo. O martelo é então usado para atingir (impactar) a estrutura de teste e assim excitar uma ampla gama de frequências. O martelo de impacto tende a aplicar um impulso à estrutura conforme modelado e analisado na Seção 3.1. Como indicado na Seção 4.6, a resposta ao impulso contém excitações em cada uma das frequências naturais do sistema. A força de impacto de pico é quase proporcional à massa da cabeça do martelo e à velocidade de impacto. A célula de carga (transdutor de força) na cabeça do martelo fornece uma medida da força de impacto.

SEÇÃO 7.1 Hardware de Medição

A Figura 7.2 ilustra a resposta no tempo e a resposta em frequência correspondente de um golpe de martelo típico. Observe que a resposta no tempo não é uma função delta perfeita (como na Figura 3.1), mas tem uma duração de tempo finito T. Portanto, a resposta de frequência não é uma reta plana como indicado pela transformação de um impulso exato, mas tem a forma periódica dada na Figura 7.2. A duração do pulso e daí a forma da resposta em frequência é controlada pela massa e rigidez tanto do martelo como da estrutura. No caso de uma pequena massa de martelo utilizada numa estrutura dura (tal como metal), a rigidez da ponta do martelo determina a forma do espectro e, em particular, as frequências de corte ω_c. A *frequência de corte* é o maior valor de frequência razoavelmente bem excitado pelo impacto do martelo. Conforme ilustrado na figura, ω_c corresponde aproximadamente ao ponto em que a amplitude da resposta em frequência cai de mais de 10 a 20 dB a partir de seu valor máximo. Isso significa que, a uma frequência superior a ω_c, a estrutura de teste não recebe energia suficiente para excitar modos acima de ω_c. Assim ω_c determina a faixa útil de excitação de frequência.

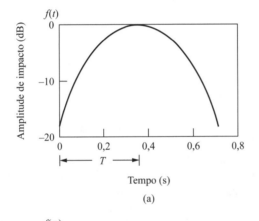

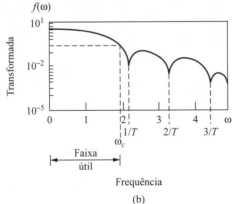

Figura 7.2 Resposta no tempo (a) e em frequência (b) de um golpe de martelo, indicando a faixa útil de excitação e sua dependência sobre a duração do pulso T.

CAPÍTULO 7 • Teste de Vibração e Análise Modal Experimental

O limite de frequência superior excitado pelo martelo diminui com o aumento da massa da cabeça do martelo e aumenta com o aumento da rigidez da ponta do martelo. O impacto do martelo é menos eficaz na excitação dos modos com frequências maiores do que ω_c do que é para aqueles menores que ω_c. O transdutor de força incorporado em martelos de impacto deve ser calibrado dinamicamente para cada ponta usada, pois isso afetará a sensibilidade. Embora o martelo de impacto seja simples e não adicione carga de massa à estrutura, é muitas vezes incapaz de transformar energia suficiente na estrutura para obter sinais de resposta adequados na faixa de frequência de interesse. Além disso, as cargas de impacto de pico são potencialmente prejudiciais e a direção da carga aplicada é difícil de controlar. No entanto, martelos de impacto continuam a ser um dispositivo de excitação popular e útil, como eles são geralmente muito mais rápidos de usar do que *shakers*, são portáteis e são relativamente baratos.

Em seguida, considere os transdutores necessários para medir a resposta da estrutura, bem como a força de impacto. Os transdutores mais populares e amplamente utilizados são feitos de cristais piezoelétricos. Os materiais piezoelétricos geram carga elétrica quando deformados. Através de vários desenhos, os transdutores que incorporam esses materiais podem ser construídos para produzir sinais proporcionais à força ou à aceleração local. Os *acelerômetros*, como são chamados, consistem realmente em duas massas, uma das quais está ligada à estrutura, separada por um material piezoeléctrico. O material piezoelétrico age como uma mola muito rígida. Isso faz com que o transdutor tenha uma frequência de ressonância. A frequência mensurável máxima é geralmente uma fração da frequência de ressonância do acelerômetro (Figura 2.26). De fato, o limite de frequência superior é normalmente determinado pela chamada ressonância montada, uma vez que a ligação do transdutor à estrutura é sempre algo compatível. A dinâmica dos acelerômetros é discutida com algum detalhe na Seção 2.6.

Extensômetros também podem ser usados para captar respostas vibratórias. Um *extensômetro* é um material metálico ou semicondutor que exibe uma mudança na resistência elétrica quando submetido a uma deformação. Os extensômetros são construídos dobrando um fio condutor de um lado para o outro em forma de serpentina sobre uma superfície muito pequena, que é então ligada ao dispositivo ou estrutura a ser medida. À medida que a estrutura se deforma, a resistência do fio em serpetinda muda. A medida é feita por um circuito em ponte de Wheatstone, que é usado para medir a mudança de resistência do extensômetro e, portanto, a tensão na amostra testada (ver Figliola e Beasley (1991)). Extensômetros também são usados para formar células de carga.

A impedância de saída da maioria dos transdutores não é adequada para entrada direta em equipamentos de análise de sinais. Assim, os *condicionadores de sinal*, que podem ser amplificadores de carga ou amplificadores de tensão, combinam e amplificam frequentemente sinais antes de analisar o sinal. É muito importante que cada conjunto de transdutores juntamente com condicionamento de sinal sejam devidamente calibrados, em termos tanto de amplitude como de fase sobre a faixa de frequência de interesse. Embora os acelerômetros sejam convenientes para muitas aplicações, eles fornecem sinais fracos se alguém estiver interessado em vibrações de baixa frequência incorridas em termos de velocidade ou deslocamento. Mesmo deslocamentos substanciais de vibração de baixa frequência podem resultar em apenas pequenas acelerações, uma vez que um desvio harmônico de amplitude X tem aceleração de amplitude $-\omega^2 X$. Extensômetros e potenciômetros bem como vários transdutores óticos,

SEÇÃO 7.2 Processamento de Sinal Digital

capacitivos e indutivos são frequentemente mais adequados do que os acelerômetros para a medição de movimento de baixa frequência.

Uma vez que o sinal de resposta foi devidamente condicionado, é encaminhado para um analisador para processamento de sinal. Existem vários tipos de analisadores em uso. O tipo que se tornou o padrão é chamado um analisador de Fourier digital, também chamado de analisador de transformada rápida de Fourier (frequentemente abreviado por FFT); que é introduzido brevemente aqui. Basicamente, o analisador aceita sinais de tensão analógicos que representam a aceleração (força, velocidade, deslocamento ou tensão) de um amplificador condicionador de sinal. Esse sinal é filtrado e digitalizado para computação. Espectros de frequência discreta de sinais individuais e espectros cruzados entre a entrada e várias saídas são calculadas. Os sinais analisados podem então ser manipulados de várias formas para produzir informação tal como frequências naturais, fator de amortecimento e formas modais em apresentações numéricas ou gráficas.

Embora quase todos os analisadores disponíveis comercialmente sejam comercializados como dispositivos "manuais", é importante compreender alguns detalhes do processamento do sinal realizado por essas unidades de análise para realizar experiências válidas. Isso será o tópico das próximas duas seções.

Um instrumento relativamente novo para a obtenção de medições de vibração de alta densidade espacial é o vibrômetro Doppler de varredura laser. O SLDV usa a variação Doppler do laser refletido em uma viga para determinar a velocidade do objeto testado. O sensor laser não está em contato, mas muitas vezes as estruturas devem ser pintadas com tinta reflexiva para produzir uma intensidade suficiente do sinal refletido. O SLDV pode medir a vibração até frequências de 250 KHz e em amplitudes na faixa do nanômetro. O *software* do sistema e uma câmara de vídeo permitem gerar e visualizar um padrão de malha de pontos na estrutura. O *laser* é programado para medir a vibração em todos os pontos de malha e exibir a vibração como respostas de tempo, transformadas de Fourier, funções de resposta de frequência (FRFs), densidades espectrais, funções de coerência ou formas de deflexão operacionais (ODSs). Quando usado com um atuador de alta largura de banda, tal como um piezocerâmico, podem ser gerados padrões de vibração altamente precisos ou ODSs de uma estrutura. O ODS pode ajudar no projeto de estruturas e na detecção de falhas ou danos nas estruturas.

7.2 PROCESSAMENTO DE SINAL DIGITAL

Grande parte das análises feitas usando teste modal é realizada no domínio da frequência, dentro do analisador. A tarefa do analisador é converter sinais analógicos no domínio do tempo em informações no domínio da frequência digital compatíveis com computação digital e, em seguida, executar os cálculos necessários com esses sinais. O método utilizado para alterar um sinal analógico $x(t)$ em informações no domínio da frequência é a transformada de Fourier (definida pelas Equações (3.45) e (3.46)), ou uma *série de Fourier* conforme definido pelas Equações (3.20) a (3.23). A série de Fourier é usada aqui para introduzir a transformada de Fourier discreta (DFT).

580   CAPÍTULO 7 • Teste de Vibração e Análise Modal Experimental

Como assinalado na Seção 3.3, um sinal de tempo periódico de período T pode ser representado por uma série de Fourier no tempo da forma dada pela Equação (3.20) com coeficientes de Fourier, ou coeficientes espectrais conforme definido pelas Equações (3.21) a (3.23). Essencialmente, os coeficientes espectrais representam informações no domínio da frequência sobre um dado sinal de tempo. Essas equações são repetidas na Janela 7.1.

Janela 7.1

Revisão da Série de Fourier de um Sinal Periódico F(t) de Período T

$$F(t) = \frac{a_0}{2} + \sum_{n=1}^{\infty} \left(a_n \cos n\omega_T t + b_n \operatorname{sen} n\omega_T t \right) \tag{3.20}$$

onde

$$\omega_T = \frac{2\pi}{T}$$

$$a_0 = \frac{2\pi}{T} \int_0^T F(t) dt \tag{3.21}$$

$$a_n = \frac{2}{T} \int_0^T F(t) \cos n\omega_T t \, dt \qquad n = 1, 2 \ldots \tag{3.22}$$

$$b_n = \frac{2}{T} \int_0^T F(t) \operatorname{sen} n\omega_T t \, dt \qquad n = 1, 2 \ldots \tag{3.23}$$

Os coeficientes de Fourier a_n e b_n dados pelas Equações (3.21) a (3.23) também representam a ligação entre a análise de Fourier e os experimentos de vibração. Os sinais de saída analógicos dos acelerômetros e transdutores de força, representados por $x(t)$, são entradas para o analisador. O analisador, por sua vez, calcula os coeficientes espectrais desses sinais, estabelecendo assim o estágio para uma análise no domínio da frequência dos sinais. Alguns sinais e seus espectros de Fourier estão ilustrados na Figura 7.3. O analisador primeiro converte os sinais analógicos em registros digitais. Amostra os sinais $x(t)$ em muitos diferentes valores igualmente espaçados e produz um registro digital, ou versão, do sinal na forma de um conjunto de números $\{x(t_k)\}$. Aqui $k = 1, 2, \ldots, N$, onde o dígito N indica o número de amostras e t_k indica um valor discreto do tempo.

Esse processo é realizado por um conversor analógico-digital (A/D). Essa conversão de um sinal analógico para um sinal digital pode ser entendida de duas formas. Primeiro, pode-se imaginar um portal que gera amostras do sinal a cada Δt segundos e passa através do sinal $x(t_k)$. O processo de conversão A/D também pode ser considerado como se estivesse multiplicando o sinal $x(t)$ por uma função de onda quadrada, que é zero em relação a valores alternativos de t_k

SEÇÃO 7.2 Processamento de Sinal Digital

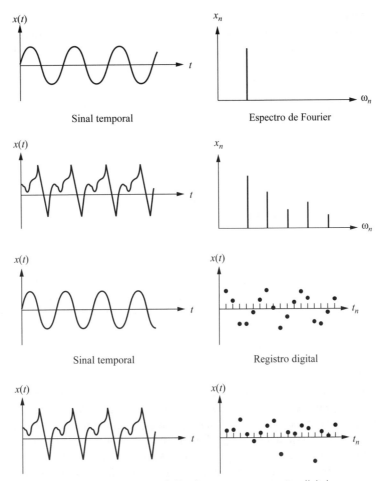

Figura 7.3 Vários sinais, suas representações de Fourier e seus representações digitais.

e tem o valor de 1 em cada t_k por um curto período de tempo. Alguns sinais e sua representação digital estão ilustrados na Figura 7.3.

No cálculo da transformada de Fourier digital, deve-se ter cuidado ao escolher o tempo de amostragem (ou seja, o tempo decorrido entre sucessivos t_k's). Um erro comum introduzido na análise de sinal digital causada por um tempo de amostragem incorreto é chamado de *aliasing*. *Aliasing* resulta da conversão A/D e refere-se à deturpação do sinal analógico pelo registro digital. Basicamente, se a taxa de amostragem for muito lenta para capturar os detalhes do sinal analógico, a representação digital fará com que altas frequências apareçam como frequências baixas. O exemplo a seguir ilustra dois sinais analógicos periódicos de frequência e fase diferentes que produzem o mesmo registro digital.

582 CAPÍTULO 7 • Teste de Vibração e Análise Modal Experimental

Exemplo 7.2.1

Considere os sinais $x_1(t) = \text{sen}[(\pi/4)t)]$ e $x_2(t) = -\text{sen}[(7\pi/4)t)]$, e suponha que esses sinais são ambos amostrados a intervalos de 1 s. O registro digital de cada sinal é dado na tabela a seguir:

t_k	0	1	2	3	4	5	6	7	8	ω_i
x_1	0	0,707	1	0,707	0	$-0,707$	-1	$-0,707$	0	$\frac{1}{8}\pi$
x_2	0	0,707	1	0,707	0	$-0,707$	-1	$-0,707$	0	$\frac{7}{8}\pi$

Como é facilmente observado na tabela, os registros de amostras digitais de x_1 e x_2 são os mesmos (isto é, $x_1(t_k) = x_2(t_k)$ para cada valor de k). Assim, independentemente da análise realizada no registro digital, x_1 e x_2 aparecerão iguais. Aqui a frequência de amostragem $\Delta\omega$ é 1. Note que a diferença entre a frequência do primeiro sinal $x_1(t)$ e a frequência de amostragem é $\frac{1}{8} - 1 = -\frac{7}{8}$, que é a frequência do segundo sinal $x_2(t)$.

$\square$

Para evitar o *aliasing*, o intervalo de amostragem, representado por Δt, deve ser escolhido de forma que seja suficientemente pequeno para fornecer pelo menos duas amostras por ciclo da maior frequência a ser calculada. Isso é, para recuperar um sinal de suas amostras digitais, o sinal deve ser amostrado a uma taxa de pelo menos duas vezes a frequência mais alta do sinal. De fato, a experiência (ver Otnes e Encochson (1972)) indica que 2,5 amostras por ciclo é uma escolha melhor. Isto é referido como o *teorema de amostragem* ou o *teorema de amostragem de Shannon*.

O *aliasing* pode ser evitado em sinais contendo muitas frequências submetendo o sinal analógico $x(t)$ a um filtro *antialiasing*. Um filtro *antialiasing* é um passa baixa (isto é, só permite frequências baixas). O filtro corta frequências superiores a cerca de metade da frequência máxima de interesse, representada por ω_{max}, e também chamada *frequência de Nyquist*.

A maioria dos analisadores digitais modernos fornecem filtros *antialiasing* incorporados. Uma vez que o registro digital do sinal está disponível, a versão discreta da transformada de Fourier é executada. Essa transformação fornece uma representação em série de um valor do histórico de tempo discreto. Isso é conseguido por uma transformada de Fourier discreta ou série definida por

$$x_k = x(t_k) = \frac{a_0}{2} + \sum_{i=1}^{N/2}\left(a_i \cos\frac{2\pi t_k}{T} + b_i \,\text{sen}\frac{2\pi t_k}{T} \right) \quad k = 1, 2, \ldots N \quad (7.1)$$

onde os *coeficientes espectrais digitais* são dados por

$$a_0 = \frac{1}{N}\sum_{k=1}^{N}x_k \quad (7.2)$$

$$a_i = \frac{1}{N}\sum_{k=1}^{N}x_k \cos\frac{2\pi ik}{N} \quad (7.3)$$

$$b_i = \frac{1}{N}\sum_{k=1}^{N}x_k \,\text{sen}\frac{2\pi ik}{N} \quad (7.4)$$

SEÇÃO 7.2 Processamento de Sinal Digital

Essas são as versões digitais das Equações (3.21), (3.22) e (3.23), respectivamente. A tarefa do analisador é calcular as Equações (7.2) a (7.4) dado o registro digital $x(t_k)$, também representado por x_k, para os sinais medidos. O tamanho da transformação ou número de amostras N é geralmente fixado para um dado analisador e é uma potência de 2. Alguns tamanhos comuns são 512 e 1024.

Escrevendo as Equações (7.2) a (7.4) para cada uma das N amostras tem-se N equações lineares nos N coeficientes espectrais (a_0, ..., $a_{N/2}$, b_0, ..., $b_{N/2}$). Essas equações também podem ser escritas sob a forma de equações matriciais. Em forma de matriz tornam-se

$$\mathbf{x} = C\mathbf{a} \tag{7.5}$$

onde $\mathbf{x}$ é o vetor de amostras com elementos x_k e $\mathbf{a}$ é o vetor dos coeficientes espectrais, a_0, a_i e b_i. A matriz C consiste em elementos contendo os coeficientes $\cos(2\pi it_k/T)$ e $\text{sen}(2\pi it_k/T)$, conforme indicado na Equação (7.1). A solução da Equação (7.5) para os coeficientes espectrais é então dada simplesmente por

$$\mathbf{a} = C^{-1}\mathbf{x} \tag{7.6}$$

A tarefa do analisador é calcular a matriz C^{-1} e, portanto, o coeficiente $\mathbf{a}$. O método mais utilizado para calcular o inverso dessa matriz C é chamado de transformada rápida de Fourier (FFT), desenvolvida por Cooley e Tukey (1965). Observe que enquanto $\mathbf{x}$ representa a versão digital, o coeficiente espectral $\mathbf{a}$ representa o conteúdo de frequência do sinal de resposta (ou entrada).

Para viabilizar a análise digital, o sinal periódico deve ser amostrado em um tempo finito (N deve ser obviamente finito). Isso pode dar origem a outro problema referido como *leakage*. Para tornar o sinal finito, pode-se simplesmente cortar o sinal em qualquer múltiplo integral de seu período. Infelizmente, não há nenhuma forma conveniente de fazer isso para sinais complicados contendo muitas frequências diferentes. Assim, se não forem tomadas mais etapas, o sinal pode ser cortado no intervalo médio. Isso faz com que frequências erradas apareçam na representação digital porque a transformação discreta de Fourier do sinal de comprimento finito assume que o sinal é periódico dentro do comprimento do registro da amostra. Assim, a frequência real "*leak*" em um número de frequências fictícias. Isso é ilustrado na Figura 7.4.

Leakage pode ser corrigido até certo ponto pela utilização de uma *função janela*. Enquadrando, como é chamado, envolve a multiplicação do sinal analógico original por uma função de ponderação, ou função janela $w(t)$ que força o sinal a ser zero fora do período de amostragem. Uma função de janela comum, chamada *janela de Hanning*, é ilustrada na Figura 7.5, juntamente com o efeito que tem sobre um sinal periódico. Um sinal devidamente enquadrado produzirá um gráfico espectral com muito menos *leakage*. Isso também é ilustrado nas figuras.

Conforme observado nesta seção, se as propriedades do sinal são conhecidas com precisão (isto é, o conteúdo de frequência), a escolha da taxa de amostragem e N seria óbvia e correta. No entanto, a razão pela qual um sinal está sendo medido em primeiro lugar é determinar seu conteúdo de frequência; portanto, parte da arte da análise modal é escolher a frequência de amostragem e o tamanho dos dados N.

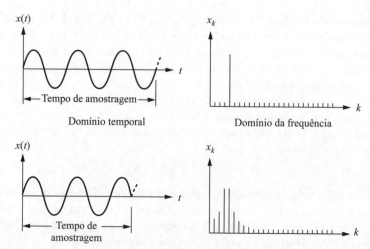

Figura 7.4 Um exemplo de *leakage* (isto é, frequências causadas por não amostragem sobre um múltiplo inteiro de frequências).

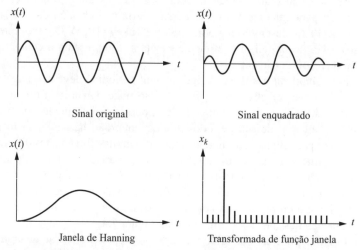

Figura 7.5 Utilização de uma função de janela, nesse caso uma janela de Hanning, para reduzir o *leakage* no cálculo do conteúdo de frequência de um sinal.

7.3 ANÁLISE DE SINAL ALEATÓRIO EM EXPERIMENTOS

O transdutor usado para medir tanto a entrada como a saída durante um teste de vibração geralmente contém ruído (isto é, componentes aleatórios que tornam difícil analisar os dados medidos de forma determinística). Além disso, a confiança em uma quantidade medida é aumentada realizando vários testes idênticos e calculando a média dos resultados.

SEÇÃO 7.3 Análise de Sinal Aleatório em Experimentos **585**

Essa é uma prática bastante comum quando se mede quase tudo. De fato, a rigidez de uma única estrutura é determinada por múltiplas medições, não apenas uma, como indicado na Figura 1.3 da Seção 1.1. Assim, é importante considerar a resposta de vibração aleatória de entrada desenvolvida na Seção 3.5.

Lembre-se da definição da função de autocorrelação de um sinal e da densidade espectral de potência associada (PSD). Esses são revistos na Janela 7.2. Relembre também que o PSD da força de entrada ou de força pode estar relacionado ao PSD da resposta e à função de resposta de frequência do sistema por

$$S_{xx}(\omega) = |H(\omega)|^2 S_{ff}(\omega) \tag{7.7}$$

Janela 7.2

Revisão de Algumas Definições Usadas na Análise de Vibração Aleatória

A função de autocorrelação do sinal aleatório $x(t)$ é dada por

$$R_{xx}(\tau) = \lim_{T \to \infty} \frac{1}{T} \int_0^T x(t)x(t + \tau)dt \tag{3.50}$$

A densidade espectral de potência (PSD) de um sinal é a transformada de Fourier do sinal de autocorrelação:

$$S_{xx}(\omega) = \frac{1}{2\pi} \int_{-\infty}^{\infty} R_{xx}(\tau)e^{-j\omega\tau}d\tau \tag{3.51}$$

como indicado pela Equação (3.62) e revisado na Janela 7.3. A Equação (7.7) relaciona a dinâmica da estrutura de teste contida em $H(\omega)$ com quantidades mensuráveis (isto é, os PSDs). Conforme observado no final da Seção 3.7, a abordagem comum para medir a função de resposta em frequência é a média de vários conjuntos combinados de força de entrada e resposta de saída no tempo. Essas médias são utilizadas para produzir funções de correlação que são transformadas para produzir as correspondentes PSDs. A Equação (7.7) é então usada para calcular a amplitude da função de resposta em frequência $|H(\omega)|$. Os dados experimentais de vibração são então retirados do gráfico de $|H(\omega)|$ como indicado na Figura 3.20, ou por meios a serem discutidos na Seção 7.4.

A função de resposta em frequência também pode estar relacionada com a correlação cruzada entre os dois sinais $x(t)$ e $f(t)$. A *função de correlação cruzada*, representada como $R_{xf}(\tau)$, para os dois sinais $x(t)$ e $f(t)$, é definida por

$$R_{xf}(\tau) = \lim_{T \to \infty} \frac{1}{T} \int_0^T x(t)f(t + \tau)dt \tag{7.8}$$

CAPÍTULO 7 • Teste de Vibração e Análise Modal Experimental

Janela 7.3
Comparação entre Cálculo para a Resposta de um Sistema de
Massa-Mola-Amortecido a Excitações Determinísticas e Aleatórias

função de transferência $= G(s) = \dfrac{1}{ms^2 + cs + k}$

Função de resposta em frequência: $G(j\omega) = H(\omega) = \dfrac{1}{k = m\omega^2 + c\omega j}$

Função de resposta ao Impulso: $h(t) = \dfrac{1}{m\omega_d} e^{-\zeta\omega_n t} \sin \omega_d t$

que tem transformada de Laplace $L[h(t)] = \dfrac{1}{ms^2 + cs + k} = G(s)$

e a transformada de Fourier da função resposta ao impulso é a função de resposta em frequência $H(\omega)$. Essas quantidades relacionam a entrada e a resposta por

Para $f(t)$ determinística:

$X(s) = G(s) F(s)$

$x(t) = \displaystyle\int_0^t h(t - \tau) f(\tau) \, d\tau$

Para $f(t)$ aleatória:

$S_{xx}(\omega) = |H(\omega)|^2 S_{ff}(\omega)$

$E[\bar{x}^2] = \displaystyle\int_{-\infty}^{\infty} |H(\omega)|^2 S_{ff}(\omega) d\omega$

Aqui $x(t)$ é considerado como a resposta da estrutura à força de excitação $f(t)$. Do mesmo modo, a *densidade espectral cruzada* é definida como a transformada de Fourier da correlação cruzada:

$$S_{xf}(\omega) = \frac{1}{2\pi} \int_{-\infty}^{\infty} R_{xf}(\tau) e^{-j\omega\tau} dt \tag{7.9}$$

Essas funções de correlação e densidade também permitem o cálculo das funções de transferência das estruturas de teste. A função de resposta em frequência $H(j\omega)$ pode ser mostrada (ver, por exemplo, Ewins (2000)) como relacionada às funções de densidade espectral pelas duas equações

$$S_{fx}(\omega) = H(j\omega)S_{ff}(\omega) \tag{7.10}$$

e

$$S_{xx}(\omega) = H(j\omega)S_{xf}(\omega) \tag{7.11}$$

Essas verificam se a estrutura é excitada por uma entrada aleatória $f(t)$ resultam na resposta $x(t)$. Note que as funções de correlação cruzada incluem informações sobre a fase e amplitude da função de transferência da estrutura e não apenas a amplitude, como no caso da função de correlação da Equação (7.7), repetida no canto inferior direito da Janela 7.3.

O analisador de espectro calcula (ou estima) as várias funções de densidade espectral das saídas de transdutores. Em seguida, utilizando a Equação (7.10) ou (7.11), o analisador pode calcular a função de resposta em frequência desejada $H(j\omega)$. Note que as Equações (7.10) e (7.11) usam diferentes densidades espectrais de potência para calcular a mesma quantidade. Esse fato pode ser utilizado para verificar a consistência de $H(j\omega)$. A *função de coerência*, representada por γ^2, é definida como sendo a razão entre os dois valores de $H(j\omega)$ calculados a partir das Equações (7.10) e (7.11). Em particular, a função de coerência é definida por

$$\gamma^2 = \frac{|S_{xf}(\omega)|^2}{S_{xx}(\omega)S_{ff}(\omega)} \tag{7.12}$$

que se encontra sempre entre 0 e 1. De fato, se as medições são consistentes, $H(j\omega)$ deverá ter o mesmo valor, independentemente da forma como é calculada, e a coerência deve ser 1 ($\gamma^2 = 1$). A coerência é uma medida do ruído no sinal. Se for zero, a medição é de um ruído puro; se o valor da coerência é 1, os sinais x e f não estão contaminados com o ruído. Na prática, a coerência é traçada em função da frequência (Figura 7.6) e é tomada como uma indicação de quão preciso o processo de medição é ao longo de um determinado intervalo de frequências. Geralmente, os valores de $\gamma^2 = 1$ deve ocorrer a valores de ω longe de frequências ressonantes da estrutura. Perto da ressonância, os sinais são grandes e ampliam o ruído. Na prática, os dados com uma coerência de menos do que 0,75 não são usados e indicam que o ensaio deve ser feito de novo ou os dados devem ser examinadas ao longo de um intervalo de frequência menor.

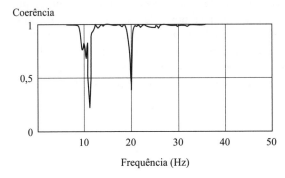

Figura 7.6 Um exemplo de curva de uma função de coerência.

7.4 OBTENÇÃO DE DADOS MODAIS

Uma vez que a resposta em frequência de uma estrutura de teste é calculada a partir da Equação (7.10) ou (7.11), o analisador é utilizado para construir várias informações dos parâmetros de vibração a partir das medições processadas. Isso é chamado de *análise modal experimental*. No que se segue, presume-se que a função de resposta em frequência $H(j\omega)$ foi medida por meio da Equação (7.10) ou (7.11) ou os seus equivalentes.

A tarefa de interesse é calcular as frequências naturais, coeficientes de amortecimento e amplitudes modais associados com cada pico de ressonância da função de resposta em frequência medida. Existem várias formas de analisar a função de resposta em frequência medida para extrair esses dados. Examinar todos os dados está além do escopo deste livro e o leitor interessado deve consultar Ewins (2000). Para ilustrar o método básico, considere a função de resposta em frequência idealizada (conforme) da Figura 7.7, resultante de medições realizadas entre dois pontos de uma estrutura simples. Aqui assume-se que uma força senoidal de frequência ajustável é aplicada em um ponto sobre a estrutura e que a resposta de deslocamento é medida em um segundo ponto. A resposta é medida para diversos valores da frequência de excitação para produzir o gráfico da Figura 7.7. O procedimento é analisado por um sistema de um grau de liberdade, como ilustrado na Figura 3.20 da Seção 3.7.

Uma das áreas cinzentas em análise modal é decidir sobre o número de graus de liberdade para atribuir a uma estrutura de teste. Em muitos casos, contando simplesmente o número de picos ou ressonâncias claramente definidas, três na Figura 7.7, determina-se a ordem, e o processo continua com um modelo de três modos. No entanto, esse procedimento não é preciso se a estrutura tem frequências naturais próximas ou repetidas.

O método mais fácil de usar esses dados é o chamado *ajuste de curva de um grau de liberdade* (muitas vezes chamado de método UGDL). Nesse método, a função de resposta em frequência para a observação é seccionada em intervalos de frequência que delimitam cada pico sucessivo. Cada pico é então analisado assumindo que é a resposta de um sistema de um único grau de liberdade. Isso assume que na vizinhança da ressonância, a função de resposta em frequência é dominada por esse único modo.

Em outras palavras, no intervalo de frequência em torno do primeiro pico de ressonância, é assumido que o pico é devido à resposta de um sistema amortecido de um grau de liberdade devido a uma entrada harmônica na, e próxima da, primeira frequência natural. Relembre da Seção 3.7 que o ponto de ressonância corresponde ao valor da frequência no qual a curva de amplitude tem o seu valor máximo, ou pico, e a mudança de fase é de 90°. Por isso, cada uma das frequências ω_1, ω_2 e ω_3 do gráfico da Figura 7.7 são determinadas simplesmente por

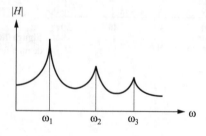

Figura 7.7 Um exemplo de curva de amplitude da função de resposta em frequência a partir de um artigo de teste excitado em um ponto e medida em um outro ponto.

SEÇÃO 7.4 Obtenção de Dados Modais

observar onde os três picos encontram-se sobre eixo horizontal (frequência) e é confirmada por análise do valor de fase em cada uma dessas frequências (deve ser de 90°).

O fator de amortecimento associado com cada pico é assumido como sendo o fator de amortecimento modal ζ_i definido nas Seções 4.5 e 6.7 no sistema de coordenadas modais. Para obter o fator de amortecimento modal, considere a curva da amplitude da função de resposta em frequência ilustrada na Figura 7.8. Para sistemas com pouco amortecimento, tal que o pico $|H(\omega)|$ em ressonância é bem definido, o fator de amortecimento modal ζ é relacionado as frequências que correspondem aos dois pontos no gráfico de amplitude onde

$$|H(\omega_a)| = |H(\omega_b)| = \frac{|H(\omega_d)|}{\sqrt{2}} \tag{7.13}$$

por $\omega_b - \omega_a = 2\zeta\omega_d$,

$$\zeta = \frac{\omega_b - \omega_a}{2\omega_d} \tag{7.14}$$

Aqui ω_d é a frequência natural amortecida na ressonância e ω_a e ω_b satisfazem a condição (7.13). A condição da Equação (7,13) também é chamada de *queda de 3 dB*, uma vez que $H(\omega_d)/\sqrt{2}$ corresponde a $H(\omega_d)$ em 3 dB abaixo do seu valor de pico, quando a amplitude é representada numa escala logarítmica.

Pode-se mostrar que a Equação (7.14) se aplica para as funções de transferência de inertância (aceleração). O pico da amplitude da resposta em frequência de inertância também ocorre em ω_d. Muitas vezes, porque o amortecimento é pequeno, a frequência natural ω_n, e a frequência natural amortecida ω_d, são consideradas como sendo as mesmas. Na verdade, para $\zeta = 0,01$, $\omega_d = \omega_n\sqrt{1 - \zeta^2} = 0,999949998\omega_n$ e para $\zeta = 0,1$, $\omega_d = 0,99498\omega_n$, tal que eles são quase o mesmo para a ordem de grandeza dos fatores de amortecimento. A frequência natural e o fator de amortecimento podem ser determinados diretamente por

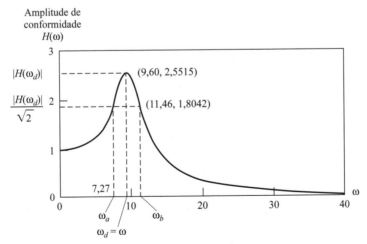

Figura 7.8 A amplitude da função de resposta em frequência conforme de um sistema de um grau de liberdade, ilustrando o cálculo do fator de amortecimento modal utilizando o método de *separação de pico de quadratura* para sistemas levemente amortecidos.

medições de aceleração e medições da entrada de força por meio da representação gráfica da amplitude da função de resposta em frequência de inertância.

No caso de um sistema de múltiplos graus de liberdade, como indicado pelos três picos da Figura 7.7, o número de picos indica o número de graus de liberdade. Cada pico é então tratado como se fosse o resultado de um sistema de um grau de liberdade. Por exemplo, as três frequências naturais da Figura 7.7 são determinadas pelas posições dos picos no eixo de frequência e os três fatores de amortecimento são determinados pela análise de cada pico, como se fosse a partir de um sistema de um grau de liberdade, computando a frequência na queda de 3 dB e utilizando a Equação (7.14) três vezes. Isso resulta em três fatores de amortecimento modais ζ_1, ζ_2 e ζ_3.

Exemplo 7.4.1

Considere a função de transferência experimental conforme representada na Figura 7.9 e calcule o número de graus de liberdade, fatores de amortecimento modais e as frequências naturais.

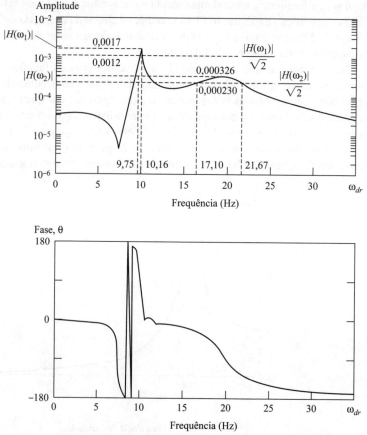

Figura 7.9 Um gráfico da magnitude e fase em função de condução de frequência de uma amostra de ensaio, que ilustra o método de determinação de amplitude de pico coeficientes de amortecimento modais e as frequências naturais.

SEÇÃO 7.5 Parâmetros Modais por Ajuste Circular

Solução Como a curva da amplitude indica dois picos distintos, o sistema de teste é assumido como tendo dois graus de liberdade. Isso é confirmado pela análise do ponto de fase nos picos. Uma vez que a fase é $\pm 90°$ em cada pico, cada um dos picos corresponde a uma frequência natural. Lendo o eixo vertical tem-se

$$\omega_1 = 10\,\text{Hz} \qquad \omega_2 = 20\,\text{Hz}$$

Em seguida, uma vez que $|H(\omega_1)| = 0{,}0017$, o ponto de queda de 3 dB são aqueles dois valores de ω onde $H(\omega_a) = H(\omega_b) = 0{,}0017/\sqrt{2} = 0{,}0012$. A partir do gráfico, esses valores produzem $\omega_a = 9{,}95\,\text{Hz}$ e $\omega_b = 10{,}16\,\text{Hz}$. Usando a Equação (7.14) tem-se

$$\zeta_1 = \frac{\omega_b - \omega_a}{2\omega_1} = \frac{10{,}16 - 9{,}75}{20} = 0{,}02$$

Repetindo esse procedimento para o segundo pico tem-se

$$\zeta_2 = \frac{\omega_b - \omega_a}{2\omega_2} = \frac{21{,}67 - 17{,}10}{40} = 0{,}11$$

$\square$

7.5 PARÂMETROS MODAIS POR AJUSTE CIRCULAR

Na Seção 7.4, a frequência e fatores de amortecimento são essencialmente determinados por visualização da função de resposta em frequência. Nesta seção analisa-se um método mais sistemático que pode ser programado de forma que um analisador pode calcular as frequências e fatores de amortecimento de um modo mais automatizado. Esse método também assume que um único modo domina o comportamento da função de transferência de mobilidade em uma faixa de frequência em torno da frequência natural. Se a parte real da função de resposta em frequência de mobilidade é traçada em função da parte imaginária da função de resposta em frequência para uma gama de frequências tem-se um círculo. O gráfico de $\text{Re}[H(\omega)]$ por $\text{Im}[H(\omega)]$ é chamado de *curvas de Nyquist* ou *círculos de Nyquist* ou *planos de Argand*.

A função de transferência de mobilidade e a função de resposta em frequência correspondente são apresentadas na Seção 7.3 e revisadas na Janela 7.4. As partes real e imaginária da função de resposta em frequência de mobilidade podem ser calculadas como

$$\text{Re}(\alpha) = \frac{\omega^2 c}{\left(k - \omega^2 m\right)^2 + (\omega c)^2} \tag{7.15}$$

e

$$\text{Im}(\alpha) = \frac{\omega\left(k - \omega^2 m\right)}{\left(k - \omega^2 m\right)^2 + (\omega c)^2} \tag{7.16}$$

respectivamente. A parte imaginária é representada graficamente em função da parte real na Figura 7.10 para valores de ω crescente. As curvas da Figura 7.10 são formadas por valores calculados para os pares $([\text{Im}(\alpha), \text{Re}(\alpha)])$ para cada valor de ω. Esses três valores ω, $\text{Im}(\alpha)$, $\text{Re}(\alpha)$ e correspondem a informação disponível em formato digital no analisador utilizado para manipular dados medidos.

Janela 7.4
Função de Resposta em Frequência de Mobilidade

Relembre a partir da Tabela 3.2 que a função de transferência de mobildiade é a razão entre a transformada de Laplace da resposta de velocidade em relação a entrada de força. A partir da Equação (3.87) tem-se

$$\frac{sX(s)}{F(s)} = sH(s) = \frac{s}{ms^2 + cs + k}$$

para um sistema de um grau de liberdade. A substituição de $s = j\omega$ produz a função de resposta em frequência de mobilidade definida por

$$\alpha(\omega) = j\omega H(\omega) = \frac{j\omega}{\left(k - \omega^2 m\right) + j\omega c}$$

que é uma função de valores complexos normalmente indicado por $\alpha(\omega)$. No entanto, $\alpha(\omega)$ é utilizada para designar a função de resposta em frequência associada com qualquer função de transferência.

A parte imaginária é representada graficamente em função da parte real para incrementos de frequência igualmente espaçados. Isso é, o intervalo de frequências de interesse é dividido em valores igualmente espaçados da frequência de excitação ω (por exemplo, a cada 1 Hz ou 0,1 Hz). Em cada um dos valores de ω, as quantidades Re(α) e Im (α) são calculadas a partir dos dados medidos no analisador e essas são representadas como indicado na Figura 7.10(a).

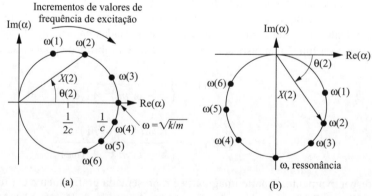

Figura 7.10 (a) Um gráfico da parte imaginária da função de resposta em frequência de mobilidade pela parte real para valores de ω crescentes, a partir de ω = 0. (b) Função de transferência de receptância. Os valores entre parênteses correspondem a pontos de dados numerados. Esses são chamados de círculos de Nyquist. As curvas aqui são de sistemas subamortecidos.

SEÇÃO 7.5 Parâmetros Modais por Ajuste Circular **593**

Para um sistema de um grau de liberdade, as Equações (7.15) e (7.16) preveem que todos esses pontos encontram-se em um círculo tangente com origem centrada no eixo $\text{Re}(\alpha)$. As frequências de excitação igualmente espaçadas são nomeadas $\omega(1)$, $\omega(2)$ e assim por diante na figura. Note que esses pontos não estão igualmente espaçados em torno do círculo, mas são em incrementos iguais de frequência. Note também sobre essa curva que a amplitude da força de entrada está alinhada ao longo do eixo $\text{Re}(\alpha)$ e que a resposta de amplitude X retarda a força pelo ângulo de fase θ. Essas quantidades também são marcadas no gráfico da Figura 7.10 para o segundo valor da frequência de excitação (esses são nomeados $X(2)$, $\theta(2)$). Assim, a distância a partir da origem para qualquer ponto no círculo que passa através dos pontos de dados é a amplitude da resposta. Uma vez que a ressonância é definida como a frequência de excitação em que a amplitude de resposta X é o maior, o ponto no círculo mais afastado da origem corresponde à condição de ressonância. Ressonância também é definida, para pequeno amortecimento, como a condição em que a frequência de excitação e a frequência natural do sistema coincidem. Assim, o ponto chamado ω corresponde à frequência natural do sistema, a qual é calculada a partir das Equações (7.15) e (7.16) avaliada no ponto de interseção do círculo e o eixo $\text{Re}(\alpha)$.

O fato do círculo de Nyquist da função de resposta em frequência de mobilidades ser um círculo pode ser visto por meio da definição de $A = (\alpha) - (1/2c)$ e $B = \text{Im}(\alpha)$ e usando as Equações (7.15) e (7.16), tal que

$$A^2 + B^2 = \left[\text{Re}(\alpha) - \frac{1}{2c} \right]^2 + ((\text{Im}(\alpha))^2 = \left[\frac{1}{2c} \right]^2$$

que é a equação de um círculo de raio $(1/2c)$ centrado no ponto $([\text{Im}(\alpha) = 0, \text{Re}(\alpha) = 1/2c])$. Note a partir da Equação (7.16) que no ponto em que o círculo intercepta o eixo $\text{Re}(\alpha) = 1/2c$, $\text{Im}(\alpha) = 0$, tal que $\omega = \sqrt{k/m}$, que é a condição de ressonância. Se a frequência do ponto onde o círculo cruza o eixo não é necessariamente um ponto que foi medido ou traçado, o valor da frequência de ressonância pode ser determinado por ajuste de um círculo dos pontos $\omega(i)$ e numericamente determinam o valor de ω correspondente à interseção do eixo e círculo. Isso também dá o valor do fator de amortecimento a partir da relação $\text{Re}(\alpha) = 1/c$ no valor de ω correspondente à ressonância.

A Figura 7.10(b) mostra o círculo de Nyquist da função de transferência de receptância (isto é, medidas de deslocamento) para o mesmo sistema. A maioria dos analisadores permite que o usuário trace qualquer uma das funções de transferência dadas na Tabela 3.1 e suas correspondente curvas de Nyquist. O ponto que corresponde à ressonância sobre a curva de receptância de um sistema de um grau de liberdade dado na Figura 7.10(b) pode ser caracterizado por quatro modos diferentes. O ponto que corresponde à frequência natural pode ser interpretado como

1. O ponto sobre o círculo que corresponde a uma distância máxima a partir da origem.
2. O ponto encontra-se entre as duas frequências adjacentes que formam o maior comprimento do arco no círculo. O arco entre $\omega(3)$ e $\omega(4)$ é o maior, no exemplo dado na Figura 7.10(b).
3. O ponto sobre o círculo mais distante do eixo $\text{Re}(\alpha)$.
4. O ponto no círculo que intersecta o eixo $\text{Im}(\alpha)$.

Para sistemas de um grau de liberdade, cada um desses pontos são, naturalmente, os mesmos. No entanto, para sistemas com múltiplos graus de liberdade ocorrem várias mudanças. Em primeiro lugar, o círculo de Nyquist torna-se muitos círculos (aproximadamente um para cada modo) e os círculos seguem sendo tangentes à origem centrada sobre o eixo Im(α). Como isso acontece, os quatro pontos listados não coincidem. Isso é ilustrado na Figura 7.11. O único ponto rotulado ω na Figura 7.10(b) torna-se os quatro pontos marcados 1, 2, 3 e 4 na Figura 7.11(a) como o círculo se afasta a partir da origem. Esses rótulos correspondem numericamente à lista anterior, caracterizando o ponto de ressonância. Qualquer um desses quatro pontos podem ser usados para definir a frequência natural para o modo descrito pelo círculo. A escolha mais comum e a escolha menos afetada pela presença de outros modos é a utilização do ponto 2 (ou seja, o ponto a meio caminho entre as frequências adjacentes que definem o maior comprimento do arco).

Fazendo referência à Figura 7.11(b), o procedimento para utilizar o círculo é como se segue: em primeiro lugar, o analisador calcula os pontos marcados x na figura de Re(α) e Im(α) avaliados a intervalos iguais da frequência de excitação. Um procedimento de ajuste da curva numérica é então usado para calcular o melhor círculo através desses pontos, o centro do círculo (O) e os comprimentos de arcos entre cada ponto x. Isso determina o ponto 2, tal como definido pelo maior comprimento do arco. As equações para Re(α) e Im(α) são então utilizadas para calcular o valor para a frequência natural, indicado aqui por ω_3, uma vez que corresponde ao terceiro modo. Os pontos ω_a, ω_b e O também são calculadas e usados para obter o ângulo α.

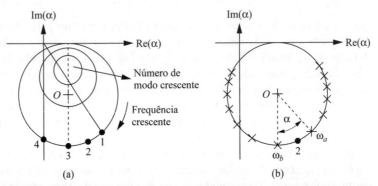

Figura 7.11 Círculo de Nyquist (receptância ou conforme) para um sistema de três graus de liberdade amortecido. (a) Quatro pontos que podem ser utilizados para definir a frequência do terceiro modo, definida pelo círculo centrado em O. (b) Terceiro modo traçado sem os outros modos e a marca geométrica que é usada para determinar o fator de amortecimento modal. O ponto 2 corresponde à frequência natural para o terceiro modo. Os pontos marcados ω_a e ω_b são frequências adjacentes que formam o maior comprimento de arco e α é o ângulo entre os raios definido por ω_a e ω_b. Os x's denotam pontos medidos de frequências igualmente espaçados.

SEÇÃO 7.5   Parâmetros Modais por Ajuste Circular

595

Enquanto o ângulo $a/2 < 45°$, que será para uma quantidade razoável de dados, o ângulo α é relacionado com o fator de amortecimento modal ζ_3 e frequência natural ω_3 por

$$\operatorname{tg} \frac{\alpha}{2} = \frac{1 - (\omega/\omega_3)^2}{2\zeta_3\omega/\omega_3} \tag{7.17}$$

Aplicando a Equação (7.17) para ω_a tem-se

$$\operatorname{tg} \frac{\alpha}{2} = \frac{(\omega_a/\omega_3)^2 - 1}{2\zeta_3\omega_a/\omega_3} \tag{7.18}$$

e aplicando a Equação (7.17) para ω_b tem-se

$$\operatorname{tg} \frac{\alpha}{2} = \frac{1 - (\omega_b/\omega_3)^2}{2\zeta_3\omega_b/\omega_3} \tag{7.19}$$

As Equações (7.18) e (7.19) podem ser adicionadas para se obter (depois de alguma manipulação)

$$\zeta_3 = \frac{\omega_b^2 - \omega_a^2}{2\omega_3[\omega_a \operatorname{tg}(\alpha/2) + \omega_b \operatorname{tg}(\alpha/2)]} \tag{7.20}$$

que produz uma expressão para fator de amortecimento para o modo estudado.

Para confirmar esse resultado, note que se os pontos de meia potência usados na Seção 7.4 são tomados como aquelas frequências ω_a e ω_b, onde $\alpha = 90°$, a Equação (7.20) reduz-se a

$$\zeta_i = \frac{\omega_b - \omega_a}{2\omega_i} \tag{7.21}$$

que corresponde à fórmula quadrática dada na Equação (7.14) da Seção 7.4.

O método de utilização do círculo de Nyquist para determinar as frequências naturais e fatores de amortecimento consiste em primeiro dividir a função de resposta em frequência em segmentos, observando a amplitude da curva para determinar regiões de ω para quais a frequência de resposta parece aproximadamente como a de um sistema de um grau de liberdade (ou seja, tome um intervalo de frequências em torno de cada pico). Os pontos de dados compreendendo cada pico são então escolhidos para utilização na construção de um círculo de Nyquist para aquele modo. Cada intervalo de frequência deve conter pelo menos três pontos.

O círculo gerado por esses pontos irá conter ruído, e assim por diante, e não serão círculos perfeitos. Para retificar essa situação, os pontos de dados são ajustados em uma curva circular utilizando um método simples de mínimos quadrados. Isso produz a equação do ("melhor") círculo através dos pontos de dados. Esse círculo é então usado para calcular ω_i e ζ_i das fórmulas anteriores. Uma vez que um procedimento de ajuste de curva é usado, esse método é chamado de método de ajuste de círculo de extrair parâmetros modais. O método foi formulado por Kennedy e Pancu (1947).

7.6 MEDIÇÃO DE FORMAS MODAIS

Determinar os modos de vibração de funções de transferência medidos experimentalmente é um pouco mais complicado e envolve a medição de várias funções de transferência. Primeiro, o conceito de matriz de funções de transferência ou *matriz de receptância* precisa ser estabelecido. Para esse efeito, considere a resposta do sistema de múltiplos graus de liberdade como descrita pela Equação (4.122) a uma entrada de força harmônica representada na forma complexa por $\mathbf{f}e^{j\omega t}$. A equação de movimento torna-se

$$M\ddot{\mathbf{x}} + C\dot{\mathbf{x}} + K\mathbf{x} = \mathbf{f}e^{j\omega t} \tag{7.22}$$

A resposta forçada pode ser obtida assumindo que a solução $\mathbf{x}(t)$ é harmônica da forma $\mathbf{x}(t) = \mathbf{u}e^{j\omega t}$. A substituição dessa forma na Equação (7.22) produz

$$\left(K - \omega^2 M + j\omega C\right)\mathbf{u} = \mathbf{f} \tag{7.23}$$

após reorganização dos termos e fatoração do termo escalar $e^{j\omega t}$ não nulo. A Equação (7.23) relaciona a amplitude do vetor de resposta (ou seja, o vetor $\mathbf{u}$) com a amplitude do vetor de entrada $\mathbf{f}$, ambos os quais são constantes. Resolvendo a Equação (7.23) resulta em

$$\mathbf{u} = \left(K - \omega^2 M + j\omega C\right)^{-1}\mathbf{f} \tag{7.24}$$

O inverso da matriz de coeficientes complexos é a *matriz de receptância*, representada por $\alpha(\omega)$ e definida por

$$\alpha(\omega) = \left(K - \omega^2 M + j\omega C\right)^{-1} \tag{7.25}$$

tal que a Equação (7.24) torna-se simplesmente $\mathbf{u} = \alpha(\omega)\mathbf{f}$. Um exemplo de dois graus de liberdade da matriz de receptância é usado na Seção 5.4 sobre absorvedores amortecidos para calcular a Equação (5.35). Uma versão não amortecida de $\alpha(\omega)$ para um sistema de dois graus de liberdade é dada pela Equação (5.18).

A matriz de receptância ainda pode ser analisada relembrando a transformação usada no Capítulo 4 para derivar coordenadas modais. Em particular, recordar que a matriz de rigidez modal pode ser representada em forma diagonal por

$$\Lambda_K = \text{diag}\left[\omega_i^2\right] = P^T M^{-1/2} K M^{-1/2} P \tag{7.26}$$

onde P é a matriz de vetores próprios normalizados da matriz $M^{-1/2}KM^{-1/2}$. Do mesmo modo, a matriz de amortecimento modal pode ser escrita como

$$\Lambda_c = \text{diag}\left[2\zeta_i\omega_i\right] = P^T M^{-1/2} C M^{-1/2} P \tag{7.27}$$

se o amortecimento é considerado proporcional. Multiplicando a Equação (7.26) por $M^{1/2}P$ partir da esquerda e por $P^T M^{1/2}$ a partir da direita resulta em

$$K = M^{1/2} P \Lambda_K P^T M^{1/2} \tag{7.28}$$

SEÇÃO 7.6 Medição de Formas Modais **597**

desde que $P^T P = I$. Similarmente, a matriz de amortecimento pode ser escrita a partir da Equação (7.27) como

$$C = M^{1/2} P \Lambda_C P^T M^{1/2} \tag{7.29}$$

A substituição das Equações (7.28) e (7.29) para C e K na Equação (7.25) para matriz de receptância produz

$$\alpha(\omega) = \left[M^{1/2} P \left(\Lambda_K - \omega^2 I + j\omega \Lambda_C \right) P^T M^{1/2} \right]^{-1} \tag{7.30}$$

$$= \left[S \left(\Lambda_K - \omega^2 I + j\omega \Lambda_C \right) S^T \right]^{-1} \tag{7.31}$$

$$= \left[S \operatorname{diag} \left(\omega_i^2 - \omega^2 + 2\zeta_i \omega_i \omega_j \right) S^T \right]^{-1} \tag{7.32}$$

onde $S = M^{1/2} P$. Aqui a matriz interior é uma combinação de matrizes diagonais e, portanto, é diagonal. Relembre da teoria de matriz que $(AB)^{-1} = B^{-1} A^{-1}$ (Apêndice C), de modo que a Equação (7.32) pode ser escrita como

$$\alpha(\omega) = S^{-T} \operatorname{diag} \left[\frac{1}{\omega_i^2 - \omega + 2\zeta_i \omega_i \omega_j} \right] S^{-1} \tag{7.33}$$

uma vez que o inverso de uma matriz diagonal é obtido simplesmente invertendo os seus elementos diagonais não nulos. Note que essa formulação assume amortecimento proporcional.

A Equação (7.33) para a matriz de receptância pode ser expressa como uma soma de n matrizes, em vez do produto de três matrizes percebendo que as colunas de S^{-T} são os vetores modais do sistema não amortecido, representados por $\mathbf{u}_i$, da Equação (4.164). A Equação (7.33) pode, assim, ser escrita como

$$\alpha(\omega) = \sum_{i=1}^{n} \left[\frac{\mathbf{u}_i \mathbf{u}_i^T}{\left(\omega_i^2 - \omega^2 \right) + \left(2\zeta_i \omega_i \omega \right) j} \right] \tag{7.34}$$

onde $\mathbf{u}_i \mathbf{u}_i^T$ é o produto externo dos dois vetores modais $n \times 1$. Esse produto exterior resulta em uma matriz $n \times n$. Essa representação fornece uma ligação entre a matriz de receptância e modos de vibração do sistema, que podem ser explorados em testes para fornecer uma medição dos modos de vibração do objeto de teste.

O elemento da matriz de receptância localizado na intersecção da s-ésima linha e r-ésima coluna de $\alpha(\omega)$ é essencialmente a função de transferência entre a resposta no ponto s, u_s, e a entrada no ponto r, f_r, quando todas as outras entradas são mantidas nulas. O sr-ésimo elemento de $\alpha(\omega)$ é

$$\alpha_{sr}(\omega) = \sum_{i=1}^{n} \frac{\left[\mathbf{u}_i \mathbf{u}_i^T \right]_{sr}}{\left(\omega_i^2 - \omega^2 \right) + \left(2\zeta_i \omega_i \omega \right) j} \tag{7.35}$$

que relaciona a função de transferência entre um dado de entrada e de saída, $\alpha_{sr}(\omega)$, para elementos da forma modal $\mathbf{u}_i$. Essa interpretação de $\alpha_{sr}(\omega)$ é uma generalização do conceito de um grau de liberdade de uma função de transferência. Como $\alpha(\omega)$ é uma matriz,

598 CAPÍTULO 7 • Teste de Vibração e Análise Modal Experimental

essa não pode ser escrita como a relação de uma saída por uma entrada. No entanto, cada elemento de $\alpha(\omega)$ é uma função de transferência:

$$\frac{u_s}{f_r} = \left[\alpha(\omega)\right]_{sr} = H_{sr}(\omega) \tag{7.36}$$

onde $H_{sr}(\omega)$ é a função de transferência entre uma entrada no ponto r e uma saída no ponto s. Um exemplo da Equação (7,36) é a relação $x_1/F_0 k$ usada nas Seções 5.3 e 5.4 para discutir absorvedores.

Assume-se que os modos ou picos do sistema são bem espaçados, o somatório na Equação (7.35) avaliada em uma frequência natural será dominada por um termo, o termo correspondente aquela frequência. Isso pode ser visto substituindo $\omega = \omega_i$ na Equação (7.35) e calculando a amplitude. Isso produz a aproximação

$$|\alpha_{sr}(\omega_i)| = \frac{|\mathbf{u}_i\mathbf{u}_i^T|_{sr}}{|(\omega_i^2 - \omega_i^2) - 2\zeta_i\omega_i\omega_i j|} = \frac{|\mathbf{u}_i\mathbf{u}_i^T|_{sr}}{2\zeta_i\omega_r^2} \tag{7.37}$$

onde se assume que as contribuições de outros termos no somatório são todos muito menor por causa do termo não nulo $\omega_i^2 - \omega^2$ nos seus denominadores. A Equação (7.37) pode ser reorganizada para se obter

$$|\mathbf{u}_i\mathbf{u}_i^T|_{sr} = |2\zeta_i\omega_i^2||H_{sr}(\omega_i)| \tag{7.38}$$

onde $|H_{sr}(\omega_i)| = |\alpha_{sr}(\omega_i)|$ representa a amplitude da função de resposta em frequência medido entre os pontos s e r e avaliadas na i-ésima frequência natural. A Equação (7.38) é válida para sistemas amortecidos com modos subamortecidos, amplamente espaçados. Essa equação relaciona o fator de amortecimento medido ζ_i, a frequência natural medida, ω_i e a amplitude da função de transferência medida $|H_{sr}(\omega_i)|$ para a i-ésima forma modal ω_i e, portanto, fornece uma medida da forma modal da estrutura de teste.

A Equação (7.38) só fornece uma medição da amplitude de um elemento da matriz $\left[\mathbf{u}_i\mathbf{u}_i^T\right]_{sr}$. O diagrama de fase de $H(\omega_i)$ é usado para determinar o sinal do elemento $\left[\mathbf{u}_i\mathbf{u}_i^T\right]_{sr}$. A Equação (7.37) é uma indicação matemática de que o i-ésimo pico na curva da função de transferência da Figura 7.8 resulta de um sistema de um grau de liberdade. Note que a matriz de $\mathbf{u}_i\mathbf{u}_i^T$ tem n^2 elementos, mas que só n deles são únicos, onde n é o número de frequências naturais medidas. Por isso n medições de $|H_{sr}(\omega_i)|$ devem ser feitas. Isso é obtido movendo-se através dos n elementos do vetor $\mathbf{f}$ um de cada vez tal que r varia de 1 a n. Isso fornece uma medição da resposta no ponto s com uma primeira entrada no ponto 1, em seguida, no ponto 2, e assim por diante, até que todas as n posições de entrada tenham sido utilizadas. Isso proporciona uma medição de uma linha da matriz $\mathbf{u}_i\mathbf{u}_i^T$. A partir dessa linha, o vetor $\mathbf{u}_i$ pode ser determinado como o exemplo a seguir ilustra. Note que esse procedimento poderia ser alterado de modo que o ponto de entrada seja fixo e o ponto de medição seja móvel. O exemplo a seguir ilustra esse procedimento.

SEÇÃO 7.6 Medição de Formas Modais

Exemplo 7.6.1

Considere uma viga simples da Figura 7.12. Uma função de transferência de medição realizada aplicando uma força no ponto 1 e medindo a resposta no ponto 1 (chamado *ponto de excitação* da resposta em frequência) origina três picos distintos, o que indica que o sistema tem três frequências naturais e pode ser modelado por um sistema de três graus de liberdade. Essa medição inicial sugere que a viga seja medida em dois outros pontos, a fim de estabelecer dados suficientes para determinar os modos de vibração. Esses outros dois pontos estão marcados na viga da Figura 7.12. Uma vez que um *shaker* é usado, é mais fácil mover o acelerômetro para obter as duas funções de transferência adicionais necessárias. Alternativamente, um analisador de frequência de múltiplos canais pode ser utilizado com dois acelerômetros adicionais para obter simultaneamente as três funções de transferência: $H_{11}(\omega)$, $H_{21}(\omega)$ e $H_{31}(\omega)$. Esse é o procedimento ilustrado na Figura 7.12. A curva das três funções de transferência são apresentados na Figura 7.13.

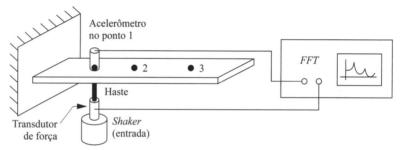

Figura 7.12 Uma viga engastada marcada com três pontos de medição e excitação.

A partir da função de transferência do ponto de excitação $H_{11}(\omega)$, os valores do fator de amortecimento modal e frequências naturais são obtidos usando o método de pico ilustrado no Exemplo 7.4.1. Esses são

$$\omega_1 = 10 \text{ rad/s} \quad \zeta_1 = 0{,}01$$
$$\omega_2 = 20 \text{ rad/s} \quad \zeta_2 = 0{,}01 \quad (7.39)$$
$$\omega_3 = 32 \text{ rad/s} \quad \zeta_3 = 0{,}05$$

Esses valores podem ser comparados com os cálculos semelhantes das duas funções de transferências $H_{21}(\omega)$ e $H_{31}(\omega)$ restantes. Para determinar os vetores modais, o valor de $|H_{11}(\omega_1)|$ é medido como $|H_{11}(\omega_1)| = 0{,}423$ e a fase de $H_{11}(\omega_1)$ é $[H_{11}(\omega_1)] = -90°$. Além disso, a amplitude e a fase das duas funções de transferência restantes produzem

$$|H_{21}(\omega_1)| = 0{,}917 \quad \text{fase}[H_{21}(\omega_1)] = -90°$$
$$|H_{31}(\omega_1)| = 0{,}317 \quad \text{fase}[H_{31}(\omega_1)] = -90° \quad (7.40)$$

A partir da Equação (7.38) e dos valores medidos de ζ_1, ω_1, $H_{11}(\omega_1)$, $H_{21}(\omega_1)$ e $H_{31}(\omega_1)$, a primeira linha da matriz $\mathbf{u}_i \mathbf{u}_i^T$ é conhecida:

$$|\mathbf{u}_1 \mathbf{u}_1^T|_{11} = 0{,}846 \quad |\mathbf{u}_1 \mathbf{u}_1^T|_{21} = 1{,}834 \quad |\mathbf{u}_1 \mathbf{u}_1^T|_{31} = 4{,}633 \quad (7.41)$$

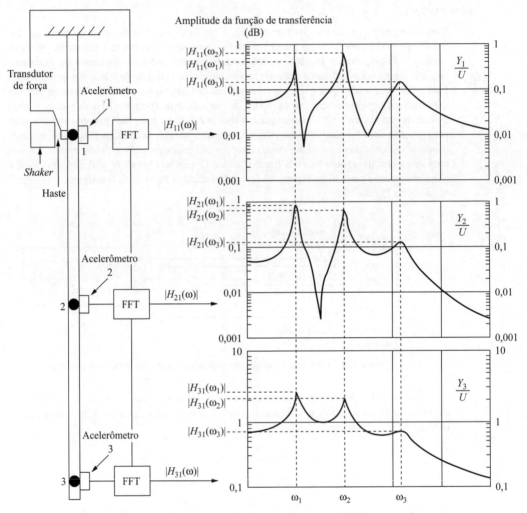

Figura 7.13 (continua na página seguinte) Instrumentos necessários para construir as curvas de resposta em frequência, para permitir o cálculo dos modos de vibração por um modelo de três graus de liberdade da estrutura de teste. Os picos das três funções de transferência determinam os valores da matriz de receptância e, portanto, os modos de vibração do sistema.

Isso, juntamente com a informação de fase, permite a determinação do vetor $\mathbf{u}_1$. Para ver isso, faça $\mathbf{u}_1 = [a_1 \quad a_2 \quad a_3]^T$, tal que

$$\mathbf{u}_i\mathbf{u}_i^T = \begin{bmatrix} a_1^2 & a_1a_2 & a_1a_3 \\ a_2a_1 & a_2^2 & a_2a_3 \\ a_3a_1 & a_3a_2 & a_3^2 \end{bmatrix}$$

SEÇÃO 7.6 Medição de Formas Modais

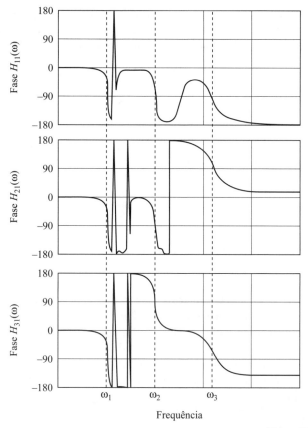

Figura 7.13 (*continuação*)

Note que essa matriz é simétrica. Assim, a partir dos valores indicados na Equação (7.41), os elementos da matriz $|\mathbf{u}_i\mathbf{u}_i^T|$ devem satisfazer

$$a_1^2 = 0,846 \qquad a_1a_2 = 1,834 \qquad a_1a_3 = 4,633 \tag{7.42}$$

Isso constitui um conjunto de três equações em três incógnitas que é prontamente resolvido para produzir

$$a_1 = 0,920 \qquad a_2 = 1,993 \qquad a_3 = 5,036 \tag{7.43}$$

Usando a fase como um sinal + ou – (isto é, $H(\omega_1)$ esta em fase ou fora de fase), a fase é –90° ou +90 ° em ressonância. Se a fase $[H_{ij}(\omega_1)] = +90°$, ao elemento associado com $[u_1u_1^T]_{ij}$ é atribuído um valor positivo. Se a fase é de –90 , ao elemento é atribuído um valor negativo. Analisando os diagramas de fase da Figura 7.13 e os valores numéricos indicados na Equação (7.43), o vetor $\mathbf{u}_1$ torna-se

$$\mathbf{u}_1 = \begin{bmatrix} a_1 \\ a_2 \\ a_3 \end{bmatrix} = \begin{bmatrix} -0,920 \\ -1,993 \\ -5,036 \end{bmatrix}$$

Em seguida, considerando o pico na $\omega_2 = 20$ rad/s em cada uma das três funções de transferência da Figura 7.13. Esses, juntamente com a Equação (7.38) fornecem $|(\mathbf{u}_2\mathbf{u}_2^T)|_{11} = 7,12$, $|(\mathbf{u}_2\mathbf{u}_2^T)|_{21} = 7,72$ e $|(\mathbf{u}_2\mathbf{u}_2^T)|_{31} = 15,681$. Novamente, utilizando esses valores e as informação de fase tem-se

$$\mathbf{u}_2 = \begin{bmatrix} -2,67 \\ -2,89 \\ 5,873 \end{bmatrix}$$

Similarmente, a medição de $\omega_3 = 32$ rad/s, os valores de fase correspondentes e os dados modais na Equação (7.38) resulta em

$$\mathbf{u}_3 = \begin{bmatrix} -4,22 \\ 2,99 \\ -15,311 \end{bmatrix}$$

Portanto, as três formas modais $\mathbf{u}_1$, $\mathbf{u}_2$, $\mathbf{u}_3$ são determinadas.

□

O método para determinar os modos de vibração, frequências naturais e fatores de amortecimento ilustrados no Exemplo 7.6.1 é apenas um dos muitos métodos disponíveis para a obtenção de dados modais de funções de resposta em frequência construídos a partir de dados de teste. Esses são discutidos em Ewins (2000). A notação utilizada aqui é coerente com a utilizada nos Capítulos 4 e 5. No entanto, a análise modal e comunidade de testes começou a tentar padronizar a notação, e esse provavelmente vai diferir daquela usada aqui.

Exemplo 7.6.2

Este exemplo é de uma experiência laboratorial usando um martelo como o dispositivo de força de excitação e um vibrômetro a laser como o sensor de medição. O laser, é claro, é sem contato e o martelo não fornece carga de massa, tal que deverá existir pouco efeito do *hardware* de medição sobre a dinâmica da viga a ser medida. Uma vista superior do experimento juntamente com pontos de medição é ilustrada na Figura 7.14.

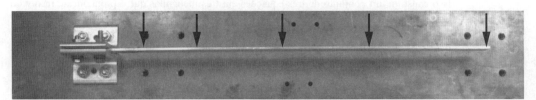

Figura 7.14 A vista superior da viga engastada utilizada na experiência, mostrando os pontos de medição. Os pontos são numerados começando com 1 do lado esquerdo e terminando com 5 na extremidade livre. O ponto 2 é o ponto de excitação.

SEÇÃO 7.6 Medição de Formas Modais

Os dados obtidos são formados pelo gráfico da amplitude e esses são apresentados nas Figura 7.15(a) a (e) com o último número indicando onde a função de transferência foi medida. As funções de transferência nas Figuras 7.15 são funções de transferência de mobilidade (velocidade de saída, força de entrada) e as unidades das amplitudes são volts. A constante do sensor laser é de 125 mm/s/v. O experimento foi realizado em uma viga fixa-livre feita de alumínio. As dimensões da viga eram 0,5128 m de comprimento, 25,5 mm de altura e 3,2 mm de largura. O módulo de elasticidade é de 6,9 $\times 10^{10}$ N/m^2 e a densidade é de 2715 kg/m^3. A área da seção transversal é $A = 8,16$ m^2 e $I = 6,96$ m^{-11} m^4. A excitação para a estrutura foi feita com um martelo de impacto (Kistler tipo: 9722A500, s/n 014019). O sinal de impulso foi alimentado a um condicionador de sinal (modelo Dytran: 4114B1) e, em seguida, passada para a placa DSP SigLab. SigLab é um processador de sinal *plug-in* compatível com o MATLAB. As leituras de velocidade foram feitas por um vibrômetro a laser composto por um sensor na cabeça e um controle de vibrômetro (modelo OFV 303 e OFV 3001, respectivamente, com resolução de 125 mm/s/V), para todos os cinco pontos. Os dados lidos pelo vibrômetro a *laser* também alimentou uma placa DSP SigLab.

Calcule as frequências naturais utilizando a Tabela 6.6 e a teoria apresentada na Seção 6.5, e compare os resultados com as frequências naturais medidas.

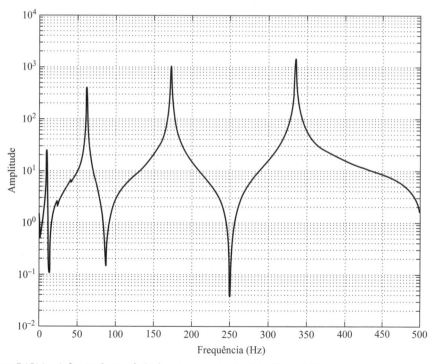

Figura 7.15(a) A função de transferência entre os pontos 1 e 2 na Figura 7.14.

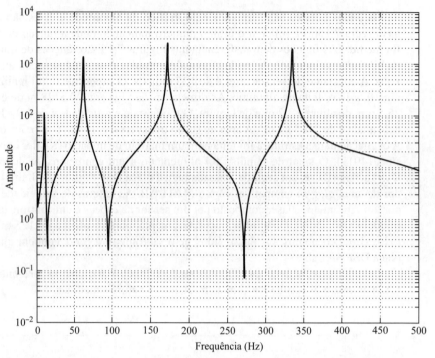

Figura 7.15(b) O ponto de excitação da função de transferência entre os pontos 2 e 2 na Figura 7.14.

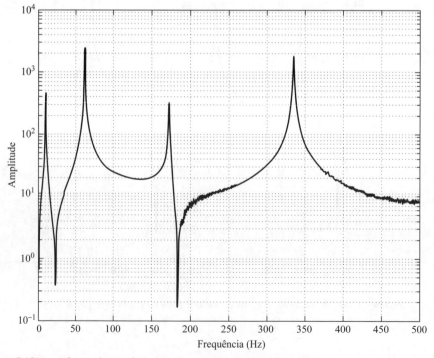

Figura 7.15(c) A função de transferência entre os pontos 2 e 3 na Figura 7.14.

SEÇÃO 7.6 Medição de Formas Modais

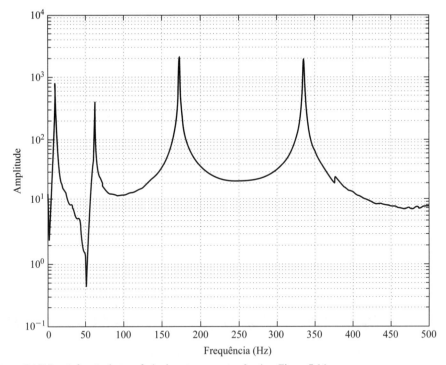

Figura 7.15(d) A função de transferência entre os pontos 2 e 4 na Figura 7.14.

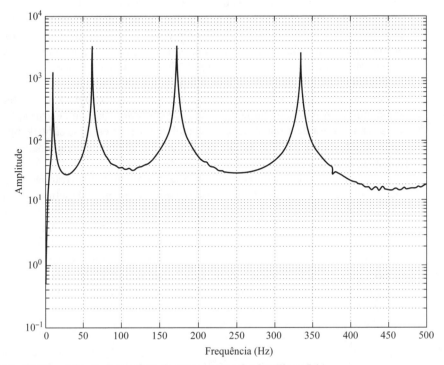

Figura 7.15(e) A função de transferência entre os pontos 2 e 5 na Figura 7.14.

606 CAPÍTULO 7 • Teste de Vibração e Análise Modal Experimental

Solução Observando a Figuras 7.15, analisando os picos e utilizando uma abordagem de extrair os picos, as localizações das quatro primeiras frequências naturais parecem ser

$$f_1 = 10,000 \quad f_2 = 62,1875 \quad f_3 = 172,8125 \quad f_4 = 335,5626 \text{ Hz}$$

As frequências para uma viga é dada pela Equação (6.101) como

$$\omega_n = \beta_n^2 \sqrt{\frac{EI}{\rho A}}, n = 1, 2, 3 \ldots$$

Aqui β_n é determinada a partir da Tabela 6.6 para condições de contorno engastada. Utilizando os valores da Tabela 6.6 e os dados fornecidos, as primeiras quatro frequências analíticas são:

$$f_1 = 9,9105 \quad f_2 = 62,1082 \quad f_3 = 173,0946 \quad f_4 = 340,7837 \text{ Hz}$$

Portanto, a teoria e a experiência concordam razoavelmente bem.

$\square$

7.7 EXPERIMENTOS DE VIBRAÇÃO PARA DURABILIDADE E DIAGNÓSTICOS

Uma peça fabricada para uso em uma máquina ou estrutura deve, obviamente, ser capaz de funcionar no seu ambiente operacional. Em particular, a peça em questão deve ser capaz de suportar todas as cargas dinâmicas que podem ser aplicadas e deve continuar a funcionar. Muitas vezes, o comportamento de um dispositivo ao longo do tempo não pode ser previsto analiticamente com 100% de precisão. Por isso, os dispositivos de amostra são submetidos a cargas dinâmicas em vários ambientes de teste controlados. Por exemplo, um módulo eletrônico pode ser largado de uma altura de 3 metros vinte vezes e ainda ser esperado que funcione. Uma válvula pode ser montada em um agitador e excitada com uma entrada aleatória durante 12 horas, após o que ainda deve abrir e fechar. A ideia aqui é muito simples: caracterizar o ambiente dinâmico que um determinado dispositivo vai funcionar durante a sua utilização normal; condensar em uma série de piores casos de testes de laboratório; aplicar as cargas para o dispositivo e, em seguida, ver se ele ainda funciona.

A parte mais difícil desse procedimento é estimar uma descrição razoável das cargas dinâmicas que um determinado dispositivo é provavelmente submetido durante a sua vida útil. O problema seguinte é desenvolver um procedimento de teste que reproduza fielmente os dados de entrada dinâmicas especificadas para os dispositivos. Os elementos básicos são semelhantes aos utilizados na análise modal experimental: *shakers*, acelerômetros e algum tipo de dispositivo de gravação. Além disso, um dispositivo de realimentação é muitas vezes aplicado ao *shaker* para se certificar de que ela produz a força e frequência desejada. O sistema de teste inteiro é então acoplado a um sistema de controle por computador, que registra e controla os dados de entrada do *shaker*.

SEÇÃO 7.7 Experimentos de Vibração para Durabilidade e Diagnósticos

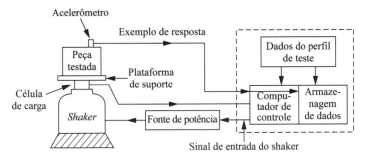

Figura 7.16 Um diagrama esquemático de um teste de resistência de vibração controlada por computador.

O computador de controle pode ser usado para programar o *shaker* para executar longas horas de teste para uma variedade de cargas, frequências e sinais de entradas. Por exemplo, uma carga pode impor que um dispositivo seja excitado a 10 G durante 3 horas a 10 Hz, então 3 horas a 50 Hz, seguido de 3 horas de vibração aleatória de uma força especifica. Um diagrama esquemático de um dispositivo de teste de vibração controlada por computador é ilustrado na Figura 7.16. Na figura, os dados de perfil de teste contendo temporização e o sinal de informação são enviados para o computador de controle, o que atribui o sinal apropriado para o fornecimento de energia, o qual por sua vez aciona o *shaker*. A saída de força do *shaker* é monitorada por uma célula de carga. Esse sinal é devolvido ao computador que relaciona ao sinal para o perfil de teste necessário. Se existe alguma diferença, o computador ajusta a sua saída para o *shaker* em conformidade. A aceleração do objeto de teste também é medida se valores de transmissibilidade são necessários e para fornecer um registro do teste. Todos os sinais são armazenados na seção de armazenamento de dados do computador para fornecer evidência de que os testes foram realizados e quais eram exatamente as respostas e entradas.

Outro uso de testes de vibração é o diagnóstico ou monitoramento da saúde da máquina. A ideia básica é que as medições periódicas da frequência e amortecimento podem produzir informações relativas às alterações da integridade de uma estrutura ou prever a falha pendente de uma máquina. Se as frequências de um sistema são medidas e monitoradas ao longo de um período de tempo e é observada uma alteração, então, como, $\omega_n = \sqrt{k/m}$, alguma alteração em massa ou rigidez do sistema tem de ser a causa. Uma mudança na rigidez poderia implicar uma peça fraturada ou com defeito e uma mudança na massa pode refletir desgaste excessivo.

Exemplo 7.7.1

O teste de deflexão estática é realizado em uma viga engastada de alumínio, tanto com e sem um pequeno corte no alumínio. Os resultados indicam que, com o corte, o módulo é medido como sendo de 10% inferior ao seu valor nominal de 71×10^{10} N/m². Com base nessas informações, a frequência fundamental de asas de aviões é medida após cada voo para ver se quaisquer fissuras de fadiga estão presentes. Que tipo de mudança de frequência seria esperado para detectar uma fissura?

608 CAPÍTULO 7 • Teste de Vibração e Análise Modal Experimental

Solução A partir da Tabela 6.6 a primeira frequência natural de uma viga engastada de Euler-Bernoulli é

$$\omega_1 = \frac{1,8751}{l^2}\sqrt{\frac{EI}{\rho A}}$$

Para uma asa de 2 m comprimento com os parâmetros estimados

$$I = 5 \times 10^{-5}\ m^4$$
$$A = 0,05\ m^2$$

o valor nominal da frequência asa será ($\rho = 2,7 \times 10^3\ kg/m^3$)

$$\omega_1 = \frac{1,871}{(2)^2}\sqrt{\frac{(71 \times 10^{10})(5 \times 10^{-5})}{(2,7 \times 10^3)(0,05)}} \approx 240\ rad/s$$

Se E muda em 10% (ou seja, é reduzida para $63,9 \times 10^{10}$) a nova frequência torna-se

$$\omega_1 = \frac{1,871}{(2)^2}\sqrt{\frac{(63,9 \times 10^{10})(5 \times 10^{-5})}{(2,7 \times 10^3)(0,05)}} \approx 228\ rad/s$$

Portanto, a mudança de frequência é perceptível e possível de medir, formando um diagnóstico razoável.

□

Em alguns casos, a resposta de vibração é analisada como uma assinatura do dispositivo. Se a resposta no tempo muda, é possível que a mudança tenha sido causado por alguma deterioração da peça. O uso dessas ideias é uma tecnologia emergente e engenheiros estão envolvidos na tentativa de tornar fortes as conexões entre certos tipos de mudanças (tais como frequência) e a condição ou a saúde do dispositivo.

Como um exemplo de monitoramento da saúde, considere o gráfico da Figura 7.17. O gráfico consiste de um registro de medições de deslocamento de uma caixa de rolamentos de um eixo rotativo em uma máquina realizadas ao longo de vários meses. As medições ao longo do tempo indicam uma tendência. O aumento (alterações em desvios de funcionamento normais) nos meses posteriores é pensado para mostrar que algo está mudando no sistema de rolamento, tal que a manutenção ou reparação é necessária. A outra maneira de examinar esta é parar a máquina e fisicamente procurar danos ou desgaste. Se a máquina é necessária para produção, parar a máquina para desmontar poderia ser muito caro. Usando técnicas de monitoramento por vibração, tal como indicado na Figura 7.17, a rotina de paradas da máquina periodicamente para verificar ou esperar falhar pode ser evitado. Uma discussão mais completa de monitoramento da saúde da máquina pode ser encontrada em Wowk (1991).

SEÇÃO 7.8 Medição de Forma de Deflexão Operacional

Figura 7.17 Um registro de deslocamento médio de uma caixa de rolamento de um eixo rotativo ao longo de um período de meses.

7.8 MEDIÇÃO DE FORMA DE DEFLEXÃO OPERACIONAL

Uma forma de deflexão operacional (ODS) é um padrão de resposta de vibração de uma estrutura que é excitada por forças senoidais. Aqui vamos restringir nosso estudo para o caso mais simples de forças aplicadas em uma única frequência de excitação e onde todas as forças têm a mesma ou oposta fase. Os ODSs podem ser estudadas para decidir mudanças no projeto para reduzir a vibração e ruído de uma estrutura, e também para detectar danos em estruturas. A descrição matemática de ODS e as diferenças entre o ODS e formas modais são descritas a seguir.

Usando a Equação (7.25), o deslocamento forçado em estado permanente de uma estrutura pode ser escrito como

$$\mathbf{x}(t) = \mathrm{Re}\left(\alpha(\omega)\mathbf{f}e^{j\omega t}\right) \tag{7.44}$$

A resposta em velocidade é

$$\mathbf{v}(t) = \mathrm{Re}\left(j\omega\alpha(\omega)\mathbf{f}e^{j\omega t}\right) \tag{7.45}$$

A velocidade ODS será considerada aqui, porque elas podem ser medidas utilizando o SLDV. A ODS é definida por meio da análise da Equação (7.45), em diferentes ângulos ou tempos durante uma resposta senoidal em regime estacionário. Os ângulos são definidos como

$$\theta_a = \omega t_a \tag{7.46}$$

onde ω é uma frequência de excitação. As ODS podem ser avaliadas em ângulos específicos, $\theta_a = \dfrac{2\pi a}{b}$, onde b é o número de pontos em um ciclo de vibração para avaliar a ODS e $a = 0, 1, 2, \ldots, b - 1$. Por conseguinte, os tempos de avaliação da SDO, são dadas por

$$t_a(\omega) = \frac{2\pi a}{b\omega} \tag{7.47}$$

A velocidade ODS é dada por

$$\mathbf{v}\left(\frac{\theta_a}{\omega}\right) = \mathrm{Re}\left(j\omega\alpha(\omega)\mathbf{f}e^{j\theta_a}\right) \tag{7.48}$$

A ODS pode ser traçada como curvas de malha ou níveis pelo *software* fornecido com o sistema de medição a laser, ou por algoritmos do MATLAB. A Equação (7.48) pode ser usada para estudar as ODS em termos do vetor de força, frequência de excitação e ângulo da resposta.

Outra forma de interpretar a ODS é escrevê-la em termos de parâmetros modais, ou seja, modos de vibração e fatores de amortecimento. Para isso, o amortecimento deve ser modal ou proporcional para que os modos sejam reais e as equações possam desacoplar. Substituindo a Equação (7.34) na Equação (7.48), a ODS de velocidade torna-se

$$\mathbf{v}\left(\frac{\theta_a}{\omega}\right) = \omega \sum_{i=1}^{n} \frac{\mathbf{u}_i\left(\mathbf{u}_i^T\mathbf{f}\right)\left((\omega\omega_i 2\zeta_i)\cos\theta_a + \left(\omega_i^2 - \omega^2\right)\mathrm{sen}\,\theta_a\right)}{\left((\omega_i^2 - \omega^2)^2 + \left(\omega\omega_i 2\zeta_i\right)^2\right)} \tag{7.49}$$

A Equação (7.49) pode ser usada para estudar a ODS em termos dos modos de vibração, vetores de força, frequências de excitação, fatores de amortecimento e ângulo da resposta. A partir de (7.49), é óbvio que há um grande número de ODSs que podem ocorrer. Note que a ODS de velocidade depende de todos os modos de vibração da estrutura. Se os fatores de amortecimento são pequenos e a estrutura é excitada na sua i-ésima frequência natural, que é $\omega = \omega_i$, então, o denominador da Equação (7.49) será pequeno e o i-ésimo termo (resposta modal) na série pode ser a maior contribuição para a resposta. A resposta em cada um dos modos, no entanto, também depende do grau de ortogonalidade entre esse modo e o vetor de força. Se $\left(\mathbf{u}_i^T\mathbf{f}\right) = 0$, então não haverá nenhuma resposta no i-ésimo modo. O efeito da força é a principal diferença entre as formas modais e formas de deflexão operacionais. Os modos de vibração são calculados a partir da matriz FRF e não dependem da amplitude ou localização da função de força. Por outro lado, a ODS depende da localização e amplitudes relativas das forças que atuam em locais diferentes sobre a estrutura. Na prática, se uma única entrada é utilizada e a estrutura é excitada na ressonância e o amortecimento é pequeno, então, os modos de vibração e ODS são semelhantes. No entanto, em outros casos podem ocorrer onde (1) as ODSs têm pontos nodais não estacionários e (2) todas as partes da ODS não atingem os seus deslocamentos máximos não passam pelo equilíbrio ao mesmo tempo. Esse comportamento não modal pode ser observado quando duas ou mais excitações são usadas ou quando várias formas modais estão perto da frequência e influenciam na resposta.

As ODSs podem ser mais difícil de entender do que os modos de vibração, mas elas representam a resposta estrutural real de todos os modos combinados e o amortecimento está incluído. Não há suposições ou aproximação além da linearidade e a operação FFT

CAPÍTULO 7 Problemas

611

são usadas. Devido à sua sensibilidade, uma aplicação recente é medir ODSs para detectar fissuras ou outros danos às estruturas. Mudanças na ODS ao longo do tempo podem indicar dano, e se forem utilizadas ODSs de alta frequência, os danos muitas vezes podem ser localizados. Um tema de pesquisa é como aplicar forças a uma estrutura para obter a sensibilidade máxima de ODS a danos.

PROBLEMAS

Seção 7.2 (Problemas 7.1 a 7.5)

7.1. Um sinal de baixa frequência precisa ser medido usando um acelerômetro. O sinal é fisicamente um deslocamento da forma 5 sen(0,2t). O ruído de solo do acelerômetro (ou seja, o menor sinal de amplitude que pode detectar) é de 0,4 volt/g. O acelerômetro é calibrado em 1 volt/g. O acelerômetro pode medir esse sinal?

7.2. Em relação ao Capítulo 3, calcule a resposta de um sistema de um grau de liberdade a um impulso unitário e depois a uma entrada triângulo unitária com duração de T segundos. Compare as duas respostas. As diferenças correspondem às diferenças entre uma batida "perfeita" de martelo e uma batida de martelo mais realista, como indicado na Figura 7.2. Use $\zeta = 0,01$ e $\omega_n = 4$ rad/s para o seu modelo.

7.3. Compare a transformada de Laplace $\delta(t)$ com a transformada de Laplace da entrada triângulo do Problema 7.2.

7.4. Trace o erro na medição da frequência natural de um sistema de um grau de liberdade de 10 kg de massa e rigidez 350 N/m se a massa do dispositivo de excitação (*shaker*) está incluído e varia de 0,5 a 5 kg.

7.5. Calcule a transformada de Fourier de $f(t) = 3$ sen $2t - 2$ sen $t -$ cos t e represente graficamente os coeficientes espectrais.

Seção 7.3 (Problemas 7.6 a 7.9)

7.6. Represente 5 sen $3t$ como um sinal digital por amostragem do sinal em $\pi/3$, $\pi/6$ e $\pi/12$ segundos. Compare essas três representações digitais.

7.7. Calcula o coeficiente de Fourier do sinal | 120 sen 120 π|.

7.8. Considere a função periódica

$$x(t) = \begin{cases} -5 & 0 < t < \pi \\ 5 & \pi < t < 2\pi \end{cases}$$

e $x(t) = (t + 2\pi)$. Calcule os coeficientes de Fourier. A seguir, trace $x(t)$: $x(t)$ representado pelo primeiro termo da série de Fourier, $x(t)$ representado pelos dois primeiros termos da série e $x(t)$ representado pelos três primeiros termos da série. Discuta seus resultados.

7.9. Considere um sinal $x(t)$ com uma frequência máxima de 500 Hz. Discuta a escolha de comprimento do registro e intervalo de amostragem.

Seção 7.4 (Problemas 7.10 a 7.19)

7.10. Considere o gráfico de amplitude da Figura P7.10. Quantas frequências naturais que esse sistema tem e quais são os seus valores aproximados?

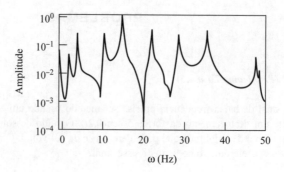

Figura P7.10 Um gráfico de amplitude de $H(\omega)$ para uma estrutura simples.

7.11. Considere a curva da função de transferência experimental da Figura P7.11. Utilize os métodos do Exemplo 7.4.1 para determinar ζ_i e ω_i.

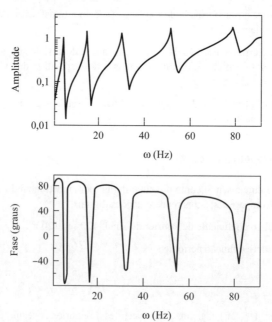

Figura P7.11 Curva experimental de amplitude e fase de uma estrutura de laboratório simples.

CAPÍTULO 7 Problemas **613**

7.12. Considere um sistema de dois graus de liberdade com frequência $\omega_1 = 10$ rad/s, $\omega_2 = 15$ rad/s e fator de amortecimento $\zeta_1 = \zeta_2 = 0{,}01$. Com $S = \dfrac{1}{\sqrt{2}}\begin{bmatrix} 1 & -1 \\ 1 & 1 \end{bmatrix}$, calcule a função de transferência desse sistema para uma entrada em x_1 e uma medição da resposta em x_2.

7.13. Trace a amplitude e fase da função de transferência do Problema 7.12 e veja se você pode reconstruir os dados modais (ω_1, ω_2, ζ_1 e ζ_2) a partir do gráfico.

7.14. Considere a Equação (7.14) para determinar o fator de amortecimento de um único modo. Se a medição da frequência varia de 1%, quanto será o valor da mudança de ζ?

7.15. Discuta os problemas de utilizar a Equação (7.14), se as frequências naturais da estrutura são muito próximas umas das outras.

7.16. Discuta a limitação de uso da Equação (7.15) se ζ é muito pequeno. O que acontece se ζ é muito grande?

7.17. Considere o sistema de dois graus de liberdade descrito por

$$\begin{bmatrix} 1 & 0 \\ 0 & 1 \end{bmatrix}\begin{bmatrix} \ddot{x}_1 \\ \ddot{x}_2 \end{bmatrix} + \begin{bmatrix} 0 & 0 \\ 0 & c \end{bmatrix}\begin{bmatrix} \dot{x}_1 \\ \dot{x}_2 \end{bmatrix} + \begin{bmatrix} 2 & -1 \\ -1 & 2 \end{bmatrix}\begin{bmatrix} x_1 \\ x_2 \end{bmatrix} = \begin{bmatrix} f_0\,\mathrm{sen}\,\omega t \\ 0 \end{bmatrix}$$

e calcule a função de transferência $|X/F|$ como uma função do parâmetro de amortecimento c.

7.18. Trace a função de transferência do Problema 7.17 para os quatro casos: $c = 0{,}01$, $c = 0{,}2$, $c = 1$ e $c = 10$. Discuta a dificuldade na utilização desses gráficos para medir ζ_i e ω_i para cada valor de c.

7.19. Use um procedimento numérico para calcular as frequências naturais e fatores de amortecimento do sistema do Problema 7.18. Nomeie esses em seus gráficos do Problema 7.18 e discuta a possibilidade de medir esses valores usando os métodos da Seção 7.4.

Seção 7.5 (Problemas 7.20 a 7.24)

7.20. Usando a definição de função de transferência de mobilidade de Janela 7.4, calcule as partes Re e Im da função de resposta em frequência e consequentemente verifique as Equações (7.15) e (7.16).

7.21. Usando as Equações (7.15) e (7.16), verifique que o diagrama de Nyquist da função de resposta em frequência de mobilidade de fato forma um círculo.

7.22. Considere um sistema de um grau de liberdade de massa 10 kg, rigidez 1000 N/m e fator de amortecimento 0,01. Escolha cinco valores de ω entre 0 e 20 rad/s e trace cinco pontos do círculo de Nyquist utilizando as Equações (7.15) e (7.16). Será que esses formam um círculo?

7.23. Obtenha a Equação (7.20) para o fator de amortecimento a partir das Equações (7.18) e (7.19). Em seguida, verifique que a Equação (7.20) reduz a Equação (7.21) nos pontos de meia potência.

7.24. Considere o círculo de Nyquist ajustado experimental da Figura P7.24. Determine o fator de amortecimento modal para esse modo.

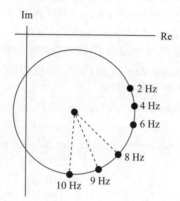

Figura P7.24 O círculo de Nyquist determinado experimentalmente consiste de cinco pontos de dados. O ponto de 9 Hz é construído a meio caminho ao longo do arco mais longo.

Seção 7.6 (Problemas 7.25 a 7.31)

7.25. Em relação a Seção 5.4 e Janela 5.3, calcule a matriz de receptância da Equação (7.25) para o sistema de dois graus de liberdade seguintes sem utilizar modos de vibração do sistema.

$$\begin{bmatrix} 2 & 0 \\ 0 & 1 \end{bmatrix} \begin{bmatrix} \ddot{x}_1 \\ \ddot{x}_2 \end{bmatrix} + \begin{bmatrix} 3 & -1 \\ -1 & 1 \end{bmatrix} \begin{bmatrix} \dot{x}_1 \\ \dot{x}_2 \end{bmatrix} + \begin{bmatrix} 6 & -2 \\ -2 & 2 \end{bmatrix} \begin{bmatrix} x_1 \\ x_2 \end{bmatrix} = \begin{bmatrix} f_0 \\ 0 \end{bmatrix} \operatorname{sen}\omega t$$

7.26. Refaça o Problema 7.25 usando os modos de vibração não amortecidos. Note que o sistema tem amortecimento proporcional já que $C = \alpha M + \beta K$, onde $\alpha = 0$, $\alpha = 1/2$. Utilize esse resultado e o resultado do Problema 7.25 para verificar a Equação (7.33).

7.27. Compare a Equação (7.36) com as Equações (5.19) e (5.20) para o problema de absorvedor de vibração não amortecida e com a Equação (5.29) para o absorvedor de vibração amortecida.

7.28. Considere a equação de absorvedor de vibração amortecida dada por (5.29) e escreva os quatro termos da matriz $H_{sr}(\omega)$ dado na Equação (7.36). Fisicamente interprete cada termo de H_{sr}, relacionando os pontos de entrada e de saída à Figura 5.19.

7.29. Considere a função de transferência da figura P7.29 e determine as frequências naturais.

CAPÍTULO 7 Problemas

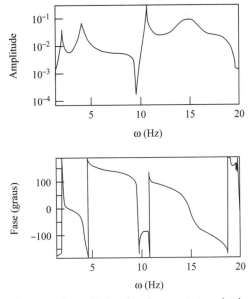

Figura P7.29 Curva de amplitude e fase de uma estrutura simples.

7.30. Tente determinar os coeficientes de amortecimento modais do gráfico da Figura P7.29.

7.31. A primeira linha da matriz $\mathbf{u}_i\mathbf{u}_i^T$ é medida como

$$\begin{bmatrix} 1 & -1 & 3 & -0{,}25 & 4 \end{bmatrix}$$

Construa a matriz inteira.

ENGINEERING VIBRATION TOOLBOX PARA MATLAB®

Se você ainda não usou o pacote *Engineering Vibration Toolbox*, volte para o final do Capítulo 1 ou o Apêndice G para uma breve introdução. Os arquivos contidos na pasta VTB7 podem ser usados para ajudar a resolver os seguintes problemas de Toolbox. Alguns desses arquivos contêm dados experimentais reais para aqueles que não têm acesso a laboratórios. O arquivo VTB7_3.m contém dados experimentais, e atualizações de dados são ocasionalmente adicionado ao Toolbox. Os arquivos .m de capítulos anteriores também podem ser úteis. Como alternativa, os códigos podem ser utilizados diretamente após as introduções dadas nas Seções 1.9, 1.10, 2.8, 2.9, 3.8, 3.9, 4.9, e 4.10 e Apêndice F.

616   CAPÍTULO 7 • Teste de Vibração e Análise Modal Experimental

---

PROBLEMAS PARA TOOLBOX

TB7.1.   Abra o arquivo VTB7_1. Esse é um programa de demonstração que insere um sinal perió-dico, digitalize isso, calcule sua transformada de Fourier digital e trace o registro digital e seu PSD. Você também pode usar isso para tentar algumas de suas próprias DFTs. A função do MATLAB utilizada aqui é `fft(x)`, que executa uma transformada de Fourier digital do vetor de dados x.

TB7.2.   Abra o arquivo VTB7_1. Esse é um arquivo de demonstração que realiza um cálculo da densidade espectral de potência bruta (S_{xx}). Para uma dada função $x(t)$, a transformada de Fourier digital é calculada seguida do cálculo de S_{xx}. Ambos $x(t)$ e $S_{xx}(\omega)$ são representados graficamente.

TB7.3.   Abra o arquivo VTB7_2. Esse calcula $H(j\omega)$ a partir da entrada de dados $f(t)$ e os dados de saída $x(t)$. Um gráfico de $H(\omega)$ por ω, bem como um diagrama de fase são dadas. O tempo da amostra dos dados do arquivo VTB7_2ex.mat podem ser carregados para executar esse programa.

TB7.4.   O subpasta/diretório VTB7_3 contém vários arquivos de dados contendo transdutor de força e dados do acelerômetro a partir de experiências laboratoriais reais de uma viga fixa--livre, tal como ilustrado na Figura 7.12. Os dados são manipulados para produzir infor-mações de resposta de frequência (magnitude e fase), como as da Figura 7.13. Trace esses dados e utilize as técnicas da Seção 7.6 para extrair os parâmetros modais. Use o comando $H(j\omega)$ para obter a amplitude `help vtb7` ou digite *help vtb7* para obter ajuda. (*Nota*: a curva FRF de ajuste e a curva MDOF de ajuste podem ser baixado do site do Professor Slater.)

TB7.5.   Subpasta/diretório VTB7_3 contém dados experimentais apresentados como diagramas de Nyquist. Trace esses dados e utilize as técnicas da Seção 7.5 para determinar as frequências natural e fatores de amortecimento. Digite `help vtb7` para obter ajuda.

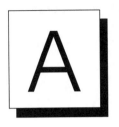

Números e Funções Complexas

Números complexos ocorrem naturalmente na análise de vibração a partir da solução de equações diferenciais através de suas equações características algébricas. Em particular, a solução do sistema de um grau de liberdade amortecido dada pela Equação (1.36) depende dos valores de λ que satisfaçam a equação algébrica

$$m\lambda^2 + c\lambda + k = 0 \tag{A.1}$$

Essa é a equação quadrática familiar que tem a solução

$$\lambda = -\frac{c}{2m} \pm \frac{1}{2m}\sqrt{c^2 - 4mk} \tag{A.2}$$

As raízes dadas na Equação (A.2) são valores complexos se $c^2 - 4mk < 0$ (o caso subamortecido). Nesse caso, a fórmula dada na Equação (A.2) requer a raiz quadrada de um número negativo. Deduzida algebricamente, a Equação (A.1) no caso subamortecido requer um número j (às vezes denotado i) tal que

$$j^2 = -1 \tag{A3}$$

ou simbolicamente, o número imaginário j é definido como

$$j = \sqrt{-1} \tag{A.4}$$

Essa representação permite a expressão das duas raízes da Equação (A.1) como os dois pares de números reais

$$\left(-\frac{c}{2m}, -\frac{1}{2m}\sqrt{4mk - c^2}\right) \quad \text{e} \quad \left(-\frac{c}{2m}, \frac{1}{2m}\sqrt{4mk - c^2}\right) \tag{A.5}$$

que estão escritos como

$$-\frac{c}{2m} - \frac{1}{2m}\sqrt{4mk - c^2}\,j \quad \text{e} \quad -\frac{c}{2m} + \frac{1}{2m}\sqrt{4mk - c^2}\,j \tag{A.6}$$

onde $4mk - c^2 > 0$.

Com o precedente como motivação, um número complexo geral x é escrito como $x = a + bj$. O número real a é escrito como a *parte real* do número x e o número real b é escrito como a *parte imaginária* do número x. Esses números de valor complexo são representados em um plano, chamado plano complexo, como ilustrado na Figura A.1. A notação Re x, é usada para representar a parte real do número x (isto é, Re $x = a$) e Im x é usado para representar o valor da parte imaginária de x (isto é, Im $x = b$).

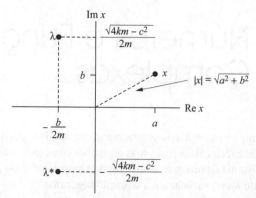

Figura A.1 Um plano complexo usado para representar um número complexo x e as raízes da Equação (A.1): $-(b/2m) \pm (1/2m)\sqrt{4km - c^2}j$. Esse gráfico é chamado de diagrama Argand.

Os números complexos $a + bj$ e $a - bj$ são chamados de *conjugados* uns dos outros. A notação $\bar{x}$, ou x^*, é usada para representar o conjugado do número complexo x. Ou seja, se $x = a + bj$, então $\bar{x} = x^* = a - bi$. As raízes da Equação (A.1) aparecem como um par complexo conjugado no caso subamortecido. Outra propriedade útil de números complexos é o seu *valor absoluto* ou *módulo*, representado como $|x|$. O módulo de um número complexo é a distância da origem na Figura A.1 ao ponto x:

$$|x| = |a + bj| = \sqrt{a^2 + b^2} \tag{A.7}$$

O módulo está ilustrado na Figura A.1, como é o conjugado da raiz λ. Observe que os pares conjugados de números caem nas mesmas linhas verticais, pois eles têm a mesma parte real. Observe também que um número complexo e seu conjugado ambos têm o mesmo módulo (isto é, $|x| = |x^*|$).

Os números complexos podem ser manipulados usando aritmética real seguindo regras semelhantes às dos vetores. A adição de dois números complexos é definida simplesmente pela adição de partes reais e partes imaginárias como entidades separadas. Em particular, se $x = a + bj$ e $y = c + dj$, então

$$x + y = (a + c) + (b + d)j \tag{A.8}$$

De forma consistente, se β é um número real, então

$$\beta x = \beta a + \beta bj \tag{A.9}$$

expressa o produto de um número real e um número complexo.

A multiplicação de dois números complexos é definida começando com duas definições básicas:

$$(a)(j) = aj$$

onde a é real e

$$(j)(j) = -1$$

APÊNDICE A • Números e Funções Complexas

Em seguida, o produto de dois números complexos gerais x e y torna-se

$$(x)(y) = (a + bj)(c + dj) = (ac - bd) + (ad + bc)j \qquad \text{(A.10)}$$

tal que $\mathrm{Re}(xy) = (ac - bd)$ e $\mathrm{Im}(xy) = (ad + bc)$. O produto de x e seu conjugado $\bar{x}$ resulta em um número real, isto é,

$$x\bar{x} = (a + bj)(a - bj) = a^2 + b^2$$

Isso é consistente com as definições do módulo de x definido pela Equação (A.7) com

$$|x|^2 = a^2 + b^2 = xx* \qquad \text{(A.11)}$$

que é um número real.

Com a adição definida (consequentemente subtração) e a multiplicação definida, é importante definir a divisão de um número complexo por outro. Primeiro observe que a identidade multiplicativa de um número complexo é simplesmente o número real 1 (isto é, $1x = x$ para qualquer número complexo x). O inverso do número complexo $x = a + bj$ é dado por

$$(a + bj)^{-1} = \frac{1}{a + bj} = \frac{1}{a^2 + b^2}(a - bj) \qquad \text{(A.12)}$$

uma vez que $x = a + bj \neq 0$. Observe que

$$(a + bj)^{-1}(a + bj) = \frac{1}{a^2 + b^2}(a - bj)(a + bj) = 1$$

o inverso multiplicativo. A Equação (A.12) permite a formulação de divisão de dois números complexos. Para ver isso, considere a divisão de y por x:

$$\frac{y}{x} = \frac{c + dj}{a + bj} = (c + dj)(a + bj)^{-1} \qquad \text{(A.13)}$$

Invocando a Equação (A.12) para o inverso de x tem-se

$$\frac{y}{x} = (c + dj)\frac{1}{a^2 + b^2}(a - bj) = \frac{1}{a^2 + b^2}[(ac + bd) + (ad - cb)j] \qquad \text{(A.14)}$$

para $x \neq 0$. Note que $x = 0$ se, e somente se, tanto a como b forem zero.

Observe que o número imaginário j foi usado na Equação (A.6) para manipular a raiz quadrada de um número negativo. Especificamente, para $c^2 - 4mk < 0$, o $4mkx - c^2 > 0$ e o discriminante na Equação (A.2) tornam-se

$$\sqrt{c^2 - 4mk} = \sqrt{(-1)(4mk - c^2)} = (\sqrt{4mk - c^2})(\sqrt{-1})$$
$$= (\sqrt{4mk - c^2})j \qquad \text{(A.15)}$$

que produz a representação numérica complexa das raízes da equação característica para um sistema subamortecido de um grau de liberdade. Observe também a partir da definição de adição que as partes real e imaginária de um número complexo são determinadas por aritmética simples. Se $x = a + bj$, então

$$\operatorname{Re} x = a = \frac{x + \bar{x}}{2}$$

$$\operatorname{Im} x = b = \frac{x - \bar{x}}{2j} \tag{A.16}$$

Aplicando essas fórmulas para às raízes λ da equação característica de um sistema subamortecido de um grau de liberdade tem-se

$$\operatorname{Re} \lambda = -\frac{c}{2m}$$

$$\operatorname{Im} \lambda = -\frac{\sqrt{4mk - c^2}}{2m} \tag{A.17}$$

onde λ satisfaz a Equação (A.1).

Um número complexo também pode ser representado em termos de um sistema de coordenadas polares como ilustrado na Figura A.2. Aqui θ é o ângulo entre a linha entre a origem e o ponto (a, b). Observe que $r = |x| = \sqrt{a^2 + b^2}$ e $\theta = \operatorname{tg}^{-1}(b/a)$. Com isso em mente, x pode ser escrito como

$$x = a + bj = r(\cos\theta + j\operatorname{sen}\theta) \tag{A.18}$$

Essa representação polar pode ser usada para escrever a exponencial como

$$e^{jt} = \cos t + j\operatorname{sen} t \tag{A.19}$$

A Equação (A.19) pode ser manipulada para produzir

$$\cos t = \frac{1}{2}(e^{jt} + e^{-jt})$$

$$\operatorname{sen} t = \frac{1}{2j}(e^{jt} - e^{-jt}) \tag{A.20}$$

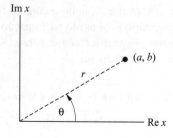

Figura A.2 Um diagrama de Argand ilustrando a representação polar de um número complexo $x = a + bj$.

APÊNDICE A • Números e Funções Complexas

Essas equações são conhecidas como fórmulas de Euler e podem ser derivadas escrevendo o exponencial e^{jt} como uma série de potência e lembrando as expressões da série para t e cos t. As funções hiperbólicas podem ser escritas como

$$\cosh t = \frac{1}{2}(e^t + e^{-t})$$

$$\operatorname{senh} t = \frac{1}{2}(e^t - e^{-t}) \tag{A.21}$$

que são comparáveis às fórmulas de Euler para as funções trigonométricas.

A formulação algébrica anterior para números complexos pode ser estendida a funções de uma variável complexa. Um exemplo de uma função de uma variável complexa é dado pela Equação (A.6) (isto é, $f(x) = |x| = (a^2 + b^2)^{1/2}$). Essa é uma função de valor real de uma variável complexa, uma vez que x é complexo e $f(x)$ é real. Em geral, no entanto, uma função de um número complexo também será complexa. Uma teoria de limites, diferenciação e integração pode ser definida, com alguns cuidados, seguindo as funções de uma variável real. Uma grande diferença é que as partes reais e imaginárias de uma função complexa podem ter derivadas contínuas de todos as ordens em um ponto, mas a própria função pode não ser diferenciável. Por isso, é preciso proceder com cautela ao analisar o cálculo das funções complexas.

Existem várias representações gráficas de uma função complexa que são úteis na análise de vibração. Primeiro observe que se x é uma variável complexa, então $f(x)$ também é potencialmente complexa e será de forma geral

$$f(x) = u(x) + v(x)j \tag{A.22}$$

onde $u(x)$ e $v(x)$ são funções de valor real. A multiplicação de funções complexas segue a de números complexos, conforme a Equação (A.10). A função conjugada é simplesmente

$$\bar{f}(x) = u(x) - v(x)j \tag{A.23}$$

e todas as fórmulas para aritmética de números complexos desenvolvidos anteriormente aplicam-se à aritmética de funções complexas. Em particular,

$$|f(x)| = \sqrt{f\bar{f}} = \sqrt{u^2(x) + v^2(x)}$$

e para valores de x tais que $f(x) \neq 0$,

$$\frac{1}{f(x)} = \frac{1}{u^2(x) + v^2(x)}[u(x) - v(x)j] \tag{A.24}$$

que satisfaz a relação $f(x)[1/f(x)] = 1$.

A representação gráfica de uma função complexa torna-se difícil porque tanto o argumento quanto a função requerem duas dimensões para representar graficamente. Uma abordagem é traçar $u(x)$ por $v(x)$, como indicado na Figura A.3 para vários

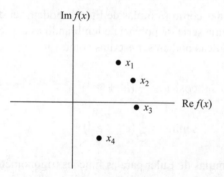

Figura A.3 A parte imaginária de uma função complexa traçada em função da parte real para vários valores da variável x. Estas parcelas são chamadas de diagramas de Nyquist.

diferentes valores da variável complexa x. Esses são chamados diagramas de Nyquist e são usados extensivamente na análise de dados de medição de vibração. Outro método de traçar funções complexas é examinar a amplitude e a fase separadamente usando a forma polar sugerida na Figura A.2. No caso em que $|f(x)|$ é traçada em função de b, a parte imaginária de x, o gráfico é chamado de diagrama de amplitude de Bode. Da mesma forma, um gráfico de $\theta(x)$ e $\operatorname{tg}^{-1}[v(x)/u(x)]$ versus a parte imaginária de x, denominada diagrama de fase de Bode. Essas curvas também são usadas amplamente na análise de dados de teste de vibração conforme discutido nas Seções 1.6 e 7.4.

B Transformada de Laplace

Uma transformação integral é o procedimento de integração de uma função dependente do tempo se tornar uma função de uma variável alternativa, ou parâmetro, que pode ser manipulado algebricamente. Uma transformação integral comum é a transformada de Laplace. As transformações de Laplace são vistas aqui como um método de resolução de equações diferenciais de movimento, reduzindo os cálculos de integração para manipulação algébrica. As transformações fornecem uma técnica de solução alternativa para problemas de vibração e uma importante ferramenta analítica na análise e medição de sistemas vibratórios.

A definição de uma transformação de Laplace da função $f(t)$ é

$$L[f(t)] = F(s) = \int_0^\infty f(t)e^{-st}dt \qquad (B.1)$$

para uma função *integrável* $f(t)$ tal que $f(t) = 0$ para $t < 0$. A variável s é um valor complexo. A transformação de Laplace altera o domínio da função da linha de número real positivo (t) para o plano de número complexo (s). A integração na transformação de Laplace transforma a diferenciação em multiplicação. A partir da definição da transformação de Laplace, é uma questão simples ver que o procedimento é linear.

Assim, a transformada de uma combinação linear de duas funções é a mesma combinação linear da transformada dessas funções. A transformada de várias funções de Laplace pode ser calculada de forma fechada usando a Equação (B.1). Além disso, a transformada de Laplace de uma derivada de uma função arbitrária pode ser facilmente calculada de forma simbólica. Em particular, a transformada de Laplace de $\dot{x}(t)$ é simplesmente

$$L[\dot{x}(t)] = sX(s) - x(0) \qquad (B.2)$$

onde a maiúscula X denota uma versão transformada de $x(t)$. Similarmente,

$$L[\ddot{x}(t)] = s^2X(s) - sx(0) - \dot{x}(0) \qquad (B.3)$$

Aqui $x(0)$ e $\dot{x}(0)$ são os valores iniciais da função $x(t)$. Note que no domínio transformado, muitas vezes chamado de domínio s, a diferenciação de uma variável $X(s)$ corresponde a multiplicação simples (isto é, $sX(s)$) e a integração no domínio do tempo corresponde à divisão por s no domínio da transformada.

A Tabela B.1 lista algumas funções do tempo comum precedidas por suas transformadas de Laplace calculadas usando a Equação (B.1) para o caso em que todas as condições iniciais são definidas como zero. A tabela fornece um método para encontrar rapidamente as transformações de Laplace, dada uma função particular do tempo, lendo da direita para a esquerda.

APÊNDICE B • Transformada de Laplace

TABELA B.1 LISTA PARCIAL DE FUNÇÕES E SUAS TRANSFORMADAS DE LAPLACE COM CONDIÇÕES INICIAIS ZERO E $t > 0$

	$F(s)$	$f(t)$
(1)	1	$\delta(t_0)$ impulso unitário em t_0
(2)	$\dfrac{1}{s}$	1 degrau unitário
(3)	$\dfrac{1}{s+a} \left(\dfrac{1}{s-a} \right)$	$e^{-at} (e^{at})$
(4)	$\dfrac{1}{(s+a)(s+b)}$	$\dfrac{1}{b-a}(e^{-at} - e^{-bt})$
(5)	$\dfrac{\omega}{s^2 + \omega^2}$	$\operatorname{sen} \omega t$
(6)	$\dfrac{s}{s^2 + \omega^2}$	$\cos \omega t$
(7)	$\dfrac{1}{s(s^2 + \omega^2)}$	$\dfrac{1}{\omega^2}(1 - \cos \omega t)$
(8)	$\dfrac{1}{s^2 + 2\zeta\omega s + \omega^2}$	$\dfrac{1}{\omega_d} e^{-\zeta\omega t}\operatorname{sen} \omega_d t, \zeta < 1, \omega_d = \omega\sqrt{1 - \zeta^2}$
(9)	$\dfrac{\omega^2}{s(s^2 + 2\zeta\omega s + \omega^2)}$	$1 - \dfrac{\omega}{\omega_d} e^{-\zeta\omega t}\operatorname{sen}(\omega_d t + \phi), \phi = \cos^{-1}\zeta, \zeta < 1$
(10)	$\dfrac{1}{s^n}$	$\dfrac{t^{n-1}}{(n-1)!}, n = 1, 2 \dots$
(11)	$\dfrac{n!}{(s-\omega)^{n+1}}$	$t^n e^{\omega t}, n = 1, 2 \dots$
(12)	$\dfrac{1}{s(s+\omega)}$	$\dfrac{1}{\omega}(1 - e^{-\omega t})$
(13)	$\dfrac{1}{s^2(s+\omega)}$	$\dfrac{1}{\omega^2}(e^{-\omega t} + \omega t - 1)$
(14)	$\dfrac{\omega}{s^2 - \omega^2}$	$\operatorname{senh} \omega t$
(15)	$\dfrac{s}{s^2 - \omega^2}$	$\cosh \omega t$
(16)	$\dfrac{1}{s^2(s^2 + \omega^2)}$	$\dfrac{1}{\omega^3}(\omega t - \operatorname{sen} \omega t)$
(17)	$\dfrac{1}{(s^2 + \omega^2)^2}$	$\dfrac{1}{2\omega^3}(\operatorname{sen} \omega t - \omega t \cos \omega t)$
(18)	$\dfrac{s}{(s^2 + \omega^2)^2}$	$\dfrac{t}{2\omega} \operatorname{sen} \omega t$

Continua

APÊNDICE B • Transformada de Laplace

TABELA B.1 LISTA PARCIAL DE FUNÇÕES E SUAS TRANSFORMADAS DE LAPLACE COM CONDIÇÕES INICIAIS ZERO E $t > 0$ (*CONTINUAÇÃO*)

$F(s)$	$f(t)$
(19) $\dfrac{s^2 - \omega^2}{(s^2 + \omega^2)^2}$	$t \cos \omega t$
(20) $\dfrac{\omega_1^2 - \omega_2^2}{(s^2 + \omega_1^2)(s^2 + \omega_2^2)}$	$\dfrac{1}{\omega_2} \operatorname{sen}\omega_2 t - \dfrac{1}{\omega_1} \operatorname{sen}\omega_1 t$
(21) $\dfrac{(\omega_1^2 - \omega_2^2)s}{(s^2 + \omega_1^2)(s^2 + \omega_2^2)}$	$\cos \omega_2 t - \cos \omega_1 t$
(22) $\dfrac{\omega}{(s + a)^2 + \omega^2}$	$e^{-at} \operatorname{sen} \omega t$
(23) $\dfrac{s + a}{(s + a)^2 + \omega^2}$	$e^{-at} \cos \omega t$
(24) $f(s - a)$	$e^{at} f(t)$
(25) $e^{-as} F(s)$	$f(t - a)\, \Phi\,(t - a)$

No entanto, ler a tabela da esquerda para a direita fornece a capacidade de determinar uma função $x(t)$ a partir da sua transformada de Laplace $X(s)$. Isso dá origem ao conceito de uma transformada inversa de Laplace, representada como L^{-1}, que é formalmente definida por

$$L^{-1}[X(s)] = x(t) \tag{B.4}$$

que pode ser calculada usando a Tabela B.1.

O procedimento para usar transformadas de Laplace para resolver equações de movimento expressas como uma equação diferencial normal não homogênea é aplicar a transformada de Laplace de ambos os lados da equação, tratando simbolicamente as derivadas do tempo usando as Equações (B.2) e (B.3) e usando a Tabela B.1 para calcular a transformada de Laplace da força de excitação. Isso torna uma equação algébrica na variável $X(s)$, que é facilmente resolvida por manipulações simples. A transformada inversa de Laplace é aplicada à expressão resultante para $X(s)$, usando a Tabela B.1 novamente, resultando na resposta no tempo.

Como um exemplo de usar transformadas de Laplace para resolver uma equação diferencial homogênea, considere o sistema subamortecido de um grau de liberdade descrito por

$$\ddot{x}(t) + \omega_n^2 x(t) = 0, \quad x(0) = x_0, \quad \dot{x}(0) = v_0 \tag{B.5}$$

Aplicando a transformada de Laplace de $\ddot{x} + \omega_n^2 x = 0$ resulta em

$$s^2 X(s) - s x_0 - v_0 + \omega_n^2 X(s) = 0 \tag{B.6}$$

Por aplicação direta da Equação (B.3) e a natureza linear da transformada de Laplace. A equação de resolução algébrica (B.6) para $X(s)$ produz

$$X(s) = \frac{x_0 + s v_0}{s^2 + \omega_n^2} \tag{B.7}$$

626   APÊNDICE B • Transformada de Laplace

Usando $L^{-1}[X(s)] = x(t)$ e as entradas (6) e (5) da Tabela B.1 tem-se que a solução é

$$x(t) = x_0 \cos \omega_n t + \frac{v_0}{\omega_n} \operatorname{sen} \omega_n t \qquad (B.8)$$

O mesmo procedimento funciona para o cálculo da resposta forçada. No entanto, na resposta forçada, o cálculo da solução algébrica para $X(s)$ geralmente resulta em quocientes de polinômios em s. Essas razões polinomiais podem não ser encontradas nas tabelas diretamente, mas essas razões podem ser reduzidas a termos simples usando o método das *frações parciais*.

O método das frações parciais consiste em encontrar os coeficientes desconhecidos dos termos usados na combinação de frações simples, calculando o menor denominador comum. Por exemplo, considere uma função $X(s)$ dada por

$$X(s) = \frac{s + 1}{s(s + 2)} \qquad (B.9)$$

que não aparece na Tabela B.1, dificultando a inversão. Essa razão de polinômios pode ser escrita como

$$\frac{s + 1}{s(s + 2)} = \frac{A}{s} + \frac{B}{s + 2} \qquad (B.10)$$

onde A e B são fatores constantes desconhecidos. Organizando as frações na Equação (B.10) tem-se

$$s + 1 = (A + B)s + 2A \qquad (B.11)$$

depois de uma pequena manipulação. Como os coeficientes em cada lado da igualdade devem corresponder, a Equação (B.11) implica que

$$A + B = 1 \quad \text{(do coeficiente de } s\text{)}$$

$$2A = 1 \quad \text{(do coeficiente de } s^0\text{)}$$

tal que $A = B = \dfrac{1}{2}$. Assim $X(s)$ podem ser escritos como

$$X(s) = \frac{1}{2s} + \frac{1}{2} \frac{1}{s + 2} \qquad (B.12)$$

Inverter $X(s)$ é feito facilmente usando as entradas (2) e (3) na Tabela B.1. Isso produz

$$x(t) = \frac{1}{2} \left(1 + e^{-2t} \right) \qquad (B.13)$$

fornecendo a resposta de tempo desejada.

APÊNDICE B • Transformada de Laplace

O método da fração parcial requer que os fatores lineares repetidos e os fatores quadráticos tenham coeficientes adicionais. Por exemplo, se o polinômio no denominador tiver um fator linear repetido, como $(s + \omega)^2$, é necessário um termo adicional. Para ver isto, suponha que $X(s) = \omega^2/[s(s+ \omega)^2]$; então a expansão em fração parcial torna-se

$$\frac{\omega^2}{s(s + \omega)^2} = \frac{A}{s} + \frac{B}{s + \omega} + \frac{C}{(s + \omega)^2} \qquad (B.14)$$

Multiplicando ambos os lados por $(s+ \omega)^2$ e resolvendo para os coeficientes A, B e C, comparando os coeficientes de potência s obtém-se $A = 1$, $B = -1$, e $C = -\omega$, tal que

$$\frac{\omega^2}{s(s + \omega)^2} = \frac{1}{s} - \frac{1}{s + \omega} - \frac{\omega}{(s + \omega)^2} \qquad (B.15)$$

Para fatores quadráticos como $(s^2 + 2s + 5)$, o numerador da expansão deve conter um elemento polinomial de primeira ordem da forma $As + B$. Por exemplo, considere $X(s) = (s + 3)/[(s + 1)(s^2 + 2s + 5)]$. Sua expansão em fração parcial é

$$\frac{s + 3}{(s + 1)(s^2 + 2s + 5)} = \frac{A}{s + 1} + \frac{Bs + C}{s^2 + 2s + 5} \qquad (B.16)$$

Multiplicando por $(s + 1)(s^2 + 2s + 5)$ tem-se

$$s + 3 = (A + B)s^2 + (2A + B + C)s + (5A + C)$$

após reorganização de termos com coeficiente de potência de s. Comparando os coeficientes de s tem-se

$$A + B = 0, \quad 2A + B + C = 1, \quad 5A + C = 3$$

que tem solução $A = \dfrac{1}{2}$, $B = -\dfrac{1}{2}$, $C = \dfrac{1}{2}$. Assim, a expansão em fração parcial na Equação (B.16) torna-se

$$X(s) = \frac{1}{2(s + 1)} + \frac{1 - s}{2(s^2 + 2s + 5)} = \frac{1}{2(s + 1)} - \frac{s + 1 - 2}{2(s^2 + 2s + 5)}$$

$$= \frac{1}{2(s + 1)} - \frac{1}{2}\frac{s + 1}{(s + 1)^2 + 4} + \frac{2}{2(s^2 + 2s + 5)} \qquad (B.17)$$

Isso pode ser facilmente invertido usando as entradas (3), (23) e (8) da Tabela B.1, respectivamente, para produzir

$$x(t) = \frac{1}{2}e^{-t} - \frac{1}{2}e^{-t}\cos 2t + e^{-t}\operatorname{sen} 2t \qquad (B.18)$$

desde que o denominador na última fração na Equação (B.17) satisfaça $2\zeta\omega_n = 2$ e $\omega_n^2 = 5$. Portanto, $\omega_n = \sqrt{5}$, $\zeta = 1/\sqrt{5}$, e $\omega_d = 2$.

Fundamentos da Matriz

Algumas definições e manipulações matriciais úteis na análise de vibração são resumidas neste apêndice. Uma matriz é um conjunto de números (real ou complexo) dispostos em linhas e colunas de acordo com o seguinte esquema:

$$A = \begin{bmatrix} a_{11} & a_{12} & \cdots & a_{1n} \\ a_{21} & a_{22} & \cdots & a_{2n} \\ \vdots & & & \\ a_{m1} & a_{m2} & & a_{mn} \end{bmatrix}$$

onde A representa a matriz como uma entidade única e a_{ij} representa o elemento na posição ij (isto é, o elemento na intersecção da i-ésima linha e j-ésima coluna). Essa matriz A é dita de ordem $m \times n$ e possui m linhas e n colunas. A maioria das matrizes usadas na análise de vibração são quadradas (ou seja, $m = n$), com o mesmo número de linhas e colunas, ou são retangulares, consistindo de uma única linha ($1 \times n$) ou uma única coluna ($n \times 1$), que são chamados de vetor linha ou vetor coluna, respectivamente. No entanto, na análise de medidas de vibração, outros tamanhos de matrizes retangulares ocorrem.

A aritmética da matriz pode ser definida somente se as matrizes a serem combinadas forem de dimensões compatíveis. A soma de duas matrizes A e B (isto é, $C = A + B$) é definida se A e B são do mesmo tamanho (diz $m \times n$), por

$$c_{ij} = a_{ij} + b_{ij} \tag{C.1}$$

para cada valor de i entre 1 e m e cada valor de j entre 1 e n. Essa definição de adição de matriz é simplesmente criar uma nova matriz C do mesmo tamanho com elementos formados pela soma dos elementos correspondentes das duas matrizes A e B. A multiplicação de uma matriz por um escalar α é definida com base de elemento a elemento (isto é, o produto do escalar α e da matriz A, denotado αA, tem elementos αa_{ij}).

O produto de duas matrizes é definido apenas em uma ordem específica para matrizes de tamanho compatível. Em particular, o produto de matrizes $C = AB$ é definido em termos dos elementos da matriz C por

$$C_{ij} = \sum_{k=1}^{p} a_{ik} b_{kj} \tag{C.2}$$

onde p é o tamanho comum de cada matriz. Aqui, se a matriz A é $m \times p$, a matriz B deve ser $p \times n$ para que a definição seja consistente. Assim, nem todas as matrizes podem ser multiplicadas. A matriz C resultante da Equação (C.2) será do tamanho $m \times n$.

APÊNDICE C • Fundamentos da Matriz

Um produto de matriz extremamente comum na análise de vibração é o de uma matriz quadrada vezes um vetor coluna. Uma matriz é quadrada se tiver o mesmo número de linhas e colunas (isto é, o caso especial $m = n$). Se A é uma matriz $n \times n$ e $\mathbf{x}$ é um vetor $n \times 1$, o produto $\mathbf{y} = A\mathbf{x}$ é o vetor $n \times 1$ com i-ésimo elemento dado por

$$y_i = \sum_{j=1}^{n} a_{ij}x_j \tag{C.3}$$

com $i = 1, 2,\ldots, n$. Outra manipulação útil de matriz na análise de vibração é o conceito de matriz transposta. A transposição da matriz A é formada a partir de A trocando as linhas e as colunas da matriz A. Em particular, se A tem elementos a_{ij}, a transposição de A, representada como A^T, tem elementos a_{ij}. Se A é $n \times m$, então A^T será $m \times n$. Se $\mathbf{x}$ é um vetor coluna ($n \times 1$), então x^T é um vetor linha $1 \times n$. A operação de transposição em uma matriz (ou um vetor) satisfaz as seguintes propriedades:

$$(A + B)^T = A^T + B^T \tag{C.4}$$

$$(\alpha A)^T = \alpha A^T \tag{C.5}$$

$$(AB)^T = B^T A^T \tag{C.6}$$

$$(A)^T = A \tag{C.7}$$

onde A e B são duas matrizes para as quais as operações indicadas podem ser definidas e α é escalar.

O produto de dois vetores pode ser definido de duas maneiras diferentes, ambas úteis na análise de vibração. Primeiro considere o produto $\mathbf{y}^T\mathbf{x}$, onde tanto $\mathbf{x}$ quanto $\mathbf{y}$ são vetores coluna $n \times 1$. Seguindo a definição dada na Equação (C.2), esse produto resulta em

$$\mathbf{y}^T\mathbf{x} = \sum_{i=1}^{n} y_i x_i \tag{C.8}$$

Isso corresponde ao familiar produto escalar, também chamado de *produto interno*. A expressão *produto escalar* surge porque o produto $\mathbf{y}^T\mathbf{x}$ resulta em um escalar. O produto escalar é útil na definição da amplitude das formas modais na análise de vibração. Um segundo produto de dois vetores coluna pode ser definido aplicando o produto de um vetor coluna vezes um vetor linha. Esse produto, chamado de *produto externo*, produz uma matriz $n \times n$:

$$\mathbf{y}\mathbf{x}^T = \begin{bmatrix} y_1x_1 & y_1x_2 & \cdots & y_1x_n \\ y_2x_1 & y_2x_2 & \cdots & y_2x_n \\ \vdots & \vdots & \cdots & \vdots \\ y_nx_1 & y_nx_2 & \cdots & y_nx_n \end{bmatrix} \tag{C.9}$$

O produto externo é extremamente útil para analisar as medidas de vibração.

APÊNDICE C • Fundamentos da Matriz

Voltando ao produto interno, se o produto interno de um vetor $\mathbf{x}$ por ele mesmo for formado, o resultado leva à interpretação do comprimento de um vetor. O comprimento de um vetor é um exemplo de uma *norma* vetorial. Em particular, se $\mathbf{x}$ é um vetor $n \times 1$, a *norma* de $\mathbf{x}$ é definida por

$$\|\mathbf{x}\| = \left(\mathbf{x}^T\mathbf{x}\right)^{1/2} \tag{C.10}$$

Se a norma de um vetor é o número 1, o vetor é chamado de *vetor unitário* e é dito ser *normalizado*. Se o produto interno de dois vetores é zero, eles são considerados *ortogonais*.

Muitas vezes, os vetores ocorrem em conjuntos. Se um conjunto de $n \times 1$ vetores $\mathbf{x}_i$ satisfaz a relação

$$\mathbf{x}_i^T\mathbf{x}_j = \begin{cases} 0 & i \neq j \\ 1 & i = j \end{cases} \tag{C.11}$$

para todos os vetores do conjunto, os vetores unitários são ortogonais entre si. Esse conjunto de vetores é chamado de ortonormal. Outra propriedade útil de conjuntos de vetores é o conceito de independência linear. Um conjunto de $n \times 1$, vetores $\mathbf{x}_i$ é linearmente dependente se existem n escalares $\alpha_1, \alpha_2, \ldots, \alpha_n$ que não são todos zero, tal que

$$\alpha_1\mathbf{x}_1 + \alpha_2\mathbf{x}_2 + \ldots + \alpha_n\mathbf{x}_n = \mathbf{0} \tag{C.12}$$

Essencialmente, essa afirmação significa que existe pelo menos um vetor no conjunto que pode ser escrito como uma combinação linear dos outros vetores no conjunto. Se tal conjunto de escalares não puder ser encontrado, o conjunto de vetores $\{\mathbf{x}_i\}$ é dito ser *linearmente independente*. Os vetores linearmente independentes são muito úteis para expressar a solução de problemas de vibração de múltiplos graus de liberdade. Um exemplo familiar de um conjunto de vetores ortonormal e linearmente independente são os três vetores unitários $(\hat{\mathbf{i}}, \hat{\mathbf{j}}, \hat{\mathbf{k}})$ utilizados em estática e dinâmica para analisar o movimento e as forças em três dimensões.

Os vetores podem ser diferenciados definindo as derivadas em termos de cada elemento. Dessa forma, as derivadas de um vetor são simplesmente

$$\frac{d}{dt}(\mathbf{x}) = \begin{bmatrix} \dot{x}_1 \\ \dot{x}_2 \\ \vdots \\ \dot{x}_n \end{bmatrix} \tag{C.13}$$

onde o ponto representa as derivadas no tempo de cada elemento. Tais derivadas são usadas para representar as equações de movimento de sistemas de múltiplos graus de liberdade.

A maioria das matrizes usadas na análise de vibração são quadradas e possuem o mesmo número de linhas e colunas. Algumas matrizes quadradas especiais são a *matriz identidade I*, que tem seus elementos δ_{ij} e a *matriz nula*, que tem um zero como cada um

APÊNDICE C • Fundamentos da Matriz

de seus elementos. Essas matrizes especiais satisfazem as seguintes propriedades para qualquer matriz quadrada A:

$$AI = A$$
$$IA = A$$
$$0A = 0$$
$$A0 = 0 \tag{C.14}$$

A matriz identidade I é a identidade multiplicativa para o conjunto de matrizes quadradas e a matriz nula é a identidade aditiva. Uma matriz que tem zeros como todos os seus elementos exceto aqueles ao longo da diagonal (ou seja, um a_{ii}) é chamada de matriz diagonal. As matrizes diagonais podem ser manipuladas quase como escalares e são frequentemente usadas na análise modal.

O determinante de uma matriz A é definido pela fórmula

$$\det(A) = \sum_{j=1}^{n} (-1)^{1+j} a_{1j} \det(A_{1j}) \tag{C.15}$$

onde a_{1j} é o elemento na $(1 - j)$-ésima posição da matriz A e A_{1j} é a matriz $(n - 1) \times (n - 1)$ formada a partir da matriz A, excluindo a primeira linha e a j-ésima coluna da matriz A. Para uma matriz 1×1 (ou seja, um escalar), o determinante de A é apenas

$$\det(A) = a$$

o valor do escalar. Para uma matriz 2×2, o determinante torna-se

$$\det(A) = a_{11}a_{22} - a_{12}a_{21} \tag{C.16}$$

A expressão dada pela Equação (C.15) pode ser usada para calcular o determinante de uma matriz 3×3 em termos da fórmula de determinante para uma matriz 1×2 dada anteriormente e assim por diante. Observe que o determinante é um valor escalar.

A matriz A_{ij} formada pela exclusão da i-ésima linha e j-ésima coluna da matriz A é chamada de menor de A. Seja α_{ij} o escalar encontrado calculando o (A_{ij}) com um sinal específico:

$$\sigma_{ij} = (-1)^{i+j} \det(A_{ij}) \tag{C.17}$$

Então, a matriz formada pelos elementos α_{ij} é chamada de *adjunta* de A, representada como A. A matriz A^{-1} tal que $A^{-1}A = I$ é chamada *inversa* da matriz A e pode ser calculada a partir da adjunta como

$$A^{-1} = \frac{\text{adj } A}{\det(A)} \tag{C.18}$$

Observe a partir desse cálculo que a matriz A não possui inversa se $\det(A) = 0$. Nesse caso, A é dita ser *singular*. Se A^{-1} existe (isto é, se $(A) \neq 0$), a matriz A é chamada de *não singular*. O seguinte é uma lista de propriedades da matriz inversa e determinante:

$$(A^{-1})^T = (A^T)^{-1}$$

$$(AB)^{-1} = B^{-1}A^{-1}$$

$$\det(AB) = \det(A)\det(B)$$

$$\det(A^T) = \det(A)$$

$$\det(\alpha A) = \alpha\det(A) \qquad \text{onde } \alpha \text{ é um escalar}$$

Cada uma dessas expressões pode ser obtida a partir das definições dadas anteriormente.

Alguns tipos especiais e importantes de matrizes em análise de vibração estão resumidos na lista a seguir; isto é, uma matriz A é

simétrica se $A = A^T$

anti-simétrica se $A = A^{-T}$

definida positiva se $\mathbf{x}^T A \mathbf{x} > 0$ para todo $\mathbf{x} \neq \mathbf{0}$

definida não negativa se $\mathbf{x}^T A \mathbf{x} \geq 0$ para todo $\mathbf{x} \neq \mathbf{0}$ (também chamada de *semidefinida*)

indefinida se $(\mathbf{x}^T A \mathbf{x})(\mathbf{y}^T A \mathbf{y}) < 0$ para todo algum $\mathbf{x}$ e $\mathbf{y}$

ortogonal se $A^T A = I$

Se uma matriz A não é simétrica, ela pode ser escrita como a soma de uma matriz simétrica A_s e uma matriz anti-simétrica A_{ss}, definidas por

$$A_s = \frac{A^T + A}{2} \qquad A_{ss} = \frac{A - A^T}{2} \tag{C.19}$$

Outra definição de matriz útil é a do *traço* de uma matriz. O traço da matriz A, representado por $\text{tr}(A)$, é simplesmente a soma dos elementos diagonais de A:

$$\text{tr}(A) = \sum_{i=1}^{n} a_{ij} \tag{C.20}$$

que é um escalar.

Os métodos de resposta em frequência utilizados na análise de vibração em regime permanente e nos métodos de teste modal geralmente resultam em matrizes de valor complexo. Nessa situação, a transposta da matriz utilizada anteriormente é substituída por uma transposta conjugada. Em particular, seja $\bar{a}_{ij}$ o conjugado complexo do número a_{ij}, então defina A^* como a transposta conjugada por

$$A^* = \overline{A}^T \tag{C.21}$$

que tem elementos $\bar{a}_{ij}$. No caso de valor complexo, uma matriz A é dita *Hermitiana* se

$$A^* = A$$

e *unitária* se

$$A^* A = I$$

APÊNDICE C • Fundamentos da Matriz

No caso de um vetor de valor complexo, o produto interno torna-se

$$\mathbf{x}^*\mathbf{y} = \sum_{i=1}^{n} \bar{x}_i y_i \tag{C.22}$$

e uma matriz de valor complexo A é definida positiva se

$$\mathbf{x}^*A\mathbf{x} > 0 \tag{C.23}$$

para todos os vetores complexos não nulos $\mathbf{x}$.

A seguir, considere o problema de autovalor de matriz. Seja A uma matriz quadrada ($n \times n$). Um escalar λ é um *autovalor* da matriz A, com *autovetor* $\mathbf{x}$, $\mathbf{x} \neq \mathbf{0}$, se

$$A\mathbf{x} = \lambda\mathbf{x} \tag{C.24}$$

é satisfeito. Note que λ pode ser zero, mas $\mathbf{x}$ não pode. Observe também que, se $\mathbf{x}$ é um autovetor, o mesmo acontece com $\alpha\mathbf{x}$, onde α é qualquer escalar. Conforme foi desenvolvido no Capítulo 4, as frequências naturais e as formas modais de um sistema não amortecido são calculadas pela resolução de um problema de autovalor de matriz. Se a matriz A é simétrica (isto é, $A = A^T$), os autovalores de A são números reais e os autovetores são valores reais. Se, além disso, A é definido positivo, os autovalores devem ser números positivos. Se A for tamanho $n \times n$, então A terá n autovalores e n autovetores. Em particular, se A é simétrico (e real), os autovetores $\mathbf{x}_i$ formam um conjunto linearmente independente. Além disso, esses autovetores podem ser normalizados para formar um conjunto linearmente independente ortonormal. Esses autovetores normalizados podem ser usados para definir uma matriz ortogonal P por

$$P = [\mathbf{x}_1 \quad \mathbf{x}_2 \quad \ldots \quad \mathbf{x}_n] \tag{C.25}$$

tal que

$$P^T P = I \quad \text{e} \quad P^T A P = \text{diag}(\lambda_i)I \tag{C.26}$$

Essa última expressão é o fundamento do método de análise modal utilizado tão amplamente na teoria da vibração.

O autovetor definido na Equação (C.24) é chamado de *autovetor à direita*. Um *autovetor à esquerda* também pode ser definido por

$$\mathbf{y}^T A = \lambda\mathbf{y}^T \quad \mathbf{y} \neq \mathbf{0} \tag{C.27}$$

Para as matrizes simétricas, os autovetores à esquerda e à direita são os mesmos. Para as matrizes que não são simétricas, esses vetores podem ou não ser os mesmos. De fato, os autovalores e, portanto, os autovetores, de uma matriz não simétrica podem ou não ser complexos. Os conceitos de autovalor e autovetor podem ser generalizados através da introdução de uma *matriz lambda* ou *polinômio matricial*. Em particular, a solução das equações de movimento para um sistema de múltiplos graus de liberdade de parâmetro concentrados com amortecimento gera o problema polinomial matricial de calcular um λ escalar e um vetor diferente de zero $\mathbf{x}$ satisfazendo

$$(M\lambda^2 + C\lambda + K)\mathbf{x} = \mathbf{0} \tag{C.28}$$

634　　APÊNDICE C • Fundamentos da Matriz

A matriz $(M\lambda^2 + C\lambda + K)$ é chamada de polinômio matricial (isto é visto como um polinômio em λ, com matrizes de coeficientes). Se M, C e K são matrizes $n \times n$, existem $2n$ valores de λ e $2n$ de $\mathbf{x}$ satisfazendo a Equação (C.28). Um caso particularmente simples de resolver é que onde M, C e K são simétricas, as matrizes de valor real que satisfazem $CM^{-1}K = KM^{-1}C$ (o que em geral não é verdadeiro). Nesse caso especial, os autovetores do caso $C = 0$ também irão satisfazer (C.28). Para uma discussão mais aprofundada dos métodos da matriz na análise de vibração, veja Inman (2006) e Golub e Van Loan (1996).

O problema de vibração para um sistema de múltiplos graus de liberdade ou um modelo de elemento finito de um sistema pode ser expresso como um problema de autovalor de várias formas Na Seção 4.2, o problema de vibração não amortecido está relacionado ao problema do autovalor simétrico ao calcular o inverso da raiz quadrada da matriz de massa M definida positiva. Em particular, se as equações de movimento são indicadas na forma matriz/vetor como

$$M\ddot{\mathbf{x}} + K\mathbf{x} = \mathbf{0} \tag{C.29}$$

onde M é a matriz de massa e K é a matriz simétrica de rigidez semidefinida positiva $n \times n$ então existem quatro diferentes problemas de autovalores que podem ser usados para resolver as frequências naturais e formas modais. Como antes, $\mathbf{x}$ é um vetor de deslocamentos $n \times 1$ e $\ddot{\mathbf{x}}$ é a segunda derivada no tempo de $\mathbf{x}$.

A primeira abordagem considerada é a abordagem padrão de multiplicação da Equação (C.29) da esquerda pelo inverso da matriz M. Isso produz

$$\ddot{\mathbf{x}} + M^{-1}K\mathbf{x} = \mathbf{0} \tag{C.30}$$

Primeiro, a matriz M^{-1} deve ser calculada. Em muitos casos, M é uma matriz diagonal (isto é, $M = \text{diag}[m_1 \, m_2 \, \dots \, m_n)]$ e o inverso torna-se simplesmente

$$M^{-1} = \begin{bmatrix} \dfrac{1}{m} & 0 & 0 & \cdots & \cdots & 0 \\ 0 & \dfrac{1}{m_2} & 0 & \cdots & \cdots & 0 \\ \cdots & 0 & \dfrac{1}{m_3} & 0 & \cdots & \cdots \\ \cdots & \cdots & \cdots & \cdots & \cdots & \cdots \\ \cdots & \cdots & \cdots & \cdots & \cdots & \cdots \\ 0 & \cdots & \cdots & \cdots & \cdots & \dfrac{1}{m_n} \end{bmatrix} \tag{C.31}$$

Nesse caso, o cálculo da matriz $M^{-1}K$ torna-se uma simples multiplicação de matriz. Se K for uma matriz em bandas, $M^{-1}K$ também será uma banda. No entanto, o produto geralmente não é simétrico, mesmo que tanto K quanto M sejam matrizes simétricas e a cálculo dos autovalores de uma matriz simétrica seja mais eficiente do que o cálculo do problema de autovalor de uma matriz assimétrica.

Se a matriz M não for diagonal (isto é, se o sistema for acoplado dinamicamente), o inverso pode ser calculado usando o problema de autovalor para a matriz M. Seja $\mathbf{v}_i$ o

APÊNDICE C • Fundamentos da Matriz

autovetor da matriz M e μ_i os autovalores associados. Então, a definição do problema de autovalor próprio para a matriz M torna-se

$$M\mathbf{v}_i = \mu_i\mathbf{v}_i \quad \mathbf{v}_i \neq \mathbf{0} \tag{C.32}$$

Uma vez que M é simétrica e positiva, cada um dos μ_i é maior que zero e cada $\mathbf{v}_i$ pode ser normalizado de modo que eles formem um conjunto ortonormal. A matriz $n \times n$ formada pelos vetores V como suas colunas (semelhante à Equação (4.49), ou seja, $V = [\mathbf{v}_1 \quad \mathbf{v}_2 \quad \ldots \quad \mathbf{v}_n)$ é chamado de ortogonal porque $V^T = V^{-1}$, tal que $V^T V = I$, a identidade $n \times n$. A matriz V também diagonaliza a matriz M, tal que

$$V^TMV = \text{diag}\left(\mu_1, \mu_2, \ldots, \mu_n\right)$$

Assim, a matriz M pode ser decomposta em

$$M = V\,\text{diag}\left(\mu_1, \mu_2, \ldots, \mu_n\right)V^T \tag{C.33}$$

Essa decomposição pode ser usada para calcular o inverso da matriz M usando a identidade $(AB)^{-1} = B^{-1}A^{-1}$, usando

$$M^{-1} = V\,\text{diag}\left(\frac{1}{\mu_1}, \frac{1}{\mu_2}, \ldots, \frac{1}{\mu_n}\right)V^T \tag{C.34}$$

Assim, uma forma de calcular o inverso da matriz M é resolver o problema de autovalor associado com M pelo método de energia e usar a Equação (C.34) para obter a inversa.

Também é útil observar que, para qualquer matriz simétrica, a fórmula para uma função de uma matriz é dada na mesma forma que a Equação (C.34). Ou seja, se $f(\cdot)$ é qualquer função real para a qual $f(\mu_i)$ é definida,

$$f(M) = V\,\text{diag}\left[f(\mu_1), f(\mu_2), \ldots, f(\mu_n)\right]V^T \tag{C.35}$$

define a função f da matriz simétrica M. Em particular, a matriz $M^{-1/2}$ foi usada extensivamente no Capítulo 4. Usando essa definição de função de uma matriz, as matrizes $M^{-1/2}$ e $M^{1/2}$ podem ser calculadas a partir dos autovalores e autovetores de M por

$$M^{1/2} = V\,\text{diag}\left(\mu_1^{1/2}, \mu_2^{1/2}, \ldots, \mu_n^{1/2}\right)V^T \tag{C.36}$$

e

$$M^{-1/2} = V\,\text{diag}\left(\mu_1^{-1/2}, \mu_2^{-1/2}, \ldots, \mu_n^{-1/2}\right)V^T \tag{C.37}$$

Essa formulação permite a extensão do material do Capítulo 4 a sistemas acoplados dinamicamente. Novamente, no caso de apenas acoplamento estático, a matriz M é diagonal e o cálculo de $M^{-1/2}$ e $M^{1/2}$ é trivial. Por exemplo, se $M = \text{diag}\,(\mu_1, \mu_2, \ldots, \mu_n)$, $M^{-1/2} = \text{diag}\,(\mu_1^{-1/2}, \mu_2^{-1/2}, \ldots, \mu_n^{-1/2})$ como foi usado no Capítulo 4.

O uso da Equação (C.34) para calcular a inversa de uma matriz não é um método muito eficiente numericamente. Uma forma melhor de calcular M^{-1} é ver o cálculo como a solução do conjunto de equações lineares

$$MA = K \tag{C.38}$$

onde A e K são vetores ou matrizes, K é conhecido e A é desconhecida. Isso pode ser resolvido por eliminação de Gauss (pense no caso em que A e K são vetores) e substituição posterior. A eliminação de Gauss é essencialmente uma versão sistemática do método de eliminação frequentemente ensinado nas classes de álgebra do ensino médio e envolve uma série de etapas, cada uma das quais elimina uma variável do sistema de equações. Para analisar esse método, considere o conjunto de equações algébricas lineares da forma

$$A\mathbf{x} = \mathbf{b} \tag{C.39}$$

onde A é uma matriz $n \times n$ conhecida, $\mathbf{x}$ é um vetor $n \times 1$ desconhecido da forma $\mathbf{x} = [x_1 \quad x_2 \quad \ldots \quad x_n]^\mathrm{T}$ e $\mathbf{b}$ é um vetor $n \times 1$ de elementos conhecidos. O método de eliminação de Gauss usa o fato de que se P é qualquer matriz $n \times n$ não singular, a Equação (C.39) e

$$P A\mathbf{x} = P\mathbf{b} \tag{C.40}$$

tem a mesma solução $\mathbf{x}$. A abordagem do algoritmo de eliminação de Gauss é encontrar uma matriz P tal que a matriz PA é triangular superior (isto é, PA tem zeros como cada elemento abaixo dos elementos diagonais). Se tal matriz P puder ser determinada, a última equação na relação especificada pela Equação (C.40) será da forma

$$x_n = (P\mathbf{b})_n \tag{C.41}$$

onde $(P\mathbf{b})_n$ representa o n-ésimo elemento do vetor $P\mathbf{b}$. A penúltima equação será apenas em x_{n-1} e x_n. Por isso, cada elemento x_i é calculado a partir da última equação para trás (substituição posterior) até que todo o vetor seja conhecido.

A matriz P requerida nas Equações (C.41) e (C.40) pode ser determinada a partir de uma série de matrizes elementares. As matrizes elementares são matrizes não linguísticas que quando pós-multiplicadas por uma dada matriz (A, nesse caso) resultam na subtração de múltiplos de uma coluna da matriz A de cada uma das outras colunas de A. Um exemplo de uma matriz elementar é a matriz P_i definida como sendo a matriz identidade $n \times n$ com i-ésima coluna substituída por

$$\begin{bmatrix} 0 \\ 0 \\ \vdots \\ 1 \\ -p_{i,i+1} \\ \vdots \\ -p_{i,n} \end{bmatrix} \tag{C.42}$$

onde o elemento p_{ij} deve ser determinado pelos elementos da matriz A de forma a reduzir A em uma forma triangular.

O algoritmo para a eliminação de Gauss prossegue passo a passo, escrevendo o conjunto inicial de equações lineares fornecidas na Equação (C.39) como

$$A_0\mathbf{x} = \mathbf{b}_0 \tag{C.43}$$

APÊNDICE C • Fundamentos da Matriz

Multiplicando essa expressão por P_1 para obter $P_1 A_0 \mathbf{x} = P_1 \mathbf{b}_0$ produz-se o próximo passo. A última expressão é renomeada $A_1 \mathbf{x} = \mathbf{b}_1$, onde $P_1 A_0$ e $\mathbf{b}_1 = P_1 \mathbf{b}_0$. É multiplicado por $A_1 \mathbf{x} = \mathbf{b}$ para produzir $A_2 \mathbf{x} = \mathbf{b}_1$, onde $A_2 = P_2 A_1$ e $\mathbf{b}_2 = P_2 \mathbf{b}_1$. Isso é repetido de modo que o último passo seja

$$A_r \mathbf{x} = \mathbf{b}_r \tag{C.44}$$

Aqui, a multiplicação por P_r criou A_{r-1} triangular superior na primeira coluna r. Por exemplo, para $n = 6$ e $r = 3$, a Equação (C.44) tem a forma

$$\begin{bmatrix} \times & \times & \times & \times & \times & \times \\ 0 & \times & \times & \times & \times & \times \\ 0 & 0 & \times & \times & \times & \times \\ 0 & 0 & 0 & \times & \times & \times \\ 0 & 0 & 0 & \times & \times & \times \\ 0 & 0 & 0 & \times & \times & \times \end{bmatrix} \begin{bmatrix} x_1 \\ x_2 \\ x_3 \\ x_4 \\ x_5 \\ x_6 \end{bmatrix} = \begin{bmatrix} \times \\ \times \\ \times \\ \times \\ \times \\ \times \end{bmatrix} \tag{C.45}$$

onde $\times$ representa qualquer número diferente de zero. A Equação (C.45) ilustra como a equação $A\mathbf{x} = \mathbf{b}$ se torna mais "triangular" em cada etapa.

O exame de cada passo ilustra que a matriz $P_r A_{r-1}$ tem como sua r-ésima coluna,

$$P_r \begin{bmatrix} a_{1r}^{(r-1)} \\ a_{2r}^{(r-1)} \\ \vdots \\ a_{nr}^{(r-1)} \end{bmatrix} \tag{C.46}$$

onde $a_{ij}^{(r-1)}$ representa o ij-ésimo elemento da matriz A_{r-1}. A escolha da matriz P_r que permita a triangularização desejada é então dada pela Equação (C.42) com

$$p_{ir} = \frac{a_{ir}^{(r-1)}}{a_{rr}^{(r-1)}} \tag{C.47}$$

Essa fórmula resulta em uma matriz P_r tal que $P_r A_{r-1}$ tem mais uma coluna triangular superior, eliminando x_r da equação na posição $r - 1$. A multiplicação sucessiva das matrizes P_r definidas pelas Equações (C.46) e (C.47) produz um sistema triangular de equações que são facilmente resolvidas para os elementos x_r do vetor $\mathbf{x}$.

A solução do sistema linear de equações $A\mathbf{x} = \mathbf{b}$ é então resolvido calculando $P_n P_{n-1} P_{n-2} \ldots P_1 A\mathbf{x} = P_n P_{n-1} P_{n-2} \ldots P_1 \mathbf{x}$. O método funciona bem e é numericamente superior à computação da solução por $\mathbf{x} = A^{-1}\mathbf{b}$. No entanto, o método de eliminação de Gauss falha se qualquer um dos elementos de pivô $a_{rr} = 0$. A equação da matriz $MA = K$ dada na Equação (C.38) também pode ser resolvida por um procedimento de eliminação de Gauss (aplicado a cada coluna de A) ou por procedimentos de triangulação mais sofisticados. Isso produz um cálculo numericamente mais confiável da matriz $A = M^{-1} K$ do que é obtido primeiro calculando a matriz M^{-1} por meio da Equação (C.34) e calculando

638 APÊNDICE C • Fundamentos da Matriz

o produto de M^{-1} e K. O procedimento de cálculo da matriz A da equação $M A = K$ para formar a matriz M^{-1} sem realmente calcular uma inversa é chamada divisão de matriz.

A capacidade de calcular efetivamente a matriz inversa M^{-1} e a inversa da raiz quadrada $M^{-1/2}$ permitem a formulação de cinco problemas de autovalor associados à análise de vibração. Cada um desses problemas de autovalor possui vantagens computacionais e desvantagens dependendo da natureza tanto das estruturas quanto dos valores dos elementos das matrizes de massa e rigidez.

Na Seção 4.9, foram fornecidas várias abordagens para a resolução das frequências naturais e formas modais do sistema não amortecido, dada a Equação (C.30). A questão surge sobre qual é o melhor. Uma maneira de responder a essa pergunta é usar a capacidade de MATLAB para contar o número de operações de ponto flutuante necessárias para resolver o problema do autovalor relacionado. Isso é feito usando o comando `flops`. Aqui mostramos os resultados para o problema do Exemplo 4.1.5 usando o MATLAB.

```
EDU>M=[9 0;0 1];K=[27 -3;-3 3];
EDU>[V,D]=eig(K,M)  % esses vetores não são ortogonais
V =
    0.3162    -0.3162
    0.9487     0.9487
D =
    2.0000          0
         0     4.0000
EDU>flops
ans =
    417
```

```
EDU>M=[9 0;0 1];K=[27 -3;-3 3];
EDU>L=chol(M);
EDU>S=inv(L);
EDU>Kh=S*K*S;
EDU>[V,D]=eig(Kh) % esses vetores não são ortogonais
V =
   -0.7071    -0.7071
    0.7071    -0.7071
D =
    4 0
    0 2
EDU>P=L*V
P =
   -2.1213    -2.1213
    0.7071    -0.7071
EDU>flops
ans =
    118
```

APÊNDICE C • Fundamentos da Matriz

Programa similar mostra o seguinte:

Usando `inv(L)*K*inv(L')` requer 118 operações.

Usando `inv(M)*K requires` requer 191 operações.

Usando `inv(sqrtm(M))*K* inv(sqrtm(M))]` requer 228 operações.

Usando o problema de autovalor generalizado $\lambda M\mathbf{u} = K\mathbf{u}$ requer 417 operações.

Embora esses não incluam etapas de normalização para obter os autovetores em formas modais normalizadas, eles obtêm todas as formas modais no mesmo sistema de coordenadas. À medida que o número de graus de liberdade aumenta, essas diferenças na contagem das operações aumentam. Note que a melhor abordagem usando esta medida é usar a abordagem de decomposição de Cholesky sugerida no Capítulo 4 e manter todos os problemas do autovalor simétricos. A abordagem padrão $(M^{-1} K)$ como ensinado na maioria dos livros é quase duas vezes mais custosa para um sistema de dois graus de liberdade. Tais diferenças geralmente aumentam exponencialmente com o número de graus de liberdade.

A Literatura de Vibração

Existem vários textos e livros de referência sobre vibrações que merecem uma consulta para aqueles que desejam uma segunda explicação para o entendimento ou para aqueles que desejam seguir estes temas. Além disso, existem várias publicações dedicadas à apresentação de resultados de pesquisa e estudos de caso em vibração. Algumas dessas referências gerais estão listadas aqui. Uma pesquisa no computador de sua biblioteca local deve complementar o restante.

Textos introdutórios

Mechanical Vibration, J. P. Den Hartog, Dover, New York, 1985.
Theory of Vibration with Applications, 5th ed., W. T. Thomson, and M. D. Dahleh, Prentice Hall, Upper Saddle River, N.J., 1998.
Structural Dynamics: An Introduction to Computer Methods, R. R. Craig, Jr., Wiley, New York, 1981.
Mechanical Vibrations, 5th ed., S. S. Rao, Prentice Hall, Upper Saddle River, N.J., 2010.
Mechanical Vibrations: Theory and Applications, S.G. Kelly, Cengage Learning, Stamford, Conn., 2012.
Elements of Vibration Analysis, 2nd ed., L. Meirovitch, McGraw-Hill, New York, 1986.
Shock and Vibration Handbook, 5th ed., C. M. Harris and A. G. Piersol, editors, McGraw-Hill, New York, 2002.
Vibrations, 2nd ed., B. Balachandran and E. B. Magrab, Cengage Learning, Stamford, Conn., 2009.
Principles of Vibration, B. H. Tongue, 2nd ed., Oxford Press, New York, 2002.
Vibration, Fundamentals and Practice, 2nd ed., C. W. de Silva, CRC Press, Boca Raton, Fla., 2006.

Textos avançados

Vibration Problems in Engineering, 5th ed., W. Weaver, Jr., S. P. Timoshenko, and D. H. Young, Wiley, New York, 1990.
Analytical Methods in Vibration, L. Meirovitch, Macmillan, New York, 1967.
Vibration with Control Measurement and Stability, D. J. Inman, Prentice Hall, Englewood Cliffs, N.J., 1989.
Mechanical Vibration, H. Benaroya, 2nd ed., Marcel Decker, New York, 2004.
Principles and Techniques of Vibrations, L. Meirovitch, Prentice Hall, Upper Saddle River, N.J., 1997.

APÊNDICE D • A Literatura de Vibração

Fundamentals of Vibration, L. Meirovitch, McGraw-Hill, New York, 2001.
Mechanical and Structural Vibrations: Theory and Applications, J. H. Ginsberg, Wiley, New York, 2001.
Vibration and Control, D. J. Inman, Wiley, Chichester, U.K., 2006.

Periódicos

Sound and Vibration, Acoustical Publications, Bay Village, Ohio.

Revistas

Shock and Vibration, IOS Press, Amsterdam.
Journal of Sound and Vibration, Elsevier, Oxford.
Journal of Vibration and Acoustics, American Society of Mechanical Engineering, New York.
Journal of Mechanical Systems and Signals, Academic Press, New York.
AIAA Journal, American Institute of Aeronautics and Astronautics, Washington, D. C.

Lista de Símbolos

Este apêndice lista os símbolos usados no livro. Não há símbolos suficientes para evitar que alguns símbolos sejam usado para representar mais de uma quantidade. Além disso, a escolha de um símbolo para representar uma quantidade específica evoluiu com o tempo, muitas vezes, por diferentes grupos de pessoas. Por isso, não é incomum que um símbolo particular represente várias quantidades diferentes. Aqui, os símbolos foram escolhidos de acordo com os mais comuns utilizados na literatura de vibração.

Em geral, um símbolo em itálico em minúsculas é um escalar, um símbolo em itálico maiúsculo é uma matriz e uma letra em negrito e em minúscula é usada para representar um vetor. No entanto, ao trabalhar com transformações, é comum representar a transformada de Laplace de um escalar por seu símbolo maiúscula. Portanto, não é possível ler uma letra em itálico maiúsculo e saber se a quantidade é matriz ou um escalar transformado. Os símbolos sempre devem ser esclarecidos pelo contexto em que aparecem. Os símbolos gregos são quase sempre escalares. As letras que não são em itálico ou negrito geralmente são unidades (como N para newtons ou mm para milímetros). As unidades são resumidas na capa interna.

Várias tentativas foram feitas para estabelecer um padrão internacional de símbolos para análise modal e, portanto, vibração. O problema básico permanece, no entanto, não existem símbolos suficientes para cobrir todas as quantidades.

CAPÍTULO 1

f_k	= força elástica restauradora de uma mola
m	= massa
g	= aceleração da gravidade
x_0	= deslocamento inicial
$x, x(t)$	= deslocamento
k	= constante da mola, rigidez da mola
N	= força normal
x, y	= espaço de coordenadas de duas dimensões
$\theta, \theta(t)$	= deslocamento angular
t	= tempo
ω_n	= $\sqrt{k/m}$ frequência natural amortecida, frequência angular
ϕ	= ângulo de fase
A	= amplitude de vibração, também constante de integração
f	= $\omega/2\pi$ frequência em Hertz, não confundir com uma força
T	= $1/f = 2\pi/\omega$ período de oscilação
v_0	= velocidade inicial
a, a_1, a_2	= constante de integração desconhecida
A_1, A_2	= constante de integração desconhecida
λ	= constante usada na solução de equações diferenciais
j	= $\sqrt{-1}$ unidade imaginária
$\bar{x}, \bar{x}^2$	= deslocamento médio, valor quadrático médio, respectivamente
$\dot{x}(t), \ddot{x}(t)$	= derivada no tempo do deslocamento, isto é, velocidade e aceleração

APÊNDICE E • Lista de Símbolos

f_c $\quad\quad$ = $c\dot{x}$ força de amortecimento
C $\quad\quad$ = coeficiente de amortecimento
ζ $\quad\quad$ = $c/2\sqrt{km}$ fator de amortecimento
ω_d $\quad\quad$ = $\omega\sqrt{1-\zeta^2}$ para $0 < \zeta < 1$, chamado de frequência natural amortecida
c_{cr} $\quad\quad$ = $2\sqrt{km}$ coeficiente de amortecimento crítico tal que $\zeta = c/c_{cr}$
f_{xi} $\quad\quad$ = força agindo na direção x
M_{0i} $\quad\quad$ = torque agindo sobre o ponto 0
I_0, J, J_0 $\quad\quad$ = momento de inércia sobre o ponto 0
U_1, U_2 $\quad\quad$ = energia potencial no instante t_1 e t_2, respectivamente
T_1, T_2 $\quad\quad$ = energia cinética no instante t_1 e t_2, respectivamente
T_{max}, U_{max} $\quad\quad$ = máxima energia cinética, máxima energia potencial, respectivamente
r, l $\quad\quad$ = raio (R maiúsculo também é usado), comprimento, respectivamente
$\dfrac{d}{dt}(), (\dot{})$ $\quad\quad$ = sempre refere-se a derivada em relação ao tempo ( )
m_s $\quad\quad$ = massa de uma mola
γ $\quad\quad$ = densidade (massa específica)
q_0 $\quad\quad$ = raio do centro de percussão
k_0 $\quad\quad$ = raio de giração ($k_0^2 = q_0 r$)
E $\quad\quad$ = módulo de Young (módulo de elasticidade)
A $\quad\quad$ = área da seção transversal quando usado com E
J_p $\quad\quad$ = momento de inércia de área
G $\quad\quad$ = módulo de cisalhamento
ρ $\quad\quad$ = densidade
W $\quad\quad$ = peso
δ $\quad\quad$ = decremento logaritmo (ver Janela 4.2 para outros usos deste símbolo)
Δ $\quad\quad$ = deflexão estática

CAPÍTULO 2

$F(t)$ $\quad\quad$ = força externa ou força de excitação
F_0 $\quad\quad$ = amplitude constante de um força de excitação harmônica
ω $\quad\quad$ = entrada de frequência ou frequência de excitação
f_0 $\quad\quad$ = F_0/m
x_p $\quad\quad$ = solução particular
X $\quad\quad$ = amplitude da solução particular
r $\quad\quad$ = razão de frequência ω_{dr}/ω (não confundir com raio)
$y(t)$ $\quad\quad$ = deslocamento da base do sistema massa-mola-amortecedor
ω_b $\quad\quad$ = frequência do movimento de base, isto é, frequência de um deslocamento harmônico
X $\quad\quad$ = amplitude da resposta harmônica
Y $\quad\quad$ = amplitude do deslocamento harmônico aplicado
F_T $\quad\quad$ = amplitude da força transmitida para a massa através da mola e amortecedor
e $\quad\quad$ = excentricidade (não confundir com exponencial)
$H(j\omega)$ $\quad\quad$ = função resposta em frequência complexa
s $\quad\quad$ = variável transformada
$X(s)$ $\quad\quad$ = transformada de Laplace de $x(t)$
θ $\quad\quad$ = usado para representar mudança de fase
$H(s)$ $\quad\quad$ = função de transferência $X(s)/F(s)$
$z(t)$ $\quad\quad$ = deslocamento relativo $x(t) - y(t)$,
Z $\quad\quad$ = amplitude de deslocamento relativo
ψ $\quad\quad$ = fase de deslocamento relativo
z_p $\quad\quad$ = solução particular para deslocamento relativo
F_d $\quad\quad$ = força de amortecimento
μ $\quad\quad$ = coeficiente de atrito
A_1, B_1 $\quad\quad$ = constantes de integração
ΔE $\quad\quad$ = energia dissipada

644 APÊNDICE E • Lista de Símbolos

c_{eq}	= coeficiente de amortecimento viscoso equivalente
U	= energia potencial
U_{max}	= pico de energia potencial
η	= amortecimento
β	= constante de amortecimento de histerese
C	= coeficiente de arrasto
α	$= C\rho A/2$

CAPÍTULO 3

τ	= valor específico de tempo, ou variável de tempo de integração
ε	= um pequeno valor positivo de tempo
$\delta(t)$	= função delta de Dirac (não um decremento)
$\hat{F}$	$= F\Delta t$, impulso
$h(t-\tau)$	= função resposta impulso
a_0, a_n, b_n	= coeficientes de Fourier
n, m, I	= inteiros (cuidado para não confundir a massa m com o índice m)
ω_T	$= 2\pi/T$
$x_{cn}(t)$	= a i-ésima solução se a força de excitação é $n\omega_n t$
$x_{sn}(t)$	= a n-ésima solução se a força de excitação é $n\omega_n t$
$L[\ ]$	= a transforma de Laplace de [ ]
$\mu(t)$	= função degrau unitário
x'	$= x - \bar{x}$ uma variável de média zero
$\Phi(t), H(t)$	= função degrau de Heaviside
$S_{xx}(\omega)$	= densidade espectral de potência da função x
$R_{xx}(\tau)$	= autocorrelação da função x
$E[x]$	= o valor esperado de x
M, a, b	= constantes

CAPÍTULO 4

$\mathbf{x}$	= vetor coluna de deslocamento
$x_{10}, x_{20},$	= condições iniciais para as coordenadas
$\dot{x}_{10} \ldots$	$= x_1(t)$ e $x_2(t)$, condições iniciais para as velocidades
$\mathbf{x}^T$	= a transposta de $\mathbf{x}$ ou um vetor linha
K	= a matriz de rigidez
M	= a matriz de massa
C	= a matriz de amortecimento
A^T	= a matriz transposta de A
A^{-1}	= a matriz inversa de A
$A^{1/2}$	= a matriz raiz quadrada de A
$\mathbf{u}$	= um vetor coluna constante, igual a $\mathbf{u}_1, \mathbf{u}_2$ etc.
I	= a matriz identidade
$\tilde{K}$	$= M^{-1/2} K M^{-1/2}$
$\tilde{C}$	$= M^{-1/2} C M^{-1/2}$
$M^{-1/2}$	= a inversa da matriz raiz quadrada de M
$\mathbf{q}(t)$	= um vetor de coordenadas generalizadas
$q_i(t)$	= a i-ésima coordenada generalizada
$\mathbf{v}$	= um autovetor de $\tilde{K}$
λ, λ_i	= os autovalores
α	= um escalar
$\mathbf{w}, \mathbf{w}_i$	= autovetor K normalizado em massa
P	= matriz modal
δ_{ij}	= delta de Kronecker (não confundir com delta de Dirac ou decremento logaritmo)
Λ	= a matriz diagonal de autovalores de uma matriz
$\mathbf{r}(t)$	= vetor de coordenada modal
$r_i(t)$	= a i-ésima coordenada modal

APÊNDICE E • Lista de Símbolos

S $= M^{-1/2}P$, uma matriz modal ponderada de massa
$\mathbf{0}$ = o vetor nulo
$\theta_1, \theta_2, \theta_3$ = deslocamento angular
$\det(A)$ = o determinante da matriz A
d_i = coeficientes de expansão (escalares)
ζ_I = fator de amortecimento modal
β = um escalar
$\mathbf{F}(t)$ = um vetor de forças externas
ω_{di} $= a = \omega_i\sqrt{1 - \zeta_i}$ i-ésima frequência natural amortecida
$\mathbf{f}(t)$ $= P^T M^{-1/2} F(t)$
Q_i = uma força ou momento generalizado
L $= T - U =$ função lagrangiana ou também fator de Cholesky de M

CAPÍTULO 5

T.R.   = razão de transmissibilidade
R $= 1 - T.R. =$ redução em transmissibilidade
δ_s = deflexão estática
k_a = rigidez do absorvedor
m_a = massa do absorvedor
x_a = coordenada de deslocamento da massa do absorvedor
X_a = amplitude do deslocamento da massa do absorvedor
μ $= m_a/m$ razão da massa do absorvedor em relação a massa primária
ω_p = frequência natural do sistema primário sem absorvedor
ω_d = frequência natural do absorvedor sem o sistema primário
β $= \omega_a/\omega_p$, uma razão de frequência
$\mathbf{X}$ $= [X\ \ X_a]^T$, onde X é a amplitude da resposta da massa primária e X_a é a da massa do absorvedor
r $= \omega_r/\omega_p$ uma razão de frequência
x_m = o valor de x que torna $f(x_m)$ um extremo (ponto crítico)
f_x = derivada parcial de f em relação a x
f_y = derivada parcial de f em relação a y
f_{xx} = segunda derivada parcial de f em relação a x
f_{xy} = segunda derivada parcial de f em relação a y
γ $= k_2/k_1$, uma razão de rigidez
$\overline{\eta}$ = amortecimento
k^* = rigidez complexa
E^* = módulo de elasticidade complexo
e_2 = razão de módulos de elasticidade $= E_2/E_1$
h_2 = razão de peso $= H_2/H_1$
g_1, g_2 = ganho de realimentação
G' = módulo de cisalhamento (parte real)
E' = parte real do módulo $2(1 + \upsilon)\,G'$, υ coeficiente de Poisson
σ_s = tensão de cisalhamento
ε_s = tensão
η_s = amortecimento ao cisalhamento
G^* = módulo de cisalhamento complexo
E'', G'' = parte imaginária do módulo de elasticidade e de cisalhamento, respectivamente (G'' chamado módulo de perda)
k' = rigidez ao cisalhamento
T_R = razão de transmissibilidade em ressonância
G'_ω = módulo de cisalhamento dinâmico

CAPÍTULO 6

$w(x, t)$ = deslocamento
$f(x, t)$ = força aplicada
τ = tensão de corda

646 APÊNDICE E • Lista de Símbolos

$\dfrac{\partial w}{\partial x}$	= derivadas parciais também representadas por w_x
l	= comprimento
c	= $\sqrt{\tau/\rho}$ velocidade de onde também $\sqrt{E/\rho}$, dependendo da estrutura
$X(x)$	= um função espacial de x somente
$T(t)$	= um função do tempo t somente
σ	= uma constante
$a_1, a_2,$	= constantes de integração
a, b	= constantes de integração
$A_n, B_n,$	= constantes de integração
c_n, d_n	= constantes de integração
$w_0(x)$	= o deslocamento inicial
$\dot{w}_0(x)$	= a velocidade inicial
m, n	= índices, inteiros
β	= constante de separação
λ	= autovalores
$X_n(x)$	= autofunções
$A(x)$	= área da seção transversal de um viga
ω_n	= a frequência natura do n-ésimo modo
$\theta(x, t)$	= deslocamento angular de um eixo
τ	= torque quando usado com uma haste
G	= módulo de cisalhamento
J	= momento de área polar
J_0	= momento de inércia polar (frequentemente ρ^J)
γ	= constante torcional
$\Theta(x)$	= função espacial de deslocamento angular
$M(x, t)$	= momento de flexão
$I(x)$	= momento de inércia de área da seção transversal
$f(x, t)$	= força distribuída por unidade de área
$V(x, t)$	= força de cisalhamento
β_n	= solução para uma equação transcendente
ψ	= ângulo de flexão total
κ	= coeficiente de cisalhamento
$w(x, y, t)$	= deslocamento da membrana na direção z
∇^2	= operador de Laplace
∇^4	= operador harmônico
D_E	= rigidez da flexão da placa
γ, β	= coeficientes de amortecimento viscoso

CAPÍTULO 7

ω_c	= frequência de corte
x_k	= $x(t_k)$ = valor de $x(t)$ no instante discreto t_k
a_0, a_i, b_i	= coeficiente espectral discreto
C	= matriz de coeficientes de Fourier discreto
$\mathbf{a}$	= um vetor de coeficientes espectrais
N	= tamanho de um conjunto de dados
$R_{xj}(\tau)$	= função de correlação cruzada
$S_{xj}(\omega)$	= função de densidade espectral cruzada
γ^2	= função de coerência
$\alpha(\omega)$	= α função de resposta em frequência de mobilidade e tem um valor diferente para várias funções de transferência: mobilidade, receptância etc (também usando para representar um ângulo no diagrama de Nyquist)
$\alpha(\omega)$	= matriz de receptância $= (K - \omega_r^2 M + j\omega C)^{-1}$

Códigos e Websites

A melhor e mais recente fonte de informações sobre como usar os três *softwares* de matemática usados no texto pode ser encontrada usando um mecanismo de pesquisa e digitando o nome do código. Muitos acadêmicos e usuários mantêm sites atualizados ao usar esses códigos, e há muitos tutoriais muito bons disponíveis na Internet. Além disso, a sintaxe e os comandos nos códigos são atualizados com frequência, portanto, se você copiou um código fora do texto e não funciona, tente verificar a página oficial do código para atualizações.

Os códigos mencionados neste livro foram atualizados em agosto de 2012. Cada um dos códigos mencionados no texto pode ser usado para resolver problemas de vibração. Cada um é melhor, se utilizado pela primeira vez, para tentar algo simples, como traçar uma função conhecida ou realizar um cálculo simples. O objetivo do uso destes códigos é melhorar a compreensão, visualizar e substituir cálculos tediosos com cálculos de máquina mais precisos. Qualquer um destes códigos é simples de usar apenas copiando as soluções dadas nas Seções 1.9, 1.10, 2.8, 2.9, 3.8, 3.9, 4.9 e 4.10. Além disso, é útil ter acesso a um manual ou tutorial. No entanto, os códigos apresentados no texto são suficientes para começar.

É importante notar que o resultado de qualquer um desses códigos é tão confiável e preciso quanto aos dados inseridos nele. Só porque uma resposta aparece, não significa que seja uma solução correta para o problema.

Um mecanismo de pesquisa (como o Google) pode ser usado para encontrar outras informações úteis relacionadas ao material de texto em vibração. Em particular, alguns filmes interessantes de vibração podem ser baixados. Procurar frases como "filmes de vibração", "ressonância", "constantes de mola", etc., revelarão imagens muito úteis sobre o fenômeno de vibração.

G Engineering Vibration Toolbox

O Dr. Joseph C. Slater da Wright State University é autor da *Toolbox* de MATLAB utilizada com este texto. No final de cada capítulo, os problemas são listados para serem resolvidos com o pacote *Engineering Vibration Toolbox* (EVT). Além disso, o EVT pode ser usado para ajudar a resolver os problemas sugeridos para o uso do computador nas Seções 1.9, 1.10, 2.8, 2.9, 3.8, 3.9, 4.9 e 4.10. O pacote é organizado por capítulo e pode ser usado para resolver os problemas de *Toolbox* encontrados no final de cada capítulo. O MATLAB e o EVT são interativos e destinam-se a auxiliar na aprendizagem, análise, estudos paramétricos e projeto, bem como na resolução de problemas. O EVT é atualizado e melhorado regularmente.

O EVT contém conjuntos de arquivos .m e arquivos de dados para uso com versões atuais do MATLAB e podem ser baixados gratuitamente. Vá para a página inicial do *Engineering Vibration Toolbox* em https://vibrationtoolbox.github.io/.

Este site inclui edições que são executadas em versões anteriores do MATLAB, bem como a versão mais recente. O EVT foi projetado para ser executado em qualquer plataforma suportada pelo MATLAB e é atualizado regularmente para manter a compatibilidade com a versão atual do MATLAB. Uma breve introdução ao MATLAB e UNIX também está disponível na página inicial. Leia o arquivo `readme.txt` para começar e digite `help vtoolbox` para obter uma visão geral.

Use o comando path no MATLAB para garantir que um caminho tenha sido configurado para um diretório instalado que contenha de *Vibration Toolbox*. O comando do caminho irá listar todos os diretórios disponíveis para o MATLAB. Um deles deve terminar em "vtoolbox". Caso contrário, consulte o administrador do sistema se estiver trabalhando em um sistema multiusuário. Se você estiver instalando em um computador pessoal, consulte o arquivo `readme.txt` e seu manual MATLAB sobre como definir caminhos. Observe que usar o comando path do prompt do MATLAB define o caminho apenas para a seção atual. Uma vez que o *Vibration Toolbox* está instalado e os caminhos estão configurados corretamente no MATLAB, digitar `help vtoolbox` fornecerá uma tabela de conteúdo do pacote. Da mesma forma, digitando `help vtb0N` fornecerá uma tabela de conteúdos para os arquivos relacionados ao capítulo "N." Digitando help nome do código fornecerá ajuda no código específico. Observe que o nome do arquivo é o nome do `código.m`. Não use o `.m` a partir do MATLAB. Os comandos do Engineering Vibration Toolbox podem ser executados digitando-os com os argumentos necessários exatamente como qualquer outro comando/função do MATLAB. Por exemplo, `vtb1_1` pode ser executado digitando `vtb1_1 (1, .1,1,1,0,10)`. Em um sistema UNIX, você precisará configurar a variável `DISPLAY` de forma adequada para visualizar os resultados (consulte o guia do usuário local ou o suporte do sistema). Muitas funções têm múltiplas formas de entrada. A ajuda para cada

APÊNDICE G • *Engineering Vibration Toolbox* **649**

função mostra essa flexibilidade quando existe. As atualizações para Engineering Vibration Toolbox são feitas conforme necessário, e outros aprimoramentos ocorrem de tempos em tempos. O comando `vtbud` pode ser usado para visualizar o status de revisão atual em seu sistema. Se o MATLAB estiver configurado para fazê-lo, também irá baixar uma cópia do `vtbud.m` do site que contém o status de revisão atual.

Dessa forma, você poderá fazer o download de *upgrades* conforme sua necessidade.

Referências

BANDSTRA, J. P., 1983, "Comparison of Equivalent Viscous Damping and Nonlinear Damping in Discrete and Continuous Vibrating Systems," *Journal of Vibration, Acoustics, Stress, Reliability in Design,* Vol. 105, pp. 382-392.

BERT, C. W., 1973, "Material Damping: An Introductory Review of Mathematical Models, Measures and Experimental Techniques," *Journal of Sound and Vibration,* Vol. 29, No. 2, pp. 129-153.

BLEVINS, R. D., 1987, *Formulas for Natural Frequencies and Mode Shapes,* R. E. Krieger, Melbourne, Fla.

BLEVINS, R. D., 1990, *Flow-Induced Vibration,* Van Nostrand Reinhold, New York.

BOYCE, W. E., and DIPRIMA, P. C., 2008, *Elementary Differential Equations and Boundary Value Problems,* 9th ed., Wiley, New York.

CANNON, R. M., 1967, *Dynamics of Physical Systems,* McGraw-Hill, New York.

CAUGHEY, T. K., and O'KELLY, M. E. J., 1965, "Classical Normal Modes in Damped Linear Dynamic Systems," *ASME Journal of Applied Mechanics,* Vol. 49, pp. 867-870.

CHILDS, D. W., 1993, *Turbomachinery Rotordynamics: Phenomena, Modeling, and Analysis,* Wiley, New York.

CHURCHILL, R. V., 1972, *Operational Mathematics,* 3rd ed., McGraw-Hill, New York.

COOLEY, J. W., and TUKEY, J. W., 1965, "An Algorithm for the Machines Calculation of Complex Fourier Series," *Mathematics of Computation,* Vol. 19, No. 90, pp. 297-311.

COOK, P. A., 1986, *Nonlinear Dynamical Systems,* Prentice Hall, Englewood Cliffs, N.J.

COWPER, G. R., 1966, "The Shear Coefficient in Timoshenko's Beam Theory," *ASME Journal of Applied Mechanics,* Vol. 33, pp. 335-340.

CUDNEY, H. H., and INMAN, D. J., 1989, "Determining Damping Mechanisms in a Composite Beam," *International Journal of Analytical and Experimental Modal Analysis,* Vol. 4, No. 4, pp. 138-143.

DATTA, B. N., 1995, *Numerical Review Algebra and Application,* Brooks Cole Publishing, Pacific Grove, Calif.

DOEBELIN, E. O., 1980, *System Modeling and Response,* Wiley, New York.

DONGARRA, J., BUNCH, J. R., MOLER, C. B., and STEWART, G. W., 1978, *LINPACK Users' Guide,* SIAM Publications, Philadelphia.

EHRICH, F. F., ed., 1992, *Handbook of Rotor Dynamics,* McGraw-Hill, New York.

EWINS, D. J., 2000, *Modal Testing: Theory and Practice,* 2nd ed., Research Studies Press, distributed by Wiley, New York.

FIGLIOLA, R. S., and BEASLEY, D. C., 1991, *Theory and Design for Mechanical Measurement,* Wiley, New York.

FORSYTH, G. E., MALCOLM, M. A., and MOLER, C. B., 1977, *Computer Methods for Mathematical Computation,* Prentice Hall, Englewood Cliffs, N.J.

GOLUB, G. H., and VAN LOAN, C. F., 1996, *Matrix Computations,* 3rd ed., Johns Hopkins University Press, Baltimore.

GUYAN, R. I., 1965, "Reduction of Stiffness and Mass Matrices," *AIAA Journal,* Vol. 3, No. 2, p. 380.

INMAN, D. J., 1989, *Vibration with Control Measurement and Stability,* Prentice Hall, Englewood Cliffs, N.J.

Referências

INMAN, D. J., 2006, *Vibration and Control,* Wiley, Chichester, U.K.

KENNEDY, C. C., and PANCU, C. D. P., 1947, "Use of Vectors in Vibration Measurement and Analysis," *Journal of Aeronautical Science,* Vol. 14, No. 11, pp. 603-625.

MAGRAB, E. B., 1979, *Vibration of Elastic Structural Members,* Sijthoff & Noordhoff, Winchester, Mass.

MANSFIELD, N. J., 2005, *Human Response to Vibration,* CRC Press, Boca Raton, Fla.

MEIROVITCH, L., 1995, *Principles and Techniques of Vibration,* Prentice Hall, Upper Saddle River, N.J.

NASHIF, A. D., JONES, D. I. G., and HENDERSON, J. P., 1985, *Vibration Damping,* Wiley, New York.

NEWLAND, D. E., 1993, *Random Vibration and Spectral Analysis,* 2nd ed., Longman, New York.

OTNES, R. K., and ENCOCHSON, L., 1972, *Digital Time Series Analysis,* Wiley, New York.

REISMANN, H., 1988, *Elastic Plates: Theory and Application,* Wiley, New York.

REISMANN, H., and PAWLIK, P. S., 1974, *Elastokinetics,* West Publishing, St. Paul, Minn.

SHAMES, I. H., 1980, *Engineering Mechanics: Statics and Dynamics,* 3rd ed., Prentice Hall, Englewood Cliffs, N.J.

SHAMES, I. H., 1989, *Introduction to Solid Mechanics,* 2nd ed., Prentice Hall, Englewood Cliffs, N.J.

SNOWDEN, J. C., 1968, *Vibration and Shock in Damped Mechanical Systems,* Wiley, New York.

WEAVER, W., JR., TIMOSHENKO, S. P., and YOUNG, D. H., 1990, *Vibration Problems in Engineering,* 5th ed., Wiley, New York.

WOWK, V., 1991, *Machinery Vibration: Measurement and Analysis,* McGraw-Hill, New York.

Respostas dos Problemas Selecionados

(1.1) **1.1.** 9,81 N m
1.5. 1,635 N/m
1.16. **(a)** 0,071 Hz **(b)** 0,071 Hz
1.22. 0,996 Hz

(1.2) **1.27.** 0,0396 m
1.29. 31,583 N/m
1.37. **(a)** 27,9 rad/s **(b)** 25,6 rad/s
1.40. 20 rad/s

(1.3) **1.44.** $x(t) = e^{-t} \operatorname{sen} t$ mm
1.56. ω_n = 5,477 rad/s, ζ = 0,274 (oscilação), ω_d = 5,27 rad/s
1.57. $\omega_n = \sqrt{\dfrac{kl^2}{J + ml^2}}$ rad/s

(1.4) **1.65.** $\omega_n = \sqrt{\dfrac{3m + 6m_t}{2m + 6m_t}}\sqrt{\dfrac{g}{l}}$ rad/s
1.67. $\left(\dfrac{J}{r^2} + m\right)\ddot{x} + \left(k_2 + \dfrac{k_1}{r^2}\right)x = 0$, $\omega_n = \sqrt{\dfrac{k_1 + r^2 k_2}{J + mr^2}}$
1.71. $c = (0,002)m\sqrt{g\ell^3}$
1.73. ω_d = 0,632 rad/s

(1.5) **1.82.** ω_n = 1,26 × 10^4 rad/s
1.87. k_{eq} = 300,98 N/m
1.91. ζ = 0,245, subamortecido

(1.6) **1.97.** E = 3,16 × 10^{11} N/m^2
1.99. ζ = 0,344

(1.7) **1.102.** c = 87,2 kg/s
1.109. $\dfrac{l^3}{bh^3} = \dfrac{\Delta E}{4mg}$

Respostas dos Problemas Selecionados **653**

(1.8) **1.113.** $\dfrac{kl}{2} > \left(\dfrac{m_1}{2} + m_2\right)g$

(1.10) **1.124.** $\Delta t = 4,68$ s

1.130. Dois: $\begin{bmatrix} x_1 \\ x_2 \end{bmatrix} = \begin{bmatrix} 0 \\ 0 \end{bmatrix}$ e $\begin{bmatrix} x_1 \\ x_2 \end{bmatrix} = \begin{bmatrix} -\dfrac{\omega_n^2}{\beta} \\ 0 \end{bmatrix}$

(2.1) **2.5.** $\omega_n = 105$ rad/s, $\omega = 95$ rad/s

2.6. $T_b = 20$ s

2.9. $x(t) = 0,0117$ sen $0,968\,t - 0,00113$ sen $10\,t$

2.12. $k = 5,196 \times 10^4$ N/m, $E = 1,613 \times 10^5$ Pa

2.15. $\dfrac{36J}{\pi}\left(\dfrac{2M_0}{J} + \dfrac{\pi\omega^2}{36}\right) < k$

(2.2) **2.21.** $X = 0,133$ m, $\theta = -\pi/2$ rad

2.27. $\omega_n = \sqrt{\dfrac{kl_1^2 + mgl}{ml^2}}$

2.31. $c = 55,7$ kg/s

2.35. $\theta(t) = 0,434 \cos(2\pi t - 3,051)$ rad

(2.3) **2.41.** $0,004$ m

(2.4) **2.47.** $X = 10$ cm, $F_T = 4001$ N

2.52. $c = 894,4$ kg/s, $F_T = 400$ N

2.55. c $= 1331$ kg/s

2.60. $X = 0,498$ m

(2.5) **2.61.** $X = 1,1$ cm

2.62. $\zeta = 0,05$

2.67. **(a)** $X = 33,86 \times 10^{-6}$ m **(b)** $e = 0,00316$ m

(2.6) **2.69.** $k = 98,696$ N/m, $c = 87,956$ Ns/m

(2.7) **2.73.** $X = 1,79 \times 10^{-3}$ m

2.74. $F_0 = 1874$ N

2.82. $F_0 = 294$ N

(3.1) **3.1.** $x(t) = 0,071e^{-0,1t};$ sen $(1,411t)$

3.8. $x(t) = 7,752 \times 10^{-6}e^{-12,9t}$ sen $1,29 \times 10^3 t$ m

3.16. $k = \dfrac{1}{m}\left(\dfrac{m_b v}{|X|}\right)^2$

Respostas dos Problemas Selecionados

(3.2) **3.20.** $|Z(v)| \approx \left| \dfrac{Y\left(\dfrac{\pi}{\ell}\right)^3 v^3}{\omega_n(\omega_n^2 - \omega_b^2)} \right|$

3.23. $x(t) = 0.5t - 0.05 \operatorname{sen}(10t)$ m

3.25. $t_p = \dfrac{\pi}{\omega_d}$

3.27. $\omega_n = 3.35$ rad/s, $\zeta = 0.348$

(3.3) **3.32.** $F(t) = \displaystyle\sum_{n=1}^{\infty} b_n \operatorname{sen} nt$

onde $b_n = \begin{cases} 0 & n \text{ par} \\ \dfrac{4}{\pi n} & n \text{ ímpar} \end{cases}$

3.36. $x(t) = 0.0932e^{-5t} \operatorname{sen}(31.22t + 0.107) + 0.0505 \cos(3.162t - 1.57)$ m

(3.4) **3.39.** $x(t) = \dfrac{F_0}{k} - \dfrac{F_0}{k\sqrt{1 - \zeta^2}} e^{-\zeta\omega_n t} \operatorname{sen}\left(\omega_n\sqrt{1 - \zeta^2}\,t + \cos^{-1}(\zeta)\right)$

3.42. $x(t) = \dfrac{1}{4\sqrt{5}} \operatorname{sen}\sqrt{20}\,t$

(3.5) **3.44.** $\bar{x}^2 = \dfrac{50\pi S_0}{3}$

3.47. $E[x^2] = 11.333$

(3.6) **3.49.** $x(t) - y(t) = \dfrac{A}{m\omega_n^2}\left[1 - \dfrac{1}{t_0} + \dfrac{1}{t_0\omega_n}\operatorname{sen}\omega_n t - \cos\omega_n t\right] - \dfrac{A}{2}t^2 - \dfrac{A}{6t_0}t^3 \quad 0 \le t \le 2t_0$

$x(t) - y(t) = \dfrac{A}{m\omega_n^2}\left[\dfrac{1}{t_0\omega_n}(\operatorname{sen}\omega_n t - \operatorname{sen}\omega_n(t - 2t_0)) - \cos\omega_n t - \cos\omega_n(t - 2t_0)\right] \quad t > 2t_0$

(3.7) **3.55.** $\dfrac{X(s)}{F(s)} = \dfrac{1}{as^4 + bs^3 + cs^2 + ds + e}$

3.58. $\omega_n = 3$ rad/s, $\zeta = 0.227$, $c = 3.03$ kg/s, $m = 2.22$ kg, $k = 20$ N/s

(3.8) **3.62.** $x(t) = 1 - e^{-t} < 1$ portanto limitado

(4.1) **4.3.** $\mathbf{u}_1 = \begin{bmatrix} 1 \\ 0.909 \end{bmatrix}$, $\mathbf{u}_2 = \begin{bmatrix} -0.101 \\ 1 \end{bmatrix}$

4.7. $\omega_1 = 0$, $\omega_2 = 3.333$ rad/s

4.8. $\omega_1 = 0.316$, $\omega_2 = 1$ rad/s

4.14. $x_1(t) = 0.05 - 0.05 \cos 16.73t$

$x_2(t) = 0.05 + 0.05 \cos 16.73t$

(4.2) **4.20.** $M^{1/2} = \begin{bmatrix} 3 & -2 \\ -2 & 2 \end{bmatrix}$

Respostas dos Problemas Selecionados

4.24. $P^T \hat{K} P = \begin{bmatrix} 0,382 & 0 \\ 0 & 2,618 \end{bmatrix}$

4.27. $\Lambda = \text{diag}(\lambda_i) = \begin{bmatrix} 0,454 & 0 \\ 0 & 220,05 \end{bmatrix}$

$P = [\mathbf{v}_1 \quad \mathbf{v}_2] = \begin{bmatrix} 0,9999 & -0,0144 \\ 0,0144 & 0,9999 \end{bmatrix}$

4.33. $a = -1$

(4.3) **4.36.** $\ddot{r}_1(t) = 0$
$\ddot{r}_2(t) + 2r_2(t) = 0$

4.37. $\theta(t) = \begin{bmatrix} 0,2774 \cos \omega_1 t - 0,2774 \cos \omega_2 t \\ 0,3613 \cos \omega_1 t + 0,6387 \cos \omega_2 t \end{bmatrix}$

onde $\omega_1 = 0,4821 \sqrt{\dfrac{k}{J_2}}$ e $\omega_2 = 1,1976 \sqrt{\dfrac{k}{J_2}}$

4.41. $\mathbf{x}(t) = \begin{bmatrix} 0,3417 \cos 0,402t - 0,3417 \cos 1,7573t \\ 0,9699 \cos 0,4024t + 0,0301 \cos 1,7573t \end{bmatrix} \text{mm}$

(4.4) **4.47.** $\mathbf{x}(t) = 0,9449t \begin{bmatrix} 1 \\ 1 \\ 1 \end{bmatrix} + \begin{bmatrix} -0,1364 \\ -0,05665 \\ 0,005298 \end{bmatrix} \text{sen } 8,8290t + \begin{bmatrix} 0,01363 \\ -0,02337 \\ 0,0004385 \end{bmatrix} \text{sen } 19,028t \text{ m}$

(4.5) **4.64.** $\mathbf{x}(t) = \begin{bmatrix} 0,01709 \\ -0,01859 \\ 0,01709 \end{bmatrix} e^{-2,0771 \times 10^{-6}t} \text{sen}(2,0770 \times 10^{-4}t - 1,5808)$

$+ \begin{bmatrix} 0,01744 \\ 0,03206 \\ 0,01709 \end{bmatrix} e^{-1,8142 \times 10^4 t} \text{sen}(8,8877 \times 10^{-4}t + 1,3694) \text{ m}$

4.68. $\alpha = 0,1966$

$\beta = 0,2778$

(4.6) **4.73.** $\mathbf{x}(t) = \begin{bmatrix} 0,0394 e^{-0,1t} \text{sen } 1,4106t + 0,0279 e^{-0,2t} \text{sen } 1,9899t \\ 0,118 e^{-0,1t} \text{sen } 1,4106t - 0,0834 e^{-0,2t} \text{sen } 1,9899t \end{bmatrix}$

4.78. $x_2(t) = 2,221 \times 10^{-4}t - 8,606 \times 10^{-5} e^{-0,259t} \text{sen } 2,581t$

(5.1) **5.3.** $\approx 16 \text{ Hz}, \quad \bar{v} = \omega_n \bar{x} = 10^{-3} \text{ m/s}$

5.4. $\bar{x} \approx 0,04 \text{ m}$

(5.2) **5.10.** $c = 25,8 \text{ kg/s}, k = 665 \text{ N/m}$

5.16. 3,36 mm

5.26. $\zeta = 0,129$

(5.4) **5.46.** $\dfrac{Xk}{M_0} = 150,6$

656   Respostas dos Problemas Selecionados

5.48. com $\dfrac{Xk}{F_0} = 0,372, \quad \zeta = 0,767$

5.51. $X = 0,00123$ m

(5.5)   **5.56.** $\zeta_{op} = 0,422, (\omega_r)_{op} = 0,943\,\omega_p$

5.62. $k_2 = 8571$ N/m, $c = 9,51$ kg/s

(5.6)   **5.68.** $E = 7,136 \times 10^{10}$ N/m^2

(5.7)   **5.74.** **(a)** 3573 rpm **(b)** 50 cm

(6.2)   **6.5.** $\omega_n = \dfrac{(2n-1)\pi}{2l}\sqrt{\dfrac{\tau}{\rho}} \quad X_n = \text{sen}\,\dfrac{(2n-1)\pi x}{2l}$ para $n = 1, 2, 3, \ldots$

6.6. $c_n = 0,$

$d_n = 0\ n$ even

$d_n = \dfrac{8}{n^2\pi^2}\,\text{sen}\left(\dfrac{n\pi}{2}\right), \quad n$ ímpar

(6.3)   **6.11.** Aço

6.28. $w(x, t) = 0,004 \displaystyle\sum_{n=1}^{\infty} (-1)^{n+1}\,\text{sen}[1132(2n-1)\pi t]\,\text{sen}[(2n-1)\pi x]$

(6.4)   **6.32.** $\omega_1 = 480,4$ Hz

$\omega_2 = 1441,2$ Hz

$\omega_3 = 2402,1$ Hz

6.36. Torção: $\omega_{tn} = 3162\,\dfrac{(2n-1)\pi}{2l}$ para $n = 1, 2, 3, \ldots$

Longitudinal: $\omega_{ln} = 5128\,\dfrac{(2n-1)\pi}{2l}$ para $n = 1, 2, 3, \ldots$

6.38. $\phi_n(x) = \cos\dfrac{n\pi x}{l} \quad \omega_n = \sqrt{\dfrac{G}{\rho}}\,\dfrac{n\pi}{l}$ para $n = 1, 2, 3, \ldots$

(6.5)   **6.42.** $\omega_n = \sqrt{\dfrac{\beta_n^4 EI}{\rho A}}$ onde $\cos(\beta_n l) = -\dfrac{1}{\cosh(\beta_n l)}$

$\phi_n(x) = -\left(\dfrac{\cos(\beta_n l) + \cosh(\beta_n l)}{\text{sen}(\beta_n l) + \text{senh}(\beta_n l)}\,\text{sen}(\beta_n x) + \cos(\beta_n x)\right)$

$\qquad +\left(\dfrac{\cos(\beta_n l) + \cosh(\beta_n l)}{\text{sen}(\beta_n l) + \text{senh}(\beta_n l)}\,\text{senh}(\beta_n x) - \cosh(\beta_n x)\right)$ para $n = 1, 2, 3, \ldots$

6.45. $\omega_n = \left(\dfrac{n\pi}{l}\right)^2\sqrt{\dfrac{EI}{\rho A}} \quad \phi_n(x) = \text{sen}\,\dfrac{n\pi x}{l}$

para $n = 1, 2, 3, \ldots$, e $w(x, t) = \cos(\omega_2 t)\,\text{sen}\,\dfrac{2\pi x}{l}$

Respostas dos Problemas Selecionados

657

(6.6) **6.50.** $\omega_{mn} = \sqrt{(2m-1)^2 + 4n^2}\sqrt{\dfrac{\tau}{\rho}\dfrac{\pi}{2}}$ para $m, n = 1, 2, 3, \ldots$

(6.7) **6.58** **(a)** $\zeta_n = \dfrac{\gamma}{2\sqrt{\rho\tau}}\dfrac{n\pi}{l}$ $n = 1, 2, 3, \ldots$

$\quad\quad$ **(b)** $\zeta_{mn} = \dfrac{\gamma l}{2\sqrt{\rho\tau(m^2 + n^2)}}$ $m, n = 1, 2, 3, \ldots$

$\quad$ **6.59** $\dfrac{\text{kg}}{\text{m}\cdot\text{s}}$

(6.8) **6.68.** $w(x, t) = \displaystyle\sum_{n=1}^{\infty}\left\{ C_{1n}\,\text{sen}\,\omega_n t + C_{2n}\cos\omega_n t\right.$

$$+ \frac{(-1)^{n-1}}{\rho A}\left(\frac{F_0}{\omega_n^2 - \omega^2}\right)\text{sen}\,\omega t\Biggr\}\,\text{sen}\,\frac{(2n-1)\pi x}{2l}$$

(7.2) **7.3.** entrada impulso: $f(t) = \delta(t)$ $F(s) = 1$

$\quad\quad$ entrada triângulo: $f(t) = \dfrac{1}{2} - \dfrac{4}{\pi^2}\displaystyle\sum_{n=1,3,5,\ldots}\frac{1}{n^2}\cos\frac{2\pi n}{T}t$

$$F(s) = \frac{1}{2s} - \frac{4}{\pi^2}\sum_{n=1,3,5,\ldots}\frac{1}{n^2}\frac{s}{s^2 + a^2}\qquad a = \frac{2\pi n}{T}$$

$\quad$ **7.4.** $\text{Erro} = \sqrt{\dfrac{350}{(10 + m_s)}} - \sqrt{\dfrac{350}{10}}$ $\quad 0{,}5 < m_s < 5{,}0$

$\quad$ **7.5.** $\omega_T = 1\ \text{rad/s}$

$\quad\quad a_1 = -1 \quad\quad a_n = 0 \quad\quad n > 1$

$\quad\quad b_1 = -2 \quad\quad b_2 = 3 \quad\quad b_n = 0 \quad\quad n > 2$

(7.3) **7.8.** $x(t) = -\dfrac{5}{\pi}\displaystyle\sum_{n=1}^{\infty}\frac{1}{n}(1 - 2\cos(n\pi) + \cos(2n\pi)\,\text{sen}(nt))$

(7.4) **7.10.** O sistema tem oito picos modais com frequências naturais aproximadas (em Hz) de:

$\quad\quad \omega_1 \approx 2 \quad\quad \omega_2 \approx 4 \quad\quad \omega_3 \approx 10 \quad\quad \omega_4 \approx 15$

$\quad\quad \omega_5 \approx 22 \quad\quad \omega_6 \approx 29 \quad\quad \omega_7 \approx 36 \quad\quad \omega_8 \approx 47$

$\quad$ **7.14.** $\Delta\zeta = 0{,}01$

$\quad$ **7.17.** $\dfrac{X_1(s)}{F(s)} = \dfrac{s^2 + cs + 2}{s^4 + cs^3 + 4s^2 + 2cs + 3}$

$$\frac{X_2(s)}{F(s)} = \frac{1}{s^4 + cs^3 + 4s^2 + 2cs + 3}$$

(7.5) **7.24.** $\zeta = 0{,}05$

$\quad$ **7.25.** $\alpha(\omega) = \dfrac{1}{\det(A)}\begin{bmatrix} 2 - \omega^2 + j\omega & 2 + j\omega \\ 2 + j\omega & 6 - 2\omega^2 + j3\omega \end{bmatrix}$

$$\det(A) = 2\omega^4 - 12\omega^2 + 8 + j(-5\omega^3 + 8\omega)$$

Índice

A

Abordagem da resposta em frequência para excitação harmônica, 146-148
problemas, 205-206
Abordagem geométrica para excitação harmônica, 145-146
problemas, 205-206
Absorção da largura de banda de vibração, 496f
Absorvedores de vibração, 455-463
amortecimento, 463f
exemplos, 461-462
problemas, 495-496
viscosidade, 469f
Absorvedores de vibração viscoso, 469f, 470f
Aceleração, movimento harmônico simples, 10, 13j
Acelerômetro, 166f, 167f, 578
Acelerômetro piezoelétrico, 167f, 169, 578
Acelerômetro sísmico, 166f
Aço, módulo de elasticidade, 59f
Acoplamento estático, 375
Aerofólio, 204f
Aeronave
exemplo de excitação de base, 157-159
flape, 113f
modelo de pedal, 105f
motor com vibração transversal, 290f
mecanismo de caixa de direção, 104f
sistema de aterrissagem, 106f
vento
exemplo de estabilidade, 71
exemplo de excitação harmônica, 169-170
exemplo de vibração, 49-52, 373-375

função de resposta ao impulso, 288f
modelo de vibração, 200f, 423f
sistema de parâmetros distribuídos, 502
suporte de motor, 107f
vibração torcional, 420f
Aeronave de rotor
direção de aceleração, 164f
e ressonância, 117
exemplo de desbalanceamento rotativo, 164-165
Ajuste circular, 591-595
problemas, 613-614
Ajuste de curva de um grau de liberdade, 588
Alavancas, modelo de vibração de acoplamento, 327f
Aliasing, 581-582
Amortecedor, 22f
Amortecedor elástico, 476f
Amortecedor Houdaille, 469f
Amortecedores de vibração, 463
Amortecimento
absorção de vibração, 463-470
absorvedor de vibração com, 463f
ar, 179
Coulomb, 81-82, 170-173
excitação harmônica, 170-180
exemplos, 173-180
problemas, 210-211
histerese, 176
modal, 356-362
modelos, 180t
proporcional, 362
sistema de parâmetros distribuídos, 550-55
exemplos, 551-555
problemas, 570-571
viscosidade, 21-31
Amortecimento de extensômetro, 554
Amortecimento do ar, 79

Amortecimento em absorção de vibração, 463-470
problemas, 496-498
Amortecimento em velocidade quadrática, 179, 193-194, 284-285
Amortecimento estrutural, 176
Amortecimento histerético, 176
Amortecimento Kelvin-Voigt, 554
Amortecimento modal, 356-359, 361j, 404, 550-555
Amortecimento proporcional, 362
Amortecimento quadrático, 179
Amortecimento sólido, 176
Amortecimento viscoso, 21-31
equivalente, 285f
exemplos, 27-31
movimento amortecido crítico, 27-31
movimento subamortecido, 24-26
movimento superamortecido, 26-27
problemas, 101-103
sistema de dois graus de liberdade, 361f
sistema de múltiplos graus de liberdade, 356-362, 376
exemplos, 357-362, 376-377
problemas, 426-428
vibração, 21-31
Ver também sistemas amortecido; sistemas não amortecido; sistemas subamortecido
Amortecimento viscoso equivalente, 285f
Amplitude, 8
Analisador de Fourier digital, 579
Análise de elemento finito (Finite element analysis, FEA), 619
Análise de sinais aleatórios, 584-587
Análise de vibração aleatória, 585j
Análise modal

Índice

resposta forçada de sistema
de múltiplos graus de
liberdade, 362-369
resposta forçada de sistema de
parâmetro distribuído,
556-566
sistema de múltiplos graus de
liberdade, 362-369
Ver também ensaio de vibração
Análise modal experimental. *Ver*
ensaio de vibração
Arfagem, 341f
Aritmética complexa, 466j
Atrito de Coulumb
excitação harmônica, 170-173
resposta livre, 84, 85f, 86f
vibração, 81-88
exemplos, 85-88
problemas, 114-115
Autofunções, 510
Automóveis
análise de vibração do sistema
de transmissão, 423f
exemplo de excitação de base,
157-159
exemplo de isolamento de
vibração, 446-448, 447f
exemplo de resposta de
vibração, 440-441
função de resposta em
frequência, 441f
modelo de um grau de
liberdade, 404f
modelo do pedal de freio, 202f
pneus e ressonância, 117
Ver também sistemas de
suspensão; veículos;
Autovalores de sistemas de
parâmetros distribuídos,
510
sistema de múltiplos graus de
liberdade, 318-332
exemplos, 320-332
problemas, 418-420
Autovetores, 320j, 32, 324-326

B

Barra
dois materiais, 568f
exemplos, 520-524
sistema de parâmetros
distribuídos, 519-525
Ver também Barra engastada

Barra engastada
vibração longitudinal, 55f
Barra fixa-fixa, 55f
Barra fixa-livre. *Ver* barra
engastada
Batida, 124
Batidas, sistema de dois graus de
liberdade, 317
BIBO (entrada limitada, saída
limitada), 263, 265, 276

C

Camada de amortecimento, 482
Caminhão
carregando sujeira, 23
empilhamento de tubos, 105f
exemplo de sistema
massa-mola-amortecedor,
232-233
objeto batendo, 571f
Canhão, 498f
Capacidade de amortecimento
específico, 174
Carregamento de choque, 217
Carregamento de massa, 576
Centro de percussão, 39, 40
Choque, 255, 441-442, 442f
Círculo de Nyquist, 591
Coeficiente de amortecimento, 22,
60-61
exemplo de amplitude de
vibração, 64-65
Coeficiente de amortecimento
crítico, 23
Coeficiente de atrito, 82f, 82t
Coeficiente de cisalhamento, 541
Coeficiente de cisalhamento de
Timoshenko, 541
Coeficiente de Fourier, 236
Coeficiente de perda, 174
Coeficiente espectral discreto, 582
Coleta de dados modais, 588-591
exemplo, 590-591
problemas, 612-613
Computador portátil, 453
Condensação de massa, 648
Condição global, 89
Condicionador de sinal, 578
Condições inicias, 10f
Conjunto mediano, 253
Considerações de projeto
abordagem modal, 407
absorvedor de vibração, 458

exemplo de excitação
harmônica, 185-187
exemplo de sistema rotativo,
488-489
intervalo de, 448
redução de vibração, 435-510
robustez, 68, 643
vibração, 73-68
exemplos, 64-68
problemas, 111-112
vibração, nível aceitável de, 442
Constante de amortecimento
histerético, 176
Constante torcional, 527-528
Constantes físicas para materiais
comuns, 47t
Curva formato de sino, 253
Curva tensão-deformação para
módulo de elasticidade,
59f
Curvas de resposta em frequência
para formas modais,
600-601f

D

Dado de módulo, 47t
Dano estrutural
medida de vibração, 609
nível de vibração aceitável, 438f
Decibel (dB), 20
Decomposição de Cholesky, 318,
389, 392
Decremento logaritmo, 60
Deflexão estática de mola, 6f,
57, 67
Delta de Kronecker, 327j
Densidade espectral cruzada, 586
Densidade espectral de potência
(Power spectral density,
PSD), 249-251, 585
Desacoplamento de equações de
movimento usando análise
modal, 355f
Desbalanceamento rotativos
equação, 486j
excitação harmônica, 160-165
exemplos, 163-165
problemas, 208-210
modelo de máquina, 160f, 209f,
492f
modelo de máquina em
construção, 560f, 571f
modelo de motor, 209f

Índice

modelo de sistema disco-eixo, 485f
Deslocamento da caixa de rolamento, 609f
Deslocamento de movimento harmônico simples, 10, 11j
vibração, 437t
Deslocamento virtual, 370
Diagnóstico, teste de vibração para, 606-609
exemplo, 607-608
Diagrama de Nyquist, 591, 594f
Diagrama do plano de Argand, 591
Dispositivo de acoplamento, 417f
Dispositivo de acoplamento de vagões de metrô, 417f

E

Eixo e disco. *Ver* sistema disco-eixo.
Energia cinética, 2
Energia cinética de rotação, 34
Energia potencial, 2
Engineering Vibration Toolbox
excitação harmônica, 214-215
experimento de vibração, 615-616
método de Runge-Kutta, 77
problemas de autovalores, 389
resposta à excitação geral, 301-302
sistema de múltiplos graus de liberdade, 433
sistema de parâmetros distribuídos, 572
vibração, 115-116
Ensaio de tração, 59
Ensaio de vibração, 573-616
ajuste circular, 591-595
coleta de dados modais, 588-591
forma de deflexão operacional (operational deflection shape, ODS), 609-611
hardware de medição, 575-579, 575f, 600f
medida de forma modal, 596-606
processamento digital de sinal, 579-584
resistência de diagnósticos, 606-609
uso de, 574

Ensaio de vibração controlado por computador, 607f
Entrada aleatória, resposta à excitação geral, 247-255
exemplos, 252-255
problemas, 295
Entrada arbitrária, resposta à excitação geral, 226-235
exemplos, 228-235
problemas, 290-292
Entrada periódica arbitrária, resposta à excitação geral, 235-242
exemplos, 237-242
problemas, 293-294
Equação característica, 23, 311, 509
Equação de conservação de energia, 33
Equação de corda, 506
Equação vetorial, 307
Equações de Lagrange, 32, 360-377
amortecimento viscoso, 356-362
análise modal, 332-340, 346-351
frequência natural, 318-332
mais que dois graus de liberdade, 340-346, 341f
exemplos, 343-346
problemas, 422-426
método de energia, 43-44
energia, 43-45
modelo de dois graus de liberdade (não amortecido), 304-318
simulação numérica, 407-415
sistema de múltiplos graus de liberdade, 369-377
exemplos, 371-377
problemas, 429-431
Equações modais, 334, 336, 551
Erro de arredondamento, 75
Erro de fórmula, 75-76
Escoamento, 583, 584f
Espaço de vibração, 448
Espectro de choque, resposta à excitação geral, 255-259
exemplos, 256-259
problemas, 295-296
Espectro de resposta. *Ver* espectro de choque
Estabilidade
assintótica, 69, 265, 266

BIBO, 263, 265, 267
local, 90
marginal, 68
resposta, 69f
resposta à excitação geral, 262-267
exemplos, 266-267
problemas, 298
vibração, 68-71, 263j
exemplos, 70-71
problemas, 112-113
Estabilidade assintótica, 69, 265, 267
Estabilidade BIBO (entrada limitada, saída limitada), 263, 265, 267
Estabilidade de Lagrange, 265
Estabilidade local, 90
Estabilidade marginal, 68
Estrutura de dois membros, 642f
Evolução no tempo da força impulso, 218f
Excitação de base, 151-160
excitação harmônica, 151f
exemplos, 156-160
problemas, 205-208
Excitação harmônica, 117-215
abordagem de resposta em frequência, 146-148
abordagem de transformadas, 148-151
abordagem geométrica, 145-146
amortecimento, formas de, 170-180
considerações de projeto, 184-187
desbalanceamento rotativo, 160-165
dispositivos de medidas, 166-170
excitação de base, 151-160
fundamentação, 118
propriedades da resposta não linear, 188-197
simulação numérica, 180-187
sistema amortecido, 130-144
sistemas não amortecidos, 118-130
Excitadores, 575-576
Experimento modal. *Ver* ensaio de vibração
Extensômetro, 578

Índice

661

F

Fase, 8
Fator de amortecimento, 24, 60-61
Fator de perda, 174
Fatores de ponderação modal, 348
Feixe de mola, vibração
  transversal de, 49, 49f
FEM (Finite element method). *Ver*
  método de elemento finito.
  sistemas de parâmetros
  distribuídos
Fenômeno de Gibbs, 238
Ferrão, 576
Força inercial, 32
Forças não periódicas, 217-218
Forças periódicas, 217
Forma modal
  autovetores, 326
  definição, 304
  ensaio para medição de
    vibração, 596-606
    exemplos, 599-606
    problemas, 614-615
  fundamentação, 355
  normalização, 330-331
  nós, 351
  primeira, 314, 348
  ressonância, 366-367
  segunda, 314
  vibração de corda, 515f
  vibração longitudinal, 525f
  vibração torcional, 532t
  viga fixa-pinada, 538f
Fragilidade, 436
Frequência
  de corte, 577
  importância de conceito, 15
  sistema de dois graus de
    liberdade, 317
  vibração, 437
Frequência angular natural, 8
Frequência de corte, 577
Frequência de entrada, 118
Frequência de excitação, 118,124
Frequência de Nyquist, 582
Frequência de pico, 143
Frequência natural
  amortecido, 24
  angular, 8
  asa de avião, 49-50
  método de energia, 42
  pêndulo, 17, 40-42
  perna humana, 29-30
  razão de massa por, 460f

roda, 34-35
sistema de múltiplos graus de
  liberdade, 304, 318-332
  exemplos, 320-332
  problemas, 418-410
sistema de parâmetros
  distribuídos, 508-518
  exemplos, 512-518
  problemas, 567-569
sistema fluídico, 38
sistema massa-mola, 9, 16, 37,
  55-56
sistema torcional, 48
vibração longitudinal, 525f
vibração torcional, 532t
Frequência natural amortecida, 24
Fronteira deslizante, 535
Função de autocorrelação, 249
Função de coerência, 587, 588f
Função de correlação cruzada, 585
Função de densidade de
  probabilidade, 253
Função de dissipação de Rayleigh,
  107
Função de distribuição Gaussiana,
  253
Função de forma, 621
Função de resposta ao impulso
  resposta a excitação geral,
    216-226
    exemplos, 221-226
    problemas, 287-302
Função de resposta em frequência,
  147, 588, 588f
Função de resposta em frequência
  de mobilidade, 529f, 592
Função de transferência, 149, 260t
  resposta à excitação geral,
    260-262
    problemas, 296-297
Função de transferência de
  acelerância, 260-261
Função de transferência de
  receptância, 592f
Função degrau, 228, 229f
Função degrau Heaviside,
  224-225, 257, 244,
  272-273
Função delta de Dirac, 219
Função janela, 583, 584f
Função pulso de entrada, 281f
Função Sample, 247-255
Função seno, 1
Função seno simples, 248f
Função sinal, 83

G

Gabinete eletrônico com ventoinha
  de resfriamento, 483f
Graus de liberdade, 4
  Ver também sistemas com
    múltiplos graus de
    liberdade; sistema com um
    grau de liberdade
Grau de liberdade irrestrito, 532
Gravidade, problema de mola e,
  16-17
Guinada, 341f

H

Helicóptero. *Ver* aeronave à rotor
Hertz (Hz), 15
Humano
  modelo de vibração de
    antebraço, 199f
  vibração longitudinal, 199f

I

Impacto, 221, 223f, 226f, 577f
Impulso, definição de, 218
Instabilidade divergente, 69
Instabilidade drapejante, 69, 70f,
  267
Integral de convolução, 227, 228j,
  233
Integral de Duhamel, 228
Isolamento de vibração, 442-455
  exemplos, 446-455
  fórmulas de transmissibilidade,
    443j
  otimização, 476-478
  problemas, 491-494

J

Janela de Hanning, 583, 584f

L

Laço de histerese, 175, 175f
Lei de Hooke, 59
Leis de Newton, 9-10, 32
Linha de transmissão, 456
Linha telefônica, 456

Índice

M

Malha de elemento finito, 618
Manômetro de tubo em U, 38f
Máquina de lavar roupa, 492f
Máquina separadora, 496f
Máquina simples, modelo de
    vibração, 371f
Maquinário
    absorvedor de vibração, 455
    exemplo de desbalanceamento
        rotativo, 160f, 209f, 492f
    isolamento de vibração, 476
    modelo de vibração, 371f
    monitoramento de saúde,
        607-608
    nível aceitável de vibração,
        438f
    suporte de borracha, 206f
Martelo
    centro de percussão, 42
    impacto, 576-578, 577f
    impulso, 576
    instrumentado, 221, 222
Martelo de impacto, 576-578
Martelo de impulso, 576
Massa, frequência de oscilação
    para medidas, 62-63
Massa efetiva, 35
Mathcad
    autovalores, 393-394, 405-407
    equação linear e não linear,
        90-93, 195-197
    excitação harmônica, 181-182,
        185
    método de Runge-Kutta, 79
    resposta à excitação geral,
        269-271, 273, 274, 276,
        282, 285-287
    sistema de múltiplos graus
        de liberdade, 408-409,
        410-415
Mathematica
    autovalores, 394-396, 398-399,
        406-407
    equação linear e não linear,
        92-93, 193, 196-197
    excitação harmônica, 187
    método de Runge-Kutta, 79
    resposta à excitação geral,
        271, 273-274, 276, 278,
        283-284, 286-287
    sistema de múltiplos graus
        de liberdade, 410, 412,
        414-415

MATLAB
    autovalores, 393, 397, 405-407
    Engineering Vibration Toolbox,
        77, 115-116, 214, 301,
        389, 433, 501, 572, 615
    equação linear e não linear,
        91-92, 192, 196
    excitação harmônica, 183-184, 186
    método de Runge-Kutta, 77
    resposta à excitação geral, 270,
        272-274, 275, 277, 282, 286
    sistema de múltiplos graus de
        liberdade, 409, 411, 414
Matriz banda, 634
Matriz de estado, 77, 401
Matriz de forma modais, 335, 335f
Matriz de inércia, 308
Matriz de massa, 308
Matriz de massa global, 627
Matriz de receptância, 596-597
Matriz de rigidez, 308
Matriz de rigidez global, 627
Matriz definida positiva, 390j
Matriz espectral, 328
Matriz inversa, 310
Matriz semidefinida positiva, 390j
Matriz simétrica, 308
Matriz transposta, 308
Matrizes ortogonais, 326
Medida de forma de deflexão
    operacional (Operational
    deflection shape, ODS),
    609-611
Medidas
    excitação harmônica, 166-170
        exemplos, 169-170
        problemas, 210
    função de transferência,
        260-262
    hardware, 574f, 575-579, 600f
        problemas, 611
    vibração
        exemplos, 59-63
        problemas, 110-111
Mesa ótica com absorvedor de
    vibração, 456
Método da linha tangente, 73
Método da somatória de força, 32
Método de captura de pico
    quadrático, 589f
Método de Euler
    equações lineares e não lineares
    sistema de um grau de
        liberdade, 72
    solução numérica, 74-78

Método de expansão, 346-351
    exemplos, 348-351
Método de Runge-Kutta, 75-76
    equações lineares e não lineares,
        92
    exemplos, 77-80
    Mathematica, 79
    resposta à excitação geral,
        272-278
    sistema de múltiplos graus de
        liberdade, 410-412
    sistema de um grau de
        liberdade, 72
Método de somatório de modos
    amortecimento modal, 358-361,
        361
    análise modal, 346-351
        exemplo, 348-351
    resposta forçada, 367-369
    sistema de parâmetros
        distribuídos 522-524
Método do modo assumido, 566
Método do pico de amplitude,
    590f
Método dos coeficientes
    indeterminado, 120
Métodos das transformadas
    excitação harmônica, 148-151
        problemas, 204-205
    resposta à excitação geral,
        242-247
        exemplos, 243-247
        problemas, 294-295
Métodos de energia para
    modelagem de vibração,
        31-46
    exemplos, 34-46
    problemas, 104-108
Métodos de modelagem, vibração,
    31-46
    exemplos, 34-46
    problemas, 104-108
Modelagem, definição de, 31
Modelagem de ordem reduzida.
    Ver redução de modelo
Modelo de dois graus de liberdade
    amortecido, 428f
    amortecimento viscoso, 316f
    exemplo de veículo, 382, 385
    exemplos, 307-318
    problemas, 415-418
    sistema de múltiplos graus de
        liberdade, 304-318, 305f,
        328f
    translação de corpo rígido, 352f

Índice

663

Modelo de vibração
  alavancas acopladas, 372f
  asa de avião, 50f, 373f
  partes de máquinas simples, 371f
  prensas, 386f
Modelo de vibração de disco rolando, 108f
Modelo de viga de Timoshenko, 543
Modelo de viga Euler-Bernoulli, 543
Modelo massa-viga, 126
Modo de corpo rígido, 352-355, 380
  exemplo, 325-355
Modo zero, 380
Modos, 355
  sistema de parâmetros distribuídos, 508-518
    exemplos, 512-518
    problemas, 566-567
Modos complexos, 404
Módulo complexo, 178
Módulo de cisalhamento, 541f
Módulo de elasticidade, 46
  curva tensão-deformação, 59f
  dados complexos, 481t
  medidas, 58
  temperatura, 481f
Módulo de Young. *Ver* módulo de elasticidade
Mola
  constantes, 53t, 56
  deflexão estática, 6f, 57, 67
  espiral, 52-53, 53f
  feixe, 49-50, 49f
  helicoidal
    frequência natural, 66
    rigidez, 51
  manufatura de, 56
  regra de cálculo de rigidez, 55f, 56
Mola espiral, rigidez de, 52-53,53f
Mola helicoidal
  frequência natural de sistema massa-mola, 66
  rigidez, 48
Momento de inércia de massa, 58
Monitoramento de saúde estrutural, (Structural Health Monitoring, SHM), 574
Montagens
  excitação de base e, 151-160

motor elétrico, 493f
motor em asa de avião, 107f
Motor da unidade de disco de um computador pessoal, 452f
Motor de unidade de disco de computador, 452f
Motor de unidade de disco de computador portátil, 452f
Movimento angular, 526f
Movimento criticamente amortecido, 27-31
  resposta, 28f
Movimento de suporte. *Ver* excitação de baseadas
Movimento harmônico
  exemplos, 16-21
  problemas, 99-101
  representações, 19j
  vibração, 13-15
Movimento harmônico simples, 10, 13j
Movimento longitudinal, 46
Movimento não amortecido, 68-69
Movimento oscilatório, 10
Movimento subamortecido, 24-26
Movimento superamortecido, 26-27, 27f
Movimento torcional, 46
Movimento transversal, 46

N

Navio, exemplo de sistema fluídico, 53-54
Normalização de autovetores, 324-346
Nós de um modo, 351, 515

O

Ondas batendo na encosta, 292f
Operador bi-harmônico, 549
Operador de Lagrange, 545
Organização Internacional de Normalização (International Organization of Standards, ISO), 436, 437
Ortogonalidade, 236, 322, 325, 521
Oscilação
  decaimento, 21

exemplos de frequência natural, 34-35, 38-39, 48
frequência de, para medida de massa e rigidez, 61-63
Oscilador harmônico simples, 10
Otimização em redução de vibração
  exemplos, 474-479
  problemas, 498-500
  redução de vibração, 471-479

P

Pacote, modelo de vibração de queda, 289f
Pêndulo
  amortecido, 202f
  balanço, 8j
  composto, 39-42, 40f, 41f
  duplo, com coordenadas generalizadas, 369f
  exemplos, 2-4, 35-36, 39-42
  invertido, 70-71, 112-113, 113f, 266
  posição de equilíbrio, 89f
  sistema não linear, 89-94
  problemas, 115
Pêndulo duplo, com coordenadas generalizadas, 369f
Pêndulo invertido, , 70-71, 112-113, 113f, 266
Período *T*, 15, 124
Pernas, exemplo de vibração, 28-31
Pivô, 42
Placa de circuito impresso, 495f
Plano/superfície neutra, 549
Pneus, e ressonância, 117
Polo de linha de potência com transformador, 296f
Ponte, 651f
Ponto de excitação, 599
Ponto de sela, 472, 473f
Pontos críticos, 471
Pontos/posições de equilíbrio, 81, 83, 87-89, 89f
Prédios
  exemplo de vibração horizontal, 348-351, 349f, 351f
  máquinas com desbalanceamento rotativo, 560f, 571f
  movimento do solo, 207f

Prensa
esquema de máquina, 386f
exemplo de base de excitação, 159
exemplo de sistema de múltiplo graus de liberdade, 385-389
modelo de vibração, 386f
problema de três barras, 651f
Primeira forma modal, 314, 348
Problema de autovalor
computacional, 389-407, 430-431
exemplo de sistema de dois graus de liberdade, 324-326
sistema acoplado dinamicamente, 389-392
exemplo, 391-392
sistema amortecido, 402-407
exemplo, 404-407
usando códigos, 392-399
Problema de autovalor algébrico, 400, 402
Problema de autovalor assimétrico, 332
Problema de autovalor generalizado, 399
Problema de autovalor generalizado simétrico, 331
Problema de autovalor simétrico, 312-322, 320j, 332, 410
Problema de valor de contorno, 506
Problema min-max, 474
Problemas de autovalores para vibração de sistemas com múltiplos graus de liberdade, 389-407
Problemas de isolamento, 442
Processamento de sinais digitais, 579-584
exemplo, 582
Processamento de sinal. *Ver* processamento de sinal digital
Produto escalar, 306, 307
Produto interno, 307
Projeto, definição de, 436
Propriedades da resposta não linear
excitação harmônica, 188-197
exemplos, 189-197
problemas, 213-214

resposta à excitação geral, 279-287
exemplo, 280-287
Pulso de choque, 446

Q

Queda de 3 dB, 589

R

Raio de deflexão, 488f
Raio de giração, 40
Raiz do valor quadrático médio, 20, 249, 437
Raiz quadrada de matriz, 318
Raquete de tênis, 42
Razão de massa pela frequência natural, 461f
Razão de transmissibilidade, 442-455, 446f
Redução de vibração, 435-501
absorvedores de vibração, 455-463
amortecimento em absorção de vibração, 463-470
isolamento de vibração, 442-455
otimização, 471-479
velocidade crítica de discos rotativos, 485-491
Relações de Euler, 18, 24, 25j
Representação de Fourier de sinais, 581f
Representação de sinais digitais, 581f
Resistência, ensaio de vibração para, 606-609
Resposta
divergente, 69, 69f
livre, 5, 10, 72-81, 84, 85f, 86f
regime permanente, 133, 137-138
transitório, 133, 137-138
Ver também resposta forçada por análise modal; resposta à excitação geral
Resposta à excitação geral, 216-302
espectro de choque, 255-259
estabilidade, 262-267
função de transferência, 259-262

função resposta ao impulso, 217-287
métodos de transformada, 242-247
resposta à entrada aleatória, 247-255
resposta a entrada periódica arbitrária, 235-242
simulação numérica, 267-279
Resposta divergente, 69, 69f
Resposta em regime permanente, 133, 137-138
Resposta forçada por análise modal
sistemas de múltiplos graus de liberdade, 362-369
exemplos, 364-369
problemas, 428-429
sistemas de parâmetros distribuídos, 556-566
exemplos, 557-566
problemas, 571-572
Resposta forçada. *Ver* resposta à excitação geral
Resposta livre, 5, 10
atrito de Coulomb, 84, 85f, 86f
simulação numérica da resposta no tempo
Resposta no tempo
sistema de parâmetros distribuídos *versus* concentrados, 524
sistemas de múltiplos graus de liberdade, 407-415
vibração e resposta livre, 72-81
exemplos, 74-81
Resposta transitória, 133, 137
Ressonância
conceito de importância, 121
ensaio modal, 575
fundamentação, 117-118
sistema amortecido, 138, 143
sistema de múltiplos graus de liberdade, 366-367
sistema distribuído, 503
sistema não amortecido, 125, 125f
Rigidez
definição, 6
exemplos, 49-57
frequência de oscilação para medidas, 62-63
mola espiral, 49-50, 50f
mola helicoidal, 48
problemas, 108-110

Índice

665

regras de cálculo para molas em série e paralelo, 55f, 56
torção, 48
Rigidez complexa, 178, 479, 480f
Rigidez normalizada em massa, 319
Robustez de desempenho, 463
Robustez, projeto de, 68, 463
Rodopio, 485, 487
Rodopio síncrono, 487
Rolagem, 341f

S

Segunda forma modal, 314
Separação de variáveis, 508
método de solução, 518j
Série de Fourier, 236, 579-580, 580j
Serra radial, 461f
Shaker, 260
Shakers, 575-576
Simulação numéricas
excitação harmônica, 180-187
exemplos, 181-187
problemas, 211-213
resposta à excitação geral, 267-279
exemplos, 269-279
problemas, 298-299
sistema de múltiplos graus de liberdade, 407-415
exemplos, 408-415
problemas, 431-433
vibração e resposta livre, 72-81
exemplos, 74-81
problemas, 114-115
Sinal estacionário, 248f
Sinal, representação de, 581f
Sistema acoplado dinamicamente, 375
problema de autovalor, 389-407
Sistema amortecido
dois graus de liberdade, 428f
excitação harmônica, 130-144
exemplos, 134-144
problemas, 201-204
problema de autovalor, 396-399, 402-407
um grau de liberdade, 23f
Sistema bilinear, 83
Sistema de coordenada modal, 334, 336

Sistema de coordenadas global, 641
Sistema de dimensão infinita, 530, 515
Ver também sistema de parâmetros distribuídos
Sistema de múltiplos graus de liberdade, 303-434
autovalores, 318-332
exemplos, 377-389
problema de autovalor, 389-407
resposta forçada por análise moda, 362-369
Sistema de parâmetros concentrados, 503, 524
exemplos, 639-641
Sistema de parâmetros distribuídos, 502-572
análise modal de resposta forçada, 556-566
frequências naturais, 508-518
fundamentação, 503
modelo de amortecimento, 550-55
modos, 508-518
vibração de barra, 519-525
vibração de cabo, 504-507
vibração de cordas, 504-507
vibração de haste, 519-525
vibração de membrana, 544-550
vibração de placas, 544-550
vibração flexional de viga, 532-544
vibração torcional, 525-532
Sistema de suspensão
amortecedor, 108f
dinamômetro, 289f
excitação de base, 159
excitação harmônica, 150
exemplos, 11, 48-49, 67-68, 158
haste de torção, 100f
lombada de velocidade, 291f
massa de passageiros, 207f
modelo de, 289f
modelo de dois graus de liberdade, 417f
projeto de, 42
resposta a entrada arbitrária, 232
sistema de múltiplos graus de liberdade, 340
torcional, 149-150
trifilar, 58f
vertical, 67-68
Sistema de um grau de liberdade, 5, 219j

amortecedor, 23f
exemplo, 8j
força externa, 119f
função de resposta em frequência conforme não amortecido, 10
resposta, 219j
Sistema de válvula e balancim, 102f
Sistema de *n*-grau de liberdade, 341f
Sistema discreto. *Ver* sistemas de parâmetros concentrados
Sistema eixo-disco, 8j
exemplo de excitação harmônica, 149-150
exemplo, 37
velocidade crítica para redução de vibração, 485-491
vibração torcional, 47f
Sistema linear, 7
Sistema massa-mola, 8j
absorvedor de vibração, 455
campo gravitacional, 33f
coeficiente de atrito cinético, 82f
exemplo de frequência natural, 55-57
exemplos de excitação harmônica, 122-130, 141-142
exemplos, 11, 37-38, 43
frequência natural de mola helicoidal, 66
massa não desprezível, 37f
problemas, 95-98
resposta de, 9f
vibração, 5-13
Sistema massa-mola-amortecedor
elementos potencialmente não linear, 189f
entrada quadrada, 272f
excitações determinística e aleatória, 254j, 255
exemplo de sistema de suspensão de caminhão, 232-233
força aplicada geral, 280f
gráfico de amplitude, 261f
resposta à excitação geral, 586j
resposta à excitação, 586j
resposta total no tempo, 242f
Sistema não amortecidos
dois graus de liberdade, 304-318
exemplos, 307-318

estabilidade de Lagrange, 265
excitação harmônica, 118-130
   exemplos, 122-130
   problemas, 197-201
um grau de liberdade, 10
Sistema não linear, 7
   atrito de Coulumb, 81-88
   equações não lineares do
      pêndulo, 88-95
   problemas de resposta à
      excitação geral, 299-301
Sistema retilíneo, 46t
Sistema rotacional, 46t
Sistema semi definido, 380
Sistema subamortecido
   exemplo de vibração, 30-31
   resposta, 26f, 60f
   resposta forçada, 140j, 363j
Sistema torcional
   frequência natural, 48-49
   sistema de dois graus de
      liberdade, 416f
Sistema tubo-vapor com
   absorvedor, 495f
Sistemas contínuos. *Ver* sistema de
   parâmetros distribuídos
Sistemas fluídicos
   exemplos, 35
   exemplos de frequência natural,
      53-55
Sobressinal, 230
Software
   autovalores, 392
   simulação numérica, 72, 180
Software computacional
   autovalores, 392
   simulação numérica, 72, 180
Solução numérica
   conceito de, 72-73
   exemplos de método de Euler,
      73-77
   fontes de erros, 75
Solução subamortecida, 25j
Superposição, 95, 118, 217
Suporte de câmera, 22f
Suporte de compressor, 494f
Suporte de montagem, 563f
Suporte de motor elétrico,
   439f

T

Taco de baseball, 42
Tempo de acomodação, 230

Tempo de pico, 230
Teorema da amostragem de
   Shannon, 582
Teorema da expansão, 347-566
Teorema de amostragem, 582
Teorema do Borel, 246
Teoria de Mindlin-Timoshenko,
   550
Teoria de placas finas, 550
Toca-discos
   exemplo de resposta de
      vibração, 440-441
   função de resposta em
      frequência, 441f
   modelo de um grau de
      liberdade, 440f
Torção, 48
Torno mecânico
   exemplo de sistema de múltiplos
      graus de liberdade,
      377-381
   partes móveis, 378f
Trabalho virtual, 370
Trampolim, 112f
Transdutores, 166, 575, 578
Transforma de Fourier discreta,
   579
Transformações, 332
Transformada de Fourier, 246,
   579
Transformada de Laplace
   comum, 244t
   convolução, 233
   excitação harmônica, 148-151
   resposta à excitação geral,
      242-247
   versus transformada de Fourier,
      247
Transformada rápida de Fourier
   (*Fast Fourier transform*,
      FFT), 579, 583
Transmissibilidade
   deslocamento, 153,154f, 155,
      157f
   exemplo de excitação de base,
      157-158
   força, 155, 157f
   fórmulas, 443j
Transmissibilidade de
   deslocamento, 153, 154f,
      156, 157f, 442, 443j
Transmissibilidade de força, 155,
   157f, 442, 443j

V

Valor de pico, 19
Valor esperado, 253
Valor médio, 20
Variância, 249
Variável de estado, 77
Vascolejamento, 39
Veículos
   exemplo de sistema de dois
      graus de liberdade,
      382-385
   seção lateral, 382f
   Ver também automóveis
Velocidade, movimento harmônico
   simples, 13, 14j
Velocidade crítica de disco
   rolando, 485-491, 485f
Velocidade de onda, 506
Velocidades críticas, para redução
   de vibração em discos
   rotativos, 485-491
   exemplos, 488-491
   problemas, 500-501
Vento. *Ver* em Aeronaves
Ventoinha, 438f
Vetor de estado, 77, 401
Vetores ortonormais, 322, 326,
   326j
Vibração, 1-116
   amortecimento viscoso, 21-31
   amplitude de deslocamento,
      437t
   atrito de Coulomb, 81-95
   choque *versus*
   consequências de, 436
   considerações de projeto, 63-68
   descrição, 1-2
   equações não lineares do
      pêndulo, 89-94
   estabilidade, 68-71
   fundamentação, 2
   intervalo de frequência, 437t
   medidas, 58-63
   métodos de energia, 31-46
   métodos de modelagem, 31-46
   modelo massa-mola, 5-13
   movimento harmônico, 13-21
   não linear, 81
   níveis aceitáveis, 436-442
      exemplos, 438-442
   padrão de desempenho, 436
   problemas, 491
   rigidez, 46-57

Índice

simulação numérica da resposta no tempo, 72-81

Vibração autoexcitada, 69

Vibração de cabo, 504-507
exemplo, 507

Vibração de corda, 504-507, 504f

Vibração de haste, 519-525
exemplos, 520-524
problemas, 569-570

Vibração de membrana, 544-550, 545f
exemplo, 546-550
problemas, 570

Vibração de placa, 544-550

Vibração flexional, 532

Vibração flexional de viga, 532-544
exemplos, 537-544
problemas, 570

Vibração livre, 1

Vibração longitudinal, 199f, 519f, 524t, 525t, 555f

Vibração senoidal, limites aceitáveis, 438f

Vibração torcional
abordagem de transformadas, 149-150
condições de contorno, 528t
eixos, 47f
sistema de parâmetros distribuídos, 525-532
exemplos, 528-532
problemas, 569-570

Vibração transversal, 532

Vibrômetro *laser doppler* (*Scanning laser doppler vibrometer*, SLDV), 579

Viga apoiada simples, 535

Viga de Euler-Bernoulli. *Ver* viga de Euler-Bernoulli.

Viga engastada, 533
pontos de excitação, 599f

Viga pinada, 535

Vigas
deformação por cisalhamento, 541f
Euler-Bernoulli, 533-540, 533f
massa na extremidade, 568f
modelo de um elemento finito, 613f
Timoshenko, 540-544, 541f
vibração transversal, 533f, 539t

Vigas de Timoshenko, 540-544, 541f

Vigas Euler-Bernoulli, 533-540, 533f

Viscoelástico, definição de, 480

Este livro foi composto na utilização do sistema xxxxxxxxxx
xxx xxx xxx xxx xxxxxxx, RJ

Este livro foi impresso nas oficinas gráficas da Editora Vozes Ltda.,
Rua Frei Luís, 100 – Petrópolis, RJ.